U0353865

Search

精彩案例

通过变形操作为汽车贴图

视频：光盘\视频\第 2 章\2-5-6.swf

通过操控变形改变长颈鹿姿态

视频：光盘\视频\第 2 章\2-5-7.swf

创建矩形选区

视频：光盘\视频\第4章\4-2-1-1.swf

使用“魔棒工具”创建选区

视频：光盘\视频\第 4 章\4-2-3-2.swf

使用“快速选择工具”抠图

视频：光盘\视频\第 4 章\4-2-3-1.swf

使用“色彩范围”命令抠图

视频：光盘\视频\第 4 章\4-3-1-1.swf

绘制网页实用按钮

视频：光盘\视频\第 7 章\7-3-7.swf

制作山水如画效果

视频：光盘\视频\第 4 章\4-5-2.swf

去除多余景物

视频：光盘\视频\第 5 章\5-4-3.swf

图像的美化

视频：光盘\视频\第 5 章\5-4-2.swf

制作水晶按钮

视频：光盘\视频\第 5 章\5-5-1.swf

为图像替换颜色

视频：光盘\视频\第 6 章\6-1-3.swf

去除人物文身

视频：光盘\视频\第 8 章\8-1-6.swf

制作化妆品海报

视频：光盘 \ 视频 \ 第 6 章 \6-2-2.swf

擦除照片背景

视频：光盘 \ 视频 \ 第 8 章 \8-2-2.swf

制作动感图像效果

视频：光盘 \ 视频 \ 第 7 章 \7-4-7.swf

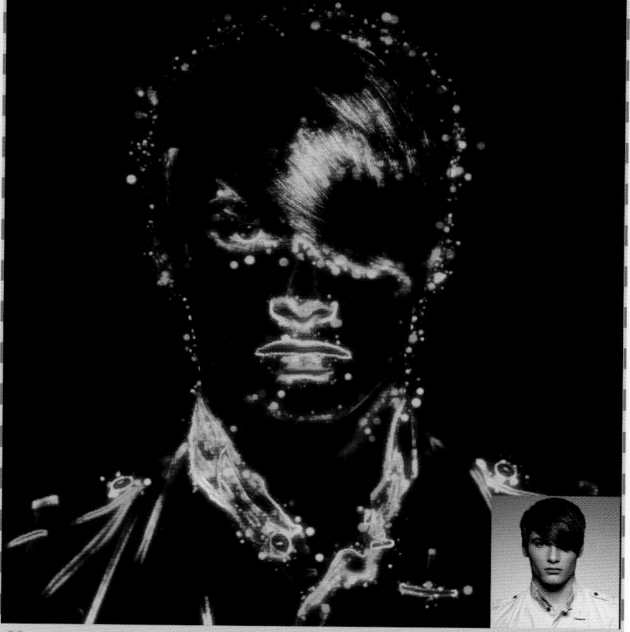

利用画笔描边路径制作光线人物

视频：光盘 \ 视频 \ 第 6 章 \6-4-1.swf

鼠标绘制质感苹果

视频：光盘 \ 视频 \ 第 7 章 \7-5-6.swf

抠出人物毛发细节

视频：光盘 \ 视频 \ 第 4 章 \4-3-3-1.swf

制作宣传海报

视频：光盘\视频\第 7 章\7-4-8.swf

去除人物脸部皱纹

视频：光盘\视频\第 8 章\8-1-5.swf

校正图像偏色

视频：光盘\视频\第 9 章\9-3-5.swf

去除图像中多余景物

视频：光盘\视频\第 8 章\8-1-2.swf

去除人物红眼

视频：光盘\视频\第 8 章\8-1-8.swf

替换图像整体色彩

视频：光盘\视频\第 9 章\9-3-14.swf

制作手绘背景效果

视频：光盘\视频\第 8 章\8-4-5.swf

将图像处理为梦幻紫色调

视频：光盘 \ 视频 \ 第 9 章 \9-3-8.swf

替换图像局部色彩

视频：光盘 \ 视频 \ 第 9 章 \9-3-4.swf

制作怀旧风格照片

视频：光盘 \ 视频 \ 第 9 章 \9-3-7.swf

增强图像中的夕阳效果

视频：光盘 \ 视频 \ 第 9 章 \9-3-9.swf

将图像处理为动人的蓝色调

视频：光盘 \ 视频 \ 第 9 章 \9-3-10.swf

制作新品上市 POP

视频：光盘 \ 视频 \ 第 5 章 \5-5-6.swf

打造时尚潮流插画

视频：光盘\视频\第 9 章\9-3-6.swf

制作环保公益海报

视频：光盘\视频\第 9 章\9-3-16.swf

校正图像的偏色

视频：光盘\视频\第 10 章\10-4-4.swf

快速修复灰蒙蒙的照片

视频：光盘\视频\第 10 章\10-4-5.swf

修复图像白平衡

视频：光盘\视频\第 10 章\10-5-5.swf

调整曝光过度的图像

视频：光盘\视频\第 10 章\10-5-4.swf

使图像色彩更艳丽

视频：光盘\视频\第 10 章\10-5-6.swf

使用 Camera Raw 校正倾斜照片
视频：光盘 \ 视频 \ 第 11 章 \11-2-2.swf

去除人物脸部斑点
视频：光盘 \ 视频 \ 第 11 章 \11-2-3.swf

使用色调曲线调整对比度
视频：光盘 \ 视频 \ 第 11 章 \11-3-3.swf

调整颜色
视频：光盘 \ 视频 \ 第 11 章 \11-3-5.swf

为黑白照片上色
视频：光盘 \ 视频 \ 第 11 章 \11-3-6.swf

为照片添加暗角效果
视频：光盘 \ 视频 \ 第 11 章 \11-3-7.swf

输入点文字
视频：光盘 \ 视频 \ 第 12 章 \12-2-1.swf

输入段落文字

视频：光盘\视频\第 12 章\12-2-2.swf

为写真照添加文字

视频：光盘\视频\第 12 章\12-2-5.swf

制作文字特效

视频：光盘\视频\第 12 章\12-7-7.swf

制作变形广告文字

视频：光盘\视频\第 12 章\12-7-8.swf

创建变形文字

视频：光盘\视频\第 12 章\12-6-1.swf

创建沿路径排列的文字

视频：光盘\视频\第 12 章\12-5-1.swf

制作水上行驶的摩托车

视频：光盘\视频\第 13 章\13-2-5.swf

打造炫彩汽车

视频：光盘\视频\第 14 章\14-5-3.swf

制作化妆品海报方案

视频：光盘\视频\第 13 章\13-5-1.swf

清除图像的杂边

视频：光盘\视频\第 13 章\13-3-9.swf

使用调整图层制作电影海报

视频：光盘\视频\第 14 章\14-6-4.swf

使用中性色图层制作灯光

视频：光盘\视频\第 14 章\14-7-3.swf

应用混合模式制作宣传海报

视频：光盘\视频\第 14 章\14-4-2.swf

为黑白图像上色

视频：光盘\视频\第 14 章\14-5-1.swf

制作女性宣传广告

视频：光盘\视频\第 15 章\15-1-1.swf

合成图像特效

视频：光盘\视频\第 15 章\15-6-4.swf

自由绘画

视频：光盘\视频\第 15 章\15-2-1.swf

赛跑的蜗牛

视频：光盘\视频\第 15 章\15-2-2.swf

创建剪贴蒙版

视频：光盘\视频\第 15 章\15-4-1.swf

拼接图像

视频：光盘\视频\第 15 章\15-6-1.swf

制作艺术文字

视频：光盘\视频\第 15 章\15-5-1.swf

改变汽车颜色

视频：光盘\视频\第 15 章\15-5-2.swf

替换局部图像

视频：光盘\视频\第 15 章\15-6-2.swf

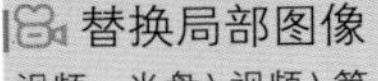

调整局部色彩

视频：光盘\视频\第 15 章\15-6-3.swf

抠取人物头发效果

视频：光盘\视频\第 16 章\16-3-4.swf

抠取半透明婚纱

视频：光盘\视频\第 16 章\16-3-5.swf

合成奇妙的水中人

视频：光盘\视频\第 16 章\16-3-7.swf

设计美容网站页面

视频：光盘\视频\第 22 章\22-6.swf

为海报添加背景纹理

视频：光盘\视频\第 5 章\5-4-4.swf

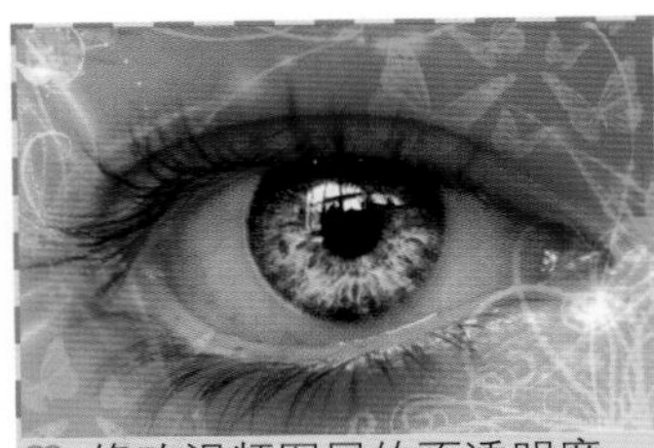

修改视频图层的不透明度
视频：光盘\视频\第 19 章\19-5-3.swf

修改视频图层的混合模式和位置
视频：光盘\视频\第 19 章\19-5-4.swf

自动拼合图像
视频：光盘\视频\第 20 章\20-4-3.swf

制作 3D 立体文字
视频：光盘\视频\第 18 章\18-6-4.swf

设计楼盘宣传海报
视频：光盘\视频\第 22 章\22-3.swf

设计杂志广告
视频：光盘\视频\第 22 章\22-5.swf

使用滤镜库制作喷墨风格写真
视频：光盘\视频\第 17 章\17-2.swf

使用滤镜制作火焰女特效
视频：光盘\视频\第 17 章\17-20.swf

使用智能滤镜库制作汽车海报
视频：光盘\视频\第 17 章\17-3-2.swf

Search

光盘说明

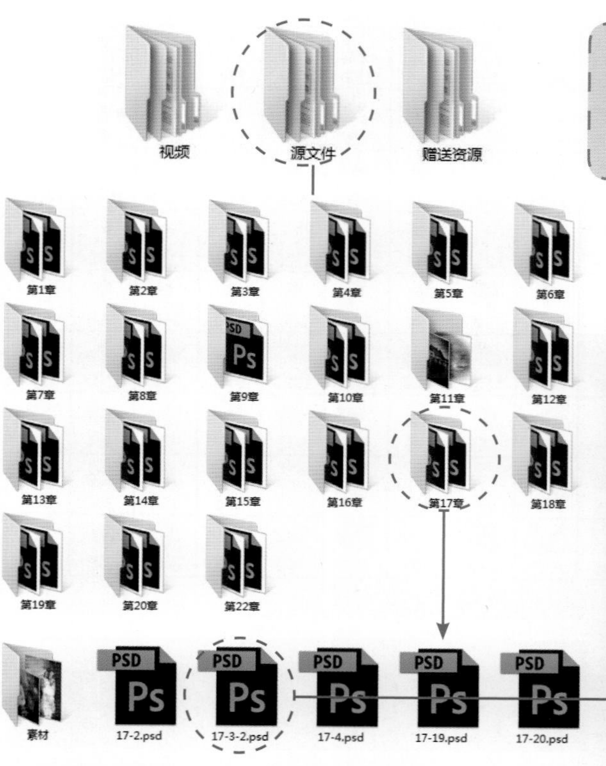

在“源文件”文件夹中包含书中所有操作案例的素材和最终文件。读者可以在光盘中找到原始文件进行练习，也可以查看书中案例的最终效果。

在“视频”文件夹中包含书中所有章节的案例制作视频讲解教程，全书共198个讲解教程，视频时长达374分钟，SWF格式视频教程更方便播放和控制。

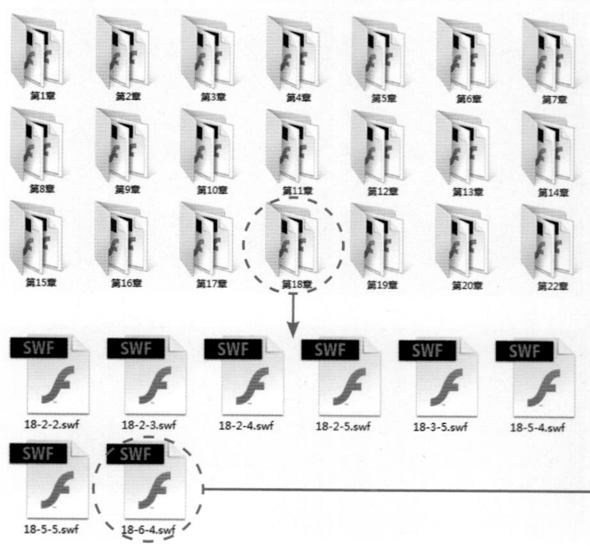

在“赠送资源”文件夹中附赠了 95 个笔刷、380 多个样式、800 多个动作、1000 多个渐变效果、13000 多个形状。

95个笔刷

380多个样式

800多个动作

1000多个渐变

13000多个形状

75	45	67	153	141	378	361	324	317	289	309	283	229	327	187	299	553	229	205	67
236	65	118	110	58	55	239	256	135	67	279	423	195	255	151	279	180	144	57	623
753	429	56	412	284	126	211	215	163	78	127	547	458	67	525	571	376	487	160	184
155	370	340	157	120	370	155	515	210	1096	1040	1104	1018	336	385	165	400	200	1063	400
200	600	1296	1284	400	392	1103	1040	1098	1016	1190	1009	1248	344	392	1226	1925	1248	400	300
400	2200	1850	2306	2330	2200	2300	2200	2000	2200	1840	1960	2300	270	500	560	440	560	560	67
153	406	378	210	178	298	600	600	600	880	880	1800	1164	1164	1024	1024	992	992	1187	1187
768	768	963	963	635	635	1136	1136	1000	1000	696	696	655	655	598	932	932	984	984	1002
45	1137	910	156	104	192	235	254	193	301	225	68	65	163	300	193	151	165	287	67
696	358	527	84	117	400	260	270	313	67	348	117	264	187	196	262	319	347	570	610

95 个 Photoshop 笔刷，有助于专业的图像处理！

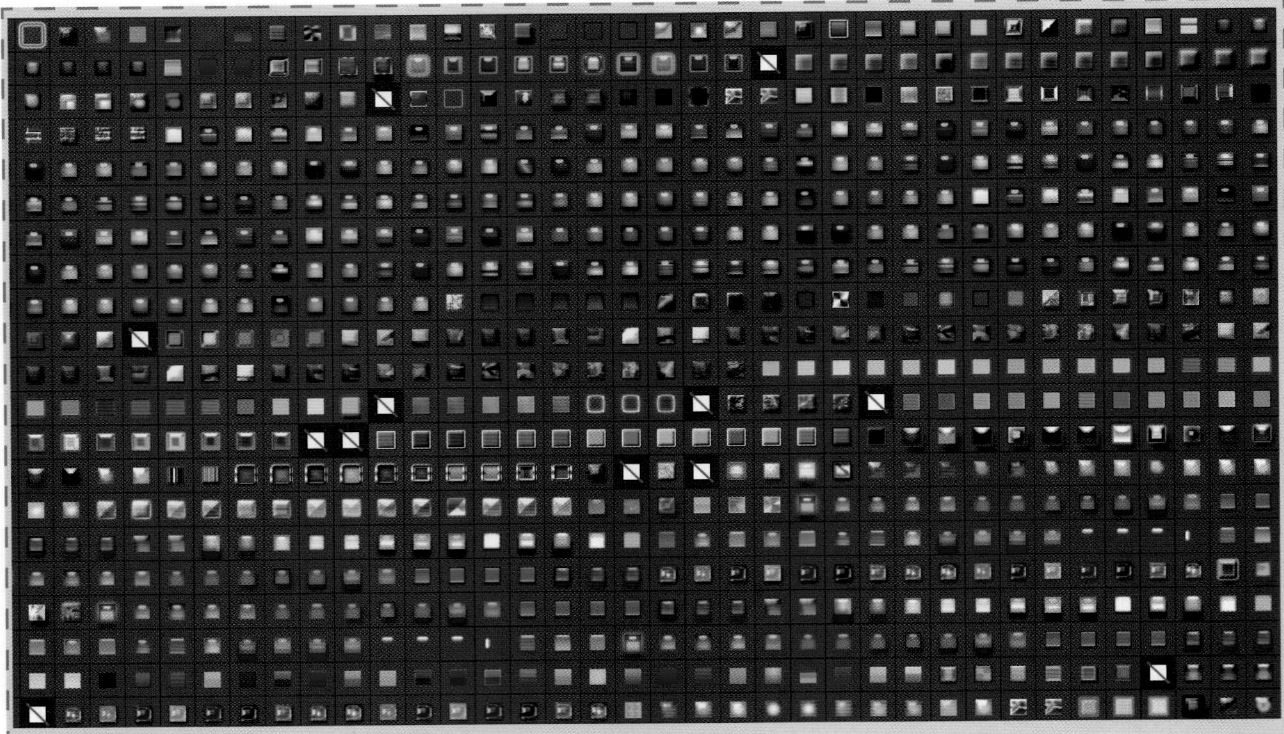

380 多个 Photoshop 样式，可以更加方便、快捷地制作出精美效果！

800 多个 Photoshop 动作，
通过使用 Photoshop 动作
能够更加便捷地制作出多
种效果！

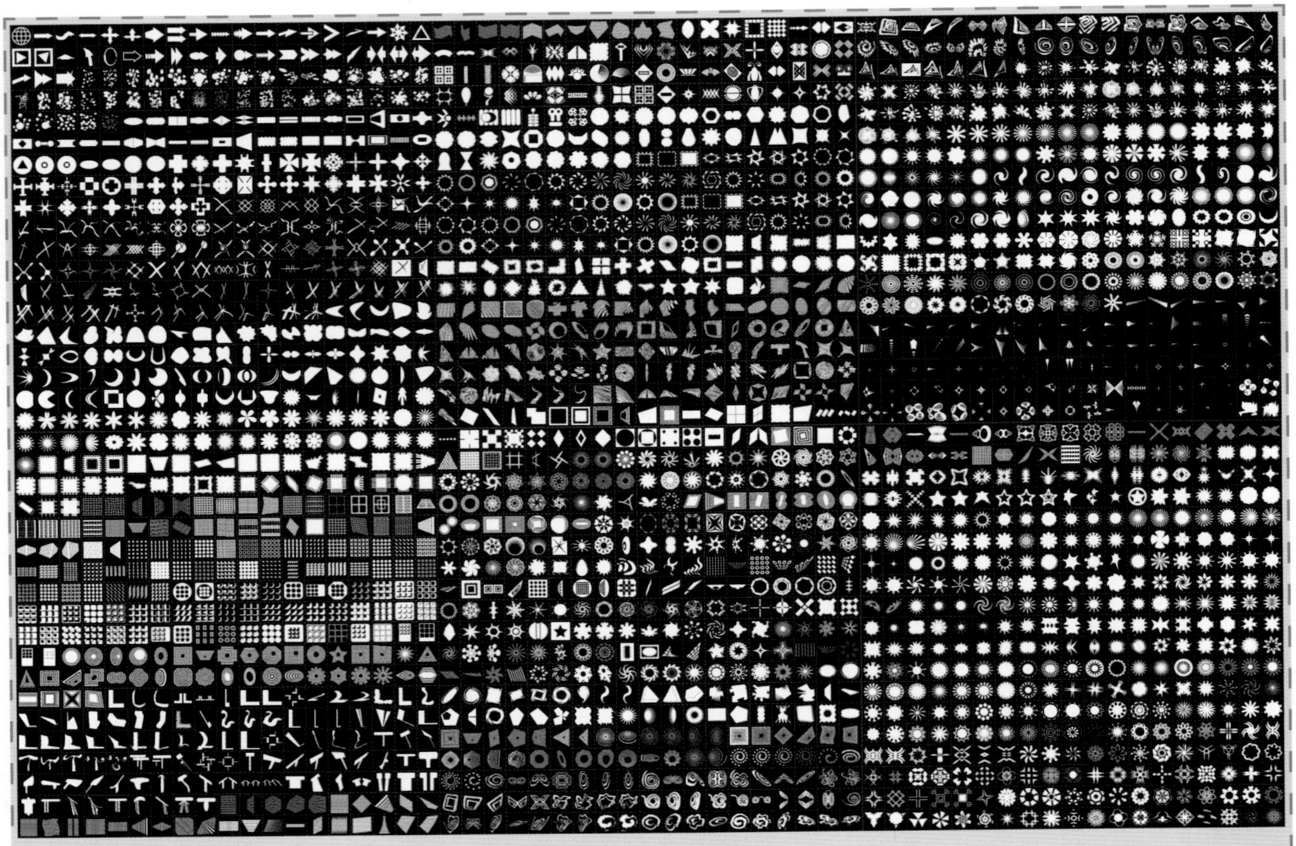

13000 多个 Photoshop 形状，丰富你的 Photoshop 形状图形库！

1000 多个 Photoshop 渐变效果，可实现更加美观的渐变填充效果！

Photoshop CC 白金手册

孟飞飞 编著

清華大學出版社
北京

内 容 简 介

Photoshop是一款实践性很强的软件，每一位希望掌握该软件的读者，都必须在学习的过程中坚持动手操作实践，才能掌握这款软件，最终达到得心应手的境界。本书以最新版本的Photoshop CC为基础，全面介绍了该软件的使用方法和技巧，通过大量的操作练习与知识点相结合，使读者能够边学边练，真正做到完全掌握。

本书共分22章，其中包括软件的概述、软件的基本操作、Adobe Bridge CC管理文件、选区的操作、颜色的控制与应用、绘画工具、矢量工具与路径的绘制、图像的修饰与修补、图像色调的基本调整、图像色调的高级调整、Camera Raw 8.0、艺术文字、图层的应用和深度剖析、蒙版和通道的应用、滤镜的使用、3D效果、Web图形以及动画和视频、动作与自动化、打印与输出等内容。以理论与实践相结合的方式贯穿全书，不仅能为读者理解内容知识提供帮助，而且还能使读者敢于下手实践，在使用中真正掌握软件。

本书配套光盘中提供了书中所有案例的源文件、相关素材以及视频教程，方便读者学习和参考。

本书适合广大图像处理爱好者以及从事平面设计、插画设计、包装设计、网页制作、广告设计等领域的工作人员，同时也适合高等院校相关专业的学生和各类培训班的学员参考阅读。

图书在版编目(CIP)数据

完全掌握——Photoshop CC白金手册 / 孟飞飞 编著. —北京：清华大学出版社，2015
ISBN 978-7-302-39779-3

Ⅰ.①完… Ⅱ.①孟… Ⅲ.①图像处理软件 Ⅳ.①TP391.41

中国版本图书馆CIP数据核字(2015)第077162号

责任编辑： 李 磊
封面设计： 王 晨
责任校对： 邱晓玉
责任印制： 沈 露

出版发行： 清华大学出版社
网 址： http://www.tup.com.cn，http://www.wqbook.com
地 址： 北京清华大学学研大厦A座 **邮 编：** 100084
社 总 机： 010-62770175 **邮 购：** 010-62786544
投稿与读者服务： 010-62776969，c-service@tup.tsinghua.edu.cn
质 量 反 馈： 010-62772015，zhiliang@tup.tsinghua.edu.cn
印 装 者： 三河市中晟雅豪印务有限公司
经 销： 全国新华书店
开 本： 203mm×260mm **印 张：** 35 **彩 插：** 8 **字 数：** 1159千字
(附DVD光盘1张)
版 次： 2015年8月第1版 **印 次：** 2015年8月第1次印刷
印 数： 1～4000
定 价： 99.00元

产品编号：063674-01

前言

新版 Photoshop CC 可以通过更直观的用户体验、更大的编辑自由度来提高用户的操作效率。因此，它是平面设计、多媒体处理、三维及动画制作、Web 设计等行业从业人员的理想选择。全书通过对基础知识的讲解，并结合具有针对性的案例，不仅能够使用户理解相应的内容知识，还能使用户开阔思路，敢于动手实践，在操作过程中真正将其掌握。

Photoshop CC 软件是一款操作实践性很强的软件，每一位希望掌握该软件的用户都必须在学习的过程中坚持动手实践操作，通过循序渐进的练习来掌握软件的奥妙，最终达到得心应手的境界。为了帮助用户在较短的时间内轻松掌握 Photoshop CC 软件的相关知识，作者精心编写了此书，供用户学习。

本书特点与内容安排

本书以循序渐进的方式，全面介绍了 Photoshop CC 的基本操作和功能，详细说明了各种工具和功能的使用方法，全面剖析了图像色彩原理及图像处理技巧。本书案例丰富、步骤清晰，与实践结合非常密切。本书共 22 章，每一章都通过 Photoshop CC 不同的功能进行有针对性的讲解，具体内容如下。

第 1 章　初识 Photoshop CC。主要介绍 Photoshop CC 的应用领域、Photoshop CC 程序的安装和卸载、Photoshop CC 的新增功能、Photoshop CC 的操作界面、Photoshop CC 的系统设置和优化调整等一些基础知识。

第 2 章　Photoshop CC 的基本操作。通过对本章的学习，可以使用户熟悉 Photoshop CC 的操作环境，以及一些对图像的最基本操作，例如位图与矢量图、图像大小与分辨率、打开文件与保存文件、变换图像等。

第 3 章　使用 Adobe Bridge CC 管理文件。主要带领用户认识了 Adobe Bridge CC 的工作界面，并且讲解了使用 Adobe Bridge CC 管理文件的基本操作和技巧。

第 4 章　选区的操作。在 Photoshop CC 中，如果要对图像的局部进行修改，首先要通过各种途径将其选中，也就是创建选区。使用不同的选择工具能够得到不同的选区，可以对其进行移动、复制、填充颜色等操作，这些操作都不会影响选区以外的图像。

第 5 章　颜色的控制与应用。本章主要介绍了颜色的属性、色彩模式和各模式之间的转换，以及选择颜色和填充颜色的方法。

第 6 章　Photoshop CC 的绘画工具。通过使用绘画工具，可以修饰图像、创建和编辑 Alpha 通道上的蒙版等。通过使用画笔笔尖、画笔预设和许多画笔选项，可以发挥自己的创造能力，制作出精美的绘画效果。

第 7 章　矢量工具与路径的绘制。主要讲解矢量工具的绘图模式、“路径”面板以及如何使用“钢笔工具”绘制图形、了解路径和锚点的编辑方法、填充路径和描边路径的方法以及路径的输出等内容。

第 8 章　图像的修饰与修补。本章讲解修饰与修补图像的工具，并结合实例对模糊工具、锐化工具、背景橡皮擦工具和历史记录画笔工具等进行详细讲解。熟练掌握这些工具会起到非常重要的作用，还可以提高工作效率。

第 9 章　图像色调的基本调整。主要介绍了 Photoshop CC 中的自动调整命令，以及各种基本调整命令的使用方法和技巧。

第 10 章　图像色调的高级调整。主要介绍了查看图像色彩的方法以及直方图的使用方法和技巧，并且重点讲解了“色阶”和“曲线”这两种高级的图像色调调整命令。

第 11 章　使用 Camera Raw 8.0 处理照片。主要向用户介绍了 Camera Raw 的相关知识，以及如何使用 Camera Raw 对数码照片进行处理。

第 12 章　文字工具的使用。文字是平面设计中的重要组成部分。在网页、平面等设计工作中，文字的设计与安排无疑会在整个设计过程中占据非常重要的位置。

第 13 章　图层的应用。在 Photoshop CC 中，本章将从最基础的图层知识开始讲解，包括图层的类型、创建图层与图层的基本操作、图层组和“图层复合”面板的使用等内容。

第 14 章　图层的深度剖析。本章主要让用户对图层样式和图层混合模式有一个全面的认识，使用户能够制作出丰富的图像效果。

第 15 章　蒙版的应用。本章针对不同蒙版类型进行讲解，包括图层蒙版、矢量蒙版以及剪贴蒙版等相关内容。

第 16 章　通道的应用。本章针对通道的不同功能进行讲解，首先是基础知识部分，包括通道的概念与基本操作，最后是高级运用部分，通过不同的实例一对一地将通道的不同功能中体现出来。

第 17 章　使用滤镜。本章主要对不同滤镜的特点以及使用方法进行讲解，这其中还包括一些特殊滤镜的使用方法，例如液化、消失点和外挂滤镜等。

第 18 章　使用 3D 效果。本章将针对 3D 方面的功能进行系统讲解，包括一些 3D 方面的新增知识的运用，通过不同的实例，进行透彻性的剖析。

第 19 章　Web 图形以及动画和视频。本章主要向用户介绍如何在 Photoshop CC 中处理 Web 图形，以及动画的制作和视频的应用。

第 20 章　动作与自动化操作。本章主要讲解动作与自动化的操作，包括“动作”面板和应用预设、修改动作、图像批处理以及其他自动化操作等。

第 21 章　打印与输出。本章主要对 Photoshop CC 中的打印与输出选项进行详细介绍，使用户在完成作品的设计后，可以轻松地在 Photoshop CC 中对作品进行打印输出。

第 22 章　综合商业案例。本章将以案例的形式总结性地讲解 Photoshop CC 的不同功能在制作中的使用方法和运用技巧。

本书读者对象与作者

本书适合广大图像处理爱好者以及从事平面设计、插画设计、包装设计、网页制作、广告设计等领域的工作人员，同时也适合高等院校相关专业的学生和各类培训班的学员阅读参考。

本书由孟飞飞编著，另外李晓斌、张晓景、解晓丽、孙慧、程雪翩、刘明秀、陈燕、胡丹丹、杨越、王巍、王素梅、王状、赵建新、赵为娟、张农海、聂亚静、方明进、张陈、王琨、田磊等人也参与了本书的编写工作。作者在写作过程中力求严谨细致，但也难免有不足之处，希望广大读者朋友批评指正。

我们的服务邮箱是：wkservice@vip.163.com。

本书的 PPT 课件请到 http://www.tupwk.com.cn 下载。

编　者

Search

目录

第 1 章 初识 Photoshop CC

第 2 章 Photoshop CC 的基本操作

第 3 章 使用 Adobe Bridge CC 管理文件

第 4 章 选区的操作

第 5 章 颜色的控制与应用

第 6 章 Photoshop CC 的绘画工具

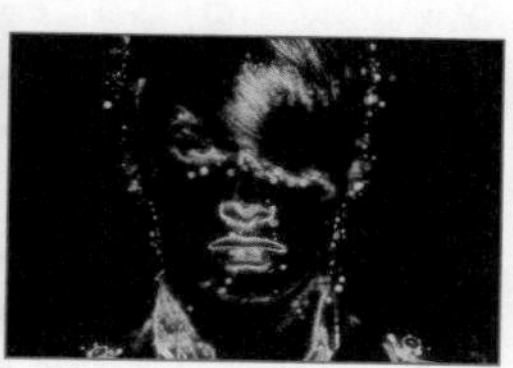

第 7 章 矢量工具与路径的绘制

第 8 章 图像的修饰与修补

第 9 章 图像色调的基本调整

第 10 章 图像色调的高级调整

第 11 章 使用 Camera Raw 8.0 处理照片

第 12 章 文字工具的使用

第 13 章 图层的应用

第 14 章 图层的深度剖析

第 15 章 蒙版的应用

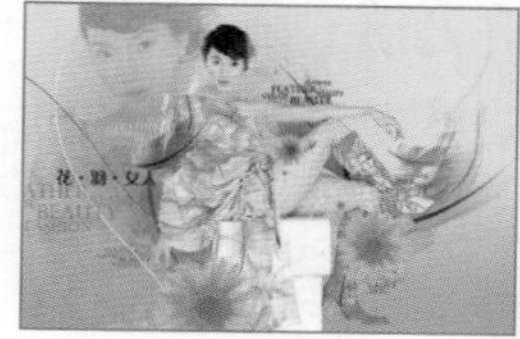

第 16 章 通道的应用

第 17 章 使用滤镜

第 18 章 使用 3D 效果

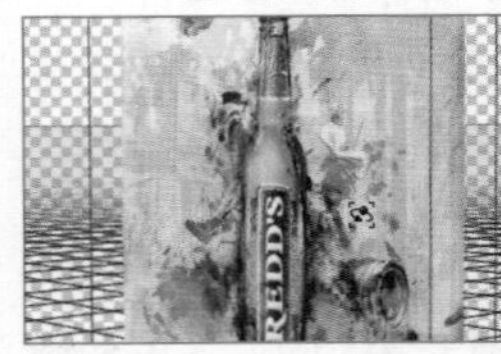

第 19 章 Web 图形以及动画和视频

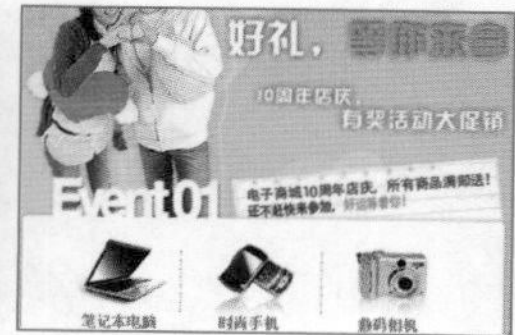

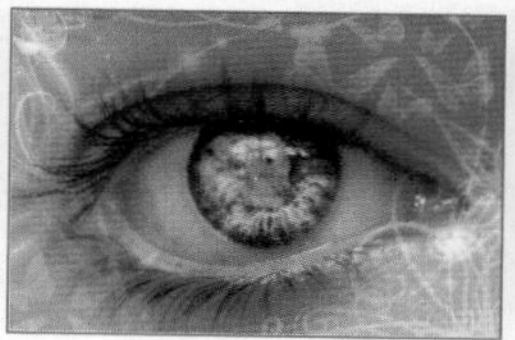

第 20 章 动作与自动化操作

第 21 章 打印与输出

第 22 章 综合商业案例

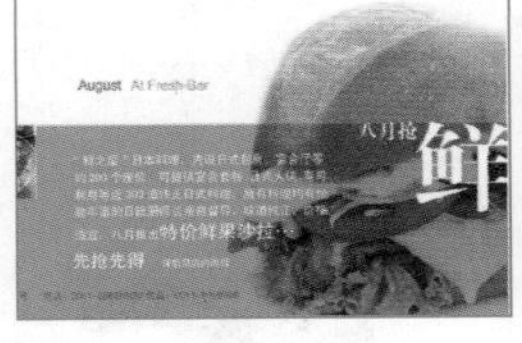

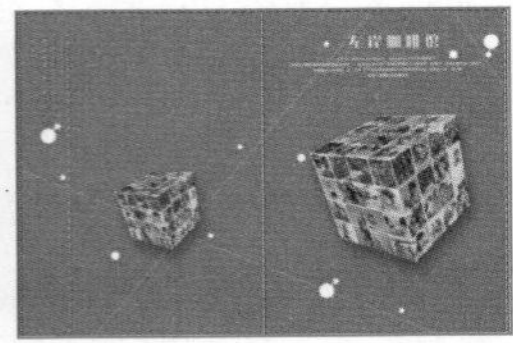

第1章 初识 Photoshop CC

本章作为本书的开篇，在不同方面简单介绍了 Photoshop 的使用领域以及软件的安装、启动与退出，面板的拆分与组合等基础知识。通过本章的学习，用户应该对 Photoshop CC 的相关知识有一定的了解，使其在后面的学习中能够更加顺畅自如。

1.1 Photoshop 的行业应用

从功能上看，Photoshop 可分为图像编辑、图像合成、校色调色以及特效制作。随着 Photoshop CC 版本的推出，功能变得日益强大，它可使用的行业也更加广泛了。从平面设计到网页设计，再到三维贴图和动画，都能成为用户使用 Photoshop 展现自我能力的舞台。

1.1.1 平面设计

Photoshop 具有强大的图像编辑功能，几乎可以编辑所有的图像格式文件。能够实现对图像的复制、粘贴、调整大小、色彩调整等基本功能，它在平面设计中的使用非常广泛，不论是图书的封面，还是大街上的招贴、海报，这些具有丰富图像的平面印刷品，基本上都需要运用 Photoshop 软件对图像进行处理。如图 1–1 所示为常见的平面作品。

图 1-1 常见的平面作品

1.1.2 插画艺术设计

Photoshop 具有良好的绘画与调色功能，许多插画设计制作者往往使用铅笔绘制草稿，然后用 Photoshop 填色的方法来绘制插画。除此之外，近年来非常流行的像素画也多为设计师使用 Photoshop 创作的作品。如图 1–2 所示为艺术插画效果。

图 1-2 插画设计

1.1.3 网页设计

随着网络的普及，网页制作的需要也越来越多。除了可以处理制作网页所需的图片外，Photoshop 还增加了许多和网页设计相关的处理功能，如能够直接将一个设计完成的网页输出成为 HTML 格式，既降低了工作的复杂程度，又提高了工作效率。更重要的是使用“动画”面板可以制作出时下流行的 GIF 动画，以供网页制作使用。如图 1–3 所示为常见的网页设计效果。

图 1-3 常见的网页设计效果

1.1.4 UI 界面设计

UI 界面设计是一个新兴的领域，已经受到越来越多的软件企业及开发者的重视，当前还没有用于制作和设计界面的专业软件，因此绝大多数设计者使用的都是 Photoshop。使用 Photoshop 的渐变、图层样式和滤镜等功能，可以制作出各种真实的质感和特效。如图 1–4 所示为 UI 界面设计效果。

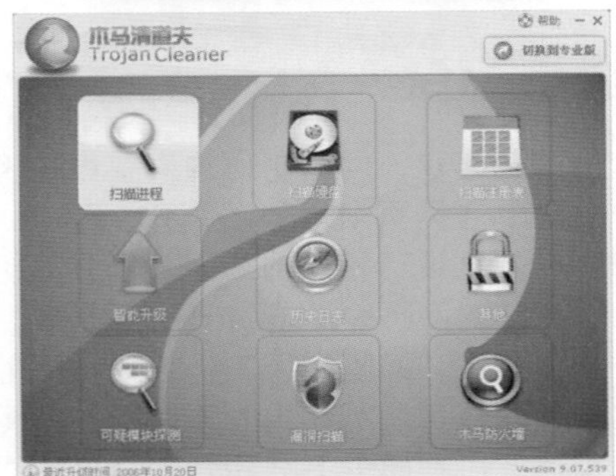

图 1-4 UI 界面设计效果

1.1.5 数码照片后期处理

摄影作为一种对视觉要求非常严格的工作，其最终成品往往要经过 Photoshop 的修改才能得到满意的效果。Photoshop 具有强大的图像修饰功能。利用这些功能，可以快速修复一张破损的老照片，也可以修复人脸上的斑点等缺陷。而且通过处理可以将原本风格不一样的对象组合在一起，使图像发生巨大变化。如图 1–5 所示为常见的照片处理效果。

图 1-5 常见的数码照片处理

1.1.6 效果图后期处理

在制作建筑效果图（包括许多三维场景）时，一般只能制作出场景中的主要建筑，对于一些辅助性的元素需要到 Photoshop 中添加，如植物、人物等。还可以在 Photoshop 中对制作完成的效果图进行色彩调整、亮度调整以及重新构图等操作。如图 1–6 所示为修饰后的建筑效果图。

图 1-6 修饰后的建筑效果图

1.1.7 绘制或处理三维贴图

在三维软件中，如果能够制作出精良的模型，而无法为模型使用逼真的贴图，那么也无法得到较好的渲染效果。实际上在制作材质时，除了要依靠软件本身具有的材质功能外，利用 Photoshop 可以制作在三维软件中无法实现的合适的材质。在 Photoshop CC 中，可以直接将三维模型导入，并直接在模型上绘制贴图并进行渲染，从而得到更加丰富的三维效果。如图 1–7 所示为贴图绘制前后的效果对比。

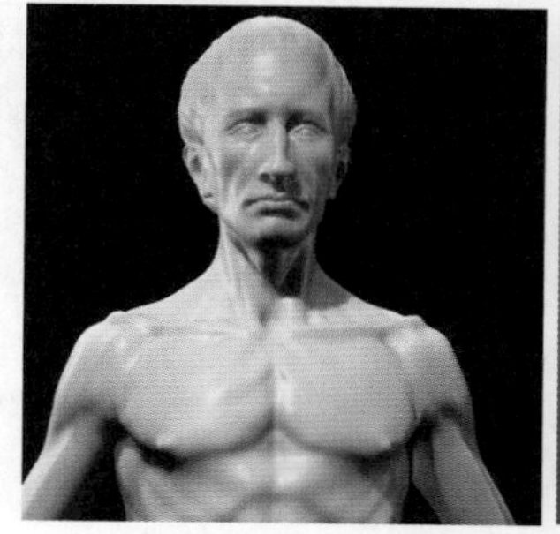

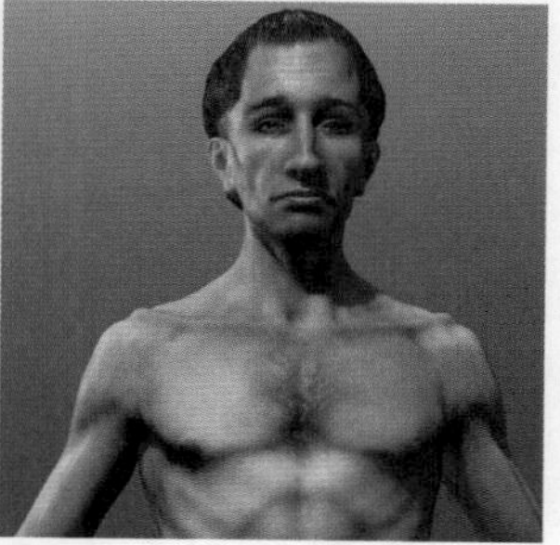

图 1-7 贴图绘制前后的效果对比

1.1.8 动画与 CG 设计

使用 Photoshop 制作人物皮肤贴图、场景贴图和各种质感的材质，不仅效果逼真，还能够节省动画渲染的时间。此外，Photoshop 还可以用来绘制多种风格的 CG 艺术作品。如图 1–8 所示为动画与 CG 设计方面的图像效果。

图 1-8 动画与 CG 效果图

除了上面提到的应用领域外，Photoshop 还经常被应用于视觉创意、图标设计、软件界面设计、二维动画制作、非线性编辑等领域。

1.2 Photoshop CC 的安装与卸载

Photoshop CC 推出了很多全新的功能，使得 Photoshop 的处理氛围和效率大大增强，但同时软件对系统的要求也有了很大提高，要想完全发挥 Photoshop CC 的功能，需要较高的硬件配置。

1.2.1 Photoshop CC 系统要求

Photoshop CC 可以在 Windows 操作系统中运行，也可以在 Mac OS 操作系统中运行。Photoshop CC 在 Windows 操作系统中运行的系统要求如表 1–1 所示。

表 1-1 Photoshop CC 在 Windows 操作系统中运行的系统要求

CPU	Intel Pentium 4 或 AMD Athlon 64 处理器（2GHz 或更快）
操作系统	Microsoft Windows 7（已安装 Service Pack 1）、Windows 8 或 Windows 8.1
内存	1GB 以上内存
硬盘空间	2.5GB 可用硬盘空间用于安装；安装过程中需要额外的可用空间（无法安装在可移动闪存设备上）
显示器	具备 OpenGL 2.0、16 位色彩和 512MB 显存（建议使用 1GB）的显卡，1280×1024 的显示分辨率（建议使用 1280×800）
产品激活	在线服务需要宽带 Internet 连接

Photoshop CC 在 Mac OS 操作系统中运行的系统要求如表 1–2 所示。

表 1-2　Photoshop CC 在 Mac OS 操作系统中运行的系统要求

CPU	支持 64 位的 Intel 多核处理器
操作系统	Mac OSXv10.7、v10.8 或 v10.9
内存	1GB 以上内存
硬盘空间	3.2GB 可用硬盘空间用于安装；安装过程中需要额外的可用空间（无法安装在使用区分大小写的文件系统的卷或移动闪存设备上）
显示器	具备 OpenGL 2.0、16 位色彩和 512MB 显存（建议使用 1GB）的显卡，1280×1024 的显示分辨率（建议使用 1280×800）
产品激活	在线服务需要宽带 Internet 连接

提示

Photoshop CC 支持 32 位和 64 位操作系统，建议用户在 64 位操作系统中安装 64 位的 Photoshop CC。在 32 位操作系统中 Photoshop CC 将不支持视频功能。

本书将在 Windows 7 操作系统中对 Photoshop CC 软件功能与使用进行详细的讲解。

1.2.2 安装 Photoshop CC

在了解了一些关于 Photoshop CC 基本的系统要求之后，接下来就向用户介绍如何安装软件。

动手实践——安装 Photoshop CC

源文件：无

视频：光盘 \ 视频 \ 第 1 章 \1-2-2.swf

01 启动 Photoshop CC 安装程序，自动进入初始化安装程序界面，如图 1–9 所示。初始化完成后进入欢迎界面，可以选择安装或试用，如图 1–10 所示。

图 1-9　初始化程序

图 1-10　欢迎界面

提示

如果安装时没有产品的序列号，可以选择"试用"选项。这样就不用输入序列号即可安装，可以正常使用软件 30 天。30 天后则再次需要输入序列号，否则将不能正常使用。

02 单击"试用"按钮，进入"需要登录"界面，单击"登录"按钮，如图 1–11 所示。可以输入 Adobe ID 登录，如果还没有 Adobe ID，可以直接注册 Adobe ID 再进行登录，登录成功后，进入"Adobe 软件许可协议"界面，如图 1–12 所示。

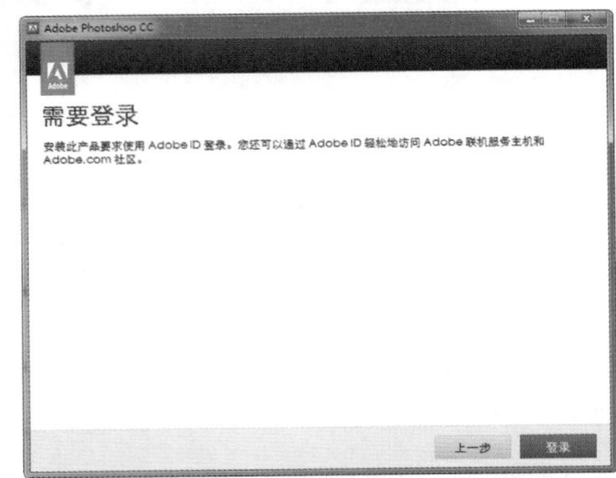

图 1-11 "需要登录"界面

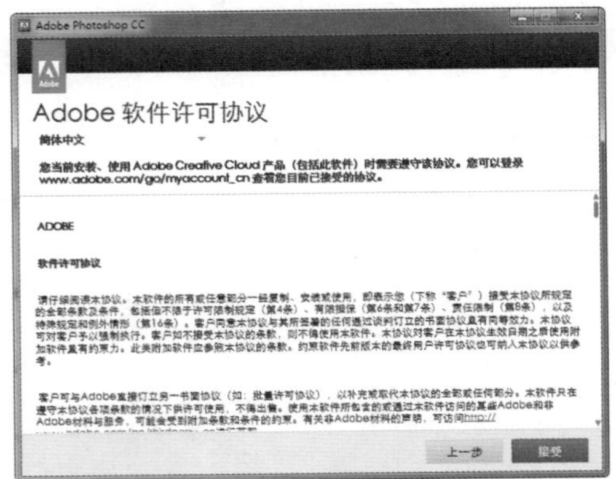

图 1-12 "Adobe 软件许可协议"界面

03 单击"接受"按钮，进入"选项"界面，在该界面中指定 Photoshop CC 的安装路径，如图 1–13 所示。单击"安装"按钮，进入"安装"界面，显示安装进度，如图 1–14 所示。

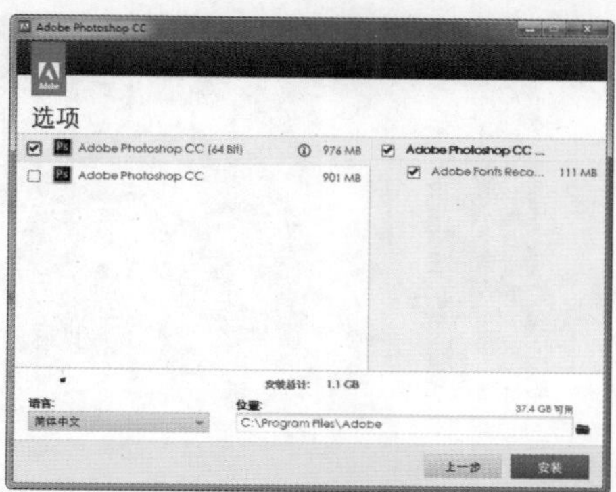

图 1-13 “选项”界面

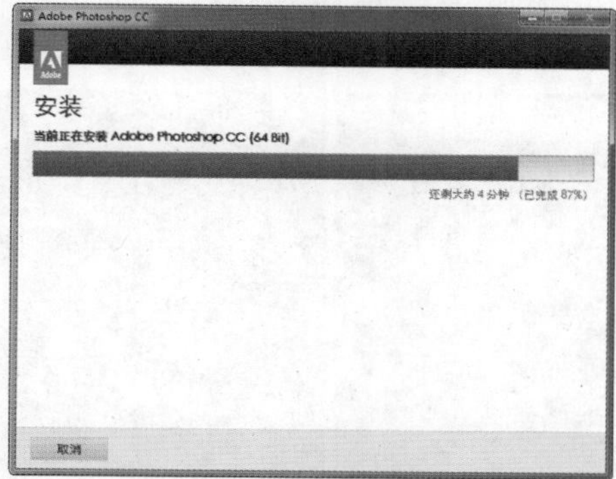

图 1-14 “安装”界面

04 安装完成后，进入“安装完成”界面，显示已安装内容，如图 1–15 所示。单击“关闭”按钮，关闭安装窗口。

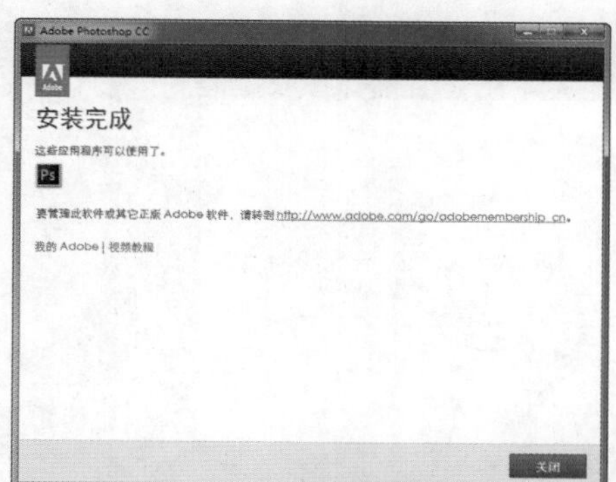

图 1-15 “安装完成”界面

1.2.3 卸载 Photoshop CC

如果用户所安装的 Photoshop CC 软件出现问题，则需要将 Photoshop CC 卸载后再重新进行安装。

动手实践——卸载 Photoshop CC

源文件：无

视频：光盘 \ 视频 \ 第 1 章 \1-2-3.swf

01 在 Windows 操作系统的“开始”菜单中选择“控制面板”命令，如图 1–16 所示。打开“控制面板”窗口，单击“程序和功能”选项，如图 1–17 所示。

图 1-16 选择“控制面板”命令

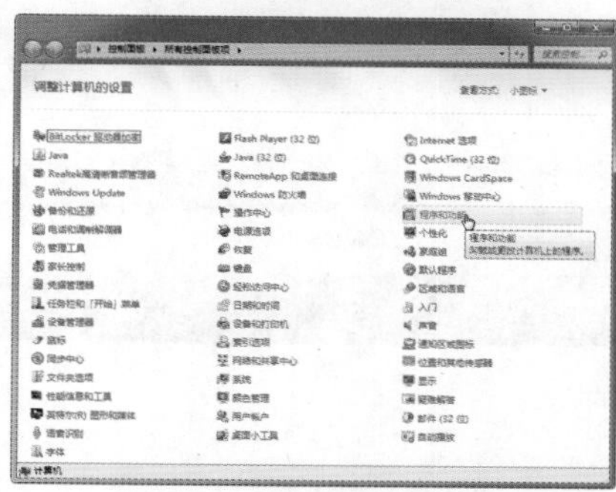

图 1-17 单击“程度和功能”按钮

02 打开“程序和功能”对话框，在“卸载或更改程序”列表框中选择 Photoshop CC 使用程序，单击上方的“卸载”按钮，如图 1–18 所示。弹出对话框，显示“卸载选项”界面，如图 1–19 所示。

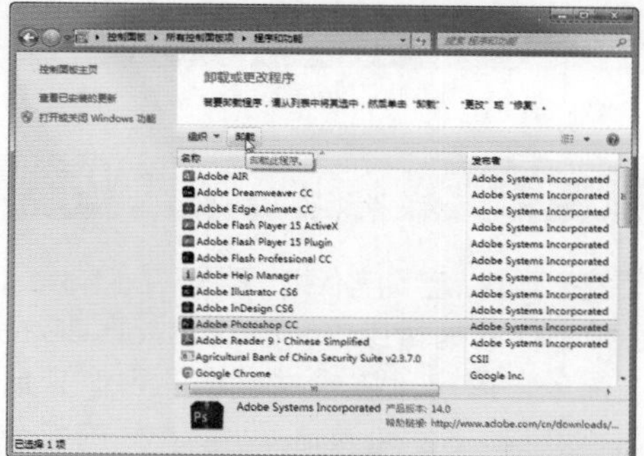

图 1-18 单击“卸载”按钮

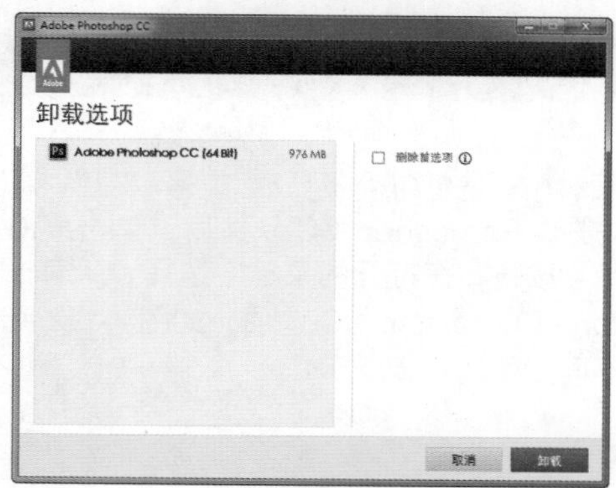

图 1-19 “卸载选项”界面

03 单击“卸载”按钮，进入“卸载”界面，显示 Photoshop CC 的卸载进度，如图 1–20 所示。卸载完成后显示“卸载完成”界面，如图 1–21 所示。单击“关闭”按钮，即可完成 Photoshop CC 的卸载。

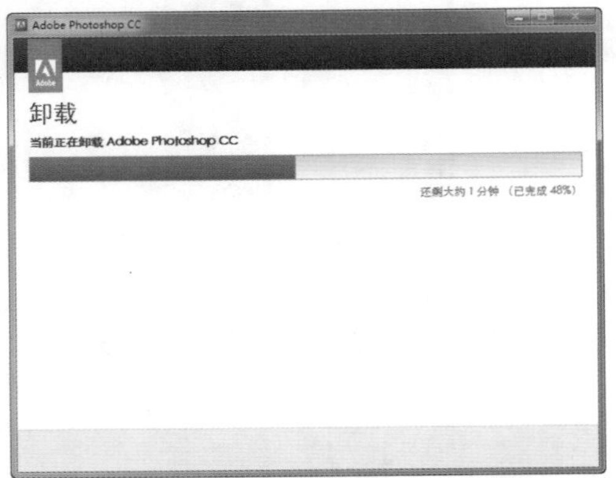

图 1-20 “卸载”界面

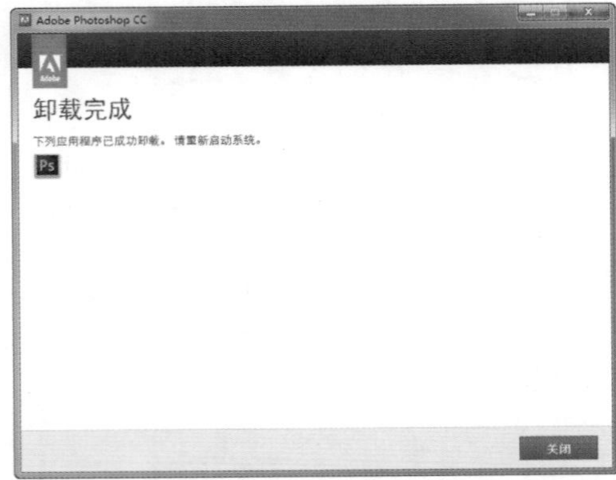

图 1-21 “卸载完成”界面

1.2.4 Photoshop CC 的启动和退出

安装完成后，启动软件，即可在 Photoshop CC 中完成各种各样的编辑操作。Photoshop CC 的启动和退出方法很多，用户可以根据自己的习惯来启动或退出 Photoshop CC。下面通过 Windows 的“开始”菜单运行程序，为用户进行详细讲解。

动手实践——启动和退出 Photoshop CC

源文件：无

视频：光盘 \ 视频 \ 第 1 章 \1-2-4.swf

01 安装 Photoshop CC 软件后，单击桌面左下角的“开始”按钮，在打开的菜单中选择“所有程序”，单击 Adobe Photoshop CC 选项，如图 1–22 所示。软件启动界面如图 1–23 所示。

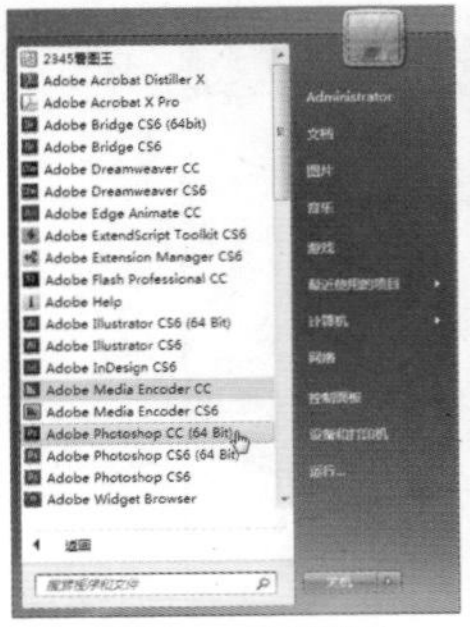

图 1-22 开始菜单 图 1-23 启动界面

02 稍等片刻，即可进入 Photoshop CC 工作界面，如图 1–24 所示。单击 Photoshop CC 操作界面右上角的“关闭”按钮，如图 1–25 所示。

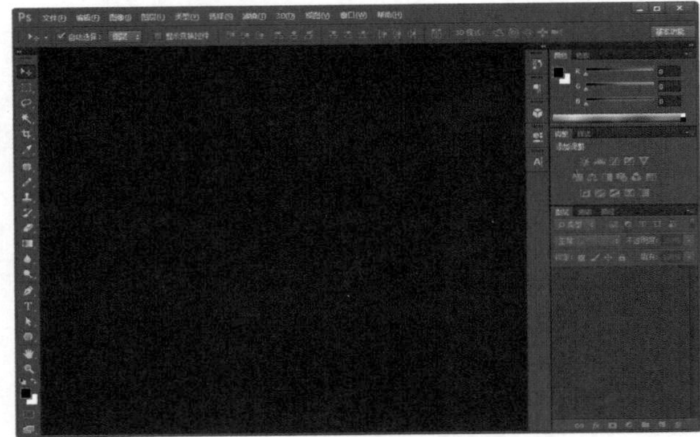

图 1-24 Photoshop CC 操作界面

图 1-25 单击“关闭”按钮

03 如果没有对处理过的文件进行保存，则会弹出询问是否存储的提示框，如图 1–26 所示。单击“是”按钮，则会弹出“另存为”对话框，如图 1–27 所示。

图 1-26 提示框

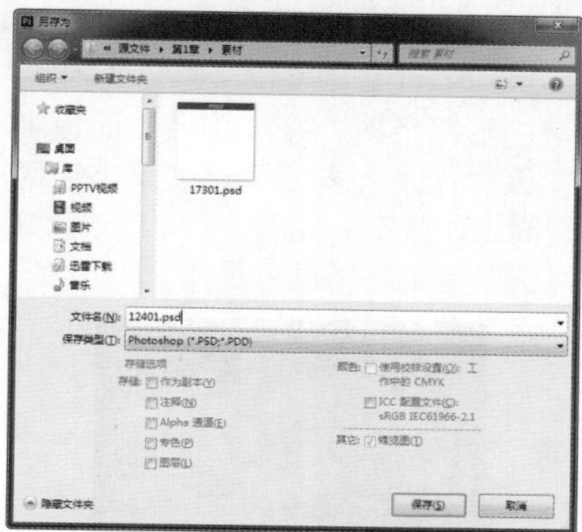
图 1-27 "另存为"对话框

04 输入文件名，单击"保存"按钮后，即可退出 Photoshop CC 程序；单击"否"按钮，则直接退出 Photoshop CC 程序；也可以通过执行"文件 > 退出"命令退出 Photoshop CC 程序，如图 1–28 所示。

图 1-28 菜单退出

1.3 Photoshop CC 的新增功能

Photoshop CC 在传承了 Photoshop CS6 的基础上增添了许多新的功能，并且对许多原有的功能进行了增强和改进，使得 Photoshop 在图像处理方面的功能更加强大和完善。本节将向用户简单介绍 Photoshop CC 中的新增功能，使用户能够领略到全新 Photoshop CC 带来的变化。

1.3.1 新增"防抖"滤镜

在 Photoshop CC 中新增了"防抖"滤镜，通过该滤镜可以自动减少由于相机运动而产生的图像模糊，无论是由于慢速快门还是长焦距造成的模糊，该功能都能够通过分析曲线来恢复其清晰度。

执行"滤镜 > 锐化 > 防抖"命令，弹出"防抖"对话框，在该对话框中可以对该滤镜的相关选项进行设置，如图 1–29 所示。

图 1-29 "防抖"对话框

1.3.2 新增隔离图层功能

在 Photoshop CC 中新建了隔离层的功能，用户可以在复杂的层结构中建立隔离层，这是一个神奇的简化设计者工作的新方法。在相应图层的图像编辑窗口中单击鼠标右键，在弹出的快捷菜单中选择"隔离图层"命令，如图 1–30 所示，即可得到隔离层。

隔离图层功能可以让用户在一个特定的图层或图层组中进行工作，而不用看到所有的图层，如图 1–31 所示。

图 1-30 选择"隔离图层"命令

图 1-31 进入隔离图层工作

1.3.3 改进调整图像大小功能

在 Photoshop CC 中对“图像大小”对话框进行了改进，保留细节重新采样模式可以将低分辨率的图像放大，使其拥有更优质的印刷效果，或者将一张大尺寸图像放大成海报或广告牌的尺寸。改进的图像提升采样功能可以保留图像细节并且不会因为放大而产生噪点。

执行“编辑 > 图像大小”命令，弹出“图像大小”对话框，在“重新采样”下拉列表中选择“保留细节（扩大）”选项，可以在放大图像时提供更好的锐度，如图 1–32 所示。

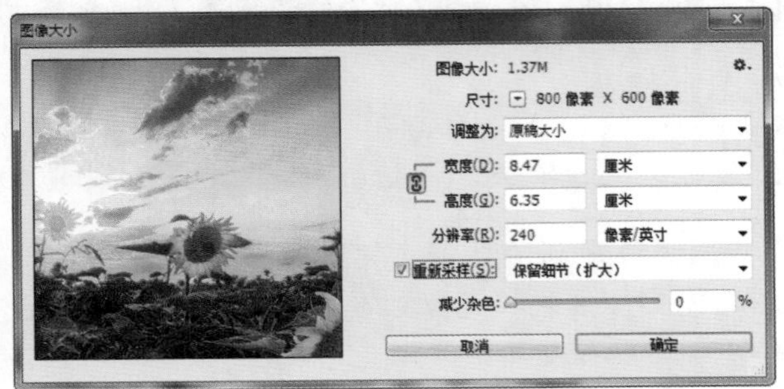

图 1-32 “图像大小”对话框

1.3.4 增强修改形状功能

在 Photoshop CC 中，用户可以重新改变形状的尺寸，并且可以重复编辑，无论是在创建前还是在创建后，甚至可以随时改变圆角矩形的圆角半径值。

在“图层”面板中选中需要调整的形状图层，在“属性”面板中即可对该形状图形进行调整，例如选中圆角矩形形状，在“属性”面板中不但可以对该圆角矩形的宽度、高度等属性进行设置，还可以分别设置圆角矩形 4 个角的圆角半径值，如图 1–33 所示。

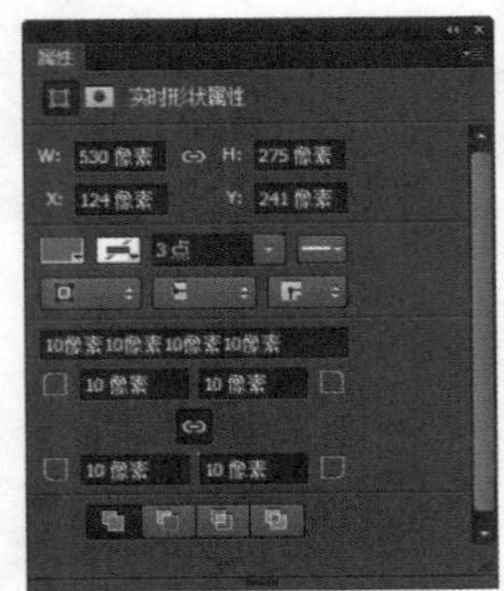

图 1-33 “属性”面板

1.3.5 增强选择多个路径功能

在 Photoshop 以前的版本中，当创建多个矢量图形并选中时，在“路径”面板中一次只能选择一个路径层，而 Photoshop CC 则提供了路径的多重选择功能。当选择矢量图形路径时，在“路径”面板中将显示这些路径层，该功能大大方便了对多个路径同时进行操作，从而提高工作效率。如图 1–34 所示为在“路径”面板中同时选中多个路径进行操作。

图 1-34 同时选中多个路径操作

1.3.6 增强 3D 绘画功能

在 Photoshop CC 中提供了多种增强功能，可以让用户在绘制 3D 对象时实现更精确的控制和更高的准确度。Photoshop CC 提供了以下几种 3D 绘画方法。

1. 实时 3D 绘画

在“3D 模型”视图或纹理视图中创建的画笔描边会实时反映在其他视图中，可以提供高品质、低失真的图像，如图 1–35 所示。在默认的“实时 3D 绘画”模式下绘画时，用户将看到自己的画笔描边会同时在 3D 模型视图和纹理视图中随时更新，也可显著提升性能。

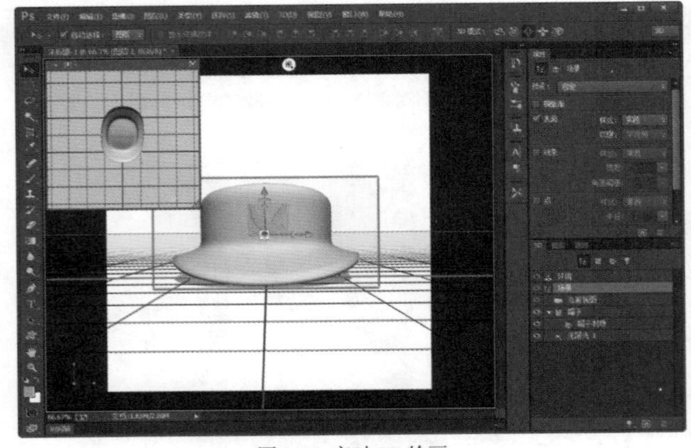
图 1-35 实时 3D 绘画

2. 图层投影绘画

渐变工具和滤镜使用“图层投影绘画”方法。此绘画方法是将绘制的图层与下面的 3D 图层合并，在合并操作时，Photoshop 会自动将绘画投影到相应的目标纹理上。

3. 投影绘画

投影绘画是 Photoshop CC 之前版本中唯一的 3D 绘画方式，投影绘画适用于同时绘制多个纹理或绘制两个纹理之间的接缝。但一般而言，该绘画方法效果较低，并可能在绘制复杂的 3D 对象时导致裂缝。

4. 纹理绘画

使用该绘画方法，可以直接打开 2D 纹理在上面绘画。

1.3.7 改进的 3D 面板

在 Photoshop CC 中对 3D 面板进行了改进，全新的 3D 面板可以使用户能够更加轻松地处理 3D 对象。改进的 3D 面板效仿“图层”面板，被构建为具有根对象和子对象的场景图 / 树，如图 1–36 所示。

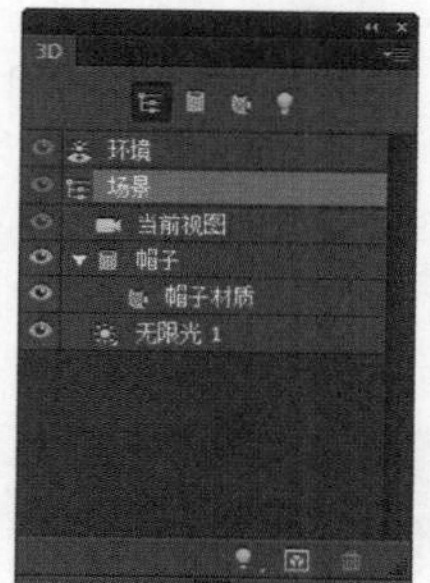

图 1-36 3D 面板

1.3.8 增强“智能锐化”滤镜

在 Photoshop CC 中增强了“智能锐化”滤镜的功能，采用自适应锐化技术可以最大程度地降低杂色和光晕效果，从而使图像获得高质量的锐化结果。

“智能锐化”滤镜是当下非常先进的锐化技术，该滤镜会分析图像，将清晰度最大化并同时将噪点和色斑最小化。执行“滤镜 > 锐化 > 智能锐化”命令，弹出“智能锐化”对话框，在该对话框中可以对相关选项进行设置，如图 1–37 所示。

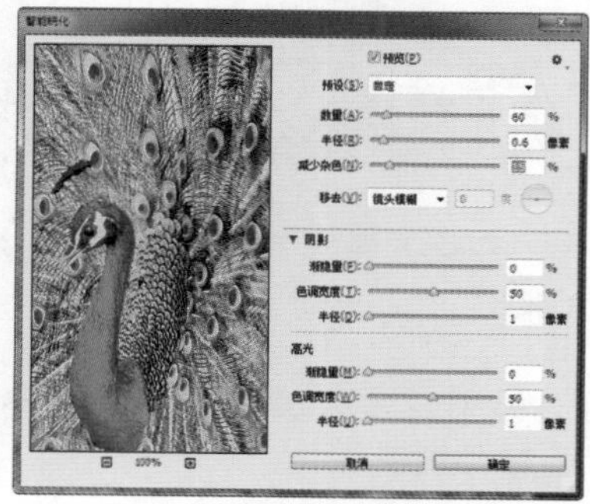

图 1-37 “智能锐化”对话框

1.3.9 增强“最小值”和“最大值”滤镜

在 Photoshop CC 中增强了“最小值”和“最大值”滤镜功能，用户在使用“最小值”和“最大值”滤镜时设置的半径值可以精确到小数，并且可以在“保留”下拉列表中选择需要的方正度或圆度。执行“滤镜 > 其他 > 最小值”或执行“滤镜 > 其他 > 最大值”命令，可以弹出“最小值”对话框和“最大值”对话框，在其中可以对相关选项进行设置，如图 1–38 所示。

图 1-38 “最小值”对话框

1.3.10 将 Camera Raw 集成到滤镜中

在 Photoshop CC 中将 Adobe Camera Raw 集成到“滤镜”菜单中，用户可以对 Photoshop 文档中的任何图层或选区中的图像使用 Camera Raw 调整。

执行“滤镜 >Camera Raw 滤镜”命令，即可弹出 Camera Raw 对话框，在最新的 Adobe Camera Raw 8.1 中，可以更加精确地修改图像、修正扭曲的透视等操作，如图 1–39 所示。

图 1-39 Camera Raw 对话框

1.3.11 新增 Camera Raw“径向滤镜”工具

在 Photoshop CC 的 Camera Raw 中新增了“径向滤镜”工具，使用该工具可以在图像上创建出椭圆形的区域，然后将局部校正应用到所创建的椭圆形区域中，可以实现多种效果，就像所有的 Camera Raw 调整效果一样，都是无损调整，如图 1–40 所示。

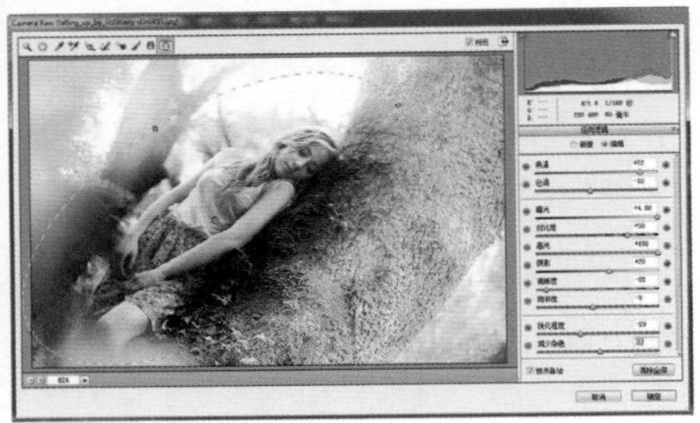
图 1-40 使用“径向滤镜”工具

1.3.12 新增 Camera Raw 垂直功能

在 Photoshop CC 的 Camera Raw 对话框中新增了垂直功能，可以通过使用自动垂直功能轻松地修改扭曲的透视，并且可以通过多个选项来修复透视扭曲的照片。

在 Camera Raw 对话框中打开“镜头校正”面板，切换到“手动”选项卡中，在该选项卡中可以通过单击相应的按钮自动校正照片中元素的透视效果，如图 1–41 所示。

图 1-41 使用 Camera Raw 中的垂直功能

1.3.13 增强 Camera Raw “污点去除工具”

在 Photoshop CC 中增强了 Camera Raw 中的“污点去除工具”功能，新的“污点去除工具”与“修复画笔工具”类似，使用“污点去除工具”在图像的某个元素上进行涂抹，Camera Raw 会自动选择图像中的源区域进行修复，如图 1–42 所示。

图 1-42 使用“污点去除工具”

1.3.14 与 Adobe Creative Cloud 同步设置

Photoshop CC 会经常更新功能和版本，用户可以将 Photoshop CC 中与 Adobe Creative Cloud 进行同步设置，从而使不同计算机的设置保持一致。

单击 Photoshop CC 状态栏上的“同步设置”按钮，在弹出选项中单击“立即同步设置”按钮，将 Photoshop CC 与 Adobe Creative Cloud 同步，如图 1–43 所示。执行“编辑 > 首选项 > 同步设置”命令，弹出“首选项”对话框并自动切换到“同步设置”选项设置界面中，可以设置与 Adobe Creative Cloud 同步设置选项，如图 1–44 所示。

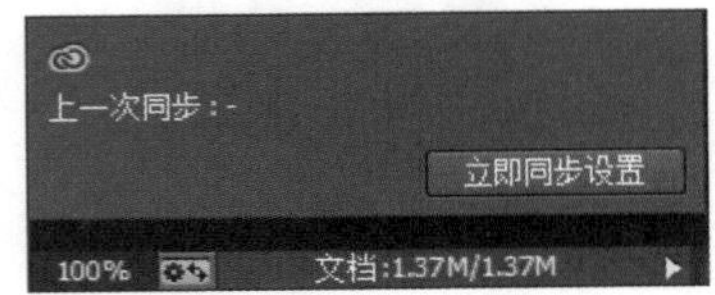

图 1-43 同步设置选项

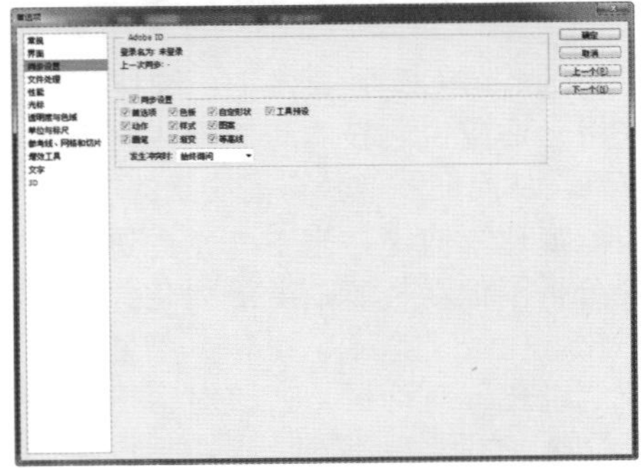
图 1-44 “首选项”对话框

1.4 Photoshop CC 的操作界面

Photoshop CC 和 Photoshop CS6 的操作界面相比较没有太大的变化，保持了开阔的操作区域和方便的文档切换方法。下面就来认识一下 Photoshop CC 的基本操作界面。

1.4.1 认识操作界面

启动 Photoshop CC 软件后，出现如图 1–45 所示的工作界面，其中包含文档窗口、菜单栏、工具箱、选项栏以及面板等模块。

图 1-45　Photoshop CC 的操作界面

- 菜单栏：Photoshop CC 的菜单栏中共有文件、编辑、图像、图层、类型、选择、滤镜、3D、视图、窗口和帮助 11 个菜单，包含了所有 Photoshop CC 操作所需要的命令。
- 选项栏：选项栏会根据所选工具或命令的不同，而显示不同的对应属性。
- 工具箱：工具箱中包含了 Photoshop CC 中所有的操作工具，并且增强了很多工具的功能。
- 状态栏：显示当前打开的文档状态，包括显示比例、文档大小、文档尺寸等。
- 图像窗口：图像窗口用来显示当前打开的图像文件，在其标题栏中显示文件的名称、格式、缩放比例及颜色模式等信息。
- 面板：面板中汇集了编辑图像时常用的选项和相关属性参数。默认状态下，面板显示在操作窗口的右侧，用户可以按照自身的操作习惯修改面板的排列方式。

1.4.2 菜单栏

在菜单栏中，按照不同的功能分为 11 个菜单，如图 1-46 所示。

Ps　文件(F)　编辑(E)　图像(I)　图层(L)　类型(Y)　选择(S)　滤镜(T)　3D(D)　视图(V)　窗口(W)　帮助(H)

图 1-46　菜单栏

- "文件"菜单：该菜单中包括新建、打开、关闭和保存等基本操作。和文件操作有关的命令都在这个菜单中，例如打印、优化等，如图 1-47 所示。
- "编辑"菜单：在该菜单中提供处理图像的基本编辑命令，如复制、粘贴等命令。和图像编辑有关的命令都在这个菜单中，例如调整图像大小、翻转图像等，如图 1-48 所示。

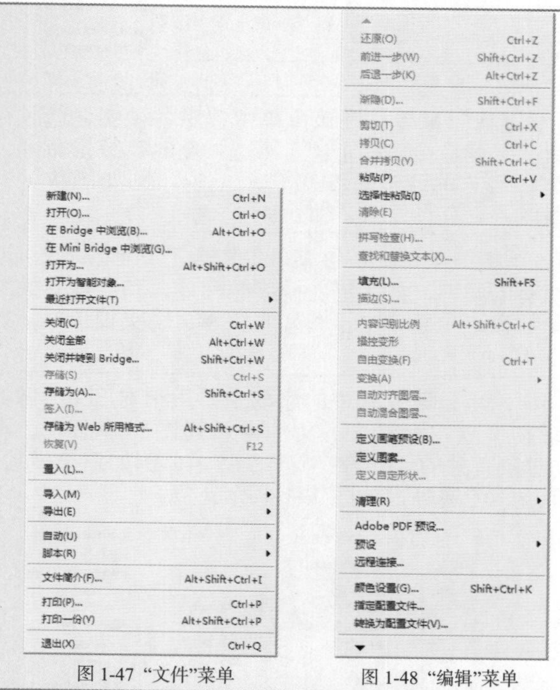

图 1-47 "文件"菜单　　图 1-48 "编辑"菜单

- "图像"菜单：在该菜单中提供对图像颜色和外形调整的命令，如图像大小、画布大小等命令。和图像颜色模式有关的命令都在这个菜单中，例如亮度 / 对比度、色阶、曲线等，如图 1-49 所示。
- "图层"菜单：在该菜单中主要提供图像合成操作的相关命令，如移动、复制和删除图层等编辑命令，和图层相关的命令都在这个菜单中，例如新建图层、合并图层等，如图 1-50 所示。
- "类型"菜单：在该菜单中包含多种主要针对文字的命令，如创建工作路径、转换为形状等，和文字编辑有关的命令都在这个菜单中，例如字体预览大小、语言选项等，如图 1-51 所示。

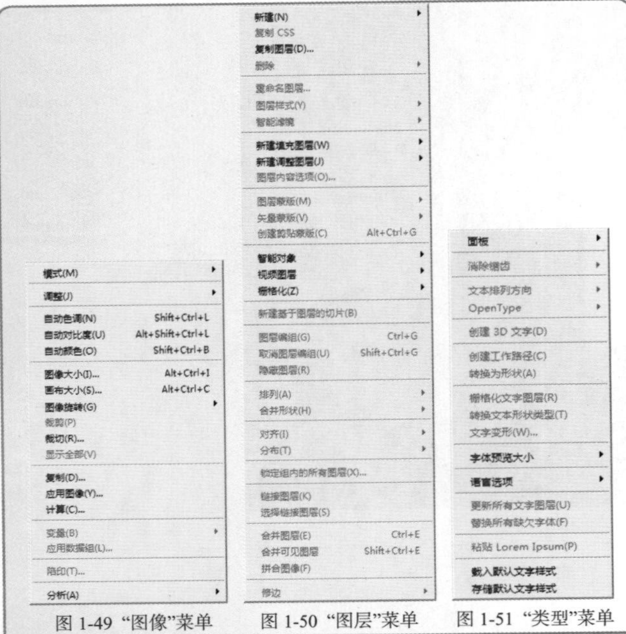

图 1-49 “图像”菜单　　图 1-50 “图层”菜单　　图 1-51 “类型”菜单

“选择”菜单：在该菜单中提供各种创建选区和编辑选区的命令，如全选、不选、反向等编辑命令，和选区有关的命令都在这个菜单中，例如修改、变化选区等，如图 1-52 所示。

“滤镜”菜单：在该菜单中集合了 Photoshop CC 中所有的滤镜，如素描、模糊等命令，和滤镜有关的命令都在这个菜单中，例如滤镜库、镜头校正等，如图 1-53 所示。

3D 菜单：该菜单中的命令主要用于对 3D 图像的编辑和设置，如从 3D 文件中新建图层等命令，和 3D 对象有关的操作都在这个菜单中，例如渲染设置、合成 3D 图层等，如图 1-54 所示。

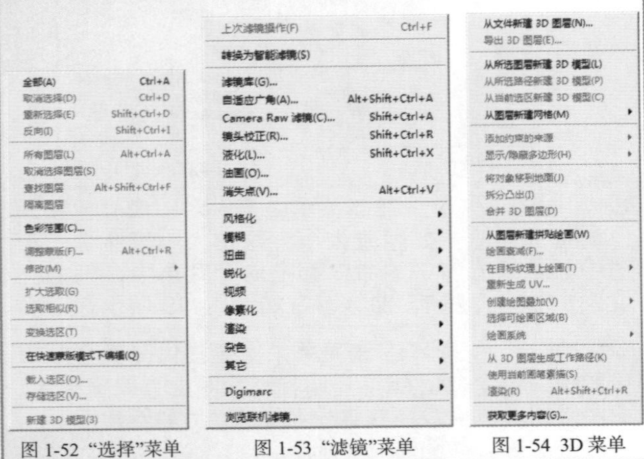

图 1-52 “选择”菜单　　图 1-53 “滤镜”菜单　　图 1-54 3D 菜单

“视图”菜单：该菜单中的命令主要用于设置图像的显示效果，如放大、缩小和显示比例等，和图像显示有关的操作都在这个菜单中，例如辅助线、标尺、网格等，如图 1-55 所示。

“窗口”菜单：该菜单中的命令用于控制工作界面中工具箱和各个面板的显示方式，例如显示 / 隐藏面板等，与视图显示和控制有关的操作都在这个菜单中，例如排列、工作区等，如图 1-56 所示。

“帮助”菜单：在该菜单中提供软件的各项帮助信息，如图 1-57 所示。

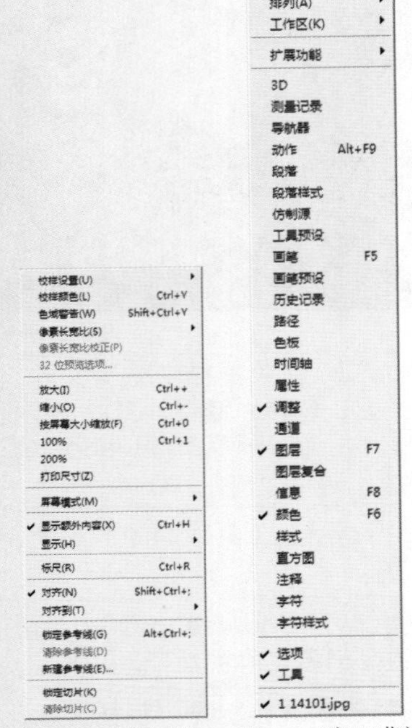

图 1-55 “视图”菜单　　图 1-56 “窗口”菜单　　图 1-57 “帮助”菜单

1.4.3 选项栏

在 Photoshop CC 中，选项栏中的内容会根据选择不同的工具而发生变化。在工具箱中选择相应的工具后，都可以在该工具的选项栏中出现相应的参数，通过改变参数可以准确地对图像进行编辑和设置。如图 1-58 所示为使用“矩形选框工具”时的选项栏；如图 1-59 所示为使用“钢笔工具”时的选项栏。

图 1-58 “矩形选框工具”的选项栏

图 1-59 “钢笔工具”的选项栏

1.4.4 工具箱

工具箱提供了图像绘制和编辑的各种工具，使用工具箱中的不同工具可制作出各种不同的图像效果。为了便于初学者认识和掌握各种工具的名称和位置，如图 1-60 所示列出了工具箱中各个工具及其子工具的名称和快捷键。

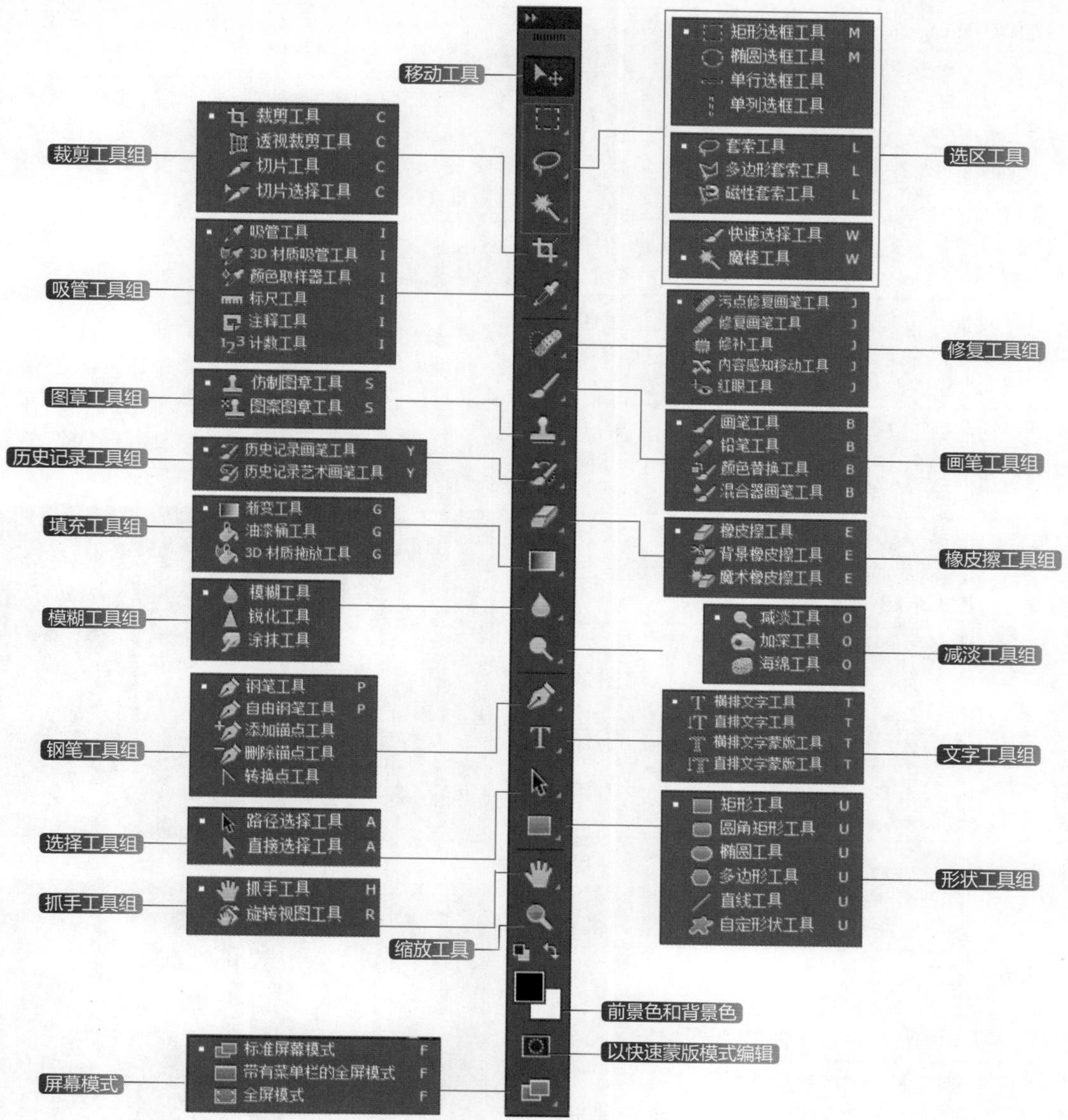

图 1-60　工具箱拆分图

- 移动工具：使用该工具可快速调整图像位置，并且使用该工具可以选择 3D 对象。
- 选区工具：在该类工具中包括“选框工具组”、“套索工具组”和“快速选择工具组”，下面分别向用户进行介绍。
    - 选框工具组：在该工具组中包括“矩形选框工具”、“椭圆选框工具”、“单行选框工具”和“单列选框工具”4 个，可使用这些工具快速创建矩形、椭圆形、单行或单列选区。
    - 套索工具组：在该工具组中包括“套索工具”、“多边形套索工具”和“磁性套索工具”，可以使用相应的工具在图像上绘制任意形状的选区。
    - 快速选择工具组：在该工具组中包括“快速选择工具”和“魔棒工具”，可使用这些工具快速创建选区。
- 裁剪工具组：该工具组中包括“裁剪工具”、“透视裁剪工具”、“切片工具”和“切片选择工具”，在图像的编辑中，可使用“裁剪工具”和“透视裁剪工具”对图像进行裁剪和调整；在制作网页时，可使用“切片工具”和“切片选择工具”切割和设置图像。
- 吸管工具组：该工具组中包括“吸管工具”、“3D 材质吸管工具”、“颜色取样器工具”、“标尺工具”、“注释工具”和“计数工具”，可使用这些工具快速进行颜色取样或度量图像的长宽、角度等操作。
- 修复工具组：该工具组中包括“污点修复画笔工具”、“修复画笔工具”、“修补工具”、“内容感知移动工具”和“红眼工具”，可使用这些工具修复原素材图像中的污点、瑕疵或消除红眼状态。

- 画笔工具组：该工具组中包括“画笔工具”、“铅笔工具”、“颜色替换工具”和“混合器画笔工具”，可使用这些工具指定历史记录状态或快照中的源数据，以风格化描边进行绘画。
- 图章工具组：该工具组中包括“仿制图章工具”和“图案图章工具”，可使用这些工具复制画面中的特定图像，并将其粘贴到其他位置。
- 历史记录工具组：该工具组中包括“历史记录画笔工具”和“历史记录艺术画笔工具”，可使用这些工具快速绘制或替换图像中特定部分的颜色。
- 橡皮擦工具组：该工具组中包括“橡皮擦工具”、“背景橡皮擦工具”和“魔术橡皮擦工具”，可使用这些工具擦除画面中的指定图像。
- 填充工具组：该工具组中包括“渐变工具”、“油漆桶工具”和“3D 材质拖放工具”，可使用这些工具对图像进行渐变填充和特定颜色的填充。
- 模糊工具组：该工具组中包括“模糊工具”、“锐化工具”和“涂抹工具”，可使用这些工具对图像进行局部模糊或鲜明化处理。
- 减淡工具组：该工具组中包括“减淡工具”、“加深工具”和“海绵工具”，可使用这些工具对图像的局部进行减淡、加深或其他设置。
- 钢笔工具组：该工具组中包括“钢笔工具”、“自由钢笔工具”、“添加锚点工具”、“删除锚点工具”和“转换点工具”，可使用这些工具绘制和设置路径。
- 文字工具组：该工具组中包括“横排文字工具”、“直排文字工具”、“横排文字蒙版工具”和“直排文字蒙版工具”，可使用这些工具输入并设置文本。
- 选择工具组：该工具组中包括“路径选择工具”和“直接选择工具”，可使用这些工具选择或调整路径和形状。
- 形状工具组：该工具组中包括“矩形工具”、“圆角矩形工具”、“椭圆工具”、“多边形工具”、“直线工具”和“自定形状工具”，可使用这些工具快速绘制矩形、圆角矩形、椭圆形及各种其他形态的形状。
- 抓手工具组：该工具组中包括“抓手工具”和“旋转视图工具”，可使用这些工具快速查看视图中特定区域或对视图进行旋转。
- 缩放工具：使用该工具可以放大或缩小显示图像。
- 前景色和背景色：单击前景色或背景色色块，在弹出的“拾色器”对话框中可设置前景色和背景色参数。按快捷键 D，可以恢复默认前景色和背景色，按快捷键 X，可以将前景色与背景色互换。
- “以快速蒙版模式编辑”按钮：单击该按钮，进入快速蒙版编辑模式，其快捷键为 Q。
- “屏幕模式”按钮：单击该按钮，在弹出菜单中可以选择 Photoshop 的屏幕模式，包括“标准屏幕模式”、“带有菜单栏的全屏模式”和“全屏模式”，选择任一选项，即可切换屏幕的模式。

1.4.5 文档窗口

当在 Photoshop 中打开一张图像时，Photoshop 便会创建一个文档窗口，如果打开多张图像，则各文档窗口会以选项卡的形式显示，如图 1-61 所示。在文档的名称上单击即可将其设置为当前操作的窗口，如图 1-62 所示。

图 1-61 文档窗口

图 1-62 切换当前窗口

技巧 

按快捷键 Ctrl+Tab，可以按照前后顺序切换窗口；按快捷键 Ctrl+Shift+Tab，可以以相反的顺序切换窗口。

单击并拖动任意一个窗口的标题栏，即可将其从选项卡中拖出，它便成为可以任意移动位置的浮动窗口，且拖动标题栏可对其进行移动操作，如图 1-63 所示。单击并拖动浮动窗口的一个边角，可以调整该浮动窗口的大小，如图 1-64 所示。单击并拖动浮动窗口至选项卡中，当出现蓝色横线时松开鼠标，即可将该浮动窗口放到选项卡中，如图 1-65 所示。

图 1-63　浮动窗口

图 1-64　调整窗口大小

图 1-65　将浮动窗口放回到选项卡中

如果打开的图像数量较多，以至于选项卡中不能够全部显示出所有的文档窗口，这时可以单击其右侧的双箭头图标»，在弹出的菜单中选择需要的文档，如图 1–66 所示。在选项卡中单击并拖动各个文档的名称，可以调整其排列顺序，如图 1–67 所示。

图 1-66　显示其他文档

图 1-67　调整文档排列顺序

如果需要关闭单个文档窗口，可以单击文档窗口右上角的关闭图标，如图 1–68 所示。如果需要关闭所有的文档窗口，可以在任意一个文档的标题栏上单击鼠标右键，在弹出的快捷菜单中选择“关闭全部”命令即可，如图 1–69 所示。

图 1-68　关闭单个文档窗口

图 1-69　关闭全部文档窗口

1.4.6 状态栏

状态栏位于文档窗口的底部，其主要用来显示文档窗口的缩放比例、文档大小和当前使用的工具等信息。

在状态栏上单击鼠标左键不放，即可显示图像的宽度、高度和通道等信息，如图 1–70 所示。在状态栏上按住 Ctrl 键单击鼠标左键不放，即可显示图像的拼贴宽度等信息，如图 1–71 所示。

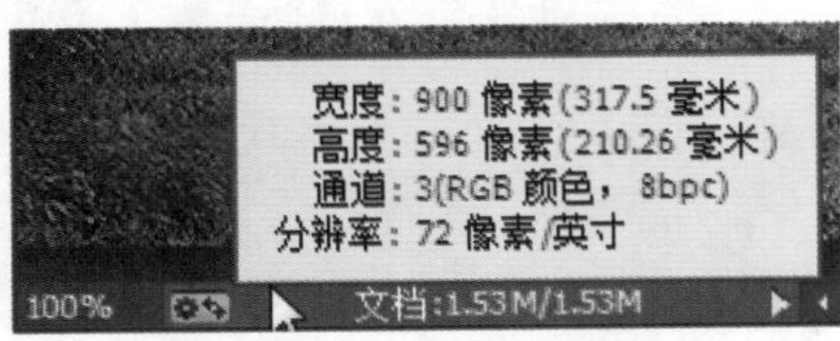

图 1-70 显示图像信息

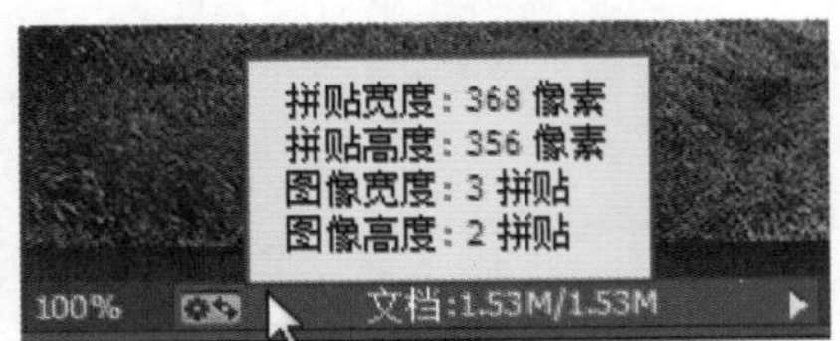

图 1-71 图像信息

单击状态栏中的▶按钮，在弹出的菜单中可以选择状态栏的显示内容，如图 1–72 所示。

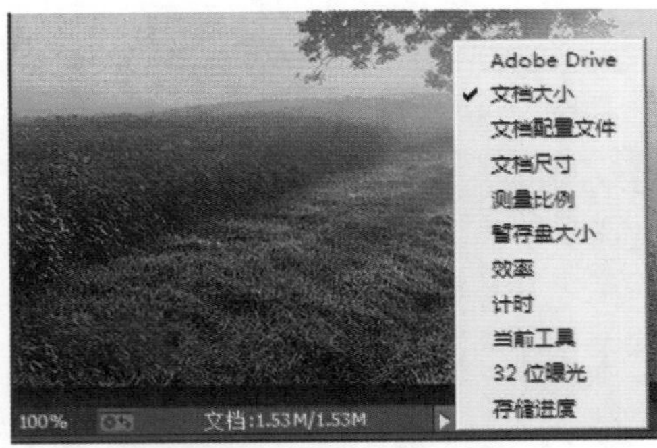

图 1-72 状态栏的显示内容

- Adobe Drive：选择该选项将在状态栏中显示该文档的 Version Cue 工作组状态。Adobe Drive 使用户能够连接到 Version Cue CC 服务器，连接后，可以在 Windows 资源管理器或 Mac OS Finder 中查看服务器的项目文件。
- 文档大小：选择该选项后，状态栏中会出现两组数据，显示有关图像中数据量的信息，如图 1–73 所示。左边的数据显示了拼合图层并存储文件后的大小；右边的数据显示了包含图层和通道的近似大小。

  100% 文档:1.53M/1.53M

  图 1-73 文档大小

- 文档配置文件：选择该选项后，将在状态栏中显示图像所使用的颜色配置文件的名称。
- 文档尺寸：选择该选项后，将在状态栏中显示图像的尺寸。
- 测量比例：选择该选项后，将在状态栏中显示文档的比例。
- 暂存盘大小：选择该选项后，状态栏上会出现两组数据，如图 1–74 所示。左边的数据表示程序用来显示所有打开图像的内存量；右边的数据表示可用于处理图像的总内存量。如果左边的数据大于右边的数据，则将启用暂存盘作为虚拟内存。

  100% 暂存盘：116.7M/1.90G

  图 1-74 暂存盘大小

- 效率：选择该选项后，将在状态栏中显示执行操作实际花费时间的百分比。当效率为 100% 时，则表示当前处理的图像在内存中生成；如果该值低于 100%，则表示 Photoshop 正在使用暂存盘，操作速度也会变慢。
- 计时：选择该选项后，将在状态栏中显示上一次操作所有的时间。
- 当前工具：选择该选项后，将在状态栏中显示当前使用工具的名称。
- 32 位曝光：用于调整预览图像，以便在计算机显示器上查看 32 位 / 通道高动态范围（HDR）图像的选项。但是只有文档窗口显示 HDR 图像时，该选项才可用。
- 存储进度：选择该选项后，当对文档进行保存时，将在状态栏中显示存储的进度。

1.4.7 面板

面板默认显示在工作界面的右侧，其作用是帮助用户修改和设置图像，用户可根据需要设置面板的显示模式。如图 1–75 所示为折叠控制面板后的效果，如果要完全打开控制面板，则可以单击“展开面板”按钮◀◀，即可展开面板，效果如图 1–76 所示。

图 1-75 合并面板

图 1-76 展开面板

面板中汇集了在调整图像过程中的一些常用的属性和功能。在选择了某一工具或执行菜单命令后，再结合面板进一步精确设置图像。

1. “图层”、“通道”和“路径”面板组

“图层”面板、“通道”面板和“路径”面板为一个面板组，“图层”面板用于对各个图层进行编辑操作，如图 1–77 所示；“通道”面板用于对通道进行各项操作，如图 1–78 所示；“路径”面板用于创建和编辑绘制的路径，如图 1–79 所示。

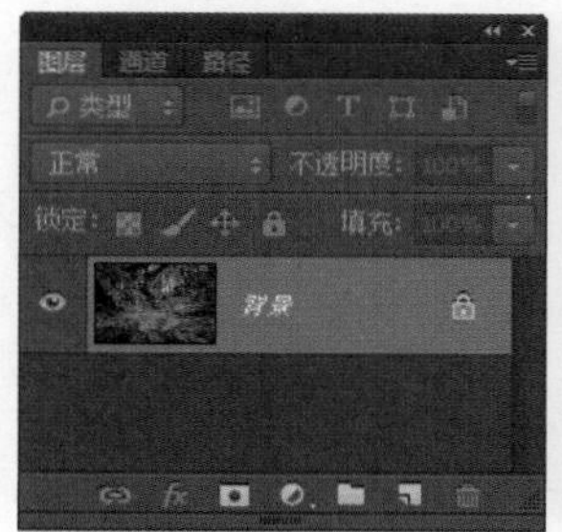

图 1-77 “图层”面板

图 1-78 “通道”面板

图 1-79 “路径”面板

2. “颜色”和“色板”面板组

“颜色”面板和“色板”面板为一个面板组，“颜色”面板主要用于对前景色和背景色进行设置，还可以设置颜色的色彩模式，如图 1–80 所示；“色板”面板提供了多种预设的颜色，如图 1–81 所示。

图 1-80 “颜色”面板

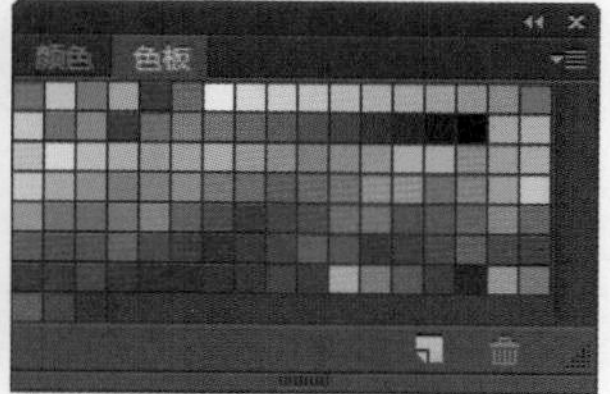

图 1-81 “色板”面板

3. “调整”面板和“样式”面板

“调整”面板的功能和调整图层基本相同，是将色阶、曲线等调整命令以按钮的形式组合在面板中，单击“色相 / 饱和度”按钮，则可以添加“色相 / 饱和度”调整图层，并自动打开“属性”面板，显示“色相 / 饱和度”调整图层的相关设置选项，如图 1–82 所示。

图 1-82 “调整”面板和“属性”面板

“样式”面板以图表按钮的形式列出了一些常用的图像效果，如图 1–83 所示。

图 1-83 “样式”面板

提示

Photoshop 的面板比较多，每个面板都针对不同的功能。在后面章节的讲解过程中将详细介绍各种面板的使用方法和功能技巧。

1.4.8 组合 / 拆分面板

在 Photoshop CC 中可以将面板进行自由的组合和拆分，快速调整需要的控制面板，从而提高工作效率。

动手实践——组合 / 拆分面板

源文件：无

视频：光盘 \ 视频 \ 第 1 章 \1-4-8.swf

01 如果需要将特定面板组合，首先要将两个面板都显示。选中要组合的面板，如图 1–84 所示要组合“图层”和“颜色”面板。单击并拖曳“图层”面板上的灰色标签至“颜色”面板中即可，如图 1–85 所示。

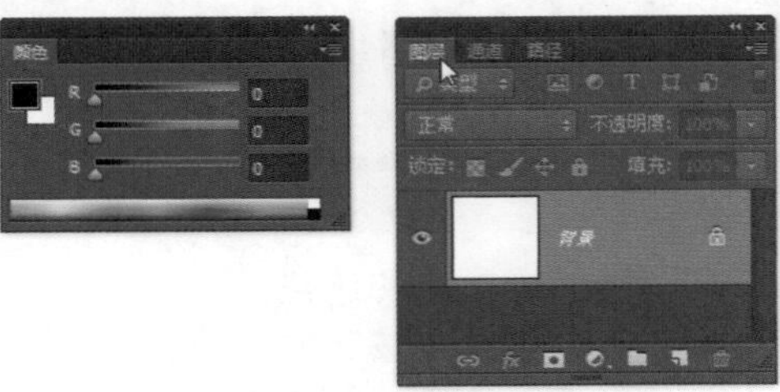

图 1-84 要组合的面板

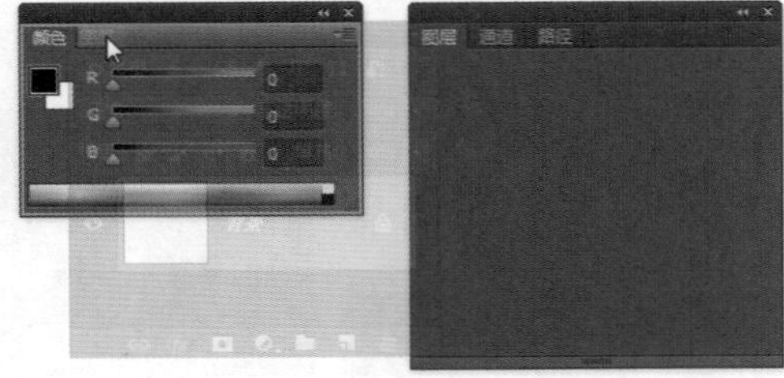

图 1-85 拖曳面板

02 组合效果如图 1–86 所示。如果需要将面板拆分，同样方法，选中要拆分面板，单击并向外拖曳面板上的灰色标签，如图 1–87 所示。

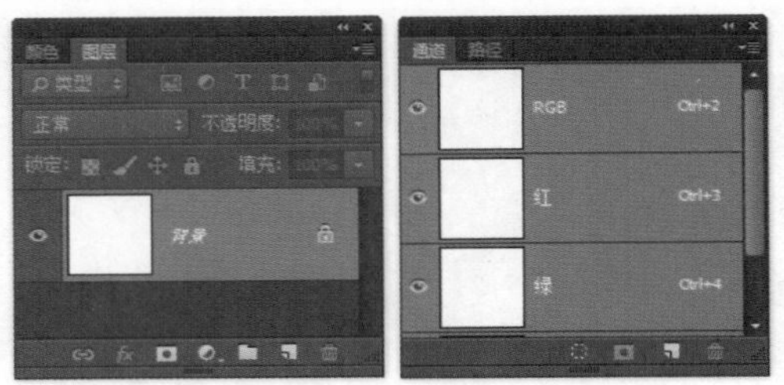

图 1-86 组合效果

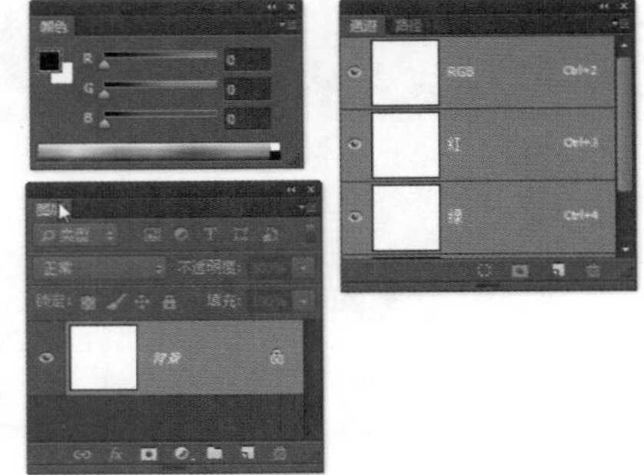

图 1-87 拆分面板

技巧

在 Photoshop CC 中可以根据制作需要从菜单中打开需要控制的面板，并随意移动和调整控制面板的位置和大小，在制作时为了使界面简洁明了，可将面板移动到不妨碍操作的位置，或者直接隐藏面板。

1.5 设置 Photoshop CC 的工作区

在 Photoshop 的工作界面中，文档窗口、工具箱、菜单栏和面板的排列方式称为工作区。Photoshop 为用户提供了适合不同任务的预设工作区，比如当绘画时，选择“绘画”工作区后，就会显示与画笔、色彩等有关的各种面板；另外，用户也可以创建适合自己使用习惯的工作区。

1.5.1 “工作区”下拉列表

在 Photoshop CC 工作界面的选项栏右侧的“选择工具区”下拉列表中可以看到 Photoshop 预设的工作区，如图 1–88 所示。或者执行“窗口 > 工作区”命令，在弹出菜单中包含了 Photoshop 提供的预设工作区，如图 1–89 所示。

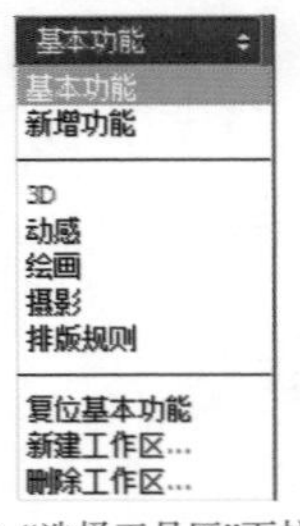

图 1-88 “选择工具区”下拉列表

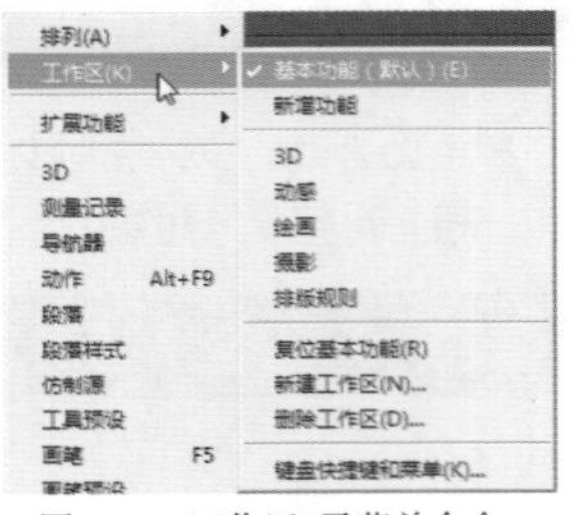

图 1-89 “工作区”子菜单命令

3D、“动感”、“绘画”、“摄影”和“排版规则”是 Photoshop 专门为简化某些任务而设计的预设工作区。如图 1–90 所示为“绘画”工作区。

图 1-90 “绘画”工作区

“基本功能”是最基本的、没有进行特殊设计的工作区，如果对该工作区进行了修改，比如移动了面板的位置，那么执行“窗口 > 工作区 > 复位基本功能”命令，即可恢复为 Photoshop 默认的工作区。如果选择“新增功能”选项，则各个菜单中包含的新增功能将会以淡蓝色为底色进行显示，如图 1–91 所示。

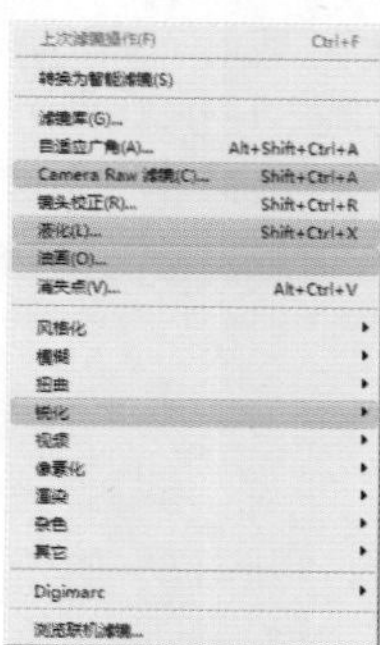

图 1-91 新增功能

1.5.2 自定义工作区

通常情况下，我们都会有适合自己使用习惯的工作区，而且可以将适合自己的工作区进行自定义，从而生成一个属于自己的工作区。

动手实践——自定义工作区

源文件：无

视频：光盘 \ 视频 \ 第 1 章 \1-5-2.swf

01 在“窗口”菜单中将需要的面板打开并分类组合，将不需要的面板关闭，如图 1–92 所示。执行“窗口 > 工作区 > 新建工作区”命令，在弹出的对话框中输入工作区的名称，如图 1–93 所示。

图 1-92 设置工作区

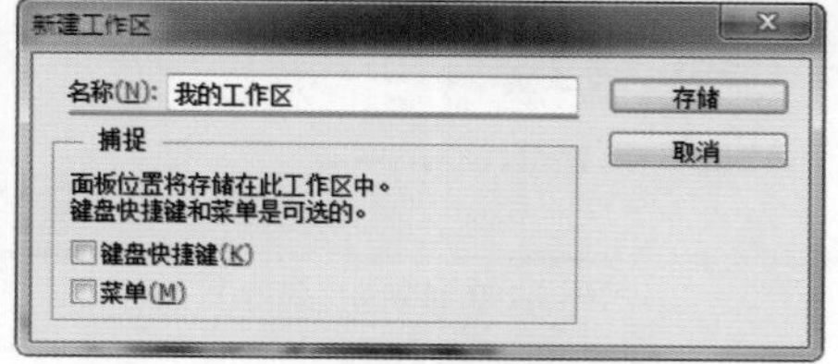

图 1-93 “新建工作区”对话框

提示

默认情况下，只存储面板的位置，也可以选中“键盘快捷键”和“菜单”复选框将键盘快捷键和菜单的当前状态保存到自定义的工作区中。

02 单击“确定”按钮，完成自定义工作区，执行“窗口 > 工作区”命令，在弹出菜单中可以看到刚才自定义的工作区，如图 1–94 所示，单击即可切换到该工作区。

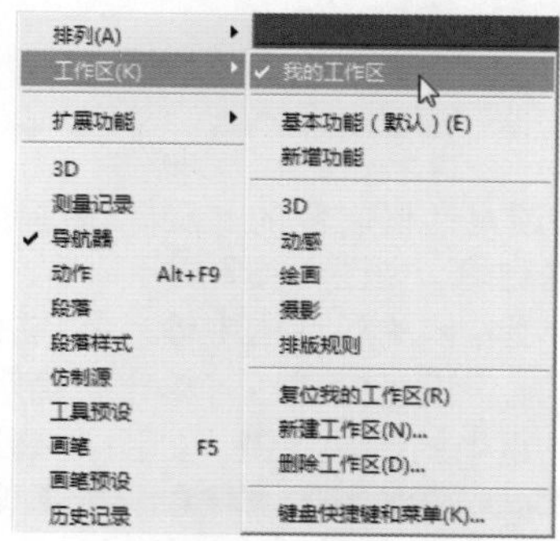

图 1-94 使用自定义工作区

1.5.3 自定义操作快捷键

在 Photoshop 中，用户还可以根据自己的使用习惯，或者为了提高工作效率来自定义工具或者操作命令的快捷键。

动手实践——自定义操作快捷键

源文件：无

视频：光盘 \ 视频 \ 第 1 章 \1-5-3.swf

01 执行“编辑 > 键盘快捷键”命令，或者执行“窗口 > 工作区 > 键盘快捷键和菜单”命令，在弹出的“键盘快捷键和菜单”对话框中即可对所有的快捷键进行编辑和修改，如图 1–95 所示。在“快捷键用于”下拉列表中选择“工具”选项，在“工具面板命令”中选择“移动工具”选项，可以看到该工具的快捷键是 V，如图 1–96 所示。

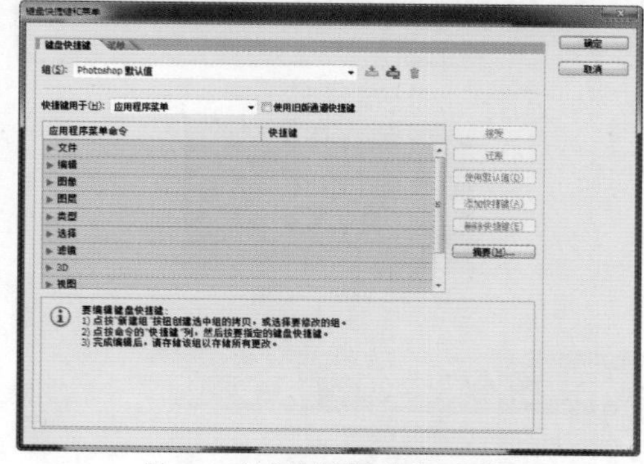

图 1-95 “键盘快捷键和菜单”对话框

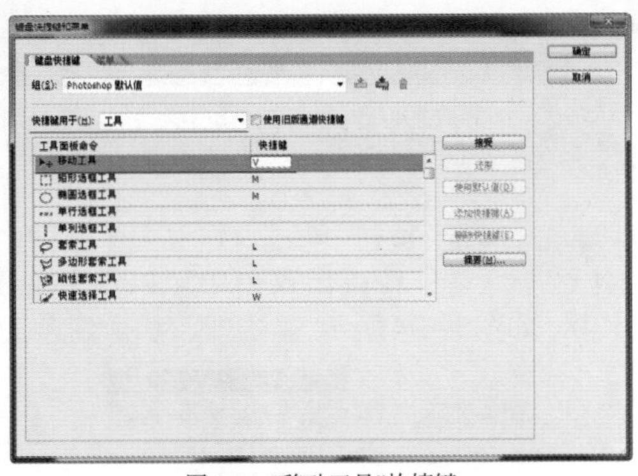

图 1-96 “移动工具”快捷键

02 单击该对话框右侧的“删除快捷键”按钮，可以将该快捷键删除，如图 1–97 所示。单击“模糊工具”选项，在该选项右侧的对话框中输入 V 作为其快捷键，如图 1–98 所示。设置完成后，单击“确定”按钮，可以看到该工具组中的该快捷键，如图 1–99 所示。

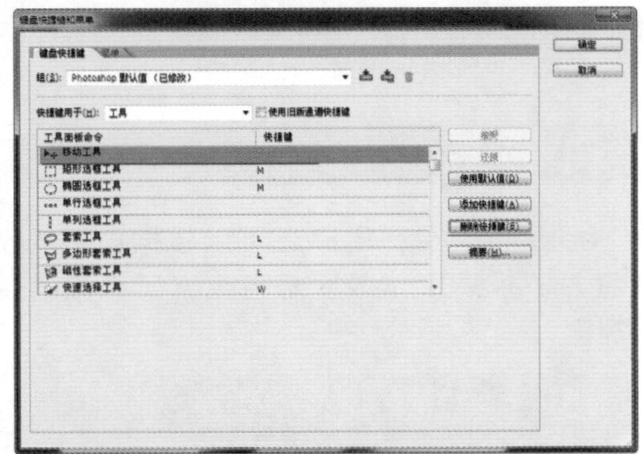

图 1-97 删除快捷键

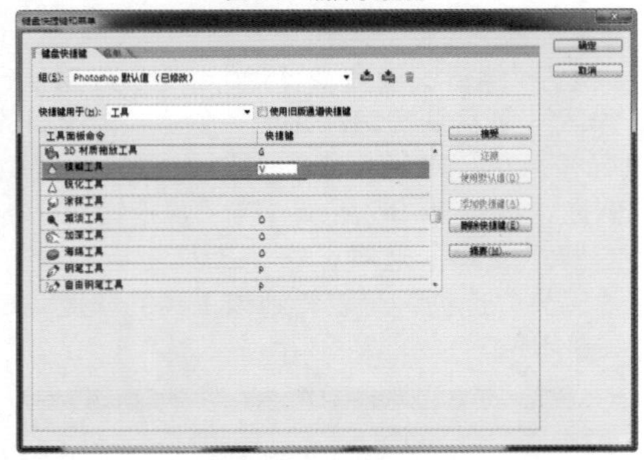

图 1-98 定义快捷键

图 1-99 工具组

1.5.4 自定义菜单命令颜色

在 Photoshop 中进行操作时，会经常用到某些命令，这时不妨将其设置为彩色，以便在需要的时候可以快速将其找到。

动手实践——自定义菜单命令颜色

源文件：无

视频：光盘 \ 视频 \ 第 1 章 \1-5-4.swf

01 执行“编辑 > 菜单”命令，弹出“键盘快捷键和菜单”对话框，如图 1–100 所示。单击“滤镜”选项前面的▶按钮，展开该菜单，如图 1–101 所示。

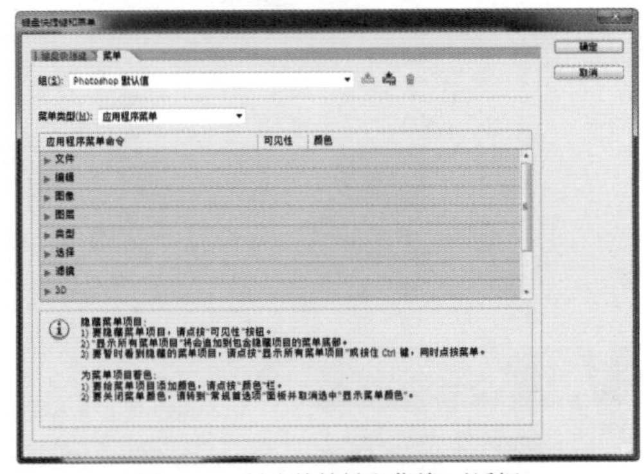

图 1-100 “键盘快捷键和菜单”对话框

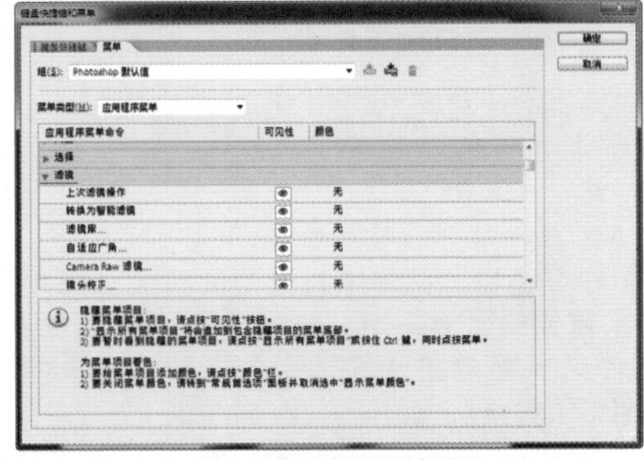

图 1-101 展开“滤镜”菜单

02 选择“滤镜库”选项，设置该命令的颜色为“紫色”，如图 1–102 所示。设置完成后，单击“确定”按钮关闭该对话框，打开“滤镜”菜单即可看到“滤镜库”命令的效果，如图 1–103 所示。

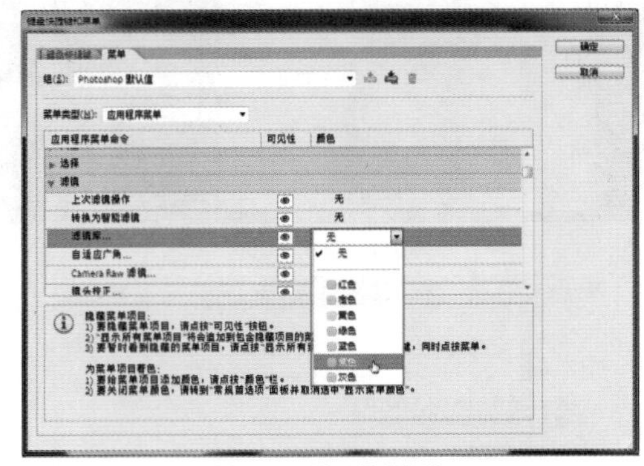

图 1-102 设置菜单颜色

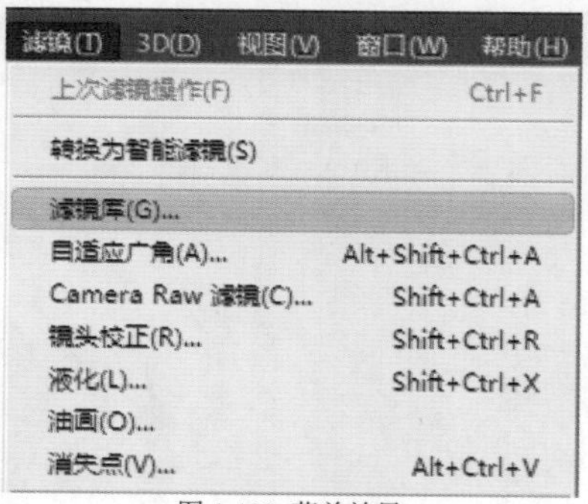

滤镜(T) 3D(D) 视图(V) 窗口(W) 帮助(H)
上次滤镜操作(F) Ctrl+F
转换为智能滤镜(S)
滤镜库(G)...
自适应广角(A)... Alt+Shift+Ctrl+A
Camera Raw 滤镜(C)... Shift+Ctrl+A
镜头校正(R)... Shift+Ctrl+R
液化(L)... Shift+Ctrl+X
油画(O)...
消失点(V)... Alt+Ctrl+V
图 1-103 菜单效果

> **技巧**
>
> 修改菜单颜色、菜单命令或者工具的快捷键之后，如果想要恢复为系统默认的设置，可以在“键盘快捷键和菜单”对话框中的“组”下拉列表中选择“Photoshop 默认值”选项。

1.6 图像编辑的辅助操作

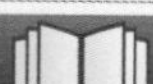

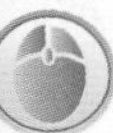

在 Photoshop CC 中，辅助工具包括标尺、参考线、网格和注释工具等，这些工具不能用来编辑图像，但是却能够帮助用户更好地对图像进行精确的定位、选择或编辑等操作。

1.6.1 使用标尺

在 Photoshop CC 中，使用标尺工具可以用来测量图像或者用来确定图像以及元素的位置。下面就向用户详细讲述标尺的使用技巧。

动手实践——使用标尺

源文件：无

视频：光盘 \ 视频 \ 第 1 章 \1-6-1.swf

01 执行“文件 > 打开”命令，打开素材图像“光盘 \ 源文件 \ 第 1 章 \ 素材 \16101.jpg”，效果如图 1–104 所示。执行“视图 > 标尺”命令，或者按快捷键 Ctrl+R，在文档窗口的顶部和左侧显示标尺，如图 1–105 所示。

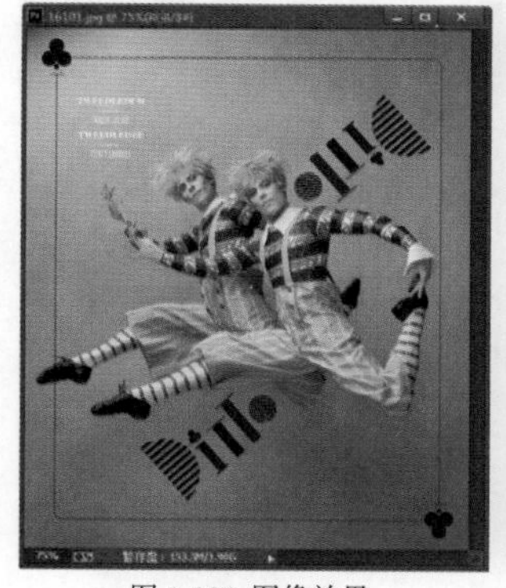

图 1-104 图像效果

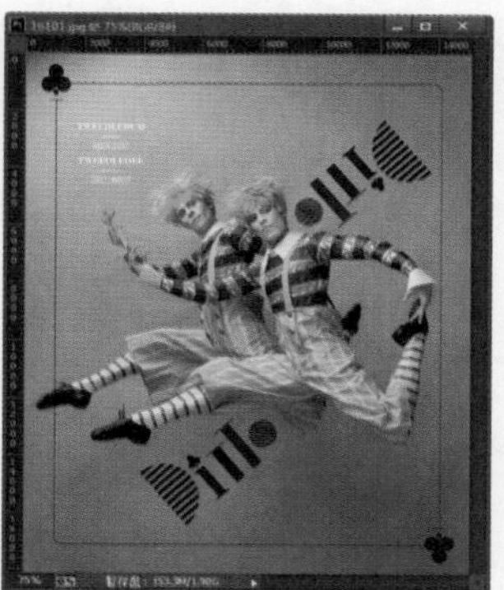

图 1-105 显示标尺

02 默认情况下，标尺的原点位于窗口的左上角(0，0）标记处，将光标放置在原点上，单击并向右下方拖动，图像上会出现十字线，如图 1–106 所示。拖至需要的位置松开鼠标，该处即可成为原点的新位置，如图 1–107 所示。

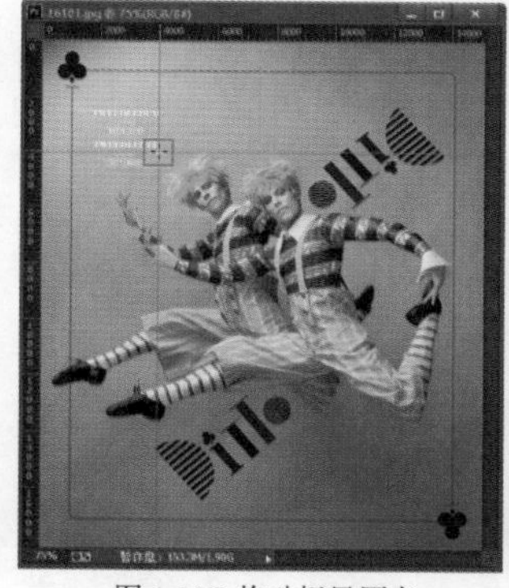

图 1-106 拖动标尺原点

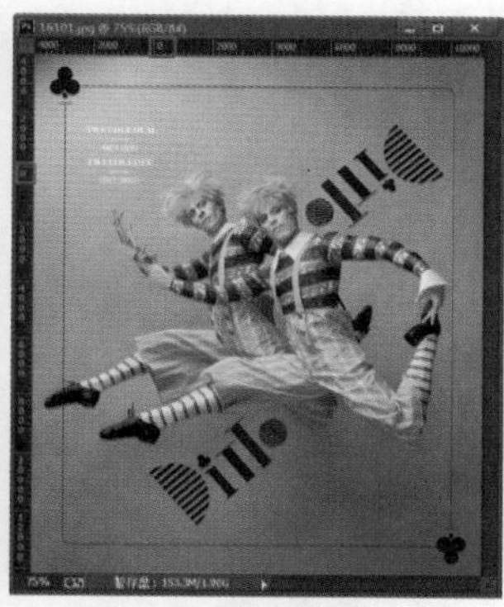

图 1-107 原点的新位置

> **技巧**
>
> 在定位标尺原点的过程中，按住 Shift 键可以使得标尺原点与标尺的刻度记号对齐；另外，标尺的原点也就是网格的原点，因此当对标尺的原点进行调整后，网格的原点也会随之改变。

03 如果要将原点恢复为默认的位置，在窗口的左上角双击即可，如图 1–108 所示。如果要修改标尺的测量单位，可以在标尺上单击鼠标右键，在弹出的快捷菜单中可以进行设置，如图 1–109 所示。还可以双击标尺，在弹出的“首选项”对话框中即可对其进行设置，如图 1–110 所示。

16101.jpg @ 75%(RGB/8#)
图 1-108 恢复原点的位置

16101.jpg @ 75%(RGB/8#)
像素
英寸
厘米
毫米
点
派卡
百分比
图 1-109 设置标尺的单位

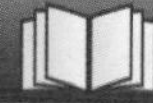

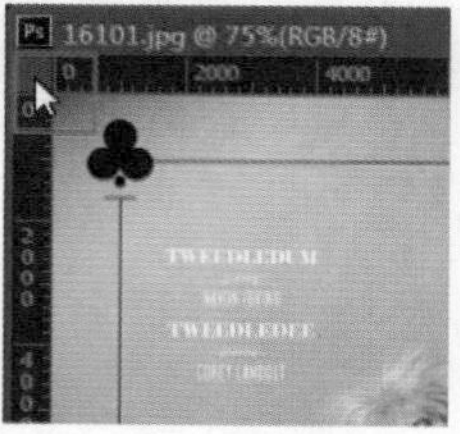

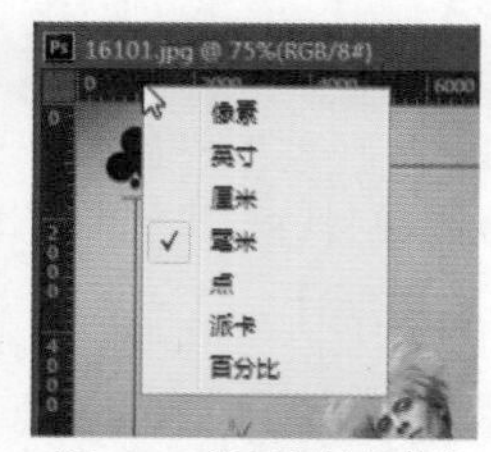

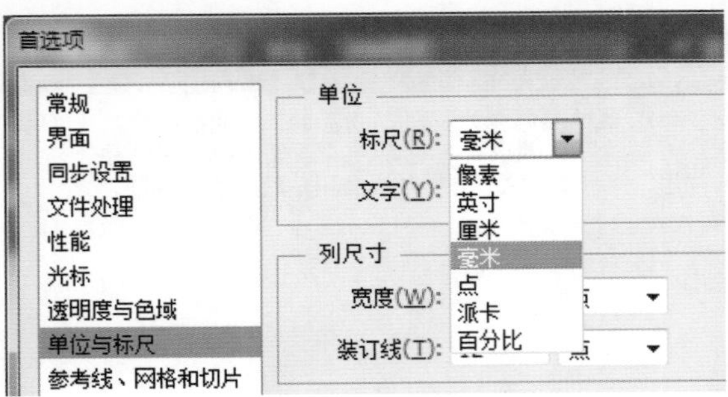

图 1-110 设置标尺的单位

1.6.2 使用参考线

使用参考线可以帮助用户在对图像进行编辑、裁切以及缩放调整时能够更加方便和精确。下面就向用户介绍参考线的使用方法。

动手实践——使用参考线

源文件：无

视频：光盘\视频\第 1 章\1-6-2.swf

01 执行“文件 > 打开”命令，打开素材图像“光盘\源文件\第 1 章\素材\17201.jpg”，按快捷键 Ctrl+R，显示标尺，效果如图 1–111 所示。将光标放在水平标尺上，单击并向下拖动即可拖出一条水平参考线，如图 1–112 所示。

图 1-111 打开图像　图 1-112 创建参考线

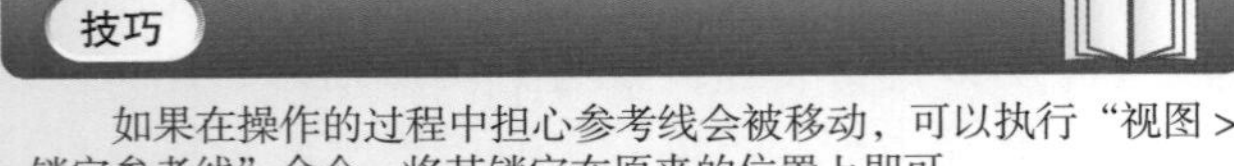

技巧

如果在操作的过程中担心参考线会被移动，可以执行“视图 > 锁定参考线”命令，将其锁定在原来的位置上即可。

02 使用相同的方法，可以在垂直标尺上拖出一条垂直参考线，如图 1–113 所示。如果要移动参考线，可以使用“移动工具”，将光标移至参考线上，当光标变为✣形状时，单击并拖动即可移动该参考线，如图 1–114 所示。

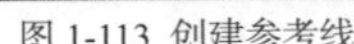

图 1-113 创建参考线　图 1-114 移动参考线

03 如果要删除参考线，将其拖回标尺上即可，如图 1–115 所示。如果要删除所有的参考线，可执行“视图 > 清除参考线”命令。

图 1-115 删除参考线

04 如果要在精确的位置上创建参考线，可以执行“视图 > 新建参考线”命令，在弹出的“新建参考线”对话框中对参考线的取向和位置进行设置，如图 1–116 所示。设置完成后，单击“确定”按钮，即可在精确的位置上创建参考线，如图 1–117 所示。

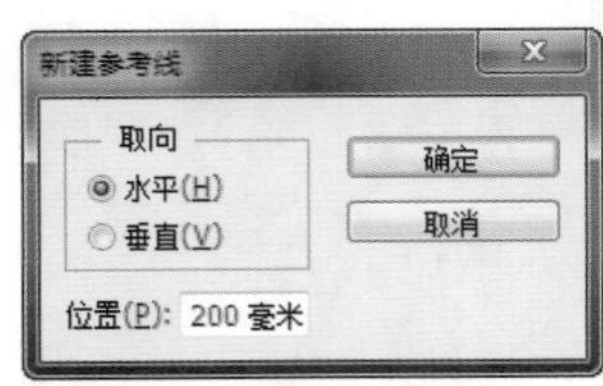

图 1-116 “新建参考线”对话框　图 1-117 创建定位精确的参考线

1.6.3 使用智能参考线

智能参考线是一种智能化的参考线，其仅在需要的时候出现。当使用“移动工具”对图像或元素进行移动操作时，通过智能参考线可以对齐形状、切片和选区。

执行“文件 > 打开”命令，打开素材图像“光盘\源文件\第 1 章\素材\16301.psd”，效果如图 1–118 所示。执行“视图 > 显示 > 智能参考线”命令，单击并拖动“图层 2”上的图像时，可以看到显示的智能参考线，如图 1–119 所示。

图 1-118 打开图像

图 1-119 智能参考线

1.6.4 使用网格

网格对于对称布局的对象非常有用，接下来就向用户介绍一下网格的使用方法。

打开一张图像，效果如图 1–120 所示。执行“视图 > 显示 > 网格”命令，即可显示网格，如图 1–121 所示。

图 1-120 打开图像

图 1-121 显示网格

显示网格后，可执行“视图 > 对齐 > 网格”命令，启用对齐功能，在之后进行创建选区或移动图像等操作时，对象将会自动对齐到网格上。

1.6.5 使用注释工具

使用“注释工具”可以在图像的任何区域中添加文字注释，标记制作说明或者其他有用的信息。下面就向用户介绍一下“注释工具”的使用方法。

动手实践——使用注释工具

源文件：无

视频：光盘\视频\第 1 章\1-6-5.swf

01 执行“文件 > 打开”命令，打开素材图像“光盘\源文件\第 1 章\素材\16501.jpg”，效果如图 1–122 所示。单击工具箱中的“注释工具”按钮，在选项栏中进行相应的设置，如图 1–123 所示。

图 1-122 打开图像

作者：张某某　颜色：

图 1-123 设置选项栏

02 在图像上单击，即可打开“注释”面板，在该面板中输入注释内容，如图 1–124 所示。输入完成后，图像上鼠标单击处就会出现一个注释图标，如图 1–125 所示。

图 1-124 “注释”面板

图 1-125 添加注释

技巧 

如果要查看注释，双击注释图标可以打开“注释”面板，在该面板中即可查看注释内容；如果在文档中添加了多个注释，则可单击面板下方的“选择上一注释”按钮或“选择下一注释”按钮逐一进行查看，在画面中，当前显示的注释为形状。

03 使用相同的方法，可以在图像的不同位置添加多个注释，如图 1–126 所示。如果要删除注释，可以在需要删除的注释上单击鼠标右键，在弹出的快捷菜单中选择“删除注释”命令即可，如图 1–127 所示。

图 1-126 添加多个注释

图 1-127 删除注释

提示

在 Photoshop 中，还可以将 PDF 文件中包含的注释导入到图像中。操作方法为：执行“文件 > 导入 > 注释”命令，弹出“载入”对话框，选择 PDF 文件，单击“载入”按钮即可将其导入。

1.6.6 使用对齐功能

在 Photoshop CC 中，对齐功能有助于精确地放置选区、裁剪选框、切片、形状和路径。如果要使用对齐功能，需先执行“视图 > 对齐”命令，使得该命令处于选中状态，然后在“视图 > 对齐到”下拉菜单中选择相应的对齐项目即可，如图 1–128 所示。带✔标记的表示已经启用该对齐功能。

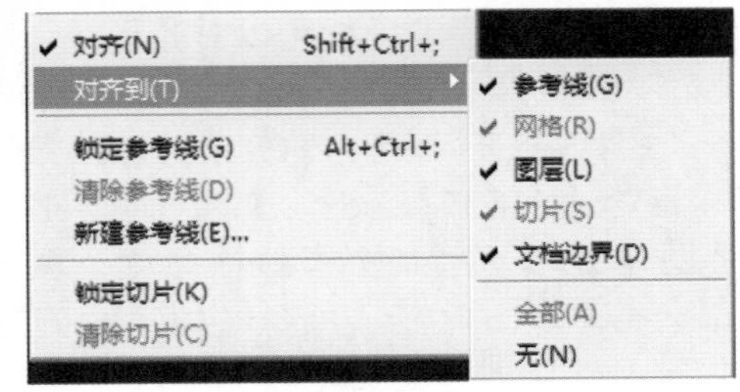

图 1-128 对齐功能

- 参考线：可以使对象与参考线对齐。
- 网格：可以使对象与网格对齐。当网格被隐藏时，该选项不可用。
- 图层：可以使对象与图层中的内容对齐。
- 切片：可以使对象与切片的边界对齐。当切片被隐藏时，该选项不可用。
- 文档边界：可以使对象与文档的边缘对齐。
- 全部：选择所有“对齐到”选项。
- 无：取消选择所有“对齐到”选项。

1.6.7 显示 / 隐藏额外内容

在 Photoshop CC 中，额外内容包括参考线、网格、目标路径、选区边缘、切片等，这些都是不会被打印出来的额外信息。

当需要时，可执行“视图 > 显示额外内容”命令，然后在“视图 > 显示”菜单中选择相应的项目即可，如图 1–129 所示。再次选择该命令则会隐藏该项目。

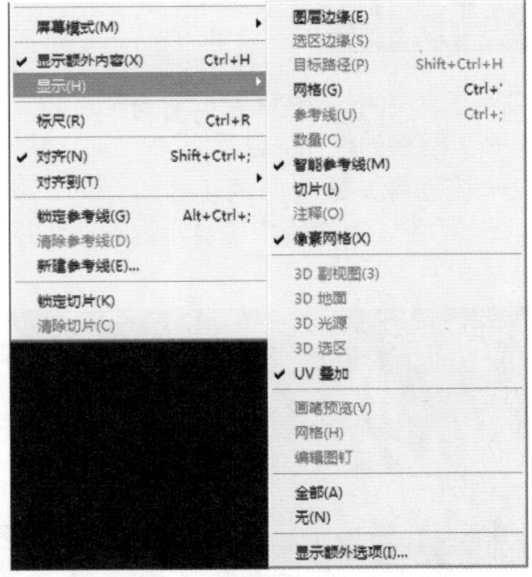

图 1-129 显示或隐藏额外信息

- 图层边缘：用来显示出图层内容的边缘，如图 1–130 所示。当在编辑图像时，通常不会启用该项功能。

图 1-130 显示图层边缘

- 选区边缘：用来显示 / 隐藏选区的边缘。
- 目标路径：用来显示 / 隐藏路径。
- 网格：用来显示 / 隐藏网格。
- 参考线：用来显示 / 隐藏参考线。
- 数量：用来显示 / 隐藏计数项目。
- 智能参考线：用来显示 / 隐藏智能参考线。
- 切片：用来显示 / 隐藏切片的定界框。
- 注释：用来显示 / 隐藏创建的注释。
- 像素网格：当将文档的窗口放大至最大的缩放级别后，像素之间会用网格进行划分，如图 1-131 所示。若取消该选项，则不会出现网格，如图 1-132 所示。

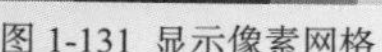

图 1-131 显示像素网格

图 1-132 隐藏像素网格

- 3D 副视图 /3D 地面 /3D 光源 /3D 选区：在处理 3D 文件时，用来显示 / 隐藏 3D 副视图、地面、光源和选区。
- UV 叠加：用来显示 / 隐藏文档中的 UV 叠加内容。
- 画笔预览：使用“画笔工具”时，如果选择的是毛刷笔尖，选中该选项后，即可在窗口中预览笔尖效果和笔尖方向。
- 编辑图钉：在对图像执行“操控变形”命令时，该选项可以用来显示 / 隐藏变形网格上的编辑图钉。
- 全部：用来显示以上所有的选项。
- 无：用来隐藏以上所有选项。
- 显示额外选项：执行该命令，可以在弹出的“显示额外选项”对话框中设置同时显示或隐藏以上多个项目。

1.7 Photoshop CC 的系统设置和优化调整

针对不同的用户，Photoshop CC 提供了不同的配置方案，以便能够非常好地发挥 Photoshop 的功能。在“首选项”对话框中可以自由更改设置光标显示方式、参考线与网格的颜色、透明度、暂存盘和增效工具等内容。

1.7.1 “常规”选项

执行“编辑 > 首选项 > 常规”命令，或者按快捷键 Ctrl+K，即可弹出“首选项”对话框，如图 1-133 所示。

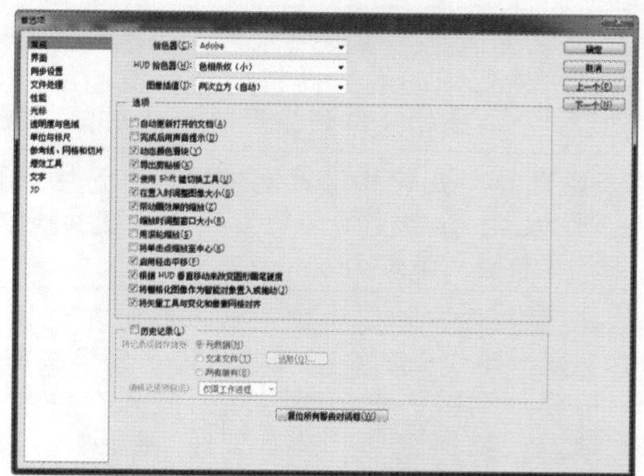

图 1-133 “首选项”对话框

- 拾色器：在该选项的下拉列表中包含了两个选项，Windows 和 Adobe。Adobe 拾色器可根据 4 种颜色模型从整个色谱和 PANTONE 等颜色匹配系统中选择颜色，如图 1-134 所示。Windows 拾色器仅涉及基本的颜色，只允许根据两种色彩模式选择需要的颜色，如图 1-135 所示。默认选择 Adobe 选项。

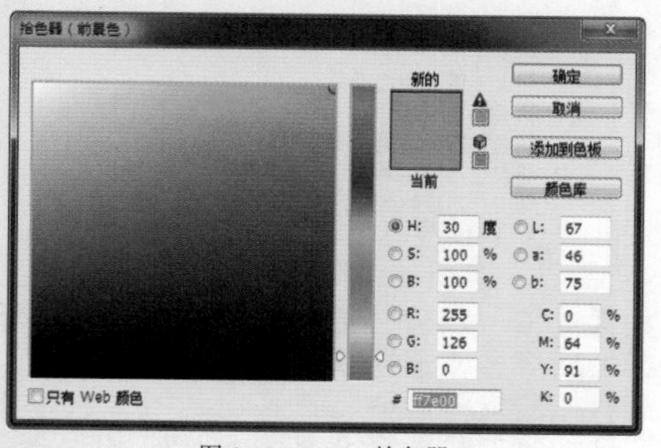

图 1-134 Adobe 拾色器

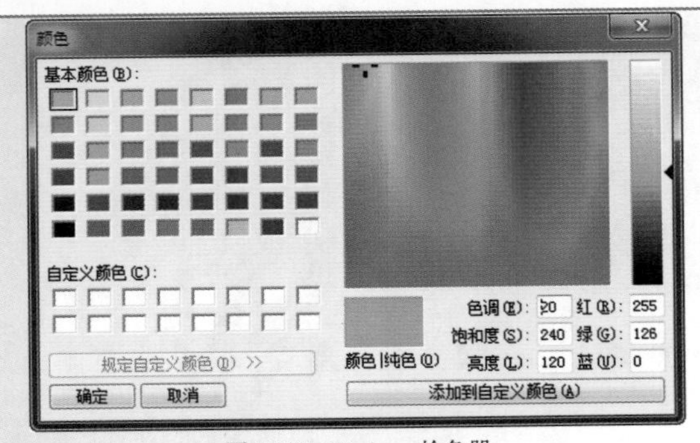

图 1-135 Windows 拾色器

HUD 拾色器：在该选项的下拉列表中包含 7 个选项，如图 1–136 所示。对于使用 Photoshop 绘制 CG 的人来说是个非常不错的改进，不需要去打开传统的取色面板就可以方便快捷地取色。

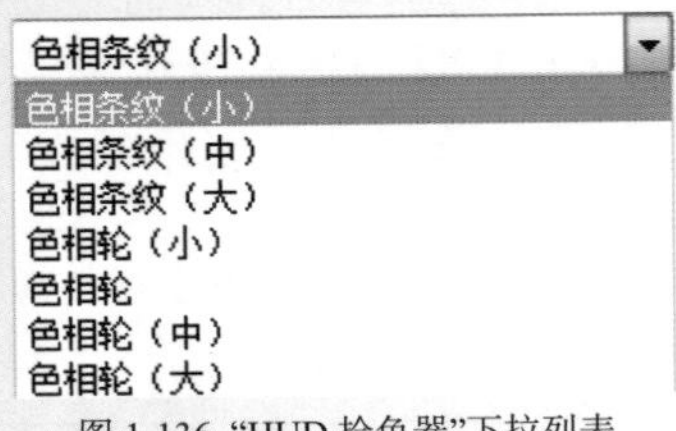

图 1-136 “HUD 拾色器”下拉列表

在使用绘画工具时，同时按住 Shift+Alt 键，并按下鼠标右键不放，即可在文档窗口中显示 HUD 拾色器，拖动即可选择颜色的色相和阴影。单击鼠标左键即可在弹出的“信息”面板中显示取色的值。其显示方式有色相轮和色相条纹两大类，如图 1–137 所示。

色相轮

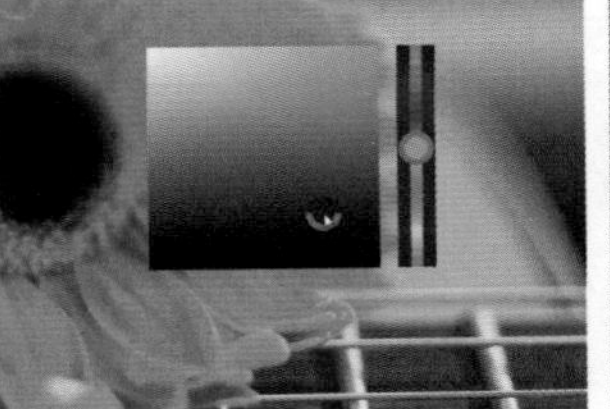

色相条纹

图 1-137 不同显示方式

图像插值：在该选项的下拉列表中包含 6 个选项，如图 1–138 所示。在改变图像的大小时（这一过程称为重新取样），Photoshop 会遵循一定的图像插值方法来增加或删除像素。

两次立方（自动）
邻近（保留硬边缘）
两次线性
两次立方（适用于平滑渐变）
两次立方较平滑（适用于扩大）
两次立方较锐利（适用于缩小）
两次立方（自动）

图 1-138 “图像差值”下拉列表

如果选择“邻近”选项，则表示以一种低精度的方法生成像素，速度快，但容易产生锯齿，在对图像进行扭曲或缩放时、在某个选区上执行多次操作时，这种效果会变得非常明显；如果选择“两次线性”选项，则表示以一种通过平均周围像素颜色值的方法来生成像素，可生成中等品质的图像；如果选择“两次立方”选项，则表示以一种将周围像素值分析作为依据的方法生成像素，速度慢，但精度高。

自动更新打开的文档：选中该选项，Photoshop 会自动更新正在编辑的图像。如果图像被其他软件编辑修改并保存，则 Photoshop 会自动提示更新。

完成后用声音提示：完成操作后，程序会发出提示音。

动态颜色滑块：设置在移动“颜色”面板中的滑块时，颜色是否随着滑块的移动而发生改变。

导出剪贴板：在退出 Photoshop 时，复制到剪贴板中的内容仍然保留，可以被其他程序使用。

使用 Shift 键切换工具：选中该选项时，在同一组工具间切换需要按住 Shift 键 + 工具快捷键；取消该选项时，只需按工具快捷键便可切换。

在置入时调整图像大小：置入图像时，图像会居于当前文件的大小而自动调整其大小。

带动画效果的缩放：使用“缩放工具”缩放图像时，会产生平滑的缩放效果。要启用该功能，需要计算机显卡支持 OpenGL 功能。

缩放时调整窗口大小：使用快捷键缩放图像时，自动调整窗口的大小。

用滚轮缩放：选中该选项后，可以通过鼠标的滚轮缩放窗口。

将单击点缩放至中心：使用“缩放工具”时，可以将单击点的图像缩放到画面的中心。

启用轻击平移：使用“抓手工具”移动画面时，松开鼠标左键，图像也会滑动。要启用该功能，需要计算机显卡支持 OpenGL 功能。

根据 HUD 垂直移动来改变圆形画笔硬度：选中该选项后，可以在 HUD 拾色器的状态下，通过垂直移动改变圆形画笔的硬度。

将栅格化图像作为智能对象置入或拖动：选中该选项后，从外部拖动的文件将创建标准图层；如果保留该选项，则拖动文件时会产生智能对象图层。

将矢量工具与变化和像素网格对齐：选中该选项后，在 Photoshop 中使用矢量工具进行变换操作时，将会自动与网格对象对齐。

历史记录：指定将历史记录数据存储在何处，以及历史记录中所包含信息的详细程度。如果选择“元数据”选项，则将历史记录存储为嵌入在每个文件中的元数据；如果选择“文本文件”选项，则会弹出“存储”对话框，将历史记录保存为文本文件，如图 1–139 所示。如果选择“两者兼有”选项，则将元数据存储在文件中，并创建一个文本文件。在“编辑记录项目”选项中可以指定历史记录信息的详细程度，其中包括“仅限工作进程”、“简明”和“详细”3 个选项。

图 1-139 设定历史记录

- “复位所有警告对话框”按钮：单击该按钮，会弹出“首选项”提示框，如图 1–140 所示。所有通过选中“不再显示”而停用的警告对话框现在均可启用，并且将在下次需要时显示。

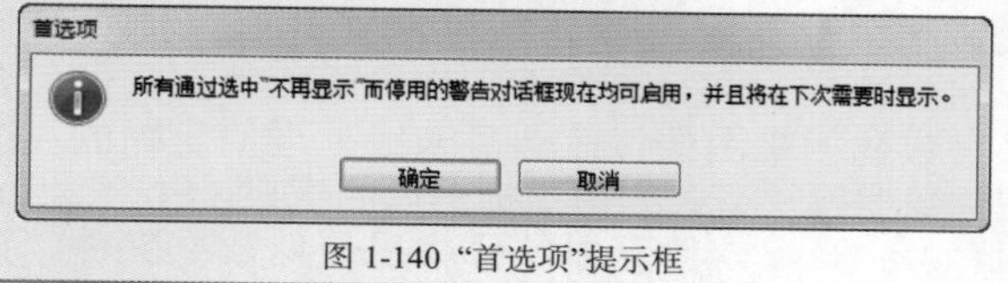

图 1-140 “首选项”提示框

1.7.2 “界面”选项

在“界面”选项中，用户可以按照自己的喜好设置一些 Photoshop 的显示界面，例如屏幕颜色、字体大小等。执行“编辑 > 首选项 > 界面”命令（或者在“首选项”对话框的左侧列表中直接选择“界面”选项），即可弹出与界面首选项相关设置的对话框，如图 1–141 所示。

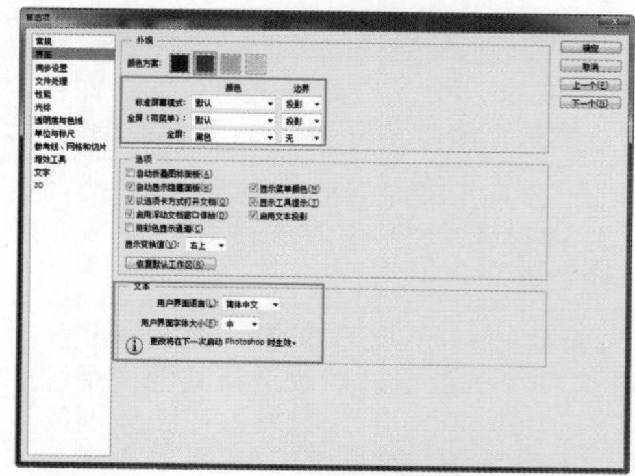

图 1-141 “界面”选项

- 颜色方案：Photoshop CC 提供了 4 种工作界面的颜色方案，默认为第 2 种深灰色。单击该选项后面的任意一种颜色方案，可以将 Photoshop CC 的工作界面设置为该种颜色方案的效果。如图 1–142 所示为使用第 4 种浅灰色的工作界面效果。

图 1-142 浅灰色的工作界面效果

- 标准屏幕模式 / 全屏（带菜单）/ 全屏：用于设置 3 种屏幕模式下屏幕的“颜色”和“边界”显示效果。
- 自动折叠图标面板：如果面板折叠为图标形状时，选中该选项，则当面板不使用时，面板会自动折叠为图标形状。
- 自动显示隐藏面板：当鼠标滑过时，显示隐藏的面板。
- 显示菜单颜色：选中该选项后，则当为菜单设置相应的颜色时，该菜单命令将以所设置的颜色显示。
- 以选项卡方式打开文档：打开多个文件时，“文档”窗口将以选项卡方式显示，如图 1–143 所示。

15201.jpg @ 100%(RGB/8*) ×　16101.jpg @ 66.7%(RGB/8#) ×　16102.jpg @ 66.7%(RGB/8#) ×

图 1-143 选项卡方式显示

- 显示工具提示：将光标放在工具上时，会显示当前工具的名称和快捷键等提示信息。
- 启用浮动文档窗口停放：选中该选项后，可以拖动标题栏将文档窗口停放在程序窗口中。
- 启用文本投影：选中该选项后，在工作界面中的面板标签上的文字将启用默认的文字投影效果。
- 用彩色显示通道：在默认情况下，Photoshop 打开的图像包括 RGB、CMYK、Lab，其通道都以灰度显示。选中该选项后，通道将以彩色模式显示，如图 1–144 所示为选择前后的对比。

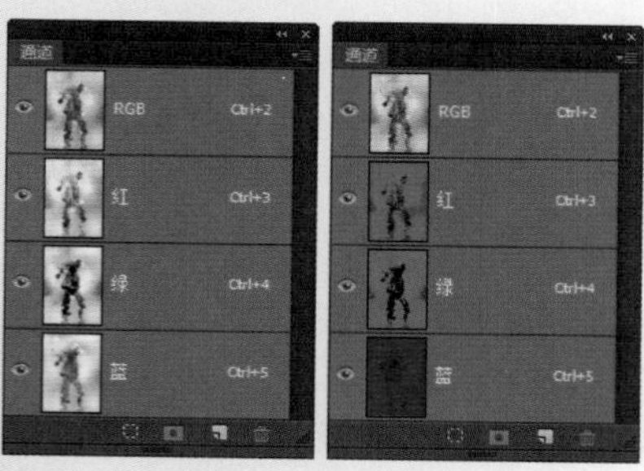

图 1-144 选择“用彩用显示通道”前面对比

- 显示变换值：在 Photoshop 中对对象进行变换操作时，将显示变换值，该选项用于设置是否显示变换值，以及变换值显示的位置。在该选项的下拉列表中包括 5 个选项，如果选择“总不”，则变换时将不显示变换值；如果选择“左上”、“左下”、“右上”或“右下”中的任意一个值，则变换时变换值将显示在相应的位置。
- “恢复默认工作区”按钮：单击该按钮，可以立即恢复 Photoshop CC 最初的工作区设置。
- “文本”选项区：在该选项区中可以设置用户界面的语言和文字大小，修改后需要重新运行 Photoshop CC 才能生效。

1.7.3 “同步设置”选项

在“同步设置”选项中可以设置 Photoshop CC 与 Adobe Creative Cloud 进行同步的相关选项。执行“编辑 > 首选项 > 同步设置”命令（或者在“首选项”对话框的左侧列表中直接选择“同步设置”选项），即可弹出与同步设置首选项相关设置的对话框，如图 1–145 所示。

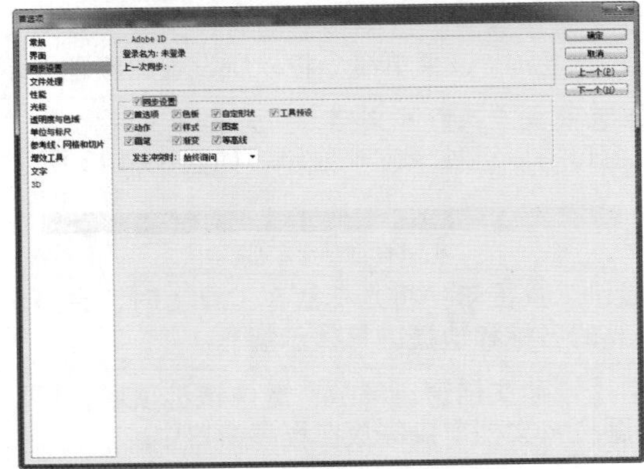

图 1-145 “同步设置”选项

- Adobe ID 选项区：在该选项区中显示 Photoshop CC 与 Creative Cloud 进行同步的相关信息。
- 同步设置：选中该选项，可以设置需要与 Creative Cloud 进行同步的选项，默认情况下选中所有选项，即表示所有选中的选项与 Creative Cloud 进行同步。

1.7.4 “文件处理”选项

在“文件处理”选项中可以对文件存储和文件兼容性进行设置。执行“编辑 > 首选项 > 文件处理”命令（或者在“首选项”对话框的左侧列表中直接选择“文件处理”选项），即可弹出与文字处理首选项相关设置的对话框，如图 1–146 所示。

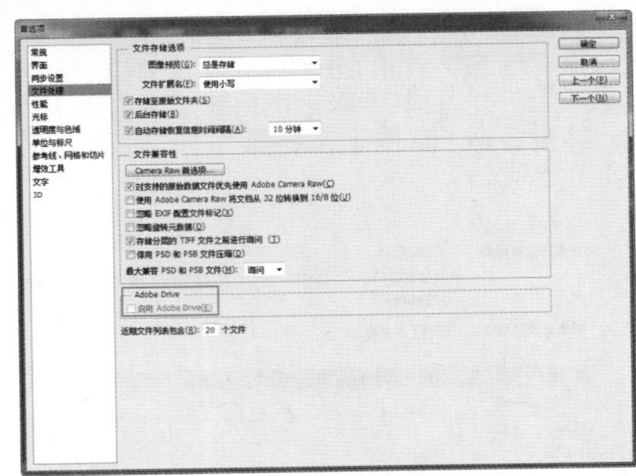

图 1-146 “文件处理”选项

- 图像预览：设置存储图像时是否保存图像的缩略图。若选择“总不存储”和“总是存储”选项，保存时在弹出的“保存”对话框中，“缩览图”选项不可选；若选择“存储时询问”选项，保存时在弹出的“保存”对话框中，“缩览图”选项可选。
- 文件扩展名：根据不同的需要，在保存文件时，可将文件的扩展名设置为“使用大写”或“使用小写”。
- “Camera Raw 首选项”按钮：单击该按钮，可以在弹出的对话框中设置 Camera Raw 首选项。
- 对支持的原始数据文件优先使用 Adobe Camera Raw：在打开支持原始数据的文件时，优先使用 Adobe Camera Raw 处理。相机原始数据文件包含来自数码相机图像传感器且未经处理的压缩的灰度图片数据以及有关如何捕捉图像的信息。Photoshop Camera Raw 软件可以解释相机原始数据文件，该软件使用有关相机的信息以及图像元数据来构建和处理彩色图像。
- 使用 Adobe Camera Raw 将文件从 32 位转换到 16/8 位：打开文件时，将 32 位文档转换为 16 位或 8 位文档，并且使用 Adobe Camera Raw 对文档进行 HDR 色调调整。
- 忽略 EXIF 配置文件标记：打开文件时忽略关于图像色彩空间的 EXIF 配置文件标记。
- 忽略旋转元数据：打开文件时忽略图像中包含的旋转元数据。
- 存储分层的 TIFF 文件之前进行询问：保存分层的文件时，如果存储为 TIFF 格式，会弹出询问对话框。
- 停用 PSD 和 PSB 文件压缩：选中该选项后，则在将文件存储为 PSD 或 PSB 格式时，不会对文件进行压缩处理。
- 最大兼容 PSD 和 PSB 文件：确定是否包含 PSD 和 PSB 文件中的数据，以改进与其他使用程序和使用版本的 Photoshop 的兼容性，在该选项的下拉列表中包含 3 个选项，如图 1–147 所示。

图 1-147 下拉列表

如果选择“总是”选项，则可在文件中存储一个带图层图像的复合版本，其他使用程序便能够读取该文件；如果选择“询问”选项，则存储时会弹出提高兼容性对话框；如果选择“总不”选项，则在不提高兼容性的情况下存储文档。

- Adobe Drive：选中该选项后，则启用 Adobe Drive 连接。

提示

Adobe Drive 使用户能连接到 Version Cue CC 服务器。连接服务器在自己的系统中类似于已安装的硬盘驱动器或映射网络驱动器的外观显示。在通过 Adobe Drive 连接到服务器时，用户可以使用多种方法打开和保存 Version Cue 文件。

- 近期文件列表包含：用来设置当执行“文件 > 最近打开文件”命令时，在该命令的下拉菜单中包含多少个最近打开的文件。

1.7.5 “性能”选项

在“性能”选项中可以对内存的使用情况、暂存盘以及历史记录进行设置，以提高 Photoshop 的运行速度和安全性。执行“编辑 > 首选项 > 性能”命令（或者在“首选项”对话框的左侧列表中直接选择“性能”选项），即可弹出与性能首选项相关设置的对话框，如图 1-148 所示。

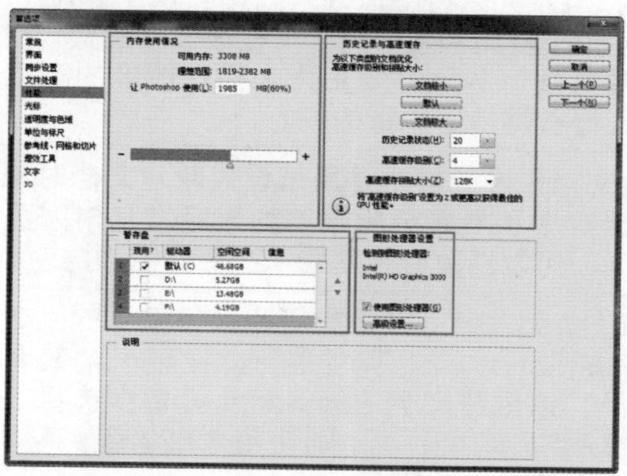

图 1-148 “性能”选项

- 内存使用情况：此处显示了系统分配给 Photoshop 的内存。可拖动滑块或在“让 Photoshop 使用”选项内输入数值，调整分配给 Photoshop 的内存量。修改后，需要重新启动 Photoshop 软件。
- 历史记录与高速缓存：用来设置“历史记录”面板中可以保留的历史记录的数量以及高速缓存的级别，较多的历史记录保存也会占用更多的内存。Photoshop CC 中提供了 3 种文档类型优化高速缓存级别和拼贴大小的预设，单击不同按钮，数值就会发生变化，如图 1-149 所示。

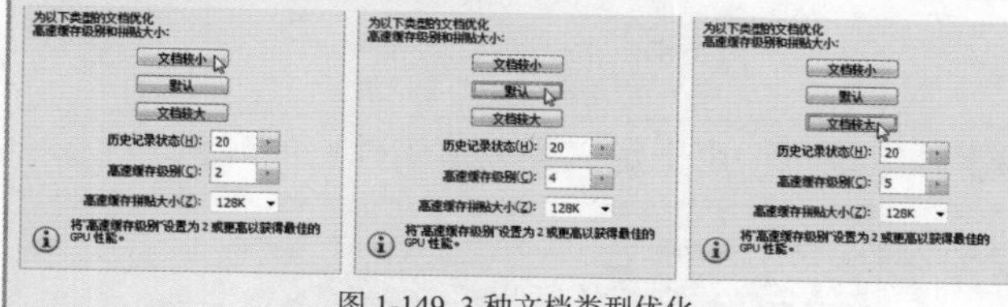

图 1-149 3 种文档类型优化

- 暂存盘：使用箭头按钮可修改暂存盘的顺序。要获得最佳的性能，应将暂存盘设置为高速硬盘。尽量不要设置为引导硬盘分区。默认情况下，Photoshop 将安装了操作系统的硬盘驱动器作为主暂存盘，可在该选项中将暂存盘修改为其他驱动器。
- 图形处理器设置：显示了计算机的显卡，以及是否有 OpenGL。Photoshop CC 的很多功能必须在启用 OpenGL 绘图后才能使用，而且启动 OpenGL 后，在处理大型文件（如 3D 文件）或复杂图像时，可加速视频处理过程。

1.7.6 “光标”选项

在“光标”选项中可以对 Photoshop CC 中的显示光标进行设置，以方便用户的操作。执行“编辑 > 首选项 > 光标”命令（或者在“首选项”对话框的左侧列表中直接选择“光标”选项），即可弹出与光标首选项相关设置的对话框，如图 1-150 所示。

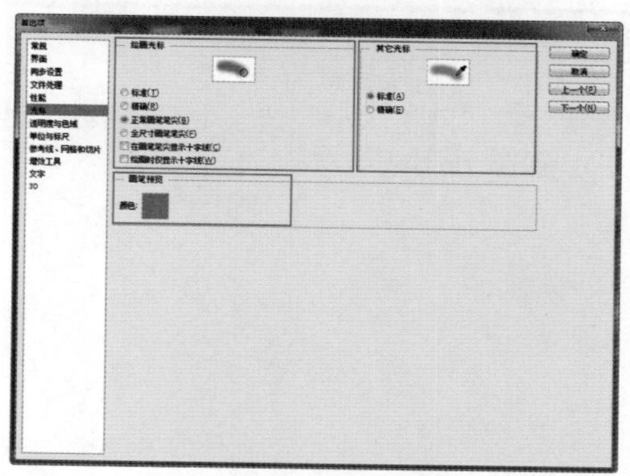

图 1-150 “光标”选项

- 绘画光标：用于设置使用绘图工具时，光标在画布中的显示状态，以及光标中心是否显示十字线，如图 1-151 所示。

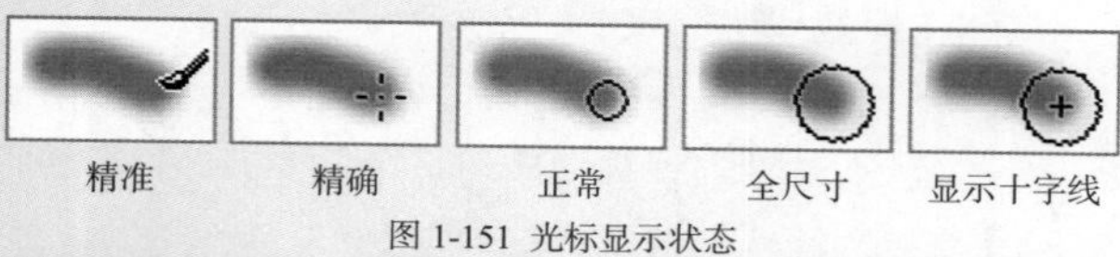

精准　精确　正常　全尺寸　显示十字线

图 1-151 光标显示状态

- 其他光标：用于设置使用其他工具时，光标在画布中的显示状态。如图 1-152 所示为吸管工具的光标状态。

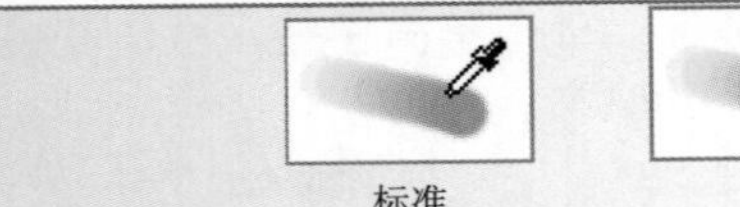

图 1-152 吸管光标的显示状态

画笔预览：用于定义画笔编辑预览的颜色。

1.7.7 “透明度与色域”选项

在“透明度与色域”选项中可以对“透明区域”的显示进行设置，也可以设置“色域警告”的显示颜色。执行“编辑 > 首选项 > 透明度与色域”命令（或者在“首选项”对话框的左侧列表中直接选择“透明度与色域”选项），即可弹出透明度与色域首选项的相关设置对话框，如图 1-153 所示。

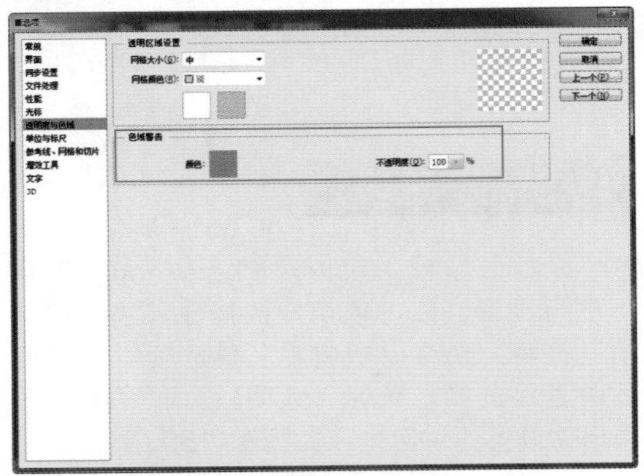
图 1-153 “透明度与色域”选项

网格大小：当图像背景为透明区域时，会显示为棋盘格状，在“网格大小”选项中可以设置棋盘格的大小，如图 1-154 所示。

网格大小为“小”　网格大小为“大”
图 1-154 网格大小

网格颜色：用于设置透明棋盘格的颜色，如图 1-155 所示。

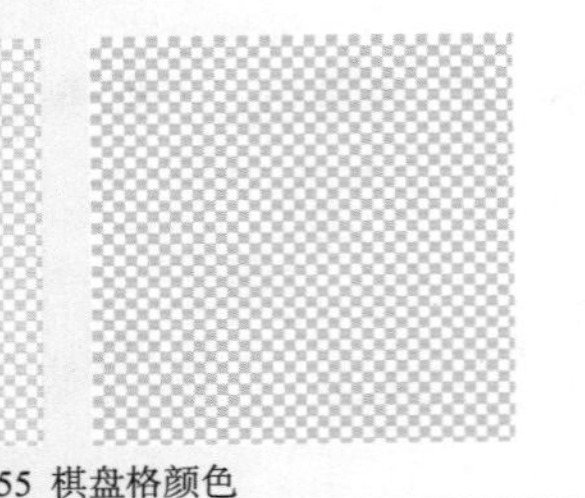
图 1-155 棋盘格颜色

色域警告：执行“视图 > 色域警告”命令时，图像中的溢色会显示为灰色。可在该选项中选择其他颜色来代表溢色，并调整溢色的不透明度。溢色是不能被准确打印出来的颜色。如果图像类型为 CMYK，则不会出现溢色的情况。

1.7.8 “单位与标尺”选项

在“单位与标尺”选项中可以对“单位”和“列尺寸”进行设置，还可以设置新建文档的预设分辨率。执行“编辑 > 首选项 > 文件处理”命令（或者在“首选项”对话框的左侧列表中直接选择“文件处理”选项），即可弹出单位与标尺首选项的相关设置对话框，如图 1-156 所示。

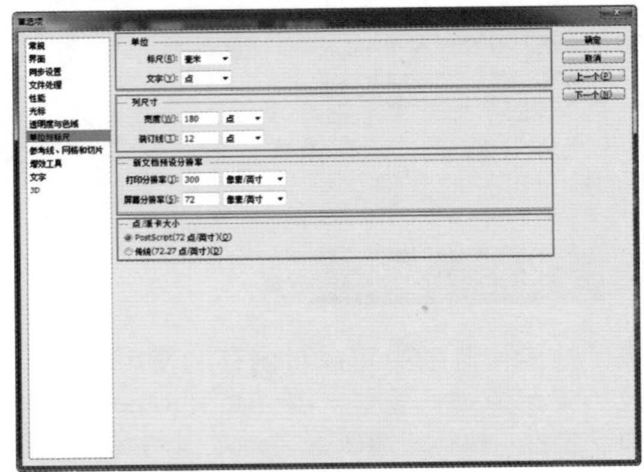
图 1-156 “单位与标尺”选项

单位：在此处可以根据需要设置标尺和文字的尺寸。

列尺寸：如果将图像导入到排版软件（InDesign）中，并用于打印和装订时，可在该选项设置“宽度”和“装订线”的尺寸，用列来指定图像的宽度，使图像正好占据特定数量的列。

新文档预设分辨率：用来设置新建文档时预设的打印分辨率和屏幕分辨率。如果经常从事网页设计的工作，可以修改分辨率为 72 像素 / 英寸。

点 / 派卡大小：设置如何定义每英寸的点数。选择“PostScript（72/ 英寸）”，设置一个兼容的单位大小，以便打印到 PostScript 设备；选择“传统（72.27 点 / 英寸）”，则使用 72.27 点 / 英寸（打印中传统使用的点数）。

1.7.9 “参考线、网格和切片”选项

在“参考线、网格和切片”选项中可以设置参考线、网格和切片的颜色和样式，以便获得更好的操作界面。执行“编辑 > 首选项 > 参考线、网格和切片”命令（或者在“首选项”对话框的左侧列表中直接选择“参考线、网格和切片”选项），即可弹出参考线、网格和切片

首选项的相关设置对话框，如图 1–157 所示。

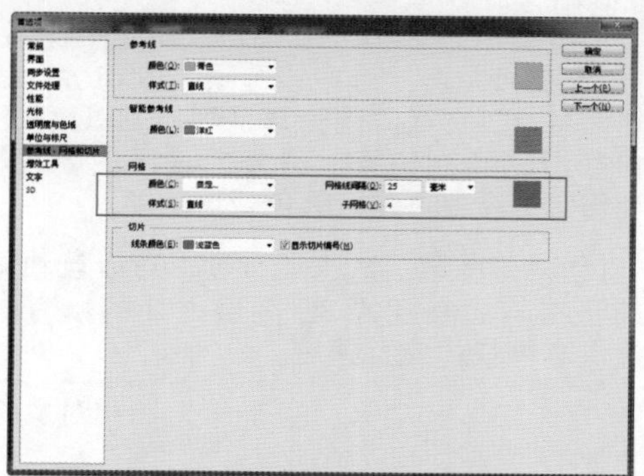

图 1-157 “参考线、网格和切片”选项

- 参考线：用来设置参考线的颜色和样式，包括直线和虚线两种样式。
- 智能参考线：用来设置智能参考线的颜色。
- 网格：用来设置网格的颜色和样式。对于“网格线间隔”，可以输入网格间距的值。在“子网格”选项中输入一个值，则可基于该值重新细分网格。
- 切片：用来设置切片边框的颜色。选中“显示切片编号”选项，可以显示切片的编号。

1.7.10 “增效工具”选项

在“增效工具”选项中可以设置增效工具的文件夹，以及选择扩展面板。执行“编辑 > 首选项 > 增效工具”命令（或者在“首选项”对话框的左侧列表中直接选择“增效工具”选项），即可弹出增效工具首选项的相关设置对话框，如图 1–158 所示。

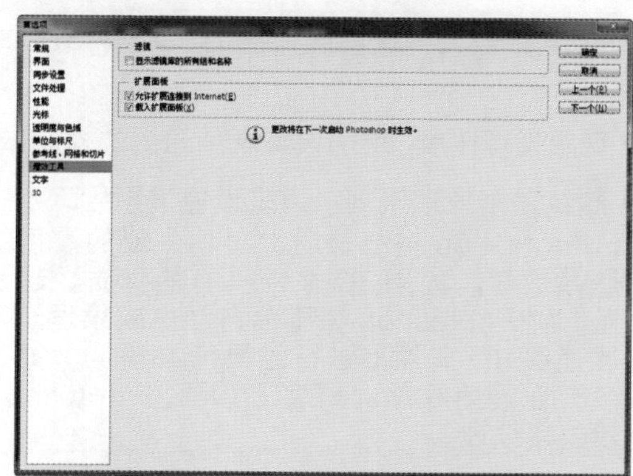

图 1-158 “增效工具”选项

- 滤镜：选中该选项后，Photoshop 中所有的滤镜（包括“滤镜库”中的滤镜）将全部显示在“滤镜”菜单中，如图 1–159 所示。但是，当在该菜单下单击某一种滤镜后，如果其包含在“滤镜库”对话框中，仍然会弹出“滤镜库”对话框。

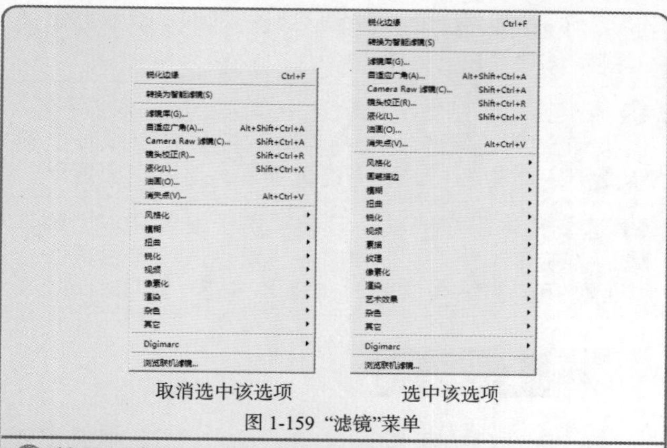

取消选中该选项　　选中该选项

图 1-159 “滤镜”菜单

- 扩展面板：选中“允许扩展连接到 Internet”选项，表示允许 Photoshop 扩展面板连接到 Internet 获取新内容以及更新程序；如果选中“载入扩展面板”选项，则“窗口 > 扩展功能”命令可用；如果取消选中“载入扩展面板”选项，重新启动 Photoshop 后，则该命令不可用，如图 1–160 所示。

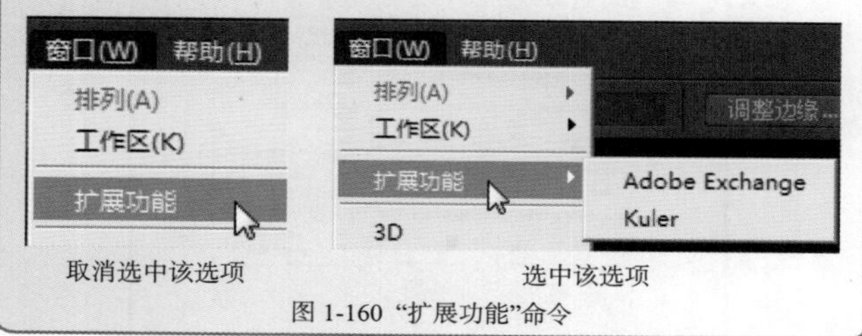

取消选中该选项　　选中该选项

图 1-160 “扩展功能”命令

1.7.11 “文字”选项

在“文字”选项中可以设置文字的一些选项内容。执行“编辑 > 首选项 > 文字”命令（或者在“首选项”对话框的左侧列表中直接选择“文字”选项），即可弹出文字首选项的相关设置对话框，如图 1–161 所示。

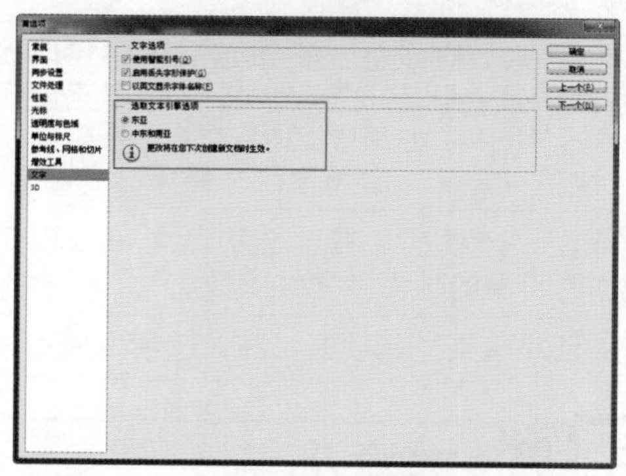

图 1-161 “文字”选项

- 使用智能引号：智能引号也称为印刷引号，它会与字体的曲线混淆。选中该选项后，输入文本时可使用弯曲的引号替代直引号。
- 启用丢失字形保护：选中该选项后，如果文档使用了系统未安装的字体，在打开文档时会出现提示，提示 Photoshop 中缺少哪些字体，可以使用可用的匹配字体替换缺少的字体。

- 以英文显示字体名称：选中该选项后，在“字符”面板和文字工具选项栏的字体下拉列表中以英文显示亚洲字体的名称，取消该选项后，则以中文显示。

- 选取文本引擎选项：该选项用于设置文本引擎，包括“东亚”、“中东和南亚”两个选项可供选择，我们使用的简体中文版，选择“东亚”选项即可。

1.7.12 3D 选项

在 3D 选项中可以设置 Photoshop CC 中关于 3D 功能的一些优化选项。执行“编辑 > 首选项 >3D”命令（或者在“首选项”对话框的左侧列表中直接选择 3D 选项），即可弹出 3D 首选项的相关设置对话框，如图 1–162 所示。

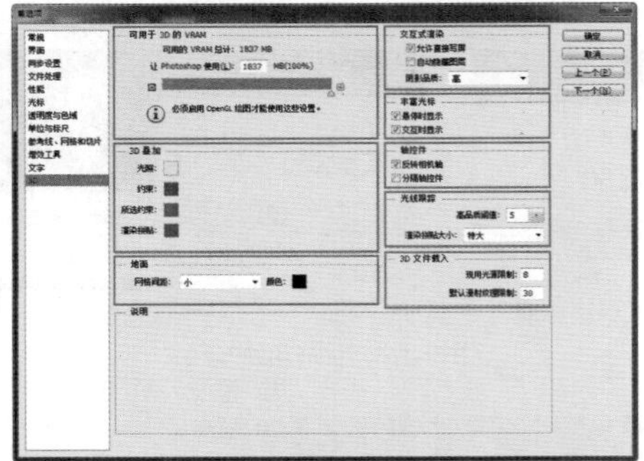

图 1-162 3D 选项

- “可用于 3D 的 vRAM”选项区：Photoshop CC 中的 3D 引擎可以使用的显存（VRAM）量。可拖动滑块或在“让 Photoshop 使用”选项内输入数值，调整分配给 Photoshop 的显存量。修改后，需要重新启动 Photoshop 软件。

- “3D 叠加”选项区：在该选项区中可以设置各种参考线的颜色以及进行 3D 操作时高亮显示可用的 3D 常见组件。如果要切换这些额外内容，可以执行“视图 > 显示”菜单下的子菜单命令。

- “地面”选项区：在该选项区中可以设置进行 3D 操作时可用的地面参考线参数。

- “交互式渲染”选项区：在该选项区中可以设置进行 3D 对象交互（鼠标事件）时 Photoshop 渲染选项的首选项。

  - 允许直接写屏：选中该选项，Photoshop 中允许更快的 3D 交互，因为其是利用 GPU 图形显卡直接在屏幕绘制像素。另外，其还使 3D 交互能够利用 3D 管道内建的颜色管理功能。

  - 自动隐藏图层：选中该选项，可以自动隐藏除当前正在与之交互的 3D 图层之外的所有图层，可提供非常快的交互速度。

- “丰富光标”选项区：呈现与光标和对象相关的实时信息。

  - 悬停时显示：用来设置悬停在 3D 对象上方可呈现带有相关信息的丰富光标。

  - 交互时显示：用来设置与 3D 对象的鼠标交互可呈现带有相关信息的丰富光标，且与 3D 对象的交互可实时更新丰富光标。

- “轴控件”选项区：指定轴交互和显示模式。

  - 反转相机轴：用来设置翻转相机和视图的轴坐标系。

  - 分隔轴控件：用来设置将合并的轴分隔为单独的轴工具，即移动轴、旋转轴和缩放轴。当取消选中该选项后，即可反转到合并的轴。

- “光线路踪”选项区：当 3D 场景面板中的“品质”设置为“光线跟踪最终效果”时，定义光线跟踪渲染的图像品质阈值。如果使用较小的值，则在某些区域（如柔和阴影、景深模糊）中的图形品质降低时，将立即自动停止光线跟踪。渲染时，始终可以通过单击鼠标停止光线跟踪。

- “3D 文件载入”选项区：指定 3D 文件载入时的行为。

  - 现用光源限制：用来设置现用光源的初始限制。

  - 默认漫射纹理限制：用来设置漫射纹理不存在时，Photoshop 将在材质上自动生成的漫射纹理的最大数量。如果 3D 文件具有的材质数超过此数量，则 Photoshop 将不会自动生成纹理。漫射纹理是在 3D 文件上进行绘画所必需的。如果用户没有在漫射纹理的材质上绘画，Photoshop 将提示创建纹理。

1.8 本章小结

本章针对 Photoshop CC 进行了全面的介绍，包括 Photoshop 在不同领域的使用，以及 Photoshop CC 版本中的新增功能，并针对软件安装的系统要求、Photoshop 的操作界面进行了详细的介绍，同时也对如何优化 Photoshop 的运行环境进行了深度分析。通过学习，用户可以初步认识 Photoshop CC，为后面进一步学习打下坚实的基础。

第2章 Photoshop CC 的基本操作

Photoshop 是一款功能非常强大的图像处理及绘图软件。利用 Photoshop 可以制作出任何能想象出来的、超现实的特效作品。其应用领域涉及图像合成、色彩校正等平面广告相关行业，并且在网页设计、二维动画制作、三维建模等行业应用也非常广泛。本章将对 Photoshop CC 的基本应用和基本操作进行介绍。

2.1 图像类型和分辨率

在计算机中图像是以数字方式来记录、处理和保存的，所以图像也可以说是数字化图像。图像类型大致可以分为位图图像和矢量图形。这两种类型各有特点，也各有缺点，两者各自的优点恰好可以弥补对方的缺点。因此在绘图与图像处理的过程中，往往需要将这两种类型的图像交叉运用，才能取长补短，使作品效果更加完美。

2.1.1 位图图像

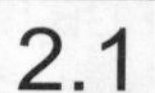

位图图像是由许多点组成，这些点被称为像素。当许多不同颜色的像素组合在一起后，便构成了一幅完整的图像。位图图像弥补了矢量图形的缺陷。它能够制作出颜色和色调变化丰富的图像，可以逼真地表现自然界的景观，同时也可以很容易地在不同软件之间调用文件。这就是位图图像的优点，位图放大效果如图 2–1 所示。

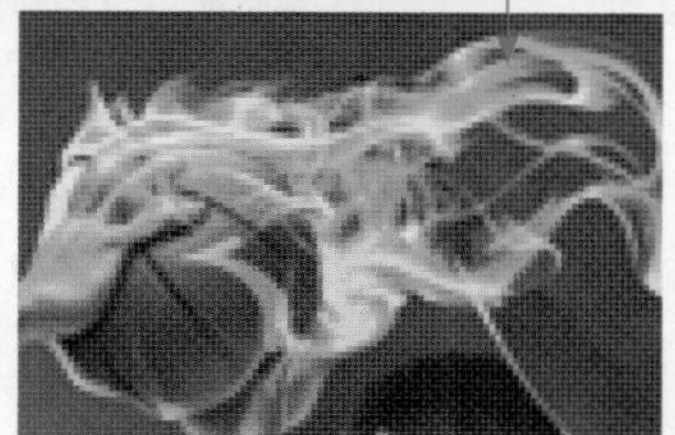

图 2-1 位图图像和局部放大效果

Photoshop 的主要功能就是处理位图图像，使用它可以编辑和保存图像。它可以与其他矢量图形软件交换文件，而且可以打开矢量图像。新版本甚至可以完成 3D 对象的生成和编辑。

2.1.2 矢量图形

矢量图形，也称为面向对象的图形或绘图图形，在数学上定义一系列曲线连续的点。像 Illustrator、CorelDRAW、AutoCAD 等软件都是以矢量图形为基础进行创作的。矢量文件中以图形元素为对象，每个对象都具有颜色、形状、轮廓、大小和屏幕位置等属性。矢量图形文件所占字节数较少，可以任意放大、缩小，而不影响图形质量，如图 2–2 所示。

图 2-2 矢量图形和局部放大效果

2.1.3 分辨率

分辨率是单位长度内的点、像素的数量。分辨率的高低直接影响位图图像的效果，太低会导致图像粗糙模糊，在排版打印时图片会变得非常模糊；而使用较高的分辨率则会增加文件的大小，并会降低图像的打印速度，所以掌握好分辨率是非常重要的。出版印刷可以选择分辨率大于或等于 300 像素，色彩模式为 CMYK，文件存储为 TIF 格式。Web 分辨率可以小于或等于 72 像素，色彩模式为 RGB，文件存储为 JPG、GIF 或者 PNG 格式。

- 图像分辨率：图像分辨率就是指每英寸图像含有多少个点或像素，分辨率的单位为点 / 英寸，英文缩写为 dpi，例如 72dpi 就表示该图像 1 英寸含有 72 个点或像素。在 Photoshop 中也可以用厘米为单位来计算分辨率。当然，不同的单位所计算出来的分辨率是不同的，用厘米来计算比用英寸为单位计算出的“点 / 英寸”数值要小得多。

  在数字化图像中，分辨率的大小直接影响图像的品质。分辨率越高，图像越清晰，所产生的文件也就越大，在工作中所需的内存和 CPU 处理时间也就越多。所以在制作图像时，不同品质的图像需要设置不同的分辨率，才能最经济有效地制作出作品。例如用于打印输出的图像，分辨率就要高一些；如果只是在屏幕上显示的作品，如多媒体图像或网页图像等，就可以低一些，以便计算机快速运行和处理图像。

- 设备分辨率：设备分辨率是指单位输出长度所代表的点数和像素。它与图像分辨率不同，图像分辨率可以更改，而设备分辨率不可以更改。如常见的计算机显示器、扫描仪和数字照相机这些设备，各自都有一个固定的分辨率。

- 屏幕分辨率：屏幕分辨率又称为屏幕频率，是指打印灰度图像或分色所用的网屏上每英寸的点数。屏幕分辨率是用每英寸上有多少行来测量的。

- 位分辨率：位分辨率也称位深，用来衡量每个像素存储的信息位数。这个分辨率决定在图像的每个像素中存放多少颜色信息。如一个 24 位的 RGB 图像，即表示其各原色 R、G、B 均使用了 8 位，三者之和为 24 位。而 RGB 图像中，每个像素都要记录 R、G、B 三原色的值，因此第一个像素所存储的位数即为 24 位。

- 输出分辨率：输出分辨率是指激光打印机等输出设备在输出图像的每英寸中所包含的点数。

2.2 文件基本操作

在开始 Photoshop 各项功能的学习前，首先要了解并掌握一些关于图像的基本操作，其中包括文件的新建、打开以及保存。

2.2.1 新建文件

在 Photoshop CC 中创作，就像生活中的绘画一样，首先就需要画纸。执行“文件 > 新建”命令，弹出“新建”对话框，如图 2-3 所示，为 Photoshop 创建画布。在“新建”对话框中可以设置文件的名称、尺寸、分辨率、颜色模式及背景内容等。

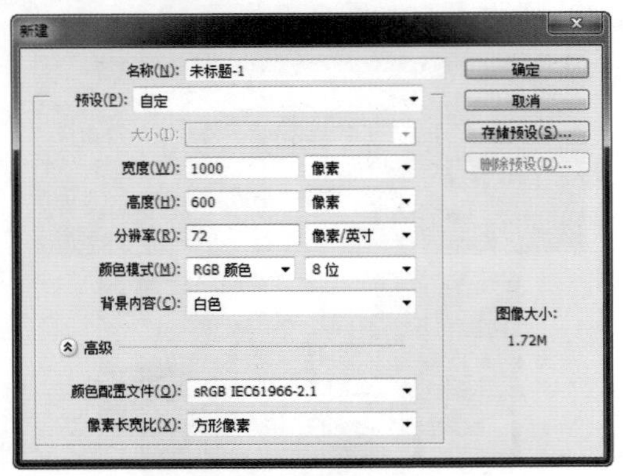

图 2-3 “新建”对话框

- 名称：用于输入新文件的名称。如果不输入，则以默认名“未标题 –1”为名，为了方便管理建议养成为文件命名的习惯。

- 预设：为了方便各行各业使用一些规范尺寸制作，在该列表中存放了很多预先设置好的文件尺寸，如图 2–4 所示。用户可以根据自己的实际情况选择。

剪贴板 默认 Photoshop 大小	800 x 600 1024 x 768 1152 x 864 1280 x 1024 1600 x 1200
美国标准纸张 国际标准纸张 照片	
Web 移动设备 胶片和视频	中等矩形，300 x 250 矩形，180 x 50 告示牌，728 x 90 宽竖长矩形，160 x 600
自定	

图 2-4 预设尺寸

- 宽度 / 高度：用于设定新建图像的宽度和高度，可在其文本框中输入具体数值。在输入数值前要先确定文档尺寸的单位，可在后面的文本框中选择相应的单位，例如厘米、像素等。

- 分辨率：根据制作的不同用途设定图像的分辨率，

通常使用的单位为像素 / 英寸。如果文档用来印刷，分辨率设置为 300 像素 / 英寸。如果用来制作网页，则分辨率设置为 72 像素 / 英寸。

- 颜色模式：用于设定图像的色彩模式，共有 5 种颜色模式供选择。不同的颜色模式决定了文档的用途，例如 CMYK 模式就主要应用于印刷行业。可以从右侧的列表框中选择色彩模式的位数，分别有 1 位、8 位、16 位和 32 位 4 种选择。位数越高，图像的质量越高，但是对系统的要求也越高。

- 背景内容：在该选项的下拉列表中可以选择新建图像的背景层颜色，从中可以选择白色、背景色、透明 3 种方式，效果如图 2-5 所示。如果想自定义背景色，在执行“文件 > 新建”命令前，设置好工具箱中的“背景色”，然后再执行“文件 > 新建”命令，选择“背景内容”下拉列表中的“背景色”选项即可。

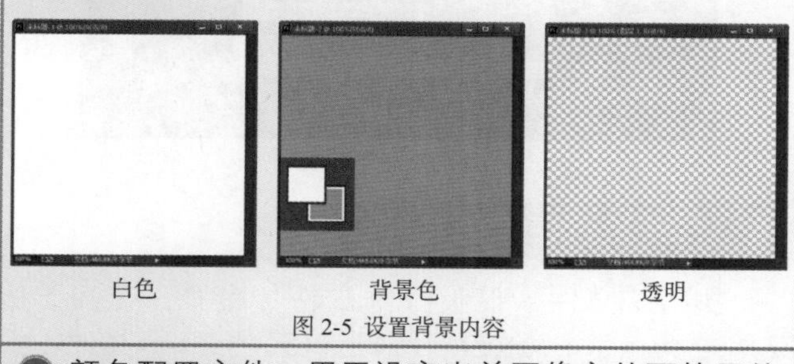

图 2-5 设置背景内容

- 颜色配置文件：用于设定当前图像文件要使用的色彩配置文件。

- 像素长宽比：该选项在图像输出到电视屏幕时有用。电脑显示器上的图像是由方形像素组成的。只有用于视频的图像，才会选择其他选项。

- “存储预设”按钮：单击该按钮，弹出“新建文档预设”对话框，如图 2-6 所示。输入预设的名称并选择相应的选项，可以将当前设置的文件大小、分辨率、颜色模式等创建为一个预设，使用时只需要在“预设名称”下拉列表中选择该预设即可。

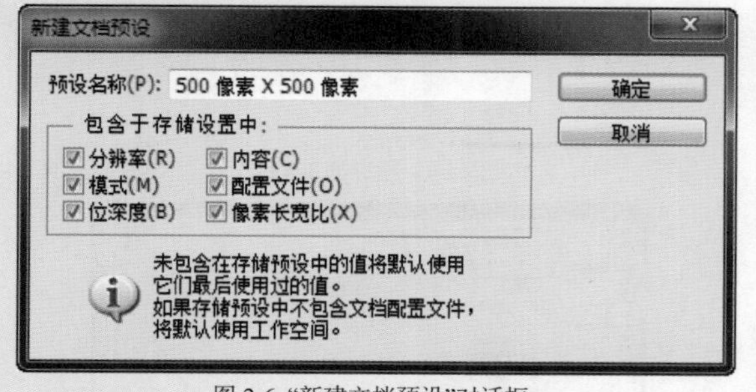

图 2-6 “新建文档预设”对话框

- “删除预设”按钮：单击该按钮，可以删除用户自定义的预设，不可以删除 Photoshop 默认的预设。

- 图像大小：用来显示新建文档的大小。

2.2.2 打开文件

在 Photoshop 中要编辑一个已有的图像，需要先将其打开。打开方法很多，可以使用命令打开，也可以使用快捷键打开，还可以直接将图像拖入软件界面打开。接下来介绍几种常用的打开方式。

1. 使用“打开”命令

执行“文件 > 打开”命令，弹出“打开”对话框，选择一个图像文件，如图 2-7 所示。如果要同时打开多张图像，可按住 Ctrl 键单击它们，再单击“打开”按钮，即可打开图像文件，如图 2-8 所示。

图 2-7 “打开”对话框

图 2-8 打开图像效果

> **提示**
>
> 使用快捷键 Ctrl+O，或者直接在 Photoshop 窗口灰色位置双击，都可以弹出“打开”对话框，完成图像的打开操作。

2. 使用“打开为”命令

在 Mac OS 和 Windows 之间传递文件时，可能会导致标错文件格式，如果使用与文件的实际格式不匹配的扩展名存储文件，或者文件没有扩展名，则 Photoshop 将无法正确确定文件格式。在这种情况下，可以执行“文件 > 打开为”命令，如图 2-9 所示。弹出“打开为”对话框，选择文件并在“打开为”列表中为其指定正确的格式，如图 2-10 所示，然后单击“打开”按钮将其打开。

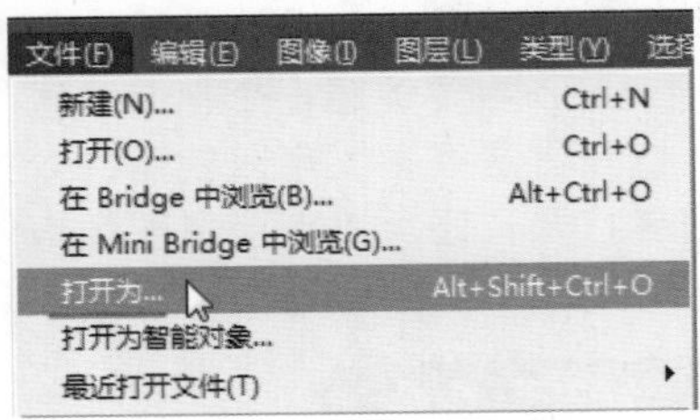

图 2-9 执行“打开为”命令

图 2-10 “打开”对话框

如果文件不能打开，则选取的格式可能与文件的实际格式不匹配，或者文件已经损坏。

3. 使用“在 Bridge 中浏览”命令

执行“文件 > 在 Bridge 中浏览”命令，即可运行 Adobe Bridge，在该窗口中选择相应的图像文件，如图 2-11 所示，双击即可在 Photoshop 中打开该文件。

图 2-11 Bridge 窗口

技巧

执行“文件 > 在 Mini Bridge 中浏览”命令，打开 Mini Bridge 面板，在该面板中同样可以浏览并打开文件。

4. 用快捷方式打开文件

将一个图像文件的图标拖动到 Photoshop 应用程序图标上，可以运行 Photoshop 并打开该文件，如图 2-12 所示。如果已经运行了 Photoshop，则可以将图像直接拖入到软件界面中打开，如图 2-13 所示。

图 2-12 拖动到图标上打开

图 2-13 拖入软件界面打开

5. 打开最近使用的文件

执行“文件 > 最近打开文件”命令，在其下级菜单中保存了 Photoshop 最近打开的 20 个文件，如图 2-14 所示。选择一个文件即可将其打开，这样可以方便用户继续未完成的制作。用户可以通过在“首选项”对话框中的“文件处理”选项中设置“近期文件列表”的数量，如图 2-15 所示。

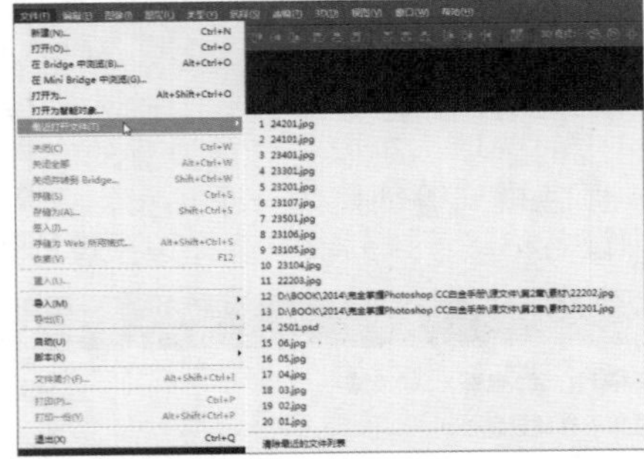

图 2-14 最近打开文件

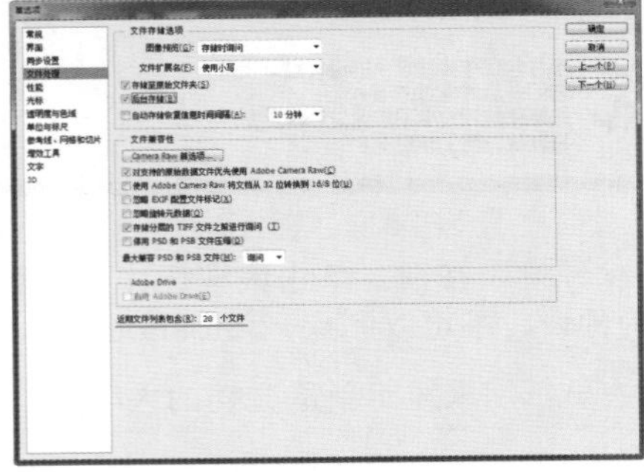

图 2-15 设置近期文件数量

提示

保留近期文件会使得 Photoshop 占用更多的系统资源，如果已经完成操作，可以使用“最近打开文件”子菜单底部的“清除最近的文件列表”命令将近期文件清除。

6. 作为智能对象打开

智能对象相当于一个嵌入到当前文档中的文件，它可以保持文件的原始数据，进行非破坏性的操作。

执行“文件 > 打开为智能对象”命令，弹出“打开”对话框，如图 2–16 所示。选择一个文件将其打开，该文件即转换为“智能对象”，如图 2–17 所示。

图 2-16 “打开”对话框

图 2-17 打开效果

2.2.3 导入文件

在 Photoshop CC 中可以通过“导入”命令将外部文件合并在一起，“导入”命令将视频帧、注释和 WIA 支持等内容导入到打开的文件中。

如果计算机配置有扫描仪并安装了相关的软件，则可在“导入”下拉菜单中选择扫描仪的名称，使用扫描仪扫描图像，并将图像保存，然后在 Photoshop 中打开。

某些数码相机使用“Windows 图像采集”（WIA）导入图像，将数码相机连接到计算机，然后执行“文件 > 导入 >WIA 支持”命令，可以将照片导入到 Photoshop 中。

2.2.4 置入文件

“置入”命令和“导入”命令功能相似，可以通过该命令将外部文件合并在一起，“置入”命令可以将照片、图片或者 EPS、AI、PDF 等矢量格式的文件作为智能对象置入 Photoshop 文档中。

提示

“导入”命令可以简单理解为用于外部设备的命令，例如扫描仪、数码相机等。“置入”命令是针对其他软件做的文件或图片格式。

动手实践——置入 EPS 格式文件

源文件：光盘 \ 源文件 \ 第 2 章 \2-2-4.psd

视频：光盘 \ 视频 \ 第 2 章 \2-2-4.swf

01 执行“文件 > 新建”命令，设置“新建”对话框如图 2–18 所示，单击“确定”按钮。执行“文件 > 置入”命令，弹出“置入”对话框，选择“光盘 \ 源文件 \ 第 2 章 \ 素材 \22401.eps”文件，单击“置入”按钮，将其置入到 Photoshop 中，如图 2–19 所示。

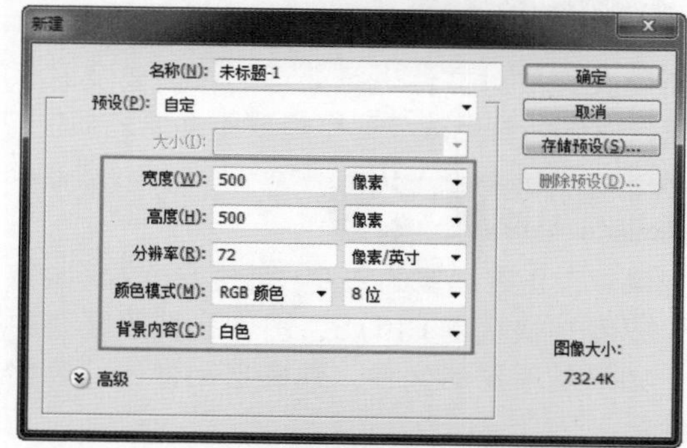

图 2-18 新建文件

图 2-19 置入文件

02 拖动图形四角可以调整图形的大小，如图 2–20 所示。按下 Enter 键确认，将置入的文件作为智能对象置入到当前文档中，如图 2–21 所示。

图 2-20 调整图形大小

图 2-21 确认置入

2.2.5 保存文件

新建文件或对文件进行处理后，需要及时保存处理结果，以免因断电或者死机造成不必要的损失。

1. 使用“存储”命令

如果保存正在编辑的文件，可执行“文件 > 存储”命令，或者按快捷键 Ctrl+S，图像会按照原有的格式存储；如果是新建的文件，则会自动弹出“存储为”对话框。

2. 使用“存储为”命令

如果要将文件保存为新的名称和其他格式，或者存储到其他位置，可执行“文件 > 存储为”命令，或者按快捷键 Shift+Ctrl+S，弹出“另存为”对话框，如图 2–22 所示。

图 2-22 “另存为”对话框

- 保存文件夹：选择图像的保存位置。
- 文件名：在该选项文本框中可以输入文件名称。
- 格式：选择图像的保存格式。
- 作为副本：保存一个副本文件，当前文件仍为打开状态。副本文件与源文件存储在同一位置。
- 注释 /Alpha 通道 / 专色 / 图层：可以选择是否保存文档中的注释、Alpha 通道、专色和图层信息。
- 使用校样设置：将文件的保存格式设置为 EPS 或者 PDF 时，该选项可用，选中该选项可以保存打印用的校样设置。
- ICC 配置文件：可保存嵌入在文档中的 ICC 配置文件。
- 缩览图：为图像创建缩览图。此后在“打开”对话框中选择一个图像时，对话框底部会显示此图像的缩览图。

3. 使用“签入”命令

执行“文件 > 签入”命令保存文件时，允许存储文件的不同版本以及各版本的注释。该命令可用于 Version Cue 工作区管理的图像，如果使用的是来自 Adobe Version Cue 项目的文件，则文档标题栏会提供有关文件状态的其他信息。

提示

Adobe Version Cue 是 Adobe 软件中包含的文件版本管理器，它包含了 Version Cue 服务器和 Version Cue 连接两部分。Version Cue 服务器承载 Version Cue 项目和 PDF 审阅，可将其安装在本地，也可以安装在中心计算机上。Version Cue 连接可用来连接到 Version Cue 服务器，它包含所有支持 Version Cue 的组件中。例如 Acrobat、Flash、Illustrator、InDesign 等。

4. 文件保存格式

文件的格式决定了图像数据的存储方式（像素或者矢量）、压缩方式，以及支持什么样的 Photoshop 功能和文件是否与一些应用程序兼容。使用“存储”或者“存储为”命令对文件进行保存时，都可以在弹出的对话框中对文件的格式进行选择，如图 2–23 所示。

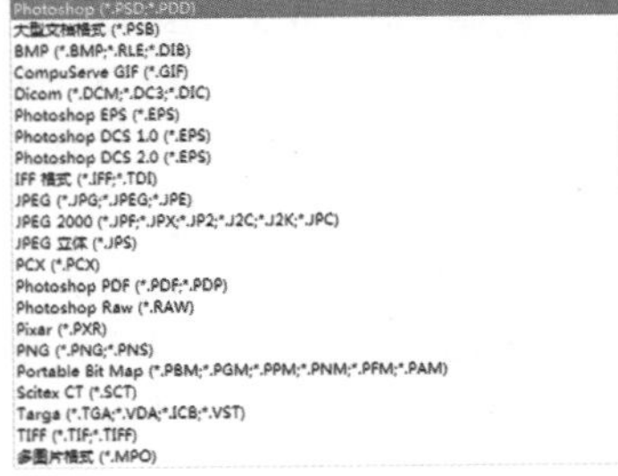

图 2-23 文件保存格式

- PSD 格式：PSD 格式是使用 Photoshop 软件生成的图像格式。这种格式支持 Photoshop 中所有的图层、通道、参考线、注释和颜色模式的格式。在保存图像时，如果图像中包含有图层，则一般都用 Photoshop（PSD）格式保存。

  PSD 格式在保存时会将文件压缩，以减少占用磁盘空间。但由于 PSD 格式所包含的图像数据信息较多，如图层、通道、剪辑路径、参考线等，因此比其他格式的图像文件要大得多。但由于 PSD 文件保留所有原图像的数据信息，因而修改起来较为方便，这就是 PSD 格式的优越之处。

- PSB 格式：PSB 格式是 Photoshop 大型文档所使用的格式，支持最高达 300 000 像素的大型图像文件，还支持 Photoshop 所有的功能，能够保持图像中的通道、滤镜和图层样式的效果不变，但是该格式的文件只能在 Photoshop 中打开。

- BMP 格式：BMP（Windows Bitmap）图像文件最早应用于微软公司推出的 Microsoft Windows 系统，是一种 Windows 标准的位图图像文件格式。它支持 RGB、索引颜色、灰度和位图颜色模式，但不支持 Alpha 通道。

- GIF 格式：GIF 格式是 CompuServe 提供的一种图形格式，在通信传输时较为经济。它也可使用 LZW 压缩方式将文件压缩而不会太占磁盘空间，因此也是一种经过压缩的格式。这种格式可以支持位图、灰度和索引颜色的颜色模式。GIF 格式还可以广泛应用于因特网的 HTML 网页文档中，但它只能支持 8 位的图像文件。

- DICOM 格式：DICOM（医学数字成像和通信）格式的文件包含图像的数据和标头，存储了关于病人和医学图像的相关信息，常用于传输和存储医学图像，如超声波、扫描图像等。

- EPS 格式：EPS（Encapsulated PostScript）格式应用非常广泛，可以用于绘图或排版，是一种 PostScript 格式。它的最大优点是可以在排版软件中以低分辨率预览，将插入的文件进行编辑排版，而在打印或出胶片时，则以高分辨率输出，做到工作效率与图像输出质量都不会耽误。

- IFF 格式：该格式用于存储图像和声音文件，多用于 Amiga 平台。

- JPEG 格式：JPEG 的英文全称是 Joint Photographic Experts Group（联合摄影专家组）。此格式的图像通常用于图像预览和一些超文本文档，如 HTML 文档等。JPEG 格式的最大特色就是文件比较小，经过过高的压缩比例的压缩，是目前所有格式中压缩率最高的格式。但是 JPEG 格式在压缩保存的过程中会以失真方式丢掉一些数据，因而保存后的图像与原图有所差别，没有原图像的质量好。因此印刷品最好不要用此图像格式。

- PCX 格式：PCX 格式采用的是 RLE 无损压缩方式，其支持 24 位、256 色的图像，适合保存索引以及线画稿模式的图像。PCX 格式支持 RGB、索引、位图和灰度模式，以及一个颜色的通道。

- PDF 格式：PDF 全称为 Portable Document Format（便携文档格式），此格式是 Adobe 公司开发的用于 Windows、Mac OS、UNIX（R）和 DOS 系统的一种电子出版软件的文档格式。它以 PostScript Level 2 语言为基础，因此可以覆盖矢量图像和点阵图像，并且支持超链接。PDF 文件是由 Adobe Acrobat 软件生成的文件格式。

  该格式文件可以存有多页信息，其中包含图形、文档的查找和导航功能。因此，使用该软件不需要排版或图像软件即可获得图文混排的版面。由于该格式支持超文本链接，因此是网络下载时经常使用的格式。

- Raw 格式：Photoshop Raw（.raw）是一种非常灵活的文件格式，其主要用于在应用程序与计算机平台之间传递图像。该格式支持具有 Alpha 通道的 CMYK、RGB 和灰度图像，以及不具有 Alpha 通道的多通道、Lab、索引和双色调模式。

- Pixar 格式：Pixar 是专门为高端图像应用程序设计的文件格式，例如用于渲染三维图像和动画的应用程序。Pixar 格式支持具有单个 Alpha 通道的 RGB 和灰度模式。

- PNG 格式：PNG 格式是由 Netscape 公司开发出来的格式，可以用于网络图像。但它不同于 GIF 格式图像，只能保存 256 色，PNG 格式可以保存 24 位的真彩色图像，并且支持透明背景和消除锯齿边缘的功能，可以在不失真的情况下压缩保存图像。但由于 PNG 格式不完全支持所有浏览器，且所保存的文件也较大而影响下载速度，所以在网页中使用得要比 GIF 格式少得多。

提示

PNG 格式文件在 RGB 和灰度模式下支持 Alpha 通道，但在索引颜色和位图模式下不支持 Alpha 通道。

- Portable Bit Map：便捷位图（PBM）文件格式，支持单色位图（1 位 / 像素），可用于无损数据传输，许多应用程序都支持该格式。

- Scitex 格式：ScitexCT 格式（连续色调）用于 Scitex 计算机上的高端图像处理。Scitex 格式支持 RGB、CMYK 和灰度模式，但是不支持 Alpha 通道。

- TGA 格式：TGA 是专用于使用 Truevision 视频板系统的一种格式。TGA 格式支持一个单独 Alpha 通道的 32 位 RGB 图像，以及不具有 Alpha 通道的灰度、索引以及 16 位和 24 位 RGB 文件。

- TIFF 格式：TIFF 的英文全名是 Tagged Image

File Format（标记图像文件格式）。此格式便于在应用程序之间和计算机平台之间进行图像数据交换。因此，TIFF 格式应用非常广泛，可以在许多图像软件和平台之间进行转换，是一种灵活的位图图像格式。

TIFF 格式支持 RGB、CMYK、Lab、索引颜色、位图模式和灰度的颜色模式，并且在 RGB、CMYK 和灰度 3 种颜色模式中还支持使用通道、图层和路径的功能。

2.2.6 导出文件

导出和关闭文件是文件创建与编辑完成后需要进行的操作，要将制作好的文件以适当的格式保存到相应的位置，才算是完成了整个工作的过程。

在 Photoshop 中创建与编辑的图像可以导出到 Illustrator 以及一些视频设备中，从而满足不同的使用目的。执行“文件 > 导出”命令，在弹出的菜单中包含了用于导出文件的命令，如图 2-24 所示。

数据组作为文件(D)...
Zoomify...
路径到 Illustrator...
渲染视频...

图 2-24 “导出”命令

- 数据组作为文件：执行“文件 > 导出 > 数据组作为文件”命令，可以将在 Photoshop 文件中创建的数据库导出为 PSD 文件。
- Zoomify：执行“文件 > 导出 >Zoomify”命令，可以将高分辨率的图像发布到 Web 上，并且利用 Viewpoint Media Player，用户能够平移或者缩放图像来查看它不同的位置以及细节部分的图像。在导出时，Photoshop 会创建 JPEG 格式和 HTML 格式的文件，用户可以选择将这些图像上传到 Web 服务器。
- 路径到 Illustrator：如果在 Photoshop 中创建了路径，执行“文件 > 导出 > 路径到 Illustrator”命令，可以将路径导出为 AI 格式，在 Illustrator 中继续对该路径进行编辑。
- 渲染视频：如果在 Photoshop 文档中制作了视频动画，执行“文件 > 导出 > 渲染视频”命令，可以将视频导出为 QuickTime 影片，在 Photoshop CC 中还可以将时间轴动画与视频图层一起导出。

2.2.7 关闭文件

完成图像的编辑操作后，可以使用以下方法来关闭文件。

- 关闭文件：执行“文件 > 关闭”命令，或者按快捷键 Ctrl+W，以及单击文档窗口右上角的“关闭”按钮，都可以关闭当前的图像文件，如图 2-25 所示。

图 2-25 关闭文件

- 关闭全部文件：如果要关闭 Photoshop CC 中打开的多个文件，可以执行“文件 > 关闭全部”命令，关闭所有文件。
- 关闭并转到 Bridge：执行“文件 > 关闭并转到 Bridge”命令，可以关闭当前文件，并运行 Bridge。
- 退出程序：执行“文件 > 退出”命令，或者单击程序窗口右上角的“关闭”按钮，如图 2-26 所示。可以关闭文件，并退出 Photoshop CC，如果有文件没有进行保存，Photoshop 会自动弹出一个对话框，询问是否保存该文件。

图 2-26 关闭文件并退出程序

2.3 查看图像

对图像编辑的第一步就是要打开图像进行浏览。Photoshop CC 提供了很多查看图像的方法，接下来就将向用户进行一一介绍。

2.3.1 3 种屏幕模式

在 Photoshop CC 中提供了 3 种不同的屏幕模式。执行“视图 > 屏幕模式”命令，在其下级菜单中提供了 3 种屏幕模式可供选择，如图 2–27 所示，默认情况下，采用“标准屏幕模式”，其效果如图 2–28 所示。

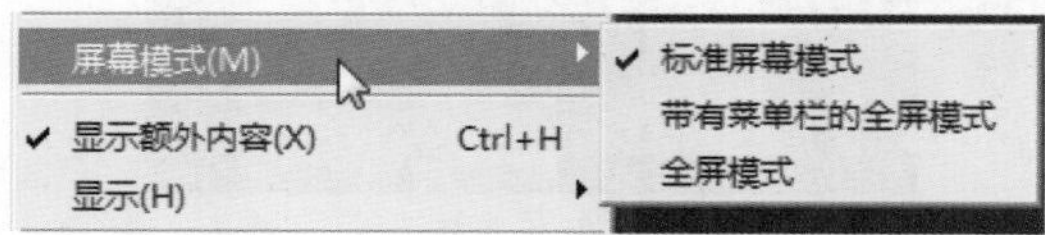

图 2-27 3 种屏幕模式

图 2-28 “标准屏幕模式”显示效果

- 带有菜单栏的全屏模式：在 Photoshop 中显示有菜单栏和 50% 灰色背景，无标题栏和滚动条的全屏窗口，如图 2–29 所示。

图 2-29 “带有菜单栏的全屏模式”显示效果

- 全屏模式：显示只有黑色背景，无标题栏、菜单栏和滚动条的全屏窗口，如图 2–30 所示。

图 2-30 “全屏模式”显示效果

2.3.2 在多个窗口中查看图像

如果在 Photoshop CC 中同时打开了多个图像，则可以执行“窗口 > 排列”命令，在其下级菜单中选择相应的命令，用来控制各个文档窗口的排列方式，如图 2–31 所示。

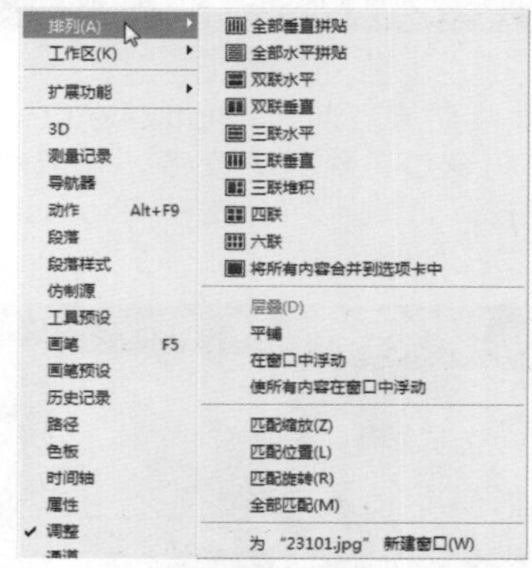

图 2-31 “排列”命令的下级菜单

- 全部垂直拼贴：执行该命令，可以将在 Photoshop CC 中打开的多个图像文档窗口以垂直排列的方式平均排列在 Photoshop 的工作区中，如图 2–32 所示。

图 2-32 全部垂直拼贴

- 全部水平拼贴：执行该命令，可以将在 Photoshop CC 中打开的多个图像文档窗口以水平排列的方式平均排列在 Photoshop 的工作区中，如图 2–33 所示。

图 2-33 全部水平拼贴

- 双联水平：如果当前在 Photoshop CC 中打开了两个图像文档窗口，执行该命令，可以将两个文档窗口以水平排列方式平均分布在 Photoshop 的工作区中，如图 2–34 所示。

图 2-34 双联水平

双联垂直：如果当前在 Photoshop CC 中打开了两个图像文档窗口，执行该命令，可以将两个文档窗口以垂直排列方式平均分布在 Photoshop 的工作区中，如图 2–35 所示。

图 2-35 双联垂直

三联水平：如果当前在 Photoshop CC 中打开了 3 个图像文档窗口，执行该命令，可以将 3 个文档窗口以水平排列方式平均分布在 Photoshop 的工作区中，如图 2–36 所示。

图 2-36 三联水平

三联垂直：如果当前在 Photoshop CC 中打开了 3 个图像文档窗口，执行该命令，可以将 3 个文档窗口以垂直排列方式平均分布在 Photoshop 的工作区中，如图 2–37 所示。

图 2-37 三联垂直

三联堆积：如果当前在 Photoshop CC 中打开了 3 个图像文档窗口，执行该命令，可以将 3 个文档窗口以堆积的方式显示在 Photoshop 的工作区中，如图 2–38 所示。

图 2-38 三联堆积

四联：如果当前在 Photoshop CC 中打开了 4 个图像文档窗口，执行该命令，可以将 4 个文档窗口以堆积的方式显示在 Photoshop 的工作区中，如图 2–39 所示。

图 2-39 四联

六联：如果当前在 Photoshop CC 中打开了 6 个图像文档窗口，执行该命令，可以将 6 个文档窗口以堆积的方式显示在 Photoshop 的工作区中，如图 2–40 所示。

图 2-40 六联

将所有内容合并到选项卡中：如果当前在 Photoshop CC 中打开了多个图像文档窗口，执行该命令，可以将多个文档窗口合并到一个选项卡中，并显示当前选中的文档窗口，如图 2–41 所示。

图 2-41 将所有内容合并到选项卡中

层叠：从屏幕的左上角到右下角以堆叠和层叠的方式排列未停放的窗口，效果如图 2–42 所示。

图 2-42 层叠

平铺：以靠边的方式显示窗口，效果如图 2–43 所示。当关闭一个图像时，其他窗口会自动调整大小，以填满剩余空间。

图 2-43 平铺

在窗口中浮动：允许图像自由浮动，也可拖动标题栏移动窗口，效果如图 2–44 所示。

图 2-44 在窗口中浮动

使所有内容在窗口中浮动：使得所有文档的窗口都浮动，效果如图 2–45 所示。

图 2-45 使所有内容在窗口中浮动

匹配缩放：将所有的窗口与当前窗口的缩放比例相匹配。比如，当前窗口的显示比例为 50%，而其他窗口的显示比例为 100%，则执行该命令后，其他窗口的显示比例也将调整成为 50%。如图 2–46 所示为图像匹配前后的对比效果。

图 2-46 匹配缩放前后对比效果

匹配位置：将所有窗口中图像的显示位置都与当前窗口相匹配。如图 2–47 所示为图像匹配前后的对比效果。

图 2-47 匹配位置前后对比效果

匹配旋转：将所有窗口中画布的旋转角度与当前窗口相匹配。如图 2–48 所示为图像匹配前后的对比效果。

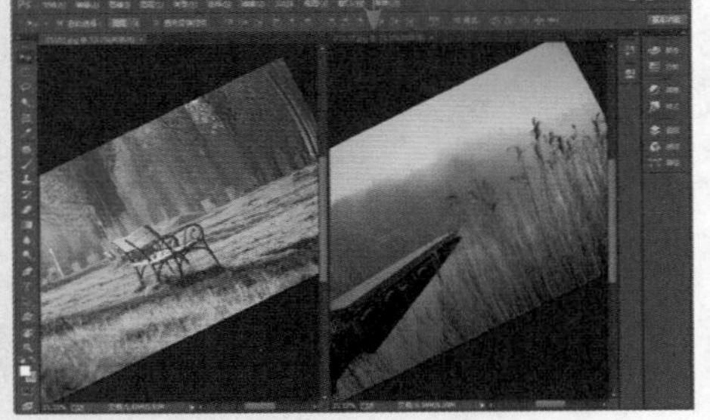

图 2-48 匹配旋转前后对比效果

- 全部匹配：将所有窗口中图像显示比例、位置以及画布旋转的角度与当前窗口相匹配。
- 为(文件名)新建窗口：为当前文档新建一个窗口，新窗口的名称会在“窗口”菜单的底部显示。

2.3.3 旋转画布

在 Photoshop CC 中对图像进行编辑、修饰操作时，可以使用“旋转视图工具”对画布进行相应的旋转操作，从而使得编辑起来更加轻松、方便。在该工具的选项栏上可以对相关选项进行设置，如图 2–49 所示。

旋转角度: 0° 复位视图 旋转所有窗口

图 2-49 “旋转视图工具”的选项栏

- 旋转角度：在该选项后的文本框中可以直接输入需要旋转的角度数值，可以精确地对画布进行旋转。还可以通过文本框后的角度调节按钮，手动调整画布需要旋转的角度。
- 复位视图：单击该按钮，将恢复对画布所做的旋转操作，画布将恢复到初始状态。
- 旋转所有窗口：如果在 Photoshop CC 中同时打开了多个文档窗口，选中该选项后，可以同时对所有打开的文档窗口中的画布进行相同的旋转操作。

动手实践——旋转画布

源文件：光盘 \ 源文件 \ 第 2 章 \2-3-3.psd

视频：光盘 \ 视频 \ 第 2 章 \2-3-3.swf

01 执行“文件 > 打开”命令，打开“光盘 \ 源文件 \ 第 2 章 \ 素材 \23201.jpg”，效果如图 2–50 所示。复制“背景”图层，得到“背景 拷贝”图层，“图层”面板如图 2–51 所示。

图 2-50 图像效果

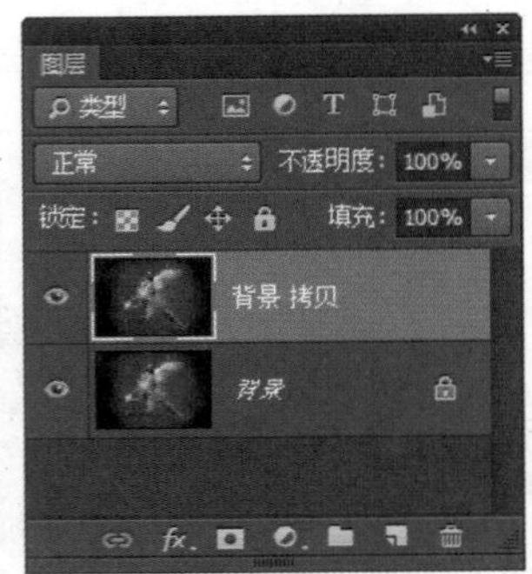

图 2-51 “图层”面板

02 单击工具箱中的“旋转视图工具”按钮，在画布中按住鼠标左键不放，会出现一个罗盘指针，红色指针指向北方，如图 2–52 所示。单击鼠标不放随意拖动即可旋转画布，如图 2–53 所示。

图 2-52 旋转视图工具

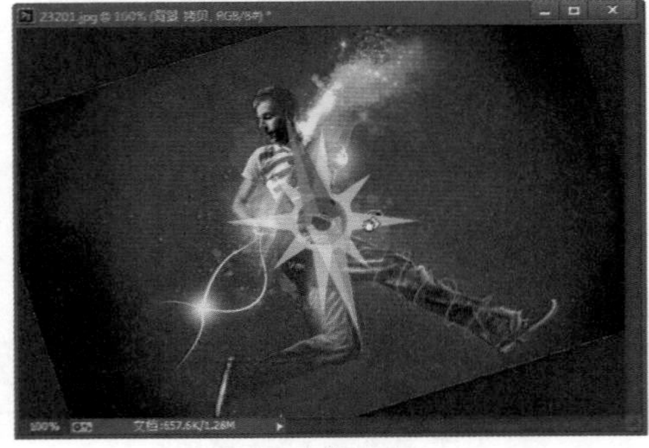

图 2-53 旋转画布

03 也可执行“图像 > 图像旋转 > 任意角度”命令，弹出“旋转画布”对话框，设置如图 2–54 所示。单击“确定”按钮，图像效果如图 2–55 所示。

图 2-54 “旋转画布”对话框

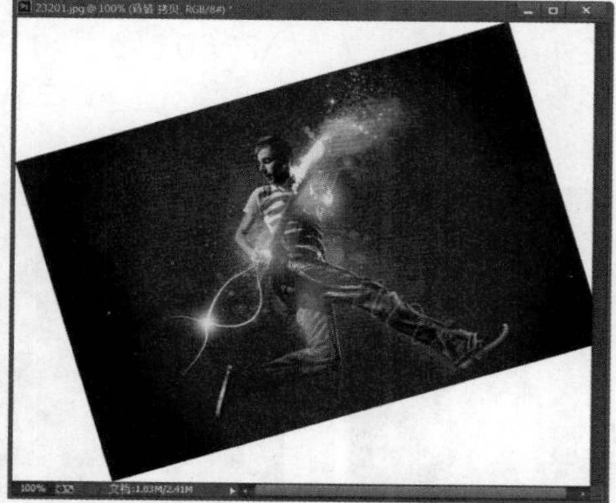

图 2-55 图像效果

提示

使用“旋转视图工具”需要计算机中的显卡支持 OpenGL 加速功能。使用“旋转视图工具”可以在不破坏图像的情况下按照任意角度旋转画布，而图像本身的角度并没有实际旋转。如果要旋转图像，则可执行“图像 > 图像旋转”菜单中的命令。

2.3.4 使用“缩放工具”调整显示比例

单击工具箱中的“缩放工具”按钮，在图像上单击可以调整图像的显示比例。在该工具的选项栏中可以对相关选项进行设置，如图 2–56 所示。

图 2-56 “缩放工具”的选项栏

- “放大”按钮：单击该按钮，在文档窗口中单击可以放大图像的显示比例。
- “缩小”按钮：单击该按钮，在文档窗口中单击可以缩小图像的显示比例。
- 调整窗口大小以满屏显示：选中该选项，可以在缩放图像的同时自动调整文档窗口的大小。
- 缩放所有窗口：如果在 Photoshop CC 中同时打开了多个文档窗口，选中该选项，可以同时缩放所有打开的文档窗口中的图像。
- 细微缩放：选中该选项，在画布中单击并向左侧或右侧拖动鼠标，能够以平滑的方式快速放大或缩小窗口；如果不选中该选项，在画布中单击并拖动鼠标，可以拖出一个矩形选框，释放鼠标后，矩形选框内的图像会放大至整个窗口。
- 100% 按钮：单击该按钮，当前文档窗口中的图像将以实际像素即 100% 的显示比例进行显示。双击工具箱中的“缩放工具”按钮，同样可以将图像的显示比例设置为 100%。
- “适合屏幕”按钮：单击该按钮，可以在文档窗口中最大化显示完整的图像。双击工具箱中的“抓手工具”按钮，同样可以进行相同的操作。
- “填充屏幕”按钮：单击该按钮，可以在整个屏幕范围内最大化显示完整的图像。

动手实践——使用“缩放工具”调整比例 

源文件：无

视频：光盘 \ 视频 \ 第 2 章 \2-3-4.swf

01 执行“文件 > 打开”命令，打开素材图像“光盘 \ 源文件 \ 第 2 章 \ 素材 \23401.jpg”，效果如图 2–57 所示。

图 2-57 图像效果

02 选择“缩放工具”，将光标移至画布中，此时光标会变成形状，在画布中单击则会放大图像的显示比例，效果如图 2–58 所示。按住 Alt 键不放，光标会变成形状，此时，在画布中单击即可缩小图像的显示比例，效果如图 2–59 所示。

图 2-58 放大图像

图 2-59 缩小图像

03 在选项栏上选中“细微缩放”按钮，在图像上单击并向右拖动鼠标则会以平滑的方式快速放大图像，效果如图 2–60 所示。在图像上单击并向左侧拖动鼠标则会以平滑的方式快速缩小图像，效果如图 2–61 所示。

图 2-60 拖动放大

图 2-61 拖动缩小

2.3.5 使用“抓手工具”移动图像画面

当图像的尺寸过大或者由于放大图像的显示比例而不能查看完整的图像时，可以使用“抓手工具”在图像上单击移动图像，以此来查看图像的不同区域，也可以用来缩放窗口大小。

如图 2–62 所示为“抓手工具”的选项栏。如果在 Photoshop CC 中同时打开了多个文档窗口，选中“滚动所有窗口”复选框，移动画布的操作将用于所有不能完整显示图像的文档窗口。选项栏中的其他选项与“缩放工具”相同。

滚动所有窗口　100%　适合屏幕　填充屏幕

图 2-62 “抓手工具”的选项栏

动手实践——使用“抓手工具”移动图像画面

源文件：无

视频：光盘 \ 视频 \ 第 2 章 \2-3-5.swf

01 执行“文件 > 打开”命令，打开素材图像“光盘 \ 源文件 \ 第 2 章 \ 素材 \23501.jpg”，效果如图 2–63 所示。使用“抓手工具”，按住 Alt 键单击即可缩小图像，效果如图 2–64 所示。

图 2-63 图像效果 　图 2-64 缩小图像

技巧

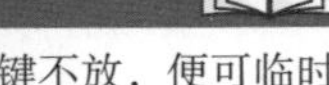

使用绝大多数工具时，按住键盘上的空格键不放，便可临时切换到“抓手工具”，释放空格键，则返回原来使用工具。

02 按住 Ctrl 键单击则可以放大图像，效果如图 2–65 所示。放大窗口到一定的比例后，单击并拖动鼠标即可移动画面，如图 2–66 所示。

图 2-65 放大图像

图 2-66 移动图像

技巧

单击鼠标左键不放再按住 Alt 键（或者 Ctrl 键）不放，可以以平滑的方式逐渐缩小（或者放大）图像的显示比例。

03 按住 H 键单击鼠标不放，窗口则会显示全部图像并出现一个矩形框，将矩形框定位在相应的位置，如图 2–67 所示。松开鼠标和 H 键，则可以快速放大图像并转到这一区域，效果如图 2–68 所示。

图 2-67 定位矩形框

图 2-68 图像效果

2.3.6 “导航器”面板

执行“窗口 > 导航器”命令，打开“导航器”面板，如图 2–69 所示。该面板中含有图像的缩览图和多种窗口缩放工具，如果图像的尺寸过大，使得画面中不能完整显示图像，则可以通过该面板更加方便、快捷地定位图像的查看区域。

图 2-69 “导航器”面板

- 代理预览区域：当窗口中不能完整显示图像时，可以将光标移至代理预览区域，当光标变为形状时，单击并拖动鼠标可以移动图像，并且代理区域内的图像位于文档窗口的中心位置，效果如图 2–70 所示。

图 2-70 不同区域的图像效果

- 缩放文本框：通过在该文本框中输入相应的数值并按 Enter 键确认，可以缩放图像的显示比例。
- “缩小”按钮：通过单击该按钮可以缩小图像的显示比例。
- 缩放滑块：通过左右拖动缩放滑块可以自由调整图像的显示比例。
- “放大”按钮：通过单击该按钮可以放大图像的显示比例。

技巧

在使用除“缩放工具”和“抓手工具”以外的其他工具时，按住 Alt 键不放并滚动鼠标中间的滚轮，也可以缩放文档窗口。

2.4 修改图像和画布大小

由于图像的应用各有不同，所以常常需要调整图像以及画布的尺寸，以适应不同的需要。在修改图像大小时，要注意像素大小、文档大小以及分辨率的设置。

2.4.1 修改图像大小

图像大小是指图像尺寸，当改变图像大小时，当前图像文档窗口中的所有图像会随之发生改变，这也会影响图像的分辨率。除非对图像进行重新取样，否则当用户更改像素尺寸或分辨率时，图像的数据量将保持不变。例如，如果更改图像的分辨率，则会相应地更改图像的宽度和高度以便使图像的数据量保持不变。

如果要修改一个现有文件的像素大小、分辨率和打印尺寸，可以执行“图像 > 图像大小”命令，弹出“图像大小”对话框，如图 2–71 所示，可以在该对话框中改变图像的尺寸、分辨率以及图像的像素数目。如果不选中“重新采样”复选框，修改宽度、高度或分辨率时，一旦更改某一个值，其他两个值会发生相应的变化。

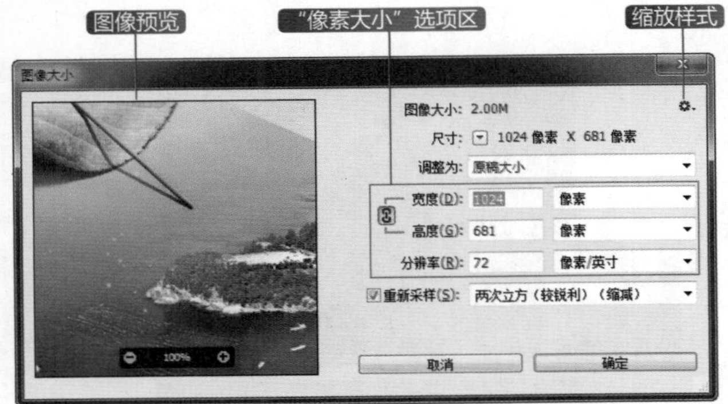

图 2-71 “图像大小”对话框

图像预览：在该区域显示当前调整图像的效果，可以通过单击“放大”按钮或“缩小”按钮，可以放大或缩小图像预览区域中的图像预览大小，也可以在图像预览区域中拖动鼠标来查看图像效果。

图像大小：在该区域显示当前调整图像的文件大小。

尺寸：该选项显示了当前所调整的图像的尺寸大小，单击“尺寸”选项后的按钮，可以在弹出的菜单中选择图像尺寸大小的单位，如图 2-72 所示。

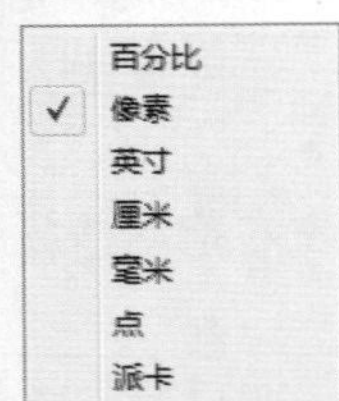

图 2-72 “尺寸”下拉列表

调整为：在该下拉列表中 Photoshop 为用户提供了一些预设的图像尺寸选项，如图 2-73 所示。在该下拉列表中选择某一个预设的尺寸选项，即可快速将当前图像大小调整为预设的尺寸大小。例如在“调整为”下拉列表中选择“4×6 英寸 300 dpi”选项，则自动将对话框中相应的数据修改为该尺寸大小，如图 2-74 所示。

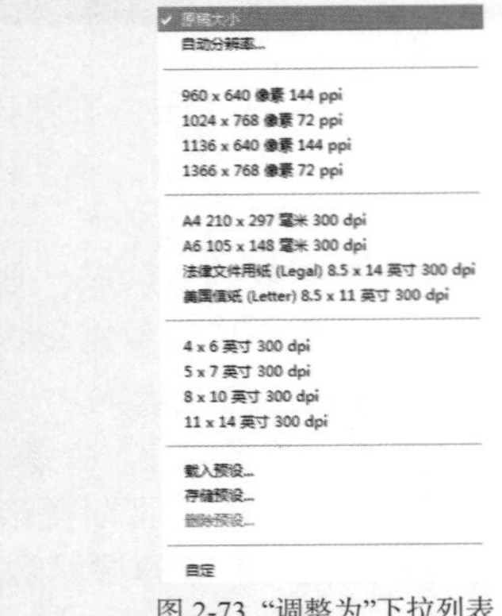

图 2-73 “调整为”下拉列表

图 2-74 选择预设尺寸

提示

在“调整为”下拉列表中选择预设的尺寸大小选项后，Photoshop 会自动对图像大小进行调整，并且在调整的过程中保持图像进行等比例放大和缩小，优先满足图像宽度的尺寸调整。

“像素大小”选项区：修改像素大小其实就是代表图像的大小。在“像素大小”选项区中可以修改图像的宽度和高度像素值。可以直接在文本框中输入数值，并可以在下拉列表中选择单位，以修改像素大小。在“宽度”和“高度”选项的左侧显示一个链接图标，当该图标呈现按下状态时，修改参数会等比例进行修改，如图 2-75 所示。反之，在未按下状态时，修改参数时不会受图像原尺寸比例影响，如图 2-76 所示。

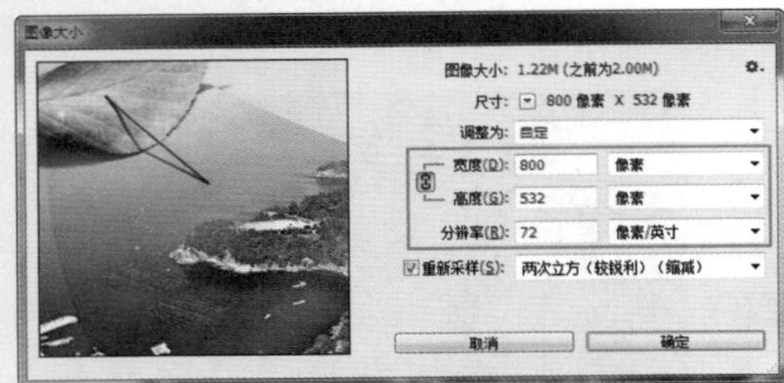

图 2-75 等比例调整图像大小

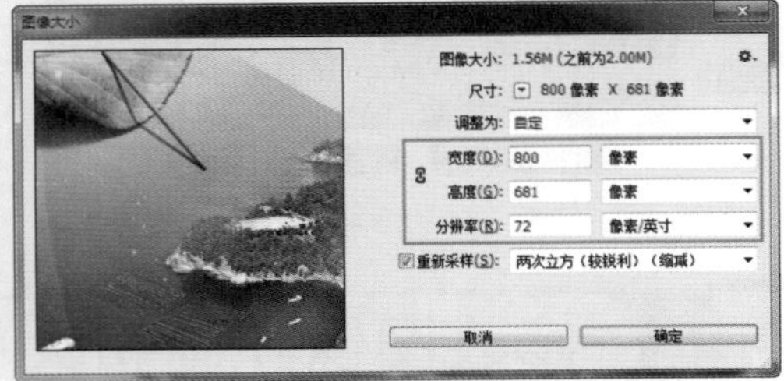

图 2-76 非等比例调整图像大小

缩放样式：该选项用于设置在缩放图像大小时图像所添加的样式是否也同时进行缩放调整。单击对话框右上角的按钮，在弹出的下拉菜单中选中“缩放样式”选项，这样在调整图像大小时，图像所添加的样式也会同时进行缩放调整。默认情况下，该选项为选中状态。

重新采样：该选项用于设置调整图像大小时的采样方法。如果不选中该选项，调整图像大小时，像素的数目固定不变，当改变图像尺寸时，分辨率将自动改变；当改变分辨率时，图像尺寸也将自动改变。选中该选项，则在改变图像的尺寸或分辨率时，图像的像素数目会随之改变，此时则需要对图像重新取样。

选中“重新采样”选项，则可以从该选项后的下拉列表中选择重新取样的方式，如图 2–77 所示。

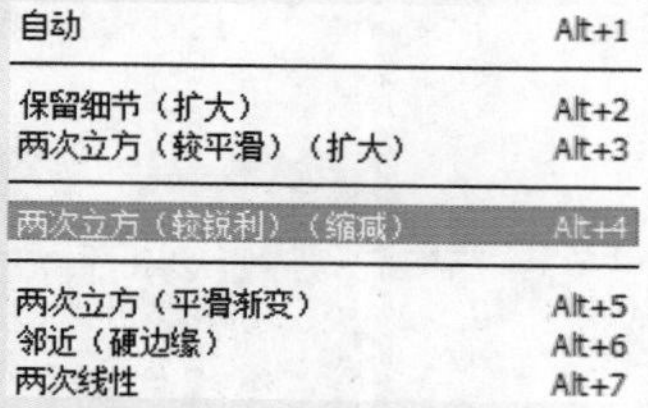

自动	Alt+1
保留细节（扩大）	Alt+2
两次立方（较平滑）（扩大）	Alt+3
两次立方（较锐利）（缩减）	Alt+4
两次立方（平滑渐变）	Alt+5
邻近（硬边缘）	Alt+6
两次线性	Alt+7

图 2-77 “重新采样”下拉列表

- 自动：选择该选项，Photoshop CC 自动计算处理图像像素。
- 保留细节（扩大）：选择该选项，可以保留因修改图像而损失的细节，同时在对话框中新增“减少杂色”选项，拖动该选项后的滑块调整杂色的百分比数值。
- 两次立方（较平滑）（扩大）：一种将周围像素值分析作为依据的方法，插补像素时会依据插入点像素的颜色变化情况插入中间色，速度较慢，但精度较高。两次立方使用更复杂的计算，产生的色调渐变，比邻近或两次线性更为平滑。
- 两次立方（较锐利）（缩减）：一种基于两次立方插值且具有增强锐化效果的有效图像减小方法。该方法在重新取样后的图像中保留细节。使用该方法会使图像中某些区域的锐化程度过高。
- 两次立方（平滑渐变）：根据图像以平滑渐变的计算方法计算出适合图像像素的修改效果。
- 邻近（硬边缘）：以边缘硬化的方法计算出图像邻近的像素。
- 两次线性：为中等品质的差值方式。

技巧 

如果想在不改变图像像素数量的情况下，重新设置图像的尺寸或分辨率，注意不选中“重新采样”选项。

修改图像的像素大小不但会影响图像在屏幕上的视觉效果，还会影响图像的质量以及其打印特性，同时也决定了其占用的存储空间的多少。

动手实践——无损放大图像

源文件：光盘 \ 源文件 \ 第 2 章 \2-4-1.jpg

视频：光盘 \ 视频 \ 第 2 章 \2-4-1.swf

01 执行“文件 > 打开”命令，打开素材图像“光盘\源文件\第 2 章\素材\24101.jpg”，效果如图 2–78 所示。执行“图像 > 图像大小”命令，弹出“图像大小”对话框，如图 2–79 所示。

图 2-78 图像效果

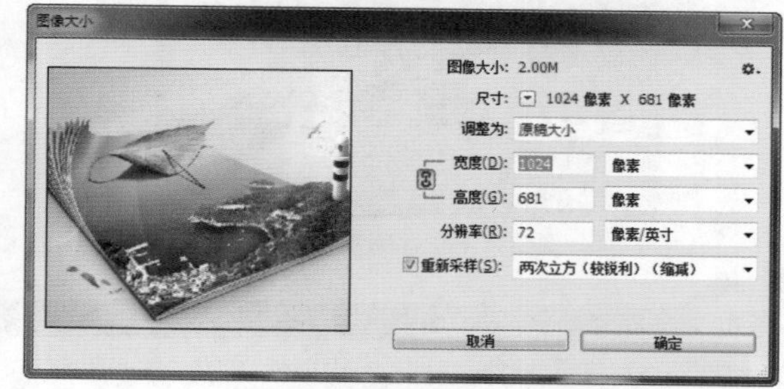

图 2-79 “图像大小”对话框

02 选中“重新采样”选项，在该选项的下拉列表中选择“保留细节（扩大）”选项，如图 2–80 所示。在对话框中设置“宽度”为 2000 像素，“减少杂色”为 30%，如图 2–81 所示。

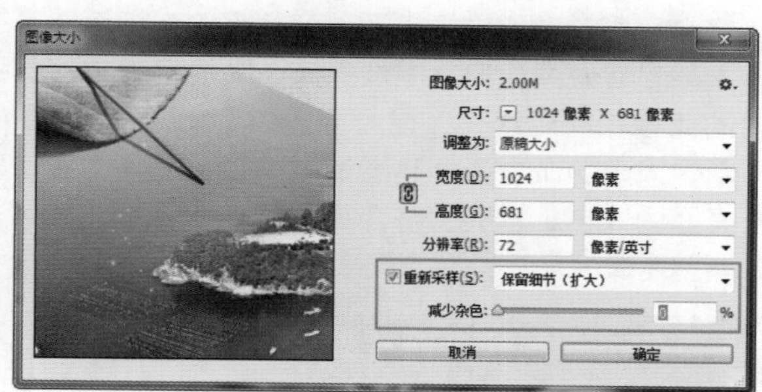

图 2-80 设置“重新采样”选项

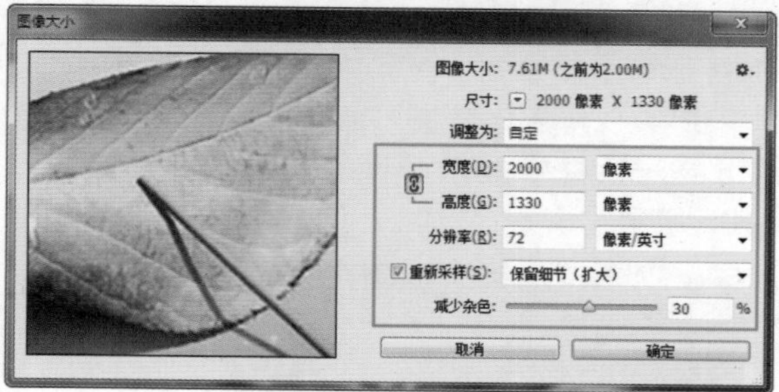

图 2-81 设置“图像大小”对话框

03 单击“确定”按钮，可以看到放大后的图像效果，虽然图像放大了一倍，但画面的质量没有变化，如图 2–82 所示。将图像放大到 100% 显示，可以看到图像还是比较清晰的，如图 2–83 所示。

图 2-82 图像效果

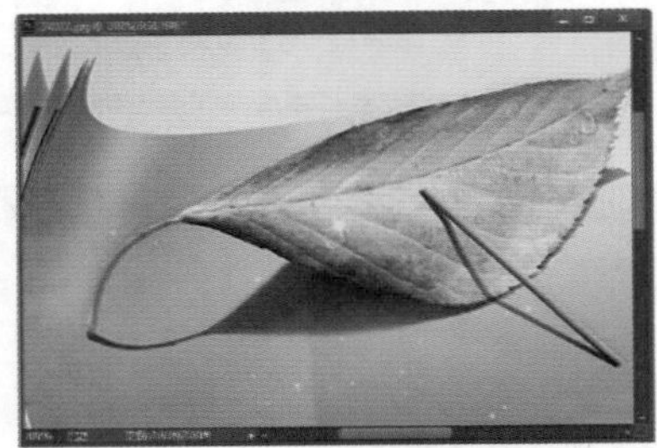

图 2-83 100% 显示图像效果

提示

如果一个图像的分辨率较低且画面模糊，若想通过增加分辨率让其变得清晰是不可行的。这是因为 Photoshop 只能在原始数据的基础上进行修改，但是却无法生成新的原始数据。

2.4.2 制作桌面背景

将自己喜欢的图像或者数码照片设置为桌面背景是许多人都习惯做的，但是图像的大小一般很难与计算机桌面的完全相同。这时，便可以通过 Photoshop CC 中的“图像大小”命令来调整图像的大小，使其能够完全符合桌面的大小。本实例将介绍如何应用“图像大小”命令调整图像的尺寸，制作成桌面背景。

动手实践——制作桌面背景

源文件：光盘 \ 源文件 \ 第 2 章 \2-4-2.jpg

视频：光盘 \ 视频 \ 第 2 章 \2-4-2.swf

01 在计算机桌面上单击鼠标右键，在弹出的快捷菜单中选择“屏幕分辨率”命令，如图 2–84 所示。在弹出的对话框中显示了计算机的屏幕分辨率，如图 2–85 所示。

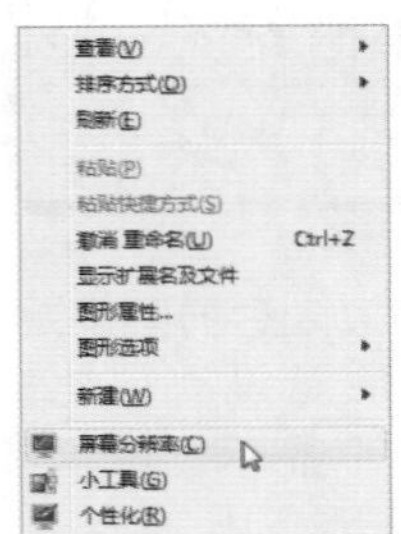

图 2-84 选择“屏幕分辨率”命令

图 2-85 “屏幕分辨率”对话框

02 执行“文件 > 打开”命令，打开素材图像“光盘\源文件\第 2 章\素材\24201.jpg”，效果如图 2–86 所示。执行“图像 > 图像大小”命令，弹出“图像大小”对话框，可以看到图片的尺寸大小，如图 2–87 所示。

图 2-86 图像效果

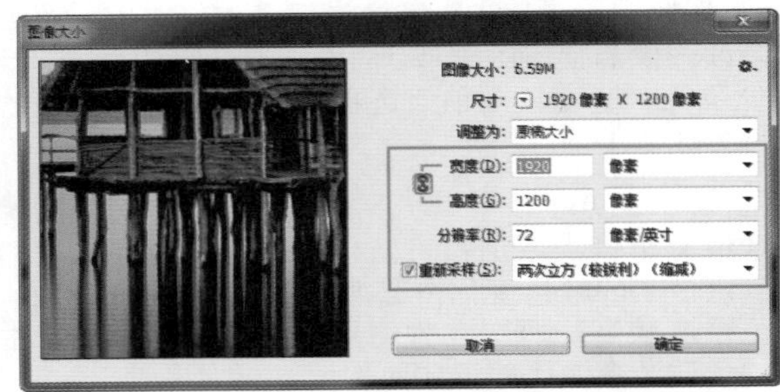

图 2-87 “图像大小”对话框

03 对图像大小进行相应的调整，设置如图 2–88 所示。设置完成后，单击“确定”按钮，可以看到图像的效果如图 2–89 所示。

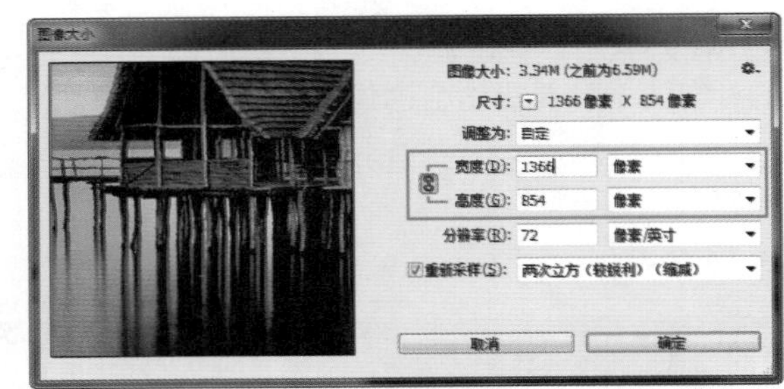

图 2-88 修改像素大小

图 2-89 文档尺寸变化

04 按快捷键 Ctrl+S 将图像保存为 JPG 格式，在计算机上找到刚刚保存的文件，选中并单击鼠标右键，在弹出的快捷菜单中选择“设置为桌面背景”命令，如图 2–90 所示。可以看到桌面的效果如图 2–91 所示。

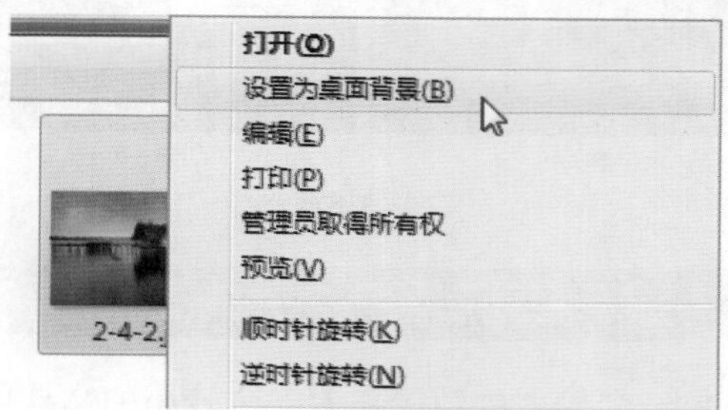

图 2-90 选择“设置为桌面背景”命令

图 2-91 桌面效果

2.4.3 修改画布尺寸

画布指的是整个文档的工作区域，在实际的操作中，常常会根据需要调整画布的尺寸。执行“图像 > 画布大小”命令，即可弹出“画布大小”对话框，如图 2–92 所示。

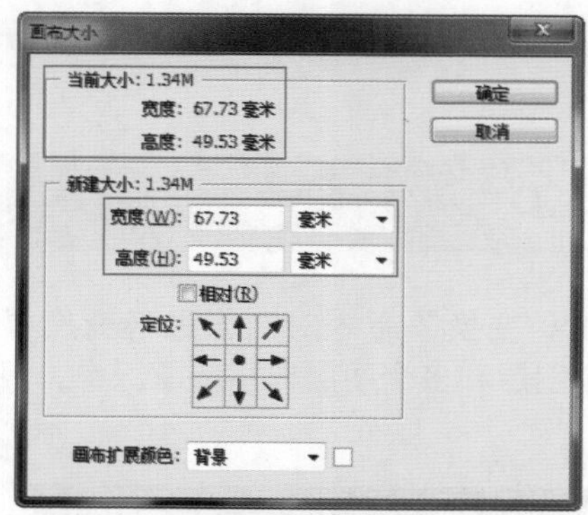

图 2-92 “画布大小”对话框

- 当前大小：此处显示了当前图像的宽度和高度，以及文档的实际大小。
- 宽度 / 高度：可以通过在“宽度”和“高度”框中输入数值来修改画布的大小。如果输入的数值大于原图像尺寸，则增加画布大小，反之则减小画布的大小。
- 相对：选中该选项后，“宽度”和“高度”选项中的数值将代表实际增加或减小的区域大小，而不再显示整个文档的尺寸。如果输入的是正值则增加画布，输入负值为减小画布。
- 定位：使用“定位”选项，可以选择为图像扩大画布的方向，具体效果如图 2–93 所示。

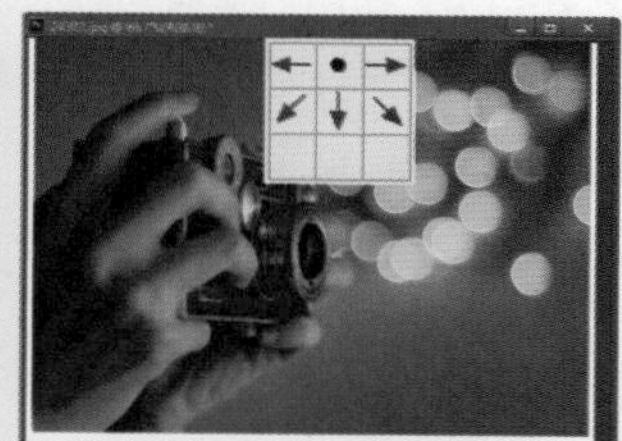

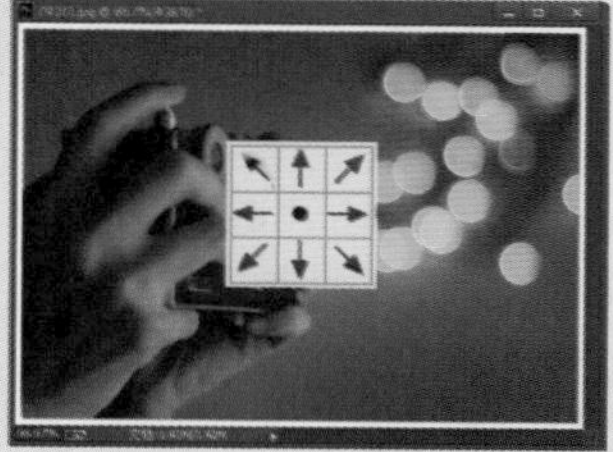
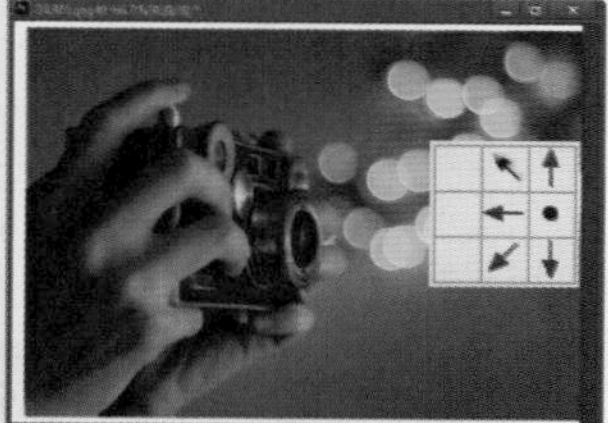

图 2-93 扩展定位

- 画布扩展颜色：在该下拉列表中可以选择填充新画布的颜色。如果图像的背景设置为透明，则该选项为不可用。

2.4.4 旋转画布

如果要对图像执行旋转操作，可以执行“图像 >

图像旋转”命令，选择相应的旋转命令完成对图像的旋转操作，如图 2–94 所示。执行“任意角度”命令，弹出“旋转画布”对话框，设置如图 2–95 所示。单击“确定”按钮，图像效果如图 2–96 所示。

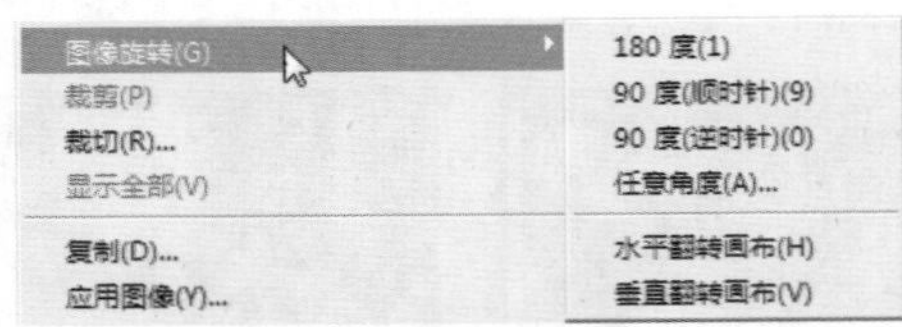

图 2-94 “图像旋转”命令

图 2-95 “旋转画布”对话框　　图 2-96 图像效果

提示

该命令适用于整个图像，不适用于单个图层或图层的一部分、路径以及选区边框。

执行“水平翻转画布”和“垂直翻转画布”命令可以将图像水平或者垂直翻转，效果如图 2–97 所示。

原图

水平翻转　　垂直翻转

图 2-97 图像效果

2.4.5 显示隐藏在画布之外的图像

当将一个较大的图像拖入一个较小的文档中后，图像中一些位于画布之外的内容便无法显示出来，效果如图 2–98 所示。如果想查看全部的图像内容，可以执行“图像 > 显示全部”命令，Photoshop 会通过判断图像中像素的位置自动扩大画布，从而显示完成的图像，效果如图 2–99 所示。

图 2-98 拖入图像

图 2-99 显示全部

2.5 图像变换操作

除了可以对图像执行旋转操作外，还可以通过执行“编辑 > 变换”命令对图像进行变换操作，如图 2–100 所示。“变换”命令可以将变换应用于整个图像、单个图层和多个图层或图层蒙版中，但不能应用到只有“背景”图层的图像，如图 2–101 所示。

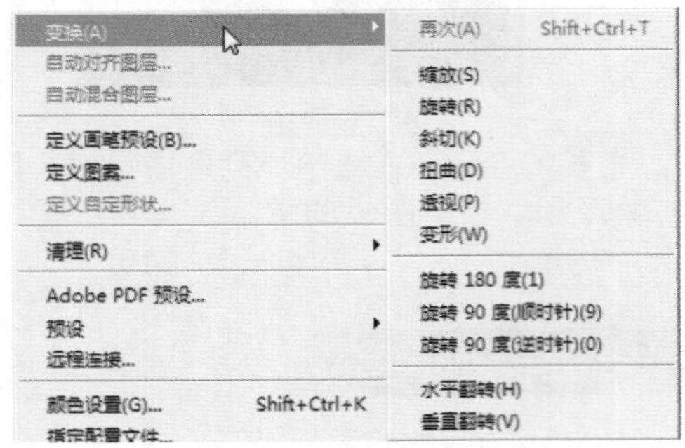

图 2-100 “变换”命令

图 2-101 变换图层

执行“变换”命令后，图像上会出现定界框、中心点和控制点，如图 2-102 所示。

图 2-102　变换对象

- 中心点：中心点位于图像的中心，用于定义对象的变换中心，可以通过拖动移动图像的位置。
- 控制点：拖动控制点可以进行变换操作。按住 Shift 键可以保证图像以等比例进行变换；按住 Alt 键可以让图像以中心点为中心向外变换。
- 定界框：定界框显示的是要执行变换的图像范围。

2.5.1 移动图像

在“图层”面板中选择要移动的对象所在的图层，如图 2-103 所示。使用“移动工具”在画布中单击并拖动鼠标即可移动对象，如图 2-104 所示。如果创建了选区则可移动选区内的图像，关于选区的相关内容将在后面章节中进行学习。

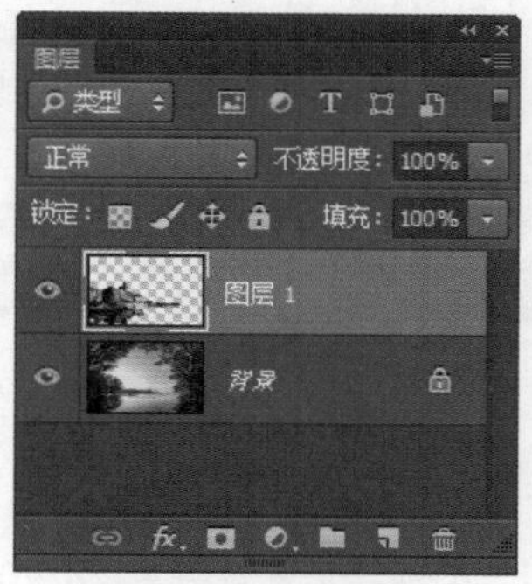

图 2-103　选择图层

图 2-104　移动效果

选择“移动工具”后，选项栏上显示与其相关的选项内容如图 2-105 所示。

图 2-105 “移动工具”的选项栏

- 自动选择：如果文档中包含了多个图层或图层组，选中该选项并在下拉列表中选择要移动的内容。选择“图层”选项，则移动的是选择工具下面包含像素的最顶层的图层；选择“组”选项，则在单击画布时，可以自动选择包含像素最顶层的图层所在的图层组。
- 显示变换控件：选中该选项，选择一个图层时，就会在图层内部的周围显示定界框，可以拖动控制点对图像进行缩放等操作。当文档中图层较多，并且需要经常变化大小时，此功能非常有用。
- 对齐图层：该功能必须同时选中两个或两个以上的图层才能使用。其中包括顶对齐、垂直居中对齐、底对齐、左对齐、水平居中和右对齐。在“图层”面板上按下 Shift 键单击图层，可以选择多个图层。
- 分布图层：该功能需要同时选中 3 个或 3 个以上的图层才能使用。其中包括顶分布、垂直居中分布、按底分布、按左分布、水平居中分布和按右分布。
- 自动对齐图层：单击该按钮，将弹出“自动对齐图层”对话框，如图 2-106 所示。可以根据不同图层中的相似内容（如角和边）自动对齐图层，可以指定一个图层作为参考图层，也可以让 Photoshop 自动选择参考图层。其他图层将与参考图层对齐，以便匹配的内容能够自行叠加。

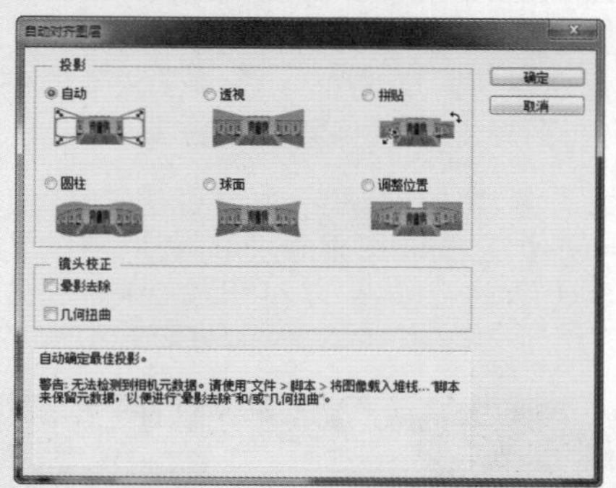

图 2-106 “自动对齐图层”对话框

可以用以下 3 种方式组合图像。

- 替换或删除具有相同背景的图像部分。对齐图像之后，使用蒙版或混合效果将每个图像的部分内容组合到一个图像中。
- 将共享重叠内容的图像缝合在一起。

对于针对静态背景拍摄的视频帧，可以将帧转换为图层，然后添加或删除跨越多个帧的内容。

3D 模式：在该选项区中提供了 5 种对 3D 对象的操作按钮，有关 3D 对象的内容将在后面的章节中进行详细介绍。

2.5.2 自由变换图像

执行“编辑 > 自由变换”命令，可以任意调整图像的大小和角度。执行“自由变换”命令后的选项栏如图 2–107 所示。

参考点位置　水平 / 垂直缩放比例　旋转

参考点水平 / 垂直位置　水平 / 垂直斜切

图 2-107 “自由变换”命令的选项栏

参考点位置：通过单击可以修改变换的参考点位置。如图 2–108 所示设置参考点为右上角的旋转操作效果。如图 2–109 所示为设置参考点为右下角的旋转操作效果。

图 2-108 设置参考点

图 2-109 设置参考点

参考点水平 / 垂直位置：通过在文本框中输入数值可以更加精确地控制参考点的位置。

水平 / 垂直缩放比例：通过在文本框中输入数值，控制图像在水平和垂直方向上缩放的比例。如图 2–110 所示为在水平方向缩放 50% 的效果。如图 2–111 所示为在水平和垂直都缩放 50% 的效果。

图 2-110 水平缩放 50%

图 2-111 水平和垂直都缩放 50%

旋转：在此文本框中可以输入旋转的任意角度。

水平 / 垂直斜切：在这两个文本框中可以分别输入数值设置图像的水平和垂直斜切效果。如图 2–112 所示为水平斜切 –30° 和垂直斜切 30° 的效果。

水平斜切　垂直斜切

图 2-112 设置图像

插值：在该选项的下拉列表中包含 6 个选项，如图 2–113 所示，用于设置变换操作的插值方法，各选项的含义与“图像大小”对话框中的含义相同。

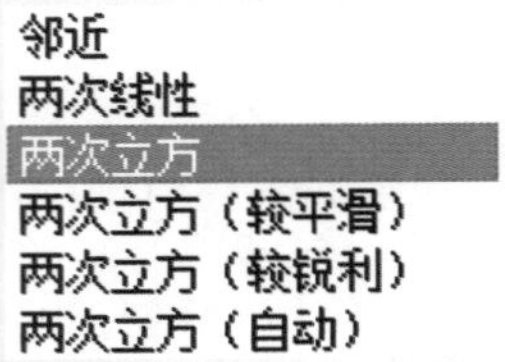

邻近
两次线性
两次立方
两次立方（较平滑）
两次立方（较锐利）
两次立方（自动）

图 2-113 “插值”下拉列表

“在自由变换与变形模式之间切换”按钮：单击该按钮，可以切换到变形模式，如图 2–114 所示，可以对图像进行变形处理。再次单击该按钮，即可返回到变换模式。

图 2-114 变形模式

"取消变换"按钮：单击该按钮，将取消变换操作，回到图像的正常状态。

"提交变换"按钮：单击该按钮，可以立即应用变换操作。

2.5.3 图像的旋转与缩放

执行"编辑 > 自由变换"命令，可以对图像进行旋转、缩放等操作。下面通过一个练习来学习使用"旋转"和"缩放"命令调整图像。

动手实践——图像的旋转与缩放

源文件：光盘 \ 源文件 \ 第 2 章 \2-5-3.psd

视频：光盘 \ 视频 \ 第 2 章 \2-5-3.swf

01 执行"文件 > 打开"命令，打开素材图像"光盘 \ 源文件 \ 第 2 章 \ 素材 \25301.jpg"，效果如图 2–115 所示。复制"背景"图层，得到"背景 拷贝"图层，隐藏"背景"图层，"图层"面板如图 2–116 所示。

图 2-115 图像效果

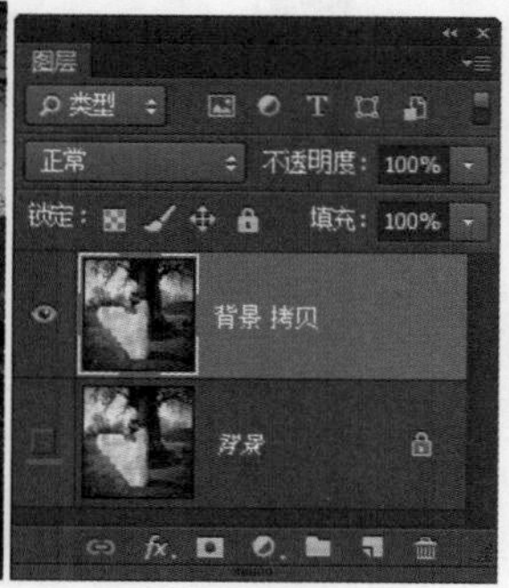

图 2-116 "图层"面板

02 执行"编辑 > 自由变换"命令，或者按快捷键 Ctrl+T 显示定界框，如图 2–117 所示。将光标放置在定界框外靠近中间位置的控制点处，光标会变成 形状，如图 2–118 所示。

图 2-117 显示定界框

图 2-118 定位光标

03 单击并拖动鼠标即可旋转图像，如图 2–119 所示。将光标放置在定界框四周的控制点上，光标会变成 形状，如图 2–120 所示。

图 2-119 旋转图像

图 2-120 定位光标

04 单击并拖动鼠标即可缩放对象，效果如图 2–121 所示。在缩放的同时按住 Shift 键可等比例缩放，如图 2–122 所示。

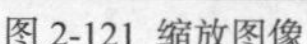
图 2-121 缩放图像

图 2-122 等比例缩放

2.5.4 图像的斜切与扭曲

"斜切"命令和"扭曲"命令的操作方法与前一个练习相似，首先执行"编辑 > 自由变换"命令，显示定界框，然后将光标移至定界框内，单击鼠标右键，在弹出的快捷菜单中选择"斜切"或"扭曲"命令；另外，也可以执行"编辑 > 变换 > 斜切"命令或"编辑 > 变换 > 扭曲"命令直接进行操作。

动手实践——图像的斜切与扭曲

源文件：光盘 \ 源文件 \ 第 2 章 \2-5-4.psd

视频：光盘 \ 视频 \ 第 2 章 \2-5-4.swf

01 执行“文件 > 打开”命令，打开素材图像“光盘 \ 源文件 \ 第 2 章 \ 素材 \25401.jpg”，效果如图 2–123 所示。复制“背景”图层，得到“背景 拷贝”图层，隐藏“背景”图层，如图 2–124 所示。

图 2-123 图像效果

图 2-124 “图层”面板

02 执行“编辑 > 变换 > 斜切”命令，显示定界框，如图 2–125 所示。将光标放置在定界框外位于中间位置的控制点上，光标会变成 形状，如图 2–126 所示。

图 2-125 显示定界框

图 2-126 定位光标

03 单击并拖动鼠标即可对该图像进行斜切操作，如图 2–127 所示。按 Esc 键取消操作。执行“编辑 > 变换 > 扭曲”命令，显示定界框，将光标放置在定界框四周的控制点上，光标会变成 形状，如图 2–128 所示。

图 2-127 斜切图像

图 2-128 定位光标

04 单击并拖动鼠标即可对图像进行扭曲操作，如图 2–129 所示。

图 2-129 扭曲图像

2.5.5 对图像进行透视和变形操作

通过对图像进行透视、变形等操作，可以为图像添加多种特殊形态，从而增强图像的观赏性。接下来通过一个练习来学习“透视”和“变形”的变换操作。

动手实践——对图像进行透视和变形操作

源文件：光盘 \ 源文件 \ 第 2 章 \2-5-5.psd

视频：光盘 \ 视频 \ 第 2 章 \2-5-5.swf

01 执行“文件 > 打开”命令，打开素材图像“光盘\源文件\第 2 章\素材\25501.psd”，效果如图 2–130 所示。选中“图层 1”图层，执行“编辑 > 变换 > 透视”命令，调整控制点，上下移动，得到如图 2–131 所示的透视效果。

图 2-130 打开素材

图 2-131 透视图像

02 按 Esc 键取消操作。执行“编辑 > 变换 > 变形”命令，出现变形线框，如图 2–132 所示。调整线框轮廓，得到如图 2–133 所示的变形效果。

图 2-132 执行“变形”命令

图 2-133 自定变形效果

03 执行“变形”命令后，在选项栏的“变换”下拉列表中预存了 15 种变形效果，依次选择得到效果如图 2–134 所示。

扇形 　下弧

上弧 　拱形

凸起 　贝壳

花冠 　旗帜

波浪 　鱼形

增加 　鱼眼

膨胀 　挤压

扭曲

图 2-134 15 种预设变形

2.5.6 通过变形操作为汽车贴图

在 Photoshop CC 中，通过变形操作可以为汽车贴图，使其变得更加绚丽、时尚，下面就通过案例为用户进行详细介绍。

动手实践——通过变形操作为汽车贴图

源文件：光盘 \ 源文件 \ 第 2 章 \2-5-6.psd

视频：光盘 \ 视频 \ 第 2 章 \2-5-6.swf

01 执行“文件 > 打开”命令，打开素材图像“光盘 \ 源文件 \ 第 2 章 \ 素材 \25601.jpg”，效果如图 2–135 所示。新建“图层 1”图层，设置“前景色”为 RGB（0、0、255），选择“画笔工具”，在选项栏上对相关选项进行设置，在图像上进行涂抹，效果如图 2–136 所示。

图 2-135 打开图像

图 2-136 涂抹效果

02 设置“图层 1”图层的“混合模式”为“减去”，效果如图 2–137 所示。“图层”面板如图 2–138 所示。

图 2-137 图像效果

图 2-138 “图层”面板

03 打开并拖入素材图像“光盘 \ 源文件 \ 第 2 章 \ 素材 \25602.png”，如图 2–139 所示。得到“图层 2”图层并进行复制，得到“图层 2 拷贝”图层，“图层”面板如图 2–140 所示。

图 2-139 拖入素材图像

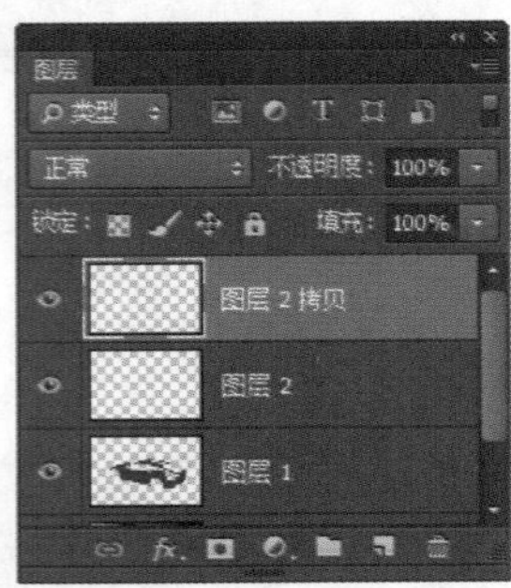

图 2-140 “图层”面板

04 执行“编辑 > 自由变换”命令，对其进行适当的旋转和缩放操作，按 Enter 键确定，效果如图 2–141 所示。使用相同的方法，复制多个花纹图像，调整其角度和大小，并移动到相应的位置，效果如图 2–142 所示。

图 2-141 旋转并缩放后的花纹图像效果

图 2-142 复制多个花纹后的效果

05 选中所有的花纹图层，按快捷键 Ctrl+E 合并图层，得到“图层 2 拷贝 25”图层，“图层”面板如图 2–143 所示。单击“图层”面板下方的“添加图层蒙版”按钮，设置“前景色”为黑色，选择“画笔工具”，在选项栏上进行相应的设置，在图层蒙版中进行涂抹，效果如图 2–144 所示。

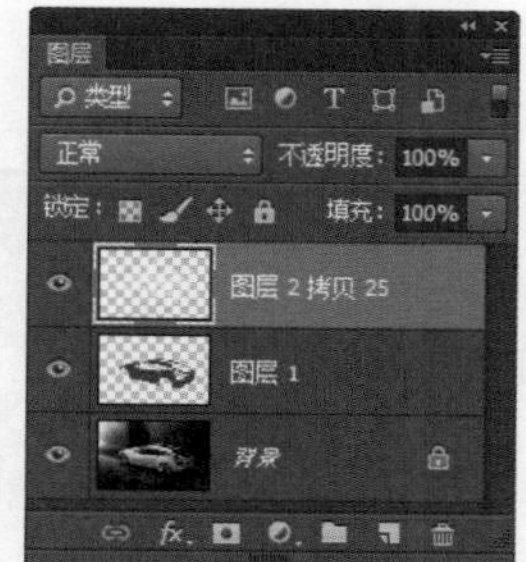

图 2-143 “图层”面板

图 2-144 图像效果

06 设置“图层 2 拷贝 25”图层的“混合模式”为“叠加”，“不透明度”为 50%，效果如图 2–145 所示。“图层”面板如图 2–146 所示。

图 2-145 图像效果

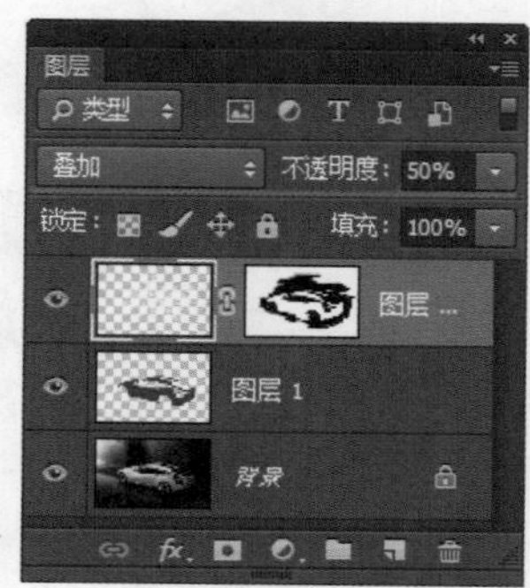

图 2-146 “图层”面板

07 使用相同的方法，拖入其他素材图像，并且分别对其进行相应的操作和设置，效果如图 2–147 所示。“图层”面板如图 2–148 所示。

图 2-147 图像效果

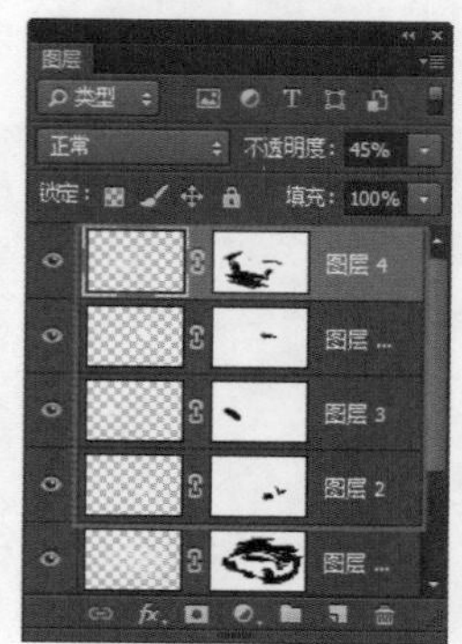

图 2-148 “图层”面板

08 新建“图层 5”图层，设置“前景色”为白色，使用“椭圆选框工具”在画布中绘制选区，并为其填充前景色，如图2-149所示。按快捷键Ctrl+D取消选区，为该图层添加蒙版，设置“前景色”为黑色，使用“画笔工具”对蒙版进行涂抹，效果如图2-150所示。

图 2-149 选区效果

图 2-150 图像效果

09 设置“图层 5”图层的“不透明度”为80%，效果如图2-151所示。使用相同的方法，完成其他相似内容的制作，效果如图2-152所示。

图 2-151 图像效果

图 2-152 完成其他内容后的图像效果

10 复制“背景”图层和“图层 1”图层，得到“背景 拷贝”图层和“图层 1 拷贝”图层，将复制得到的两个图层合并，得到“图层 1 拷贝”图层，“图层”面板如图2-153所示。执行“编辑 > 自由变换”命令，对该图层进行相应的旋转和移动操作，如图2-154所示。

图 2-153 “图层”面板

图 2-154 图像效果

11 为“图层 1 拷贝”图层添加图层蒙版，选择“渐变工具”，在图层蒙版上填充线性渐变，效果如图2-155所示。单击“图层 1 副本”图层的图像缩览图，执行“滤镜 > 模糊 > 高斯模糊”命令，弹出“高斯模糊”对话框，设置如图2-156所示。

图 2-155 图像效果

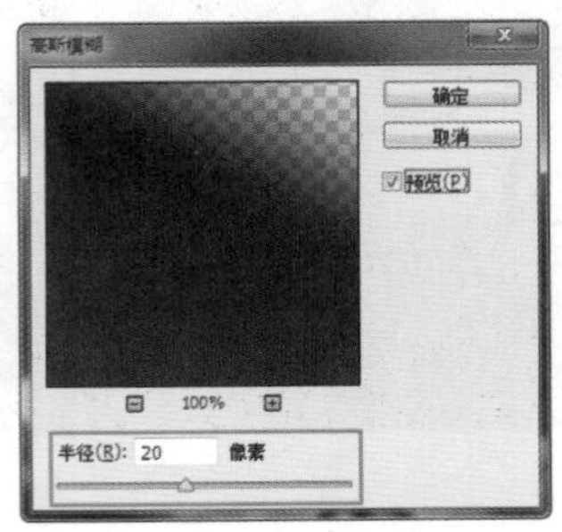

图 2-156 “高斯模糊”对话框

12 单击“确定”按钮完成制作，最终效果如图 2–157 所示。

图 2-157 最终效果

2.5.7 操控变形

操控变形在功能上比变形网格要强大许多，在使用该功能时，可以在图像的关键点上放置图钉，通过拖动图钉的位置，即可对图像进行变形操作。

打开素材图像“光盘\源文件\第 2 章\素材\25801.png”，效果如图 2–158 所示。选择“图层 0”图层，执行“编辑 > 操控变形”命令，图像上会出现网格，效果如图 2–159 所示。可以看到该命令的选项栏如图 2–160 所示。

图 2-158 打开图像　　图 2-159 显示网格

图 2-160 “操控变形”命令的选项栏

- 模式：在该选项的下拉列表中包含 3 个选项，分别为“刚性”、“正常”和“扭曲”。
  - 刚性：选择该选项，变形效果精确，但是缺少柔和的过渡，如图 2–161 所示。

图 2-161 刚性

  - 正常：选择该选项，变形效果准确，过渡柔和，如图 2–162 所示。

图 2-162 正常

  - 扭曲：选择该选项，则可以在变形的同时创建透视效果，如图 2–163 所示。

图 2-163 扭曲

- 浓度：该选项的下拉列表中包含 3 个选项，分别为“较少点”、“正常”和“较多点”。
  - 较少点：选择该选项，图像上显示的网格点会比较少，相应的可以放置的图钉数量也较少，且图钉之间的间距较大，如图 2–164 所示。

图 2-164 较少点

  - 正常：选择该选项，网格的数量适中，如图 2–165 所示。

图 2-165 正常

  - 较多：选择该选项，图像上显示的网格点数最密，如图 2–166 所示。

图 2-166 较多点

扩展：该选项用来设置变形效果的缩减范围。像素值较大时，变形网格的范围会相应的向外扩张，且变形之后，图像的边缘会更加平滑，如图 2-167 所示；反之，像素值较小时，则图像的边缘变化效果会很生硬，如图 2-168 所示。

图 2-167 像素值为 20px

图 2-168 像素值为 -20px

显示网格：选中该选项后，可以在图像上显示变形网格；取消选中后，则隐藏网格。

图钉深度：选择一个图钉，单击按钮，可以将其向上层移动一个堆叠顺序；单击按钮，则可以将其向下层移动一个堆叠顺序。

旋转：如果选择“自动”选项，在拖动图钉对图像进行扭曲时，Photoshop 会自动对图像内容进行旋转操作；如果设置准确的旋转角度，则需要选择“固定”选项，然后在其右侧的文本框中输入需要旋转的角度值。除此之外，选择一个图钉后，按住 Alt 键，会出现一个变换框，如图 2-169 所示。这时，拖动鼠标即可旋转图像，如图 2-170 所示。

图 2-169 显示变换框

图 2-170 旋转图像

“移去所有图针”按钮：单击该按钮，可以删除所有图钉，并将网格恢复到变形前的状态。

“取消操控变形”按钮：单击该按钮，或者按 Esc 键，可以撤销变形操作，并退出操控变形。

“提交操控变形”按钮：单击该按钮，或者按 Enter 键，即可提交变形操作。

动手实践——通过操控变形改变长颈鹿姿态

源文件：光盘 \ 源文件 \ 第 2 章 \2-5-7.psd

视频：光盘 \ 视频 \ 第 2 章 \2-5-7.swf

01 执行“文件 > 打开”命令，打开素材图像“光盘 \ 源文件 \ 第 2 章 \ 素材 \25701.jpg”，如图 2-171 所示。复制“背景”图层，得到“背景 拷贝”图层，“图层”面板如图 2-172 所示。

图 2-171 打开图像

图 2-172 “图层”面板

02 使用“磁性套索工具”在图像上创建选区，如图 2-173 所示。按快捷键 Ctrl+J，复制选区中的内容，得到“图层 1”图层，“图层”面板如图 2-174 所示。

图 2-173 创建选区

图 2-174 “图层”面板

03 选择“图层 1”图层，执行“编辑 > 操控变形”命令，图像上即可显示变形网格，如图 2-175 所示。在变形网格上单击即可添加图钉，如图 2-176 所示。

图 2-175 显示变形网格

图 2-176 添加图钉

04 单击图钉并拖动鼠标即可改变长颈鹿的形态，如图 2-177 所示。按 Enter 键确定，效果如图 2-178 所示。

图 2-177 拖动图钉

图 2-178 图像效果

05 选择“背景 拷贝”图层，使用“套索工具”在图像上绘制选区，如图 2-179 所示。执行“编辑 > 填充”命令，弹出“填充”对话框，设置如图 2-180 所示。

图 2-179 创建选区

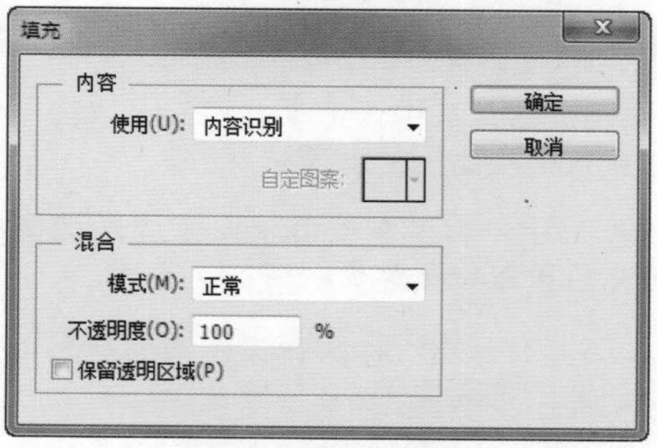

填充
内容
使用(U)：内容识别
自定图案：
混合
模式(M)：正常
不透明度(O)：100 %
保留透明区域(P)
确定
取消

图 2-180 “填充”对话框

06 设置完成后，单击“确定”按钮，按快捷键 Ctrl+D 取消选区，最终效果如图 2-181 所示。

图 2-181 最终效果

2.6 裁剪图像

在处理图像时，有时会出现构图不合理，或者只是需要图像中的某一部分，使用“裁剪工具”可以解决这些问题。

2.6.1 裁剪工具

单击工具箱中的“裁剪工具”按钮，在选项栏上可以进一步设置各项裁剪属性，如图 2–182 所示。

图 2-182 “裁剪工具”的选项栏

“预设”下拉列表：在该下拉列表中可以选择预设的裁剪大小，如图 2–183 所示。

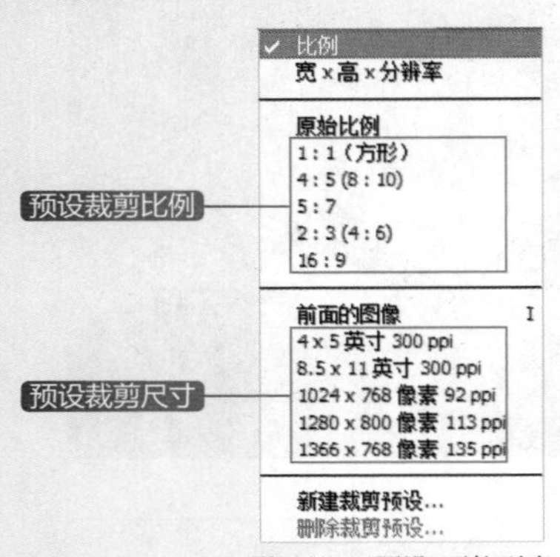

图 2-183 “预设”下拉列表

- 比例：默认选中该选项，用户可以在图像上拖动任意大小和比例的裁剪框。
- 宽 × 高 × 分辨率：可以设置固定比例的裁剪区域并且可以设置裁剪区域的分辨率。
- 原始比例：用户在图像上拖出的裁剪区域将保持原图像的宽高比例。
- 预设裁剪比例：选择相应的预设裁剪比例，在图像中拖动鼠标即可创建所选比例的裁剪区域。
- 预设裁剪尺寸：选择相应的预设裁剪尺寸，在图像中拖动鼠标即可创建所选尺寸的裁剪区域。
- 新建裁剪预设：用户在图像上创建一个裁剪区域，通过选择“新建存储预设”选项，可以将其自定义为一个裁剪预设尺寸。
- 删除裁剪预设：通过选择“删除裁剪预设”选项，可以删除用户自定义的裁剪预设尺寸。

设置裁剪框长宽比：可以在这两个文本框中分别输入需要裁剪区域的宽度和高度比例，从而创建一个固定比例的裁剪区域，如图 2–184 所示。单击两个文本框之间的“宽度和高度互换”按钮，可以相互交换所设置的长宽比值，如图 2–185 所示。

图 2-184 输入裁剪长宽比

图 2-185 互换长宽比

“清除”按钮：单击该按钮，可以清除所设置的裁剪框长宽比，可以在图像中绘制任意比例的裁剪区域。

“拉直”按钮：单击该按钮，可以在图像上绘制一条直线，如图 2–186 所示。Photoshop CC 将自动根据所绘制的直线对图像进行旋转并创建裁剪框，如图 2–187 所示。

图 2-186 使用“拉直工具”绘制直线

图 2-187 自动旋转并创建裁剪框

"设置裁剪工具的叠加选项"按钮▦：单击该按钮，在弹出的下拉菜单中预设了 6 种裁剪参考线以及裁剪参考线的显示方式，如图 2-188 所示。

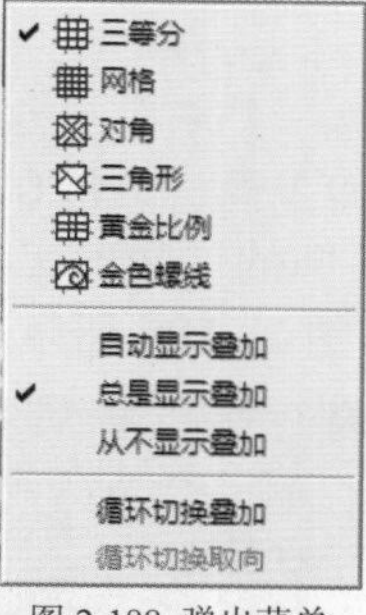

图 2-188 弹出菜单

三等分：三等分法构图是黄金分割的简化，其基本目的就是避免对称式构图，这种构图表现鲜明且构图简练，适宜多形态平行焦点的主体。如图 2-189 所示的任意两条线的交点就是视觉的兴趣区域，这些兴趣点就是放置主题的最佳位置。

图 2-189 三等分

网格：裁剪网格会在裁剪框内显示出很多具有水平线和垂直线的方形小网格，用于帮助用户对齐照片，通常用于纠正地平线倾斜的照片。只需要选择小方格对齐的方式，再旋转、拖曳任何一个角就可以手动对齐，如图 2-190 所示。

图 2-190 网格

对角：也称为斜井字线。也是利用黄金分割法的一种构图方法，与三等分法类似。利用倾斜的 4 条线将视觉中心引向任意两条线相交的交点，即视觉兴趣区域所在点。可以利用裁切框很好地进行对角线构图，如图 2-191 所示。

图 2-191 对角

三角形：以 3 个视觉中心为景物的主要位置，有时以 3 点成面几何构成来安排景物，形成一个稳定的三角形。这种三角形可以是正三角形，也可以是斜三角形或倒三角形，其中斜三角形较为常用，也较为灵活。三角形构图具有安定、均衡但不失灵活的特点，如图 2-192 所示。

图 2-192 三角形

黄金比例：黄金分割法是摄影构图中的经典法则，当使用"黄金分割法"对画面进行裁剪构图时，画面的兴趣中心应该位于或靠近两条线的交点，此方法在人物的拍摄中运用较多，Photoshop 会自动根据照片的横竖幅调整网格的横竖排列方向，如图 2-193 所示。

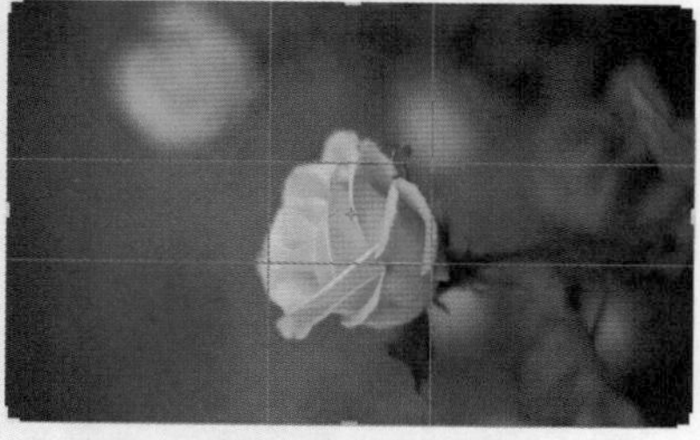
图 2-193 黄金比例

金色螺线：这种网格被称为"黄金螺旋线"，通过在螺旋线周围安排对象，引导观者的视线走向画面的兴趣中心。图片的主体作为起点，就是黄金螺旋线绕得最紧的那一端。这种类型的构图通过那条无形的螺旋线条，会吸引住观察者的视线，创造出一个更为对称的视觉线条和一个全面引人注目的视觉体验，如图 2-194 所示。

图 2-194 金色螺旋

- “自动显示叠加”、“总是显示叠加”和“从不显示叠加”：这 3 个选项主要用于设置是否在裁剪区域中显示相应的参考线。
- 循环切换叠加：该选项用于按顺序切换所叠加的参考线。
- 循环切换叠加取向：该选项用于按顺序切换参考线的叠加方式。

- “设置其他裁切选项”按钮：单击该按钮，在弹出的窗口中可以对更多的裁切选项进行设置，如图 2–195 所示。如果选中“使用经典模式”复选框，则部分选项将不可用，如图 2–196 所示。

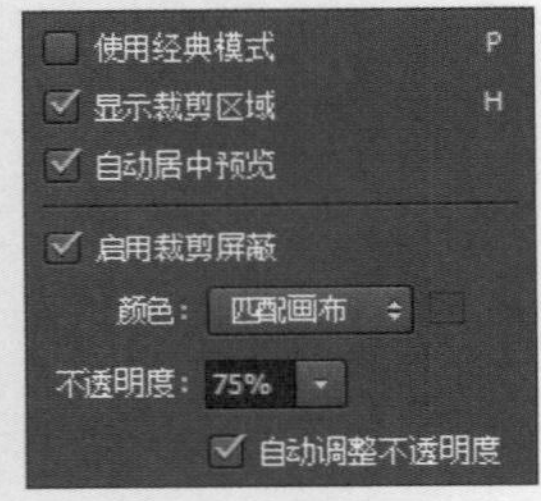

图 2-195 设置窗口

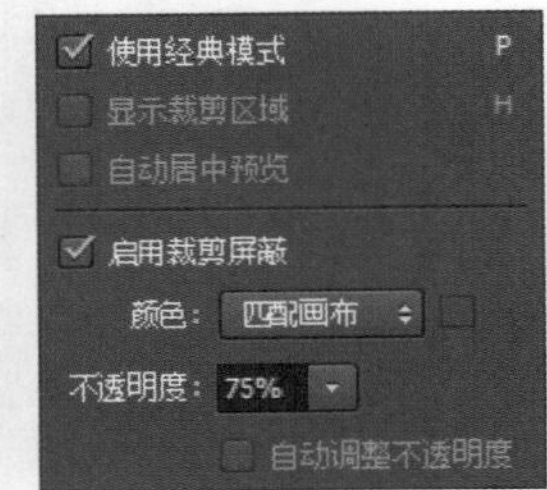

图 2-196 选中“使用经典模式”复选框

- 显示裁剪区域：选中该选项，将显示裁剪区域以外的图像，如果不选中该选项，则只显示裁剪区域内的图像。
- 自动居中预览：裁剪区域始终位于文档窗口的中间，无论调整裁剪区域的大小或位置，都将自动调整原图像的位置，而裁剪区域不会动。
- 启用裁剪屏蔽：选中该选项，将激活下方的设置选项，将应用所设置的颜色和不透明度遮盖裁剪区域以外的图像。

- 删除裁剪的像素：选中该选项，对图像进行裁剪操作后，将扔掉裁剪区域以外的内容；如果不选中该选项，对图像进行裁剪操作后，将隐藏裁剪区域以外的内容，可以通过移动图像来使隐藏区域可见，或者重新使用“裁剪工具”，同样可以显示裁剪前的图像。

- “复位裁剪框”按钮：单击该按钮，可以复位对裁剪所做的旋转、宽度和高度的调整。

- “取消当前裁剪操作”按钮：单击该按钮，可以取消当前的裁剪框。

- “提交当前裁剪操作”按钮：单击该按钮，可以按当前裁剪框对图像进行裁剪操作。

2.6.2 校正倾斜图像

在拍摄照片时，由于相机没有端平或者地势的原因会导致照片倾斜的现象，在 Photoshop CC 中使用“裁剪工具”选项栏中的“拉直”属性可以校正倾斜的图像。下面将通过一个练习向用户进行介绍。

动手实践——校正倾斜图像

源文件：光盘 \ 源文件 \ 第 2 章 \2-6-2.psd

视频：光盘 \ 视频 \ 第 2 章 \2-6-2.swf

01 执行“文件 > 打开”命令，打开素材图像“光盘 \ 源文件 \ 第 2 章 \ 素材 \26201.jpg”，如图 2–197 所示。单击工具箱中的“裁剪工具”按钮，在图像中显示裁剪框，如图 2–198 所示。

图 2-197 打开图像

图 2-198 显示裁剪框

02 单击选项栏上的“拉直”按钮，在图像中原本应该水平的位置按住鼠标左键不放并拖动鼠标绘制拉直线，如图 2–199 所示。

图 2-199 绘制拉直线

03 释放鼠标左键，Photoshop CC 会根据所绘制的拉直线自动计算图像的旋转角度并创建裁剪区域，如图 2–200 所示。单击选项栏上的“提交当前裁剪操作”按钮☑，对图像进行裁剪，完成倾斜图像的调整，如图 2–201 所示。

图 2-200 自动旋转图像并创建裁剪区域

图 2-201 完成倾斜图像的调整

2.6.3 裁切图像空白边

在 Photoshop CC 中，执行“图像 > 裁切”命令，弹出“裁切”对话框，如图 2–202 所示。在该对话框中进行相应的设置，可以去除图像多余的空白边。

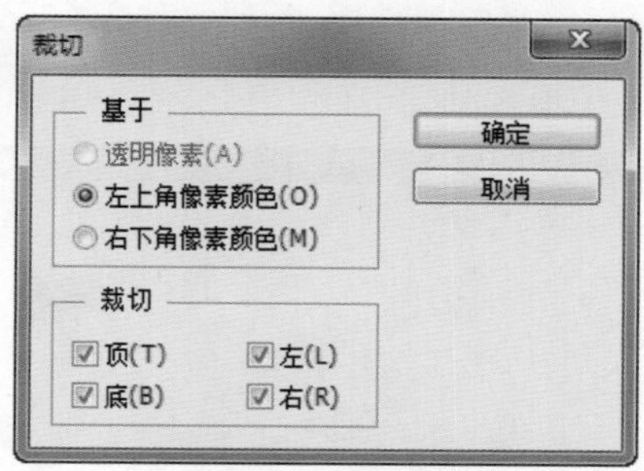

图 2-202 “裁切”对话框

- 透明像素：可以删除图像边缘的透明区域，留下包含非透明像素的最小图像。
- 左上角像素颜色：从图像中删除左上角像素颜色的区域。
- 右下角像素颜色：从图像中删除右下角像素颜色的区域。
- 裁切：用来设置需要修整的图像区域。

动手实践——裁切图像空白边

源文件：光盘 \ 源文件 \ 第 2 章 \2-6-3.psd

视频：光盘 \ 视频 \ 第 2 章 \2-6-3.swf

01 执行“文件 > 打开”命令，打开素材图像“光盘\源文件\第 2 章\素材\26301.jpg”，效果如图 2–203 所示。执行“图像 > 裁切”命令，弹出“裁切”对话框，设置如图 2–204 所示。

图 2-203 图像效果

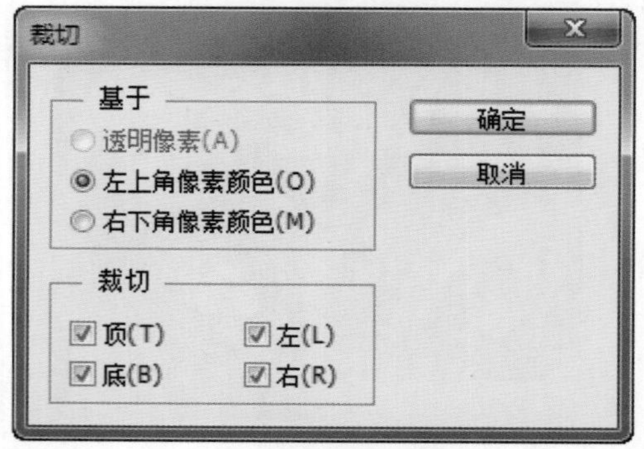

图 2-204 “裁切”对话框

02 单击“确定”按钮，完成图像空白边的裁切，效果如图 2-205 所示。

图 2-205 图像效果

2.6.4 裁剪并修齐扫描图像

若想使用 Photoshop 处理一些照片时，首先需要将照片用扫描仪将其扫描到计算机中，然后使用“裁剪并修齐照片”命令，自动将各个图像裁剪为单独的文件，非常方便、快捷。

动手实践——裁剪并修齐扫描图像

源文件：无

视频：光盘 \ 视频 \ 第 2 章 \2-6-4.swf

01 执行“文件 > 打开”命令，打开扫描得到的图像“光盘 \ 源文件 \ 第 2 章 \ 素材 \26401.jpg”，效果如图 2-206 所示。执行“文件 > 自动 > 裁剪并修齐照片”命令，如图 2-207 所示。

图 2-206 图像效果

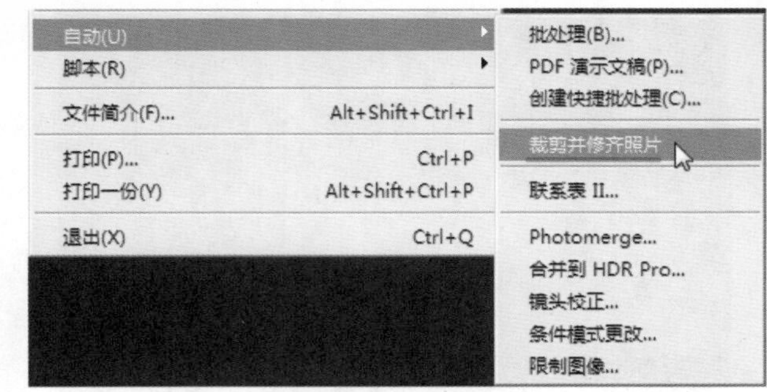

图 2-207 “裁剪并修齐照片”命令

02 操作完成后，Photoshop 会自动将各个照片分离为单独的文件，效果如图 2-208 所示。

图 2-208 图像效果

2.6.5 透视裁剪工具

通过使用 Photoshop CC 中的“透视裁剪工具”，可以在图像中调整裁剪框的透视角度来对照片进行裁剪操作。

单击工具箱中的“透视裁剪工具”按钮，在选项栏上将显示该工具的设置选项，如图 2–209 所示。其相关参数的设置与“裁剪工具”基本相同。

图 2-209 “透视裁剪工具”的选项栏

2.6.6 透视裁剪照片

使用 Photoshop CC 中的“透视裁剪工具”可以对照片进行透视裁剪，使裁剪后的照片具有一定的透视角度。下面就通过一个练习向用户进行详细的讲述。

动手实践——透视裁剪照片

源文件：光盘 \ 源文件 \ 第 2 章 \2-6-6.psd

视频：光盘 \ 视频 \ 第 2 章 \2-6-6.swf

01 执行“文件 > 打开”命令，打开素材图像“光盘 \ 源文件 \ 第 2 章 \ 素材 \26601.jpg”，效果如图 2–210 所示。单击工具箱中的“透视裁剪工具”按钮，在照片上拖动鼠标绘制一个裁剪区域，如图 2–211 所示。

02 在画布中拖动裁剪区域 4 个角上的角点，可以调整裁剪区域的透视角度，如图 2–212 所示。按键盘上的 Enter 键，或单击选项栏上的“提交当前裁剪操作”按钮，即可对照片进行透视裁剪，如图 2–213 所示。

图 2-210 图像效果

图 2-211 绘制裁剪区域

图 2-212 调整裁剪透视角度

图 2-213 完成裁剪

2.7 还原与恢复操作

在编辑图像的过程中，如果某一步的操作出现了失误或对制作的效果不满意，可以还原或恢复图像。

2.7.1 还原和重做

执行“编辑 > 还原”命令，可以撤销对图像进行的最后一次操作，将图像还原到上一步的状态，也可以使用快捷键 Ctrl+Z 快速操作。如果想取消“还原”的操作，可执行“编辑 > 重做”命令。

2.7.2 前进一步和后退一步

使用“还原”命令每次只能还原一步操作，如果要连续后退，可以连续执行“编辑 > 后退一步”命令逐步撤销操作，也可按快捷键 Ctrl+Alt+Z 实现还原操作。如果想向前取消还原，则可以连续执行“编辑 > 前进一步”命令，或连续按快捷键 Shift+Ctrl+Z，逐步恢复被撤销的操作。

提示

默认状态下，Photoshop 的还原次数为 20 次。用户可以在“首选项”面板“性能”选项下修改“历史记录状态”的数值，从而获得更多的还原次数。但是，还原次数越多，则需要越多的磁盘空间。

2.7.3 恢复文件

如果想取消所有操作，将文件一次性恢复到最后一次保存的状态，可以执行“文件 > 恢复”命令，完成图像的恢复操作。

2.8 本章小结

本章主要学习了 Photoshop CC 的一些基础知识和基本操作。用户通过学习需要掌握常见的图像类型和图像格式，并且可以根据不同的格式确定其不同的使用行业。还要基本掌握图像的浏览方式，以及在 Photoshop CC 中的打开、关闭和存储等基本操作。对于图像的变换和恢复操作，用户也要深入理解，虽然这些操作很简单，但这些都是图像处理的基础内容，只有熟练掌握这些知识，才能为深入学习 Photoshop CC 其他功能做好准备。

第3章 使用 Adobe Bridge CC 管理文件

Photoshop CC 中的 Bridge 有效地解决了用户在使用 Photoshop 过程中每时每刻都要面对的问题，例如如何对照片进行分类、如何存储图像便于快捷地查找等。使用 Adobe Bridge 管理文件可以更加方便地对图像进行分类并制定查找的标准。

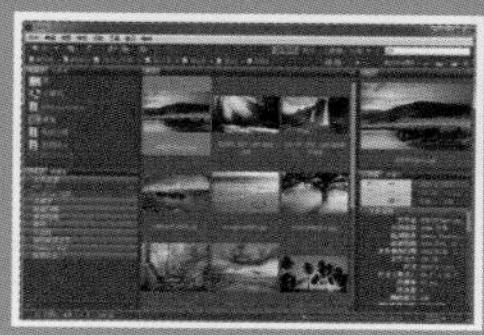

3.1 认识 Adobe Bridge CC 工作界面

打开 Photoshop CC，执行“文件 > 在 Bridge 中浏览”命令或者执行“开始 > 所有程序 >Adobe Bridge CC”命令，可以打开 Bridge CC 软件，工作界面如图 3-1 所示。

图 3-1 Adobe Bridge 工作界面

- 应用程序栏：在应用程序栏中提供了基本的任务按钮，如图 3-2 所示。

图 3-2 应用程序栏

- “返回”按钮：单击该按钮，可以返回到上一步操作文件夹中。
- “前进”按钮：单击该按钮，可以进入到下一步操作文件夹中。
- “转到父文件夹或收藏夹”按钮：单击该按钮，可以在弹出的菜单中选择需要切换到的文件夹，如图 3-3 所示。

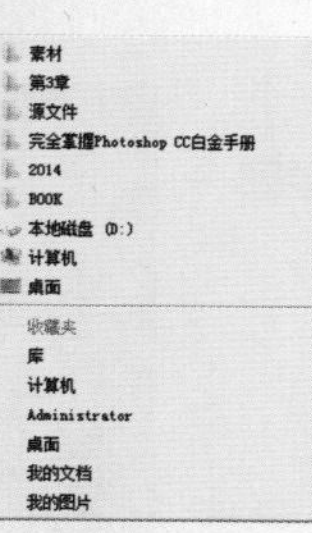

图 3-3 弹出的菜单

- “显示最近使用的文件，或转到最近访问的文件夹”按钮：单击该按钮，可以在弹出的菜单中选择需要切换到的最近访问过的文件或文件夹。

- "返回 Adobe Photoshop"按钮：单击该按钮，可以返回到 Adobe Photoshop CC 软件中。
- "从相机获取照片"按钮：单击该按钮，可以从与计算机相连接的数码相机中获取照片。
- "优化"按钮：单击该按钮，可以在弹出的菜单中选择需要为所选中的图像应用的优化选项，如图 3-4 所示。

审阅模式 Ctrl+B
批量命名... Ctrl+Shift+R
文件简介... Ctrl+I

图 3-4 弹出的菜单

- "在 Camera Raw 中打开"按钮：单击该按钮，可以将在"内容"面板中选中的图像在 Camera Raw 中打开。
- "逆时针旋转 90 度"按钮：单击该按钮，可以将在"内容"面板中选中的图像逆时针旋转 90°，如图 3-5 所示。

图 3-5 逆时针旋转 90°

- "顺时针旋转 90 度"按钮：单击该按钮，可以将在"内容"面板中选中的图像顺时针旋转 90°，如图 3-6 所示。

图 3-6 顺时针旋转 90°

- 路径栏：显示正在查看的文件夹的路径，允许导航到该目录。
- "内容"面板：在该面板中显示由导航菜单按钮、路径栏、"收藏夹"面板或"文件夹"面板指定的文件夹中的文件。
- "收藏夹"和"文件"面板：在"收藏夹"面板中可以快速、便捷地访问文件夹以及 Version Cue 和 Bridge Home；在"文件夹"面板中显示了文件夹的层次结构，可以使用它来浏览文件夹。
- "过滤器"和"收藏集"面板：在"过滤器"面板上可以排序和筛选"内容"面板中所显示的文件夹；在"收藏集"面板中允许创建、查找和打开收藏集和智能收藏集。
- "预览"面板：在该面板中显示了所选的一个或多个文件的预览。"预览"面板中显示的缩览图通常会大于"内容"面板中显示的缩览图，其可以通过调整面板大小来缩小或扩大预览。
- "元数据"和"关键字"面板："元数据"面板中包含了所选文件的元数据信息，若选择了多个文件，该面板则会列出共享数据，比如关键字、创建日期和曝光度设置等；"关键字"面板可以帮助用户通过附加关键字来管理图像。

3.2 认识 Mini Bridge

Mini Bridge 是 Adobe Bridge 的一个简化版，如果只需要浏览或查找素材文件的话，则可以使用 Mini Bridge。执行"文件 > 在 Mini Bridge 中浏览"命令或者执行"窗口 > 扩展功能 >Mini Bridge"命令，可以打开 Mini Bridge 面板，如图 3-7 所示。

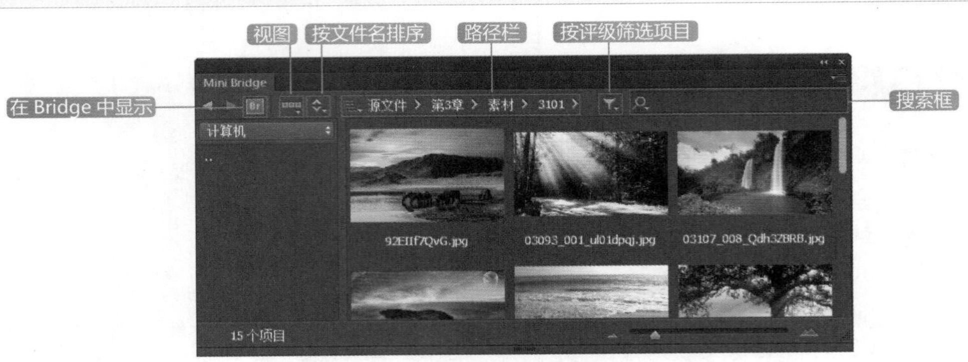

图 3-7 Mini Bridge 面板

- "在 Bridge 中显示"按钮：单击该按钮，即可运行 Adobe Bridge CC。
- "视图"按钮：单击该按钮，在弹出的菜单可以选择相应的视图方式，如图 3-8 所示。

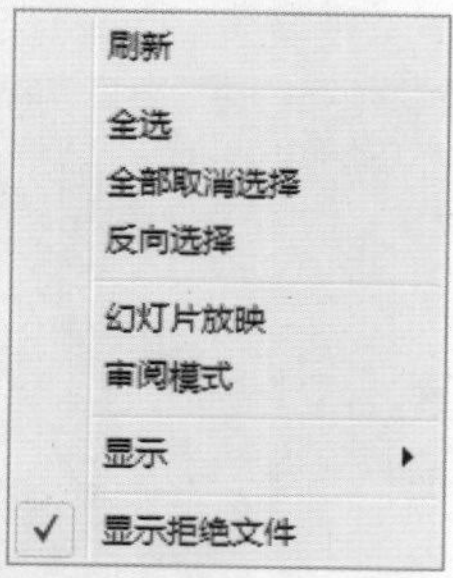

图 3-8 "视图"下拉菜单

- "按文件名排序"按钮：单击该按钮，在弹出的菜单中可以选择相应的排序方式，如图 3-9 所示。

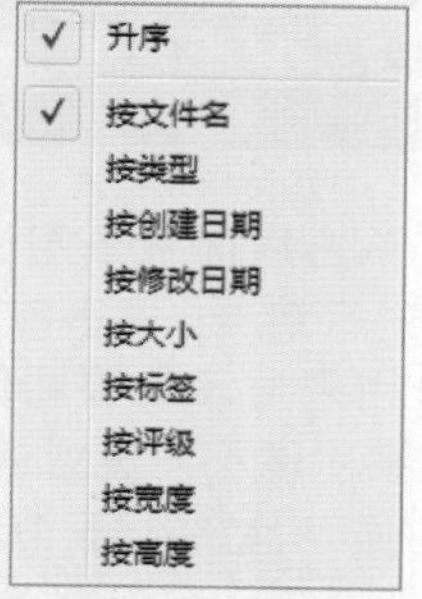

图 3-9 "按文件名排序"菜单

- 路径栏：显示了面板中打开的文件的路径信息。
- "按评级筛选项目"按钮：单击该按钮，在弹出的菜单可以选择相应的条件对面板中的文件进行筛选，如图 3-10 所示。

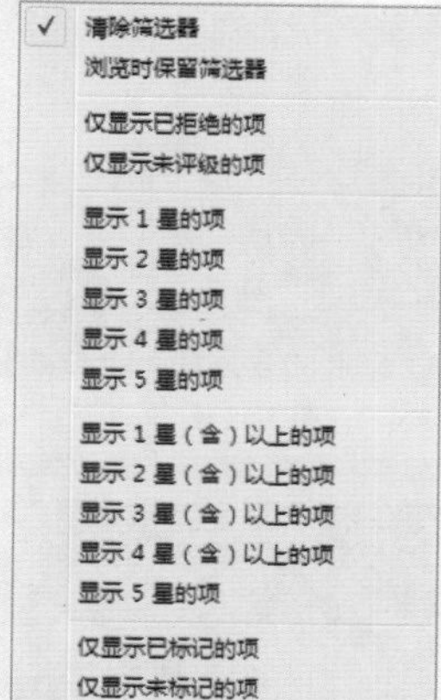

图 3-10 "按评级筛选项目"菜单

- 搜索框：可以在该对话框中输入文字进行搜索，单击文本框前的按钮，可以在弹出的菜单中选择搜索的范围，如图 3-11 所示。

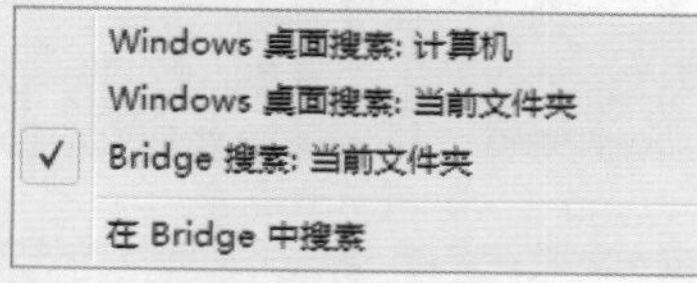

图 3-11 "搜索"菜单

3.3 Adobe Bridge CC 的基本操作

在 Adobe Bridge CC 中，对文件的基本操作包括浏览、打开、排序等，下面将向用户详细讲述这些基本操作的使用方法。

3.3.1 在 Bridge 中浏览图像

在 Bridge 中浏览图像的方式包括全屏模式、幻灯片模式和审阅模式3种，每一种方式都有其独特的优势，下面将一一为用户进行介绍。

1. 在全屏模式下浏览图像

打开 Adobe Bridge 之后，单击对话框右上角的"必要项"选项，以该方式显示图像，如图 3-12 所示。单击对话框右上角的"胶片"选项，以胶片方式显示图像，如图 3-13 所示。单击对话框右上角的"元数据"选项，以元数据方式显示图像，如图 3-14 所示。单击对话框右上角的"输出"选项，以输出方式显示图像，如图 3-15 所示。

图 3-12 必要项

图 3-13 胶片

图 3-14 元数据

图 3-15 输出

在以上的任意一种窗口中，拖动窗口底部的滑块都可以调整图像在该窗口中的显示比例；单击“锁定缩览图网格”按钮，即可在图像之间显示网格；单击“以缩览图形式查看内容”按钮，则会以缩览图的形式显示图像；单击“以详细信息形式查看内容”按钮，会显示图像的详细信息，例如图像的大小、分辨率、光圈等；单击“以列表形式查看内容”按钮，则会以列表的形式显示图像。

2. 在审阅模式下浏览图像

审阅模式是一种以动画效果的形式浏览图像的模式，在这种模式下查看图像会给视觉上带来一种非常强烈的震撼力。

执行“视图 > 审阅模式”命令，或者按快捷键 Ctrl+B，即可切换到审阅模式浏览图像，其效果如图 3–16 所示。

图 3-16 审阅模式

在该模式下，单击后面背景图像的缩览图便可将其切换到前景图像进行查看；单击前景图像的缩览图，则会弹出一个窗口用来显示局部图像的细节部分，可以拖动该窗口来观察图像不同位置的效果，如图 3–17 所示。如果图像的显示比例小于 100%，则窗口内的图像会显示为 100%；单击窗口右下角的按钮或者按 Esc 键即可退出审阅模式。

图 3-17 弹出窗口

3. 在幻灯片模式下浏览图像

执行“视图 > 幻灯片放映”命令或者按快捷键 Ctrl+L，即可使用放映幻灯片的形式自动播放图像，其效果如图 3–18 所示。按 Esc 键便可退出幻灯片模式。

图 3-18 幻灯片模式

技巧 

在幻灯片模式下，按 H 键即可在屏幕上方显示 / 隐藏所有快捷命令列表，列表中包含常规、导航和编辑等快捷命令；在自动放映幻灯片的情况下，若按空格键则可以播放或暂停放映。

3.3.2 在 Bridge 中打开文件 

在 Adobe Bridge CC 中单击选择相应的图像，双击即可在默认的应用程序中打开，如果想要在其他应用程序中打开，可以执行“文件 > 打开方式”命令，在弹出的菜单中选择相应的应用程序，如图 3–19 所示。

图 3-19 打开方式

3.3.3 在 Bridge 中预览动态媒体文件

在 Adobe Bridge CC 中可以预览大部分视频、音频和 3D 文件，也包括计算机上安装的 QuickTime 版本支持的多数文件。

在“内容”面板上选择需要预览的文件，可在预览面板上显示该文件，如图 3–20 所示。单击“预览”面板上的“播放”按钮，便可播放该文件；单击“循环”按钮，可以打开 / 关闭连续循环播放；单击“音量”按钮，在弹出的拖动滑块上进行拖动，便可调整音量的大小。

图 3-20 预览动态媒体文件

3.3.4 对文件进行排序

在 Adobe Bridge CC 中有两种方法可以对文件进行排序，一种是执行“视图 > 排序”命令，在弹出的菜单中选择相应的命令，即可按照指定的条件对文件进行排序，如图 3–21 所示。另一种是选择“手动”选项，直接单击图像拖动到相应的位置即可，如图 3–22 所示。

图 3-21 执行命令排序

图 3-22 手动排序

3.4 Adobe Bridge CC 的使用技巧

当一个文件夹中的文件较多时，有时候想要查找某一个文件犹如大海捞针，比较麻烦。下面就向用户介绍一些 Adobe Bridge CC 的使用技巧，便于提高大家对图像的管理，从而有条不紊地管理文件。

3.4.1 批量重命名图片

在 Adobe Bridge CC 中，可以通过批量重命名的方法来重命名一组文件或文件夹，大大减少了操作过程中的工作量。

动手实践——批量重命名图片

源文件：无

视 频：光盘 \ 视频 \ 第 3 章 \3-4-1.swf

01 在 Adobe Bridge CC 中导航到文件夹“光盘 \ 源文件 \ 第 3 章 \ 素材 \34101”，效果如图 3–23 所示，按快捷键 Ctrl+A，全选所有的图像，如图 3–24 所示。

图 3-23 照片效果

图 3-24 全选照片

02 执行“工具 > 批重命名”命令，或者按快捷键 Ctrl+Shift+R，弹出“批重命名”对话框，设置如图 3–25 所示。设置完成后，单击“重命名”按钮，即可完成文件的批量重命名，如图 3–26 所示。

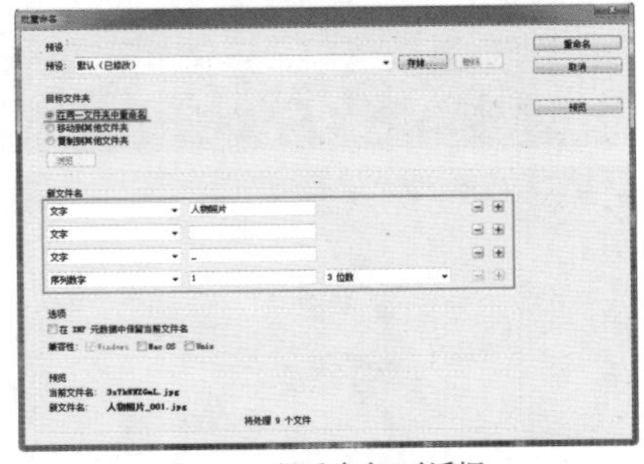

图 3-25 “批重命名”对话框

图 3-26 完成批量重命名

3.4.2 查看和编辑数码照片的元数据

元数据是指在使用数码相机进行拍照时，相机记录在照片上的信息，比如拍摄时间、光圈、ISO、快门等，便于以后查看。

动手实践——查看和编辑数码照片的元数据

源文件：无

视频：光盘 \ 视频 \ 第 3 章 \3-4-2.swf

01 在 Adobe Bridge 中导航到文件夹“光盘 \ 源文件 \ 第 3 章 \ 素材 \34101”，效果如图 3–27 所示。单击选择一张图像，“元数据”面板如图 3–28 所示。

图 3-27 照片效果

图 3-28 “元数据”信息

02 在“元数据”面板上单击 ITPC Core 选项区右侧的图标，在需要编辑的项目中输入信息，如图 3-29 所示。按 Enter 键确定，使用相同方法完成其他信息的编辑，如图 3-30 所示。

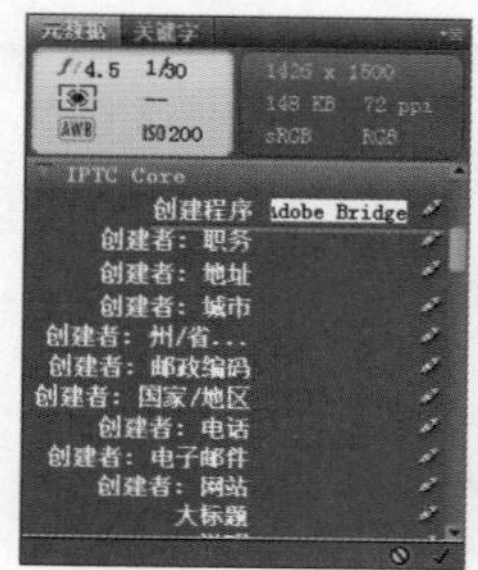

图 3-29 输入信息

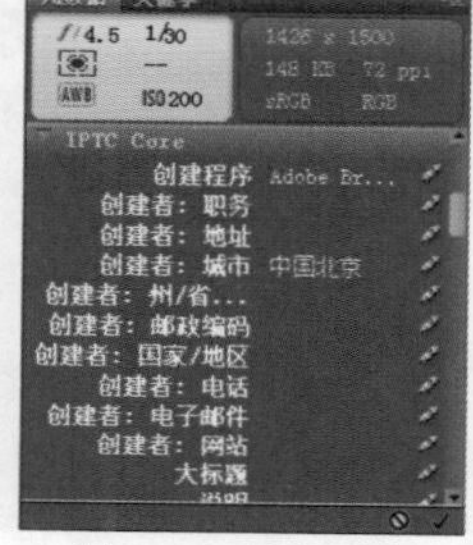

图 3-30 “元数据”面板

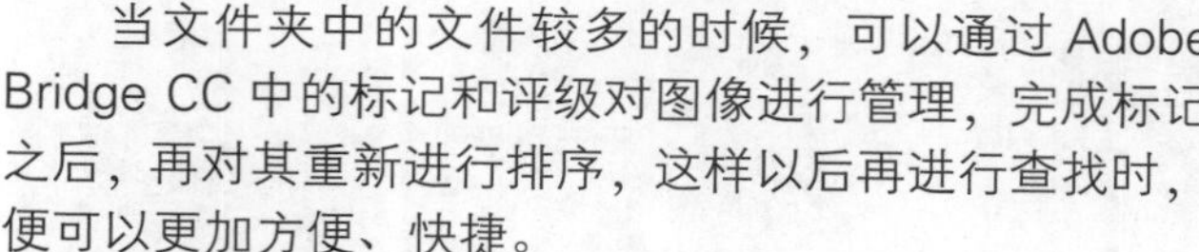

3.4.3 为图像添加标记和评级

当文件夹中的文件较多的时候，可以通过 Adobe Bridge CC 中的标记和评级对图像进行管理，完成标记之后，再对其重新进行排序，这样以后再进行查找时，便可以更加方便、快捷。

动手实践——为图像添加标记和评级

源文件：无

视频：光盘 \ 视频 \ 第 3 章 \3-4-3.swf

01 在 Adobe Bridge CC 中导航到文件夹“光盘 \ 源文件 \ 第 3 章 \ 素材 \34301”，并选择相应的文件，如图 3-31 所示。执行“标签 > 审阅”命令，或者按快捷键 Ctrl+9，为图像添加“审阅”标签，效果如图 3-32 所示。

图 3-31 选择文件

图 3-32 添加标签

02 使用相同的方法，选择相应的文件，如图 3-33 所示。按快捷键 Ctrl+5，对其进行评级，如图 3-34 所示。

图 3-33 选择文件

图 3-34 评级

03 使用相同的方法，对其他文件进行评级，效果如图 3-35 所示。执行“视图 > 排序 > 按评级”命令，可以看到文件的排列顺序，如图 3-36 所示。

图 3-35 照片效果

图 3-36 排列顺序

3.4.4 通过关键字快速搜索图像

在收藏的图像越来越多之后，通过关键字搜索图像是一种非常重要的图像标记和快速查找的方法，通过这种方法可以为用户省去大量的精力和时间。下面就向用户介绍一下这种方法的使用技巧。

动手实践——通过关键字快速搜索图像

源文件：无

视频：光盘\视频\第 3 章\3-4-4.swf

01 在 Adobe Bridge CC 中导航到文件夹“光盘\源文件\第 3 章\素材\34401”。单击“输出”选项右侧的倒三角按钮，在弹出的菜单中选择“关键字”命令，打开“关键字”面板，如图 3–37 所示。

图 3-37 打开“关键字”面板

02 单击选择相应的图像，单击“关键字”面板下方的“新建关键字”按钮，在显示的条目中输入相应的关键字，如图 3–38 所示。按 Enter 键确定，并选中该关键字的复选框，“关键字”面板如图 3–39 所示。

图 3-38 添加关键字

图 3-39 “关键字”面板

提示

在新建关键字前，如果没有将关键字放入组，可以通过移动关键字将其调整到正确的组中。在添加关键字后，将关键字拖曳到关键字原计划要放入的组中，即可快速移动关键字。

03 在查找图像时，在 Bridge 窗口右上角的搜索框中键入关键字，按 Enter 键确定，即可在“内容”面板中显示相应的图像，如图 3–40 所示。使用相同的方法，为其他图像添加相应的关键字，“关键字”面板如图 3–41 所示。

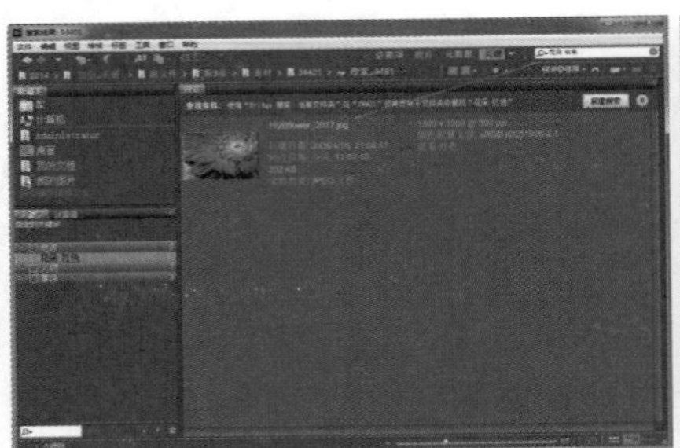

图 3-40 使用关键字搜索图像

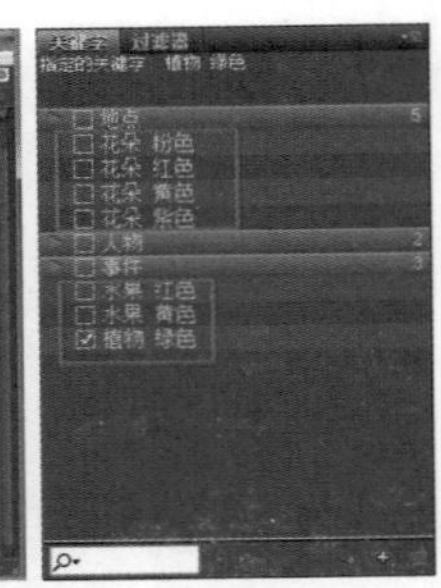

图 3-41 “关键字”面板

技巧

如果要删除文件中的关键字，则要先选中需要删除关键字的图像，再单击并拖曳要删除的关键字或关键字名称旁边的框至“关键字”面板底部的“删除关键字”按钮上即可。

3.5 本章小结

本章向用户介绍的是怎样使用 Adobe Bridge CC 来管理文件，主要讲解在 Bridge 中浏览文件、打开文件的方法，以及对文件进行排序、批量重命名文件、为图像添加标记和通过关键字搜索图像的方法，在很大程度上减少了工作者管理图像文件的工作量，同时提高了工作效率。

第4章 选区的操作

选区是 Photoshop 中使用频率最高的功能，通过选区可以选择图像中的局部区域，从而对图像的局部区域进行操作。本章将向用户系统介绍选区的创建方法，包括选区的基本创建方法与特殊创建方法。

4.1 选区概述

选区用于分离图像的一个或多个部分，通过选择特定区域，可以编辑效果和滤镜并应用于图像的局部，同时保持未选定区域不会被改动。如图 4–1 所示为原始图像与通过选区为图像局部上色的效果。

原始图像效果

图像上色效果

图 4-1 图像效果

在 Photoshop CC 中选区分为普通选区与羽化选区两类，普通选区的边缘清晰、精确，不会对选区外侧的图像产生影响，而使用羽化选区处理图像时，会在图像的边缘产生淡入淡出的效果。如图 4–2 所示为分别对普通选区与羽化选区填充颜色后的效果。

普通选区效果

羽化选区效果

图 4-2 图像效果

1. 利用图像的基本形状创建选区

在创建选区时，如果图像的边缘形状为矩形、椭圆形或圆形，那么可以直接单击工具箱中相应的选框工具来创建选区。如图 4–3 所示为使用“椭圆选框工具”创建的地球选区。此外，当图像对象的边缘呈直线状态，则可以选择“多边形套索工具”创建选区，如图 4–4

所示。如果对选区的形状或精确度要求不高，可以通过使用“套索工具”快速绘制选区。

图 4-3 创建椭圆形选区

图 4-4 创建多边形选区

2. 使用“钢笔工具”创建选区

“钢笔工具”是Photoshop CC中的矢量绘图工具，它可以绘制出平滑的曲线路径，如果对象为不规则图形，且边缘较为平滑，如图 4-5 所示，通过使用“钢笔工具”沿图像边缘轮廓绘制路径，并将路径转换为选区，从而选中所需对象，如图 4-6 所示。

图 4-5 不规则且边缘平滑的图像

图 4-6 图像效果

3. 色调差异创建选区法

在创建选区时，如果选择的对象与背景之间的色调差异比较明显，可以利用“魔棒工具”、“快速选择工具”、“色彩范围”命令、“混合颜色带”、“磁性套索工具”来进行选取。如图 4-7 所示为使用“魔棒工具”抠出的人物图像。

图 4-7 使用“魔棒工具”抠出图像中人物

4. 快速蒙版创建选区法

创建选区之后，单击工具箱中的“快速蒙版”按钮，进入快速蒙版状态，可以使用各种绘画工具或者滤镜对选区进行细致的加工，以确保选取的精确性。如图 4-8 所示为使用“快速蒙版”抠出花朵，并更换背景后的效果。

图 4-8 使用“快速蒙版”抠出图像并更换背景

5. 简单选区细化法

创建选区时，还可以使用“调整边缘”功能，它不仅能够轻松地选取一些毛发等细微的图像，而且可以消除选区边缘及周围的背景色。如图 4–9 所示为使用“快速选择工具”创建的大致选区；如图 4–10 所示为使用“调整边缘”命令抠出的人物图像。

图 4-9 创建大致选区

图 4-10 得到精确选区

6. 利用通道创建选区法

对于不同的图像，应该采用不同创建选区的方法，针对一些透明的对象（如婚纱、烟雾、玻璃等），以及被风吹动的树枝、高速行驶的汽车等边缘较为模糊的图像，可以利用通道创建选区，并且还可以在选区中使用“滤镜”、“混合模式”、“选区工具”、“画笔”等功能进行编辑。如图 4–11 所示为使用通道抠出的图像。

图 4-11 使用通道抠出的图像

4.2 创建选区的工具

在 Photoshop CC 中需要对图像的各种问题进行处理，如对图像的整体或局部进行细致处理。在对图像的局部进行处理时，可以使用不同的工具创建选区，创建选区的工具主要有选框工具、套索工具和魔棒工具 3 种类型。本节将为用户讲解这 3 种创建选区工具的使用方法。

4.2.1 选框工具组

选框工具是 Photoshop CC 中最基本的创建选区工具，在选框工具组中有“矩形选框工具”、“椭圆选框工具”、“单行选框工具”和“单列选框工具”4 种，如图 4–12 所示。

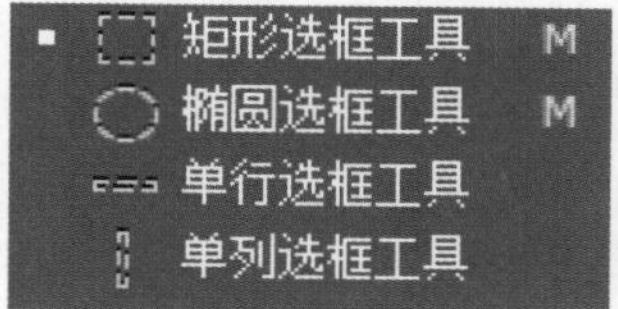

图 4-12 选框工具组

选框工具的使用方法很简单，只需要在画布中拖曳（矩形、椭圆选框工具）或单击（单行、单列选框工具或固定大小的矩形、椭圆选框工具）即可创建选区，如图 4–13 所示。

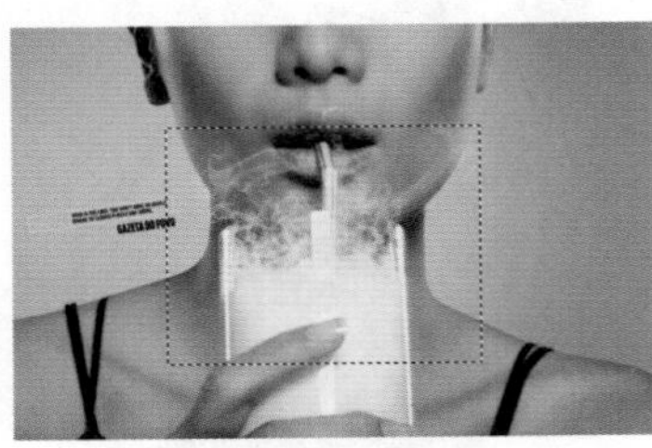

矩形选区

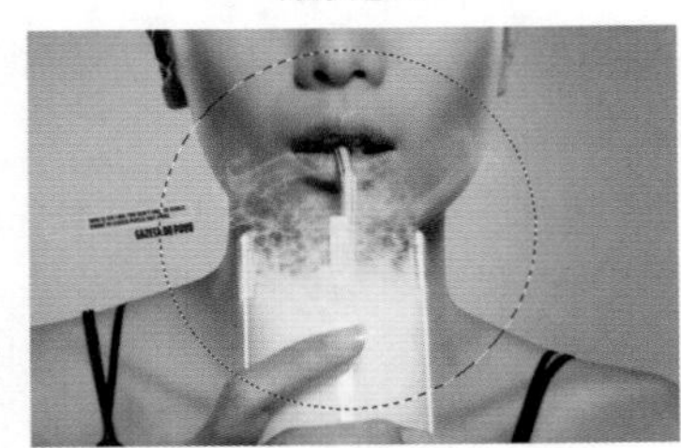

椭圆选区

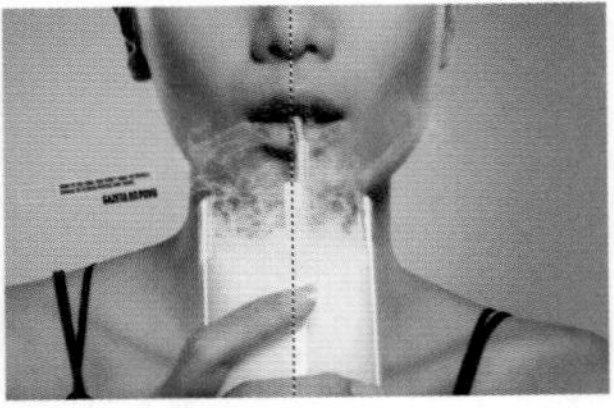

单行选区　　单列选区

图 4-13 创建选区的效果

技巧

使用“单行选框工具”或“单列选框工具”创建的是高度或宽度为 1 像素的选区，可以用来制作表格、辅助线，但在实际工作时极少使用。

在选项栏中可以对选框工具的相关属性进行设置，4 种选框工具在选项栏中的相关选项设置大体相同。如图 4–14 所示为“椭圆选框工具”的选项栏。

图 4-14 “椭圆选框工具”的选项栏

- 选区运算按钮组：选区的运算方式有“新选区”、“添加到选区”、“从选区减去”和“与选区交叉”4 种。
  - 新选区：指在画布中同时只能创建一个选区，创建其他选区会将当前选区替换，如图 4–15 所示。
  - 添加到选区：可以在画布中创建新选区，并将新选区与原有选区相加，如图 4–16 所示。

图 4-15 创建新选区

图 4-16 添加到选区

  - 从选区减去：可以从当前选区范围中减去与当前选取范围相叠加的选区，如图 4–17 所示。
  - 与选区交叉：指的是将只保留两个选区交叉的部分，如图 4–18 所示。

图 4-17 从选区减去

图 4-18 与选区交叉

技巧

除了单击选项栏中的相关按钮可以设置选区运算方式外，在创建选区时，按住 Shift 键的效果与“添加到选区”相同；按住 Alt 键的效果与“从选区减去”相同；按住 Shift+Alt 键的效果与“与选区交叉”相同。

- 羽化：用来设置选区羽化的值，羽化值的范围在 0~250 像素之间，羽化值越高，羽化的宽度范围也就越大；羽化值越小，创建的选区越精确。

- 消除锯齿：图像中最小的元素是像素，而像素是正方形的，所以在创建椭圆、多边形等不规则选区时，选区会产生锯齿状的边缘，尤其将图像放大后，锯齿会更加明显。该选项可以在选区边缘一个像素宽的范围内添加与周围图像相近的颜色，使选区看上去比较光滑。如图 4–19 所示，分别为选中该选项与未选中该选项创建选区并填充颜色后的效果。

选中"消除锯齿"选项　　　　未选中"消除锯齿"选项

图 4-19 消除锯齿对比效果

- 样式：用来设置选区的创建方法，一共有 3 种设置样式的方法。
  - 正常：可通过拖动鼠标创建任意大小的选区，该选项为默认设置。
  - 固定比例：可在右侧的"宽度"和"高度"文本框中输入数值，创建固定比例的选区。例如要创建一个宽度是高度 3 倍的选区，可输入宽度 3、高度 1，如图 4-20 所示。

样式：固定比例　宽度：3　高度：1

图 4-20 固定比例样式

  - 固定大小：可在"宽度"和"高度"文本框中输入选区的宽度和高度。如图 4-21 所示，在绘制选区时，只需在画布中单击，便可创建固定大小的选区。

样式：固定大小　宽度：50 像素　高度：50 像素

图 4-21 固定大小样式

- 调整边缘：单击该按钮，可以弹出"调整边缘"对话框，对选区进行更加细致的操作。这是一种比较重要的处理选区的方法，在后面的章节中会对该功能的使用方法进行详细讲解。

动手实践——创建矩形选区

源文件：光盘 \ 源文件 \ 第 4 章 \4-2-1-1.psd

视频：光盘 \ 视频 \ 第 4 章 \4-2-1-1.swf

01 打开素材图像"光盘 \ 源文件 \ 第 4 章 \ 素材 \42103.jpg"，如图 4-22 所示。复制"背景"图层，得到"背景 拷贝"图层，"图层"面板如图 4-23 所示。

图 4-22 图像效果

图 4-23 "图层"面板

02 单击工具箱中的"矩形选框工具"按钮，在画布中绘制选区，效果如图 4-24 所示。执行"选择 > 变换选区"命令，将选区进行适当的调整，效果如图 4-25 所示。

图 4-24 绘制选区

图 4-25 变换选区

03 执行"编辑 > 描边"命令，弹出"描边"对话框，设置如图 4-26 所示。单击"确定"按钮，完成"描边"对话框的设置，效果如图 4-27 所示。

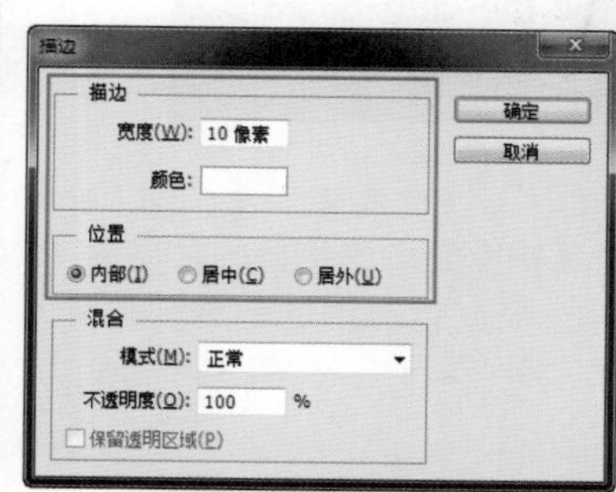

图 4-26 "描边"对话框 　　图 4-27 描边效果

04 按快捷键 Ctrl+Shift+I，反向选择选区。执行"滤镜 > 模糊 > 场景模糊"命令，效果如图 4-28 所示。按快捷键 Ctrl+D，取消选区，效果如图 4-29 所示。

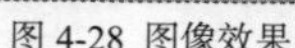

图 4-28 图像效果

图 4-29 图像效果

动手实践——创建椭圆形选区

源文件：光盘 \ 源文件 \ 第 4 章 \4-2-1-2.psd

视频：光盘 \ 视频 \ 第 4 章 \4-2-1-2.swf

01 打开素材图像“光盘\源文件\第 4 章\素材\42104.jpg”，如图 4–30 所示。单击工具箱中的“椭圆选框工具”按钮，按住 Shift 键在画布中单击并拖动鼠标创建一个正圆形选区，如图 4–31 所示。

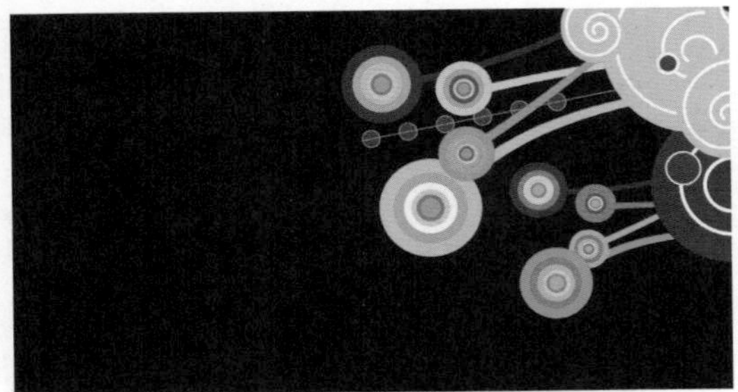

图 4-30 图像效果

图 4-31 绘制选区

02 单击选项栏中的“从选区减去”按钮，选中圆形内的黄色区域，将其排除至选区之外，如图 4–32 所示。按快捷键 Ctrl+C，复制选区内的图像，打开素材图像“光盘\源文件\第 4 章\素材\42105.jpg”，效果如图 4–33 所示。

图 4-32 绘制选区

图 4-33 图像效果

03 按快捷键 Ctrl+V，将复制的选区图像粘贴至该文档中，并调整到合适的位置和大小，效果如图 4–34 所示。为该图层添加“投影”图层样式，在“图层样式”对话框中对相关参数进行设置，如图 4–35 所示。

图 4-34 图像效果

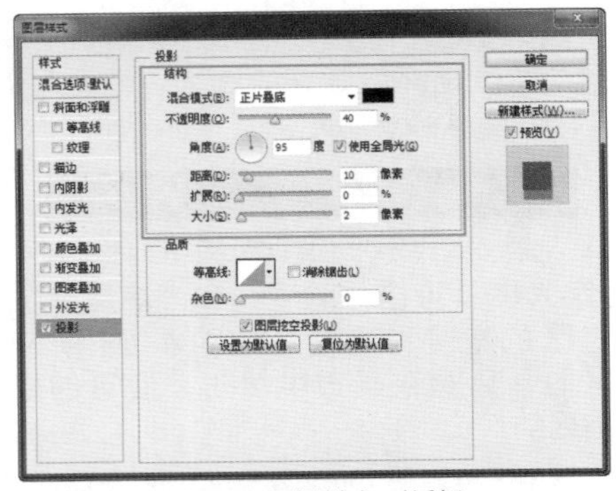

图 4-35 “图层样式”对话框

04 单击“确定”按钮，完成“图层样式”对话框的设置，效果如图 4–36 所示。使用相同的方法，可以完成其他部分内容的制作，最终效果如图 4–37 所示。

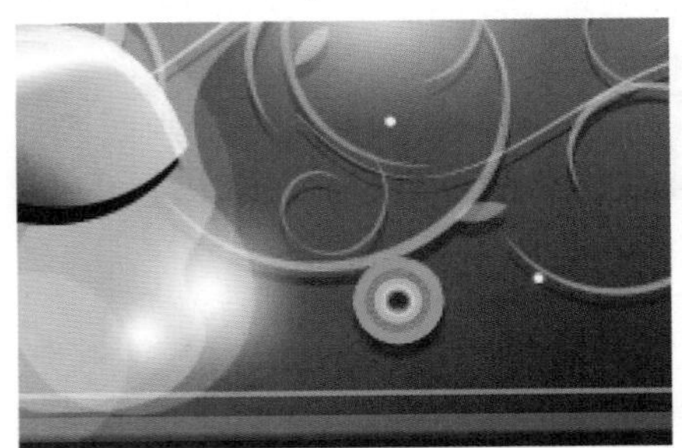

图 4-36 图像效果

图 4-37 完成其他内容后的图像效果

动手实践——创建单行单列选区

源文件：光盘\源文件\第 4 章\4-2-1-3psd

视频：光盘\视频\第 4 章\4-2-1-3swf

01 执行“文件 > 新建”命令，弹出“新建”对话框，设置如图 4–38 所示。单击“确定”按钮，新建文档，为画布填充颜色为 RGB（82、82、82），效果如图 4–39 所示。

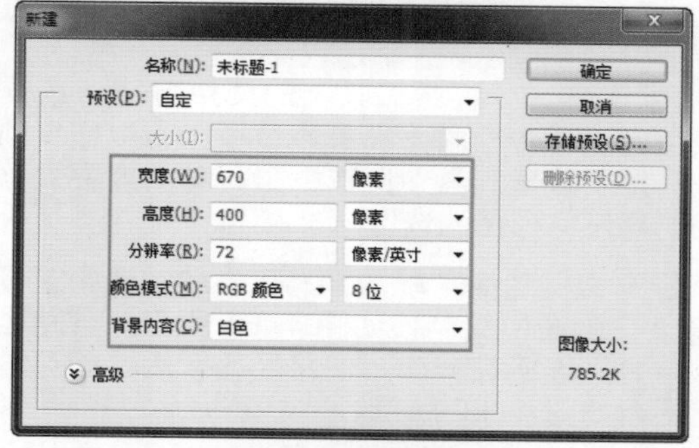

图 4-38 “新建”对话框

图 4-39 填充效果

02 打开素材图像“光盘\源文件\第 4 章\素材\42106.png”，将其拖曳到文档中，得到“图层 1”图层，并调整其到合适位置，效果如图 4–40 所示。执行“编辑 > 首选项 > 参考线、网格和切片”命令，弹出“首选项”对话框，在该对话框中对“网格线间隔”进行设置，如图 4–41 所示。

图 4-40 拖曳素材

图 4-41 设置“网格线间隔”值

03 执行“视图 > 显示 > 网格”命令，在画布中显示网格，如图 4–42 所示。单击工具箱中的“单列选框工具”按钮，并在选项栏中单击“添加到选区”按钮，在网格线上单击，创建宽度为 1 像素的选区，如图 4–43 所示。

图 4-42 显示网格

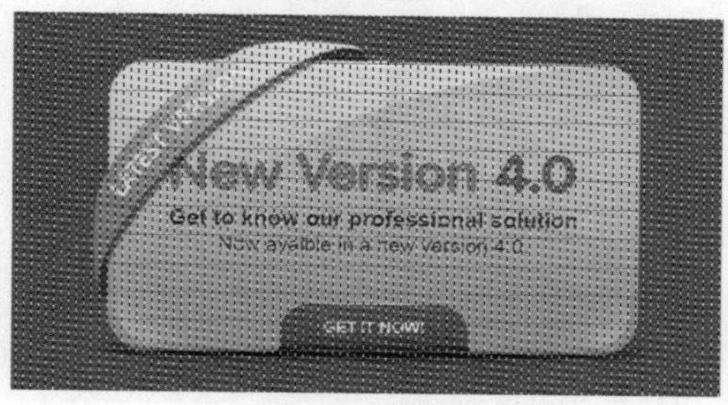

图 4-43 绘制选区

04 单击“图层”面板底部的“创建新图层”按钮，新建“图层 2”图层，“图层”面板如图 4–44 所示。设置“前景色”为白色，为选区填充前景色，并取消选区，执行“视图 > 显示 > 网格”命令，将网格隐藏，效果如图 4–45 所示。

图 4-44 “图层”面板

图 4-45 图像效果

05 按快捷键 Ctrl+T，将“图层 2”图层中的图像进行旋转操作，效果如图 4–46 所示。按快捷键 Ctrl+Alt+G，创建剪贴蒙版，效果如图 4–47 所示。

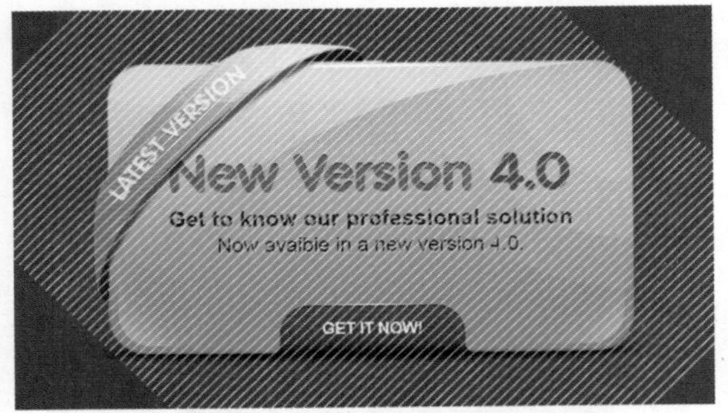

图 4-46 图像旋转后的效果

图 4-47 图像效果

06 设置“图层 2”图层的“不透明度”为 40%，效果如图 4–48 所示。使用“橡皮擦工具”将多余的部分擦除，最终效果如图 4–49 所示。

图 4-48 设置“不透明度”值

图 4-49 图像效果

4.2.2 套索工具组

使用套索工具组中的工具可以创建不规则的选区，共有“套索工具”、“多边形套索工具”和“磁性套索工具”3 种工具，如图 4–50 所示。

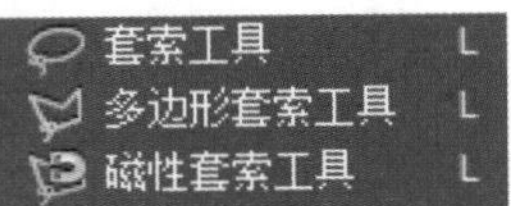

图 4-50 套索工具组

套索工具：“套索工具”的使用方法与选框工具的使用方法基本相同，都是通过在画布中拖曳创建选区，只是“套索工具”比选框工具自由度更大，几乎可以创建任何形状的选区。

打开素材图像，单击工具箱中的“套索工具”按钮，在画布中绘制，如图 4–51 所示。当路径的起始点与终点连接在一起，使路径闭合后，即可自动创建选区，如图 4–52 所示。

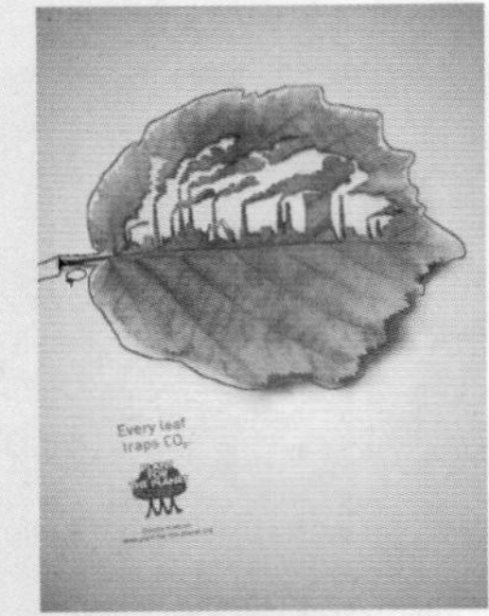

图 4-51 绘制选区路径

图 4-52 生成选区效果

多边形套索工具：使用“多边形套索工具”可以在画布中单击设置选区起点，在其他位置单击，在单击处自动生成与上一点相连接的直线，适合创建由直线构成的选区。

单击工具箱中的“多边形套索工具”按钮，在画布中绘制路径，如图 4–53 所示。如果要结束当前路径创建选区，在画布中双击，即可创建选区，如图 4–54 所示。也可以移动鼠标至起点位置，如图 4–55 所示。当鼠标发生变化时单击以创建选区，如图 4–56 所示。

图 4-53 绘制选区路径

图 4-54 生成选区效果

图 4-55 绘制选区路径

图 4-56 生成选区效果

- 磁性套索工具：“磁性套索工具”具有自动识别绘制对象边缘的功能，如果对象的边缘较为清晰，并且与背景对比明显，使用该工具可以快速选择对象的选区。

单击工具箱中的“磁性套索工具”按钮，在画布中拖动鼠标绘制路径，如图 4–57 所示。如果结束当前路径绘制，双击画布即可创建选区；还可以将鼠标移动到起点位置处单击，即可创建选区，如图 4–58 所示。

图 4-57 绘制选区路径

图 4-58 生成选区效果

“磁性套索工具”可以创建更加细腻、精确的选区，针对不同的图像，可以在选项栏中进行相应的设置。如图 4–59 所示为“磁性套索工具”的选项栏。

羽化：0 像素　消除锯齿　宽度：10 像素　对比度：10%　频率：57

图 4-59 “磁性套索工具”的选项栏

- 宽度：该值决定了以光标中心为基准，其周围有多少个像素能够被磁性套索工具检测到，如果对象的边缘比较清晰，可以使用较大的宽度值；如果边缘不是特别清晰，则需要用一个较小的宽度值。
- 对比度：用来设置工具感应图像边缘的灵敏度。如果图像的边缘清晰，可将该值设置高一些；如果边缘不是特别清晰，则设置低一些。
- 频率：在使用“磁性套索工具”创建选区的过程中会生成许多锚点，“频率”决定了这些锚点的数量。该值越高，生成的锚点越多，捕捉到的边缘越准确，但是过多的锚点会造成选区的边缘不够光滑。如图 4–60 所示为分别设置“频率”为 50 与 100 的对比效果。

“频率”为 50

“频率”为 100

图 4-60 不同频率创建的效果

- “钢笔压力”按钮：如果计算机配备有数位板

和压感笔，按下该按钮，Photoshop CC 会根据压感笔的压力自动调整工具的检测范围，增大压力将导致边缘宽度减小。

动手实践——使用“套索工具”创建自由选区 

源文件：光盘\源文件\第 4 章\4-2-2-1.psd

视频：光盘\视频\第 4 章\4-2-2-1.swf

01 打开素材图像“光盘\源文件\第 4 章\素材\42203.jpg”，如图 4-61 所示。单击工具箱中的“套索工具”按钮，在画布中单击并拖动鼠标绘制选区，将光标移至起点处松开鼠标左键，可以封闭选区，效果如图 4-62 所示。

图 4-61 图像效果　　图 4-62 绘制选区

> **提示**
> 使用“套索工具”在画布中单击，并拖动鼠标绘制选区，若在拖动鼠标的过程中松开鼠标左键，则会在该点与起点间创建一条直线来封闭选区。

02 按快捷键 Ctrl+D 取消选区，使用“套索工具”在画布中重新绘制选区。在绘制选区的过程中，按住 Alt 键，然后松开鼠标左键，可以切换为“多边形套索工具”，此时在画面中单击可以绘制直线，如图 4-63 所示。释放 Alt 键可恢复“套索工具”，拖动鼠标可继续绘制选区，如图 4-64 所示。

图 4-63 绘制选区

图 4-64 继续绘制选区

动手实践——用“多边形套索工具”创建自由选区

源文件：光盘\源文件\第 4 章\4-2-2-2.psd

视频：光盘\视频\第 4 章\4-2-2-2.swf

01 打开素材图像“光盘\源文件\第 4 章\素材\42204.jpg”，如图 4-65 所示。选择工具箱中的“多边形套索工具”，单击选项栏上的“添加到选区”按钮，在画布中绘制选区，效果如图 4-66 所示。

图 4-65 打开图像

图 4-66 绘制选区

02 按快捷键 Ctrl+J，将选区中的内容复制到一个新的图层中，得到“图层 1”图层，如图 4-67 所示。打开素材图像“光盘\源文件\第 4 章\素材\42205.jpg”，将其拖曳到设计文档中，并调整至合适位置，效果如图 4-68 所示。

图 4-67 “图层”面板

图 4-68 拖曳素材后的效果

03 按快捷键 Ctrl+Alt+G，创建剪贴蒙版，“图层”面板如图 4–69 所示。完成最终效果的制作，如图 4–70 所示。

图 4-69 “图层”面板

图 4-70 图像效果

动手实践——使用“磁性套索工具”创建自由选区

源文件：光盘 \ 源文件 \ 第 4 章 \4-2-2-3.psd

视频：光盘 \ 视频 \ 第 4 章 \4-2-2-3.swf

01 打开素材图像“光盘 \ 源文件 \ 第 4 章 \ 素材 \42206.jpg”，如图 4–71 所示。单击工具箱中的“磁性套索工具”按钮，在水果的边缘处进行单击，效果如图 4–72 所示。

图 4-71 图像效果

图 4-72 单击水果边缘处

02 松开鼠标左键后，沿着水果边缘移动光标，Photoshop CC 会在光标经过处放置一定数量的锚点来链接选区，效果如图 4–73 所示。如果想在某一处放置一个锚点，单击该处即可，若锚点的位置不准确，则可按 Delete 键将其删除，如图 4–74 所示。按 Esc 键可清除所有选区。

图 4-73 放置选区锚点

图 4-74 删除选区锚点

03 将光标移至起点处，单击可以封闭选区，如图 4–75 所示。创建选区如图 4–76 所示。

图 4-75 封闭选区

图 4-76 创建选区

技巧

使用“磁性套索工具” 绘制选区的过程中，按住 Alt 键在其他区域单击，可切换为“多边形套索工具”，创建直线选区；按住 Alt 键单击并拖动鼠标，可切换为“套索工具”。

4.2.3 魔棒工具组

在魔棒工具组中有“快速选择工具”与“魔棒工具”两种工具，如图 4-77 所示。通过这两种工具可以选择图像中色彩变化不大且色调相近的区域。

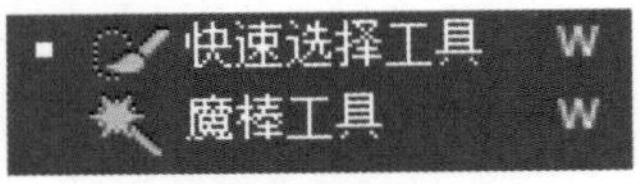

快速选择工具 W
魔棒工具 W

图 4-77 魔棒工具组

“快速选择工具”能够利用可调整的圆形画笔笔尖快速绘制选区，可以拖动或单击以创建选区，选区会向外扩展并自动查找和跟随图像中定义颜色相近区域。单击工具箱中的“快速选择工具”按钮，在画布中拖动即可创建选区，如图 4-78 所示。

“魔棒工具”能够选取图像中色彩相近的区域，适合选取图像中颜色比较单一的选区，单击工具箱中的“魔棒工具”按钮，在画布中拖动即可创建选区，如图 4-79 所示。

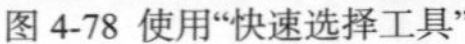

图 4-78 使用“快速选择工具”

图 4-79 使用“魔棒工具”

1. “快速选择工具”的选项栏

使用“快速选择工具”时，可以在该工具的选项栏中对工具进行相关设置，如图 4-80 所示。

“画笔”选取器
50 对所有图层取样 自动增强 调整边缘...

图 4-80 “快速选择工具”的选项栏

- “画笔”选取器：在打开的“画笔”选取器中可以对“快速选择工具”的大小、硬度、间距等属性进行设置。
- 对所有图层取样：选中该复选框，则可以对当前显示的所有图层中取样并创建选区。
- 自动增强：选中该复选框，减少选区边界的粗糙度和块效应，自动将选区向图像边缘进一步流动并应用一些边缘调整。

动手实践——使用“快速选择工具”抠图 

源文件：光盘 \ 源文件 \ 第 4 章 \4-2-3-1.psd
视频：光盘 \ 视频 \ 第 4 章 \4-2-3-1.swf

01 执行“文件 > 打开”命令，打开素材图像“光盘 \ 源文件 \ 第 4 章 \ 素材 \42302.jpg”，如图 4-81 所示。打开素材图像“光盘 \ 源文件 \ 第 4 章 \ 素材 \42303.jpg”，如图 4-82 所示。

图 4-81 打开图像 1

图 4-82 打开图像 2

02 单击工具箱中的“快速选择工具”按钮，并单击选项栏中的“画笔”选取器按钮，在弹出的面板中对相关参数进行设置，如图 4-83 所示。然后在人物上拖动鼠标，绘制选区，效果如图 4-84 所示。

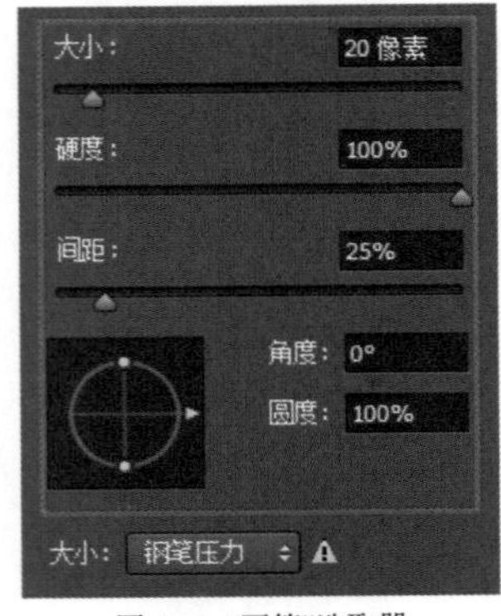

图 4-83 “画笔”选取器

图 4-84 绘制选区

03 单击选项栏中的“调整边缘”按钮，弹出“调整边缘”对话框，设置如图 4–85 所示。可以看到相应的图像效果，如图 4–86 所示。

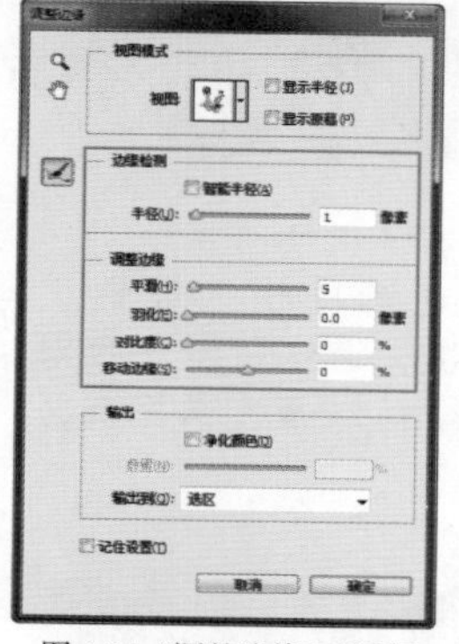

图 4-85 “调整边缘”对话框

图 4-86 图像效果

04 单击“确定”按钮，完成“调整边缘”对话框的设置，效果如图 4–87 所示。将选区中的人物图像拖曳到 42302.jpg 文档中，得到“图层 1”图层，并将其调整到合适的位置和大小，效果如图 4–88 所示。

图 4-87 创建选区

图 4-88 拖曳素材后的效果

05 新建“图层 2”图层，“图层”面板如图 4–89 所示。设置“前景色”为黑色，使用“画笔工具”绘制投影，完成最终效果图的制作，如图 4–90 所示。

图 4-89 “图层”面板

图 4-90 最终图像效果

2. “魔棒工具”的选项栏

在画布中对图像创建选区时，不仅可以使用“快速选择工具”，而且使用“魔棒工具”也是十分方便的。如图 4–91 所示为“魔棒工具”选项栏中的相关选项。

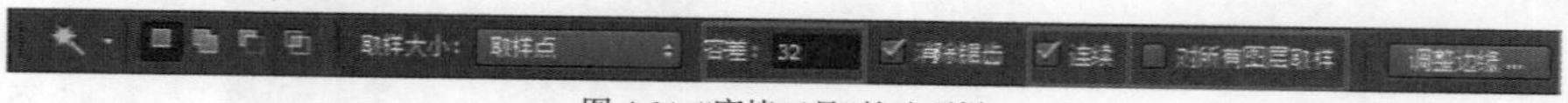

图 4-91 “魔棒工具”的选项栏

- 容差：该选项用来设置“魔棒工具”可选取颜色的范围，该值较低时，只选择与单击点像素相似的少数颜色；该值越高，包含的颜色程度就越广，因此选择的范围就越大。即使在图像的同一位置单击，设置不同的容差值所选择的区域也不一样，而容差不变时，单击的位置不同，选择的区域也不相同。

如图 4-92 所示为设置“容差”为 30 与 100 时，在同一位置单击创建选区的效果。

“容差”为 30

“容差”为 100

图 4-92 不同容差值下选区效果

连续：该选项默认为选中的。在创建选区时，只会选择与当前所选区域颜色相连的区域，如果所选区域与其他区域之间颜色未连接在一起，那么就不会被选中。如图 4-93 所示为选中该选项与未选中该选项后，在画布中选择的选区效果。

选中“连续”选项

未选中“连续”选项

图 4-93 选中与未选中“连续”选项后的选区效果

对所有图层取样：如果文档中包含多个图层，选中该选项，可以从所有未隐藏的图层中取样。

技巧

在使用“魔棒工具”绘制选区时，按住 Shift 键可添加选区；按住 Alt 键可以在当前选区中减去选区；同时按住 Shift+Alt 键可创建与当前选区相交的选区。

动手实践——使用“魔棒工具”创建选区

源文件：光盘\源文件\第 4 章\4-2-3-2.psd

视频：光盘\视频\第 4 章\4-2-3-2.swf

01 执行“文件 > 打开”命令，打开素材图像“光盘\源文件\第 4 章\素材\42305.jpg”，如图 4-94 所示。打开素材图像“光盘\源文件\第 4 章\素材\42306.jpg”，如图 4-95 所示。

图 4-94 打开图像 1

图 4-95 打开图像 2

02 选择“魔棒工具”，在选项栏上设置“容差”为 80，并选中“连续”选项，选中背景，效果如图 4-96 所示。按快捷键 Ctrl+Shift+I，反向选择选区，效果如图 4-97 所示。

图 4-96 创建选区

图 4-97 反向选择选区

03 将选区中的内容拖曳至 42305.jpg 文档中，按快捷键 Ctrl+T 调出变换框，将其调整到合适的位置和大小，效果如图 4-98 所示。按 Enter 键，完成最终效果图制作，如图 4-99 所示。

图 4-98 变换图像

图 4-99 最终图像效果

4.3 创建选区的其他方法

用户在处理图像时，有时需要创建一些精确的选区，而前面讲到的创建选区的方法虽然快速，但却不能保证创建出来的选区可以达到所需的精度，所以还需要使用其他一些方法创建选区，如本节将要讲述的“色彩范围”、“快速蒙版”和“调整边缘”的方法。

4.3.1 “色彩范围”命令

打开素材图像“光盘\源文件\第 4 章\43101.jpg”，如图 4–100 所示。执行“选择 > 色彩范围”命令，弹出“色彩范围”对话框，如图 4–101 所示。在该对话框中，可以通过选取颜色，创建选区范围。

图 4-100 打开图像

取样运算按钮

图 4-101 “色彩范围”对话框

- 选择：可以选择选区取样方式，默认为“取样颜色”，可以通过在下方的预览区域或图像中单击对颜色取样。除此之外，还可以选择图像中固定的色彩范围来进行取样。
- 检测人脸：只有选中“本地化颜色簇”选项后才可以选中该选项。选中该选项，可以启用人脸检测的功能，以便能够更加准确地选择人物的肤色。如图 4–102 所示为未选中该选项的效果；如图 4–103 所示为选中该选项的效果。

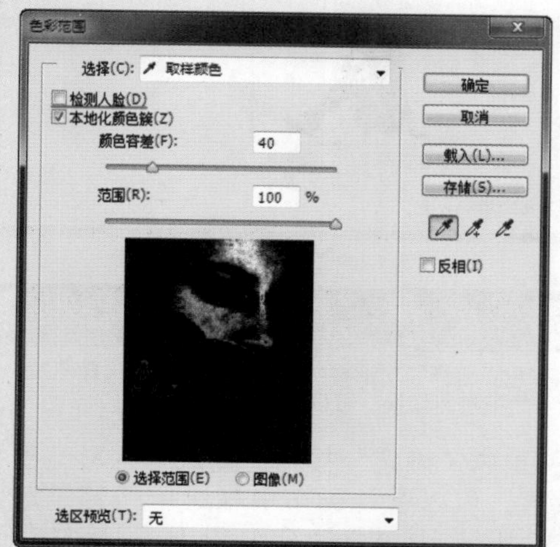

图 4-102 未选中“检测人脸”选项

图 4-103 选中“检测人脸”选项

- 本地化颜色簇/颜色容差：“本地化颜色簇”、“颜色容差”和“范围”选项只能在“取样颜色”模式下使用。

  选中“本地化颜色簇”选项后，可以通过“范围”控制要包含在蒙版中颜色与取样点的最大和最小距离。通过“颜色容差”可以控制颜色的选择范围，该值越高，则包含的颜色范围越广。
- 选择范围/图像：用于设置在对话框的预览区域中显示的内容，选择“选择范围”选项时，预览区域图像中的白色代表被选择的区域，黑色代表未选择的区域，灰色代表部分选择的区域。选择“图像”选项时，预览区显示原图像效果。
- 选区预览：用于设置在画布中图像的预览方式。默认为无，表示不在窗口中显示设置的色彩范围效果，只显示原图像；选择“灰度”选项，可以按照选区在灰度通道中的外观来显示选区；选择“黑色杂边”选项，可以在未选择区域覆盖一层黑色；选择“白色杂边”选项，可以在未选择区域覆盖一层白色；选择“快速蒙版”选项，选区以外的图像被蒙版遮罩。
- 取样运算按钮：取样运算按钮的使用方法与选区运算按钮相同，可以选择“吸管工具”、“添加到取样”和“从取样中减去”，然后在预览区域或图像上单击取样。

提示

通过“色彩范围”命令，可以选择整幅图像或固定选区内指定的颜色或颜色子集。使用该命令可以将图像中比较难以区分的颜色加以分别，可以用于为图像进行抠图操作。

动手实践——使用“色彩范围”命令抠图

源文件：光盘\源文件\第 4 章\4-3-1-1.psd

视频：光盘\视频\第 4 章\4-3-1-1.swf

01 打开素材图像“光盘\源文件\第 4 章\素材\43102.jpg”，如图 4-104 所示。执行“选择 > 色彩范围”命令，弹出“色彩范围”对话框，在该对话框中选中“本地化颜色簇”选项，并对相关参数进行设置，如图 4-105 所示。

图 4-104 打开图像

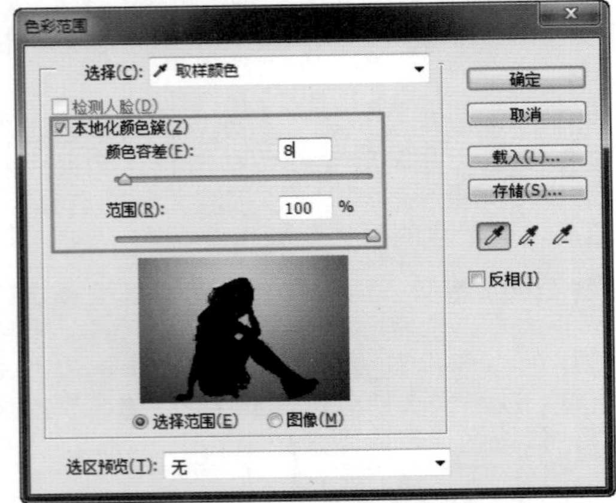

图 4-105 “色彩范围”对话框

02 在“色彩范围”对话框中，单击“吸管工具”按钮，在文档窗口中的人物背景上单击进行颜色取样，如图 4-106 所示。“色彩范围”对话框如图 4-107 所示。

图 4-106 颜色取样

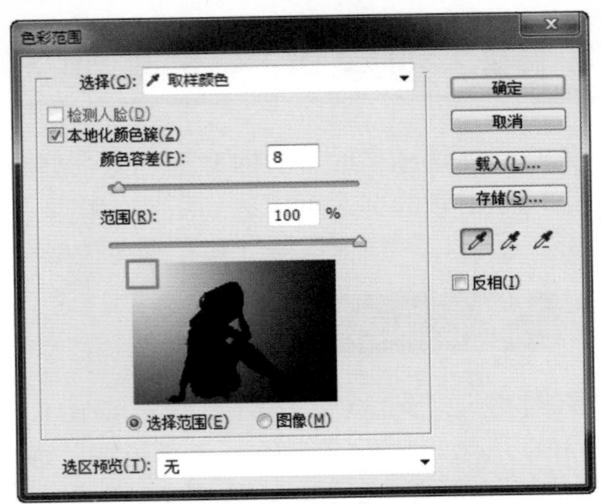

图 4-107 “色彩范围”对话框

03 单击“添加到取样”按钮，在左上角的背景区域单击，并向下移动鼠标，如图 4-108 所示。将该区域的背景全部添加到选区中，如图 4-109 所示。

图 4-108 添加取样范围

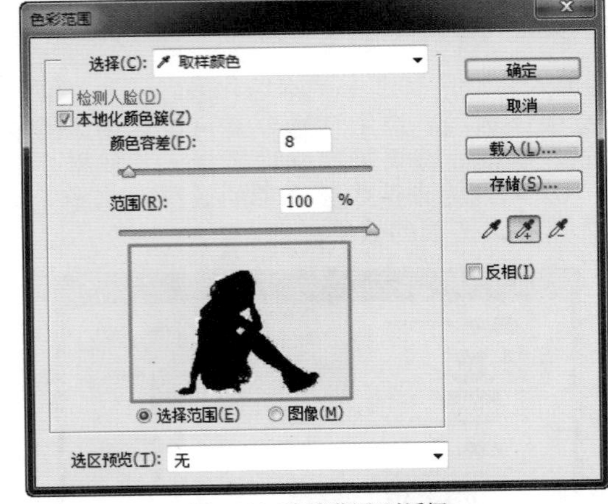

图 4-109 “色彩范围”对话框

技巧

在“色彩范围”对话框中，如果需要在“选择范围”和“图像”预览之间进行切换，可以按 Ctrl 键。

04 单击“确定”按钮，完成“色彩范围”对话框的设置，可以看到画布中被选中的背景选区，如图 4-110 所示。按快捷键 Ctrl+Shift+I，反向选择选区，如图 4-111 所示。

图 4-110 创建选区

图 4-111 反向选择选区

05 打开素材图像“光盘\源文件\第 4 章\素材\43103.jpg”，如图 4-112 所示。将选区中的图像拖曳到 43103.jpg 文档中，得到“图层 1”图层，并将其调整到合适的位置和大小，效果如图 4-113 所示。

图 4-112 打开图像

图 4-113 图像效果

06 在“背景”图层上新建“图层 2”图层，选择“画笔工具”，设置“前景色”为黑色，在画布中涂抹出投影效果，如图 4-114 所示。完成最终效果图的制作，如图 4-115 所示。

图 4-114 涂抹出投影效果

图 4-115 最终图像效果

4.3.2 快速蒙版

快速蒙版是一种用于创建选区的技术，对于一些无法直接使用选区工具（如“矩形选框工具”、“套索工具”）创建选区的图像，可以尝试借助快速蒙版来制作。快速蒙版也称临时蒙版，当退出快速蒙版模式时，不被保护的区域变为一个选区，将选区作为蒙版编辑时，几乎可以使用所有的 Photoshop 工具或滤镜来修改蒙版。

单击工具箱中的“以快速蒙版模式编辑”按钮，即可进入快速蒙版编辑状态，再次单击“以标准模式编辑”按钮，则退出快速蒙版状态。双击此图标，可弹出“快速蒙版选项”对话框，如图 4-116 所示。在该对话框中可以对快速蒙版的相关选项进行设置，单击颜色块，可弹出“拾色器”对话框，如图 4-117 所示。在该对话框中可改变蒙版的颜色。

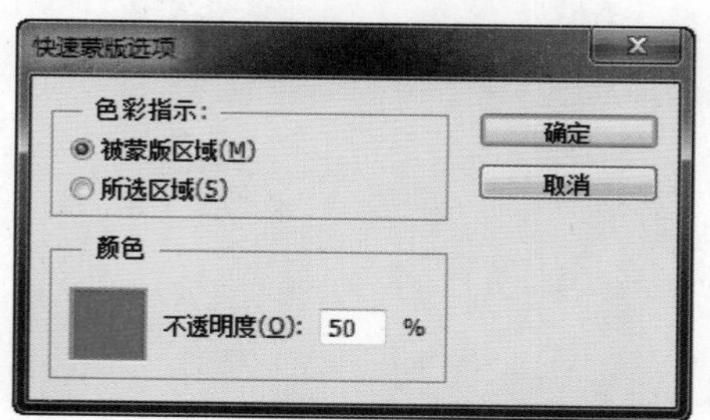

图 4-116 “快速蒙版选项”对话框

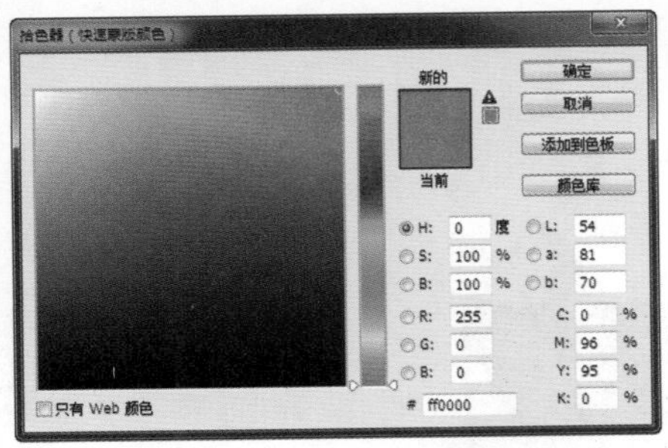

图 4-117 “拾色器”对话框

1. 被蒙版区域

被蒙版区域指的是非选择部分。在快速蒙版状态下，单击工具箱中的“画笔工具”按钮，在图像上进行涂抹，涂抹的区域即被蒙版区域，如图 4–118 所示。退出快速蒙版编辑状态后，图像中的选区如图 4–119 所示。

图 4-118 被蒙版区域

图 4-119 选区效果

提示

当在“快速蒙版”模式中工作时，“通道”面板中出现一个临时快速蒙版通道。但是，所有的蒙版编辑是在图像窗口中完成的。

2. 所选区域

所选区域指的是选择部分。在快速蒙版状态下，单击工具箱中的“画笔工具”按钮，在图像上进行涂抹，涂抹的区域即为所选区域，如图 4–120 所示。退出快速蒙版编辑状态后，图像中的选区如图 4–121 所示。

图 4-120 所选区域

图 4-121 选区效果

4.3.3 “调整边缘”命令 

在创建选区时，如果选区对象是毛发等细微的图像时，可以先在工具箱中选择“快速选择工具”、“魔棒工具”或执行“选择 > 色彩范围”命令，在图像中创建一个大致的选区范围，再使用“调整边缘”命令对选区进行细致化处理，从而选中所需对象。

此外，“调整边缘”命令还可以消除选区边缘周围的背景色、改进蒙版，以及对选区进行扩展、收缩、羽化等处理。尤其选择图像中主体景物时，可以准确、快速地将主体景物与背景区分出来。

1. 视图模式

在图像中创建选区后，如图 4–122 所示。执行“选择 > 调整边缘”命令，弹出“调整边缘”对话框，为了方便观察选区的调整效果，可以在“视图”下拉列表中选择一种视图模式，如图 4–123 所示。

图 4-122 所选区域

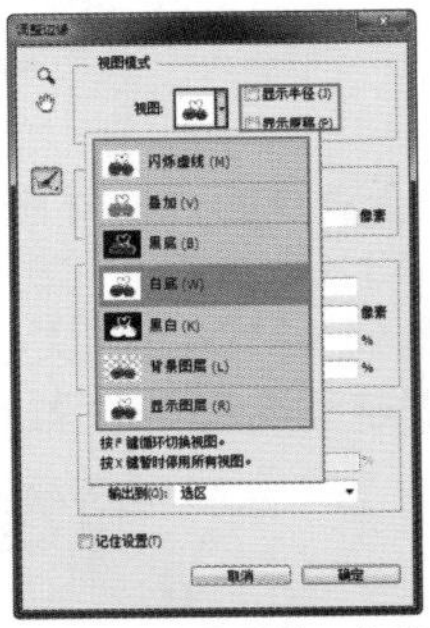

图 4-123 “调整边缘”对话框

- 闪烁虚线：可以看到具有闪烁边界的标准选区，如图 4–124 所示。
- 叠加：可以在快速蒙版状态下查看选区，如图 4–125 所示。

图 4-124 闪烁虚线

图 4-125 叠加

- 黑底：在黑色背景上查看选区，如图 4–126 所示。
- 白底：在白色背景上查看选区，如图 4–127 所示。

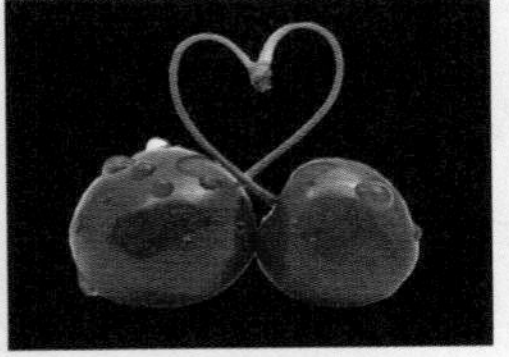

图 4-126 黑底

图 4-127 白底

- 黑白：可预览用于定义选区的通道蒙版，如图 4–128 所示。

- 背景图层：可查看被选蒙版区域的图层，如图 4–129 所示。

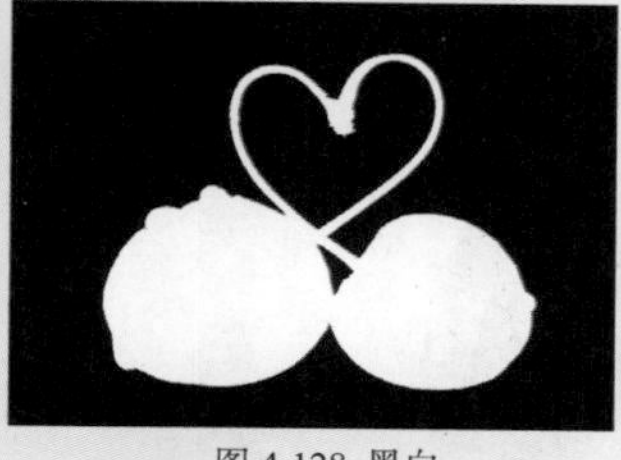
图 4-128 黑白

图 4-129 背景图层

- 显示图层：可在未使用蒙版的情况下查看整个图层，如图 4–130 所示。

- 显示半径：显示按半径定义的调整区域。如图 4–131 所示为显示半径为 1.5 像素的调整区域。

图 4-130 显示图层

图 4-131 显示半径

- 显示原稿：可以查看原始选区。

提示

按 F 键可以循环显示各个视图；按 X 键可暂时停用所用视图。

2. 调整选区边缘

在“调整边缘”对话框中，“调整边缘”选项区可以对选区进行平滑、羽化、对比度等处理，如图 4–132 所示。如图 4–133 所示为在“背景图层”模式下的选区效果。

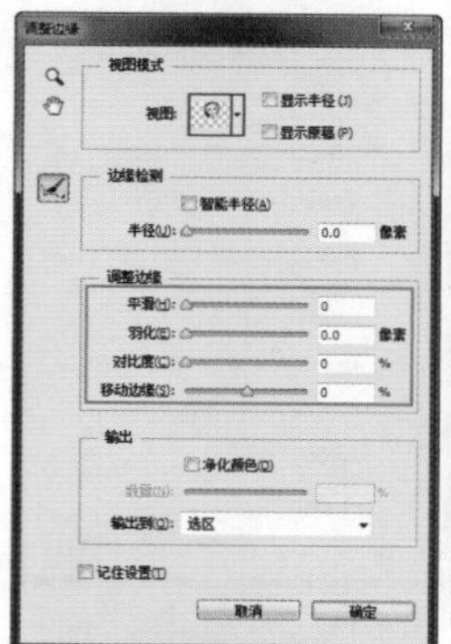

图 4-132 “调整边缘”对话框

图 4-133 选区效果

- 平滑：用于减少选区边界中的不规则区域，创建更加平滑的轮廓。

- 羽化：可为选区设置羽化，范围为 0~1000 像素。如图 4–134 所示为羽化后的选区效果。

- 对比度：可以锐化选区边缘，并去除模糊的不自然感。如图 4–135 所示为添加羽化效果后，增加对比度的效果。

图 4-134 羽化后的选区效果

图 4-135 增加对比度的选区效果

- 移动边缘：负值表示收缩选区边缘，如图 4–136 所示。正值表示扩展选区边缘，如图 4–137 所示。

图 4-136 收缩选区边缘效果

图 4-137 扩展选区边缘效果

3. 输出方式

“调整边缘”对话框中的“输出”选项区，用于消除选区边缘的杂色、设定选区的输出方式，如图 4–138 所示。

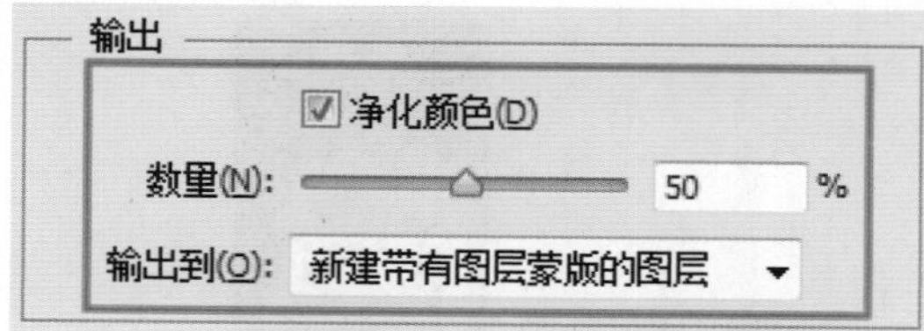

图 4-138 输出选项区

- 净化颜色：选中该选项后，拖动“数量”滑块可以去除图像的彩色杂边，“数量”值越高，清除范围越广。

- 输出到：使用“矩形选框工具”在画布中创建选区，如图 4–139 所示。在工具选项栏中单击“调整边缘”按钮，弹出“调整边缘”对话框，在“输出到”下拉列表中可以选择选区的输出方式，如图 4–140 所示。如图 4–141 所示为各种选项的输出结果。

图 4-139 创建选区　　图 4-140 "输出到"下拉列表

图层蒙版

新建图层

新建带有图层蒙版的图层

新建文档

新建带有图层蒙版的文档

图 4-141 输出结果

动手实践——抠出人物毛发细节

源文件：光盘 \ 源文件 \ 第 4 章 \4-3-3-1.psd

视频：光盘 \ 视频 \ 第 4 章 \4-3-3-1.swf

01 执行"文件 > 打开"命令，打开素材图像"光盘 \ 源文件 \ 第 4 章 \ 素材 \43304.jpg"，如图 4–142 所示。单击工具箱中的"快速选择工具"按钮，在画布中创建大致的选区，如图 4–143 所示。

图 4-142 打开图像

图 4-143 创建选区

02 执行"选择 > 调整边缘"命令，弹出"调整边缘"对话框，在"视图"下拉列表中选择"黑底"选项，如图 4–144 所示。选中"智能半径"选项，并对"半径"参数进行设置，如图 4–145 所示。

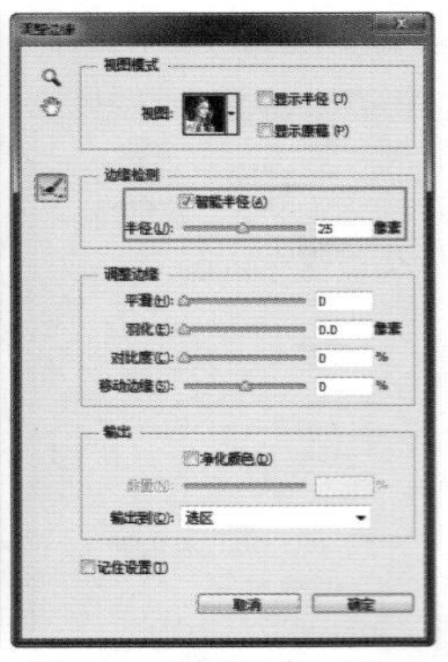

图 4-144 "黑底"视图　　图 4-145 "调整边缘"对话框

03 使用"调整半径工具"对人物的头发进行涂抹，如图 4–146 所示。在选项栏中单击"抹除调整工具"按钮，对缺失的图像进行修补，效果如图 4–147 所示。

图 4-146 头发涂抹效果

图 4-147 修补效果

04 在“调整边缘”对话框中设置“羽化”值为 1.0 像素，并选中“净化颜色”选项，如图 4-148 所示。单击“确定”按钮，完成“调整边缘”对话框的设置，抠出人物图像，效果如图 4-149 所示。

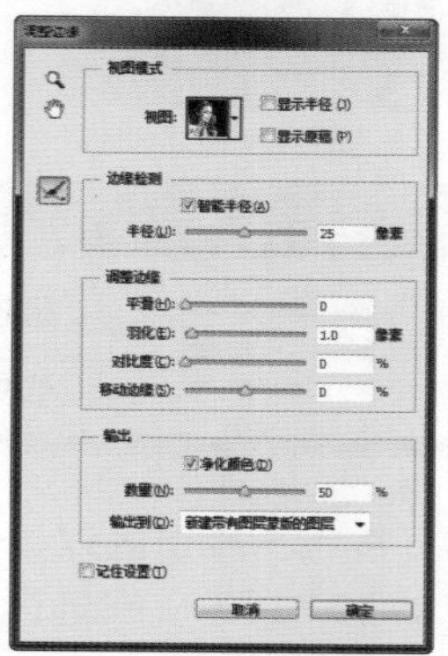

图 4-148 “调整边缘”对话框

图 4-149 抠出人物图像的效果

05 打开素材图像“光盘\源文件\第 4 章\素材\43305.jpg”，如图 4-150 所示。将抠出的人物图像拖曳到 43305.jpg 文档中，并将其调整到合适的位置和大小，效果如图 4-151 所示。

图 4-150 打开图像

图 4-151 图像效果

4.4 选区的编辑

选区作为 Photoshop 中最基本的工具，虽然功能十分简单，但却发挥着巨大的作用。选区一般都会与其他工具配合使用，所以选区本身调整功能不是很多。本节就向用户讲解一下调整选区的方法。

4.4.1 移动选区

使用任意的创建选区工具都可以对选区进行移动，只要确认在选项栏中创建选区工具的运算方式为“新选区”即可，如图 4-152 所示。此时将光标移至选区内侧，光标形状发生改变，如图 4-153 所示。按住鼠标进行拖曳，即可对选区进行移动，如图 4–154 所示。

图 4-152 选区运算方式

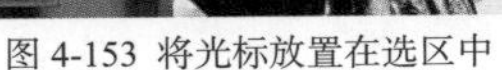

图 4-153 将光标放置在选区中

图 4-154 拖曳并移动选区

4.4.2 反向选区

在图像中创建选区，如图 4–155 所示。执行“选择 > 反向”命令或按快捷键 Ctrl+Shift+I，即可执行反向选择选区的操作，如图 4–156 所示。

图 4-155 创建选区

图 4-156 反向选择选区

4.4.3 边界选区

“边界选区”命令可将当前选区的边界向内侧、外侧进行扩展，扩展后的区域形成新的选区将原选区替换。

打开图像，单击工具箱中的“自定形状工具”按钮，在图像中绘制路径，如图 4–157 所示。执行“编辑 > 自由变换路径”命令，对路径进行旋转操作，如图 4–158 所示。

图 4-157 创建路径

图 4-158 旋转路径

按快捷键 Ctrl+Enter，将路径转换为选区，如图 4–159 所示。执行“选择 > 修改 > 边界”命令，弹出“边界选区”对话框，如图 4–160 所示。

图 4-159 创建选区

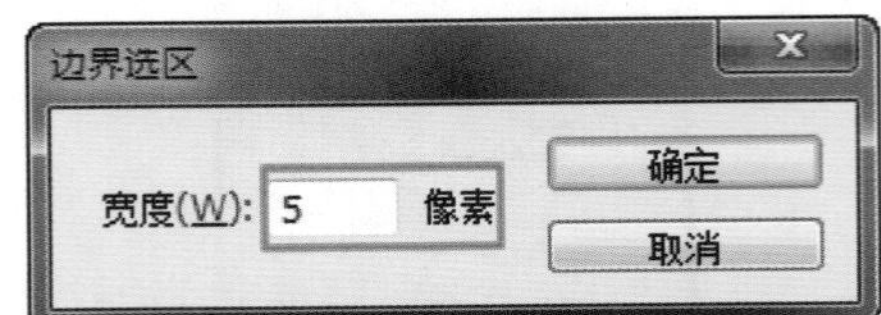

图 4-160 “边界选区”对话框

单击“确定”按钮，原选区以边界位置向内侧、外侧扩展，如图 4–161 所示。在选区内填充颜色，效果如图 4–162 所示。

图 4-161 选区效果

图 4-162 图像效果

4.4.4 平滑选区

通过“平滑选区”命令对创建的选区进行平滑操作，使选区的边缘变得平滑。使用“自定形状工具”在图像中创建路径并转换为选区，如图 4–163 所示。执行“选择 > 修改 > 平滑”命令，弹出“平滑选区”对话框，如图 4–164 所示。

图 4-163 创建选区

图 4-164 “平滑选区”对话框

单击“确定”按钮，在取样半径范围内对选区进行平滑处理，如图 4–165 所示。在选区内填充颜色，效果如图 4–166 所示。

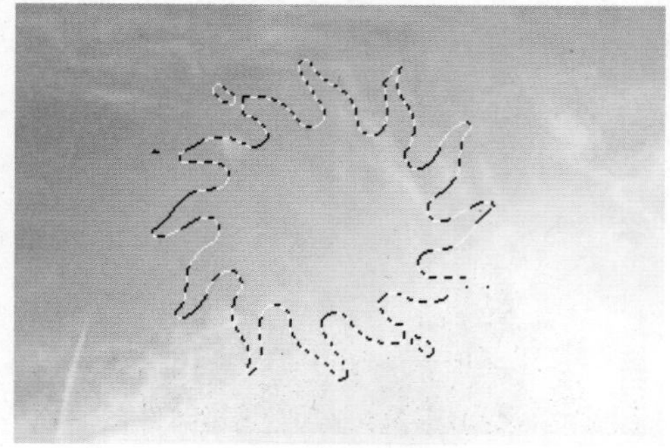
图 4-165 选区效果

图 4-166 图像效果

4.4.5 扩展选区

打开一张图像，在图像中创建选区，如图 4–167 所示。执行“选择 > 修改 > 扩展”命令，弹出“扩展选区”对话框，如图 4–168 所示。单击“确定”按钮，选区向外侧扩展，效果如图 4–169 所示。

图 4-167 创建选区

图 4-168 “扩展选区”对话框

图 4-169 选区扩展效果

4.4.6 收缩选区

打开一张图像，在图像中创建选区，如图 4–170 所示。执行“选择 > 修改 > 收缩”命令，弹出“收缩选区”对话框，如图 4–171 所示。单击“确定”按钮，选区向内收缩，效果如图 4–172 所示。

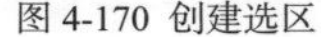

图 4-170 创建选区

图 4-171 “收缩选区”对话框

图 4-172 选区收缩效果

4.4.7 羽化选区

打开一张图像，在图像中创建相应的选区，如图 4–173 所示。执行“选择 > 修改 > 羽化”命令，弹出“羽化”对话框，设置如图 4–174 所示。单击“确定”按钮，羽化选区，将选区以外的内容删除，效果如图 4–175 所示。

图 4-173 创建选区

图 4-174 “羽化选区”对话框

图 4-175 图像效果

4.4.8 扩大选取

执行“选择 > 扩大选取”命令后，如果选区周围图像区域像素的色调与选区中的色调相似，相邻图像的区域就会被添加到当前选区中，但只能选择与选区相邻的区域。

打开一张图像，在图像中创建选区，如图 4–176 所示。执行“选择 > 扩大选取”命令，扩大选取效果如图 4–177 所示。

图 4-176 创建选区

图 4-177 扩大选取

4.4.9 选取相似

“选取相似”与“扩大选取”命令类似，都是将与选区中像素色调相同的区域添加到选区中，但通过“选取相似”命令可以扩展的区域是整个图像，包括未与选区相连的区域。

创建选区，如图 4–178 所示。执行“选择 > 选取相似”命令，选取相似选区效果如图 4–179 所示。

图 4-178 创建选区

图 4-179 选取相似

4.4.10 变换选区

选区的变换操作可以通过“变换选区”命令实现，主要有旋转、缩放。在图像中创建选区，如图 4-180 所示。执行“选择 > 变换选区”命令，在选区外侧出现选区变换框，如图 4-181 所示。

图 4-180 创建选区　　图 4-181 选区变换框

移动鼠标至选区变换框上的控制柄处，当光标变成双箭头图标时，按住鼠标并拖动可以对选区进行缩放操作，如图 4-182 所示。松开鼠标左键后，选区效果如图 4-183 所示。

图 4-182 拖动控制柄　　图 4-183 选区缩放效果

移动鼠标至选区变换框外侧区域，当光标变成双箭头旋转图标时，按住鼠标左键并旋转可以对选区进行旋转操作，如图 4-184 所示。松开鼠标左键后，选区效果如图 4-185 所示。

图 4-184 旋转选区　　图 4-185 选区旋转后的效果

技巧

按住 Ctrl 键拖动控制点，可对选区进行扭曲操作；按住 Shift 键拖动控制角点，可等比例缩放选区。

如果确认当前操作，可以按 Enter 键或用鼠标在选区内双击即可确认当前操作，如图 4-186 所示。如果当前操作有误，可以按 Esc 键返回到选区未执行变换操作前的效果，如图 4-187 所示。

图 4-186 确认旋转选区　　图 4-187 选区未旋转前的效果

4.4.11 隐藏和显示选区

打开一张图像，在图像中创建选区，如图 4-188 所示。按快捷键 Ctrl+H 或执行“视图 > 显示额外内容”命令，即可将选区隐藏，如图 4-189 所示。想要将隐藏的选区显示，可以执行相同的命令。

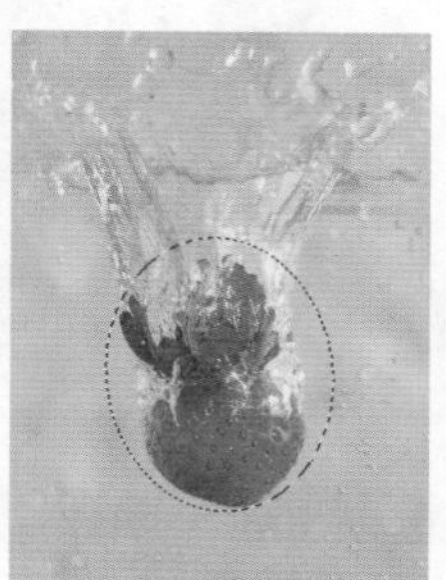

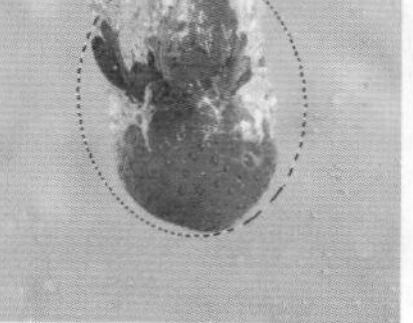

图 4-188 创建选区　　图 4-189 隐藏选区

提示

执行“视图 > 显示额外内容”命令，这里的额外内容指的不单单是选区，还包括网格、路径、参考线等，如果仅要隐藏选区，可以执行“视图 > 显示 > 选区边缘”命令。

4.5 选区图像的复制与粘贴

如果需要对图像执行复制操作，首先需要使用创建选区工具选择需要复制的图像区域，之后再执行粘贴操作。本节将向用户讲解图像的复制与粘贴操作的方法。

4.5.1 剪切、拷贝与合并拷贝

剪切、拷贝和合并拷贝分别可以将选择区域的图像添加到剪贴板中。

1. 剪切和粘贴

打开素材图像“光盘\源文件\第4章\44111.jpg”，单击工具箱中的“椭圆选框工具”按钮，在图像中创建选区，如图4-190所示。执行“编辑>剪切”命令，将选区中的图像添加到剪贴板中，并将选区中的图像删除，效果如图4-191所示。

图 4-190 创建选区

图 4-191 剪切图像

提示

如果需要剪切图像所在的图层是“背景”图层，那么在执行“剪切”命令时，剪切区域图像将被删除并填充背景色；如果需要剪切的图像所在的图层是非“背景”图层，剪切后图像区域将变透明。

按快捷键Ctrl+N，弹出“新建”对话框，如图4-192所示。单击“确定”按钮，新建文档，执行“编辑>粘贴”命令，效果如图4-193所示。

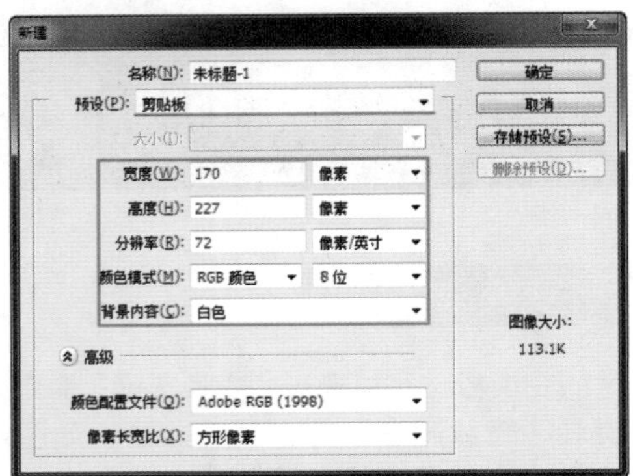

图 4-192 “新建”对话框

图 4-193 粘贴图像

2. 拷贝和合并拷贝

虽然“拷贝”、“合并拷贝”命令与“剪切”命令都是将选区内容添加到剪贴板中，但是都不会对拷贝的图像产生破坏。

使用“椭圆选框工具”在图像中创建选区，执行“编辑>拷贝”命令，复制图像。执行“编辑>粘贴”命令，调整复制图像位置，如图4-194所示。在当前文档中生成“图层1”图层，如图4-195所示。

图 4-194 复制图像

图 4-195 "图层"面板

使用"矩形选框工具"在图像中创建选区，如图 4-196 所示。执行"编辑 > 合并拷贝"命令，创建新文档，执行"编辑 > 粘贴"命令，效果如图 4-197 所示。

图 4-196 创建选区

图 4-197 复制图像

提示

通过"合并拷贝"命令可以将当前选区中所有可见图层的图像合并，并添加到剪贴板中。

4.5.2 选择性粘贴

执行"编辑 > 选择性粘贴"命令，在选择性粘贴的下拉菜单中可以选择"原位粘贴"、"贴入"和"外部粘贴"3 个命令。

- 原位粘贴：如果剪贴板包含从其他 Photoshop 文档拷贝的像素，可以将选区内图像粘贴到目标文档中与其在源文档中所处位置相同的位置中。
- 贴入或外部粘贴：将复制的选区粘贴到任意图像中的其他选区之中或之外，原选区粘贴到新图层，而目标选区边框将转换为图层蒙版。

通过以上对选择性粘贴知识点的学习，可通过下面的一个实例来练习所学知识，以达到熟练使用该功能的目的。

动手实践——制作山水如画效果

源文件：光盘 \ 源文件 \ 第 4 章 \4-5-2.psd

视频：光盘 \ 视频 \ 第 4 章 \4-5-2.swf

01 执行"文件 > 打开"命令，打开素材图像"光盘 \ 源文件 \ 第 4 章 \ 素材 \45201.jpg"，如图 4-198 所示。按快捷键 Ctrl+A，选取整个图像；按快捷键 Ctrl+C，复制选区内的图像内容，效果如图 4-199 所示。

图 4-198 打开图像

图 4-199 复制图像内容

02 打开素材图像"光盘 \ 源文件 \ 第 4 章 \ 素材 \45202.jpg"，如图 4-200 所示。单击工具箱中的"钢笔工具"按钮，在画布中绘制路径，如图 4-201 所示。

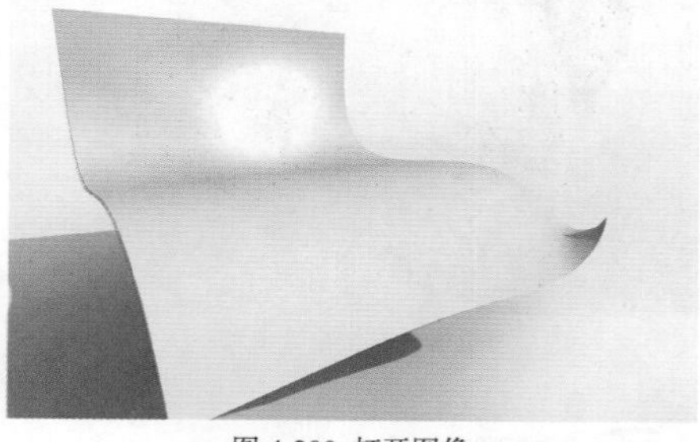

图 4-200 打开图像

图 4-201 绘制路径

03 按快捷键 Ctrl+Enter，将路径转换为选区，如图 4-202 所示。执行"编辑 > 选择性粘贴 > 贴入"命令，效果如图 4–203 所示。

图 4-202 转换为选区

图 4-203 贴入选区

04 按快捷键 Ctrl+T，调出变换框，对图像进行变换操作，如图 4–204 所示。按 Enter 键，完成对图像的变换操作，效果如图 4–205 所示。

图 4-204 调出变换框

图 4-205 变换图像效果

05 选择“画笔工具”，设置“前景色”为黑色，打开“画笔”面板，设置如图 4–206 所示。在图层蒙版中进行相应的涂抹，效果如图 4–207 所示。

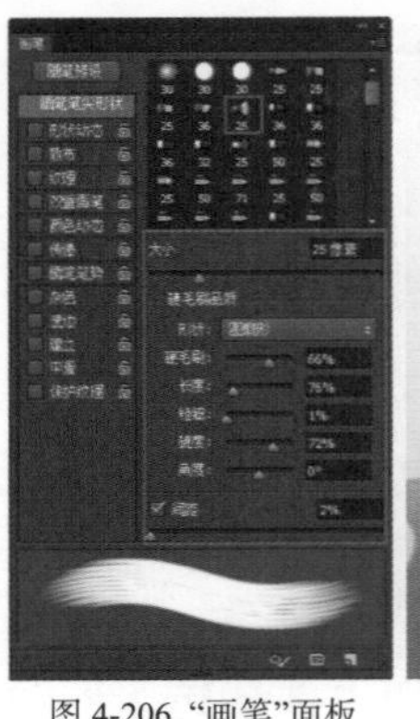

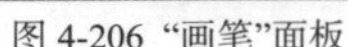

图 4-206 “画笔”面板

图 4-207 涂抹效果

06 执行“文件 > 打开”命令，打开素材图像“光盘 \ 源文件 \ 第 4 章 \ 素材 \45203.png”，将其拖曳到文档中，得到“图层 2”图层，并调整到合适的位置和大小，效果如图 4–208 所示。使用相同方法，完成相似部分内容的制作，效果如图 4–209 所示。

图 4-208 调整图像效果

图 4-209 最终图像效果

4.5.3 清除

执行“清除”命令，可以清除选区中的图像。如果当前选择图层是“背景”图层，那么当执行“清除”命令时，选区区域的内容会被“背景色”替换；如果当前选择图层不是“背景”图层，那么选区区域的内容将被删除，显示透明区域。

4.6 存储与载入选区

在 Photoshop CC 中，可以通过通道、蒙版、图层、路径等多种方法对选区进行存储以及载入操作。本节将向用户讲解这些存储与载入选区的方法。

4.6.1 “存储选区”与“载入选区”

“存储选区”命令与“载入选区”命令是最常见的存储与载入选区的方法，可以将选区保存在通道中或从通道中调出选区。

打开一张图像，在图像中创建选区，如图 4–210 所示。执行“选择 > 存储选区”命令，弹出“存储选区”对话框，如图 4–211 所示。

图 4-210 创建选区

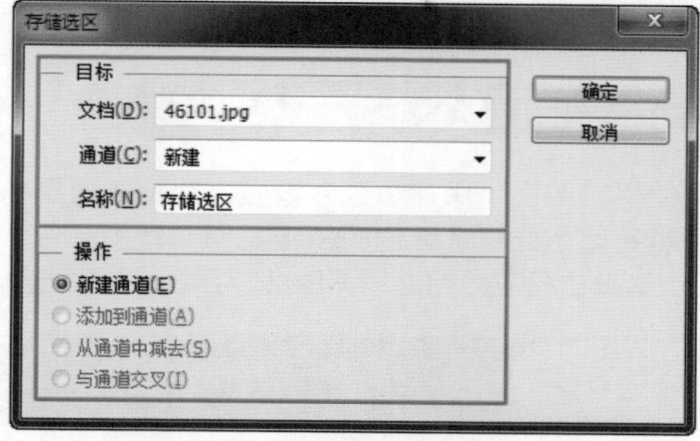

图 4-211 “存储选区”对话框

- “目标”选项区：用于指定选区保存位置，在“文档”下拉列表中可以选择保存选区的目标文件，默认保存在当前文档中，也可以选择保存在新建文档中；在通道中可以选择将当前选区保存在新建的通道中或已存在的通道中。
- “操作”选项区：如果选择将当前选区保存在已存在通道中，在操作中可以选择当前选区的保存方式，该操作方式与选区的运算方式相同。

通过“载入选区”命令载入的是已存在于“通道”面板中的 Alpha 通道，如图 4–212 所示。执行“选择 > 载入选区”命令，弹出“载入选区”对话框，如图 4–213 所示。单击“确定”按钮，即可将选择的通道以选区模式载入到文档中。

图 4-212 “通道”面板

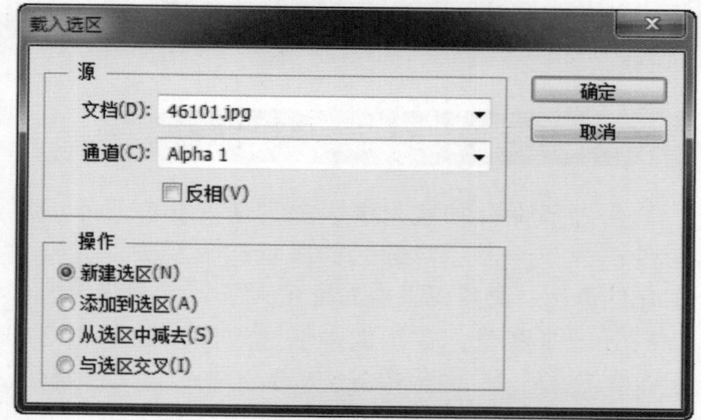

图 4-213 “载入选区”对话框

4.6.2 使用通道保存和载入选区

使用通道保存和载入选区就是通过“通道”面板直接将选区保存与载入的一种方法。通道保存选区具有一个好处，那就是不会对选区的质量产生破坏。如果对选区的质量要求很高的话，可以使用该方法保存选区。

打开一张图像，在图像中创建选区，如图 4–214 所示。单击“通道”面板中的“将选区存储为通道”按钮，在“通道”面板中生成一个 Alpha 通道，如图 4–215 所示。此时选区内侧区域以白色显示，外侧区域则以黑色显示。

图 4-214 创建选区

图 4-215 “通道”面板

在“通道”面板中载入选区的方法十分简单，只需要按住 Ctrl 键单击载入选区的通道或单击“通道”面板中的“将通道作为选区载入”按钮，即可将选区载入。

4.6.3 使用路径保存和载入选区

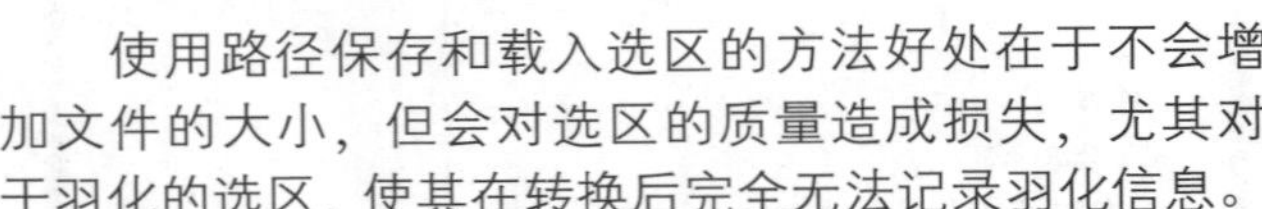

使用路径保存和载入选区的方法好处在于不会增加文件的大小，但会对选区的质量造成损失，尤其对于羽化的选区，使其在转换后完全无法记录羽化信息。

打开一张图像，在图像中创建选区，如图 4–216 所示。单击“路径”面板中的“从选区中生成工作路径”按钮，在“路径”面板中生成一个工作路径，如图 4–217 所示。路径在图像中的显示效果如图 4–218 所示。

图 4-216 创建选区

图 4-217 “路径”面板

图 4-218 路径效果

如果要将路径转换为选区，可以在选中路径的状态下，按快捷键 Ctrl+Enter 或单击“路径”面板中的“将路径作为选区载入”按钮即可。

4.6.4 使用图层保存和载入选区

使用“图层”保存和载入选区，就是在图层中为选区填充颜色或将选区内的图像复制到新图层中。按住 Ctrl 键单击相应的图层缩览图，即可载入需要的选区。

4.7 本章小结

本章详细介绍了选区的创建、编辑的方法，而且还介绍了多种存储以及载入选区的方法。通过本章的学习，用户除了可以理解选区的基本概念以外，还可以对选区的操作方法有所了解，并掌握选区在设计中的应用方法和一些技巧。

第5章 颜色的控制与应用

在日常生活中，颜色无处不在，它时时刻刻影响着人们的生活。在 Photoshop CC 中颜色更是处理图像的基石，颜色模式的运用是很重要的，只有把形状和颜色结合在一起，才能构成优秀的作品。颜色是图像中最本质的信息，所以在绘图之前要选择适当的颜色，才能制作出非常丰富的图像效果。

5.1 颜色的基本概念

颜色就好像空气一样无处不在，人们在生活中离不开颜色。颜色是一种视觉效应，是图像绘制的基础，只有好的色彩搭配才是好作品的基础。所以掌握颜色使用的原理和操作是非常重要的。

5.1.1 色彩属性

色彩的属性决定了其使用范围，通过调整色彩的属性，可以反映冷暖、心情好坏等。因此，在设计中色彩占据了重要地位，合理使用色彩能够提高图像的整体欣赏档次。下面对色彩的属性进行简单介绍。

1. 色相

色相就是指从物体反射的或通过物体传播的颜色。简单地说，色相就是色彩颜色，对色相的调整也就是在多种颜色之间的变化。通常在使用中，色相是由颜色名称标识的，如红、橙、黄都是一种色相。如图 5-1 所示为不同色相的同一图像。

图 5-1 改变色相

2. 饱和度

饱和度也称为彩度，是指颜色的强度或纯度。调整饱和度也就是调整图像的彩度，将一个彩色图像的饱和度降低为 0 时，就会变成一个灰色的图像；增强饱和度时就会增加其彩度。例如，调整显示器颜色的饱和度。

3. 亮度

亮度是指在各种图像色彩模式下，图形原色的明暗度。亮度的调整就是明暗度的调整，亮度的范围是从 0~255，共包括 256 种色调。例如灰度模式，就是将白色到黑色之间连续划分为 256 种色调，即由白到灰，再由灰到黑。同理，在 RGB 模式中则代表各种原色的明暗度，即红、绿、蓝三原色的明暗度。例如，将蓝色加深就成为深蓝色。

4. 对比度

对比度是指不同颜色之间的差异。对比度越大，两种颜色之间的反差就越大；反之，对比度越小，两种颜色之间的反差也就越小，颜色就越相近。例如，将一幅灰度的图像增加对比度后，会变得黑白更鲜明。当对比度增加到极限时，则图像将会变成一幅黑白两色的图像。反之，将对比度减到极限时，灰度图像就会看不出图像效果，只是一幅灰色的图像。如图 5–2 所示为调整图像对比度前后的不同效果。

图 5-2 调整对比度前后的不同效果

5.1.2 色彩模式

Photoshop 的颜色模式以建立好的描述和重现色彩的模式为基础。它决定了用来显示和打印 Photoshop 文件的色彩模式。常见的颜色模式有 HSB、RGB、CMYK 以及 Lab。Photoshop 还包括为特别颜色输出的模式，如索引颜色和双色调。本节中将对不同色彩模式进行讲解。

1. 灰度模式

在灰度模式下，图像可以表现出丰富的色调，表现出自然界物体的生活形态和景观。但它始终是一幅黑白的图像，就像通常看到的黑白照片一样。灰度模式在图像中使用不同的灰度级，在 8 位图像中，最多有 256 级灰度。灰度图像中的每个像素都有一个 0（黑色）到 255（白色）之间的亮度值。在 16 位和 32 位图像中，图像中的级数比 8 位图像要大得多。如图 5–3 所示为 RGB 模式下的灰度图像效果。

图 5-3 RGB 模式下的灰度图像效果

2. 位图模式

位图模式使用两种颜色值（黑色或白色）之一表示图像中的像素。位图模式下的图像被称为位映像 1 位图像，因为其位深度为 1。因此，在该模式下不能制作出色调丰富的图像，只能制作一个黑白两色的图像。

3. 双色调模式

双色调模式通过 1~4 种自定油墨创建单色调、双色调（2 种颜色）、三色调（3 种颜色）和四色调（4 种颜色）的灰度图像。将图像转换为双色调模式前需要将图像转换为灰度模式。如图 5–4 所示为双色调模式的图像效果。

双色调

三色调

图 5-4 双色调模式的图像

提示

需要生成完全饱和的颜色，请按降序指定油墨。颜色最深的位于顶部，颜色最浅的位于底部。

4. 索引颜色模式

索引颜色模式是专业的网络图像颜色模式。在索引颜色模式下，图像可生成最多 256 种颜色的 8 位图像文件。当转换为索引颜色时，Photoshop 将构建一个颜色查找表 (CLUT)，用以存放并索引图像中的颜色。

如果原图像中的某种颜色没有出现在该表中，则程序将选取最接近的一种，或使用仿色以现有颜色来模拟该颜色。尽管其调色板很有限，但索引颜色能够在保持多媒体演示文稿、Web 页等所需的视觉质量的同时，减少文件的大小。

提示

在索引颜色模式下只能进行有限的编辑。要进一步进行编辑，应临时转换为 RGB 模式。索引颜色文件可以存储为 Photoshop、BMP、DICOM（医学数字成像和通信）、GIF、Photoshop EPS、大型文档格式（PSB）、PCX、Photoshop PDF、Photoshop Raw、Photoshop 2.0、PICT、PNG、Targa 或 TIFF 格式。

5. RGB 颜色模式

RGB 颜色模式是 Photoshop 中最为常用的一种颜色模式。不管是扫描输入的图像，还是绘制的图像，几乎都是以 RGB 的模式储存的。这是因为在 RGB 模式下处理图像较为方便，而且 RGB 图像比其他图像模式的文件大小要小很多，可以节省内存和存储空间。在 RGB 模式下，用户还能够方便使用 Photoshop 中所有的命令和滤镜。如图 5-5 所示为 RGB 颜色模式下的图像效果。

图 5-5 RGB 颜色模式下的图像效果

6. CMYK 颜色模式

CMYK 颜色模式是一种印刷模式。它由分色印刷的 4 种颜色组成，在本质上与 RGB 模式没什么区别，但它们产生色彩的方式不同，RGB 模式产生色彩的方式称为加色法，而 CMYK 模式产生色彩的方式称为减色法。

理论上将 CMYK 模式中的三原色，即青色、洋红色和黄色混合在一起即可生成黑色。但实际上等量的 C、M、Y、K 三原色混合并不能产生完美的黑色和灰色。因此，只有再加上一种黑色后，才会产生图像中的黑色和灰色。为了与 RGB 模式中的蓝色相区别，黑色就以 K 字母表示，这样就产生了 CMYK 颜色模式。在 CMYK 颜色模式下的图像是四信道图像，每一个像素由 32 位的数据表示。

在处理图像时，一般不采用 CMYK 颜色模式，因为这种模式的文件较大，会占用更多的磁盘空间和内存。此外，在这种模式下，有很多滤镜都不能使用，所以编辑图像时很不方便。因而通常都是在印刷时才转换成 CMYK 颜色模式。如图 5-6 所示为 CMYK 颜色模式下的图像效果。

图 5-6 CMYK 颜色模式下的图像效果

7. Lab 颜色模式

Lab 颜色模式是基于人对颜色的感觉，是由 3 种分量来表示颜色。此模式下的图像由三信道组成，每像素有 24 位的分辨率。通常情况下不会用到此模式，但使用 Photoshop 编辑图像时，事实上就已经使用了这种模式，因为 Lab 颜色模式是 Photoshop 内部的颜色模式。因此，Lab 颜色模式是目前所有模式中包含色彩范围最广的模式，它能毫无偏差地在不同系统和平台之间进行转换。如图 5-7 所示为 Lab 颜色模式下的图像效果。

图 5-7 Lab 颜色模式下的图像效果

提示

要将 RGB 颜色模式的图像转换成 CMYK 颜色模式的图像，Photoshop 会先将 RGB 颜色模式转换成 Lab 颜色模式，然后将 Lab 颜色模式转换成 CMYK 颜色模式，只不过这一操作是在内部进行而已。

5.2 图像色彩模式的转换

图像的色彩模式可以随意地进行转换，但是由于不同的颜色模式所包含的色彩范围不同，以及它们的特性存在差异，因而在转换时或多或少会产生一些数据的丢失。此外，颜色模式与输出的信息也息息相关，因此在进行对模式的转换时，就应该考虑到这些问题，尽量做到按照需求，适当谨慎地处理图像的颜色模式，避免产生不必要的损失，以获得高效率、高质量的图像。

在选择使用颜色模式时，通常要考虑以下 4 个方面的问题。

1. 图像输出 / 输入方式

输出方式就是图像以什么方式输出。若用来印刷输出，则必须使用 CMYK 颜色模式存储图像；若是在荧光屏上显示，则以 RGB 或索引颜色模式输出较多。输入方式是指在扫描输入图像时以什么模式存储。通常使用的是 RGB 颜色模式，因为该模式有较广阔的颜色范围和可操作空间。

2. 编辑功能

在选择模式时，需要考虑到在 Photoshop 中能够使用的功能。例如 CMYK 颜色模式的图像不能使用某些滤镜；位图模式下不能使用自由旋转、图层功能等。因此，在编辑时可以选择 RGB 颜色模式来操作，完成编辑后再转换为其他模式进行保存。这是因为 RGB 颜色模式的图像可以使用所有滤镜和 Photoshop 的所有功能。

3. 颜色范围

不同模式下的颜色范围是不同的，所以编辑时可以选择颜色范围较广的 RGB 颜色模式和 Lab 颜色模式，以获得最佳的图像效果。

4. 文件占用的内存和磁盘空间

不同模式保存的文件大小是不一样的。索引颜色模式的文件大小大约是 RGB 颜色模式文件的 1/3，而 CMYK 颜色模式的文件又比 RGB 颜色模式的文件大得多。文件越大处理图像时占用内存就越多。因此为了提高工作效率和操作需要，可以选择文件较小的模式，但同时还应考虑到上述 3 个方面。比较而言，RGB 颜色模式是最佳选择。

5.2.1 RGB 和 CMYK 颜色模式的转换

打开素材图像“光盘\源文件\第 5 章\素材\52101.jpg”，如图 5-8 所示。执行“图像 > 模式”命令，在子菜单中可以看到该图像的色彩模式为 RGB 颜色模式，如图 5-9 所示。

图 5-8 打开图像

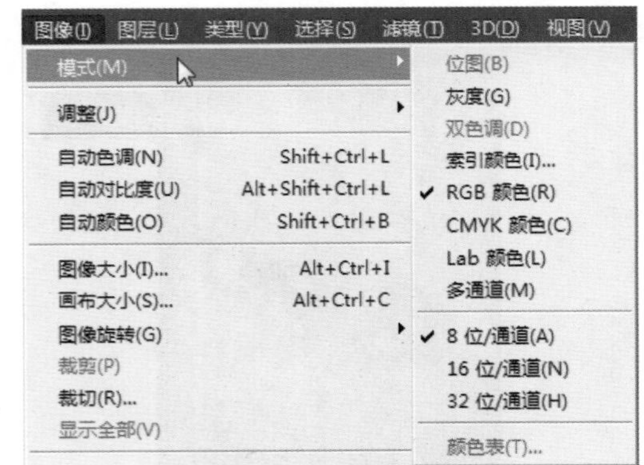

图 5-9 “模式”子菜单

在“模式”子菜单中选择 CMYK 颜色模式，如图 5-10 所示。即可将图像颜色模式更换为 CMYK 颜色模式，效果如图 5-11 所示。

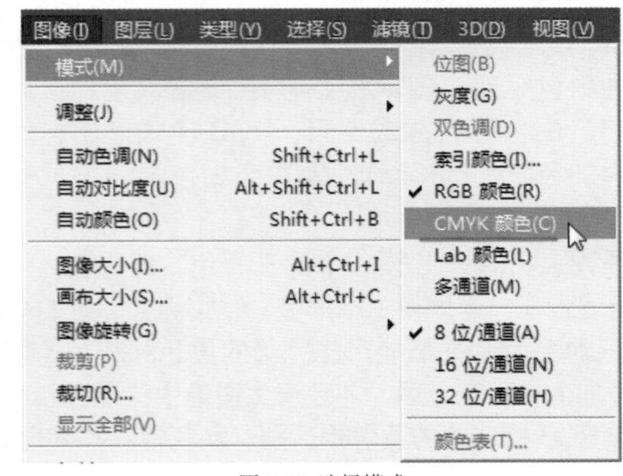

图 5-10 选择模式

图 5-11 CMYK 颜色模式的图像效果

5.2.2 位图模式和灰度模式之间的转换

打开灰度图像“光盘\源文件\第5章\素材\52201.jpg”，如图5-12所示。执行“图像>模式>位图”命令，弹出“位图”对话框，如图5-13所示。在该对话框中可对位图模式相关参数进行设置。

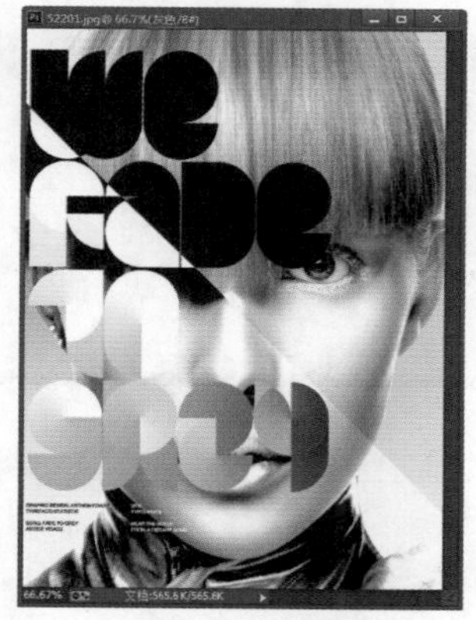

图 5-12 打开图像

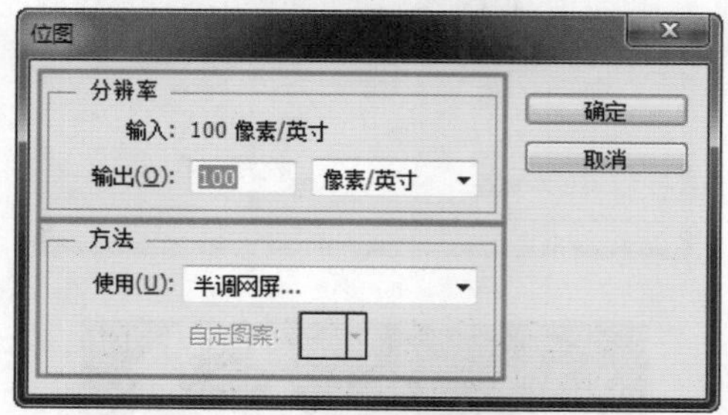

图 5-13 “位图”对话框

- “分辨率”选项区：此区域用于设定图像的分辨率。“输入”选项显示的数字是原图的分辨率，而在“输出”文本框中设定的是转换后的图像分辨率。当设定值大于原图的分辨率时，图像会变小；当设定值小于原图的分辨率时，图像会变大。
- “方法”选项区：该区域用来设定转换为位图模式的方式，包括以下 5 种方式。

- 50% 阈值：将灰度值大于 128 的像素变成白色，灰度值小于 128 的像素变成黑色，即将较暗的色调转为黑色，较亮的色调转为白色，结果是一个高对比度的黑白图，如图 5–14 所示。
- 图案仿色：通过将灰度级组织到黑白网点的几何配置，来转换图像，如图 5–15 所示。

图 5-14 50% 阈值效果

图 5-15 图案仿色效果

- 扩散仿色：通过使用从图像左上角像素开始的误差扩散过程，来转换图像。如果像素值高于中灰色阶 128 像素变为白色；如果低于中灰色阶的话，变为黑色。由于原来的像素几乎不是纯白或纯黑，就不可避免产生误差。这种误差传递给周围像素并在整个图像中扩散，从而形成颗粒状、胶片似的纹理。此选项对在屏幕上黑白显示图像非常有用，如图 5–16 所示。

图 5-16 扩散仿色效果

- 半调网屏：选择此选项转换时，Photoshop 会弹出“半调网屏”对话框，如图 5–17 所示。其中“频率”文本框用于设置每英寸或每厘米含多少条网屏线；“角度”文本框用于决定网屏的方向；“形状”下拉列表框用于选取网点形状，有 6 种形状可供选择，即圆形、菱形、椭圆、直线、方形和十字形。应用半调网屏效果如图 5–18 所示。

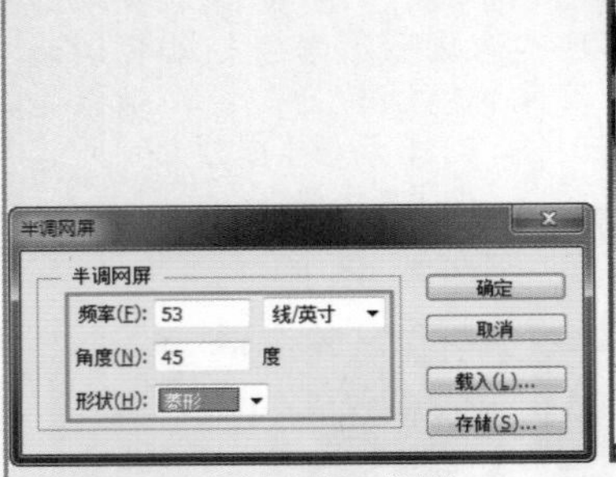

图 5-17 “半调网屏”对话框　　图 5-18 半调网屏效果

自定图案：通过自定义半调网屏，模拟打印灰度图像的效果。这种方式允许将挂网纹理应用于图像，可以在“自定图案”下拉列表中选择一种图案，如图 5-19 所示。单击“确定”按钮，可以看到转换为位图模式后的效果，如图 5-20 所示。

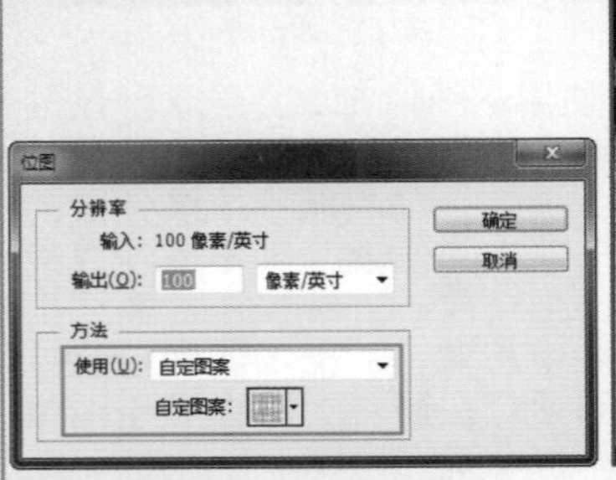

图 5-19 选择自定图案　　图 5-20 自定图案效果

提示

在 Photoshop CC 中，只有灰度模式的图像才能转换为位图模式，所以彩色模式在转换为位图模式时，必须先转换成灰度模式。

动手实践——制作彩色报纸图像效果

源文件：光盘 \ 源文件 \ 第 5 章 \5-2-2.psd

视频：光盘 \ 视频 \ 第 5 章 \5-2-2.swf

01 打开素材图像“光盘 \ 源文件 \ 第 5 章 \ 素材 \52202.jpg”，如图 5-21 所示。执行“图像 > 模式 > 灰度”命令，弹出“信息”对话框，如图 5-22 所示。

图 5-21 打开图像

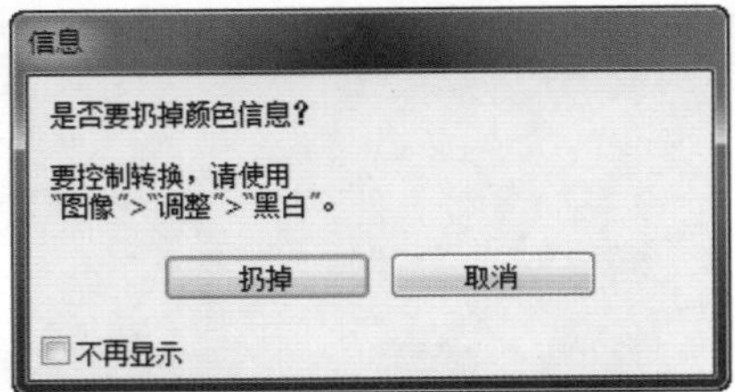

图 5-22 “信息”对话框

02 单击“扔掉”按钮，将图像转换为灰度模式，效果如图 5-23 所示。执行“图像 > 模式 > 位图”命令，弹出“位图”对话框，设置如图 5-24 所示。

图 5-23 灰度图像

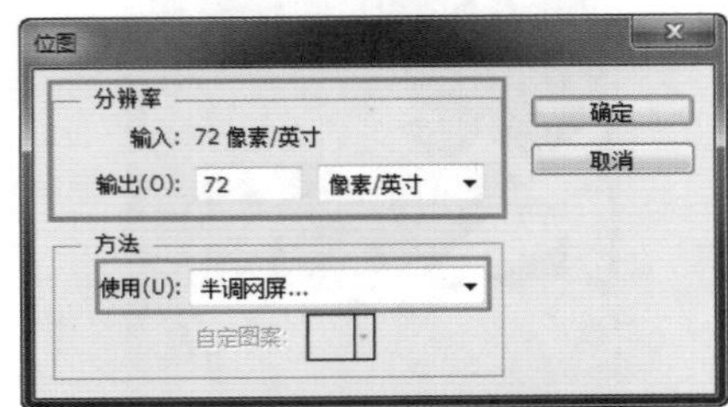

图 5-24 “信息”对话框

03 单击“确定”按钮，弹出“半调网屏”对话框，设置如图 5-25 所示。单击“确定”按钮，完成“半调网屏”对话框的设置，效果如图 5-26 所示。

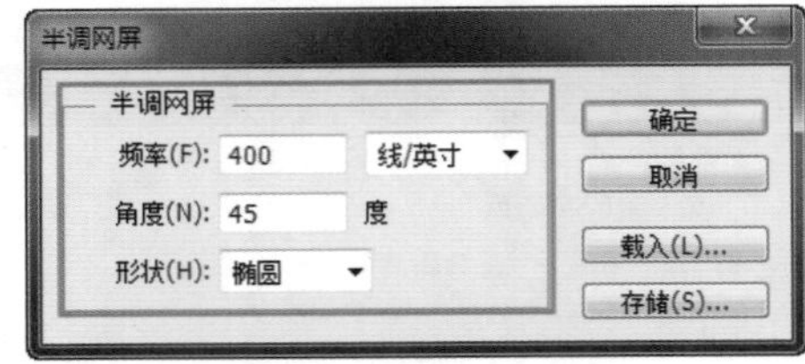

图 5-25 “半调网屏”对话框

图 5-26 图像效果

04 按快捷键 Ctrl+A 进行全选，按快捷键 Ctrl+C 进行复制。执行“窗口 > 历史记录”命令，打开“历史记录”面板，选择“打开”选项，返回打开图像状态，如图 5-27 所示。打开“图层”面板，单击“创建新图层”按钮，新建“图层 1”图层，如图 5-28 所示。

图 5-27 “历史记录”面板

图 5-28 “图层”面板

05 按快捷键 Ctrl+V 粘贴拷贝图像，设置“图层 1”图层的“混合模式”为“强光”，如图 5-29 所示。最终得到图像效果，如图 5-30 所示。

图 5-29 “图层”面板

图 5-30 最终图像效果

5.2.3 灰度模式转换为双色调模式

双色调模式不是一个单独的颜色模式，它包括 4 种不同的颜色模式，即单色调、双色调、三色调和四色调。将图像转换为双色调模式前需要将图像转换为灰度模式。下面对转换为双色调模式进行讲解。

动手实践——打造图像朦胧效果

源文件：光盘 \ 源文件 \ 第 5 章 \5-2-3.psd

视频：光盘 \ 视频 \ 第 5 章 \5-2-3.swf

01 打开素材图像“光盘 \ 源文件 \ 第 5 章 \ 素材 \52301.jpg”，如图 5-31 所示。执行“图像 > 模式 > 灰度”命令，将图像转换为灰度模式，效果如图 5-32 所示。

图 5-31 打开图像

图 5-32 灰度图像效果

02 执行“图像 > 模式 > 双色调”命令，弹出“双色调”对话框，对于“类型”选项，可选择“单色调”、“双色调”、“三色调”和“四色调”，如图 5-33 所示。单击颜色矩形框，弹出“选择油墨颜色”对话框，单击“确定”按钮，返回“双色调选项”，如图 5-34 所示。

图 5-33 双色调类型

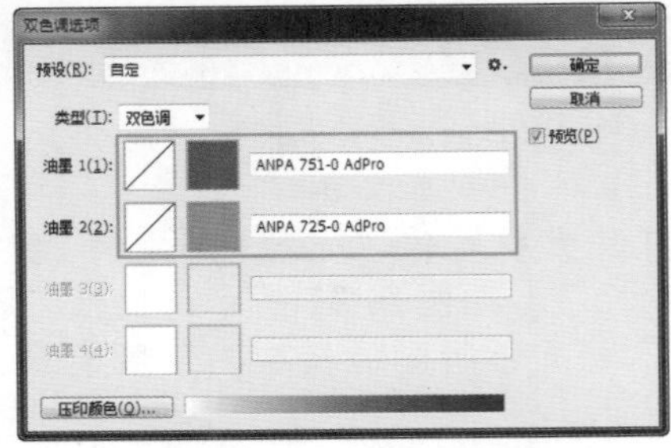

图 5-34 “双色调选项”对话框

03 单击“确定”按钮，完成“双色调选项”对话框的设置，效果如图 5-35 所示。按快捷键 Ctrl+J，通过拷贝复制图像，得到“图层 1”图层，“图层”面板如图 5-36 所示。

图 5-35 双色调效果

图 5-36 “图层”面板

04 执行“滤镜 > 模糊 > 高斯模糊”命令，弹出“高斯模糊”对话框，设置如图 5-37 所示。单击“确定”按钮，完成“高斯模糊”对话框的设置，将“图层 1”图层的“混合模式”设置为“滤色”，效果如图 5-38 所示。

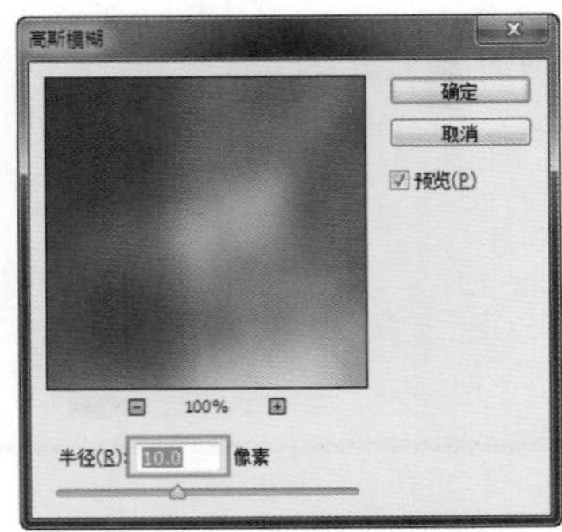

图 5-37 “高斯模糊”对话框

图 5-38 图像效果

5.2.4 索引颜色模式转换

打开素材图像“光盘\源文件\第 5 章\素材\52401.jpg”，如图 5-39 所示。执行“图像 > 模式 > 索引颜色”命令，弹出“索引颜色”对话框，在该对话框中可以设置索引颜色的相关选项，如图 5-40 所示。单击“确定”按钮，即可按照设置的参数将图像转换为索引颜色模式图像。

图 5-39 打开图像

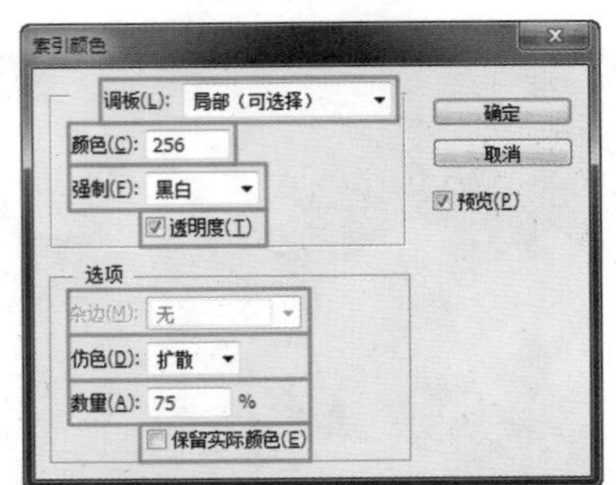

图 5-40 “索引颜色”对话框

- 调板：用于选择转换图像的颜色表，也就是转换为索引颜色后的图像颜色表将按照此处选择的方式来建立。其下拉列表中包括“调板”选项中可对“实际”、“系统（Mac Os）”、“系统（Windows）”、Web、“平均”、“局部（可感知）”、“局部（可选择）”、“局部（随样性）”、“全部（可感知）”、“全部（可选择）”、“全部（随样性）”、“自定”和“上一个参数”进行设置。

- 颜色：用于设定颜色数目的多少。只有在“调板”下拉列表中选择了“平均”、“局部（可感知）”、

"局部（可选择）"和"局部（随样性）"调色板后，才能在此选项中自由设定色彩数目，其值为 2~256 像素的整数。

- 强制：在其下拉列表中提供将某些颜色强制包括在颜色表中的选项，下面对其选项进行介绍。
  - 黑白：该选项将在颜色表中增加纯黑和纯白的颜色。
  - 三原色：该选项将在颜色表中增加红、绿、蓝、青、洋红、黄、黑和白。
  - Web：该选项将在颜色表中增加 216 种 Web 安全色。
  - 自定：该选项将让用户自行定义要增加的颜色。
- 透明度：选中此选项，可以在转换时保护透明区域；若取消选中，则会填入在"杂边"列表框中指定的颜色，如果"杂边"列表框不能选取，则填入白色。
- 杂边：在其下拉列表中可以选择一种颜色，用于填充透明区域或透明区域边缘。
- 仿色：可用于颜色像素混合来模拟丢失的颜色，在其下拉列表中包括 4 种仿色方式。
  - 无：选中此选项后，Photoshop 会采取无仿色，而只是把颜色表中与图像所要求的最接近的颜色加到图像中，这样会造成图像色彩的分离效果。
  - 扩散：Photoshop 采用误差扩散方式来模拟缺少的颜色，产生结构较松散的颜色。
  - 图案：使用类似半色调的几何图案，规则的加入近似色彩来模拟颜色表中没有的颜色。该选项只有在选中"系统（Mac Os）"、Web 和"平均"调色板时可用。
  - 杂色：如果想将图像分割后应用于网页，则选择该选项可以说明减少分割图像接缝处的锐利度，即可以使拼接处更加平滑。
- 数量：当选择仿色为扩散方式时，在此可指定扩散数量。
- 保留实际颜色：选中此选项，可以防止所选调色板中已有的颜色被仿色。该复选框只有在"仿色"下拉列表中选择为"扩散"时才有效。

5.2.5 Lab 模式转换

打开素材图像"光盘\源文件\第 5 章\素材\52501.jpg"，如图 5–41 所示。执行"图像 > 模式 >Lab 颜色"命令，即可将图像颜色模式转换为 Lab 颜色模式，如图 5–42 所示。

图 5-41 打开图像

图 5-42 Lab 颜色模式的图像效果

提示

Lab 颜色模式的明度分量 (L) 范围是 0~100。在 Adobe "拾色器"和"颜色"面板中，a 分量（绿色 – 红色轴）和 b 分量（蓝色 – 黄色轴）的范围是 +127~–128。

5.2.6 16 位 / 通道转换 

不同颜色模式的信道级别也不同，RGB 颜色模式图像由 3 个信道组成，分别为 R、G、B，因此加在一起能够表现出 24 位（8位 ×3）的位深；灰度图像表现出 8 位（8位 ×1）的位深；CMYK 的图像则能表现出 32 位（8位 ×4）的位深。

要转换 16 位 / 通道模式，可以执行"图像 > 模式 >16 位 / 通道"命令，即可将图像转换为 16 位 / 通道。在 16 位 / 通道图像中，Photoshop 只支持某些工具，如选框、套索、裁切、度量、缩放、抓手、钢笔、吸管、颜色取样器、修补和橡皮图章工具，同样也只支持某些命令。如羽化、修改、色调、自动色调、曲线、直方图、色相 / 饱和度、色彩平衡、色调均化、反相、信道混合器、图像大小、变换选取范围和旋转画布等。因此，为了方便操作，最好转换到 8 位 / 信道模式下工作，完成后再转换为 16 位 / 通道模式。

提示

由于在 16 位 / 通道图像中，对某些工具与命令不支持，会给操作带来不必要的麻烦。因此，一般情况下使用 8 位 / 通道模式的图像。

5.3 选择颜色

颜色的选择是设计中的关键，选择好的颜色搭配能够在众多设计作品中脱颖而出。在 Photoshop CC 中提供了各种绘图工具，这就不可避免地要对颜色进行选择设置。本节中将对颜色的选择进行讲解。

5.3.1 了解前景色和背景色

前景色和背景色在 Photoshop CC 中有多种定义方法。在预设情况下，前景色和背景色分别为黑色和白色，如图 5-43 所示。前景色决定了使用绘画工具绘制图像及使用文字工具创建文字时的颜色；背景色则决定了背景图像区域为透明时所显示的颜色，以及增加画布的颜色。

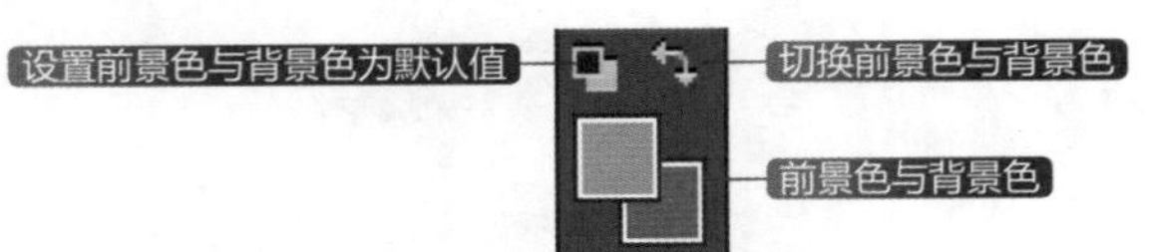

图 5-43 工具箱中的前景色与背景色图标

- 设置前景色与背景色为默认值：单击默认前景色和背景色图标，或按 D 键，可以将前景色和背景色恢复为默认的颜色。
- 切换前景色与背景色：单击切换前景色和背景色图标，或按 × 键，可以切换前景色与背景色的颜色。
- 前景色与背景色：单击前景色或背景色图标，会弹出“拾色器”对话框，在该对话框中可以设置它们的颜色，也可以在“颜色”面板和“色板”面板中设置颜色，或者使用“吸管工具”拾取图像中的颜色作为前景色或背景色。

5.3.2 使用“拾色器”对话框

拾色器是定义颜色的对话框，可以单击需要的颜色进行设置，也可以使用颜色值，准确设置颜色。在工具箱中单击“前景色”或“背景色”图标，可弹出“拾色器”对话框，如图 5-44 所示。

图 5-44 “拾色器”对话框

- 颜色滑块：可用鼠标左键单击并拖曳滑块，以调整颜色范围。
- 只有 Web 颜色：选中该选项后，此时选取的任何颜色都是 216 种适用于 Web 安全颜色，色域将以网页上可安全显示的颜色进行表示，如图 5-45 所示。

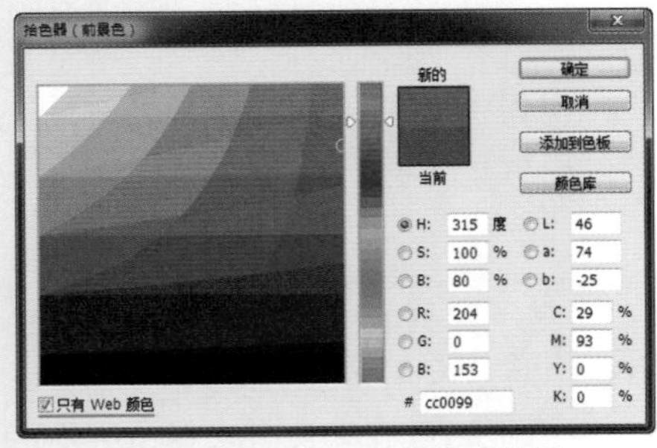

图 5-45 选中“只有 Web 颜色”复选框

- 溢色警告：如果当前选择的颜色是不可打印的颜色，则会出现该警告标志。在 Photoshop CC 中，由于 HSB、RGB、Lab 颜色模式中的一些颜色在 CMYK 颜色模式中没有等同的颜色，因此无法打印出来。
- 添加到色板：单击该按钮，可以将当前所设置的颜色添加到“色板”面板中，在下一次使用该颜色时，直接在“色板”面板中选取即可。
- 不是 Web 安全色：出现该图标，表示当前颜色不能在网上正确显示。单击图标下面的小色块，可将颜色替换为最接近的 Web 安全颜色。
- 颜色库：单击该按钮，可以切换到“颜色库”对话框，如图 5-46 所示。在后面的小节中将对其进行详细讲解。在该对话框中选择颜色，应当先打开“色库”下拉列表，选择一种色彩型号和厂牌，如图 5-47 所示。然后用鼠标拖曳滑杆上的小三角滑块来指定所需颜色的大致范围，接着在对话框左边选定所需要的颜色，最后单击“确定”按钮。

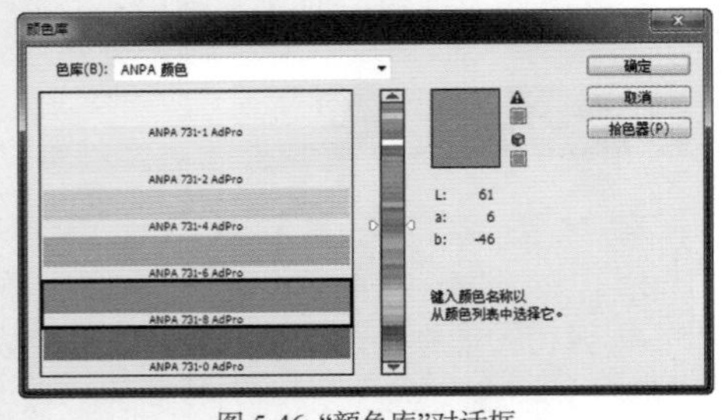

图 5-46 “颜色库”对话框

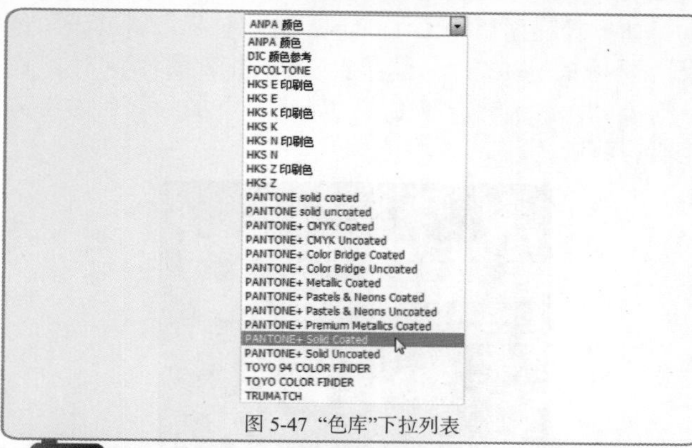

图 5-47 "色库"下拉列表

提示

在除双色调以外的每个图像模式中，Photoshop CC 将自定颜色打印成 CMYK（或印刷色）印版。要打印实际专色印版，需创建专色通道。

5.3.3 使用"吸管工具"选取颜色

"吸管工具"可以吸取指定位置图像的"像素"颜色。当需要一种颜色时，如果要求不是很高，就可以用"吸管工具"来选取。

打开素材图像"光盘\源文件\第 5 章\素材\53401.jpg"，如图 5–48 所示。单击工具箱中的"吸管工具"按钮，在选项栏上可以对相关选项进行设置，如图 5–49 所示。

图 5-48 打开图像

图 5-49 选项栏

- 取样大小：用来设置吸管颜色的范围，在其下拉列表中有 7 种取样方式，如图 5–50 所示。在预设状态下，选取的是"取样点"，是单个像素的颜色。当选择"取样大小"选项后，其他选项会按照弹出菜单的数值且保证是区域代表性颜色的取样，而不是单个屏幕像素值。

图 5-50 不同取样方式

- 样本：可选择"当前图层"和"所有图层"两个选项。选择"当前图层"表示只在当前图层上进行取样；选择"所有图层"表示在所有图像上进行取样。

- 显示取样环：可在当前前景色中预览取样颜色的圆环来圈住吸管工具，圆环上半圆显示当前颜色预览，下半圆显示上一次颜色预览，如图 5–51 所示。要选择新的前景色，只需在图像中单击或按住鼠标拖动即可。要选择新的背景色，只需按住 Alt 键单击或按住鼠标拖动即可。

图 5-51 不同的取样方式

技巧

在使用任意绘画工具选取颜色时，可按住 Alt 键暂时应用吸管工具进行颜色的选取。

5.3.4 使用"颜色"面板

使用"颜色"面板选择颜色，如同在"拾色器"对话框中选色一样轻松，并且可以选择不同的颜色模式进行选色。

执行"窗口 > 颜色"命令，打开"颜色"面板，在预设情况下，"颜色"面板提供的是 HSB 颜色模式的滑块，如图 5–52 所示。如果想使用其他模式的滑块进行选色，可以单击面板右上角的倒三角按钮，在其下拉菜单中选择其他不同的颜色模式，如图 5–53 所示。

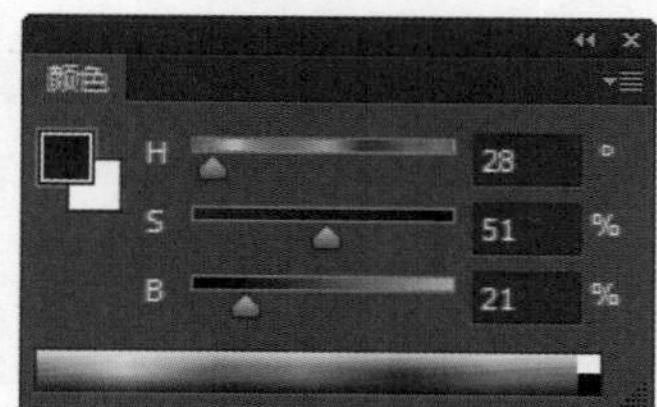

图 5-52 "颜色"面板

图 5-53 面板菜单

在“颜色”面板底部有一个颜色条，用来显示某种颜色模式的色谱，默认设置为 RGB 颜色模式的色谱。使用颜色条也能选择颜色，将鼠标指针移至颜色条内时会变成吸管形状，单击即可选定颜色。单击“颜色”面板右上角的倒三角按钮，在弹出的下拉菜单中可以选择不同的色谱，如图 5–54 所示。

图 5-54 色谱列表

技巧

在色谱颜色条上选择颜色时，先按住 Alt 键，单击光谱颜色条，接着在“颜色”面板中选中背景色按钮，然后再次按住 Alt 键单击色谱颜色条，可打开“拾色器”对话框。按住 Shift 键单击色谱颜色条可以快速切换色谱显示模式。

5.3.5 使用“色板”面板

“色板”面板不同于其他选取颜色方法，面板中的颜色都是预设好的，可以直接选取使用。执行“窗口 > 色板”命令，可打开“色板”面板，如图 5–55 所示。移动鼠标指针至面板的色板方格中，此时指针变成吸管形状，单击即可选定当前指定的颜色。

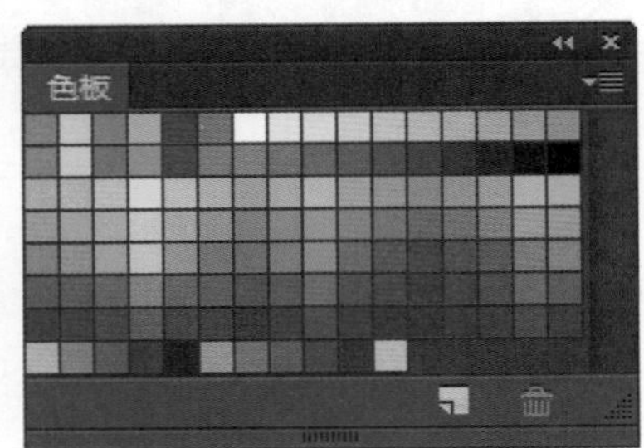

图 5-55 “色板”面板

还可以在“色板”面板中加入一些常用的颜色。或将一些不常用的颜色删除，以及保存和安装色板。

如果要在面板中添加颜色，可将鼠标指针移至“色板”面板的空白处。当指针变成油漆桶形状时，如图 5–56 所示，单击即可添加颜色，添加的颜色为当前选取的前景色。

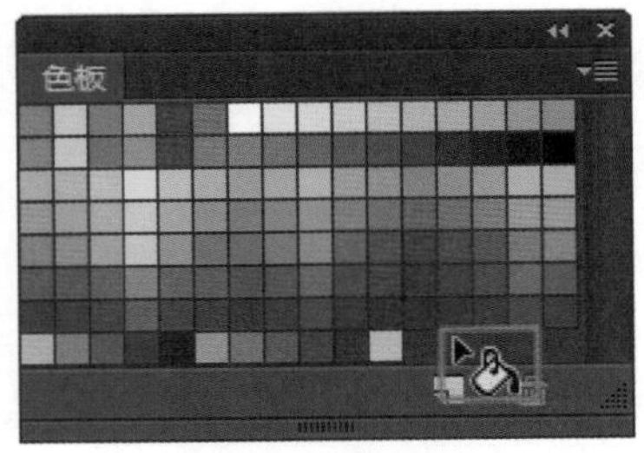

图 5-56 添加色板

如果要在面板中删除色板，选中要删除的色板单击鼠标左键不放，将色板拖到“删除色板”按钮上即可删除色板，如图 5–57 所示。

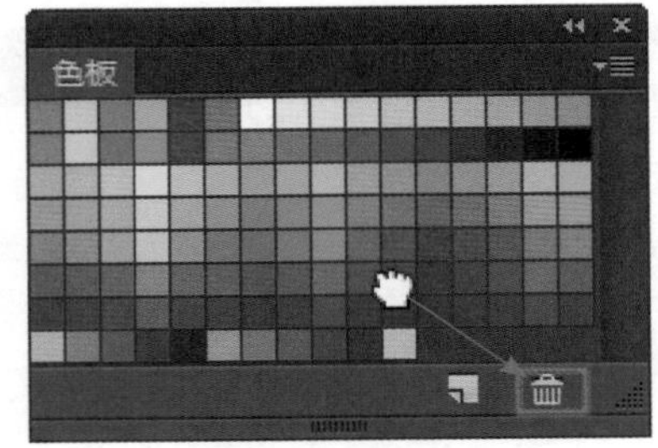

图 5-57 删除色板

如果按住 Alt 键，单击色板方格，则可以快速删除色板。

经过多次增减，替换色板后，“色板”面板将失去本来面目。如果用户想要恢复“色板”面板为 Photoshop 默认的设置，可在打开的“色板”面板菜单中选择“复位色板”命令，在打开的系统提示对话框中，单击“确定”按钮，即可恢复到默认“色板”。

提示

Photoshop CC 提供了多种预设的色板集，可方便选取颜色。在“色板”面板菜单底部选择一种色板集，则在面板中就会显示出该色板集中的所有色板。如果在系统提示框中单击“追加”按钮，可以在现有的色板基础上增加色板。

5.4 填充与描边操作

对于颜色的填充有多种方式，可以执行命令或使用快捷键填充颜色，还可以使用工具箱中的填充工具进行颜色的填充。填充是指在图像或选区中填充颜色，描边则是指为选区描出可见的边缘。本节将向用户介绍 Photoshop CC 中填充和描边的操作。

5.4.1 使用“油漆桶工具”

使用“油漆桶工具”可以在选区、路径和图层内的区域填充指定的颜色和图案。单击工具箱中的“油漆桶工具”按钮，这时可在选项栏上对“油漆桶工具”的相关参数进行设置，如图 5–58 所示。

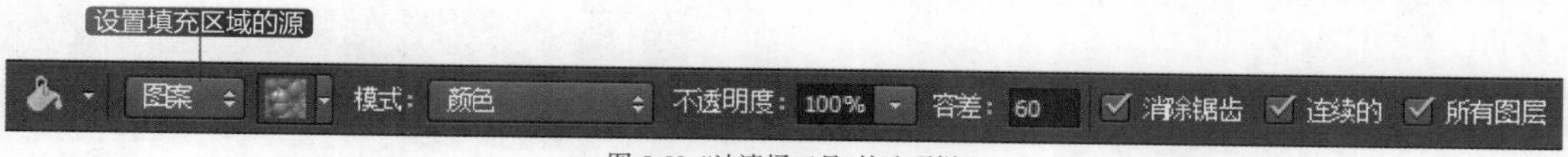

设置填充区域的源

图案　模式：颜色　不透明度：100%　容差：60　消除锯齿　连续的　所有图层

图 5-58 “油漆桶工具”的选项栏

- 设置填充区域的源：在该下拉列表中可以选择填充“前景色”或“图案”。选择“图案”选项后，其右侧的图案列表则可使用。
- 容差：用于定义一个颜色相似度（相对于所单击的像素），一个像素必须达到此颜色相似度才会被填充。值的范围可以从 0 到 255。低容差会填充颜色值范围内与所单击像素非常相似的像素；高容差则填充更大范围内的像素。
- 连续的：选中该选项，仅填充与所单击图像邻近的像素；未选中该选项，则填充图像中的所有相似像素。
- 所有图层：选中该选项，将基于所有可见图层中的合并颜色数据填充像素。如果正在图层上工作，并且不想填充透明区域，可单击“图层”面板中的“锁定透明像素”按钮⊠。

提示

如果在图像中创建选区时，使用“油漆桶工具”填充的区域为所选的区域。如果在图像中没有创建选区，使用此工具则会填充光标单击处像素相似的、相邻像素的区域。

动手实践——为可爱卡通图像填色

源文件：光盘 \ 源文件 \ 第 5 章 \5-4-1.psd

视频：光盘 \ 视频 \ 第 5 章 \5-4-1.swf

01 执行“文件 > 打开”命令，打开素材图像“光盘\源文件\第 5 章\素材\54101.psd”，如图 5-59 所示。选择“油漆桶工具”，设置“前景色”为 RGB（199、109、0），在选项栏上进行相应的设置，如图 5-60 所示。

图 5-59 打开图像

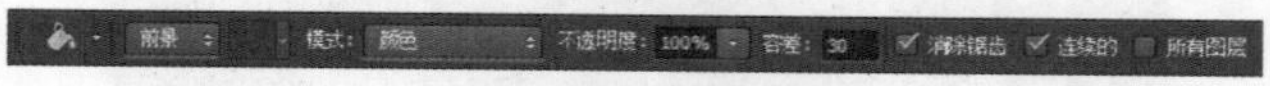

前景　模式：颜色　不透明度：100%　容差：30　消除锯齿　连续的　所有图层

图 5-60 设置选项栏

提示

此处在选项栏上设置“模式”为“颜色”，这样在填充颜色时，不会破坏图像中原有的阴影和细节。

02 选择“图层 9”图层，在小熊的头部单击填充颜色，效果如图 5-61 所示。设置“前景色”为 RGB（242、203、150），选择“图层 10”图层，在小熊的脸部单击填充颜色，效果如图 5-62 所示。

图 5-61 头部效果

图 5-62 脸部效果

03 使用相同的方法，为小熊的其他部分填充颜色，效果如图 5-63 所示。

图 5-63 图像效果

04 选择“背景”图层，选择“油漆桶工具”，在选项栏上进行相应的设置，如图 5-64 所示。在图像背景上单击，为背景填充图案，如图 5-65 所示。

图 5-64 设置选项栏

图 5-65 填充背景图案

5.4.2 使用“填充”命令

打开素材图像“光盘\源文件\第 5 章\素材\54201.jpg”，如图 5-66 所示。执行“编辑 > 填充”命令，弹出“填充”对话框，在该对话框中可以对当前图层进行不同方式的颜色填充，如图 5-67 所示。并在填充的同时可进行填充混合模式及不透明度设置。

图 5-66 打开图像

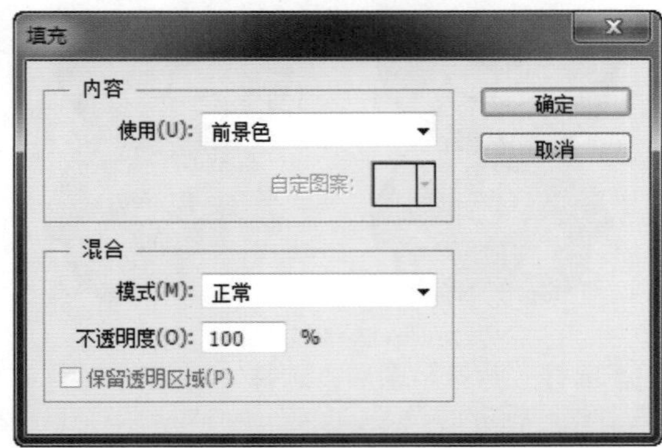

图 5-67 “填充”对话框

- 使用：在该选项的下拉列表中可以选择相应的选项作为填充内容。该选项下拉列表如图 5-68 所示。
- 自定图案：如果在“使用”下拉列表中选择“图案”选项，则该选项可用。在该选项的下拉列表中可以选择相应的填充图案，如图 5-69 所示。

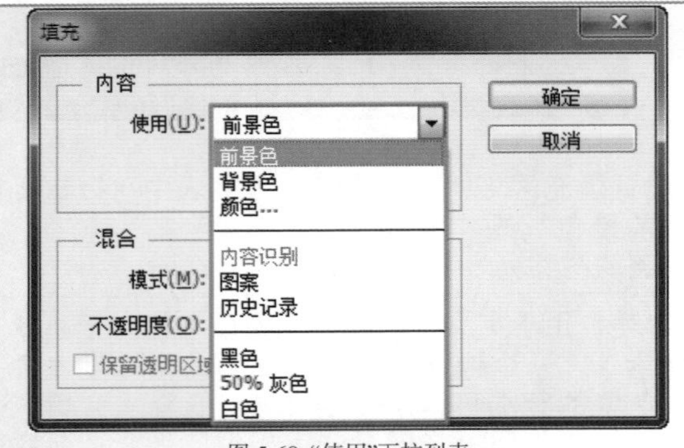

图 5-68 “使用”下拉列表

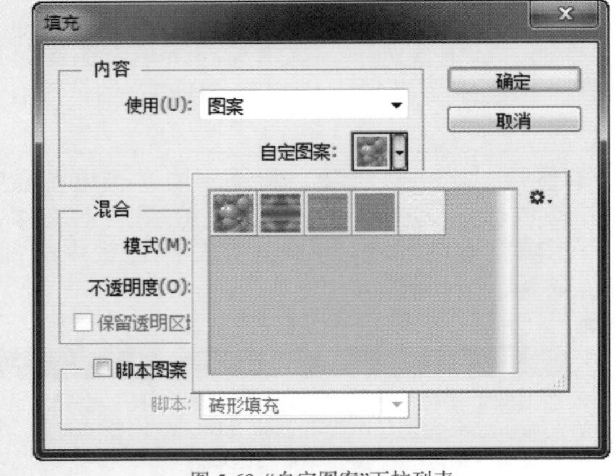

图 5-69 “自定图案”下拉列表

- 保留透明区域：选中该选项，只对图层中包含像素的区域进行填充，不会影响透明区域。

使用“填充”命令可以将设置好的颜色填充到需要的图像上层，并结合混合模式进行图像的美化。下面通过一个实例向用户进行讲解填充的方法和技巧。

动手实践——图像的美化

源文件：光盘\源文件\第 5 章\5-4-2.psd

视频：光盘\视频\第 5 章\5-4-2.swf

01 打开素材图像“光盘\源文件\第 5 章\素材\54202.jpg”，如图 5-70 所示。打开“图层”面板，单击“创建新图层”按钮，新建“图层 1”图层，“图层”面板如图 5-71 所示。

图 5-70 打开图像

图 5-71 "图层"面板

02 设置"前景色"为 RGB（255、121、151），执行"编辑 > 填充"命令，弹出"填充"对话框，设置如图 5-72 所示。单击"确定"按钮，完成"填充"对话框的设置。设置"图层 1"图层的"混合模式"为"线性减淡（添加）"，"不透明度"为 15%，效果如图 5-73 所示。

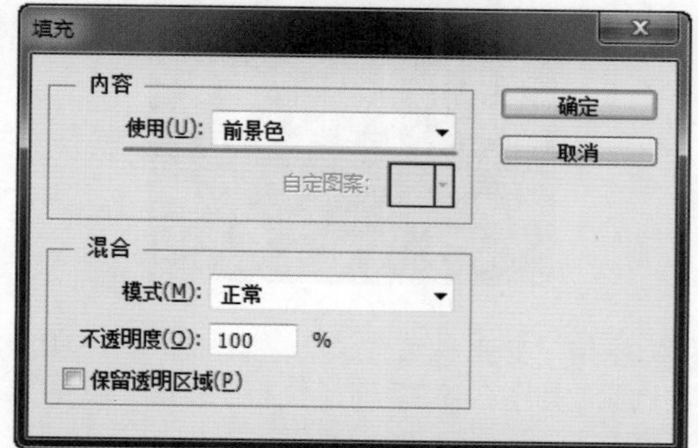

图 5-72 "填充"对话框

图 5-73 图像效果

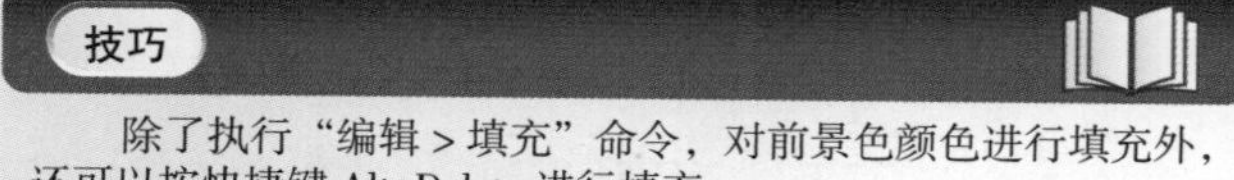

除了执行"编辑 > 填充"命令，对前景色颜色进行填充外，还可以按快捷键 Alt+Delete 进行填充。

03 新建"图层 2"图层，执行"编辑 > 填充"命令，弹出"填充"对话框，在"使用"下拉列表中选择"颜色"选项，弹出"拾色器（填充颜色）"对话框，设置如图 5-74 所示。单击"确定"按钮，完成填充颜色的设置，"填充"对话框如图 5-75 所示。

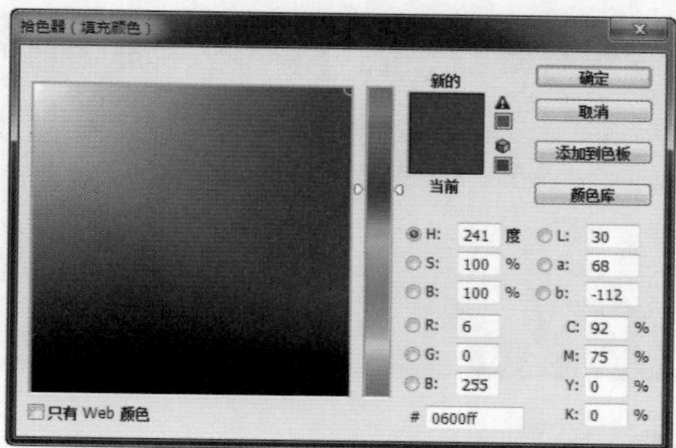

图 5-74 设置填充颜色

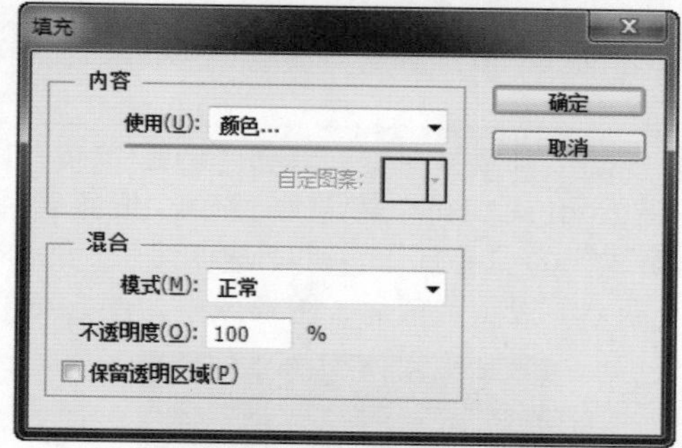

图 5-75 "填充"对话框

04 单击"确定"按钮，完成"填充"对话框的设置。设置"图层 2"图层的"混合模式"为"排除"，"不透明度"为 30%，如图 5-76 所示。图像效果如图 5-77 所示。

图 5-76 "图层"面板

图 5-77 图像效果

05 使用相同的方法，新建"图层 3"和"图层 4"图层。填充相应的颜色，并对"混合模式"进行设置，如图 5-78 所示。

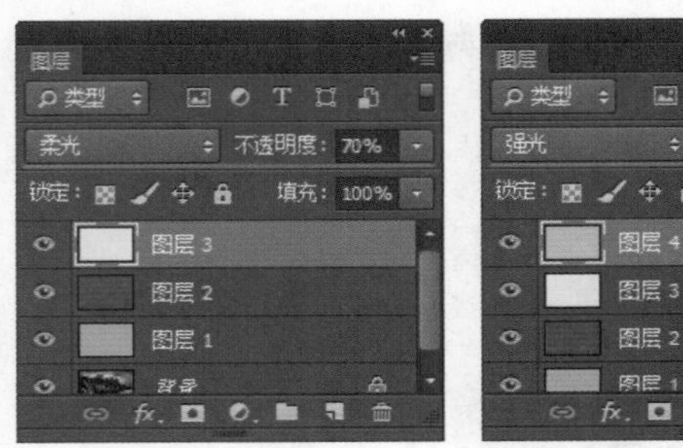
图 5-78 设置不同图层参数

提示

此处，“图层 3”图层填充的颜色值为 RGB（252、255、222），“图层 4”图层填充的颜色值为 RGB（208、208、159）。

06 复制“背景”图层，得到“背景 拷贝”图层，按快捷键 Shift+Ctrl+]，将图层置顶，设置该图层的“混合模式”为“叠加”，“不透明度”为 90%，如图 5-79 所示。设置完成后，图像效果如图 5-80 所示。

图 5-79 “图层”面板

图 5-80 图像效果

5.4.3 内容识别填充

通过使用 Photoshop CC 中的“内容识别填充”功能，可以快速清除图像中不需要的景物。下面就通过一个实例向用户介绍内容识别填充。

动手实践——去除多余景物

源文件：光盘 \ 源文件 \ 第 5 章 \5-4-3.psd

视频：光盘 \ 视频 \ 第 5 章 \5-4-3.swf

01 打开素材图像“光盘\源文件\第 5 章\素材\54301.jpg”，如图 5-81 所示。打开“图层”面板，复制“背景”图层，得到“背景 拷贝”图层，如图 5-82 所示。

图 5-81 图像效果

图 5-82 复制图层

02 使用“矩形选框工具”在图像中为不需要的景物创建选区，如图 5-83 所示。执行“编辑 > 填充”命令，弹出“填充”对话框，在“使用”下拉列表中选择“内容识别”选项，如图 5-84 所示。

图 5-83 创建选区

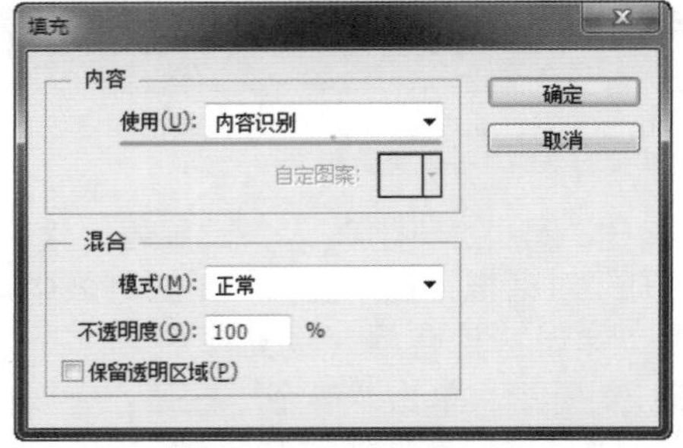

图 5-84 设置“填充”对话框

03 单击“确定”按钮，完成“填充”对话框的设置。Photoshop会自动对选区与选区周围的图像进行识别，并对选区中的图像进行修复，效果如图 5–85 所示。

图 5-85 图像效果

提示

内容识别填充会随机合成相似的图像内容。如果对填充的结果不满意，可以执行“编辑 > 还原”命令，然后应用其他的内容进行识别填充。

5.4.4 脚本图案填充

在“填充”对话框中的“使用”下拉列表中选择“图案”选项，则在“填充”对话框中出现“脚本图案”选项，如图 5–86 所示。选中“脚本图案”复选框，则可以在“脚本”下拉列表中选择相应的脚本选项，如图 5–87 所示。

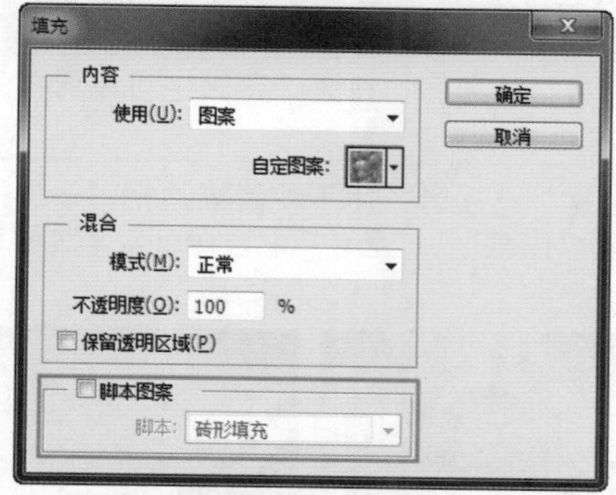

图 5-86 “脚本图案”选项

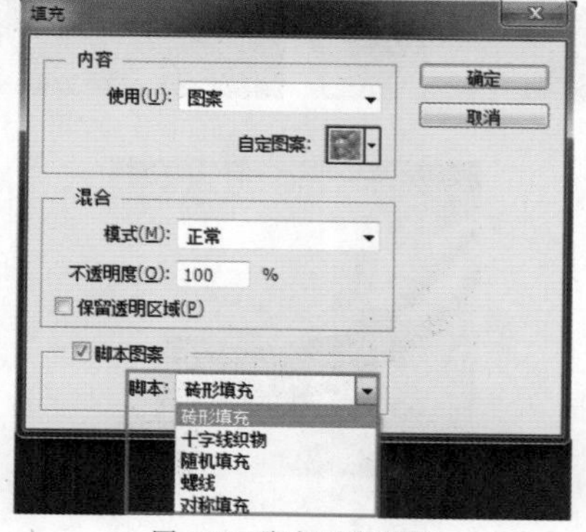

图 5-87 “脚本”下拉列表

动手实践——为海报添加背景纹理

源文件：光盘 \ 源文件 \ 第 5 章 \5-4-4.psd

视频：光盘 \ 视频 \ 第 5 章 \5-4-4.swf

01 打开素材图像“光盘\源文件\第5章\素材\54401.psd”，如图 5–88 所示。打开“图层”面板，在“背景”图层上方新建“图层 2”图层，如图 5–89 所示。

图 5-88 打开图像

图 5-89 新建图层

02 执行“编辑 > 填充”命令，弹出“填充”对话框，在“使用”下拉列表中选择“图案”选项，打开图案选取器，如图 5–90 所示。单击右上角的按钮，在弹出的菜单中选择“艺术表面”选项，弹出提示框，单击“是”按钮，选择相应的图案，如图 5–91 所示。

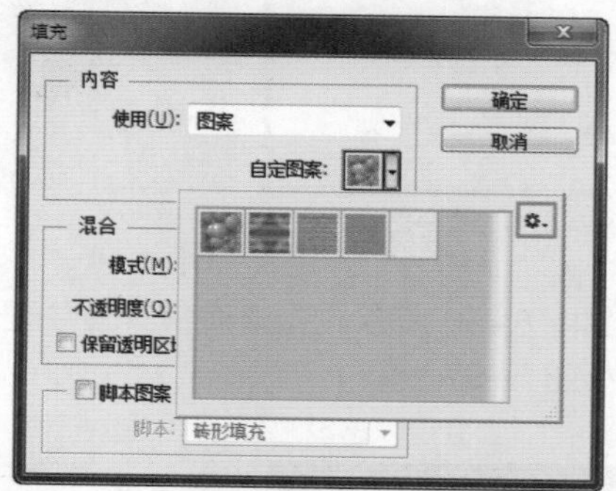

图 5-90 打开图案选取器

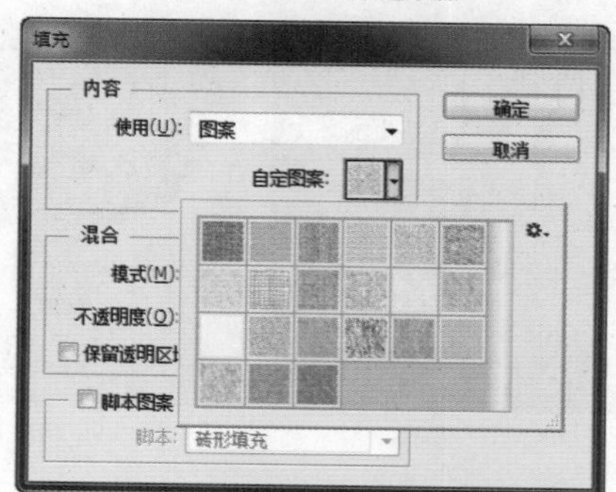

图 5-91 选择相应的图案

03 选中“脚本图案”复选框，在“脚本”下拉列表中选择“螺线”选项，如图 5–92 所示。单击“确定”按钮，完成“填充”对话框的设置，效果如图 5–93 所示。

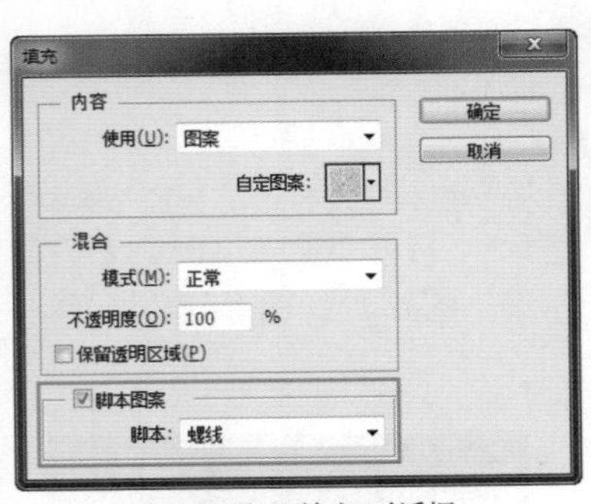

图 5-92 设置“填充”对话框　　图 5-93 图像效果

04 设置“图层 2”图层的“不透明度”为 40%，新建“图层 3”图层。选择使用“渐变工具”，在选项栏上单击渐变预览条，弹出“渐变编辑器”对话框，设置渐变颜色，如图 5–94 所示。单击“确定”按钮，完成渐变颜色的设置，在画布中拖动鼠标填充径向渐变，如图 5–95 所示。

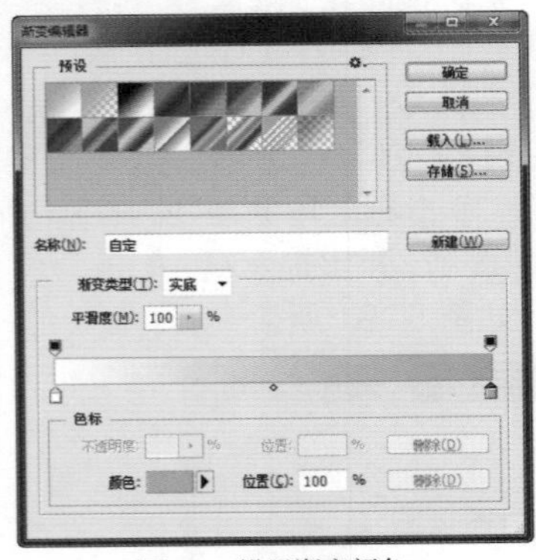

图 5-94 设置渐变颜色　　图 5-95 填充径向渐变

05 设置“图层 3”图层的“混合模式”为“正片叠底”，如图 5–96 所示。完成海报背景纹理的添加，最终效果如图 5–97 所示。

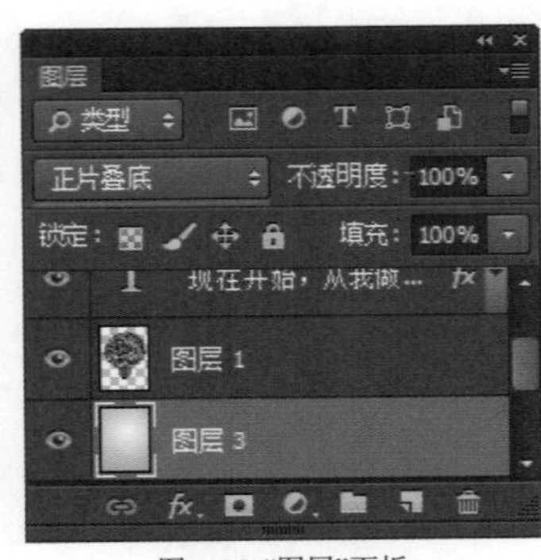

图 5-96 “图层”面板　　图 5-97 最终效果

5.4.5 使用“描边”命令

使用“填充”命令可以为图像或选区等填充颜色或图案；而使用“描边”命令，则可以为图像或选区应用描边的效果。

打开素材图像“光盘\源文件\第 5 章\素材\54501.jpg”，如图 5–98 所示。在图像中创建选区，执行“编辑 > 描边”命令，弹出“描边”对话框，如图 5–99 所示。

图 5-98 打开图像

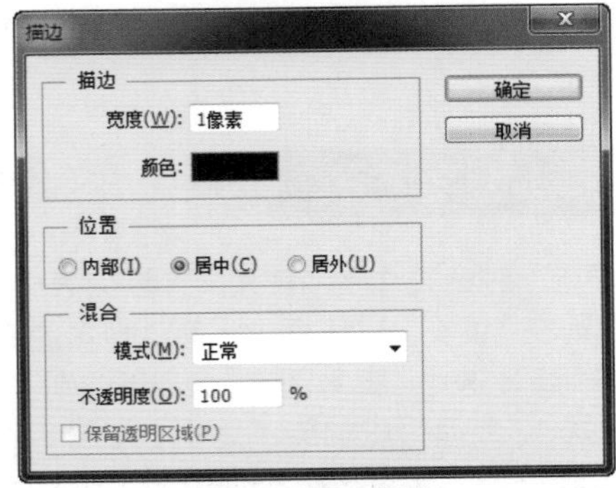

图 5-99 “描边”对话框

- “描边”选项区：在该选项区中可以对描边的宽度与颜色进行设置。

- “位置”选项区：用于设置描边相对于选区的位置，包括“内部”、“居中”和“居外”，如图 5–100 所示。

内部

居中

居外

图 5-100 不同描边位置的效果

- “混合”选项区：通过“模式”选项可以设置描边与图像中其他颜色的混合模式。通过“不透明度”选项可以设置描边的不透明度。选中“保留透明区域”选项，而且当前描边图层中含有透明区域，那么描边范围与透明区域重合时，重合部分不会有描边效果。

5.5 使用渐变工具

渐变颜色填充在 Photoshop CC 中的应用非常广泛，它不仅可以填充图像，还可以用来填充图层蒙版、快速蒙版和通道。使用“渐变工具”可以在整个画布或选区中填充渐变颜色。

5.5.1 “渐变工具”选项栏

单击工具箱中的“渐变工具”按钮，在选项栏上将会显示渐变工具的各个选项，如图 5-101 所示。

图 5-101 “渐变工具”的选项栏

- 渐变预览条：显示当前所设置的渐变类型颜色，单击右侧的倒三角按钮，可打开“渐变预设”选取器，从中可以选择一种预设的渐变颜色进行填充。将鼠标指针移动到某个预设渐变颜色上，会提示该渐变颜色的名称，如图 5-102 所示。

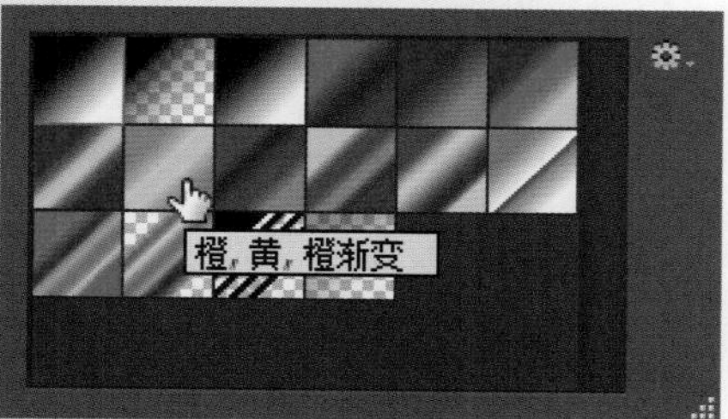

图 5-102 预设渐变颜色

- 渐变类型：在选项栏上提供了 5 种不同的渐变填充效果，如图 5-103 所示。可以根据需要来选择其中一种适合作品风格的渐变类型，默认渐变类型为“线性渐变”。

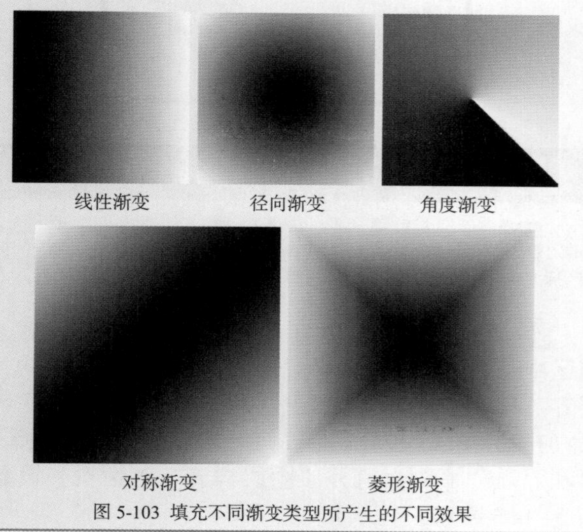

图 5-103 填充不同渐变类型所产生的不同效果

- 反向：选中该选项，填充后的渐变颜色刚好与设置的渐变颜色相反。
- 仿色：选中该选项，可以用递色法来表现中间色调，使渐变效果更加平衡。
- 透明区域：选中该选项，将打开透明蒙版功能，使渐变填充时可以应用透明设置。

使用“渐变工具”可以创建多种颜色间的逐渐混合，实质上就是在图像中或图像的某一区域中填入一种具有多种颜色过渡的混合色。这个混合色可以是从前景色到背景色的过渡，也可以是前景色与透明背景间的相互过渡或者是其他颜色的相互过渡。

动手实践——制作水晶按钮

源文件：光盘 \ 源文件 \ 第 5 章 \5-5-1.psd

视频：光盘 \ 视频 \ 第 5 章 \5-5-1.swf

01 执行“文件 > 打开”命令，打开素材图像“光盘 \ 源文件 \ 第 5 章 \ 素材 \55101.jpg”，如图 5-104 所示。新建“图层 1”图层，选择“圆角矩形工具”，在选项栏上进行相应的设置，如图 5-105 所示。

图 5-104 打开图像

图 5-105 设置“圆角矩形工具”的选项栏

02 在画布中拖动鼠标绘制一个圆角矩形路径，如图 5–106 所示。按快捷键 Ctrl+Enter，将路径转换为选区，如图 5–107 所示。

图 5-106 绘制圆角矩形路径

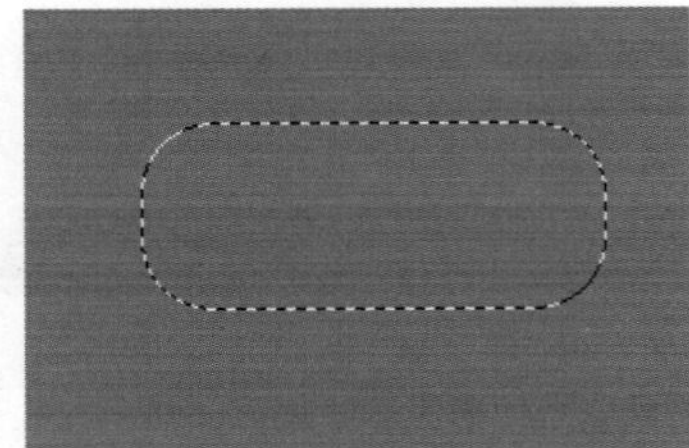

图 5-107 将路径转换为选区

03 选择“渐变工具”，单击选项栏上的渐变预览条，如图 5–108 所示。弹出“渐变编辑器”对话框，如图 5–109 所示。

图 5-108 单击渐变预览条

图 5-109 “渐变编辑器”对话框

04 选择渐变预览条左下方的色标，单击“颜色”选项后的三角形按钮，可以在其下拉菜单中选择设置颜色的方式，如图 5–110 所示。也可以直接单击“颜色”选项后的色块，打开“拾色器（色标颜色）”对话框，设置色标颜色，如图 5–111 所示。

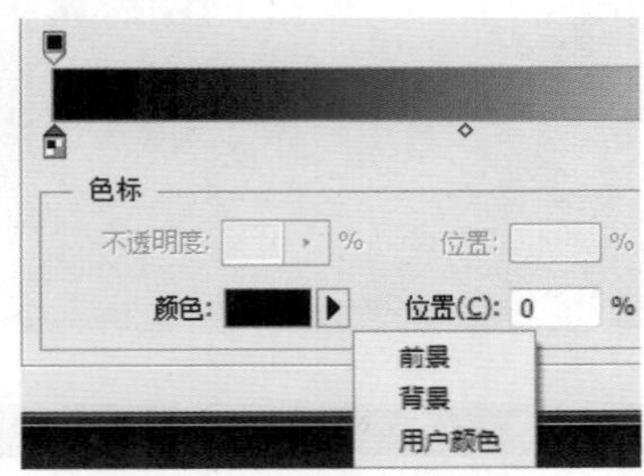

图 5-110 设置颜色方式

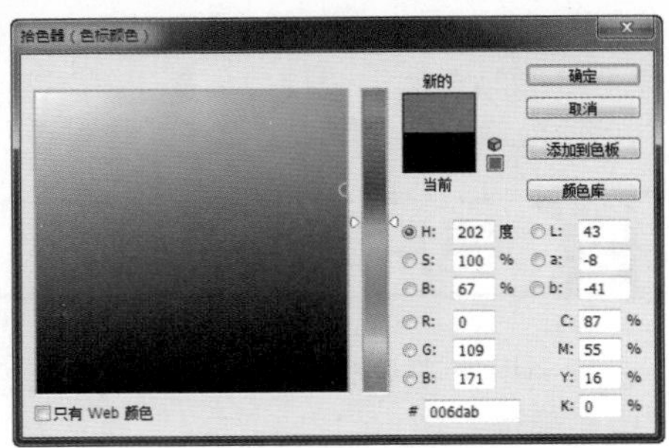

图 5-111 “拾色器（色标颜色）”对话框

05 单击“确定”按钮，即可完成色标颜色的设置，如图 5–112 所示。使用相同的方法，可以为右侧的色标设置颜色，如图 5–113 所示。

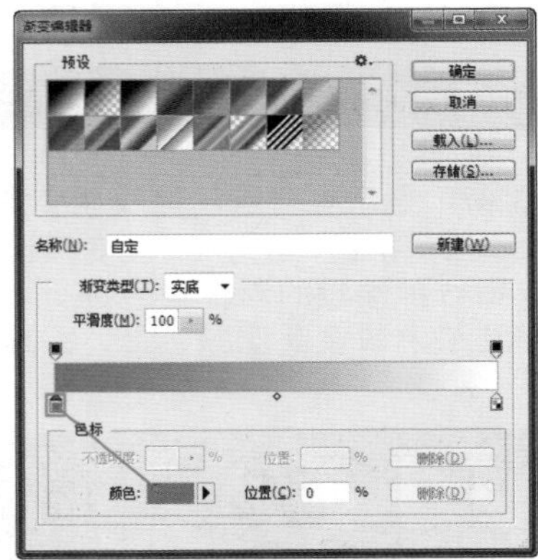

图 5-112 设置色标颜色

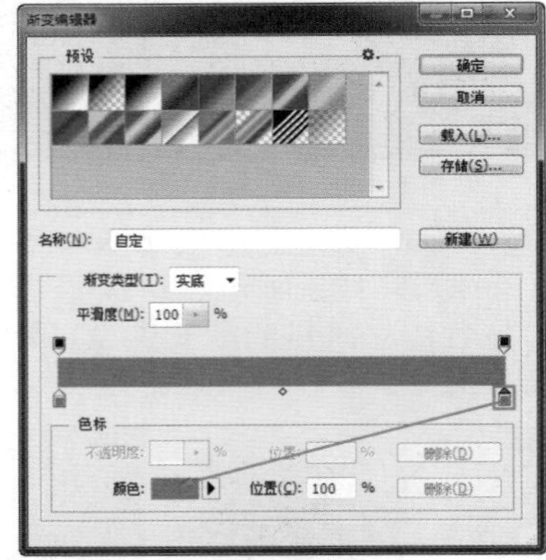

图 5-113 设置右侧色标颜色

技巧

选择一个色标并拖动它，或者在“位置”文本框中输入数值，可以调整色标的位置从而改变渐变色的混合位置。拖动两个渐变色标之间的菱形图标，可以调整该点两侧颜色的混合位置。

06 单击“确定”按钮，完成渐变颜色的设置，在选区中从下至上拖动鼠标，为选区填充线性渐变，如图 5–114 所示。取消选区，单击“图层”面板底部的“添加图层样式”按钮，在打开的下拉菜单中选择“斜面和浮雕”命令，打开“图层样式”对话框，设置如图 5–115 所示。

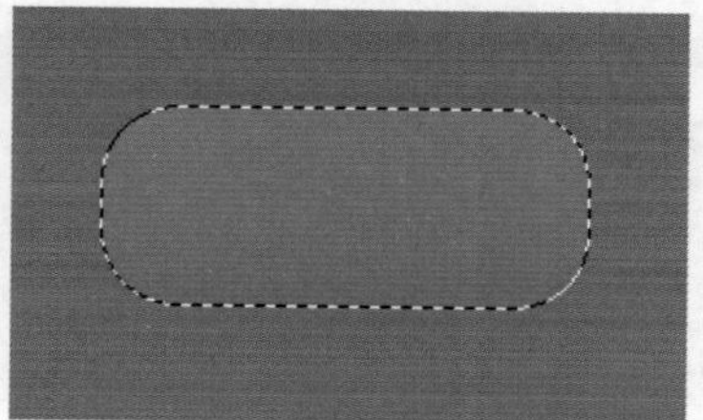

图 5-114 填充线性渐变

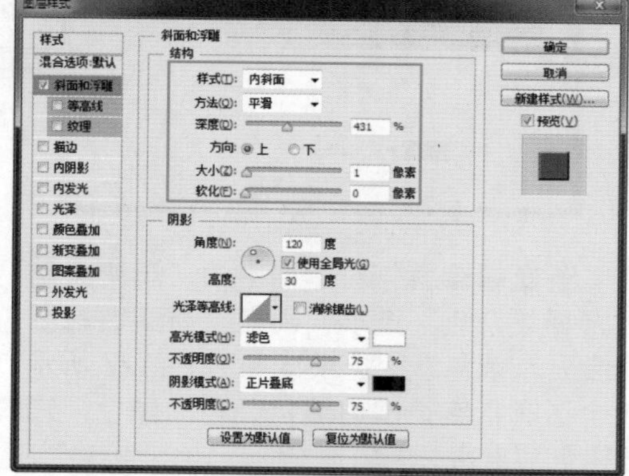

图 5-115 设置"图层样式"对话框

07 新建"图层 2"图层，使用"圆角矩形工具"在画布中绘制一个圆角矩形路径，将路径转换为选区，如图 5-116 所示。选择"渐变工具"，单击选项栏中的渐变预览条，打开"渐变编辑器"对话框，设置色标颜色均为白色，如图 5-117 所示。

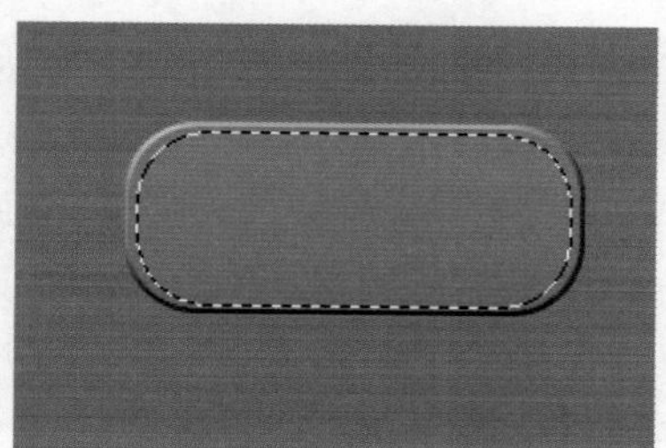

图 5-116 路径转换为选区

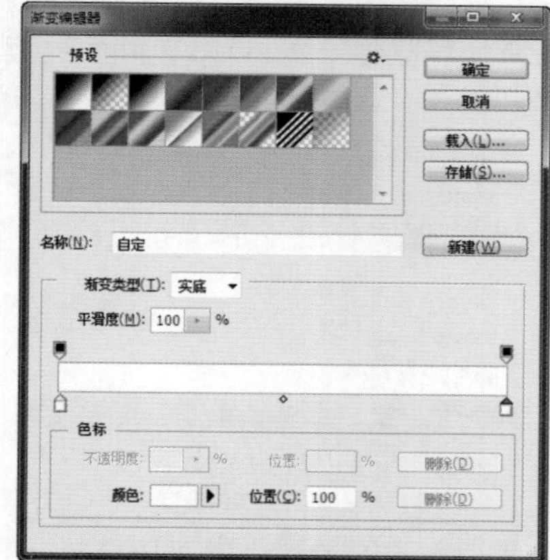

图 5-117 "渐变编辑器"对话框

08 在渐变预览条下方单击添加 3 个色标，并设置 3 个色标颜色为白色，如图 5-118 所示。在渐变预览条上方单击添加 3 个透明度色标，设置 3 个透明度色标的"不透明度"为 0，如图 5-119 所示。

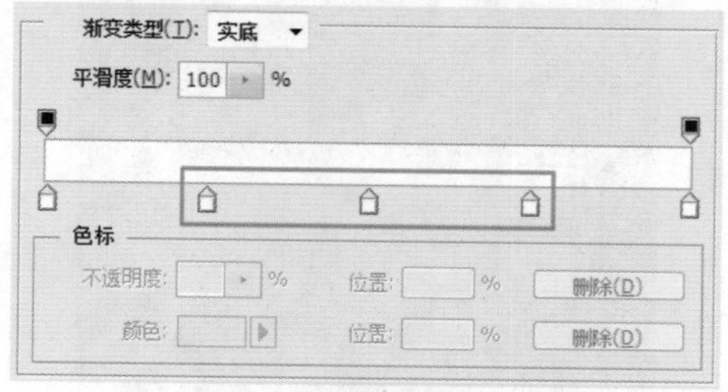

图 5-118 添加色标

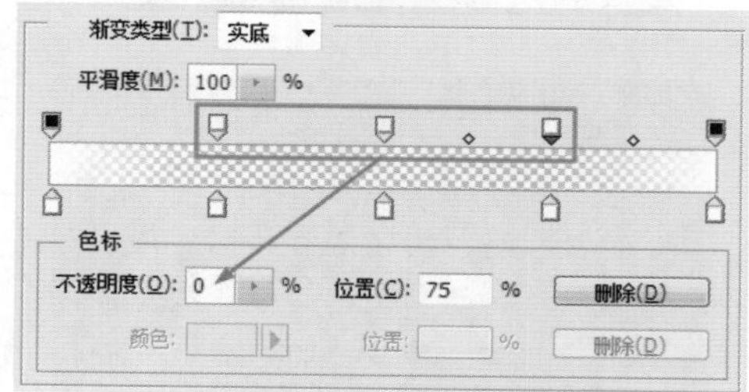

图 5-119 添加透明度色标

技巧

在渐变预览条下方单击可以添加新色标，选择一个色标后，单击"删除"按钮，或者直接将它拖动到渐变预览条之外，可以删除该色标。

09 调整各色标和中点的位置，如图 5-120 所示。单击"确定"按钮，完成渐变颜色的设置，在选区中从下至上拖动鼠标填充线性渐变，如图 5-121 所示。

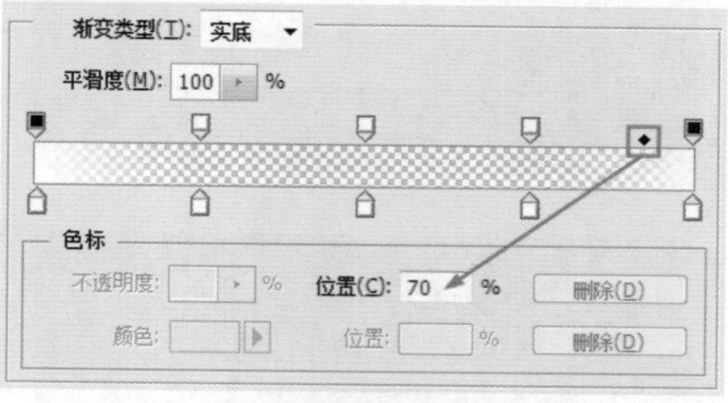

图 5-120 调整中点位置

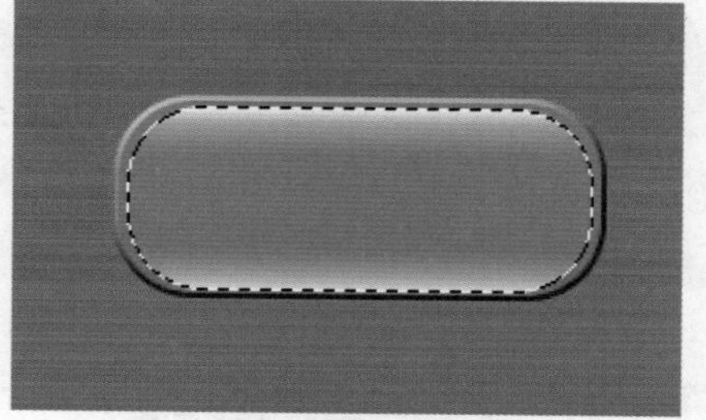

图 5-121 填充线性渐变

10 取消选区，在"图层"面板中设置"图层 2"图层的"不透明度"为 60%，如图 5-122 所示。图像效果如图 5-123 所示。

图 5-122 “图层”面板

图 5-123 图像效果

11 使用“横排文字工具”在画布中单击输入相应的文字，如图 5–124 所示。使用相同的方法，可以完成该水晶按钮的绘制，最终效果如图 5–125 所示。

图 5-124 输入文字

图 5-125 最终效果

5.5.2 “渐变编辑器”对话框

单击工具箱中的“渐变工具”按钮，单击选项栏中的渐变预览条，弹出“渐变编辑器”对话框，如图 5–126 所示。

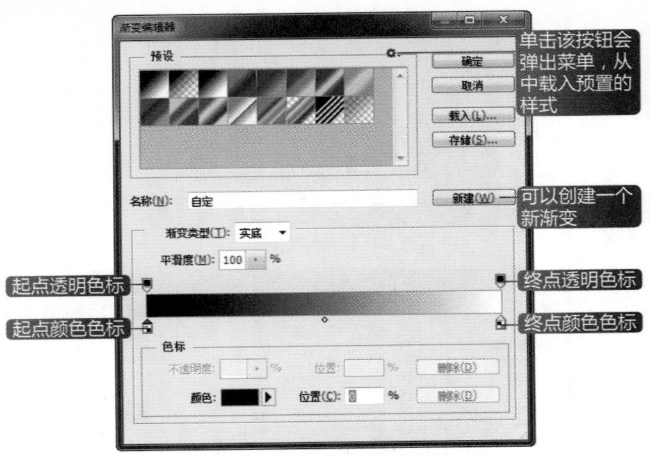

图 5-126 “渐变编辑器”对话框

在“渐变编辑器”对话框中的“渐变类型”下拉列表中选择“杂色”选项，则在“渐变编辑器”对话框中便会显示杂色渐变选项，如图 5–127 所示。杂色渐变包含了在指定范围内随机分布的颜色，它的颜色变化效果更加丰富。

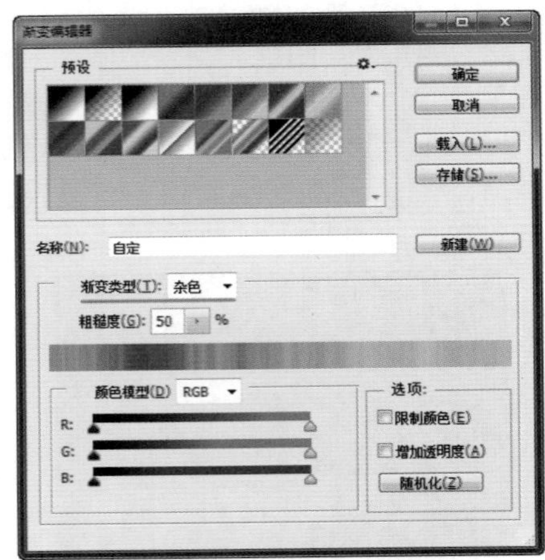

图 5-127 显示杂色渐变选项

- 粗糙度：该选项用来设置杂色渐变的粗糙度，该值越高，颜色的层次越丰富，但颜色间的过渡越粗糙，如图 5–128 所示。

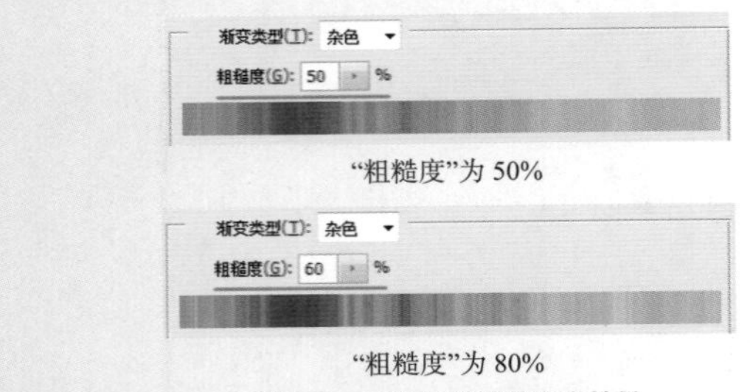

图 5-128 不同粗糙度的渐变效果

- 颜色模型：在该下拉列表中可以选择一种颜色模型来设置杂色渐变，包括 RGB、HSB、LAB 3 种颜色模型。每一种颜色模型都有对应的颜色滑块，拖动滑块可以调整渐变颜色，如图 5–129 所示。

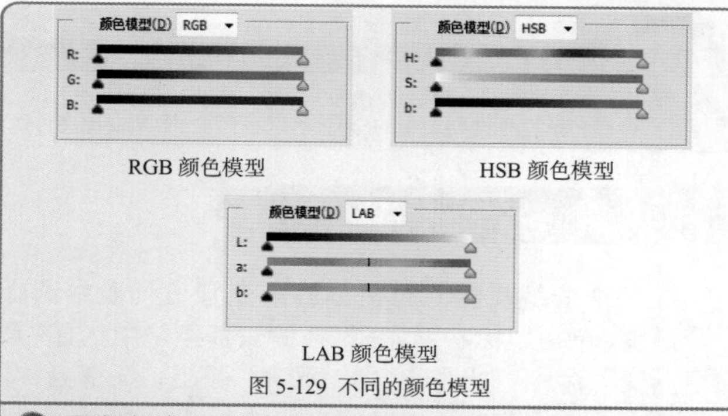

RGB 颜色模型　　HSB 颜色模型

LAB 颜色模型

图 5-129 不同的颜色模型

- 限制颜色：选中该复选框，可以将颜色限制在可以打印的范围内，防止颜色过于饱和。

- 增加透明度：选中该复选框，可以向渐变中添加透明像素，如图 5-130 所示。

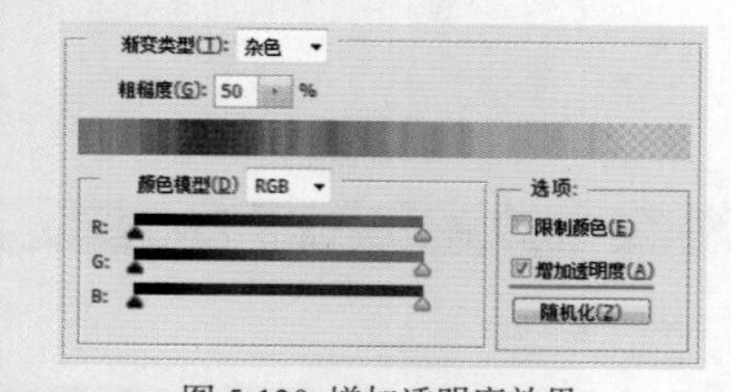

图 5-130 增加透明度效果

- 随机化：单击该按钮，会生成新的随机杂色渐变，如图 5-131 所示。

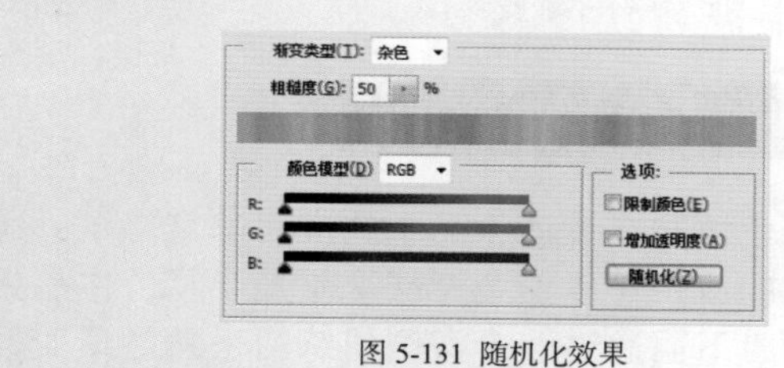

图 5-131 随机化效果

5.5.3 载入渐变库

在“渐变编辑器”对话框中，单击渐变预设右上角的⚙按钮，打开其下拉菜单，如图 5-132 所示。菜单底部包含了 Photoshop CC 提供的预设渐变库，选择一个渐变库，会打开提示框，单击“确定”按钮，可以载入相应的渐变库，如图 5-133 所示。

图 5-132 打开下拉菜单

图 5-133 载入“金属”渐变库

单击“渐变编辑器”对话框中的“载入”按钮，打开“载入”对话框，可以选择需要载入的外部渐变库，如图 5-134 所示。单击“载入”按钮，即可将外部的渐变库载入使用，如图 5-135 所示。

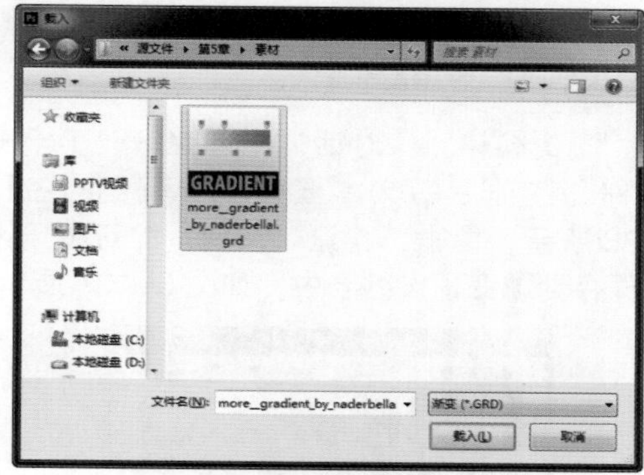

图 5-134 选择外部渐变库文件

图 5-135 载入外部渐变库

如果想要恢复为默认的渐变，可以单击渐变预设右上角的⚙按钮，在打开的下拉菜单中选择“复位渐变”命令，如图 5-136 所示。弹出提示框，如图 5-137 所示。单击“确定”按钮，即可恢复为默认的渐变。

图 5-136 选择“复位渐变”命令

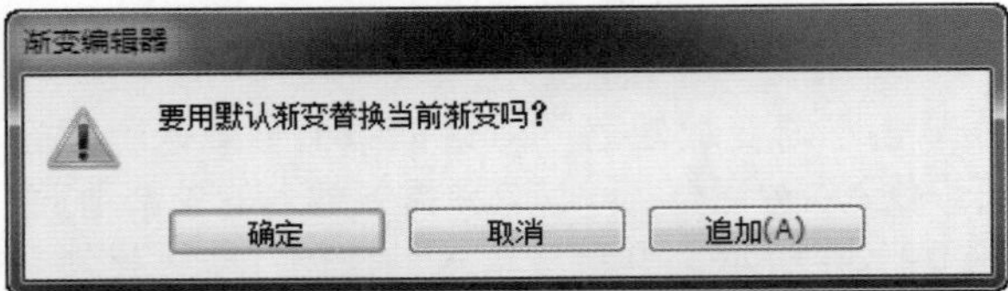

图 5-137 提示框

5.5.4 新建预设渐变

在“渐变编辑器”对话框中调整好一个渐变后，在“名称”选项后的文本框中输入渐变的名称，如图 5-138 所示。单击“新建”按钮，即可将所设置好的渐变保存到渐变预设列表中，如图 5-139 所示。

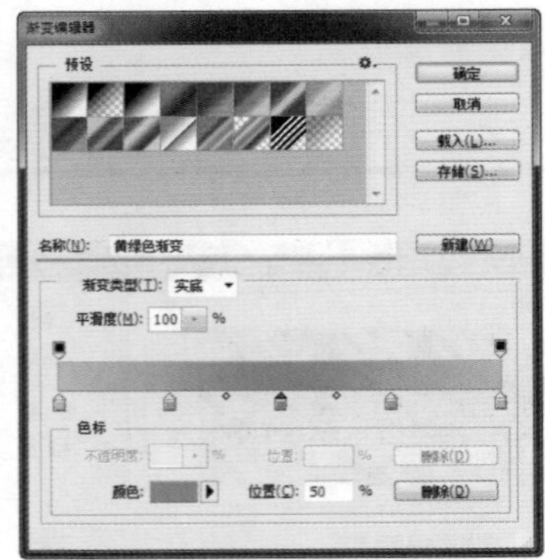
图 5-138 设置渐变名称

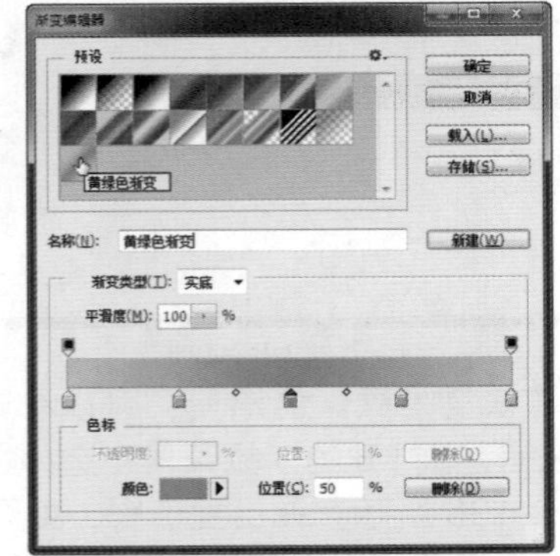
图 5-139 保存到渐变预设列表

提示

单击“渐变编辑器”对话框中的“存储”按钮，弹出“存储”对话框，可以将渐变预设列表中的所有渐变保存为一个渐变库文件。

5.5.5 重命名与删除渐变

在“渐变编辑器”对话框的渐变预设列表中选择一个渐变，单击鼠标右键，在打开的快捷菜单中选择“重命名渐变”命令，如图 5-140 所示。弹出“渐变名称”对话框，可以修改渐变的名称，如图 5-141 所示。

图 5-140 选择“重命名渐变”命令

图 5-141 “渐变名称”对话框

如果在弹出的快捷菜单中选择“删除渐变”命令，则可以删除当前选中的渐变。

5.5.6 制作新品上市 POP

渐变颜色填充在设计作品中的应用非常广泛，通过渐变颜色的应用可以使色彩层次更加丰富，作品更加具有质感。下面通过一个实例的练习来熟悉渐变颜色在设计作品中的应用。

动手实践——制作新品上市 POP

源文件：光盘 \ 源文件 \ 第 5 章 \5-5-6.psd

视频：光盘 \ 视频 \ 第 5 章 \5-5-6.swf

01 执行“文件 > 新建”命令，弹出“新建”对话框，设置如图 5-142 所示。单击“确定”按钮，新建一个空白文档。新建“图层 1”图层，“图层”面板如图 5-143 所示。

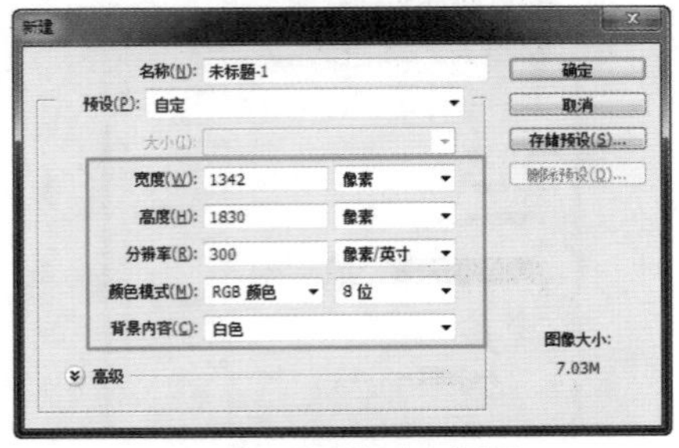
图 5-142 设置“新建”对话框

图 5-143 “图层”面板

02 选择“渐变工具”，单击选项栏上的渐变预览条，弹出“渐变编辑器”对话框，设置如图 5-144 所示。单击“确定”按钮，单击选项栏上的“径向渐变”按钮，在画布中拖动鼠标填充径向渐变，如图 5-145 所示。

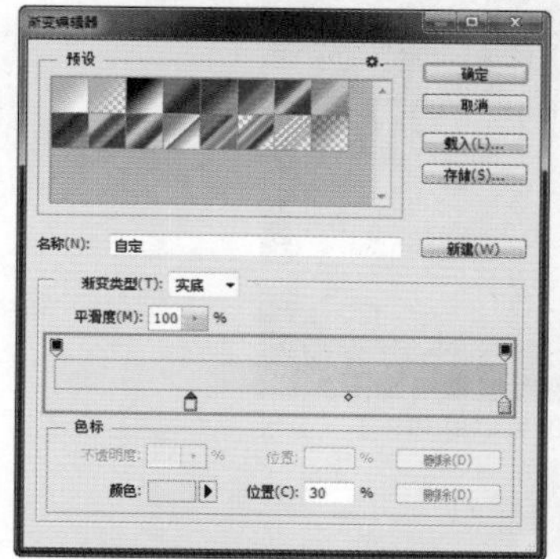

图 5-144 设置渐变颜色

图 5-145 填充径向渐变

03 打开素材图像“光盘\源文件\第 5 章\素材\55601.tif”，将该素材拖曳到设计文档中并调整到合适的位置，如图 5-146 所示。设置“图层 2”图层的“不透明度”为 50%，效果如图 5-147 所示。

图 5-146 拖曳素材　　图 5-147 图像效果

04 打开素材图像“光盘\源文件\第 5 章\素材\55602.tif”，将该素材拖曳到设计文档中并调整到合适的大小和位置，如图 5-148 所示。选择“横排文字工具”，打开“字符”面板，设置如图 5-149 所示。

图 5-148 拖曳素材

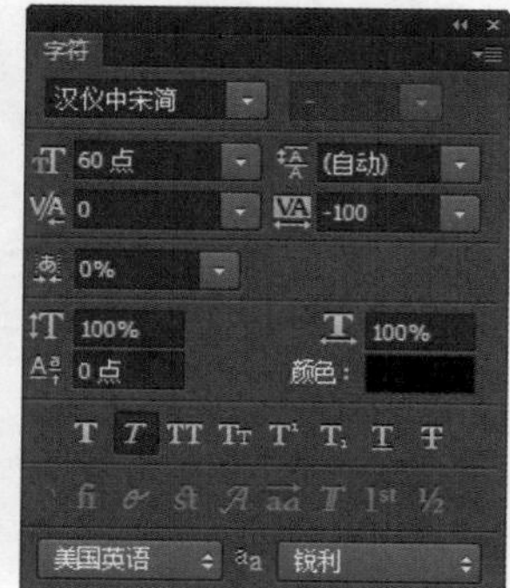

图 5-149 “字符”面板

05 在画布中单击并输入相应的文字，如图 5-150 所示。使用“横排文字工具”，选中“品”字，在“字符”面板中设置“基线偏移”为 -30 点，如图 5-151 所示。

图 5-150 输入文字

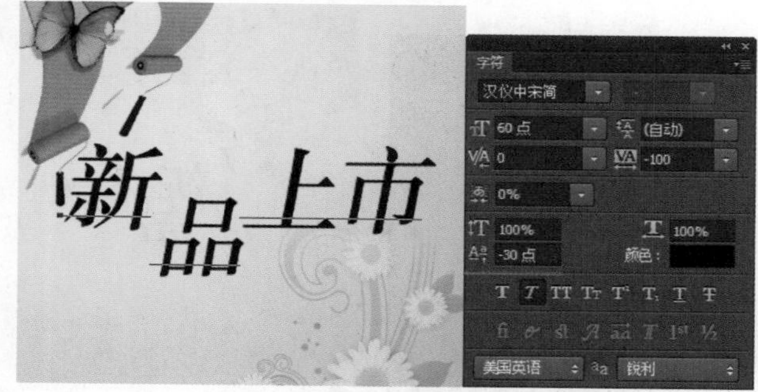

图 5-151 文字效果

06 使用“横排文字工具”，选中“新”字，在“字符”面板中设置“字符间距”为 -630，如图 5-152 所示。选中“品”字，在“字符”面板中设置“字符间距”为 -300，如图 5-153 所示。

图 5-152 文字效果

图 5-153 文字效果

07 选中“市”字，在“字符”面板中设置“字体大小”为 48 点，“基线偏移”为 -7 点，如图 5-154 所示。文字效果如图 5-155 所示。

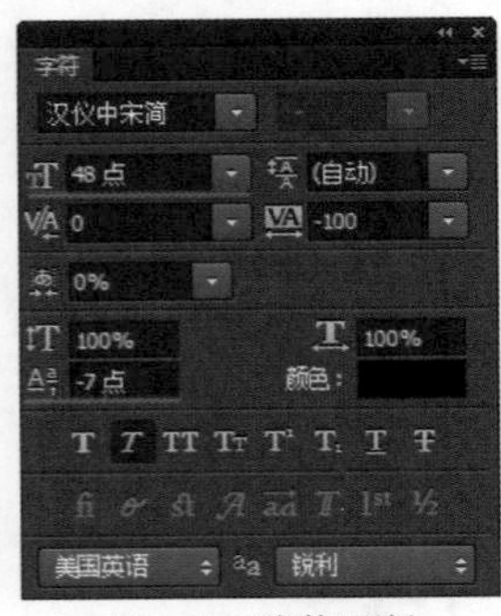

图 5-154 “字符”面板

图 5-155 文字效果

08 调整文字到合适的位置，复制文字图层，将复制得到的文字图层栅格化，并将文字图层隐藏，“图层”面板如图 5-156 所示。效果如图 5-157 所示。

图 5-156 “图层”面板

图 5-157 图像效果

09 打开素材图像“光盘\源文件\第 5 章\素材\55603.tif”，将该素材拖曳到设计文档中，并调整到合适的位置，如图 5-158 所示。使用相同的方法，拖曳另一个素材并调整到合适的位置，如图 5-159 所示。

图 5-158 拖曳素材

图 5-159 拖曳另一个素材素材

10 在“图层”面板中同时选中相应的图层，如图 5-160 所示。执行“图层 > 合并图层”命令，将图层进行合并，得到“图层 5”图层，按住 Ctrl 键单击“图层 5”缩览图，载入图层选区，如图 5-161 所示。

图 5-160 选中相应图层

图 5-161 载入选区

11 将“图层 5”图层隐藏，新建“图层 6”图层，如图 5-162 所示。选择“渐变工具”，单击选项栏上的渐变预览条，弹出“渐变编辑器”对话框，设置如图 5-163 所示。

图 5-162 “图层”面板

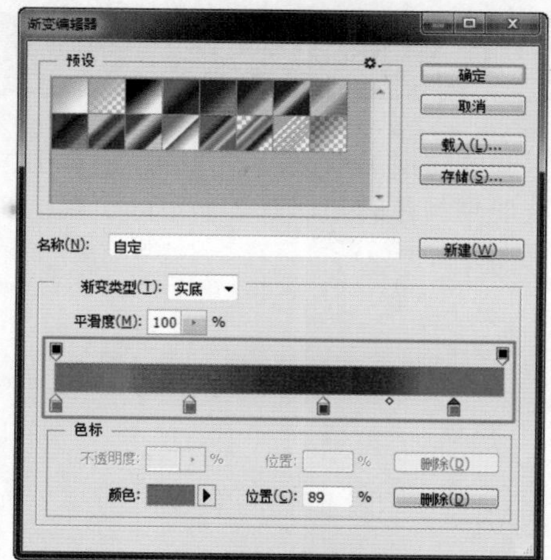

图 5-163 设置渐变颜色

12 单击“确定”按钮，单击选项栏中的“线性渐变”按钮，在画布中拖动鼠标填充线性渐变，如图 5-164 所示。取消选区，单击“图层”面板底部的“添加图层样式”按钮，在打开的下拉菜单中选择“描边”命令，打开“图层样式”对话框，设置如图 5-165 所示。

图 5-164 填充线性渐变

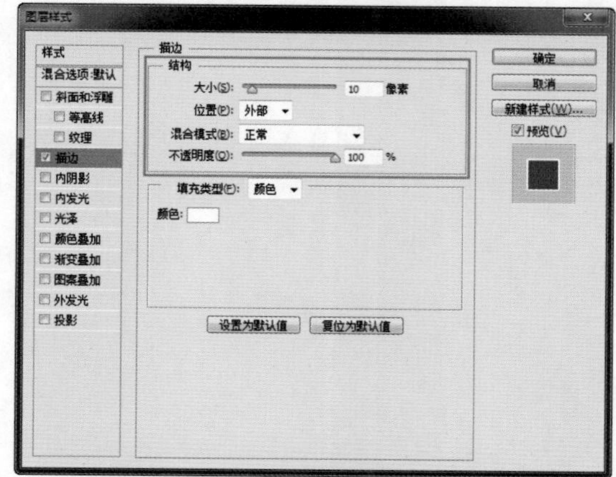

图 5-165 设置“图层样式”对话框

13 在“图层样式”对话框左侧选择“投影”选项，对相关参数进行设置，如图 5-166 所示。单击“确定”按钮，完成“图层样式”对话框的设置，效果如图 5-167 所示。

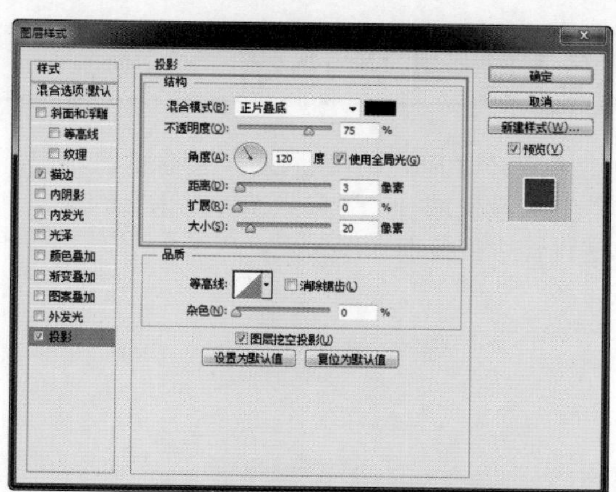

图 5-166 设置“图层样式”对话框

图 5-167 图像效果

14 使用相同的制作方法，可以在画布中输入其他文字内容，完成该新品上市 POP 的制作，最终效果如图 5-168 所示。

图 5-168 最终效果

5.6 本章小结

本章针对 Photoshop CC 中图像的各种颜色模式以及它们之间的转换关系进行了介绍，还对相关颜色的选取与设置进行了讲解。通过对本章的学习，用户应该对合理使用颜色的知识有了一定的了解，并且能够在设计中很好地加以运用。

第 6 章 Photoshop CC 的绘画工具

Photoshop CC 中共有 4 种基本绘画工具，其中包括普通的画笔工具、铅笔工具，还包括可以通过绘画改变图像局部颜色的颜色替换工具，以及可以绘制出具有水粉效果图像作品的混合器画笔工具。本章将会对这些工具及相关的选项进行详细讲解。

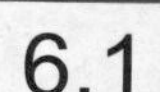

6.1 基本绘画工具

Photoshop CC 中最基本的绘画工具包括“画笔工具”、“铅笔工具”、“颜色替换工具”、“混合器画笔工具”4 种，这 4 种绘图工具在同一工具组内，如图 6–1 所示。

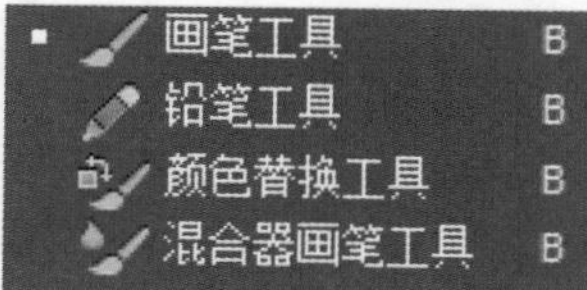

图 6-1 基本绘画工具

6.1.1 画笔工具

使用“画笔工具”可以绘制出比较柔和的前景色线条，类似于用真实画笔绘制的线条。通过在选项栏中对“画笔工具”的相关选项进行设置后，使用画笔工具绘制出的图形可以和真实画笔绘制出的图画效果相媲美。

单击工具箱中的“画笔工具”按钮，在选项栏中可以对“画笔工具”的相关选项进行设置，如图 6–2 所示。

“工具预设”选取器　切换“画笔”面板　绘图板压力控制不透明度　启用喷枪模式

175　模式：正常　不透明度：50%　流量：100%

“画笔预设”选取器　绘图板压力控制大小

图 6-2 “画笔工具”的选项栏

“工具预设”选取器：在“工具预设”选取器中可以选择系统预设的画笔样式或将当前画笔定义为预设。在这里可以选择当前工具的预设或所有工具的预设。

“画笔预设”选取器：在“画笔预设”选取器中可以对画笔的大小、硬度以及样式进行设置，如图 6–3 所示。单击“画笔预设”选取器右上角的按钮，在弹出的下拉菜单中可以选择“新建画笔预设”命令，将对画笔进行的自定义设置保存为画笔预设，或选择更多的画笔类型，如图 6–4 所示。

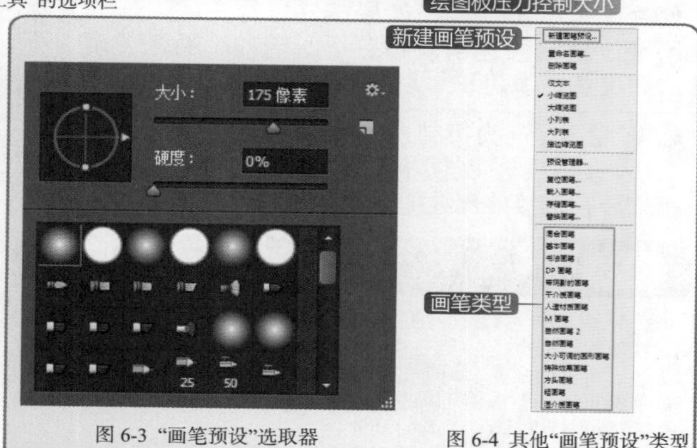

图 6-3 “画笔预设”选取器　图 6-4 其他“画笔预设”类型

“切换画笔面板”按钮：切换“画笔”面板的打开与关闭，打开“画笔”面板后，在该面板中可以对“画笔工具”的更多扩展选项进行设置。

- 模式：用于设置使用“画笔工具”在图像中进行涂抹时，涂抹区域颜色与图像像素之间的混合模式。模式就是将一个像素的颜色与下方的像素颜色相混合，以生成一个新颜色，在“模式”下拉列表中大部分模式与“图层混合模式”的模式相同，在以后的章节会专门对这些模式的作用进行讲解。在“画笔工具”的模式选项中有两种模式是“图层混合模式”所不具备的，即“背后”和“清除”，这两个选项对已“锁定透明像素”、“锁定图像像素”的图层或“背景”层不起作用。
  - 背后：此模式只限于为当前图层的透明区域绘画添加颜色，选择“背后”混合模式后，只能更改图层中的透明区域，对已有像素的区域没有作用。
  - 清除：用于清除图层中的图像，效果等同于使用“橡皮擦工具”擦除图像。
- 不透明度：在画笔、铅笔、仿制图章和历史记录画笔等绘图工具的选项栏中都有“不透明度”控制选项，用于设置使用对应工具在图像中进行涂抹时，笔尖部分颜色的不透明度，该值是 1%~100% 的整数，默认为 100%。此时使用画笔在画布中进行涂抹后完全不透明。
- “绘图板压力控制不透明度”按钮：如果正在使用外部绘图板设备对画笔工具进行操作，按下该按钮后，在选项栏中设置的“不透明度”不会对使用绘图板绘制图形的不透明度产生影响。
- 流量：在画笔、铅笔、仿制图章和历史记录画笔等绘图工具的选项栏中都有“流量”控制选项，用来控制使用对应工具在画布中进行涂抹时，笔尖部分的颜色流量。如果一直按住鼠标左键在某个区域不断涂抹，颜色将根据流动速率增加，直至达到不透明度设置，流量值的范围为 1%~100%，流量值越大，流动速率也就越大。
- “启用喷枪模式”按钮：启用喷枪模式后，将使用喷枪模拟绘画，如果按住鼠标左键，当前光标所在位置的颜色料量将会不断增加。画笔硬度、不透明度和流量选项可以控制应用颜料的速度和数量。
- “绘图板压力控制大小”按钮：可以控制画笔的大小，该按钮与“绘图板压力控制不透明度”按钮一样，都需要在连接外部绘图板设置时才能起作用。

技巧

使用“画笔工具”时，按键盘上的“[”或“]”键可以减小或增加画笔的直径；按住 Shift+[或 Shift+] 键可以减少或增加具有柔边、实边的圆或书画笔的硬度；按主键盘区域和小键盘区域的数字键可以调整画笔工具的不透明度；按住 Shift+ 主键盘区域的数字键可以调整画笔工具的流量。

6.1.2 铅笔工具

使用“铅笔工具”可以绘制出具有硬边的前景色线条，“铅笔工具”在选项栏中可设置的选项相对要少一些，如图 6-5 所示。

图 6-5 “铅笔工具”的选项栏

- 自动抹除：未选中该选项时，在使用“铅笔工具”进行绘制时，绘制出的线条颜色均为前景色；选中该选项后，在使用“铅笔工具”绘制图形时，如果绘制区域的颜色与前景色相同，那么绘制出的线条会自动更改为背景色。按 D 键恢复默认颜色。选中该选项与未选中该选项时在图像中绘制线条的效果如图 6-6 所示。

选中“自动抹除”选项

未选中“自动抹除”选项

图 6-6 绘制线条的效果对比

从上面两张图像的对比可以看出，无论是选中还是未选中“自动抹除”选项后，在使用“铅笔工具”绘制线条时，在涂抹过程中总体的颜色不会发生改变。选中“自动抹除”选项后，所绘制的线条颜色只会受“铅笔工具”光标所在位置颜色的影响。

6.1.3 颜色替换工具

使用“颜色替换工具”可以使“前景色”通过多种不同模式替换图像中的颜色。如图 6-7 所示为“颜色替换工具”的选项栏。

取样

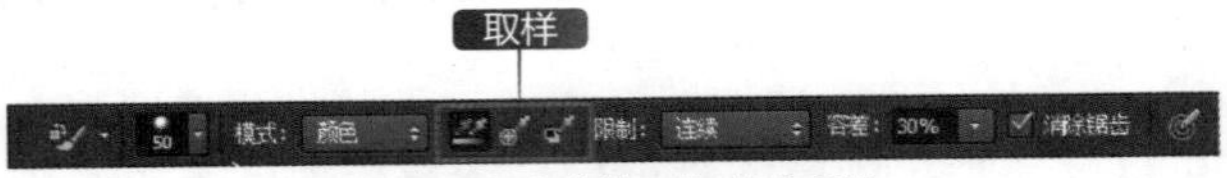

图 6-7 “颜色替换工具”的选项栏

- 模式：用于设置使用“颜色替换工具”替换图像颜色的模式，包括“色相”、“饱和度”、“颜色”和“明度”4 种。
- 取样：用于设置颜色取样的方式，有“取样：连续”、“取样：一次”和“取样：背景色板”3 种。
  - 连续：在拖动鼠标时对图像的颜色进行连续取样并进行替换。
  - 一次：只替换包含第一次单击的颜色区域中的目标颜色。

- 背景色板：只替换包含当前背景色的颜色区域。

- 限制：通过“限制”选项可以确定替换颜色的范围，有“不连续”、“连续”和“查找边缘”3 种方式。
  - 不连续：表示当前光标所在区域内任何位置的颜色都将被替换。
  - 连续：表示只替换与光标区域内颜色邻近的颜色。
  - 查找边缘：表示替换包含样本颜色的连续区域，同时可更好地保留形状边缘的锐化程度。

- 容差：用于控制可替换与单击点像素相似的颜色。“容差”值越大，可替换的颜色范围就越广；“容差”值越小，范围也就越小。

- 消除锯齿：为校正区域定义平滑的边缘，从而消除锯齿。

使用“颜色替换工具”即可对一个区域内的颜色进行替换，又可以对图像中相同的颜色进行替换，这里就对替换颜色的方法进行讲解。

动手实践——为图像替换颜色

源文件：光盘\源文件\第 6 章\6-1-3.psd

视频：光盘\视频\第 6 章\6-1-3.swf

01 打开素材图像“光盘\源文件\第 6 章\素材\61301.jpg”，如图 6-8 所示。单击工具箱中的“颜色替换工具”按钮，设置“前景色”为 RGB（89、167、180），在选项栏中设置如图 6-9 所示。

图 6-8 打开图像

图 6-9 “颜色替换工具”的选项栏

02 在图像中对人物头饰及衣服区域进行涂抹，效果如图 6-10 所示。在选项栏中设置“限制”选项为“查找边缘”，在图像中再次进行涂抹，效果如图 6-11 所示。

图 6-10 对人物头饰及衣服区域涂抹

图 6-11 图像效果

6.1.4 混合器画笔工具

使用“混合器画笔工具”可以模拟真实的绘画技术，绘制或将普通图像转换为具有水粉画风格效果的图像。“混合器画笔工具”的选项栏如图 6-12 所示。

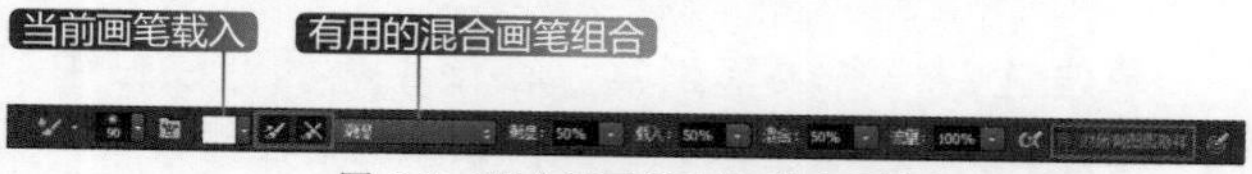

当前画笔载入　有用的混合画笔组合

图 6-12 “混合器画笔工具”的选项栏

- 当前画笔载入：在此列表中选择相应的选项，如图 6-13 所示。可以对载入的画笔进行设置。

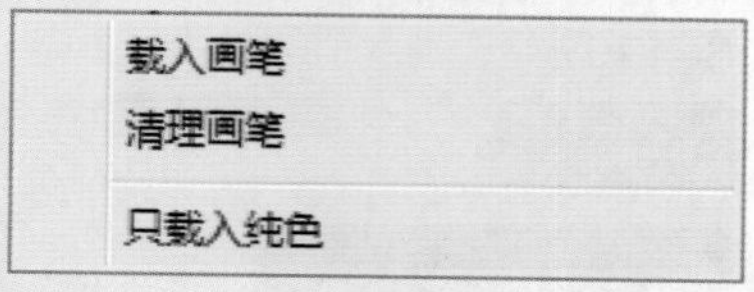

载入画笔
清理画笔
只载入纯色

图 6-13 当前画笔载入列表

- “每次描边后载入画笔”/“每次描边后清理画笔”：使用真实的画笔在画布中涂抹后，画笔上保留的油彩色会变淡或是完全用光，这时需要再次使用画笔吸取颜色。这两个按钮就是模拟现实中画笔吸取油彩色的这一步骤，默认情况为不选中状态。
  - 每次描边后载入画笔：使用鼠标在画布中涂抹完成后，会再次载入油彩色。
  - 每次描边后清理画笔：每次使用鼠标在画布中

涂抹完成后，清除当前画笔的油彩色，类似于用水清洗画笔这一过程。

- 有用的混合画笔组合：Photoshop 软件自带的几种默认画笔组合选项，对“混合器画笔工具”中的“潮湿”、“载入”、“混合”以及“流量”4 个选项进行设置。

- 潮湿：设置从画布中已存在的颜色中拾取的油彩量，取值范围为 0~100%，潮湿数量较高，在涂抹时会产生较长的条痕。如图 6-14 所示为设置不同的“潮湿”数量，使用白色画笔在图像中涂抹的效果。

“潮湿”为 100%

“潮湿”为 0%

图 6-14 设置不同“潮湿”值后的涂抹效果

- 载入：指定载入画笔油彩色的量，取值范围为 1%~100%。载入值越小，油彩干燥越快，也就是说在使用“混合器画笔工具”在画布中进行涂抹时距离越短。如图 6-15 所示为设置不同载入量后涂抹的效果。

“载入”为 10%

“载入”为 50%

图 6-15 设置不同“载入”值后的涂抹效果

- 混合：控制画布中的油彩量与设置的油彩量之间的比例。比例为 100% 时，所有油彩将从画布中拾取；比例为 0 时，所有油彩都来自于设置的油彩色。如果“潮湿”值为 0，“混合”选项无法设置，默认所有油彩都来自于设置的油彩色。

- 对所有图层取样：无论文档具有多少图层，都可以将这些图层作为一个单独的合并图层来看待，并拾取这些图层中可见的画布颜色。

6.2 画笔的绘画形式

在使用“画笔工具”时，根据选用工具的不同，在选项栏中各项功能也有所不同，但每一个画笔工具的选项栏中都具有相同的一个选项，那就是“画笔预设”选取器。本小节将会对“画笔预设”选取器中相关选项进行讲解。

6.2.1 预设画笔形式

单击任意一种画笔工具，在该工具的选项栏中都有“画笔预设”选取器按钮。单击该按钮，在打开的“画笔预设”选取器中可以对画笔笔触的相关选项进行设置，或在选取器的下方选择已存在的画笔预设形式，如图 6-16 所示。单击选取器右上角的⚙.按钮，弹出下拉菜单如图 6-17 所示。

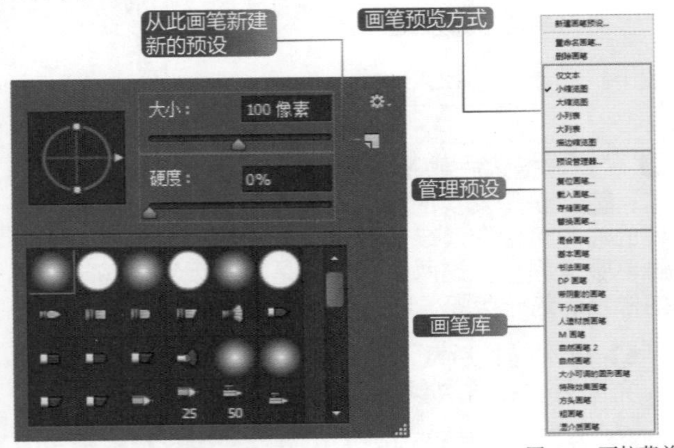

图 6-16 “画笔工具”选取器　　图 6-17 下拉菜单

- 大小：可以通过拖曳滑块或在文本框中输入数值控制画笔的大小，该值是 1~5000 像素的整数。

- 硬度：用于设置画笔笔触的硬度，该值是 0~100% 的整数。硬度值小于 100% 会在画笔笔触边缘形成类似于渐变的边缘。

- “从此画笔创建新的预设”按钮：单击该按钮，弹出“画笔名称”对话框，如图 6-18 所示。输入画笔名称或保存为默认名称，单击“确定”按钮，即可将当前设置的“大小”与“硬度”值保存为预设画笔样式并显示在“画笔预设”选取器中其他预设的下方，如图 6-19 所示。

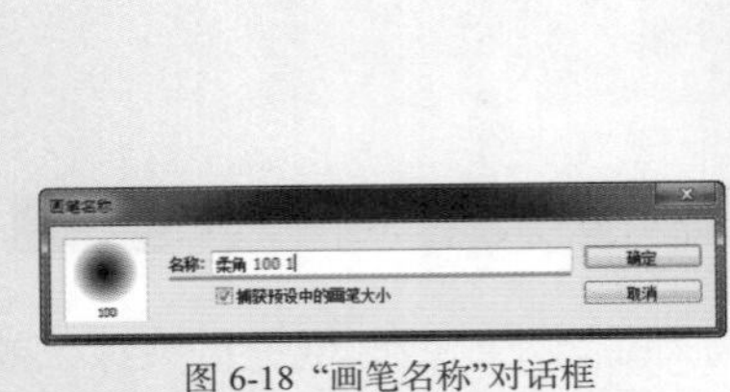

图 6-18 “画笔名称”对话框

图 6-19 “画笔工具”选取器

- 画笔预览方式：可控制在“画笔预设”选取器中的预览方式。如图 6-20 所示为其中两种画笔预览方式的效果。

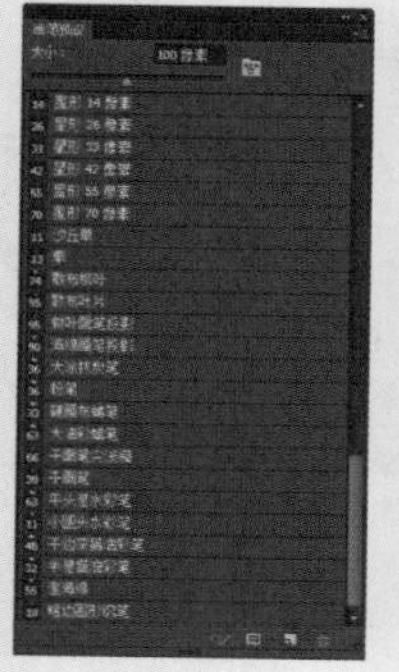
小列表

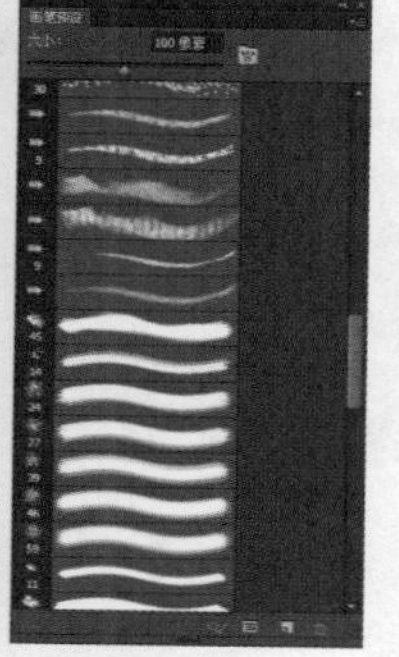
描边缩览图

图 6-20 画笔预览效果

- 管理预设：在该区域内有“预设管理器”、“复位画笔”、“载入画笔”、“存储画笔”和“替换画笔”5 个选项，可以对画笔预设进行管理。
  - 预设管理器：选择该选项，在打开的“预设管理器”对话框中可以对画笔的预设进行更加深入的设置，如图 6-21 所示。

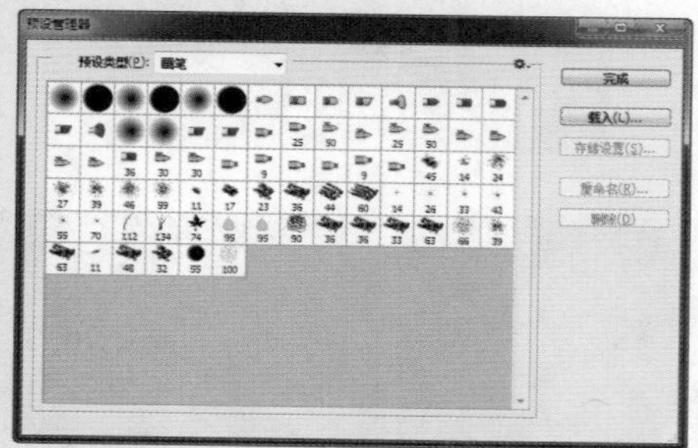
图 6-21 “预设管理器”对话框

  - 复位画笔：选择该选项，可以将当前“画笔预设”选取器中的预设全部复位为系统默认状态。
  - 载入画笔：将 Photoshop 外部的画笔载入到画笔预设中，但不会清除已存在的画笔。
  - 存储画笔：将当前的“画笔预设”选取器中的所有预设保存为一个 *.abr 格式的文件，在需要时通过“载入画笔”选项即可。
  - 替换画笔：在载入画笔的同时，将原“画笔预设”选取器中的预设画笔清除。
- 画笔库：选择画笔库中相应的画笔样式后，会打开一个提示框，如图 6-22 所示。单击“确定”按钮可以使用选择的画笔替换掉当前“画笔预设”选取器中的画笔；单击“追加”按钮，可以在当前“画笔预设”选取器中画笔的基础上将所选画笔进行追加。

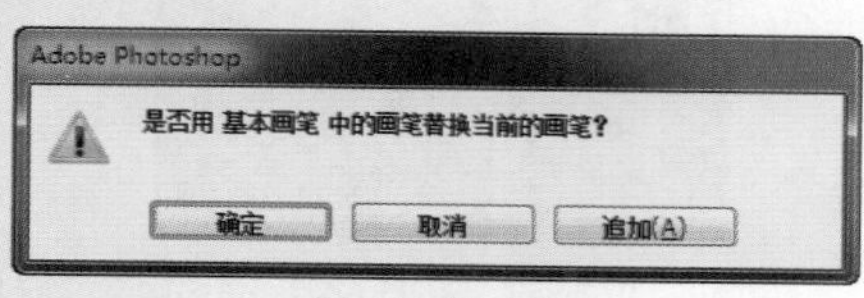

图 6-22 提示框

6.2.2 自定义画笔

自定义画笔指的是将图案或图像保存为预设，已存在的画笔样式可以通过“画笔预设”选取器定义，但如果需要定义的画笔并不存在于“画笔预设”选取器中，则需要通过其他方法定义，下面通过一个实例进行讲解。

动手实践——制作化妆品海报

源文件：光盘 \ 源文件 \ 第 6 章 \6-2-2.psd

视频：光盘 \ 视频 \ 第 6 章 \6-2-2.swf

01 打开素材图像“光盘\源文件\第6章\素材\62201.jpg”，如图 6-23 所示。打开素材图像“光盘\源文件\第 6 章\素材\62202.jpg”，如图 6-24 所示。

图 6-23 打开图像 1

图 6-24 打开图像 2

02 在 62202.jpg 文档中，选择“画笔工具”，设置“前景色”为黑色，单击工具箱中的“快速蒙版”按钮，在画布中进行涂抹，效果如图 6-25 所示。单击“以标准模式编辑”按钮，得到选区，如图 6-26 所示。

图 6-25 涂抹效果

图 6-26 选区效果

03 按快捷键 Ctrl+Shift+I，对选区进行反向选择，如图 6-27 所示。将选区中的图像拖曳到 62201.jpg 文档中，得到“图层 1”图层，并调整其到合适位置和大小，效果如图 6-28 所示。

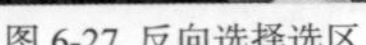

图 6-27 反向选择选区

图 6-28 图像效果

04 为“图层 1”添加图层蒙版，选择“渐变工具”，打开“渐变编辑器”对话框，设置如图 6–29 所示。单击“确定”按钮，完成渐变颜色的设置，并在图层蒙版中填充线性渐变，效果如图 6–30 所示。

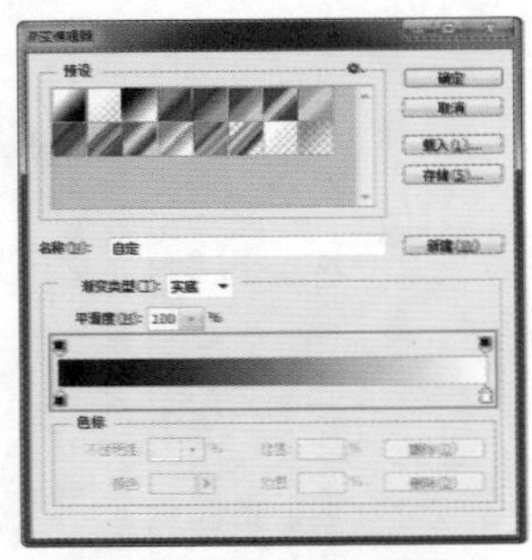

图 6-29 “渐变编辑器”对话框

图 6-30 渐变效果

05 使用相同的方法，打开素材图像“光盘\源文件\第 6 章\素材\62203.jpg”，将其拖曳到文档中，得到“图层 2”图层，并调整到合适的位置和大小，效果如图 6–31 所示。为“图层 2”添加图层蒙版，选择“画笔工具”，设置“前景色”为黑色，在画布中进行涂抹，效果如图 6–32 所示。

图 6-31 拖入素材

图 6-32 涂抹效果

06 复制“图层 2”图层，得到“图层 2 拷贝”图层，“图层”面板如图 6–33 所示。设置该图层的“混合模式”为“滤色”，效果如图 6–34 所示。

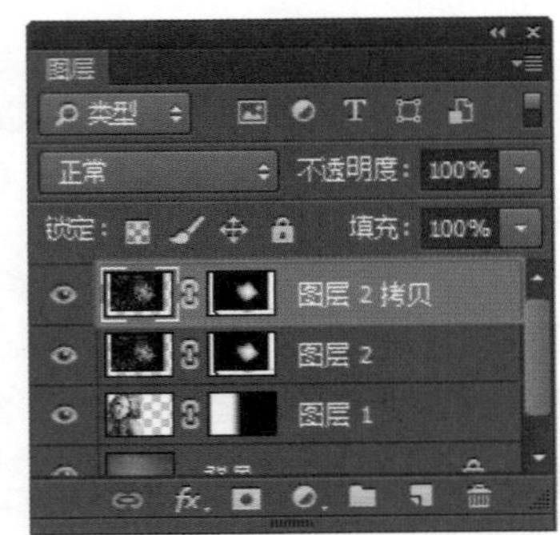

图 6-33 “图层”面板

图 6-34 图像效果

07 选择“横排文字工具”，打开“字符”面板，设置如图 6–35 所示。完成相应的设置，在画布中输入文字，效果如图 6–36 所示。

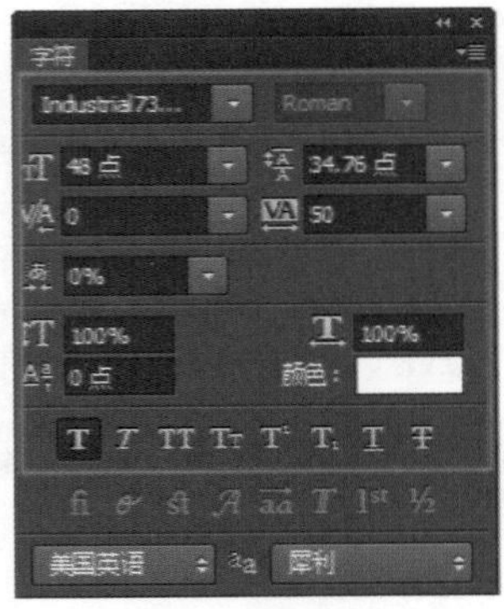

图 6-35 “字符”面板

图 6-36 输入文字

08 使用“横排文字工具”在画布中输入其他文字，效果如图 6–37 所示。执行“文件 > 新建”命令，弹出“新建”对话框，设置如图 6–38 所示。

图 6-37 输入文字

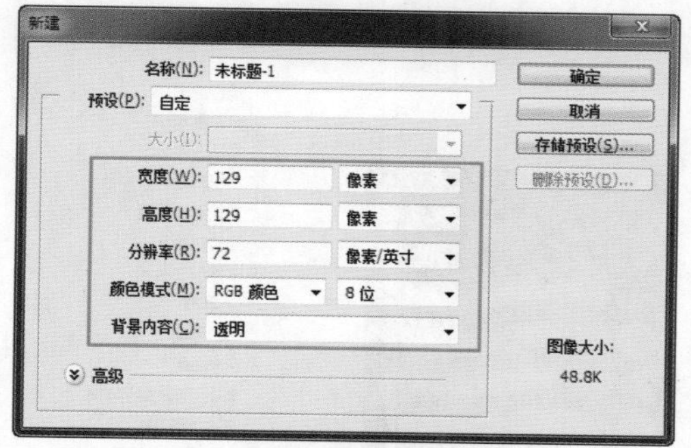

图 6-38 “新建”对话框

09 选择“椭圆选框工具”，按住 Shift 键在画布中绘制选区，如图 6–39 所示。设置“前景色”为黑色，选择“渐变工具”，打开“渐变编辑器”对话框，设置如图 6–40 所示。

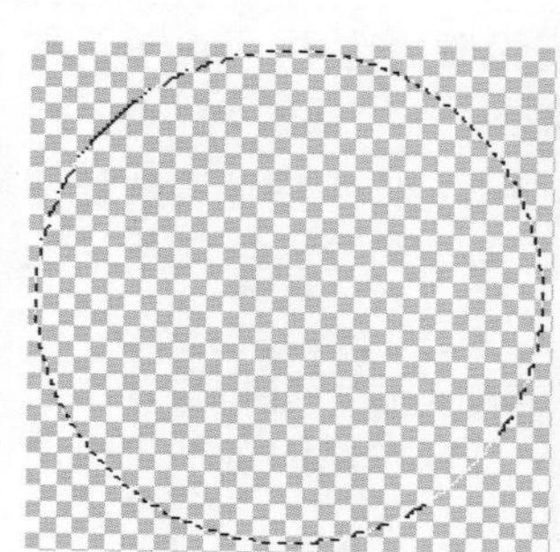

图 6-39 绘制选区

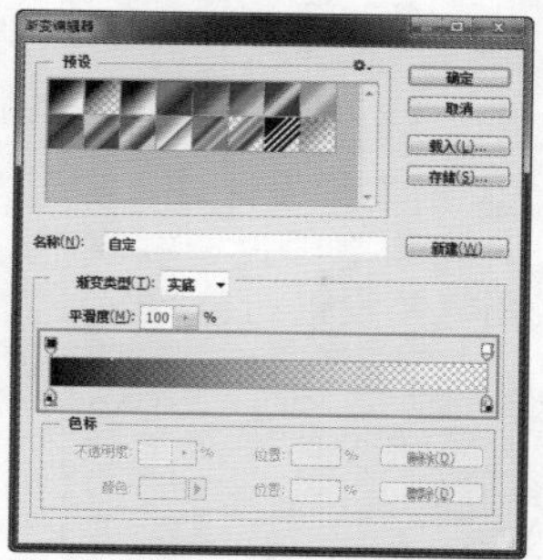

图 6-40 “渐变编辑器”对话框

10 单击选项栏中的“径向渐变”按钮，在选区中填充径向渐变，如图 6–41 所示。按快捷键 Ctrl+D，取消选区，再按快捷键 Ctrl+T，执行自由变换操作，效果如图 6–42 所示。

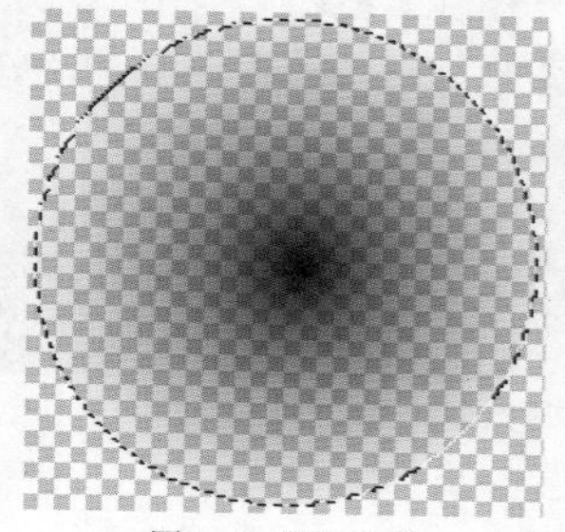

图 6-41 渐变效果　　图 6-42 变换效果

11 按快捷键 Ctrl+J，复制当前图层；按快捷键 Ctrl+T，执行变换操作，将图形旋转 90°，如图 6–43 所示。新建“图层 2”图层，选择“画笔工具”，设置“前景色”为黑色，在画布中进行涂抹，效果如图 6–44 所示。

图 6-43 变换效果　　图 6-44 图像效果

12 按住 Shift 键，选中所用图层。按快捷键 Ctrl+T，执行变换操作，将图形进行相应旋转，如图 6–45 所示。执行“编辑 > 定义画笔预设”命令，弹出“画笔名称”对话框，设置如图 6–46 所示。

图 6-45 变换效果

图 6-46 “画笔名称”对话框

13 单击“确定”按钮，创建自定义画笔。返回到 62201.jpg 文档中，选择“画笔工具”，按快捷键 F5，打开“画笔”面板，选择定义的画笔，设置如图 6–47 所示。

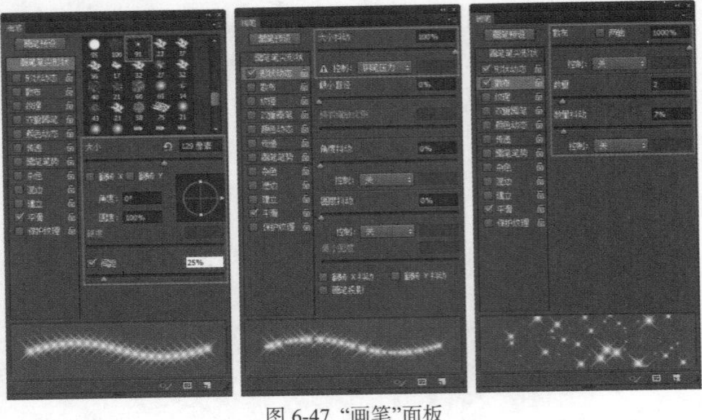

图 6-47 “画笔”面板

14 新建“图层 5”图层，选择“画笔工具”，设置“前景色”为白色，在画布中进行适当的涂抹，效果如图 6-48 所示。使用“画笔工具”在画布中进行涂抹，完成最终效果图的制作，效果如图 6-49 所示。

图 6-48 涂抹效果

图 6-49 最终效果

6.3 使用“画笔”面板

在“画笔”面板中提供了多种可以对“画笔工具”进行设置的选项。通过这些选项，可以对画笔的笔触、样式进行设置。

6.3.1 认识“画笔”面板

单击“画笔工具”选项栏中的“切换画笔面板”按钮或是执行“窗口 > 画笔”命令，打开“画笔”面板，如图 6-50 所示。

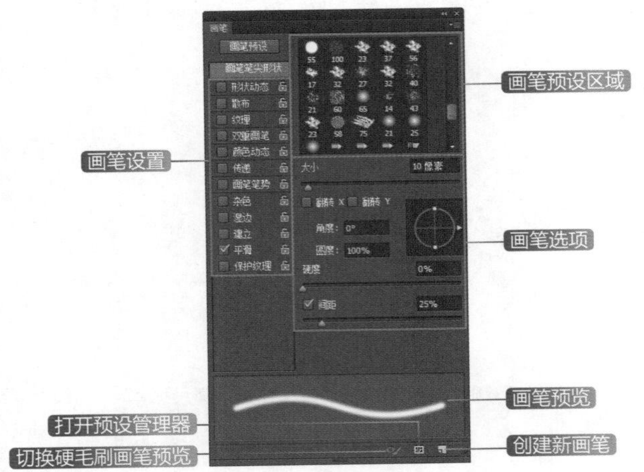

图 6-50 “画笔”面板

● “画笔预设”按钮：单击该按钮，可以打开“画笔预设”面板。在“画笔预设”面板中可以选择不同的画笔预设并设置画笔的大小，如图 6-51 所示。通过单击“画笔预设”面板右上角的倒三角按钮，在弹出的下拉菜单中可以选择载入其他画笔，如图 6-52 所示。

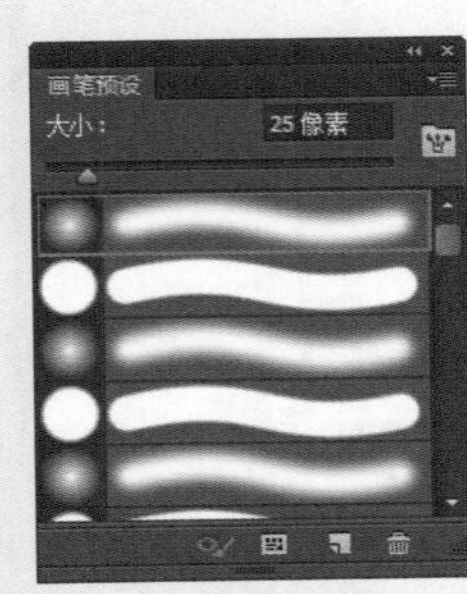

图 6-51 “画笔预设”面板

混合画笔
基本画笔
书法画笔
DP 画笔
带阴影的画笔
干介质画笔
人造材质画笔
M 画笔
自然画笔 2
自然画笔
大小可调的圆形画笔
特殊效果画笔
方头画笔
粗画笔
湿介质画笔

图 6-52 下拉菜单

● 画笔笔尖形状：选择该选项后，在右侧可以选择画笔的笔尖，并进行相应的设置。

● 画笔设置：选择需要进行设置的选项，可以在“画笔”面板右侧区域进行调整。

● 画笔预设区域：在该区域中可以根据需要选择不同的画笔预设，并在下方的画笔选项区域对所选的画笔预设进行自定义设置。

● 画笔选项：可以对选择的画笔预设进行自定义设置，根据所选画笔的不同，可供设置的选项也有所不同。

➋ 画笔预览：在对画笔的各个选项进行设置时，画笔的形状会有所改变，在这里可以直观地了解到具体的变化。

➋ “切换硬毛刷画笔预览”按钮：该按钮只有在选择硬毛刷画笔且启用“OpenGL 绘图”功能才可以使用。单击该按钮后，可以打开硬毛刷画笔预览图，根据所选硬毛刷画笔的不同，在预览图中显示的画笔形状也会有所不同。如图 6-53 所示为其中几种硬毛刷画笔的预览效果。

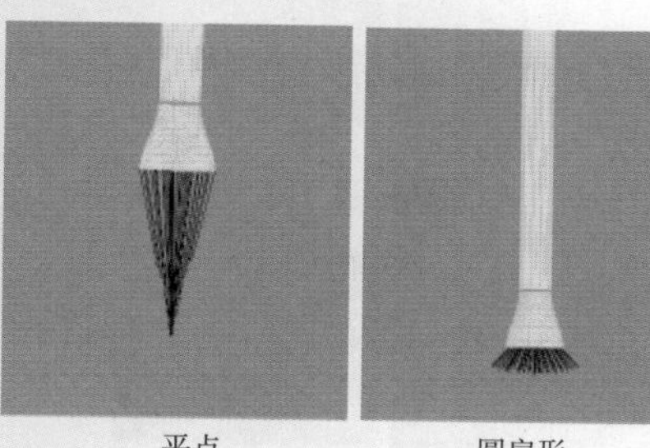

平点　　圆扇形

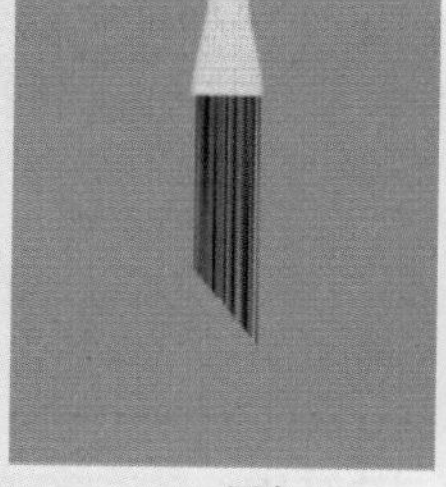

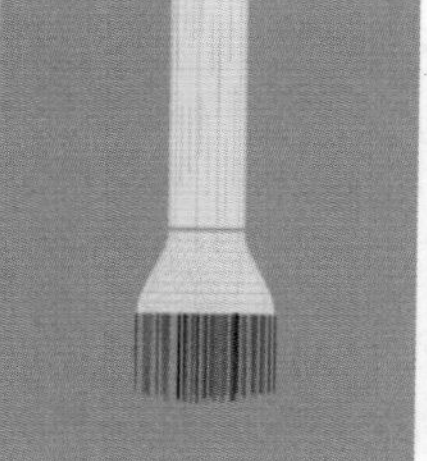

圆角　　平曲线

图 6-53 硬毛刷画笔预览效果

提示

对硬毛刷画笔的设置不同，预览效果也不完全相同，单击预览效果可以切换当前画笔的其他视图。

➋ “打开预设管理器”按钮：单击该按钮，可以打开“预设管理器”对话框，仅对预设进行管理。在该对话框中除了预设的画笔外，还包括“色板”、“样式”、“渐变”等其他预设，并对这些预设进行管理。

➋ “创建新画笔”按钮：单击该按钮，可以保存新的画笔预设，并将其保存在上方的画笔预设区域中。

提示

硬毛刷画笔预览只有在启用“OpenGL 绘图”功能后才可使用，执行“编辑 > 首选项 > 性能”命令，弹出“首选项”对话框，在该对话框的“GPU 设置”选项区域中选中该选项。如果该选项是灰色无法选中状态，说明当前计算机配置无法支持；如果选中后仍然无法使用硬毛刷画笔预览，重新启动一下 Photoshop CC 软件即可使用。

6.3.2 画笔笔尖形状

“画笔笔尖形状”界面是“画笔”面板默认打开的界面，在对画笔进行更加细致的设置之前，需要在该界面中选择一种画笔，并对画笔的基础属性进行设置。

1. 硬毛刷画笔选项

通过硬毛刷画笔可以指定精确的笔刷特性，从而创建逼真、自然的画笔效果。硬毛刷画笔在“画笔预设”面板中显示如图 6-54 所示。在“画笔”面板中可以对任意一种硬毛刷画笔进行设置，如图 6-55 所示。

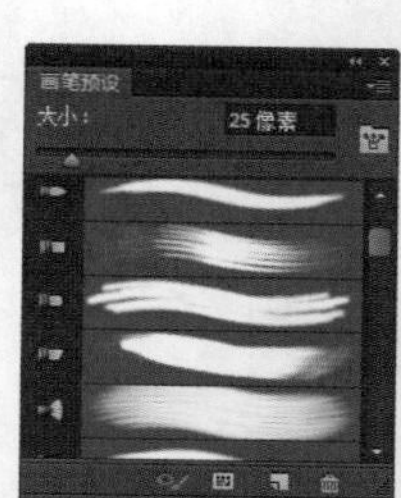

图 6-54 “画笔预设”面板

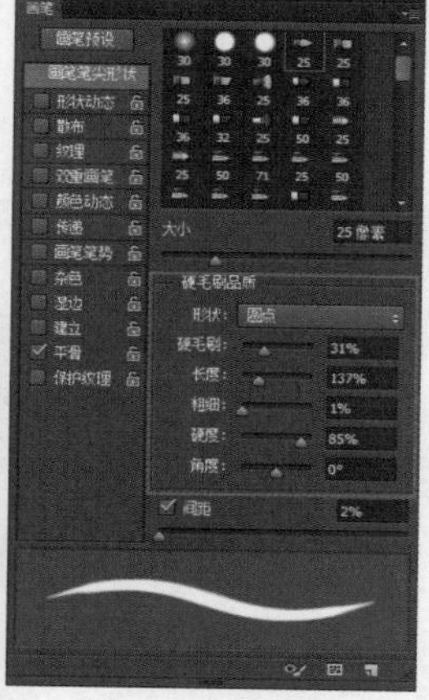

图 6-55 “画笔”面板

➋ 大小：定义画笔直径大小，根据所选画笔不同，可以定义的画笔直径也不相同。硬毛刷画笔的大小可以设置为 1~300 像素的整数；基本画笔可以定义的大小为 1~5000 像素的整数。

➋ “硬毛刷品质”选项区：在该选项区中可以对硬毛刷画笔的相关属性进行设置。

➋ 形状：在右侧的下拉列表中可以选择硬毛刷的形状，共有 10 种硬毛刷可以选择。硬毛刷画笔的显示效果如图 6-56 所示。

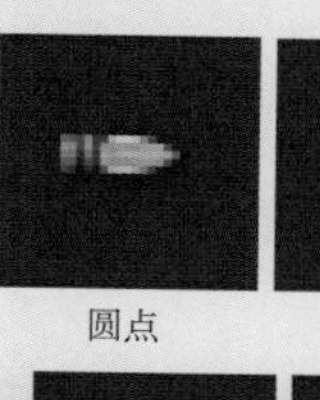

圆点　　圆钝形　　圆曲线　　圆角

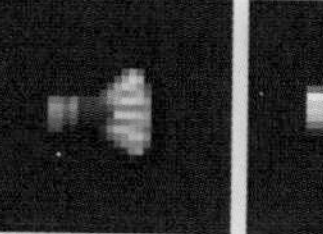

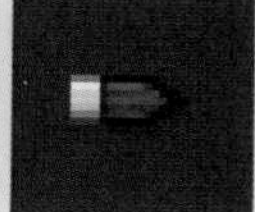

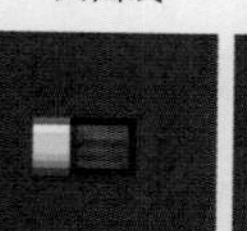

圆扇形　　平点　　平钝形　　平曲线

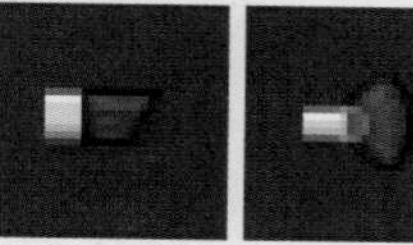

平角　　平扇形

图 6-56 硬毛刷画笔的形状

➋ 硬毛刷：可以控制毛刷的整体浓度，该值为

1%~100% 的整数。如图 6-57 所示为选用同一种硬毛刷画笔，设置不同硬毛刷数量后的预览效果。

“硬毛刷”为 20%　　“硬毛刷”为 100%

图 6-57 不同硬毛刷数量预览效果

- 长度：可以控制毛刷的长度，不同长度的硬毛刷画笔，在画布中涂抹出的效果会有很大区别，取值范围为 25%~500% 的整数。如图 6-58 所示为选择同一种硬毛刷，但设置不同长度后在画布中涂抹的效果。

“长度”为 25%

“长度”为 150%

图 6-58 设置不同硬毛刷长度的效果

- 粗细：控制单个硬毛刷的宽度，通过更改单个硬毛刷的粗细可以更改整体硬毛刷的宽度，取值范围为 1%~200% 的整数。
- 硬度：控制毛刷的灵活度，取值范围为 1%~100%。该值越小，画笔形状越容易变形。如图 6-59 所示为设置不同硬度后，在画布中进行涂抹时画笔的预览效果。

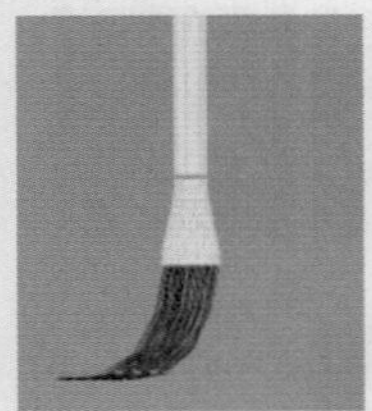

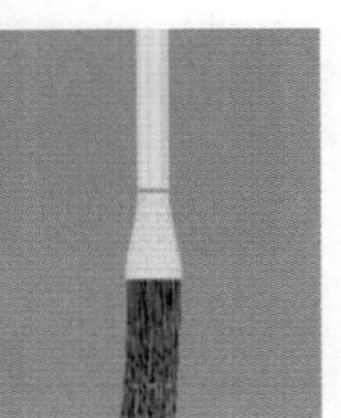

“硬度”为 1%　　“硬度”为 40%　　“硬度”为 50%

图 6-59 设置不同硬度值后的预览效果

- 角度：确定使用鼠标绘画时画笔笔尖的角度，取值范围为 -180° ~180° 。如图 6-60 所示为设置不同角度后画笔的预览效果以及在画布中涂抹的效果。

“角度”为 30

“角度”为 180

图 6-60 设置不同角度后涂抹以及预览效果

- 间距：用于控制画笔笔迹之间的距离。如果不选中该选项，使用画笔在画布中涂抹时间距会随机发生变化；如果选中该选项后，设置值越高，笔迹之间的间隔距离越大，该值为 1%~1000% 的整数。如图 6-61 所示为选择硬毛刷画笔，设置不同间距后画笔的预览效果。

间距为 1%　　间距为 50%

图 6-61 设置不同间距画笔的预览效果

2. 侵蚀画笔选项

单击工具箱中的“画笔工具”按钮，执行“窗口 > 画笔”命令，打开“画笔”面板，在该面板中选择任意一个侵蚀笔尖，在“画笔”面板的下方将显示其各属性的参数，如图 6-62 所示。

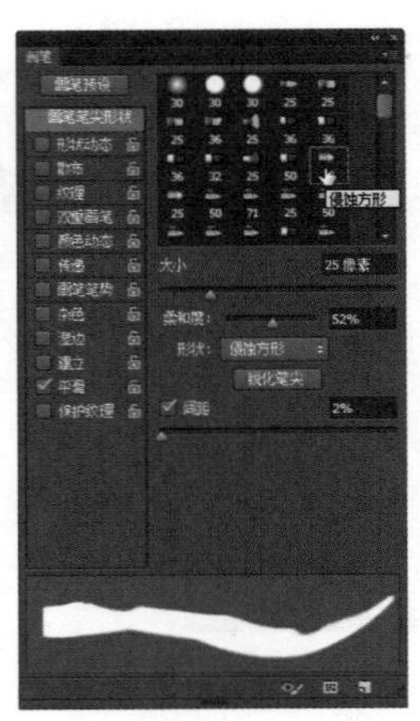

图 6-62 “画笔”面板

柔和度：该选项用于设置侵蚀笔刷的柔和度。该值越大，笔触越柔和。

形状：该选项用来设置侵蚀笔刷的形状，在该选项的下拉列表中有 6 个选项可供选择，如图 6-63 所示。

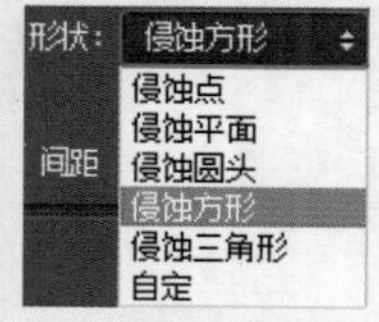

图 6-63 “形状”下拉列表

“锐化笔尖”按钮：单击该按钮，可以锐化当前设置的侵蚀笔尖。

3. 喷枪画笔选项

单击工具箱中的“画笔工具”按钮，执行“窗口 > 画笔”命令，打开“画笔”面板，在该面板中选择任意一个喷枪画笔，在“画笔”面板的下方将会显示其各属性的参数，如图 6-64 所示。

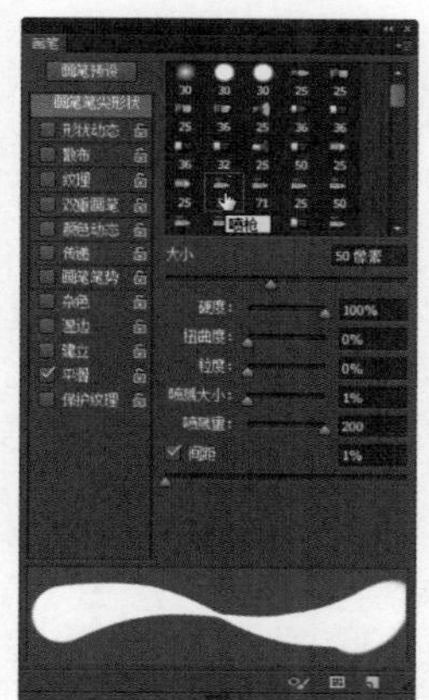

图 6-64 “画笔”面板

硬度：该选项用来设置喷枪笔尖的硬度，取值范围从 1% ~ 100%，该值越小，笔尖越柔和，如图 6-65 所示。

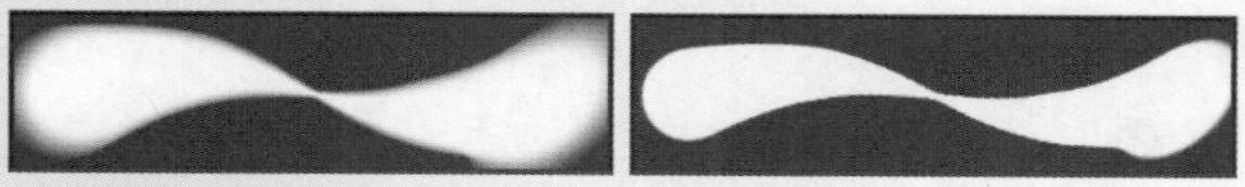

“硬度”为 1%　　“硬度”为 100%

图 6-65 不同硬度的画笔效果

扭曲度：该选项用来设置喷枪的扭曲度，取值范围从 0 ~ 100%，该值越大，扭曲度越大，如图 6-66 所示。

“扭曲度”为 0%　　“扭曲度”为 100%

图 6-66 不同扭曲度的画笔效果

粒度：该选项用来设置喷枪笔触的粒度，取值范围从 0~100%，该值越大，喷枪粒子越多，如图 6-67 所示。

“粒度”为 0%　　“粒度”为 100%

图 6-67 不同粒度画笔效果

喷溅大小：该选项用来设置喷枪的喷溅大小，取值范围从 1%~100%，该值越大，喷枪粒子越大，如图 6-68 所示。

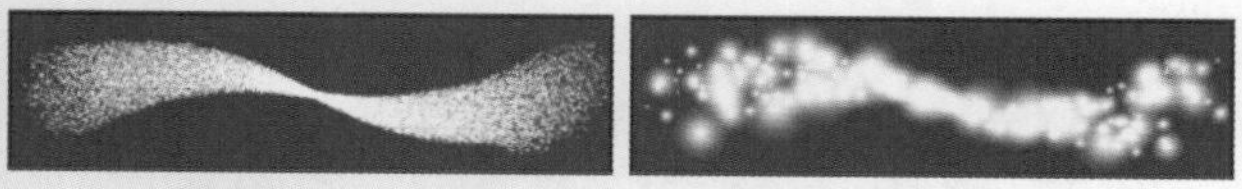

“喷溅大小”为 1%　　“喷溅大小”为 100%

图 6-68 不同喷溅大小的画笔效果

喷溅量：该选项用来设置喷枪喷溅量，取值范围从 1~200，该值越大，喷枪粒子越多，如图 6-69 所示。

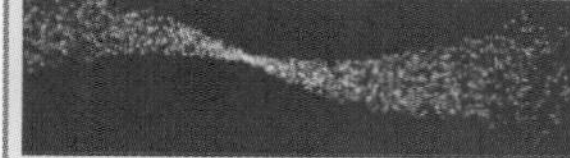

“喷溅量”为 10　　“喷溅量”为 200

图 6-69 不同喷溅量的画笔效果

4. 基本画笔选项

在 Photoshop CC 中，除了硬毛刷画笔、侵蚀画笔和喷枪画笔这 3 种特殊画笔具有单独的“画笔笔尖形状”设置选项外，其他画笔（包括系统默认的预设画笔以及自定义画笔）的“画笔笔尖形状”设置选项完全相同，而且可以设置的选项要远比“硬毛刷画笔”的选项设置更加简单。如图 6-70 所示为基本画笔设置选项。

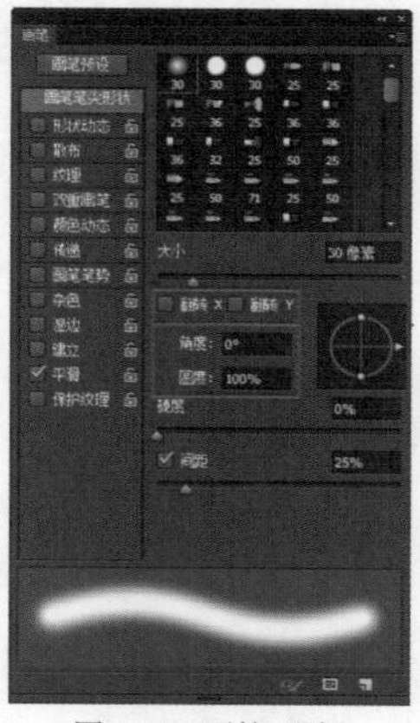

图 6-70 “画笔”面板

翻转：通过“翻转 X”与“翻转 Y”两个复选框可以更改画笔笔尖在 X 轴或 Y 轴上的方向。如图 6-71 所示为原画笔与翻转方向后画笔的预览效果。

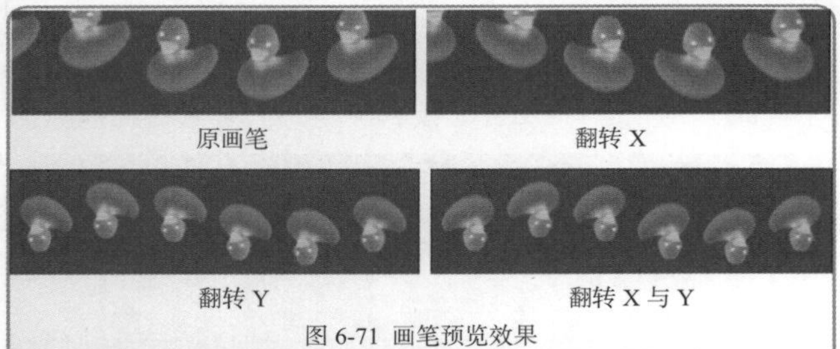

原画笔
翻转 X
翻转 Y
翻转 X 与 Y

图 6-71 画笔预览效果

- 角度：用于控制画笔的角度，该值为 –180° ~180° 的整数。可以通过在文本框中输入度数或使用鼠标拖曳右侧预览框中箭头进行调整。如图 6–72 所示为不同角度的画笔预览效果。

翻转 X 翻转 Y
角度：0°
圆度：100%
翻转 X 翻转 Y
角度：30°
圆度：100%

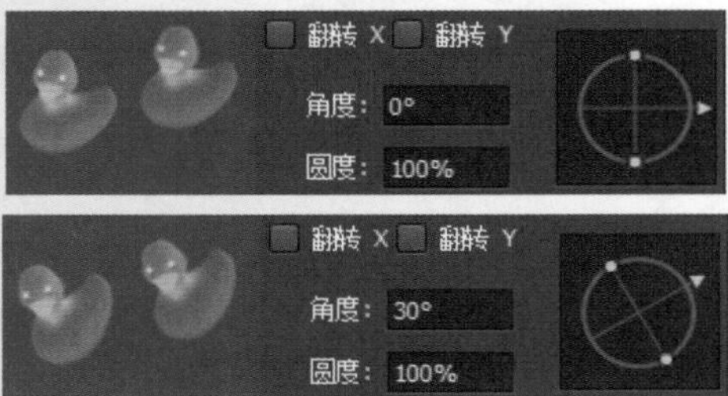

图 6-72 不同角度的画笔预览效果

- 圆度：该值为 0~100% 的整数，通过控制画笔的圆度，从而使画笔长轴与短轴之间的比例发生变化，可以通过在文本框中输入数值或单击右侧预览框中两个小圆点来调整圆度。如图 6–73 所示为设置不同圆度后画笔预览效果。

翻转 X 翻转 Y
角度：0°
圆度：100%
翻转 X 翻转 Y
角度：0°
圆度：35

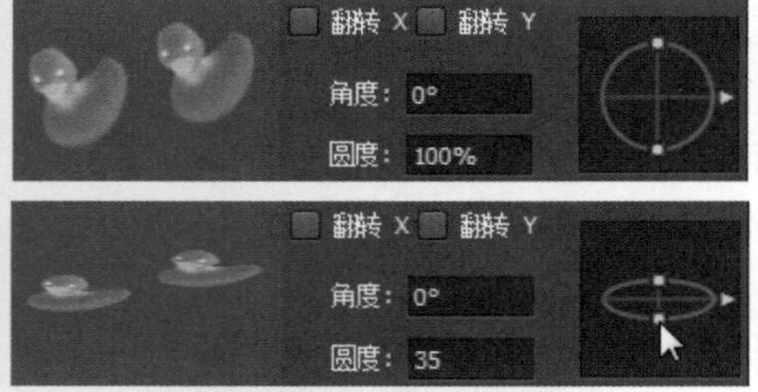

图 6-73 不同圆度的画笔预览效果

- 硬度：用于设置画笔的硬度，该值为 0~100% 的整数，该值越小，画笔的边缘也就越柔和，只可为 Photoshop CC 中默认的圆形画笔设置硬度。

6.3.3 形状动态

“形状动态”决定了画笔笔迹的变化，包括大小抖动、角度抖动、圆度抖动特性。单击并选中“画笔”面板左侧的“形状动态”选项后，在“画笔”面板右侧对形状动态的相关设置可应用于当前所选的画笔形状。“形状动态”中的相关选项如图 6–74 所示。

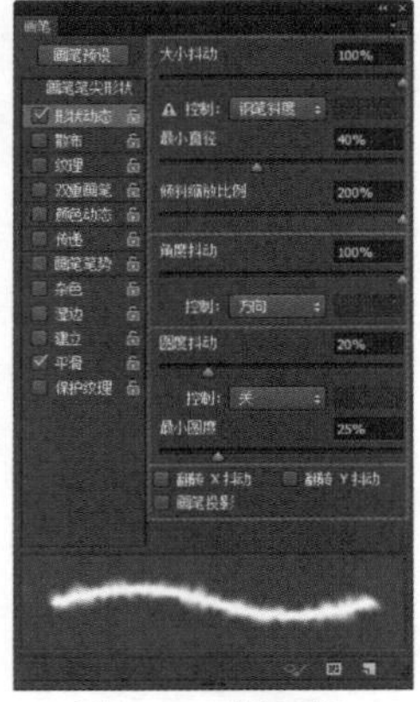

图 6-74 “画笔”面板

- “大小抖动”选项区：用于设置画笔笔迹大小的改变方式。如图 6–75 所示为设置不同大小抖动后的画笔效果。

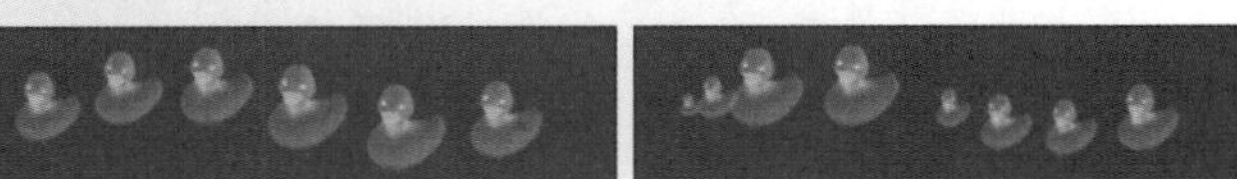

“大小抖动”为 20%
“大小抖动”为 100%

图 6-75 画笔预览效果

- 大小抖动：用于设置画笔笔迹大小的改变方式，取值范围为 0~100% 的整数，该值越大，变化效果越明显。
- 控制：在该下拉列表中可以选择画笔笔迹大小改变的方式，有“关”、“渐隐”、“钢笔压力”、“钢笔斜度”和“光笔轮”5 种选项可以选择。如果选择“关”选项，表示不控制画笔笔迹的大小变化；如果选择“渐隐”选项，可按照指定数量的步长在初始直径和最小直径之间渐隐画笔笔迹的大小，通过合适的减弱步数，可产生笔触逐渐淡出的效果，该值为 1~9999 的整数；如果选择“钢笔压力”、“钢笔斜度”或“光笔轮”选项，可依据钢笔压力、钢笔斜度或光笔轮位置在初始直径和最小直径之间改变画笔笔迹的大小。
- 最小直径：指定当启用“大小抖动”后，通过该选项可设置画笔笔迹可以缩放的最小百分比，数值越大变化越小。
- 倾斜缩放比例：当“大小抖动”设置为“钢笔斜度”时，在旋转前应用于画笔高度的比例因子。键入数字，或者使用滑块控制画笔直径的百分比值。

- “角度抖动”选项区：用于控制画笔笔迹角度的抖动效果。在“角度抖动”下方的“控制”选项的设置方法与“大小抖动”下方的“控制”选项的设置方法相同；但在“角度抖动”的“控制”选项中多出了“旋转”、“初始方向”与“方向”3 个选项，在“大小抖动”中的“控制”选项是针对画笔直径设置的，而在这里则是针对画笔在 0~360 范围内的角度变化效果。如图 6–76 所示为设置不同角度抖动后的画笔效果。

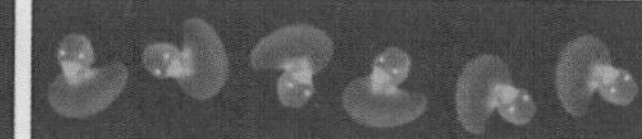

“角度抖动”为 20%　　“角度抖动”为 100%

图 6-76 画笔预览效果

- 旋转：可依据钢笔的旋转在 0~360 范围内改变画笔笔迹的角度。
- 初始方向：画笔笔迹的角度基于画笔笔迹的初始方向。
- 方向：画笔笔迹的角度基于画笔笔迹的方向。

- “圆度抖动”选项区：用于控制画笔笔迹的圆度变化方式。如图 6–77 所示为设置不同角度抖动后的画笔效果。

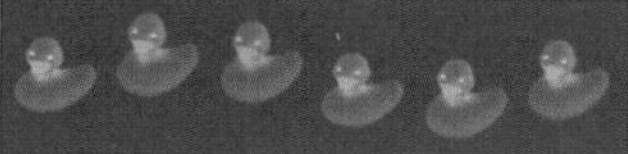
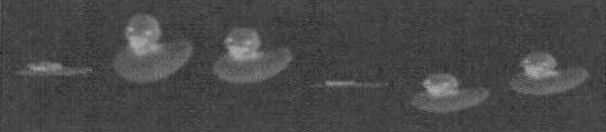

“圆度抖动”为 20%　　“圆度抖动”为 100%

图 6-77 画笔预览效果

- 最小圆度：该选项与“最小直径”类似，通过最小圆度可以对画笔笔迹的最圆度加以控制。

- 翻转 X 抖动和翻转 Y 抖动：“翻转 X 抖动”与“翻转 Y 抖动”选项与“画笔笔尖形状”界面中的“翻转 X”和“翻转 Y”选项类似，不过这里的“翻转 X 抖动”与“翻转 Y 抖动”是控制画笔笔迹在 X 轴或 Y 轴上随机翻转的方向。

- 画笔投影：选中该选项，可以启用画笔投影的效果，使画笔绘制出的图形带有阴影的效果。

6.3.4 散布

通过“散布”可以设置画笔笔迹散布的数量和位置。选中“散布”复选框，在“画笔”面板中可以对“散布”选项进行相应的设置。

打开素材图像“光盘\源文件\第 6 章\素材\63401.jpg”，如图 6–78 所示。在“画笔”面板中选择“散布”选项，如图 6–79 所示。

图 6-78 打开图像

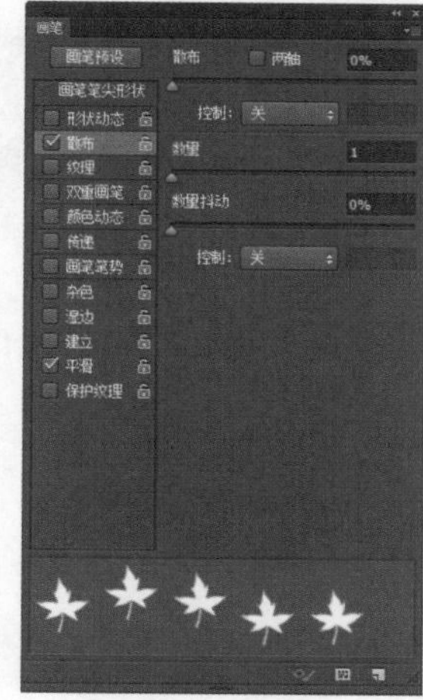

图 6-79 “画笔”面板

- 散布 / 两轴：用于设置画笔笔迹的散布程度，该值为 0~1000% 的整数，值越大，画笔笔迹的散布程度越大；当选择“两轴”选项后，画笔笔迹按笔迹路径两侧分布，取消该选项，画笔笔迹垂直于笔迹路径分布。如图 6–80 所示为设置不同散布值并选中“两轴”选项后在图像中绘制的效果。

“散布”为 60%　　“散布”为 200%

图 6-80 画笔散布效果

6.3.5 纹理

通过对“纹理”选项进行设置，可以使用画笔绘制出的笔迹产生纹理效果，类似于在带纹理的画布上进行绘制。

打开素材图像“光盘\源文件\第 6 章\素材\63501.jpg”，如图 6–81 所示。在“画笔”面板中选择“纹理”选项，如图 6–82 所示。

图 6-81 打开图像

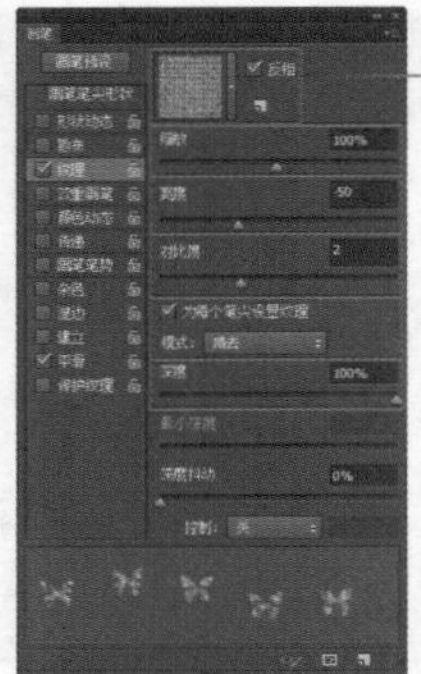

图 6-82 “画笔”面板

设置纹理：单击纹理预览，在打开的“图案拾色器”中可以设置画笔的纹理。选中“反相”复选框后，可以基于图案中的色调反转纹理中的亮点和暗点。

缩放：用于指定图案的缩放比例，可以在1%~1000%进行调整，通过输入数字或调整滑块位置来调整百分比的大小。如图 6-83 所示为不同缩放值在图像中绘制的效果。

“缩放”为 50%

“缩放”为 1000%

图 6-83 不同缩放值绘制的效果

亮度：该选项用于设置画笔纹理的亮度，取值范围为 -150~150，亮度值越高，画笔纹理越明亮。如图 6-84 所示为不同亮度值在图像中绘制的效果。

“亮度”为 -80%

“亮度”为 75%

图 6-84 不同亮度值的绘制效果

对比度：该选项用于设置画笔纹理的对比度，取值范围为 -50~100，对比度值越高，画笔纹理越清晰。如图 6-85 所示为不同对比度值在图像中绘制的效果。

“对比度”为 -50%

“对比度”为 60%

图 6-85 不同对比度值的绘制效果

为每个笔尖设置纹理：将选定的纹理单独应用于画笔描边中的每个画笔笔迹，而不是作为整体应用于画笔描边，只有选中了该选项，才可以使用“深度”选项。

模式：用于指定画笔与图案的混合模式。

深度：指定油彩渗入纹理中的程度，该值为 0~100% 的整数。该值为 100% 时，纹理中的所有暗点不接收任何油彩；该值为 0 时，则纹理中的所有暗点都接收相同数量的油彩，从而隐藏图案。如图 6-86 所示为不同深度在图像中绘制的效果。

“深度”为 0%

“深度”为 100%

图 6-86 不同深度值的绘制效果

6.3.6 双重画笔

“双重画笔”是通过两个笔尖来创建画笔笔迹的（一个是主画笔，也就是通过“画笔笔尖形状”选项设置的画笔；另一个则是通过“双重画笔”选项设置的画笔），将在主画笔的画笔笔迹内应用第 2 个画笔纹理，最后得到两个画笔混合叠加的区域。

打开素材图像“光盘\源文件\第 6 章\素材\63601.jpg”，如图 6-87 所示。在“画笔”面板中设置主画笔，如图 6-88 所示。选中“双重画笔”复选框，在“画笔”面板中设置第 2 个画笔，如图 6-89 所示。

图 6-87 打开图像

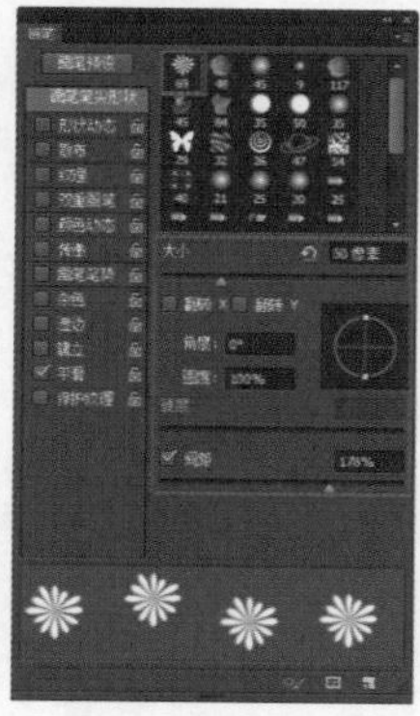
图 6-88 设置主画笔

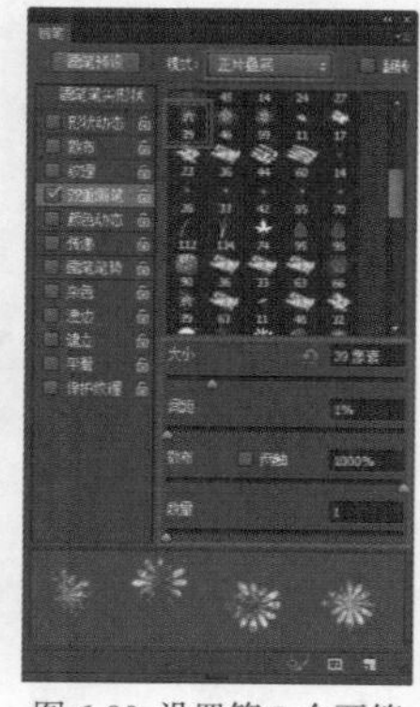
图 6-89 设置第 2 个画笔

◎ 模式：用于指定两种画笔在组合使用时的混合模式。如图 6-90 所示为使用其中两种混合模式在图像中绘制的效果。

模式为“正片叠底”

模式为“叠加”

图 6-90 使用两种混合模式绘制的效果

6.3.7 颜色动态

“颜色动态”决定了画笔笔迹中油彩颜色的变化方式，打开素材图像“光盘\源文件\第 6 章\素材\63701.jpg”，如图 6-91 所示。在“画笔”面板中选择一种画笔，如图 6-92 所示。选择“颜色动态”选项，如图 6-93 所示。

图 6-91 打开图像

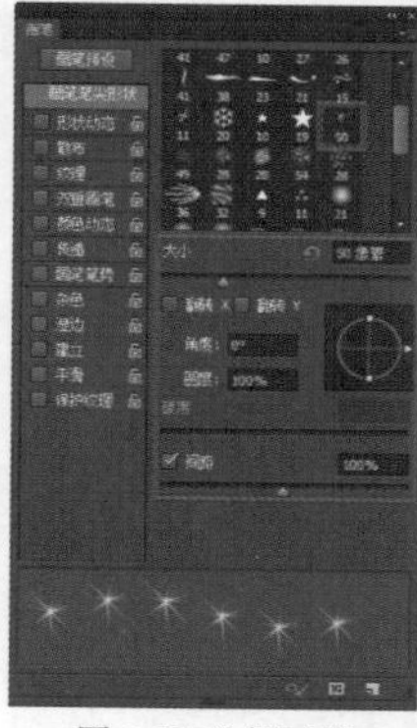
图 6-92 选择画笔

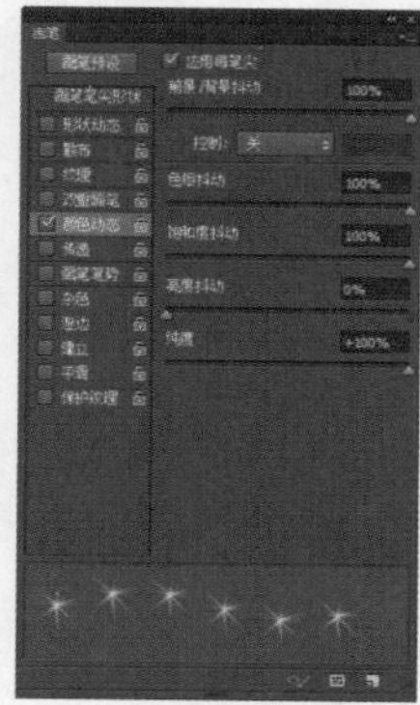
图 6-93 选择“颜色动态”选项

◎ 应用每笔尖：选中该复选框，则每个画笔笔尖都会应用不同的颜色抖动；如果不选中该复选框，则画笔的笔尖颜色则是随机的，并不是每个笔尖的颜色都会发生变化。

◎ 前景 / 背景抖动：指定“前景色”与“背景色”之间的油彩变化方式。该值越大，变化后的颜色越接近背景色；该值越小，变化后的颜色越接近前景色。设置“前景色”为白色，“背景色”为 RGB（255、0、0）。如图 6-94 所示为设置不同的“前景 / 背景抖动”数值后的效果。

数值为 0%

数值为 100%

图 6-94 设置不同数值的前景 / 背景抖动效果

◎ 色相抖动：用于设置画笔笔迹中油彩色相可以改变的变化范围。该值越大，色相变化越丰富；该值越小，色相越接近前景色。如图 6-95 所示为设置不同“色相抖动”数值的效果。

“色相抖动”为 20%

“色相抖动”为 100%

图 6-95 设置不同数值色相抖动效果

◎ 饱和度抖动：用于设置画笔笔迹中颜色饱和度的变化范围。该值越大，色彩的饱和度越高；该值越小，色彩的饱和度越接近前景色。

◎ 亮度抖动：用于设置画笔笔迹中油彩亮度可以改变的范围。该值越大，颜色的亮度值越大；该值越小，亮度越接近前景色。

纯度：用于设置笔迹颜色的纯度，取值范围为 –100%~100%。如果该值为 –100%，则画笔将完全去色；如果该值为 100%，则颜色将完全饱和。

6.3.8 传递

“传递”是用于设置油彩的笔迹在路线中的改变方式，对画笔的不透明度、流量、湿度以及混合选项进行设置。选择“画笔”面板中的“传递”选项，“画笔”面板显示如图 6–96 所示。单击工具箱中的“混合器画笔工具”，“画笔”面板显示如图 6–97 所示。

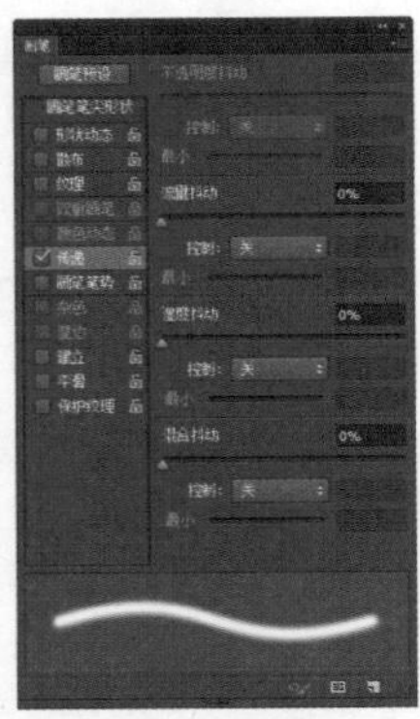

图 6-96 选择“传递”选项　图 6-97 单击工具后的“画笔”面板

提示

选择不同的画笔后，在“画笔”面板中设置的“传递”选项也会有所不同。

6.3.9 画笔笔势

“画笔笔势”用来控制画笔笔簇随鼠标走势改变而改变的效果。打开素材图像“光盘 \ 源文件 \ 第 6 章 \ 素材 \63901.jpg”，如图 6–98 所示。选中“画笔笔势”复选框，在“画笔”面板右侧显示相应的设置选项，如图 6–99 所示。

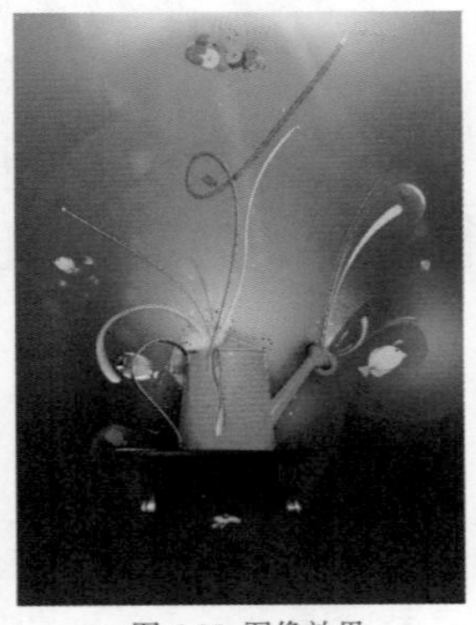

图 6-98 图像效果　图 6-99 “画笔走势”相关选项

倾斜 X：该选项用于设置画笔笔触在 X 轴上的倾斜度，取值范围为 –100%~100%。如图 6–100 所示为不同的倾斜 X 值的笔尖效果。

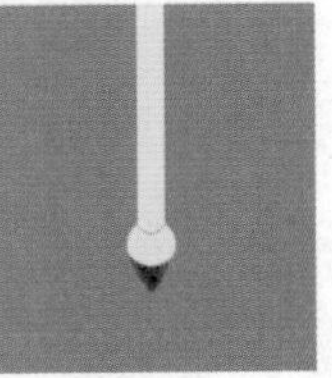

图 6-100 不同的倾斜度 X 值的笔尖效果

覆盖倾斜 X：选中该复选框，将使用默认值覆盖对“倾斜 X”选项的设置。

倾斜 Y：该选项用于设置画笔笔触在 Y 轴上的倾斜度，取值范围为 –100%~100%。如图 6–101 所示为不同的倾斜度 Y 值的笔尖效果。

图 6-101 不同的倾斜度 Y 值的笔尖效果

覆盖倾斜 Y：选中该复选框，将使用默认值覆盖对“倾斜 Y”选项的设置。

旋转：该选项用于设置画笔笔触自身的旋转角度，取值范围为 0°　~360°　。

覆盖旋转：选中该复选框，将使用默认值覆盖对“旋转”选项的设置。

压力：该选项用于设置画笔笔触的压力，取值范围为 1%~100%。“压力”值越小，所绘制出的笔触就越细。如图 6–102 所示为设置不同的压力值进行绘制的效果。

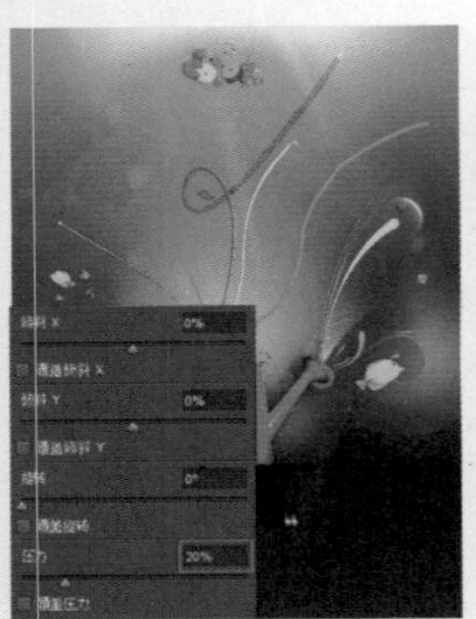
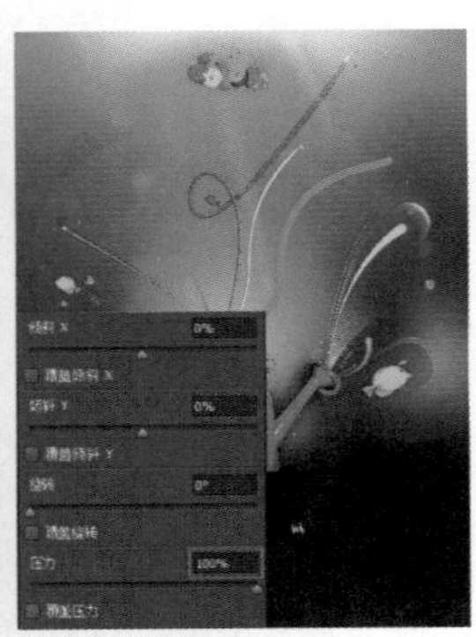

图 6-102 不同的压力值绘制的效果

覆盖压力：选中该复选框，将使用默认值覆盖对“压力”选项的设置。

提示

“画笔笔势”选项对特殊的笔尖形状具有很明显的效果，比如“毛刷笔尖”、“铅笔笔尖”、“喷枪笔尖”；而对于“圆形笔尖”和“图像样本笔尖”，效果不太明显。

6.3.10 其他画笔选项

除上述与画笔有关的选项外，还有“杂色”、“湿边”、“建立”、“平滑”与“保护纹理”选项，这些选项并没有更加详细的设置，只要将这些选项选中，就可以得到相应的效果。

1. 杂色

选中“杂色”选项后，可以为个别画笔笔尖增加额外的随机性，当应用于柔画笔笔尖（包含灰度值的画笔笔尖）时，此选项非常有效。

2. 湿边

可以沿画笔笔迹的边缘增大油彩量，创建水彩效果。如图 6-103 所示为选中与未选中“湿边”选项在图像中绘制的效果。

未选中“湿边”选项

选中“湿边”选项

图 6-103 画笔绘制效果

> **提示**
> 如果画笔的硬度值小于 100%，那么在选中“湿边”选项后，绘制出的画笔笔迹才会具有湿边的水彩效果。

3. 建立

该选项与选项栏中的“喷枪”按钮相对应。将渐变色调应用于图像，同时模拟传统的喷枪技术，Photoshop CC 会根据鼠标左键的单击程度确定画笔线条的填充数量。选中该选项或者单击选项栏中的“喷枪”按钮，都可以启用喷枪功能。

4. 平滑

选中该选项后，可以在画笔笔迹中生成更平滑的曲线，当使用光笔进行快速绘画时，此选项非常有效，但是它在描边渲染中可能会导致轻微的滞后。

5. 保护纹理

选中该选项后，可以将相同图案和缩放比例应用于具有纹理的所有画笔预设。选择此选项后，在使用多个纹理画笔笔尖绘画时，可以模拟出相同的画布纹理。

6.4 制作光线人物

本例利用了“照亮边缘”滤镜得到图像的轮廓，然后利用画笔描绘路径的特点和自定义画笔来创造光点效果，最后进行调整色调完成实例的制作。

动手实践——利用画笔描边路径制作光线人物

源文件：光盘 \ 源文件 \ 第 6 章 \6-4-1.psd

视频：光盘 \ 视频 \ 第 6 章 \6-4-1.swf

01 打开素材图像“光盘\源文件\第 6 章\素材\64101.jpg”，如图 6-104 所示。按快捷键 Ctrl+J，复制“背景”图层，得到“图层 1”图层，" 图层“面板如图 6-105 所示。

图 6-104 打开图像

图 6-105 复制图层

02 执行“滤镜 > 滤镜库”命令，弹出“滤镜库”对话框，选择“风格化”选项卡中的“照亮边缘”滤镜，对相关选项进行设置，效果如图 6–106 所示。执行“图像 > 调整 > 去色”命令，对图像进行去色操作，效果如图 6–107 所示。

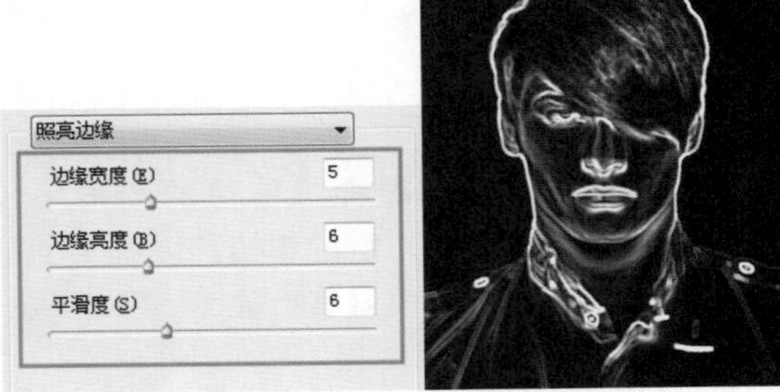

图 6-106 图像效果

图 6-107 图像效果

03 单击工具箱中的“减淡工具”按钮，在选项栏中进行相应的设置，然后在头发处涂抹提高亮度，如图 6–108 所示。打开“通道”面板，按住 Ctrl 键单击 RGB 复合通道，载入高光选区，效果如图 6–109 所示。

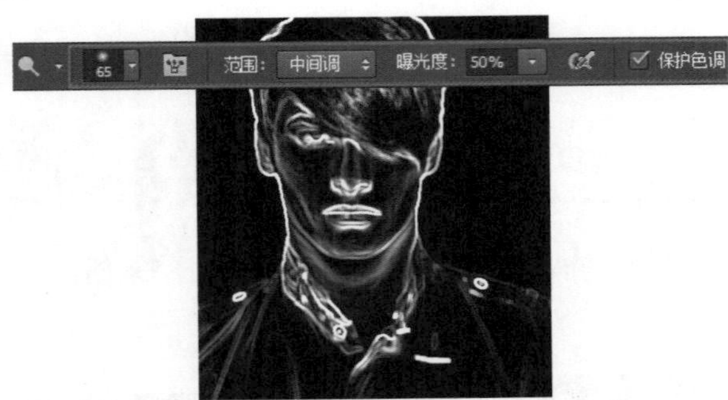

图 6-108 图像效果

图 6-109 载入选区

04 打开“路径”面板，单击“从选区生成工作路径”按钮，将选区转换为工作路径，如图 6–110 所示。切换到“图层”面板，新建“图层 2”图层，并为该图层填充黑色，再新建“图层 3”图层，如图 6–111 所示。

图 6-110 将选区转换为路径

图 6-111 新建图层

05 单击工具箱中的“画笔工具”按钮，设置“前景色”为白色，按快捷键 F5，打开“画笔”面板，设置如图 6–112 所示。

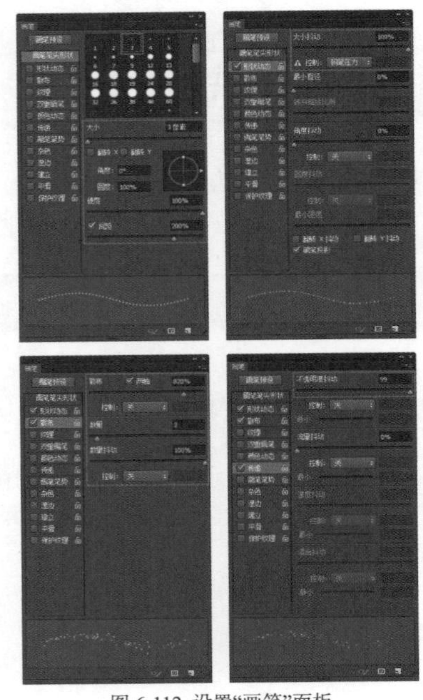
图 6-112 设置“画笔”面板

06 切换到“路径”面板，单击该面板底部的“用画笔描边路径”按钮，效果如图 6–113 所示。再次设置“画笔”面板，如图 6–114 所示。

图 6-113 描边效果

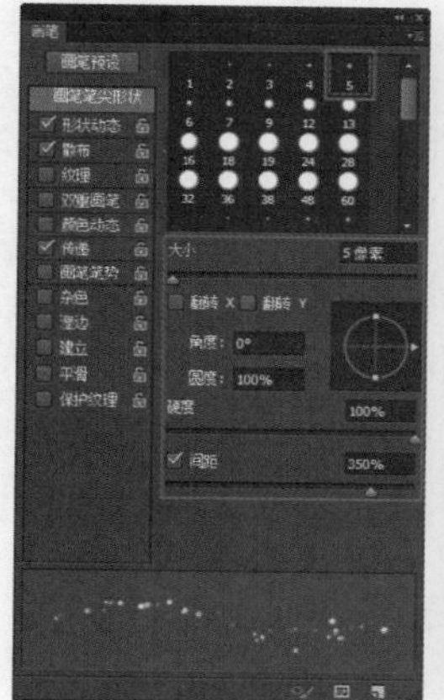

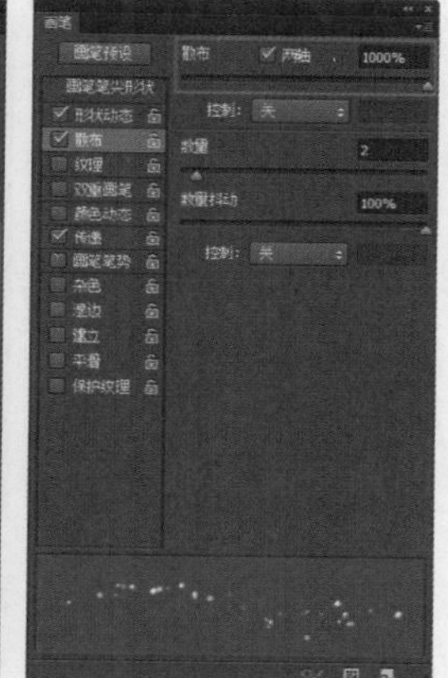

图 6-114 设置“画笔”面板

07 新建“图层 4”图层，再次对路径进行描边，效果如图 6–115 所示。再次设置“画笔”面板，如图 6–116 所示。

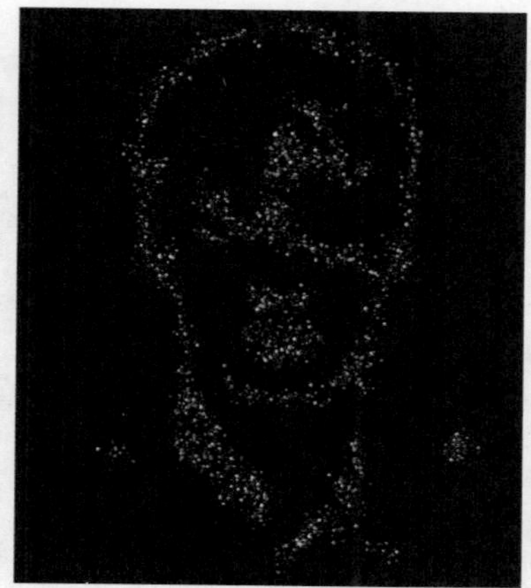

图 6-115 描边效果

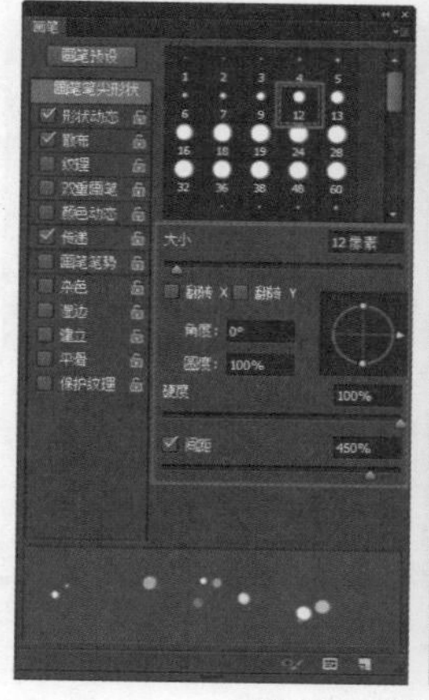

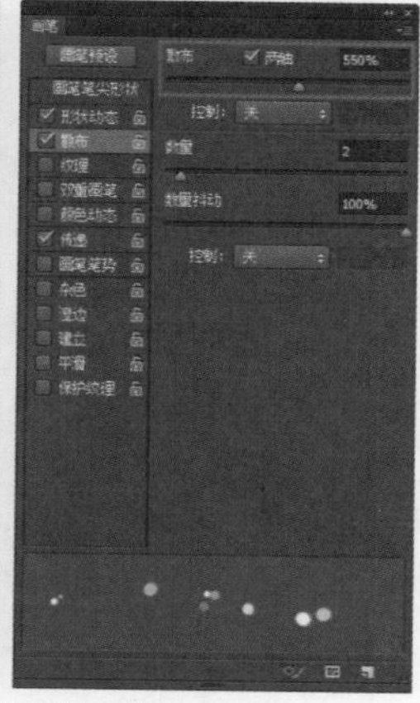

图 6-116 设置“画笔”面板

08 新建“图层 5”图层，再次对路径进行描边，效果如图 6–117 所示。隐藏除“背景”图层外的所有图层，再次复制“背景”图层，得到“背景 拷贝”图层，如图 6–118 所示。

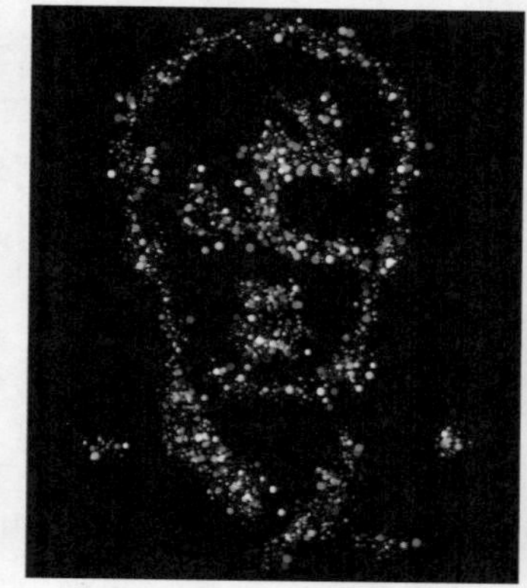

图 6-117 描边效果

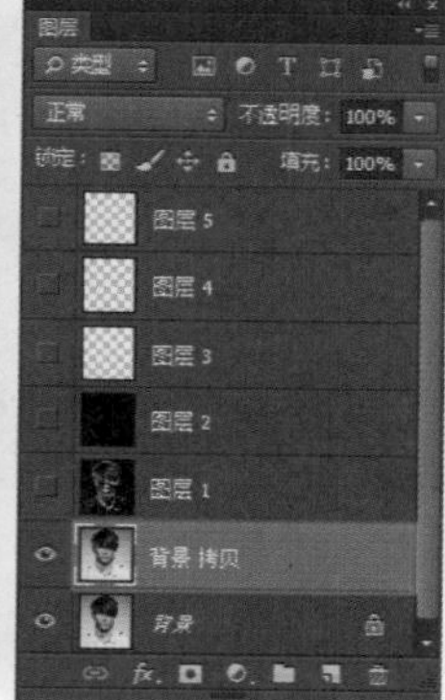

图 6-118 “图层”面板

09 执行“滤镜 > 滤镜库”命令，弹出“滤镜库”对话框，选择“风格化”选项卡中的“照亮边缘”滤镜，对相关选项进行设置，效果如图 6–119 所示。按快捷键 Ctrl+Shift+U，对图像进行去色操作，效果如图 6–120 所示。

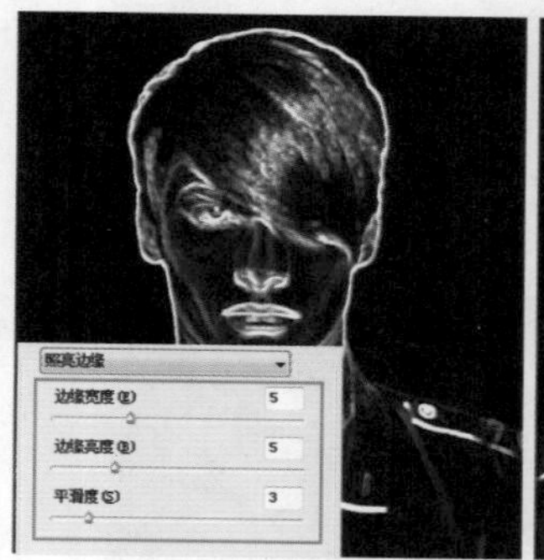

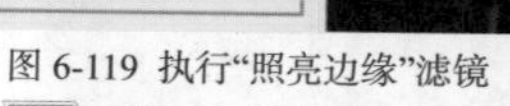

图 6-119 执行“照亮边缘”滤镜

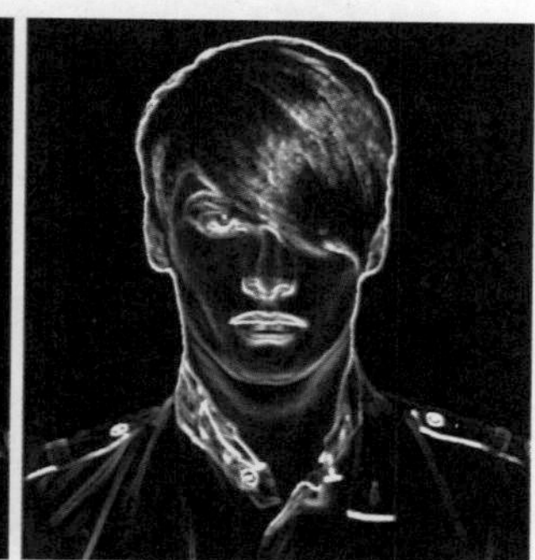

图 6-120 图像效果

10 使用“减淡工具”将轮廓不够明显的地方涂抹出来，效果如图 6–121 所示。执行“图像 > 调整 > 色阶”

命令，弹出“色阶”对话框，设置如图 6–122 所示。

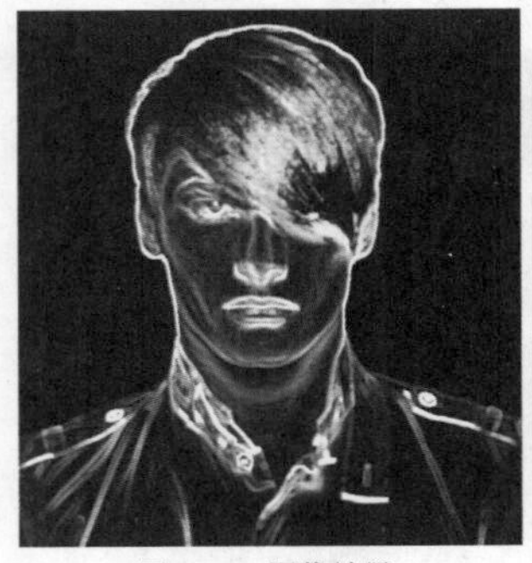

图 6-121 图像效果

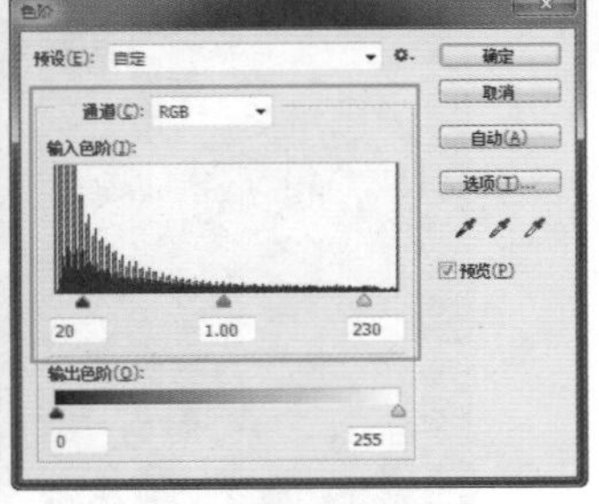

图 6-122 设置“色阶”对话框

11 单击“确定”按钮，完成对话框的设置，效果如图 6–123 所示。单击 RGB 复合通道将其载入选区，然后隐藏“背景 拷贝”图层，选择“背景”图层，如图 6–124 所示。

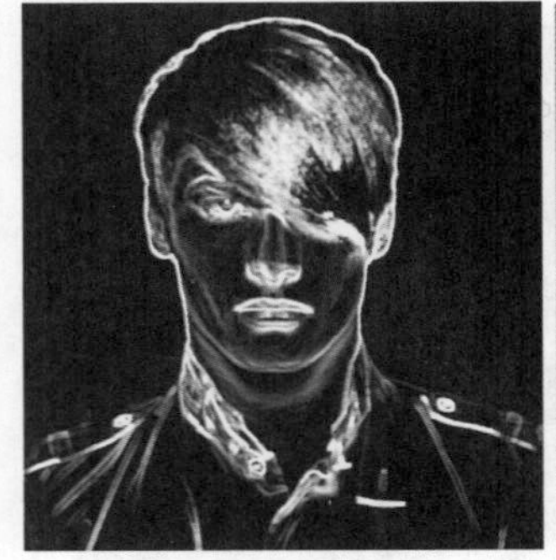

图 6-123 图像效果

图 6-124 选区效果

12 按快捷键 Ctrl+J，复制选区内容，得到“图层 6”图层，将其移动到“图层 2”图层上方，并显示“图层 2”图层，效果如图 6–125 所示。执行“图像 > 调整 > 色阶”命令，弹出“色阶”对话框，进行相应的设置，效果如图 6–126 所示。

图 6-125 图像效果

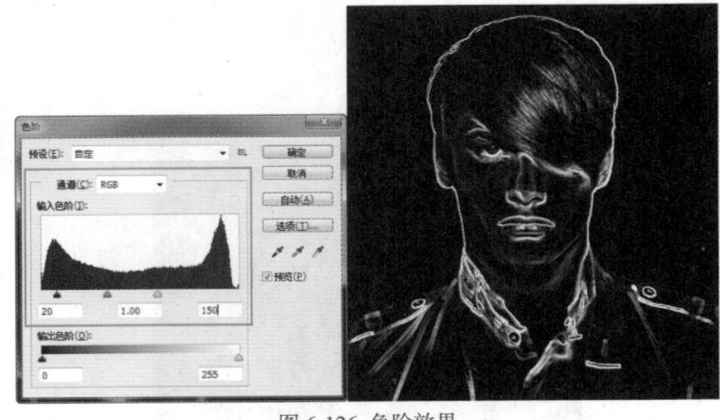

图 6-126 色阶效果

13 为该图层添加图层蒙版，选择“画笔工具”，设置“前景色”为黑色，选择合适的画笔，在外轮廓处进行涂抹，如图 6–127 所示。按住 Ctrl+Shift 键，单击“图层 3”、“图层 4”和“图层 5”图层，将这 3 个图层载入选区，如图 6–128 所示。

图 6-127 图像效果

图 6-128 载入选区

14 选择“背景”图层，按快捷键 Ctrl+J，复制选区中的内容，得到“图层 7”图层，并移动到“图层 6”图层上方，效果如图 6–129 所示。同时选中“图层 3”、“图层 4”和“图层 5”图层，合并图层到“图层 5”图层，为该图层添加黑色蒙版，选择“画笔工具”，设置“前景色”为白色，在画布中进行涂抹，效果如图 6–130 所示。

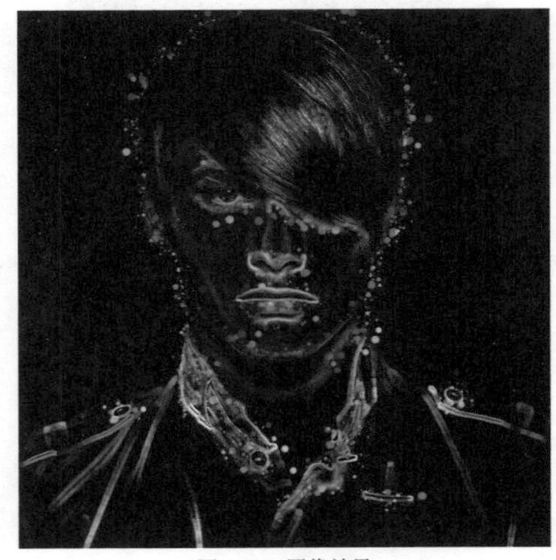

图 6-129 图像效果

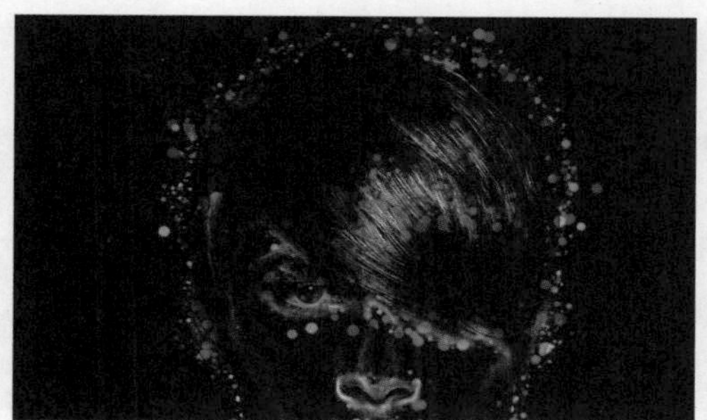
图 6-130 涂抹效果

提示

在使用“画笔工具”在黑色蒙版上进行涂抹时，要适当设置不透明度。

15 执行“图像 > 模式 > 灰度”命令，将模式改为灰度；执行“图像 > 模式 > 索引颜色”命令，将模式改变为索引颜色，效果如图 6–131 所示。执行“图像 > 模式 > 颜色表”命令，弹出“颜色表”对话框，在“颜色表”下拉列表中选择“黑体”选项，单击“确定”按钮，效果如图 6–132 所示。

图 6-131 改变颜色模式后的效果

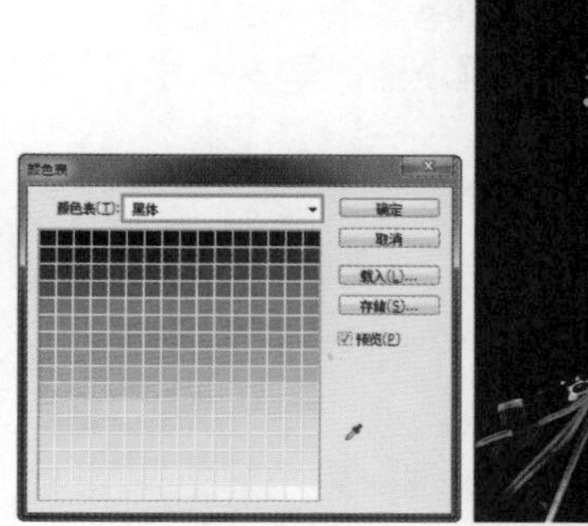

图 6-132 图像效果

提示

在灰度模式下，才能够使用索引颜色模式。同理，在索引模式下，“颜色表”才可用。

16 执行“图像 > 模式 >RGB 颜色”命令，再次将模式转换为 RGB 颜色。执行“图像 > 调整 > 替换颜色”命令，弹出“替换颜色”对话框，单击画布中红色的位置，作为替换的颜色取样，在对话框中进行相应的设置，如图 6–133 所示。单击“确定”按钮，完成对话框的设置，效果如图 6–134 所示。

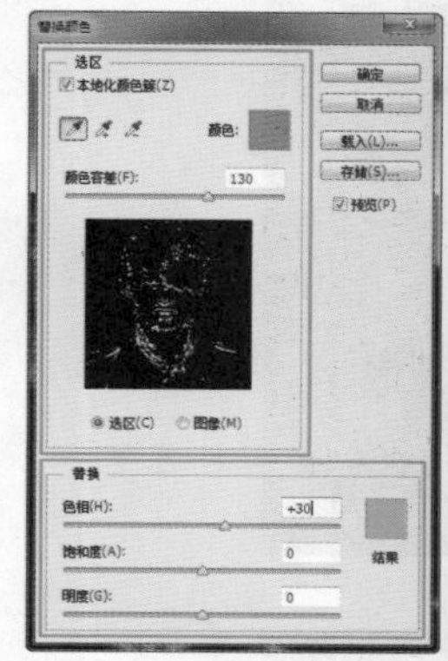

图 6-133 设置“替换颜色”对话框

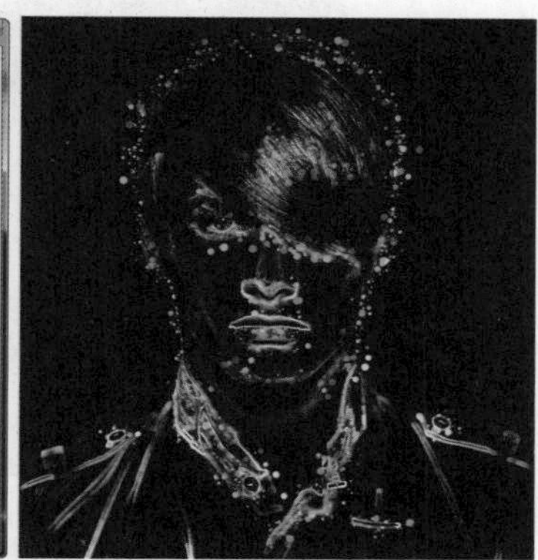
图 6-134 图像效果

17 执行“选择 > 色彩范围”命令，弹出“色彩范围”对话框，使用“吸管工具”单击画布中黑色的位置，如图 6–135 所示。单击“确定”按钮，完成对话框的设置，选区效果如图 6–136 所示。

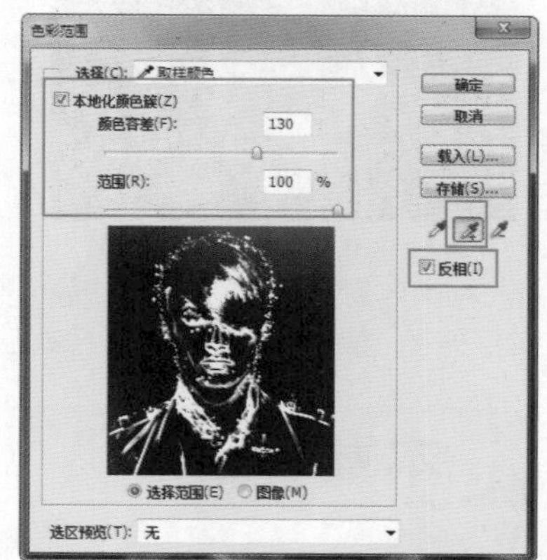

图 6-135 设置“色彩范围”对话框

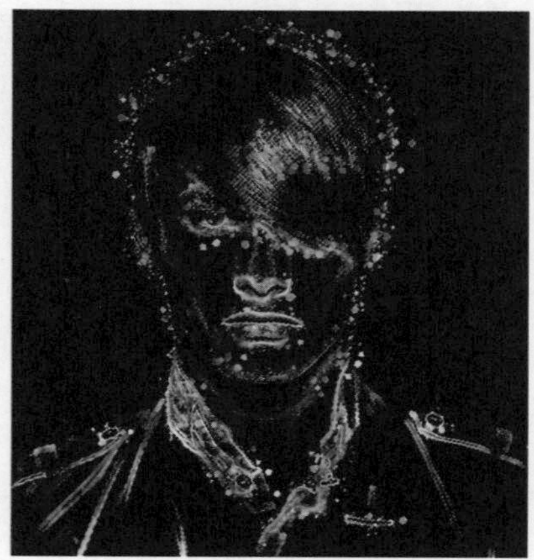
图 6-136 选区效果

18 按快捷键 Ctrl+J，复制选区中的内容，得到“图层 1”图层，执行“滤镜 > 模糊 > 高斯模糊”命令，在弹出的“高斯模糊”对话框中设置“半径”为 6 像素，单击“确定”按钮，效果如图 6-137 所示。设置该图层的“混合模式”为“滤色”，效果如图 6-138 所示。

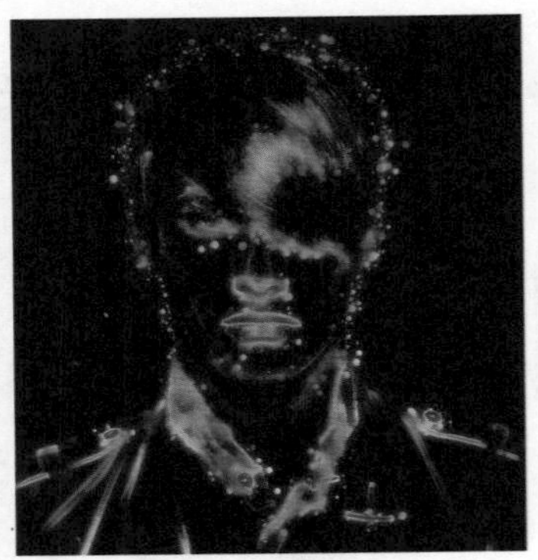

图 6-137 图像效果

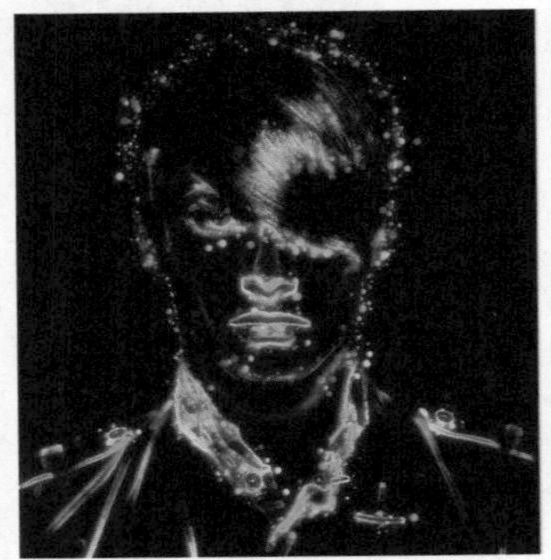

图 6-138 改变混合模式后的效果

19 分别添加“色彩平衡”、“可选颜色”和“色阶”调整图层，在打开的“属性”面板中进行相应的设置，如图 6-139 所示。完成该图像效果的处理，最终效果如图 6-140 所示。

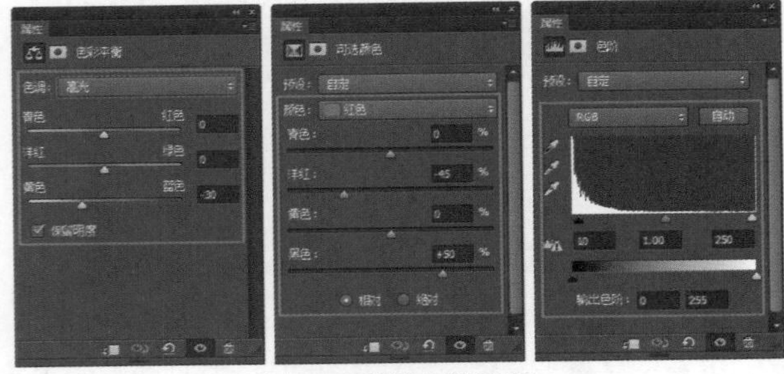

图 6-139 设置“属性”面板

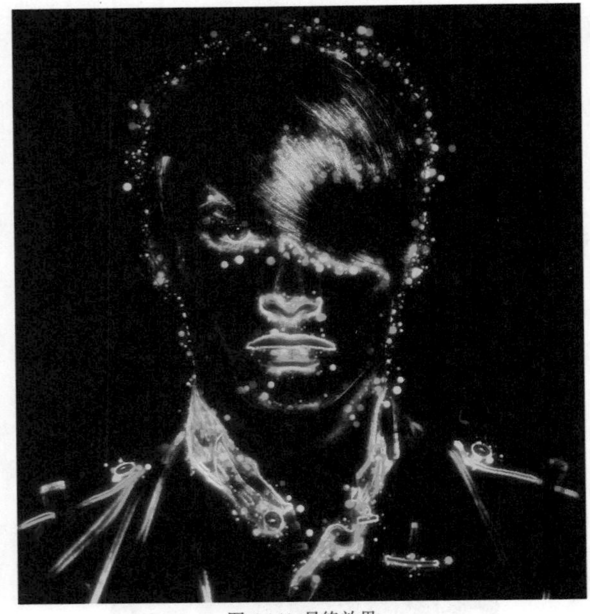

图 6-140 最终效果

6.5 本章小结

本章主要讲解了“画笔工具”、“铅笔工具”、“颜色替换工具”与“混合器画笔工具”以及这几种画笔工具在选项栏中的相关选项，并对“画笔”面板的作用以及设置方法进行了讲解。通过本章的学习，用户可以对画笔工具有全面的了解。

第7章 矢量工具与路径的绘制

在 Photoshop CC 中存在着一些创建和编辑矢量图形的工具，通过使用它们可以绘制出不同形状的矢量图形。矢量图形工具可以在不同分辨率的文件中进行调用，不会受到分辨率的限制而且也不会出现锯齿，特别是转角处更是清晰可见。矢量工具不仅可以绘制复杂的图形，还可以创建选区，特别是在抠图上，虽然在操作时会麻烦一些，但却是创建精确选区非常有效的方法之一。

7.1 了解绘图模式

Photoshop CC 中的钢笔和形状等矢量工具，可以创建出不同类型的对象。其中包括形状图层、工作路径和像素图像。在工具箱中选择矢量工具后，并在选项栏中的“工具模式”下拉列表中选择相应的模式，即可指定一种绘图模式，然后在画布中进行绘图。如图 7–1 所示为“钢笔工具”选项栏中的“选择工具模式”下拉菜单。

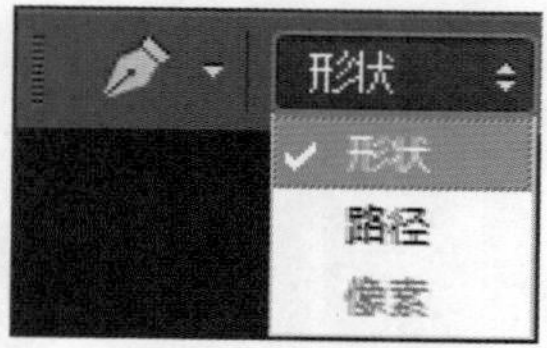

图 7-1 “选择工具模式”下拉菜单

1. 形状

在工具箱中选择相应的矢量绘图工具，并在选项栏中的“选择工具模式”下拉菜单中选择“形状”选项，如图 7–2 所示。在画布中可绘制出形状图像，形状是路径，如图 7–3 所示。它会出现在“路径”面板中，如图 7–4 所示。

图 7-2 设置选项栏

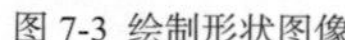

图 7-3 绘制形状图像

图 7-4 “路径”面板

2. 路径

在“选择工具模式”下拉菜单中选择“路径”选项，如图 7–5 所示。可以在画布中绘制路径，如图 7–6 所示。可以将路径转换为选区、创建矢量蒙版，也可以为其填充和描边，从而得到栅格化的图形。在“路径”面板中可以看到所绘制的路径，如图 7–7 所示。

图 7-5 设置选项栏

图 7-6 绘制路径

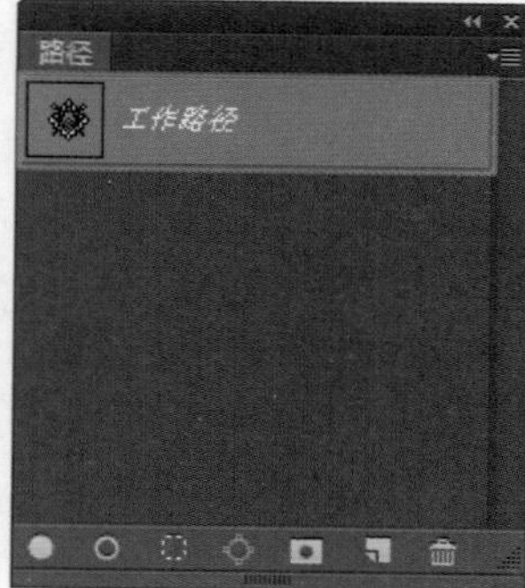

图 7-7 “路径”面板

提示

在 Photoshop CC 中，对于保存矢量内容的文件格式有 PSD、TIFF 和 PDF。

3. 像素

在“选择工具模式”下拉菜单中选择“像素”选项，如图 7–8 所示。在画布中能够绘制出栅格化的图像，其中图像所填充的颜色为前景色，如图 7–9 所示。由于不能创建矢量图像，因此在“路径”面板中不会显示路径，如图 7–10 所示。需要注意的是，“钢笔工具”没有该工具模式选项。

图 7-8 设置选项栏

图 7-9 绘制图像

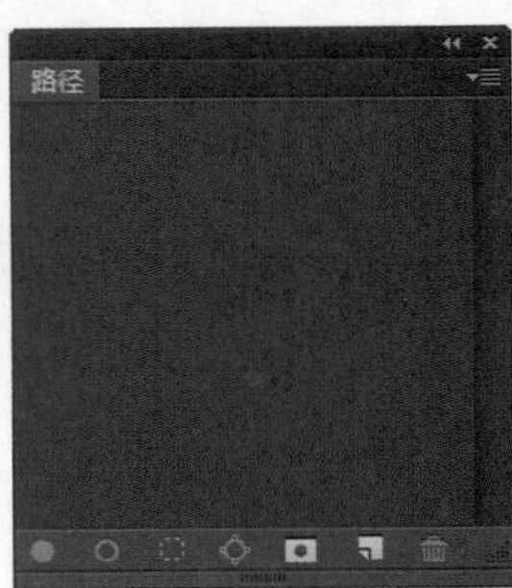

图 7-10 “路径”面板

7.2 认识路径与锚点

当使用矢量工具在画布中绘制图形时，特别是使用“钢笔工具”时，就需要了解路径与锚点的特征，以及它们之间的关系。下面将向用户详细介绍相关的知识点。

1. 了解路径

路径是指可以转换为选区，或使用颜色填充和描边的一种轮廓。它包括有起点和终点的开放式路径，如图 7–11 所示。以及没有起点和终点的闭合式路径，如图 7–12 所示。另外，路径也可以由多个相互独立的路径组件组成，这些路径组件称为子路径。如图 7–13 所示的路径中包括多个子路径。

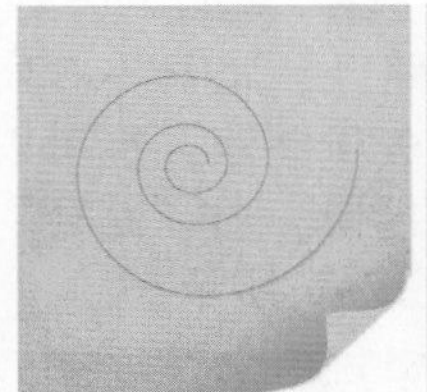

图 7-11 开放式路径

图 7-12 闭合式路径

图 7-13 子路径

2. 了解锚点

路径是由直线路径段或曲线路径段组成，它们是通过锚点连接的。锚点包括两种，即平滑点与角点。由平滑点连接可以形成平滑的曲线，如图 7–14 所示。而由角点连接可以形成直线，如图 7–15 所示。或者形成转角曲线，如图 7–16 所示。曲线路径段上的锚点有方向线，方向线的终点有方向点，它可以应用于调整曲线的形状。

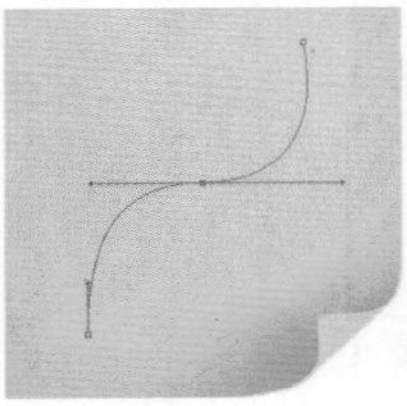

图 7-14 曲线

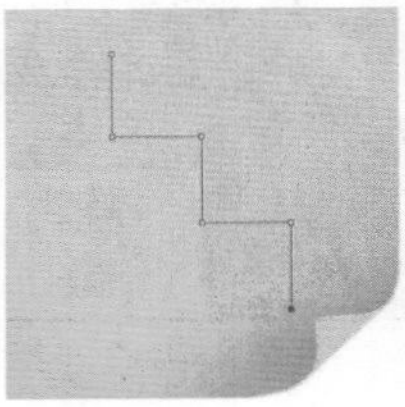

图 7-15 直线

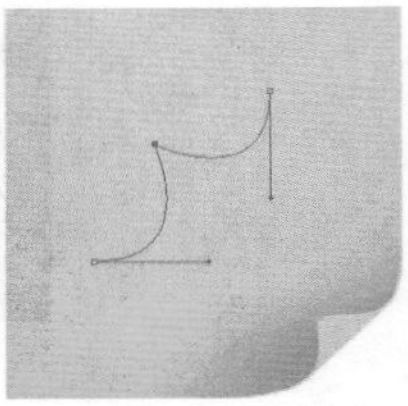

图 7-16 转角曲线

提示

由于路径是一种矢量对象，并不包含像素。因此，在打印时若想显示出来，就需要对路径进行填充或者描边。

7.3 使用形状工具

形状工具能够绘制形状图形以及路径，在 Photoshop CC 中拥有 6 种形状工具，分别是“矩形工具”、“圆角矩形工具”、“椭圆工具”、“多边形工具”、“直线工具”和“自定形状工具”。

7.3.1 矩形工具

使用“矩形工具”可以绘制矩形或正方形。单击工具箱中的“矩形工具”按钮，在画布中单击并拖曳鼠标即可创建矩形。“矩形工具”的选项栏如图 7–17 所示。单击选项栏上的“设置”按钮，打开“矩形选项”面板，如图 7–18 所示。

图 7-17 “矩形工具”的选项栏

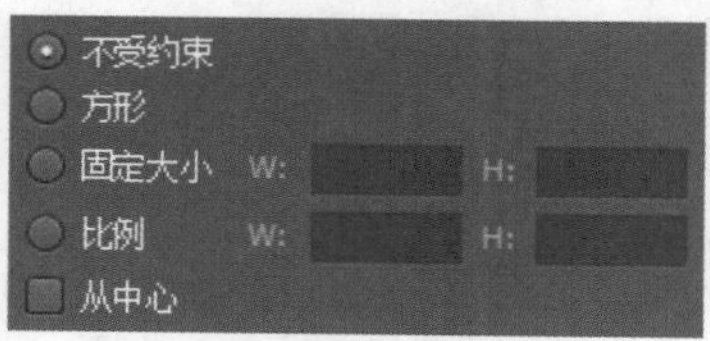

图 7-18 “矩形选项”面板

不受约束：选择该选项，可以在画布中绘制任意大小的矩形，包括正方形。如图 7–19 所示为绘制的矩形。

方形：选择该选项，可以绘制任意大小的正方形，如图 7–20 所示。

图 7-19 绘制任意大小的矩形

图 7-20 绘制任意大小的正方形

固定大小：选择该选项，可以在其右侧的 W 文本框中输入所绘制矩形的宽度，在 H 文本框中输入所绘制矩形的高度，在画布中单击鼠标，即可绘制出固定尺寸大小的矩形。如图 7–21 所示为固定大小 W=0.3 厘米、H=1 厘米的矩形。

比例：选择该选项，可以在其右侧的 W 和 H 文本框中分别输入所绘制矩形的宽度和高度的比例，这样就可以绘制出任意大小但宽度和高度保持一定比例的矩形。如图 7–22 所示为固定比例 W=1 厘米、H=20 厘米的矩形。

图 7-21 绘制固定尺寸的矩形

图 7-22 绘制固定比例的矩形

从中心：选中该选项，鼠标在画布中的单击点即为所绘制矩形的中心点，绘制时矩形由中心向外扩展。

7.3.2 圆角矩形工具

使用“圆角矩形工具”可以绘制圆角矩形。单击工具箱中的“圆角矩形工具”按钮，在画布中单击并拖曳鼠标即可绘制圆角矩形。“圆角矩形工具”的选项栏如图 7–23 所示，它与“矩形工具”的选项设置基本相同。

图 7-23 “圆角矩形工具”的选项栏

半径：该选项用来设置所绘制的圆角矩形的圆角半径，该值越大，圆角越大。如图 7–24 所示为设置不同的“半径”值所绘制的圆角矩形效果。

“半径”为 20px　　“半径”为 40px

图 7-24 绘制圆角矩形

7.3.3 椭圆工具

使用“椭圆工具”可以绘制椭圆形和正圆形。单击工具箱中的“椭圆工具”按钮，在画布中单击并拖曳鼠标即可绘制椭圆形。“椭圆工具”的选项栏如图 7–25 所示，它的选项设置与“矩形工具”的选项设置相同。

图 7-25 “椭圆工具”的选项栏

使用“椭圆工具”在画布中绘制椭圆形时，如果按住 Shift 键的同时拖曳鼠标，则可以绘制正圆形，如图 7–26 所示；拖曳鼠标绘制椭圆时，在释放鼠标之前，按住 Alt 键，则将以单击点为中心向四周绘制椭圆形，如图 7–27 所示；在画布中拖曳鼠标绘制椭圆时，在释放鼠标之前，按住 Alt+Shift 键，将以单击点为中心向四周绘制正圆形。

图 7-26 绘制正圆形

图 7-27 绘制椭圆形

7.3.4 多边形工具

使用“多边形工具”可以绘制三角形、六边形等形状。单击工具箱中的“多边形工具”按钮，在画布中单击并拖曳鼠标即可按照预设的选项绘制多边形和星形。“多边形工具”的选项栏如图 7–28 所示。在选项栏中单击“设置”按钮，打开“多边形选项”面板，如图 7–29 所示。

图 7-28 “多边形工具”的选项栏

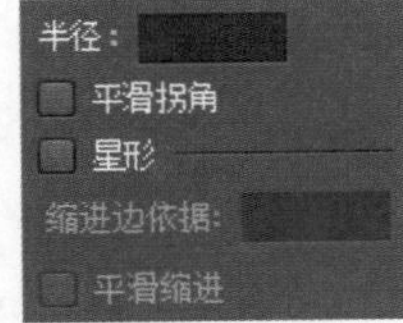

图 7-29 “多边形选项”面板

边：用来设置所绘制的多边形或星形的边数，它的范围为 3~100。比如设置“边”为 3 时，在画布中拖曳鼠标将绘制出三角形，如图 7–30 所示；设置“边”为 5 时，在画布中拖曳鼠标将绘制出五边形，如图 7–31 所示。

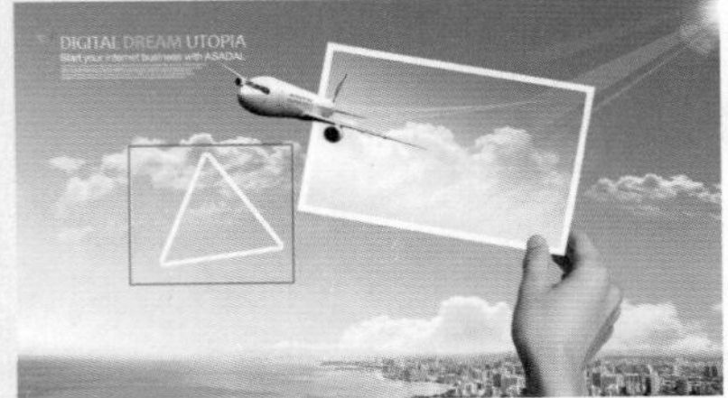

图 7-30 绘制三角形

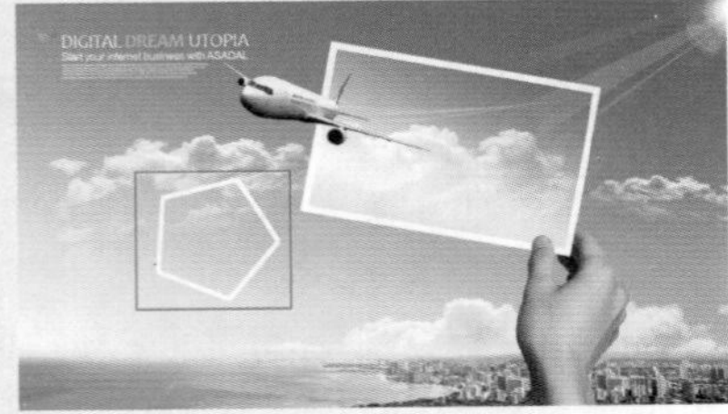

图 7-31 绘制五边形

半径：用来设置所绘制的多边形或星形的半径，即图形中心到顶点的距离。设置该值后，在画布中单击并拖曳鼠标即可按照指定的半径值绘制多边形或星形。

平滑拐角：选中该复选框，绘制的多边形和星形将具有平滑的拐角。如图 7–32 所示为选中该复选框前后绘制的六边形效果。

未选中“平滑拐角”选项

选中“平滑拐角”选项

图 7-32 绘制不同六边形

星形：选中该复选框后，可以绘制出星形。该选项中的“缩进边依据”用来设置星形边缩进的百分比，该值越大，边缩进越明显。如图 7–33 所示为设置“缩进边依据”值为 30% 与 80% 所绘制的星形。

“缩进边依据”为 30%

“缩进边依据”为 80%

图 7-33 绘制不同星形

平滑缩进：选中该复选框，可以使所绘制的星形的边平滑地向中心缩进。如图 7–34 所示为设置“缩进边依据”值为 20% 和 60% 所绘制的星形。

“缩进边依据”为 20%

"缩进边依据"为 60%

图 7-34 绘制不同平滑缩进的星形

提示

在使用"多边形工具"绘制多边形或星形时，只有在"多边形选项"面板中选中"星形"复选框后，才可以对"缩进边依据"和"平滑缩进"选项进行设置。默认情况下，"星形"复选框不被选中。

7.3.5 直线工具

使用"直线工具"可以绘制粗细不同的直线和带有箭头的线段。单击工具箱中的"直线工具"按钮，在画布中单击并拖曳鼠标即可绘制直线或线段。"直线工具"的选项栏如图 7-35 所示。在选项栏中单击"设置"按钮，打开"箭头"面板，如图 7-36 所示。

图 7-35 "直线工具"的选项栏

图 7-36 "箭头"面板

- 粗细：以像素或厘米为单位，来确定直线的宽度。

- 起点 / 终点：选中其选项后，可以在所绘制的直线的起点或终点添加箭头，如图 7-37 所示。如果"起点"和"终点"复选框均被选中，则会在起点和终点绘制箭头，如图 7-38 所示。

图 7-37 添加不同方向箭头

图 7-38 添加双向箭头

- 宽度：用来设置箭头宽度与直线宽度的百分比，取值范围为 10%~1000%。如图 7-39 所示为设置"宽度"值为 200% 和 500% 时箭头的效果。

"宽度"为 200%

"宽度"为 500%

图 7-39 绘制不同"宽度"值的箭头效果

- 长度：用来设置箭头长度与直线宽度的百分比，取值范围为 10%~500%。如图 7-40 所示为设置"长度"为 200% 和 800% 时箭头的效果。

"长度"为 200%

"长度"为 800%

图 7-40 绘制不同"长度"值的箭头效果

- 凹度：用来设置箭头的凹陷程度，取值范围为 -50%~50%。设置"凹度"值为 0 时，箭头尾部平齐；设置该值大于 0 时，向内凹陷；设置该值小于 0 时，向外凸出，如图 7-41 所示。

图 7-41 绘制不同"凹度"值的箭头效果

技巧

使用"直线工具"在画布中绘制直线或线段时，如果按住 Shift 键的同时拖动鼠标，则可以绘制水平、垂直或以 45° 角为增量的直线。

7.3.6 自定形状工具

使用“自定形状工具”可以绘制多种不同类型的形状，单击工具箱中的“自定形状工具”按钮，在其选项栏中的“形状”列表中选择一种形状，然后在画布上拖曳鼠标即可绘制该形状的图形，如图 7–42 所示。“自定形状工具”的选项栏如图 7–43 所示。

图 7-42 图形效果

图 7-43 “自定形状工具”的选项栏

在选项栏上单击“设置”按钮，可打开“自定形状选项”面板，如图 7–44 所示。在该面板中可以设置“自定形状工具”的选项，它与“矩形工具”的设置方法基本相同。

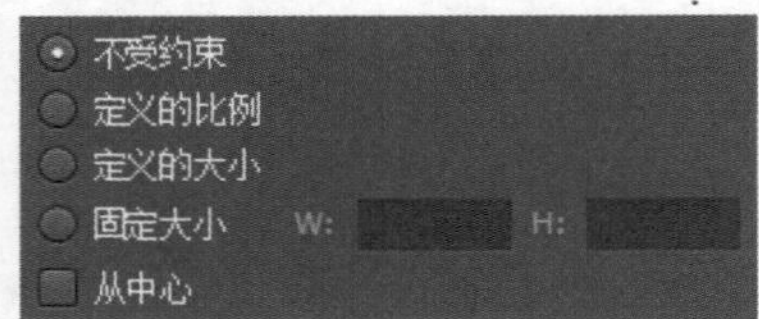

图 7-44 “自定形状选项”面板

提示

在“自定形状选项”面板中，选择“定义的比例”选项后，所绘制的形状将保持原图形的比例关系；如果选择“定义的大小”选项后，所绘制的形状为原图形的大小。

在选项栏上单击“形状”右侧的小三角按钮，可以打开“自定形状”拾色器，如图 7–45 所示。单击拾色器右上角的按钮，可以在弹出的下拉菜单中选择形状的类型、缩览图的大小，以及复位形状、替换形状等。

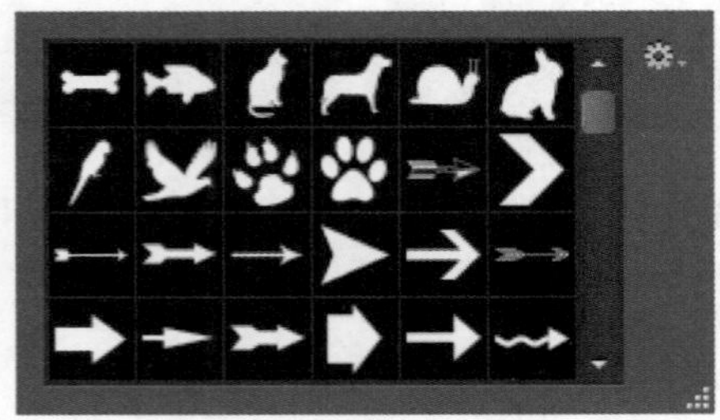

图 7-45 “自定形状”拾色器

技巧 

除了可以使用系统提供的形状外，在 Photoshop CC 中还可以将自己绘制的路径图形创建为自定义形状。只需要将自己绘制的路径图形选中，执行“编辑 > 定义自定形状”命令，即可将其保存为自定义形状。

技巧 

在使用各种形状工具绘制矩形、椭圆形、多边形、直线和自定义形状时，在绘制形状的过程中按住键盘上的空格键可以移动形状的位置。

7.3.7 绘制网页实用按钮 

根据设计的需要，Photoshop CC 中提供了十分方便、易用的矢量绘图工具，熟悉并掌握这些工具的使用方法，可以制作出优秀的作品。下面将通过一个练习来讲解对矢量工具的灵活运用。

动手实践——绘制网页实用按钮 

源文件：光盘 \ 源文件 \ 第 7 章 \7-3-7.psd

视频：光盘 \ 视频 \ 第 7 章 \7-3-7.swf

01 执行“文件 > 新建”命令，弹出“新建”对话框，设置如图 7–46 所示。单击“确定”按钮，完成“新建”对话框的设置，新建一个空白文档，如图 7–47 所示。

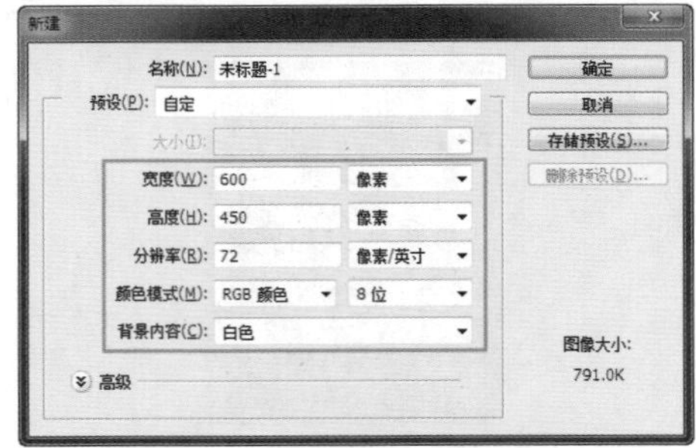

图 7-46 “新建”对话框

图 7-47 新建文档

02 选择“渐变工具”，打开“渐变编辑器”对话框，设置渐变颜色，如图 7–48 所示。单击“确定”按钮，在画布中拖曳鼠标填充径向渐变，效果如图 7–49 所示。

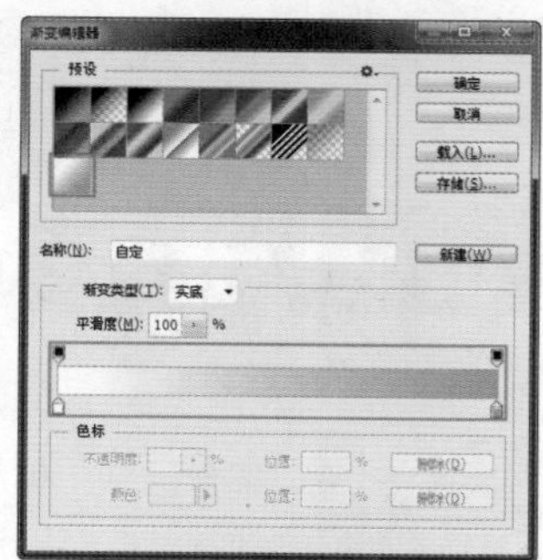

图 7-48 “渐变编辑器”对话框

图 7-49 填充渐变效果

03 设置“前景色”为 RGB（49、49、49），使用“圆角矩形工具”，在选项栏中对相关选项进行设置，如图 7-50 所示。在画布中绘制圆角矩形，效果如图 7-51 所示。

图 7-50 “圆角矩形工具”的选项栏

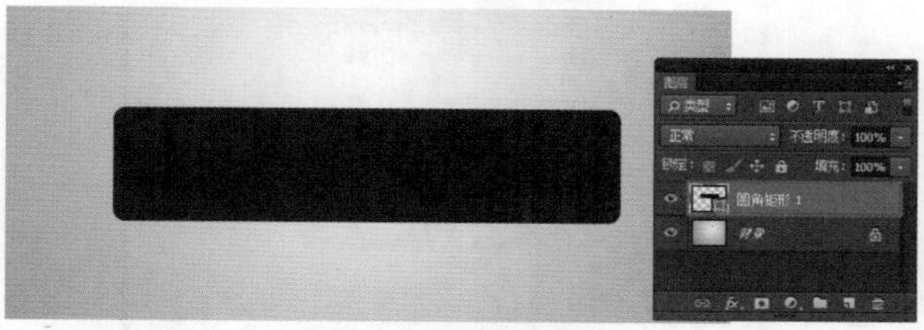

图 7-51 绘制圆角矩形

04 单击“图层”面板底部的“添加图层样式”按钮，在弹出的下拉菜单中选择“渐变叠加”命令，打开“图层样式”对话框，设置如图 7-52 所示。在左侧列表中选择“投影”选项，设置如图 7-53 所示。

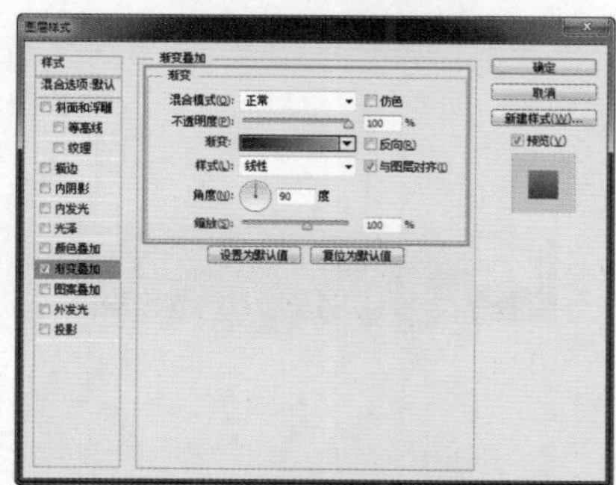

图 7-52 “图层样式”对话框

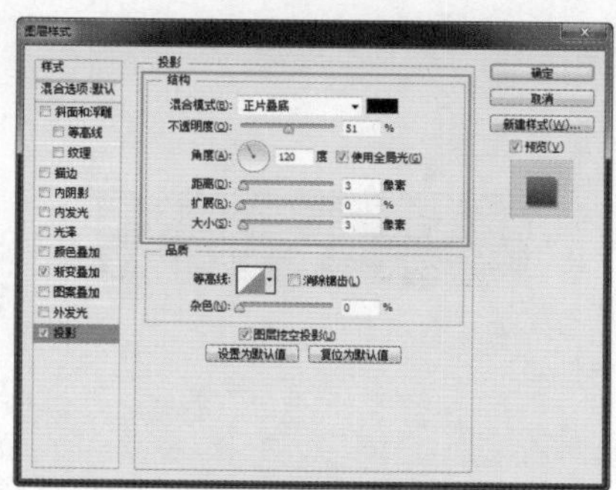

图 7-53 设置“投影”选项

05 单击“确定”按钮，完成“图层样式”对话框的设置，效果如图 7-54 所示。按住 Ctrl 键，单击“圆角矩形 1”图层缩览图，载入选区，将选区移至合适位置，并新建“图层 1”图层，如图 7-55 所示。

图 7-54 图像效果

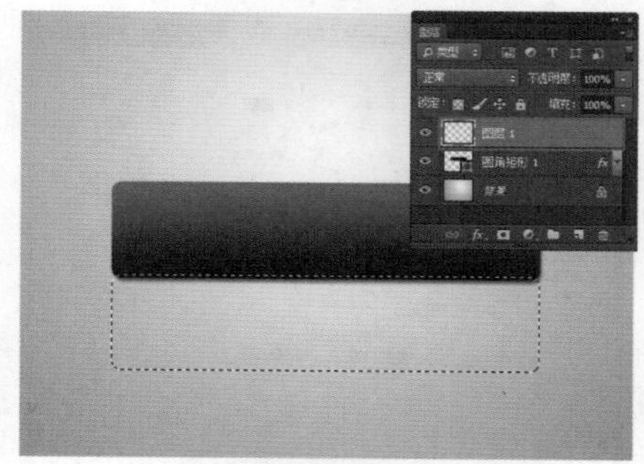

图 7-55 载入并移动选区

06 选择“渐变工具”，打开“渐变编辑器”对话框，设置渐变颜色如图 7-56 所示。单击“确定”按钮，在选区中拖曳鼠标填充径向渐变，效果如图 7-57 所示。

图 7-56 “渐变编辑器”对话框

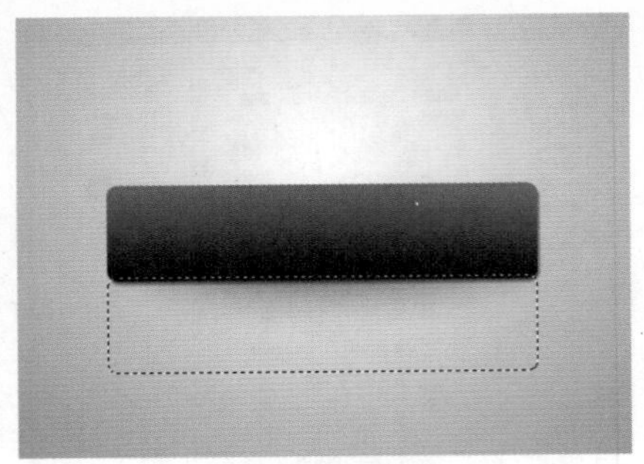

图 7-57 渐变效果

07 取消选区，单击“图层”面板底部的“添加图层样式”按钮，在弹出的下拉菜单中选择“渐变叠加”命令，打开“图层样式”对话框，设置如图 7-58 所示。在左侧列表中选择“投影”选项，设置如图 7-59 所示。

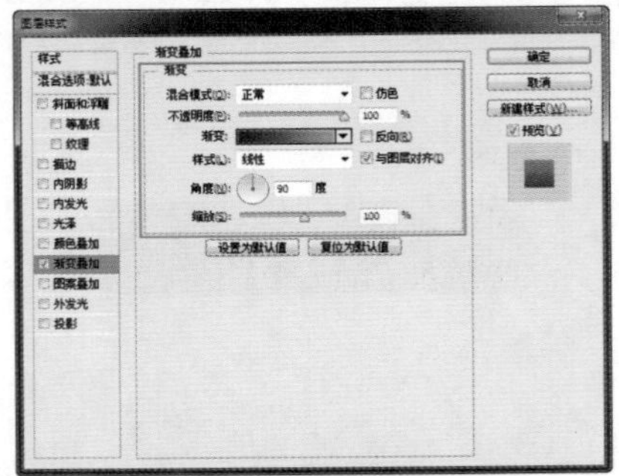

图 7-58 设置“渐变叠加”选项

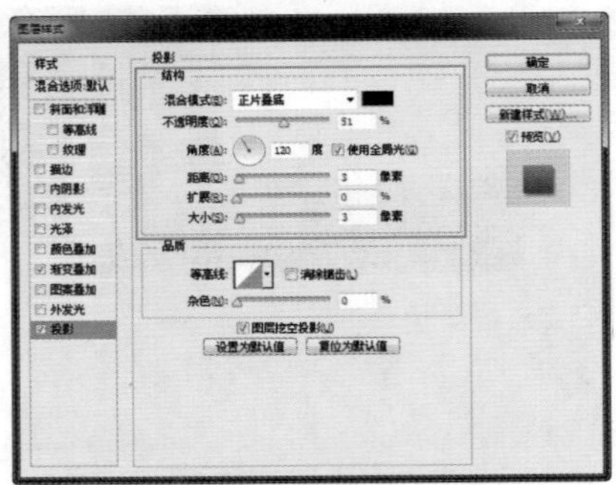

图 7-59 设置“投影”选项

08 单击“确定”按钮，完成“图层样式”对话框的设置，效果如图 7-60 所示。单击工具箱中的“椭圆工具”按钮，按住 Shift 键在画布中绘制正圆图形，效果如图 7-61 所示。

图 7-60 图像效果

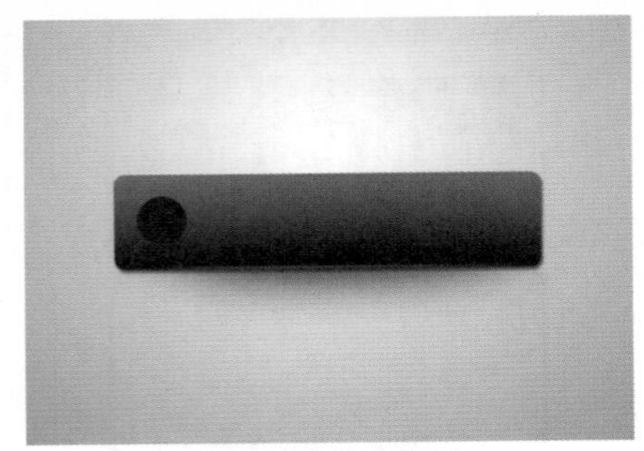

图 7-61 绘制正圆图形

09 单击“图层”面板底部的“添加图层样式”按钮，在弹出的下拉菜单中选择“渐变叠加”命令，打开“图层样式”对话框，设置如图 7-62 所示。在左侧列表中选择“投影”选项，设置如图 7-63 所示。

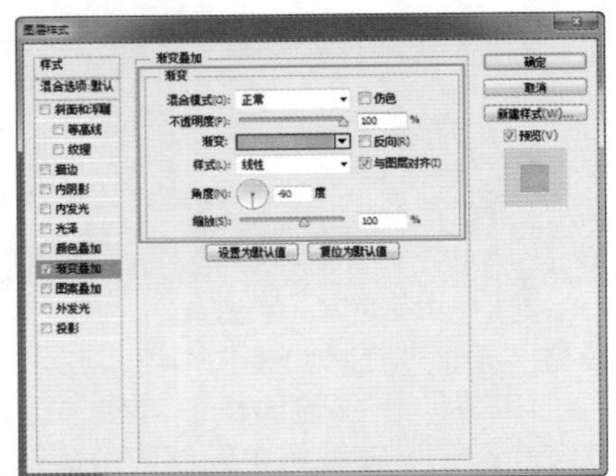

图 7-62 设置“渐变叠加”选项

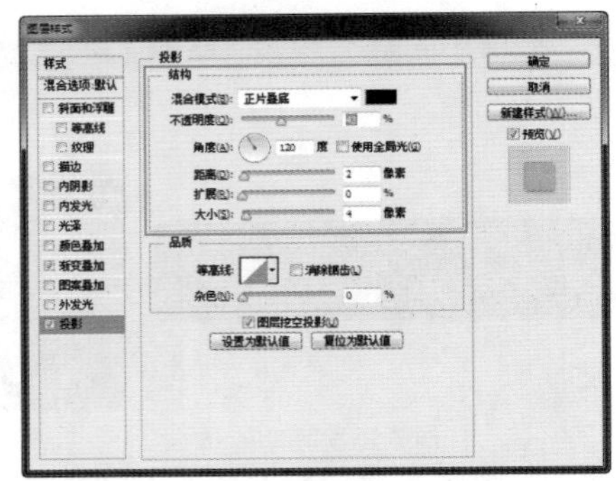

图 7-63 设置“投影”选项

10 单击“确定”按钮，完成“图层样式”对话框的设置，效果如图 7-64 所示。单击工具箱中的“自定形状工具”按钮，设置“前景色”为白色，在选项栏上对相关选项进行设置，如图 7-65 所示。

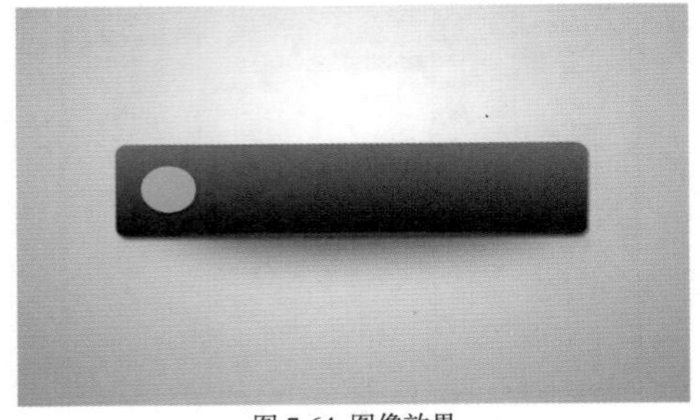

图 7-64 图像效果

图 7-65 “自定形状工具”的选项栏

11 在画布中绘制相应的图形，效果如图 7-66 所示。为该图层添加“外发光”图层样式，在打开的“图层样式”对话框中对相关参数进行设置，如图 7-67 所示。

图 7-66 图像效果

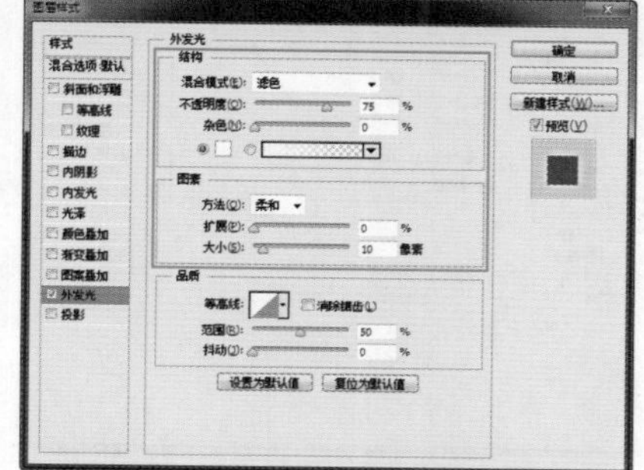

图 7-67 设置“外发光”选项

12 单击“确定”按钮，完成“图层样式”对话框的设置，效果如图 7-68 所示。新建“图层 2”图层，使用“钢笔工具”在画布中绘制路径，效果如图 7-69 所示。

图 7-68 图像效果

图 7-69 绘制路径

13 按快捷键 Ctrl+Enter，将路径转换为选区，如图 7-70 所示。选择“渐变工具”，打开“渐变编辑器”对话框，设置渐变颜色如图 7-71 所示。

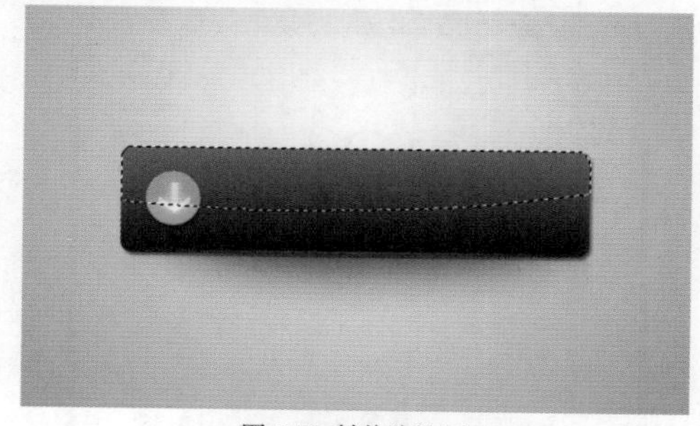

图 7-70 转换为选区

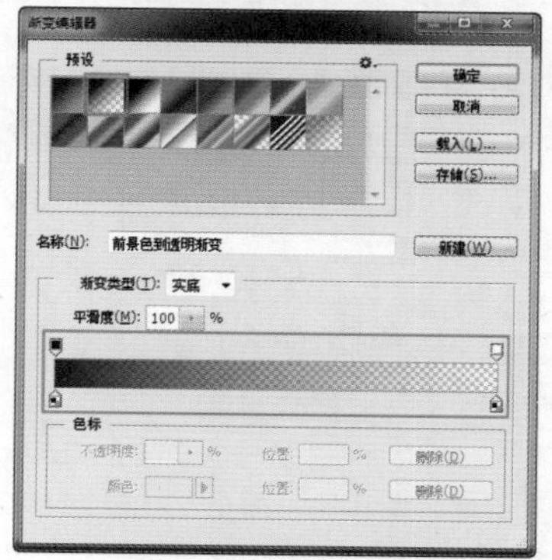

图 7-71 “渐变编辑器”对话框

14 单击“确定”按钮，完成“渐变编辑器”对话框的设置，在选区内填充线性渐变，并取消选区，效果如图 7-72 所示。设置该图层的“不透明度”为 11%，效果如图 7-73 所示。

图 7-72 图像效果

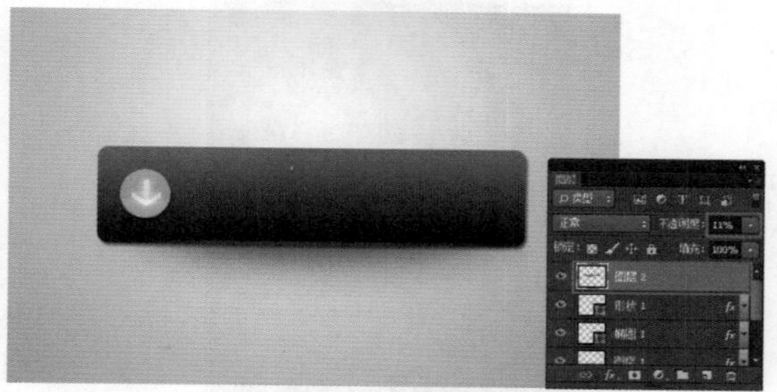

图 7-73 图像效果

15 单击“图层”面板底部的“添加图层样式”按

钮fx，在弹出的下拉菜单中选择“颜色叠加”命令，弹出“图层样式”对话框，设置如图 7–74 所示。在左侧列表中选择“投影”选项，设置如图 7–75 所示。

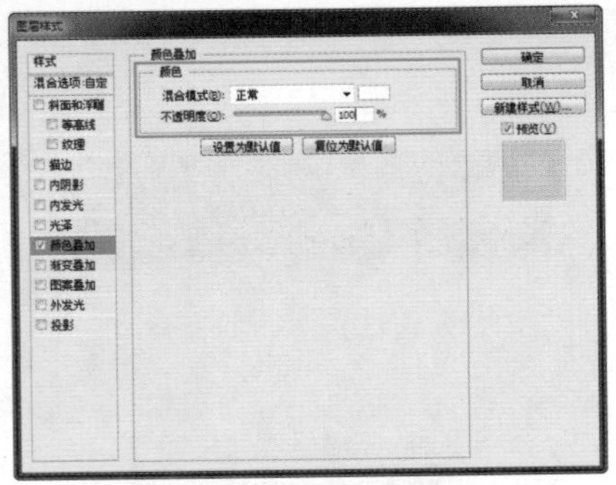

图 7-74 “图层样式”对话框

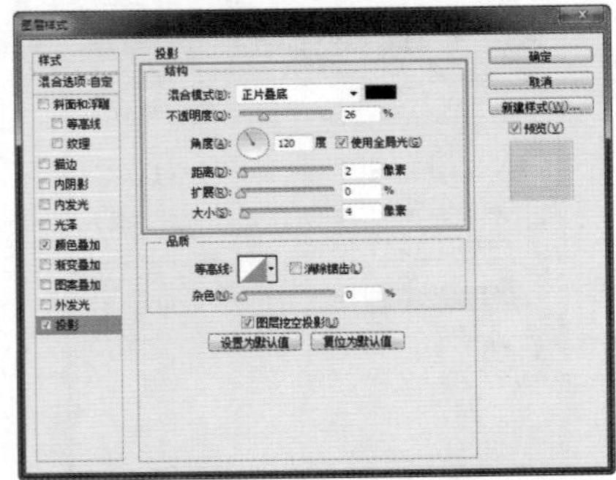

图 7-75 “图层样式”对话框

16 单击“确定”按钮，完成“图层样式”对话框的设置，效果如图 7–76 所示。选择“横排文字工具”，打开“字符”面板，设置如图 7–77 所示。

图 7-76 图像效果

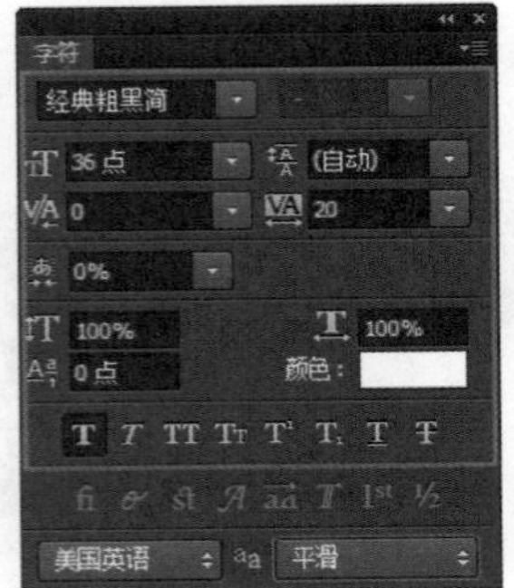

图 7-77 “字符”面板

17 完成相应的设置，在画布中输入文字，如图 7–78 所示。单击“图层”面板底部的“添加图层样式”按钮fx，在弹出的下拉菜单中选择“描边”命令，打开“图层样式”对话框，设置如图 7–79 所示。

图 7-78 输入文字

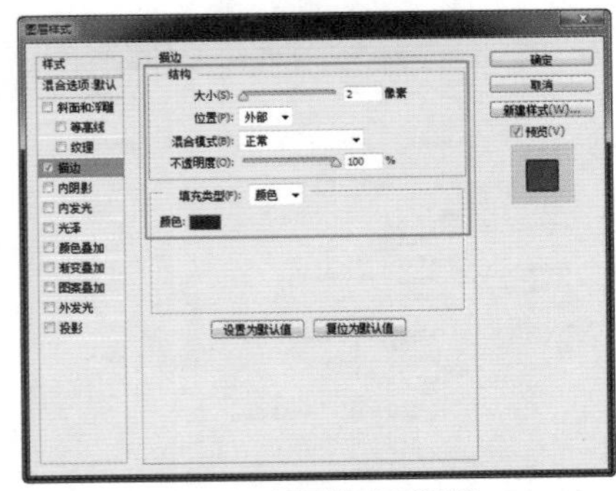

图 7-79 “图层样式”对话框

18 在“图层样式”对话框左侧列表中选择“投影”选项，设置如图 7–80 所示。单击“确定”按钮，完成“图层样式”对话框的设置，效果如图 7–81 所示。

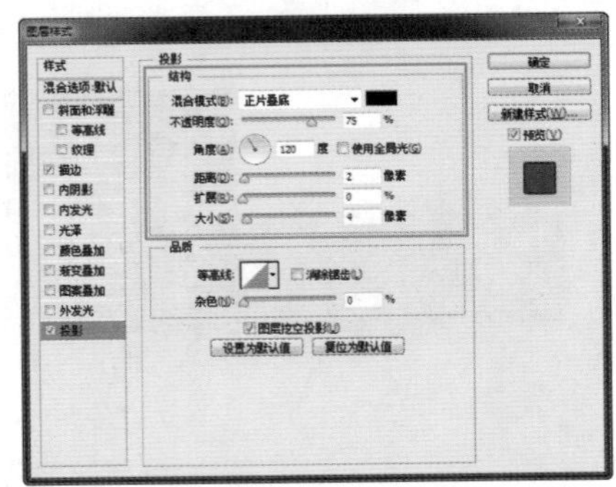

图 7-80 “图层样式”对话框

图 7-81 图像效果

19 在工具箱中单击“矩形工具”按钮，在画布中绘制矩形形状，效果如图 7–82 所示。按快捷键 Ctrl+T，调出变换框，将其调整到合适位置和大小，效果如图 7–83 所示。

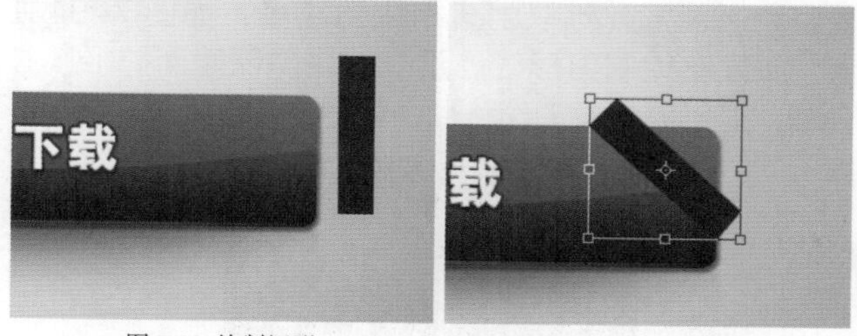

图 7-82 绘制矩形　　图 7-83 变换图像

20 单击工具箱中的“直接选择工具”按钮，选中矩形形状，如图 7–84 所示。选中锚点，将其拖曳到合适的位置，效果如图 7–85 所示。

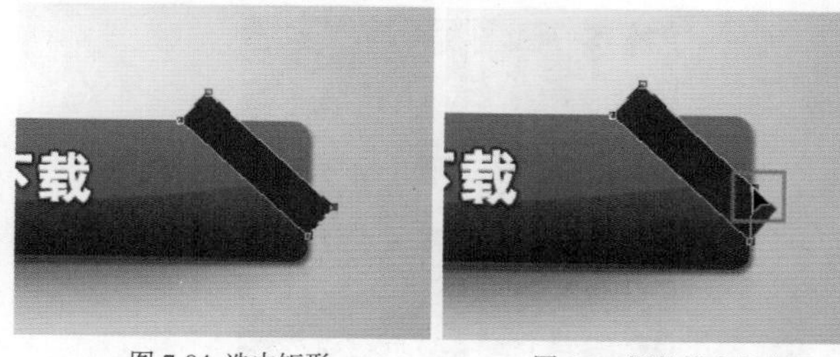

图 7-84 选中矩形　　图 7-85 调整锚点的位置

21 将其他锚点拖曳到合适位置，效果如图 7–86 所示。为该图层添加“渐变叠加”样式，在打开的“图层样式”对话框中对相关参数进行设置，如图 7–87 所示。

图 7-86 调整锚点位置

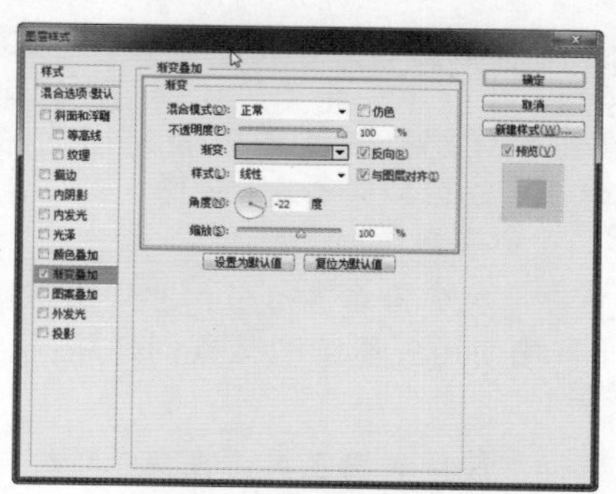

图 7-87 “图层样式”对话框

22 单击“确定”按钮，完成“图层样式”对话框的设置，效果如图 7–88 所示。使用“横排文字工具”在画布中输入其他文字，完成网页实用按钮的绘制，效果如图 7–89 所示。

图 7-88 图像效果

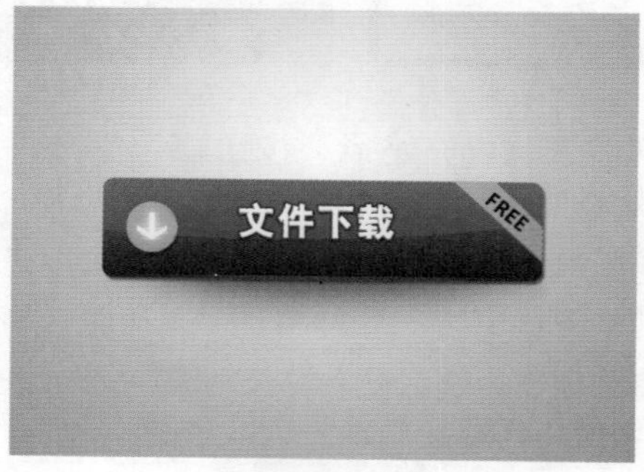

图 7-89 最终效果

7.4 “路径”面板

在“路径”面板中列出了所有存储的路径、当前工作路径和形状路径。要查看路径，必须先在“路径”面板中选择相应的路径名。下面将向用户详细介绍“路径”面板的相关知识。

7.4.1 认识“路径”面板

执行“窗口 > 路径”命令，打开“路径”面板，如图 7–90 所示。单击“路径”面板右上角的倒三角按钮，可以弹出“路径”面板下拉菜单，如图 7–91 所示。

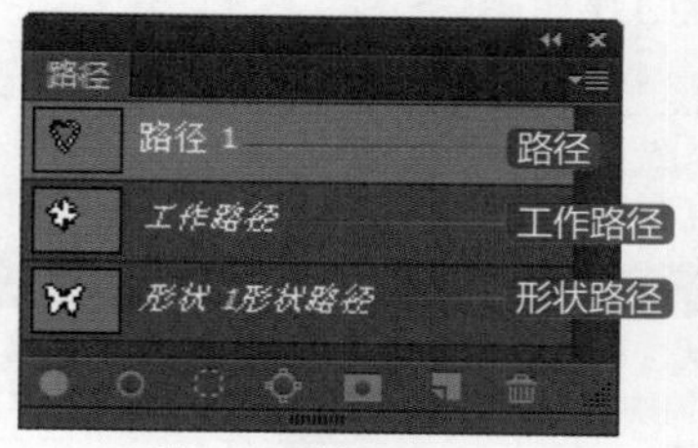

图 7-90 “路径”面板

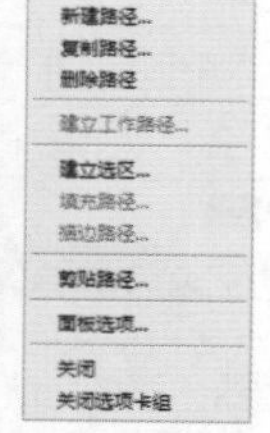

图 7-91 面板下拉菜单

- 路径：通过单击“创建新路径”按钮，新建一个路径后，再使用矢量工具绘制图形即可创建路径。如果在新建路径时不输入新路径的名称，则Photoshop CC会自动命名为“路径1”、“路径2”、“路径3”，以此类推。

- 工作路径：如果没有通过单击“创建新路径”按钮，而直接使用矢量绘图工具创建路径，则创建的是工作路径。

- 形状路径：使用矢量工具，在其选项栏中的“选择工具模式”下拉列表中选择“形状”选项，即可绘制形状图形。

在路径缩览图中显示当前路径的内容，在编辑某路径时，该缩览图的内容也会随着改变。单击“路径”面板右上角的倒三角按钮，在弹出的下拉菜单中选择“面板选项”命令，弹出“路径面板选项”对话框，如图7-92所示。从中可以选择缩览图的大小，选择相应的大小后，路径缩览图效果如图7-93所示。

图7-92 “路径面板选项”对话框

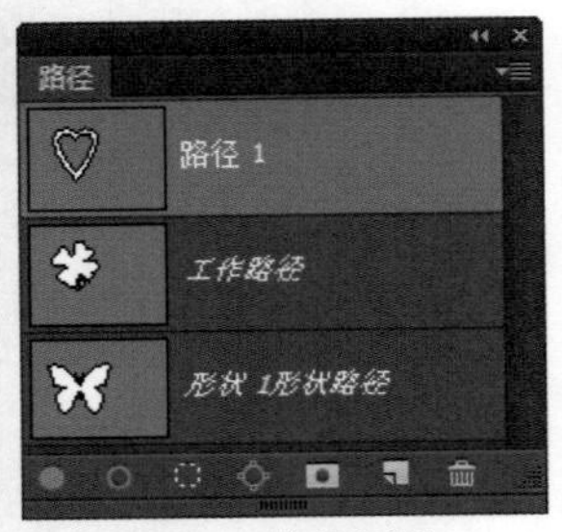

图7-93 “路径”面板

- “用前景色填充路径”按钮：单击该按钮，Photoshop以前景色填充被路径包围的区域。

- “用画笔描边路径”按钮：单击该按钮，可以按设置的“画笔工具”和前景色沿着路径进行描边。

- “将路径作为选区载入”按钮：单击该按钮，可以将当前工作路径转换为选区范围。

- “从选区生成工作路径”按钮：单击该按钮，可以将当前的选区范围转换为工作路径。

- “添加蒙版”按钮：该按钮与“图层”面板中的“添加图层蒙版”按钮功能相同。单击该按钮，可以为当前选中的图层添加图层蒙版。

- “创建新路径”按钮：单击该按钮，可以创建一个新路径，此时创建的路径不是工作路径。

- “删除当前路径”按钮：单击该按钮，可以在“路径”面板中删除当前选定的路径。

提示

在文档中只存在选区时，才能使用“从选区生成工作路径”按钮，如果当前文档中并没有选区范围，则该按钮不可用。

7.4.2 工作路径

使用矢量工具绘制图形时，如果在“路径”面板底部单击“创建新路径”按钮，则会新建一个路径层，然后绘制图形，可以创建相应的路径，如图7-94所示；如果在绘制图形时，没有单击“创建新路径”按钮，则创建的是工作路径，如图7-95所示。

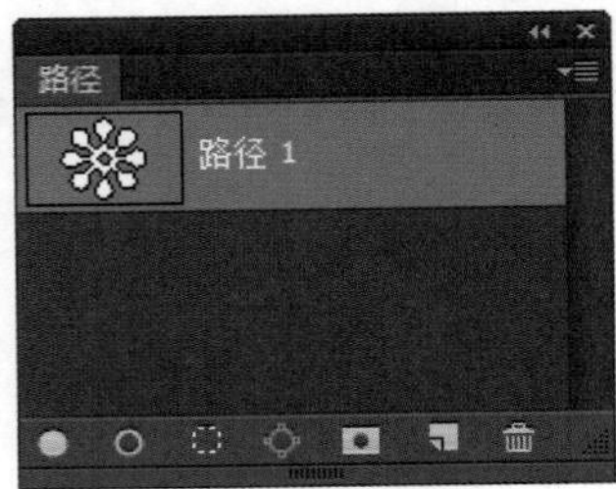

图7-94 创建路径

图7-95 创建工作路径

工作路径是出现在“路径”面板中的临时路径，用于定义路径的轮廓。如果要保存工作路径而不重新命名，将其拖至“路径”面板底部的“创建新路径”按钮上；如果要将工作路径存储并重命名，可双击它的名称，在弹出的“存储路径”对话框中输入一个新的名称即可。

7.4.3 新建路径

在“路径”面板中单击“创建新路径”按钮，可以创建新路径层，如图7-96所示。如果要在新建路径时设置路径的名称，可以按住Alt键并单击“创建新路径”按钮，在弹出的“新建路径”对话框中输入路径的名称，如图7-97所示。单击“确定”按钮，即可创建一个指定名称的路径，如图7-98所示。

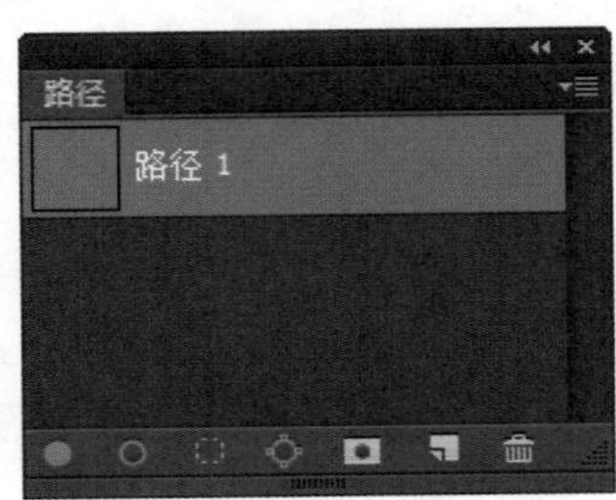

图7-96 新建路径

图 7-97 “新建路径”对话框

图 7-98 指定路径名称

7.4.4 选择与隐藏路径

在图像的处理过程中，经常需要选择或隐藏路径。在“路径”面板中对路径的选择和隐藏操作非常方便，下面就向用户具体进行介绍。

1. 选择路径

单击“路径”面板中的路径则可选择该路径，如图 7–99 所示。在面板的空白处单击，可以取消选择路径，如图 7–100 所示。同时也会隐藏文档窗口中的路径。

图 7-99 选择路径

图 7-100 取消选择路径

2. 隐藏路径

在“路径”面板中单击路径后，文档中将会始终显示该路径，即使在使用其他工具进行图像处理时，也不会发生任何变化。如果不希望路径对视线造成影响，且能保持路径的选择状态，可按快捷键 Ctrl+H 隐藏文档中的路径，再次按快捷键 Ctrl+H 可显示路径。

7.4.5 复制与删除路径

使用矢量工具绘制图形时，为了方便绘制，需要用户熟练掌握复制与删除路径的相关知识。接下来一起学习如何复制与删除路径。

1. 在“路径”面板中复制

在“路径”面板中复制路径是十分方便的，只需将路径拖曳到“创建新路径”按钮上，即可复制该路径。此外，如果要复制并重命名路径，可以先选择路径，然后执行面板菜单中的“复制路径”命令，在弹出的“复制路径”对话框中输入新的路径名称即可。

2. 通过剪贴板复制

单击工具箱中的“路径选择工具”按钮，在画布中选择相应的路径，执行“编辑 > 拷贝”命令，可以将路径复制到剪贴板中，再执行“编辑 > 粘贴”命令，可以粘贴被复制的路径，如图 7–101 所示。如果在其他图像中执行“编辑 > 粘贴”命令，则可将路径粘贴到该图像中，如图 7–102 所示。

图 7-101 复制路径

图 7-102 粘贴路径

提示

在工具箱中单击“路径选择工具”按钮，选择路径后，可直接将其拖曳到其他图像中。

3. 删除路径

在“路径”面板中选择路径，单击“删除当前路径”按钮，在弹出的对话框中单击“是”按钮，即可将该路径删除。也可以将路径拖曳到该按钮上，可直接删除路径。此外还可以用“路径选择工具”选择路径，按 Delete 键即可删除被选路径。

7.4.6 路径与选区的相互转换

在 Photoshop CC 中，有很多工具都是通过绘制路径后，再将其转换为选区，并对选区进行处理，从而制作图像效果的。路径的一个重要功能便是与选区之间的转换，因此使用该功能可以绘制不同的选区范围。下面将通过一个实例向用户进行讲解。

动手实践——绘制动人音符

源文件：光盘 \ 源文件 \ 第 7 章 \7-4-6.psd

视频：光盘 \ 视频 \ 第 7 章 \7-4-6.swf

01 打开素材图像“光盘 \ 源文件 \ 第 7 章 \ 素材 \74601.jpg”，如图 7–103 所示。在“图层”面板底部单击“创建新图层”按钮，新建“图层 1”图层，如图 7–104 所示。

图 7-103 打开图像

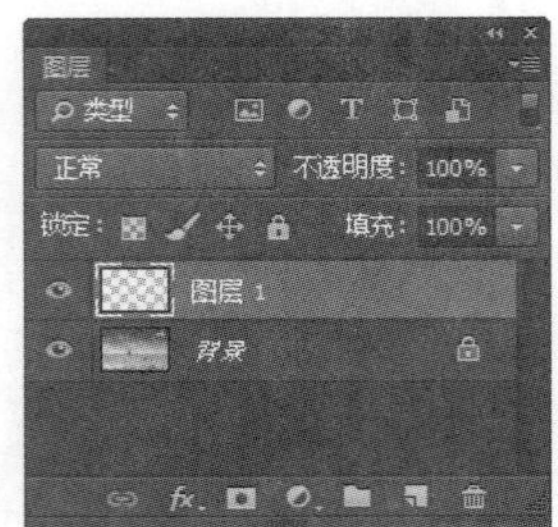

图 7-104 “图层”面板

02 单击工具箱中的“自定形状工具”按钮，在选项栏中的“选择工具模式”下拉列表中选择“路径”选项，打开“自定形状”选取器，单击右上角的“设置”按钮，如图 7–105 所示。在弹出的下拉菜单中选择“音乐”命令，打开提示框，如图 7–106 所示。

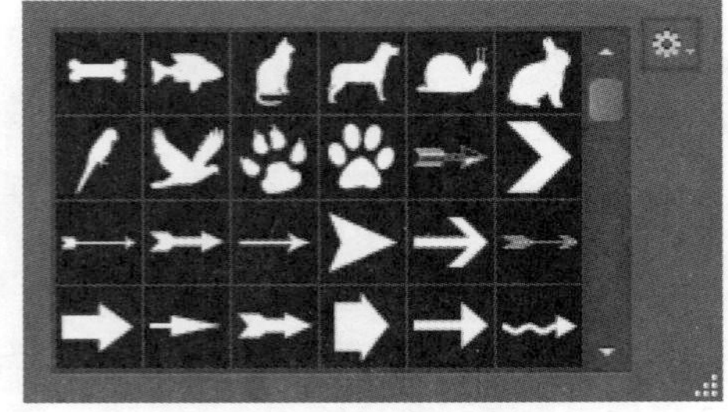

图 7-105 “自定形状”选取器

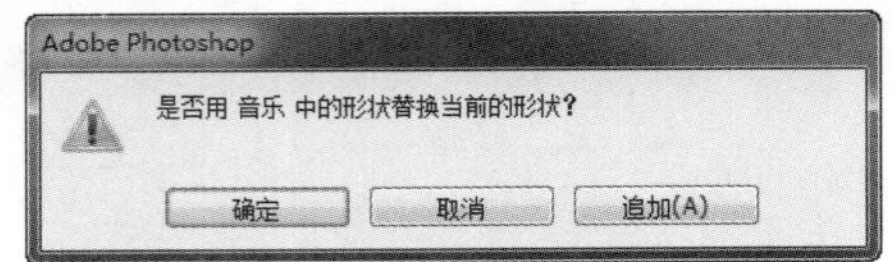

图 7-106 提示框

> **提示**
>
> “自定形状”选取器中拥有多种形状，根据个人的设计需要选择不同的形状图形。

03 单击“确定”按钮，选择“八分音符”形状，在画布中绘制形状路径，如图 7–107 所示。按快捷键 Ctrl+Enter，将路径转换为选区，如图 7–108 所示。

图 7-107 绘制路径

图 7-108 创建选区

04 设置“前景色”为白色，按快捷键 Alt+Delete，为选区填充颜色；按快捷键 Ctrl+D，取消选区，如图 7–109 所示。设置“图层 1”图层的“填充”为 20%，效果如图 7–110 所示。

图 7-109 填充效果

图 7-110 图像效果

05 单击“图层”面板底部的“添加图层样式”按钮，在弹出的下拉菜单中选择“内发光”命令，打开“图层样式”对话框，设置如图 7–111 所示。在左侧列表中选择“投影”选项，设置如图 7–112 所示。

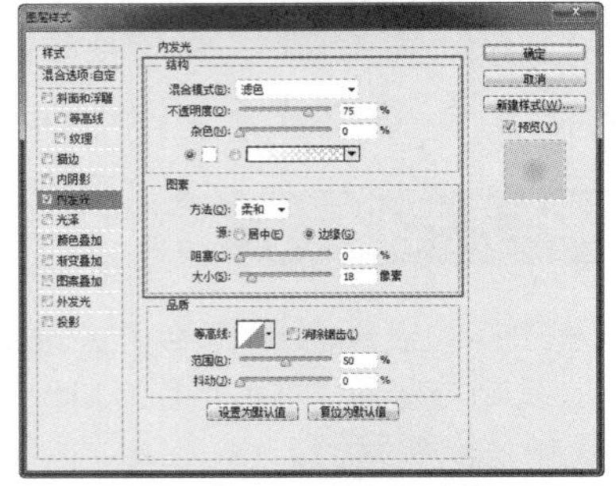

图 7-111 设置“内发光”参数

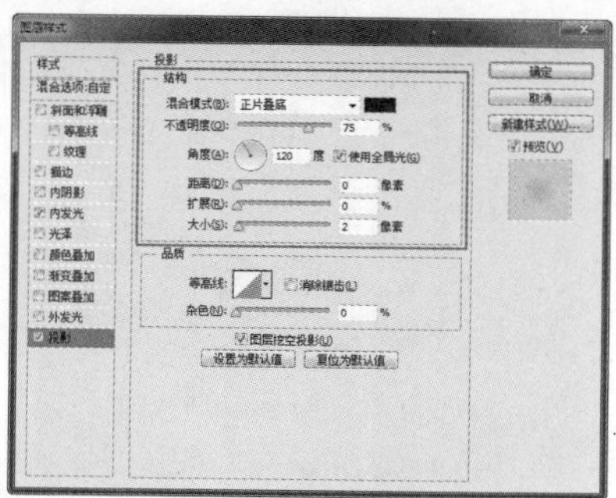

图 7-112 设置"投影"参数

06 单击“确定”按钮，完成“图层样式”对话框的设置，效果如图 7–113 所示。执行“编辑 > 自由变换”命令，调整到合适的角度，如图 7–114 所示。

图 7-113 图像效果

图 7-114 变换图像

07 使用相同的方法，绘制出其他效果，如图 7–115 所示。单击工具箱中的“横排文字工具”按钮，在画布中输入相应文字，效果如图 7–116 所示。

图 7-115 绘制其他效果

图 7-116 图像效果

7.4.7 填充路径

在“路径”面板中选择相应的路径，执行面板下拉菜单中的“填充路径”命令，弹出“填充路径”对话框，可以设置填充内容和混合模式等选项，如图 7–117 所示。

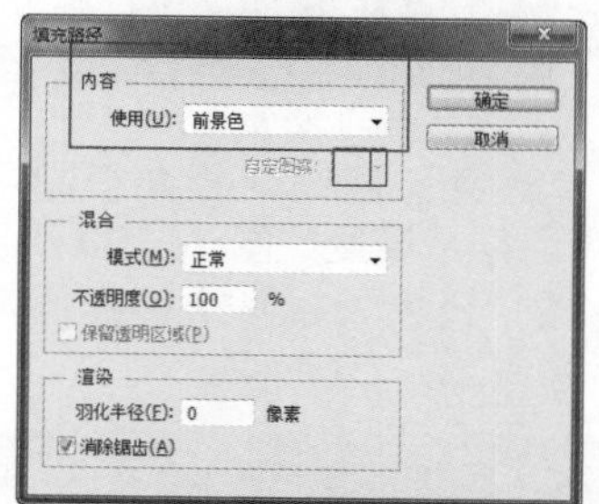

图 7-117 “填充路径”对话框

- 使用：可选择用“前景色”、“背景色”、“黑色”、“白色”或其他颜色填充路径。如果需要选择“图案”，可在“自定图案”下拉列表中选择合适的图案对路径进行填充。
- 模式：在该下拉列表中可以设置填充的混合模式，其混合模式选项与“图层”面板中的“混合模式”选项相同。
- 不透明度：可以设置填充的不透明度。
- 保留透明区域：选中该复选框，则在填充路径时仅限于填充包含像素的图层区域。
- 羽化半径：通过该选项可以为填充设置羽化效果。
- 消除锯齿：选中该复选框，可部分填充选区的边缘，在选区的像素和周围像素之间创建精细的过渡。

动手实践——制作动感图像效果

源文件：光盘 \ 源文件 \ 第 7 章 \7-4-7.psd

视频：光盘 \ 视频 \ 第 7 章 \7-4-7.swf

01 打开素材图像“光盘\源文件\第 7 章\素材\74701.jpg”，如图 7–118 所示。复制“背景”图层，得到“背景 拷贝”图层，“图层”面板如图 7–119 所示。

图 7-118 打开图像

图 7-119 “图层”面板

02 执行“滤镜 > 模糊 > 径向模糊”命令，弹出“径向模糊”对话框，设置如图 7–120 所示。单击“确定”按钮，完成“径向模糊”对话框的设置，效果如图 7–121 所示。

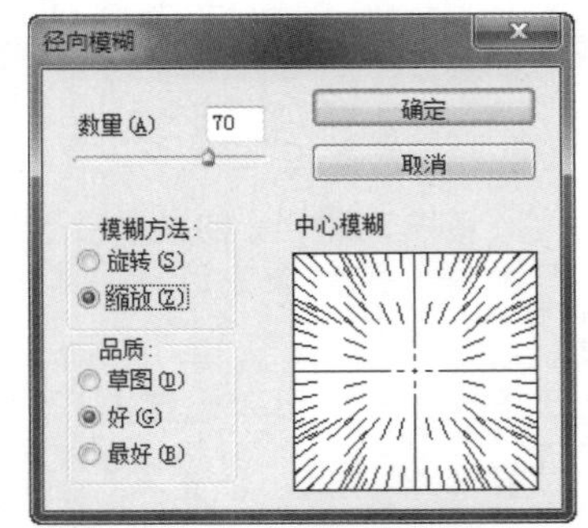

图 7-120 “径向模糊”对话框

图 7-121 图像效果

03 打开“历史记录”面板，单击“创建新快照”按钮，基于当前的图像状态创建一个快照，如图 7–122 所示。在“快照 1”前面单击，将历史记录的源设置为“快照 1”，如图 7–123 所示。

图 7-122 “历史记录”面板

图 7-123 设置历史记录源

04 在“历史记录”面板中单击步骤“复制图层”，如图 7–124 所示。将图像恢复至复制时的状态，如图 7–125 所示。

图 7-124 “历史记录”面板

图 7-125 图像效果

05 使用“快速选择工具”在画布中创建选区，效果如图 7–126 所示。打开“路径”面板，单击该面板底部的“从选区生成工作路径”按钮，在“路径”面板中可以看到生成的工作路径，如图 7–127 所示。

图 7-126 创建选区

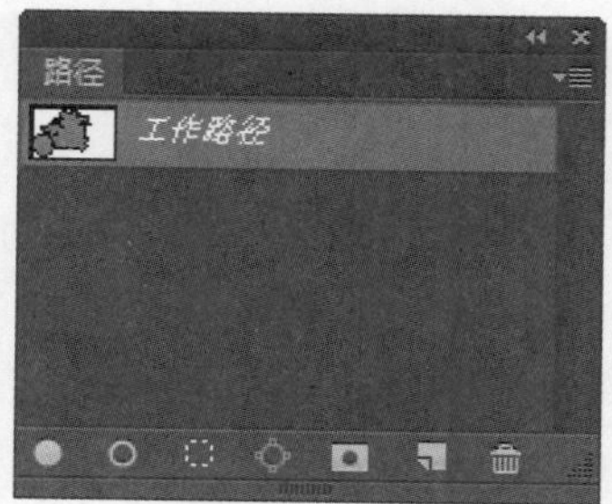

图 7-127 “路径”面板

06 双击工作路径，弹出“存储路径”对话框，设置如图 7-128 所示。单击“确定”按钮，完成“存储路径”对话框的设置，在“路径”面板中可以看到存储的路径，如图 7-129 所示。

图 7-128 “存储路径”对话框

图 7-129 “路径”面板

07 执行“路径”面板菜单中的“填充路径”命令，弹出“填充路径”对话框，设置如图 7-130 所示。单击“确定”按钮，完成“填充路径”对话框的设置。在“路径”面板空白处单击隐藏路径，效果如图 7-131 所示。

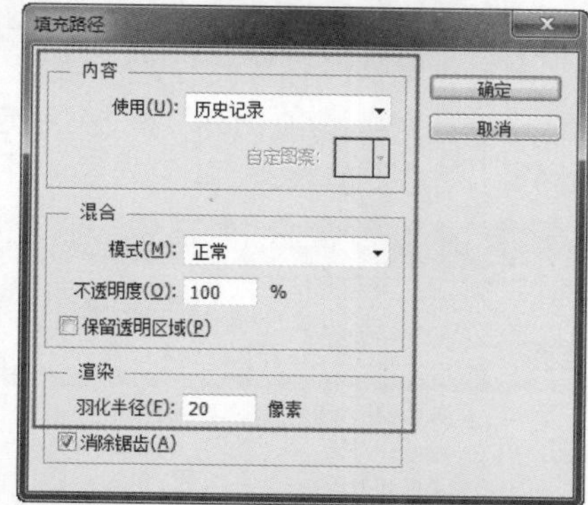

图 7-130 “填充路径”对话框

图 7-131 图像效果

7.4.8 使用画笔描边路径

通过对路径基本知识点的学习，相信用户对路径已经不再那么陌生了。通过路径与其他 Photoshop 工具的结合使用，可以制作出许多意想不到的精美效果。通过使用画笔描边路径的功能，可以制作出许多特殊的描边效果。下面就通过一个实例来进行学习。

动手实践——制作宣传海报

源文件：光盘 \ 源文件 \ 第 7 章 \7-4-8.psd

视频：光盘 \ 视频 \ 第 7 章 \7-4-8.swf

01 执行“文件 > 打开”命令，打开素材图像“光盘 \ 源文件 \ 第 7 章 \ 素材 \74801.jpg”，如图 7-132 所示。打开素材图像“光盘 \ 源文件 \ 第 7 章 \ 素材 \74802.png”，将其拖曳到 74801.jpg 文档中，得到“图层 1”图层，并将其调整到合适位置和大小，效果如图 7-133 所示。

图 7-132 打开图像

图 7-133 拖入素材

02 单击“图层”面板底部的“添加图层样式”按钮 fx，在弹出的下拉菜单中选择“外发光”命令，打开“图层样式”对话框，对相关参数进行设置，如图 7-134 所示。单击“确定”按钮，完成“图层样式”对话框的设置，效果如图 7-135 所示。

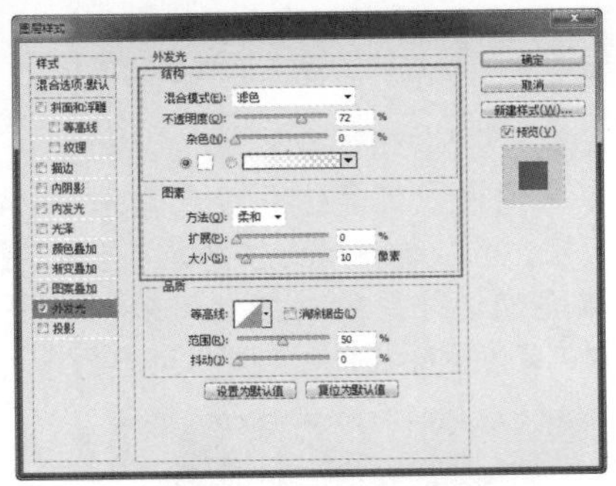

图 7-134 “图层样式”对话框

图 7-135 图像效果

03 为“图层 1”添加图层蒙版，选择“画笔工具”，设置“前景色”为黑色，在蒙版中进行相应的涂抹，效果如图 7–136 所示。使用相同的方法，完成其他相似部分内容的制作，效果如图 7–137 所示。

图 7-136 涂抹效果

图 7-137 图像效果

04 新建“图层 4”图层，单击工具箱中的“钢笔工具”按钮，在画布中绘制路径，效果如图 7–138 所示。设置“前景色”为 RGB（222、237、63），单击“画笔工具”按钮，按快捷键 F5，打开“画笔”面板，对相关参数进行设置，如图 7–139 所示。

图 7-138 绘制路径

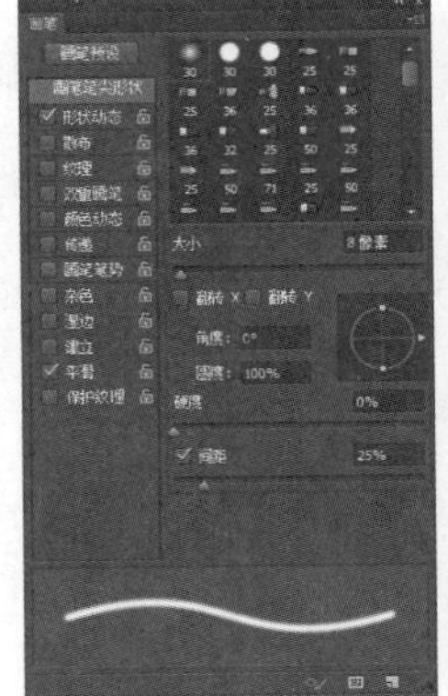

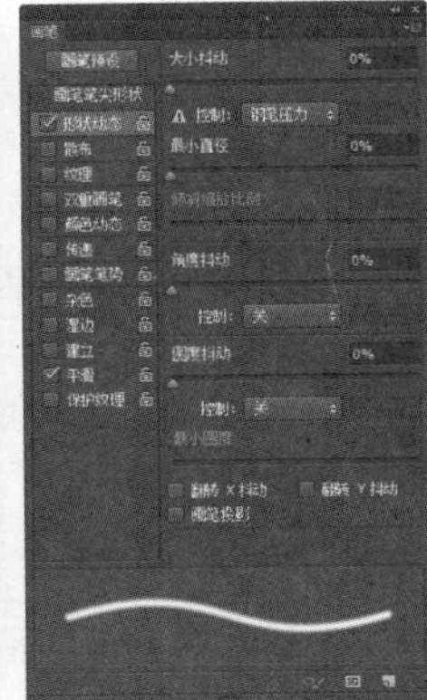

图 7-139 “画笔”面板

05 完成相应的设置，打开“路径”面板，按住 Alt 键单击“用画笔描边路径”按钮，弹出“描边路径”对话框，设置如图 7–140 所示。单击“确定”按钮，完成“描边路径”对话框的设置，效果如图 7–141 所示。

图 7-140 “描边路径”对话框

图 7-141 图像效果

06 为“图层 4”添加“外发光”图层样式，在打开的“图层样式”对话框中对相关参数进行设置，如图 7–142 所示。单击“确定”按钮，完成“图层样式”对话框的设置，效果如图 7–143 所示。

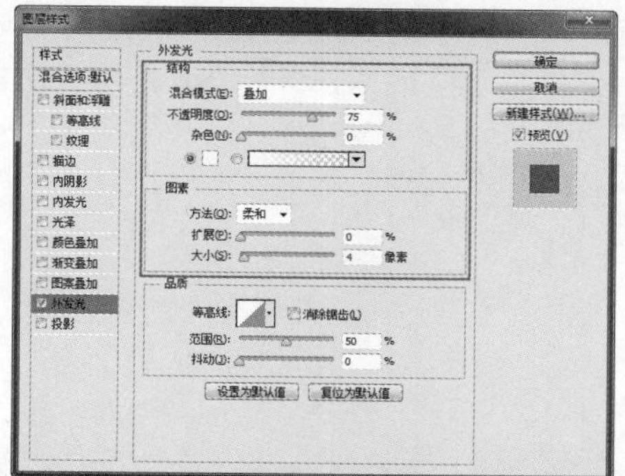
图 7-142 “图层样式”对话框

图 7-143 图像效果

07 为“图层 4”添加图层蒙版，选择“画笔工具”，设置“前景色”为黑色，在蒙版中进行涂抹，效果如图 7–144 所示。使用相同的方法，完成相似部分内容的制作，效果如图 7–145 所示。

图 7-144 涂抹效果

图 7-145 图像效果

08 新建“图层 7”图层，“图层”面板如图 7–146 所示。单击工具箱中的“自定形状工具”按钮，在选项栏上对相关选项进行设置，在画布中绘制路径，如图 7–147 所示。

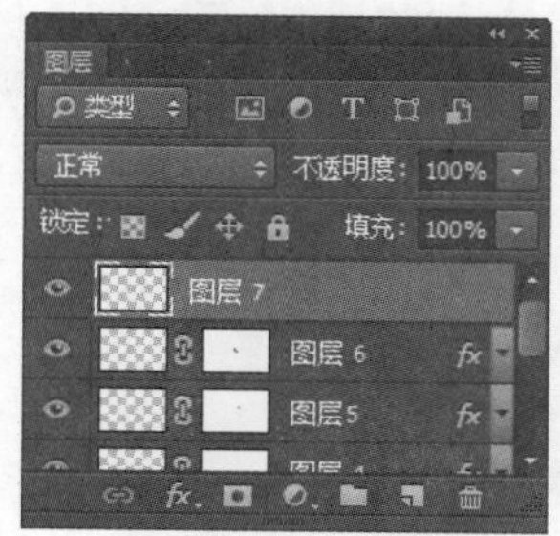
图 7-146 “图层”面板

图 7-147 绘制路径

09 选择“画笔工具”，设置“前景色”为白色，按快捷键 F5，打开“画笔”面板，设置如图 7–148 所示。

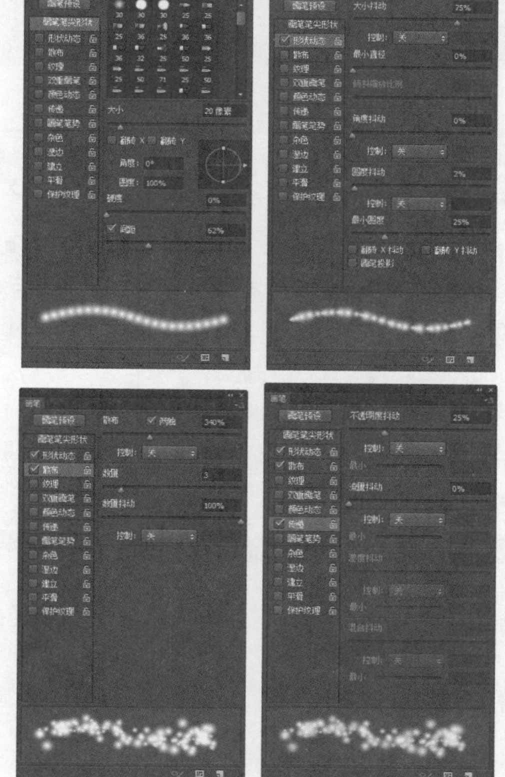
图 7-148 “画笔”面板

10 完成相应的设置，打开“路径”面板，单击“路径”面板底部的“用画笔描边路径”按钮，效果如图 7–149 所示。为“图层 7”添加图层蒙版，选择“画笔工具”，设置“前景色”为黑色，在画布中进行涂抹，如图 7–150 所示。

图 7-149 图像效果

图 7-150 涂抹效果

11 使用“横排文字工具”输入相应的文字，并为文字添加相应的图层样式，效果如图 7–151 所示。“图层”面板如图 7–152 所示。

图 7-151 图像效果

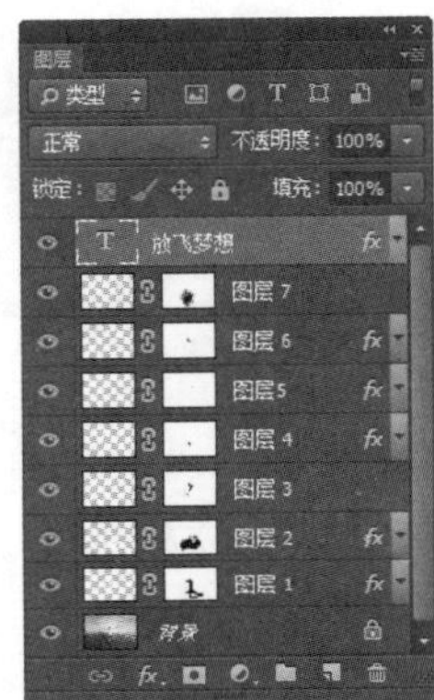

图 7-152 “图层”面板

7.5 使用“钢笔工具”绘制路径

路径是由多个锚点组成的线段或曲线，它可以以单独的线段或曲线存在。在 Photoshop CC 中称这些终点没有连接起点的路径为开放式路径，而那些终点连接了起点的路径则称为封闭路径。下面将讲解如何使用“钢笔工具”绘制不同的路径。

7.5.1 “钢笔工具”选项栏

单击工具箱中的“钢笔工具”按钮，其选项栏如图 7–153 所示。

图 7-153 “钢笔工具”的选项栏

- 建立：单击不同的按钮，可以将绘制的路径转换为不同的对象类型。
  - “选区”按钮：单击该按钮，弹出“创建选区”对话框，如图 7–154 所示。在该对话框中可以设置选区的创建方式以及羽化方式，如果在该对话框中选择“新建选区”选项，单击“确定”按钮，可以将当前路径转换为一个新选区，如图 7–155 所示。

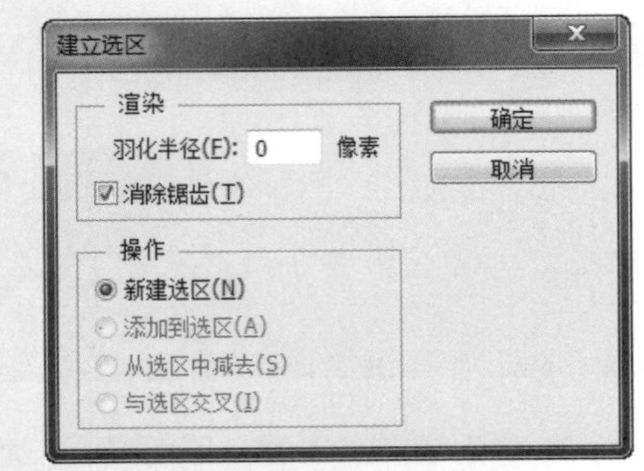

图 7-154 “建立选区”对话框

图 7-155 路径转换为选区的效果

"蒙版"按钮：单击该按钮，可以沿当前路径边缘创建矢量蒙版，如图 7–156 所示。如果当前图层为"背景"图层，则该按钮不可用，因为"背景"图层不允许添加蒙版。

图 7-156 创建矢量蒙版

"形状"按钮：单击该按钮，可以沿当前路径创建形状图层并为该形状图形填充前景色，如图 7–157 所示。

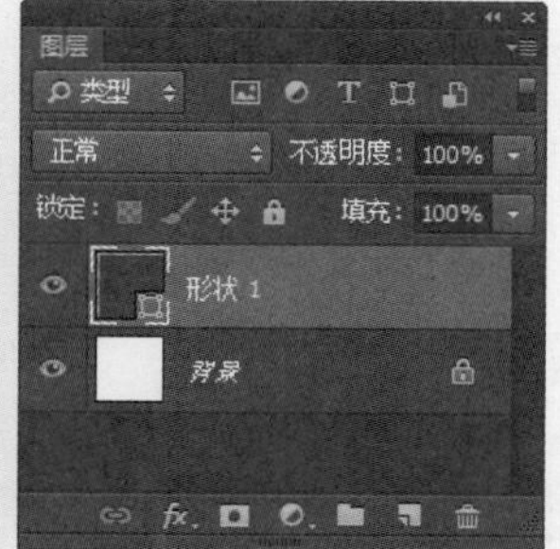

图 7-157 创建形状图层

"路径操作"按钮：单击该按钮，弹出"路径操作"下拉菜单，可在菜单中选择相应的选项，如图 7–158 所示。

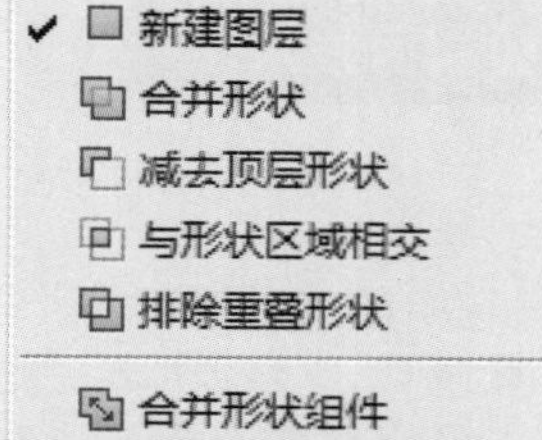

图 7-158 "路径操作"下拉菜单

新建图层：该选项为默认选项，可以在一个新的图层中放置所绘制的形状图形。

合并形状：选择该选项后，可以在原有形状的基础上添加新的路径形状，如图 7–159 所示。

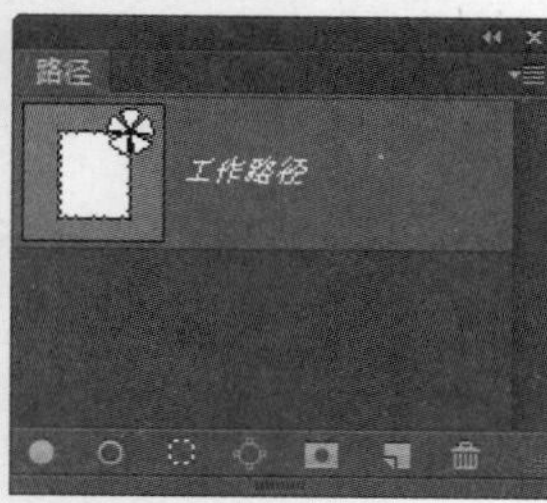

图 7-159 绘制"合并形状"路径

减去顶层形状：选择该选项后，可以在已经绘制的路径或形状中减去当前绘制的路径或形状，如图 7–160 所示。

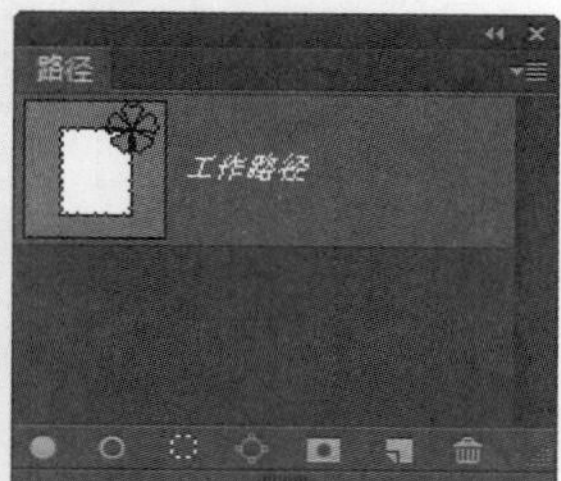

图 7-160 绘制"减去顶层形状"路径

与形状区域相交：选择该选项后，保留原来的路径或形状与当前的路径或形状相交的部分，如图 7–161 所示。

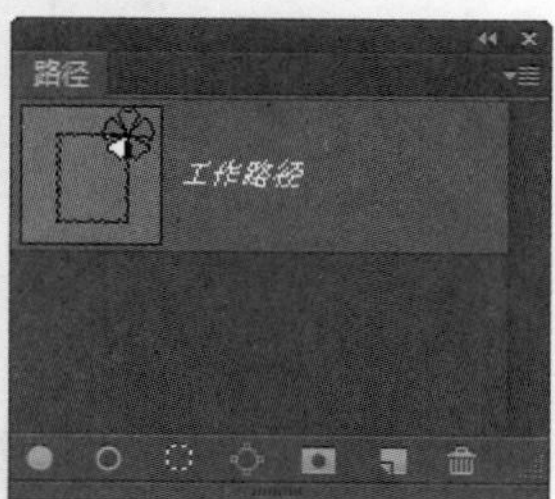

图 7-161 绘制"与形状区域相交"路径

排除重叠形状：选择该选项后，只保留原来的路径或形状与当前的路径或形状非重叠的部分，如图 7–162 所示。

图 7-162 绘制"排除重叠形状"路径

合并形状组件：当在同一形状图层中绘制了两

个或两个以上形状图形时，可以选择该选项，则新绘制的形状图形将与原有形状图形合并。

“路径对齐方式”按钮：单击该按钮，弹出“路径对齐方式”下拉菜单，用来设置路径的对齐与分布方式，如图 7–163 所示。使用“路径选择工具”选取两个或两个以上的路径，选择不同的选项，路径可以按不同的方式进行排列分布。

“路径排列方式”按钮：单击该按钮，弹出“路径排列方式”下拉菜单，用于设置路径的堆叠方式，如图 7–164 所示。选择不同的选项可以调整路径的排列顺序。调整排列顺序的所有形状必须在同一个图层中。

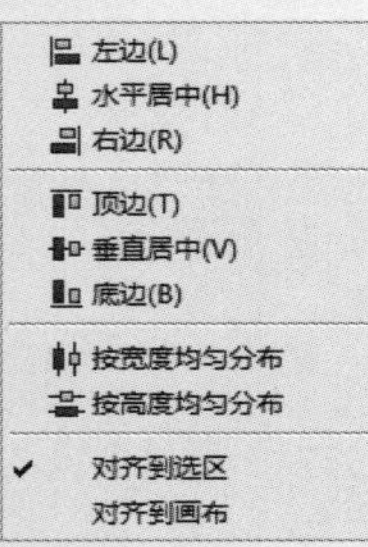

将形状置为顶层
将形状前移一层
将形状后移一层
将形状置为底层

图 7-163 “路径对齐方式”下拉菜单　图 7-164 “路径排列方式”下拉菜单

“设置”按钮：单击该按钮，可以显示“橡皮带”选项，如图 7–165 所示。选中该复选框，在移动光标时会显示出一个路径状的虚拟线，它显示了该段路径的大致形状。

橡皮带

图 7-165 “橡皮带”复选框

自动添加 / 删除：选中该选项后，“钢笔工具”移至路径上，光标变为形状时，单击鼠标可以添加锚点；移至路径的锚点上，光标变为形状时，单击鼠标可以删除锚点。

提示

创建路径后，也可以使用“路径选择工具”选择多个子路径，然后单击工具选项栏中的“路径操作”按钮，在弹出的下拉菜单中选择“合并形状组件”命令，则可以合并重叠的路径组件。

7.5.2 绘制直线路径

使用“钢笔工具”可以绘制出不同的路径。下面通过练习对绘制直线路径进行详细讲解。

动手实践——绘制直线路径

源文件：无

视频：光盘 \ 视频 \ 第 7 章 \7-5-2.swf

01 单击工具箱中的“钢笔工具”按钮，在选项栏中的“选择工具模式”下拉列表中选择“路径”选项，在画布中单击即可创建一个锚点，将光标移至下一个位置并单击，两个锚点会连接成一条由角点定义的直线路径，如图 7–166 所示。在其他位置单击可以继续绘制直线，如图 7–167 所示。

图 7-166 绘制直线　　图 7-167 绘制多条直线

提示

“钢笔工具”是 Photoshop CC 中最为强大的绘图工具之一，它主要有两种用途：一是绘制矢量图形，二是用于选取对象。在作为选取工具使用时，“钢笔工具”绘制的轮廓光滑、准确，将路径转换为选区就可以准确地选择对象。

02 如果要闭合路径，可以将光标移至路径的起点，此时光标变为形状，如图 7–168 所示。单击鼠标即可闭合路径，如图 7–169 所示。

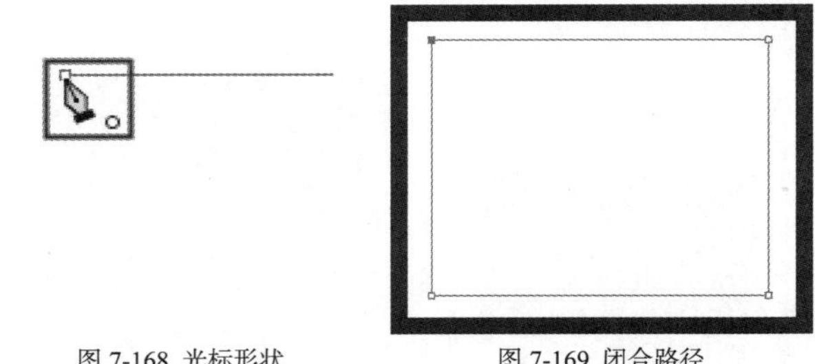

图 7-168 光标形状　　图 7-169 闭合路径

7.5.3 绘制曲线路径

使用“钢笔工具”不仅能够方便地绘制直线路径，而且还可以绘制出曲线路径。下面的练习将会向用户讲解如何绘制曲线路径。

动手实践——绘制曲线路径

源文件：无

视频：光盘 \ 视频 \ 第 7 章 \7-5-3.swf

01 单击工具箱中的“钢笔工具”按钮，在选项栏上的“选择工具模式”下拉列表中选择“路径”选项，在画布中单击鼠标并拖曳创建一个平滑锚点，如图 7–170 所示。将光标移至下一个平滑锚点的位置，如图 7–171 所示。

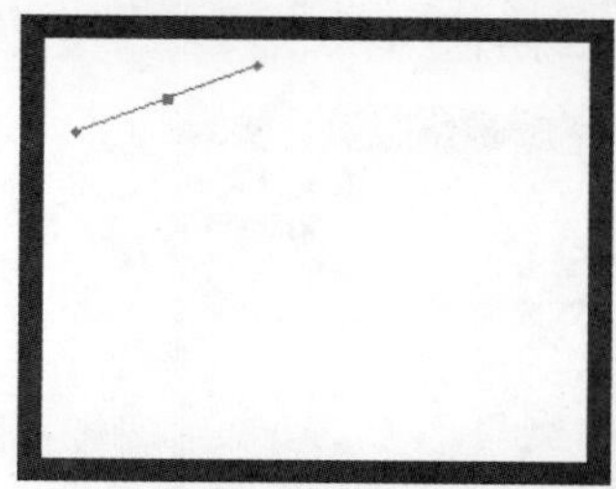

图 7-170 创建平滑锚点

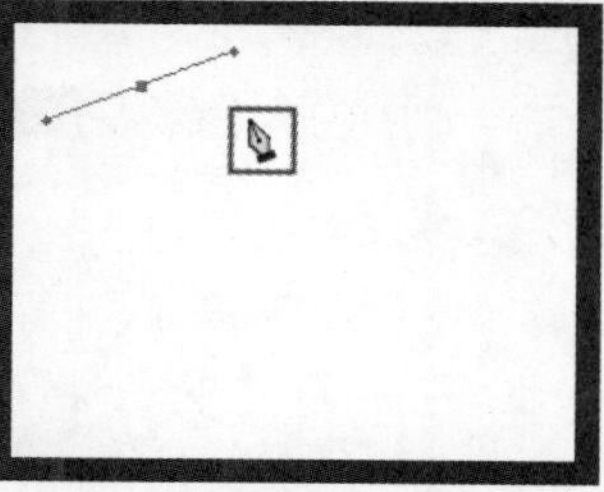

图 7-171 移动光标位置

02 在光标所在位置单击鼠标并拖曳创建第二个平滑点，如图 7–172 所示。在拖曳的过程中可以调整方向线的长度和方向，从而影响下一个锚点生成的路径的走向。继续创建平滑锚点，即可绘制出一段平滑的曲线，如图 7–173 所示。

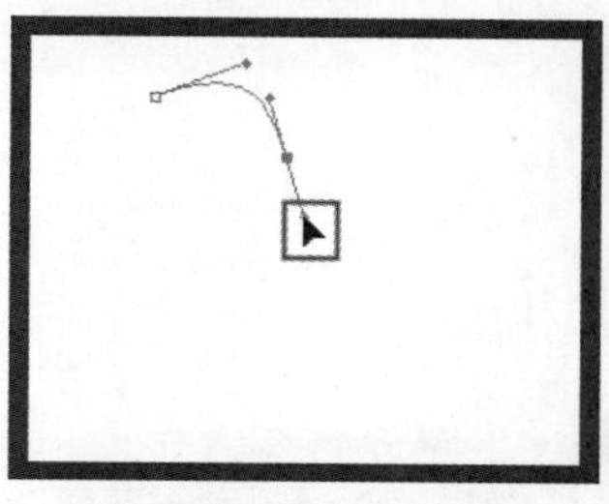

图 7-172 创建第二个平滑锚点

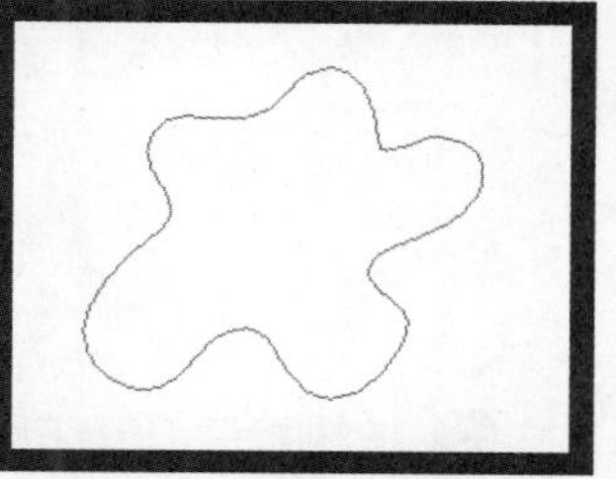

图 7-173 绘制平滑的曲线

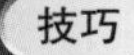

技巧

在绘制曲线路径的过程中调整方向线时，按住 Shift 键拖动鼠标可以将方向线的方向控制在水平、垂直或以 45° 角为增量的角度上。

提示

使用“钢笔工具”绘制的曲线称为贝赛尔曲线，其原理是在锚点上加上两个方向线，不论调整哪一个方向线，另外一个始终与它保持成一直线并与曲线相切。贝赛尔曲线具有精确和易于修改的特点，被广泛地应用在计算机图形领域，如 Illustrator、CorelDRAW、Flash、3ds Max 等软件都有绘制贝赛尔曲线的功能。

7.5.4 绘制转角曲线路径

通过单击并拖曳鼠标的方式可以绘制光滑流畅的曲线，但是如果想要绘制与上一段曲线之间出现转折的曲线即转角曲线，就需要在创建锚点前改变方向线的方向。

动手实践——绘制转角曲线路径

源文件：无

视频：光盘 \ 视频 \ 第 7 章 \7-5-4.swf

01 新建一个 400×400 像素的空白文档，执行“视图 > 显示 > 网格”命令，显示网格，如图 7–174 所示。单击工具箱中的“钢笔工具”按钮，在选项栏上的“选择工具模式”下拉列表中选择“路径”选项，在画布中单击鼠标并拖曳创建一个平滑点，如图 7–175 所示。

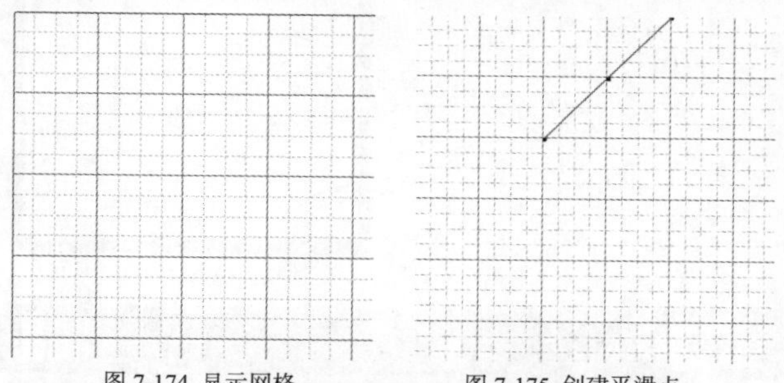

图 7-174 显示网格　　图 7-175 创建平滑点

技巧

通过网格辅助绘图很容易绘制对称的图形。默认情况下，网格的颜色为黑色，用户可以执行“编辑 > 首选项 > 参考线、网格和切片”命令，将网格的颜色更改为其他的颜色，以便于区别。

02 将光标移至下一个锚点的位置，单击并拖曳鼠标绘制曲线，如图 7–176 所示。将光标移至下一个锚点的位置，单击但不要拖曳鼠标，创建一个角点，如图 7–177 所示。这样就完成了右侧心形的绘制。

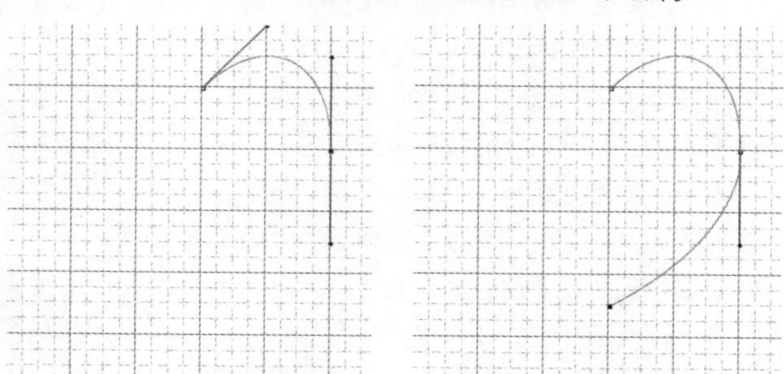

图 7-176 绘制曲线　　图 7-177 创建角点

03 将光标移至下一个锚点的位置，单击并拖曳鼠标绘制曲线，如图 7–178 所示。将光标移至路径的起点上，单击鼠标闭合路径，如图 7–179 所示。

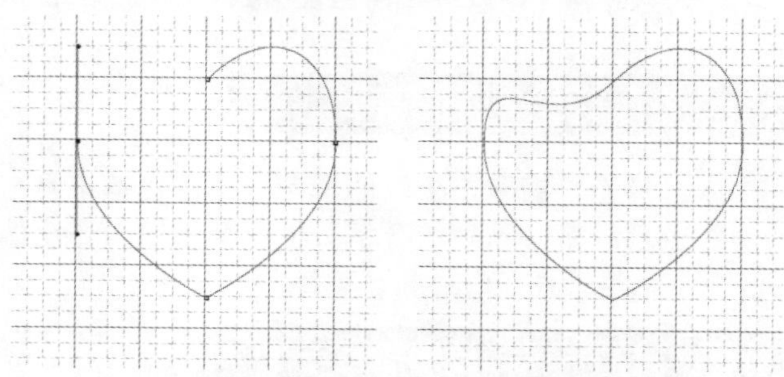

图 7-178 绘制曲线　　图 7-179 闭合路径

04 单击工具箱中的“直接选择工具”按钮，选中起始锚点，调整手柄，如图 7–180 所示。完成转角曲线路径的绘制，执行“视图 > 显示 > 网格”命令，隐藏网格，如图 7–181 所示。

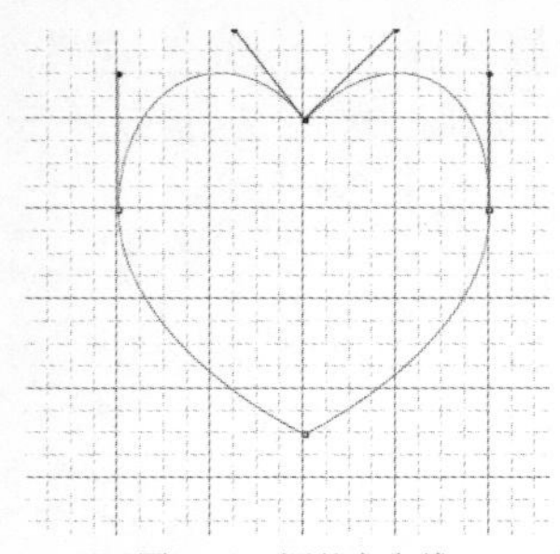
图 7-180 调整方向线

图 7-181 转角曲线路径效果

技巧 

在使用“钢笔工具”绘制路径时，如果按住 Ctrl 键，可以将正在使用的“钢笔工具”临时转换为“直接选择工具”；如果按住 Alt 键，可以将正在使用的“钢笔工具”临时转换为“转换点工具”。

7.5.5 钢笔工具的使用技巧

在使用“钢笔工具”时，光标在路径和锚点上会有不同的显示状态，通过对光标的观察，可以判断“钢笔工具”此时的功能，从而更加灵活地使用“钢笔工具”。

当光标在画布中显示为形状时，单击可创建一个角点；单击并拖曳鼠标可以创建一个平滑点。

在选项栏上选中“自动添加 / 删除”选项后，当光标在路径上变为形状时单击，可在路径上添加锚点。

在选项栏上选中“自动添加 / 删除”选项后，当光标在锚点上变为形状时，单击可删除该锚点。

在画布上绘制路径的过程中，将光标移至路径起始的锚点上，光标会变为形状，此时单击可闭合路径。

选择一个开放式路径，将光标移至该路径的一个端点上，光标变为形状时单击，然后可以继续绘制该路径。如果在绘制路径的过程中，将光标移至另外一条开放路径的端点上，光标变为形状时单击，可以将这两段开放式路径连接成一条路径。

7.5.6 鼠标绘制质感苹果

通过前面“钢笔工具”的学习，对“钢笔工具”绘制路径已经有了一定的了解，下面就来做一个小练习，对“钢笔工具”进行熟练掌握。

动手实践——鼠标绘制质感苹果

源文件：光盘 \ 源文件 \ 第 7 章 \7-5-6.psd

视频：光盘 \ 视频 \ 第 7 章 \7-5-6.swf

01 执行“文件 > 新建”命令，打开“新建”对话框，设置如图 7-182 所示。单击“确定”按钮，新建一个空白文档。新建“图层 1”图层，使用“钢笔工具”在画布中绘制路径，如图 7-183 所示。

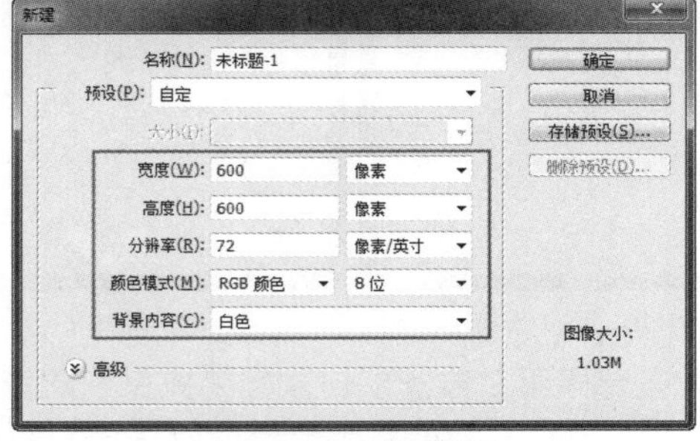

图 7-182 “新建”对话框

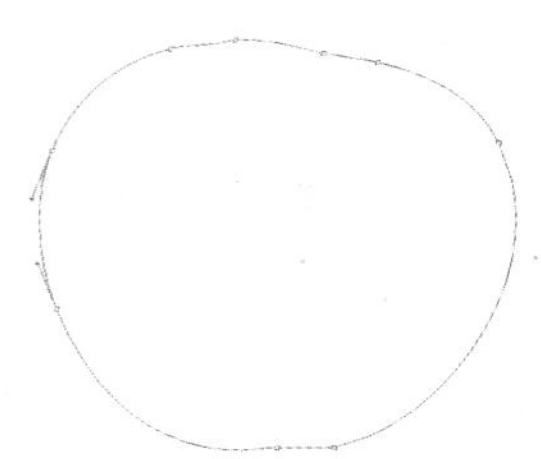
图 7-183 绘制路径

02 按快捷键 Ctrl+Enter，将路径转换为选区。设置“前景色”为 RGB（141、206、16），为选区填充前景色，效果如图 7-184 所示。按快捷键 Ctrl+D，取消选区，为“图层 1”添加“描边”图层样式，在“图层样式”对话框中对相关参数进行设置，如图 7-185 所示。

图 7-184 填充颜色

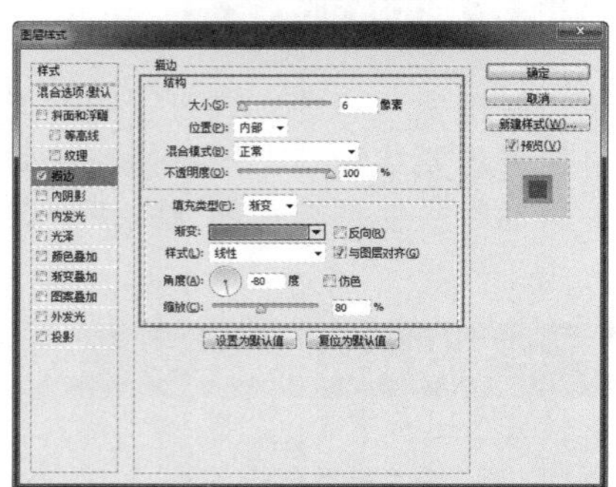
图 7-185 “图层样式”对话框

03 单击“确定”按钮，完成“图层样式”对话框的设置，效果如图 7-186 所示。新建“图层 2”图层，选择“画笔工具”，设置“前景色”为 RGB（161、

231、30），在选项栏上设置“画笔笔触大小”为 300 像素，在画布中进行涂抹，效果如图 7–187 所示。

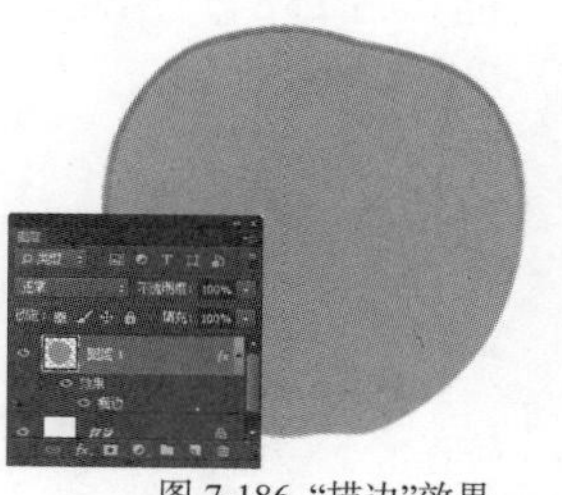
图 7-186 “描边”效果

图 7-187 涂抹效果

04 新建“图层 3”图层，使用“椭圆选框工具”在画布中绘制选区，效果如图 7–188 所示。执行“选择 > 修改 > 羽化”命令，弹出“羽化选区”对话框，设置如图 7–189 所示。

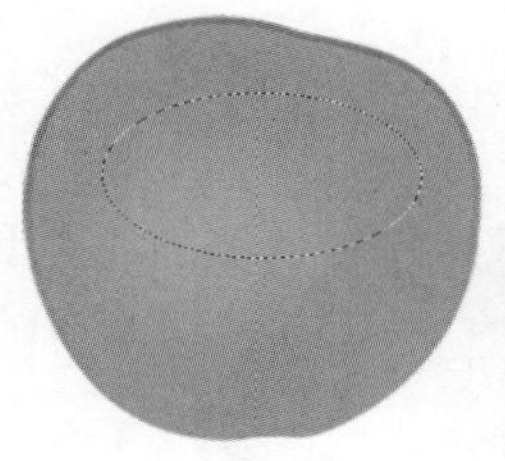
图 7-188 绘制选区

图 7-189 “羽化选区”对话框

05 单击“确定”按钮，对选区进行羽化操作。为选区填充颜色为 RGB（190、238、98），并取消选区，效果如图 7–190 所示。新建“图层 4”图层，使用相同的方法，完成相似部分内容的制作，效果如图 7–191 所示。

图 7-190 为选区填充颜色

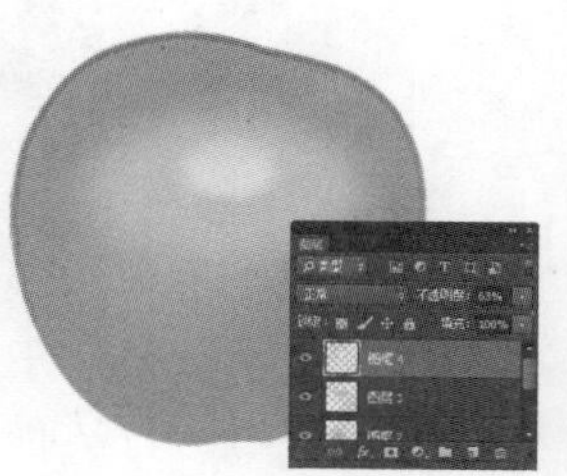
图 7-191 图像效果

06 新建“图层 5”图层，使用“钢笔工具”在画布中绘制路径，如图 7–192 所示。将路径转换为选区，选择“渐变工具”，打开“渐变编辑器”对话框，设置渐变颜色，如图 7–193 所示。

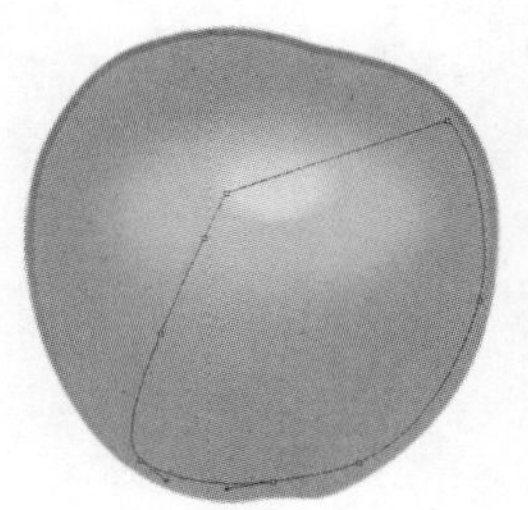
图 7-192 绘制路径

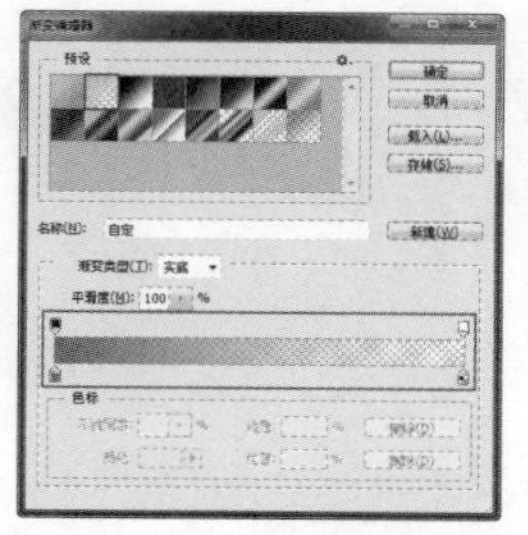
图 7-193 “渐变编辑器”对话框

07 单击“确定”按钮，完成渐变颜色的设置，在选区中填充线性渐变，效果如图 7–194 所示。取消选区，设置该图层的“不透明度”为 73%，效果如图 7–195 所示。

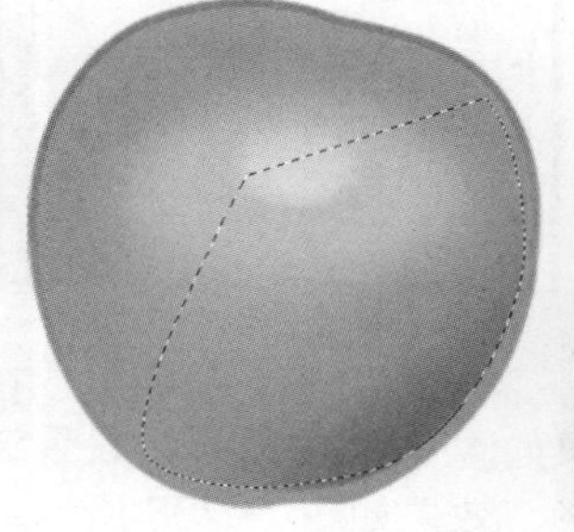
图 7-194 填充线性渐变

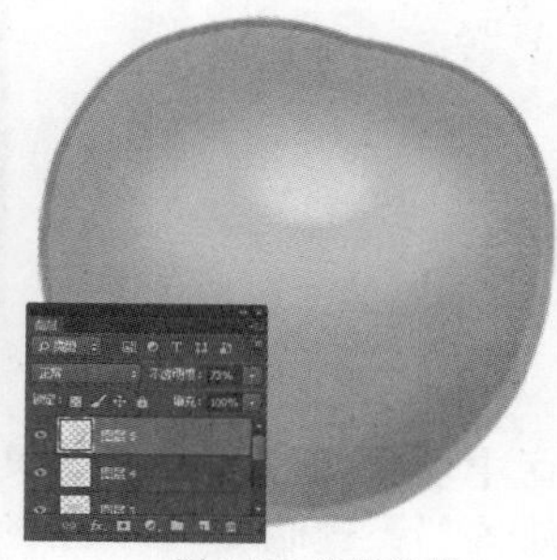
图 7-195 图像效果

08 使用相同的方法，完成相似部分内容的制作，效果如图 7–196 所示。“图层”面板如图 7–197 所示。

图 7-196 图像效果

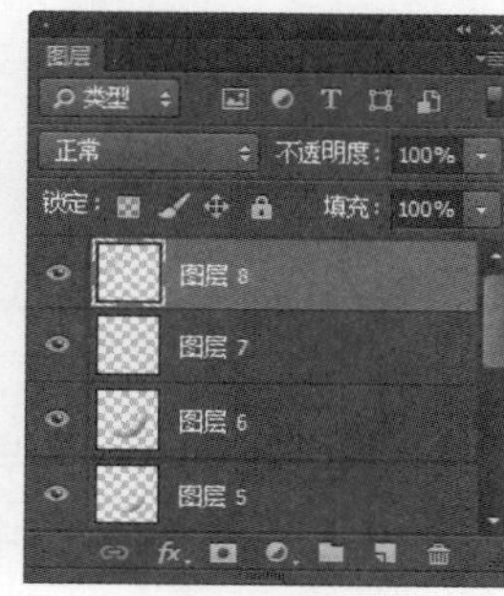

图 7-197 “图层”面板

09 新建“图层 9”图层，选择“画笔工具”，设置“前景色”为 RGB（156、227、21），并在选项栏上设置“画笔笔触大小”为 90 像素，在画布中进行相应的涂抹，效果如图 7–198 所示。新建“图层 10”图层，使用“钢笔工具”在画布中绘制路径，效果如图 7–199 所示。

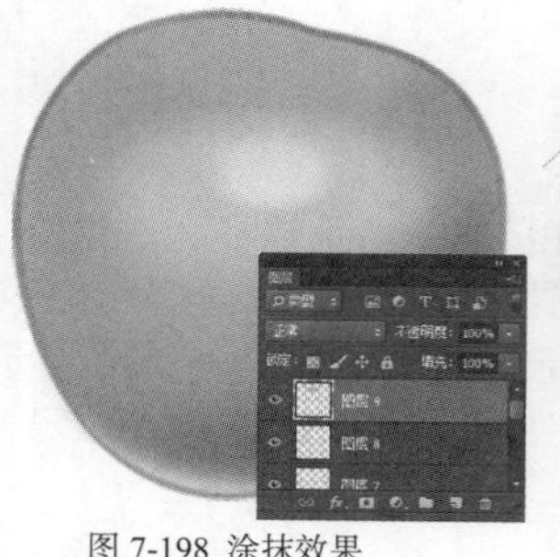
图 7-198 涂抹效果

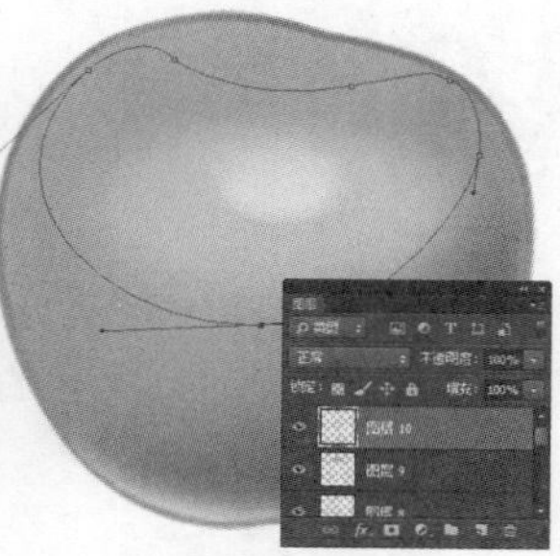
图 7-199 绘制路径

10 按快捷键 Ctrl+Enter，将路径转换为选区，效果如图 7–200 所示。选择“渐变工具”，打开“渐变编辑器”对话框，设置渐变颜色，如图 7–201 所示。

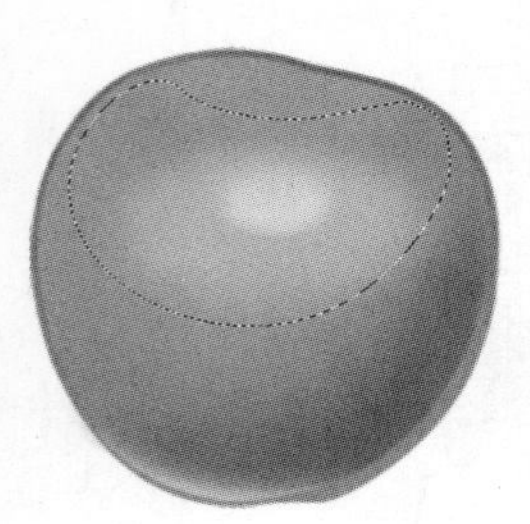

图 7-200 创建选区　　图 7-201 “渐变编辑器”对话框

11 单击“确定”按钮，完成渐变颜色的设置。在选区中填充线性渐变，效果如图 7-202 所示。设置该图层的“不透明度”为 80%，效果如图 7-203 所示。

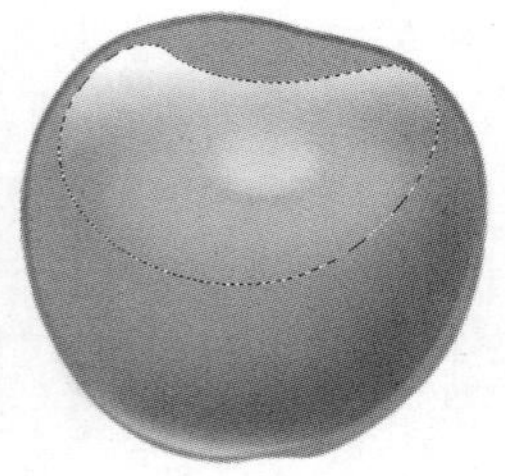

图 7-202 图像效果

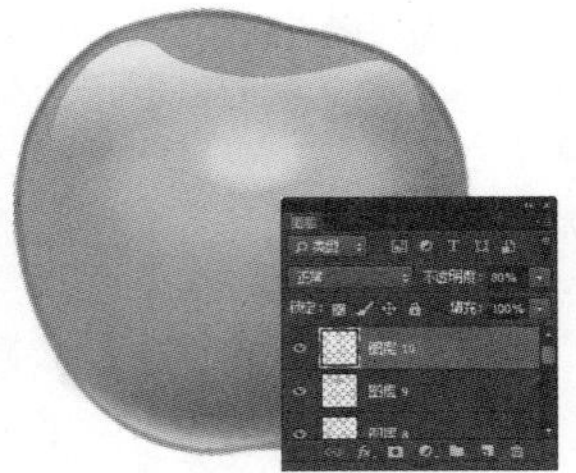

图 7-203 图像效果

12 使用相同的方法，完成其他相似部分内容的制作，效果如图 7-204 所示。新建“图层 13”图层，使用“钢笔工具”在画布中绘制路径，效果如图 7-205 所示。

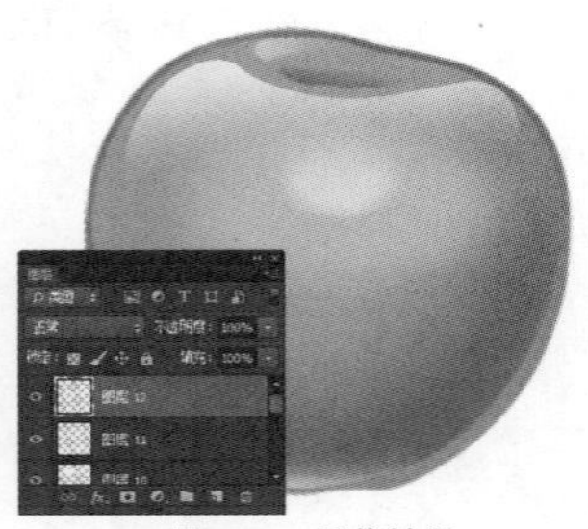

图 7-204 图像效果

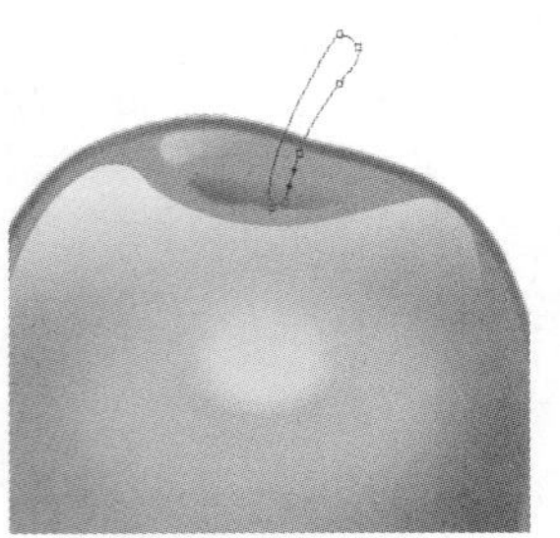

图 7-205 绘制路径

13 按快捷键 Ctrl+Enter，将路径转换为选区，并为选区填充黑色，效果如图 7-206 所示。使用相同的方法，完成相似部分内容的制作，效果如图 7-207 所示。

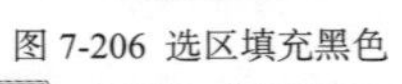

图 7-206 选区填充黑色

图 7-207 图像效果

14 新建“图层 16”图层，使用“钢笔工具”在画布中绘制路径，效果如图 7-208 所示。选择“画笔工具”，设置“前景色”为 RGB（115、168、13），选择合适的画笔，单击“路径”面板底部的“用画笔描边路径”按钮，效果如图 7-209 所示。

图 7-208 绘制路径　　图 7-209 图像效果

15 为该图层添加图层蒙版，选择“画笔工具”，设置“前景色”为黑色，在蒙版中进行相应的涂抹，并设置该图层的“不透明度”为95%，效果如图7-210 所示。使用相同的方法，完成其他部分内容的制作，效果如图 7-211 所示。

图 7-210 涂抹效果　　图 7-211 图像效果

16 在“背景”图层上方新建“图层 19”图层，选择“画笔工具”，设置“前景色”为 RGB（209、243、147），在画布中进行涂抹，效果如图 7-212 所示。使用相同的方法，完成相似部分内容的制作。完成质感苹果的绘制，效果如图 7-213 所示。

图 7-212 涂抹效果　　图 7-213 最终效果

7.5.7 自由钢笔工具

"自由钢笔工具"用来绘制比较随意的图形，它的使用方法与"套索工具"非常相似。单击工具箱中的"自由钢笔工具"按钮，在画布中单击并拖曳鼠标，即可绘制路径，如图 7–214 所示。路径的形状为光标运行的轨迹，Photoshop CC 会自动为路径添加锚点，如图 7–215 所示。

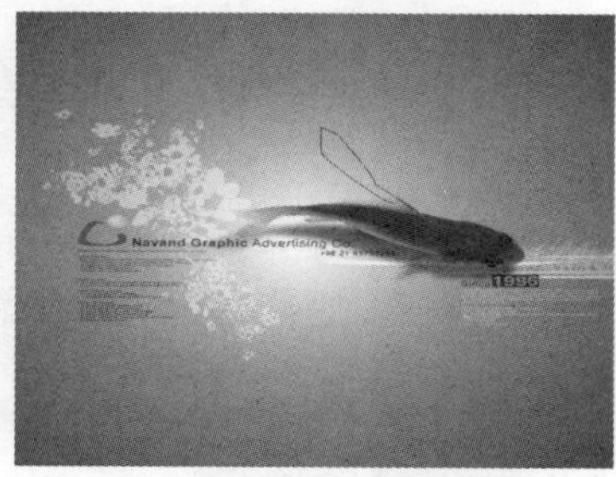

图 7-214 使用"自由钢笔工具"绘制路径

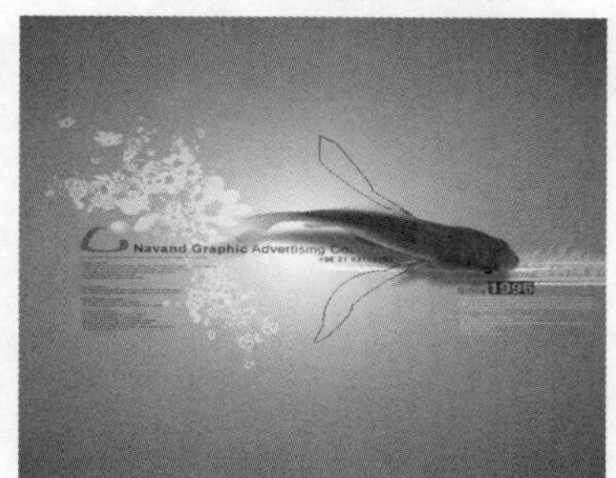

图 7-215 自动为路径添加锚点

7.5.8 磁性钢笔工具

单击工具箱中的"自由钢笔工具"按钮，并在选项栏上选中"磁性的"选项，可以将"自由钢笔工具"转换为"磁性钢笔工具"，"磁性钢笔工具"与"磁性套索工具"是非常相似的，在使用时，只需要在对象的边缘进行单击，然后松开鼠标按键，沿边缘拖曳即可创建路径。在绘制过程中如果对某部分绘制的结果并不满意，可按 Delete 键删除锚点，双击则可闭合路径。如图 7–216 至图 7–218 所示为"磁性钢笔工具"绘制的路径。

图 7-216 单击路径开始点

图 7-217 闭合路径

图 7-218 完成路径的绘制

在使用"磁性钢笔工具"时，在选项栏上单击"设置"按钮，可以打开如图 7–219 所示的面板，在该面板中可对相关选项进行设置。

图 7-219 "磁性钢笔工具"的选项面板

- 曲线拟合：用来设置所绘制的路径对鼠标指针在画布中移动的灵敏度，取值范围为 0.5~10 像素。该值越大，生成的锚点越少，路径也就越平滑；该值越小，生成的锚点就越多。
- 磁性的：选中该选项后，可以将"自由钢笔工具"转换为"磁性钢笔工具"，并可以设置"磁性钢笔工具"的选项。
  - 宽度：该选项用来设置"磁性钢笔工具"的检测范围，以像素为单位，只有在设置的范围内的图像边缘才会被检测到。该值越大，工具的检测范围也就越大。
  - 对比：该选项用来设置工具对于图像边缘像素的敏感度。
  - 频率：用来设置绘制路径时产生锚点的频率。该值越大，产生的锚点就越多。
- 钢笔压力：如果计算机配置有手写板，选中该复选框后，系统会根据压感笔的压力自动更改工具的检测范围。

7.6 编辑路径

当使用路径绘制形状时，往往都不能一次性完成所需形状轮廓的绘制，都会通过对路径细节进行编辑、修改或修饰路径，从而得到更完美的形状。下面将向用户介绍路径编辑的相关内容。

7.6.1 选择路径与锚点

在 Photoshop CC 中，绘制路径后，通常使用“路径选择工具”或“直接选择工具”对路径进行选择，使用它们选择路径的效果是不一样的。

打开素材图像“光盘\源文件\第7章\素材\74101.jpg”，在画布中绘制路径，如图 7–220 所示。使用“路径选择工具”选择路径后，被选中的路径以实心点的方式显示各个锚点，表示此时已选中整个路径；如果使用“直接选择工具”选择路径，则被选中的路径以空心点的方式显示各个锚点，如图 7–221 所示。

图 7-220 绘制路径

图 7-221 使用不同工具选择路径的效果

技巧 

使用“路径选择工具”选取路径，不需要在路径线上单击，只需要移动鼠标指针在路径内的任意区域单击即可，该工具主要是方便选择和移动整个路径；而“直接选择工具”则必须移动鼠标指针在路径线上单击，才可选中路径，并且不会自动选中路径中的各个锚点。

使用“直接选择工具”可以拖曳鼠标指针在画布中拖出一个选择框，如图 7–222 所示。释放鼠标左键，拖动的选择框范围内的路径就被选中，如图 7–223 所示。这种框选的方法尤其适合于选择多个路径。

图 7-222 拖出选择框

图 7-223 选中部分路径和锚点

技巧 

在使用“直接选择工具”选择锚点时，按住 Shift 键的同时单击锚点，可以同时选中多个锚点。

7.6.2 移动路径与锚点

使用“路径选择工具”与“直接选择工具”都能够移动路径。使用“路径选择工具”可以将光标对准路径本身或路径内部，按下鼠标左键不放，向需要移动的目标位置拖曳，所选路径就可以随着鼠标指针一起移动，如图 7–224 所示。

图 7-224 使用“路径选择工具”移动路径

使用“直接选择工具”，需要使用框选的方法选择要移动的路径，只有这样才能将路径上的所有锚点都选中，在移动路径的过程中，光标必须在路径线上，如图 7–225 所示。

图 7-225 使用“直接选择工具”移动路径

技巧

在移动路径的操作中，不论使用的是“路径选择工具”或是“直接选择工具”，只要在移动路径的同时按住 Shift 键，就可以在水平、垂直或者 45° 方向上移动路径。

7.6.3 添加与删除锚点

根据绘制图形的需要，可以在路径上添加或者删除锚点，使绘制的路径更加平滑美观。

1. 添加锚点

单击工具箱中的“添加锚点工具”按钮，将光标放置于路径上，如图 7–226 所示。当光标变为形状时，单击即可添加一个锚点，如图 7–227 所示。如果单击并拖曳鼠标，则可以添加一个平滑点，如图 7–228 所示。

图 7-226 光标移至路径上

图 7-227 添加锚点

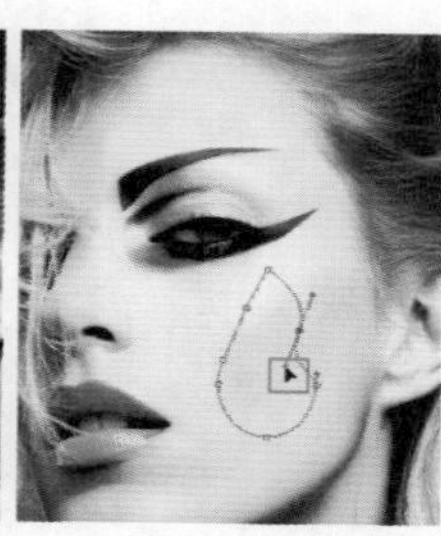

图 7-228 添加平滑锚点

2. 删除锚点

单击工具箱中的“删除锚点工具”按钮，将光标放在锚点上，如图 7–229 所示。当光标变为形状时，单击即可删除该锚点，如图 7–230 所示。使用“直接选择工具”选择锚点后，按 Delete 键将其删除，但该锚点两侧的路径段也会同时删除。如果路径为闭合式路径，则会变为开放式路径，如图 7–231 所示。

图 7-229 光标移至锚点上

图 7-230 删除锚点

图 7-231 删除锚点

7.6.4 使用“转换点工具”调整路径形状

使用“转换点工具”可以轻松实现角点和平滑点之间的相互切换，以满足编辑的需要，还可以调整曲线的方向。

打开素材图像“光盘\源文件\第 7 章\素材\74701.jpg”，在画布中绘制路径，如图 7–232 所示。单击工具箱中的“转换点工具”按钮，移动光标至需要调整的角点上，如图 7–233 所示。

图 7-232 绘制路径

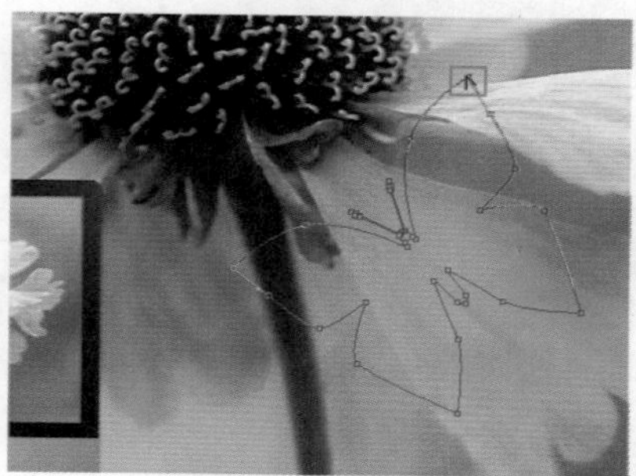

图 7-233 移动光标到合适的位置

单击该锚点并进行拖曳即可将角点转换为平滑点，如图 7–234 所示。使用相同的方法，可以将多个角点转换为平滑点，改变路径形状，如图 7–235 所示。

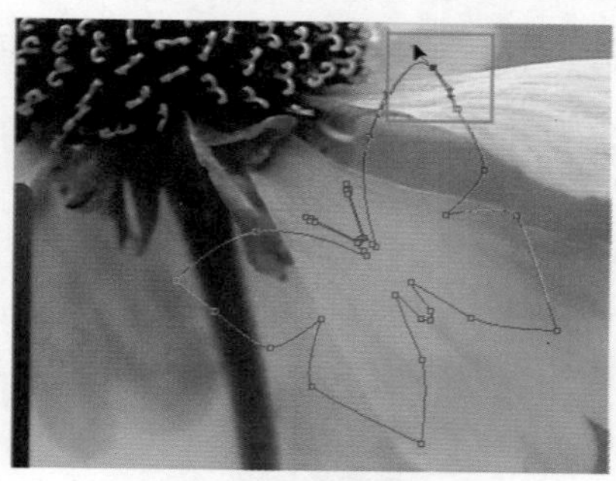

图 7-234 转换角点

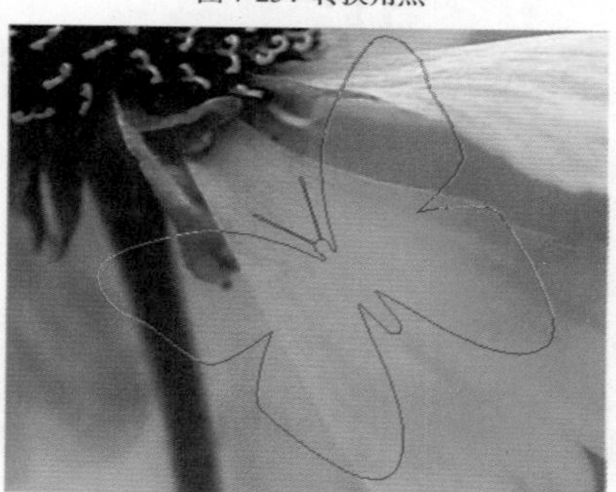

图 7-235 改变路径形状

对曲线的方向进行调整只需拖曳锚点的方向线，如图 7–236 所示，即可调整曲线的方向，如图 7–237 所示。

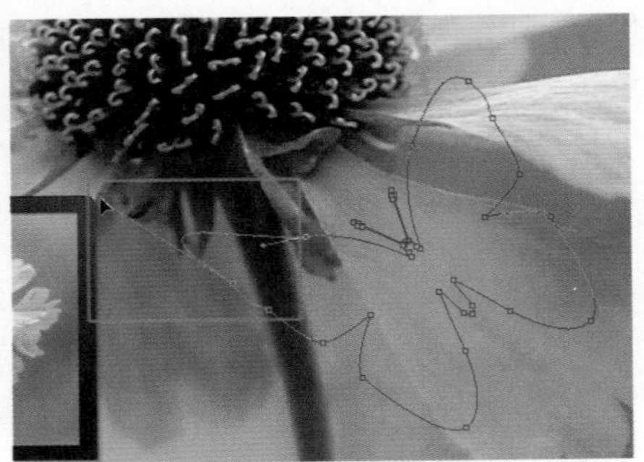

图 7-236 拖曳锚点的方向线

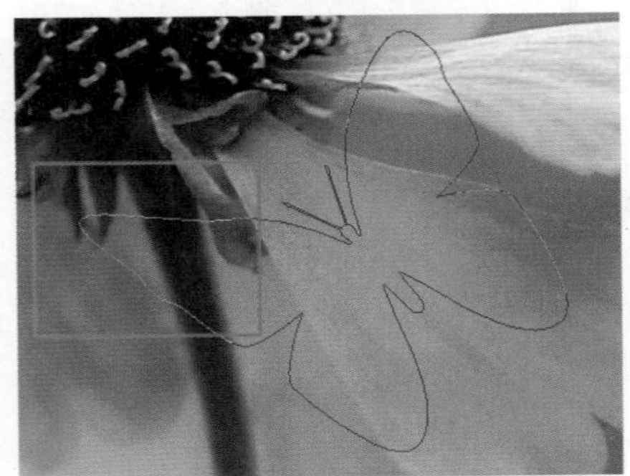

图 7-237 调整路径形状

7.6.5 变换路径

在“路径”面板中选择需要变换的路径，执行“编辑 > 变换路径”下拉菜单中的命令，可以显示定界框，拖曳控制点即可对路径进行缩放、旋转、斜切、扭曲等变换操作。路径的变换方法与图像的变换方法相同。

7.6.6 对齐与分布路径

使用“路径选择工具”选择多个子路径，单击工具选项栏中的“路径对齐方式”按钮，即可对所选路径进行对齐与分布的操作，如图 7–238 所示。

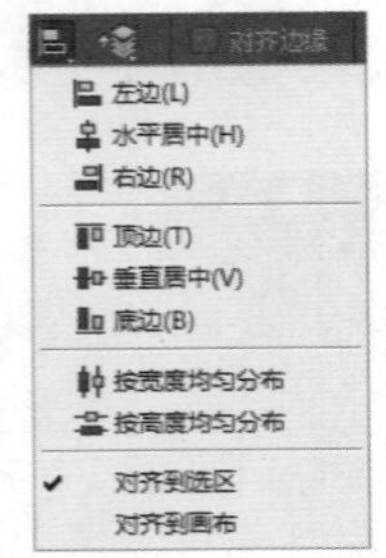

图 7-238 “路径对齐方式”下拉菜单

1. 对齐路径

对齐路径选项包括“左边对齐”、“水平居中对齐”、“右边对齐”、“顶边对齐”、“垂直居中对齐”和“底边对齐”。如图 7–239 所示为不同选项的对齐结果。

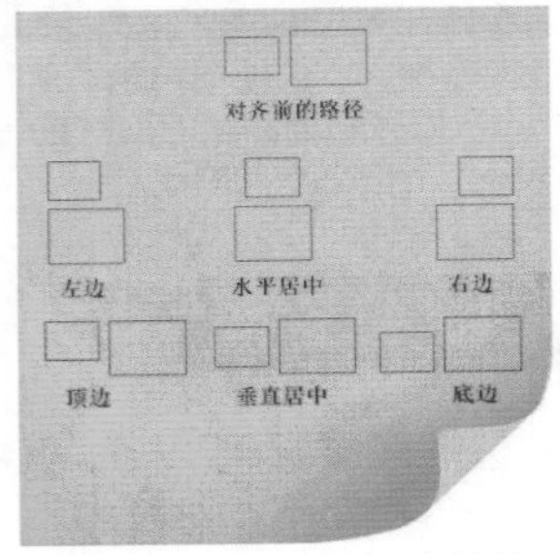

图 7-239 不同选项的对齐结果

2. 分布路径

分布路径选项包括“按宽度均匀分布”、“按高度均匀分布”。如图 7–240 所示为不同选项的分布结果。

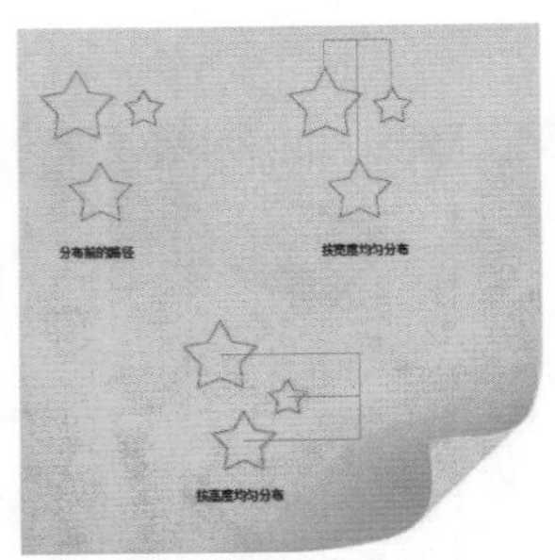

图 7-240 不同选项的分布结果

7.6.7 输出路径

在 Photoshop CC 中，“路径到 Illustrator”命令可以将绘制好的路径导出，从而生成 AI 单独路径的文件。

打开素材图像“光盘\源文件\第 7 章\素材\76701.jpg”，在画布中绘制路径，如图 7–241 所示。执行“文件 > 导出 > 路径到 Illustrator”命令，弹出“导出路径到文件”对话框，如图 7–242 所示。

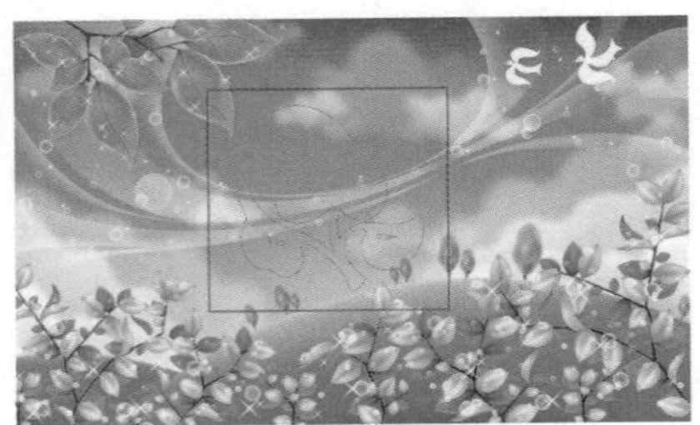

图 7-241 绘制路径

图 7-242 “导出路径到文件”对话框

单击“确定”按钮，弹出“选择存储路径的文件名”对话框，在该对话框中输入路径名称，如图 7–243 所示。单击“确定”按钮，即可将路径导出到相应位置，如图 7–244 所示。

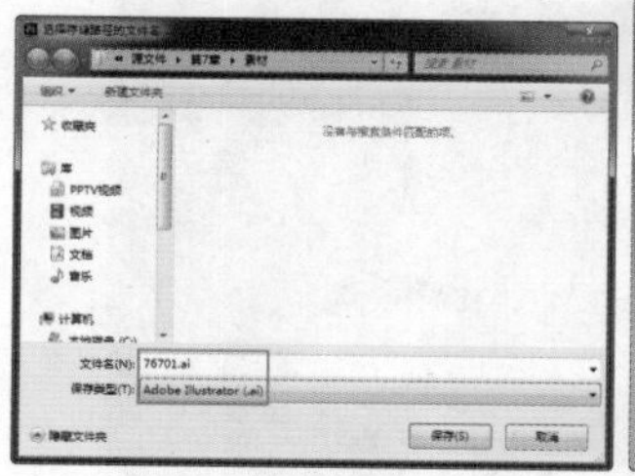

图 7-243　输入存储路径的名称

图 7-244　文件位置

7.6.8 输出剪贴路径

如果需要将 Photoshop CC 中的图像输出到专业的矢量绘图或页面排版软件中，例如 Illustrator、InDesign、PageMaker 等，可以通过输出剪贴路径来定义图像的显示区域。

动手实践——输出剪贴路径

源文件：光盘 \ 源文件 \ 第 7 章 \7-6-8.ai

视频：光盘 \ 视频 \ 第 7 章 \7-5-6.swf

01 执行“文件 > 打开”命令，打开素材图像“光盘 \ 源文件 \ 第 7 章 \ 素材 \76801.jpg”，效果如图 7–245 所示。单击工具箱中的“钢笔工具”按钮，在画布上创建需要显示的图像路径，如图 7–246 所示。

图 7-245　打开图像

图 7-246　创建路径

02 打开“路径”面板，可以看到刚刚所创建的工作路径，如图 7–247 所示。双击刚刚创建的工作路径，弹出“存储路径”对话框，设置如图 7–248 所示。单击“确定”按钮，将工作路径保存为路径，如图 7–249 所示。

图 7-247　工作路径

图 7-248 “存储路径”对话框

图 7-249　保存路径

提示

工作路径为临时路径，不可以对其进行“剪贴路径”的操作，必须先将剪贴路径转换为路径。还可以将工作路径拖动至“创建新路径”按钮上，将工作路径转换为路径。

03 选中“路径 1”，单击“路径”面板右上角的倒三角按钮，在弹出的下拉菜单中选择“剪贴路径”命令，如图 7–250 所示。弹出“剪贴路径”对话框，设置如图 7–251 所示。

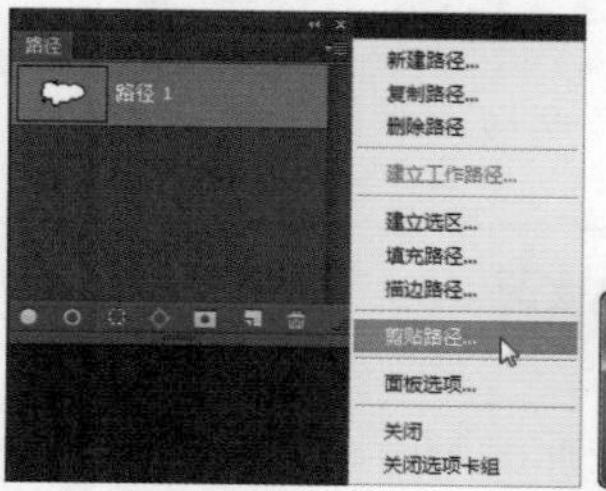

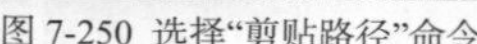

图 7-250　选择“剪贴路径”命令

图 7-251 “剪贴路径”对话框

提示

在“剪贴路径”对话框中的“路径”下拉列表中可以选择需要执行“剪贴路径”操作的路径。“展平度”可以保留空白，以便使用打印机的默认值打印图像。如果遇到打印错误，可以输入一个“展平度”值以确定 PostScript 解释程序模拟曲线。该值越低，用于绘制曲线的直线数量就越多，曲线也就越精确。通常对于高分辨率打印（1200~2400 像素），建议使用 8~10 的展平度设置；对于低分辨率打印（300~600 像素），建议使用 1~3 的展平度设置。

04 单击“确定”按钮，完成“剪贴路径”对话框的设置。执行“文件 > 存储为”命令，弹出“存储为”对话框，将图像存储为“光盘 \ 源文件 \ 第 7 章 \76801.tif”，如图 7–252 所示。单击“保存”按钮，弹出“TIFF 选项”对话框，保留默认设置，如图 7–253 所示。单击“确定”按钮，保存文件。

图 7-252 “存储为”对话框

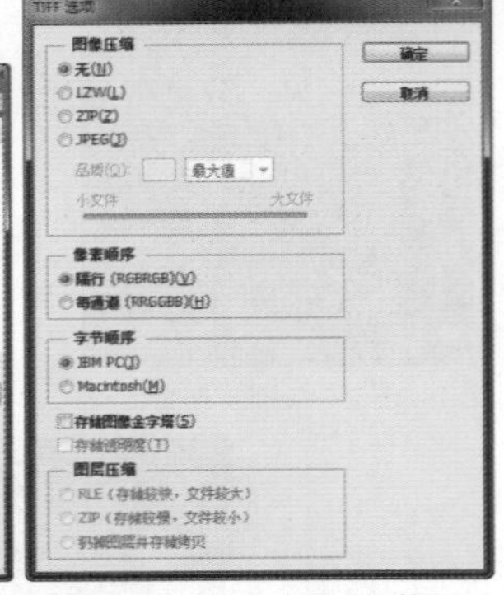
图 7-253 “TIFF 选项”对话框

05 打开 Illustrator 软件，执行“文件 > 打开”命令，打开文档“光盘 \ 源文件 \ 第 7 章 \ 素材 \76801.ai”，效果如图 7–254 所示。

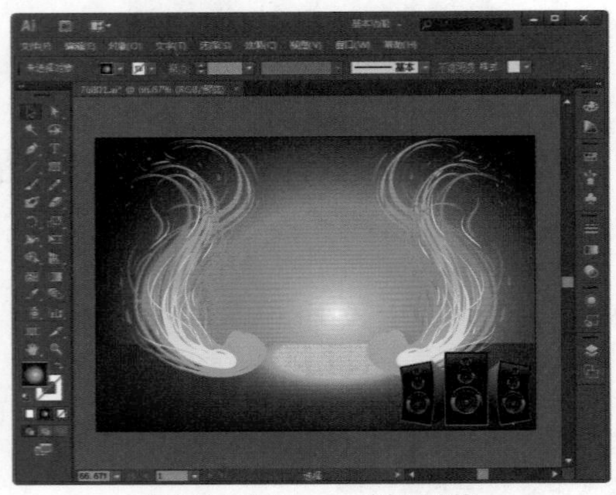
图 7-254 在 Illustrator 中打开文档

06 执行“文件 > 置入”命令，将刚刚保存的“光盘 \ 源文件 \ 第 7 章 \76801.tif”置入到 Illustrator 文档中，可以看到剪贴路径以外的区域变成了透明的区域，效果如图 7–255 所示。如果没有使用剪贴路径，则置入的图像会带有背景，如图 7–256 所示。

图 7-255 置入剪贴路径

图 7-256 置入图像

07 完成剪贴路径的置入，执行“文件 > 存储为”命令，将置入剪贴路径后的文件保存为“光盘 \ 源文件 \ 第 7 章 \7–6–8.ai”。

7.7 本章小结

本章针对 Photoshop CC 中不同矢量工具的使用方法进行了讲解，并且对它们的基本操作进行了介绍。通过对本章的学习，可以使用户掌握使用矢量工具绘制路径与图形的不同方法，以及它们的不同功能，从而使其运用起来更加得心应手。

第8章 图像的修饰与修补

Photoshop CC 提供了强大的绘图工具，也提供给用户完善的绘图和图像处理修饰工具。通过使用 Photoshop CC 中提供的修饰、修补工具，可以轻松地对图像进行修饰与修复操作。本章将针对这些工具进行详细介绍。

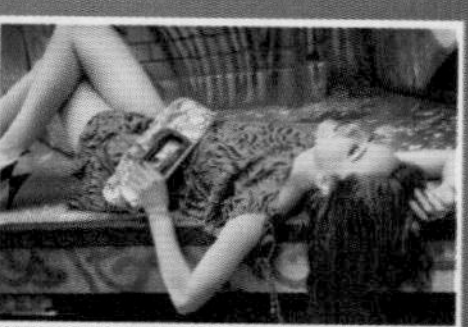

8.1 使用修补工具

Photoshop 提供了多个用于处理图像的修复工具，包括仿制图章、污点修复画笔、修复画笔、修补和红眼等工具，使用这些工具可以快速修复图像中的污点和瑕疵。

8.1.1 “仿制源”面板

使用“仿制图章工具”可以从图像中复制信息，然后应用到其他区域或其他图像中。该工具常用于复制对象或去除图像中的缺陷。

打开素材图像“光盘\源文件\第8章\素材\81101.jpg”，效果如图8-1所示。单击工具箱中的“仿制图章工具”按钮，执行“窗口 > 仿制源”命令，打开“仿制源”面板，如图8-2所示。

图 8-1 打开图像

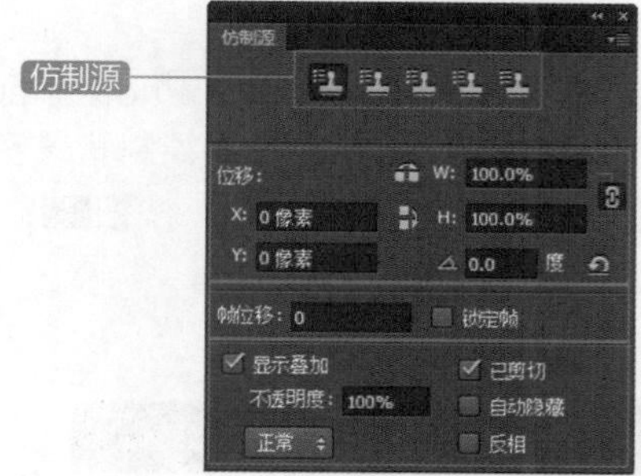

图 8-2 “仿制源”面板

- 仿制源：单击“仿制源”按钮，然后使用“仿制图章工具”或“修复画笔工具”按住 Alt 键在图像上单击，可设置取样点，再单击下一个“仿制源”按钮，可以继续取样。最多可设置5个不同的取样源，“仿制源”面板会存储样本源，直到关闭文档。
- “位移”选项区：输入 W（宽度）或 H（高度）值，可缩放所仿制的源。指定 X 和 Y 像素位移时，可在相对于取样点的精确位置进行绘制。在“旋转仿制源”文本框中输入数值，可调整旋转的角度，如图8-3所示。

设置旋转仿制源并取样

在图像的其他位置进行涂抹

图 8-3 旋转仿制源效果

- “复位变换”按钮：单击该按钮，可以将样本源复位到其初始的大小和方向。
- “帧位移”选项区：在“帧位移”文本框中输入帧数，可以使用与初始取样的帧相关的特定帧进行绘制。输入正值时，要使用的帧在初始取样的帧之后；输入负值时，要使用的帧在初始取样的帧之前。如果选中“锁定帧”复选框，则总是使用初始取样的相同帧进行绘制。
- “显示叠加”选项区：选中“显示叠加”选项并指定叠加选项，可以在使用“仿制图章工具”或“修复画笔工具”时，更好地查看叠加及下面的图像。其中“不透明度”选项可设置叠加的不透明度。选中“自动隐藏”选项，可在应用绘画描边时隐藏叠加。选中“已剪切”选项，可以将叠加剪切到画笔大小。如果要设置叠加的外观，可以从“仿制源”面板底部打开的下拉菜单中选择一种混合模式。选中“反相”选项，可反相叠加图像中的颜色。

8.1.2 仿制图章工具

一般日常生活中拍摄的照片可能不会尽如人意，经常会出现一些多余的景物影响画面整体的主体或美观，这时便可以使用 Photoshop CC 中的“仿制图章工具”对图像中多余的景物进行去除。

动手实践——去除图像中多余景物

源文件：光盘\源文件\第 8 章\8-1-2.psd

视频：光盘\视频\第 8 章\8-1-2.swf

01 执行“文件 > 打开”命令，打开素材图像“光盘\源文件\第 8 章\素材\81203.jpg”，效果如图 8-4 所示。复制“背景”图层，得到“背景 拷贝”图层，“图层”面板如图 8-5 所示。

图 8-4 打开图像

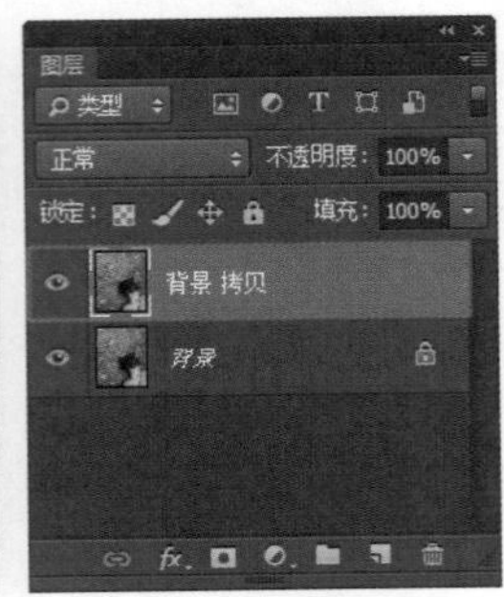

图 8-5 “图层”面板

02 单击工具箱中的“仿制图章工具”按钮，在选项栏中单击倒三角按钮，弹出“画笔预设”选取器，设置如图 8-6 所示。将光标移动到需要取样的地方，按住 Alt 键单击进行取样，如图 8-7 所示。

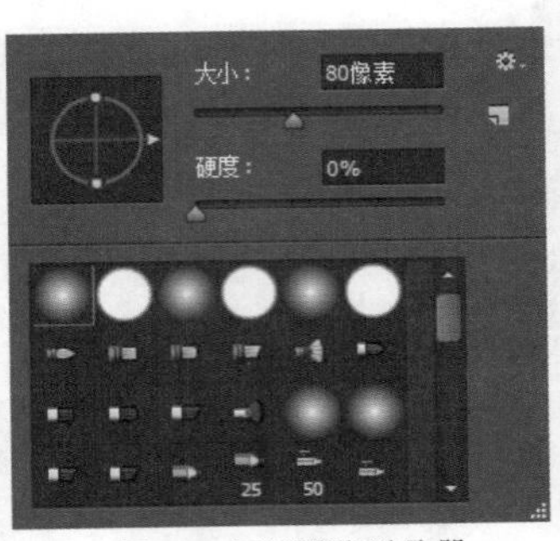

图 8-6 “画笔预设”选取器

图 8-7 设置取样点

03 在花朵处进行涂抹，效果如图 8-8 所示。使用相同的方法，完成其他花朵的处理，最终效果如图 8-9 所示。

图 8-8 涂抹效果

图 8-9 最终效果

技巧

在使用“仿制图章工具”时，按] 键可以加大笔触，按 [键可以减小笔触。按快捷键 Shift+] 可以加大笔触的硬度，按快捷键 Shift+[可以减小笔触的硬度。在使用“仿制图章工具”时，在图像上单击鼠标右键，可以打开“画笔预设”选取器。

提示

使用“仿制图章工具”最主要的就是细节的处理，根据涂抹位置的不同，“笔触”的大小也要变化，而且要在不同的位置取样后进行涂抹，这样才能保证最终效果与原始图像相融合，没有瑕疵。

8.1.3 图案图章工具

使用“图案图章工具”可以利用 Photoshop CC 中提供的图案或者自定义的图案为照片绘制背景图案。

单击工具箱中的“图案图章工具”按钮，可以看到该工具的选项栏，如图 8-10 所示。

图 8-10 “图案图章工具”的选项栏

“图案”拾取器：单击该按钮，可在打开的“图案”拾取器中选择图案。

对齐：选择该选项，可以保持图案与原始起点的连续性，即使多次单击鼠标也不例外；取消选择时，则每次单击鼠标都重新应用图案。

印象派效果：选中该选项后，可以使用“图案图章工具”模拟印象派效果的图案。如图 8-11 所示为选中该选项后的涂抹效果。

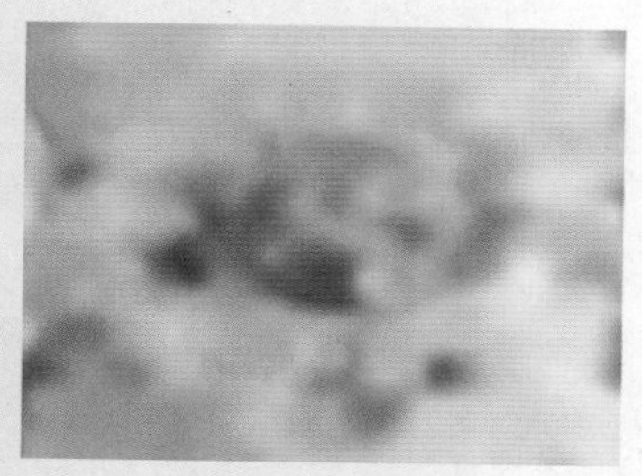

图 8-11 印象派效果

动手实践——制作背景图像

源文件：光盘 \ 源文件 \ 第 8 章 \8-1-3.psd

视频：光盘 \ 视频 \ 第 8 章 \8-1-3.swf

01 执行“文件 > 打开”命令，打开素材图像“光盘 \ 源文件 \ 第 8 章 \ 素材 \81302.jpg”，效果如图 8-12 所示。复制“背景”图层，得到“背景 拷贝”图层，“图层”面板如图 8-13 所示。

图 8-12 打开图像

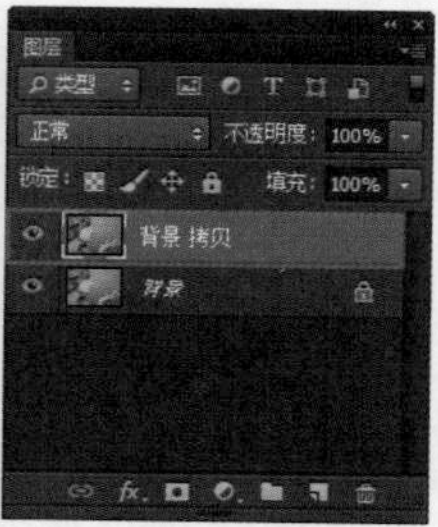

图 8-13 “图层”面板

02 选择“图案图章工具”，在选项栏中打开“图案”拾取器，如图 8-14 所示。单击“图案”拾取器右上角的按钮，在弹出的下拉菜单中选择“彩色纸”命令，弹出提示框，如图 8-15 所示。

图 8-14 “图案”拾取器

图 8-15 提示框

03 单击“追加”按钮，并选择相应的图案，如图 8-16 所示。调整笔触至适当的大小，在图像背景上进行涂抹，效果如图 8-17 所示。

图 8-16 “图案”拾取器

图 8-17 图像效果

8.1.4 污点修复画笔工具

使用“污点修复画笔工具”可以快速去除图像上的污点、划痕和其他不理想的部分。它与“修复画笔工具”的效果类似，也是使用图像或图案中的样本像素进行绘画，并将样本像素的纹理、光照、透明度和阴影与所修复的像素相匹配。

单击工具箱中的“污点修复画笔工具”按钮，可以看到该工具所对应的选项栏，如图 8-18 所示。

图 8-18 “污点修复画笔工具”的选项栏

模式：用来设置修复图像时使用的混合模式。除“正常”、“正片叠底”和“滤色”等模式外，该工具还包含一个“替换”模式，如图 8-19 所示。选择“替换”模式时，可以保留画笔描边边缘处的杂色、胶片颗粒和纹理。

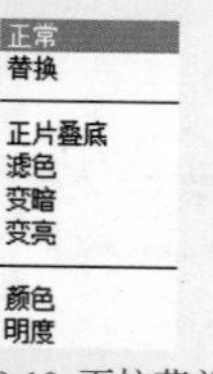

图 8-19 下拉菜单

类型：用来设置修复的方法。选中“近似匹配”选项，可以使用选区边缘周围的像素来查找要用作选定区域修补的图像区域；选中“创建纹理”选项，可以使用选区中的所有像素创建一个用于修复该区域的纹理，如果纹理不起作用，可尝试多次操作；“内容识别”选项为新增功能，所谓内容识别，就是当我们对图像的某一区域进行覆盖填充时，由软件自动分析周围图像的特点，将图像进行拼接组合后，填充在该区域并进行融合，从而达到快速无缝的拼接效果。

对所有图层取样：如果当前文档中包含多个图层，选中“对所有图层取样”选项后，可以从所有可见图层中对数据进行取样；取消该选项的选中，则只从当前图层中取样。

动手实践——去除人物脸部斑点

源文件：光盘\源文件\第 8 章\8-1-4.psd

视频：光盘\视频\第 8 章\8-1-4.swf

01 执行“文件 > 打开”命令，打开素材图像“光盘\源文件\第 8 章\素材\81401.jpg”，效果如图 8–20 所示。复制“背景”图层，得到“背景 拷贝”图层，“图层”面板如图 8–21 所示。

图 8-20 打开图像

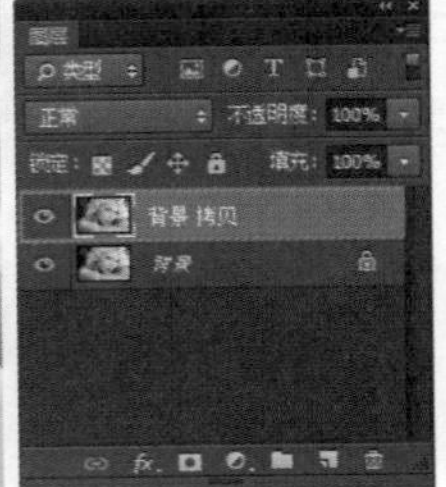

图 8-21 “图层”面板

02 单击工具箱中的“污点修复画笔工具”按钮，在选项栏中设置“类型”为“内容识别”，打开“画笔预设”选取器，设置如图 8–22 所示。设置完成后，在皮肤的斑点上单击即可去除该斑点，效果如图 8–23 所示。

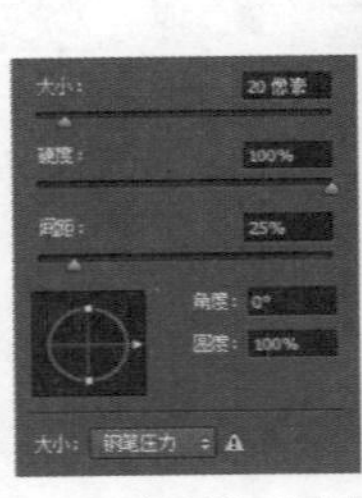

图 8-22 “画笔预设”选取器

图 8-23 最终效果

8.1.5 修复画笔工具

“修复画笔工具”与“仿制图章工具”一样，也可以利用图像或图案中的样本像素来进行绘画。但该工具可以从被修饰区域的周围取样，使用图像或图案中的样本像素进行绘画，并将样本的纹理、光照、透明度和阴影等与所修复的像素匹配，从而去除照片中的污点和划痕，修复后的效果不会产生人工修复的痕迹。

单击工具箱中的“修复画笔工具”按钮，可以看到该工具所对应的选项栏，如图 8–24 所示。

图 8-24 “修复画笔工具”的选项栏

源：可选择用于修复像素的源。如果选择“取样”选项，可以从图像的像素上取样；如果选择“图案”选项，可以在“图案”下拉列表中选择一个图案作为取样。

样本：用来设置从指定的图层中进行数据取样。如果要从当前图层及其下方的可见图层中取样，可以选择“当前和下方图层”选项；如果仅从当前图层中取样，可以选择“当前图层”选项；如果要从所有可见图层中取样，则可以选择“所有图层”选项。

动手实践——去除人物脸部皱纹

源文件：光盘\源文件\第 8 章\8-1-5.psd

视频：光盘\视频\第 8 章\8-1-5.swf

01 执行“文件 > 打开”命令，打开照片“光盘\源文件\第 8 章\素材\81501.jpg”，效果如图 8–25 所示。复制“背景”图层，得到“背景 拷贝”图层，“图层”面板如图 8–26 所示。

图 8-25 照片效果

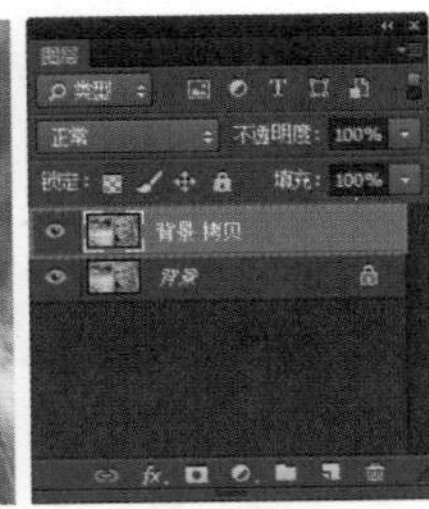

图 8-26 “图层”面板

02 单击工具箱中的“修复画笔工具”按钮，在选项栏中打开“画笔”选取器，设置如图 8–27 所示。按住 Alt 键，在没有皱纹的皮肤处单击进行取样，如图 8–28 所示。

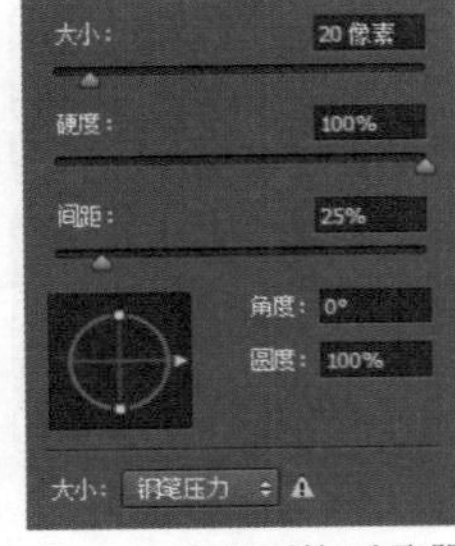

图 8-27 设置“画笔”选取器

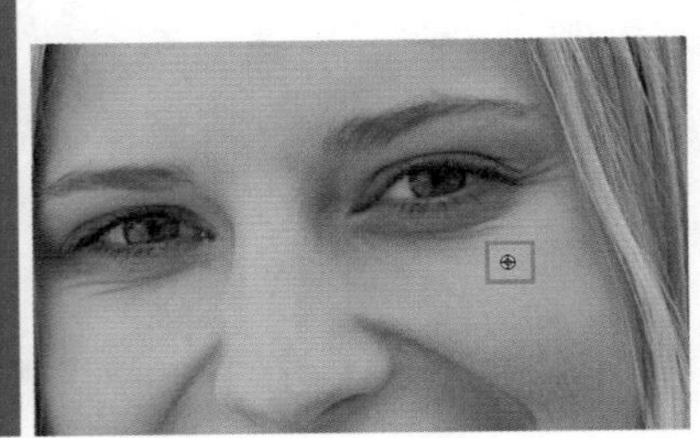

图 8-28 设置取样点

03 松开鼠标，在皮肤上进行拖动涂抹，效果如图 8–29 所示。使用相同的方法，对其他有皱纹的地方进行取样、涂抹，最终效果如图 8–30 所示。

图 8-29 涂抹效果

图 8-30 最终效果

8.1.6 修补工具

“修补工具”可以用其他区域或图案中的像素来修复选中的区域。与“修复画笔工具”一样，“修补工具”会将样本像素的纹理、光照和阴影与源像素进行匹配。但“修补工具”的特别之处是，需要选区来定位修补范围。

单击工具箱中的“修补工具”按钮，可以看到该工具所对应的选项栏，如图 8-31 所示。

修补：内容识别　适应：中　对所有图层取样

图 8-31 “修补工具”的选项栏

- 修补：在该选项的下拉列表中包含“正常”和“内容识别”两个选项，如果选择“正常”选项，则在选项栏上将显示“源”、“目标”和“透明”选项，如图 8-32 所示。如果选择“内容识别”选项，则显示“适应”和“对所有图层取样”选项。

修补：正常　源　目标　透明　使用图案

图 8-32 选择“正常”选项

  - 选中“源”单选按钮，将选区拖动到需要修补的区域，释放鼠标后，该区域的图像会修补原来的区域。
  - 选中“目标”单选按钮，将选区拖动到其他区域时，可以将原选区中的图像复制到该选区中。
  - 选中“透明”复选框，可以使修补的图像与原图像产生透明叠加的效果。

- 适应：该选项用来设置图像的融合程度。在该下拉列表中包括 5 个选项，如图 8-33 所示。选择不同的选项，得到的最终效果也将存在不同的差异。

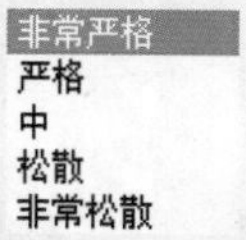

非常严格
严格
中
松散
非常松散

图 8-33 “适应”下拉菜单

动手实践——去除人物文身

源文件：光盘 \ 源文件 \ 第 8 章 \8-1-6.psd

视频：光盘 \ 视频 \ 第 8 章 \8-1-6.swf

01 执行“文件 > 打开”命令，打开素材图像“光盘 \ 源文件 \ 第 8 章 \ 素材 \81601.jpg”，效果如图 8-34 所示。复制“背景”图层，得到“背景 拷贝”图层，“图层”面板如图 8-35 所示。

图 8-34 打开图像

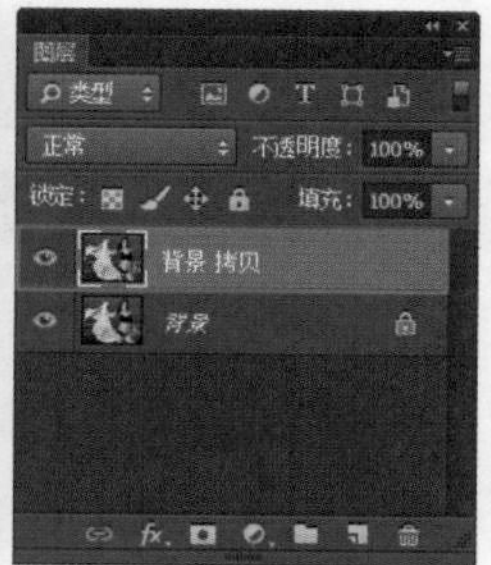

图 8-35 “图层”面板

02 单击工具箱中的“修补工具”按钮，在选项栏上对相关选项进行设置，如图 8-36 所示。在文身处绘制选区，如图 8-37 所示。

修补：内容识别　适应：中　对所有图层取样

图 8-36 “修补工具”的选项栏

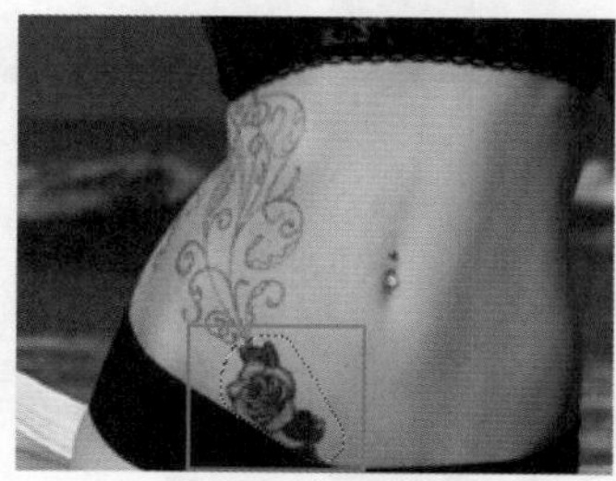

图 8-37 绘制选区

03 将光标移至选区内，单击鼠标不放，将选区拖至颜色相近的皮肤处，如图 8-38 所示。松开鼠标，按快捷键 Ctrl+D，取消选区，效果如图 8-39 所示。

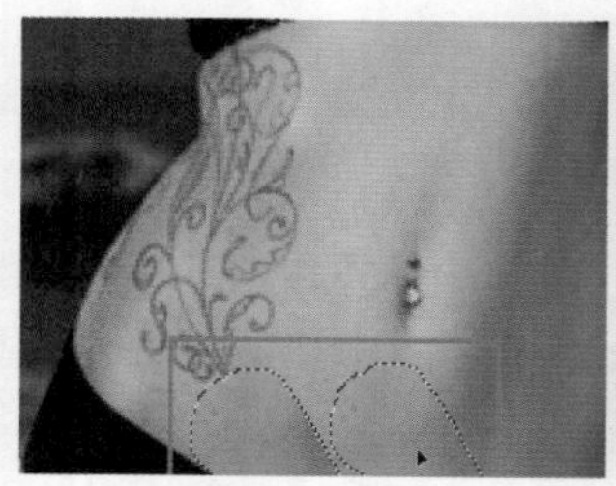

图 8-38 拖动选区

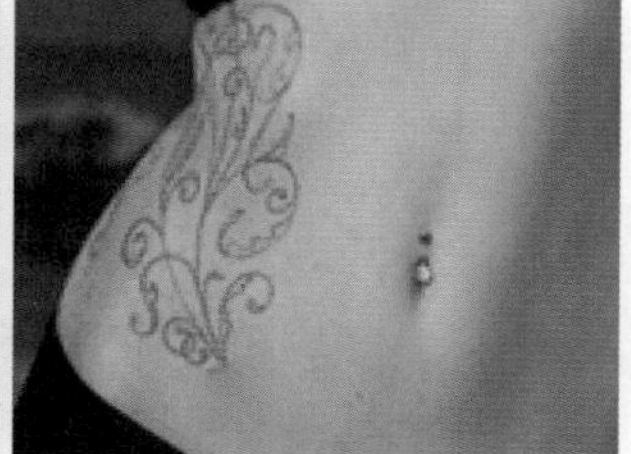

图 8-39 图像效果

04 使用相同的方法，去除剩下的部分文身，最终效果如图 8-40 所示。

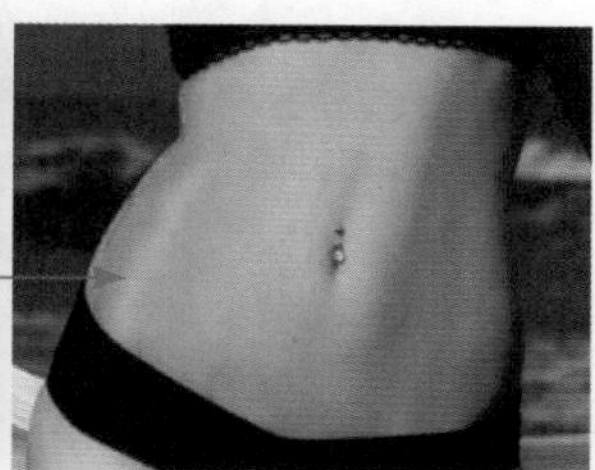

图 8-40 最终效果

8.1.7 内容感知移动工具

使用“内容感知移动工具”可以轻松移动图像中对象的位置，并在对象原位置自动填充附近的图像。

单击工具箱中的“内容感知移动工具”按钮，可以看到该工具所对应的选项栏，如图 8-41 所示。

模式：移动 适应：中 对所有图层取样

图 8-41 “内容感知移动工具”的选项栏

- 模式：在该选项的下拉列表中可以选择该工具的工作模式，包括“移动”和“扩展”两个选项。
  - 移动：选择该选项，可以移动选区中的图像，并将图像原位置填充其附近的图像，如图 8-42 所示。

图 8-42 使用“移动”模式

  - 扩展：选择该选型，可以移动选区中的图像，并在图像中保留原选区位置的图像，如图 8-43 所示。

图 8-43 使用“扩展”模式

- 适应：在该选项的下拉列表中包含 5 个选项，如图 8-44 所示，分别表示图像与背景的融合程度。选择“非常严格”选项，则移动对象与背景的融合更加自然。默认情况下，选择“中”选项。

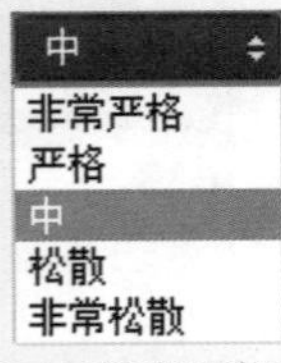

图 8-44 “适应”下拉列表

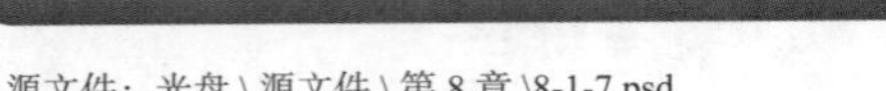

动手实践——快速移动图像中的对象

源文件：光盘\源文件\第 8 章\8-1-7.psd

视频：光盘\视频\第 8 章\8-1-7.swf

01 执行“文件 > 打开”命令，打开素材图像“光盘\源文件\第 8 章\素材\81702.jpg”，效果如图 8-45 所示。为了能更好地对比效果，可以将该图像复制一层，“图层”面板如图 8-46 所示。

图 8-45 打开图像

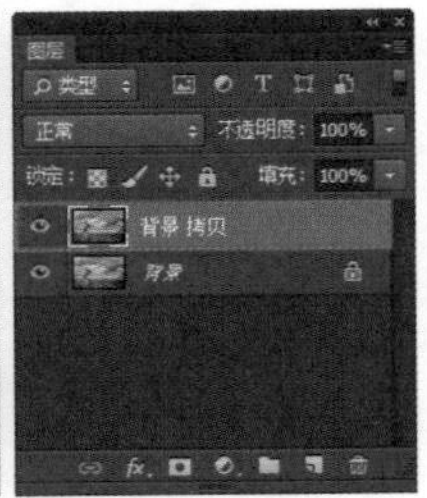

图 8-46 复制图层

02 使用“快速选择工具”在图像中为兔子创建选区，如图 8-47 所示。选择“内容感知移动工具”，在选项栏上对相关选项进行设置，如图 8-48 所示。

图 8-47 创建选区

图 8-48 设置选项栏

提示

在创建选区时，可以使用任何选区创建工具或方法创建选区，也可以直接使用“内容感知移动工具”创建选区。使用“内容感知移动工具”创建选区的方法与使用“套索工具”创建选区的方法基本相同。

03 使用“内容感知移动工具”移动选区中的图像到合适的位置，如图 8-49 所示。释放鼠标，取消选区，即可完成图像中对象位置的移动，如图 8-50 所示。

图 8-49 拖动选区中的对象

图 8-50 完成对象位置的调整

8.1.8 红眼工具

用胶片相机拍摄人物时，有时会出现红眼现象，这是因为在光线较暗的环境中拍摄时，闪光灯闪光会使人眼的瞳孔瞬时放大，视网膜上的血管被反射到底片上，从而产生红眼现象。

使用 Photoshop CC 中的“红眼工具”只需在红眼睛上单击一次即可修正红眼，使用该工具时可以调整瞳孔大小和暗部数量。

单击工具箱中的“红眼工具”按钮，可以看到该工具所对应的选项栏，如图 8–51 所示。

瞳孔大小：50%　变暗量：50%

图 8-51 “红眼工具”的选项栏

- 瞳孔大小：增大或减小受红眼工具影响的区域。
- 变暗量：在该文本框中设置变暗程度。

动手实践——去除人物红眼

源文件：光盘 \ 源文件 \ 第 8 章 \8-1-8.psd

视频：光盘 \ 视频 \ 第 8 章 \8-1-8.swf

01 执行“文件 > 打开”命令，打开照片“光盘\源文件\第 8 章\素材\81801.jpg”，效果如图 8–52 所示。复制“背景”图层，得到“背景 拷贝”图层，“图层”面板如图 8–53 所示。

图 8-52 照片效果

图 8-53 “图层”面板

02 单击工具箱中的“红眼工具”按钮，在人物眼睛处单击，即可去除人物的红眼，如图 8–54 所示。使用同样的方法去除另外一只红眼，完成后的图像效果如图 8–55 所示。

图 8-54 图像效果

图 8-55 最终效果

8.2 使用擦除工具

擦除工具用来删除图像中多余的部分。Photoshop CC 中包含 3 种类型的擦除工具，分别是“橡皮擦工具”、“背景橡皮擦工具”和“魔术橡皮擦工具”，如图 8–56 所示。

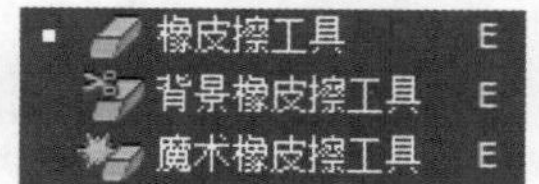

图 8-56 擦除工具

8.2.1 橡皮擦工具

使用“橡皮擦工具”在图像中涂抹可以擦除图像。如果在“背景”图层或锁定了透明区域的图像中使用该工具，则被擦除的部分会显示为背景色。

单击工具箱中的“橡皮擦工具”按钮，可以看到该工具所对应的选项栏，如图 8–57 所示。

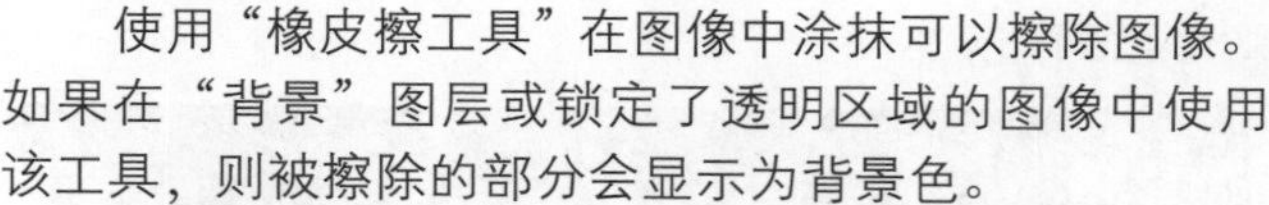

图 8-57 “橡皮擦工具”的选项栏

- 模式：在该选项的下拉列表中可以选择橡皮擦的种类，如图 8–58 所示。如果选择“画笔”选项，可创建柔边擦除效果；如果选择“铅笔”选项，可创建硬边擦除效果；如果选择“块”选项，则擦除的效果为块状。

图 8-58 “模式”下拉列表

- 不透明度：用来设置擦除的强度，100% 的不透明可以完全擦除像素，较低的不透明度将部分擦除像素。将“模式”设置为“块”时，不能使用该选项。
- 流量：用来控制工具的涂抹速度。
- 抹到历史记录：与“历史记录画笔工具”的作用相同。选中该选项后，在“历史记录”面板中选择一个状态或快照，在擦除时，可以将图像恢复为指定状态。

打开素材图像“光盘\源文件\第 8 章\素材\

82101.jpg”，效果如图 8-59 所示。选择“橡皮擦工具”，设置“背景色”为 RGB（255、255、0），在“背景”图层上进行擦除，效果如图 8-60 所示。

图 8-59 打开图像

图 8-60 图像效果

将背景层转换为普通图层，如图 8-61 所示。使用“橡皮擦工具”进行涂抹，效果如图 8-62 所示。

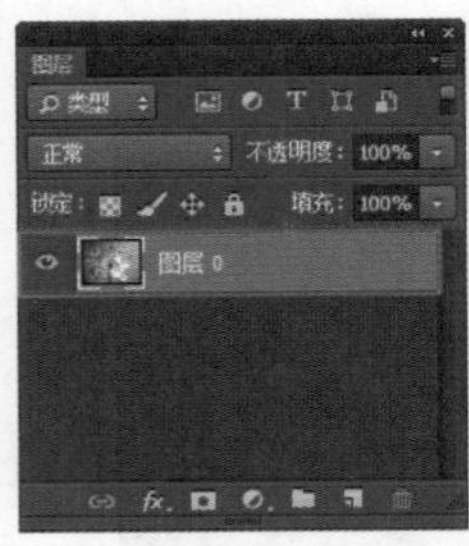

图 8-61 “图层”面板

图 8-62 图像效果

8.2.2 背景橡皮擦工具

“背景橡皮擦工具”是一种智能橡皮擦，它具有自动识别对象边缘的功能，可采集画笔中心的色样，并删除在画笔内出现的这种颜色，使擦除区域成为透明区域。

单击工具箱中的“背景橡皮擦工具”按钮，可以看到该工具所对应的选项栏，如图 8-63 所示。

图 8-63 “背景橡皮擦工具”的选项栏

- 取样：用来设置取样方式。单击“取样：连续”按钮后，在拖动鼠标时可连续对颜色取样，如果光标中心的十字线碰触到需要保留的对象，也会将其擦除；单击“取样：一次”按钮后，只擦除包含第一次单击点颜色的区域；单击“取样：背景色板”按钮后，只擦除包含背景色的区域。

- 限制：在该选项的下拉列表中可以选择擦除时的限制模式，如图 8-64 所示。如果选择“连续”选项，则只擦除包含样本颜色并且互相连接的区域；如果选择“不连续”选项，可擦除出现在光标下任何位置的样本颜色；如果选择“查找边缘”选项，可擦除包含样本颜色的连接区域，同时更好地保留形状边缘的锐化程度。

不连续
连续
查找边缘

图 8-64 “限制”下拉列表

- 容差：用来设置颜色的容差范围。低容差仅限于擦除与样本颜色非常相似的区域，高容差可擦除范围更广的颜色。

- 保护前景色：选中该选项后，可防止擦除与前景色匹配的区域。

使用 Photoshop 抠图有很多种方法，例如蒙版抠图、滤镜抠图、通道抠图等。但这些抠图方法操作起来都有各自的难度，初学者往往难以掌握。下面将向初学者介绍一种操作简单、效果理想的抠图方法——“背景橡皮擦工具”抠图法。

动手实践——擦除照片背景

源文件：光盘\源文件\第 8 章\8-2-2.psd

视频：光盘\视频\第 8 章\8-2-2.swf

01 执行“文件 > 打开”命令，打开素材图像“光盘\源文件\第 8 章\素材\82201.jpg”，效果如图 8-65 所示。单击工具箱中的“背景橡皮擦工具”按钮，在选项栏中打开“画笔预设”选取器，设置如图 8-66 所示。选项栏的设置如图 8-67 所示。

图 8-65 打开图像

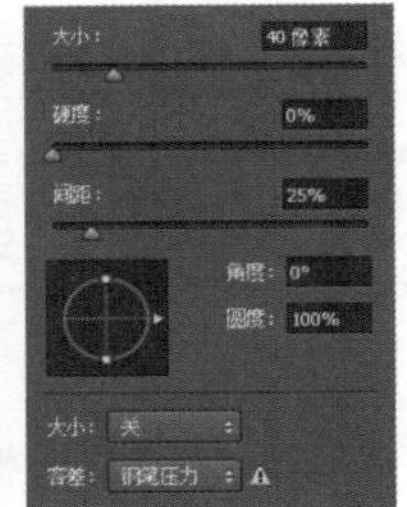

图 8-66 设置“画笔预设”选取器

图 8-67 “背景橡皮擦工具”的选项栏

02 将光标移动到图像上，光标会变成圆形中心为一个十字准星圆形，如图 8-68 所示。在擦除图像时，Photoshop 会采集十字线位置的颜色，并将圆形区域内的类似颜色擦除。单击拖动鼠标即可擦除背景，如图 8-69 所示。

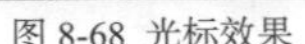

图 8-68 光标效果

图 8-69 擦除背景效果

03 沿着人物的边缘拖动鼠标继续擦除，效果如图 8–70 所示。适当地调整笔触的大小和硬度，最终将图像人物之外的所有图像擦除，效果如图 8–71 所示。

图 8-70 沿人物边缘擦除背景效果

图 8-71 擦除背景效果

04 打开背景图像“光盘 \ 源文件 \ 第 8 章 \ 素材 \82202.jpg”，效果如图 8–72 所示。将抠取出来的人物粘贴到该文档中，移动到合适的位置，效果如图 8–73 所示。

图 8-72 打开图像

图 8-73 粘贴图像效果

8.2.3 魔术橡皮擦工具

“魔术橡皮擦工具”主要用于删除图像中颜色相近或大面积单色区域的图像，它与“魔棒工具”相类似。

单击工具箱中的“魔术橡皮擦工具”按钮，可以看到该工具所对应的选项栏，如图 8–74 所示。

容差：32　消除锯齿　连续　对所有图层取样　不透明度：100%

图 8-74 “魔术橡皮擦工具”的选项栏

- 容差：用来设置可擦除颜色范围。低容差会擦除颜色值范围内与单击点像素非常相似的像素，高容差可擦除范围更广的像素。
- 消除锯齿：选中该复选框后，可以使擦除区域的边缘变得平滑。
- 连续：选中该复选框后，只擦除与单击点像素邻近的像素；取消选中后，则可擦除图像中所有相似的像素。
- 对所有图层取样：选中该复选框后，可对所有可见图层中的组合数据采集抹除色样。
- 不透明度：用来设置擦除强度。100% 的不透明度将完全擦除像素，较低的不透明度可部分擦除像素。

动手实践——抠取图像

源文件：光盘 \ 源文件 \ 第 8 章 \8-2-3.psd

视频：光盘 \ 视频 \ 第 8 章 \8-2-3.swf

01 执行“文件 > 打开”命令，打开素材图像“光盘 \ 源文件 \ 第 8 章 \ 素材 \82301.jpg”，效果如图 8–75 所示。复制“背景”图层，得到“背景 拷贝”图层，隐藏“背景”图层，“图层”面板如图 8–76 所示。

图 8-75 打开图像

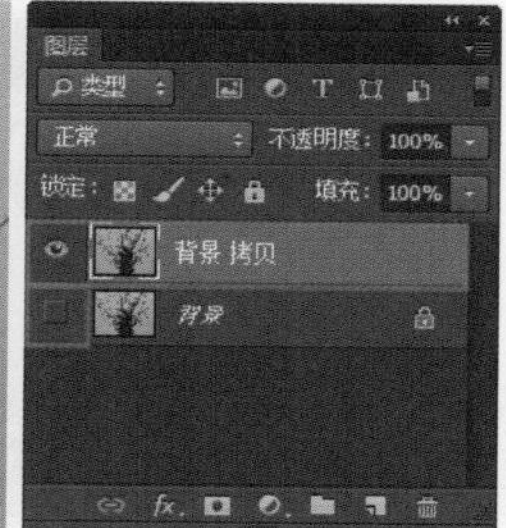

图 8-76 “图层”面板

02 单击工具箱中的“魔术橡皮擦工具”按钮，将光标放在图像的背景上，单击即可擦除背景，效果如图 8–77 所示。继续在图像上单击，删除部分背景，最终效果如图 8–78 所示。

图 8-77 擦除图像背景效果

图 8-78 最终效果

提示

如果在“背景”图层或是锁定了透明区域的图层中使用该工具，被擦除的区域会变为背景色。在其他图层中使用该工具，被擦除的区域会成为透明区域。

8.3 修饰与润色工具

图像的修饰工具包括模糊、锐化、涂抹、减淡、加深和海绵等工具，与修改工具不同，修饰工具的主要任务是模糊、锐化、加深图像的，以达到相应的视觉效果，能够改变图像的细节、色调。修饰工具组如图 8–79 所示。

减淡工具 O
加深工具 O
海绵工具 O

图 8-79 修饰与润色工具

8.3.1 模糊工具

“模糊工具”用于柔化图像中的硬边缘或区域，可以降低像素之间的对比度，来减少图像中的细节，将图像变得模糊。单击工具箱中的“模糊工具”按钮，可以看到该工具所对应的选项栏，如图 8–80 所示。

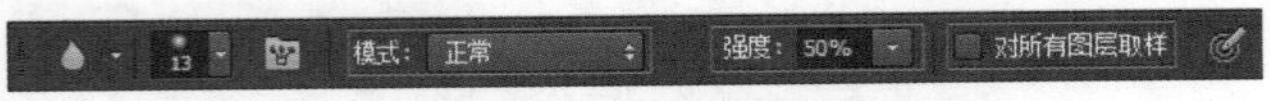

模式：正常 强度：50% 对所有图层取样

图 8-80 “模糊工具”的选项栏

- 模式：在该下拉列表中可以选择一种“混合模式”作用在图像上，其中包含了 7 种混合模式，如图 8–81 所示。

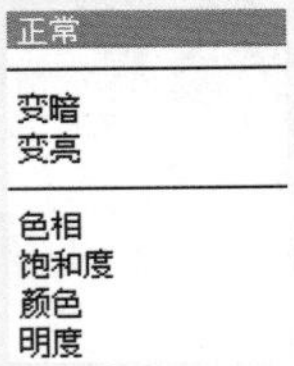

正常

变暗
变亮

色相
饱和度
颜色
明度

图 8-81 下拉列表

- 强度：用来设置模糊的强度，数值越大，模糊越明显。
- 对所有图层取样：如果文档中包含多个图层，选中该选项后，可使用所有可见图层中的数据进行处理；取消选中，则只处理当前图层中的数据。

8.3.2 锐化工具

“锐化工具”用来对图像进行锐化处理，增加像素间的对比度，来提高清晰度或聚焦程度。

单击工具箱中的“锐化工具”按钮，可以看到该工具所对应的选项栏，如图 8–82 所示。该工具选项栏与“模糊工具”的选项栏基本相同，只多出一个选项。选中“保护细节”复选框，可以保留图像的细节，使其不会过度失真。

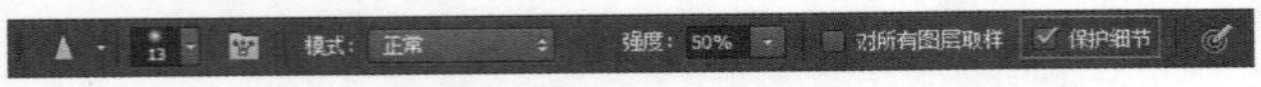

模式：正常 强度：50% 对所有图层取样 保护细节

图 8-82 “锐化工具”的选项栏

8.3.3 涂抹工具

“涂抹工具”可以拾取鼠标单击点的颜色，并沿拖移的方向展开这种颜色，模拟出类似于手指拖过湿油漆时的效果。

单击工具箱中的“涂抹工具”按钮，可以看到该工具所对应的选项栏，如图 8–83 所示。该工具选项栏与“模糊工具”的选项栏基本相同，只多出一个选项。选中“手指绘画”复选框，可以在涂抹时添加前景色；取消选中，则使用光标所在位置的颜色进行涂抹。

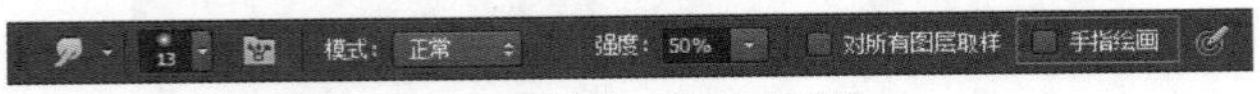

模式：正常 强度：50% 对所有图层取样 手指绘画

图 8-83 “涂抹工具”的选项栏

8.3.4 利用模糊、锐化工具突出图像主体

本实例通过利用“模糊工具”将背景模糊处理，然后再利用“锐化工具”将人物处理得更清晰，从而来突出图像的主体。

动手实践——突出图像主体

源文件：光盘 \ 源文件 \ 第 8 章 \8-3-4.psd

视频：光盘 \ 视频 \ 第 8 章 \8-3-4.swf

01 执行“文件 > 打开”命令，打开素材图像“光盘 \ 源文件 \ 第 8 章 \ 素材 \83401.jpg”，效果如图 8–84 所示。复制“背景”图层，得到“背景 拷贝”图层，“图层”面板如图 8–85 所示。

图 8-84 打开图像

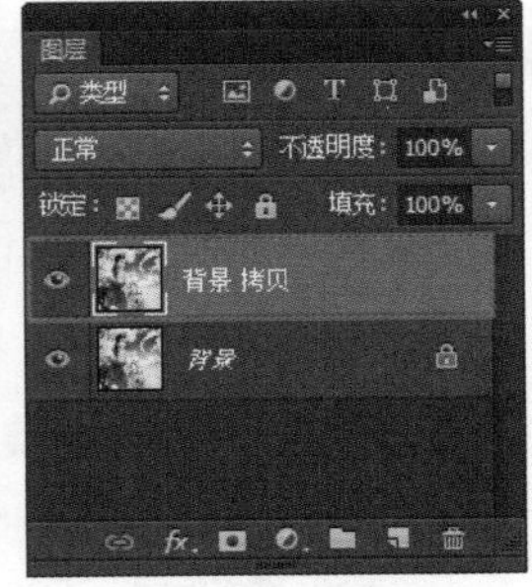

图 8-85 “图层”面板

02 单击工具箱中的“模糊工具”按钮，在选项栏中进行相应的设置，如图 8–86 所示。

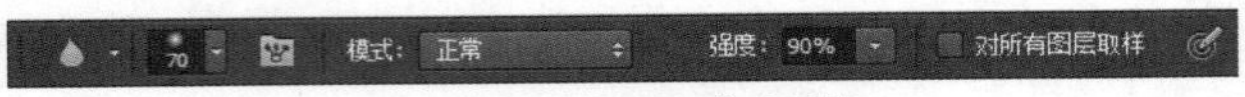

模式：正常 强度：90% 对所有图层取样

图 8-86 “模糊工具”的选项栏

技巧

使用“模糊工具”时，按住 Alt 键可以临时切换到“锐化工具”的使用状态；松开 Alt 键则回到“模糊工具”的使用状态。

03 在人物之外的地方进行涂抹，效果如图 8-87 所示。

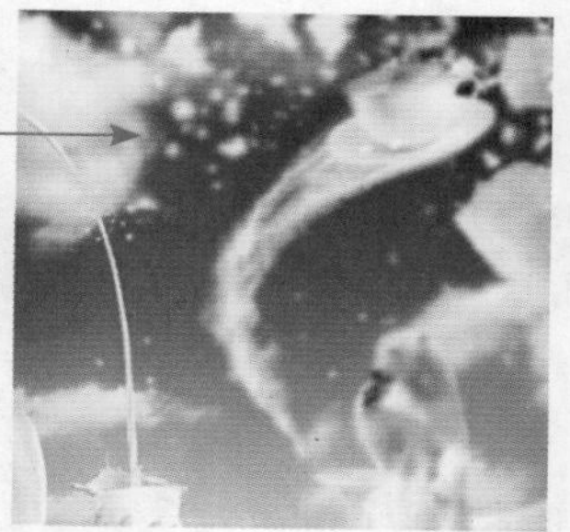

图 8-87 涂抹效果

04 单击工具箱中的“锐化工具”按钮，在选项栏中进行相应的设置，如图 8-88 所示。

模式：正常　强度：90%　对所有图层取样　保护细节

图 8-88 “锐化工具”的选项栏

05 在人物部分进行涂抹，完成该实例的制作，最终效果如图 8-89 所示。

图 8-89 最终效果

8.3.5 减淡与加深工具

“加深工具”和“减淡工具”是色调工具，使用这两个工具可以改变图像特定区域的曝光度，使图像变暗或变亮。

单击工具箱中的“减淡工具”按钮，可以看到该工具所对应的选项栏，如图 8-90 所示。“减淡工具”的选项栏与“加深工具”的选项栏相同，在此只介绍“减淡工具”的选项栏。

喷枪

范围：中间调　曝光度：50%　保护色调

图 8-90 “减淡工具”的选项栏

- 范围：可以在该选项的下拉列表中选择一个要修改的色调，其中包括“阴影”、“高光”和“中间调”3 个选项。选择“阴影”选项，可处理图像的暗色调；选择“中间调”选项，可处理图像的中间调，即灰色的中间范围色调；选择“高光”选项，可处理图像的亮部色调，效果如图 8-91 所示。

原图

阴影

中间调

高光

图 8-91 不同范围的图像效果

- 曝光度：可以为“减淡工具”或“加深工具”指定曝光。该值越高，效果越明显。
- 喷枪：单击该按钮，可以使画笔具有喷枪功能。
- 保护色调：选中该复选框后，可以保护图像的色调不受影响。

8.3.6 海绵工具

在 Photoshop CC 中，“海绵工具”可以改变图像中色彩的饱和度。其操作方法非常简单，在选项栏上设置完相应的选项，在图像上单击并拖动鼠标进行涂抹即可。

单击工具箱中的“海绵工具”按钮，可以看到该工具所对应的选项栏，如图 8-92 所示。

模式：降...　流量：50%　自然饱和度

图 8-92 “海绵工具”的选项栏

- 模式：可选择更改色彩方式。如果选择“降低饱和度”选项，可降低饱和度；如果选择“饱和”选项，则可增加饱和度，效果如图 8-93 所示。

原图

降低饱和度

饱和

图 8-93 不同模式的图像效果

- 流量：可以为“海绵工具”指定流量。该值越高，工具的强度越大，效果越明显。
- 自然饱和度：选中该复选框后，可以在增加饱和度时，防止颜色过度饱和。

8.4 “历史记录”面板与工具

Photoshop CC 中的“历史记录画笔工具”和“历史记录艺术画笔工具”都属于恢复工具，它们需要配合“历史记录”面板使用。所谓历史记录是指图像处理的某个过程，通过在“历史记录”面板中建立快照就可以保存该状态。

8.4.1 “历史记录”面板

在编辑图像时，每进行一步操作，Photoshop 都会将其记录在“历史记录”面板中。通过该面板可以将图像恢复到操作过程中的某一步状态，也可以再次回到当前的操作状态，还可以将处理结果创建为快照或新的文件，如图 8–94 所示。

图 8-94 “历史记录”面板

- 设置历史记录画笔的源：使用“历史记录画笔工具”时，该图标所在的位置将作为历史画笔的源图像。
- 快照缩览图：被记录为快照的图像状态。
- 当前状态：将图像恢复到该命令的编辑状态。
- “从当前状态创建新文档”按钮：单击该按钮，可以根据当前操作步骤中图像的状态创建一个新的文件。
- “创建新快照”按钮：单击该按钮，可以根据当前的图像状态创建快照。
- “删除当前状态”按钮：选择一个操作步骤后，单击该按钮可将该步骤及后面的制作删除。

8.4.2 历史记录画笔工具

“历史记录画笔工具”可以将图像恢复到编辑过程中某一步骤的状态，或者将部分图像恢复为原样。

打开素材图像“光盘\源文件\第8章\素材\84201.jpg”，效果如图 8–95 所示。单击工具箱中的“历史记录画笔工具”按钮，在选项栏中打开“画笔预设”选取器，设置如图 8–96 所示。选项栏的设置如图 8–97 所示。

图 8-95 打开图像

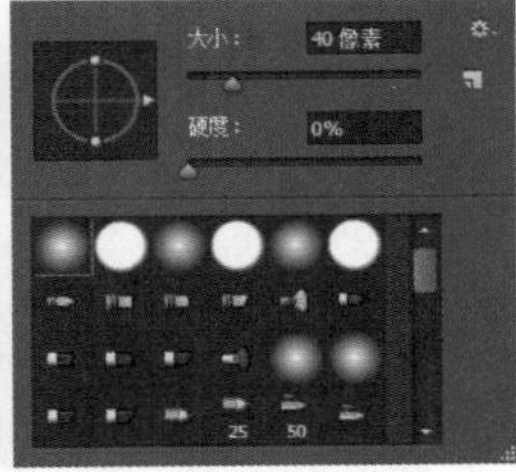

图 8-96 “画笔预设”选取器

图 8-97 “历史记录画笔工具”的选项栏

提示

“历史记录画笔工具”的选项栏与“画笔工具”的选项栏相同，在这里不做过多讲解了，详细介绍请参看第 6 章。

执行“图像 > 调整 > 去色”命令，或按快捷键 Ctrl+Shift+U，将图像去色，效果如图 8–98 所示。使用“历史记录画笔工具”在人物上进行涂抹，恢复局部色彩，效果如图 8–99 所示。

图 8-98 图像效果

图 8-99 涂抹效果

8.4.3 为人物磨皮

本实例通过利用“历史记录”面板与“历史记录画笔工具”对图像中的人物进行磨皮，主要介绍了综合使用“历史记录”面板与“历史记录画笔工具”的方法。在本实例的制作过程中，用户需要仔细体会“历史记录”面板的妙用。

动手实践——为人物磨皮

源文件：光盘\源文件\第 8 章\8-4-3.psd

视频：光盘\视频\第 8 章\8-4-3.swf

01 执行“文件 > 打开”命令，打开素材图像“光盘\源文件\第 8 章\素材\84301.jpg”，效果如图 8-100 所示。复制“背景”图层，得到“背景 拷贝”图层，“图层”面板如图 8-101 所示。

图 8-100 打开图像

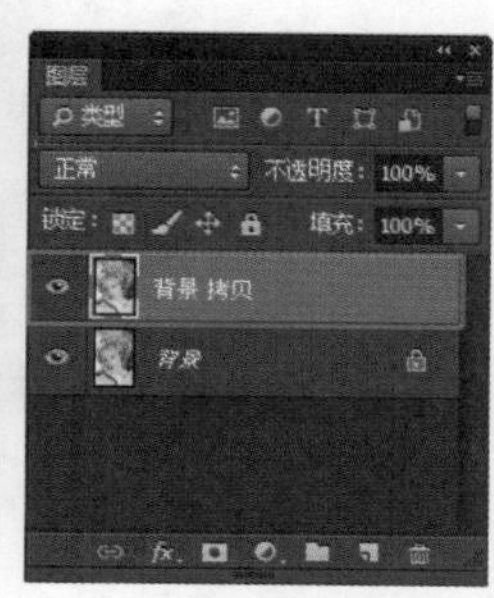

图 8-101 “图层”面板

02 执行“窗口 > 历史记录”命令，打开“历史记录”面板，新建“快照 1”，如图 8-102 所示。执行“滤镜 > 模糊 > 高斯模糊”命令，弹出“高斯模糊”对话框，设置如图 8-103 所示。

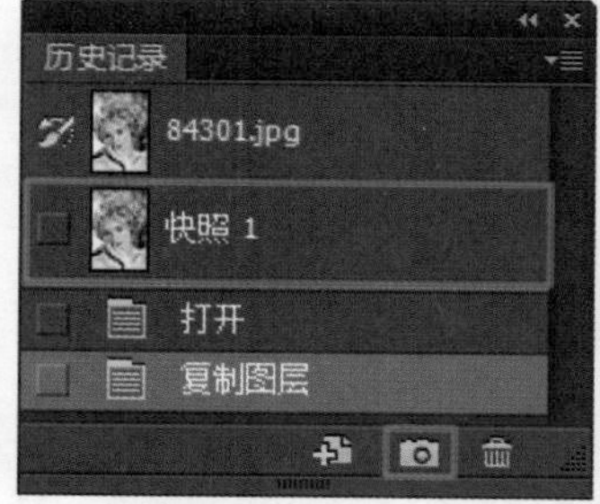

图 8-102 “历史记录”面板

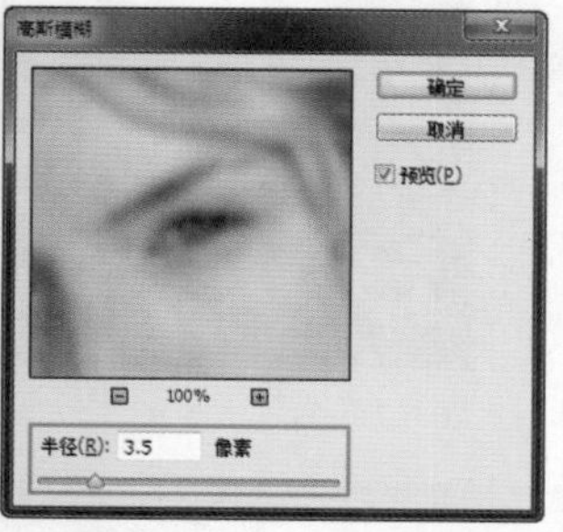

图 8-103 “高斯模糊”对话框

提示

快照不会与图像一起存储。关闭某个图像将会删除其快照。同时除非选择“允许非线性历史记录”选项，否则，如果选择某个快照并更改图像，则会删除“历史记录”面板中当前列出的所有状态。

03 单击“确定”按钮，图像效果如图 8-104 所示。单击工具箱中的“历史记录画笔工具”按钮，在“历史记录”面板中指定“历史记录画笔”的源，然后选择“快照 1”，如图 8-105 所示。

图 8-104 图像效果

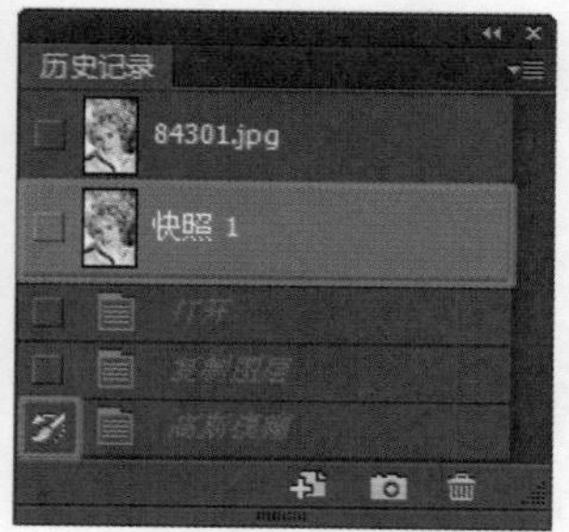

图 8-105 “历史记录”面板

04 在人物皮肤处进行涂抹，最终效果如图 8-106 所示。完成对照片磨皮的处理，图像磨皮的前后对比如图 8-107 所示。

图 8-106 最终效果

图 8-107 图像磨皮前后的效果对比

8.4.4 历史记录艺术画笔工具

“历史记录艺术画笔工具”使用指定的历史记录或快照中的源数据，以风格化描边进行绘画，并且通过使用不同的绘画样式、大小和容差选项，可以用不同的色彩和艺术风格模拟绘画的纹理。

和“历史记录画笔工具”一样，“历史记录艺术画笔工具”也将指定的历史记录状态或快照用做源数据。但是“历史记录画笔工具”通过重新创建指定的源数据来绘画，而“历史记录艺术画笔工具”在使用这些数据的同时，还可以应用不同的颜色和艺术风格。

单击工具箱中的“历史记录艺术画笔工具”按钮，可以看到该工具所对应的选项栏，如图 8-108 所示。

图 8-108 “历史记录艺术画笔工具”的选项栏

- 样式：该选项的下拉列表中包含了 10 个选项，如图 8-109 所示，可以选择一个选项来控制绘画描边的形状。
- 区域：用来设置绘画描边所覆盖的区域。该值越大，覆盖的区域越大，描边的数量也越多。

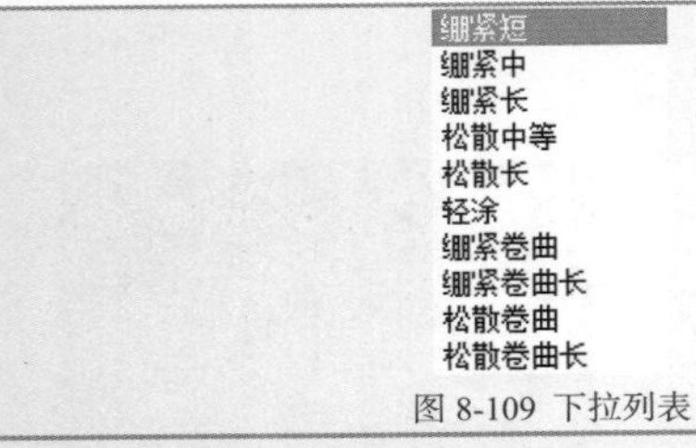

图 8-109 下拉列表

- 容差：容差值可以限定可应用绘画描边的区域。低容差可用于在图像中的任何地方绘制无数条描边；高容差会将绘画描边限定在与源状态或快照中的颜色明显不同的区域。

8.4.5 制作手绘背景效果

“历史记录艺术画笔工具”与“历史记录画笔工具”的工作方法完全一样，但是“历史记录艺术画笔工具”在恢复图像的同时，会对图像进行艺术化处理，从而绘制出别具一格的艺术效果。

动手实践——制作手绘背景效果

源文件：光盘\源文件\第 8 章\8-4-5.psd

视频：光盘\视频\第 8 章\8-4-5.swf

01 执行“文件 > 打开”命令，打开素材图像“光盘\源文件\第 8 章\素材\84501.jpg”，效果如图 8–110 所示。复制“背景”图层，得到“背景 拷贝”图层，“图层”面板如图 8–111 所示。

图 8-110 打开图像

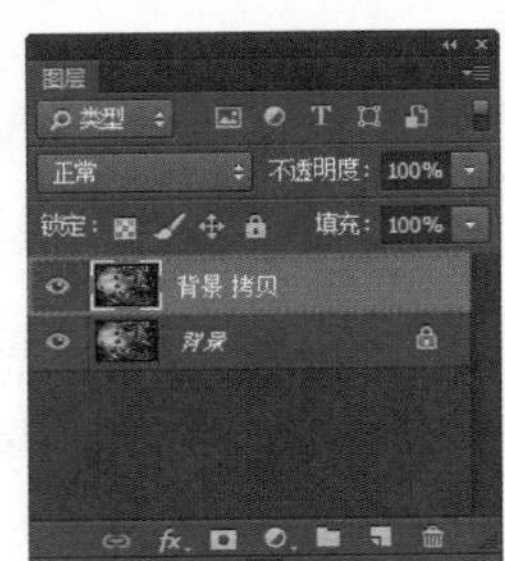

图 8-111 “图层”面板

02 单击工具箱中的“历史记录艺术画笔工具”按钮，打开“画笔预设”选取器，设置如图 8–112 所示。在其选项栏上对其他选项进行设置，如图 8–113 所示。

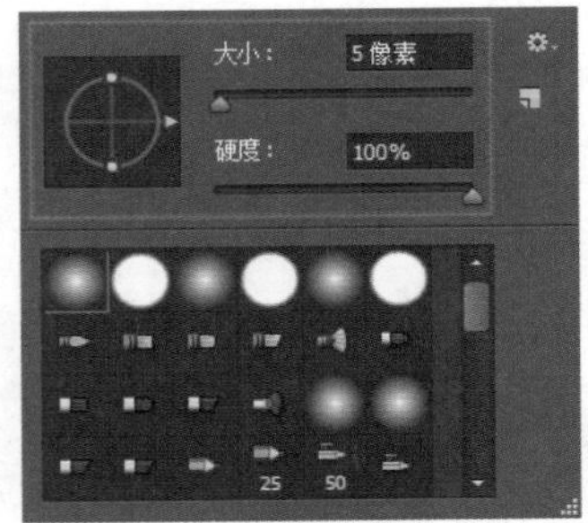

图 8-112 “画笔预设”选取器

图 8-113 设置“历史记录艺术画笔工具”选项栏

03 设置完成后，在图像背景上进行涂抹，最终效果如图 8–114 所示。

图 8-114 最终效果

8.5 本章小结

本章主要向用户讲解如何使用修饰工具方便、快捷地修复图像中的瑕疵。通过本章的学习，用户要掌握修饰工具的使用方法，以及使用工具时的一些技巧，并能在实际的图像处理中灵活运用。

第 9 章 图像色调的基本调整

Photoshop CC 中工具的使用是图像编辑时较为重要的内容，而对图像色调和色彩的控制更是编辑图像的关键。只有有效地控制图像的色调和色彩，才能制作出高质量的图像。Photoshop CC 中提供了完善的色调和色彩调整功能。这些功能都存放在“图像 > 调整”子菜单中，使用它们就可以便捷地控制图像的色调。

9.1 Photoshop CC 的调整命令

在一张图像中，色彩不只是真实记录下物体，还能够带给我们不同的心理感受，创造性地使用色彩，可以营造出各种独特的氛围和意境，使图像更具表现力。下面就来了解这些工具的使用方法。

1. 调整命令的分类

Photoshop CC 的“图像”菜单中包含了用于调整图层色调和颜色的各种命令，如图 9–1 所示。这其中，一部分常用的命令也通过“调整”面板提供给了用户，如图 9–2 所示。这些命令主要分为以下几种类型。

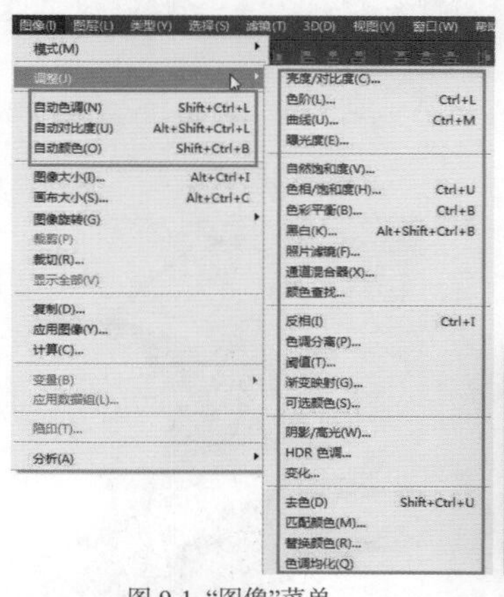

图 9-1 “图像”菜单

图 9-2 “调整”面板

- 调整颜色和色调的命令：“色阶”和“曲线”命令可以调整颜色和色调，它们是最重要、最强大的调整命令；“色相 / 饱和度”和“自然饱和度”命令用于调整色彩；“阴影 / 高光”和“曝光度”命令只能调整色调。
- 匹配、替换和混合颜色的命令：“匹配颜色”、“替换颜色”、“通道混合器”和“可选颜色”命令可以匹配多个图像之间的颜色，替换指定的颜色或者对颜色通道进行调整。
- 快速调整命令：“自动色调”、“自动对比度”和“自动颜色”命令能够自动调整图片的颜色和色调，可以进行简单的调整，适合初学者使用；“照片滤镜”、“色彩平衡”和“变化”是用于调整色彩的命令，使用方法简单且直观；“亮度 / 对比度”和“色调均化”命令用于调整色相。
- 应用特殊颜色调整的命令：“反相”、“阈值”、“色调分离”和“渐变映射”是特殊的颜色调整命令，它们可以将图片转化为负片效果、简化为黑白图像、分类色彩或者用渐变颜色转换图片中原有的颜色。

2. 调整命令的使用方法

Photoshop 的调整命令可以通过两种方式来使用。第一种是直接用“图像”菜单中的命令来处理图像，第二种是使用调整图层来应用这些调整命令。这两种方式可以达到相同的效果。它们的不同之处在于：“图像”菜单中的命令会修改图像的像素数据，而调整图层则不会修改像素，它是一种非破坏性的调整功能。

打开素材图像“光盘 \ 源文件 \ 第 9 章 \ 素材 \ 91101.jpg”，如图 9–3 所示。执行“图像 > 调整 > 色相 / 饱和度”命令，使用“色相 / 饱和度”命令来调整它的颜色，“背景”图层中的像素就会被修改，如图 9–4 所示。

图 9-3 打开图像

图 9-4 调整效果

同样，打开素材图像“光盘\源文件\第 9 章\素材\91101.jpg”，单击“创建新的填充或调整图层”按钮，在弹出的下拉菜单中选择“色相/饱和度”命令，如图 9–5 所示，则可在当前图层的上面创建一个新的调整图层，调整命令通过该图层对下面的图像产生影响，调整结果与使用“图像”菜单中的“色相/饱和度”命令完全相同，但下面图层的像素却没有任何变化，如图 9–6 所示。

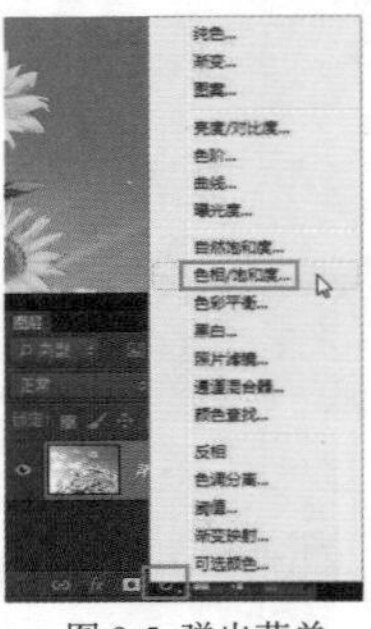

图 9-5 弹出菜单

图 9-6 调整效果

使用“调整”命令调整图像后，不能修改调整参数，而调整图层却可以随时修改参数，如图 9–7 所示。并且，只需隐藏或删除调整图层，便可以将图像恢复为原来的状态，如图 9–8 所示。

图 9-7 改变参数后的效果

图 9-8 隐藏“调整”图层

9.2 自动调整图像

在 Photoshop CC 中可以通过一组自动命令对图像色调进行快速的调整，包括“自动色阶”、“自动对比度”和“自动颜色”，如图 9–9 所示。

自动色调(N)	Shift+Ctrl+L
自动对比度(U)	Alt+Shift+Ctrl+L
自动颜色(O)	Shift+Ctrl+B

图 9-9 自动调整命令

9.2.1 自动色调

“自动色调”命令可以自动调整图像中的黑场和白场，将每个颜色通道中最亮和最暗的像素映射到纯白（色阶为 255）和纯黑（色阶为 0），中间像素值按比例重新分布，从而增强图像的对比度。

打开色调有些发灰的图像，如图 9–10 所示。执行“图像 > 自动色调”命令，Photoshop CC 会自动调整图像，使色调变得清晰，如图 9–11 所示。

图 9-10 打开原图

图 9-11 使用“自动色调”调整

9.2.2 自动对比度

“自动对比度”命令可以自动调整图像的对比度，使高光看上去更亮，阴影看上去更暗。如图 9–12 所示为一张色调有些发白的图像，执行“图像 > 自动对比度”命令后，效果如图 9–13 所示。

图 9-12 打开图像

图 9-13 使用“自动对比度”命令进行调整

提示

“自动对比度”命令不会单独调整通道，它只调整色调，而不会改变色彩平衡。因此，也就不会产生偏色，但也不能用于消除色偏（色偏即色彩发生改变）。该命令可以改进彩色图像的外观，无法改善单色调颜色的图像（只有一种颜色的图像）。

9.2.3 自动颜色

“自动颜色”命令可以通过搜索图像来标识阴影、中间调和高光，从而调整图像的对比度和颜色，可以使用该命令来校正出现色偏的照片。

打开素材图像“光盘\源文件\第 9 章\素材\92301.jpg”，如图 9–14 所示。执行“图像 > 自动颜色”命令，即可校正颜色，如图 9–15 所示。

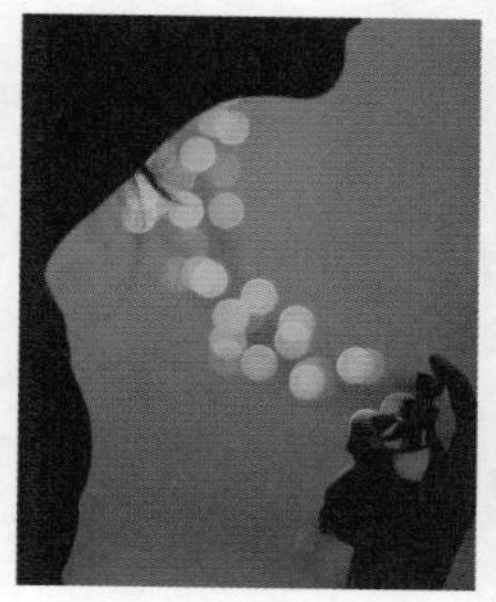
图 9-14 打开图像

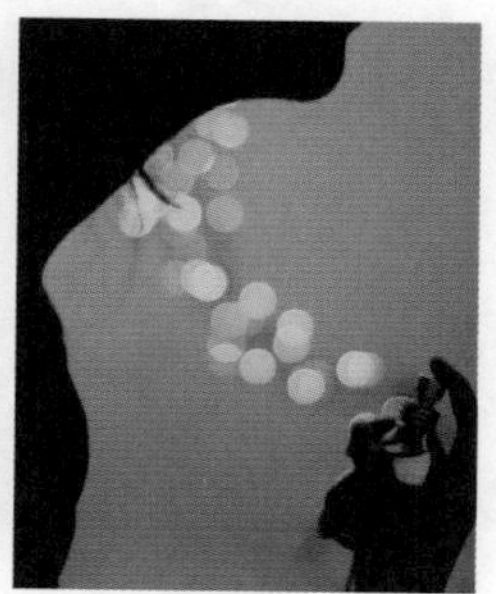
图 9-15 使用“自动颜色”命令进行调整

9.3 图像色调的基本调整命令

在 Photoshop CC 中提供了图像色调的基本调整命令，例如“亮度 / 对比度”、“自然饱和度”、“色相 / 饱和度”、“色彩平衡”等，下面将向用户分别进行相应的介绍。

9.3.1 “亮度 / 对比度”命令

“亮度 / 对比度”命令主要用来调整图像的亮度和对比度。虽然使用“色阶”和“曲线”命令都能实现此功能，但是这两个命令使用起来比较复杂，而使用“亮度 / 对比度”命令可以更加简便、直观地完成亮度和对比度的调整。

打开素材图像“光盘\源文件\第 9 章\素材\93101.jpg”，如图 9–16 所示。执行“图像 > 调整 > 亮度 / 对比度”命令，弹出“亮度 / 对比度”对话框，如图 9–17 所示。

图 9-16 打开图像

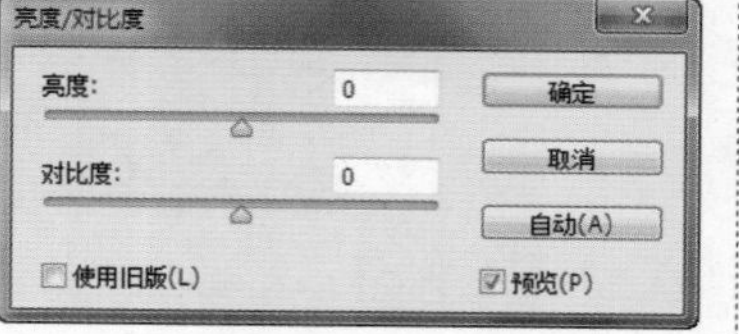

图 9-17 “亮度 / 对比度”对话框

在“亮度 / 对比度”对话框中可以对图像的亮度和对比度进行调整，拖动“亮度”滑块或在其文本框中输入数值（范围为 -150~150），可以调整图像的亮度；拖动“对比度”滑块或在其文本框中输入数值（范围为 –50~100），可以调整图像的对比度，如图 9–18 所示。单击“确定”按钮，完成“亮度 / 对比度”对话框的设置，图像效果如图 9–19 所示。

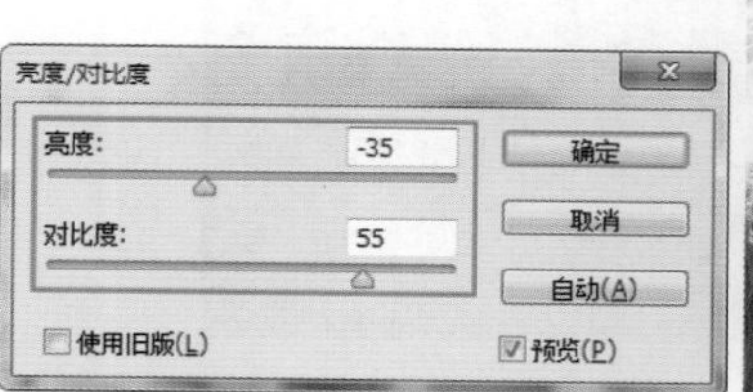

图 9-18 设置“亮度 / 对比度”对话框

图 9-19 图像效果

提示

亮度和对比度的值为负值，图像亮度和对比度下降；如果值为正值，则图像亮度和对比度增加；当值为 0 时，图像不发生任何变化。

动手实践——打造高对比图像

源文件：光盘\源文件\第 9 章\9-3-1.psd

视频：光盘\视频\第 9 章\9-3-1.swf

01 执行“文件 > 打开”命令，打开素材图像“光盘\源文件\第 9 章\素材\93102.jpg”，如图 9–20 所示。复制“背景”图层，得到“背景 拷贝”图层，“图层”面板如图 9–21 所示。

图 9-20 打开图像

图 9-21 复制图层

提示

在对图像进行调整之前，最好能够复制一层，在复制得到的图像上进行调整，即使调整的效果不佳，还可以通过原始图像重新进行调整，也便于对比调整前后的效果。如果是使用调整图层对图像进行调整，则不需要复制图层。

02 执行“图像 > 调整 > 亮度 / 对比度”命令，弹出“亮度 / 对比度”对话框，设置如图 9–22 所示。单击“确定”按钮，完成“亮度 / 对比度”对话框的设置，图像效果如图 9–23 所示。

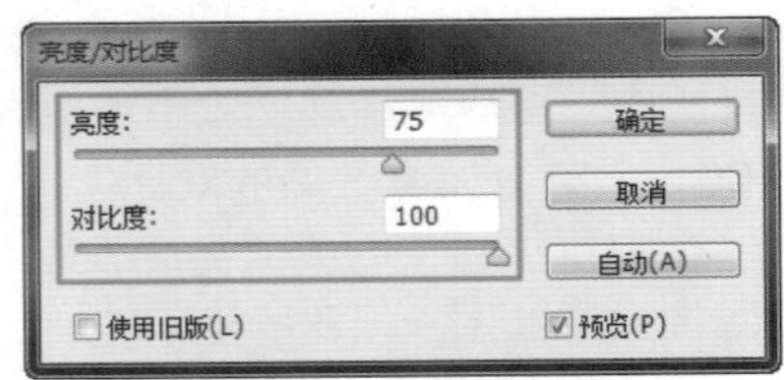

图 9-22 设置“亮度 / 对比度”对话框

图 9-23 图像效果

9.3.2 “曝光度”命令

“曝光度”命令是一种色调控制命令，专门针对相片曝光过度或不足而进行调节。实际摄影中，由于主观及客观原因，拍摄的照片不是过暗就是过亮，让人失望，使用“曝光过度”命令就可以解决这个问题。

打开素材图像“光盘\源文件\第 9 章\素材\93201.jpg”，如图 9–24 所示。仔细观察，图像的整体明显过暗，这里就可以使用“曝光度”命令对图像进行相应的调整。执行“图像 > 调整 > 曝光度”命令，弹出“曝光度”对话框，如图 9–25 所示。

图 9-24 打开图像

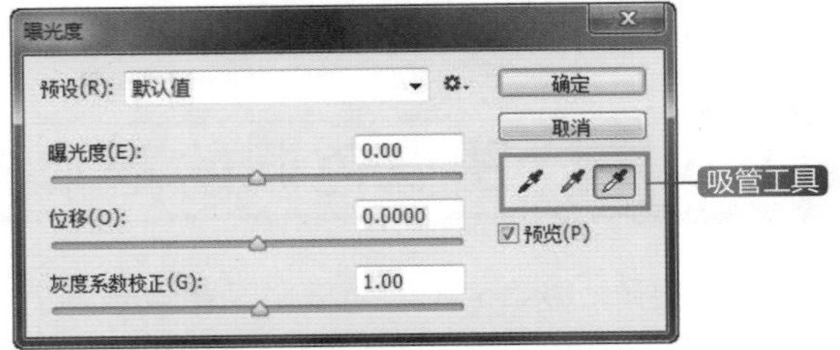

图 9-25 “曝光度”对话框

- 预设：在“预设”下拉列表中，系统默认提供了几个不同的默认值，以方便用户在使用时调整，如图 9–26 所示。

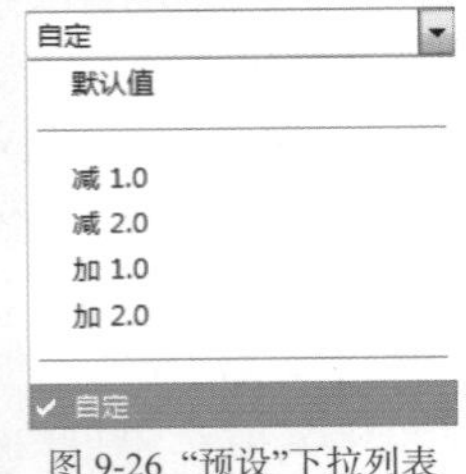

图 9-26 “预设”下拉列表

- 曝光度：通过拖动该选项滑块或在该选项文本框中输入数值，可以调整色调范围的高光端，对其阴影的影响很轻微。如图 9–27 所示为调整曝光度的效果。

图 9-27 曝光度效果

● 位移：通过拖动该选项滑块或在该选项文本框中输入数值，可以使阴影和中间调变暗，对高光的影响很轻微。

● 灰度系数校正：使用简单的乘方函数调整图像灰度系数。负值会被视为它们的相应正值（这些值仍然保持为负，但仍然会被调整，就像它们是正值一样）。

● 吸管工具：使用“设置黑场吸管工具”在图像上单击，可以使单击点的像素变为黑色；使用“设置灰场吸管工具”可以使单击点的像素变为中度灰色；使用“设置白场吸管工具”可以使单击点的像素变为白色。

提示

图像色调和色彩调节命令对话框中的各种调节值不是机械的，用户应在实际操作中灵活把握。

“曝光度”命令是专门用于调整 HDR 图像曝光度的功能。由于可以在 HDR 图像中按比例表示和存储真实场景中的所有明亮度值，调整 HDR 图像曝光度的方式与在真实环境中拍摄场景时调整曝光度的方式类似。该命令也可以用于调整 8 位和 16 位的普通照片的曝光度。

动手实践——调整图像曝光不足

源文件：光盘\源文件\第 9 章\9-3-2.psd

视频：光盘\视频\第 9 章\9-3-2.swf

01 打开素材图像“光盘\源文件\第 9 章\素材\93202.jpg”，如图 9-28 所示。这是一张逆光拍摄的照片，人像和舞台背景由于曝光不足而显得较暗。复制“背景”图层，得到“背景 拷贝”图层，“图层”面板如图 9-29 所示。

图 9-28 打开图像

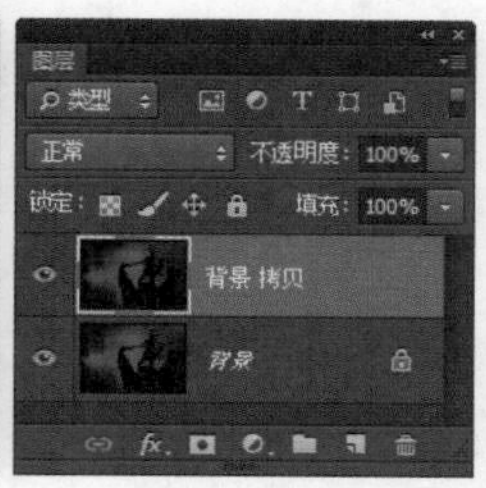

图 9-29 “图层”面板

02 执行“图像 > 调整 > 曝光度”命令，弹出“曝光度”对话框，向右拖动“曝光度”滑块，将图像调亮，向左拖动“位移”滑块，增加图像对比度，如图 9-30 所示。相应设置之后，即可看到图像效果，如图 9-31 所示。

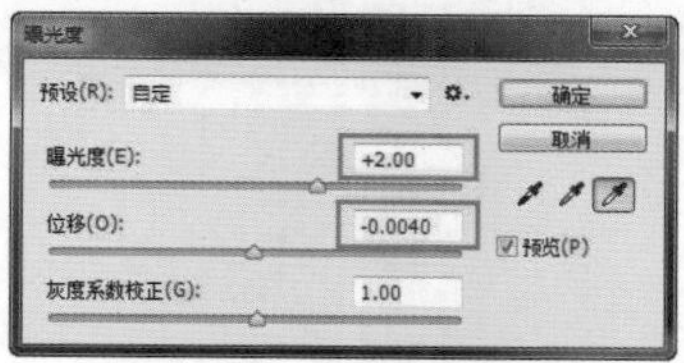

图 9-30 设置“曝光度”对话框

图 9-31 最终效果

9.3.3 “自然饱和度”命令

如果需要调整图像的饱和度，而又要在颜色接近最大饱和度时最大限度地减少修剪，可以使用“自然饱和度”命令进行调整。

打开素材图像“光盘\源文件\第 9 章\素材\93301.jpg”，如图 9-32 所示。执行“图像 > 调整 > 自然饱和度”命令，弹出“自然饱和度”对话框，如图 9-33 所示。

图 9-32 打开图像

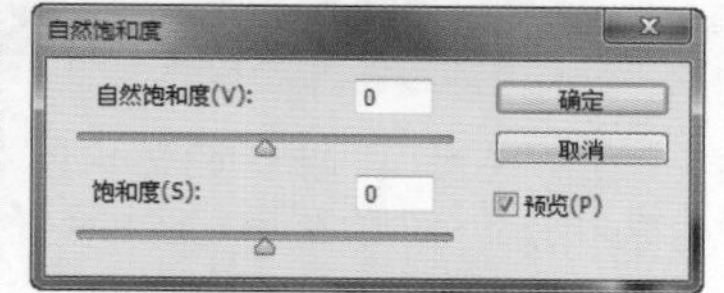

图 9-33 “自然饱和度”对话框

● 自然饱和度：拖动该选项的滑块调整图像的饱和度时，可以将更多调整应用于不饱和的颜色并在颜色接近完全饱和时避免颜色修剪，如图 9-34 所示。

● 饱和度：拖动该选项滑块调整图像的饱和度时，可以将相同的饱和度调整量用于所有的颜色，如图 9-35 所示。

图 9-34 调整“自然饱和度”选项

图 9-35 调整“饱和度”选项

提示

使用“自然饱和度”对话框中的“自然饱和度”选项调整人物图像时，可以使调整后的人物呈现很自然的色彩，防止肤色过度饱和。

“自然饱和度”是用于调整色彩饱和度的命令，它的特别之处是可在增加饱和度的同时防止颜色过于饱和而出现溢色，非常适合处理人像照片。

动手实践——使图像色彩更加鲜艳

源文件：光盘 \ 源文件 \ 第 9 章 \9-3-3.psd

视频：光盘 \ 视频 \ 第 9 章 \9-3-3.swf

01 打开素材图像“光盘 \ 源文件 \ 第 9 章 \ 素材 \93302.jpg”，这张照片由于背光拍摄，人物的肤色不够红润，色彩有些苍白，如图 9-36 所示。复制“背景”图层，得到“背景 拷贝”图层，如图 9-37 所示。

图 9-36 打开图像

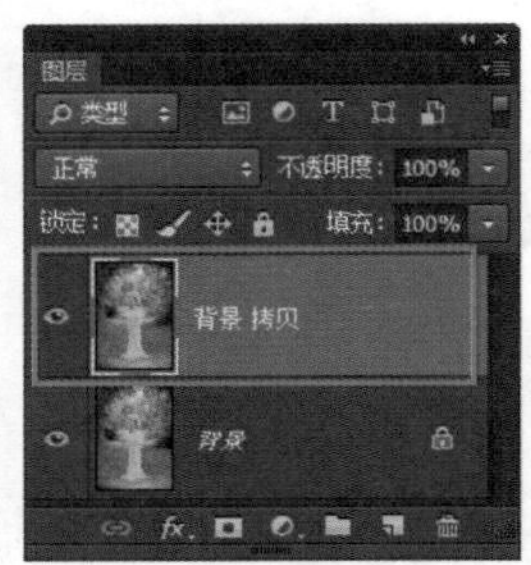

图 9-37 “图层”面板

02 执行“图像 > 调整 > 自然饱和度”命令，弹出“自然饱和度”对话框，该对话框中有两个滑块，向左侧拖动可以降低颜色的饱和度，向右拖动则增加饱和度。向右拖动“自然饱和度”滑块，如图 9-38 所示。增加饱和度之后，人物皮肤变得自然红润，整张图像色彩变得更加鲜艳，如图 9-39 所示。

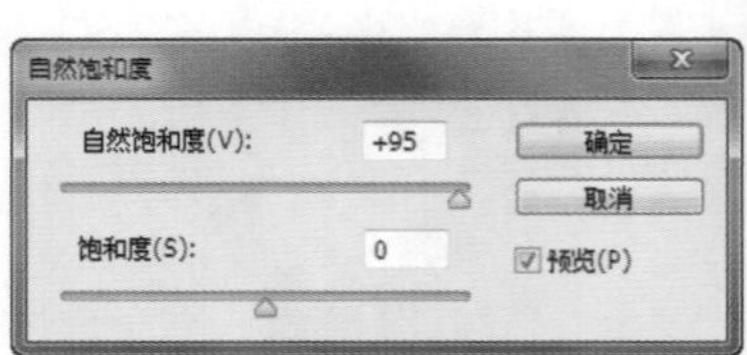

图 9-38 设置“自然饱和度”对话框

图 9-39 图像效果

提示

如果拖动“饱和度”滑块时，可以增加（或减少）所有颜色的饱和度。如图 9-40 所示为增加饱和度的效果，可以看到色彩过于鲜艳，人物皮肤显得非常不自然、不真实。

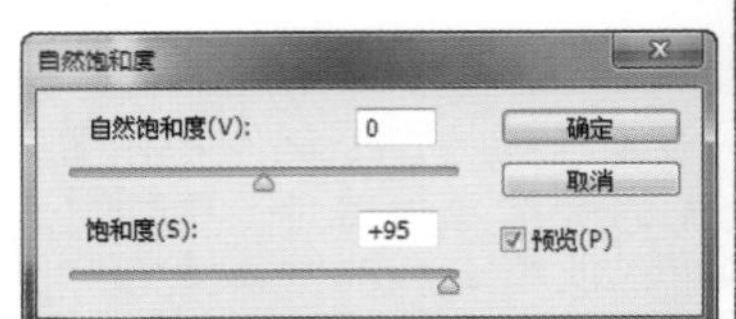

图 9-40 调整“饱和度”效果

9.3.4 “色相 / 饱和度”命令

“色相 / 饱和度”命令可以调整图像中特定颜色范围的色相、饱和度以及亮度，或者同时调整图像中的所有颜色。该命令尤其适用于微调 CMYK 图像中的颜色，以便它们处在输出设备的色域内。

打开素材图像“光盘 \ 源文件 \ 第 9 章 \ 素材 \93401.jpg”，如图 9-41 所示。执行“图像 > 调整 > 色相 / 饱和度”命令，弹出“色相 / 饱和度”对话框，如图 9-42 所示。

图 9-41 打开图像

图 9-42 “色相 / 饱和度”对话框

- 预设：在该选项下拉列表中可以选择一种预设的色相 / 饱和度调整选项。单击“预设”选项右侧的按钮，在弹出的下拉菜单中选择“存储预设”命令，可以将当前的调整参数保存为一个预设文件。在使用相同的方式处理其他图像时，可选择“载入预设”命令，载入该文件并自动完成调整。

- 编辑范围：在该选项下拉列表中可以选择要调整的颜色，如图 9-43 所示。选择“全图”选项，可调整图像中所有的颜色；选择其他选项，则只可以对图像中对应的颜色进行调整。

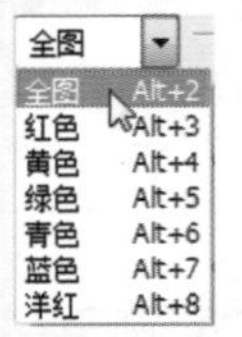

图 9-43 下拉列表

● 色相：拖动该滑块可以改变图像的色相。如图 9–44 所示为调整全图色相的效果；如图 9–45 所示为只调整洋红色的效果。

图 9-44 调整全图色相的效果

图 9-45 调整洋红色色相的效果

● 饱和度：向右侧拖动该选项滑块可以增加饱和度，向左侧拖动该选项滑块则减少饱和度。如图 9–46 所示为增加饱和度的效果。

● 明度：向右侧拖动该选项滑块可以增加亮度，向左侧拖动该选项滑块则降低亮度。如图 9–47 所示为降低亮度的效果。

图 9-46 调整饱和度效果

图 9-47 调整明度效果

● 着色：选中该选项，可以将图像转换为只有一种颜色的单色图像，如图 9–48 所示。变为单色图像后，可以拖动相应的滑块调整图像颜色，如图 9–49 所示。

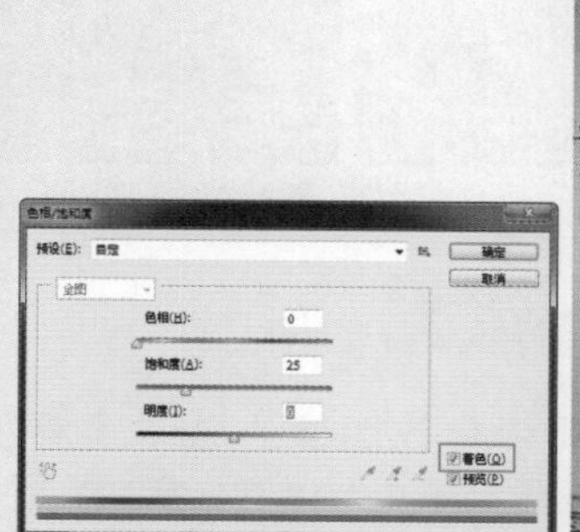

图 9-48 选中“着色”复选框效果

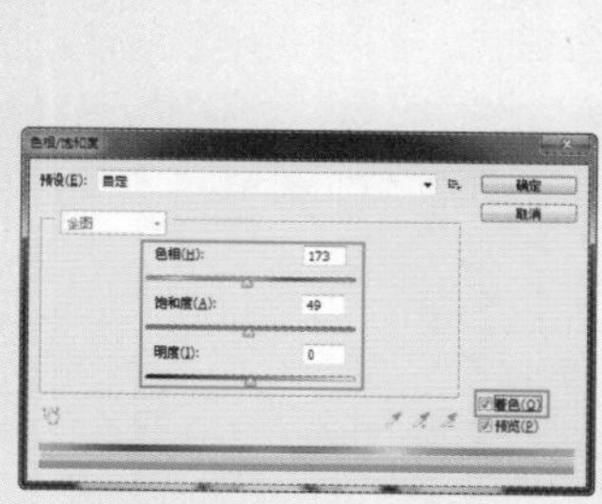

图 9-49 调整及效果

● “图像调整工具”按钮：按下该按钮后，光标在图像中变为吸管工具，如图 9–50 所示。在图像中单击，然后向左或向右拖动鼠标可以减少或增加包含单击点像素颜色范围的饱和度。如图 9–51 所示为分别向左、右两个方向拖动鼠标的图像效果。

图 9-50 光标效果

图 9-51 增加或减少饱和度的效果

技巧

如果单击“图像调整工具”按钮后，按住 Ctrl 键不放在图像中单击并拖动鼠标，可以调整图像的色相。

● 吸管工具：如果在“编辑”选项中选择了一种颜色，可以使用“吸管工具”在图像中单击定义颜色范围；使用“添加到取样”在图像中单击可以增加颜色范围；使用“从取样中减去”在图像中单击可以减少颜色范围。设置了颜色范围后，可以拖动滑块来调整颜色的色相、饱和度及明度。

● 颜色条：底部有两个颜色条，上面的颜色条代表了调整前的颜色，下面的颜色条代表了调整后的颜色。如果在“编辑”选项中选择一种颜色，两个颜色条之间便会出现几个小滑块，两个内部的垂直滑块定义了要修改的颜色范围，调整所影响的区域会由此逐渐向两个外部的三角形滑块处衰减，三角形滑块以外的颜色不会受到影响，如图 9-52 所示。

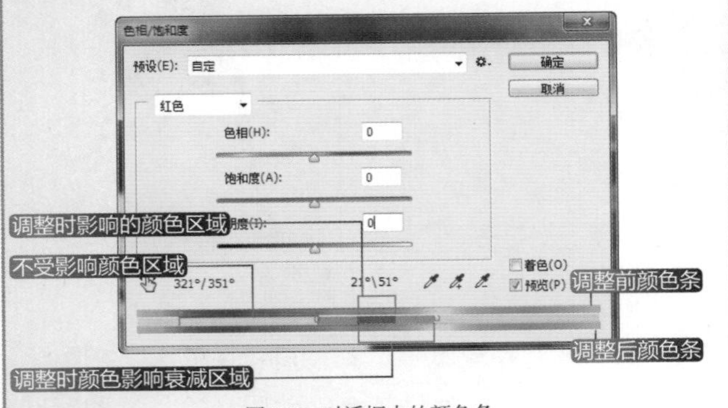

图 9-52 对话框中的颜色条

提示

在“色相/饱和度”对话框中选中“着色”复选框后，无法使用“图像调整工具”在图像上拖动调整图像。在“全图”编辑模式下，无法使用“吸管工具”在图像中单击定义颜色范围。

通过“色相/饱和度”命令可以方便更改图像颜色、饱和度及明度。该命令在对图像进行调色处理中经常需要用到。下面的小练习将通过“色相/饱和度”命令替换图像中的局部色彩。

动手实践——替换图像局部色彩

源文件：光盘\源文件\第 9 章\9-3-4.psd

视频：光盘\视频\第 9 章\9-3-4.swf

01 打开素材图像“光盘\源文件\第 9 章\素材\93402.jpg”，如图 9-53 所示。单击“图层”面板底部的“创建新的填充或调整图层”按钮，在弹出的下拉菜单中选择“亮度/对比度”命令，如图 9-54 所示。

图 9-53 打开图像

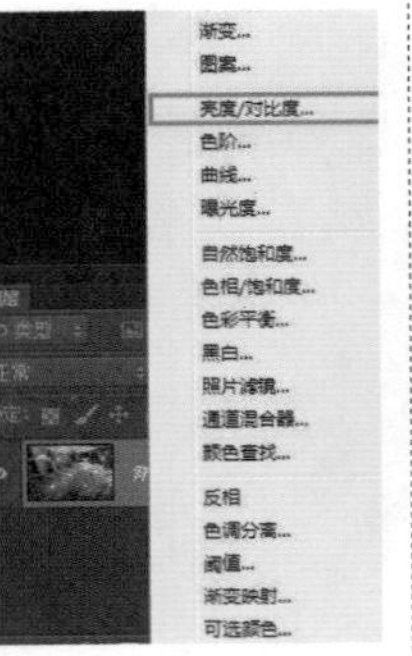

图 9-54 选择命令

02 打开“属性”面板，在该面板中可以对亮度和对比度选项进行相应的设置，如图 9-55 所示。完成“属性”面板中的设置，可以看到“图层”面板中的“亮度/对比度”调整图层，如图 9-56 所示。

图 9-55 设置选项

图 9-56 图像效果

提示

此处通过添加调整图层的方式对图像进行调整，其调整方法与执行“调整”菜单下的调整命令基本相同。不同之处在于，使用调整图层的方式调整图像后，会在“图层”面板中添加一个相应的调整图层，可以随时修改调整的选项设置，更加方便。

03 单击“图层”面板底部的“创建新的填充或调整图层”按钮，在弹出的下拉菜单中选择“色相/饱和度”命令，打开“属性”面板，对“色相/饱和度”的相关选项进行设置，如图 9-57 所示。图像效果如图 9-58 所示。

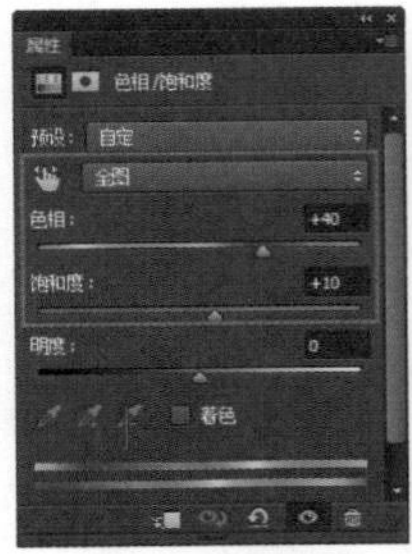

图 9-57 设置选项

图 9-58 图像效果

04 单击选中刚添加的“色相/饱和度”调整图层的蒙版，选择“画笔工具”，设置“前景色”为黑色，选择合适的笔触在调整图层蒙版上进行涂抹，效果如图 9-59 所示。“图层”面板如图 9-60 所示。

图 9-59 最终效果

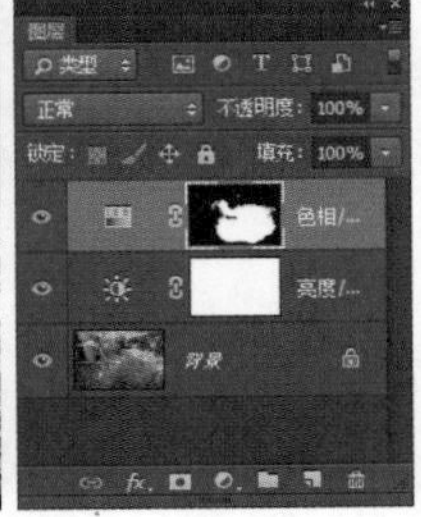

图 9-60 “图层”面板

9.3.5 “色彩平衡”命令

“色彩平衡”命令可以更改图像的总体颜色混合。打开素材图像“光盘\源文件\第 9 章\素材\93501.jpg”，如图 9-61 所示。执行“图像 > 调整 > 色彩平衡”命令，弹出“色彩平衡”对话框，如图 9-62 所示。

图 9-61 打开图像

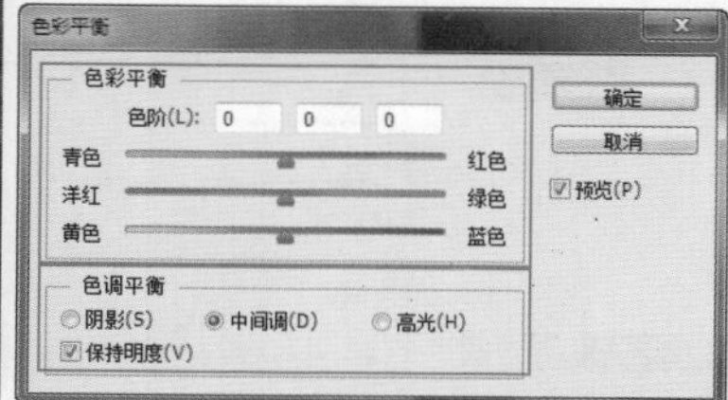

图 9-62 “色彩平衡”对话框

“色彩平衡”选项区：拖动各个颜色滑块可向图像中增加或减少颜色，或者直接在“色阶”文本框中输入数值。例如，如果将最上面的滑块移向“青色”，可在图像中增加青色，同时还会减少红色；如果将滑块移向“红色”，则减少青色，增加红色。如图 9-63 所示为调整不同滑块对图像的影响。

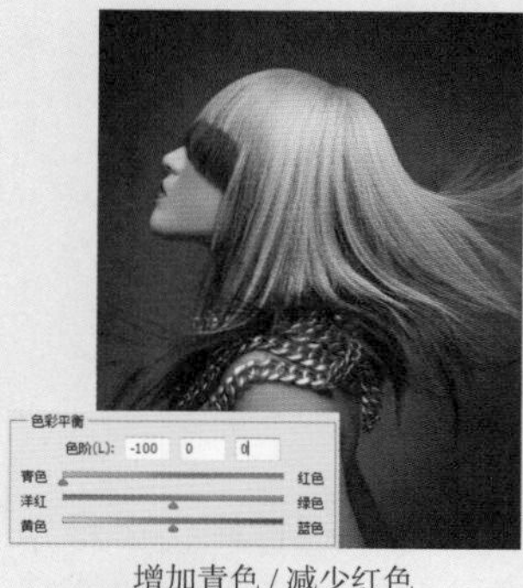

增加青色 / 减少红色

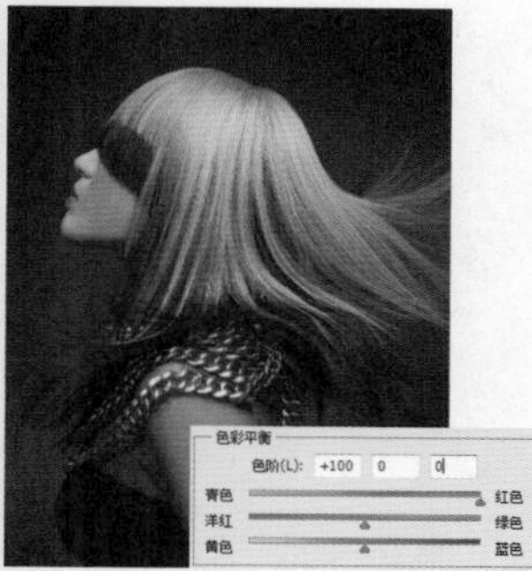

增加红色 / 减少青色

增加洋红 / 减少绿色

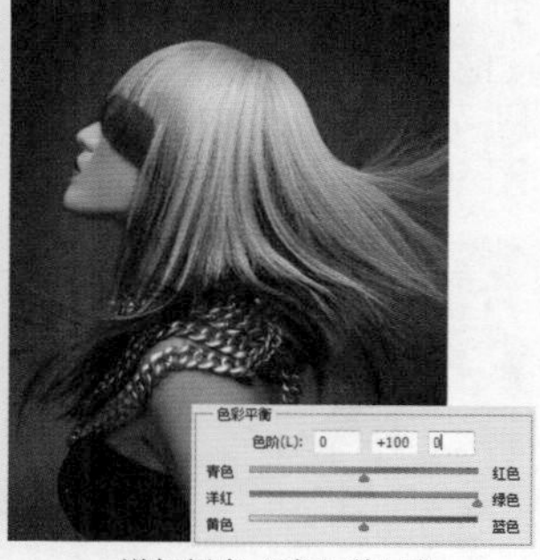

增加绿色 / 减少洋红色

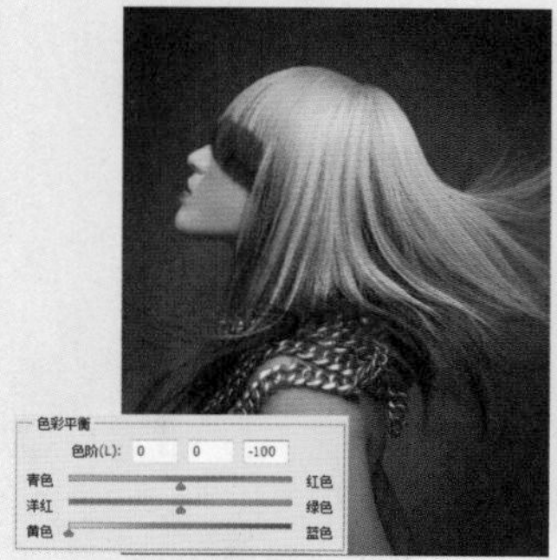

增加黄色 / 减少蓝色

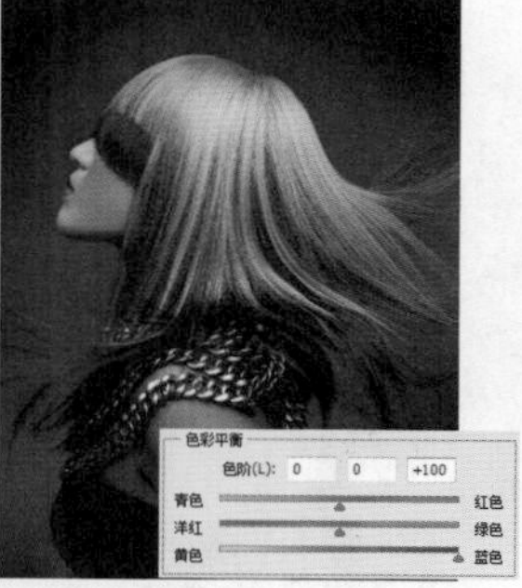

增加蓝色 / 减少黄色

图 9-63 调整不同滑块对图像的影响

“色调平衡”选项区：可以在该选项区中选择一个色调范围来进行调整，包括“阴影”、“中间值”和“高光”。如果选中“保持明度”选项，则可以防止图像的亮度值随颜色的改变而改变，从而保持图像的色调平衡。

“色彩平衡”命令正如其字面意思，是用来调整各种色彩间平衡的功能。它将图像分为高光、中间调和阴影 3 种色调，可以调整其中一种或两种色调，也可以调整全部色调的颜色。例如，可以只调整高光色调中的红色，而不会影响中间调和阴影中的红色。

动手实践——校正图像偏色

源文件：光盘 \ 源文件 \ 第 9 章 \9-3-5.psd

视频：光盘 \ 视频 \ 第 9 章 \9-3-5.swf

01 打开素材图像“光盘 \ 源文件 \ 第 9 章 \ 素材 \ 93502.jpg”，如图 9-64 所示。复制“背景”图层，得到“背景 拷贝”图层，“图层”面板如图 9-65 所示。

图 9-64 打开图像

图 9-65 “图层”面板

02 执行“图像 > 调整 > 色彩平衡”命令，弹出“色彩平衡”对话框，选择“中间调”选项，拖动滑块调整中间调中的颜色平衡，如图 9-66 所示。图像效果如图 9-67 所示。

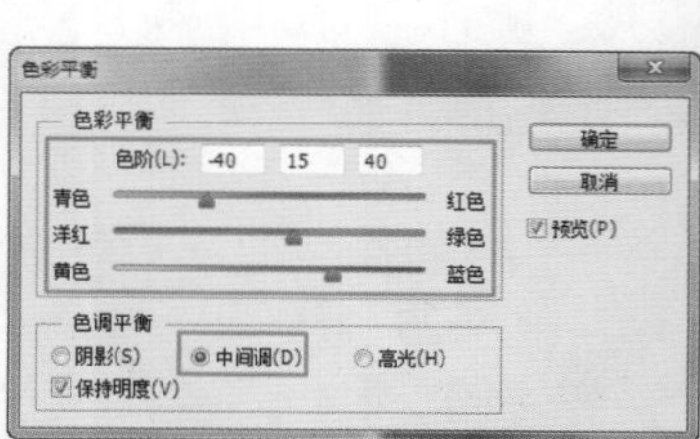

图 9-66 设置“色彩平衡”对话框

图 9-67 图像效果

03 选择“阴影”选项，拖动滑块调整阴影中的颜色平衡，如图 9-68 所示。图像效果如图 9-69 所示。

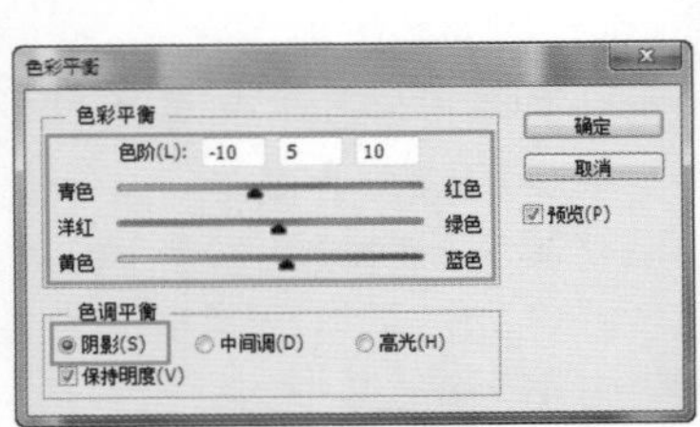

图 9-68 设置"色彩平衡"对话框

图 9-69 图像效果

04 选择"高光"选项，拖动滑块调整高光中的颜色平衡，如图 9-70 所示。单击"确定"按钮，完成"色彩平衡"对话框的设置，图像最终效果如图 9-71 所示。

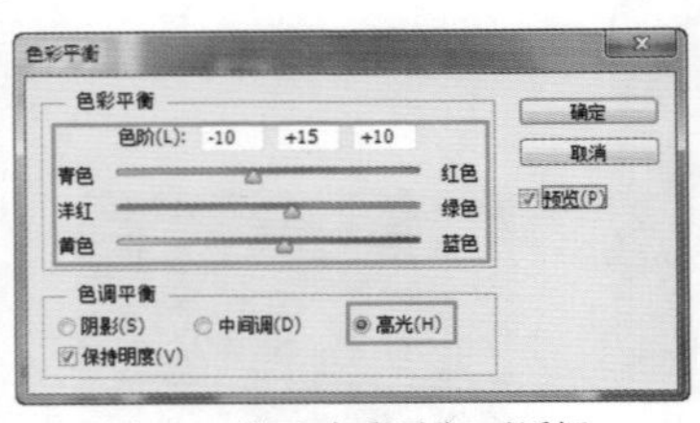

图 9-70 设置"色彩平衡"对话框

图 9-71 最终效果

9.3.6 "黑白"命令

"黑白"命令可以将彩色图像转换为灰度图像，该命令提供了选项，可以同时保持对各颜色的转换方式的完全控制。此外，也可以为灰度着色，将彩色图像转换为单色图像。

打开素材图像"光盘\源文件\第 9 章\素材\93601.jpg"，如图 9-72 所示。执行"图像 > 调整 > 黑白"命令，弹出"黑白"对话框，如图 9-73 所示。

图 9-72 打开图像

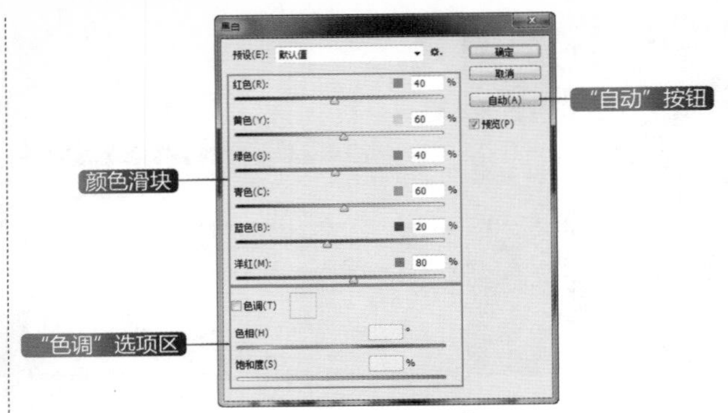

图 9-73 "黑白"对话框

预设：在该下拉列表中可以选择一个预设的调整设置，如图 9-74 所示。如果需要存储当前的调整设置结果，可以单击该选项右侧的按钮，在弹出的下拉菜单中选择"存储预设"命令。

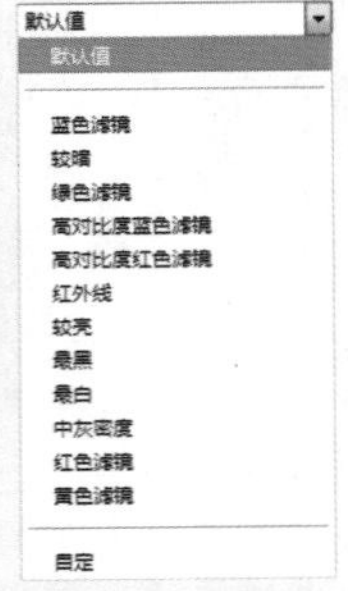

图 9-74 "预设"下拉列表

颜色滑块：拖动各颜色滑块可以调整图像中特定颜色的灰色调。例如向左拖动"黄色"选项的滑块时，可以使图像中由黄色转换而来的灰色调变暗，如图 9-75 所示；向右拖动"黄色"选项的滑块时，则可以使图像中由黄色转换而来的灰色调变亮，如图 9-76 所示。

图 9-75 黄色转换来的灰色调变暗

图 9-76 黄色转换来的灰色调变亮

如果要对某个颜色进行更加细致的调整，可以将光标在该颜色区域单击不放，图标变为如图 9-77 所示。向左或向右拖动鼠标，即可使该颜色在图像中变暗或变亮，如图 9-78 所示。

图 9-77 光标效果

图 9-78 拖动光标进行调整

- “色调”选项区：如果在对灰度进行调整时，可以选中“色调”选项，并调整“色相”和“饱和度”滑块。“色相”滑块可以更改色调颜色，“饱和度”滑块可以提高或降低颜色的饱和度。单击颜色块可以弹出“拾色器”对话框，进一步微调颜色。

- “自动”按钮：单击该按钮，可以设置基于图像的颜色值的灰度混合，并使灰度值的分布最大化。“自动”混合通常会产生极佳的效果，并可以当作使用颜色滑块调整灰度值的起点。

“黑白”命令是专门用于制作黑白照片和黑白图像的工具，它可以对各颜色的转换方式完全控制。简单来说，就是可以控制每一种颜色的色调深浅。例如，彩色照片转换为黑白图像时，红色和绿色的灰度非常相似，色调的层次感就被削弱了。为了解决这个问题，可以通过“黑白”命令分别调整这两种颜色的灰度，将它们区分开，使色调的层次丰富、鲜明。

动手实践——打造时尚潮流插画

源文件：光盘\源文件\第 9 章\9-3-6.psd

视频：光盘\视频\第 9 章\9-3-6.swf

01 执行“文件 > 新建”命令，弹出“新建”对话框，设置如图 9-79 所示。单击“确定”按钮，新建一个空白文档。新建“图层 1”图层，选择“渐变工具”，在选项栏上单击“径向渐变”按钮，打开“渐变编辑器”对话框并进行设置，如图 9-80 所示。

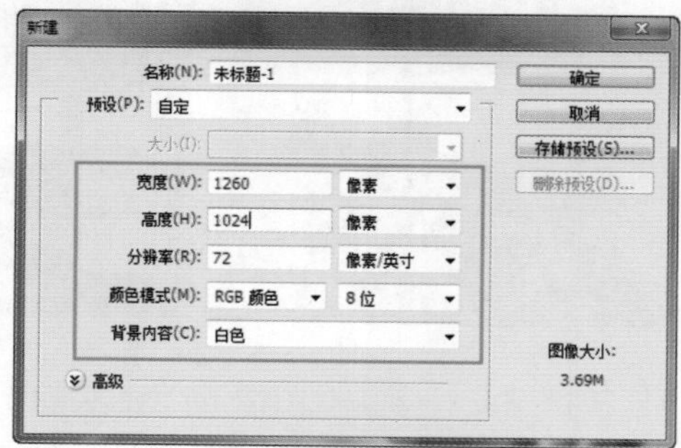

图 9-79 “新建”对话框

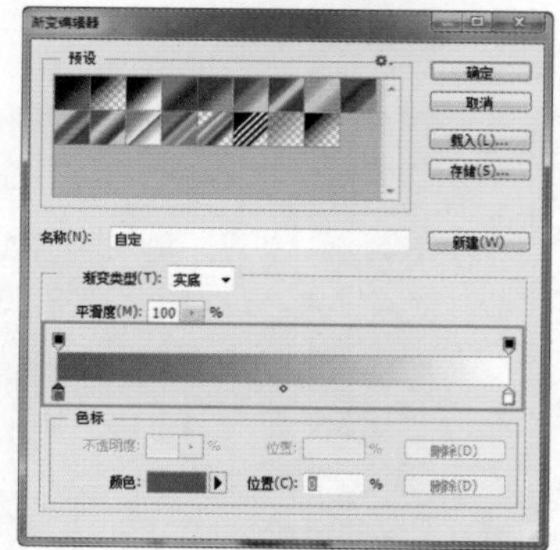

图 9-80 “渐变编辑器”对话框

02 将“图层 1”图层设置为当前图层拖动鼠标填充径向渐变颜色，如图 9-81 所示。选择“画笔工具”，设置“前景色”为黑色，选择合适的画笔并设置笔触的不透明度，在画布中进行绘制，效果如图 9-82 所示。

图 9-81 填充渐变

图 9-82 图像效果

03 打开素材图像“光盘\源文件\第 9 章\素材\93602.jpg”，如图 9-83 所示。选择“魔棒工具”，在选项栏上设置“容差”为 5，在背景上单击，创建选区。使用“套索工具”对选区进行相应的处理，如图 9-84 所示。

图 9-83 打开图像

图 9-84 创建选区

04 执行“选择 > 反向”命令，反向选择选区，将选区中的人物拖曳到新建文档中，得到“图层 2”图层，效果如图 9-85 所示。“图层”面板如图 9-86 所示。

图 9-85 图像效果

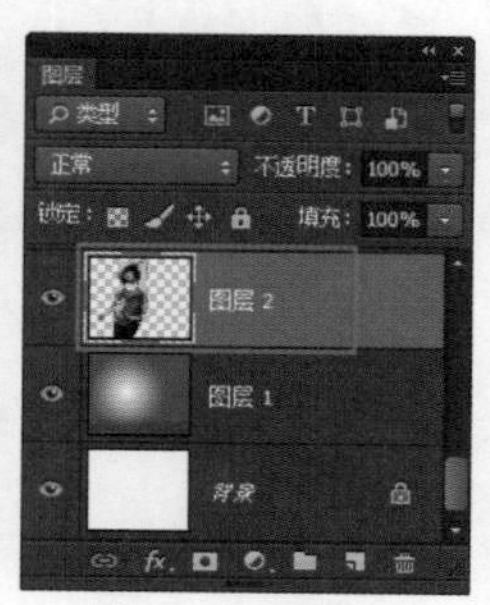

图 9-86 “图层”面板

05 复制“图层 2”图层，得到“图层 2 拷贝”图层。执行“图像 > 调整 > 黑白”命令，弹出“黑白”对话框，对相关选项进行设置，如图 9–87 所示。单击“确定”按钮，完成“黑白”对话框的设置，图像效果如图 9–88 所示。

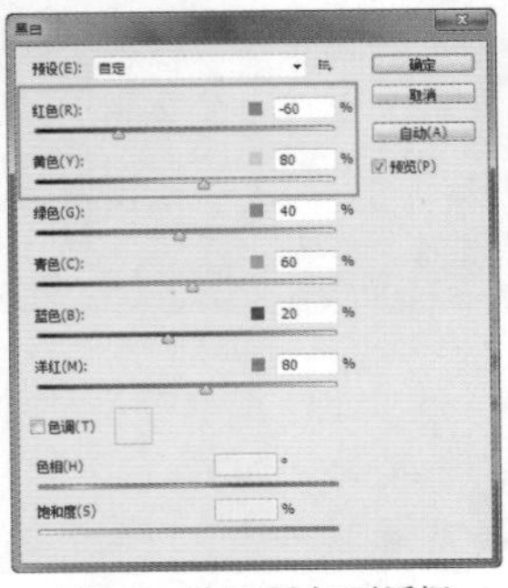

图 9-87 设置“黑白”对话框

图 9-88 图像效果

06 为“图层 2 拷贝”添加图层蒙版，选择“画笔工具”，设置“前景色”为黑色，选择合适的画笔，在蒙版中对人物的衣物部分进行涂抹，图像效果如图 9–89 所示。“图层”面板如图 9–90 所示。

图 9-89 图像效果

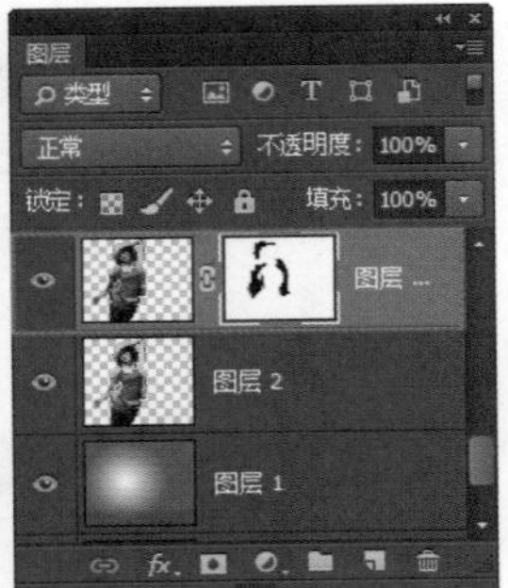

图 9-90 “图层”面板

07 打开素材图像“光盘\源文件\第 9 章\素材\93603.png”，将其拖曳到新建文档中，并调整到合适的位置，如图 9–91 所示。新建“图层 4”图层，选择“画笔工具”，设置“前景色”为白色，选择合适的画笔，在画布中绘制图形，如图 9–92 所示。

图 9-91 拖入素材

图 9-92 图像效果

08 新建“图层 5”图层，使用“椭圆选框工具”绘制椭圆形选区；使用“矩形选框工具”在椭圆形选区的基础上减去相应的选区，得到需要的选区，如图 9–93 所示。选择“画笔工具”，设置“前景色”为白色，选择合适的画笔，在选区边缘涂抹，取消选区，效果如图 9–94 所示。

图 9-93 绘制选区

图 9-94 图像效果

09 为“图层 5”添加图层蒙版，选择“画笔工具”，设置“前景色”为黑色，选择合适的画笔，在蒙版中对图像进行处理，图像效果如图 9–95 所示。“图层”面板如图 9–96 所示。

图 9-95 图像效果

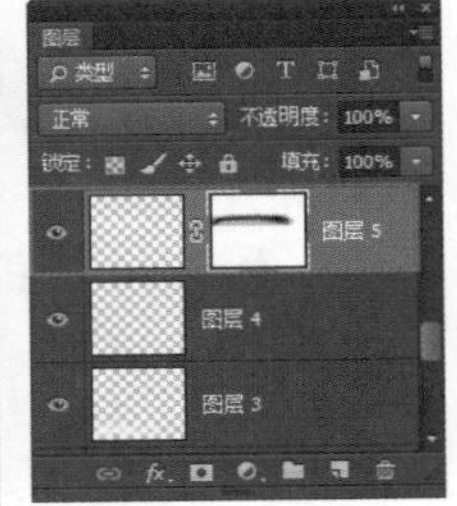

图 9-96 “图层”面板

10 按快捷键 Ctrl+T，对图像进行旋转操作，并调整到合适的大小和位置，如图 9–97 所示。使用相同的方法，绘制出其他图像效果，完成该时尚潮流插画的制作，最终效果如图 9–98 所示。

图 9-97 调整图像

图 9-98 最终效果

9.3.7 “照片滤镜”命令

“照片滤镜”命令可以模拟通过彩色校正滤镜拍摄照片的效果。该命令允许用户选择预设的颜色或者自定义的颜色向图像应用色相调整。

打开素材图像“光盘\源文件\第 9 章\素材\93701.jpg”，如图 9-99 所示。执行“图像 > 调整 > 照片滤镜”命令，弹出“照片滤镜”对话框，如图 9-100 所示。

图 9-99 打开图像

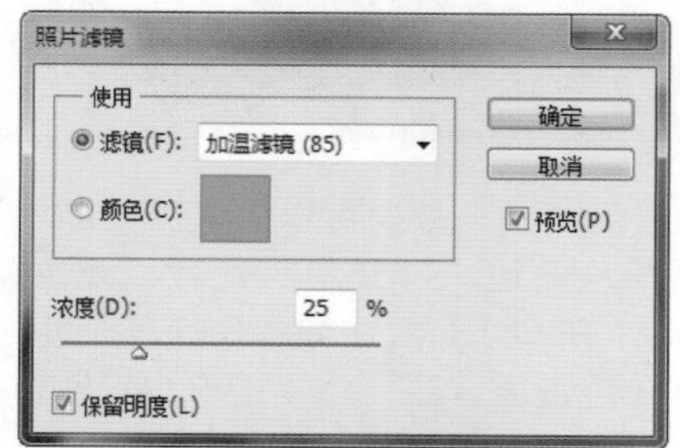

图 9-100 “照片滤镜”对话框

- 滤镜：在该选项下拉列表中可以选择要使用的滤镜，Photoshop CC 可以模拟在相机镜头前面加彩色滤镜，以调整通过镜头传输的光的色彩平衡和色温。
- 颜色：单击该选项右侧的颜色块，可以在弹出的“拾色器”对话框中设置自定义的滤镜颜色。
- 浓度：通过拖动该选项的滑块或直接在文本框中输入数值，可以调整应用到图像中的颜色数量。该值越高，颜色的调整幅度越大，如图 9-101 所示。

“浓度”为 30%

“浓度”为 80%

图 9-101 不同“浓度”值设置的图像效果

- 保留明度：选中该选项时，不会因为添加滤镜而使图像变暗。如图 9-102 所示为选中该选项时的效果；如图 9-103 所示为不选中该选项时的效果。

图 9-102 选中“保留明度”选项效果

图 9-103 不选中“保留明度”选项效果

动手实践——制作怀旧风格照片

源文件：光盘\源文件\第 9 章\9-3-7.psd

视频：光盘\视频\第 9 章\9-3-7.swf

01 执行“文件 > 打开”命令，打开素材图像“光盘\源文件\第 9 章\素材\93702.jpg”，如图 9-104 所示。使用“椭圆选框工具”在图像中绘制一个椭圆形选区，如图 9-105 所示。

图 9-104 打开图像

图 9-105 绘制椭圆形选区

02 执行“选择 > 修改 > 羽化”命令，弹出“羽化选区”对话框，设置如图 9-106 所示。单击“确定”

按钮，对选区进行羽化操作。执行“选择 > 反向”命令，反向选择选区，如图 9–107 所示。

图 9-106 “羽化选区”对话框　　图 9-107 反向选择选区

03 新建“图层 1”图层，设置“前景色”为黑色，为选区填充前景色，取消选区，如图 9–108 所示。设置“图层 1”图层的“不透明度”为 45%，效果如图 9–109 所示。

图 9-108 填充选区后的效果

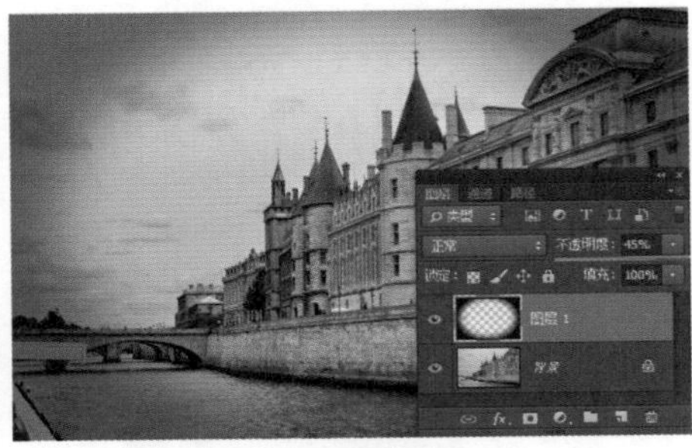

图 9-109 图像效果

04 单击“图层”面板底部的“创建新的填充或调整图层”按钮，在弹出的下拉菜单中选择“照片滤镜”命令，打开“属性”面板，对相关选项进行设置，如图 9–110 所示。图像效果如图 9–111 所示。

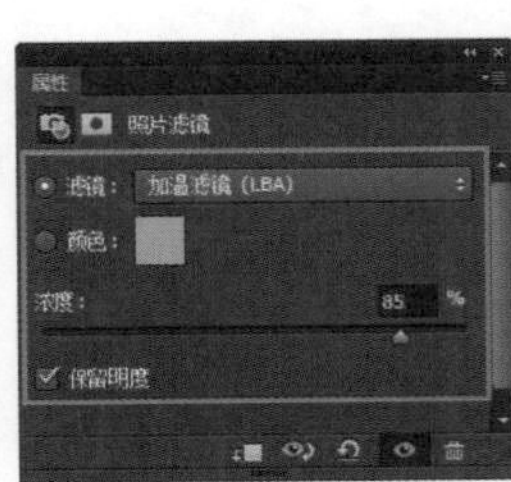

图 9-110 设置相关选项　　图 9-111 图像效果

05 单击“图层”面板底部的“创建新的填充或调整图层”按钮，在弹出的下拉菜单中选择“亮度 / 对比度”命令，打开“属性”面板，对相关选项进行设置，如图 9–112 所示。图像效果如图 9–113 所示。

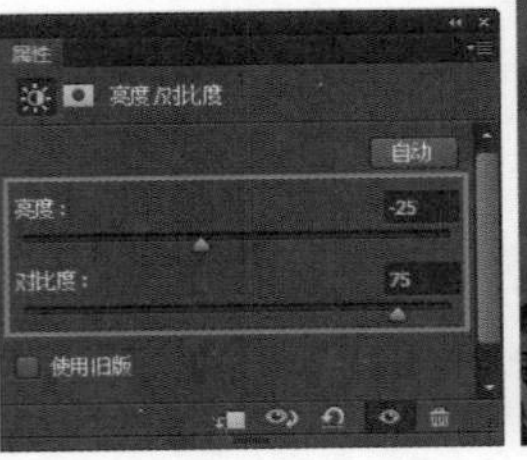

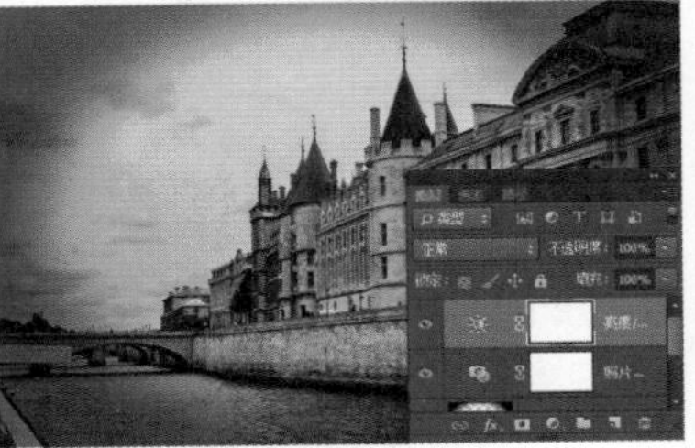

图 9-112 设置相关选项　　图 9-113 图像效果

06 打开并拖入素材图像“光盘 \ 源文件 \ 第 9 章 \ 素材 \93703.jpg”，得到“图层 2”图层，设置该图层的“混合模式”为“滤色”，如图 9–114 所示。完成怀旧风格照片效果的处理，如图 9–115 所示。

图 9-114 “图层”面板

图 9-115 图像最终效果

9.3.8 “通道混合器”命令

“通道混合器”命令可以使用当前颜色通道的混合来修改颜色通道。打开素材图像“光盘 \ 源文件 \ 第 9 章 \ 素材 \93801.jpg”，如图 9–116 所示。执行“图像 > 调整 > 通道混合器”命令，弹出“通道混合器”对话框，如图 9–117 所示。

图 9-116 打开图像

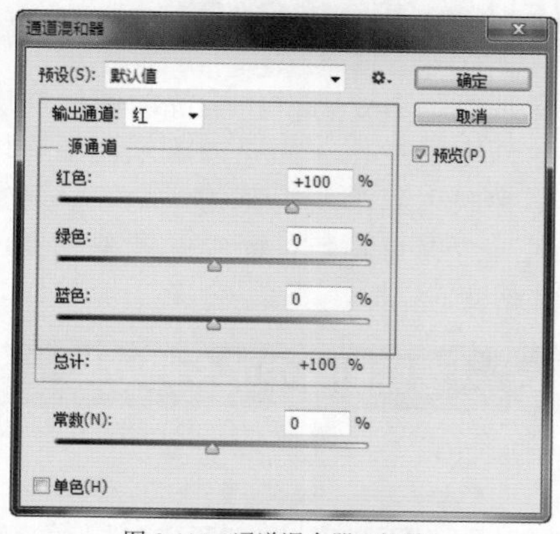

图 9-117 “通道混合器”对话框

- 输出通道：在该下拉列表中可以选择要调整的颜色通道，如果对 RGB 模式的图像作用时，该下拉列表中会显示“红色”、“绿色”、“蓝色”三原色通道；如果对 CMYK 模式图像作用时，则显示“青”、“洋红”、“黄”、“黑”4 个彩色通道。
- “源通道”选项区：该选项区用来设置输出通道中源通道所占的百分比。将一个源通道的滑块向左拖动时，可以减小该通道在输出通道中所占的百分比；向右拖动滑块则增加百分比。负值可以使源通道在被添加到输出通道之前反相。
- 常数：拖动该选项的滑块或在文本框中输入数值（取值范围为 –200~200）可以改变当前指定通道的不透明度。在 RGB 的图像中，常数为负值时，通道的颜色偏向黑色；为正值时，通道的颜色偏向白色。
- 单色：选中“单色”复选框后，可以将彩色图像变成灰度图像，即图像只包含灰度值。此时，对所有的色彩通道都将使用相同的设置。

“通道混合器”命令可以使用图像中现有（源）颜色通道的混合来修改目标（输出）颜色通道，从而控制单个通道的颜色量。

通道除了可以存储选区外，还可以存储图像的颜色信息，因此使用对单个通道进行调整整个图像就会出现颜色上的变化。例如，单独改变某个通道的曲线，会造成色偏，使用通道的这种特性可以制作出不同的效果。

动手实践——将图像处理为梦幻紫色调

源文件：光盘\源文件\第 9 章\9-3-8.psd

视频：光盘\视频\第 9 章\9-3-8.swf

01 打开素材图像“光盘\源文件\第 9 章\素材\93802.jpg”，如图 9–118 所示。复制“背景”图层，得到“背景 拷贝”图层，“图层”面板如图 9–119 所示。

图 9-118 打开图像

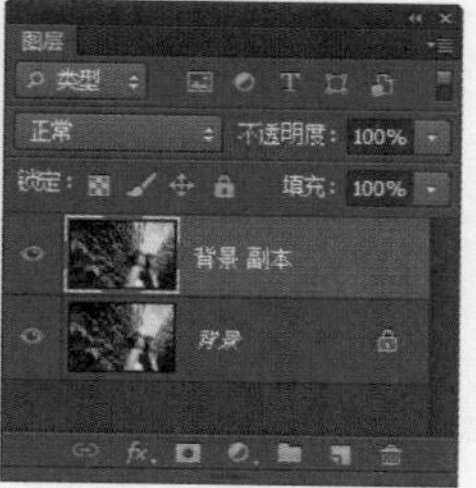

图 9-119 “图层”面板

提示

通过“通道混合器”命令，可以从每个颜色通道中选取它所占的百分比来创建高品质灰度图像。

02 执行“图像 > 调整 > 通道混合器”命令，弹出“通道混合器”对话框，在对话框中进行相应设置，如图 9–120 所示。单击“确定”按钮，完成“通道混合器”对话框的设置，图像效果如图 9–121 所示。

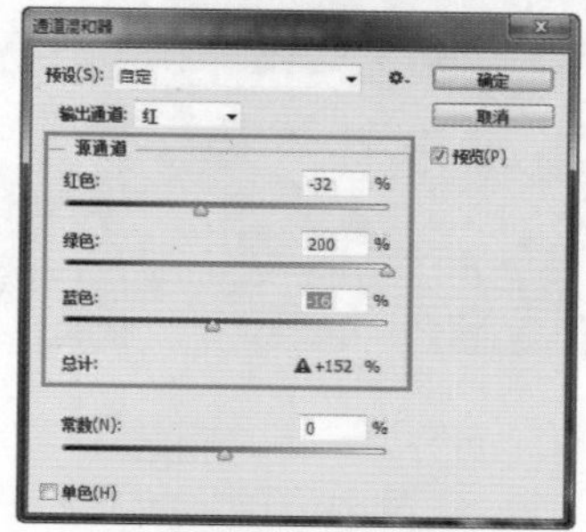

图 9-120 设置“通道混合器”对话框

图 9-121 图像效果

03 为“背景 拷贝”图层添加图层蒙版，选择“画笔工具”工具，设置“前景色”为黑色，选择合适的画笔，对蒙版中的人物进行涂抹，图像效果如图 9–122 所示。“图层”面板如图 9–123 所示。

图 9-122 图像效果

图 9-123 “图层”面板

04 按快捷键 Shift+Ctrl+Alt+E，盖印图层，得到“图层 1”图层。执行“图像 > 调整 > 色相 / 饱和度”命令，弹出“色相 / 饱和度”对话框，设置如图 9–124 所示。单击“确定”按钮，完成“色相 / 饱和度”对话框的设置，图像效果如图 9–125 所示。

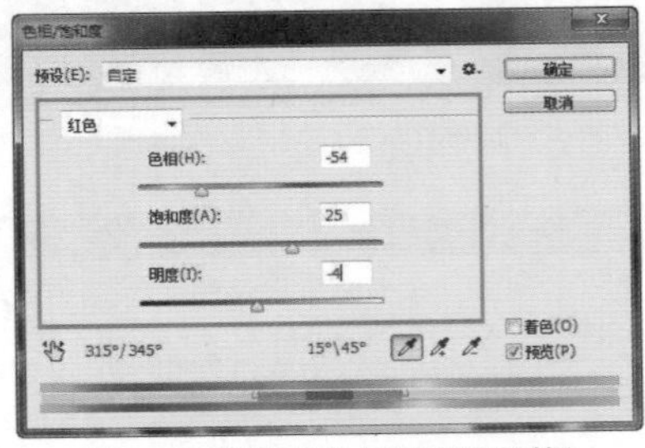

图 9-124 设置“色相 / 饱和度”对话框

图 9-125 图像效果

05 使用相同的方法，为“图层 1”添加图层蒙版，使用“画笔工具”对蒙版中的人物进行涂抹，效果如图 9–126 所示。“图层”面板如图 9–127 所示。

图 9-126 图像效果

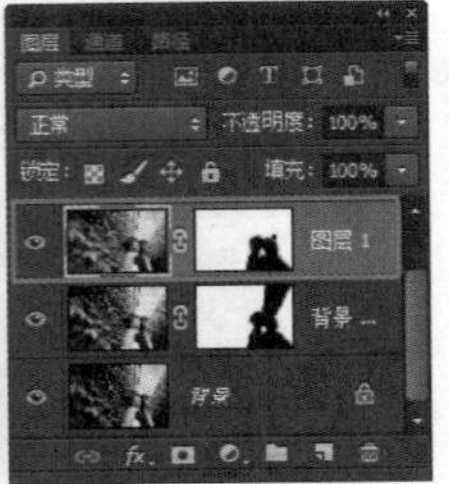

图 9-127 “图层”面板

06 按快捷键 Shift+Ctrl+Alt+E，盖印图层，得到“图层 2”图层。设置“图层 2”图层的“混合模式”为“叠加”，“不透明度”为 70%，“图层”面板如图 9–128 所示。最终效果如图 9–129 所示。

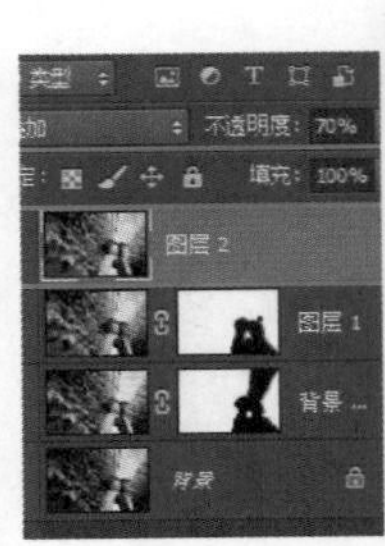

图 9-128 “图层”面板

图 9-129 最终效果

9.3.9 “渐变映像”命令

“渐变映像”命令可以将相等的图像灰度范围映像到指定的渐变填充色。如果指定双色渐变填充，图像中的阴影会映射到渐变填充的一个端点颜色，高光会映射到另一个端点颜色，而中间调映射到两个端点颜色之间的渐变。

动手实践——增强图像中的夕阳效果

源文件：光盘 \ 源文件 \ 第 9 章 \9-3-9.psd

视频：光盘 \ 视频 \ 第 9 章 \9-3-9.swf

01 打开素材图像“光盘\源文件\第 9 章\素材\93901.jpg”，如图 9–130 所示。复制“背景”图层得到“背景 拷贝”图层，“图层”面板如图 9–131 所示。

图 9-130 图像效果　　图 9-131 “图层”面板

02 执行“图像 > 调整 > 渐变映射”命令，弹出“渐变映射”对话框，如图 9–132 所示。单击渐变预览条，弹出“渐变编辑器”对话框，设置渐变颜色如图 9–133 所示。

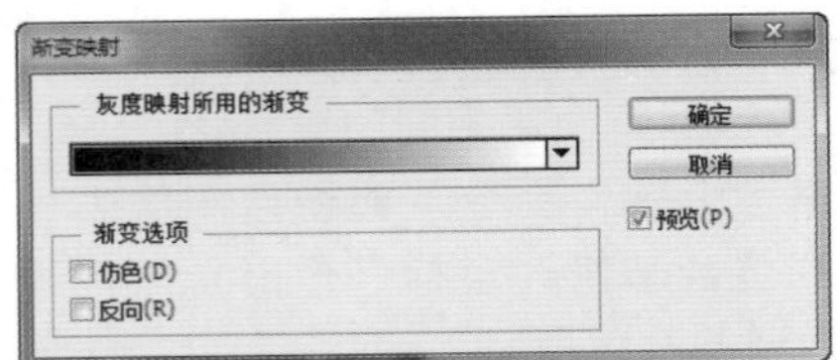

图 9-132 “渐变映射”对话框

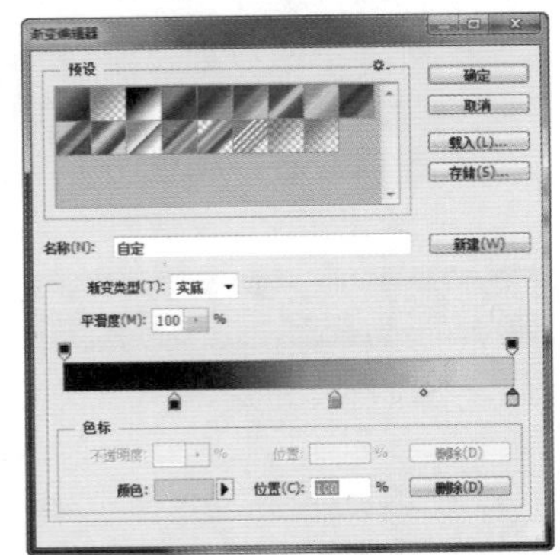

图 9-133 设置渐变颜色

03 单击“确定”按钮，完成“渐变编辑器”对话框的设置，“渐变映射”对话框如图 9–134 所示。单击“确定”按钮，应用渐变映射，效果如图 9–135 所示。

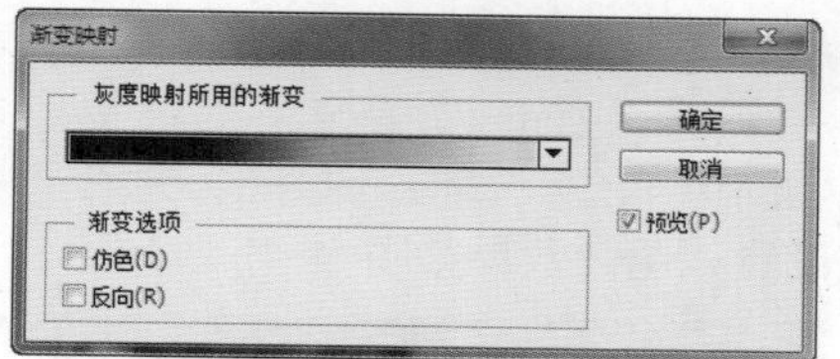

图 9-134 “渐变映射”对话框

图 9-135 渐变映射效果

技巧

在“渐变映射”对话框中选中“仿色”复选框，可以添加随机的杂色来平滑渐变填充的外观，减少带宽效应；选中“反向”复选框，将产生原渐变图的反相图像，与执行“图像 > 调整 > 反相”命令的效果相类似。

04 设置“背景 拷贝”图层的“不透明度”为 75%，为该图层添加图层蒙版。选择“画笔工具”，设置“前景色”为黑色，选择合适的画笔，对蒙版中的人物部分进行涂抹，“图层”面板如图 9-136 所示。图像效果如图 9-137 所示。

图 9-136 “图层”面板

图 9-137 图像效果

9.3.10 “可选颜色”命令

可选颜色校正是高端扫描仪和分色程序使用的一种技术，用于在图像中的每个主要原色成分中更改印刷色的数量。使用“可选颜色”命令可以有选择性地修改主要颜色中的印刷色的数量，但不会影响其他主要颜色。

执行“图像 > 调整 > 可选颜色”命令，弹出“可选颜色”对话框，如图 9-138 所示。可以调整在“颜色”下拉列表框中选择需要调整的颜色，用户可以有针对性地选择红色、黄色、绿色、青色、蓝色、洋红、白色、中性色和黑色进行设置，如图 9-139 所示。

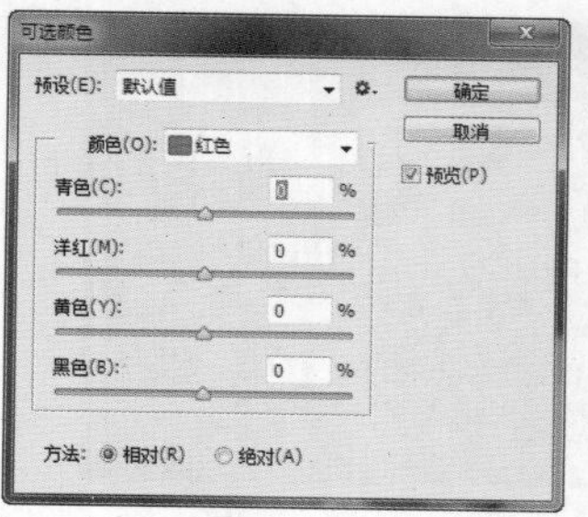

图 9-138 “可选颜色”对话框

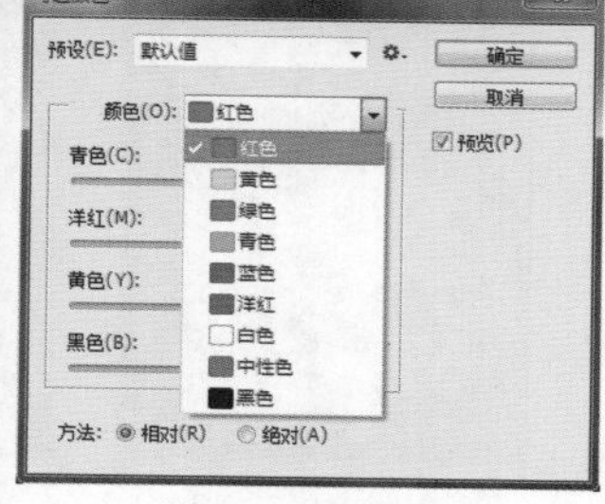

图 9-139 颜色下拉列表

通过使用青色、洋红、黄色和黑色这 4 个选项可以针对选定的颜色调整 C、M、Y、K 的比重，来修正各原色的网点增溢和色偏，各选项的变化范围都是 -100%~100%。

动手实践——将图像处理为动人的蓝色调

源文件：光盘 \ 源文件 \ 第 9 章 \9-3-10.psd

视频：光盘 \ 视频 \ 第 9 章 \9-3-10.swf

01 打开素材图像“光盘 \ 源文件 \ 第 9 章 \ 素材 \931001.jpg”，如图 9-140 所示。复制“背景”图层，得到“背景 拷贝”图层，“图层”面板如图 9-141 所示。

图 9-140 打开图像

图 9-141 “图层”面板

02 选择“背景 拷贝”图层，执行“滤镜 > 模糊 > 高斯模糊”命令，弹出“高斯模糊”对话框，设置如图 9-142 所示。单击“确定”按钮，设置“背景 拷贝”图层的“混合模式”为“柔光”，“不透明度”为 50%，如图 9-143 所示。

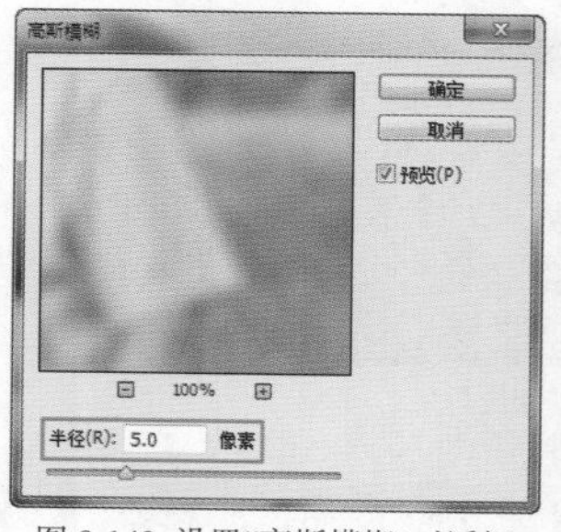

图 9-142 设置“高斯模糊”对话框

图 9-143 “图层”面板

03 按快捷键 Alt+Shift+Ctrl+E，盖印图层，得到“图层 1”图层，如图 9-144 所示。打开“通道”面板，选择“绿”通道，按快捷键 Ctrl+A，全选“绿”通道中的图像；按快捷键 Ctrl+C，复制“绿”通道，如图 9-145 所示。

图 9-144 “图层”面板

图 9-145 “通道”面板

04 将“绿”通道粘贴到“蓝”通道，“通道”面板如图 9–146 所示。返回到 RGB 通道，取消选区，图像效果如图 9–147 所示。

图 9-146 粘贴“绿”通道

图 9-147 图像效果

05 执行“图像 > 调整 > 可选颜色”命令，弹出“可选颜色”对话框，在该对话框中进行相应设置，如图 9–148 所示。单击“确定”按钮，完成“可选颜色”对话框的设置，图像效果如图 9–149 所示。

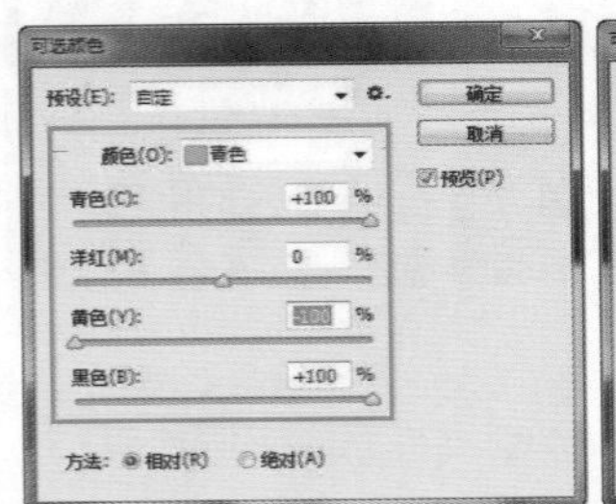

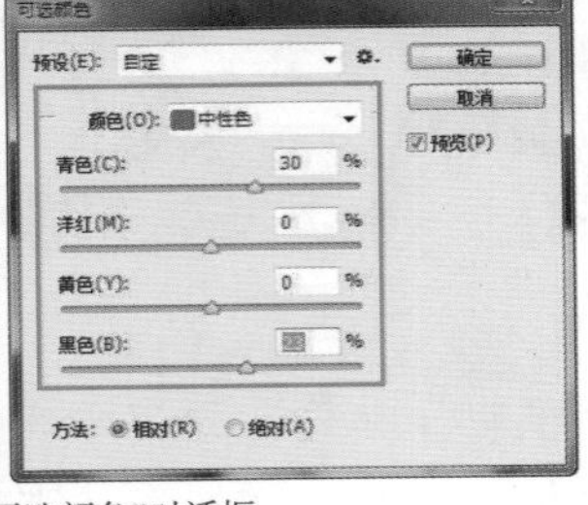

图 9-148 设置“可选颜色”对话框

图 9-149 图像效果

提示

在“可选颜色”对话框底部的“方法”选项区中设有两个选项，其功能分别是，相对：调整的数额以 CMYK 四色总数量的百分比来计算，例如一个像素占有青色的百分比为 50%，再加上 10% 后，其总数就等于原有数额 50% 再加上 10%×50% 即为 50%+10%×50%=55%；绝对：以绝对值调整颜色，例如一个像素占有青色的百分比为 50%，再加上 10% 后，其总数就等于原有数额 50% 再加上 10%，即 50%+10%=60%。

06 执行“图像 > 调整 > 照片滤镜”命令，弹出“照片滤镜”对话框，在该对话框中进行相应设置，如图 9–150 所示。单击“确定”按钮，完成“照片滤镜”对话框的设置，图像效果如图 9–151 所示。

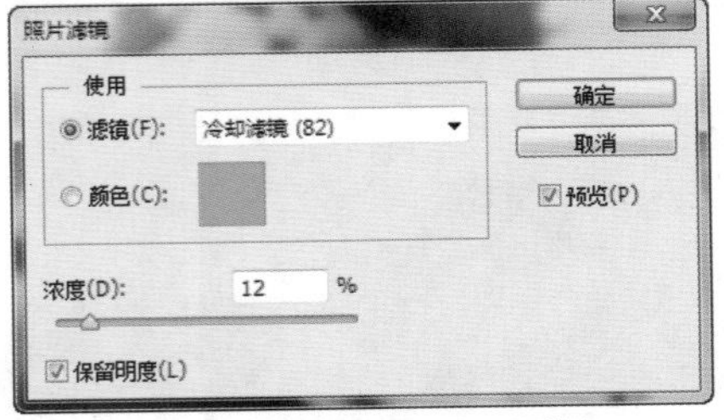

图 9-150 设置“照片滤镜”对话框

图 9-151 图像效果

07 执行“图像 > 调整 > 色相 / 饱和度”命令，弹出“色相 / 饱和度”对话框，在该对话框中进行相应设置，如图 9–152 所示。单击“确定”按钮，完成“色相 / 饱和度”对话框的设置，图像效果如图 9–153 所示。

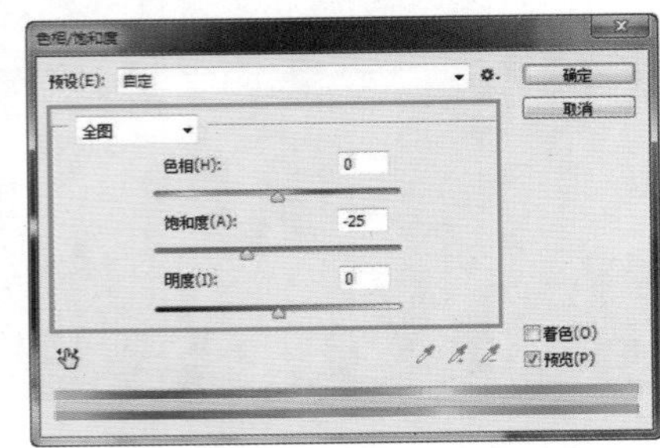

图 9-152 设置“色相 / 饱和度”对话框

图 9-153 图像效果

08 执行“图像 > 调整 > 色阶”命令，弹出“色阶”对话框，在该对话框中进行相应设置，如图 9–154 所示。单击“确定”按钮，完成“色阶”对话框的设置，图像效果如图 9-155 所示。

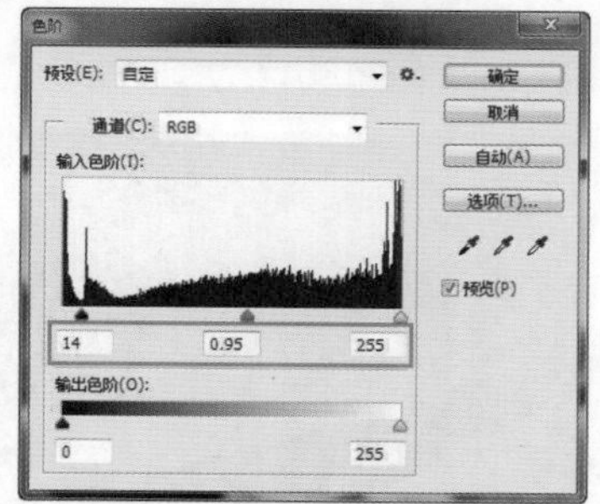

图 9-154 设置"色阶"对话框

图 9-155 图像效果

09 为"图层 1"添加图层蒙版，选择"画笔工具"，设置"前景色"为黑色，选择合适的笔触，设置合适的画笔不透明度，在蒙版中人物部分进行涂抹，"图层"面板如图 9-156 所示。图像效果如图 9-157 所示。

图 9-156 "图层"面板

图 9-157 图像效果

10 按快捷键 Alt+Shift+Ctrl+E，盖印图层，得到"图层 2"图层。执行"图像 > 调整 > 可选颜色"命令，弹出"可选颜色"对话框，在该对话框中进行相应设置，如图 9-158 所示。单击"确定"按钮，完成"可选颜色"对话框的设置，图像最终效果如图 9-159 所示。

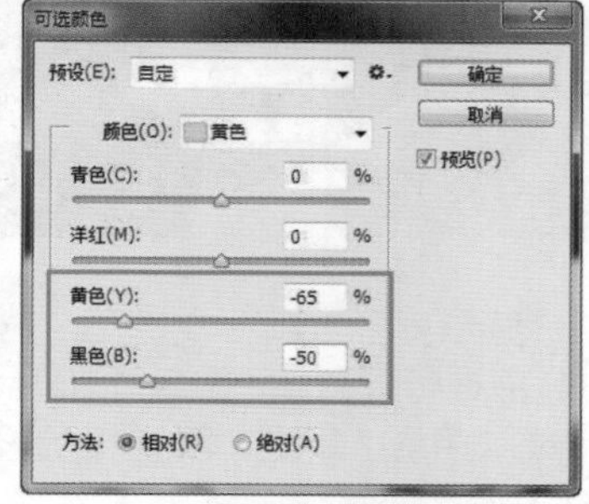

图 9-158 设置"可选颜色"对话框

图 9-159 图像最终效果

9.3.11 "阴影 / 高光"命令

"阴影 / 高光"命令是非常有用的命令，它能够基于阴影或高光中的局部相邻像素来校正每个像素。在调整阴影区域时，对高光区域的影响很小，而调整高光区域也会对阴影区域的影响很小。

打开素材图像"光盘\源文件\第 9 章\素材\931101.jpg"，如图 9-160 所示。执行"图像 > 调整 > 阴影/高光"命令，弹出"阴影/高光"对话框，选中"更多选项"复选框，可以在对话框中显示所有选项，如图 9-161 所示。

图 9-160 打开图像

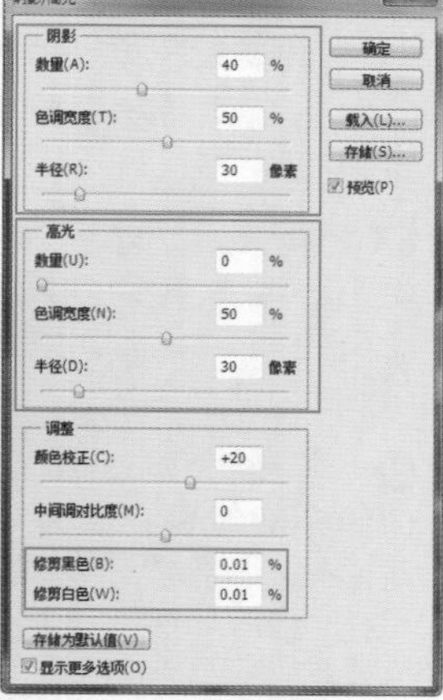

图 9-161 "阴影 / 高光"对话框

"阴影"选项区：通过该选项区中的选项可以将图像中的阴影部分调亮。拖动"数量"滑块可以控制调整强度，该值越高，图像的阴影区域越亮；"色调宽度"选项可以控制色调的修改范围，较小的值会限制只对较暗的区域进行校正，如图 9-162 所示，较大的值会影响更多的色调，如图 9-163 所示；"半径"选项可以控制每个像素周围的局部相邻像素的大小，相邻像素用于确定像素是在阴影中还是在高光中。

图 9-162 “色调宽度”为 10%

图 9-163 “色调宽度”为 60%

- “高光”选项区：通过该选项区中的选项可以将图像的高光区域调暗。“数量”可以控制调整强度，该值越高，图像的高光区域越暗；“色调宽度”可以控制色调的修改范围，较小的值只对较亮的区域进行校正，如图 9-164 所示，较大的值会影响更多的色调，如图 9-165 所示；“半径”可以控制每个像素周围的局部相邻像素的大小。

图 9-164 “色调宽度”为 10%

图 9-165 “色调宽度”为 60%

- 颜色校正：通过该选项可以调整已更改区域的色彩。例如，当增大“阴影”选项区中的“数量”值，使图像中较暗的颜色显示出来以后，再增加“颜色校正”值，就可以使这些颜色更加鲜艳。
- 中间调对比度：该选项用来调整中间调的对比度。向左侧拖动滑块会降低对比度，向右侧拖动滑块则增加对比度。
- 修剪黑色 / 修剪白色：可以指定在图像中将多少阴影和高光剪切到新的极端阴影（色阶为 0）和高光（色阶为 255）颜色。该值越高，图像的对比度越强。
- “存储为默认值”按钮：单击该按钮，可以将当前的参数设置存储为预设，再次打开“阴影 / 高光”对话框时，会显示该参数。如果要恢复为默认的数值，可按住 Shift 键，该按钮会变为“复位默认值”按钮，单击它便可以进行恢复。

使用数码相机逆光拍摄时，经常会遇到一种情况，就是场景中亮的区域特别亮，暗的区域又特别暗。拍摄时如果考虑亮调不能过曝，就会导致暗调区域过暗，看不清内容，形成高反差。通过使用“阴影 / 高光”命令，就可以很好地对这样的照片进行处理。

动手实践——校正逆光高反差照片

源文件：光盘 \ 源文件 \ 第 9 章 \9-3-11.psd

视频：光盘 \ 视频 \ 第 9 章 \9-3-11.swf

01 执行“文件 > 打开”命令，打开素材图像“光盘 \ 源文件 \ 第 9 章 \ 素材 \931102.jpg”，如图 9-166 所示。复制“背景”图层，得到“背景 拷贝”图层，“图层”面板如图 9-167 所示。

图 9-166 打开图像

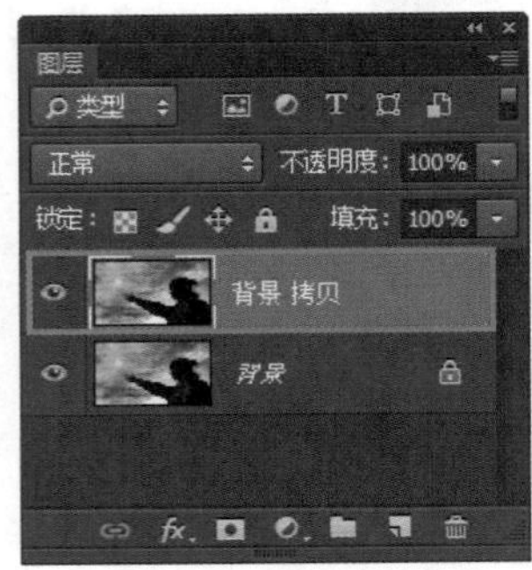

图 9-167 复制图层

02 执行“图像 > 调整 > 阴影 / 高光”命令，弹出“阴影 / 高光”对话框，Photoshop 会给出一个默认的参数来提高阴影区域的亮度，如图 9-168 所示。此时，图像效果如图 9-169 所示。

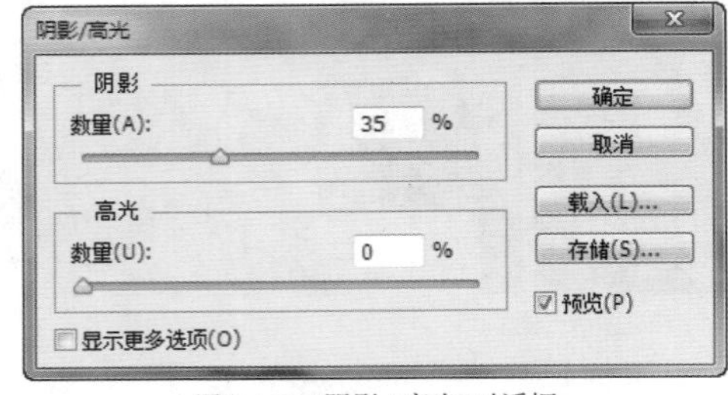

图 9-168 “阴影 / 高光”对话框

图 9-169 图像效果

03 选中“显示更多选项”复选框，显示出所有选项，对相关的选项进行设置，如图 9-170 所示。单击“确定”按钮，完成“阴影 / 高光”对话框的设置，图像效果如图 9-171 所示。

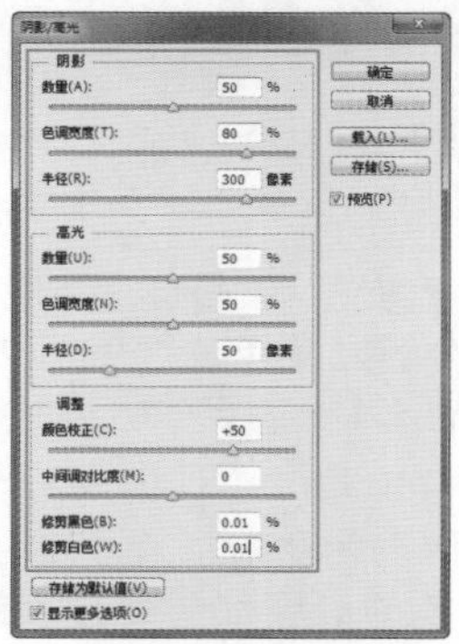

图 9-170 设置相关选项

图 9-171 图像效果

04 为“背景 拷贝”图层添加图层蒙版，选择“画笔工具”，设置“前景色”为黑色，选择合适的画笔，并设置画笔的不透明度，在蒙版中对人物部分区域进行涂抹，效果如图 9–172 所示。“图层”面板如图 9–173 所示。

图 9-172 图像效果

图 9-173 “图层”面板

05 单击“图层”面板底部的“创建新的填充或调整图层”按钮，在弹出的下拉菜单中选择“亮度 / 对比度”命令，打开“属性”面板，对相关选项进行设置，如图 9–174 所示。图像效果如图 9–175 所示。

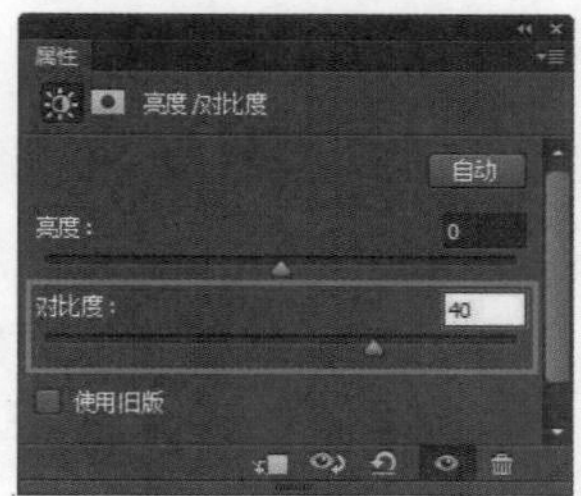

图 9-174 设置相关选项

图 9-175 图像效果

06 选择“亮度 / 对比度”调整图层蒙版，选择“画笔工具”，设置“前景色”为黑色，选择合适的画笔，并设置画笔的不透明度，在蒙版中对相应区域进行涂抹，“图层”面板如图 9–176 所示。图像最终效果如图 9–177 所示。

图 9-176 “图层”面板

图 9-177 图像最终效果

9.3.12 HDR 色调

使用“HDR 色调”命令可以使曝光的图像获得更加逼真和超现实的 HDR 图像外观，降低曝光度，白色的部分将呈现更多细节。除此之外，它还可以将高动态光照渲染的美感注入 8 位图像中。

打开素材图像“光盘\源文件\第9章\素材\931201.jpg”，如图9–178所示。执行“图像>调整>HDR色调”命令，弹出“HDR色调”对话框，如图9–179所示。

图 9-178 打开图像

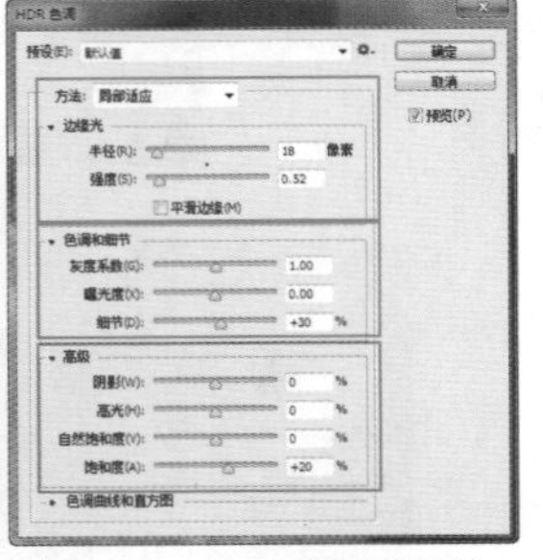

图 9-179 “HDR 色调”对话框

- 预设：在该下拉列表中列出了系统默认的“HDR色调”预设选项，如图9–180所示。这些选项会给图像带来不同的效果，例如选择“饱和”选项的效果，如图9–181所示。

图 9-180 “预设”下拉列表

图 9-181 应用“饱和”预设效果

- 方法：在Photoshop CC中提供了4种调整HDR色调的方法，包括“曝光度和灰度系数”、“高光压缩”、“色调均化直方图”和“局部适应”，如图9–182所示。其中“曝光度和灰度系数”选项只包含两个选项，而“高光压缩”和“色调均化直方图”这两种方法没有选项，选项最全的则是“局部适应”方法。

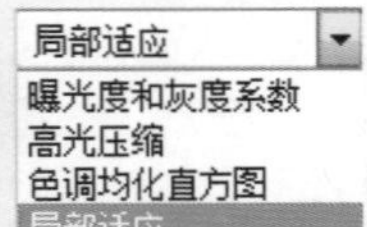

图 9-182 “方法”下拉列表

- “边缘光”选项区：“半径”选项用于控制图像像素边缘相邻像素的大小；“强度”选项用于调整边缘像素的强度。
- “色调和细节”选项区：“灰度系数”选项用来调节图像灰度系数的大小，即曝光颗粒度。值越大则曝光效果就越差；而值越小则对光的反应越灵敏。“曝光度”选项可以调整图像或选区范围的曝光情况。正值越大，曝光度越充足；而负值越大，曝光度就越弱。“细节”选项可以控制图像的细节保留程度。
- “高级”选项区：“阴影”和“高光”选项可以对图像中的阴影和高光进行控制。“自然饱和度”选项可以将更多调整应用于不饱和的颜色并在颜色接近完全饱和时避免颜色修剪。“饱和度”选项可以将相同的饱和度调整量用于所有的颜色。
- 色调曲线和直方图：单击该选项前面的三角按钮，可以在该选项的下方显示曲线和直方图，可以通过曲线和直方图对图像色调进行调整。

通过使用Photoshop CC中的“HDR色调”命令可以快捷地对图像调色及增加清晰度，操作简便实用。下面就通过一个练习介绍如何使用“HDR色调”处理高清晰图片。

动手实践——制作高清晰图片

源文件：光盘\源文件\第9章\9-3-12.psd

视频：光盘\视频\第9章\9-3-12.swf

01 打开素材图像“光盘\源文件\第9章\素材\931202.jpg”，如图9–183所示。执行“图像>调整>HDR色调”命令，弹出“HDR色调”对话框，如图9–184所示。

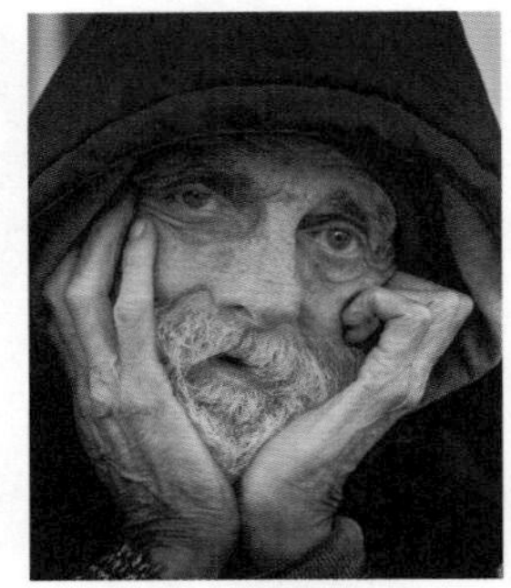

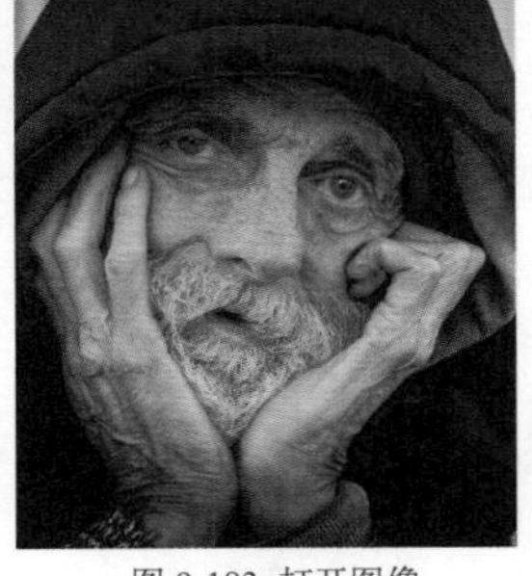

图 9-183 打开图像

图 9-184 “HDR 色调”对话框

提示

使用“HDR色调”对图像进行处理时，必须将该图像的所有图层合并。

02 在“预设”下拉列表中选择“逼真照片”选项，如图9–185所示。单击“确定”按钮，完成“HDR色调”对话框的设置，图像效果如图9–186所示。

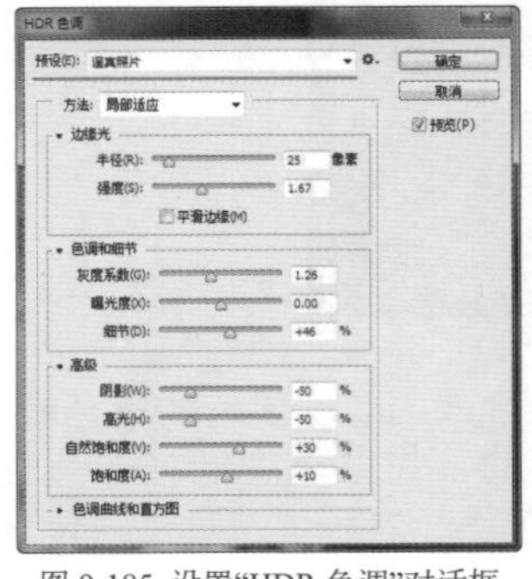

图 9-185 设置“HDR 色调”对话框

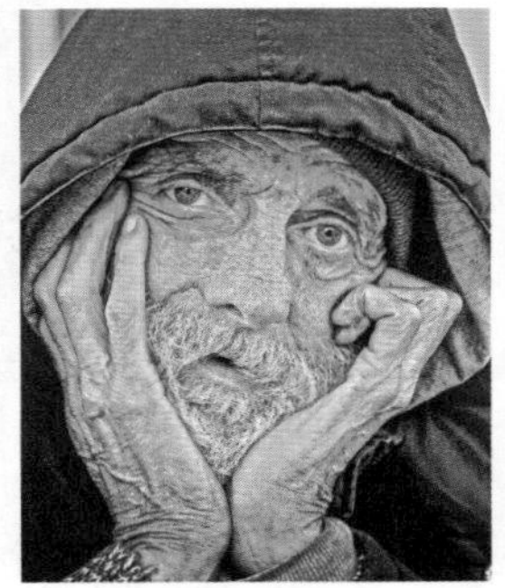

图 9-186 图像效果

03 单击“图层”面板底部的“创建新的填充或调

整图层”按钮，在弹出的下拉菜单中选择“可选颜色”命令，打开“属性”面板，对可选颜色相关选项进行设置，如图 9-187 所示。

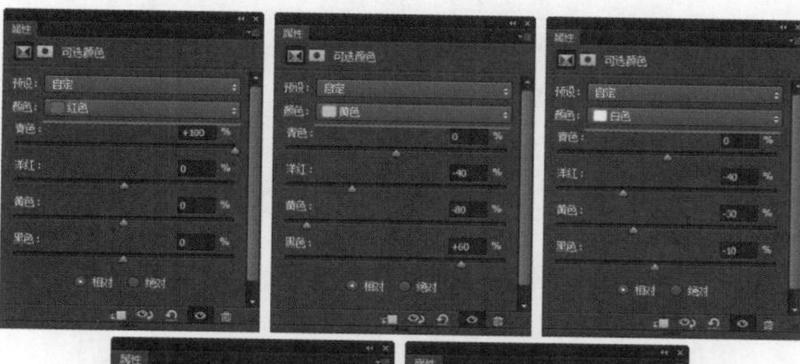

图 9-187 设置可选颜色的相关选项

04 完成“可选颜色”调整图层的设置，图像效果如图 9-188 所示。按快捷键 Ctrl+Alt+Shift+E，盖印图层，得到“图层 1”图层。执行“滤镜 > 锐化 >USM 锐化”命令，弹出“USM 锐化”对话框，设置如图 9-189 所示。

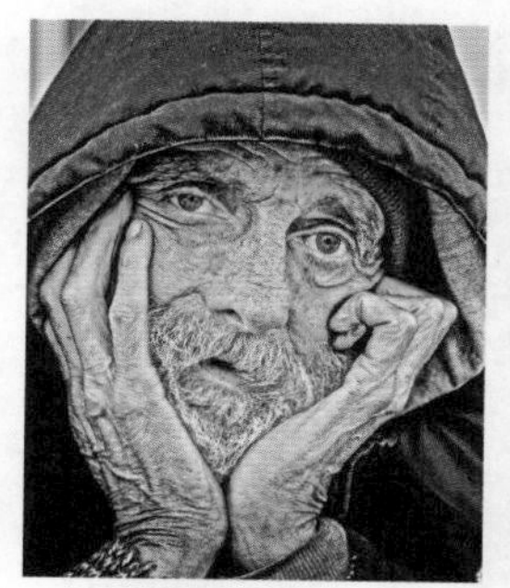

图 9-188 图像效果

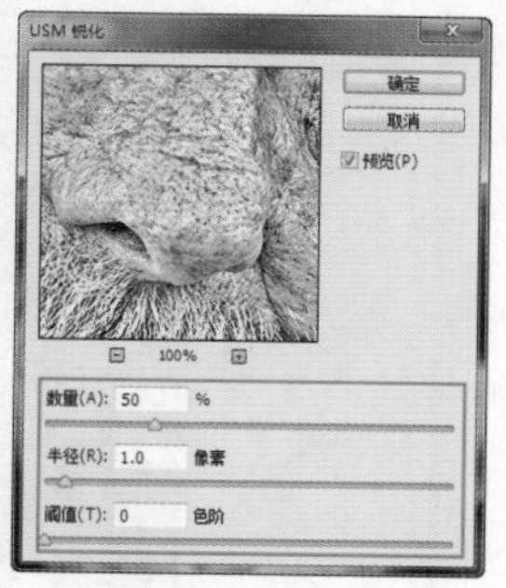

图 9-189 设置“USM 锐化”对话框

05 单击“确定”按钮，完成“USM 锐化”对话框的设置，完成图像的处理操作，可以看到处理后的图像清晰度很高。如图 9-190 所示为图像处理前后的效果对比。

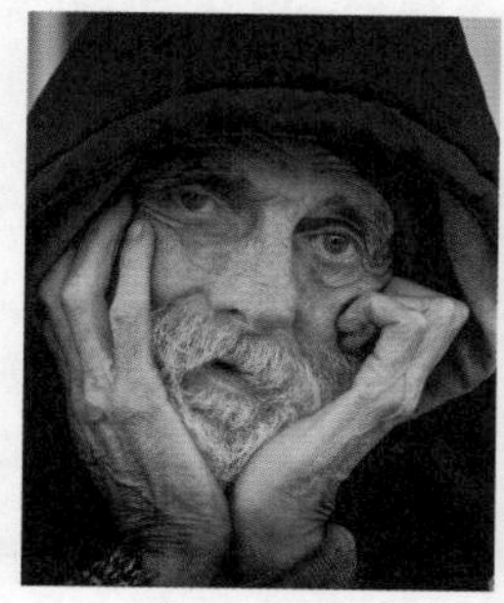

图 9-190 图像清晰度处理前后的颜色效果对比

9.3.13 “变化”命令

“变化”命令是一个非常简单和直观的图像调整命令，它不像其他命令那样有复杂的选项，使用该命令时，只要单击图像的缩览图便可以调整色彩平衡、对比度和饱和度，并且还可以观察到原图像与调整结果的对比效果。

打开素材图像“光盘\源文件\第 9 章\素材\931301.jpg”，如图 9-191 所示。执行“图像 > 调整 > 变化”命令，弹出“变化”对话框，如图 9-192 所示。

图 9-191 打开图像

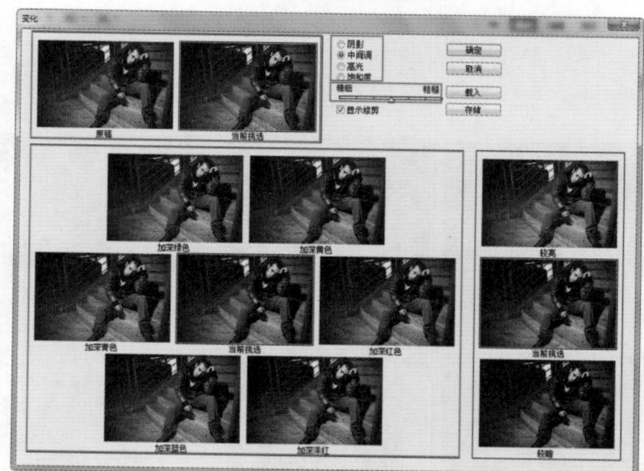

图 9-192 “变化”对话框

- 原稿 / 当前挑选：对话框顶部的“原稿”缩览图中显示了原始图像，“当前挑选”缩览图中显示了图像的调整结果。第一次打开该对话框时，这两个图像是一样的，但“当前挑选”图像将随着调整进行实时显示当前的处理结果。如果单击“原稿”缩览图，则可将图像恢复为调整前的状态。

- 加深绿色、加深黄色等缩览图：在对话框左侧的 7 个缩览图中，位于中间的“当前挑选”缩览图也是用来显示调整结果的，另外 6 个缩览图用来调整颜色，单击其中任何一个缩览图都可将相应地颜色添加到图像中，连续单击则可以累积添加颜色。例如单击“加深黄色”缩略图两次将应用两次调整，如图 9-193 所示。如果要减少一种颜色，可单击与其相反颜色的缩览图，例如要减少黄色，可单击“加深蓝色”缩览图，如图 9-194 所示。

图 9-193 加深黄色效果　　图 9-194 加深蓝色效果

- 阴影 / 中间调 / 高光：选择这 3 个选项中的任意一个选项，即可针对图像中的阴影、中间调和高光分别进行调整。默认情况下，选中的是“中间调”选项。
- 饱和度：用来调整图像的饱和度。选中该选项后，对话框左侧会出现 3 个缩览图，中间的“当前挑选”缩览图显示了调整结果，单击“减少饱和度”或“增加饱和度”缩览图可减少或增加饱和度。在增加饱和度时，如果超出了最大的颜色饱和度，则颜色会被剪切。
- 精细 / 粗糙：通过拖动该选项滑块，可以用来控制每次的调整量，每移动一格滑块，可以使调整量双倍增加。
- 显示修剪：如果想要显示图像中将由调整功能剪切（转换为纯白或纯黑）的区域的预览效果，可选中“显示修剪”选项。如图 9-195 所示为取消选中该选项时图像的调整状态；如图 9-196 所示为选中该选项时图像的调整状态。

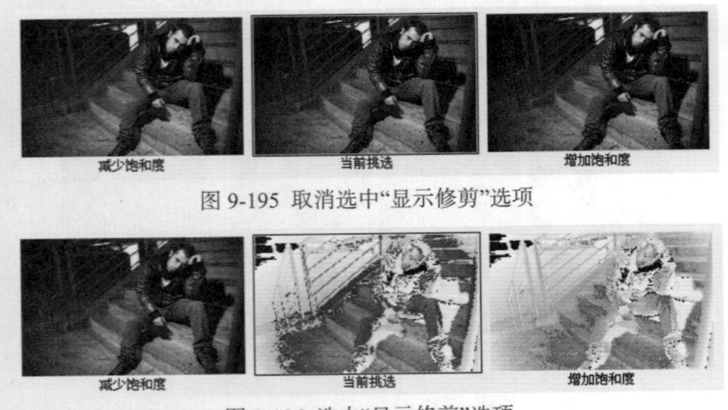

图 9-195 取消选中“显示修剪”选项

减少饱和度　当前挑选　增加饱和度

图 9-196 选中“显示修剪”选项

动手实践——制作青春相册效果

源文件：光盘 \ 源文件 \ 第 9 章 \9-3-13.psd

视频：光盘 \ 视频 \ 第 9 章 \9-3-13.swf

01 执行“文件 > 打开”命令，打开素材图像“光盘 \ 源文件 \ 第 9 章 \ 素材 \931302.jpg”，如图 9-197 所示。执行“图像 > 调整 > 变化”命令，弹出“变化”对话框，如图 9-198 所示。

图 9-197 打开图像

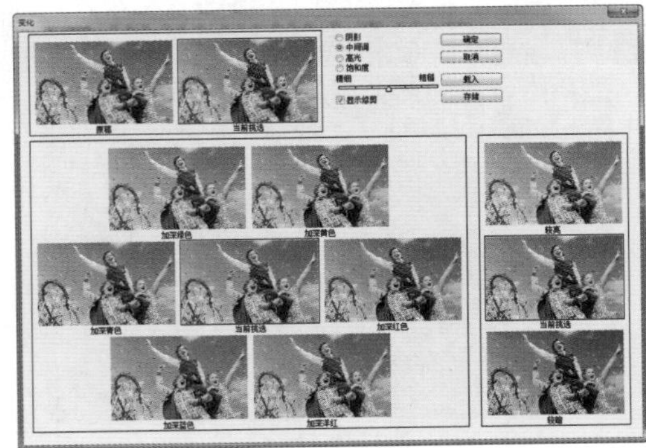

图 9-198 “变化”对话框

02 单击 3 次“加深蓝色”，单击 1 次“加深青色”，如图 9-199 所示。单击“确定”按钮，完成“变化”对话框的设置，效果如图 9-200 所示。

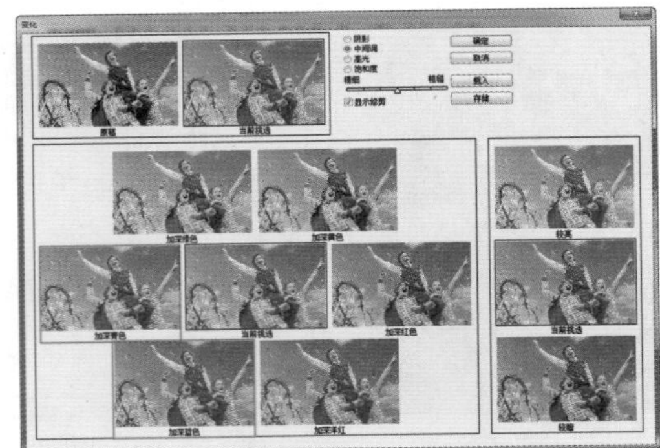

图 9-199 “变化”对话框

图 9-200 图像效果

03 按住 Alt 键单击“图层”面板底部的“创建新图层”按钮，弹出“新建图层”对话框，设置如图 9-201 所示。单击“确定”按钮，完成“新建图层”对话框的设置，新建“图层 1”图层，如图 9-202 所示。

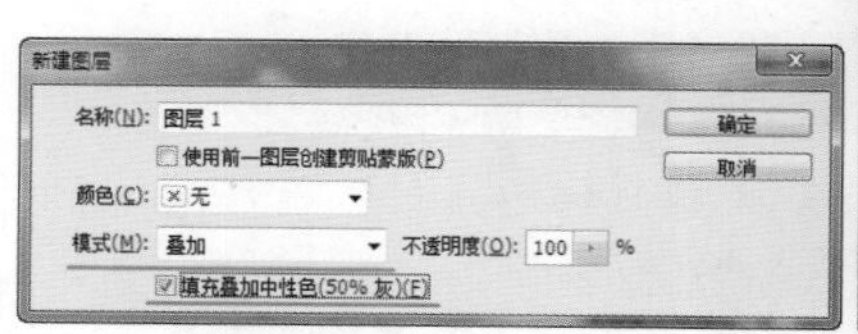

图 9-201 设置“新建图层”对话框

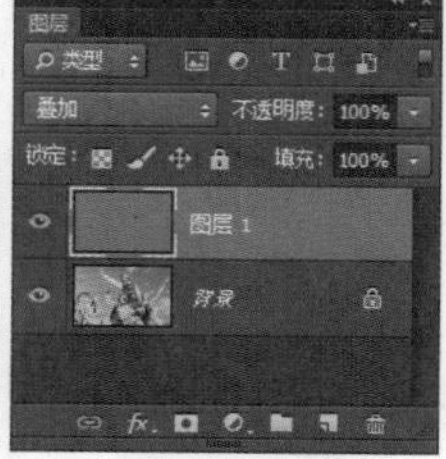

图 9-202 “图层”面板

04 执行“滤镜 > 渲染 > 镜头光晕”命令，弹出“镜头光晕”对话框，设置如图 9-203 所示。单击“确定”按钮，添加镜头光晕效果，如图 9-204 所示。

图 9-203 设置“镜头光晕”对话框

图 9-204 图像效果

05 按快捷键 Ctrl+Alt+Shift+E，盖印图层，得到“图层 2”图层，复制该图层中的图像，如图 9-205 所示。打开素材图像“光盘 \ 源文件 \ 第 9 章 \ 素材 \ 931303.jpg”，使用“多边形套索工具”在图像中创建选区，如图 9-206 所示。

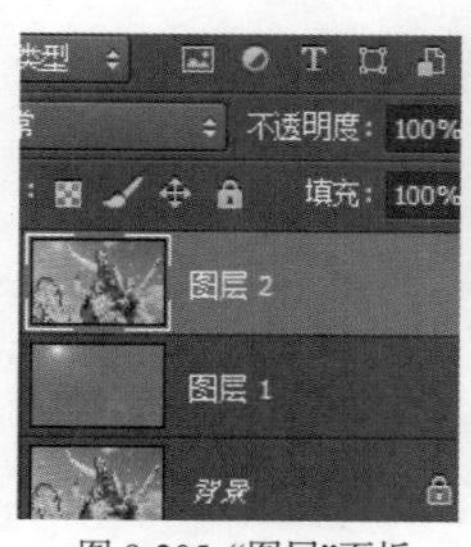

图 9-205 “图层”面板

图 9-206 图像效果

06 执行“编辑 > 选择性粘贴 > 贴入”命令，将复制的图像贴入到选区中，如图 9-207 所示。执行“编辑 > 自由变换”命令，调整贴入的图像到合适的大小和位置，如图 9-208 所示。

图 9-207 贴入图像

图 9-208 调整图像

07 选择“图层 1”的图层蒙版，选择“画笔工具”，设置“前景色”为黑色，选择合适的笔触，在蒙版中对相应部分进行涂抹，最终效果如图 9-209 所示。“图层”面板如图 9-210 所示。

图 9-209 图像最终效果

图 9-210 “图层”面板

提示

“变化”命令是基于色轮来进行颜色调整的。在增加一种颜色的含量时，会自动减少该颜色的补色。例如增加红色会减少青色；增加绿色会减少洋红色；增加蓝色会减少黄色。反之亦然。当了解这个规律后，在进行颜色的调整时就会有的放矢了。“变化”命令不能用于对索引颜色模式或 16 位 / 通道颜色模式图像进行调整。

9.3.14 “匹配颜色”命令

“匹配颜色”命令可以将一个图像（原图像）的颜色与另外一个图像（目标图像）中的颜色相匹配，它比较适合使多个图片的颜色保持一致。此外，该命令还可以匹配多个图层和选区之间的颜色。

打开素材图像“光盘 \ 源文件 \ 第 9 章 \ 素材 \ 931401.jpg”，如图 9-211 所示。执行“图像 > 调整 > 匹配颜色”命令，弹出“匹配颜色”对话框，如图 9-212 所示。

图 9-211 打开图像

图 9-212 “匹配颜色”对话框

- 目标：在该处显示了被修改的图像的名称和颜色模式等信息。
- 应用调整时忽略选区：如果当前图像中包含选区，选中该选项，可以忽略选区，将调整应用于整个图像；取消选中，则仅影响选区内的图像。
- 明亮度：拖动该选项的滑块或在该选项文本框中输入数值，可以增加或减小被修改图像的明亮度。
- 颜色强度：拖动该选项的滑块或在该选项的文本框中输入数值，可以增加或减小被修改图像中的色彩饱和度。当该值为 1 时，被修改图像为灰度图像。
- 渐隐：拖动该选项的滑块或在该选项的文本框中输入数值，可以用来增加或减少应用于被修改图像的调整量，该值越高，调整强度越弱。
- 中和：选中该选项，可以消除被修改图像中的色彩偏差，使被修改图像的色彩看起来更加自然。
- 使用源选区计算颜色：如果在源图像中创建了选区，选中该选项，可使用选区中的图像颜色匹配当前图像颜色；取消选中，则会使用整幅源图像进行匹配。
- 使用目标选区计算调整：如果在目标图像中创建选区，选中该项，可使用选区内的图像颜色来计算调整；取消选中，则使用整个图像中的颜色来计算调整。
- 源：在该选项的下拉列表中可以选择要将颜色与目标图像中的颜色相匹配的源图像。只有在 Photoshop CC 中同时打开了多幅图像，在该下拉列表中才有相关的源图像可供选择。
- 图层：在该下拉列表中可以选择需要匹配颜色的图层。如果要将“匹配颜色”命令应用于目标图像中的特定图层，应确保在执行“匹配颜色”命令时该图层处于当前选中状态。
- “存储统计数据”和“载入统计数据”按钮：单击“存储统计数据”按钮，可以将当前的设置保存；单击“载入统计数据”按钮，可载入已存储的设置。使用载入的统计数据时，无须在 Photoshop CC 中打开源图像，就可以完成匹配目标图像的操作。

通过使用“匹配颜色”命令可以快速改变图像的色调，使照片可以呈现出另外一种效果，并且还可以指定匹配某个图层的图像颜色。

动手实践——替换图像整体色彩

源文件：光盘 \ 源文件 \ 第 9 章 \9-3-14.psd

视频：光盘 \ 视频 \ 第 9 章 \9-3-14.swf

01 打开素材图像“光盘 \ 源文件 \ 第 9 章 \ 素材 \931402.jpg”，如图 9-213 所示。打开素材图像“光盘 \ 源文件 \ 第 9 章 \ 素材 \931403.jpg”，如图 9-214 所示。

图 9-213 打开图像 1

图 9-214 打开图像 2

提示

如果需要使用“匹配颜色”命令修改图像的颜色，必须同时打开目标图像和源图像，并且“匹配颜色”命令仅仅适用于 RGB 颜色模式的图像。

02 在 931402.jpg 文件中，复制“背景”图层，得到“背景 拷贝”图层，如图 9-215 所示。选择“背景 拷贝”图层，执行“图像 > 调整 > 匹配颜色”命令，弹出“匹配颜色”对话框，如图 9-216 所示。

图 9-215 复制图层

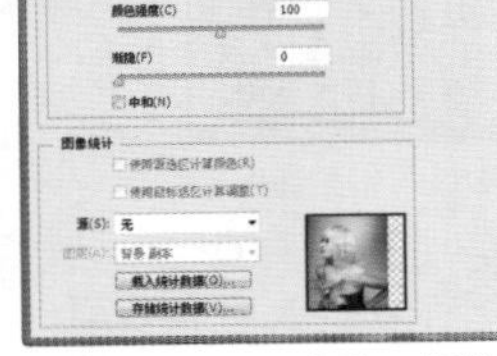
图 9-216 “匹配颜色”对话框

03 在“源”下拉列表框中选择 931403.jpg，并对相应的选项进行设置，如图 9-217 所示。单击“确定”按钮，图像效果如图 9-218 所示。

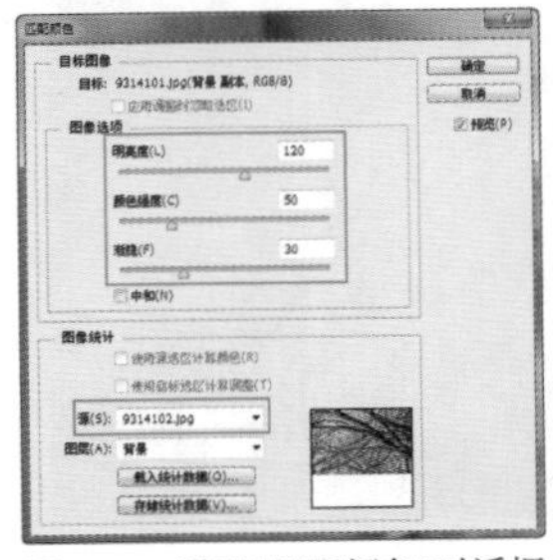
图 9-217 设置“匹配颜色”对话框

图 9-218 图像效果

04 复制“背景 拷贝”图层，得到“背景 拷贝 2”图层，并设置其“混合模式”为“柔光”，“不透明度”为 35%，如图 9–219 所示。图像效果如图 9–220 所示。

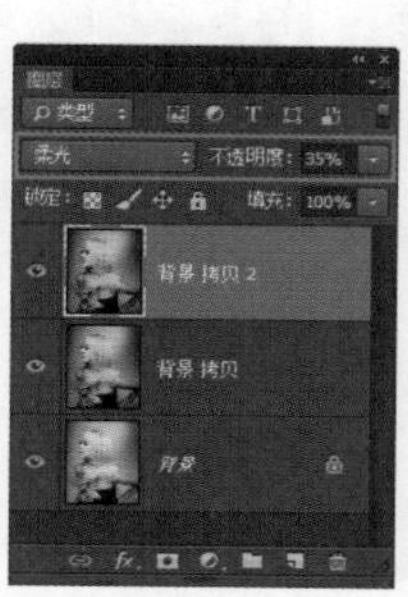
图 9-219 “图层”面板

图 9-220 图像效果

9.3.15 “替换颜色”命令

“替换颜色”命令可以选择图像中的特定颜色，然后将其替换。该命令的对话框中包含了颜色选择选项和颜色调整选项，其中，颜色的选择方式与“色彩范围”命令基本相同，而颜色的调整方式又与“色相 / 饱和度”命令十分相似。

打开素材图像“光盘\源文件\第 9 章\素材\931501.jpg”，如图 9–221 所示。执行“图像 > 调整 > 替换颜色”命令，弹出“替换颜色”对话框，如图 9–222 所示。

图 9-221 打开图像

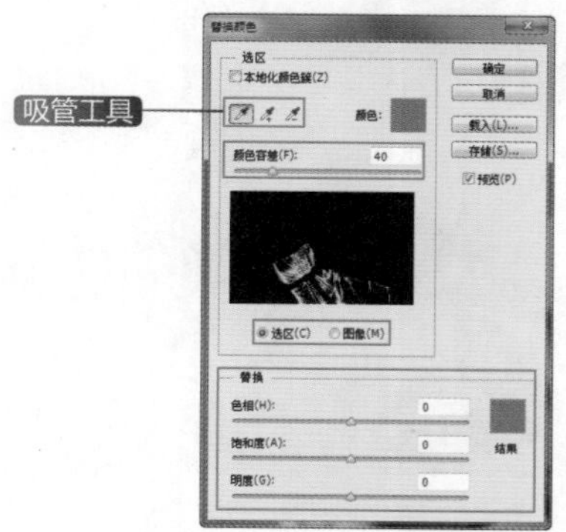

图 9-222 “替换颜色”对话框

- 吸管工具：用“吸管工具”在图像上单击，可以选中光标下面的颜色（“颜色容差”选项下面的缩览图中，白色代表了选中的颜色），如图 9–223 所示；用“添加到取样工具”在图像中单击，可以添加新的颜色，如图 9–224 所示；用“从取样中减去工具”在图像中单击，可以减少颜色，如图 9–225 所示。

图 9-223 选择颜色

图 9-224 添加颜色

图 9-225 减少颜色

- 本地化颜色簇：如果正在图像中选择多个颜色范围，可选中该选项，创建更加精确的蒙版。
- 颜色容差：控制颜色的选择精度。该值越高，选中的颜色范围越广（白色代表了选中的颜色）。
- 选区 / 图像：选中“选区”选项，可在预览区中显示蒙版。其中黑色代表了未选择的区域，白色代表了选中的区域，灰色代表了部分被选择的区域；选中“图像”选项，则会显示图像的内容，不显示选区。
- “替换”选项区：拖动各个滑块即可调整选中的颜色的色相、饱和度以及明度。

动手实践——替换图像局部色彩

源文件：光盘\源文件\第 9 章\9-3-15.psd

视频：光盘\视频\第 9 章\9-3-15.swf

01 打开素材图像“光盘\源文件\第 9 章\素

材\931502.jpg”，如图 9–226 所示。复制“背景”图层，得到“背景 拷贝”图层，“图层”面板如图 9–227 所示。

图 9-226 打开图像

图 9-227 复制图层

02 执行“图像 > 调整 > 替换颜色”命令，弹出“替换颜色”对话框，如图 9–228 所示。使用“吸管工具”在图像中单击选择需要替换的颜色，通过“添加到取样”、“从取样中减去”和“颜色容差”选项，确定需要替换的颜色范围，如图 9–229 所示。

图 9-228 “替换颜色”对话框

图 9-229 确定需要替换的颜色范围

提示

选择“选区”选项，可在预览区域中显示蒙版，其中，黑色代表了未选择的区域，白色代表了所选区域，灰色代表了部分被选择的区域，如图 9–229 所示。如果选择“图像”选项，则预览区中会显示图像，如图 9–230 所示。

图 9-230 预览区域显示蒙版

图 9-231 预览区域显示图像

03 在“替换颜色”对话框中的“替换”选项区中进行相应的设置，如图 9–232 所示，将选取的颜色范围替换为其他颜色。单击“确定”按钮，完成“替换颜色”对话框的设置，可以看到图像中海水的颜色变成了蓝色，效果如图 9–233 所示。

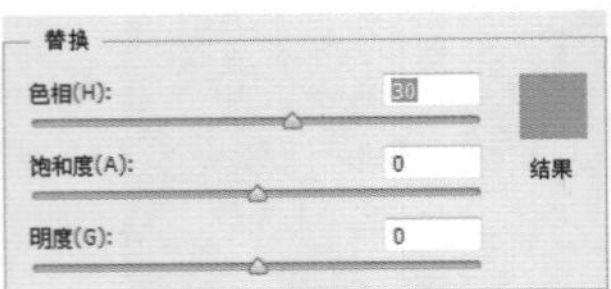
图 9-232 设置需要替换成的颜色

图 9-233 替换颜色后的效果

9.3.16 “去色”命令

执行“图像 > 调整 > 去色”命令可以去除图像的颜色，彩色图像会变为黑白图像，但不会改变图像的颜色模式。如图 9–234 所示为执行“去色”命令前后的效果对比。

图 9-234 执行“去色”命令前后效果对比

如果在图像中创建了选区，则执行该命令时，可以去掉选区内图像的颜色，如图 9–235 所示。

图 9-235 为选区中的图像去色

动手实践——制作环保公益海报

源文件：光盘 \ 源文件 \ 第 9 章 \9-3-16.psd

视频：光盘 \ 视频 \ 第 9 章 \9-3-16.swf

01 执行“文件 > 新建”命令，弹出“新建”对话框，设置如图 9-236 所示，单击“确定”按钮，新建文档。选择“渐变工具”，打开“渐变编辑器”对话框，设置渐变颜色，如图 9-237 所示。

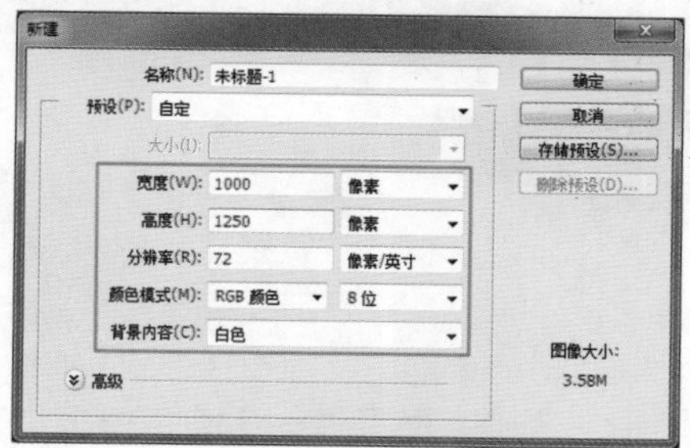

图 9-236 设置“新建”对话框

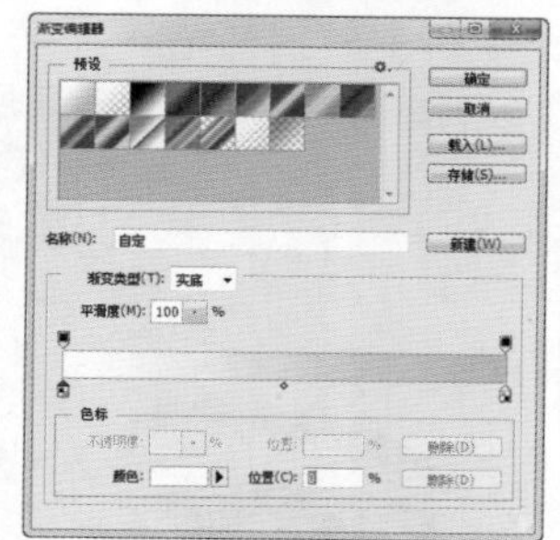

图 9-237 设置渐变颜色

02 新建“图层 1”图层，在画布中拖动鼠标填充径向渐变颜色，如图 9-238 所示。打开素材图像“光盘\源文件\第 9 章\素材\931602.jpg”，如图 9-239 所示。

图 9-238 填充径向渐变

图 9-239 打开图像

03 使用“矩形选框工具”在图像中创建矩形选区，如图 9-240 所示。复制选区中的图像，在新建的文档中粘贴图像并调整到合适的大小和位置，如图 9-241 所示。

图 9-240 创建矩形选区

图 9-241 复制并粘贴图像

04 执行“图像 > 调整 > 去色”命令，将图像去色，如图 9-242 所示。执行“图像 > 调整 > 色阶”命令，弹出“色阶”对话框，设置如图 9-243 所示。

图 9-242 图像去色

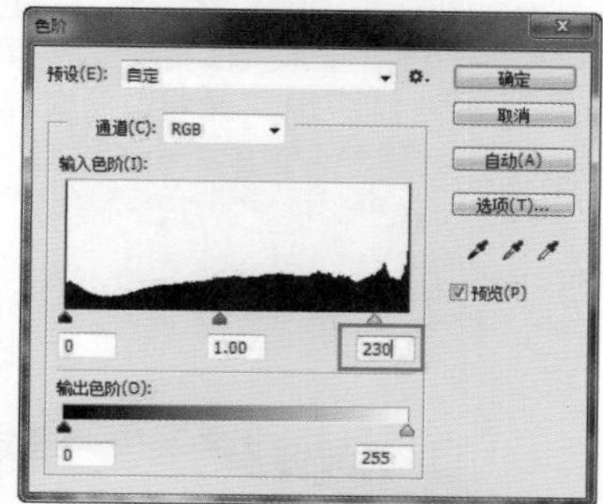

图 9-243 设置“色阶”对话框

05 单击“确定”按钮，完成“色阶”对话框的设置，效果如图 9-244 所示。为“图层 2”添加图层蒙版，选择“画笔工具”，设置“前景色”为黑色，在蒙版中进行相应的涂抹，效果如图 9-245 所示。

图 9-244 色阶效果

图 9-245 涂抹效果

06 打开并拖入素材图像“光盘\源文件\第 9 章\素材\931603.png”，调整到合适的大小和位置，如图 9-246 所示。设置“图层 3”图层的“混合模式”为“正片叠底”，效果如图 9-247 所示。

图 9-246 拖入素材图像

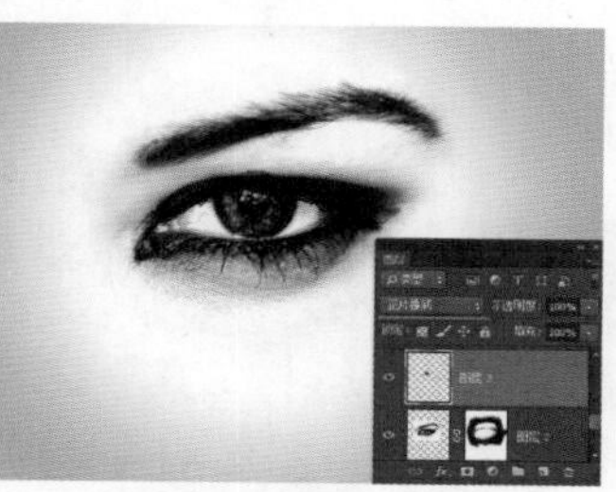

图 9-247 设置混合模式

07 为“图层 3”添加图层蒙版，选择“画笔工具”，设置“前景色”为黑色，选择合适的画笔，并设置画笔的不透明度，在蒙版中对相应的部分进行涂抹，效果如图 9–248 所示。“图层”面板如图 9–249 所示。

图 9-248 涂抹效果

图 9-249 “图层”面板

08 打开并拖入素材图像“光盘\源文件\第 9 章\素材\931604.png”，调整到合适的大小和位置，如图 9–250 所示。执行“图像 > 调整 > 去色”命令，将图像去色，如图 9–251 所示。

图 9-250 拖入素材图像

图 9-251 对图像进行去色操作

09 使用相同的方法，还可以拖入其他素材并分别进行去色操作，如图 9–252 所示。新建“图层 7”图层，使用“矩形选框工具”在画布中绘制矩形选区，为选区填充黑色，效果如图 9–253 所示。

图 9-252 拖入素材图像

图 9-253 图像效果

10 使用“直排文字工具”在画布中单击并输入相应的文字，如图 9–254 所示。使用相同的方法，使用“横排文字工具”在画布中单击并输入文字，完成该环保公益海报的制作，最终效果如图 9–255 所示。

图 9-254 输入文字

图 9-255 最终效果

9.4 图像色调的特殊调整命令

在 Photoshop CC 中提供了一些特殊的图像色彩调整命令，例如“反相”、“阈值”、“色调分离”等。这些命令的功能，事实上都可以通过使用“曲线”命令来完成，只不过是简化了“曲线”命令的功能，并且独立为单一功能，可以进行便捷的操作。

9.4.1 “反相”命令

使用“反相”命令，可以将像素的颜色改变为它们的互补色，如黑变白、白变黑等。该命令是唯一不损失图像色彩信息的变换命令。

在使用“反相”命令前，可先选定反相的内容，如图层、通道、选区范围或整个图像，然后执行“图像 > 调整 > 反相”命令，或按快捷键 Ctrl+I。如图 9-256 所示为执行“反相”命令前后的效果对比。

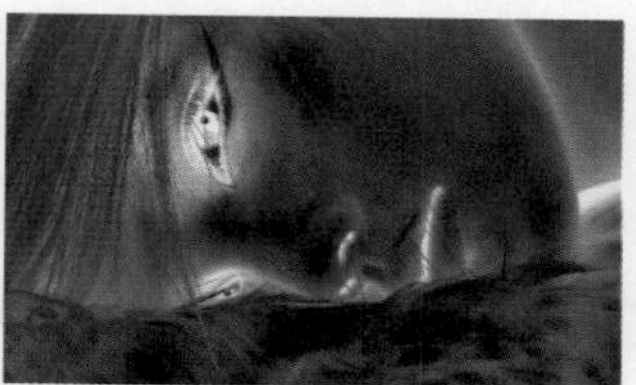

图 9-256 图像“反相”前后效果对比

9.4.2 “色调均化”命令

“色调均化”命令重新分配图像像素亮度值，以便更平均地分布整个图像的亮度色调。在使用该命令时，Photoshop CC 会先查找图像中最亮值和最暗值，将最亮的像素变成白色，最暗的像素变为黑色。其余的像素映射相应灰度值上，然后合成图像。这样做的目的是让色彩分布更平均，从而提高图像的对比度和亮度。

打开素材图像“光盘\源文件\第 9 章\素材\94201.jpg”，如图 9-257 所示。执行“图像 > 调整 > 色调均化”命令，可以看到该图像的对比度变强烈了，并且图像更清晰了，如图 9-258 所示。

图 9-257 打开图像

图 9-258 应用“色调均化”命令后的效果

技巧 

如果在执行“色调均化”命令之前先创建选区范围，则 Photoshop CC 会弹出“色调均化”对话框，在该对话框中有两个选项可供选择，分别是“仅色调均化所选区域”和“基于所选区域色调均化整个图像”。

9.4.3 “色调分离”命令

“色调分离”命令通过减少每个通道定制的颜色或灰度图像中的亮度值来简化图像，“色调分离”命令可以指定一个 2~255 的值。

打开素材图像“光盘\源文件\第 9 章\素材\94301.jpg”，如图 9-259 所示。执行“图像 > 调整 > 色调分离”命令，弹出“色调分离”对话框，拖动“色阶”选项滑块或在文本框中输入数值，可以对图像进行调整，如图 9-260 所示。

图 9-259 打开图像

图 9-260 应用“色调分离”命令

在“色调分离”对话框中，设置的“色阶”数值越大，则表现出来的图像色彩越丰富；设置的数值越小，则图像将变得简单粗糙。

9.4.4 “阈值”命令

使用“阈值”命令可将一幅彩色图像或灰度图像转换成只有黑白两种色调的高对比度的黑白图像。

打开素材图像“光盘\源文件\第9章\素材\94401.jpg”，如图 9-261 所示。执行“图像 > 调整 > 阈值”命令，弹出“阈值”对话框，“阈值”命令会根据图像像素的亮度值把它们一分为二，一部分用黑色表示，另一部分用白色表示，如图 9-262 所示。

图 9-261 打开图像

图 9-262 应用“阈值”命令效果

黑白像素的分配由“阈值”对话框中的“阈值色阶”文本框来指定，其变化范围为 1~255，阈值色阶的值越大，黑色像素分布就越广；反之，阈值色阶值越小，白色像素分布越广。

9.5 本章小结

本章系统介绍了 Photoshop CC 中的各种基本的调色功能，重点讲解了“调整”命令子菜单中各命令的功能。通过对本章的学习，用户能够理解各选项的功能，并能够灵活地掌握其使用方法，以便日后加以深入的学习和研究。

第10章 图像色调的高级调整 

本章将从介绍如何查看图像的相关信息开始，对图像调整的高级操作进行详细介绍。在 Photoshop CC 中可以通过使用“颜色取样器工具”、“直方图”面板和“信息”面板查看图像的色调等相关信息，通过对图像信息的分析可以判断图像的色调分布是否正常，再对图像进行调整。并且还介绍了使用“色阶”和“曲线”对图像进行调整的操作方法。通过本章的学习，用户需要掌握图像调整的高级操作方法。

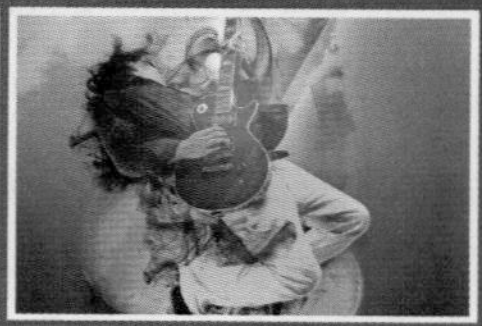

10.1 查看图像色彩 

在对图像的色调进行调整之前，首先需要查看图像中色调的分布情况。在 Photoshop CC 中可以通过多种方式查看图像的色调信息，包括“颜色取样器工具”、“信息”面板、“直方图”面板。本节将向用户介绍如何通过这些工具查看图像的色彩。

10.1.1 颜色取样器工具 

“颜色取样器工具”可以在图像上放置取样点，每一个取样点的颜色值都会显示在“信息”面板中。通过设置取样点，可以在调整图像的过程中观察到颜色值的变化情况。

打开素材图像“光盘\源文件\第 10 章\素材\101101.jpg”，单击工具箱中的“颜色取样器工具”按钮，在图像上需要取样的位置单击，即可建立取样点，一个图像最多可以放置 4 个取样点，如图 10–1 所示。在建立取样点时，会自动弹出“信息”面板，显示取样点的颜色值，如图 10–2 所示。

图 10-1 在图像上设置取样点

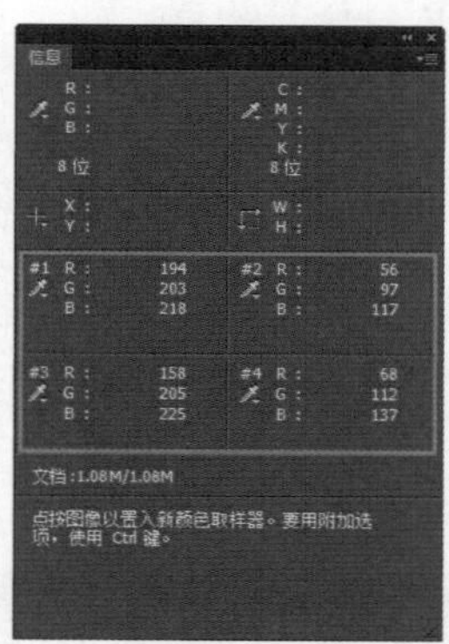

图 10-2 显示取样点的颜色值

当使用相应的命令调整图像的颜色时，效果如图 10–3 所示。颜色值会变为两组数字，斜杠前面的数值代表了调整前的颜色值，斜杠后面的数值代表了调整后的颜色值，如图 10–4 所示。

图 10-3 改变图像颜色

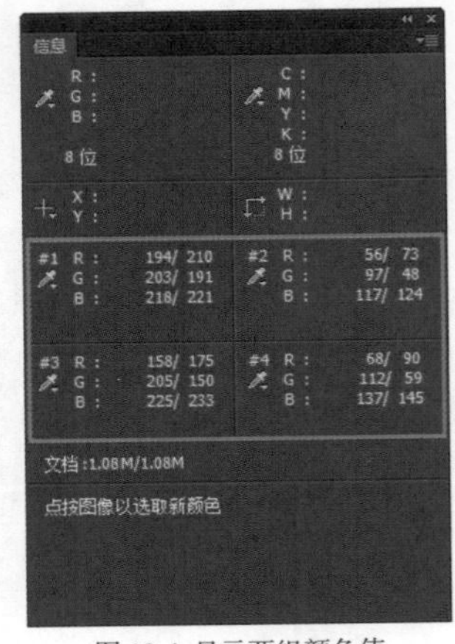

图 10-4 显示两组颜色值

使用“颜色取样器工具”，单击并拖动取样点，可以移动取样点的位置，“信息”面板中该取样点的颜色值也会随之改变；按住 Alt 键单击颜色取样点，可将其删除；如果要删除所有颜色取样点，可单击选项栏中的“清除”按钮。

10.1.2 “信息”面板

“信息”面板有多种功能，如果对当前图像执行了操作，例如，进行了变换或者创建了选区、调整了颜色等，“信息”面板中会显示与当前操作有关的各种信息；如果没有进行任何操作，“信息”面板中会显示光标当前位置的颜色值、文档的状态、当前工具的使用提示等信息。

执行“窗口 > 信息”命令，打开“信息”面板，默认情况下，如图 10–5 所示。如果进行了操作，则“信息”面板可以显示以下信息。

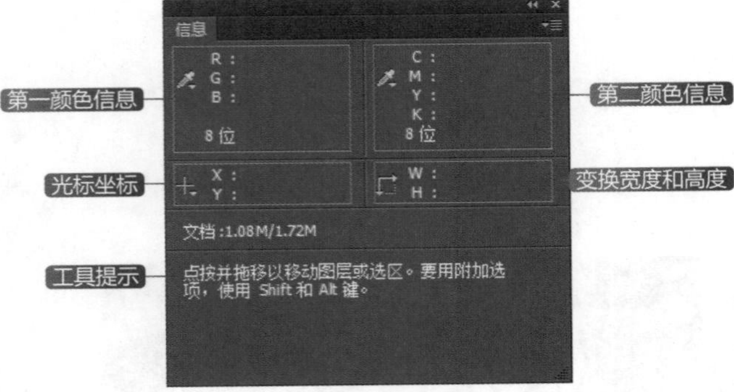

图 10-5 “信息”面板

1. 显示颜色信息

打开素材图像“光盘\源文件\第 10 章\素材\101201.jpg”，将光标放在图像上，如图 10–6 所示。“信息”面板中会显示光标当前位置的精确坐标和颜色值。如图 10–7 所示。

图 10-6 光标位置

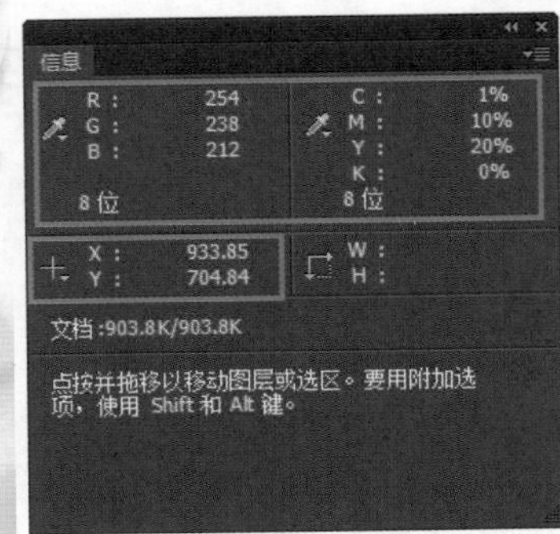

图 10-7 显示光标位置的相关信息

> **提示**
>
> 在显示 CMYK 值时，如果光标所在位置或颜色取样点下的颜色超出了可打印的 CMYK 色域，则 CMYK 值旁边便会出现一个惊叹号。

2. 显示选区的大小

使用选框工具在图像中创建选区时，如图 10–8 所示，会随着鼠标的拖动而实时显示选框的宽度（W）和高度（H），如图 10–9 所示。

图 10-8 创建选区

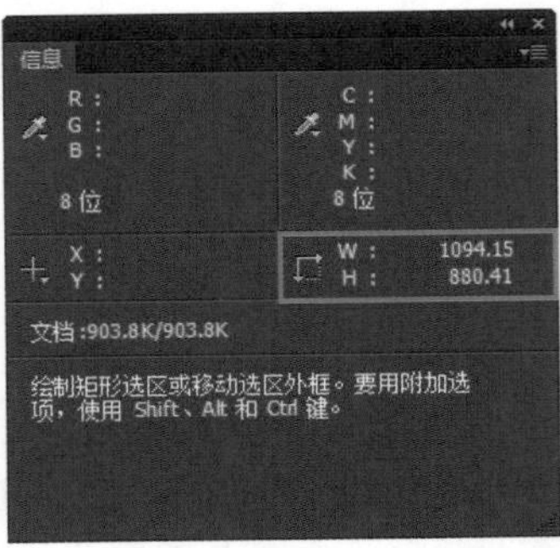

图 10-9 显示选区的大小

3. 显示定界框的大小

在使用“裁剪工具”时，如图 10–10 所示，会显示定界框的宽度（W）和高度（H），如果对图片进行了旋转，还会显示图片旋转的角度，如图 10–11 所示。

图 10-10 创建裁剪区域

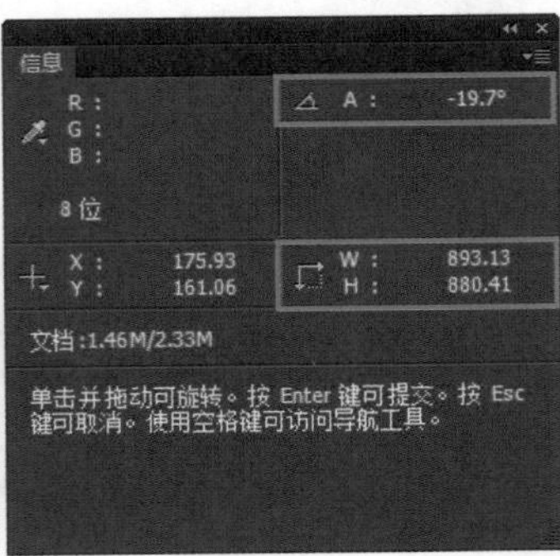

图 10-11 显示定界框的大小的角度

4. 显示开始位置、变化角度和距离

在使用“直线工具”、“钢笔工具”、“渐变工具”，或移动选区时，如图 10–12 所示为使用“钢笔工具”绘制路径，会随着鼠标的移动显示开始位置的 X 和 Y 坐标，X 的变化（△ X）、Y 的变化（△ Y），以及角度（A）和距离（L），如图 10–13 所示。

图 10-12 绘制曲线

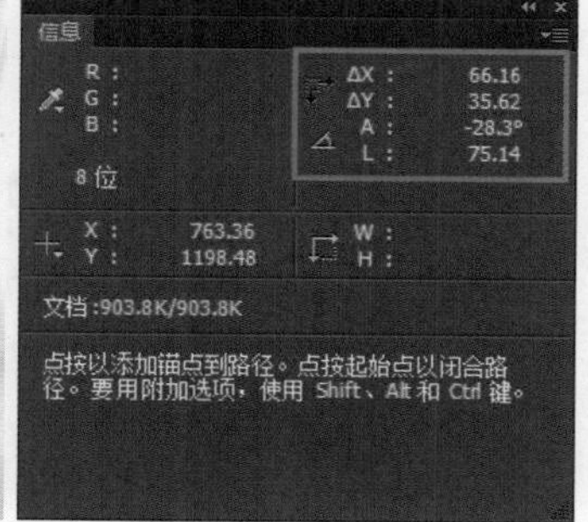

图 10-13 显示相关信息

5. 显示变化参数

在执行“缩放”或“旋转”等命令时，会显示宽度(W)和高度（H）的百分比变化、旋转角度（A）以及水平切线（H）或垂直切线（V）的角度。如图 10–14 所示为旋转选区中的图像；如图 10–15 所示为“信息”面板上显示的信息。

图 10-14 旋转选区中的图像

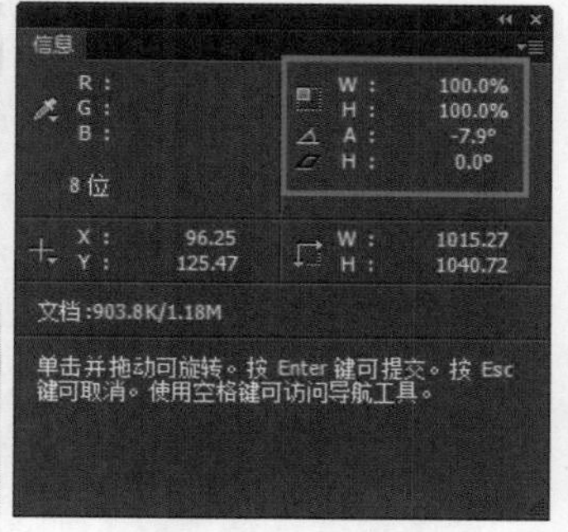

图 10-15 显示变化参数

6. 显示状态信息

显示文档大小、文档配置文件、文档尺寸、暂存盘大小、效率、计时以及当前工具等。显示的内容取决于在“面板选项”对话框中设置的显示内容。

7. 显示工具提示

如果启用了“显示工具提示”功能，则可以显示当前选择的工具的提示信息。

将光标放在面板中的吸管图标和鼠标坐标上，单击鼠标，可在弹出的下拉菜单中更改读数选项和单位，如图 10–16 所示。

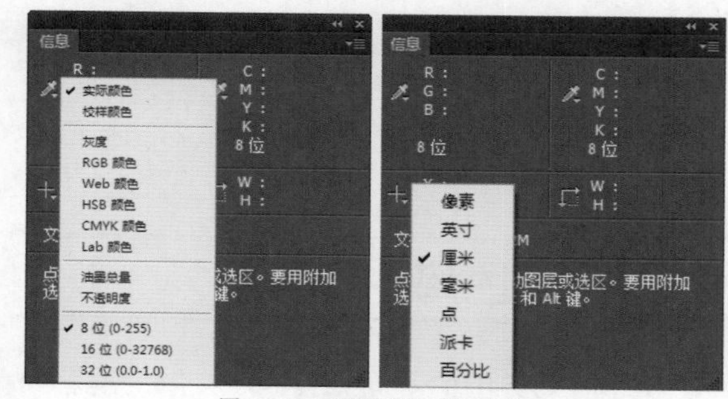

图 10-16 更改读数选项和单位

单击“信息”面板右上角的倒三角按钮，在弹出的下拉菜单中选择“面板选项”命令，如图 10–17 所示。弹出“信息面板选项”对话框，如图 10–18 所示。

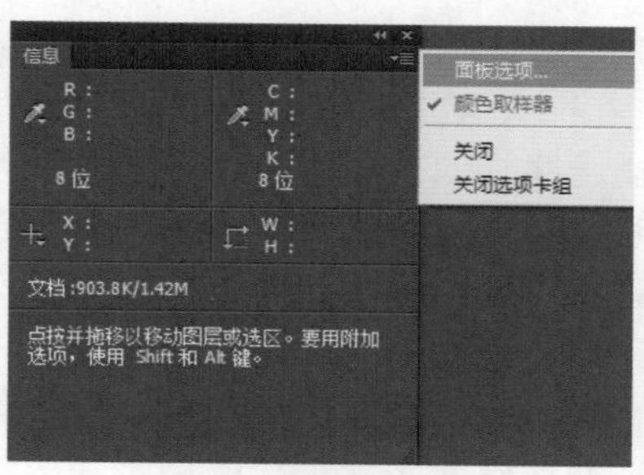

图 10-17 选择“面板选项”命令

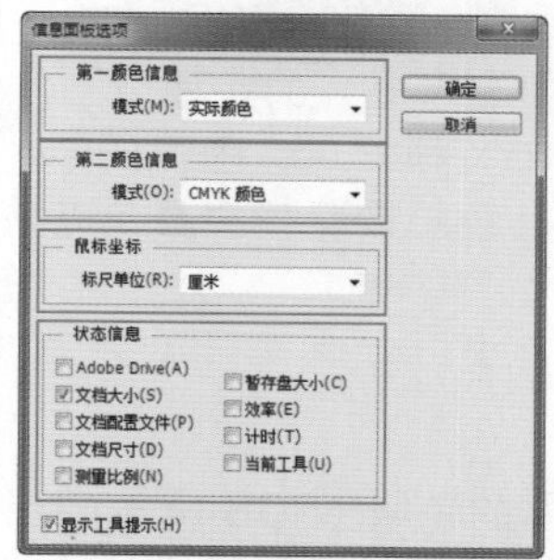

图 10-18 “信息面板选项”对话框

“第一颜色信息”选项区：在该选项区的下拉列表中可以设置面板中第一个吸管显示的颜色信息，如图 10–19 所示。选择“实际颜色”选项，可以显示图像当前颜色模式下的值；选择“校样颜色”选项，可显示图像的输出颜色空间值；选择“灰度”、“RGB”、“CMYK”等颜色模式，可显示相应颜色模式下的颜色值；选择“油墨总量”选项，可显示指针当前位置的所有（CMYK）油墨的总百分比；选择“不透明度”选项，可显示当前图层的不透明度，该选项不适用于背景。

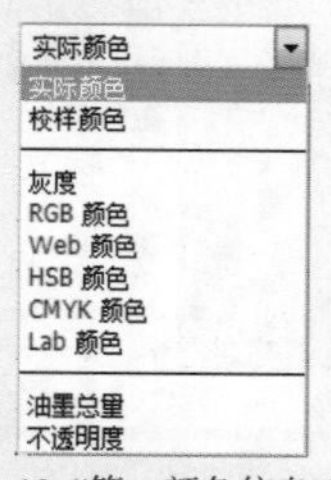

图 10-19 “第一颜色信息”列表

- "第二颜色信息"选项区：用来设置面板中第二个吸管显示的颜色信息。
- "鼠标坐标"选项区：用来设置鼠标光标位置的测量单位。
- "状态信息"选项区：可设置面板中"状态信息"处的显示内容。
- 显示工具提示：选中该选项，可在面板底部显示当前选择的工具的提示信息。

10.2 色域和溢色

由于色彩范围的不同，我们所接触的屏幕颜色与印刷色之间存在着一定的差异，屏幕颜色的原理是电子流冲击屏幕上的发光体使之发光来合成颜色，而印刷色则是通过油墨合成的颜色。

10.2.1 什么是色域和溢色

同一张图像在不同的颜色模式下，会有不同的颜色信息，当在计算机屏幕上看到一些漂亮艳丽的色彩，却无法印刷出同样的效果时，这就是由于色域与溢色所带来的影响。下面就来了解色域和溢色的相关知识。

1. 色域

色域即一种设备能够产生出的色彩范围。自然界可见光的颜色组成了较大的色域空间，它包含了人眼所能见到的一切颜色。RGB 模式（屏幕模式）比 CMYK 模式（印刷模式）的色域范围广，所以当 RGB 图像转换为 CMYK 模式后，图像的颜色信息会损失，这也是在屏幕上看起来漂亮的颜色无法印刷出来的原因所在。

2. 溢色

由于显示器的色域（RGB 模式）比打印机（CMYK 模式）的色域广，所以那些不能被打印机准确输出的颜色称为"溢色"。

在 Photoshop CC 中，使用"拾色器"或"颜色"面板设置颜色时，如果出现溢色，Photoshop 将会给出一个警告，如图 10–20 和图 10–21 所示。在它下面有一个小颜色块，这是 Photoshop 提供的与当前颜色最为接近的可打印颜色，单击该颜色块，就可以用它来替换溢色，如图 10–22 所示。

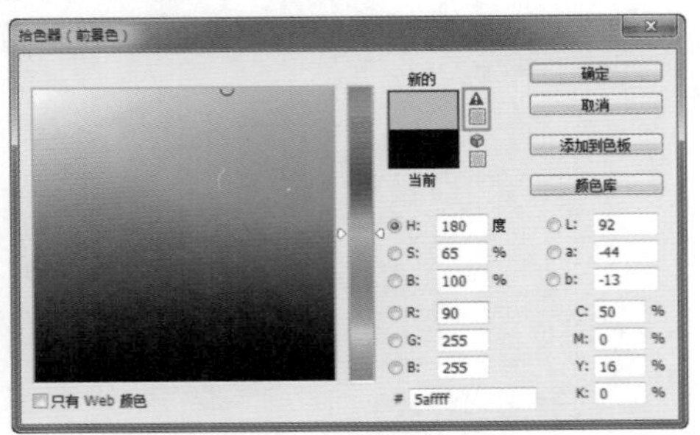

图 10-20 "拾色器"对话框

图 10-21 "颜色"面板

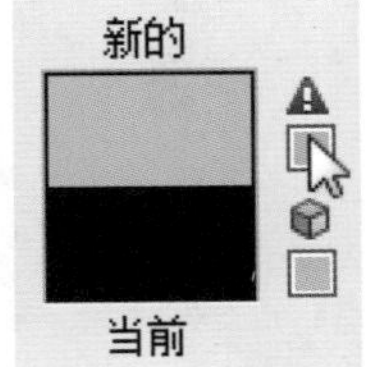

图 10-22 单击可替换溢色

如果使用"图像 > 调整"菜单中的命令，或者使用调整图层增加颜色的饱和度时，如果想在操作过程中了解图像中是否出现了溢色，可以先用"颜色取样器工具"建立取样点，如图 10–23 所示。然后在"信息"面板的吸管图标上单击鼠标右键并选择 CMYK 颜色，如图 10–24 所示。

图 10-23 建立取样点

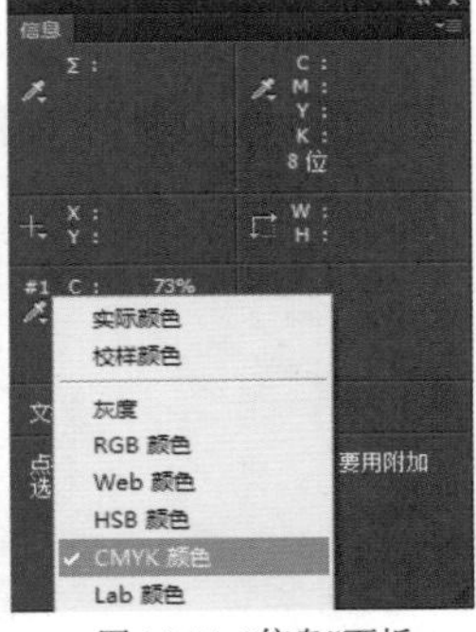

图 10-24 "信息"面板

对图像进行调整时，如图 10–25 所示。如果取样点颜色超出了 CMYK 色域，CMYK 值旁边便会出现惊叹号，如图 10–26 所示。

图 10-25 调整图像

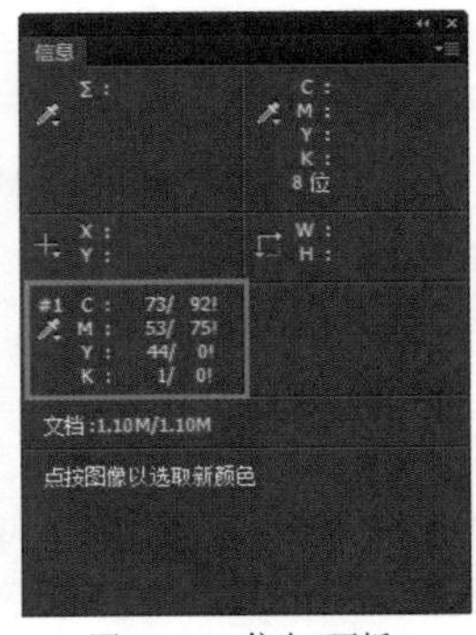

图 10-26 "信息"面板

10.2.2 开启溢色警告

打开素材图像“光盘\源文件\第10章\素材\102201.jpg”，如图10–27所示。如果想了解图像中哪些图像内容出现了溢色，可以执行“视图 > 色域警告”命令，画面中出现的灰色便是溢色区域，如图10–28所示。再次执行该命令，可以关闭色域警告。

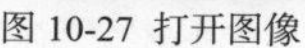

图 10-27 打开图像

图 10-28 溢色区域

10.2.3 在屏幕上模拟印刷

在创建用于商业印刷机上输出的图像时，如画册、海报、杂志封面等，可以在计算机屏幕上预览这些图像印刷后的效果。打开素材图像“光盘\源文件\第10章\素材\102301.jpg”，如图10–29所示。执行“视图 > 校样设置 > 工作中的 CMYK”命令，如图10–30所示。然后执行“视图 > 校样颜色”命令，启动电子校样，Photoshop CC 就会模拟图像在商用印刷机上的效果，如图10–31所示。

图 10-29 打开图像

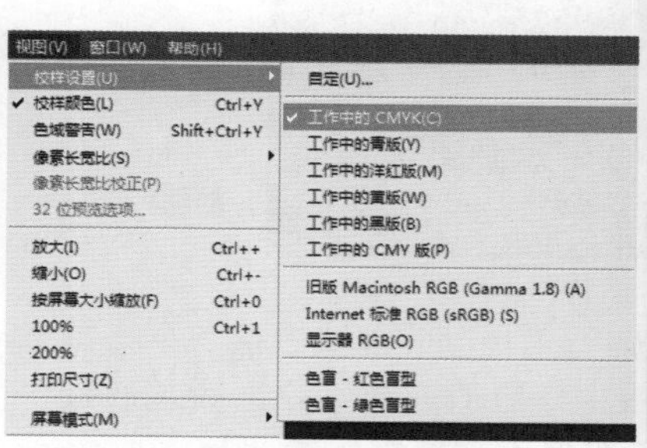

图 10-30 执行“视图”命令

图 10-31 图像效果

“校样颜色”只提供了一个 CMYK 模式预览，以便用户查看转换后 RGB 颜色信息的丢失情况，而并没有真正将图像转换为 CMYK 模式。如果要关闭电子校样，可以再次执行“校样颜色”命令。

提示

由于图像是印刷在纸张上的，无法表现出差异，用户可以使用提供的素材观察校样效果。

10.3 认识直方图

直方图是一种统计图形，它广泛应用于生活中的各领域，在图像领域直方图也有较强的应用性。例如，一些高档数码相机的 LCD（显示屏）上可以显示直方图，有了这项功能，我们在摄影时随时都可以查看照片的曝光情况。另外，在调整数码照片的影调时，直方图也发挥着非常重要的作用。

10.3.1 “直方图”面板

在 Photoshop CC 中，直方图用图形表示图像的每个亮度级别的像素数量，显示了像素在图像中的分布情况。通过查看直方图，就可以判断出图像的阴影、中间调和高光中包含的细节是否充足，以便对其进行适当的调整。

打开素材图像“光盘\源文件\第10章\素材\103101.jpg”，如图10–32所示。执行“窗口 > 直方图”命令，打开“直方图”面板，在该面板中可以查看图像的直方图，如图10–33所示。

图 10-32 图像效果

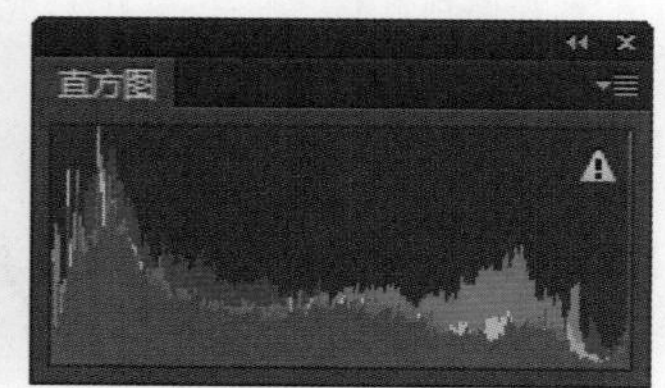

图 10-33 “直方图”面板

单击“直方图”面板右上角的倒三角按钮，弹出下拉菜单，如图11–34所示。在菜单中选择“扩展视图”命令，并在面板中的“通道”下拉列表中选择 RGB 选项，如图 11–35 所示。

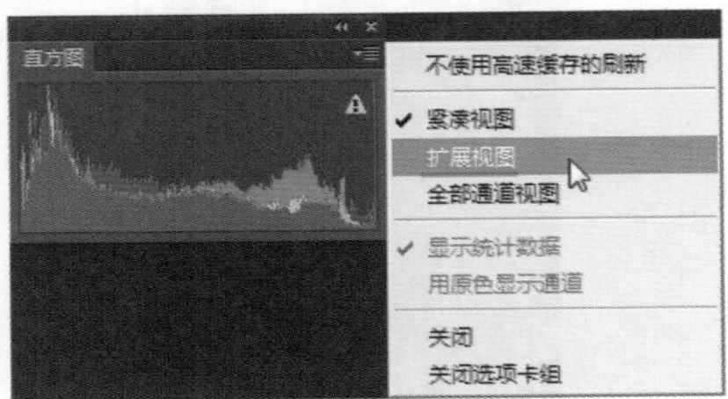

图 10-34 选择“扩展视图”选项

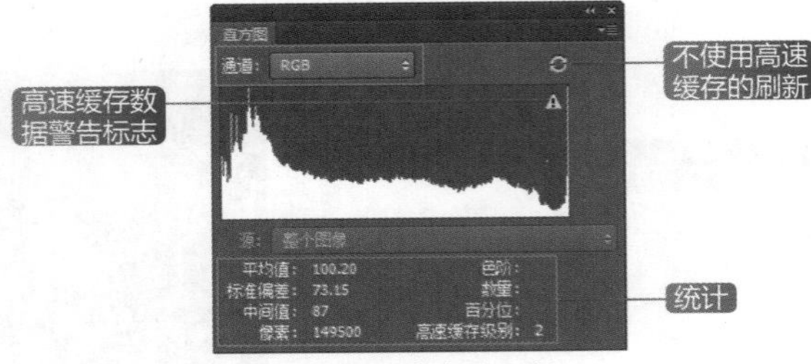

图 10-35 “直方图”面板

- 通道：在“通道”下拉列表中可以选择一个需要在“直方图”面板中查看的通道（包括颜色通道、Alpha 通道和专色通道），面板中就可以单独显示该通道的直方图。如果在“通道”下拉列表中选择“明度”选项，可以显示复合通道的亮度或强度值。如果在“通道”下拉列表中选择“颜色”选项，可以显示颜色中单个颜色通道的复合直方图。
- “不使用高速缓存的刷新”按钮：单击该按钮，可以刷新直方图，显示当前状态下的最新统计结果。
- 高速缓存数据警告标志：在“直方图”面板上，Photoshop CC 会在内存中高速缓存直方图，也就是说，最新的直方图是被 Photoshop 存储在内存中的，而并非实时显示在“直方图”面板中。此时直方图的显示速度较快，但并不能及时显示统计结果，面板中就会出现“高速缓存数据警告”标志，单击该标志，可以刷新直方图。
- 统计：显示了直方图中的统计数据。

提示

在调整图像时，“直方图”面板中会出现两个叠加的直方图，白色的是当前调整状态下的直方图（最新的直方图），灰色的是调整前的直方图，如图 13–36 所示。通过它们的对比，可以更加清楚地观察到直方图的变化情况。应用了调整之后，原始的直方图将被新直方图取代，如图 13–37 所示。

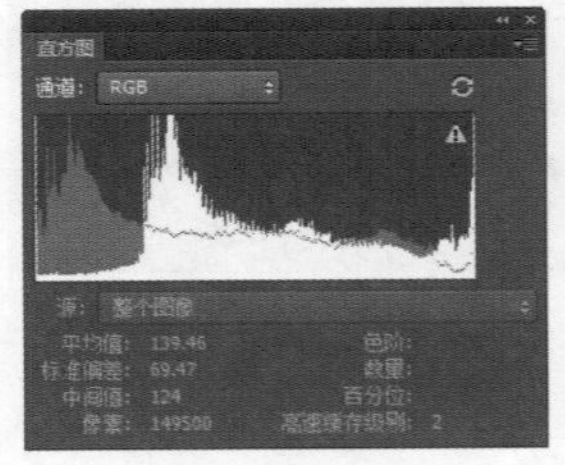

图 10-36 对图像进行调整时的直方图

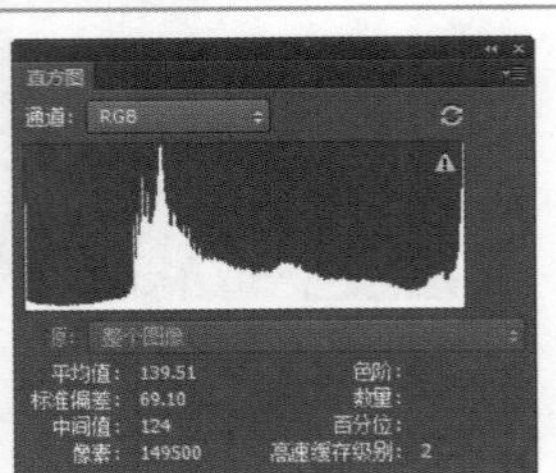

图 10-37 图像调整后的直方图

10.3.2 判断图像的影调和曝光

直方图的左侧代表了图像的阴影区域，中间代表了中间调，右侧代表了高光区域，如图 10–38 所示。直方图中的山脉代表了图像的数据，山峰则代表了数据的分布方式。较高的山峰表示该色调区域包含的像素较多，较低的山峰则表示该色调区域包含的像素较少。

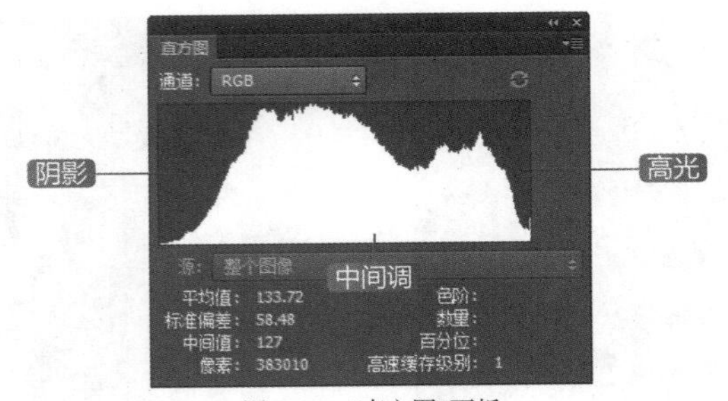

图 10-38 “直方图”面板

提示

曝光是指相机通过光圈大小、快门时间长短以及感光度高低控制光线，并投射到感光元件，形成影像的过程。简单地说，曝光就是按动快门后，相机形成影像的过程。

1. 曝光不足的照片

如图 10–39 所示为曝光不足的照片，整个画面色调较暗。在它的直方图中，山峰分布在直方图左侧，中间调和高光都缺少像素，如图 10–40 所示。

图 10-39 图像效果

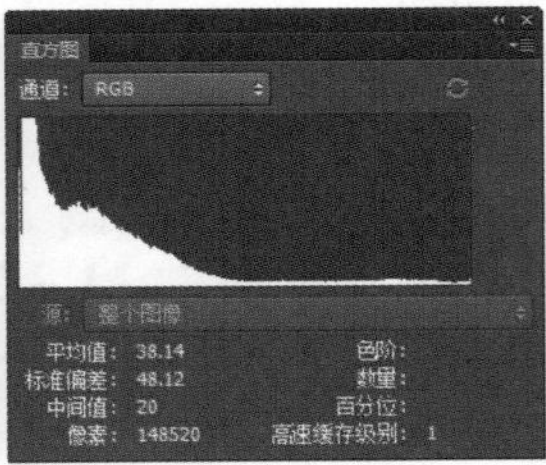

图 10-40 “直方图”面板

2. 曝光过度的照片

如图 10–41 所示为曝光过度的照片，画面色调较亮，人物的皮肤、衣服等高光区域都失去了层次。在它的直方图中，山峰整体都向右偏移，阴影缺少像素，如图 10–42 所示。

图 10-41 图像效果

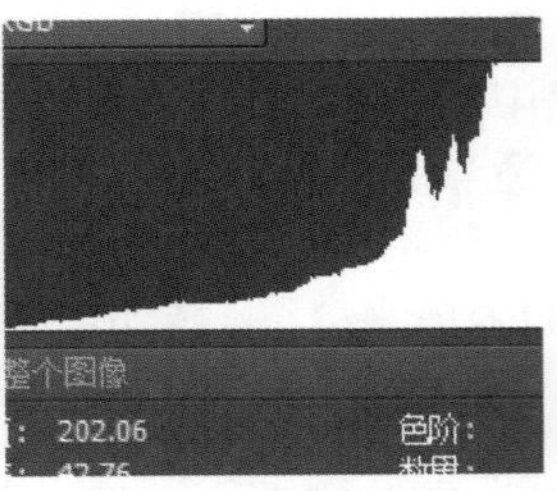

图 10-42 “直方图”面板

3. 反差过小的照片

如图 10-43 所示为反差过小的照片，照片灰蒙蒙的。在它的直方图中，两个端点出现空缺，说明阴影和高光区域缺少必要的像素，图像中最暗的色调不是黑色，最亮的色调不是白色，该暗的地方没有暗下去，该亮的地方没有亮起来，如图 10-44 所示。

图 10-43 图像效果

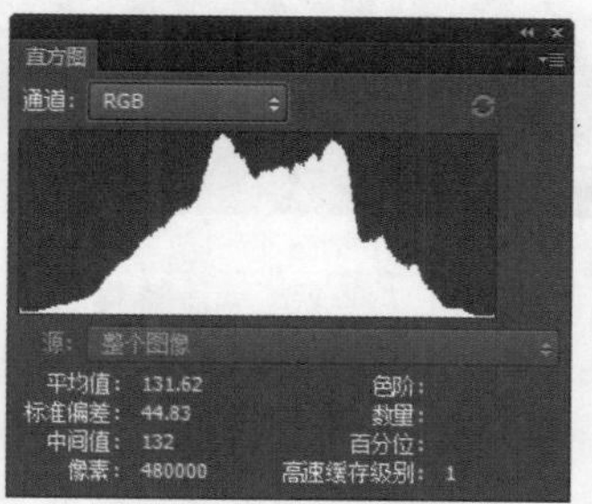

图 10-44 “直方图”面板

4. 暗部缺失的照片

如图 10-45 所示为暗部缺失的照片，衣服的暗部漆黑一片，没有层次，也看不到细节。在它的直方图中，一部分山峰紧贴直方图左端，它们就是代表全黑的部分（色阶 0），如图 10-46 所示。

图 10-45 图像效果

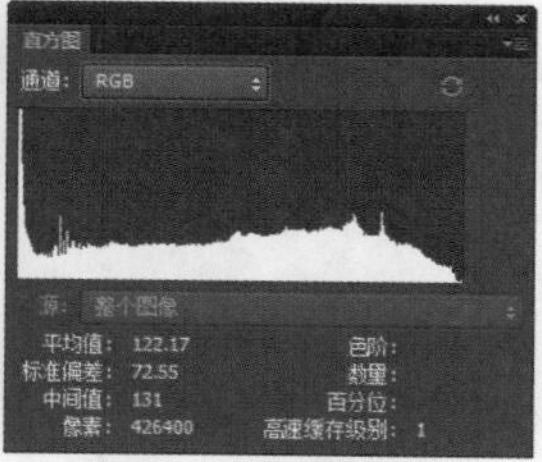

图 10-46 “直方图”面板

5. 高光溢出的照片

如图 10-47 所示为高光溢出的照片，人物脸部左侧的高光部分完全变成了白色，在它的直方图中，一部分山峰紧贴直方图右端，它们就是代表全白的部分（色阶 255），如图 10-48 所示。

图 10-47 图像效果

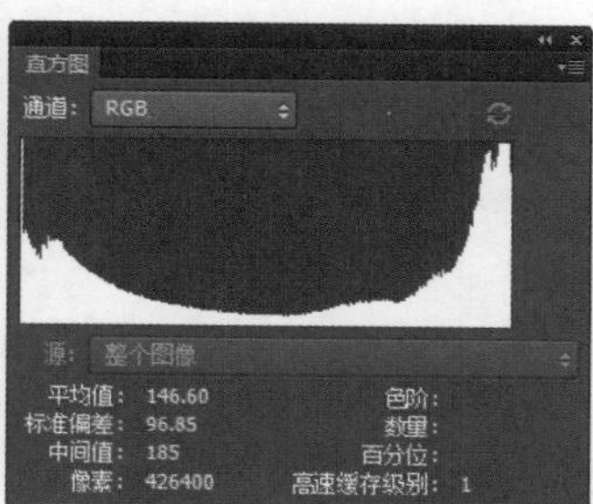

图 10-48 “直方图”面板

10.4 “色阶”命令

“色阶”可以调整图像的阴影、中间调和高光的强度级别，校正色调范围和色彩平衡，它是 Photoshop CC 最为重要的调整工具之一，简而言之，“色阶”不仅可以调整色调，还可以调整色彩。

10.4.1 “色阶”对话框

打开素材图像“光盘\源文件\第 10 章\素材\104101.jpg”，如图 10-49 所示。执行“图像 > 调整 > 色阶”命令，弹出“色阶”对话框，如图 10-50 所示。该对话框中的直方图可以作为调整参考依据，但它不能实时更新。

图 10-49 打开图像

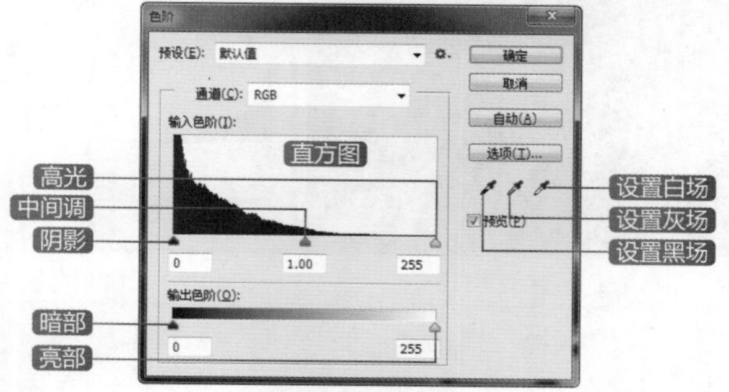

图 10-50 “色阶”对话框

- 预设：在该下拉列表中包含了 Photoshop 提供的预设调整文件。单击“预设”选项右侧的按钮，在弹出的下拉菜单中选择“存储预设”命令，可以将当前的调整参数保存为一个预设文件。在使用相同的方式处理其他图像时，可选择“载入预设”命令，载入该文件并自动完成调整。

- 通道：在下拉列表中可以选择要调整的通道。如果要同时编辑多个颜色通道，可在执行“色阶”命令之前，按住 Shift 键在“通道”面板中选择这些通道，如图 10–51 所示，则在“色阶”对话框的“通道”菜单会显示目标通道的缩写，如 GB 表示绿色和蓝色通道，如图 10–52 所示。

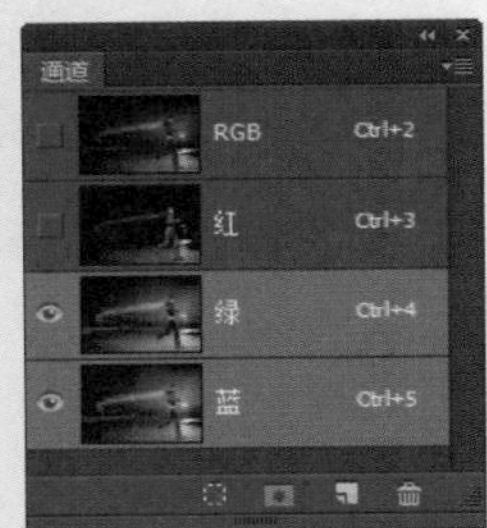

图 10-51 选择相应的通道

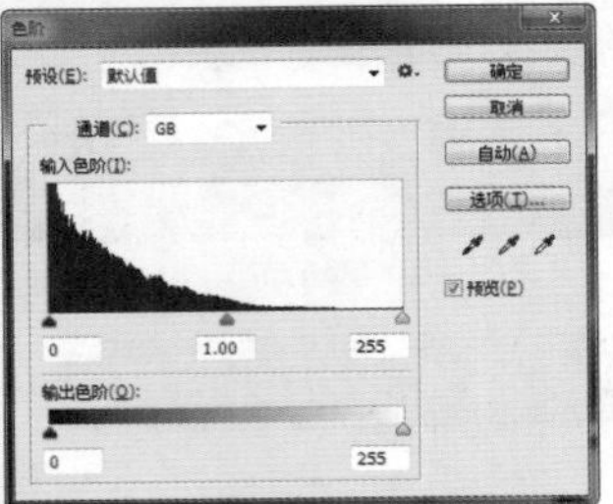

图 10-52 “色阶”对话框

● 输入色阶：用来调整图像的阴影、中间调和高光区域，可拖动滑块调整，也可以在滑块下面的文本框中输入数值来进行调整。

● 输出色阶：用来限定图像的亮度范围，拖动滑块调整，或者在滑块下面的文本框中输入数值，可以降低图像的对比度。

● “自动”按钮：单击该按钮，可以应用自动颜色校正，Photoshop 会以 0.5% 的比例自动调整图像色阶，使图像的亮度分布得更加均匀。

● “选项”按钮：单击该按钮，可以弹出“自动颜色校正选项”对话框，在该对话框中可设置黑色像素和白色像素的比例。

● “设置黑场”按钮：使用该工具在图像中单击，如图 10–53 所示，可将单击点的像素变为黑色，原图像中比该点暗的像素也变为黑色，“色阶”对话框如图 10–54 所示。

图 10-53 设置黑场

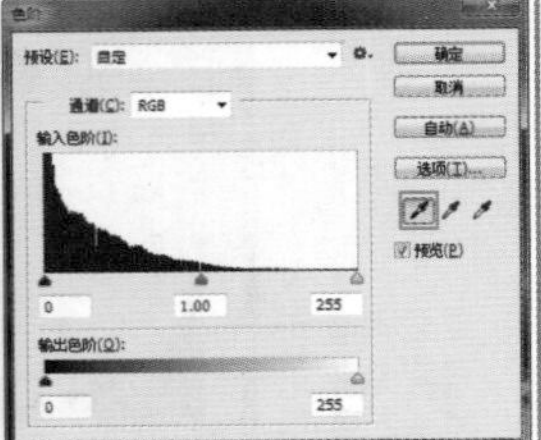

图 10-54 “色阶”对话框

● “设置灰场”按钮：使用该工具在图像中单击，如图 10–55 所示，可根据单击点的像素的亮度来调整其他中间色调的平均亮度，“色阶”对话框如图 10–56 所示。

图 10-55 设置灰场

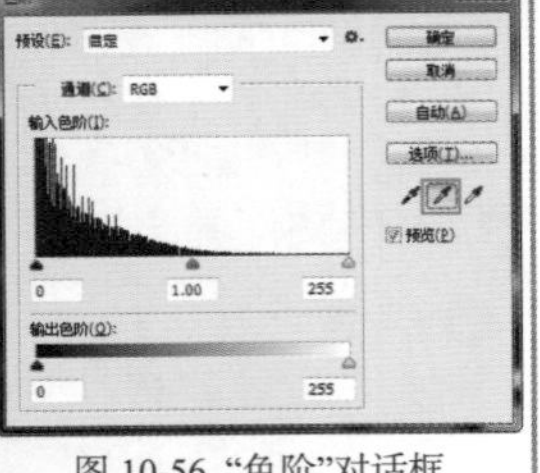

图 10-56 “色阶”对话框

● “设置白场”按钮：使用该工具在图像中单击，如图 10–57 所示，可将单击点的像素变为白色，比该点亮度值大的像素也都会变为白色，“色阶”对话框如图 10–58 所示

图 10-57 设置白场

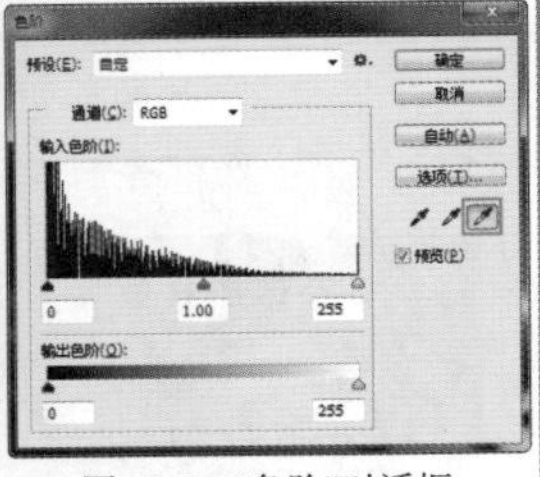

图 10-58 “色阶”对话框

使用“色阶”调整图像的对比度时，阴影和高光滑块越靠近直方图的中央，图像的对比度越强，但也越容易丢失图像的细节。如果能够将滑块精确定位在直方图的起点和终点上，便可以在保持图像细节不丢失的基础上获得最佳的对比度。

10.4.2 色阶调整原理

打开素材图像“光盘\源文件\第 10 章\素材\104201.jpg”，如图 10–59 所示。执行“图像 > 调整 > 色阶”命令，弹出“色阶”对话框，如图 10–60 所示。

图 10-59 打开图像

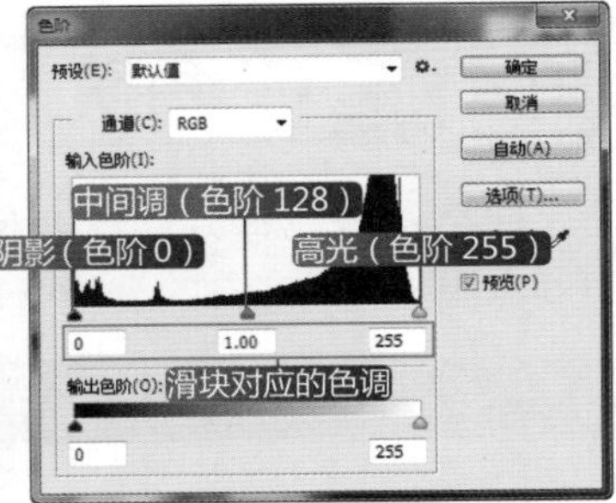

图 10-60 “色阶”对话框

在“输入色阶”选项区中，阴影滑块位于色阶 0 处，它所对应的像素是纯黑的。如果向右移动阴影滑块，Photoshop 就会将滑块当前位置的像素值映射为色阶“0”，也就是说，滑块所在位置左侧的所有像素都会变为黑色，如图 10–61 所示。

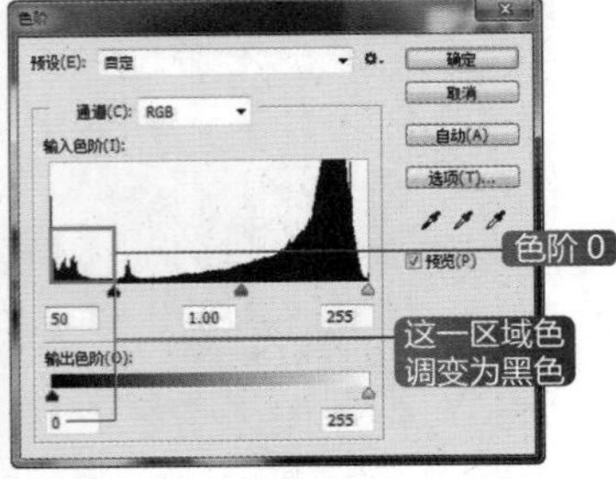

图 10-61 图像效果及“色阶”对话框

高光滑块位于色阶 255 处，它所对应的像素是纯

白的。如果向左移动高光滑块，滑块当前位置的像素值就会映射为色阶 255，因此，滑块所在位置右侧的所有像素都会变为白色，如图 10-62 所示。

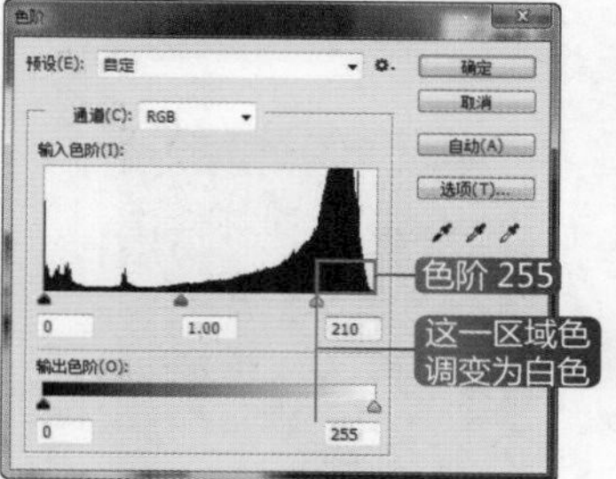

图 10-62 图像效果及“色阶”对话框

中间调滑块位于色阶 128 处，它用于调整图像中的灰度系数，可以改变灰色调中间范围的强度值，但不会明显改变高光和阴影。

“输出色阶”选项区中的两个滑块用来限定图像的亮度范围。当向右拖动暗部滑块时，它左侧的色调都会映射为滑块当前位置的灰色，图像中最暗的色调也就不再是黑色了，色调就会变灰；如果向左移动白色滑块，它右侧的色调都会映射为滑块当前位置的灰色，图像中最亮的色调就不再是白色了，色调就会变暗。

10.4.3 使灰暗照片变得清晰

“色阶”的阴影和高光滑块越靠近直方图中央，图像的对比度越强，但也越容易丢失细节。如果将滑块精确地定位在直方图的起点和终点上，就可以在保持图像细节不会丢失的基础上获得最佳的对比度。下面将通过一个练习来学习这种调整方法。

动手实践——使灰暗照片变得清晰

源文件：光盘\源文件\第 10 章\10-4-3.psd

视频：光盘\视频\第 10 章\10-4-3.swf

01 打开素材图像“光盘\源文件\第 10 章\素材\104301.jpg”，如图 10-63 所示。单击“图层”面板底部的“创建新的填充或调整图层”按钮，在弹出的下拉菜单中选择“色阶”命令，打开“属性”面板，如图 10-64 所示。

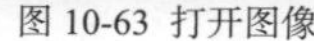

图 10-63 打开图像

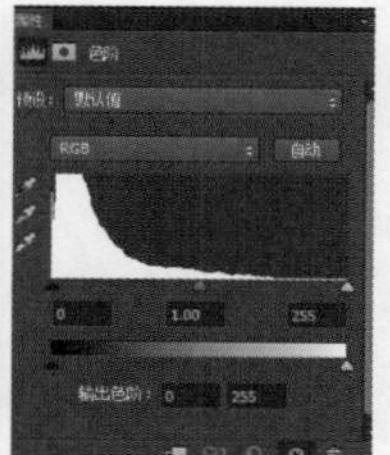

图 10-64 “属性”面板

02 在“属性”面板中向左拖动高光滑块，如图 10-65 所示。可以将整个画面调亮，效果如图 10-66 所示。

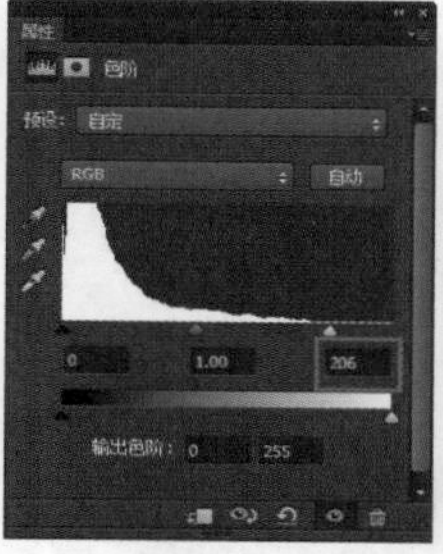

图 10-65 “属性”面板

图 10-66 图像效果

03 将中间调滑块向左拖动，如图 10-67 所示。可以增加色调的对比度，图像的效果就会变得清晰，如图 10-68 所示。

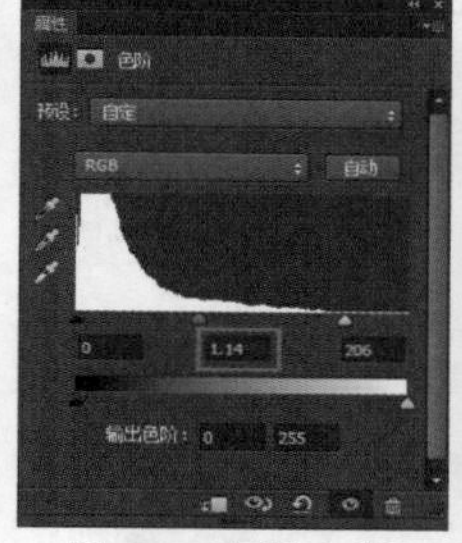

图 10-67 “属性”面板

图 10-68 图像效果

04 为了增加整个画面的层次感，可以适当对图像的对比度进行调整。单击“图层”面板底部的“创建新的填充或调整图层”按钮，在弹出的下拉菜单中选择“亮度 / 对比度”命令，打开“属性”面板，设置如图 10-69 所示。完成相应的设置，效果如图 10-70 所示。

图 10-69 “属性”面板

图 10-70 图像效果

10.4.4 校正图像的偏色

当使用数码相机拍摄时，需要设置正确的白平衡才能使照片准确还原色彩，否则就会导致颜色出现偏差。此外，室内人工照明对对象产生影响、照片由于年代久远而褪色、扫描或冲印过程中也会产生偏色。

动手实践——校正图像的偏色

源文件：光盘 \ 源文件 \ 第 10 章 \10-4-4.psd

视频：光盘 \ 视频 \ 第 10 章 \10-4-4.swf

01 打开素材图像“光盘 \ 源文件 \ 第 10 章 \ 素材 \104401.jpg”，如图 10–71 所示，首先需要判定照片出现了怎样的偏色。浅色或中性图像区域比较容易确定偏色，例如蓝色的天空、白色的衬衫等都是查找偏色的理想位置。

图 10-71 图像及“图层”面板

02 单击工具箱中的“颜色取样器工具”按钮，在衣服的高光处进行单击，建立取样点，如图 10–72 所示。弹出“信息”面板显示取样的颜色值，如图 10–73 所示

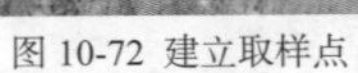

图 10-72 建立取样点

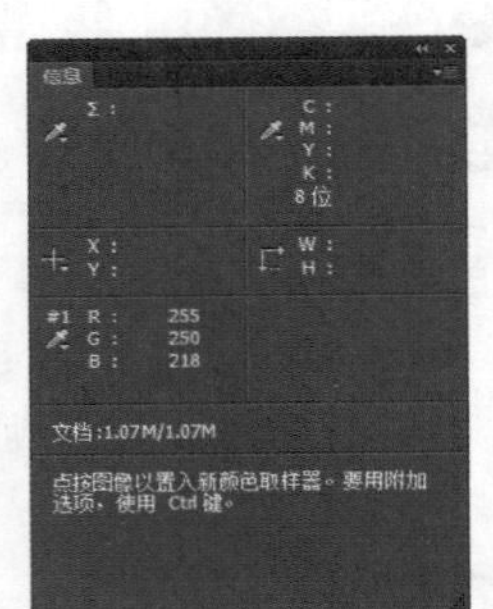

图 10-73 “信息”面板

03 在“信息”面板中，可以看到取样点的颜色值为 R：255、G：250、B：218。在 Photoshop CC 中，红、绿、蓝数值都为最大时，生成白色，如图 10–74 所示。如果照片中原本应该是白色的区域的 RGB 数值都不为最大时，说明它不是真正的白色，它一定包含了其他的颜色。如果 R 值高于其他值，说明图像偏红色；如果 G 值高于其他值，说明图像偏绿色；如果 B 值高于其他两个值，说明偏蓝色。而我们的取样点 R（红色）值最高，如图 10–75 所示。由此可以判断出照片偏红。

图 10-74 “颜色”面板

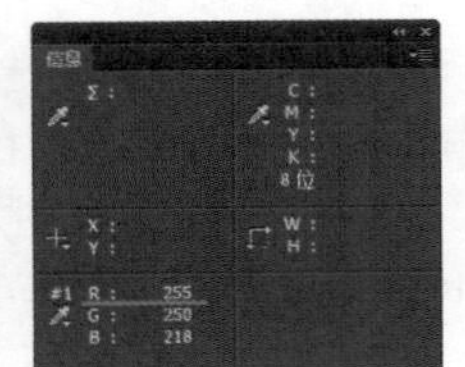

图 10-75 “信息”面板

04 单击“图层”面板底部的“创建新的填充或调整图层”按钮，在弹出的下拉菜单中选择“色阶”命令，打开“属性”面板，单击“在图像中取样以设置白场”按钮，如图 10–76 所示。将光标放在取样点上，如图 10–77 所示。

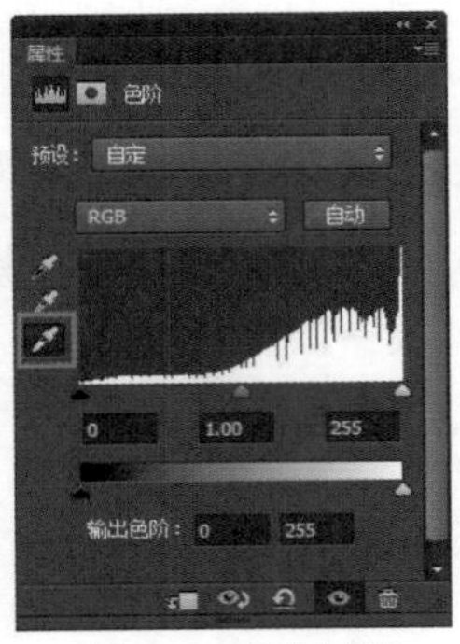

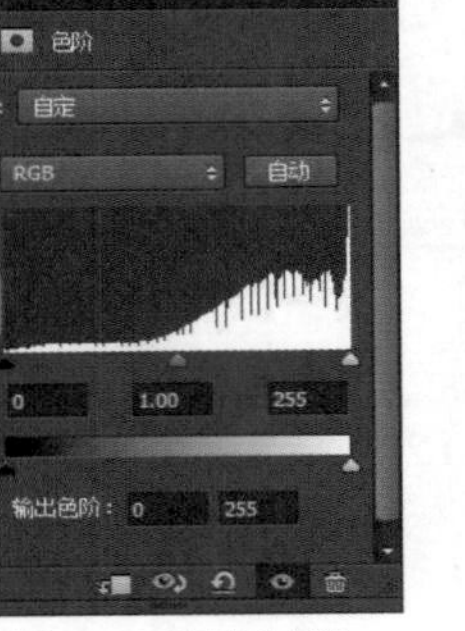

图 10-76 “属性”面板

图 10-77 将光标放置于取样点上

05 单击鼠标，Photoshop 会计算出单击点像素 RGB 的平均值，并根据该值调整其他中间色调的平均亮度，从而校正偏色，如图 10–78 所示。

图 10-78 图像效果及“图层”面板

10.4.5 快速修复灰蒙蒙的照片

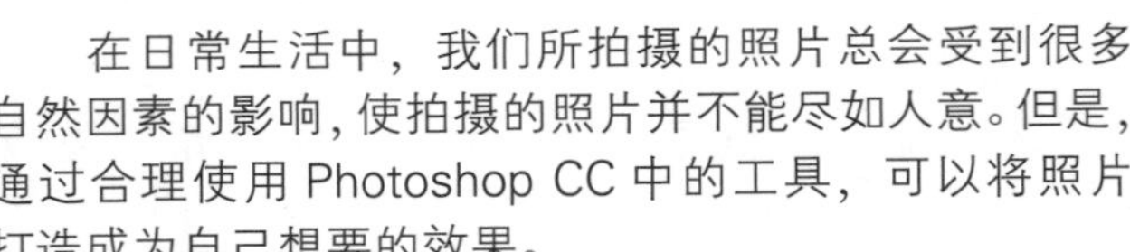

在日常生活中，我们所拍摄的照片总会受到很多自然因素的影响，使拍摄的照片并不能尽如人意。但是，通过合理使用 Photoshop CC 中的工具，可以将照片打造成为自己想要的效果。

动手实践——快速修复灰蒙蒙的照片

源文件：光盘 \ 源文件 \ 第 10 章 \10-4-5.psd

视频：光盘 \ 视频 \ 第 10 章 \10-4-5.swf

01 打开素材图像“光盘 \ 源文件 \ 第 10 章 \ 素材 \104501.jpg”，复制“背景”图层，得到“背景 拷贝”图层，如图 10–79 所示。执行“图像 > 调整 > 色阶”命令，弹出“色阶”对话框，如图 10–80 所示。

图 10-79 打开图像

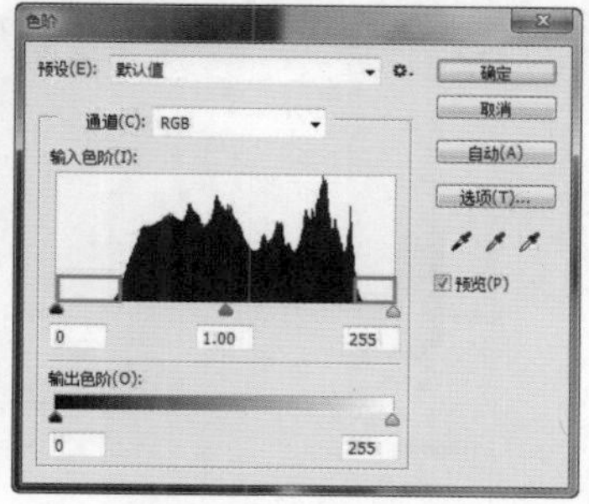

图 10-80 “色阶”对话框

02 在“色阶”对话框中可以看到，山脉的两个端点并没有延伸到直方图的两个端点上，这说明图像中最暗的点不是黑色，最亮的点也不是白色，因此图像就会缺乏对比度，造成图像比较灰暗。

03 按住 Alt 键向右拖动阴影滑块，临时切换为“阈值”模式，如图 10-81 所示。这时可以看到一个高对比度的预览图像，如图 10-82 所示。

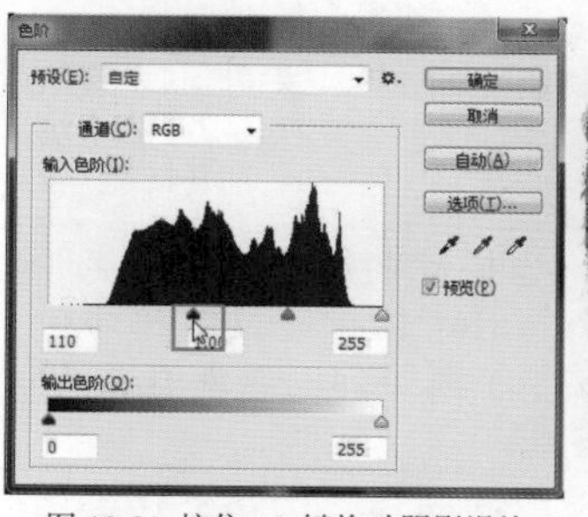

图 10-81 按住 Alt 键拖动阴影滑块

图 10-82 图像效果

技巧

在“色阶”对话框中按住 Alt 键不放拖动滑块，可以临时将图像的显示方式切换为“阈值”模式的显示方式，通过“阈值”模式的显示方式，可以更方便地分辨图像的对比度。“色阶”对话框中的“阈值”模式不适用于 CMYK 模式的图像。

04 按住 Alt 键不放拖动阴影滑块至直方图最左侧的断点上，图像出现阈值状态的高对比度图像，如图 10-83 所示。按住 Alt 键不放拖动高光滑块至直方图最右侧的断点上，图像出现阈值状态的高对比度图像，如图 10-84 所示。

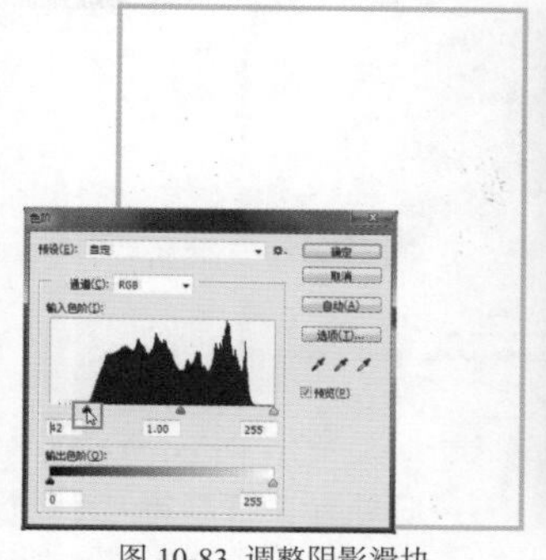

图 10-83 调整阴影滑块

图 10-84 调整高光滑块

05 完成色阶的调整设置，可以看到调整后的图像比处理前更加清晰了。如图 10-85 所示为图像处理前后的效果对比。

处理前　　处理后

图 10-85 图像处理前后效果对比

10.5 “曲线”命令

“曲线”命令也是用来调整图像色彩与色调的，它比“色阶”命令的功能更加强大，色阶只有 3 个调整功能，即白场、黑场和灰度系数；而“曲线”命令允许在图像的整个色调范围内（从阴影到高光）最多调整 16 个点。在所有的调整工具中，曲线可以提供最为精确的调整结果。

10.5.1 “曲线”对话框

打开素材图像“光盘\源文件\第 10 章\素材\105101.jpg”，如图 10-86 所示。执行“图像 > 调整 > 曲线”命令，弹出“曲线”对话框，如图 10-87 所示。

图 10-86 打开图像

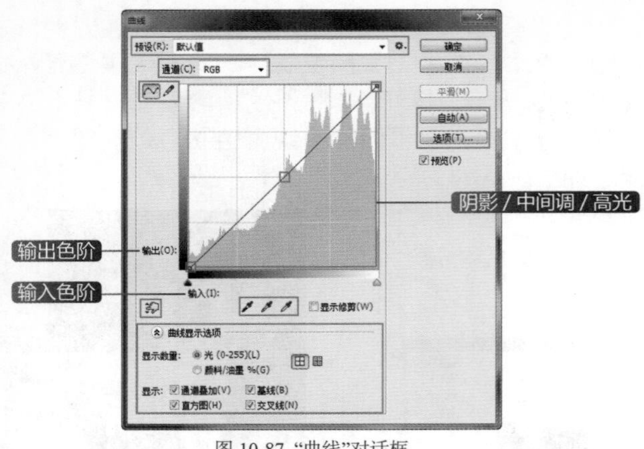

图 10-87 “曲线”对话框

● 预设：在该选项的下拉列表中包含了 Photoshop 提供的曲线预设选项，如图 10–88 所示。当选择“无”时，可通过拖动曲线来调整图像；选择其他选项时，则可以使用预设文件调整图像。

图 10-88 “预设”下拉列表

提示

单击“预设”选项右侧的按钮，可以弹出下拉菜单，选择“储存预设”命令，可以将当前的调整状态保存为一个预设文件，在对其他图像应用相同的调整时，可以选择“载入预设”命令，用载入的预设文件自动调整；选择“删除当前预设”命令，则删除所储存的预设文件。

● 通道：在该选项的下拉列表中可以选择需要调整的通道。RGB 模式的图像可以调整 RGB 复合通道和红、绿、蓝色通道，如图 10–89 所示。CMYK 模式的图像可调整 CMYK 复合通道和青色、洋红、黄色、黑色通道。

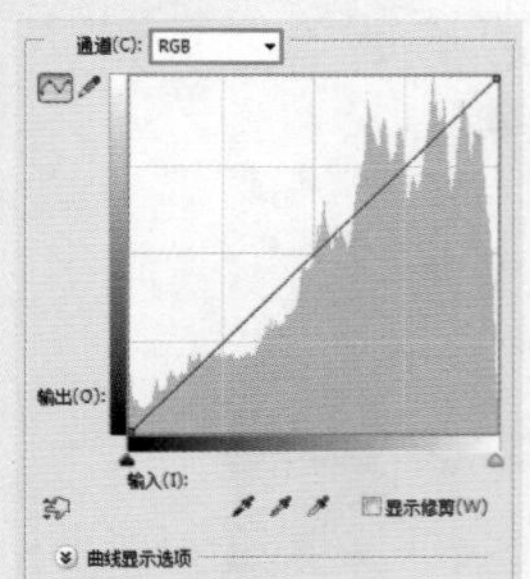

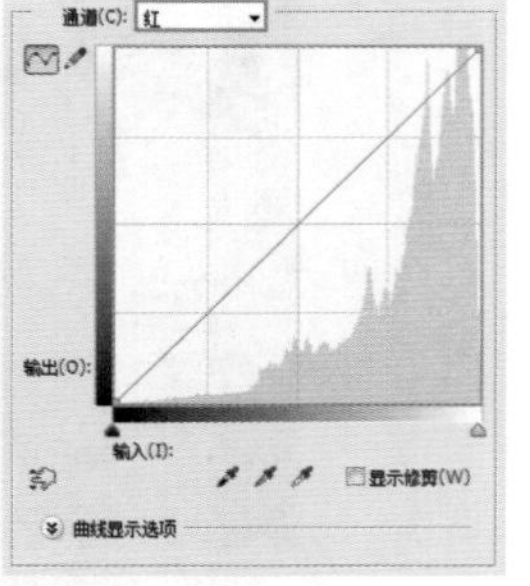

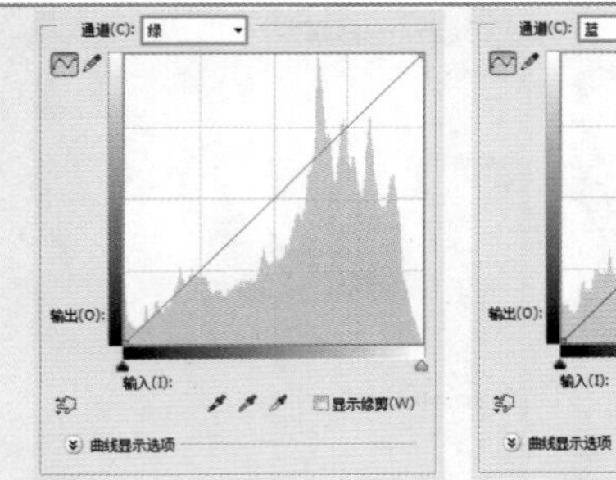

图 10-89 各通道曲线效果

● “在图像上单击并拖动可修改曲线”按钮：单击该按钮，可以直接在图像中拖动鼠标调整图像的色调，同时“曲线”对话框中的曲线形状也会随之发生变化。

● “编辑点以修改曲线”按钮：单击该按钮，在曲线中单击可添加新的控制点，拖动控制点可以改变曲线形状，即可对图像进行调整。

● “通过绘制来修改曲线”按钮：单击该按钮，可以在对话框中手动绘制自由曲线。绘制自由曲线后，可单击“编辑点以修改曲线”按钮，在曲线上显示控制点。

● 输入色阶 / 输出色阶：当拖动曲线上的控制点，调整曲线形状时，“输入”和“输出”文本框中会出现相应的值，“输入”显示了调整前的像素值，“输出”显示了调整后的像素值。

● 阴影 / 中间调 / 高光：移动曲线左下角的控制点可以调整图像的阴影区域；移动曲线中间的控制点可以调整图像的中间调；移动曲线右上角的控制点可调整图像的高光区域。

● “在图像中取样以设置黑场”/“在图像中取样以设置灰场”/“在图像中取样以设置白场”：“曲线”对话框中的这 3 个工具与“色阶”对话框中相应工具的作用以及使用方法相同。

● “自动”按钮：单击该按钮，可对图像应用“自动颜色”、“自动对比度”或“自动色调”校正。具体的校正内容取决于“自动颜色校正选项”对话框中的设置。

● “选项”按钮：单击该按钮，弹出“自动颜色校正选项”对话框，如图 10–90 所示。自动颜色校正选项用来控制由“色阶”和“曲线”中的“自动颜色”、“自动色调”、“自动对比度”和“自动”选项应用的色调和颜色校正。它允许指定阴影和高光剪切百分比，并为阴影、中间调和高光指定颜色值。

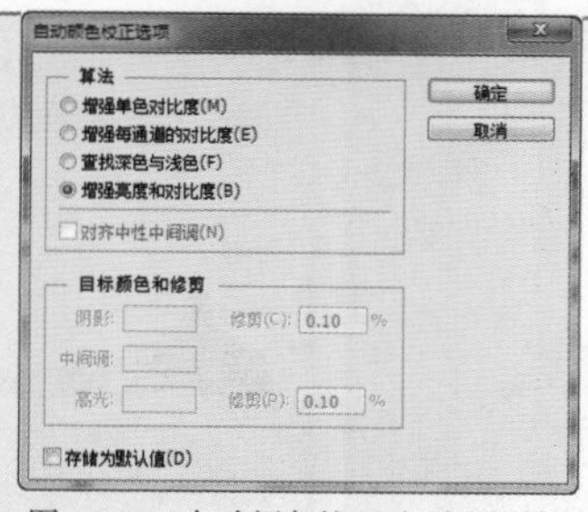

图 10-90 “自动颜色校正选项”对话框

“曲线显示选项”选项区：该选项用于设置曲线显示的相关参数，包括设置显示的数量和显示方式。如果单击“以四分之一色调增量显示简单网格”按钮田，则以 1/4 色调增量显示简单网格，如图 10-91 所示。如果单击“以 10% 增量显示详细网格”按钮▦，则以 10% 色调增量显示详细网格，如图 10-92 所示。

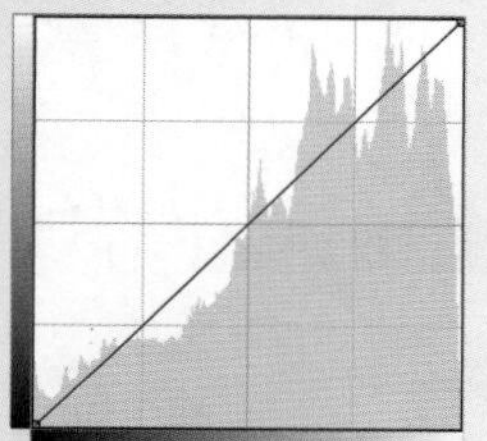

图 10-91 以 1/4 色调增量显示简单网格

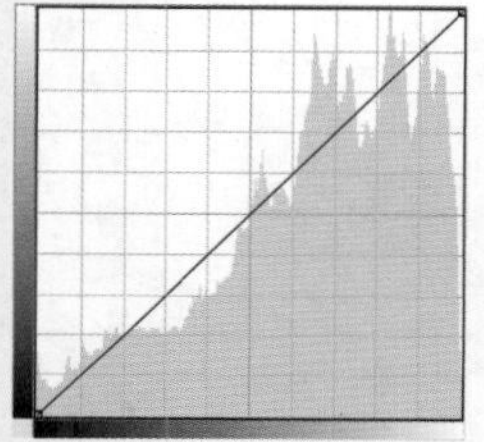

图 10-92 以 10% 色调增量显示详细网格

技巧

按住 Alt 键不放在曲线网格图上单击鼠标左键，也可以快速在两种网格显示方式之间进行切换。

“曲线”命令非常适合调整图像中指定色调的范围，通过使用该命令调整后，不会使图像整体变暗或变亮。本实例介绍如何通过“曲线”命令校正图像的色调和影调，使其比原图像更加生动、漂亮。

10.5.2 曲线调整原理

打开素材图像“光盘\源文件\第 10 章\素材\105201.jpg”，如图 10-93 所示。执行“图像 > 调整 > 曲线”命令曲，弹出“曲线”对话框，如图 10-94 所示。

图 10-93 打开图像

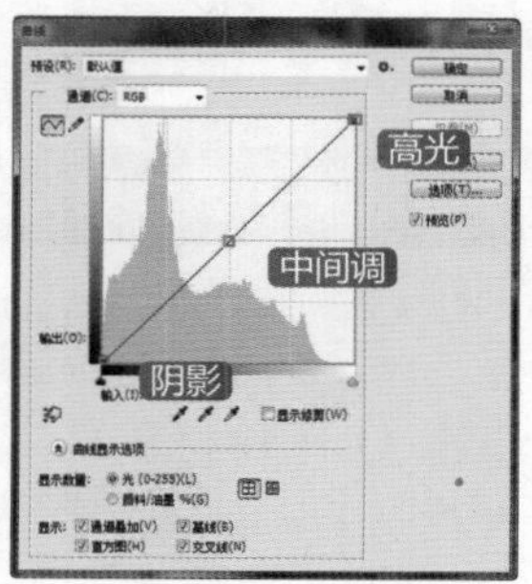

图 10-94 “曲线”对话框

在“曲线”对话框中，水平的渐变颜色条为输入色阶，它代表了像素的原始强度值；垂直的渐变颜色条为输出色阶，它代表了调整曲线后像素的强度值。调整曲线以前，这两个数值是相同的。在曲线上单击，添加一个控制点，当向上拖动该点时，在输入色阶中可以看到图像中正在被调整的色调（色阶 107），在输出色阶中可以看到被调整后的色调（色阶 147），如图 10-95 所示。因此，图像就会变亮，如图 10-96 所示。

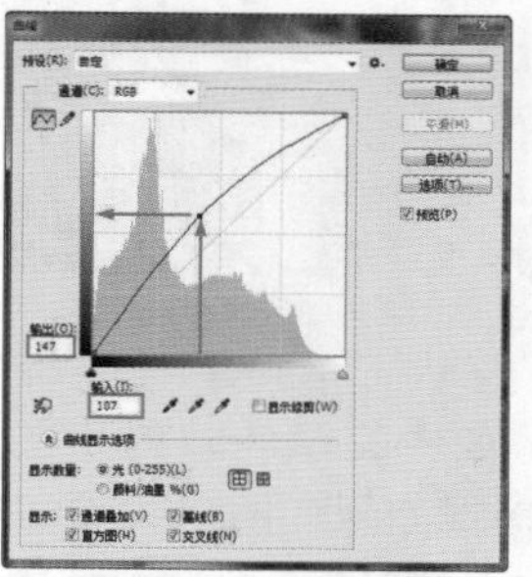

图 10-95 “曲线”对话框

图 10-96 图像效果

提示

整个色阶范围为 0~255，0 代表了全黑，255 代表了全白。因此，色阶值越高，色调越亮。

如果向下移动控制点，Photoshop CC 会将所调整的色调映射为更深的色调（将色阶 142 映射为色阶 111），如图 10-97 所示。图像也会因此而变暗，如图 10-98 所示。

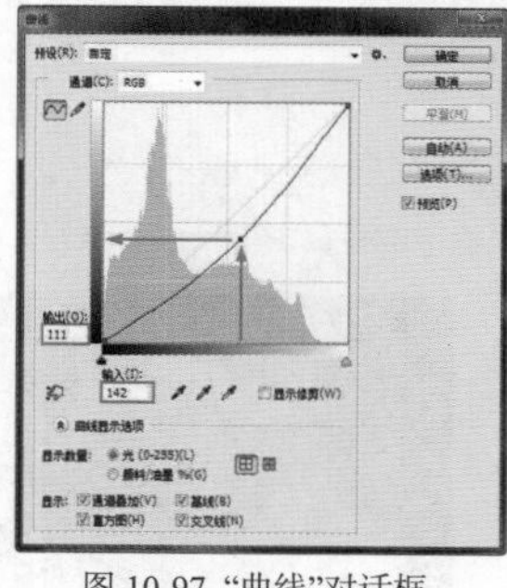

图 10-97 “曲线”对话框

图 10-98 图像效果

如果沿水平方向向右拖动左下角的控制点，如图 10-99 所示。可以将输入色阶中该点左侧的所有灰色都映射为黑色，图像效果如图 10-100 所示。

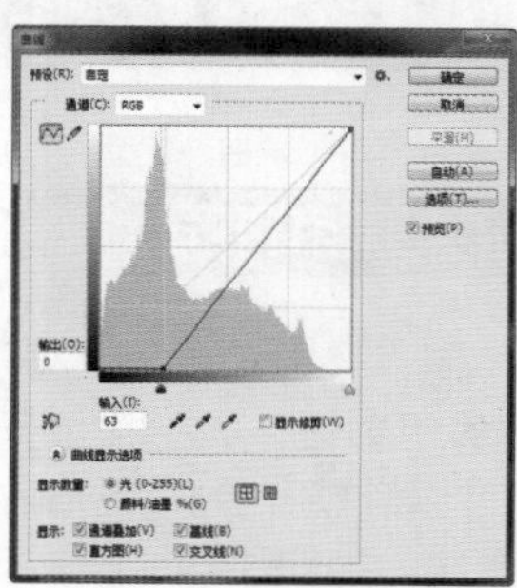

图 10-99 “曲线”对话框

图 10-100 图像效果

如果沿水平方向向左拖动右上角的控制点，如图 10–101 所示。可以将输入色阶中该点右侧的所有灰色都映射为白色，图像效果如图 10–102 所示。

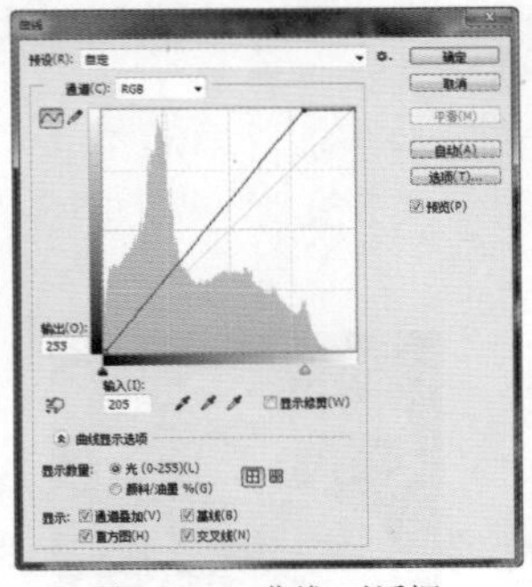

图 10-101 “曲线”对话框

图 10-102 图像效果

如果沿垂直方向向上拖动左下角的控制点，如图 10–103 所示。可以将图像中的黑色映射为该点所对应的输出色阶中的灰色，图像效果如图 10–104 所示。

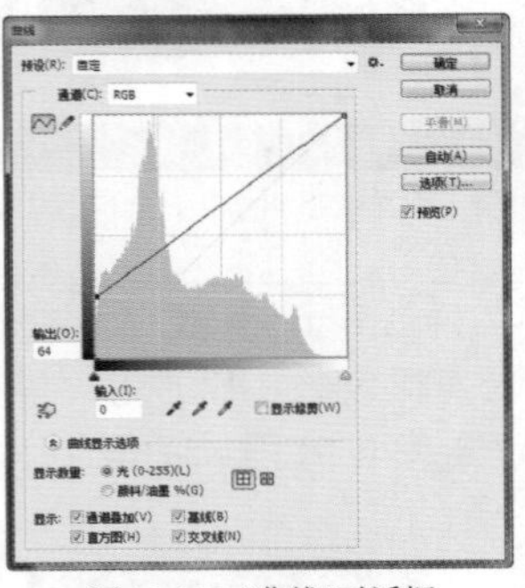

图 10-103 “曲线”对话框

图 10-104 图像效果

如果沿垂直方向向下拖动右上角的控制点，如图 10–105 所示。可以将图像中的白色映射为该点所对应的输出色阶中的灰色，图像效果如图 10–106 所示。

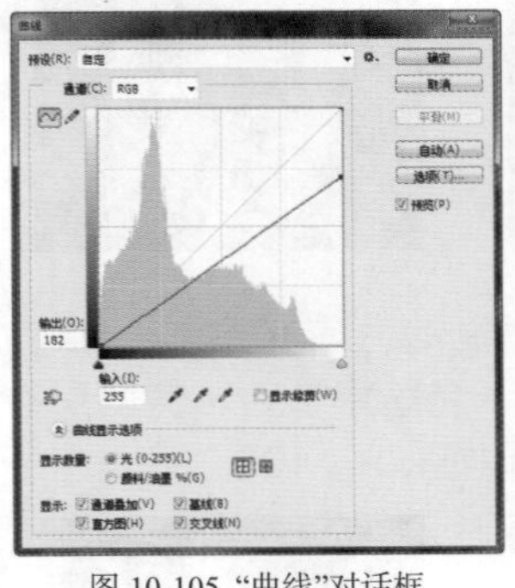

图 10-105 “曲线”对话框

图 10-106 图像效果

10.5.3 曲线与色阶调整的相同和不同

曲线上面有两个预设的控制点，即“阴影”和“高光”。“阴影”可以调整照片中的阴影区域，它相当于“色阶”中的阴影滑块；“高光”可以调整照片的高光区域，它相当于“色阶”中的高光滑块，如图 10–107 所示。

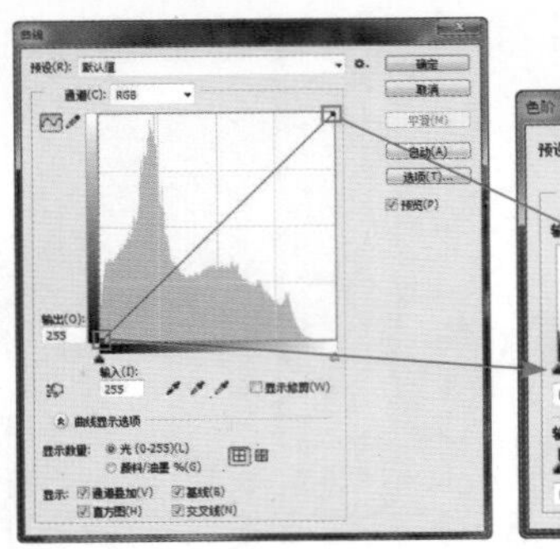

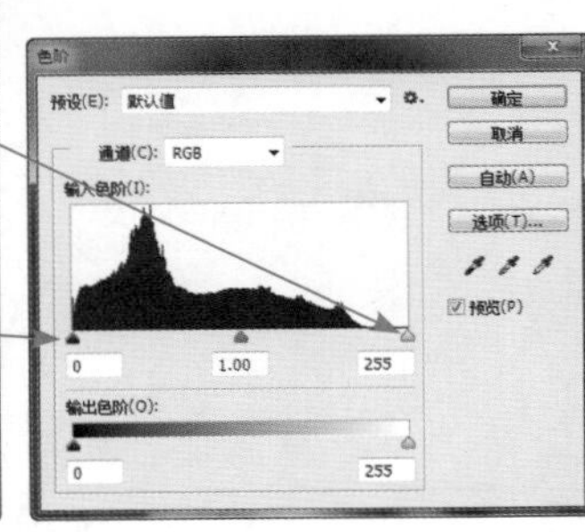

图 10-107 “曲线”与“色阶”对话框

如果在曲线的中央（1/2 处）单击，添加一个控制点，该点则可以调整照片的中间调，它相当于“色阶”的中间调滑块，如图 10–108 所示。

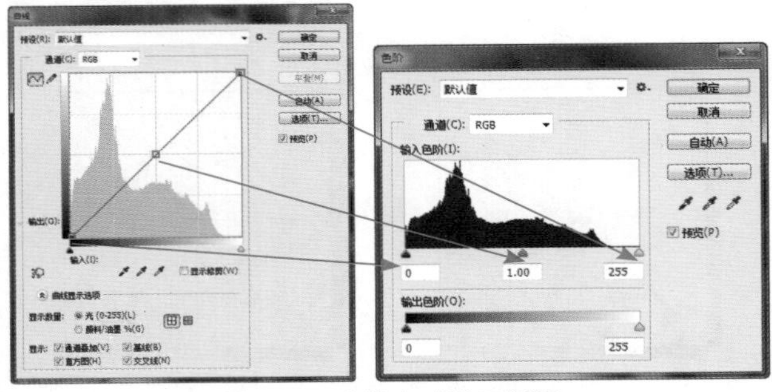

图 10-108 “曲线”与“色阶”对话框

但是曲线上最多可以有 16 个控制点，也就是说，它能够把整个色调范围（0~255）分成 15 段来调整，因此，对于色调的控制非常精确。然而，色阶只有 3 个滑块，它只能分三段（阴影、中间调、高光）调整色阶。因此，曲线对于色调的控制可以做到更加精确，它可以调整一定色调区域内的像素，而不影响其他像素，色阶是无法做到这一点的，这也是曲线的强大之处。

10.5.4 调整曝光过度的图像

在拍摄照片时，由于外界的影响，照片会出现曝光，曝光过度的照片色调较亮，人物的皮肤、衣服等高光区域都失去了层次，不能清晰地看出照片的细节部分。通过使用 Photoshop CC 中的工具可以解决照片曝光的问题。

动手实践——调整曝光过度的图像

源文件：光盘 \ 源文件 \ 第 10 章 \10-5-4.psd

视频：光盘 \ 视频 \ 第 10 章 \10-5-4.swf

01 打开素材图像“光盘\源文件\第 10 章\素材\105401.jpg”，如图 10–109 所示。单击“图层”面板底部的“创建新的填充或调整图层”按钮，在弹出的下拉菜单中选择“曲线”命令，打开“属性”面板，设置如图 10–110 所示。

图 10-109　打开图像

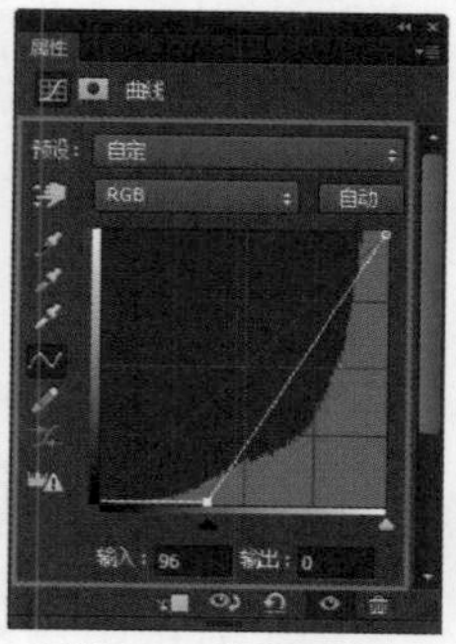

图 10-110　调整曲线

02 完成相应的设置，效果如图 10–111 所示。选择“画笔工具”，设置“前景色”为黑色，在选项栏中设置“不透明度”为 50%，在图层蒙版中对人物皮肤部分进行相应的涂抹，效果如图 10–112 所示。

图 10-111　调整曲线后的效果

图 10-112　图像效果

10.5.5 修复图像白平衡

在使用数码相机拍摄照片时，只有正确地对白平衡进行设置，才能使照片准确还原色彩，否则会导致颜色偏差。

数码相机的白平衡可以用色温来衡量。随着颜色的升高，光线的颜色会发生改变，色温越高，颜色越偏蓝；色温越低，颜色越偏红。下面将通过实例来介绍怎样修复图像的白平衡。

动手实践——修复图像白平衡 

源文件：光盘 \ 源文件 \ 第 10 章 \10-5-5.psd

视频：光盘 \ 视频 \ 第 10 章 \10-5-5.swf

01 打开素材图像“光盘 \ 源文件 \ 第 10 章 \ 素材 \105501.jpg”，如图 10–113 所示。单击“图层”面板底部的“创建新的填充或调整图层”按钮，在弹出的下拉菜单中选择“曲线”命令，打开“属性”面板，单击“在图像中取样以设置白场”按钮，如图 10–114 所示。

图 10-113　打开图像

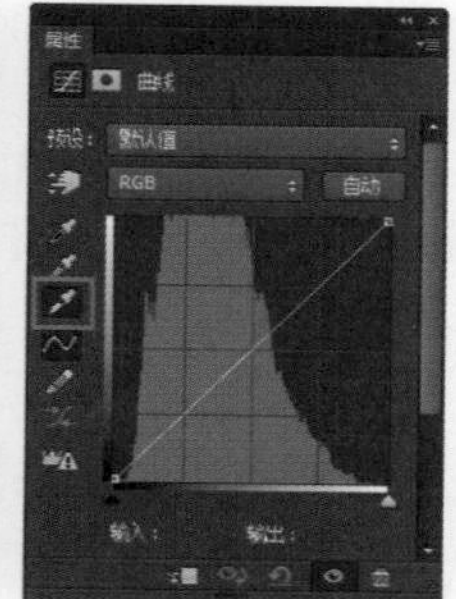

图 10-114 “色阶”面板

02 将光标移至图像原来应该是白色的位置，如图 10–115 所示。单击设置取样点，以矫正白平衡，如图 10–116 所示。

图 10-115　选择取样点位置

图 10-116　矫正白平衡

03 在“属性”面板中，对图像色调进行进一步的调整。在曲线上添加两个控制点，将上面的控制点向上拖动，将画面调亮；将下面的控制点稍微向下移动一下，增加色调的对比度，如图 10–117 所示。完成相应的设置，效果如图 10–118 所示。

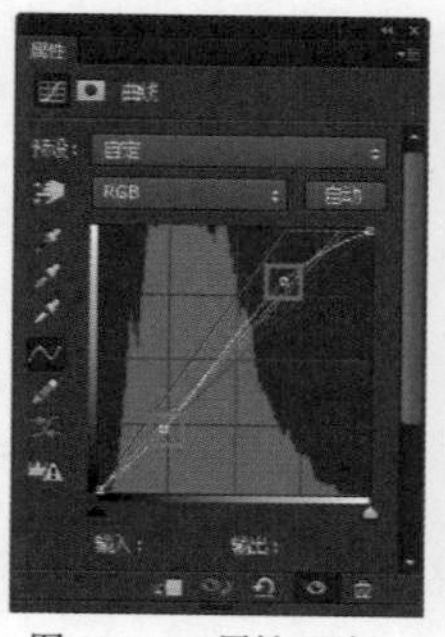

图 10-117 “属性”面板

图 10-118　图像效果

10.5.6 使图像色彩更艳丽

如何将一些灰蒙蒙、不清晰、色调暗沉的照

片打造成色彩鲜艳、美观的效果呢？我们可以通过 Photoshop CC 中调整图像色调的工具进行调整。

动手实践——使图像色彩更艳丽

源文件：光盘\源文件\第 10 章\10-5-6.psd

视频：光盘\视频\第 10 章\10-5-6.swf

01 打开素材图像“光盘\源文件\第 10 章\素材\105601.jpg”，如图 10–119 所示。单击“图层”面板底部的“创建新的填充或调整图层”按钮，在弹出的下拉菜单中选择“曲线”命令，打开“属性”面板，在曲线中间位置上单击，以设置控制点，如图 10–120 所示。

图 10-119 打开图像

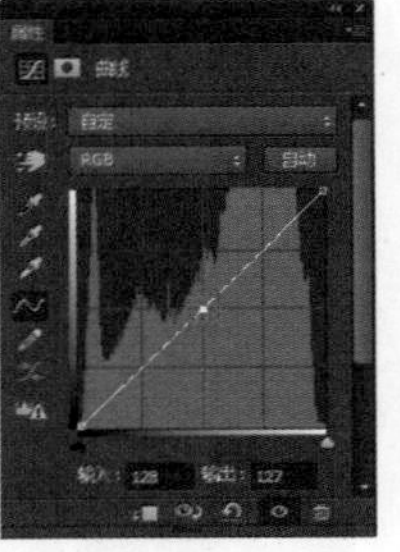

图 10-120 “属性”面板

02 然后，在曲线左下角单击添加一个控制点，并将该点向上拖动，将阴影的色调调亮，从而增强整个图像的亮度。接下来在曲线右上角添加一个控制点，并将该点向上拖动，从而增加对比度，使整个图像色调清晰，如图 10–121 所示。完成相应的设置，效果如图 10–122 所示。

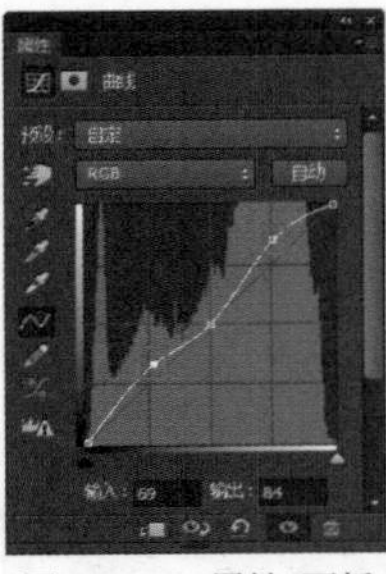

图 10-121 “属性”面板

图 10-122 图像效果

03 使用相同的方法，添加“色相 / 饱和度”调整图层，在“属性”面板中对相关参数进行设置，如图 10–123 所示。完成相应的设置，效果如图 10–124 所示。

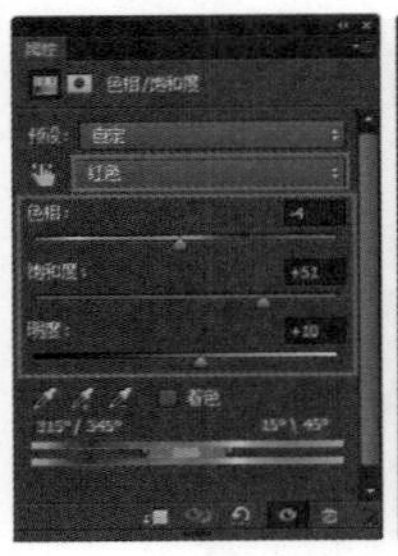

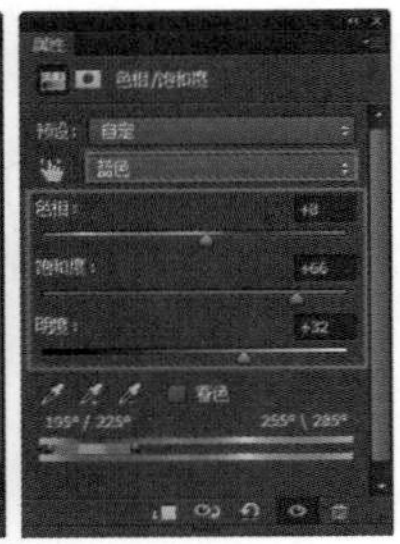

图 10-123 “属性”面板

图 10-124 图像效果

10.6 本章小结

本章系统介绍了 Photoshop CC 中对图像颜色和色调调整的高级操作，例如使用“色阶”命令校正偏色的图像、使用“曲线”调整图像等，并且还详细介绍了各个命令中各选项的功能和概念。通过本章的学习，用户需要理解各选项的概念，并能熟练使用其命令。

第11章 使用 Camera Raw 8.0 处理照片

目前，数码相机在普通家庭中已经普及，单反相机也是随处可见，很多摄影爱好者已经开始使用 Raw 格式进行拍摄，Raw 格式可以最大程度保留照片的原始数据。在 Photoshop CC 中整合了最新版本的 Camera Raw 8.0，通过 Camera Raw 可以轻松地对 Raw 格式的文件进行校正和调整，因为 Camera Raw 可以校正来自相机内部的数据，所以能够很轻松地调整照片的曝光、白平衡等相关参数。本章将向用户介绍 Photoshop CC 中全新的 Camera Raw 8.0。

11.1 Raw 格式照片基本操作

在 Camera Raw 中可以直接打开 Raw 照片，也可以打开 JPEG 和 TIFF 格式的照片，但是它们打开的方式不同。在 Camera Raw 中对照片进行相应处理后，还可以将照片保存为多种常用的格式。本节将向用户介绍 Raw 格式照片的基本操作方法。

11.1.1 在 Photoshop 中打开 Raw 照片

在 Photoshop CC 中执行“文件 > 打开”命令，或按快捷键 Ctrl+O，弹出“打开”对话框，选择需要打开的 Raw 照片“光盘\源文件\第 11 章\素材\112101.dng”，如图 11–1 所示。单击“打开”按钮，Photoshop 将会自动在 Camera Raw 中打开该 Raw 照片，如图 11–2 所示。

图 11-1 选择需要打开的 Raw 照片

图 11-2 在 Camera Raw 中打开 Raw 照片

11.1.2 在 Bridge 中打开 Raw 照片

启动 Adobe Bridge CC 软件，在显示区域选中素材照片，如图 11–3 所示。执行“文件 > 在 Camera Raw 中打开”命令或按快捷键 Ctrl+R，如图 11–4 所示。即可在 Camera Raw 中打开照片。

图 11-3 选择需要打开的照片

新建窗口	Ctrl+N
新建文件夹	Ctrl+Shift+N
打开	Ctrl+O
打开方式	▸
最近打开文件	▸
在 Camera Raw 中打开...	Ctrl+R
关闭窗口	Ctrl+W
删除	Ctrl+Del 键

图 11-4 执行菜单命令

在 Camera Raw 中也能打开多张照片，这样对照片处理变得更加方便、快捷。

在 Adobe Bridge CC 软件的显示区域选择需要打开的多张照片，如图 11–5 所示。执行“文件 > 在 Camera Raw 中打开”命令，弹出 Camera Raw 对话框，在该对话框的左侧显示了打开多张照片的缩览图，单击选择其中一张照片，在预览窗口即可显示该照片，如图 11–6 所示。

图 11-5 选择多张照片

图 11-6 在 Camera Raw 中同时打开多张照片

11.1.3 在 Camera Raw 中打开其他格式照片

在 Photoshop CC 中将 Camera Raw 作为滤镜给用户提供使用，使得在 Photoshop 中使用 Camera Raw 处理图像更加方便。

如果用户需要在 Camera Raw 中打开非 RAW 格式的图像进行处理，可以首先在 Photoshop CC 中打开该图像，如图 11–7 所示。执行“滤镜 >Camera Raw 滤镜”命令，即可将该图像在 Camera Raw 对话框中打开，如图 11–8 所示。

图 11-7 在 Photoshop 中打开非 RAW 格式图像

图 11-8 在 Camera Raw 中打开非 RAW 格式图像

除了可以通过执行“Camera Raw 滤镜”命令，实现在 Camera Raw 对话框中打开其他格式的图像，还可以通过另外一种方法，在 Camera Raw 对话框中打开其他格式图像。

在 Photoshop CC 中执行“文件 > 打开为”命令，弹出“打开”对话框，选择需要打开的图像，在“打开为”下拉列表中选择 Camera Raw 选项，如图 11–9 所示。单击“打开”按钮，同样可以在 Camera Raw 对话框中打开其他格式的图像，如图 11–10 所示。

图 11-9 “打开”对话框

图 11-10 在 Camera Raw 中打开其他格式图像

提示

将照片存储为 JPEG 格式时，数码相机会调节图像的颜色、清晰度、色阶和分辨率，然后进行压缩。而使用 Raw 格式则可以直接记录感光元件上获取的信息，不需要进行任何调节。因此，Raw 格式拥有 JPEG 图像无法相比的大量拍摄信息。普通的 JPEG 文件可以预览，而 Raw 格式如果不使用专用的软件进行成像的话，就无法浏览。Raw 文件大小要比相同分辨率的 JPEG 文件大 2~3 倍，需要拥有大容量的存储卡。

11.2 认识 Camera Raw 8.0

数码相机的更新换代速度越来越快，Photoshop 是处理图片最常用的软件，只有不断更新的 Camera Raw 插件，才能支持读取新型号相机所拍摄的 RAW 格式的照片。本节将向用户介绍 Photoshop CC 中集成的最新版本 Camera Raw 8.0。

11.2.1 Camera Raw 8.0 工作界面

通过 Photoshop CC 中提供的 Camera Raw 8.0 可以对照片的颜色进行调整，包括色调、饱和度、白平衡，对图像进行锐化处理、纠正镜头等，还可以通过 Camera Raw 将 Raw 文件存储为 JPEG、PSD、TIFF 或 DNG 格式。如图 11–11 所示为 Camera Raw 8.0 对话框。

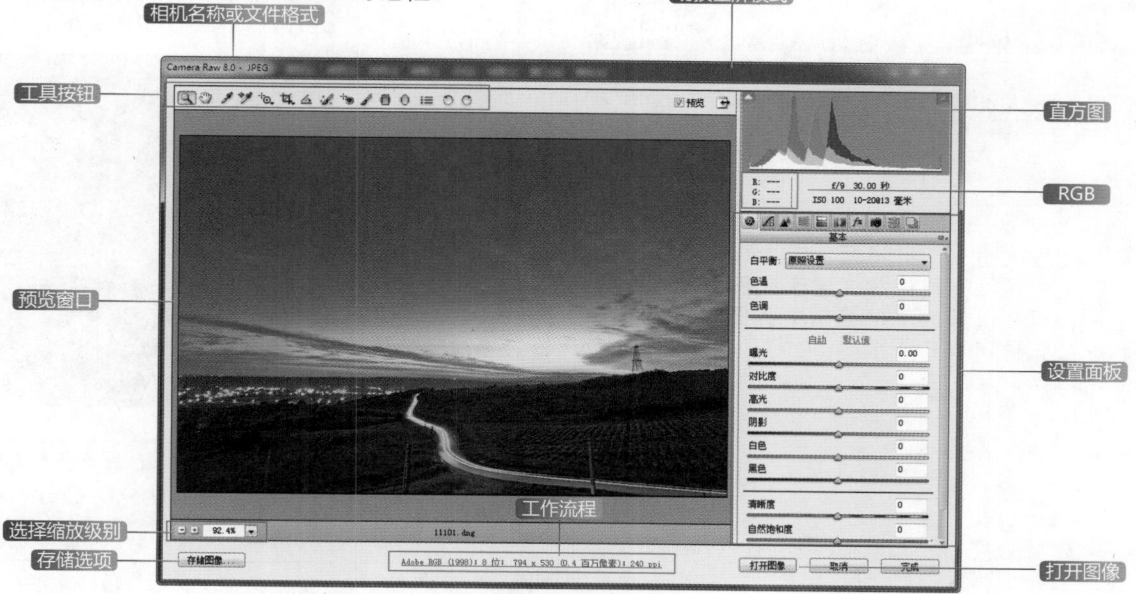

图 11-11 Camera Raw 8.0 对话框

- 相机名称或文件格式：在 Camera Raw 8.0 对话框中打开 Raw 文件时，窗口左上角可以显示相机的名称，打开其他格式的文件时，则显示文件的格式。
- 预览窗口：在预览窗口中可以实时显示对照片所进行的调整效果。
- “切换全屏模式”按钮：单击该按钮，可以将 Camera Raw 8.0 对话框切换为全屏显示模式。
- RGB：将光标放置在 Camera Raw 8.0 对话框中的照片上时，可以显示当前光标所在位置像素的红色、绿色、蓝色颜色值，如图 11–12 所示。

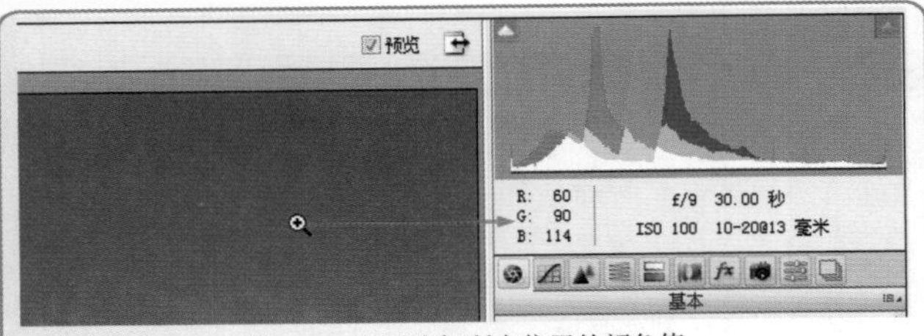

图 11-12 显示光标所在位置的颜色值

直方图：显示了照片的像素分布情况，直方图中的峰值区为像素分布最多的位置，直方图的形状表明了数码照片的外观。如果像素集中在直方图的左侧，则说明该照片曝光不足，如图 11–13 所示；如果照片的像素主要集中在直方图的右侧，则表明该照片的曝光过度，如图 11–14 所示；如果像素集中于图形的中央，则说明该照片对比度较低，如图 11–15 所示。

图 11-13 曝光不足

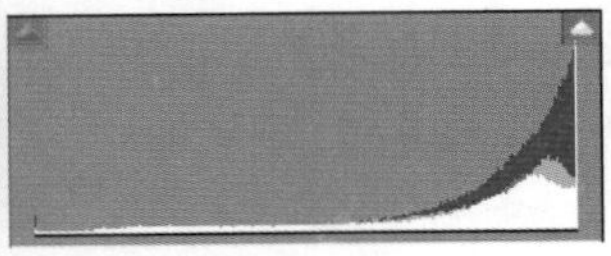

图 11-14 曝光过度

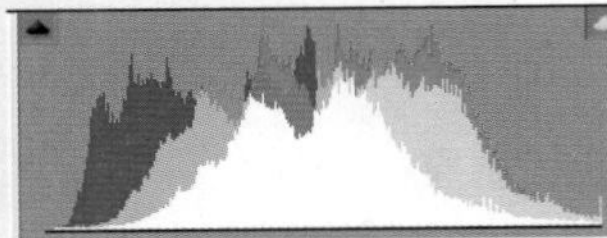
图 11-15 对比度较低

技巧

在直方图中单击左上角的“阴影修剪警告”按钮，则在预览窗口中显示照片阴影部分过渡欠曝的图像。单击右上角的“高光修剪警告”按钮，在预览窗口中显示照片高光部分过曝的图像。

选择缩放级别：用于设置预览区域照片的缩放比例，单击减号按钮，可将照片缩小显示比例；单击加号按钮，可将照片放大显示比例；单击倒三角按钮，可在打开的下拉菜单中选择固定数值的缩放比例，如图 11–16 所示。

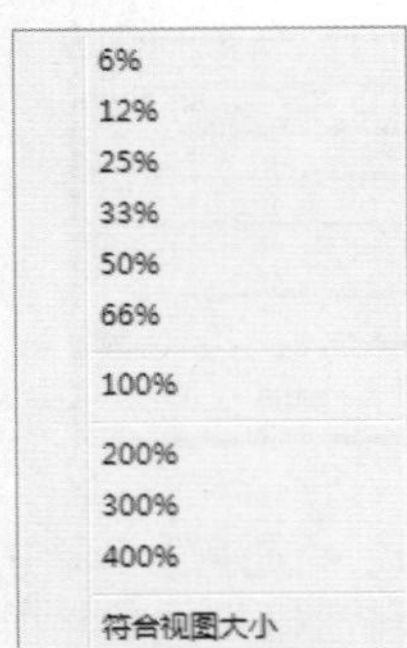

图 11-16 缩放级别菜单

工作流程：单击该处可以弹出“工作流程选项”对话框，如图 11–17 所示，可以从 Camera Raw 输出的所有文件指定设置，包括颜色深度、色彩空间和像素尺寸等。

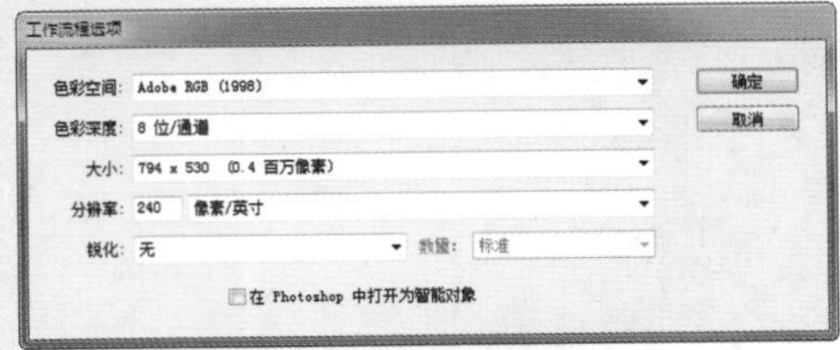

图 11-17 “工作流程选项”对话框

“存储选项”按钮：用于将 RAW 文件另存为 JPGE、TIFF 等格式。单击该按钮，可弹出“存储选项”对话框，在该对话框中可以设置存储文件的参数，如图 11–18 所示。

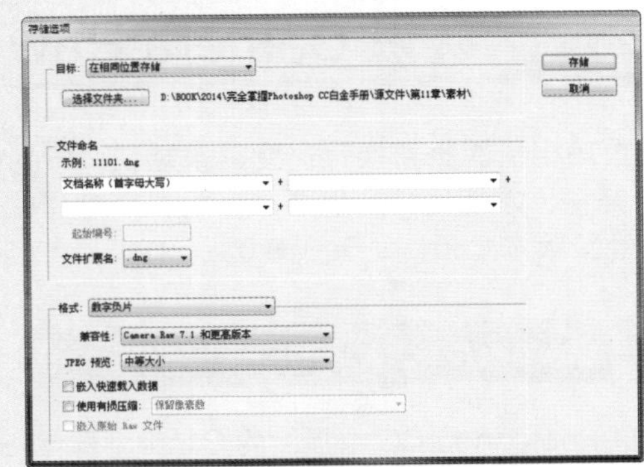

图 11-18 “存储选项”对话框

“打开对象”按钮：单击该按钮，可将照片在 Photoshop CC 中打开，如图 11–19 所示。

图 11-19 在 Photoshop CC 中打开

工具按钮：在该工具栏中提供了调整照片的工具，如图 11–20 所示。通过这些工具，在 Camera Raw 中可以对照片进行相应的调整。

图 11-20 Camera Raw 工具栏

“缩放工具”：单击可以放大窗口中图像的显示比例，按住 Alt 键单击则缩小图像的显示比例。如果需要恢复到 100% 显示，则可以双击该工具。

“抓手工具”：放大图像的显示比例后，可以使用该工具在预览窗口中移动图像。在使用其他工具的情况下，按住空格键可以快速切换为该工具。

- “白平衡工具”：使用该工具在白色或灰色的图像上单击，可以校正照片的白平衡。双击该工具，可以将白平衡恢复为照片的原始状态。
- “颜色取样器工具”：使用该工具在图像中单击，可以建立颜色取样点，对话框顶部分显示取样像素的颜色值，以便于调整时观察颜色的变化情况，如图 11-21 所示。

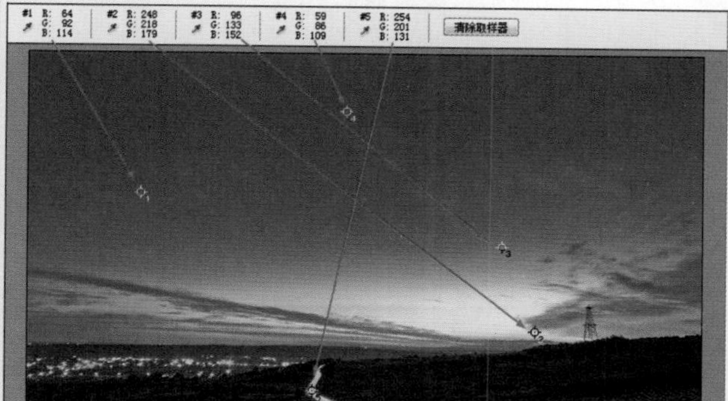

图 11-21　建立颜色取样点

- “目标调整工具”：单击该工具，在弹出菜单中选择一个选项，包括“参数曲线”、“色相”、“饱和度”、“明亮度”，然后在图像中单击并拖动鼠标即可进行相应的调整。
- “裁剪工具”：用于裁剪图像。如果需要按一定的长宽比例裁剪照片，可以在该工具上按住鼠标不放，在弹出菜单中选择一个尺寸比例。
- “拉直工具”：可用于校正倾斜的照片。
- “污点去除工具”：可以使用另一区域中的样本修复图像中选中的区域。
- “红眼工具”：使用该工具可以去除照片中的红眼效果。
- “调整画笔工具”：可以处理局部图像的曝光度、亮度、对比度、饱和度和清晰度等。
- “渐变滤镜工具”：使用该工具可以在照片中创建线性渐变效果，并且可以对线性渐变进行设置。
- “径向滤镜工具”：该工具是 Camera Raw 8.0 新增的工具，使用该工具可以在照片中创建径向渐变效果，并且可以对径向渐变进行设置。
- “打开首选项对话框”：单击该按钮，可以打开“Camera Raw 首选项”对话框。
- “逆时针旋转 90 度”和“顺时针旋转 90 度”：单击这两个工具，可以分别对图像进行逆时针旋转 90° 或顺时针旋转 90° 操作。
- 设置面板：单击不同的按钮，可以切换到不同的设置面板。
  - “基本”按钮：单击该按钮，打开“基本”面板，在该面板中可设置白平衡、曝光、对比度等参数，如图 11-22 所示。
  - “色调曲线”按钮：单击该按钮，打开“色调曲线”面板，在该面板中通过设置曲线调整照片的高光、阴影等效果，如图 11-23 所示。

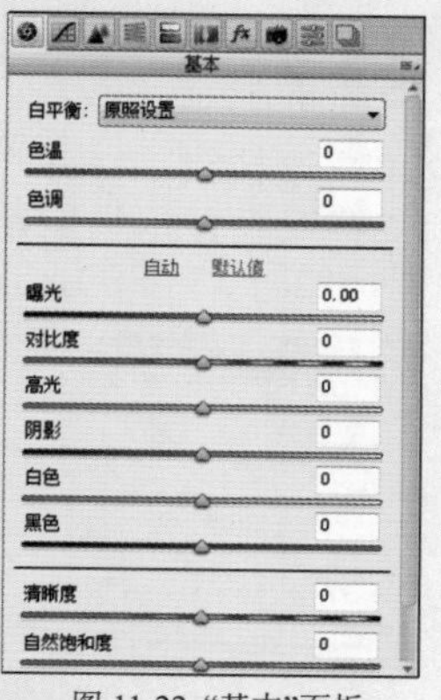

图 11-22 “基本”面板　　图 11-23 “色调曲线”面板

  - “细节”按钮：单击该按钮，打开“细节”面板，在该面板中可设置照片的锐化和减少杂色等参数，如图 11-24 所示。
  - “HLS/灰度”按钮：单击该按钮，打开“HLS/灰度”面板，在该面板中可设置数码照片的色相、饱和度和亮度等参数或将照片快速转换为灰度模式，如图 11-25 所示。

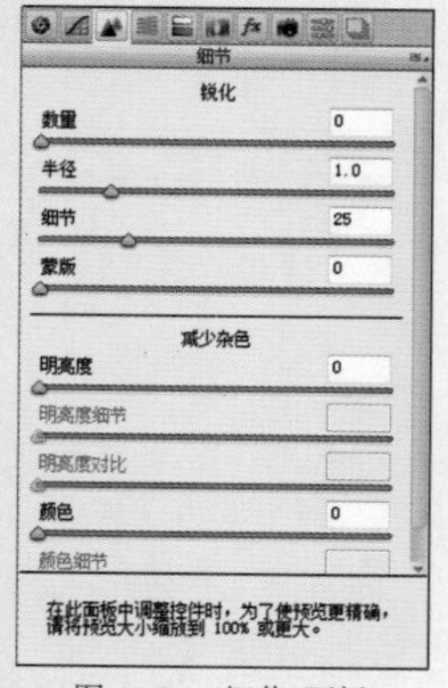

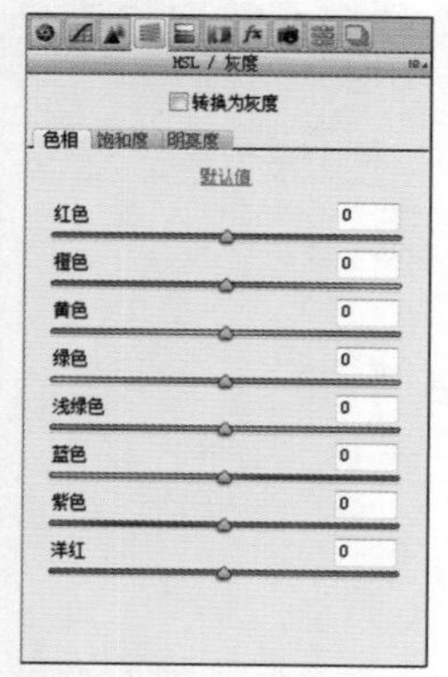

图 11-24 “细节”面板　　图 11-25 “HSL/ 灰度”面板

  - “分离色调”按钮：单击该按钮，打开“分离色调”面板，在该面板中可设置照片的高光、平衡和阴影的色调分离参数，如图 11-26 所示。
  - “镜头校正”按钮：单击该按钮，打开“镜头校正”面板，在该面板的不同选项卡中可以设置调整照片的色差镜头晕影效果，如图 11-27 所示。

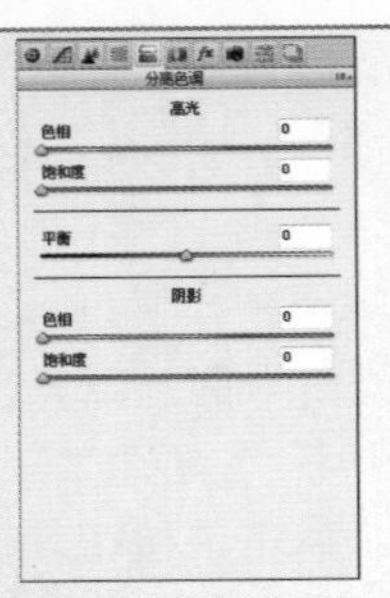
图 11-26 “分离色调”面板

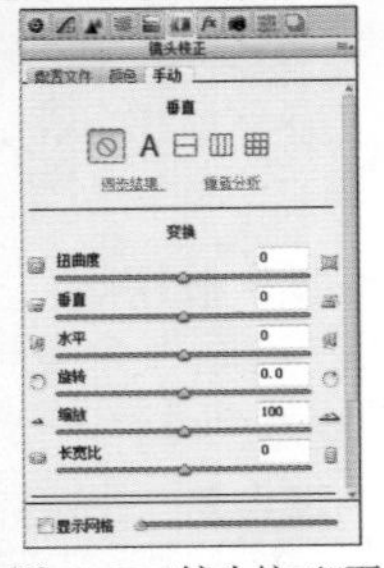
图 11-27 “镜头校正”面板

- “效果”按钮：单击该按钮，打开“效果”面板，在该面板中可以设置颗粒、剪影后晕影相关效果的参数，如图 11–28 所示。
- “相机校准”按钮：单击该按钮，打开“相机校准”面板，在该面板中可以设置相机配置文件和调整照片的色调及影调，如图 11–29 所示。

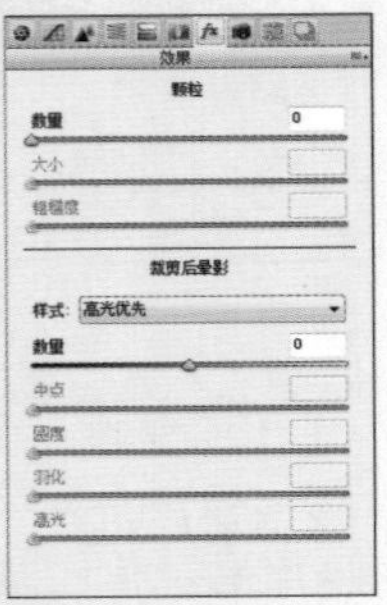
图 11-28 “效果”面板

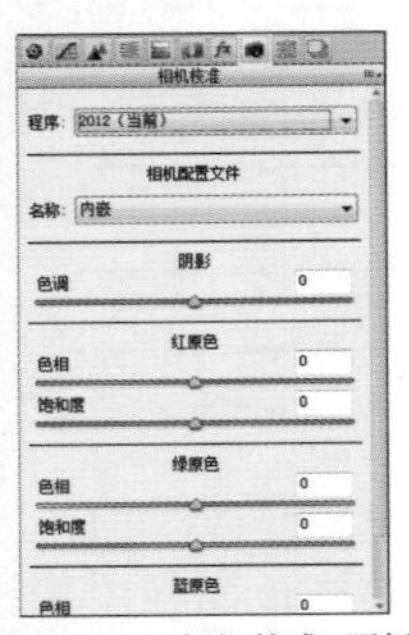
图 11-29 “相机校准”面板

- “预设”按钮：单击该按钮，打开“预设”面板，在该面板中可以新建效果预设，如图 11–30 所示。
- “快照”按钮：单击该按钮，打开“快照”面板，在该对话框中可新建快照，如图 11–31 所示。

图 11-30 “预设”面板

图 11-31 “快照”面板

11.2.2 使用“拉直工具”

在拍照的过程中，有时会由于相机的倾斜而导致拍摄出来的景物产生倾斜，通过 Camera Raw 8.0 对话框中的“拉直工具”可以非常轻松地校正照片中景物的倾斜。

动手实践——使用 Camera Raw 校正倾斜照片

源文件：光盘 \ 源文件 \ 第 11 章 \11-2-2.jpg

视频：光盘 \ 视频 \ 第 11 章 \11-2-2.swf

01 在 Photoshop CC 中执行“文件 > 打开为”命令，弹出“打开”对话框，选择“光盘 \ 源文件 \ 第 11 章 \ 素材 \112201.jpg”，在“打开为”下拉列表中选择 Camera Raw 选项，如图 11–32 所示。单击“打开”按钮，在 Camera Raw 8.0 对话框中打开该照片，如图 11–33 所示。

图 11-32 “打开”对话框

图 11-33 在 Camera Raw 中打开照片

02 单击工具栏上的“拉直工具”按钮，在照片中原本应该处于水平的位置拖曳鼠标，如图 11–34 所示。释放鼠标左键，Camera Raw 将根据拖曳鼠标的虚线自动创建裁剪框，如图 11–35 所示。

图 11-34 使用“拉直工具”沿原水平位置拖曳

图 11-35 自动创建裁剪框

03 双击裁剪区域，对照片进行裁剪操作，如图 11-36 所示，完成照片倾斜的校正。单击“存储选项”按钮，弹出“存储选项”对话框，对相关参数进行设置，如图 11-37 所示。单击“存储”按钮，完成倾斜照片的校正并存储校正后的效果。

图 11-36 完成倾斜照片的校正

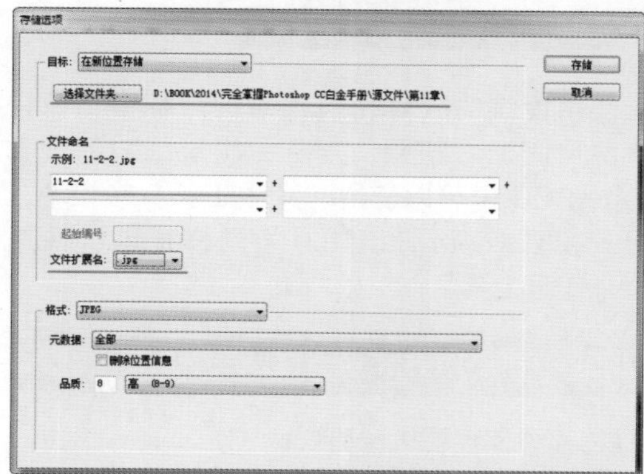

图 11-37 “存储选项”对话框

提示

在 Photoshop 中有多种校正倾斜照片的方法，可以使用“裁剪工具”的“拉直”功能，还可以使用“标尺工具”，此处还介绍了使用 Camera Raw 校正倾斜照片，在实际的操作过程中，用户可以灵活地使用合适的方法校正倾斜照片。

11.2.3 使用“污点去除工具”

对人物脸部斑点的处理是人物修饰的基本操作，在 Photoshop CC 中提供了多种修饰工具可以去除人物皮肤斑点，同样在 Camera Raw 8.0 中也提供了“污点去除工具”，用于修改图像中的污点。

动手实践——去除人物脸部斑点

源文件：光盘 \ 源文件 \ 第 11 章 \11-2-3.jpg

视频：光盘 \ 视频 \ 第 11 章 \11-2-3.swf

01 在 Photoshop CC 中执行“文件 > 打开为”命令，弹出“打开”对话框，选择“光盘 \ 源文件 \ 第 11 章 \ 素材 \112302.jpg”，在“打开为”下拉列表中选择 Camera Raw 选项，如图 11-38 所示。单击“打开”按钮，在 Camera Raw 8.0 对话框中打开该照片，如图 11-39 所示。

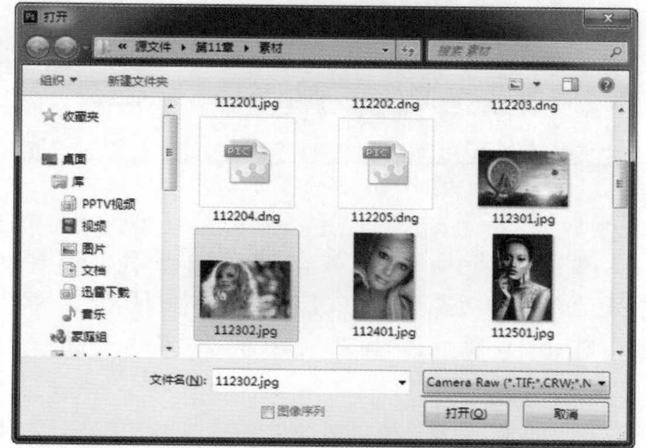

图 11-38 “打开”对话框

图 11-39 在 Camera Raw 中打开照片

02 在 Camera Raw 对话框中将照片放大，可以清楚地看到人物脸部的斑点，如图 11-40 所示。单击“污点去除”按钮，光标指针显示为蓝白相间的圆圈，调整笔触大小，将光标移至需要修复的斑点上，如图 11-41 所示。

图 11-40 将照片放大

图 11-41 光标移至斑点上

03 在斑点上单击，在它旁边会出现一个绿白相间的圆圈，Camera Raw 会自动在斑点附近选择一处图像来修复选中的斑点，如图 11–42 所示。可以拖动绿白相间的圆，调整其大小或者移动其位置，如图 11–43 所示。

图 11-42 自动得到绿白相间的圆

图 11-43 调整绿白相间的圆

04 使用相同的方法，可以对人物脸部的其他斑点进行修复，效果如图 11–44 所示。单击“存储选项”按钮，弹出“存储选项”对话框，对相关参数进行设置，如图 11–45 所示。单击“存储”按钮，完成人物斑点的去除并存储修复后的效果。

图 11-44 完成人物斑点的去除

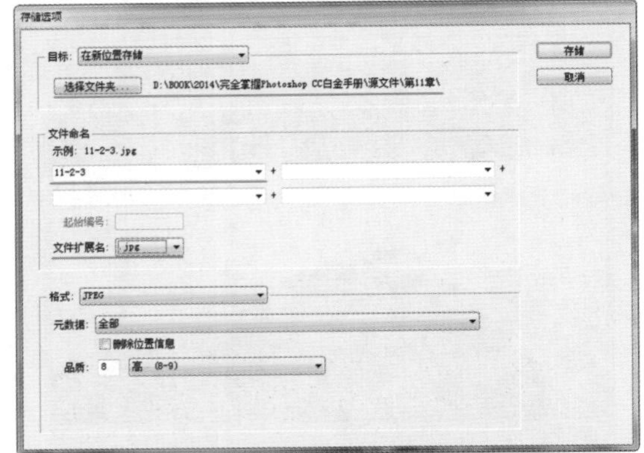

图 11-45 “存储选项”对话框

11.2.4 使用“红眼工具”

在使用传统的胶片相机拍照的过程中，在昏暗的环境中使用闪光灯拍照，常常会出现红眼的现象。在 Photoshop CC 中可以使用“红眼工具”轻松地去除人物红眼，在 Camera Raw 8.0 中同样提供了快速去除红眼的“红眼工具”。

动手实践——使用 Camera Raw 去除人物红眼

源文件：光盘 \ 源文件 \ 第 11 章 \11-2-4.jpg

视频：光盘 \ 视频 \ 第 11 章 \11-2-4.swf

01 在 Photoshop CC 中执行“文件 > 打开为”命令，弹出“打开”对话框，选择“光盘 \ 源文件 \ 第 11 章 \ 素材 \112401.jpg”，在“打开为”下拉列表中选择 Camera Raw 选项，如图 11–46 所示。单击“打开”按钮，在 Camera Raw 8.0 对话框中打开该照片，如图 11–47 所示。

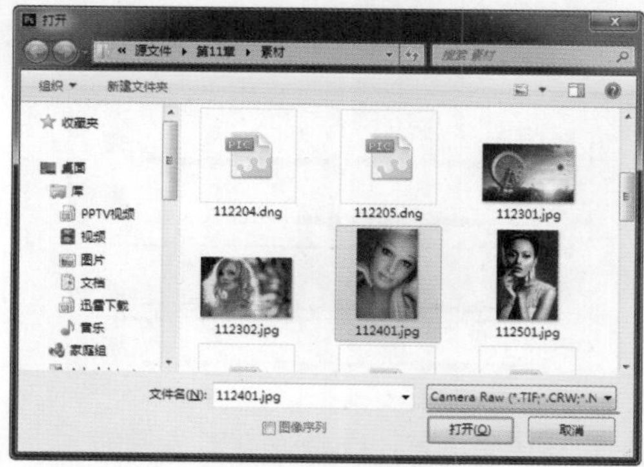

图 11-46 "打开"对话框

图 11-47 在 Camera Raw 8.0 中打开照片

02 将人物眼睛部分放大，可以清晰地看到人物红眼效果，如图 11–48 所示。单击工具箱上的"红眼工具"按钮，在对话框右侧可以对相关选项进行设置，如图 11–49 所示。

图 11-48 红眼效果

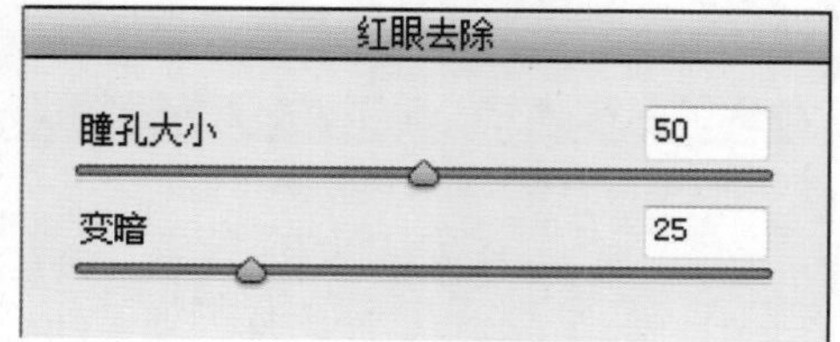

图 11-49 设置相关选项

03 在照片中人物红眼处拖动鼠标，绘制出一个矩形的红白相间框，如图 11–50 所示。拖动该红白相间框，调整其调整范围的大小，如图 11–51 所示。

图 11-50 创建调整框

图 11-51 设置调整框大小

04 使用相同的方法，可以完成另一只眼睛的修复，效果如图 11–52 所示。单击"存储选项"按钮，弹出"存储选项"对话框，对相关参数进行设置，如图 11–53 所示。单击"存储"按钮，完成人物红眼的去除并存储修复后的效果。

图 11-52 完成人物红眼的修复

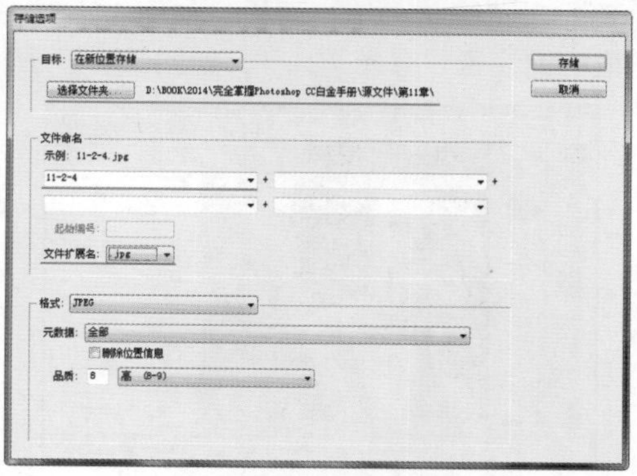

图 11-53 "存储选项"对话框

11.2.5 使用“调整画笔工具”

在 Camera Raw 8.0 中对照片的局部曝光进行调整，可以通过使用“调整画笔”来实现。先在图像上绘制需要调整的区域，通过蒙版将这些区域覆盖，再调整所选区域的色调、色彩饱和度和锐化。

动手实践——调整照片局部曝光

源文件：光盘\源文件\第 11 章\11-2-5.jpg

视频：光盘\视频\第 11 章\11-2-5.swf

01 在 Photoshop CC 中执行“文件 > 打开为”命令，弹出“打开”对话框，选择“光盘\源文件\第 11 章\素材\112501.jpg”，在“打开为”下拉列表中选择 Camera Raw 选项，如图 11–54 所示。单击“打开”按钮，在 Camera Raw 8.0 对话框中打开该照片，如图 11–55 所示。

图 11-54 “打开”对话框

图 11-55 在 Camera Raw 8.0 中打开照片

02 单击工具栏上的“调整画笔”按钮，在对话框的右侧显示“调整画笔”面板，如图 11–56 所示。在对话框右侧设置“曝光”为 1，如图 11–57 所示。

图 11-56 显示“调整画笔”面板

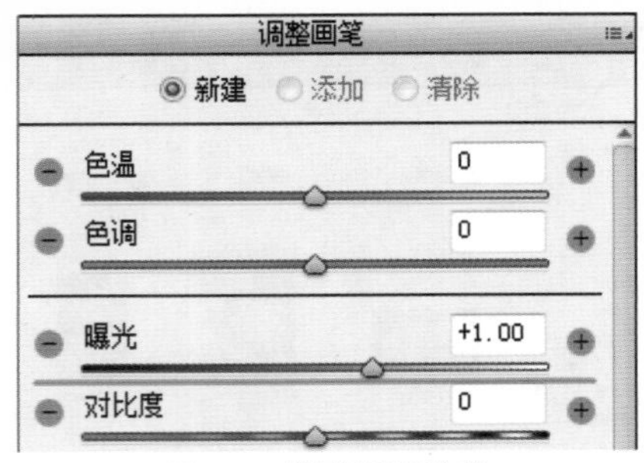

图 11-57 设置“曝光”选项

03 在“调整画笔”面板底部对画笔的大小、羽化等选项进行设置，如图 11–58 所示。在人物较暗的阴影部分进行涂抹，效果如图 11–59 所示。

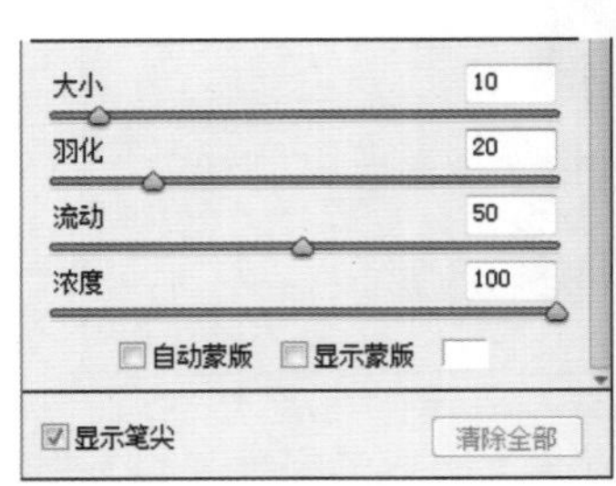

图 11-58 设置相关选项

图 11-59 对阴影部分进行调整

04 在照片中涂抹后，将显示一个绿色的小圆圈，将光标移至该圆圈上，将显示涂抹的区域，如图 11–60 所示。在“调整画笔”面板中可以对相关选项进行设置，如图 11–61 所示。从而对涂抹的区域进行调整，效果如图 11–62 所示。

图 11-60 照片效果

图 11-61 设置相关选项

图 11-62 照片效果

> **提示**
>
> 使用 Camera Raw 对照片进行调整时，将保留照片原来的相机原始数据。调整内容存储在 Camera Raw 数据库中，或作为元数据嵌入在照片中。因此，处理完一个 Raw 文件，只要还是保存为 Raw 文件，以后还可以将照片还原为原始状态。这一特性是 JPEG 无法比拟的，因为 JPEG 文件每保存一次，质量就会下降一些。

05 单击“存储选项”按钮，弹出“存储选项”对话框，对相关参数进行设置，如图 11–63 所示。单击“存储”按钮，完成局部曝光效果的调整并存储修复后的效果，处理前后的效果对比如图 11-64 所示。

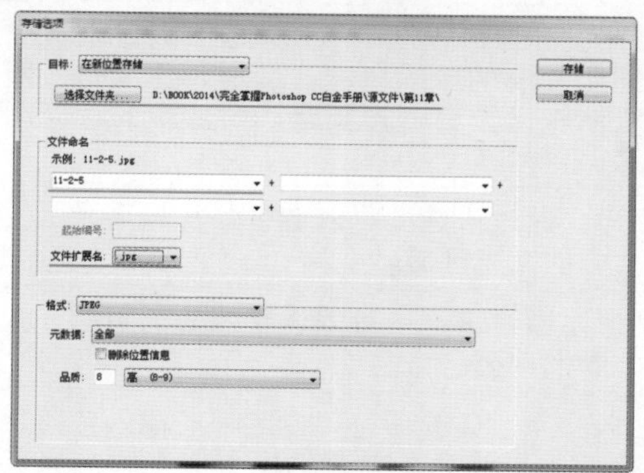

图 11-63 “存储选项”对话框

图 11-64 图像调整前后效果对比

11.3 使用 Camera Raw 8.0 调整照片

RAW 格式文件与 JPEG 格式文件不同，它包含相机捕获的所有数据，如 ISO 设置、快门速度、光圈、白平衡等，RAW 文件是未经处理、也未经压缩的格式。

11.3.1 调整照片白平衡

在拍摄数码照片时，需要注意相机的白平衡设置，一旦拍摄出来的照片需要调整白平衡，则很有可能会对照片的质量造成损失。如果拍摄时采用的是 Raw 格式，则拍摄完成后，可以在 Camera Raw 8.0 对话框的“基本”选项卡中对照片的白平衡进行调整，如图 11-65 所示，其不会影响照片的质量。

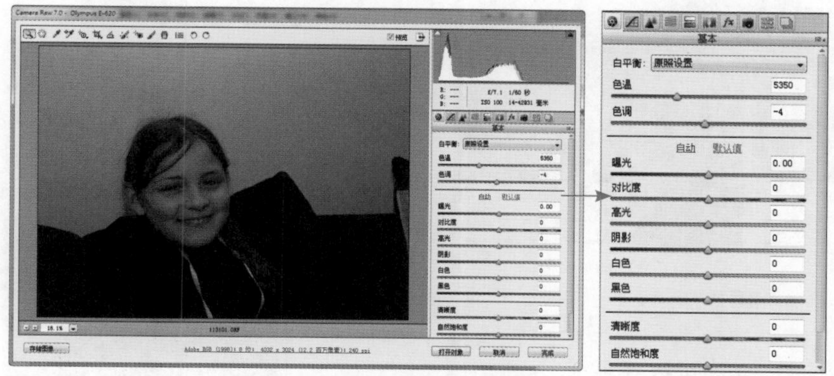

图 11-65 白平衡的相关设置选项

➲ 白平衡：该选项将显示相机拍摄该照片时所使用的原始白平衡设置，即原照设置。可以在该选项下拉列表中选择其他的预设，包括“自动”、“日光”、“阴天”、“阴影”、“白炽灯”、“荧光灯”、“闪光灯”和“自定”，选择不同的选项，可以得到不同的照片效果，如图 11-66 所示。

原照设置

自动

日光　阴天

阴影　白炽灯

荧光灯　　闪光灯

自定

图 11-66 “白平衡”下拉列表各预设选项效果

提示

在 Camera Raw 对话框中只有打开原始的 Raw 格式文件，在“白平衡”下拉列表中才会出现“日光”、“阴天”、“阴影”等相关选项。如果在 Camera Raw 对话框中打开的是其他格式的文件，在“白平衡”下拉列表中只有“原照设置”、“自动”和“自定”3 个选项。

- 色温：通过该选项可以调整照片的色温。如果拍摄照片时光线色温较低，可以通过降低“色温”来校正照片，Camera Raw 可以使照片颜色变得更蓝以补偿周围光线的低色温。如果拍摄照片时的光线色温较高，则提高“色温”可以校正照片，照片颜色会变得更暖，以补偿周围光线的高色温。如图 11-67 所示为提高和降低色温的效果。

提高色温　　降低色温

图 11-67 提高和降低色温的效果

- 色调：通过该选项可以补偿照片中的绿色或洋红色色调。将该选项减少，可以在照片中添加绿色；将该选项增加，可以在照片中添加洋红色。如图 11-68 所示为增加和减少色调的效果。

减少色调　　增加色调

图 11-68 增加和减少色调的效果

- 曝光：通过该选项可以调整照片的曝光，对照片中高光部分的影响较大。减少“曝光”值，会使照片变暗，增加“曝光”值，会使照片变亮。
- 对比度：通过该选项可以调整照片的对比度，主要影响照片中的中间色调。增加对比度时，照片中的较暗图像区域会变得更暗，照片中的较亮图像区域会变得更亮。
- 高光：通过该选项可以调整照片的高光，主要影响照片中的高光区域。
- 阴影：通过该选项可以调整照片的阴影，主要影响照片中的阴影区域。
- 白色：通过该选项可以指定哪些输入色阶将在最终图像中映射为白色。该选项主要影响高光区域，对中间调和阴影区域影响较小。
- 黑色：通过该选项可以指定哪些输入色阶将在最终图像中映射为黑色。该选项主要影响阴影区域，对中间调和高光区域影响较小。增加该选项，可以扩展映射为黑色的区域，使图像的对比度看起来更高。
- 清晰度：通过该选项可以调整照片的清晰度，主要影响照片中图像边缘部分的对比度。
- 自然饱和度：通过该选项可以调整照片的自然饱和度，对图像亮度无影响。

动手实践——调整照片白平衡

源文件：光盘 \ 源文件 \ 第 11 章 \11-3-1.jpg

视频：光盘 \ 视频 \ 第 11 章 \11-3-1.swf

01 在 Camera Raw 8.0 对话框中打开该照片“光盘 \ 源文件 \ 第 11 章 \ 素材 \113102.dng”，如图 11-69 所示。在“白平衡”下拉列表中选择“自动”选项，照片效果如图 11-70 所示。

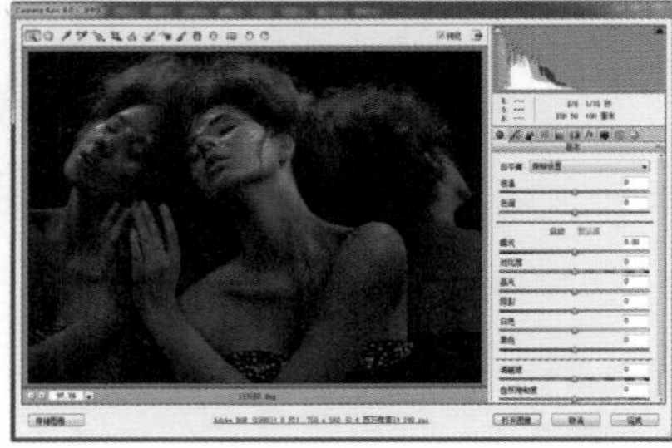

图 11-69 在 Camera Raw 8.0 中打开照片

图 11-70 设置“白平衡”为“自动”

02 单击工具栏上的“白平衡工具”按钮，在照片中应该是中性色（白色或灰色）的区域单击，如图 11–71 所示。Camera Raw 可以确定拍摄场景的光线效果，自动调整场景光照，如图 11–72 所示。

图 11-71 确定中性色

图 11-72 自动调整场景光照

03 在“基本”面板中对白平衡的相关选项进行调整，如图 11–73 所示。可以看到照片的效果，如图 11–74 所示。

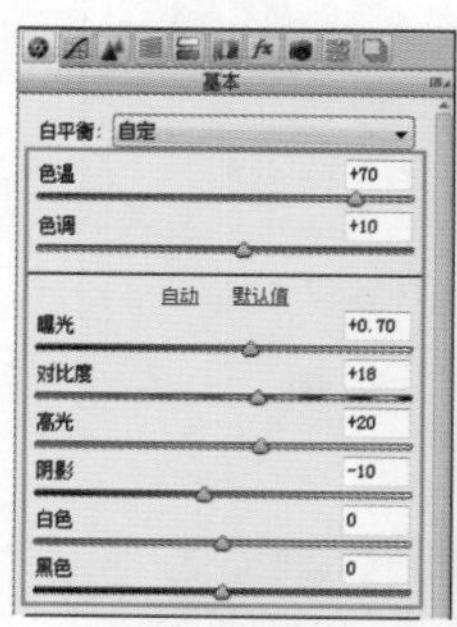

图 11-73 设置相关选项　　图 11-74 照片效果

04 单击“存储选项”按钮，弹出“存储选项”对话框，对相关参数进行设置，如图 11–75 所示。单击“存储”按钮，完成照片白平衡的调整，照片最终效果如图 11–76 所示。

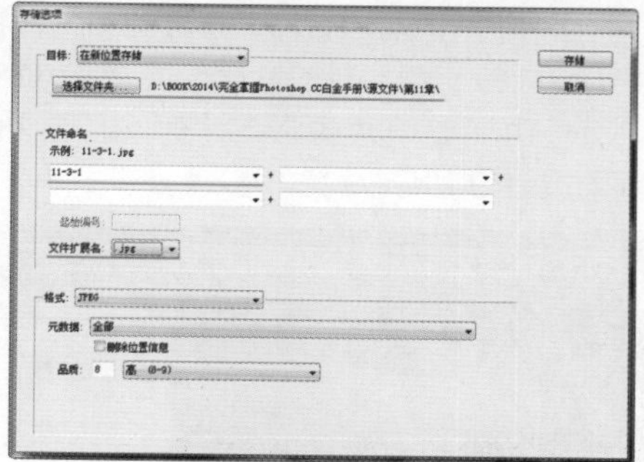

图 11-75 “存储选项”对话框

图 11-76 照片最终效果

11.3.2 调整照片的清晰度和饱和度

在 Camera Raw 8.0 对话框中的“基本”选项卡中除了可以对照片的白平衡进行调整外，还可以对照片的清晰度和饱和度进行调整，相关选项如图 11–77 所示。

图 11-77 “清晰度”和“饱和度”选项

- 清晰度：通过该选项可以调整图像的清晰度。
- 自然饱和度：通过该选项可以调整图像的饱和度，并在颜色接近最大饱和度时减少溢色。该设置更改所有低饱和度颜色的饱和度，对高饱和度颜色的影响较小，与 Photoshop CC 中的“自然饱和度”命令类似。
- 饱和度：通过该选项可以均匀地调整所有颜色的饱和度。该选项的功能与 Photoshop CC 中的“色相 / 饱和度”对话框中的“饱和度”功能类似。

动手实践——调整照片的清晰度和饱和度

源文件：光盘 \ 源文件 \ 第 11 章 \11-3-2.jpg

视频：光盘 \ 视频 \ 第 11 章 \11-3-2.swf

01 在 Camera Raw 8.0 对话框中打开照片“光盘\源文件\第 11 章\素材\113201.dng”，如图 11–78 所示。在“基本”面板中调整照片的“清晰度”和“自然饱和度”选项，如图 11–79 所示。

图 11-78 在 Camera Raw 8.0 中打开照片

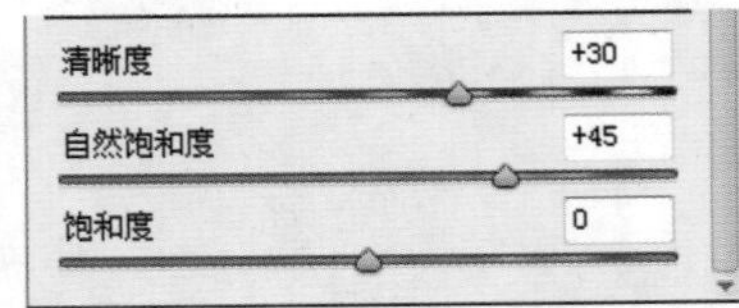

图 11-79 设置相关选项

02 完成“清晰度”和“自然饱和度”选项的设置，照片效果如图 11–80 所示。在“基本”面板中对其他的选项进行相应的设置，如图 11–81 所示，使照片看起来更加清新、自然。

图 11-80 照片效果　图 11-81 设置相关选项

03 完成照片效果的调整，效果如图 11–82 所示。单击“存储选项”按钮，弹出“存储选项”对话框，对相关参数进行设置，如图 11–83 所示。单击“存储”按钮，完成照片清晰度和饱和度的调整。

图 11-82 照片效果

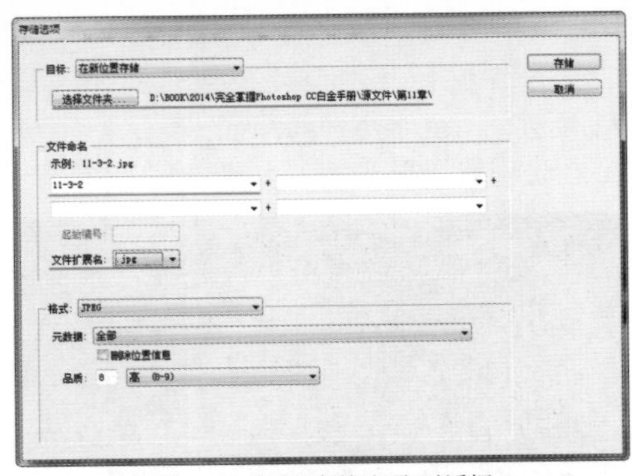

图 11-83 设置“存储选项”对话框

11.3.3 “色调曲线”面板

在 Camera Raw 8.0 对话框中单击“色调曲线”按钮，可以切换到“色调曲线”面板中。色调曲线有两种调整方式，默认显示的是“参数”选项卡，如图 11–84 所示。在该选项卡中调整曲线时，可以拖动“高光”、“亮调”、“暗调”和“阴影”选项滑块来针对这几个色调进行微调。这种调整方式的好处在于，可以有针对性地对图像进行调整。

另一种调整方式，切换到“点”选项卡中，如图 11–85 所示，可以像在 Photoshop CC 中的“曲线”对话框中一样的调整方法对曲线进行调整。

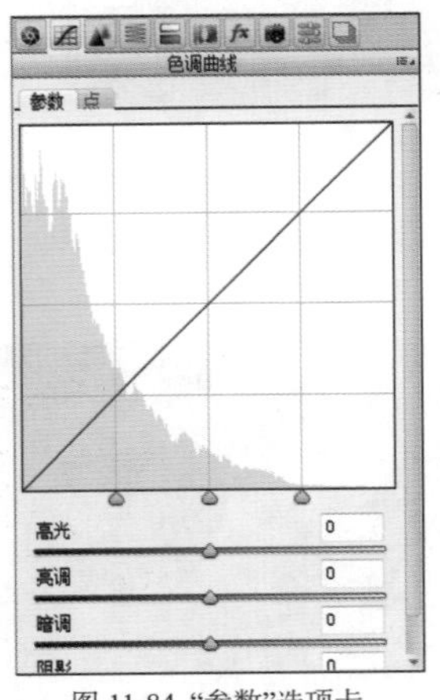

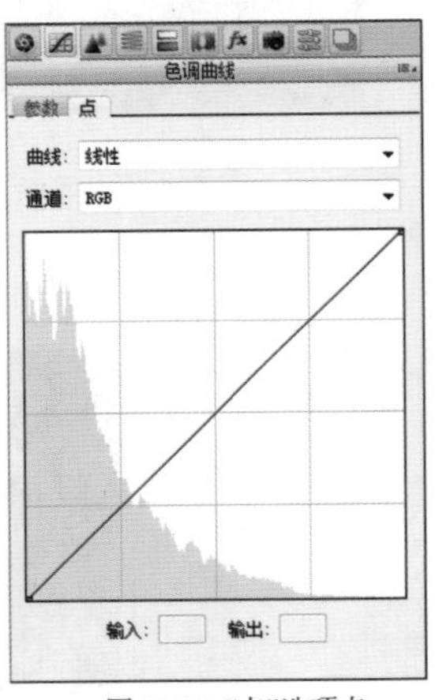

图 11-84 “参数”选项卡　图 11-85 “点”选项卡

动手实践——使用色调曲线调整对比度

源文件：光盘 \ 源文件 \ 第 11 章 \11-3-3.jpg

视频：光盘 \ 视频 \ 第 11 章 \11-3-3.swf

01 在 Camera Raw 8.0 对话框中打开照片“光盘\源文件\第 11 章\素材\113301.dng”，如图 11–86 所示。单击“色调曲线”按钮，切换到“色调曲线”面板中，如图 11–87 所示。

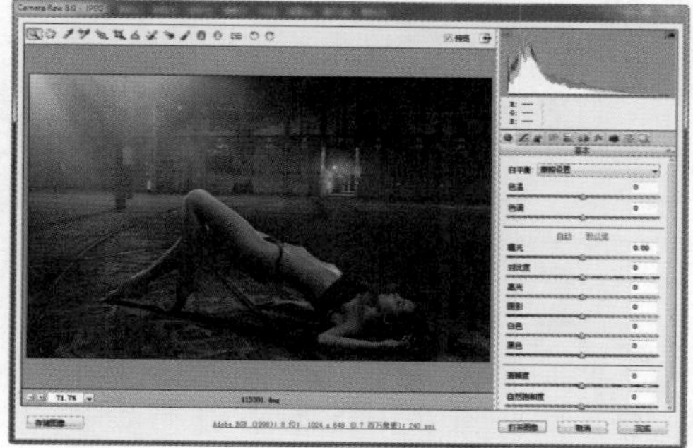

图 11-86 在 Camera Raw 8.0 中打开照片

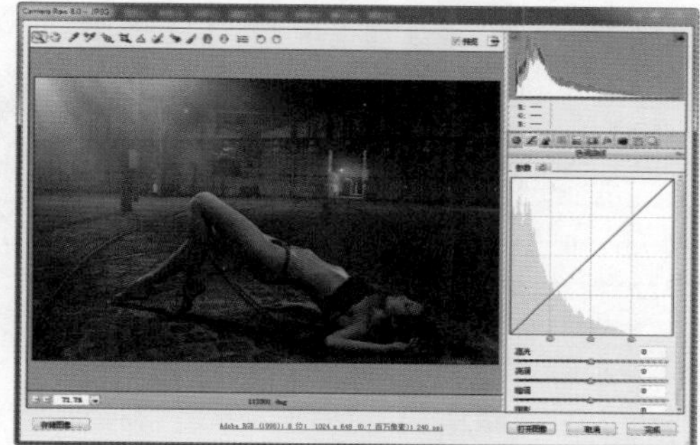

图 11-87 切换到“色调曲线”面板

02 拖动相应的滑块对照片进行相应的调整，如图 11–88 所示。通过拖动滑块，将会自动生成相应的曲线，如图 11–89 所示。

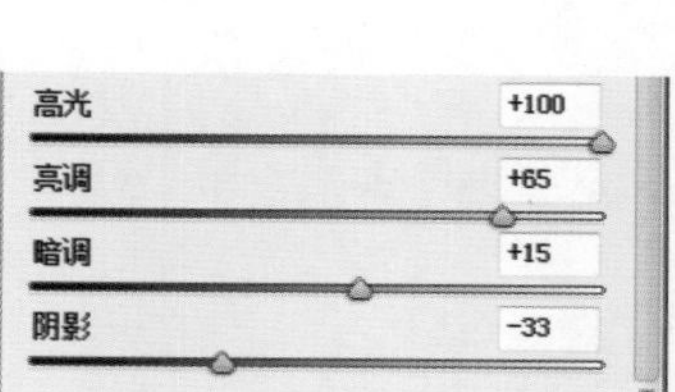

图 11-88 设置相关参数　　图 11-89 得到相应的曲线

03 完成“色调曲线”面板的设置，照片效果如图 11–90 所示。单击“存储选项”按钮，弹出“存储选项”对话框，对相关参数进行设置，如图 11–91 所示，单击“存储”按钮。

图 11-90 照片效果

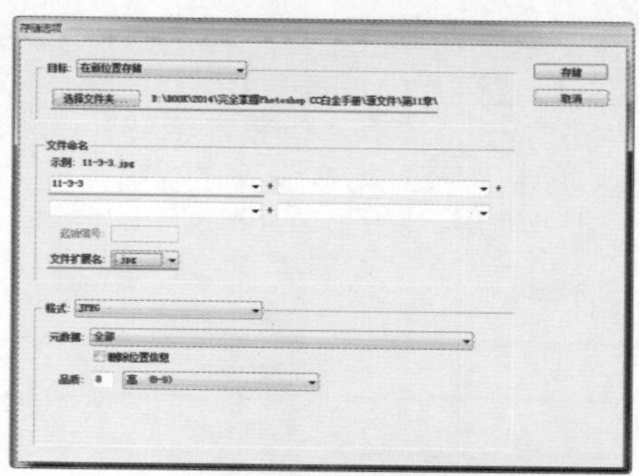

图 11-91 设置“存储选项”对话框

11.3.4 “细节”面板

在 Camera Raw 8.0 中可以对照片进行锐化和降噪处理，从而达到使照片更加清晰的效果。用户可以在 Camera Raw 8.0 对话框中通过“细节”面板中的相关参数的设置来达到锐化照片的效果。

在 Camera Raw 8.0 中打开照片“光盘 \ 源文件 \ 第 11 章 \ 素材 \113401.dng”，如图 11–92 所示。单击“细节”按钮，打开“细节”面板，如图 11–93 所示。

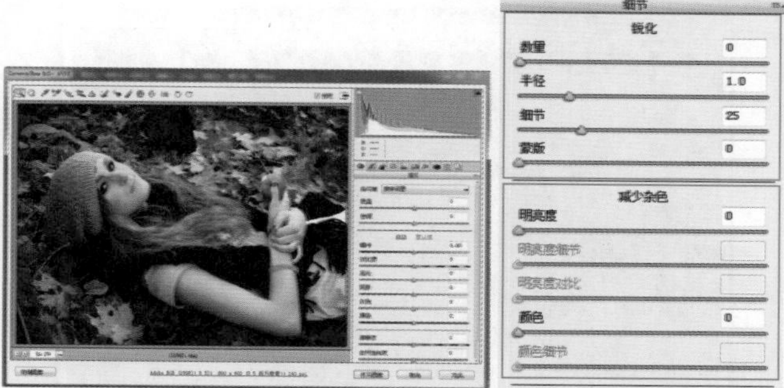

图 11-92 在 Camera Raw 中打开照片　　图 11-93 “细节”面板

- “锐化”选项区：在“锐化”选项区中包括“数量”、“半径”、“细节”和“蒙版” 4 个设置选项。
  - 数量：用于对照片进行基于非锐化屏蔽的锐化。
  - 半径：用于设置锐化的程度。
  - 细节：用于设置细节部分的锐化程度。
  - 蒙版：用于设置蒙版的锐化程度。

如图 11–94 所示为图像进行锐化处理前后的效果对比。

图 11-94 图像锐化前后效果对比

"减少杂色"选项区：用于降低照片中的噪点，该选项包括设置照片的"明亮度"和"颜色"参数，如图 11-95 所示。其中"明亮度细节"、"明亮度对比"和"颜色细节"均在设置了"明亮度"和"颜色"后，才可使用，如图 11-96 所示。

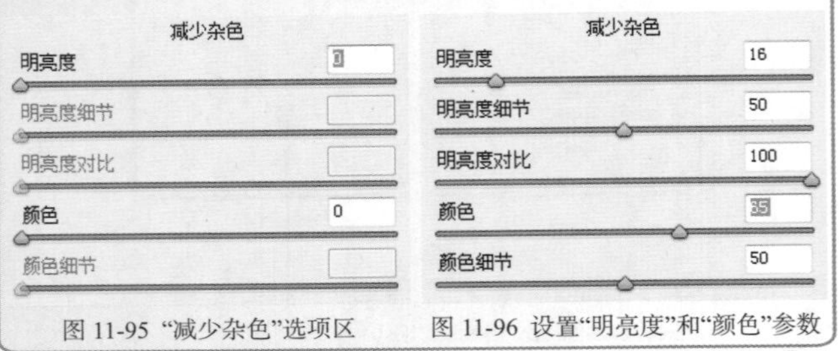

图 11-95 "减少杂色"选项区　图 11-96 设置"明亮度"和"颜色"参数

动手实践——对照片进行锐化和降噪处理

源文件：光盘 \ 源文件 \ 第 11 章 \11-3-4.jpg

视频：光盘 \ 视频 \ 第 11 章 \11-3-4.swf

01 在 Camera Raw 8.0 对话框中打开照片"光盘 \ 源文件 \ 第 11 章 \ 素材 \113402.dng"，如图 11-97 所示。在"基本"面板中设置"清晰度"为 60，如图 11-98 所示。

图 11-97 在 Camera Raw 8.0 中打开照片

图 11-98 设置"清晰度"选项

02 单击"细节"按钮，打开"细节"面板，在"锐化"区域下进行参数设置，如图 11-99 所示。设置完成后，效果如图 11-100 所示。

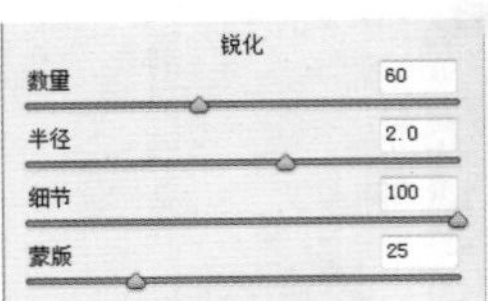

图 11-99 设置"锐化"相关选项　图 11-100 照片效果

03 在"减少杂色"区域下进行参数设置，如图 11-101 所示。设置完成后，效果如图 11-102 所示。

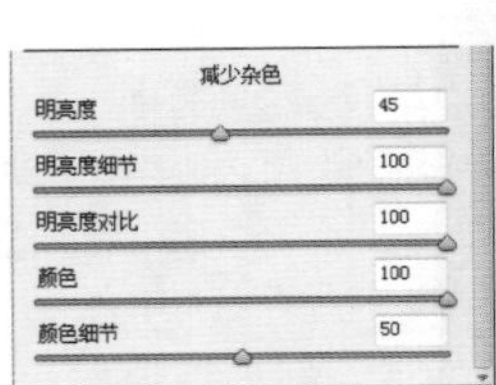

图 11-101 设置相关选项　图 11-102 照片效果

04 单击"存储选项"按钮，弹出"存储选项"对话框，对相关参数进行设置，如图 11-103 所示。单击"存储"按钮，完成照片的锐化处理，最终效果如图 11-104 所示。

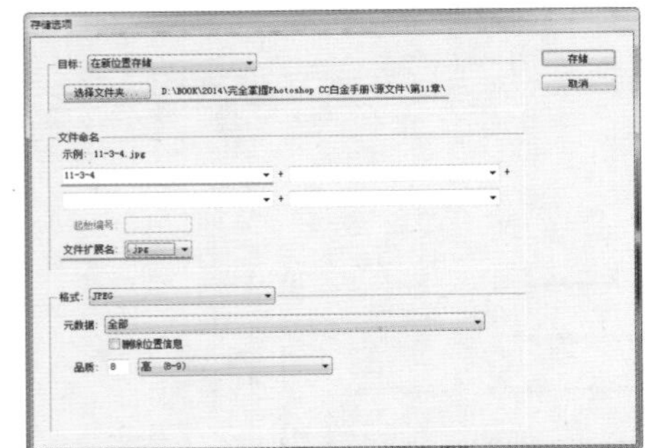

图 11-103 设置"存储选项"对话框

图 11-104 照片最终效果

11.3.5 "HSL 灰度"面板

在 Camera Raw 8.0 对话框中，可以通过在"HSL/灰度"面板中对相关选项进行设置，从而调整图像的色彩。在“HSL/灰度”面板中有3个选项卡，分别是“色相”、“饱和度”和“明亮度”，如图 11–105 所示。通过对这 3 个选项卡中的选项进行设置，可以分别对图像的色相、饱和度和明度进行调整，从而达到调整图像的效果。

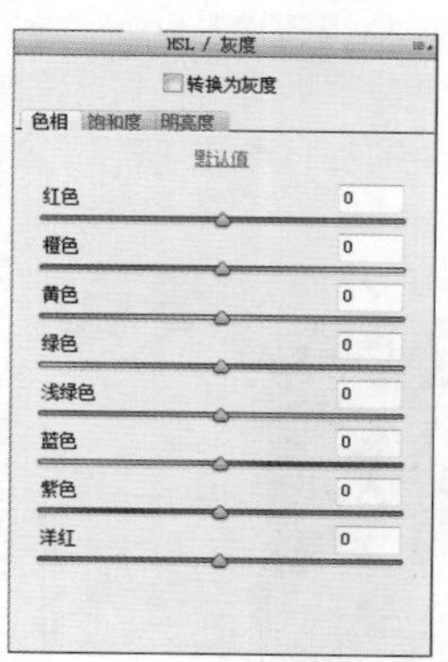

图 11-105 “HSL/ 灰度”面板

- “色相”选项卡：在“色相”选项卡中，通过拖动各个颜色滑块，即可改变图像中相应的颜色。
- “饱和度”选项卡：在“饱和度”选项卡中，通过拖动各个颜色滑块，可以改变图像中相应颜色的鲜明度和颜色的纯度，如图 11–106 所示。
- “明亮度”选项卡：在“明亮度”选项卡中，通过拖动各个颜色滑块，可以改变图像中相应颜色的明亮度，如图 11–107 所示。
- 转换为灰度：选中该复选框，可以将彩色照片转换为黑白效果，并显示“灰度混合”选项卡，在该选项卡中拖动各个颜色滑块，可以调整相应颜色范围在灰度图像中所占的比例，如图 11–108 所示。

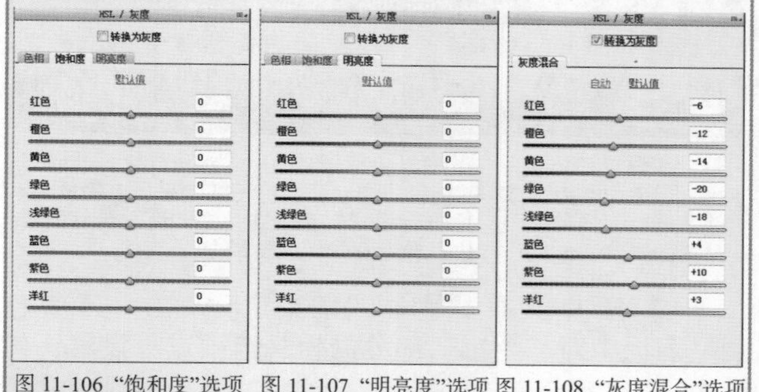

图 11-106 “饱和度”选项　图 11-107 “明亮度”选项　图 11-108 “灰度混合”选项

动手实践——调整颜色

源文件：光盘 \ 源文件 \ 第 11 章 \11-3-5.jpg

视频：光盘 \ 视频 \ 第 11 章 \11-3-5.swf

01 在 Camera Raw 8.0 对话框中打开照片“光盘 \ 源 文 件 \ 第 11 章 \ 素 材 \113501.dng”， 如图 11–109 所示。在“基本”面板中单击“自动”选项，自动对照片进行相应的调整，效果如图 11–110 所示。

图 11-109 在 Camera Raw 8.0 中打开照片

图 11-110 自动调整照片

02 单击“HSL/ 灰度”按钮，切换到“HSL/ 灰度”面板中，在“色相”选项卡中对相关选项进行设置，如图 11–111 所示。设置完成后，照片效果如图 11–112 所示。

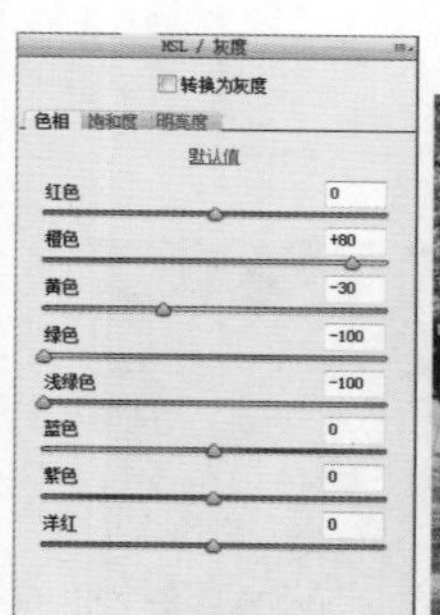

图 11-111 设置“色相”选项卡

图 11-112 照片效果

03 切换到“饱和度”选项卡中，对相关选项进行设置，如图 11–113 所示。设置完成后，照片效果如图 11–114 所示。

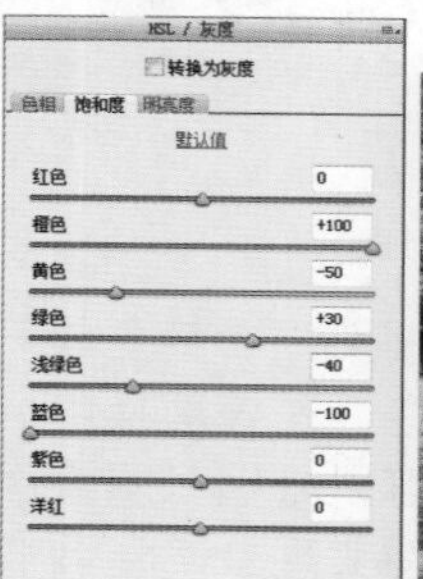

图 11-113 设置“饱和度”选项卡

图 11-114 照片效果

04 切换到“明亮度”选项卡中，对相关选项进行设置，如图 11–115 所示。设置完成后，照片效果如图 11–116 所示。

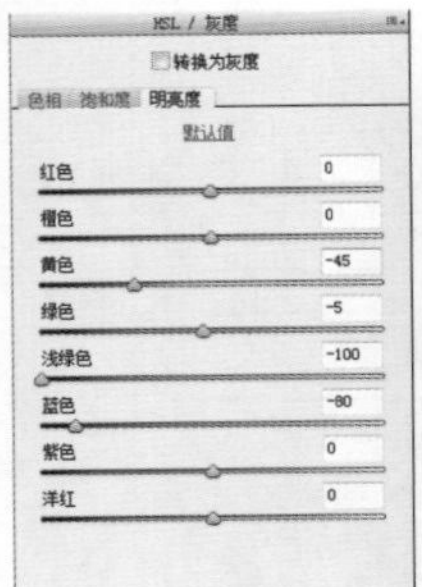

图 11-115 设置“明亮度”选项卡　　图 11-116 照片效果

05 单击“存储选项”按钮，弹出“存储选项”对话框，对相关参数进行设置，如图 11–117 所示。单击“存储”按钮，完成照片的颜色处理，最终效果如图 11–118 所示。

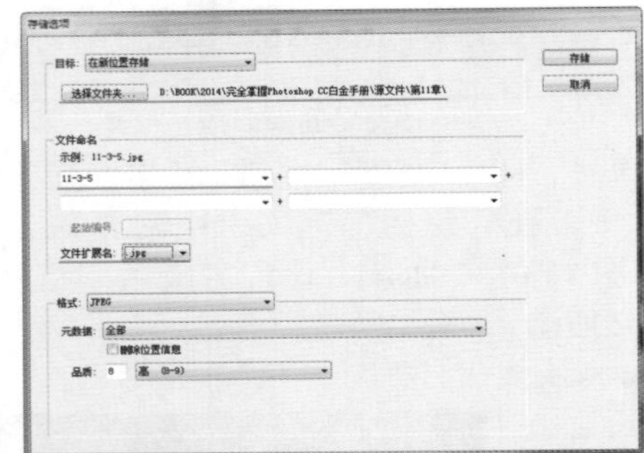

图 11-117 设置“存储选项”对话框

图 11-118 照片最终效果

11.3.6 “分离色调”面板

在 Camera Raw 8.0 对话框中，通过“分离色调”面板可以为黑白照片或灰度图像上色。在该面板中，可以为整个图像添加一种颜色，也可以分别对图像中的高光和阴影应用不同的颜色，从而实现分离色调的效果。

动手实践——为黑白照片上色

源文件：光盘 \ 源文件 \ 第 11 章 \11-3-6.jpg

视频：光盘 \ 视频 \ 第 11 章 \11-3-6.swf

01 在 Camera Raw 8.0 对话框中打开照片“光盘\源文件\第 11 章\素材\113601.dng”，如图 11–119 所示。在“基本”面板中对“对比度”、“高光”和“阴影”选项进行设置，如图 11–120 所示。

图 11-119 在 Camera Raw 8.0 中打开照片　　图 11-120 设置相关选项

02 完成“对比度”、“高光”和“阴影”选项的设置，照片效果如图 11–121 所示。单击“分离色调”按钮，切换到“分离色调”面板，对“高光”部分的相关选项进行设置，如图 11–122 所示。

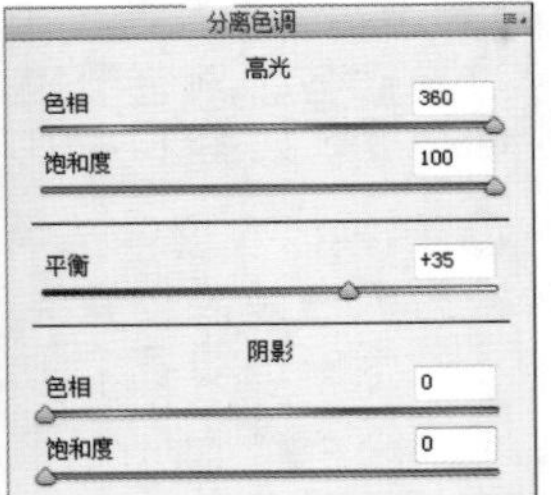

图 11-121 照片效果　　图 11-122 设置相关选项

技巧

在设置“色相”参数时，可以按住 Alt 键拖动滑块，此时显示的是饱和度为 100% 的彩色图像，确定色相的效果后，释放 Alt 键，再对“饱和度”选项进行设置。否则在“饱和度”为 0 的情况下，调整“色相”参数，看不到任何的效果变化。

03 照片效果如图 11–123 所示。在“分离色调”面板中对“阴影”部分的相关选项进行设置，如图 11–124 所示。

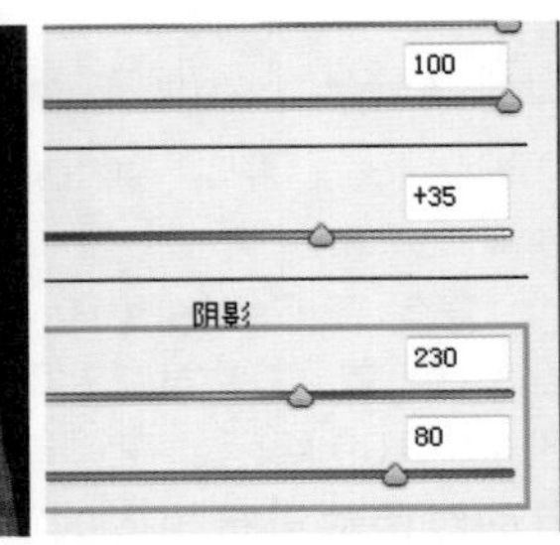

图 11-123 照片效果　　图 11-124 设置相关选项

04 完成黑白照片的上色处理，最终效果如图 11-125 所示。单击“存储选项”按钮，弹出“存储选项”对话框，对相关参数进行设置，如图 11-126 所示。单击“存储”按钮，完成黑白照片上色操作。

图 11-125 照片最终效果

存储选项
目标：在新位置存储　存储
选择文件夹...　D:\BOOK\2014\完全掌握Photoshop CC白金手册\源文件\第11章\　取消
文件命名
示例：11-3-6.jpg
11-3-6
起始编号
文件扩展名：.jpg
格式：JPEG
元数据：全部
删除位置信息
品质：8　高（8-9）

图 11-126 设置“存储选项”对话框

11.3.7 “镜头校正”面板

色差是在照片边缘对比度强烈的位置较为明显，在 Camera Raw 8.0 对话框中可以通过对“镜头校正”面板中的相关选项进行设置降低色差所造成的影响。晕影是镜头缺陷产生的另一种视觉效果，由于镜头无法在整个传感器上维持均匀的曝光，所以导致照片的四周角落处变暗。在 Camera Raw 8.0 对话框中的“镜头校正”面板中还新增了垂直功能，通过该功能可以自动校正照片中倾斜的图像。

在 Camera Raw 8.0 中打开图像，单击“镜头校正”按钮，打开“镜头校正”面板，选择“手动”选项卡，在该选项卡中可以对相关选项进行设置，从而对照片应用镜头校正调整，如图 11-127 所示。

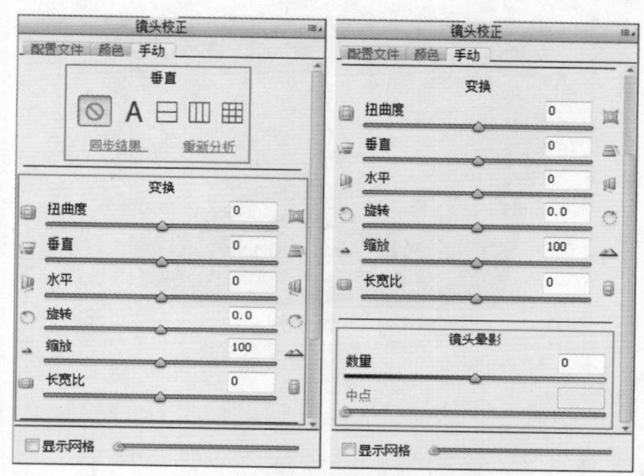

图 11-127 “镜头校正”面板选项

- “垂直”选项区：该选项区中的功能是 Camera Raw 8.0 新增的功能，用于自动校正照片中景物的倾斜效果，在该选项区中包含 5 个功能按钮。
  - “关闭”按钮：单击该按钮，可以禁用对照片的自动垂直功能调整。
  - “自动”按钮：单击该按钮，Camera Raw 会对照片进行自动分析并应用平衡透视校正，如图 11-128 所示。

原照片效果　自动校正后效果

图 11-128 单击“自动”按钮前后效果对比

  - “水平”按钮：单击该按钮，Camera Raw 会对照片进行自动分析，并对照片在水平方向上应用校正效果，如图 11-129 所示。
  - “纵向”按钮：单击该按钮，Camera Raw 会对照片进行自动分析并应用水平和纵向透视校正，如图 11-130 所示。

图 11-129 单击“水平”按钮后的效果

图 11-130 单击“纵向”按钮后的效果

  - “完全”按钮：单击该按钮，Camera Raw 会对照片进行自动分析并应用水平、横向和纵向透视校正，如图 11-131 所示。

图 11-131 单击"完全"按钮后的效果

"变换"选项区：在"变换"选项区中有 6 个选项，用于在 Camera Raw 中对照片进行变换操作。

扭曲度：通过拖动滑块或在文本框中输入数值，可以对照片进行扭曲操作，如图 11–132 所示。

图 11-132 扭曲度为 +100 的效果

垂直：通过拖动滑块或在文本框中输入数值，可以对照片在垂直方向上进行斜切变换操作，如图 11–133 所示。

图 11-133 垂直为 +63 的效果

水平：通过拖动滑块或在文本框中输入数值，可以对照片在水平方向上进行斜切变换操作，如图 11–134 所示。

图 11-134 水平为 -40 的效果

旋转：通过拖动滑块或在文本框中输入数值，可以对照片进行旋转操作，取值范围为 –10° ~+10°，如图 11–135 所示。

图 11-135 旋转为 +10°的效果

缩放：通过拖动滑块或在文本框中输入数值，可以对照片进行等比例缩放操作。

长宽比：通过拖动滑块或在文本框中输入数值，可以对照片的长宽比进行调整，取值范围为 –100° ~ +100°，如图 11–136 所示。

图 11-136 长宽比为 +100 的效果

"镜头晕影"选项区：用于设置镜头晕影效果，拖曳调整滑块可使照片四周角落变亮或变暗，当数量值不为 0 时，还可以通过"中点"选项设置镜头中点的大小。如图 11–137 所示为不同数值下的照片效果。

数量值为 100 中点值为 0　　数量值为 100 中点值为 100

图 11-137 照片效果

显示网格：选中该选项，可以在调整的照片中显示网格，可以拖动该选项后的滑块调整网格的大小，如图 11–138 所示。

图 11-138 显示网格效果

动手实践——为照片添加暗角效果

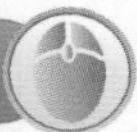

源文件：光盘 \ 源文件 \ 第 11 章 \11-3-7.jpg

视频：光盘 \ 视频 \ 第 11 章 \11-3-7.swf

01 在 Camera Raw 8.0 对话框中打开该照片“光盘 \ 源文件 \ 第 11 章 \ 素材 \113702.dng”，如图 11-147 所示。在“基本”面板中对相关选项进行设置，如图 11-140 所示。

图 11-139 在 Camera Raw 8.0 中打开照片

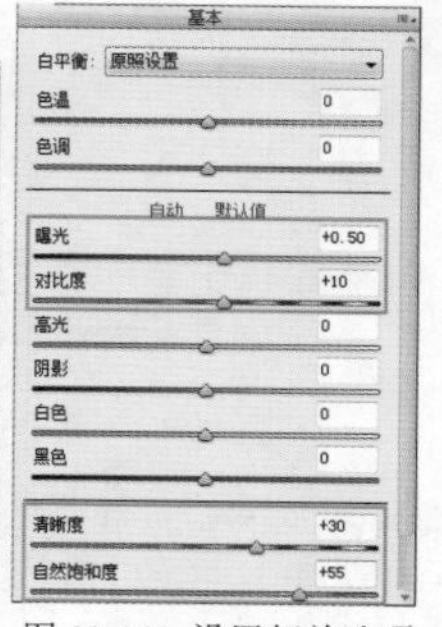

图 11-140 设置相关选项

02 完成“基本”面板中相关选项的设置，照片效果如图 11-141 所示。单击“色调曲线”按钮，打开“色调曲线”面板，切换到“点”选项卡中，在“曲线”下拉列表中选择“强对比度”选项，如图 11-142 所示。

图 11-141 照片效果

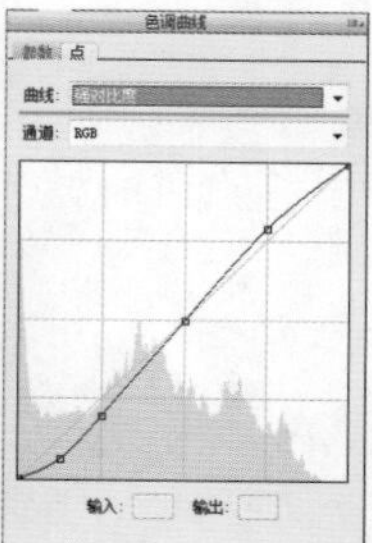

图 11-142 设置色调曲线

03 完成“色调曲线”面板中相关选项的设置，照片效果如图 11-143 所示。单击“镜头校正”按钮，切换到“镜头校正”面板中，对相关参数进行设置，如图 11-144 所示。

图 11-143 照片效果

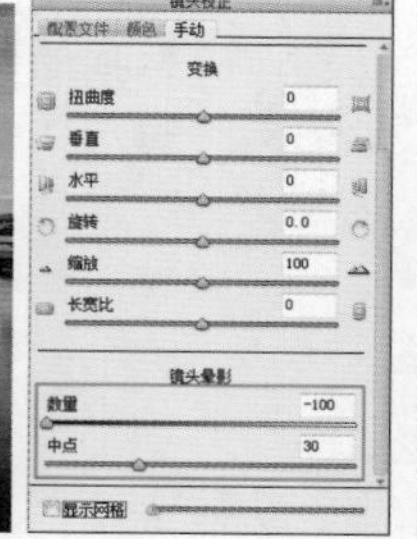

图 11-144 设置相关参数

04 完成为照片添加暗角效果的处理，最终效果如图 11-145 所示。单击“存储选项”按钮，弹出“存储选项”对话框，对相关参数进行设置，如图 11-146 所示，单击“存储”按钮。

图 11-145 照片最终效果

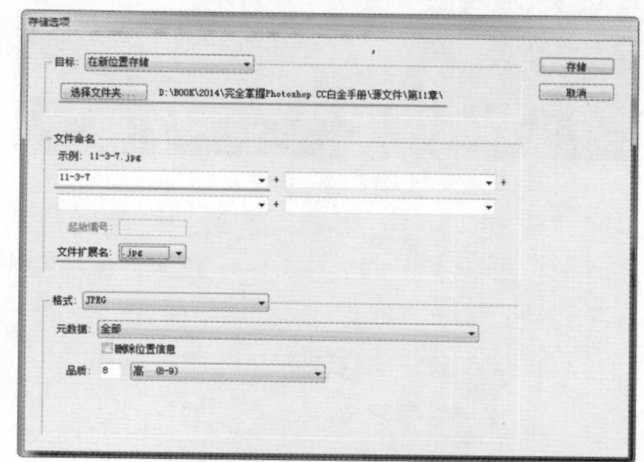

图 11-146 设置“存储选项”对话框

11.3.8 “效果”面板

在 Camera Raw 8.0 对话框中还可以通过在“效果”面板中的设置，从而实现为照片添加一些特殊的效果。

动手实践——制作怀旧风格效果

源文件：光盘 \ 源文件 \ 第 11 章 \11-3-8.jpg

视频：光盘 \ 视频 \ 第 11 章 \11-3-8.swf

01 在 Camera Raw 8.0 对话框中打开照片“光盘 \ 源文件 \ 第 11 章 \ 素材 \113801.dng”，如图 11-147 所示。单击“效果”按钮，切换到“效果”面板中，如图 11-148 所示。

图 11-147 在 Camera Raw 8.0 中打开照片　图 11-148 “效果”面板

02 在“颗粒”选项区中对相关选项进行设置，如图 11-149 所示。照片效果如图 11-150 所示。

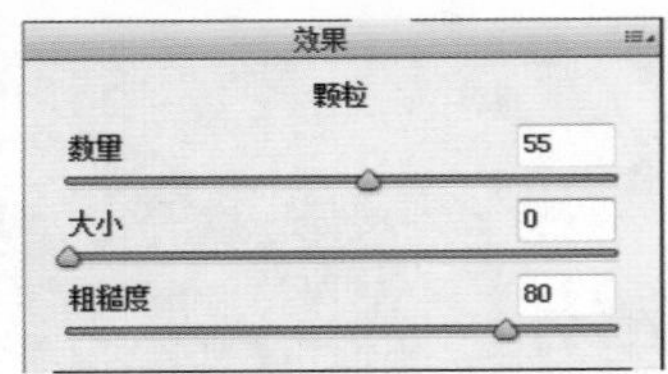

图 11-149 设置相关选项

图 11-150 照片效果

03 在“样式”下拉列表中选择“颜色优先”选项，对相关选项进行设置，如图 11–151 所示。照片效果如图 11–152 所示。

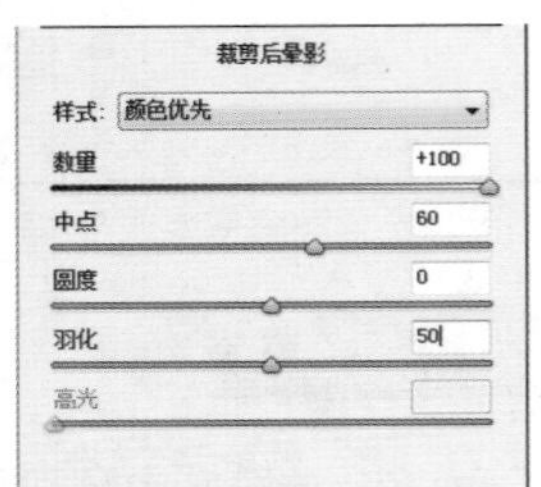

图 11-151 设置相关选项

图 11-152 照片效果

04 完成为照片怀旧风格效果的处理，最终效果如图 11–153 所示。单击“存储选项”按钮，弹出“存储选项”对话框，对相关参数进行设置，如图 11–154 所示，单击“存储”按钮。

图 11-153 照片最终效果

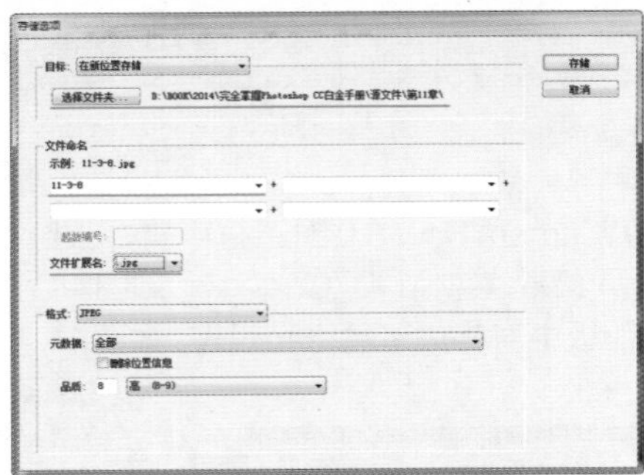

图 11-154 设置“存储选项”对话框

11.3.9 调整相机的颜色显示

有时候，通过数码相机拍摄出来的照片会存在色偏的现象，这种情况下就可以通过 Camera Raw 8.0 对话框中的“相机校准”面板对照片进行调整。

在 Camera Raw 8.0 对话框中，单击“相机校准”按钮，切换到“相机校准”面板，如图 11–155 所示。如果阴影区域出现色偏，可以拖动“阴影”选项的滑块进行校正。如果是各种原色出现问题，则可以移动各原色选项的滑块进行调整。

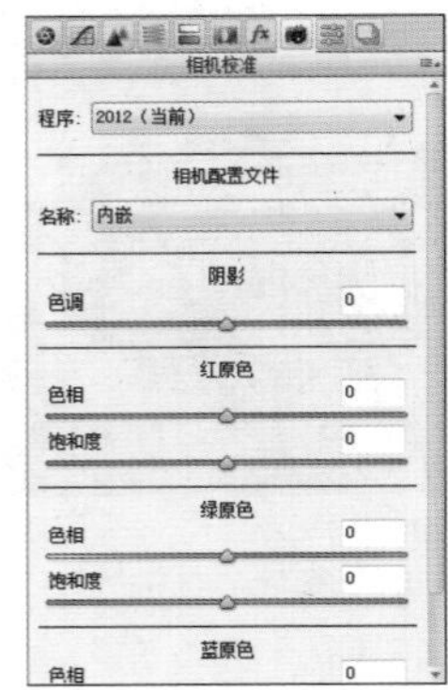

图 11-155 “相机校准”面板

校正完成后，单击右上角的按钮，在弹出的下拉菜单中选择“存储新的 Camera Raw 默认值”命令，如图 11–156 所示，即可将设置保存。以后打开该相机拍摄的照片，Camera Raw 就会对照片进行自动校正。

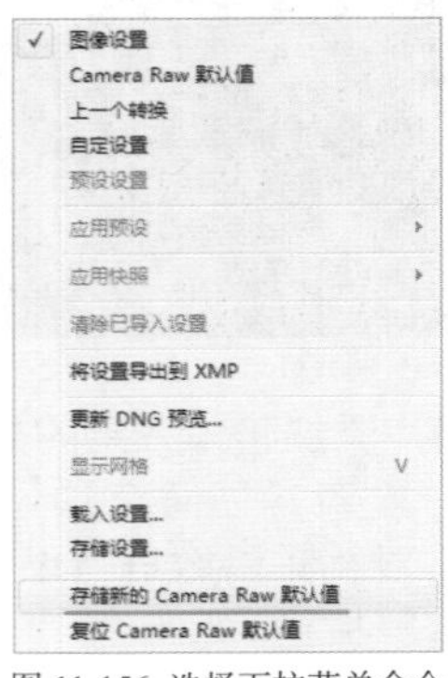

图 11-156 选择下拉菜单命令

11.4 使用 Camera Raw 8.0 自动处理照片

如果需要在 Camera Raw 8.0 对话框中对多张照片应用相同的调整处理，可以通过使用 Camera Raw 8.0 中提供的自动处理照片的功能，先在 Camera Raw 8.0 对话框中处理一张照片，再通过 Bridge 将相同的调整处理应用于其他照片即可。

11.4.1 同时调整多张照片

通过 Bridge CC 与 Camera Raw 8.0 相结合，可以同时对多张照片应用相同的调整，这样就大大减轻了每张照片进行调整的重复操作。

动手实践——同时调整多张照片

源文件：无

视频：光盘 \ 视频 \ 第 11 章 \11-4-1.swf

01 运行 Bridge CC 软件，浏览到需要同时处理的照片位置“光盘 \ 源文件 \ 第 11 章 \ 素材”，如图 11–157 所示。在其中一张照片上单击鼠标右键，在弹出的快捷菜单中选择“在 Camera Raw 中打开”命令，如图 11–158 所示。

图 11-157 在 Bridge 中浏览到照片　　图 11-158 执行快捷命令

02 在 Camera Raw 8.0 对话框中打开相应的照片，如图 11–159 所示。单击“HSL/ 灰度”按钮，切换到“HSL/ 灰度”面板中，选中“转换为灰度”复选框，将照片处理为灰度效果，如图 11–160 所示。

图 11-159 在 Camera Raw 8.0 对话框中打开照片

图 11-160 将照片处理为灰度效果

03 单击“完成”按钮，关闭 Camera Raw 8.0 对话框，返回到 Bridge CC 软件中，可以看到经过 Camera Raw 处理后的照片右上角有一个图标，如图 11–161 所示。同时选中其他需要进行相同处理的照片，如图 11–162 所示。

图 11-161 显示 Camera Raw 调整图标

图 11-162 选择其他需要处理的照片

04 单击鼠标右键，在弹出的快捷菜单中选择“开发设置 > 上一次转换”命令，如图 11–163 所示。即可将选择的照片同时都处理为灰度图像效果。

图 11-163 同时对多张照片进行相同的调整

技巧

如果需要将照片恢复为原始状态，可以选择照片，单击鼠标右键，在弹出的快捷菜单中选择“开发设置 > 清除设置”命令，即可将照片恢复为原始状态。

11.4.2 在 Camera Raw 中进行同步编辑

还有另外一种方法，就是在 Camera Raw 8.0 对话框中实现多个图像间的同步编辑，这样可大大节省用户的时间，并且可以随时查看照片的效果。

动手实践——在 Camera Raw 中进行同步编辑

源文件：无

视频：光盘\视频\第 11 章\11-4-1.swf

01 启动 Adobe Bridge CC 软件，浏览到需要同时在 Camera Raw 对话框中进行同步编辑的照片所在位置，选择多个需要设置的照片，如图 11–164 所示。执行“文件 > 在 Camera Raw 中打开”命令，如图 11–165 所示。

图 11-164 选择照片

图 11-165 执行命令

02 在 Camera Raw 8.0 对话框中同时打开选中的照片，如图 11–166 所示。单击该对话框左上角的“全选”按钮，选中全部打开的照片，如图 11–167 所示。

图 11-166 在 Camera Raw 中打开多张照片

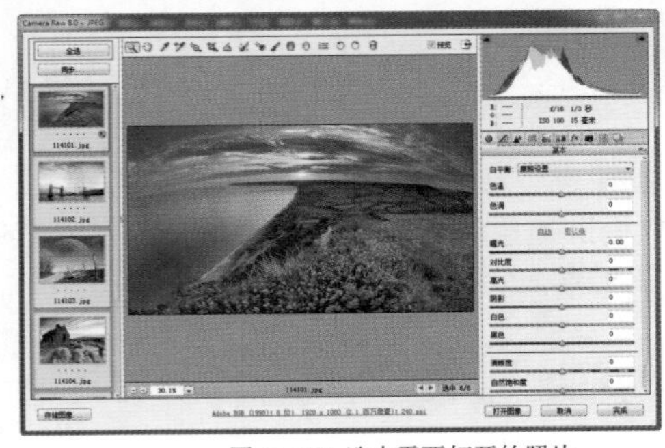

图 11-167 选中需要打开的照片

03 单击 Camera Raw 8.0 对话框左上角的“同步”按钮，弹出“同步”对话框，如图 11–168 所示。在该对话框中可以选择需要进行同步编辑操作的选项。在“同步”下拉列表中同样可以选择需要进行同步编辑操作的选项，如图 11–169 所示。

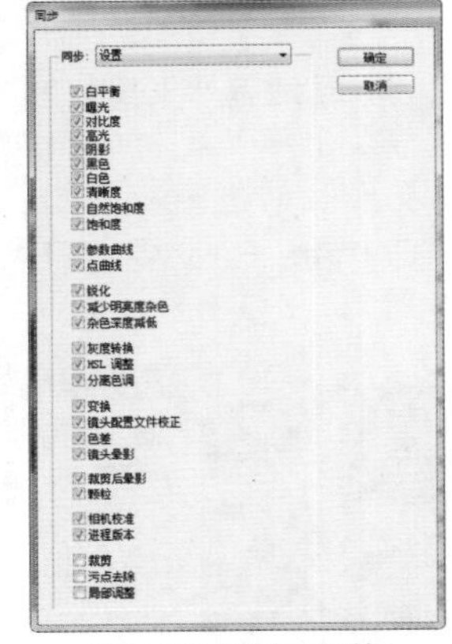

图 11-168 “同步”对话框

图 11-169 “同步”下拉列表

11.5 本章小结

本章系统地向用户介绍了如何使用 Photoshop CC 中全新的 Camera Raw 8.0 对照片进行处理的方法和技巧，并通过多个小练习与基础知识相结合的方式进行讲解，用户需要能够掌握在 Camera Raw 中对照片处理的方法，并且能够理解 Raw 格式文件的作用。

第12章 文字工具的使用

文字是设计作品的重要组成部分，它不仅可以传达信息，还能起到美化版面、强化主题的作用。Photoshop CC 提供了多个用于创建文字的工具，文字的编辑方法也非常灵活。在本章中主要向用户讲解在 Photoshop CC 中文字的创建方法，以及文字编辑设置的各种方法。

12.1 了解与创建文字

在平面设计与摄影后期中，图像和文字都是重要的组成部分，因此正确使用文字在平面设计中的视觉作用是非常重要的，文字不仅可以传达重要的信息，并且通过精心编排还能起到美化版面和强化主题的作用。

12.1.1 认识文字工具

在 Photoshop CC 中有 4 种关于文字的工具，右击工具箱中的“横排文字工具”按钮，在打开的工具组中可以看到“横排文字工具”、“直排文字工具”、“横排文字蒙版工具”和“直排文字蒙版工具”，如图 12-1 所示。

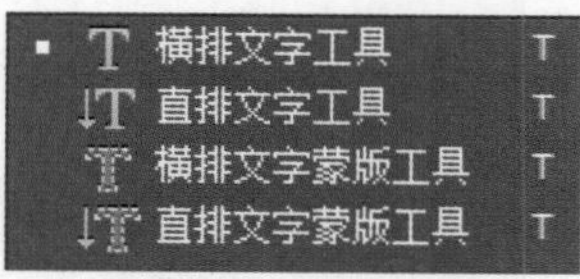

图 12-1 文字工具

12.1.2 “文字工具”的选项栏

在使用文字工具输入文字之前，需要在工具选项栏或“字符”面板中设置字符的属性，包括字体、大小、文字颜色等。如图 12-2 所示为“横排文字工具”的选项栏。

更改文本取向　字体样式　字体大小　消除锯齿的方法　文本颜色

宋体　24点　锐利

字体　文本对齐

图 12-2 “文字工具”的选项栏

- “更改文本取向”按钮：如果当前文字为横排文字，单击该按钮，可将其转换为直排文字；如果当前文字为直排文字，单击该按钮，可将其转换为横排文字。
- 字体：在该选项下拉列表中可以选择各种不同的字体。
- 字体样式：用来为字符设置样式，包括 Regular（规则的）、Italic（斜体）、Bold（粗体）和 Bold Italic（粗斜体）等。“字体样式”只针对部分的英文字体有用。
- 字体大小：可以选择字体的大小，或者直接输入数值进行字体大小的调整。
- 消除锯齿的方法：可以在该下拉列表中选择一种为文字消除锯齿的方法，如图 12-3 所示。Photoshop CC 会通过部分的填充边缘像素，来产生边缘平滑的文字，使文字的边缘混合到背景中而看不出锯齿。

无
锐利
犀利
浑厚
平滑
Windows LCD
Windows

图 12-3 下拉列表

- 文本对齐：根据输入文字时光标的位置来设置文本的对其方式，包括“左对齐文本”、“居中对齐文本”和“右对齐文本”。
- 文本颜色：单击颜色块，可以在弹出的“拾色器”对话框中设置文字的颜色。
- “创建文字变形”按钮：单击该按钮，可在弹出的“变形文字”对话框中为文本添加变形样式，创建变形文字。
- “切换字符和段落面板”按钮：单击该按钮，可以显示或隐藏“字符”和“段落”面板。
- “取消所有当前编辑”按钮：单击该按钮，即可取消对文字进行的所有操作。
- “提交所有当前编辑”按钮：单击该按钮，即可提交对文字进行的所有操作。
- “更新此文本关联的 3D”按钮：单击该按钮，可以直接从当前文字创建 3D 图层，并直接转换到 3D 工作模式中。

12.2 输入文字

在照片或者图像上文字可以增加该照片或图像的吸引力。在 Photoshop CC 中，输入的文字分为两种类型，分别是点文字和段落文字。下面将通过实例的制作为用户进行详细的讲解。

12.2.1 输入点文字

点文字是一个水平或垂直的文本行，在处理标题等字数较少的文字时，可以通过点文字来完成。

动手实践——输入点文字

源文件：光盘 \ 源文件 \ 第 12 章 \12-2-1.psd

视频：光盘 \ 视频 \ 第 12 章 \12-2-1.swf

01 执行“文件 > 打开”命令，打开素材图像“光盘 \ 源文件 \ 第 12 章 \ 素材 \122101.jpg”，效果如图 12–4 所示。设置“前景色”为白色，单击工具箱中的“横排文字工具”按钮，在选项栏中进行相应的设置，如图 12–5 所示。

图 12-4 打开图像

图 12-5 设置选项栏

02 完成选项栏的设置，在图像上单击，设置插入点，如图 12–6 所示。输入文字，如图 12–7 所示。如果想移动文字的位置，可将光标移至字符以外，单击并拖动鼠标即可。

图 12-6 设置插入点

图 12-7 输入文字

03 使用“横排文字工具”，选中“羞花”文字，在选项栏中进行相应的设置，如图 12–8 所示。设置完成后，可以看到文字的效果，如图 12–9 所示。

图 12-8 设置选项栏

图 12-9 文字效果

04 单击选项栏中的“提交所有当前编辑”按钮，或单击其他工具，或按快捷键 Ctrl+Enter 都可以用来确认文字的输入操作，如图 12-10 所示。“图层”面板中会自动生成一个文字图层，如图 12-11 所示。

图 12-10 文字效果

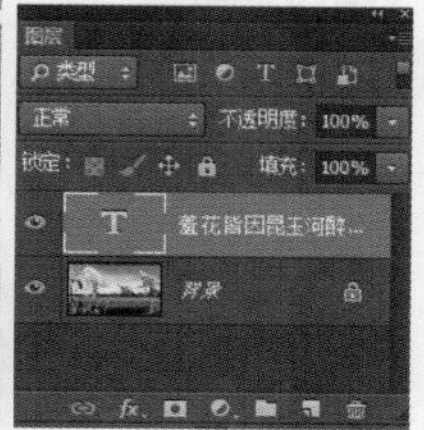

图 12-11 “图层”面板

12.2.2 输入段落文字

当需要输入大量的文字内容时，可将文字以段落的形式进行输入。输入段落文字时，文字会基于文本框的大小自动换行。用户可以根据需要自由调整定界框的大小，使文字在调整后的文本框中重新排列，也可以在输入文字时或创建文字图层后调整定界框。

动手实践——输入段落文字

源文件：光盘 \ 源文件 \ 第 12 章 \12-2-2.psd

视频：光盘 \ 视频 \ 第 12 章 \12-2-2.swf

01 执行“文件 > 打开”命令，打开素材图像“光盘 \ 源文件 \ 第 12 章 \ 素材 \122201.jpg”，效果如图 12-12 所示。单击工具箱中的“横排文字工具”按钮，在想要输入文字的位置单击左键并拖动鼠标，拖曳出一个文本定界框，如图 12-13 所示。

图 12-12 打开图像

图 12-13 绘制定界框

02 在选项栏上进行相应的设置，如图 12-14 所示。设置完成后，在文本定界框内输入文字，如图 12-15 所示。

图 12-14 设置选项栏

图 12-15 输入文字

03 输入完成后，单击选项栏中的“提交所有当前编辑”按钮，即可完成段落文字的输入，如图 12-16 所示。“图层”面板上会自动生成一个文字图层，如图 12-17 所示。

图 12-16 文字效果

图 12-17 “图层”面板

技巧

如果需要移动文本定界框，可以按住 Ctrl 键不放，然后将光标移至文本框内（光标会变成 形状），拖动鼠标即可移动该定界框；如果移动鼠标指针到定界框四周的控制点上，按下鼠标指针拖动，可以对定界框进行缩放或变形。

12.2.3 点文字与段落文字的相互转换

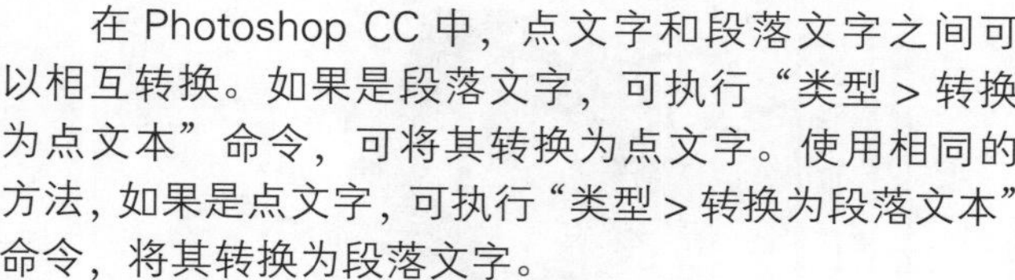

在 Photoshop CC 中，点文字和段落文字之间可以相互转换。如果是段落文字，可执行“类型 > 转换为点文本”命令，可将其转换为点文字。使用相同的方法，如果是点文字，可执行“类型 > 转换为段落文本”命令，将其转换为段落文字。

打开素材图像“光盘 \ 源文件 \ 第 12 章 \ 素材 \122301.psd”，使用“横排文字工具”在文字上单击，可以看到该文字为点文字，如图 12-18 所示。使用“移动工具”，在“图层”面板上选中该文字图层，如图 12-19 所示。

图 12-18 文字效果

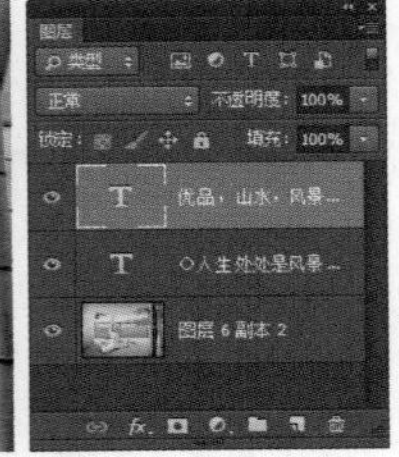

图 12-19 “图层”面板

执行“类型 > 转换为段落文本”命令，即可将其转换为段落文字，文字效果如图 12-20 所示。

图 12-20 转换后的文字效果

提示

将段落文字转换为点文字时，所有溢出定界框的字符都会被删除。因此，为避免丢失文字，应首先调整定界框，使所有文字在转换前都显示出来。

12.2.4 水平文字与垂直文字的相互转换

在 Photoshop CC 中，水平文字与垂直文字之间也可以相互转换。执行“类型 > 文本排列方向 > 横排 / 竖排”命令，或者单击选项栏上的“切换文本取向”按钮，都可以切换文本的方向。

打开素材图像“光盘 \ 源文件 \ 第 12 章 \ 素材\122401.psd”，文字效果如图 12-21 所示。在“图层”面板上选中文字图层，执行“类型 > 文本排列方向 > 横排”命令，文字效果如图 12-22 所示。

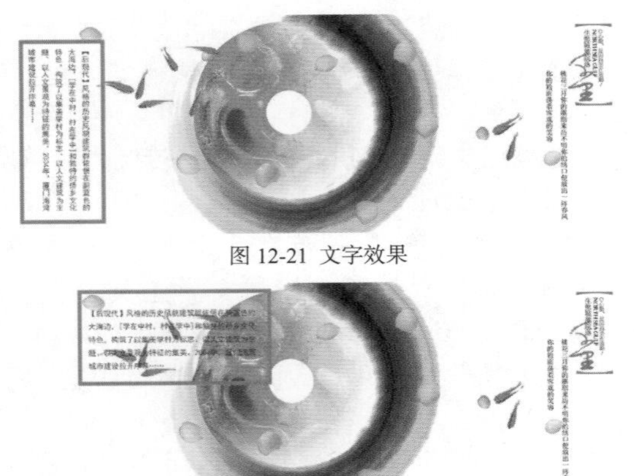

图 12-21 文字效果

图 12-22 转换后的文字效果

12.2.5 为写真照添加文字

本练习主要介绍两种不同文字工具的使用方法，在练习的制作过程中，用户需要掌握输入文字的一些方法和技巧。

动手实践——为写真照添加文字

源文件：光盘 \ 源文件 \ 第 12 章 \12-2-5.psd

视频：光盘 \ 视频 \ 第 12 章 \12-2-5.swf

01 执行“文件 > 新建”命令，弹出“新建”对话框，设置如图 12-23 所示。单击工具箱中的“横排文字蒙版工具”按钮，执行“窗口 > 字符”命令，打开“字符”面板，设置如图 12-24 所示。

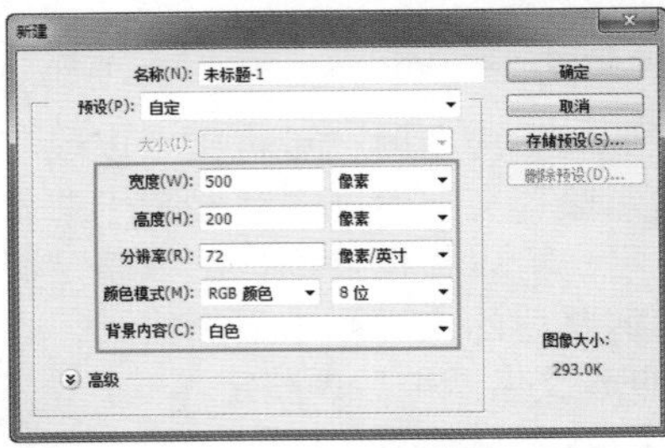

图 12-23 “新建”对话框

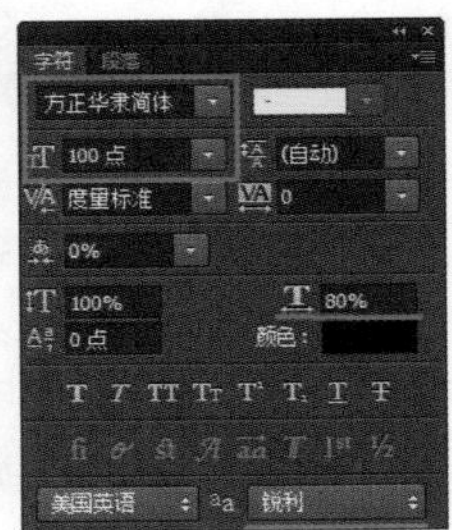

图 12-24 “字符”面板

02 在画布中单击输入文本内容，如图 12-25 所示。按 Ctrl+Enter 键，确认输入得到文字选区，如图 12-26 所示。

爱到茶靡

图 12-25 输入文字

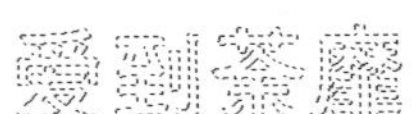

图 12-26 文字选区

提示

在蒙版状态下输入文字时，按住 Ctrl 键可以调出变换框，如图 12-27 所示，拖动即可调整文字的大小。

03 执行“选择 > 修改 > 羽化”命令或按快捷键 Shift+F6，弹出“羽化选区”对话框，设置如图 12-28 所示。单击“确定”按钮，对选区进行羽化操作。

图 12-27 变换框

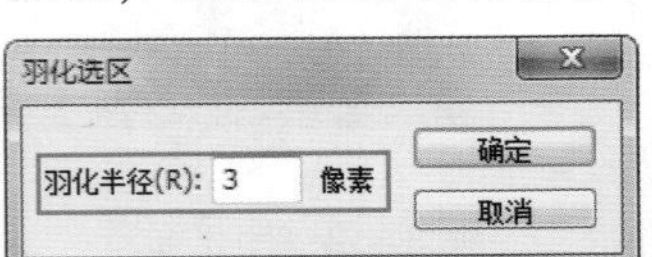

图 12-28 “羽化选区”对话框

04 设置“前景色”为 RGB（4、100、167），“背景色”为 RGB（197、215、192），执行“滤镜 > 渲染 > 云彩”命令，效果如图 12-29 所示。执行“滤镜 > 滤镜库”命令，弹出“滤镜库”对话框，选择“艺术效果”选项卡中的“水彩”选项，设置如图 12-30 所示。

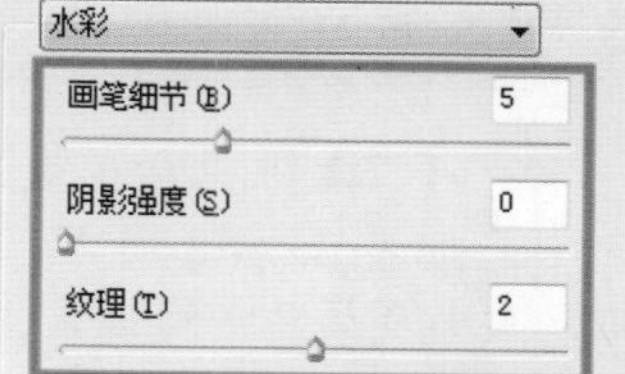

图 12-29 云彩效果　　图 12-30 设置"水彩"滤镜参数

05 单击"确定"按钮完成设置，将其保存为"光盘\源文件\第 12 章\素材\12-2.psd"，打开文档"光盘\源文件\第 12 章\素材\12-2-5.psd"，效果如图 12-31 所示。将制作好的效果复制到该文档中，如图 12-32 所示。

图 12-31 打开图像

图 12-32 图像效果

06 设置该图层的"混合模式"为"正片叠底"，效果如图 12-33 所示。单击工具箱中的"横排文字工具"按钮，在"字符"面板中设置"颜色"为 RGB（66、113、116），其他设置如图 12-34 所示。

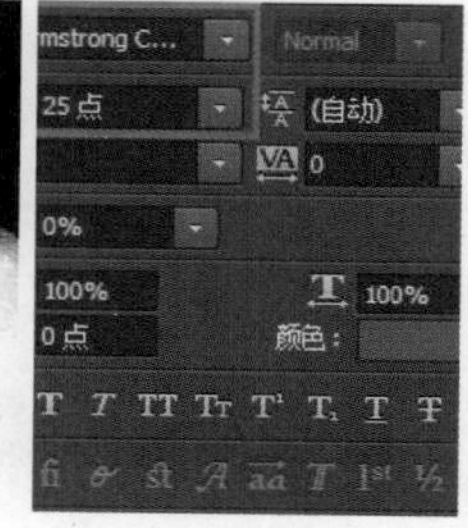

图 12-33 文字效果　　图 12-34 "字符"面板

07 在画布中单击输入文字，如图 12-35 所示。最终效果如图 12-36 所示。

图 12-35 输入文字

图 12-36 最终图像效果

12.3 删除与更改文字

创建文字后，可以在已有的文字中添加新文字，更改文字内容、删除文字及更改文字字体、字号及颜色等操作，本节就针对前面所述进行详细讲解。

12.3.1 添加、删除文字

打开素材图像"光盘\源文件\第 12 章\素材\123101.jpg"，使用"横排文字工具"在画布图像上输入文字内容，如图 12-37 所示。

图 12-37 输入文字

选择“横排文字工具”，将光标移至文字处，此时光标呈I状，单击鼠标左键即可设置文字插入点，如图 12–38 所示。即可添加文字内容，如图 12–39 所示。

图 12-38 插入点

图 12-39 输入文字内容

如果想将输入的文字删除，可将光标移至所需删除的文字后单击鼠标左键进行文字插入点定位，然后按键盘上的退格（Backspace）键即可，如图 12–40 所示。或者直接拖动光标将需要删除的文字选中，如图 12–41 所示。然后按 Delete 键即可将所选的文字内容删除。

图 12-40 删除文字

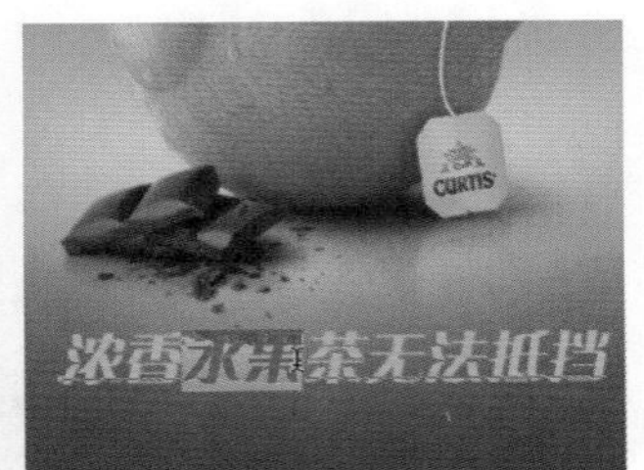

图 12-41 选中文字

技巧

在进行插入或删除文字时，可以按键盘上的方向键进行文字插入点的移动。

12.3.2 更改文字字体、大小及颜色

使用“横排文字工具”将需要编辑的文字内容选中，如图 12–42 所示。在选项栏中对文字的字体、大小及颜色进行设置，即可更改所选的文字，如图 12–43 所示。

图 12-42 选中文字

图 12-43 文字效果

如果输入的文本中有多种不同大小的文字，希望在不更改这些文字大小的同时，增大或减小整体文本的大小时，可以使用“自由变换”命令，等比例的缩放文字，即可更改整体文本的大小，如图 12–44 所示。

图 12-44 缩放后文字的效果

12.4 设置字符和段落属性

在 Photoshop CC 中，无论是输入点文字还是段落文字，都可以使用“字符”面板和“段落”面板来指定文字的字体、粗细、大小、颜色、字距调整、基线移动以及对齐等其他字符属性。

12.4.1 “字符”面板

相对于文本工具的选项栏，“字符”面板的选项更全面。在默认设置下，Photoshop 工作区域内不显示“字符”面板。要对文字格式进行设置时，可以执行“窗口 > 字符”命令，打开“字符”面板，如图 12–45 所示。

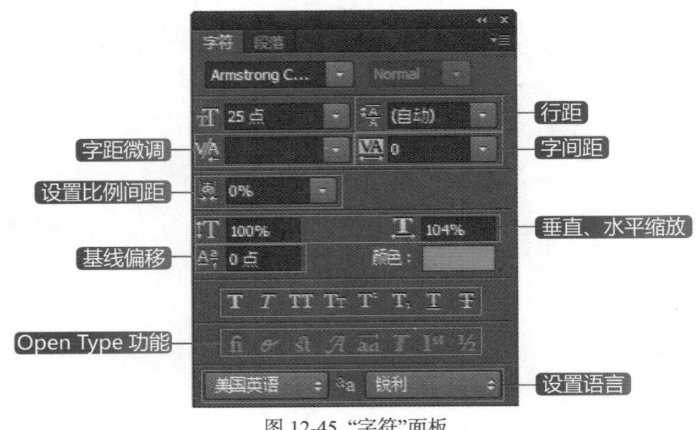

图 12-45 “字符”面板

- 行距：指的是两行文字之间的基线距离，Photoshop 默认的行距设置为“自动”。如果自行调整行距，可选取需要调整行距的文字，在“字符”面板的“行距”文本框中直接输入行距数值，如图 12-46 所示。或在其下拉列表中选中想要设置的行距数值，即可设置文本的行间距。

输入文字

设置行距

图 12-46 设置行距后文字的效果

- 字距微调：是指增加或减少特定字符之间的间距的过程，也就是调整两个字符之间的间距。

- 字间距：在“字符”面板中的“字距”下拉列表框中直接输入字符间距的数值（正值为扩大间距，负值为缩小间距），如图 12-47 所示。或者在下拉列表中选中想要设置的字符间距数值，就可以设置文本的字间距，效果如图 12-48 所示。

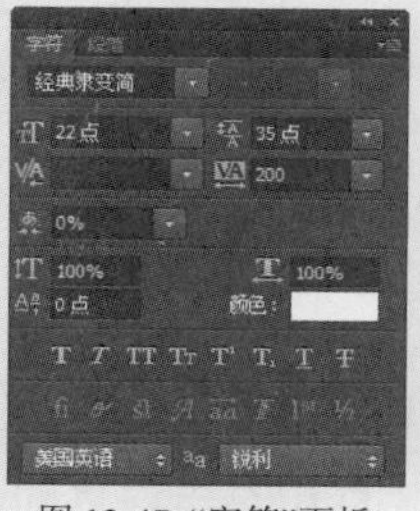

图 12-47 “字符”面板

图 12-48 调整字距后效果

- 设置比例间距：是指按指定的百分比值减少字符周围的空间，但字符自身不会发生变化。

- 垂直、水平缩放：在“垂直缩放”文本框和“水平缩放”文本框中输入数值，即可缩放所选的文字比例。比例大于 100% 则文字越长或越宽，小于 100% 则反之。

- 基线偏移：偏移字符基线，可以使字符根据设置的参数上下移动位置。在“字符”面板的“基线偏移”文本框中输入数值，如图 12-49 所示。正值使文字向上移，负值使文字向下移，类似 Word 软件中的上标和下标，设置完成后，效果如图 12-50 所示。

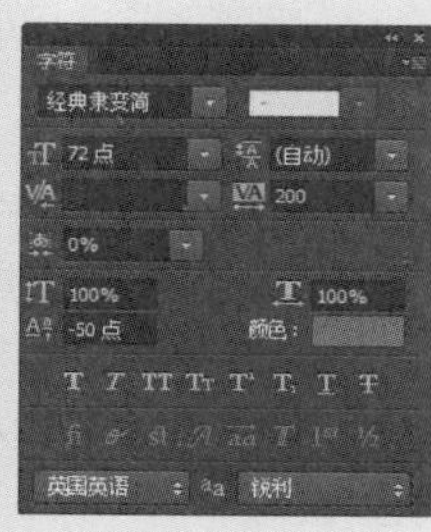

图 12-49 “字符”面板

图 12-50 文字效果

- 字体的加粗、倾斜、大写字母、上标下标、下划线、删除线：单击“仿粗体”按钮，可以将字体加粗；单击“仿斜体”按钮，可以将字体倾斜；单击“全部大写字母”按钮，可将小写字母转换为大写字母；单击“小型大写字母”按钮，同样可以将小写字母转换为大写字母，但转换后的大写字母都相对缩小；单击“上标”按钮或“下标”按钮，可以将选中的文字设置为上标或下标效果；单击“下划线”按钮，可以为选中的文字添加下划线；单击“删除线”按钮，可以选中的文字添加删除线。

- Open Type 功能：主要用于设置文字的各种特殊效果，共包括 8 个按钮，分别为“标准连字”、“上下文替代字”、“自由连字”、“花饰字”、“替代样式”、“标题替代字”、“序数字”和“分数字”。

- 设置语言：可以对所选字符进行有关连字符和拼写规则的语言设置，Photoshop 使用语言词典连字符连接。

12.4.2 “段落”面板

对于点文字来说，每一行就是一个单独的段落；而对于段落文字来说，一段可能有多行。段落格式的设置主要通过“段落”面板来实现，执行“窗口 > 段落”命令，即可打开“段落”面板，如图 12-51 所示。

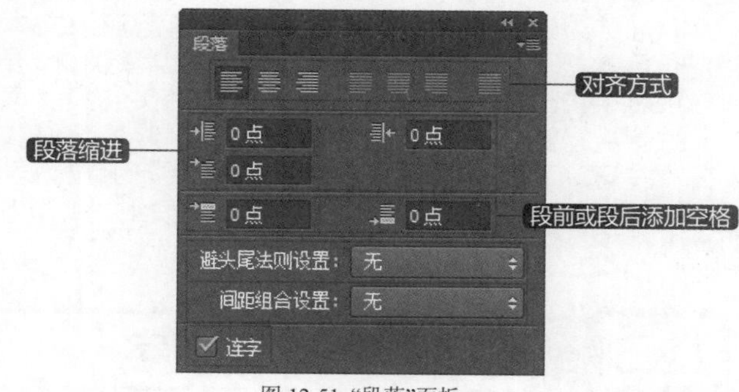

图 12-51 “段落”面板

- 对齐方式：在 Photoshop 中创作图像作品时，为了达到图像整体效果的协调性，一般都需要对输入文本的对齐方式进行设置。选中需要设置段落文字对齐方式的段落，单击“段落”面板最上方的段落对齐按钮即可。从左到右分别为“左对齐文本”、“居中对齐文本”、“右对齐文本”、“最后一行左对齐”、“最后一行居中对齐”、“最后一行右对齐”和“全部对齐”。

- 段落缩进：是指段落文字与文字边框之间的距离，或者是段落首行缩进的文字距离。进行段落缩进时，只会影响选中的段落区域，因此可以对不同段落设置不同的缩进方式和间距。

选取一段文字或在“图层”面板上选中一个文字图层，在“段落”面板的“左缩进”、“右缩进”和“首行缩进”输入相应的数值，如图 12-52 所示。可以看到文字的效果，如图 12-53 所示。

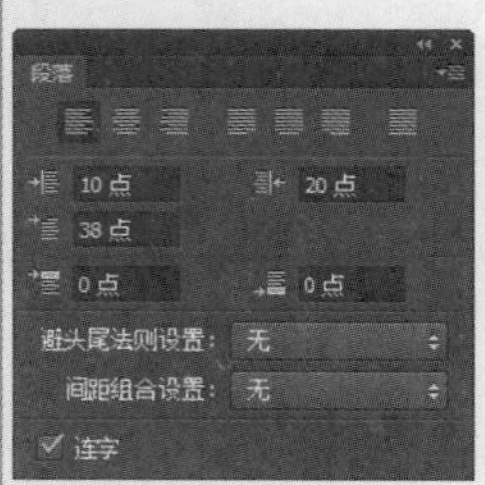

图 12-52 “段落”面板

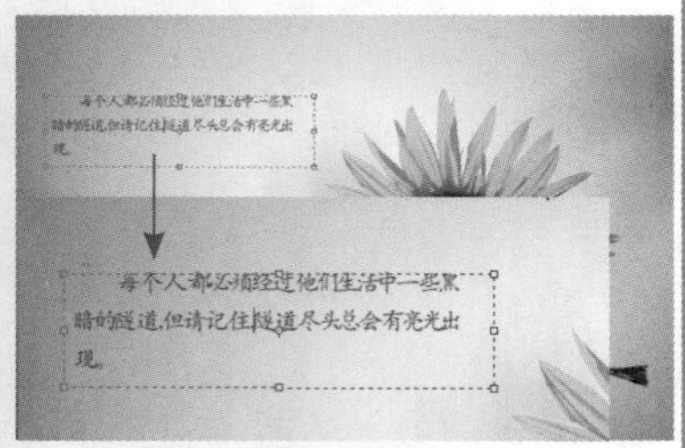

图 12-53 文字效果

- 段前或段后添加空格：可以用来设置段落之间的上下间距，设置为段后添加空格 10 点。“段落”面板如图 12-54 所示。可以看到文字的效果，如图 12-55 所示。

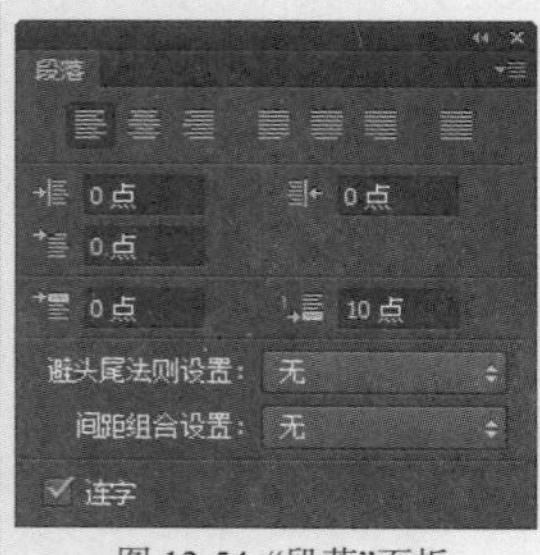

图 12-54 “段落”面板

图 12-55 文字效果

- 避头尾法则设置：不能出现在一行的开头或结尾的字符称为避头尾字符，避头尾法则指定亚洲文本的换行方式。Photoshop 提供了基于日本行业标准（JIS）X4051-1995 的宽松和严格的避头尾集。宽松的避头尾设置忽略长元音字符和小平假名字符。在“段落”面板中的“避头尾法则设置”下拉列表中共有 3 个选项，分别为“无”、“JIS 宽松”和“JIS 严格”。

- 无：不使用避头尾法则。
- JIS 宽松：防止在一行的开头或结尾出现如图 12-56 所示的字符。

’”、。々〉》」』】〕ゝゞ・ヽヾ!），．：；?］｝

不能用于行首的字符

‘“〈《「『【〔（［｛

不能用于行尾的字符

图 12-56 “JIS 宽松”设置

- JIS 严格：防止在一行的开头或结尾出现如图 12-57 所示的字符。

!），．：；?］｝ ¢ —’”‰℃℉、。々〉》」』】〕

あいうえおつやゆよわ

゛゜ゝゞ

アイウエオツヤユヨワカケ

・—ヽヾ！%），．：；?］｝

不能用于行首的字符

（［｛£§‘“〈《「『【〒〔#$（@［｛¥

不能用于行尾的字符

图 12-57 “JIS 严格”设置

- 间距组合设置：间距组合为日语字符、罗马字符、标点、特殊字符、行开头、行结尾和数字的间距指定日语文本排列。Photoshop 包括基于日本行业标准（JIS）X4051—1995 的若干预定义间距组合集。

- 连字：连字符是在每一行末端，断开的单词之间添加的标记，在将文本强制对齐时，为了对齐的需要，会将某一行末端的单词断开至下一行，选中“段落”面板中的“连字”复选框，即可在断开的单词间显示连字标记。

12.5 沿路径排列文字

路径文字是指创建在路径上的文字，文字会沿着路径排列，改变路径形状时，文字的排列方式也会随之改变。Photoshop CC 中增加了路径文字功能后，文字的处理方式就变得更加灵活了。

12.5.1 创建沿路径排列的文字

在 Photoshop CC 中，若想要创建沿路径排列的文字，首先需要创建一个路径，然后才能在该路径的基础上创建路径文字。下面将通过实例的制作向用户进行详细的介绍。

动手实践——创建沿路径排列的文字

源文件：光盘\源文件\第 12 章\12-5-1.psd

视频：光盘\视频\第 12 章\12-5-1.swf

01 执行“文件 > 新建”命令，弹出“新建”对话框，设置如图 12-58 所示。单击“确定”按钮，新建一个空白文档，打开并拖入素材图像“光盘\源文件\第 12 章\素材\125101.jpg”和“光盘\源文件\第 12 章\素材\125102.jpg”，效果如图 12-59 所示。

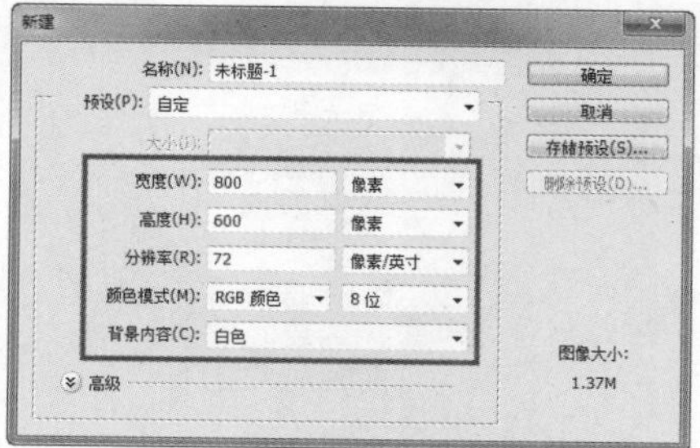

图 12-58 “新建”对话框

图 12-59 打开素材图像

02 依次选择刚拖入的两张素材图像，按快捷键 Ctrl+T，分别调整其至适当的大小、位置和角度，效果如图 12-60 所示。执行“图像 > 调整 > 去色”命令，分别将两张照片去色，效果如图 12-61 所示。

图 12-60 调整照片

图 12-61 去色

03 打开并拖入素材图像“光盘\源文件\第 12 章\素材\125103.jpg”，自动得到“图层 3”图层，调整其至合适的位置，如图 12-62 所示。将“图层 3”图层移至“图层 1”图层下方，效果如图 12-63 所示。

图 12-62 打开图像

图 12-63 调整图层顺序

04 设置“图层 3”图层的“混合模式”为“明度”，效果如图 12-64 所示。为“图层 3”添加图层蒙版，选择“画笔工具”，设置“前景色”为黑色，在图层蒙版上进行涂抹，效果如图 12-65 所示。

图 12-64 混合模式效果

图 12-65 涂抹效果

05 打开并拖入素材图像“光盘\源文件\第 12 章\素材\125104.jpg”，调整其至适当的位置，自动得到“图层 4”图层，如图 12-66 所示。设置“图层 4”图层的“混合模式”为“变亮”，效果如图 12-67 所示。

图 12-66 拖入素材图像

图 12-67 图像效果

06 为“图层 4”添加图层蒙版，选择“画笔工具”，设置“前景色”为黑色，在图层蒙版上进行涂抹，效果如图 12–68 所示。使用相同的制作方法，完成其他部分内容的制作，效果如图 12–69 所示。

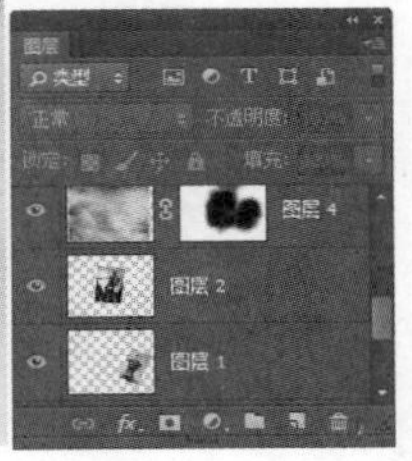

图 12-68 涂抹效果

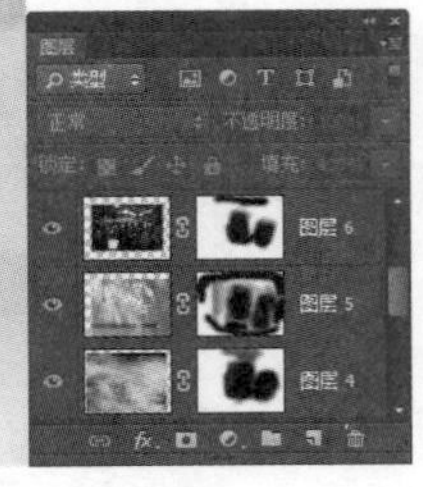

图 12-69 图像效果

07 新建“图层 7”图层，选择“铅笔工具”，设置“前景色”为黑色，在照片的边缘绘制线条，效果如图 12–70 所示。设置“图层 7”图层的“不透明度”为 40%，效果如图 12–71 所示。

图 12-70 绘制线条

图 12-71 图像效果

08 使用“钢笔工具”在画布上绘制曲线路径，如图 12–72 所示。选择“横排文字工具”，打开“字符”面板，设置如图 12–73 所示。

图 12-72 绘制路径

图 12-73 “字符”面板

提示

用于排列文字的路径可以是闭合式的，也可以是开放式的。

09 将光标移至路径的一端，单击鼠标沿路径输入文字，如图 12–74 所示。选择相应的文字，分别对其进行调整，效果如图 12–75 所示。

图 12-74 输入文字

图 12-75 调整文字

10 选择文字图层，为该图层添加“投影”图层样式，设置如图 12-76 所示。单击“确定”按钮，完成“图层样式”对话框的设置，效果如图 12-77 所示。

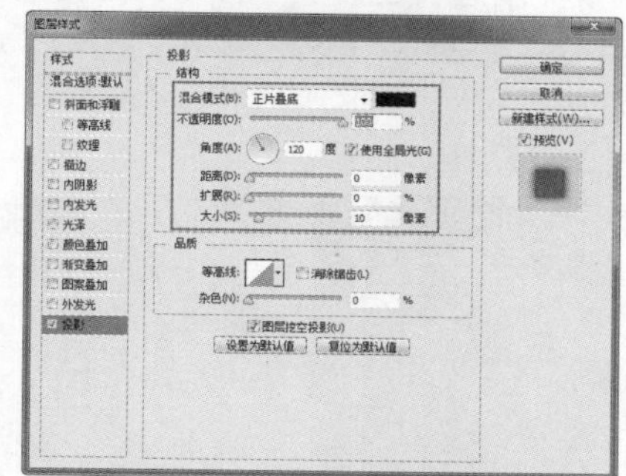

图 12-76 “图层样式”对话框

图 12-77 最终效果

12.5.2 移动与翻转路径文字

有时候，创建的路径文字在位置或者方向上可能不会尽如人意，这时，便可以通过移动或翻转路径文字将其调整至满意为止。下面将向用户详细讲解一下移动与翻转路径文字的具体方法。

动手实践——移动与翻转路径文字

源文件：光盘 \ 源文件 \ 第 12 章 \12-5-1.psd

视频：光盘 \ 视频 \ 第 12 章 \12-5-1.swf

01 接上一个例子在“图层”面板中选择文字图层，如图 12-78 所示。使用“直接选择工具”或“路径选择工具”，将光标定位到文字上，光标指针会变为形状，如图 12-79 所示。

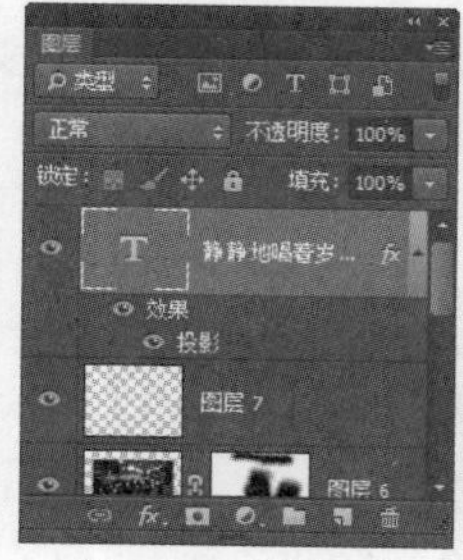

图 12-78 “图层”面板

图 12-79 指针效果

02 单击并沿着路径拖动光标可以移动文字，如图 12-80 所示。单击并向路径的另一侧拖动文字，可以将文字翻转，如图 12-81 所示。

图 12-80 移动文字

图 12-81 翻转文字

12.5.3 编辑文字路径

如果是对创建好的文字路径不满意，可以使用“直接选择工具”来调整文字的路径，直到满意为止。

动手实践——编辑文字路径

源文件：光盘 \ 源文件 \ 第 12 章 \12-5-1.psd

视频：光盘 \ 视频 \ 第 12 章 \12-5-1.swf

01 接上一个例子撤销之前的操作，使用“直接选择工具”单击路径显示锚点，如图 12-82 所示。移动锚点或者调整方向线修改路径的形状，如图 12-83 所示。

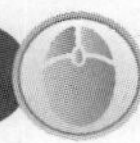

图 12-82 显示锚点

图 12-83 调整锚点

02 完成对路径的调整后，路径文字会沿修改后的路径重新排列，如图 12–84 所示。

图 12-84 变换后的文字效果

12.5.4 创建闭合路径文字

前面已经向用户介绍了开放式路径文字，下面将讲述的是闭合式路径文字。闭合式路径可以通过“自定义形状工具”进行创建，接下来就通过一个实例进行详细的讲解。

动手实践——创建闭合路径文字

源文件：光盘 \ 源文件 \ 第 12 章 \12-5-4.psd

视频：光盘 \ 视频 \ 第 12 章 \12-5-4.swf

01 执行“文件 > 打开”命令，打开素材图像“光盘 \ 源文件 \ 第 12 章 \ 素材 \125401.jpg”，效果如图 12–85 所示。选择“自定形状工具”，在选项栏上进行相应的设置，如图 12–86 所示。

图 12-85 打开图像

图 12-86 设置选项栏

02 设置完成后，在照片中合适的位置拖动鼠标绘制闭合路径，如图 12–87 所示。选择“横排文字工具”，将光标移至闭合路径内部，光标会变为如图 12–88 所示的形状。

图 12-87 绘制闭合路径

图 12-88 光标形状

03 单击即可在闭合的路径内部输入文字，如图 12–89 所示。单击选项栏上的“提交所有当前编辑”按钮，即可完成闭合路径文字的创建，最终效果如图 12–90 所示。

图 12-89 输入文字

图 12-90 最终效果

12.6 变形文字

变形文字是指对创建的文字进行变形处理后得到的文字效果，例如可以将文字变形为扇形或波浪形。下面就将对变形文字的操作进行相应的讲解。

12.6.1 创建变形文字

通过创建变形文字效果可以将原本呆板生硬的文字变得富有生机和活力，从而增加图像的观赏性。

选择文字图层，执行“类型 > 文字变形”命令，即可弹出“变形文字”对话框，如图 12–91 所示。

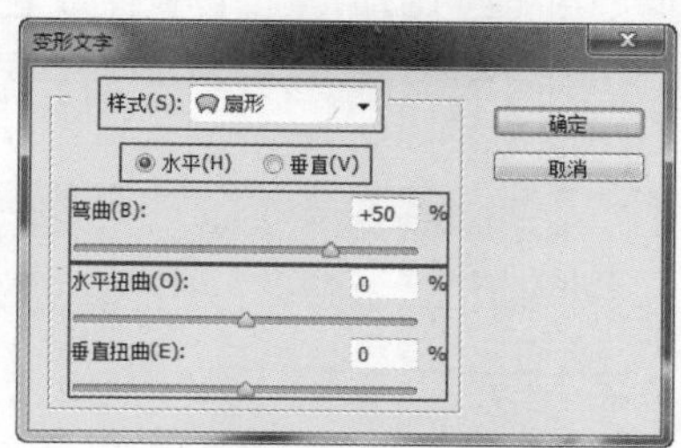

图 12-91 “变形文字”对话框

- 样式：在该选项的下拉列表中可以选择 15 种变形样式，如图 12–92 所示。在文字上应用各种样式的变形效果如图 12–93 所示。从“无”开始按顺序横向排列。

图 12-92 下拉列表　　图 12-93 变形效果

- 水平 / 垂直：选择“水平”选项，文本扭曲的方向为水平；选择“垂直”选项，文本扭曲的方向为垂直方向。

- 弯曲：用来设置文本的弯曲程度。设置为 30% 的弯曲效果如图 12–94 所示；设置为 80% 的弯曲效果如图 12–95 所示。

图 12-94 设置为 30% 的弯曲效果

图 12-95 设置为 80% 的弯曲效果

- 水平扭曲 / 垂直扭曲：通过这两个选项的设置可以对文本应用透视。设置正值的时候从左到右进行水平扭曲或从上到下进行垂直扭曲，负值的时候反之，如图 12–96 所示。

水平为 100% 效果　　水平为 -100% 效果

垂直为 100% 效果

垂直为 -100% 效果

图 12-96 扭曲效果

动手实践——创建变形文字

源文件：光盘 \ 源文件 \ 第 12 章 \12-6-1.psd

视频：光盘 \ 视频 \ 第 12 章 \12-6-1.swf

01 执行“文件 > 打开”命令，打开素材图像“光盘 \ 源文件 \ 第 12 章 \ 素材 \126102.jpg”，效果如图 12–97 所示。打开并拖入素材图像“光盘 \ 源文件 \ 第 12 章 \ 素材 \126103.png”和“光盘 \ 源文件 \ 第 12 章 \ 素材 \126104.png”，将其调整至适当的位置，效果如图 12–98 所示。

图 12-97 打开图像

图 12-98 拖入素材

02 选择“文字工具”，打开“字符”面板，设置如图 12–99 所示。在画布中单击并输入文字，如图 12–100 所示。

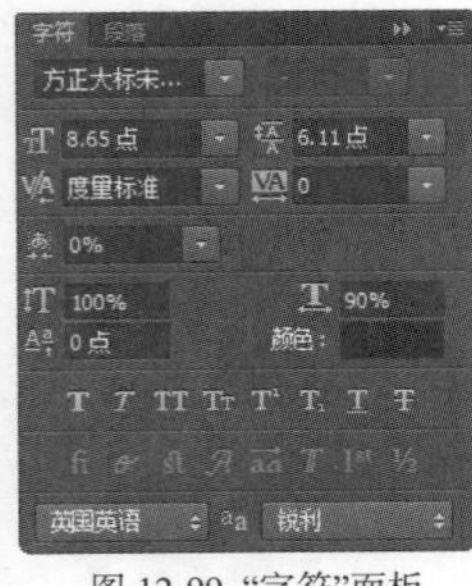
图 12-99 “字符”面板

图 12-100 输入文字

03 确认文字输入，“图层”面板如图 12–101 所示。为该文字图层添加“描边”图层样式，对相关选项进行设置，如图 12–102 所示。

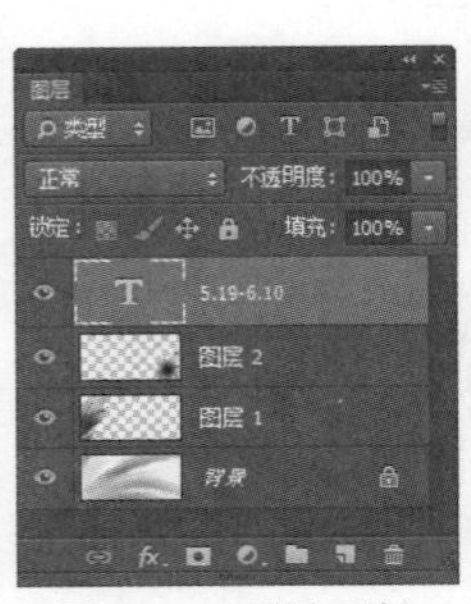
图 12-101 “图层”面板

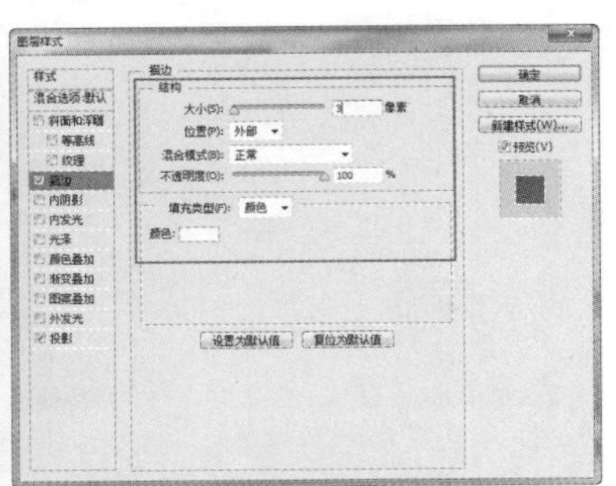
图 12-102 “图层样式”对话框

04 在“图层样式”对话框的左侧选中“投影”选项，在右侧的对话框中对相关属性进行设置，如图 12–103 所示。设置完成后，单击“确定”按钮，可以看到文字的效果，如图 12–104 所示。

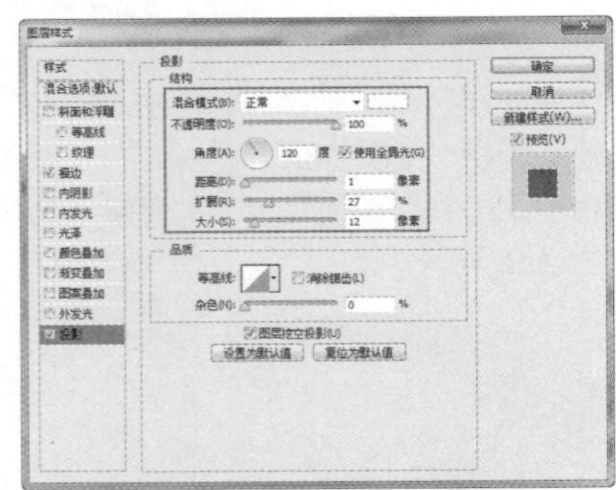
图 12-103 “图层样式”对话框

图 12-104 文字效果

05 使用相同的制作方法，完成其他文字的制作，效果如图 12–105 所示。“图层”面板如图 12–106 所示。

图 12-105 图像效果

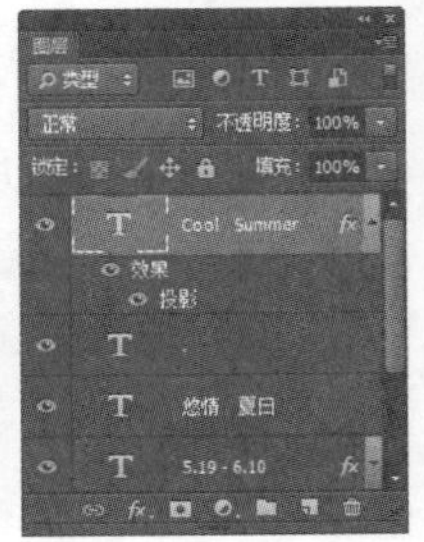
图 12-106 “图层”面板

06 执行“类型 > 文字变形”命令，弹出“变形文字”对话框，设置如图 12–107 所示。设置完成后，单击“确定”按钮，并使用“移动工具”将该文字移至合适的位置，效果如图 12–108 所示。

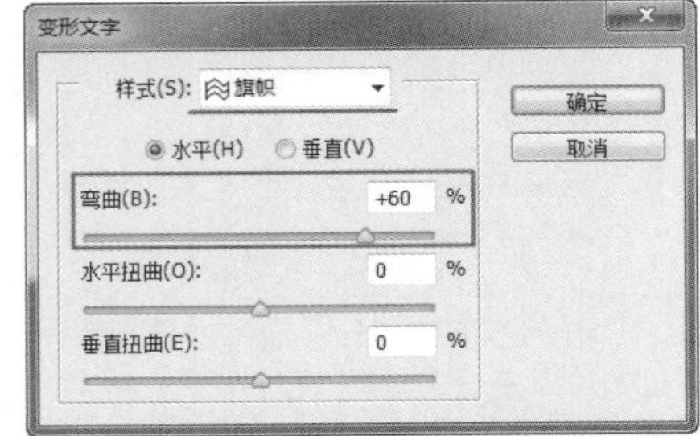

图 12-107 “变形文字”对话框

图 12-108 文字效果

07 新建“图层 3”图层，选择“画笔工具”，打开“画笔”面板，对相关属性进行设置，如图 12–109 所示。

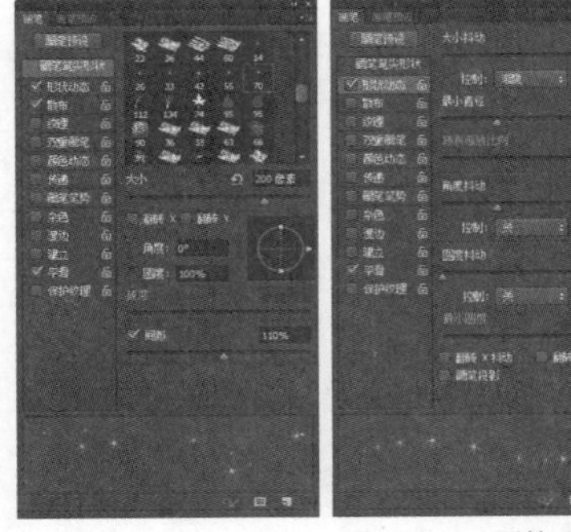
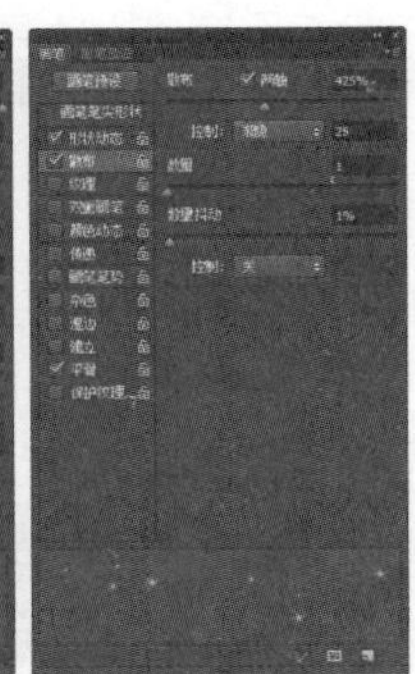
图 12-109 “画笔”面板

08 设置完成后，在图像上进行绘制，并设置该图层的“填充”为 80%，“图层”面板如图 12–110 所示。图像效果如图 12–111 所示。

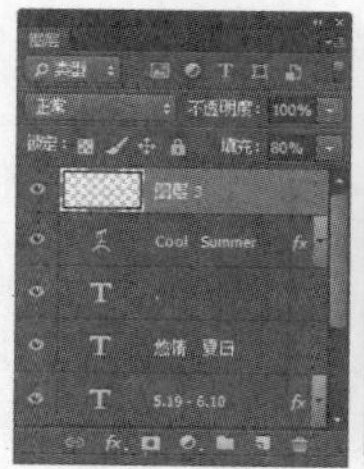

图 12-110 “图层”面板

图 12-111 图像效果

09 使用相同的方法，完成剩下部分内容的制作，完成该实例的制作，最终效果如图 12–112 所示。

图 12-112 最终效果

12.6.2 重置变形与取消变形

使用“横排文字工具”和“直排文字工具”创建的文本，在没有将其栅格化或者转换为形状前，可以随时重置与取消变形。

1. 重置变形

选择一种文字工具，单击选项栏中的“创建文字变形”按钮，或执行“类型 > 文字变形”命令，弹出“变形文字”对话框，修改变形参数，或者在“样式”下拉列表中选择另外一种样式，即可重置文字变形，如图 12–113 所示。

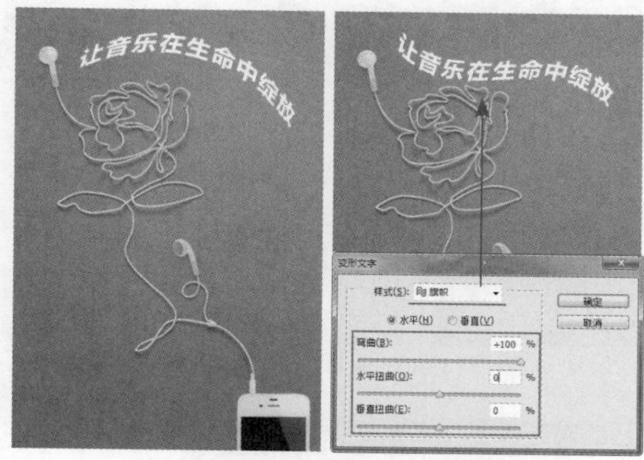

图 12-113 重置文字变形

2. 取消变形

在“变形文字”对话框的“样式”下拉列表中选择“无”，然后单击“确定”按钮，关闭对话框，即可将文字恢复为变形前的状态，如图 12–114 所示。

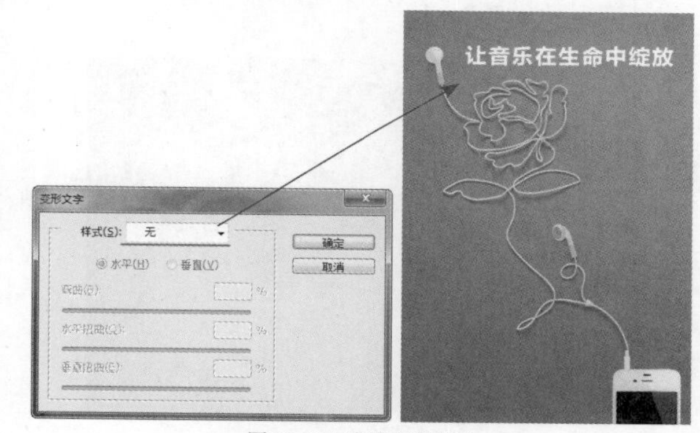

图 12-114 取消文字变形

12.7 编辑文字

在 Photoshop CC 中，除了可以在“字符”面板和“段落”面板中编辑文本外，还可以通过命令编辑文字，如进行拼写检查、查找和替换文本等。

12.7.1 将文字转换为选区范围

在 Photoshop CC 中制作图像时，文本不仅仅只是简单的文字，有时它也作为图像应用。将文本转换为选区范围，再进行相应的编辑和处理，便是其中一个非常重要的应用。

打开素材图像“光盘\源文件\第 12 章\素材\127101.jpg”，使用“横排文字工具”在画布中输入相应的文字，如图 12–115 所示。选择文字图层，按住 Ctrl 键的同时单击“图层”面板上的文字图层缩览图，就可以调出文字的选区范围，如图 12–116 所示。

图 12-115 输入文字

图 12-116 调出文字选区

12.7.2 将文字转换为路径

打开素材图像“光盘\源文件\第 12 章\素材\127201.jpg”，使用文字工具在图像上输入相应的文本内容，如图 12–117 所示。选择文字图层，执行“类型 > 创建工作路径”命令，可以基于文字创建工作路径，原文字属性保持不变，隐藏文字图层，效果如图 12–118 所示。

图 12-117 输入文字

图 12-118 转换为路径

将文字创建为工作路径后，可以应用填充和描边，或者通过对锚点的调整对文字进行变形操作，但需要注意的是这些操作都需要新建图层。

12.7.3 将文字转换为形状

接上例，执行“类型 > 转换为形状”命令，即可以将其转换为形状图层，如图 12–119 所示。

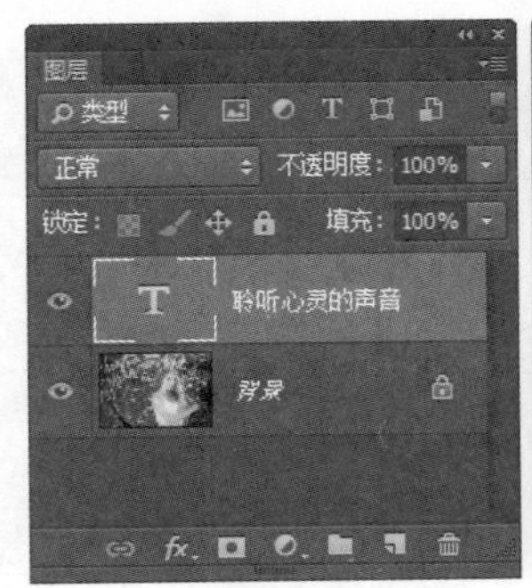

选择文字图层

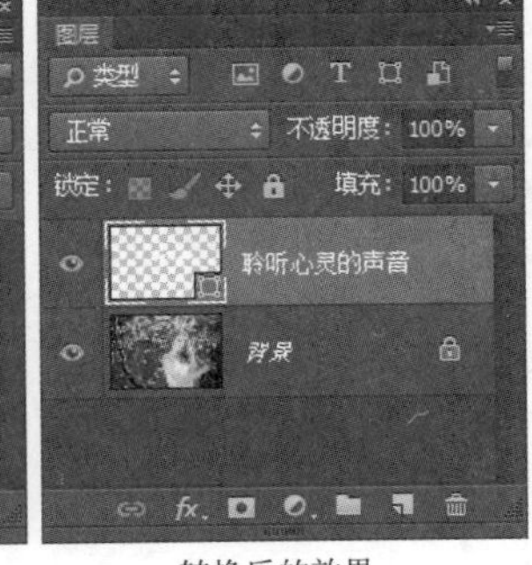

转换后的效果

图 12-119 转换为形状

12.7.4 文字拼写检查

如果要检查当前文本中的英文单词拼写是否有误，可执行“编辑 > 拼写检查”命令，弹出“拼写检查”对话框，检查到错误的单词时，Photoshop CC 会提供修改建议，画布效果如图 12–120 所示。“拼写检查”对话框如图 12–121 所示。

图 12-120 图像效果

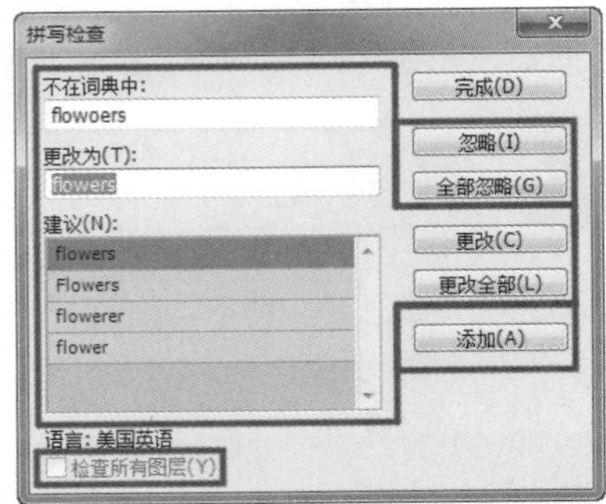

图 12-121 “拼写检查”对话框

不在词典中 / 更改为 / 建议 / 更改 / 更改全部：Photoshop CC 会将查出错误单词显示在“不在词典中”列表内，并在“建议”列表中提供修改建议，也可以在“更改为”文本框中输入用来替换错误单词的正确单词，修改完成后，单击“更改”按钮进行替换。如果要使用正确的单词替换文本中所有错误的单词，可单击“更改全部”按钮，如图 12–122 所示。文字效果如图 12–123 所示。

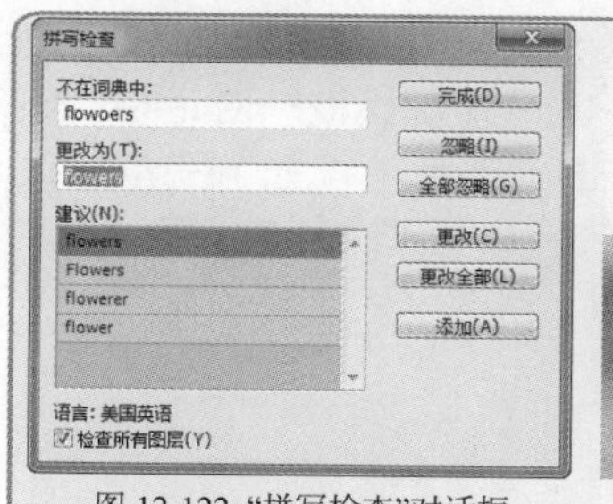

图 12-122 “拼写检查”对话框

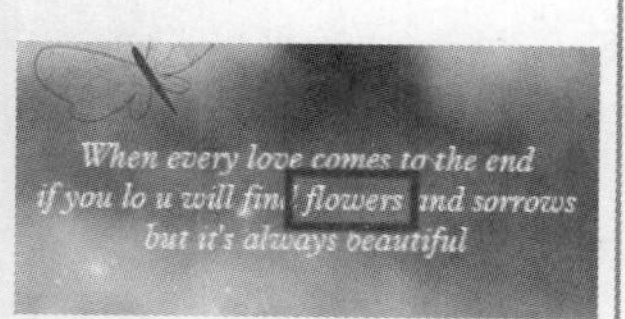

图 12-123 更改后文字效果

- 检查所有图层：检查所有图层中的文本。取消选中时只检查所选图层中的文本。
- “忽略”按钮：单击该按钮，表示忽略当前的检查结果。
- “全部忽略”按钮：单击该按钮，则忽略所有的检查结果。
- “添加”按钮：如果被查找到的单词拼写正确，可单击该按钮，将它添加到 Photoshop 词典中。以后再查找到该单词时，Photoshop 会将其确认为正确的拼写形式。

提示

在“拼写检查”对话框中的“语言”可以在“字符”面板中进行调整。

12.7.5 文字查找与替换

在 Photoshop CC 中如果文本出现了许多相同的错误，可以使用“查找和替换文本”的功能进行替换，而不必逐个去修改。执行“编辑 > 查找和替换文本”命令，弹出“查找和替换文本”对话框，如图 12–124 所示。可以查找当前文本中需要修改的文字、单词、标点或字符，并将其替换为指定的内容。

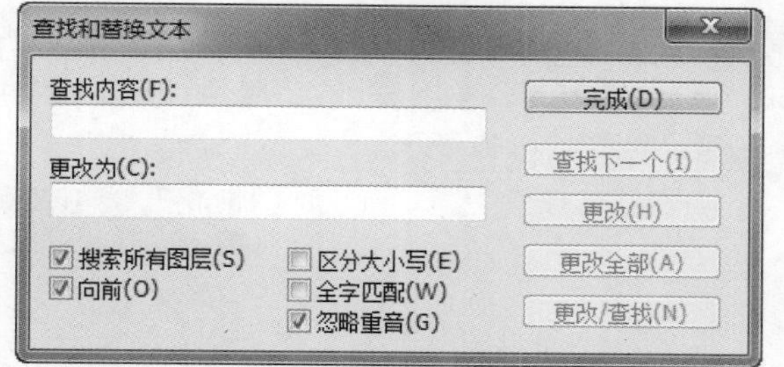

图 12-124 “查找和替换文本”对话框

在“查找内容”选项内输入要替换的内容，在“更改为”选项内输入用来替换的内容，然后单击“查找下一个”按钮。Photoshop CC 会搜索并突出显示查找到的内容。如果要替换内容，可以单击“更改”按钮；如果要替换所有符合要求的内容，可单击“更改全部”按钮。

12.7.6 栅格化文字

在 Photoshop CC 中，使用文字工具输入的文字是矢量图，其优点是可以无限放大不会出现马赛克现象，而缺点是无法使用 Photoshop CC 中的滤镜和一些工具、命令，因此使用栅格化命令将文字栅格化，可以制作更加丰富的效果。

栅格化是将文字图层转换为普通图层，并使其内容成为不可编辑的文本，执行“图层 > 栅格化 > 文字”命令，如图 12–125 所示。即可将文字图层转换为普通图层，如图 12–126 所示。

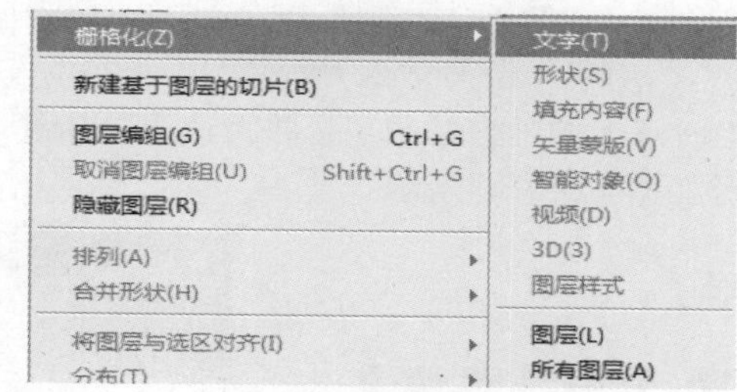

图 8-125 执行命令

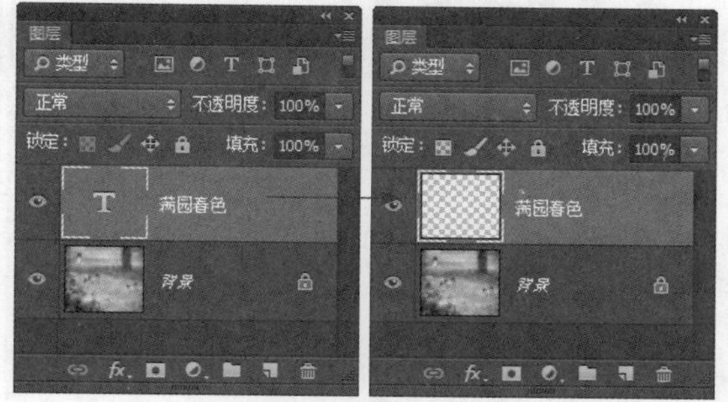

图 8-126 “图层”面板

除了执行“图层”菜单命令外，在文字图层名称处单击鼠标右键，在弹出的快捷菜单中选择“栅格化”命令，同样可以将文字栅格化。

现代设计中，文字因受其历史、文化背景的影响，可作为特定情境的象征。因此在具体设计中，字体可以成为单纯的审美因素，发挥着和纹样、图片一样的装饰功能。

12.7.7 制作文字特效

文字的特殊效果应用非常广泛，且在商业海报中占有举足轻重的位置。下面通过一个练习的制作来向用户详细讲述文字特效的制作方法。

动手实践——制作文字特效

源文件：光盘 \ 源文件 \ 第 12 章 \12-7-7.psd

视频：光盘 \ 视频 \ 第 12 章 \12-7-7.swf

01 执行“文件 > 新建”命令，弹出“新建”对话框，设置如图 12–127 所示。复制“背景”图层，得到“背景 拷贝”图层，“图层”面板如图 12–128 所示。

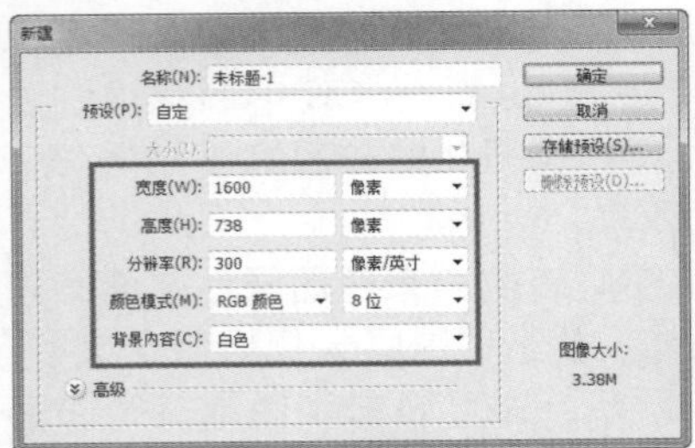

图 12-127 “新建”对话框　图 12-128 “图层”面板

02 选择“横排文字工具”，设置合适的字体、字号大小，在画布中输入文本，如图 12–129 所示。按快捷键 Ctrl+E，向下合并图层，并将该图层隐藏，“图层”面板如图 12–130 所示。

图 12-129 输入文字　图 12-130 “图层”面板

03 选择“背景”图层，单击“创建新组”按钮，新建“组 1”，在该组中新建“图层 1”图层，如图 12–131 所示。按快捷键 D，恢复默认前景色和背景色，执行“滤镜 > 渲染 > 云彩”命令，效果如图 12–132 所示。

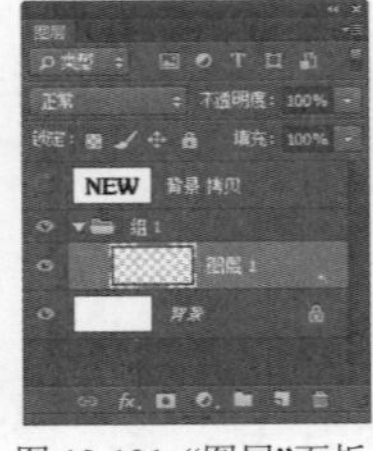

图 12-131 “图层”面板　图 12-132 云彩效果

04 执行“滤镜 > 渲染 > 分层云彩”命令，按快捷键 Ctrl+F，重复多次应用该滤镜，直到获得满意的效果为止，如图 12–133 所示。复制“背景 拷贝”图层，得到“背景 拷贝 2”图层，将该图层移至“组 1”中并显示该图层，如图 12–134 所示。

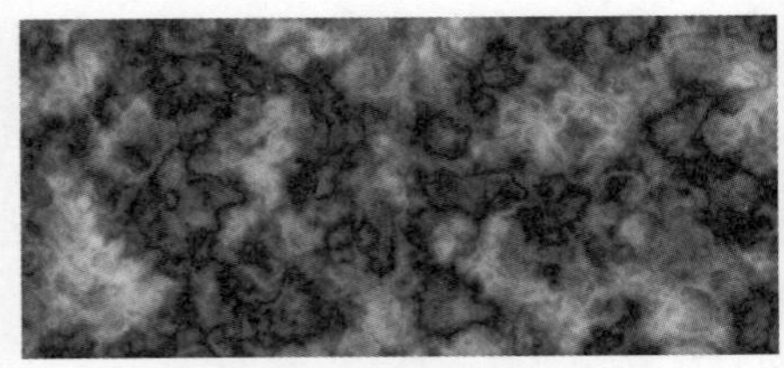

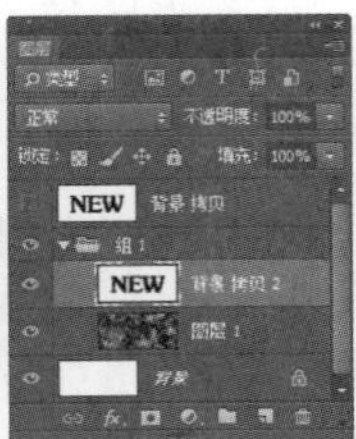

图 12-133 多次应用“分层云彩”滤镜　图 12-134 “图层”面板

05 选择“背景 拷贝 2”图层，执行“滤镜 > 模糊 > 高斯模糊”命令，弹出“高斯模糊”对话框，设置如图 12–135 所示。单击“确定”按钮，完成“高斯模糊”对话框的设置，效果如图 12–136 所示。

图 12-135 “高斯模糊”对话框　图 12-136 图像效果

06 设置“背景 拷贝 2”图层的“不透明度”为 60%，效果如图 12–137 所示。添加“色阶”调整图层，在“属性”面板中对相关选项进行设置，如图 12–138 所示。

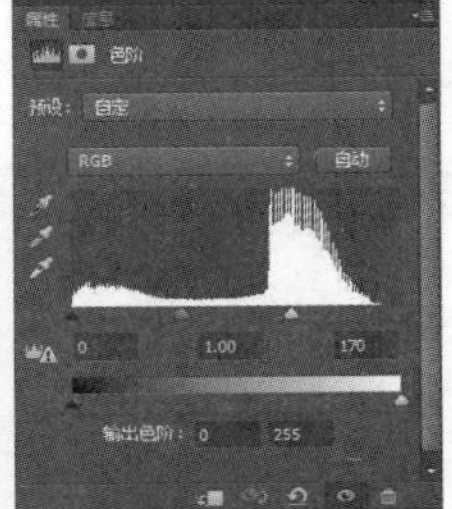

图 12-137 图像效果　图 12-138 “属性”面板

提示

这一步是比较关键的一步，它将影响到最终效果的表现。通过调节该图层的不透明度来实现不同的效果。不透明度越低（即透明效果越明显），文本（或图案）将越呈现出不规则的扭曲效果；相反，不透明度越高，文本（或图案）则将越规则且越容易识别，但同时效果也会大打折扣。所以，我们需要在两者之间选择一个平衡点。

07 完成“色阶”调整图层的设置，效果如图 12–139 所示。添加“曲线”调整图层，在“属性”面板中对曲线进行设置，如图 12–140 所示。

图 12-139 图像效果　图 12-140 “属性”面板

08 完成“曲线”调整图层的设置，图像效果如图 12–141 所示。“图层”面板如图 12–142 所示。

图 12-141 图像效果

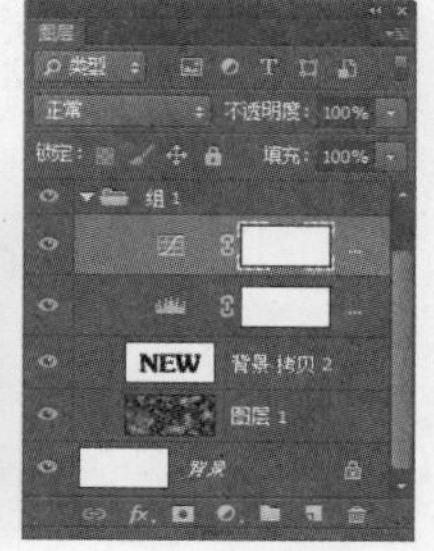

图 12-142 “图层”面板

09 添加“色阶”调整图层，打开“属性”面板，分别对 RGB、“红”、“绿”和“蓝”通道进行相应调整，如图 12-143 所示。

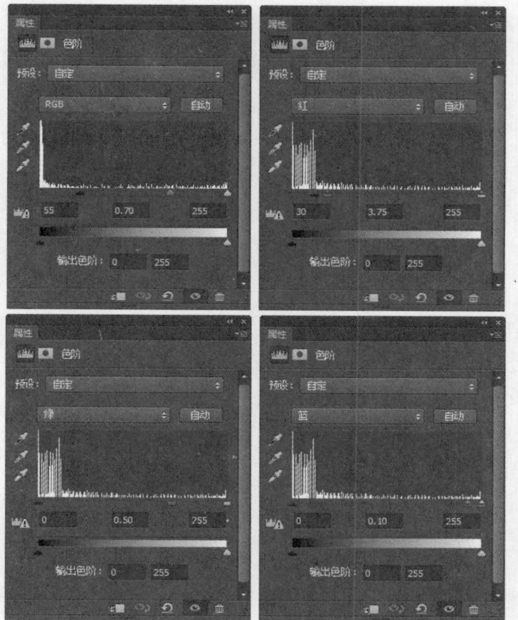

图 12-143 “属性”面板

提示

上色的方法很多，例如使用色阶、色相/饱和度、通道混合器，甚至是照片滤镜工具。这里我们选用色阶，以获得更好的效果。

10 完成“色阶”调整图层的设置，图像效果如图 12-144 所示。复制“组 1”，得到“组 1 拷贝”，设置“组 1 拷贝”的“混合模式”为“滤色”，“图层”面板如图 12-145 所示。

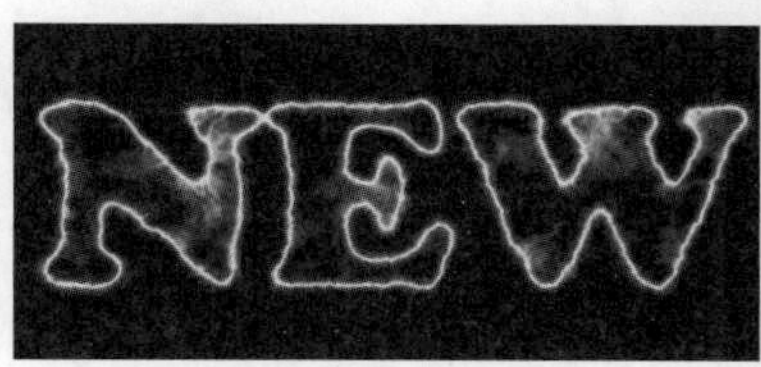

图 12-144 图像效果

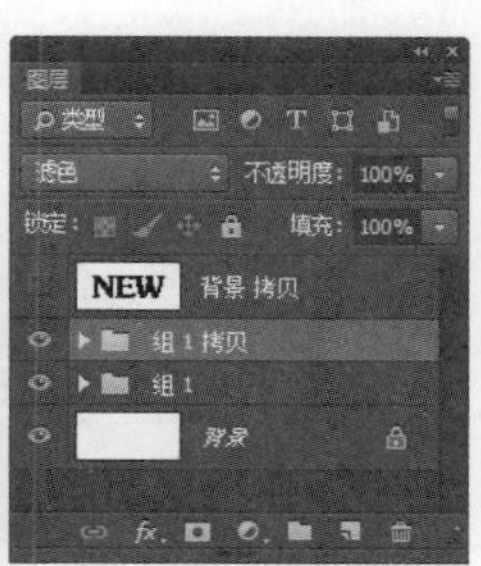

图 12-145 “图层”面板

11 选择该组下的“图层 1”图层，执行“滤镜 > 渲染 > 分层云彩”命令，并按快捷键 Ctrl + F，重复多次使用该滤镜，如图 12-146 所示。再次复制“组 1”，将得到的“组 1 拷贝 2”图层组移至“组 1 拷贝”上方，并设置其“混合模式”为“滤色”，如图 12-147 所示。

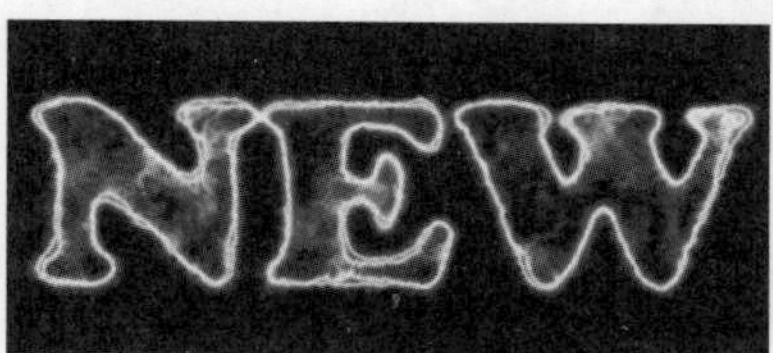

图 12-146 图像效果

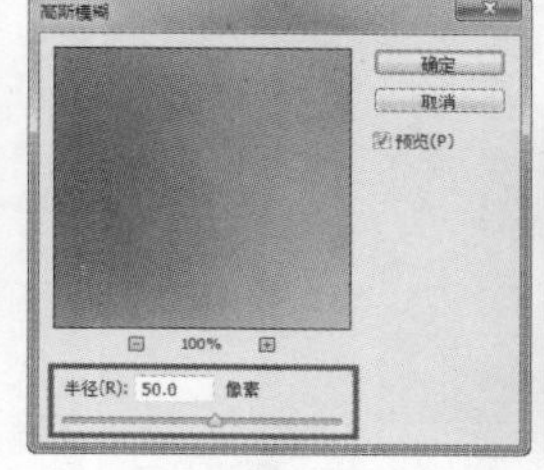

图 12-147 “图层”面板

12 选择该图层组下的“背景 拷贝 2”图层，执行“滤镜 > 模糊 > 高斯模糊”命令，弹出“高斯模糊”对话框，设置如图 12-148 所示。单击“确定”按钮，完成“高斯模糊”对话框的设置，效果如图 12-149 所示。

图 12-148 “高斯模糊”对话框

图 12-149 图像效果

13 选中“组 1 拷贝 2”图层组，按快捷键 Ctrl+Alt+Shift+E，盖印图层，得到“图层 2”图层，如图 12-150 所示。执行“文件 > 存储为”命令，将其保存为“光盘 \ 源文件 \ 第 12 章 \12-7.psd”。执行“文件 > 打开”命令，打开素材图像“光盘 \ 源文件 \ 第 12 章 \ 素材 \127701.tif”，如图 12-151 所示。

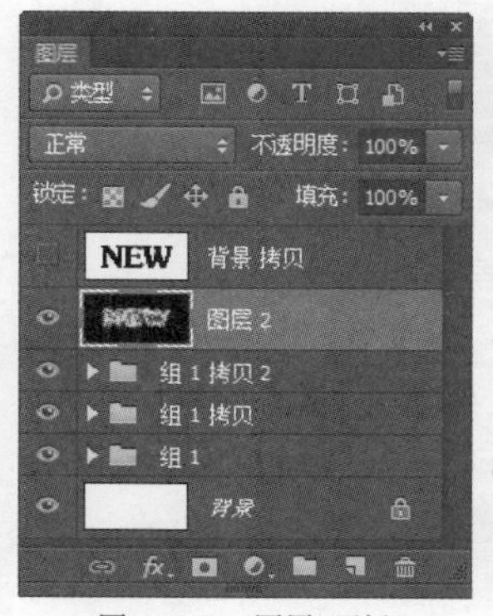

图 12-150 “图层”面板

图 12-151 图像效果

14 将刚盖印得到的图像复制到打开的图像中，自动生成“图层 1”图层，并调整到合适的位置和角度，如图 12-152 所示。设置“图层 1”图层的“混合模式”

为“滤色”，如图 12-153 所示。

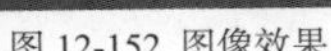
图 12-152 图像效果

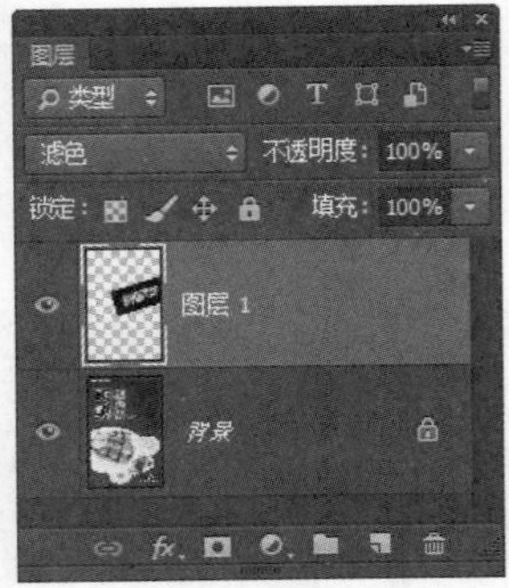
图 12-153 “图层”面板

15 完成火焰文字效果的制作，最终效果如图 12-154 所示。

图 12-154 最终效果

12.7.8 制作变形广告文字

广告主要由两个部分组成，一个是图形设计，另一个就是文字。通过图像展示可以使公众对宣传品的外在信息有所了解；添加文字，则可以使公众对图像中不能表现的信息，如质量、效果都可以有所了解。

动手实践——制作变形广告文字

源文件：光盘 \ 源文件 \ 第 12 章 \12-7-8.psd

视频：光盘 \ 视频 \ 第 12 章 \12-7-8.swf

01 执行“文件 > 新建”命令，弹出“新建”对话框，设置如图 12-155 所示。单击“确定”按钮，新建一个空白文档，如图 12-156 所示。

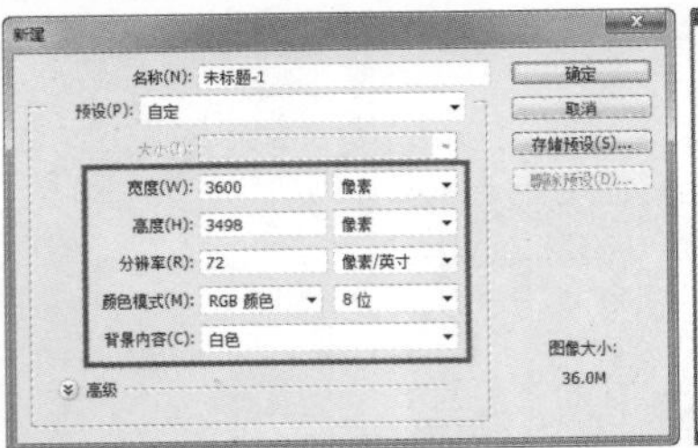
图 12-155 “新建”对话框

图 12-156 空白文档

02 选择“渐变工具”，打开“渐变编辑器”对话框，设置如图 12-157 所示。在画布中拖动鼠标填充径向渐变，效果如图 12-158 所示。

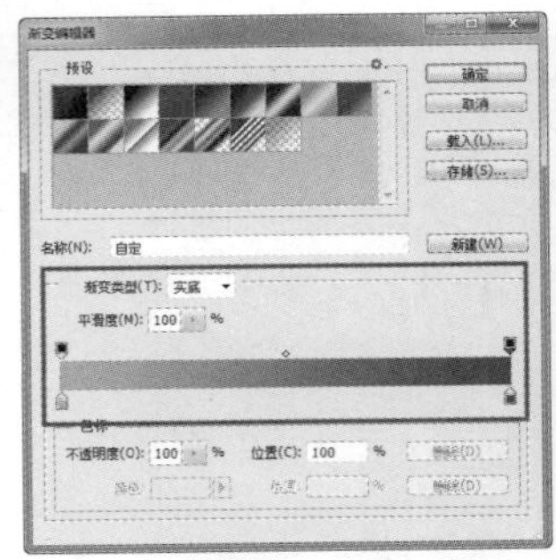
图 12-157 “渐变编辑器”对话框

图 12-158 图像效果

03 新建“图层 1”图层，使用相同的方法，在画布中填充线性渐变，并设置该图层的“不透明度”为 45%，效果如图 12-159 所示。新建“图层 2”图层，选择“椭圆选框工具”，按住 Shift 键在画布中绘制正圆形选区，为选区填充颜色为 RGB（171、211、90），如图 12-160 所示。

图 12-159 线性渐变效果

图 12-160 选区填充颜色效果

04 按快捷键 Ctrl+D，取消选区，设置该图层的“不透明度”为 60%，效果如图 12-161 所示。使用相同的方法，完成其他部分内容的制作，效果如图 12-162 所示。

图 12-161 设置“不透明度”

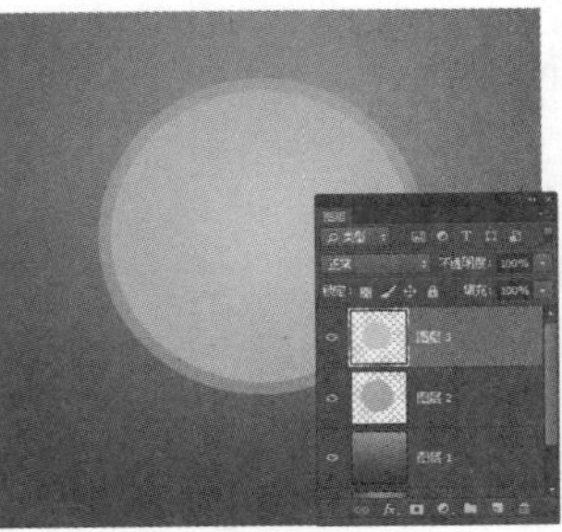
图 12-162 图像效果

05 复制“图层 2”和“图层 3”图层，得到“图层 2 拷贝”和“图层 3 拷贝”图层，如图 12–163 所示。将复制得到的两个图层合并，得到“图层 3 拷贝”图层，调整其至合适的大小和位置，设置其“不透明度”为 80%，效果如图 12–164 所示。

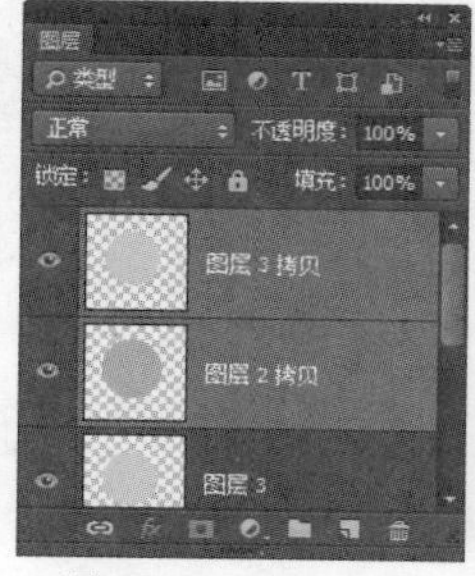
图 12-163 “图层”面板

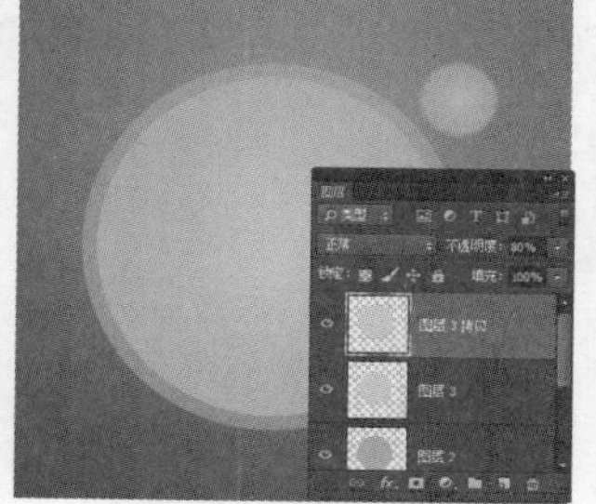
图 12-164 图像效果

06 将“图层 3 拷贝”图层复制多次，并分别调整其大小和位置，效果如图 12–165 所示。“图层”面板如图 12–166 所示。

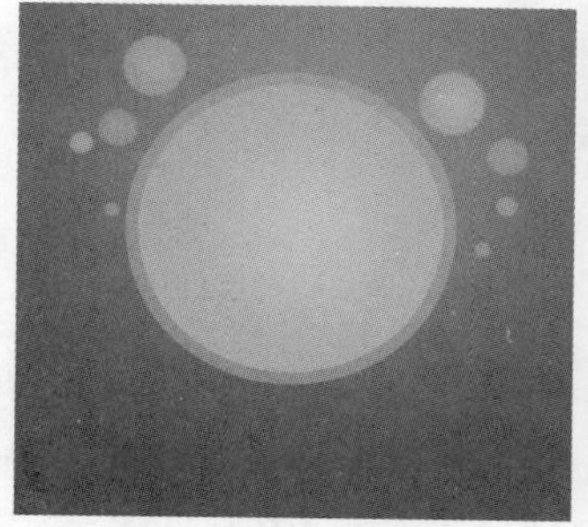
图 12-165 图像效果

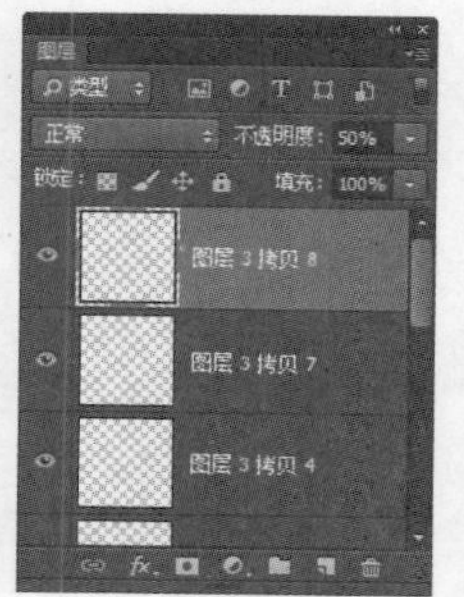
图 12-166 “图层”面板

07 新建“图层 4”图层，设置“前景色”为 RGB(167、205、131)，选择“直线工具”，在选项栏上进行相应的设置，按住 Shift 键在画布中绘制直线，如图 12–167 所示。复制“图层 4”图层，得到“图层 4 拷贝”图层，按快捷键 Ctrl+T，调出自由变换框，将其移至合适的位置，如图 12–168 所示。

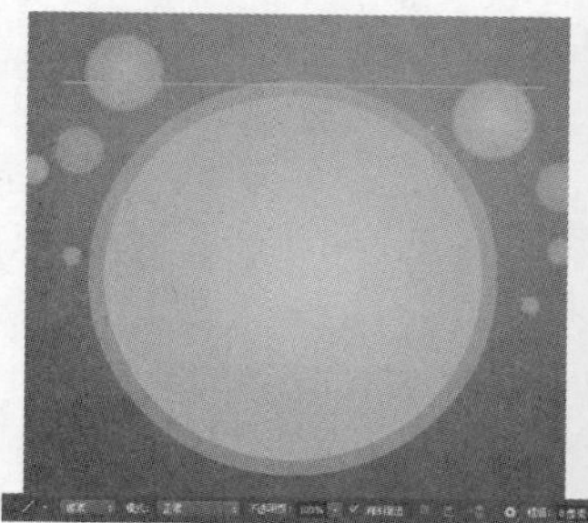
图 12-167 绘制直线

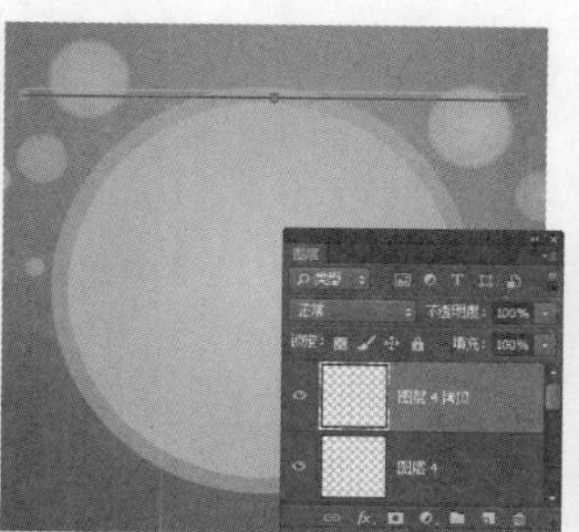
图 12-168 复制图层

08 按 Enter 键确定，多次按快捷键 Shift+Ctrl+Alt+T 进行复制，效果如图 12–169 所示。“图层”面板如图 12–170 所示。

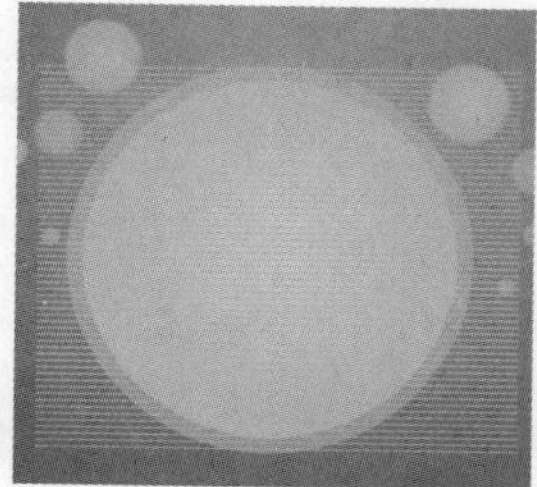
图 12-169 复制图层

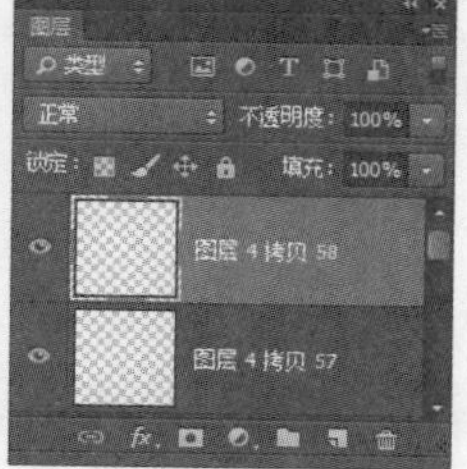
图 12-170 “图层”面板

09 选中“图层 4”至“图层 4 拷贝 58”图层，按快捷键 Ctrl+E 合并图层，得到“图层 4 拷贝 58”图层，如图 12–171 所示。选中“图层 4 拷贝 58”图层，按住 Ctrl 键，单击“图层 2”缩览图，载入选区，如图 12–172 所示。

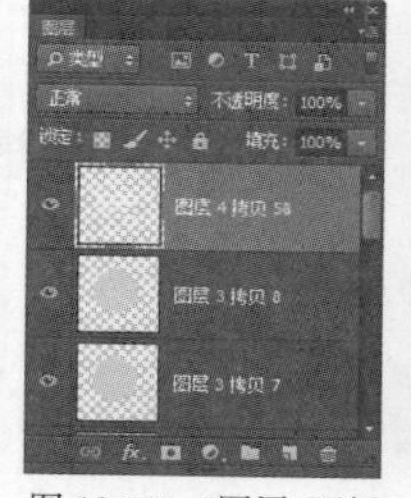
图 12-171 “图层”面板

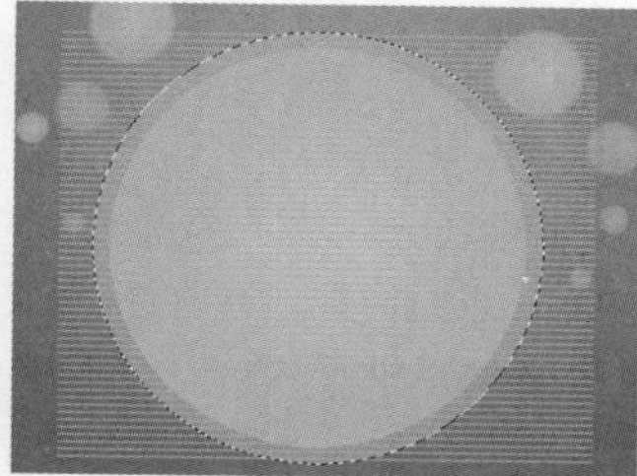
图 12-172 载入选区

10 按快捷键 Shift+Ctrl+I，反选选区；按 Delete 键删除，效果如图 12–173 所示。取消选区后，使用相同的方法，载入“图层 3”图层的选区，按 Delete 键删除，效果如图 12–174 所示。

图 12-173 删除选区后的效果

图 12-174 图像效果

11 新建“图层 4”图层，设置前景色为 RGB（195、235、102），选择“画笔工具”，执行“窗口 > 画笔”命令，打开“画笔”面板，设置如图 12–175 所示。

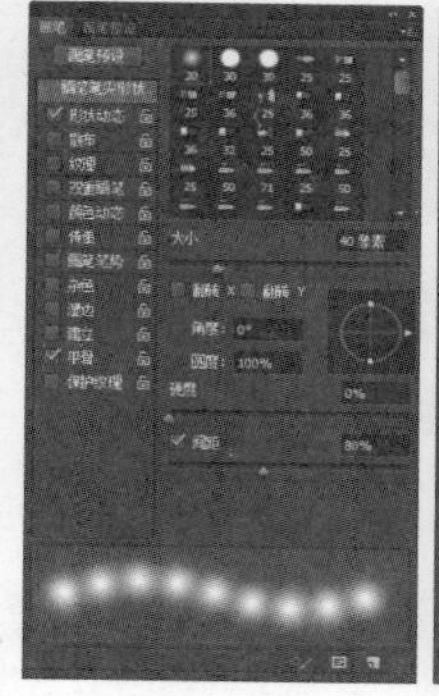
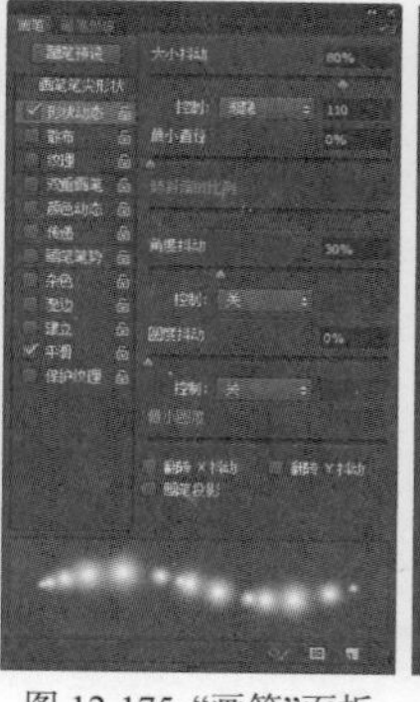
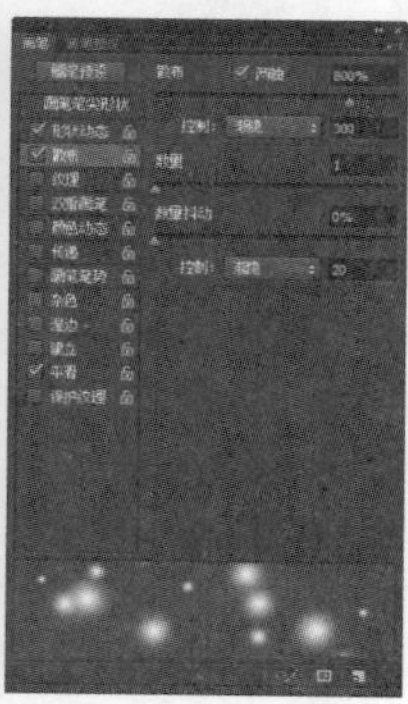
图 12-175 “画笔”面板

12 设置完成后，在画布中进行绘制，并设置该图层的“不透明度”为 90%，效果如图 12–176 所示。打开并拖入素材图像“光盘\源文件\第 12 章\素材\127801.png”，调整其至适当的大小和位置，效果如图 12–177 所示。

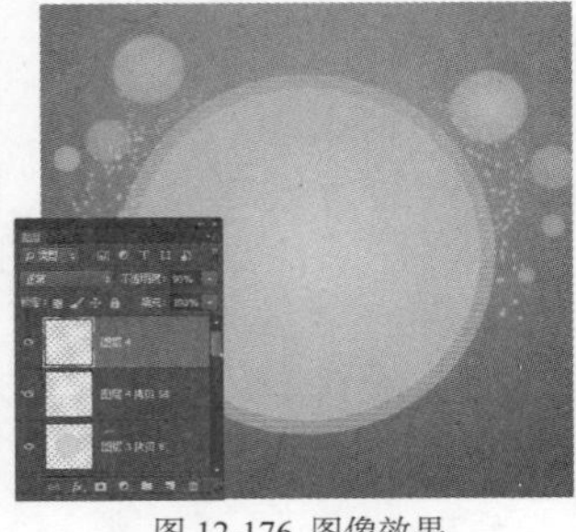
图 12-176 图像效果

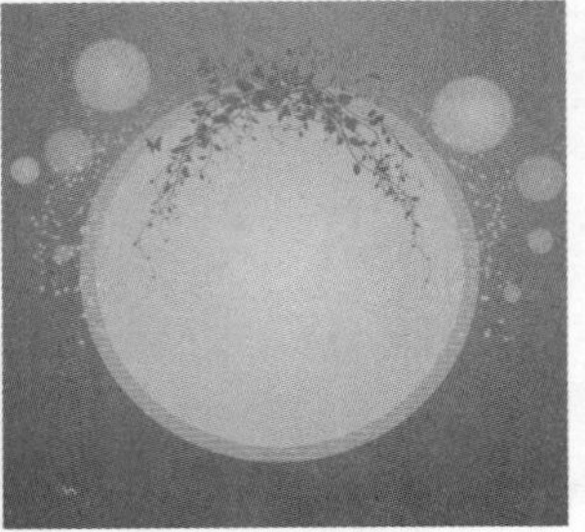
图 12-177 打开并拖入素材图像

13 复制“图层 5”图层，得到“图层 5 拷贝”图层，按快捷键 Ctrl+[，调整图层顺序，“图层”面板如图 12–178 所示。将“图层 5 拷贝”图层下移 2 个像素，设置其“不透明度”为 30%，效果如图 12–179 所示。

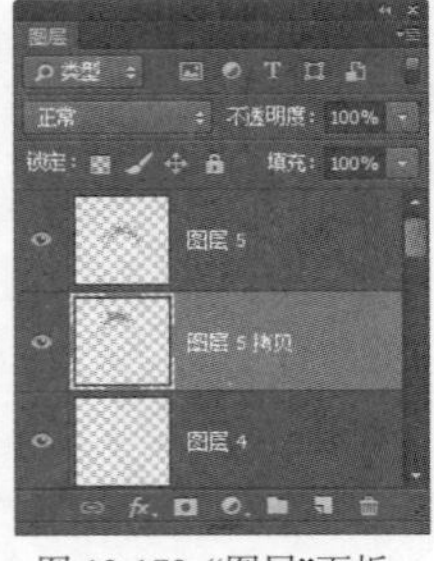

图 12-178 “图层”面板

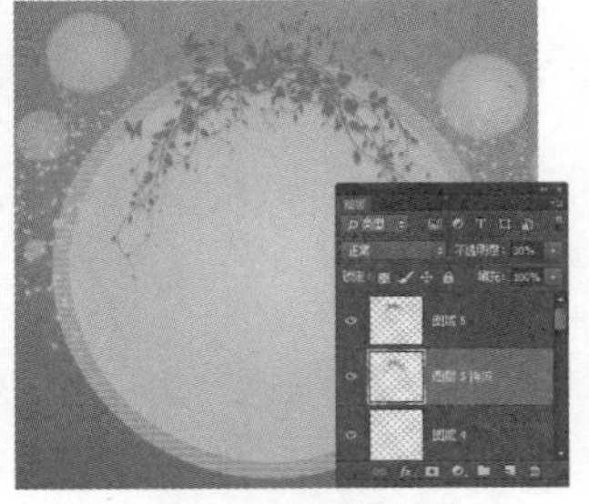
图 12-179 图像效果

14 使用相同的方法，完成其他部分内容的制作，效果如图 12–180 所示。按住 Ctrl 键单击“图层 6 拷贝”缩览图，载入选区。按快捷键 Shift+F6，弹出“羽化选区”对话框，设置如图 12–181 所示。

图 12-180 图像效果

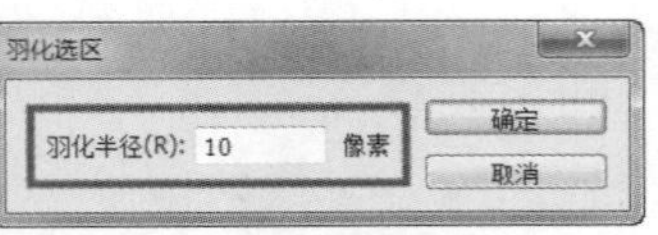

图 12-181 “羽化选区”对话框

15 单击“确定”按钮，为选区填充黑色，取消选区，并设置其“不透明度”为 15%，效果如图 12–182 所示。新建“图层 7”图层，设置“前景色”为 RGB（69、166、10），选择“铅笔工具”，打开“画笔”面板，设置如图 12–183 所示。

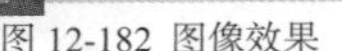
图 12-182 图像效果

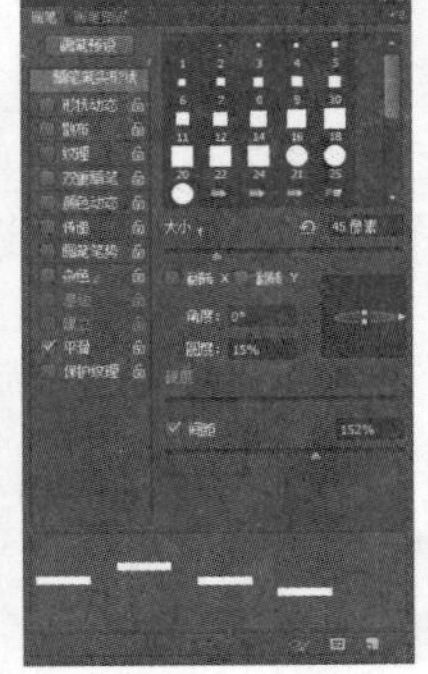
图 12-183 “画笔”面板

16 设置完成后，按住 Shift 键在画布中进行绘制，效果如图 12–184 所示。选择“横排文字工具”，打开“字符”面板，设置如图 12–185 所示。

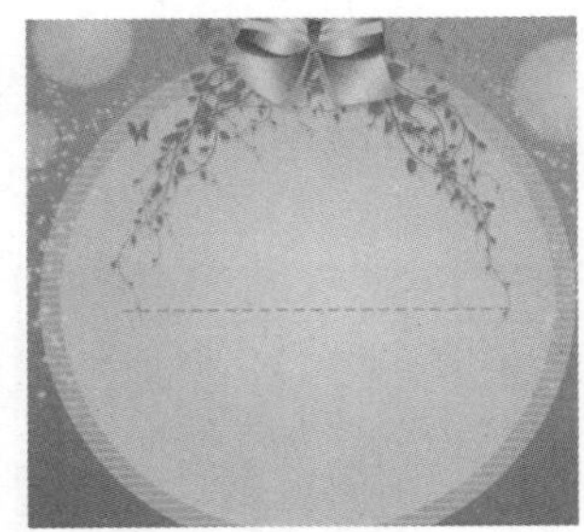
图 12-184 绘制虚线

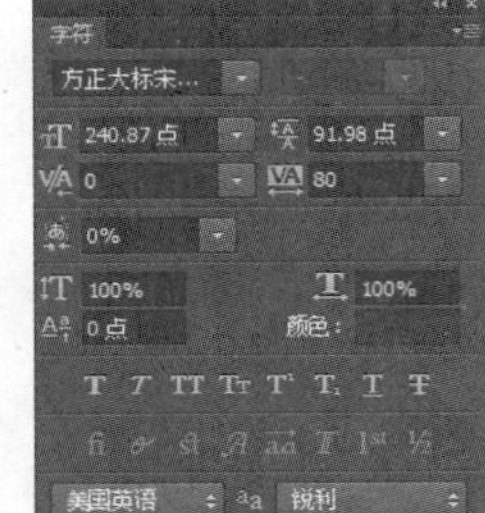

图 12-185 “字符”面板

17 设置完成后，在画布中输入文字，效果如图 12–186 所示。单击“图层”面板底部的“添加图层样式”按钮 fx，在弹出的下拉菜单中选择“渐变叠加”命令，弹出“图层样式”对话框，设置如图 12–187 所示。

图 12-186 输入文字

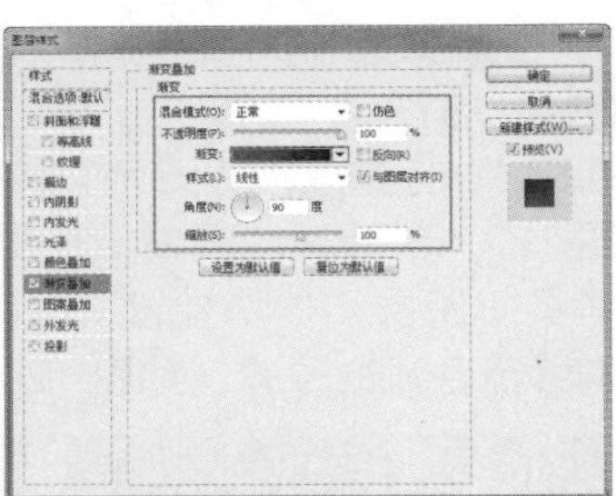
图 12-187 “图层样式”对话框

18 设置完成后，单击“确定”按钮，效果如图 12–188 所示。复制该文字图层，并调整其图层顺序，“图层”面板如图 12–189 所示。

图 12-188 文字效果

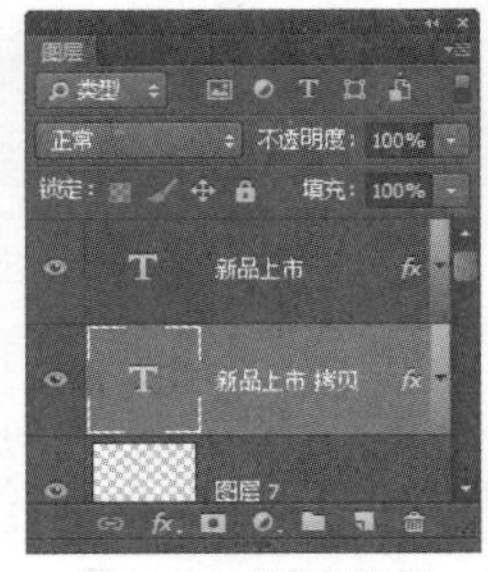

图 12-189 “图层”面板

19 按快捷键 Ctrl+T，调出自由变换框，对该拷贝图层进行斜切、缩放和移动操作，如图 12-190 所示，按 Enter 键确定。双击“新品上市 拷贝”图层的“图层样式”，打开“图层样式”对话框，设置如图 12-191 所示。

图 12-190 图像效果

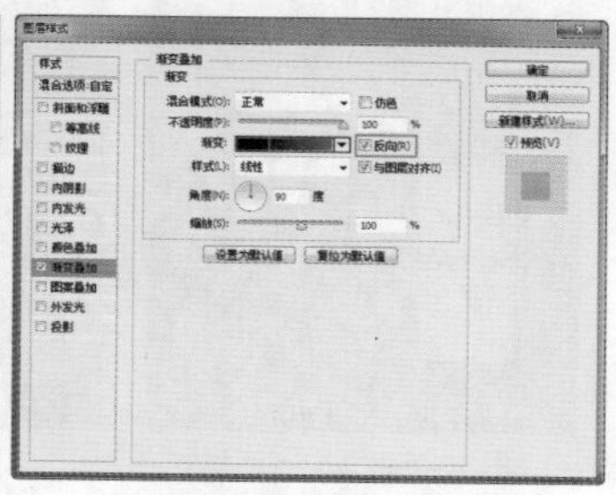
图 12-191 “图层样式”对话框

20 单击“确定”按钮，设置“新品上市 拷贝”图层的“不透明度”为 25%，效果如图 12-192 所示。使用相同的方法，完成其他文字的输入，效果如图 12-193 所示。

图 12-192 文字效果

图 12-193 图像效果

21 打开并拖入素材图像“光盘\源文件\第 12 章\素材\127803.png”，调整其至合适的大小和位置，效果如图 12-194 所示。选择“横排文字工具”，打开“字符”面板，设置如图 12-195 所示。

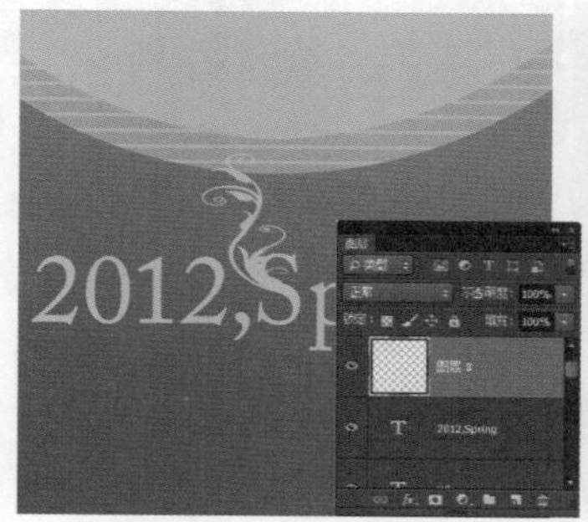
图 12-194 打开并拖入素材图像

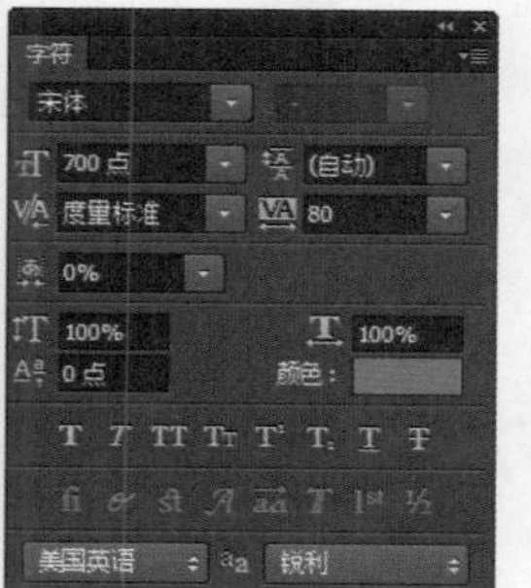

图 12-195 “字符”面板

22 设置完成后，在画布中输入相应的文字，如图 12-196 所示。选中“春”字，在“字符”面板中对相关属性进行设置，设置如图 12-197 所示。

图 12-196 输入文字

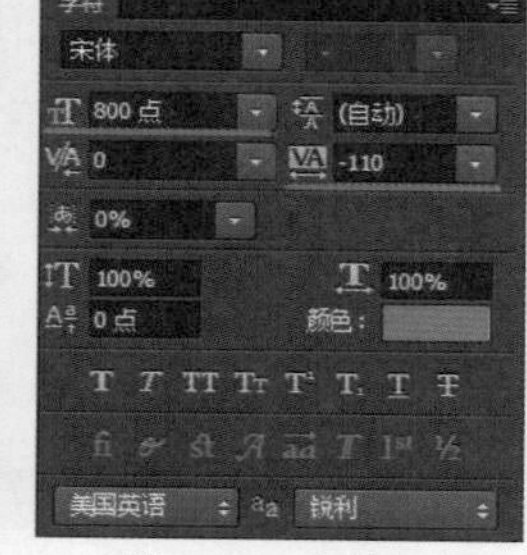

图 12-197 “字符”面板

23 设置完成后，效果如图 12-198 所示。使用相同的方法，对其他文字进行设置，并调整该图层至适当的位置，效果如图 12-199 所示。

图 12-198 文字效果

图 12-199 文字效果

24 选中该文字图层，单击鼠标右键，在弹出的快捷菜单中选择“栅格化文字”命令，“图层”面板如图 12-200 所示。选择“橡皮擦工具”，在选项栏上设置适当的笔触大小和不透明度，擦除文字的多余部分，效果如图 12-201 所示。

图 12-200 “图层”面板

图 12-201 文字效果

25 新建“图层 9”图层，使用“钢笔工具”在画布中绘制路径，如图 12-202 所示。按快捷键 Ctrl+Enter，将路径转换为选区，填充颜色为 RGB（36、140、19），取消选区，效果如图 12-203 所示。

图 12-202 绘制路径

图 12-203 图像效果

26 使用相同的方法，完成其他部分内容的制作，效果如图 12–204 所示。选中“图层 9”和“春意盎然”图层，按快捷键 Ctrl+E，合并图层，得到“图层 9”图层，如图 12–205 所示。

图 12-204 图像效果

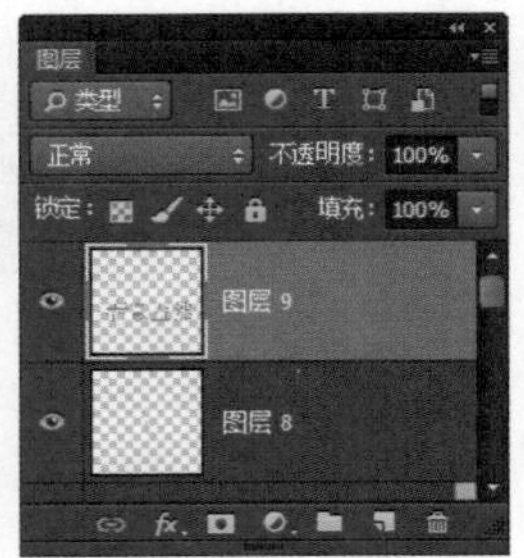

图 12-205 “图层”面板

27 单击“图层”面板底部的“添加图层样式”按钮 fx，在弹出的下拉菜单中选择“渐变叠加”命令，弹出“图层样式”对话框，设置如图 12–206 所示。

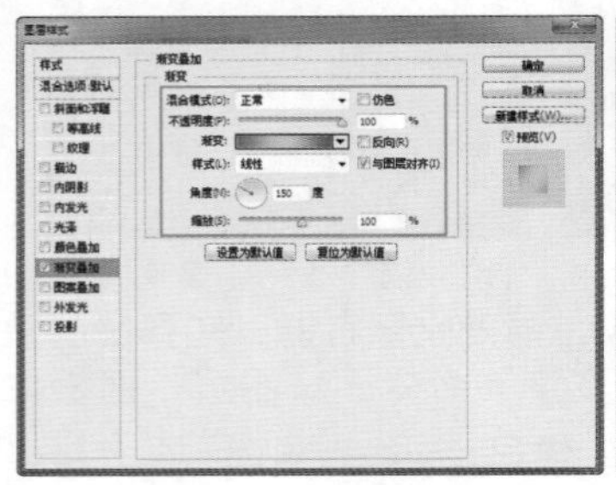

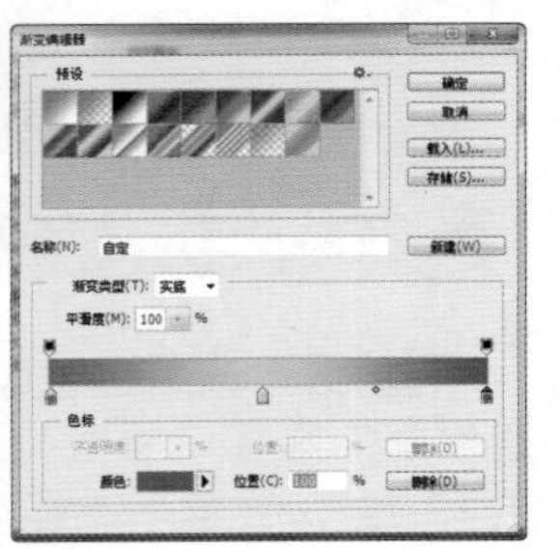

图 12-206 “图层样式”对话框

28 设置完成后，在对话框左侧单击选择“描边”选项，设置如图 12–207 所示。设置完成后，单击“确定”按钮，效果如图 12–208 所示。

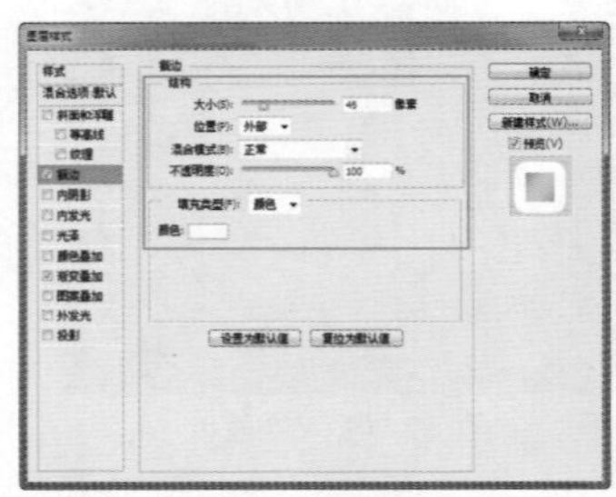

图 12-207 “图层样式”对话框

图 12-208 文字效果

29 选中“图层 9”图层，单击鼠标右键，在弹出的快捷菜单中选择“栅格化图层样式”命令，“图层”面板如图 12–209 所示。设置前景色为白色，选择“画笔工具”，在选项栏上设置适当的笔触大小和不透明度，在画布上进行涂抹，效果如图 12–210 所示。

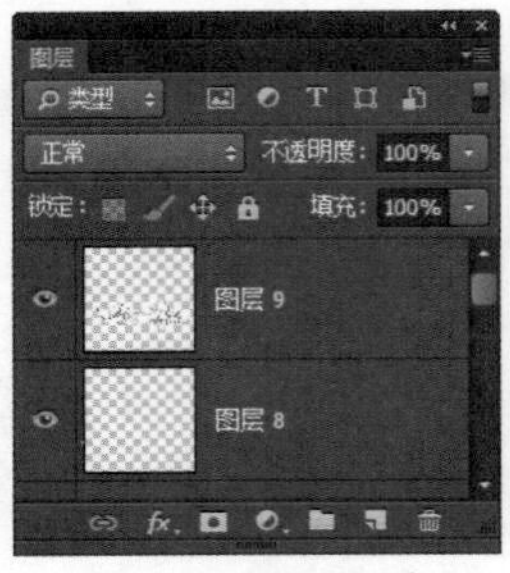

图 12-209 “图层”面板

图 12-210 涂抹效果

30 使用相同的方法，为“图层 9”图层添加“描边”图层样式，设置如图 12–211 所示。添加“投影”图层样式，设置如图 12–212 所示。

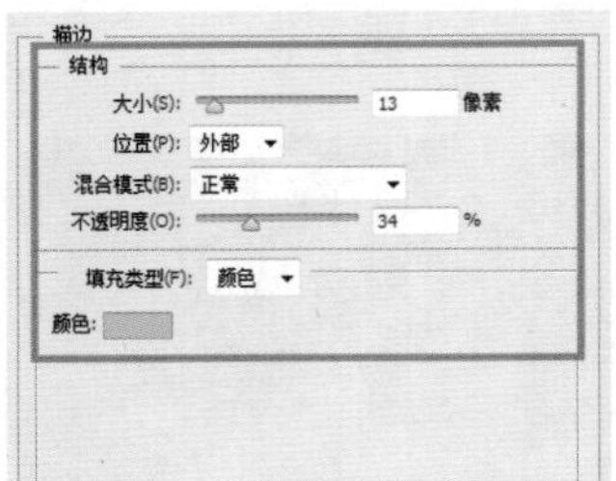

图 12-211 设置“描边”图层样式

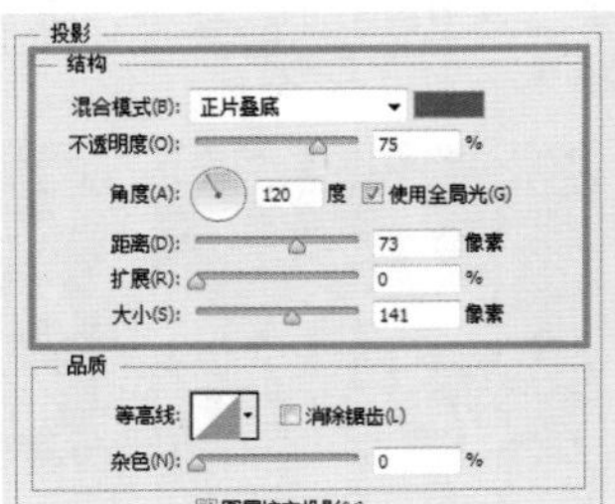

图 12-212 设置“投影”图层样式

31 设置完成后，单击“确定”按钮，可以看到最终的效果，如图 12–213 所示。

图 12-213 最终效果

12.8 本章小结

本章系统介绍了 Photoshop CC 中的各种关于文字处理和设置的基本操作。通过本章的学习，用户需要清楚文字与段落的关系，并能够对相关的命令进行熟练使用，以及对文字进行不同的编辑。熟练掌握这些内容将在今后的文字设计、排版等工作中起到画龙点睛的作用。

第13章 图层的应用

图层是 Photoshop CC 中最为重要的功能之一，通过图层不仅可以随意将文档中的图像分别放置在不同的平面中，还可以轻易对图层的顺序进行调整，并且对单一图层进行操作时，不会影响其他图层的效果。本章将对图层的创建、编辑等方法进行详细讲解。

13.1 图层概述

在 Photoshop CC 中，如果没有图层，那么所有的图像将会处在同一个平面上，无法对图像进行分层处理，可见图层是 Photoshop CC 中最为核心的功能之一，它几乎承载了所有的图像编辑工作。接下来将对图层的相关知识进行详细讲解。如图 13–1 所示为原始素材图像以及对图层的几种简单应用方式。

原始图像

移动图层

调整图层混合模式

调整图层叠放次序

图 13-1 图层简单应用方式

13.1.1 图层的原理

图层就像是堆叠在一起的透明纸，透过上方图层的透明区域可以看到下面的图层，如图 13–2 所示。

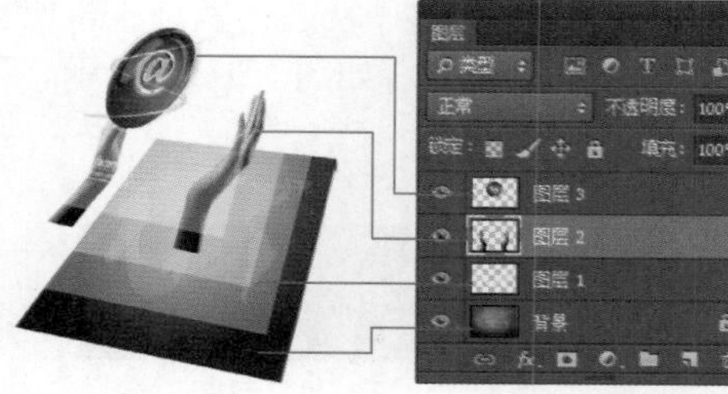

图层的原理　“图层”面板状态

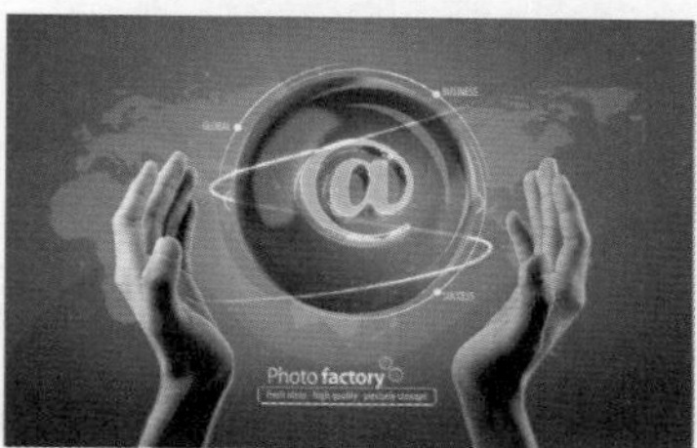

图像效果

图 13-2 图层的原理

在 Photoshop CC 中，可以对图层中的对象进行单独处理，而不会影响其他图层中的内容，如图 13–3 所示。同时还可以调整图层的叠放顺序，如图 13–4 所示。

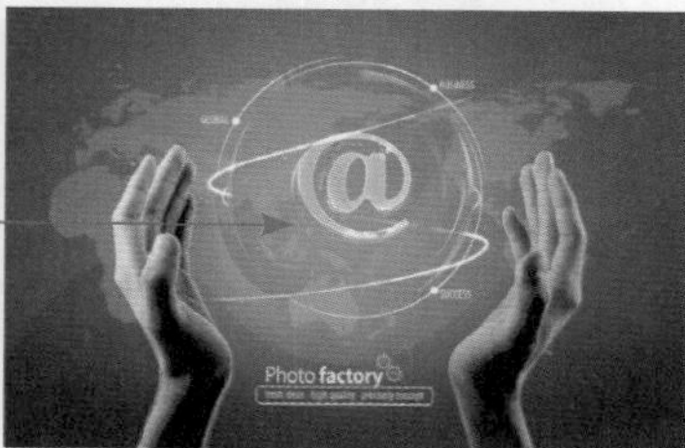

图 13-3 单独处理图层图像

图 13-4 调整图层顺序

在对图像进行处理时，除“背景”图层外，可以对其他图层调整“不透明度”，使其图像内容变得透明，如图 13–5 所示。另外为了使图层之间产生特殊的混合效果，还可以修改图层的“混合模式”，如图 13–6 所示。

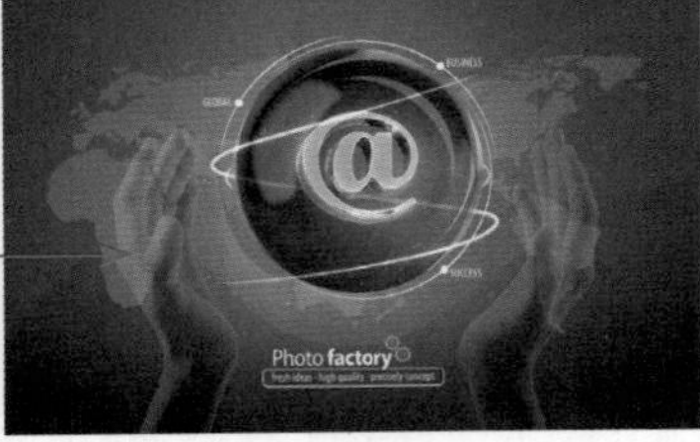

图 13-5 调整“不透明度”

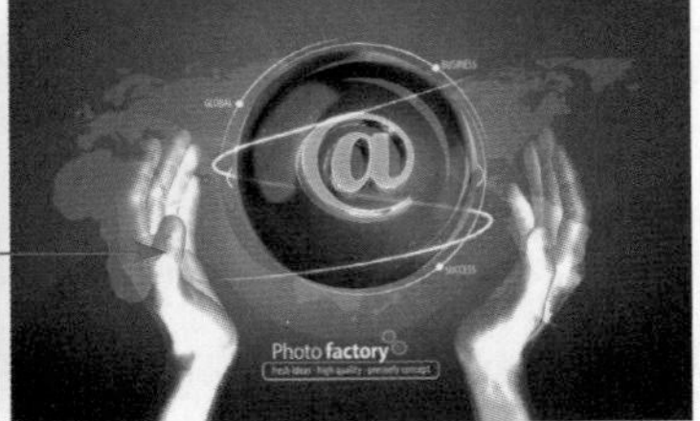

图 13-6 调整“混合模式”

对图层的“不透明度”和“混合模式”的更改，不会损坏图像内容，还可以通过“图层”面板中的眼睛图标来切换图层的可见性。图层名称左侧的图像是该图层的缩览图，它显示了图层中包含的图像内容，缩览图中的棋盘格代表了图像中的透明区域。若隐藏所有图层，则整个文档窗口都将显示为棋盘格。

提示

在 Photoshop CC 中，对图层进行编辑前，首先需要在“图层”面板中单击需要的图层，将其选中，此时所选图层成为“当前图层”。绘画、颜色和色调调整都只能在一个图层中进行，而移动、对齐、变换或应用“图层样式”时，可以一次处理所选的多个图层。

13.1.2 “图层”面板

在“图层”面板中包含了一个文档中的所有图层，在“图层”面板中可以调整图层叠加顺序、图层“不透明度”以及图层的“混合模式”等效果。执行“窗口 > 图层”命令，打开“图层”面板，如图 13–7 所示。

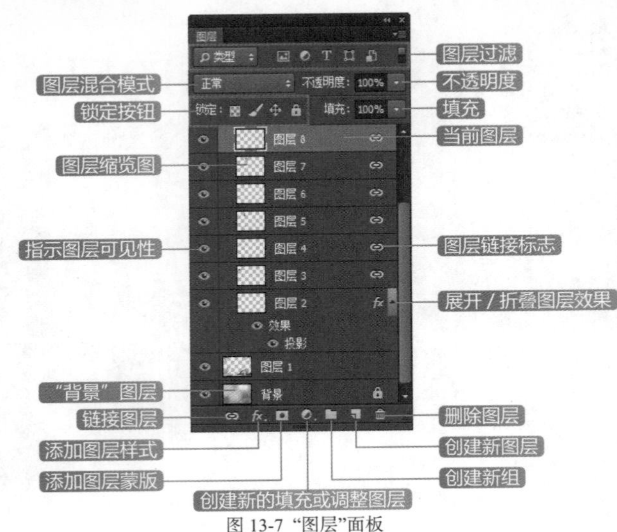

图 13-7 “图层”面板

- 图层过滤：该功能用于对“图层”面板中各种不同类型的图层进行快速查找显示。在下拉列表中包括 7 个选项，如图 13–8 所示。选择不同的选项，右侧将显示相应的参数。

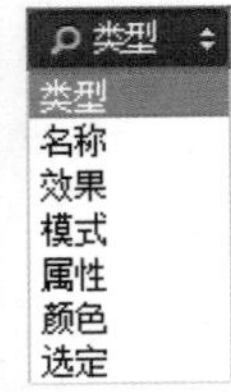

图 13-8 下拉列表

- 类型：在下拉列表中选择该选项，右侧将显示一系列过滤类型按钮，如图 13–9 所示。单击“像素图层滤镜”按钮，则在“图层”面板中只显示像素图层，隐藏其他图层；单击“调整图层滤镜”按钮，则在“图层”面板中只显示调整图层，隐藏其他图层；单击“文字图层滤镜”按钮，则在“图层”面板中只显示文字图层，隐藏其他图层；单击“形状图层滤镜”按钮，则在“图层”面板中只显示形状图层，隐藏其他图层；单击“智能对象滤镜”按钮，则在“图层”面板中只显示智能对象图层。

图 13-9 “类型”相关选项

- 名称：在下拉列表中选择该选项，可以在下拉列表右侧显示文本框，如图 13–10 所示。可以在该文本框中输入图层名称，则在“图层”面板中将只显示所搜索的指定名称的图层。

图 13-10 “名称”相关选项

- 效果：在下拉列表中选择该选项，可以在下拉列表的右侧显示图层样式下拉列表，如图 13-11 所示。选择不同的图层样式选项，将在“图层”面板中只显示应用了该图层样式的相关图层。

图 13-11 “效果”相关选项

- 模式：在下拉列表中选择该选项，可以在下拉列表的右侧显示图层混合模式下拉列表，如图 13-12 所示。选择不同的混合模式选项，将在“图层”面板中只显示设置了该混合模式的相关图层。

图 13-12 “模式”相关选项

- 属性：在下拉列表中选择该选项，可以在下拉列表的右侧显示图层属性下拉列表，如图 13-13 所示。选择不同的图层属性选项，将在“图层”面板中只显示设置了该属性的图层。

图 13-13 “属性”相关选项

- 颜色：在下拉列表中选择该选项，可以在下拉列表右侧显示图层颜色下拉列表，如图 13-14 所示，选择不同的图层颜色选项，将在“图层”面板中只显示了设置了该颜色标记的图层。

图 13-14 “颜色”相关选项

- 选定：在下拉列表中选择该选项，可以在“图层”面板中只显示当前所选择的图层，隐藏其他所有没有被选中的图层，如图 13-15 所示。

图 13-15 选择“选定”选项

- “打开或关闭图层过滤”按钮：单击该按钮可以打开或者关闭“图层”面板上的图层过滤功能。当关闭图层过滤功能时，该部分功能不可用，如图 13-16 所示。

图 13-16 关闭图层过滤功能

- 图层混合模式：通过设置不同的图层混合模式可以改变当前图层与其他图层叠加的效果，混合模式可以对下方的图层起作用。
- 锁定按钮：通过“锁定透明像素”按钮、“锁定图像像素”按钮、“锁定位置”按钮以及“锁定全部”按钮可以对图层中对应的内容进行锁定，避免对图像内容进行误操作。
- 不透明度：用于设置图层的整体不透明度，设置的不透明度对该图层中的任何元素都会起作用，每个图层都可以设置单独的不透明度。
- 填充：用于设置图层内部元素的不透明度，只对图层内部图像起作用，对图层附加的其他元素（如图层样式）不起作用。
- 当前图层：当前选中的图层，可以在画布中对选中图层进行移动、编辑等操作。如果图层未被选中，则不可以执行移动、编辑等操作。
- 图层缩览图：在该缩览图中显示当前图层中的图像，可以快速对每一个图层进行辨认，图层中的图像一旦被修改，缩览图中的内容也会随之改变。
- 指示图层可见性：单击该按钮可以将图层隐藏，再次单击则可以将隐藏的图层显示。隐藏的图层不可以编辑，但可以移动。
- 图层链接标志：单击一个链接图层，将在“图层”面板中显示链接的所有图层，可以对链接的图层同时执行移动或变换操作。
- 展开 / 折叠图层效果：单击该按钮可以展开图层效果，显示为当前图层添加的图层样式种类；再次单击则可以将显示的图层效果折叠起来。
- “背景”图层：该图层默认为锁定状态，不可执行移动、变换、添加图层混合模式操作，但可以在图层中进行涂抹等绘画操作。

13.1.3 图层的类型

在 Photoshop CC 中图层有多种类型，从最简单的普通图层、文字图层，再到调整、填充图层或是蒙版图层等，每一种图层根据其类型以及应用场合的不同，所能表现出的效果也完全不同。

1. “背景”图层和普通图层

打开素材图像“光盘\源文件\第 13 章\素材\13131.jpg”，如图 13-17 所示。打开“图层”面板，“背景”图层在“图层”面板中的显示如图 13-18 所示。将“背景”层拖曳到“创建新图层”按钮上，复制“背景”图层，得到“背景 拷贝”图层，如图 13-19 所示。

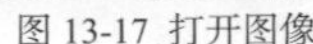
图 13-17 打开图像

图 13-18 “图层”面板

图 13-19 复制背景图层

其中“背景”图层是文档建立时自动生成的图层，始终位于“图层”面板的最下方，名称为斜体的“背景”两字。而普通图层可以通过单击“创建新图层”按钮建立或通过复制普通图层得到。

2. 蒙版图层

蒙版图层可以控制图层中图像的显示范围，单击“图层”面板底部的“添加图层蒙版”按钮，即可创建蒙版图层，如图 13–20 所示。

图 13-20 “图层”面板

3. 填充图层与调整图层

填充图层与调整图层可以通过单击“图层”面板中的“创建新的填充或调整图层”按钮，在弹出的下拉菜单中选择对应的命令来创建，如图 13–21 所示。其中可以创建填充图层的命令有“纯色”、“渐变”和“图案”3 种。填充图层在“图层”面板中显示如图 13–22 所示。通过其他选项可以创建调整图层，如图 13–23 所示。

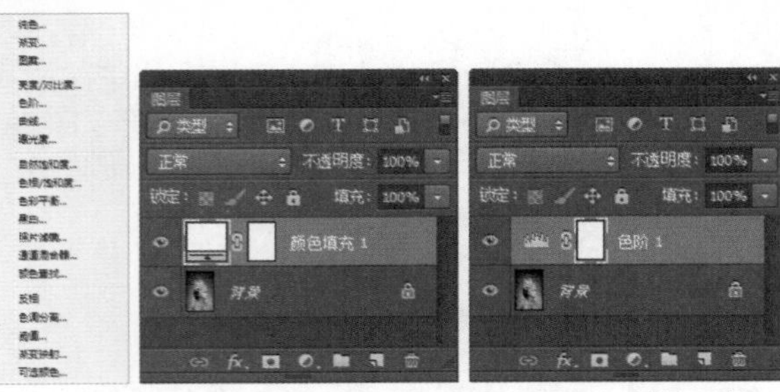
图 13-21 下拉菜单命令　图 13-22 “图层”面板　图 13-23 “图层”面板

新创建的“填充”或“调整”图层自带图层蒙版，通过图层蒙版可以对不需要应用填充色或调整效果的区域加以覆盖。

4. 形状图层

使用“钢笔工具”、“矩形工具”、“自定形状工具”等矢量工具，并且在选项栏中的“选择工具模式”下拉列表中选择“形状”选项，在画布中绘制形状图形，如图 13–24 所示，即可创建形状图层，“图层”面板如图 13–25 所示。

图 13-24 绘制矢量图形

图 13-25 “图层”面板

5. 智能对象图层

如果在当前打开文档中置入其他图像，如图 13–26 所示。此时按 Enter 键，可以将置入的图像转换为智能对象，并且在“图层”面板中生成一个智能对象图层，如图 13–27 所示。

图 13-26 置入图像

图 13-27 “图层”面板

6. 文字图层

当使用“横排文字工具”或“直排文字工具”在画布中输入文字时，如图 13–28 所示。就会在“图层”面板中生成文字图层，如图 13–29 所示。

图 13-28 输入文字

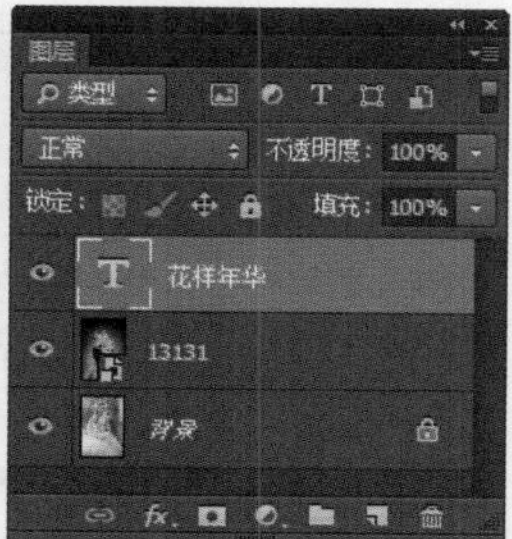

图 13-29 “图层”面板

7. 3D 图层

3D 图层是包含有置入 3D 文件的图层，可以是由 Adobe Acrobat 3D Version 8、3ds Max、Maya 和 Google Earth 等程序创建的文件，甚至是 PSD 格式的 3D 文件，如图 13–30 所示。在 3D 图层中包含有 3D 文件的材质、贴图纹理等属性，如图 13–31 所示。

图 13-30 打开 3D 对象

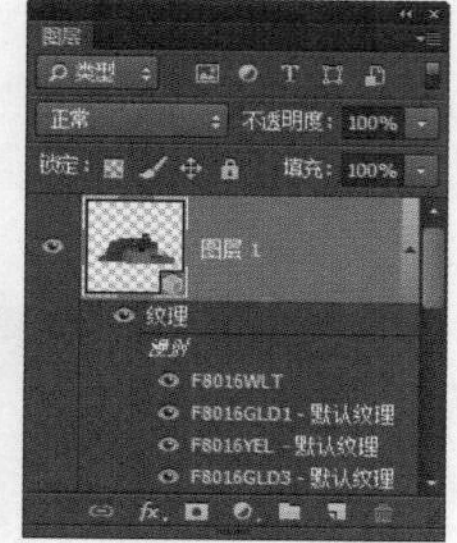

图 13-31 “图层”面板

8. 视频图层与中性色图层

视频图层就是包含有视频文件帧的图层。

中性色图层就是一种以纯黑、纯白或者由 50% 灰色构成的特殊图层，Photoshop 中预设的中性色图层不可见，但通过中性色图层可以对图像进行修饰。由于这两种图层的特殊性，所以在实际工作中很少使用。

13.2 创建图层

创建图层的方法大体可以分为两种，一种是通过“图层”面板直接创建图层，而另一种就是通过命令创建图层。

13.2.1 通过命令创建新图层

通过命令创建新图层的方式可以分为创建新图层、从其他图层中复制图层以及剪切图层中的图像区域新建图层。

1. 通过“新建”命令创建新图层

打开素材图像“光盘\源文件\第 13 章\素材\1321.jpg”，如图 13–32 所示。打开“图层”面板，如图 13–33 所示。

图 13-32 打开图像

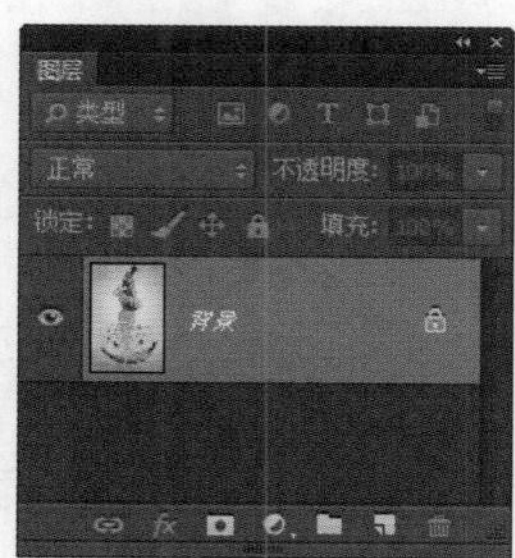

图 13-33 “图层”面板

执行“图层 > 新建 > 图层”命令或按快捷键 Ctrl+Shift+N，弹出“新建图层”对话框，如图 13–34 所示。在该对话框中可以对所要新建的图层名称、模式等属性进行设置，单击“确定”按钮，此时在“图层”面板中会生成一个与“新建图层”对话框中名称相同的新图层，如图 13–35 所示。

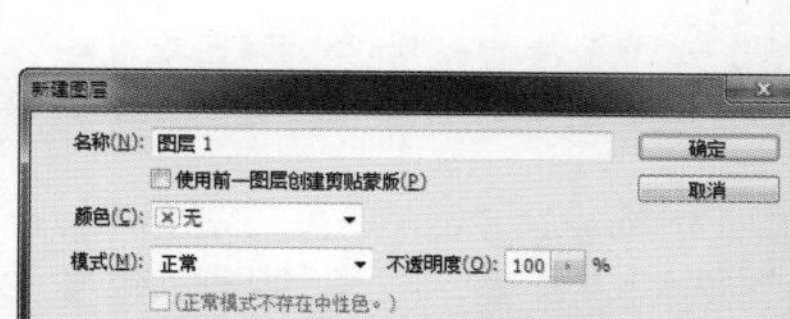

图 13-34 “新建图层”对话框

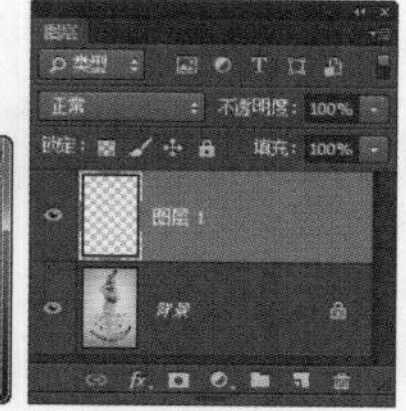

图 13-35 “图层”面板

2. 通过拷贝图层的方法创建图层

执行“图层 > 新建 > 通过拷贝的图层”命令，或按快捷键 Ctrl+J，可以将当前选中的图层进行拷贝，如图 13–36 所示。如果在图层中有选区存在，那么拷贝的将是图层选区中的内容，但不会对下方的图层产生影响，如图 13–37 所示。

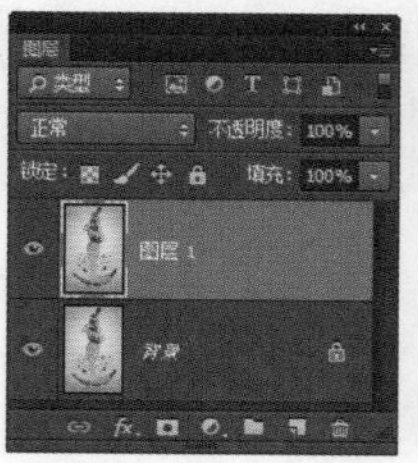

图 13-36 拷贝图层

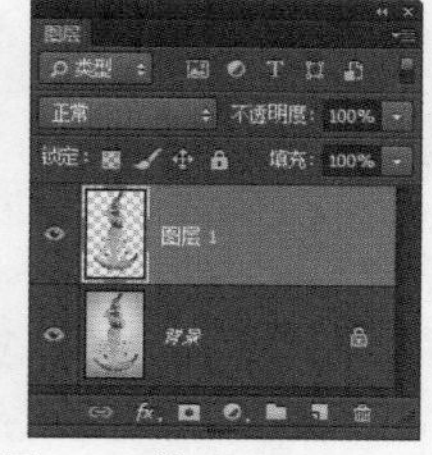

图 13-37 拷贝图层选区内容

3. 通过剪切的图层创建图层

执行“图层 > 新建 > 通过剪切的图层”命令，或按快捷键 Ctrl+Shift+J，可以将当前图层选区中的内容剪切并复制到新图层中，如果通过剪切的图层是背景层，那么剪切区域将会填充背景色，如图 13–38 所示。如果剪切的图层是普通图层，剪切区域将会变成透明，如图 13–39 所示。

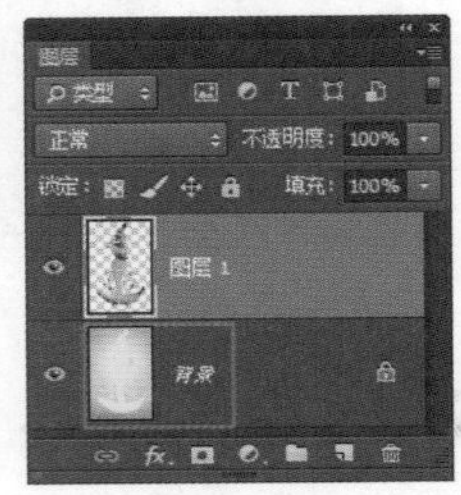
图 13-38 剪切区域填充背景色

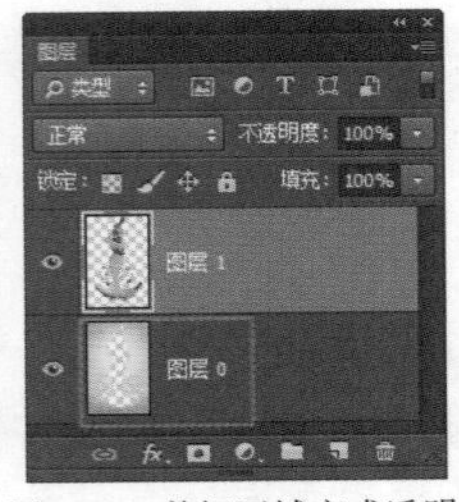
图 13-39 剪切区域变成透明

13.2.2 在“图层”面板中创建新图层

在“图层”面板中创建新图层的方法与通过命令新建图层的效果是一样的，但通过命令可以执行更多的操作，而在“图层”面板中，只有与图层有关的操作命令。

单击“图层”面板中的“创建新图层”按钮，即可在“图层”面板中创建新图层，这种方法与通过“新建”命令创建新图层的方法相同。

13.2.3 将“背景”图层转换为普通图层

“背景”图层无法移动、堆叠、设置“混合模式”和“不透明度”，如果要对“背景”图层执行这些操作，必须先将“背景”图层转换为普通图层。

打开素材图像“光盘\源文件\第 13 章\素材\1323.jpg”，如图 13–40 所示。“图层”面板如图 13–41 所示。

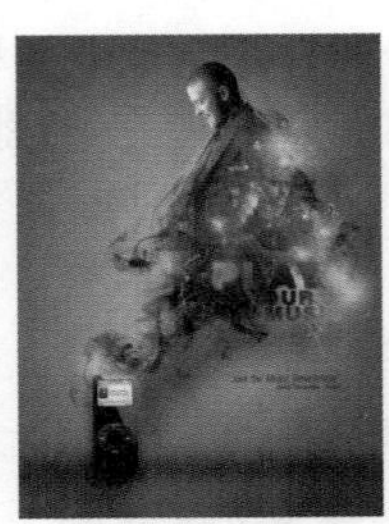
图 13-40 打开图像

图 13-41 “图层”面板

执行“图层 > 新建 > 背景图层”命令，弹出“新建图层”对话框，如图 13–42 所示。在该对话框中可以对相关选项进行设置，单击“确定”按钮，即可将“背景”图层转换为普通图层，如图 13–43 所示。

图 13-42 “新建图层”对话框

图 13-43 “图层”面板

技巧

按住 Alt 键双击“背景”图层，不会弹出对话框，将“背景”图层直接转换为普通图层。

13.2.4 创建“背景”图层

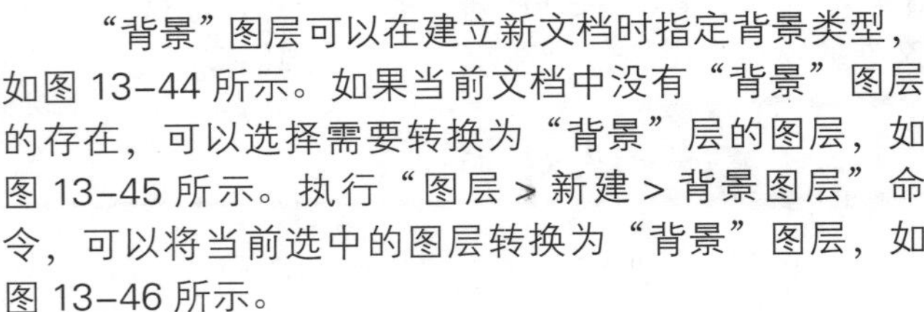

“背景”图层可以在建立新文档时指定背景类型，如图 13–44 所示。如果当前文档中没有“背景”图层的存在，可以选择需要转换为“背景”层的图层，如图 13–45 所示。执行“图层 > 新建 > 背景图层”命令，可以将当前选中的图层转换为“背景”图层，如图 13–46 所示。

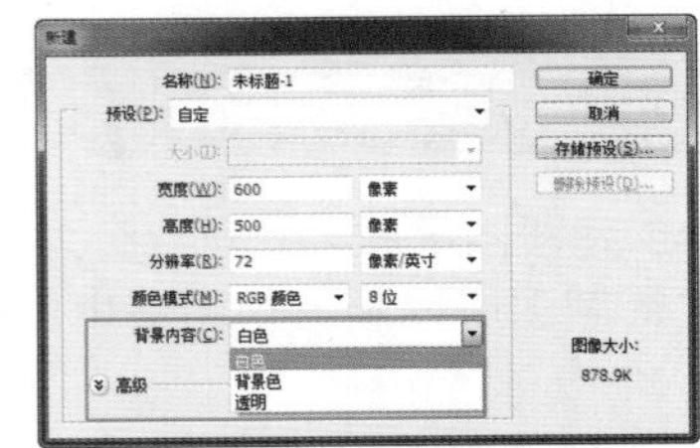
图 13-44 “新建”对话框

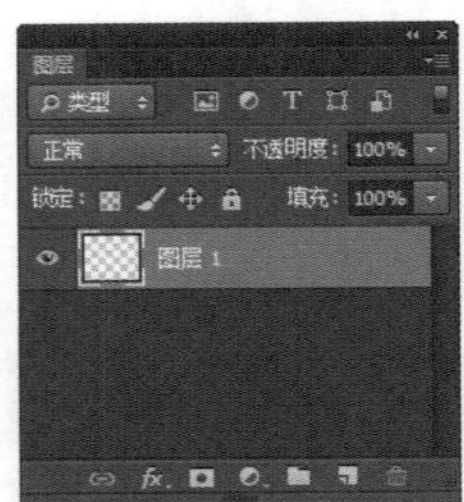
图 13-45 选择图层

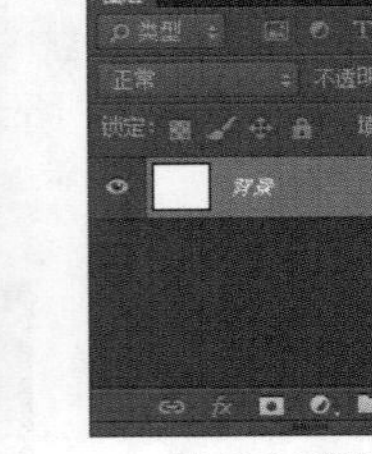
图 13-46 转换图层

13.2.5 制作水上行驶的摩托车

无论要制作什么效果，总要有一个载体。在 Photoshop CC 中，图层就是一切制作效果的载体。本练习通过一个合成效果的制作为用户讲解实际工作中图层的应用方式以及具体作用。

动手实践——制作水上行驶的摩托车

源文件：光盘\源文件\第 13 章\13-2-5.psd

视频：光盘\视频\第 13 章\13-2-5.swf

01 打开素材图像“光盘\源文件\第 13 章\素材\132501.jpg”，如图 13–47 所示。将“背景”图层拖曳到“图层”面板底部的“创建新图层”按钮上，生成“背景 拷贝”图层，如图 13–48 所示。

图 13-47 打开图像

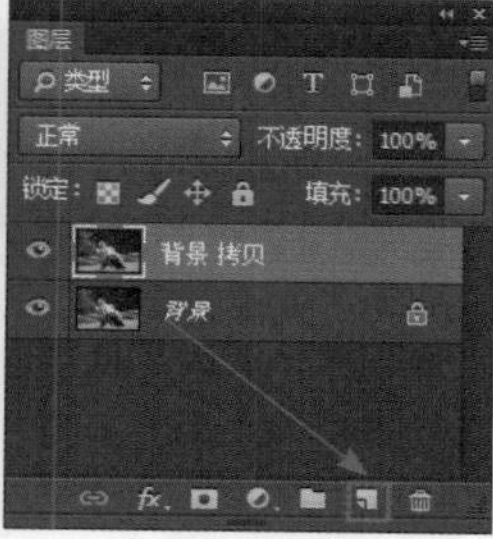

图 13-48 “图层”面板

02 使用“快速选择工具”在图像中创建人物选区，如图 13–49 所示。单击“图层”面板底部的“添加图层蒙版”按钮，为“背景 拷贝”图层添加图层蒙版，如图 13–50 所示。

图 13-49 创建选区

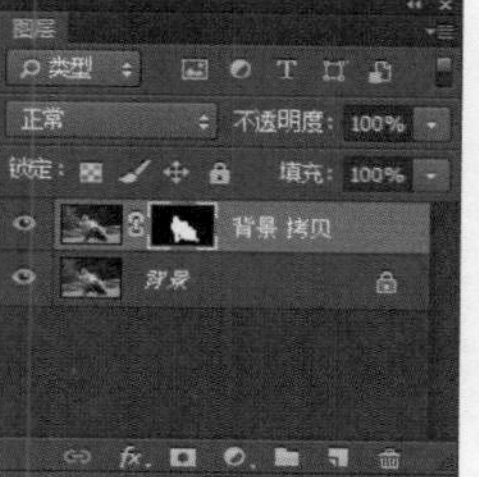

图 13-50 “图层”面板

03 打开素材图像“光盘\源文件\第 13 章\素材\132502.jpg”，如图 13–51 所示。将图像拖曳到 132501.jpg 文档中并调整大小，将该图层移至“背景拷贝”图层下方，选择“画笔工具”，设置“前景色”为黑色，在“背景 拷贝”图层蒙版中涂抹，效果如图 13–52 所示。

图 13-51 打开图像

图 13-52 图像效果

提示

这里对“背景 拷贝”图层蒙版进行涂抹是为了去除图层边缘区域与下方图层不协调的颜色，使上方图层与下方图层衔接更加完美。

04 打开素材图像“光盘\源文件\第 13 章\素材\132503.jpg”，如图 13–53 所示。执行“选择 > 色彩范围”命令，弹出“色彩范围”对话框，使用“色彩范围”对话框默认的工具在图像或预览区域吸取颜色，如图 13–54 所示。单击“确定”按钮，调出图像选区。

图 13-53 打开图像

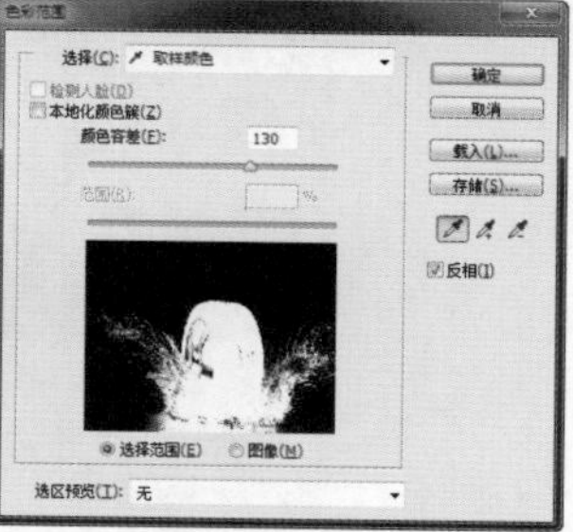

图 13-54 “色彩范围”对话框

05 执行“图像 > 调整 > 曲线”命令，弹出“曲线”对话框，设置如图 13–55 所示。

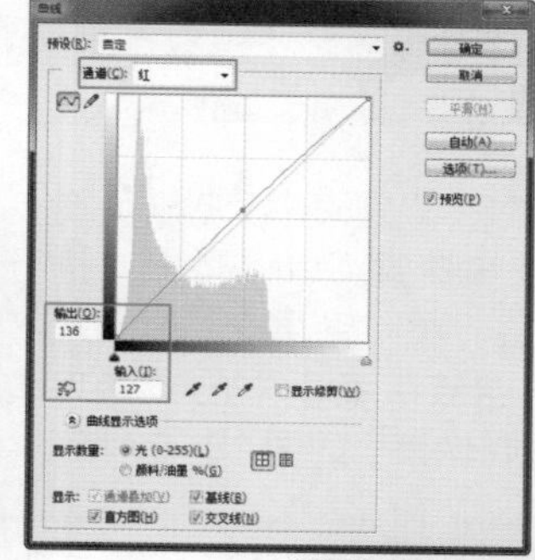
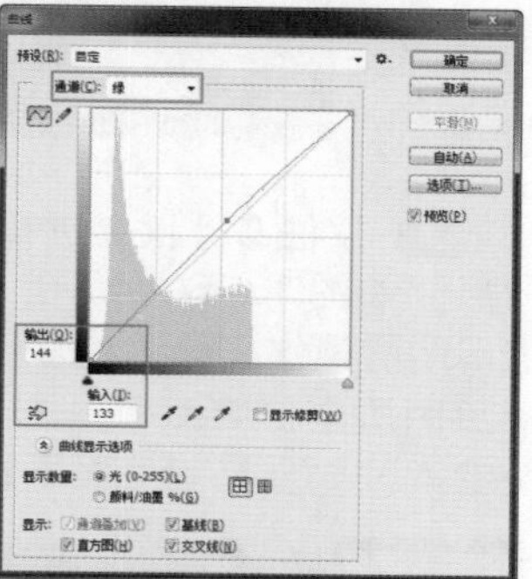
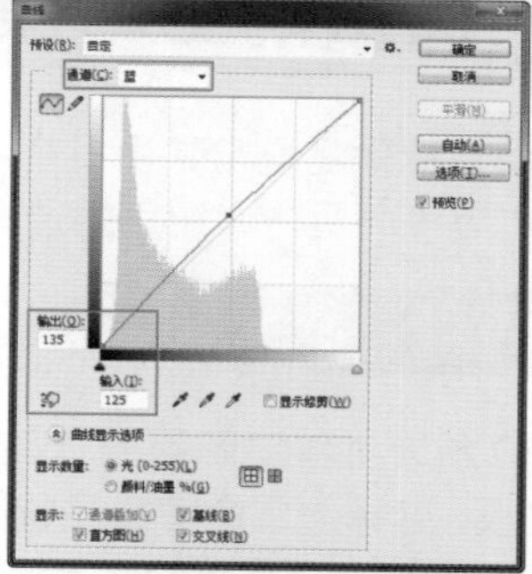
图 13-55 设置“曲线”对话框

06 单击“确定”按钮，完成“曲线”对话框的设置，效果如图 13–56 所示。将选区中图像拖曳到 132501.jpg 文档中，自动生成“图层 2”图层。按快捷键 Ctrl+T，调整图像的大小与方向，效果如图 13–57 所示。

图 13-56 图像效果

图 13-57 图像效果

07 为该图层添加图层蒙版，使用“画笔工具”将多余的图像抹除，效果如图 13–58 所示。复制“图层 2”图层，并对复制图层进行调整，效果如图 13–59 所示。

图 13-58 抹除效果

图 13-59 图像效果

08 按住 Ctrl 键，选择“图层 2”图层及相关拷贝图层，如图 13-60 所示。按快捷键 Ctrl+Alt+E，执行盖印图层操作，得到盖印图层。将“图层 2”图层及其拷贝图层全部隐藏，单击“图层”面板中的“锁定透明像素”按钮，锁定图层透明像素，如图 13-61 所示。

图 13-60 选择图层

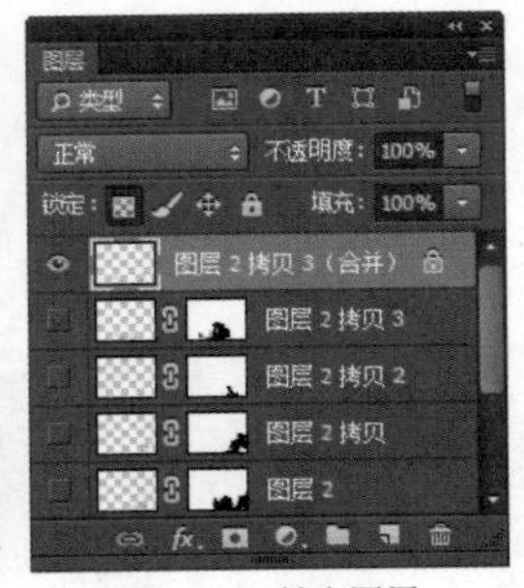
图 13-61 锁定图层

09 选择“画笔工具”，设置“前景色”为白色，在选项栏中设置“不透明度”为 40%，在摩托车前轮位置的浪花上进行涂抹，完成最终效果，如图 13-62 所示。

图 13-62 最终图像效果

13.3 图层的基本操作

好的平面设计作品通常是由多个图层组成的，在设计过程中需要对各个图层的位置、叠放次序进行仔细的调整。本节将向用户介绍包括选择图层、调整图层叠放次序等方法。

13.3.1 选择图层

选择图层的方法与新建图层的方法类似，都可以通过“图层”面板、选择图层命令或是快捷键进行选择。

选择图层是图层中最基本的操作，打开“图层”面板，使用鼠标左键单击即可选择需要的图层，如图 13-63 所示。

单击的方法只能选择一个图层，想要选择多个图层，可以按住 Ctrl 键单击并选择多个不连续的图层，如图 13-64 所示。

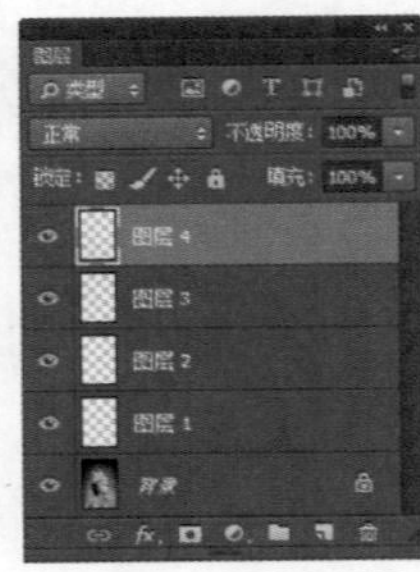
图 13-63 选择单个图层

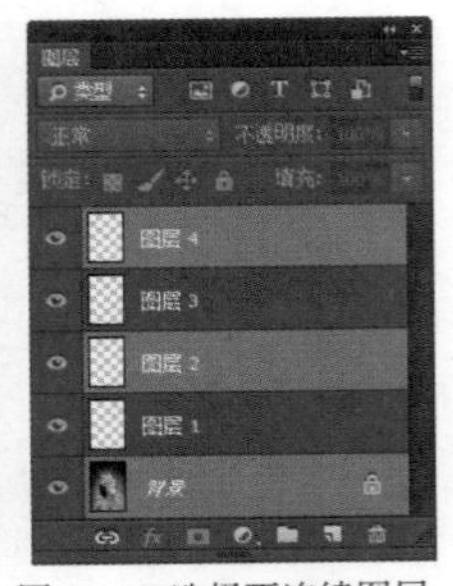
图 13-64 选择不连续图层

按住 Ctrl 键一次只能选择一个图层，如果同时需要选择很多的图层，而且这些图层是连续的，可以选择第一个图层，再按住 Shift 键选择最后一个图层，即可将第一个与最后一个图层间的所有图层全部选中，如图 13-65 所示。

图 13-65 选择连续图层

13.3.2 移动、复制和删除图层

如果对图层进行移动、复制和删除操作，其实就是对图层中的内容执行相同的移动、复制和删除操作。

1. 移动图层

如果需要移动单个或多个图层中的内容，可以选中需要移动的图层，使用“移动工具”对画布中的图像进行移动操作。如果当前使用的工具不是“移动工具”，可以按住 Ctrl 键，当光标变成移动工具形状时，即可进行移动。

2. 复制图层

图层可以通过“图层”面板直接进行复制操作或执行“图层 > 复制图层”命令进行复制操作。

将需要复制的图层拖曳到“图层”面板底部的“创建新图层”按钮，如图 13-66 所示。即可复制图层，如图 13-67 所示。

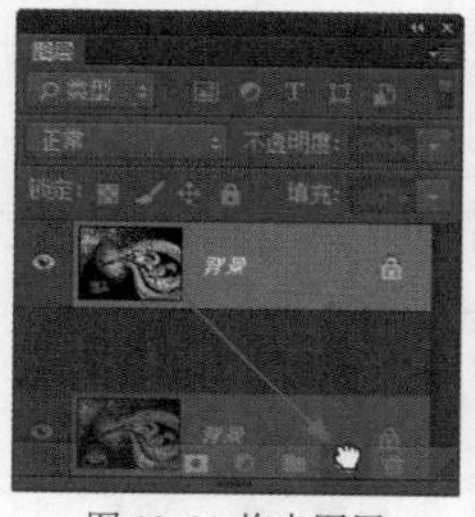

图 13-66 拖曳图层

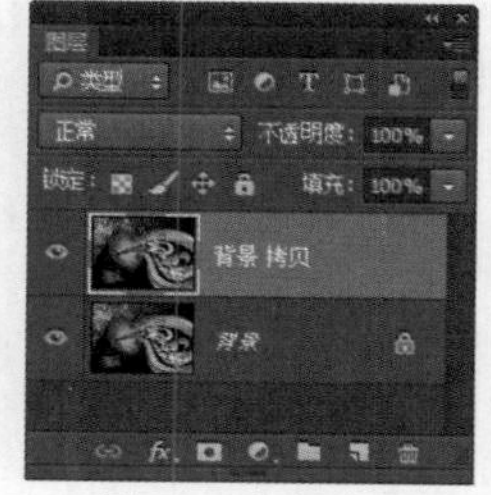

图 13-67 复制图层

执行“图层 > 复制图层”命令，弹出“复制图层”对话框，通过该对话框也可以复制图层，如图 13-68 所示。

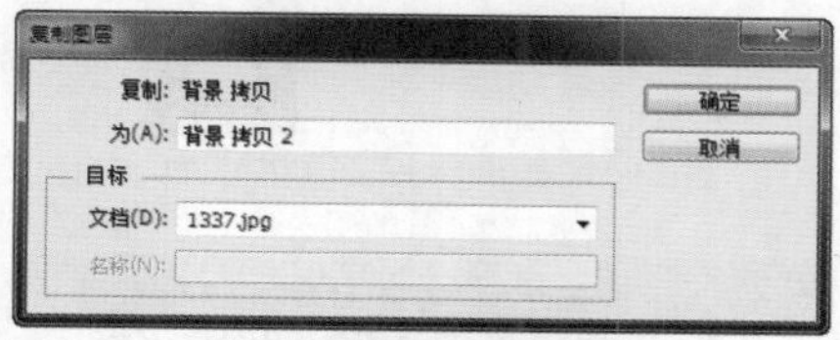

图 13-68 “复制图层”对话框

3. 删除图层

选择需要删除的图层，单击“图层”面板底部的“删除图层”按钮或将需要删除的图层拖曳到“删除图层”按钮上，即可将选中的图层删除。

13.3.3 调整图层的叠放次序

如果想要在 Photoshop CC 中对图像进行精细处理，往往需要多个图层之间相互叠加，通过不同的叠放次序，得到不同的图像效果。

1. 通过“图层”面板调整图层叠放次序

打开素材图像“光盘\源文件\第 8 章\素材\1333.psd”，选择需要调整的图层，如图 13-69 所示。单击选择的图层，向上拖动该图层，效果如图 13-70 所示。

图 13-69 选择图层

图 13-70 图像效果及“图层”面板

2. 通过“排列”命令调整图层叠放次序

选择需要调整的图层，执行“图层 > 排列”命令，在弹出的“排列”子菜单中也可以调整图层，如图 13-71 所示。

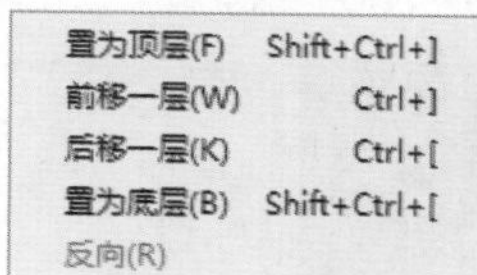

图 13-71 “排列”子菜单

13.3.4 锁定图层

在“图层”面板上方有 4 个用于锁定图层的选项，通过这 4 个选项，分别可以对图像的透明区域、图像、位置进行锁定，如图 13-72 所示。

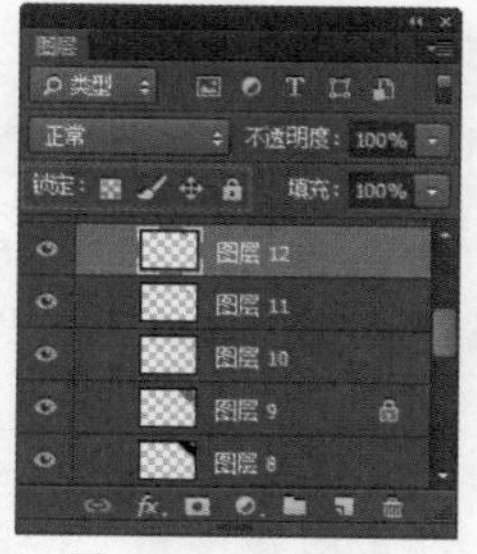

图 13-72 “图层”面板

“锁定透明像素”按钮：单击该按钮，可以将图层中的透明区域锁定，只对图像的不透明区域进行编辑。如图 13-73 所示为单击该按钮与未单击该按钮并对具有透明区域的图层填充半透明的渐变色效果。

单击"锁定透明像素"按钮

未单击"锁定透明像素"按钮

图 13-73 填充渐变色效果

- "锁定图像像素"按钮：单击该按钮，可以将当前图层中图像的像素锁定，只可以对该图层进行移动、变换操作，但不会受填充、描边甚至是滤镜的影响。此时如果使用任何可以改变图像像素的工具在该图层中都会禁止使用，光标变成如图 13-74 所示形状。单击鼠标则会弹出无法使用当前工具的提示框，如图 13-75 所示。

图 13-74 光标形状

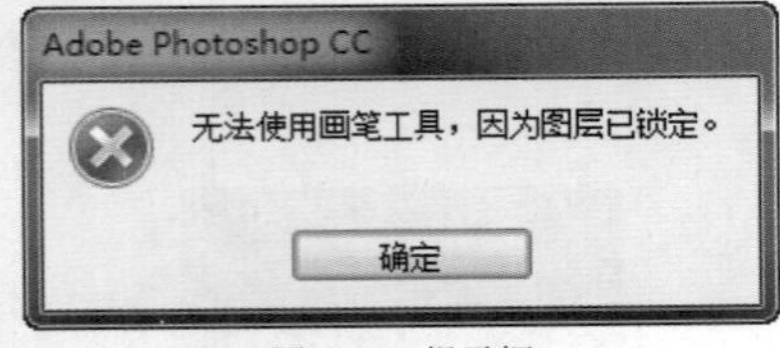

图 13-75 提示框

- "锁定位置"按钮：单击该按钮，可以锁定当前图层中图像的位置，但可以使用如"画笔工具"、"滤镜"等对文档中的图像进行操作。
- "锁定全部"按钮：单击该按钮，可以锁定图像的不透明度、像素以及位置，使图层完全无法被移动或是无法被编辑，可以避免对图层的误操作。

13.3.5 链接图层

将图层链接在一起后，可以同时对多个图层中的内容进行移动或是执行变换操作。如果想将图层链接在一起，可以选择需要链接的图层并单击"图层"面板中的"链接图层"按钮，即可将选择的图层链接在一起。

13.3.6 栅格化图层

在 Photoshop CC 中有许多命令和工具只能在普通图层中执行，如"画笔工具"、"橡皮擦工具"的使用。如果想在特殊图层中使用这些工具，就需要先将这些图层栅格化，使特殊图层转换为普通图层。

在 Photoshop CC 中出现最为频繁的需要栅格化的图层有形状图层、文字图层、智能对象图层。除此之外，还有填充图层、3D 图层、视频图层以及矢量蒙版图层。

如果需要对图层进行栅格化操作，可以选择相应的图层，执行"图层 > 栅格化"命令，在"栅格化"子菜单中选择相应的选项执行栅格化操作，如图 13-76 所示。也可以在"图层"面板中选择需要栅格化的图层，并在该图层上单击鼠标右键，在弹出的快捷菜单中选择栅格化图层命令，如图 13-77 所示。

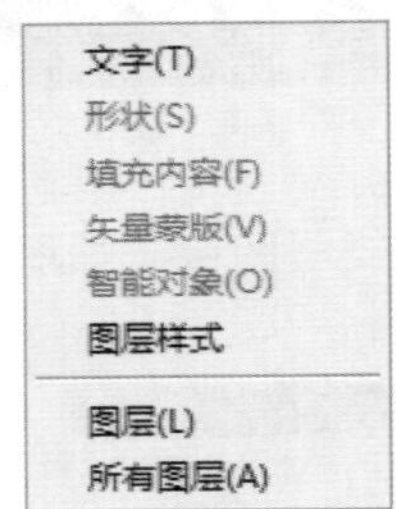

图 13-76 "栅格化"子菜单

图 13-77 栅格化文字

13.3.7 修改图层的名称与颜色

如果一个文档中有较多的图层，为了在操作的过程中，方便而又快速地查找到所需图层，可以为一些重要的图层设置容易识别的名称或者设置图层的颜色。

如果想修改一个图层的名称，可以在"图层"面板中双击该图层的名称，如图 13-78 所示。然后在显示的文本框中输入新名称，如图 13-79 所示。

图 13-78 双击图层名称

图 13-79 输入新名称

如果要对图层的颜色进行改变，可以在"图层"

面板中选择该图层，并在该图层上单击鼠标右键，在弹出的快捷菜单中选择所需的颜色命令，如图 13-80 所示。设置图层颜色后的“图层”面板，如图 13-81 所示。

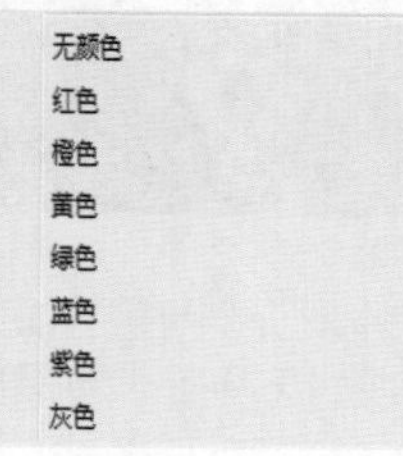

图 13-80 菜单命令

图 13-81 设置图层颜色

13.3.8 显示与隐藏图层

在“图层”面板中，图层缩览图前面的眼睛图标是用来控制图层的可见性的。显示该图标的图层为可见图层，如图 13-82 所示。不显示该图标的图层为隐藏的图层。只要单击图层前面的眼睛图标即可隐藏该图层，如图 13-83 所示。如果要重新显示该图层，再次单击该图标即可。

图 13-82 可见图层

图 13-83 隐藏图层

如果想快速隐藏（或显示）多个相邻的图层，可以先将光标放在一个图层的眼睛图标上，单击并在眼睛图标列拖动鼠标，“图层”面板如图 13-84 所示。隐藏部分图层的图像效果如图 13-85 所示。

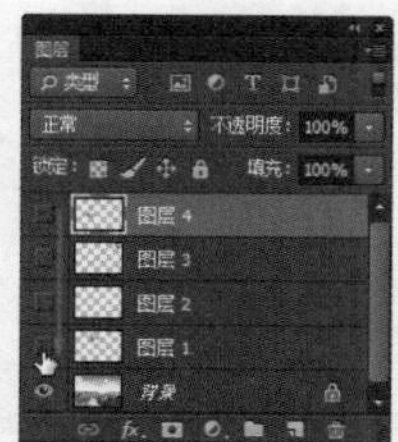

图 13-84 “图层”面板

图 13-85 图像效果

提示

执行“图层 > 隐藏图层”命令，可以隐藏当前选择的图层。如果选择了多个图层，执行该命令时，可隐藏所有被选择的图层。

技巧

按住 Alt 键单击一个图层的眼睛图标，可以将除该图层外的其他所有图层都隐藏；按住 Alt 键再次单击同一个眼睛图标，可恢复其他图层的可见性。

13.3.9 清除图像的杂边

在图像中创建选区之后，移动或粘贴选区时，会发现选区边框周围的一些像素也会包含在选区内，因而，粘贴的选区边缘会产生晕圈。执行“图层 > 修边”子菜单中的命令可以去除这些多余的像素，如图 13-86 所示。

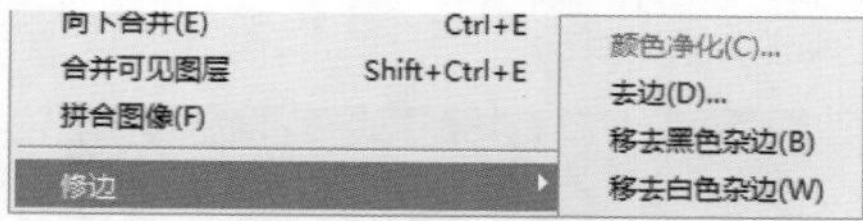

图 13-86 “修边”子菜单

- 颜色净化：执行该命令，可以去除彩色杂边。
- 去边：执行该命令，可以用包含纯色（不含背景色的颜色）的邻近像素的颜色替换任何边缘像素的颜色。如果在蓝色背景上选择黄色对象，然后移去选区，则一些蓝色背景被选中并随着对象一起移动，“去边”命令可以用黄色像素替换蓝色像素。
- 移去黑色杂边：如果将黑色背景上创建的消除锯齿的选区粘贴到其他颜色的背景上，可执行该命令消除黑色杂边。
- 移去白色杂边：如果将白色背景上创建的消除锯齿的选区粘贴到其他颜色的背景中，可执行该命令消除白色杂边。

以上对清除图像杂边的基础知识点进行了详细的讲解，相信用户也了解了相关的知识，如何在具体的操作中应用这些功能呢？接下来就通过下面的练习来动手操作一下吧！

动手实践——清除图像的杂边

源文件：光盘 \ 源文件 \ 第 13 章 \13-3-9.psd

视频：光盘 \ 视频 \ 第 13 章 \13-3-9.swf

01 执行“文件 > 打开”命令，打开素材图像“光盘\源文件\第 13 章\素材\133901.jpg”，如图 13-87 所示。打开素材图像“光盘\源文件\第 13 章\素材\133902.jpg”，如图 13-88 所示。

图 13-87 打开图像 1

图 13-88 打开图像 2

02 使用“魔棒工具”在 133902.jpg 文档中创建相应的选区，效果如图 13-89 所示。使用“移动工具”将选区内容移至 133901.jpg 文档中，得到“图层 1”图层，并调整其到合适的位置，取消选区，效果如图 13-90 所示。

图 13-89 创建选区

图 13-90 图像效果

03 执行“图层 > 修边 > 去边”命令，弹出“去边”对话框，设置如图 13-91 所示。单击“确定”按钮，完成“去边”对话框的设置，效果如图 13-92 所示。

图 13-91 “去边”对话框

图 13-92 图像效果

04 为“图层 1”图层添加“外发光”图层样式，在“图层样式”对话框中对相关参数进行设置，如图 13-93 所示。单击“确定”按钮，完成“图层样式”对话框的设置，效果如图 13-94 所示。

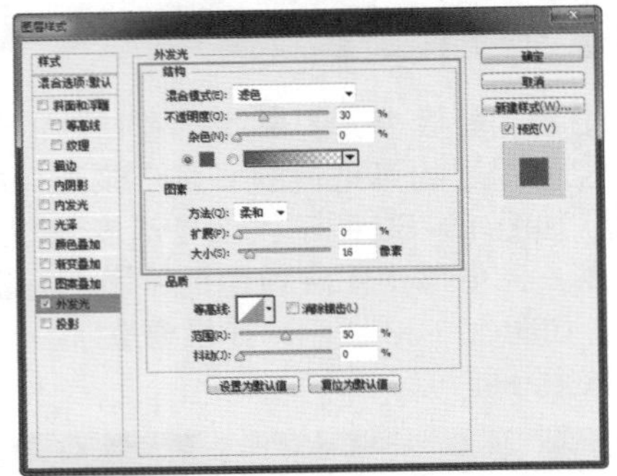
图 13-93 “图层样式”对话框

图 13-94 图像效果

13.3.10 对齐与分布图层

“对齐”命令与“分布”命令可以对多个图层进行对齐与分布操作。打开素材图像“光盘\源文件\第 13 章\素材\133101.psd”，如图 13-95 所示。执行“图层 > 对齐”命令，“对齐”命令的子菜单如图 13-96 所示。执行“图层 > 分布”命令，“分布”命令的子菜单如图 13-97 所示。

图 13-95 打开图像

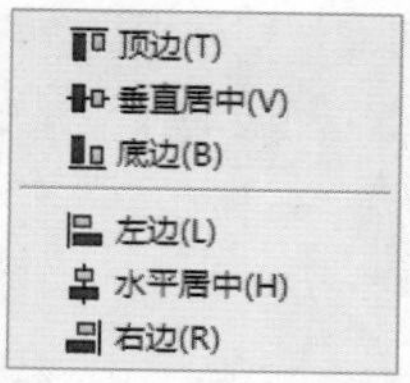

顶边(T)
垂直居中(V)
底边(B)
左边(L)
水平居中(H)
右边(R)

图 13-96 “对齐”子菜单

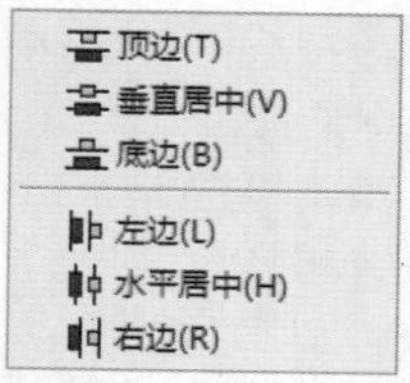

顶边(T)
垂直居中(V)
底边(B)
左边(L)
水平居中(H)
右边(R)

图 13-97 “分布”子菜单

除此之外，选择多个图层后，如果当前使用的是“移动工具”，可以在选项栏中对图层进行快速对齐与分布操作，如图 13-98 所示。

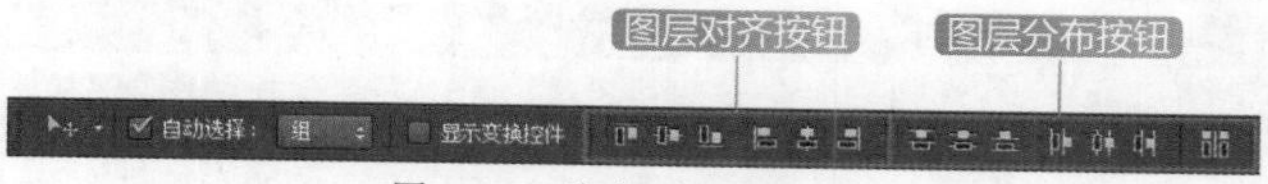

图层对齐按钮　图层分布按钮

自动选择：组　显示变换控件

图 13-98 “移动工具”的选项栏

1. 对齐图层

在 Photoshop CC 中，对文档中的图像进行快速而又整齐的排列，提供了十分便捷的方法，以下将通过具体的操作来了解对齐图层的排列。

动手实践——对齐图层

源文件：光盘 \ 源文件 \ 第 13 章 \13-3-101.psd

视频：光盘 \ 视频 \ 第 13 章 \13-3-101.swf

01 打开素材图像“光盘 \ 源文件 \ 第 13 章 \ 素材 \ 133101.psd”，如图 13-99 所示。在“图层”面板中选择需要对齐的图层，“图层”面板如图 13-100 所示。

图 13-99 打开图像

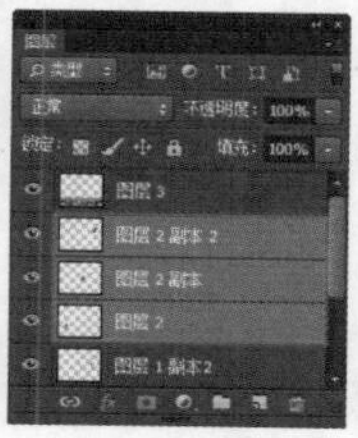

图 13-100 “图层”面板

02 执行相应的对齐操作命令或单击选项栏中的按钮即可对图层进行对齐操作，效果如图 13-101 所示。

顶对齐

垂直居中对齐

底对齐

左对齐

水平居中对齐

右对齐

图 13-101 对齐图层

> **提示**
>
> 如果需要对齐的图层之中有链接图层，那么链接的图层也会被对齐。

2. 分布图层

如果在一个文档中，需要让 3 个或更多的图层采用一定的规律均匀分布，可以选择这些图层，然后执行“图层 > 分布”子菜单中的命令，对分布图层进行操作。

动手实践——分布图层

源文件：光盘 \ 源文件 \ 第 13 章 \13-3-102.psd

视频：光盘 \ 视频 \ 第 13 章 \13-3-102.swf

01 打开素材图像“光盘 \ 源文件 \ 第 13 章 \ 素材 \133102.psd”，如图 13-102 所示。在“图层”面板中选择需要分布的图层，“图层”面板如图 13-103 所示。

图 13-102 打开图像

图 13-103 “图层”面板

02 执行相应的分布操作命令或单击选项栏中的按钮即可对图层进行分布操作，效果如图 13-104 所示。

按顶分布

垂直居中分布

按底分布　　按左分布

水平居中分布　　按右分布

图 13-104 分布图层

提示

如果当前选择的是工具箱中的“移动工具”，选中所需图层，然后单击工具选项栏中的按钮来进行图层的分布操作。

13.3.11 合并图层

学会合并图层操作可以带来许多好处，比如减少图层数量以降低文件大小、使“图层”面板更加简洁、可以对图层进行统一调整。在 Photoshop CC 中有多种合并图层的方法，下面就来为用户进行讲解。

1. 合并图层

打开素材图像“光盘\源文件\第 13 章\素材\13311.psd”，如图 13–105 所示。执行“窗口 > 图层”命令，打开“图层”面板，如图 13–106 所示。

图 13-105 打开图像

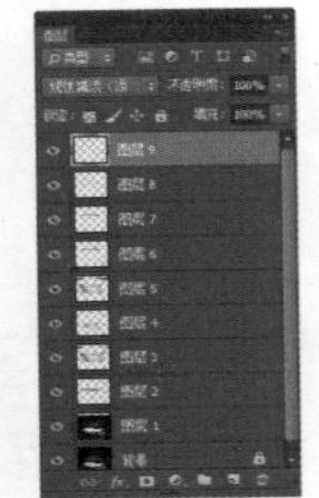

图 13-106 “图层”面板

选择需要合并的图层，如图 13–107 所示。执行“图层 > 合并图层”命令或按快捷键 Ctrl+E，将所选图层合并为一个图层，并且图层名称以最上方选择的图层名称为准，如图 13–108 所示。图像效果如图 13–109 所示。

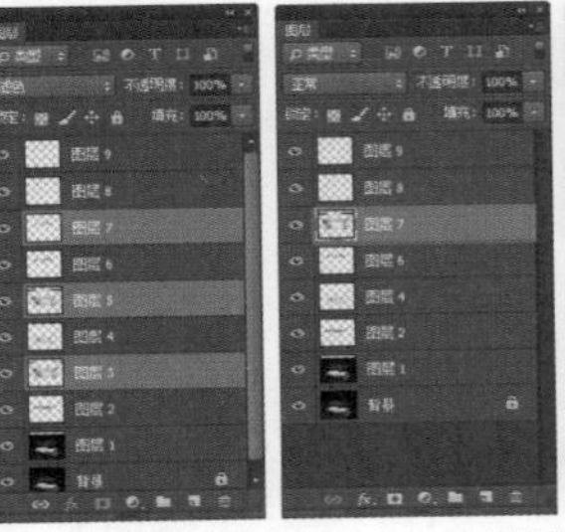

图 13-107 选择图层　图 13-108 合并图层　图 13-109 图像效果

提示

通过“合并图层”命令合并图层，无论当前选择的图层是单个还是多个，都可以进行合并操作。选择单个图层并执行该命令后，会自动合并到当前图层下方的图层中，合并后的图层名称命名为下方图层。如果当前文档中只有单个图层存在，则无法合并。

2. 向下合并图层

如果想要将一个图层与它下面的图层合并，可以选择该图层，如图 13–110 所示。然后执行“图层 > 向下合并”命令，或按快捷键 Ctrl+E，向下合并图层，合并后的图层将会使用下面一个图层的名称，如图 13–111 所示。

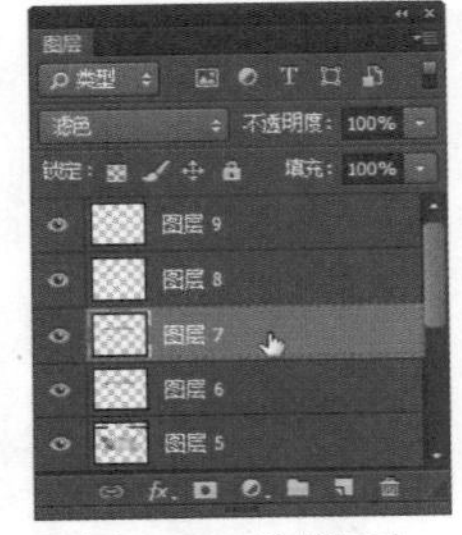

图 13-110 选择图层

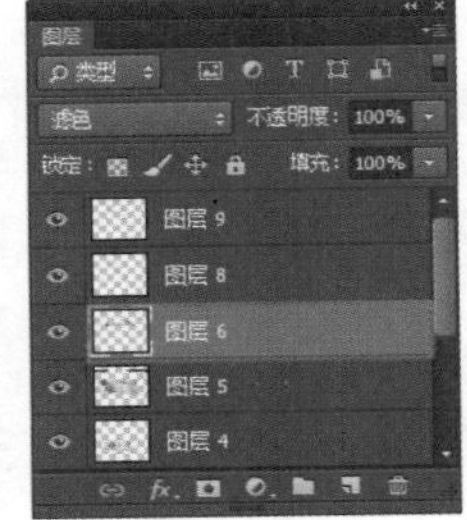

图 13-111 合并图层

3. 合并可见图层

如果在当前文档中有隐藏图层的存在，如图 13–112 所示。可以执行“图层 > 合并可见图层”命令，得到合并后图层如图 13–113 所示。图像效果如图 13–114 所示。

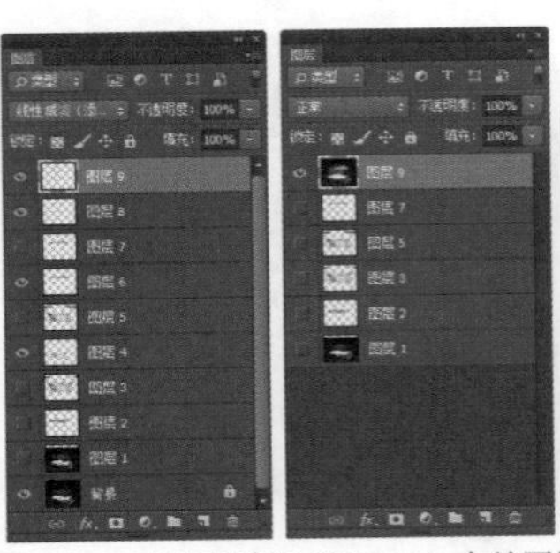

图 13-112 “图层”面板　图 13-113 合并图层

图 13-114 图像效果

合并可见图层后生成的图层与合并图层后生成的图层相同，都是在所选图层的最上方，但如果当前可见图层中有“背景”图层的存在，所有可见图层都将合并到“背景”图层中。

4. 拼合图像

打开“图层”面板，将不需要拼合的图层隐藏，如图 13–115 所示。拼合图像可以看作“合并可见图层”的一种延伸，执行“图层 > 拼合图像”命令，如果有隐藏的图层，则会弹出一个提示框，询问是否删除隐藏的图层，如图 13–116 所示。单击“确定”按钮，所有的可见图层将合并为一个新的“背景”图层，而所有的隐藏图层将被删除，如图 13–117 所示。

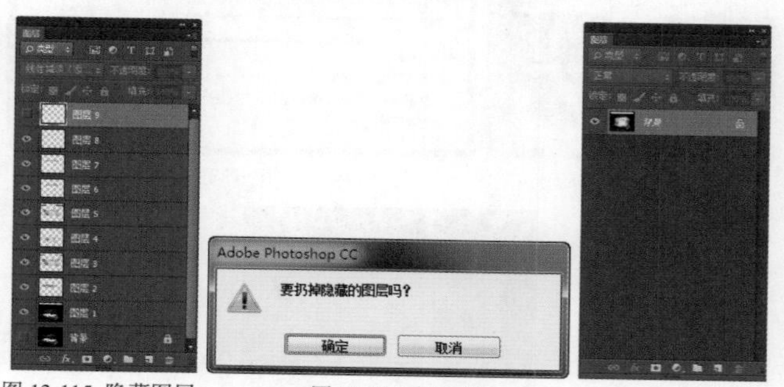

图 13-115 隐藏图层　　图 13-116 提示框　　图 13-117 删除图层

13.3.12 盖印图层

盖印图层与合并图层操作类似，可以将多个图层中的内容合并为一个目标图层，但盖印图层则是在合并图层的同时保留了原图层，只是在原图层的上方生成一个全新的图层。盖印图层没有菜单命令，所以想要盖印图层，只有通过快捷键来实现。

1. 盖印单个图层

选择单个图层，再执行盖印操作会将选择的图层盖印到下方图层中。打开素材图像“光盘\源文件\第 13 章\素材\13312.psd”，如图 13–118 所示。选择一个图层，如图 13–119 所示。将其他图层隐藏，该图层中的图像效果如图 13–120 所示。

图 13-118 打开图像

图 13-119 “图层”面板

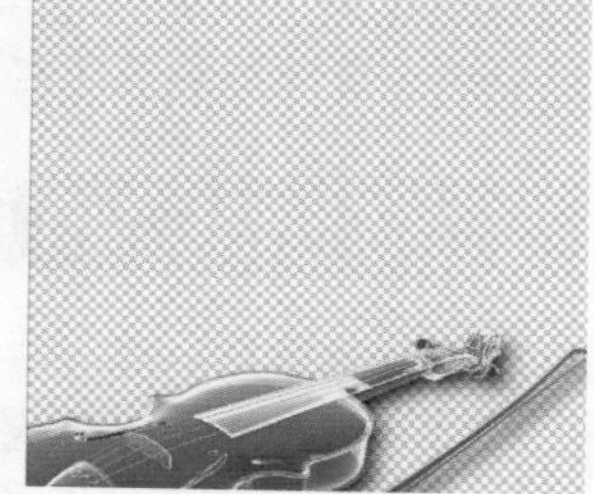

图 13-120 图像效果

显示需要盖印图层的下方图层，按快捷键 Ctrl+Alt+E，将图层盖印到下方图层中，隐藏该图层，显示下一图层，“图层”面板显示如图 13–121 所示。效果如图 13–122 所示。

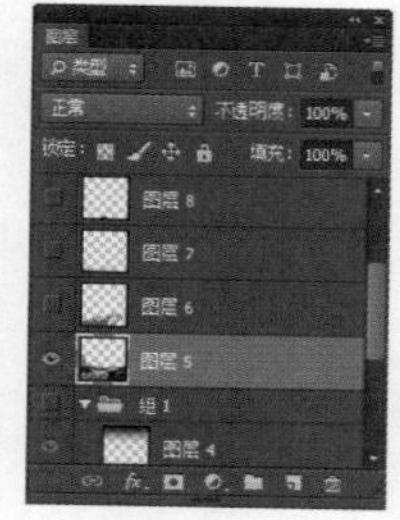

图 13-121 “图层”面板

图 13-122 图像效果

2. 盖印多个图层

盖印多个图层的方法同样是使用快捷键 Ctrl+Alt+E，与盖印单个图层不同的是，盖印多个图层是在选择多个图层的上方生成一个盖印图层。选择多个图层，如图 13–123 所示。按快捷键 Ctrl+Alt+E 执行盖印操作，生成盖印图层如图 13–124 所示。

图 13-123 选择图层

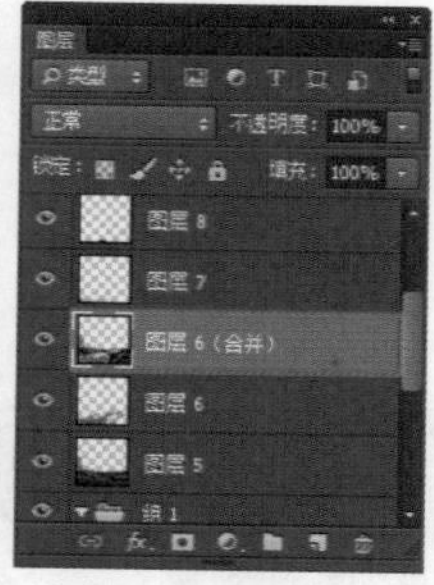

图 13-124 盖印图层

如果需要盖印的图层之中有“背景”图层的存在，那么选择图层中的图像会盖印在“背景”图层中。

> **提示**
>
> 合并图层可以减少图层的数量，而盖印图层往往会增加图层的数量。

3. 盖印图层组

盖印图层组的效果与盖印多个图层相同，可以在盖印所选图层的上方生成一个盖印图层。而且如果选择的图层之中有“背景”图层的存在，选择的图层与图层组中的图像同样会盖印在“背景”图层中。

13.3.13 通过合成制作月下独舞的少女

将不同的图层巧妙结合在一起，可以制作出生动、有趣的合成作品，如果可以在制作的合成作品中添加一些其他调整效果，可以使作品更加生动、形象。

动手实践——制作月下独舞的少女

源文件：光盘\源文件\第 13 章\13-3-13.psd

视频：光盘\视频\第 13 章\13-3-13.swf

01 打开素材图像“光盘\源文件\第 13 章\素材\1331301.jpg”，如图 13–125 所示。按快捷键 Ctrl+J，复制“背景”图层，得到“图层 1”图层，使用“快速选择工具”在图像中创建人物选区，如图 13–126 所示。

图 13-125 打开图像

图 13-126 创建选区

02 单击“图层”面板底部的“添加图层蒙版”按钮，为图层添加蒙版，如图 13–127 所示。打开素材图像“光盘\源文件\第 13 章\素材\1331302.jpg”，如图 13–128 所示。返回 1331301.jpg 文档中，选中“图层 1”图层，执行“图层 > 复制图层”命令，弹出“复制图层”对话框，设置如图 13–129 所示。

图 13-127 “图层”面板

图 13-128 打开图像

图 13-129 “复制图层”对话框

03 单击“确定”按钮，将“图层 1”图层复制到 1331302.jpg 文档中，按快捷键 Ctrl+T，调整图像位置和大小，如图 13–130 所示。执行“图像 > 调整 > 色彩平衡”命令，弹出“色彩平衡”对话框，设置如图 13–131 所示。单击“确定”按钮，效果如图 13–132 所示。

图 13-130 调整图像

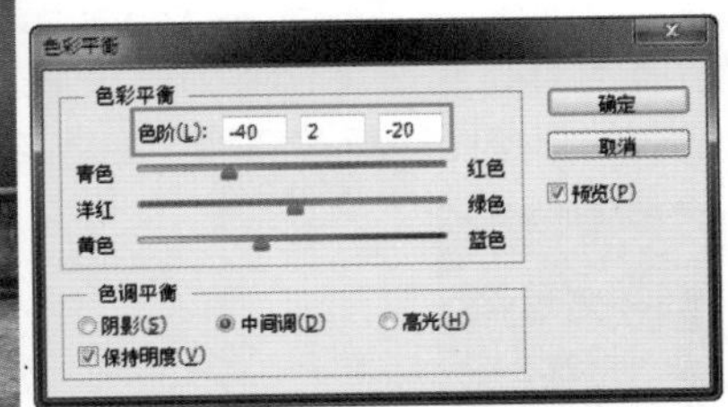

图 13-131 “色彩平衡”对话框

图 13-132 图像效果

04 执行“图像 > 调整 > 曲线”命令，弹出“曲线”对话框，设置如图 13–133 所示。

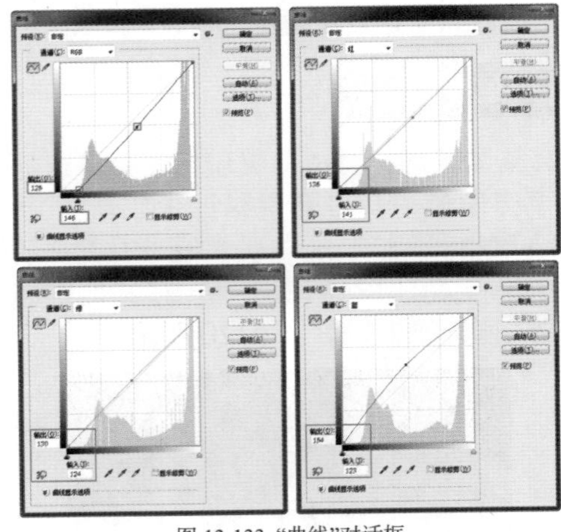

图 13-133 “曲线”对话框

05 单击“确定”按钮，效果如图 13–134 所示。打开素材图像“光盘\源文件\第 13 章\素材\1331303.jpg”，如图 13–135 所示。将图像拖曳到 1331302.jpg 文档中，为生成的“图层 2”添加图层蒙版，选择“画笔工具”，设置“前景色”为黑色，在蒙版中进行涂抹，效果如图 13–136 所示。

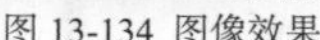

图 13-134 图像效果

图 13-135 打开图像

图 13-136 涂抹效果

技巧

在使用“画笔工具”在蒙版中涂抹时，图像上半部分可以全部涂抹，需要注意的是图像的下半部分，涂抹时在选项栏中调整“画笔工具”的不透明度，使图像具有层次感。

06 执行“图像 > 调整 > 照片滤镜”命令，弹出“照片滤镜”对话框，设置如图 13–137 所示。单击“确定”按钮，效果如图 13–138 所示。

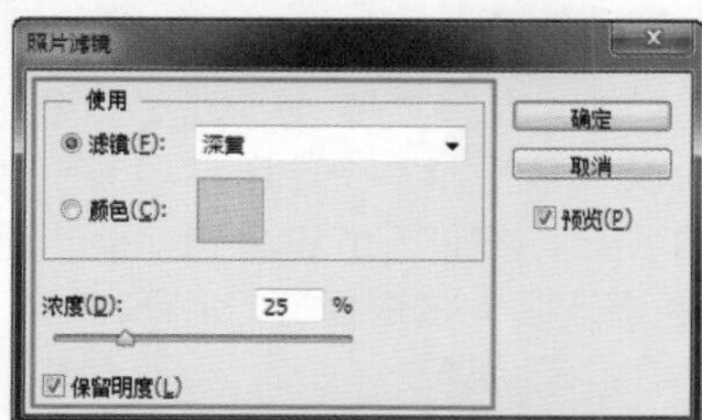

图 13-137 “照片滤镜”对话框

图 13-138 图像效果

07 使用“矩形选框工具”在画布中创建选区，如图 13–139 所示。执行“选择 > 修改 > 羽化”命令，弹出“羽化”对话框，对选区进行羽化操作，如图 13–140 所示。

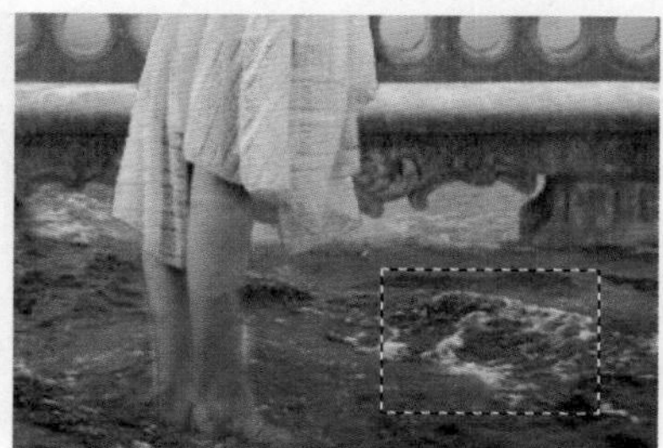

图 13-139 创建选区

图 13-140 羽化效果

08 按快捷键 Ctrl+C，复制选区中的图像；按快捷键 Ctrl+V，将图像粘贴到新图层中，调整图像位置将人物脚部覆盖；按快捷键 Alt+Ctrl+G，创建剪切蒙版，效果如图 13–141 所示。“图层”面板如图 13–142 所示。

图 13-141 图像效果

图 13-142 “图层”面板

提示

此处复制图像为了使人物脚部的水波效果看上去更加真实。创建剪切蒙版可以使“图层 3”图层中的图像不会对下一层中图像蒙版区域产生影响。

09 打开素材图像“光盘 \ 源文件 \ 第 13 章 \ 素材 \ 1331304.jpg”，如图 13–143 所示。为图像创建蒙版并将其拖曳到 1331302.jpg 文档中，调整图像大小及位置，效果如图 13–144 所示。

图 13-143 打开图像　　图 13-144 图像效果

10 执行“图像 > 调整 > 色相 / 饱和度”命令，弹出“色相 / 饱和度”对话框，设置如图 13-145 所示。单击“确定”按钮，完成相应的设置，效果如图 13-146 所示。

图 13-145 “色相 / 饱和度”对话框

图 13-146 图像效果

11 复制“背景”图层中的图像并添加蒙版，将生成的“图层 5”图层移至最顶层，图像效果如图 13-147 所示。“图层”面板如图 13-148 所示。

图 13-147 图像效果　　图 13-148 “图层”面板

12 打开素材图像“光盘 \ 源文件 \ 第 13 章 \ 素材 \1331305.jpg”，如图 13-149 所示。为图像添加蒙版并将其拖曳到 1331302.jpg 文档中，自动生成“图层 6”图层，调整图像大小及位置，执行“图像 > 调整 > 色相 / 饱和度”命令，弹出“色相 / 饱和度”对话框，设置如图 13-150 所示。

图 13-149 打开图像

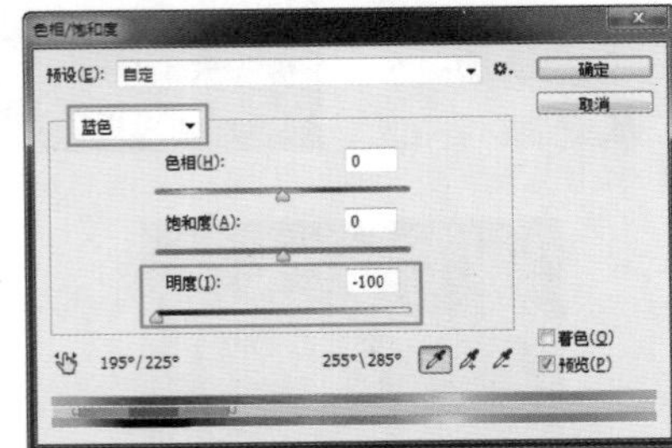

图 13-150 “色相 / 饱和度”对话框

13 单击“确定”按钮，完成“色相 / 饱和度”对话框的设置，效果如图 13-151 所示。复制“图层 6”图层，得到“图层 6 拷贝”图层，调整完成后效果如图 13-152 所示。

图 13-151 图像效果　　图 13-152 调整图层后的效果

14 打开素材图像“光盘 \ 源文件 \ 第 13 章 \ 素材 \1331306.jpg”，如图 13-153 所示。打开“通道”面板，如图 13-154 所示。按住 Ctrl 键单击“蓝”通道缩览图，载入“蓝”通道选区，按快捷键 Ctrl+Shift+I，反向选择选区，如图 13-155 所示。

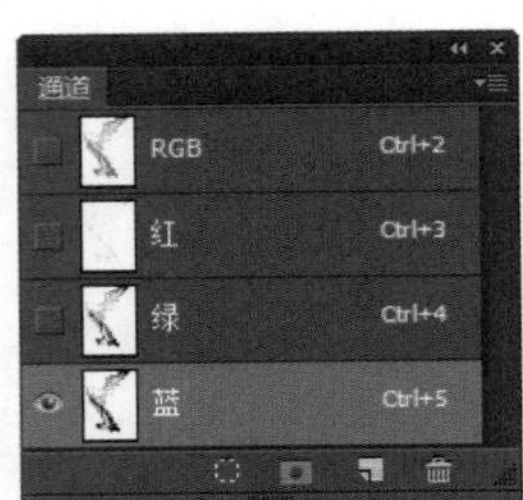

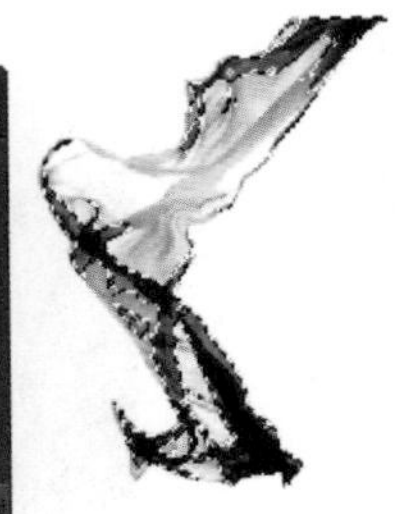

图 13-153 打开图像　　图 13-154 “通道”面板　　图 13-155 反向选择选区

提示

在选择通道选区时，可以单击“红”、“绿”、“蓝”三色通道，对三色通道进行对比，此处选择“蓝”通道选区，是因为“蓝”通道中的颜色对比最为明显。

15 返回到 RGB 复合通道，新建“图层 1”图层，为选区填充白色，如图 13-156 所示。将“图层 1”图层拖曳到 1331302.jpg 文档中，调整大小及方向，在“图层”面板中设置“不透明度”为 70%，如图 13-157 所示。图像效果如图 13-158 所示。

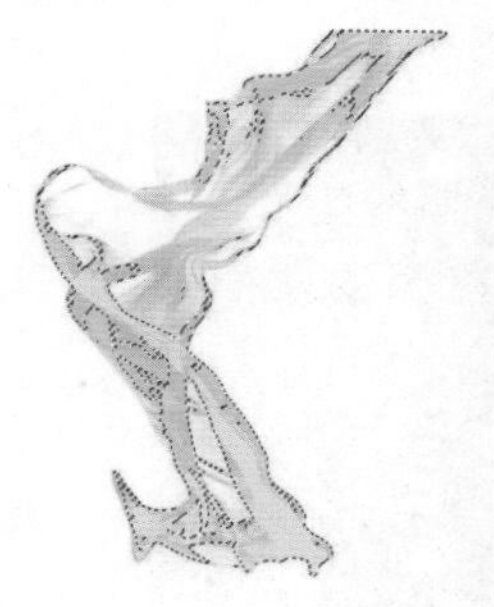

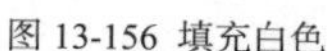

图 13-156 填充白色

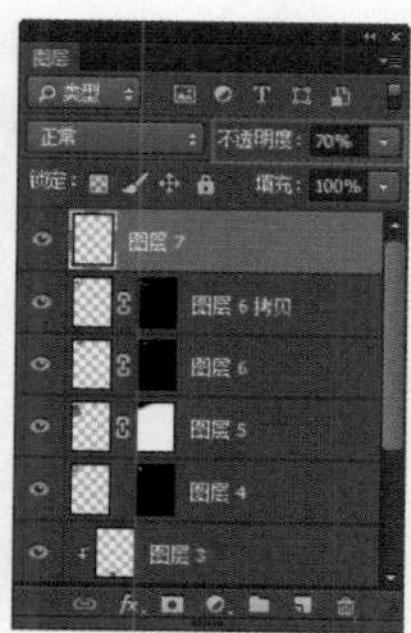

图 13-157 “图层”面板

图 13-158 图像效果

16 打开素材图像“光盘\源文件\第 13 章\素材\1331307.jpg”，如图 13-159 所示。为图像添加蒙版，拖曳到 1331302.jpg 文档中，调整图像大小及位置，执行“色相/饱和度”命令，弹出“色相/饱和度”对话框，设置如图 13-160 所示。

图 13-159 打开图像

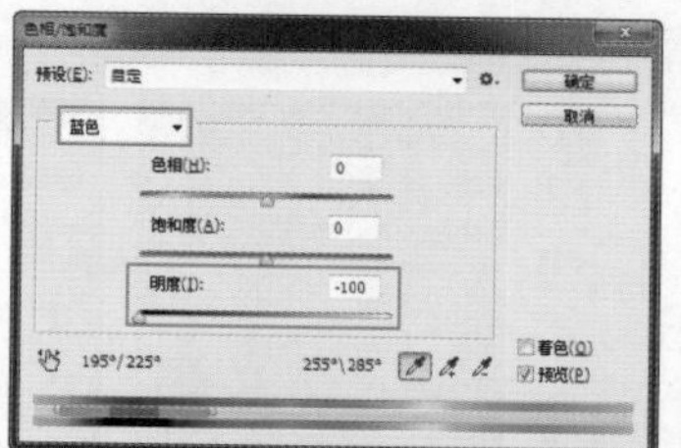

图 13-160 “色相/饱和度”对话框

17 单击“确定”按钮，完成“色相/饱和度”对话框的设置，效果如图 13-161 所示。按快捷键 Ctrl+Alt+Shift+E 盖印图层，在“图层”面板生成“图层 9”图层，如图 13-162 所示。

图 13-161 图像效果

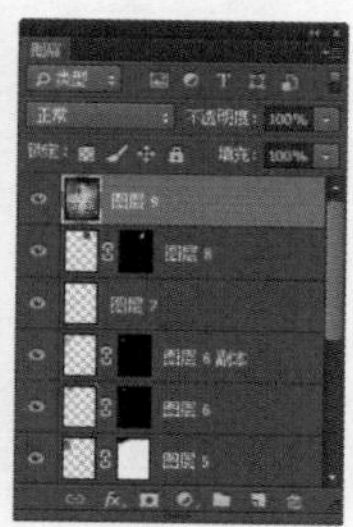

图 13-162 盖印图层

18 执行“图像 > 调整 > 亮度/对比度”命令，弹出“亮度/对比度”对话框，设置如图 13-163 所示。执行“图像 > 调整 > 曲线”命令，弹出“曲线”对话框，设置如图 13-164 所示。单击“确定”按钮，最终效果如图 13-165 所示。

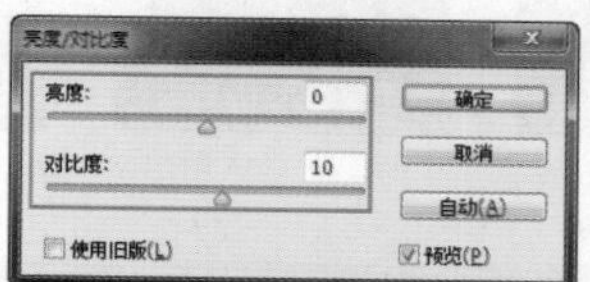

图 13-163 “亮度/对比度”对话框

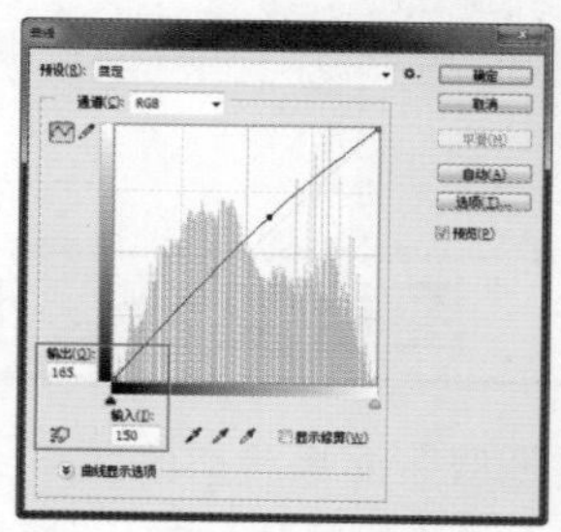

图 13-164 “曲线”对话框

图 13-165 图像效果

13.4 使用图层组管理图层

无论合并图层与盖印图层都会对文档中的原图层产生影响，使用图层组可以通过将不同的图层分类放置，这样既便于管理，又不会对原图层产生影响。

13.4.1 创建图层组

打开素材图像“光盘\源文件\第 13 章\素材\1341.psd”，如图 13-166 所示。“图层”面板如图 13-167 所示。执行“图层 > 新建 > 组”命令或单击“图层”面板底部的“创建新组”按钮，在“图层”面板中创建新组，如图 13–168 所示。

图 13-166 打开图像

图 13-167 “图层”面板

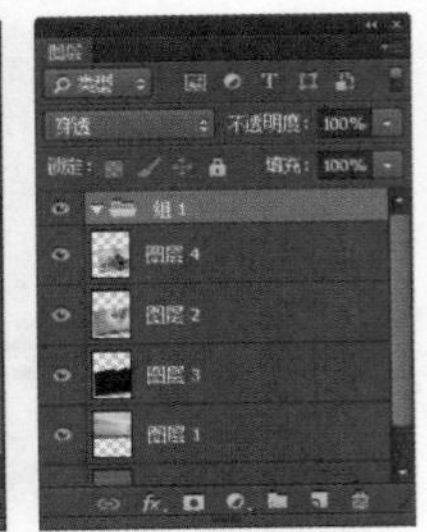
图 13-168 创建图层组

13.4.2 从所选图层创建图层组

如果需要将多个图层创建在一个图层组内，可以在“图层”面板中选中所需图层，如图 13–169 所示。然后执行“图层 > 图层编组”命令，或按快捷键 Ctrl+G，即可将选中的多个图层放置在一个图层组中，如图 13–170 所示。对图层进行编组之后，可单击图层组前面的三角图标▶关闭或者重新展开图层组，如图 13–171 所示。

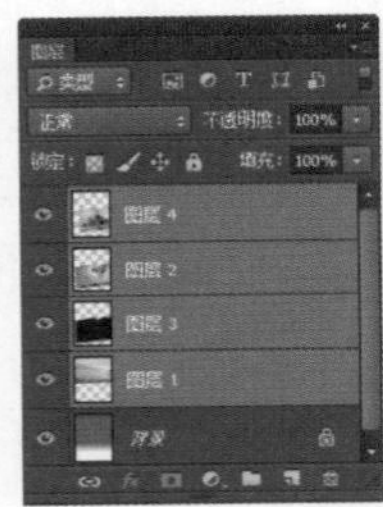
图 13-169 选择图层

图 13-170 放入图层组

图 13-171 单击三角图标

提示

在“图层”面板中选择相应的图层以后，执行“图层 > 新建 > 从图层建立组”命令，弹出“从图层建立组”对话框，设置图层组的名称、颜色和模式等属性，可以将其创建在设置特定属性的图层组内。

13.4.3 将图层移入或移出图层组

选择需要拖入到图层组中的图层，将图层拖曳到“组 1”名称或图标上，即可将图层移入图层组，如图 13–172 所示。选择需要移出图层组的图层，单击向图层组外侧拖动图层即可将图层移出，如图 13–173 所示。

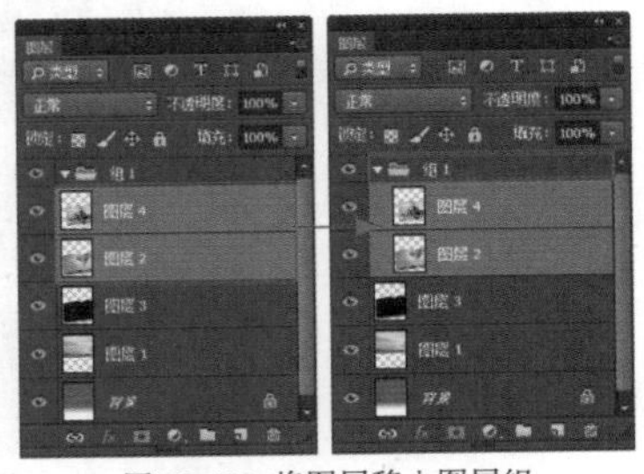
图 13-172 将图层移入图层组

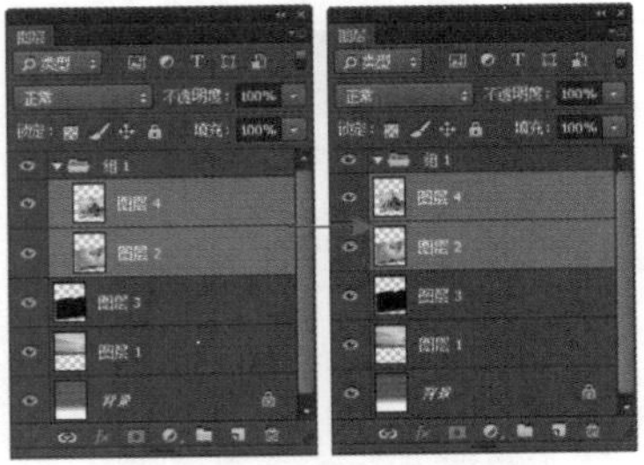
图 13-173 将图层移出图层组

技巧 

如果需要移入或移出图层组的图层在图层组的边缘位置，最简单的方法就是按快捷键 Ctrl+] 或快捷键 Ctrl+ [向上方或向下方移动图层即可将图层移出或移入图层组。

13.4.4 取消图层组

执行“图层 > 取消图层编组”命令或按快捷键 Ctrl+Shift+G，可以取消图层组，同时保留图层组中的所有图层。

13.5 使用“图层复合”面板

“图层复合”是“图层”面板状态的快照，它记录了当前文件中图层的可见性、位置和外观（包括图层的不透明度、混合模式以及图层样式等），通过图层复合可以快速地在文档中切换不同版面的显示。“图层复合”面板用来创建、编辑、显示和删除图层复合。

打开素材图像“光盘 \ 源文件 \ 第 13 章 \ 素材 \ 13501.psd”，如图 13–174 所示。执行“窗口 > 图层复合”命令，打开“图层复合”面板，单击“创建新的图层复合”按钮，弹出“新建图层复合”对话框，如图 13–175 所示。

图 13-174 打开图像

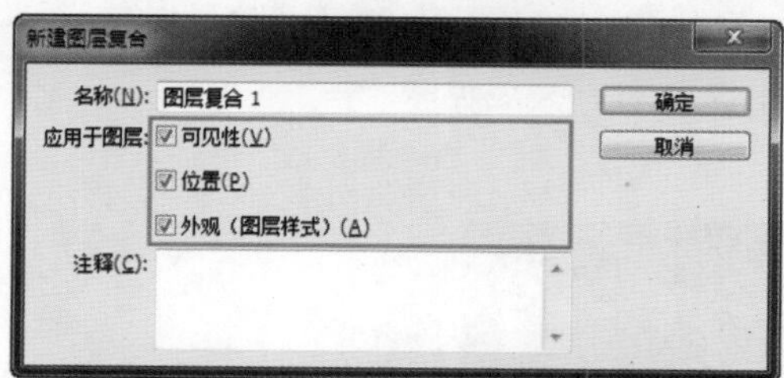

图 13-175 “新建图层复合”对话框

- 应用于图层：可以记录当前新建的图层复合保留的信息，选择相应的选项记录相应的图层信息。选中“可见性”选项可以控制记录“图层”面板中图层的隐藏与显示信息；选中“位置”选项可以记录图层在画布中的位置；选中“外观（图层样式）选项可以记录图层的样式和混合模式。

- 注释：为当前新建立的图层复合添加注释，说明添加图层复合的目的或是关于当前文档的其他信息。

单击“确定”按钮，在“图层复合”面板中生成一个新的“图层复合”，如图 13-176 所示。在“图层复合”面板中也可以建立其他图层复合，如图 13-177 所示。

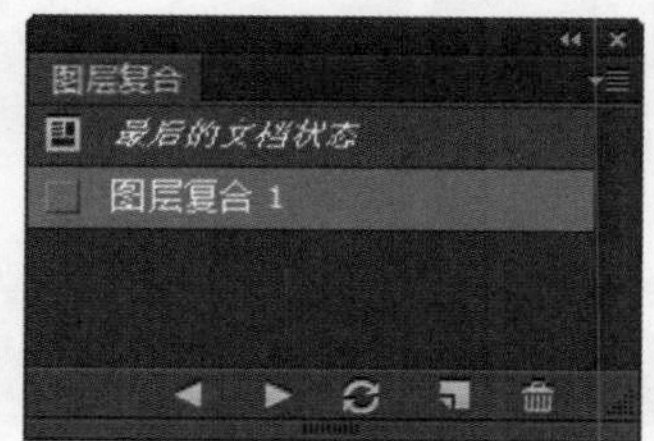

图 13-176 生成新的“图层复合”

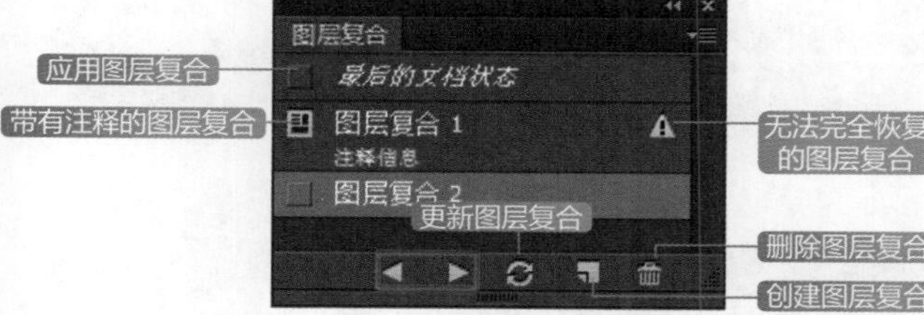

图 13-177 “图层复合”面板

- 应用图层复合：在需要应用图层复合前的空白区域单击即可应用该图层复合并显示该标志，同时可应用的图层复合只能是一种。

- 带有注释的图层复合：在“图层复合”的下方会显示为该图层复合添加的注释信息，而且该注释信息可以被更改。

- 无法完全恢复的图层复合：如果在操作过程中对图层进行如删除、合并等会失去原始图层的操作，而且失去的图层还是图层复合所涉及的图层，这时有可能使图层复合操作失去部分甚至全部作用，为避免用户忽略，在失去作用的图层复合右侧会显示一个警告标志，单击该标志，弹出警告框，如图 13-178 所示。单击“清除”按钮会清除图层复合中记录失去作用的图层，但其他记录不会发生变化。

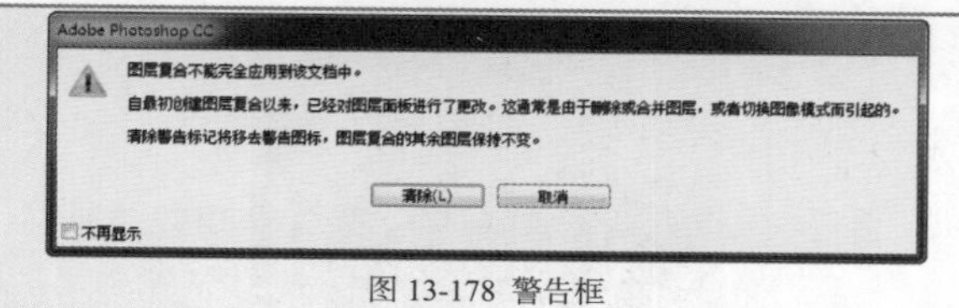

图 13-178 警告框

- “应用选中的上一图层复合”按钮和“应用选中的下一图层复合”按钮：如果同时建立了多个图层复合，单击这两个按钮可以在多个图层复合之间进行快速切换，但不会切换到“最后的文档状态”选项，只能手动选择。

- “更新图层复合”按钮：单击该按钮可以修复在图层复合中出现的一些问题（如删除图层、合并图层）或是对图层复合的更改进行更新。

复合图层的最大作用是可以在同一文档中保存多套设计方案，而且可以在各套方案间轻松切换。下面通过一个化妆品海报方案的简单制作来讲解复合图层的使用方法。

动手实践——制作化妆品海报方案

源文件：光盘 \ 源文件 \ 第 13 章 \13-5-1.psd

视频：光盘 \ 视频 \ 第 13 章 \13-5-1.swf

01 打开素材图像“光盘 \ 源文件 \ 第 13 章 \ 素材 \13502.psd”，如图 13-179 所示。“图层”面板如图 13-180 所示。

图 13-179 打开图像

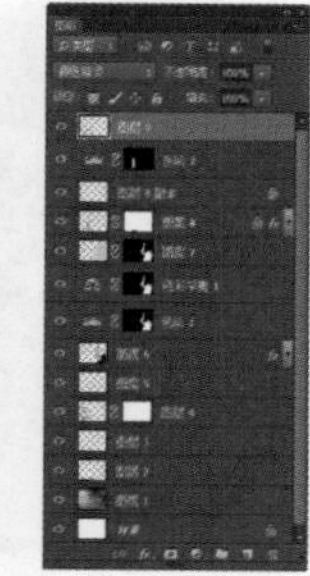

图 13-180 “图层”面板

02 执行“窗口 > 图层复合”命令，打开“图层复合”面板，单击该面板底部的“创建新的图层复合”按钮，弹出“新建图层复合”对话框，设置如图 13-181 所示。单击“确定”按钮，新建图层复合，如图 13-182 所示。

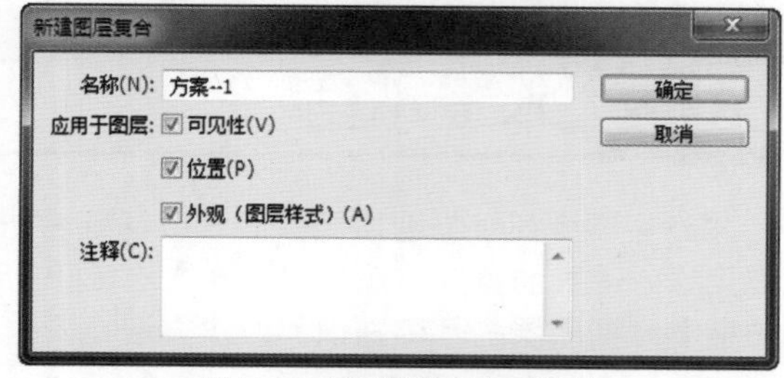

图 13-181 “新建图层复合”对话框

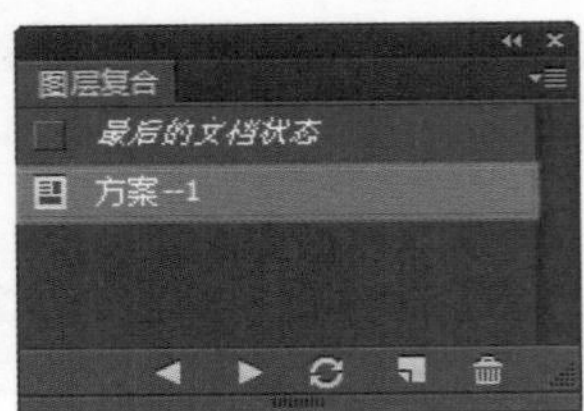

图 13-182 "图层复合"面板

03 打开素材图像"光盘\源文件\第 13 章\素材\13503.jpg"，如图 13-183 所示。将素材图像拖曳到 13502.psd 文档中，得到"图层 10"图层，将该图层调整至"图层 1"图层上方，效果如图 13-184 所示。

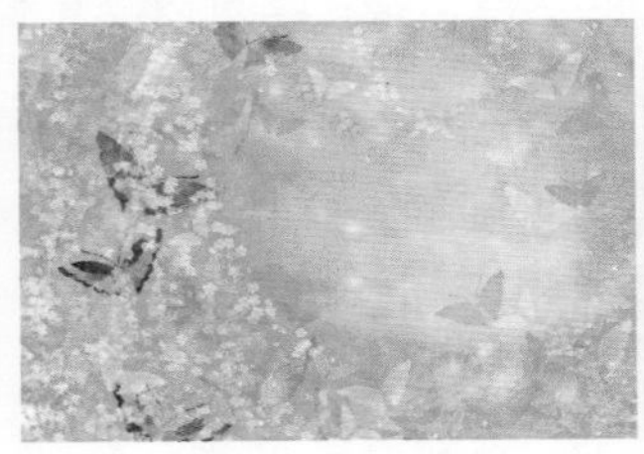

图 13-183 打开图像

图 13-184 图像效果

提示

如果新打开的素材图像与当前文档的大小相同，使用"移动工具"按住 Shift 键将其拖曳到当前文档时，该图像的边界会自动与当前文档的边界对齐。如果两个文档的大小不同，按住 Shift 键拖入的图像会自动位于画面的中心。

04 单击"图层复合"面板底部的"创建新的图层复合"按钮，再次创建一个图层复合，设置名称为"方案 --2"，如图 13-185 所示。单击"确定"按钮，"图层复合"面板如图 13-186 所示。

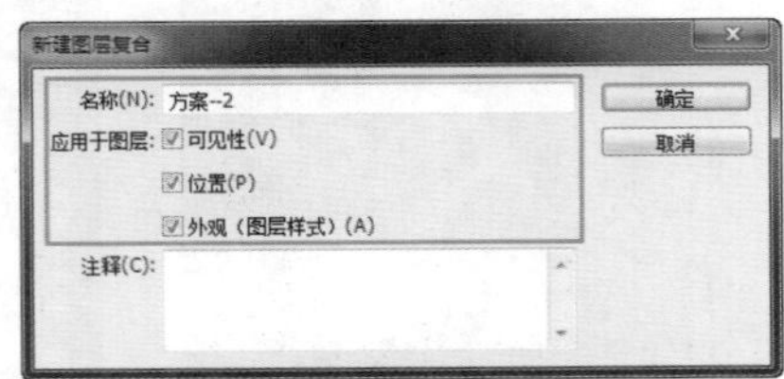

图 13-185 "新建图层复合"对话框

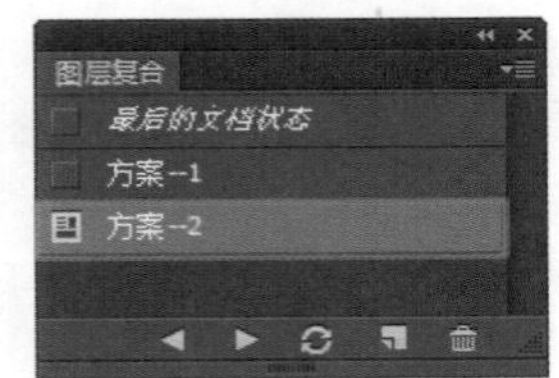

图 13-186 "图层复合"面板

05 创建"方案 --3"，"图层复合"面板如图 13-187 所示。效果如图 13-188 所示。

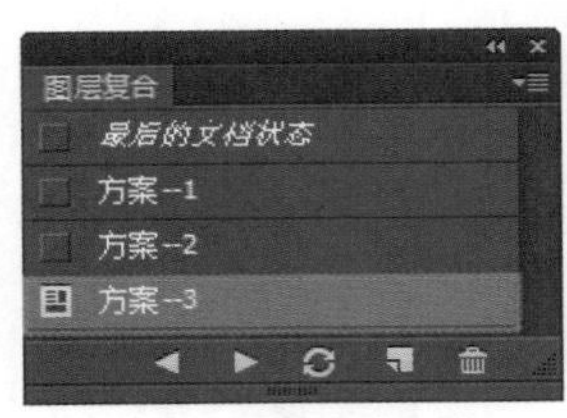

图 13-187 "图层复合"面板

图 13-188 图像效果

06 此时在"图层复合"图层中已经记录了 3 套方案，单击"图层复合"面板底部的"应用选中的上一图层复合"按钮或"应用选中的下一图层复合"按钮可以在 3 个方案之中进行切换，如图 13-189 所示。

方案 1

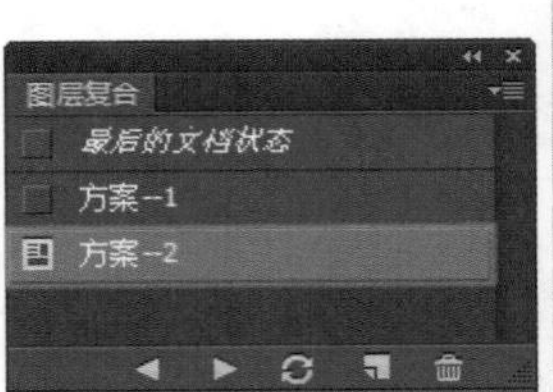

方案 2

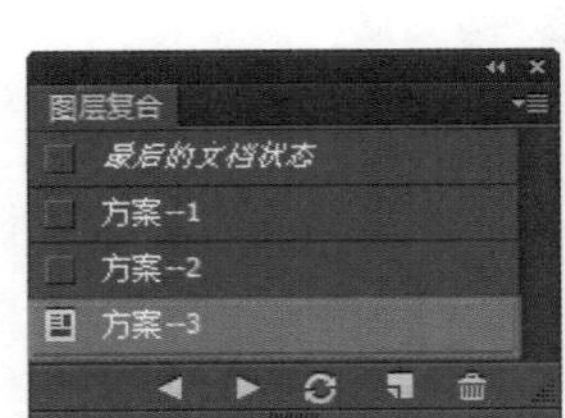

方案 3

图 13-189 不同方案的图像效果

13.6 本章小结

本章主要介绍了与图层相关的一些基础性知识，其中包括"图层"面板中相关选项与按钮的作用及其具体用法、图层的类型与操作图层的方法，而且还对"图层复合"面板进行了详细介绍。通过本章的学习，用户需要掌握图层的基础知识和操作方法。

第14章 图层的深度剖析

在上一章中已经对图层的基本操作方法进行了系统讲解，本章将会对图层的高级功能进行深入剖析，为用户讲解图层样式、填充、调整图层的概念以及具体使用方法。在"图层"面板中，无论是图层样式、填充，还是调整图层，都具有很强的灵活性。除了可以为图层添加特殊效果外，还可以对添加的效果进行修改，这也是这些功能最引人注目的特点之一。

14.1 图层样式概述

图层样式是图层中最重要的功能之一，通过图层样式可以为图层添加描边、阴影、外发光、浮雕等效果，甚至可以改变原图层中图像的整体显示效果。本节将对图层样式的相关内容进行详细描述。

14.1.1 添加图层样式

选择需要添加图层样式的图层，执行"图层 > 图层样式"命令，通过"图层样式"子菜单中相应的命令可以为图层添加图层样式，如图 14–1 所示。单击"图层"面板底部的"添加图层样式"按钮，在弹出的下拉菜单中也可以选择相应的样式，如图 14–2 所示。弹出"图层样式"对话框，如图 14–3 所示。

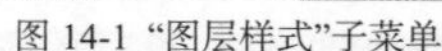

图 14-1 "图层样式"子菜单

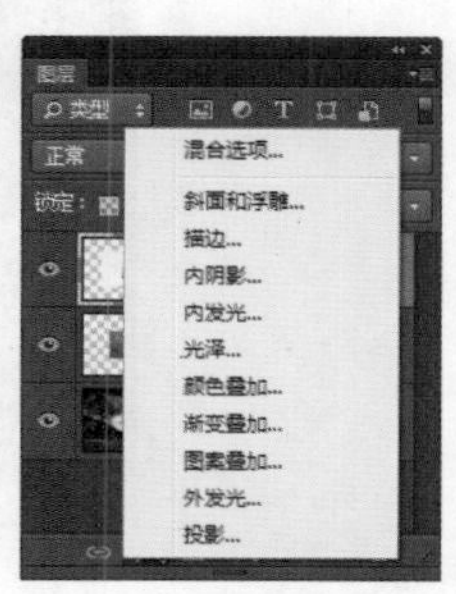

图 14-2 "图层"面板

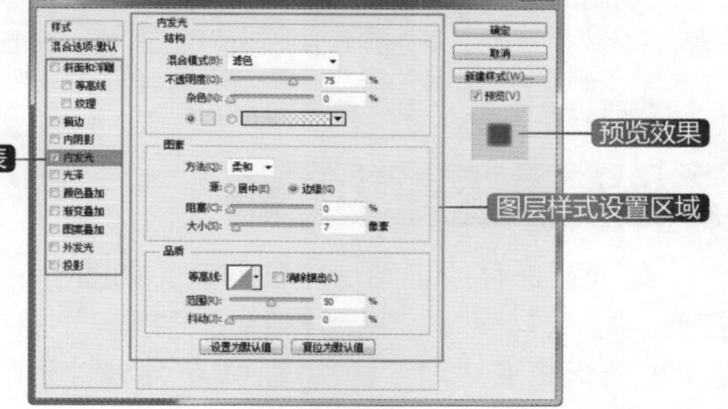

图 14-3 "图层样式"对话框

提示

应用图层样式的方法除了上述两种外，还可以在需要添加样式的图层名称外侧区域双击，也可以弹出"图层样式"对话框，弹出对话框默认的设置界面为混合选项。

- 样式：单击"样式"选项，在该对话框右侧会显示与"样式"面板中相同的样式。打开"样式"面板，如图 14–4 所示。在"图层样式"对话框右侧显示的样式如图 14–5 所示。

图 14-4 "样式"面板

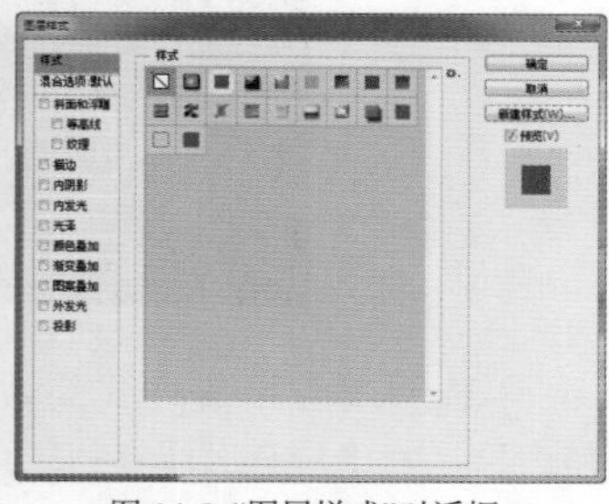

图 14-5 "图层样式"对话框

- 混合选项：可以对图层的常规混合模式以及高级混合模式进行设置。除了可以控制图层的"不透明度"、"混合模式"外，还可以对图层的"填充不透明度"以及当前图层中图层在通道的显示方式进行设置。
- 图层样式列表：选择需要为图层添加的样式，同时可以为图层添加多个不同的样式，只需要选中"图层样式"列表前的复选框即可。
- 图层样式设置区域：选择左侧的图层样式后，在该区域中可以对图层的样式进行具体设置，如图层样式的“不透明度”、“混合模式”、“大小”以及“方向”等。

预览效果：在该区域中可以对图层样式的效果进行预览，但不是对图像的图层样式进行预览，如果需要对图像应用图层样式后的效果进行预览，可以选中预览图上方的“预览”选项，该选项默认为选中。

14.1.2 使用“样式”面板

在“样式”面板中可以选择为图层应用默认的图层样式，或将当前图层的样式保存在“样式”面板中。

1. 为图层应用样式

打开素材图像“光盘\源文件\第 14 章\素材\141201.psd”，如图 14–6 所示。选择需要添加样式的图层，如图 14–7 所示。在“样式”面板中单击选择一个样式，如图 14–8 所示。

图 14-6 打开图像

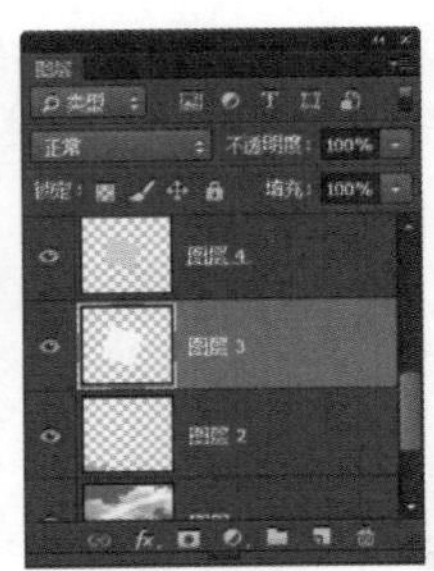

图 14-7 “图层”面板

图 14-8 “样式”面板

所选图层应用该样式的效果如图 14–9 所示。“图层”面板中将显示图层所应用的样式，如图 14–10 所示。再次选择一个新的样式，以前的样式将会被替换掉，效果如图 14–11 所示。

图 14-9 应用样式后的效果

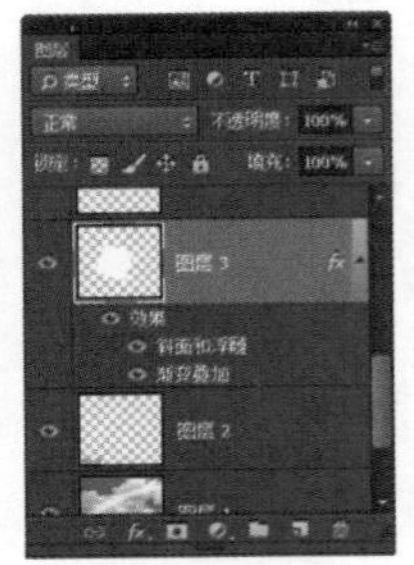

图 14-10 “图层”面板

图 14-11 图像效果

2. 添加图层样式

在“样式”面板中提供了一些默认的图层样式，如果这些样式并不合适，单击“样式”面板右上角的倒三角按钮，在弹出的下拉菜单中可以选择更多的样式，如图 14–12 所示。单击想要添加的样式类型，弹出提示框，如图 14–13 所示。单击“确定”按钮，“样式”面板如图 14–14 所示。

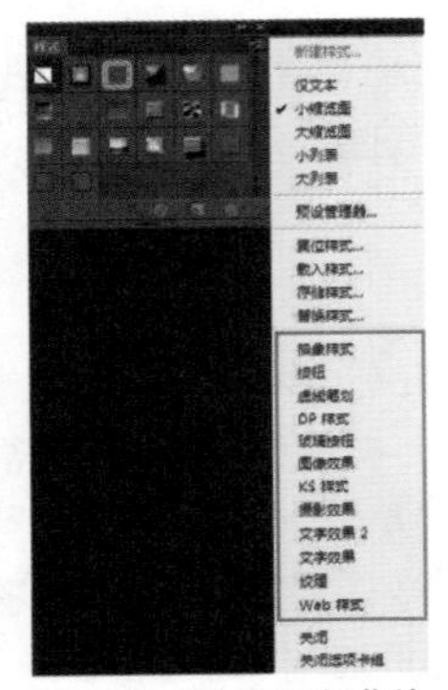

图 14-12 “样式”面板菜单

图 14-13 提示框

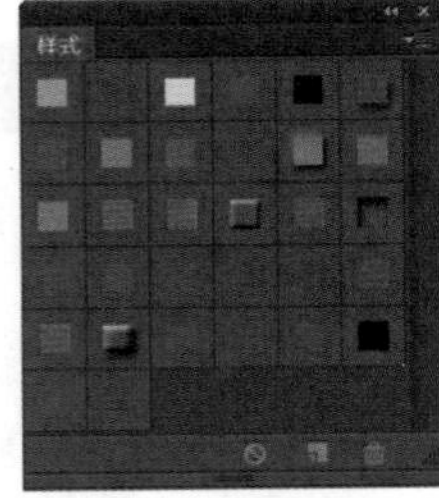

图 14-14 “样式”面板

提示

在弹出的提示框中有“确定”、“取消”与“追加”3 个按钮。单击“确定”按钮，所选样式会将当前样式替换；单击“取消”按钮，取消本次操作；单击“追加”按钮，在不破坏原样式的基础上将选择的样式加入到“样式”面板中。

3. 保存并定义图层样式

如果要保存所选图层中的样式，如图 14–15 所示。打开“样式”面板，将光标移至“样式”面板的空白区域，光标将变成油漆桶图案，停留几秒钟后会有提示，如图 14–16 所示。

图 14-15 图像效果　　图 14-16 “样式”面板

此时在“样式”面板的空白区域单击，弹出“新建样式”对话框，如图 14–17 所示。单击“确定”按钮，该样式会保存在“样式”面板中，如图 14–18 所示。这时可以选择其他图层并应用定义的图层样式。

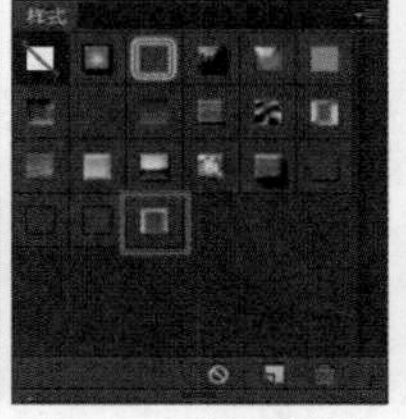

图 14-17 “新建样式”对话框　　图 14-18 “样式”面板

> **提示**
>
> 在“新建样式”对话框中有“包含图层效果”与“包含图层复合选项”两个选项。通过这两个选项，可以设置需要保存的图层样式类型，可以全选，但如果一个都不选择，该样式无法建立。

14.1.3 存储和载入样式文件

前面讲解了保存图层样式的方法，但这种方法只是将图层样式保存在“样式”面板中，一旦软件发生一些故障或被“样式”面板中的新样式替换掉，就会将保存的图层样式丢失。

1. 存储样式

如果不希望丢失样式，可以单击“样式”面板右上角的倒三角按钮，在弹出的下拉菜单中选择“存储样式”命令，如图 14–19 所示。弹出“另存为”对话框，如图 14–20 所示。单击“确定”按钮，即可将“样式”面板中的样式保存。

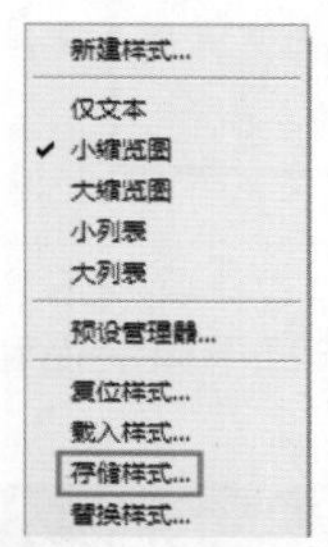

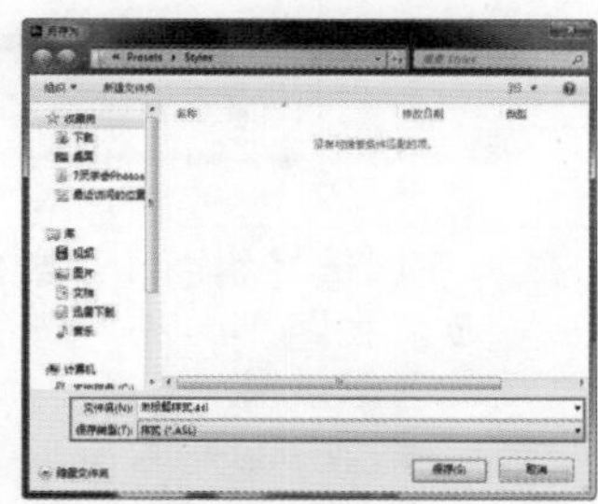

图 14-19 选择“存储样式”命令　　图 14-20 “另存为”对话框

2. 载入样式

单击“样式”面板右上角的倒三角按钮，在弹出的下拉菜单中选择“载入样式”命令，如图 14–21 所示。弹出“载入”对话框，在该对话框中可以选择载入的样式，如图 14–22 所示。

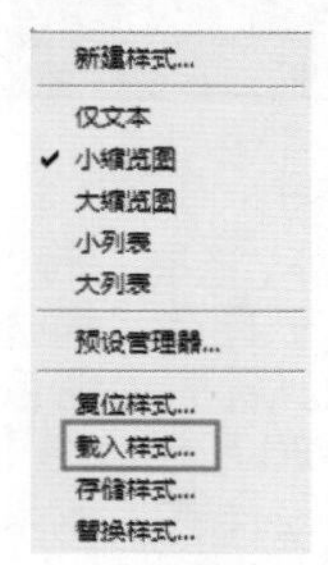

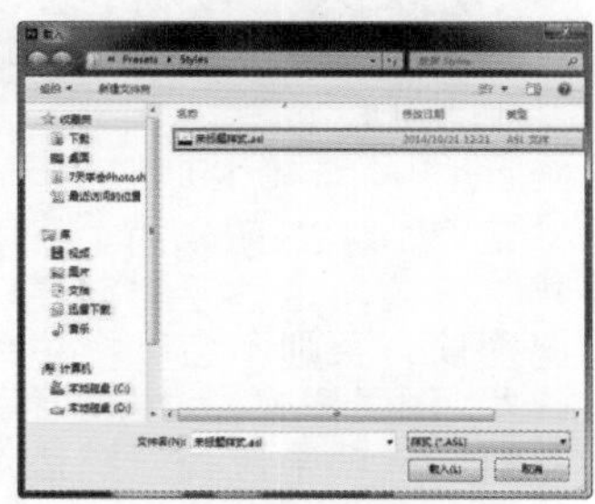

图 14-21 选择“载入样式”命令　　图 14-22 “载入”对话框

14.2 图层样式的深度分析

通过图层样式可以为图层添加 10 种样式，每一种在添加时都需要对样式的相应属性进行深入设置，这样才会使添加的样式发挥最完美的效果。

14.2.1 斜面和浮雕

“斜面和浮雕”是相关设置选项最为复杂的图层样式，通过“图层样式”对话框中的相应选项可以模拟多种内、外斜面和浮雕效果。

1. 斜面和浮雕

打开素材图像“光盘\源文件\第 14 章\素材\142101.psd”，如图 14–23 所示。选择需要添加“斜面和浮雕”图层样式的图层，单击“图层”面板底部的“添加图层样式”按钮fx，在弹出的下拉菜单中选择“斜面和浮雕”命令，弹出“图层样式”对话框，如图 14–24 所示。

图 14-23 打开图像

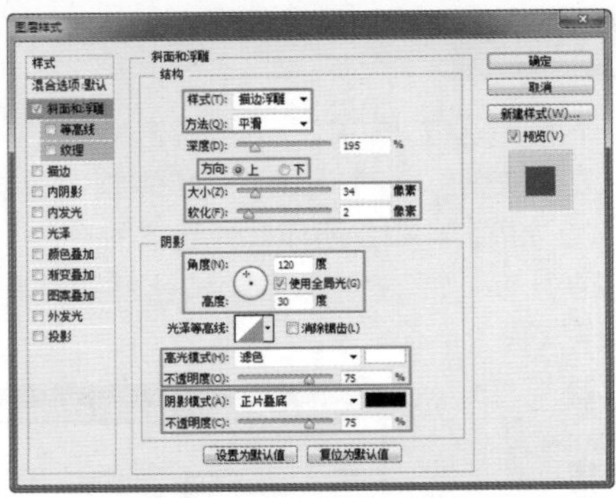
图 14-24 “图层样式”对话框

● 样式：可以选择斜面和浮雕的样式，共有 5 种样式可以选择。如图 14-25 所示为选择不同斜面和浮雕样式后的图像效果。

“外斜面”效果

“内斜面”效果

“浮雕”效果

“枕状浮雕”效果

图 14-25 不同样式的浮雕效果

除了图 14-25 所示的 4 种样式外，还有一种“描边浮雕”样式，这种浮雕需要应用于具有“描边”样式的图像，否则不会有描边效果。首先为图像应用“描边”图层样式，效果如图 14-26 所示。在“斜面和浮雕”选项中选择“描边浮雕”样式，效果如图 14-27 所示。

图 14-26 “描边”样式效果

图 14-27 “描边浮雕”效果

● 方法：在选项中提供了创建浮雕的方法，包括“平滑”、“雕刻清晰”和“雕刻柔和”3 种。

● 深度：用于设置“斜面和浮雕”样式的阴影强度，深度值的大小控制着浮雕效果立体感的强弱，该值的取值范围为 1~1000 的整数。

● 方向：控制斜面的方向是向上方凸出还是向下方凹陷。

● 大小：用于设置斜面和浮雕中阴影面积的大小。

● 软化：用于设置斜面和浮雕的柔和程度，该值越高，效果越柔和。

● 角度：设置模拟光源的照射角度。

● 高度：设置光源与照射点之间的高度距离。

● 光泽等高线：选择或设置一个等高线样式，为斜面和浮雕表面添加更加强烈的光照效果，可以使添加“斜面和浮雕”图层样式的图像效果具有金属的外观。

● 高光模式：用于设置应用“斜面和浮雕”图层样式的图像高光部分颜色显示、混合模式以及颜色不透明度。

● 阴影模式：用于设置应用“斜面和浮雕”图层样式的图像阴影部分颜色显示、混合模式以及颜色不透明度。

2. 等高线和纹理

“等高线”与“纹理”这两个是单独对“斜面和浮雕”进行设置的样式，通过“等高线”可以勾画在浮雕处理中被遮住的起伏、凹陷和凸起，如图 14-28 所示。通过“纹理”则可以为图像添加纹理，如图 14-29 所示。

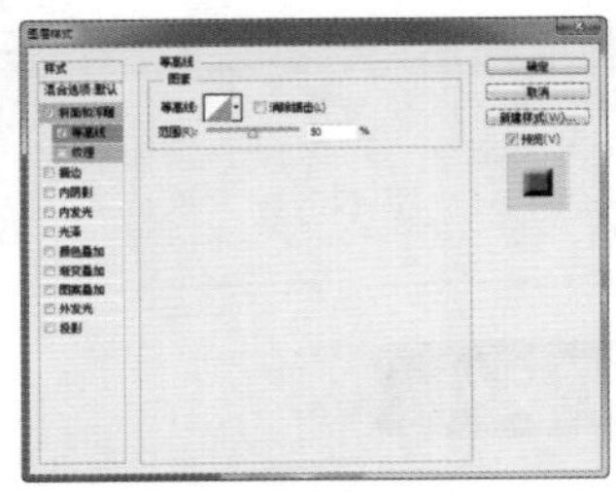
图 14-28 “等高线”面板

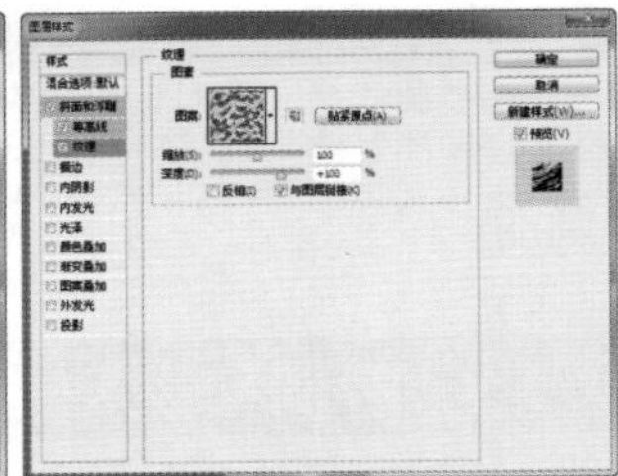
图 14-29 “纹理”面板

14.2.2 描边

使用“描边”图层样式可以为图像边缘添加颜色、渐变或图案轮廓描边。

打开素材图像“光盘\源文件\第 14 章\素材\142201.psd”，如图 14-30 所示。在“图层”面板中选择需要添加“描边”图层样式的图层，单击“图层”面板底部的“添加图层样式”按钮 fx，在弹出的下拉菜单中选择“描边”命令，弹出“图层样式”对话框，设置如图 14-31 所示。

图 14-30 打开图像

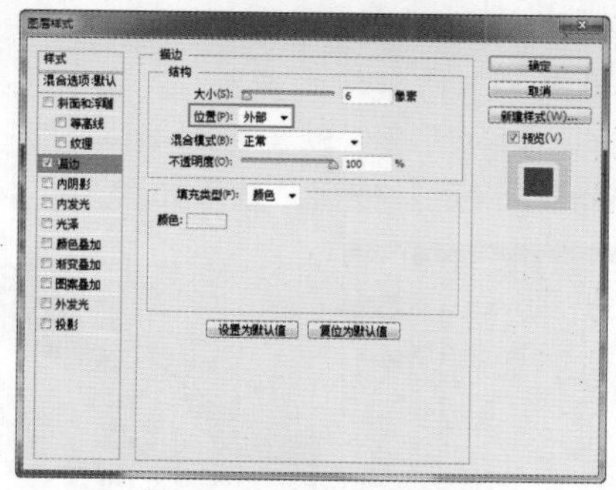

图 14-31 “图层样式”对话框

● 位置：可以选择描边的位置，共有“外部”、“内部”和“居中”3 种选项可以选择。如图 14-32 所示为设置位置为“外部”与“内部”后的效果。

“位置”为“外部”　　“位置”为“内部”

图 14-32 设置不同位置的效果

14.2.3 内阴影

“内阴影”效果可以在仅靠图层内容的边缘内添加阴影，使图层内容产生凹陷效果。在“图层样式”对话框中，根据制作的需要可以对相关选项进行合理设置。

动手实践——为图像添加内阴影

源文件：光盘\源文件\第 14 章\14-2-3.psd

视频：光盘\视频\第 14 章\14-2-3.swf

01 打开素材图像“光盘\源文件\第 14 章\素材\142301.psd”，如图 14-33 所示。打开“图层”面板，选择需要添加“内阴影”样式的图层，如图 14-34 所示。

图 14-33 打开图像

图 14-34 “图层”面板

02 单击“图层”面板底部的“添加图层样式”按钮，在弹出的下拉菜单中选择“内阴影”命令，弹出“图层样式”对话框，设置如图 14-35 所示。设置完成后，单击“确定”按钮，效果如图 14-36 所示。

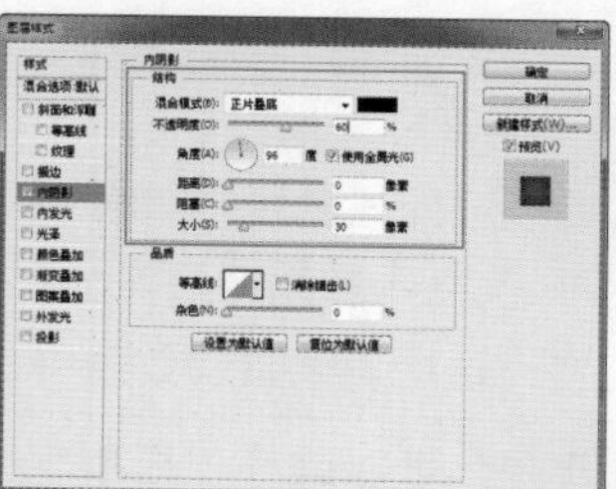

图 14-35 “图层样式”对话框　　图 14-36 内阴影效果

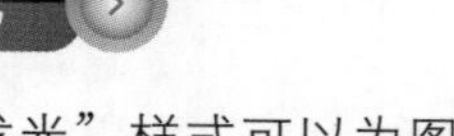

提示

如果“内阴影”的距离为 0 像素，此时为图层添加的内阴影位置就是原图像位置，此时调整角度不会对内阴影效果产生影响。

14.2.4 内发光和外发光

通过“内发光”与“外发光”样式可以为图层添加指定颜色或渐变颜色的发光效果，这种效果经常用于平面设计中。

1. 应用内发光

打开素材图像“光盘\源文件\第 14 章\素材\142401.psd”，如图 14-37 所示。选择需要添加“内发光”图层样式的图层，单击“图层”面板底部的“添加图层样式”按钮，在弹出的下拉菜单中选择“内发光”命令，弹出“图层样式”对话框，如图 14-38 所示。

图 14-37 打开图像　　图 14-38 “图层样式”对话框

● 发光颜色：可以选择发光的颜色为纯色或者是渐变颜色。如果要选择的是渐变发光效果，最好选择具有透明色的渐变；如果选择的是全实色渐变，整个图像内部都将被发光效果覆盖，无法看到原图像的效果。如图 14-39 所示为选择实色渐变与具有透明色渐变颜色发光的效果。

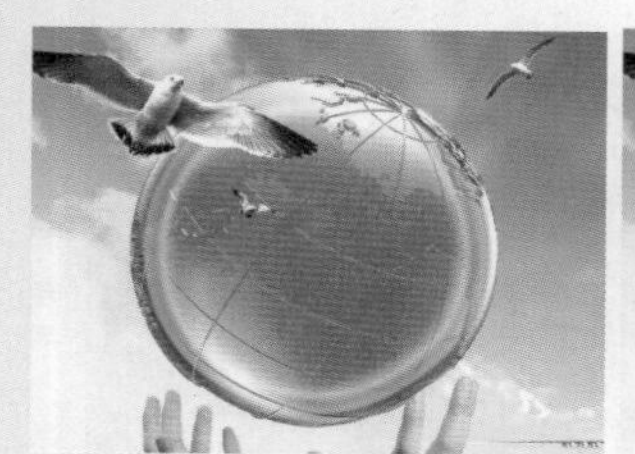

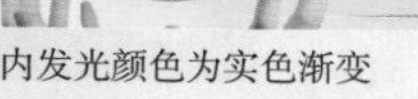

内发光颜色为实色渐变　　内发光颜色为透明彩虹渐变

图 14-39 内发光效果

- 方法：可以选择“柔和”与“精确”两种内发光的方法，用于控制发光的准确程度。
  - 柔和：发光轮廓会应用经过修改的模糊操作，以保证发光效果与背景之间可以柔和过渡。
  - 精确：可以得到精确的发光边缘，但会比较生硬。
- 源：用于控制发光源的位置，可以选择“居中”或是“边缘”选项。
  - 居中：表示内发光效果将从图像的中心向外部扩散。
  - 边缘：表示内发光的效果将从图像的边缘向内部扩散。如图 14-40 所示为设置两种不同的光源的内发光效果。

选择“居中” 选项

选择“边缘”选项

图 14-40 内发光效果

- 阻塞：可以控制图像内发光区域边缘的羽化范围，该值为 0~100 的整数。值越大，羽化效果越弱；值越小，羽化效果越强。
- 大小：用于控制内发光的范围大小。

2. 应用外发光

“外发光”图层样式的相应设置与“内发光”基本类似，不过设置“外发光”后，图像的发光效果是在图像的外侧。

动手实践——为图像添加外发光

源文件：光盘\源文件\第 14 章\14-2-4.psd

视频：光盘\视频\第 14 章\14-2-4-1.swf

01 打开素材图像“光盘\源文件\第 14 章\素材\142402.psd”，如图 14-41 所示。打开“图层”面板，选择需要添加“外发光”图层样式的图层，如图 14-42 所示。

图 14-41 打开图像

图 14-42 “图层”面板

02 单击“图层”面板底部的“添加图层样式”按钮 fx，在弹出的下拉菜单中选择“外发光”命令，弹出“图层样式”对话框，设置如图 14-43 所示。设置完成后，单击“确定”按钮，效果如图 14-44 所示。

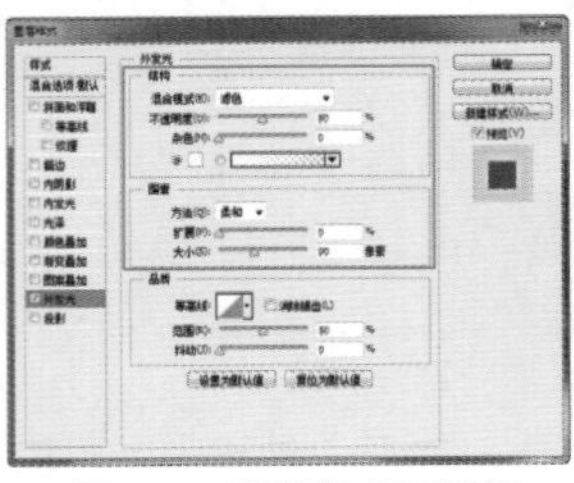
图 14-43 “图层样式”对话框

图 14-44 外发光效果

14.2.5 光泽

为图层添加“光泽”图层样式可以在图像内部创建类似内阴影、内发光的光泽效果，不过可以通过调整“光泽”图层样式的“大小”与“距离”对光泽效果进行智能控制，得到的效果也与内阴影、内发光完全不同。

动手实践——为文字添加光泽

源文件：光盘\源文件\第 14 章\14-2-5.psd

视频：光盘\视频\第 14 章\14-2-5.swf

01 打开素材图像“光盘\源文件\第 14 章\素材\142501.jpg”，如图 14-45 所示。选择“横排文字工具”，执行“窗口 > 字符”命令，打开“字符”面板，设置如图 14-46 所示。

图 14-45 打开图像

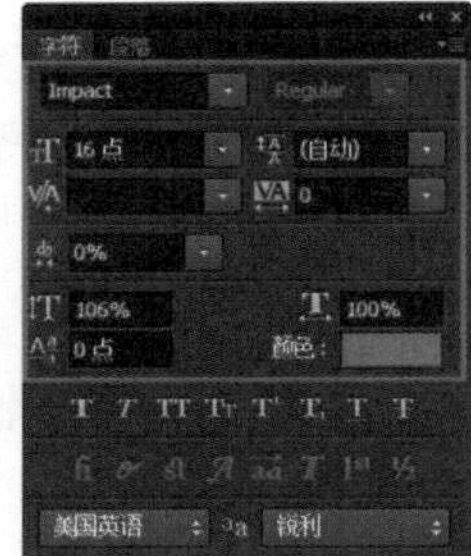

图 14-46 “字符”面板

02 设置完成后，在画布中输入文字，如图 14-47 所示。单击“图层”面板底部的“添加图层样式”按钮 fx，在弹出的下拉菜单中选择“光泽”命令，弹出“图层样式”对话框，设置如图 14-48 所示。

图 14-47 输入文字

图 14-48 “图层样式”对话框

03 完成相应的设置，单击“确定”按钮，文字效果如图 14–49 所示。完成文字效果图的制作，如图 14–50 所示。

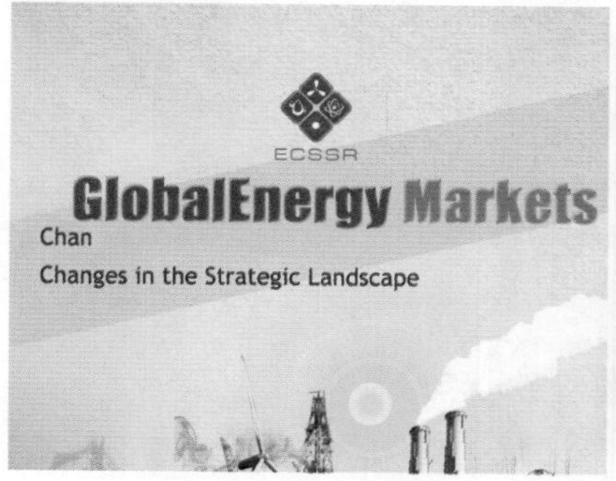

图 14-49 文字效果

图 14-50 图像效果

14.2.6 颜色叠加、渐变叠加和图案叠加

通过“颜色叠加”、“渐变叠加”和“图案叠加”可以为图层叠加指定颜色、渐变色或图案，并且可以对叠加效果的不透明度、方向、大小等进行设置。

1. 应用颜色叠加

打开素材图像“光盘\源文件\第 14 章\素材\142601.psd”，如图 14–51 所示。打开“图层”面板，选择需要添加“颜色叠加”图层样式的图层，如图 14–52 所示。

图 14-51 打开图像

图 14-52 “图层”面板

单击“图层”面板底部的“添加图层样式”按钮 fx，在弹出的下拉菜单中选择“颜色叠加”命令，弹出“图层样式”对话框，设置如图 14–53 所示。设置完成后，单击“确定”按钮，图像效果如图 14–54 所示。

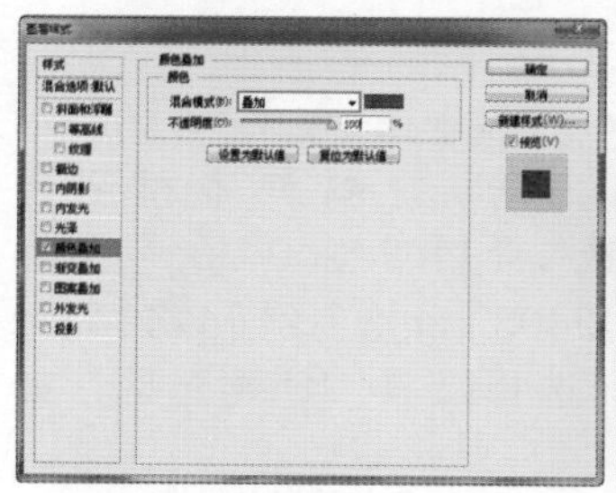
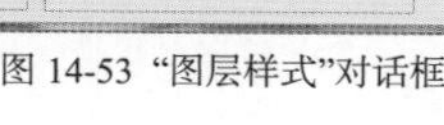

图 14-53 “图层样式”对话框

图 14-54 图像效果

2. 应用渐变叠加

“渐变叠加”与“颜色叠加”图层样式在本质上并没有什么不同，但由于渐变叠加中需要同时控制多个颜色的叠加效果，可以设置的选项相对也会多一些。将刚添加的“颜色叠加”图层样式删除，添加“渐变叠加”图层样式，设置如图 14–55 所示。图像效果如图 14–56 所示。

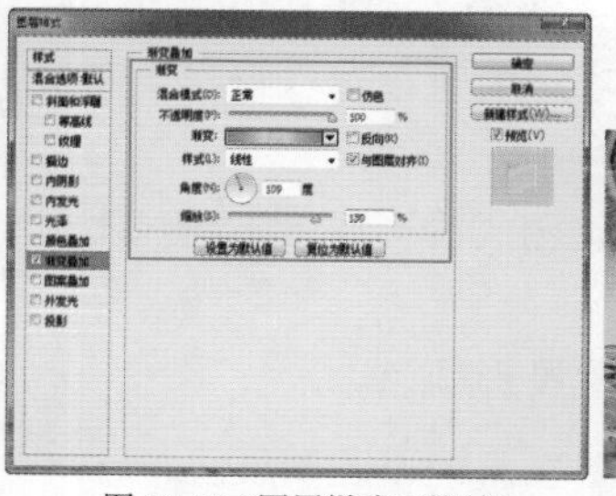

图 14-55 “图层样式”对话框

图 14-56 图像效果

> **技巧**
>
> 在为图层添加“渐变叠加”图层样式时，可以在图像中拖动鼠标，以更改渐变叠加的位置。

3. 应用图案叠加

通过“图案叠加”图层样式可以使用自定义或系统自带的图案覆盖图层中的图像。将刚添加的“渐变叠加”图层样式删除，添加“图案叠加”图层样式，设置如图 14–57 所示。图像效果如图 14–58 所示。

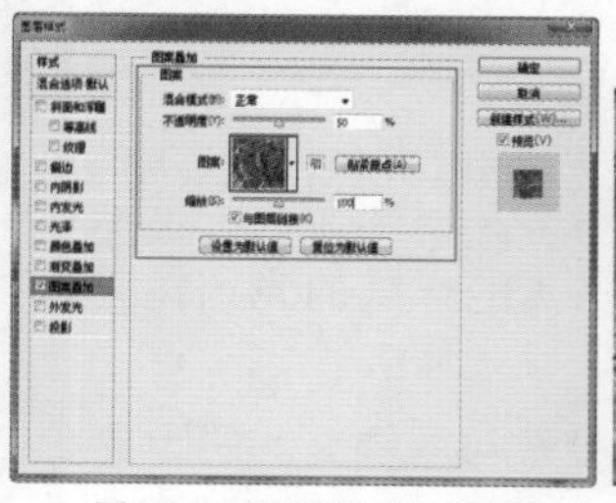

图 14-57 “图层样式”对话框

图 14-58 图像效果

“图案叠加”与“渐变叠加”图层样式类似，都可以通过在图像中拖动鼠标以更改叠加效果。如果想要还原对图案叠加位置进行的更改，可以单击“贴紧原点”按钮，将叠加的图案与文档的左上角重新进行对齐。

14.2.7 投影

打开素材图像“光盘\源文件\第 14 章\素材\141201.psd”，如图 14–59 所示。选择需要添加投影的图层，打开“图层样式”对话框，为图层添加“投影”图层样式，如图 14–60 所示。

图 14-59 打开图像

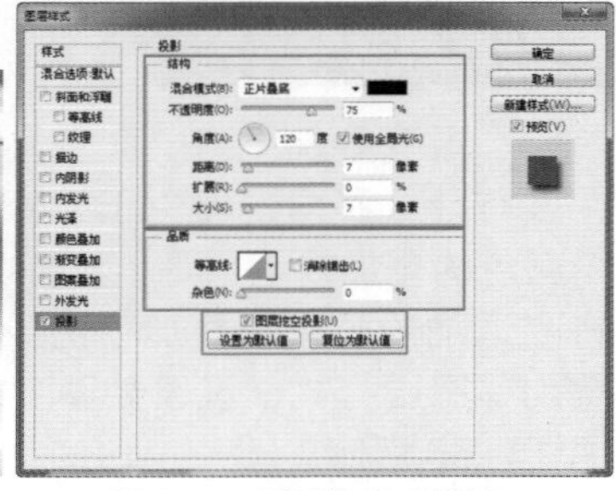
图 14-60 “图层样式”对话框

结构：在“结构”选项区中可以对“投影”图层样式的主要选项进行设置。

- 混合模式：可以设置图层投影在下方图像上显示的效果。
- 投影颜色：可以设置投影颜色。
- 不透明度：可以设置投影的不透明度。
- 角度：可以设置投影的方向。如图 14-61 所示为以不同角度进行投影的效果。

投影角度为 120°

投影角度为 30°

图 14-61 投影效果

- 使用全局光：选中该选项后，所有图层应用的样式中的光线都是以一个方向进行照射，调整任一个样式中光照的角度，其他样式的光照角度也会发生改变。
- 距离：用于设置图像投影与图像之间的距离。
- 扩展：用于设置图像投影在原基础上的扩展范围，该值受大小值影响，大小的设置越大，扩展值的范围也可以设置的更大。
- 大小：用于设置投影的边缘模糊范围，值越高，模糊范围越广，值越低，模糊范围越小，如果大小是 0，投影边缘清晰度与图像相同。

品质：在“品质”选项区中可以对阴影的品质进行设置。

- 等高线：可以控制投影的形状，单击等高线预览图右侧的倒三角按钮，在下方的“等高线”拾色器中可以选择默认的等高线设置，如图 14-62 所示。如图 14-63 所示为选择“环形 – 双”等高线设置后的投影效果。

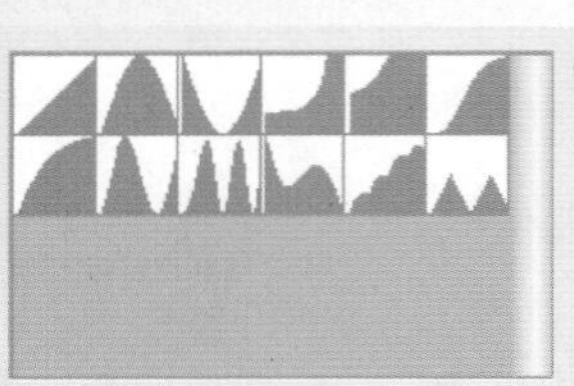
图 14-62 “等高线”拾色器

图 14-63 投影效果

- 消除锯齿：可用于消除由于设置等高线造成投影出现锯齿效果。该选项对于应用复杂等高线且尺寸较小的图像起到的作用最大。
- 杂色：为投影添加点状的杂色，有些图像如果添加一些杂色会使投影变得更加真实。

图层挖空投影：如果当前图层的填充不透明度小于 100，选中该选项可以控制半透明图层或不透明图层中投影的可见性。如图 14-64 所示为设置填充不透明度为 0 后选中与未选中该选项的效果。

选中“图层挖空投影”选项

未选中“图层挖空投影”选项

图 14-64 投影效果

设置为默认值：将当前投影选项的相关数值设置为默认值。

复位为默认值：将投影选项的相关数值复位为以前设置的默认值或软件的默认值。

有些时候，通过单独的图层样式无法制作出完整的图像效果，此时就需要同时使用多个图层样式。下面的练习就通过使用“投影”、“内阴影”和“内发光”图层样式的综合应用讲解水晶球中城市的制作方法。

动手实践——制作水晶球中的都市

源文件：光盘 \ 源文件 \ 第 14 章 \14-2-7.psd

视频：光盘 \ 视频 \ 第 14 章 \14-2-4-2.swf

01 打开素材图像“光盘 \ 源文件 \ 第 14 章 \ 素材 \142403.jpg”，如图 14-65 所示。打开素材图像“光盘 \ 源文件 \ 第 14 章 \ 素材 \142404.jpg”，如图 14-66 所示。将图像 142403.jpg 拖曳到 142404.jpg 文档中，接着使用“快速选择工具”创建选区，如图 14-67 所示。

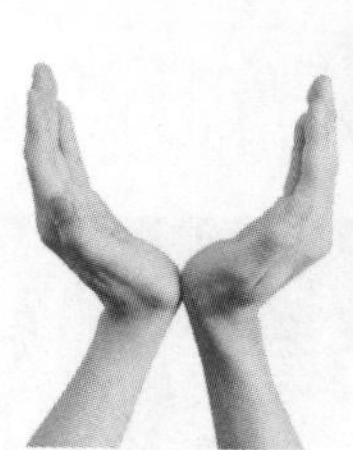
图 14-65 打开图像 1

图 14-66 打开图像 2

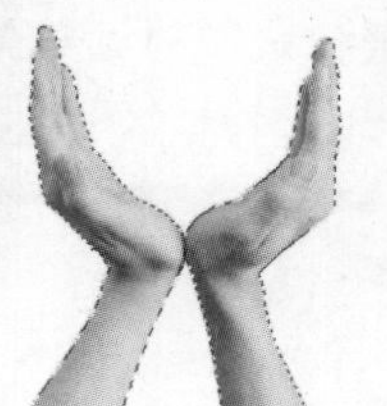
图 14-67 图像效果

02 为选区所在图层添加图层蒙版，选择“画笔工具”，设置“前景色”为黑色，将手部边缘多余的杂色去除，效果如图 14-68 所示。打开素材图像“光盘\源文件\第 14 章\素材\142405.jpg”，如图 14-69 所示。

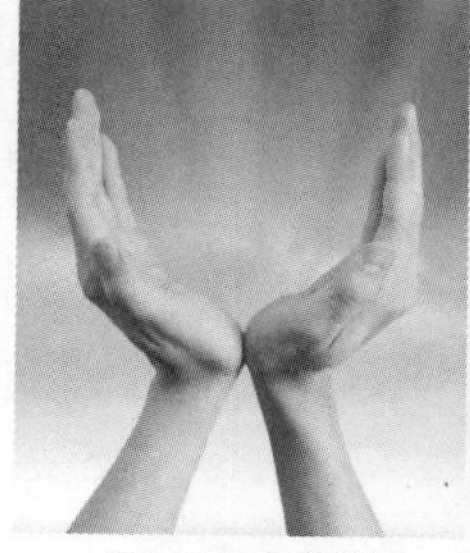
图 14-68 图像效果

图 14-69 打开图像

03 将图像 142405.jpg 拖曳到 142404.jpg 文档中，选择“椭圆选框工具”，按住 Shift 键在图像中绘制正圆选区，如图 14-70 所示。执行“滤镜 > 扭曲 > 球面化”命令，弹出“球面化”对话框，设置如图 14-71 所示。单击“确定”按钮，图像效果如图 14-72 所示。

图 14-70 绘制选区

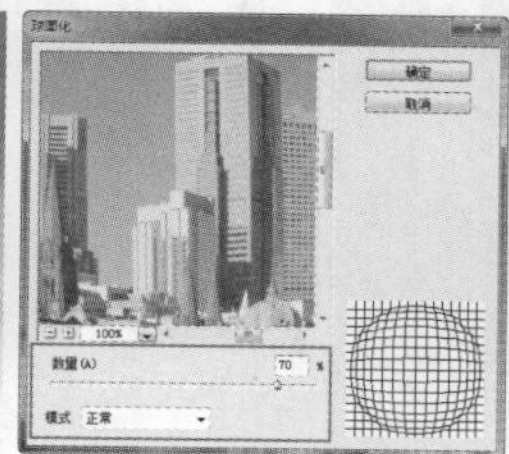
图 14-71 “球面化”对话框

图 14-72 图像效果

04 为选区所在图层添加图层蒙版，效果如图 14-73 所示。单击“图层”面板底部的“添加图层样式”按钮，在弹出的下拉菜单中选择“内阴影”命令，弹出“图层样式”对话框，设置如图 14-74 所示。选中对话框左侧的“内发光”选项，设置如图 14-75 所示。

图 14-73 图像效果

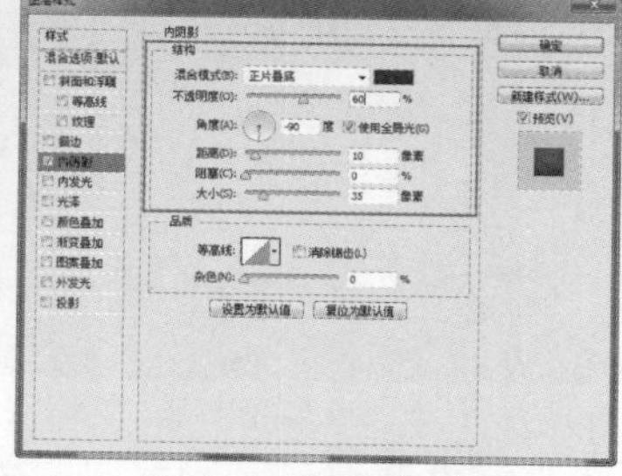
图 14-74 “图层样式”对话框

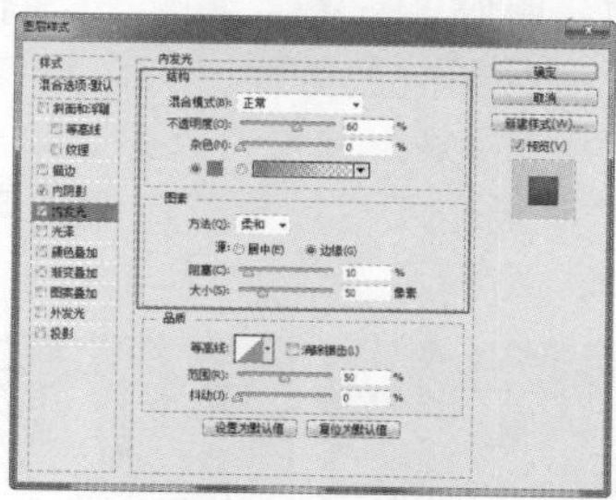
图 14-75 “内发光”面板

05 选中对话框左侧的“投影”选项，设置如图 14-76 所示。设置完成后，单击“确定”按钮，“图层”面板显示如图 14-77 所示。图像效果如图 14-78 所示。

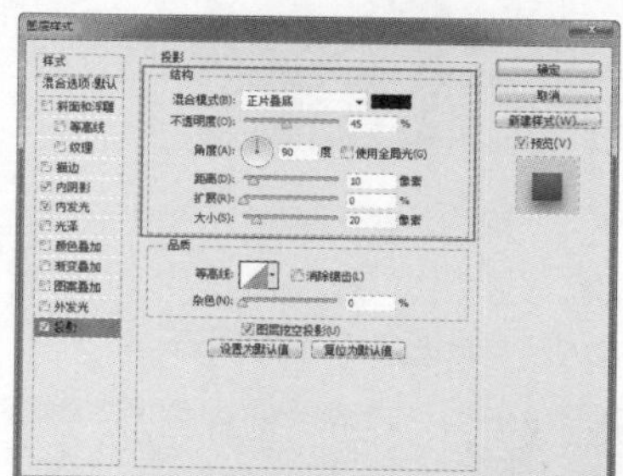
图 14-76 “投影”面板

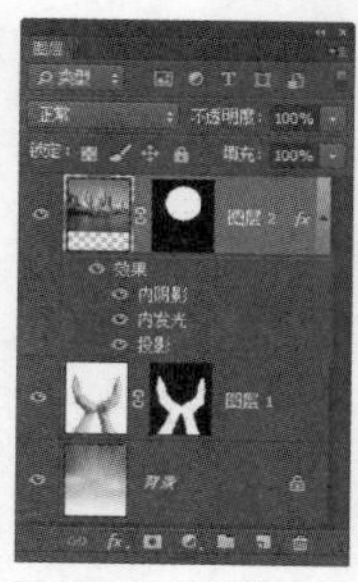
图 14-77 “图层”面板

图 14-78 图像效果

14.3 编辑图层样式

在 Photoshop CC 中，图层样式是一项非常灵活的功能，根据设计过程中的实际需要，可以对效果参数进行修改、隐藏效果以及删除效果，并且这些操作都不会对图层中的图像造成任何破坏。

14.3.1 显示与隐藏图层样式

在“图层”面板中，效果前面的眼睛图标是用来控制效果可见性的，如图 14-79 所示。如果要隐藏一个效果，可以单击该效果名称前的眼睛图标，如图 14-80 所示。

图 14-79 “图层”面板及图像效果　　图 14-80 隐藏图层效果

如果要隐藏一个图层中的所有效果，可单击该图层“效果”前的眼睛图标，如图 14–81 所示。如果要隐藏文档中所有图层的效果，可以执行“图层 > 图层样式 > 隐藏所有效果”命令。隐藏效果后，执行“图层 > 图层样式 > 显示所有效果”命令，可以重新显示效果，如图 14–82 所示。

图 14-81 “图层”面板及图像效果　　图 14-82 重新显示效果

14.3.2 修改图层样式

在“图层”面板中，双击一个效果的名称，如图 14–83 所示。弹出“图层样式”对话框，并进入该效果的设置面板，如图 14–84 所示。

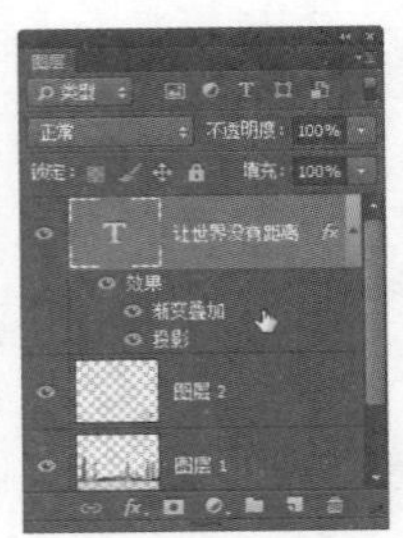
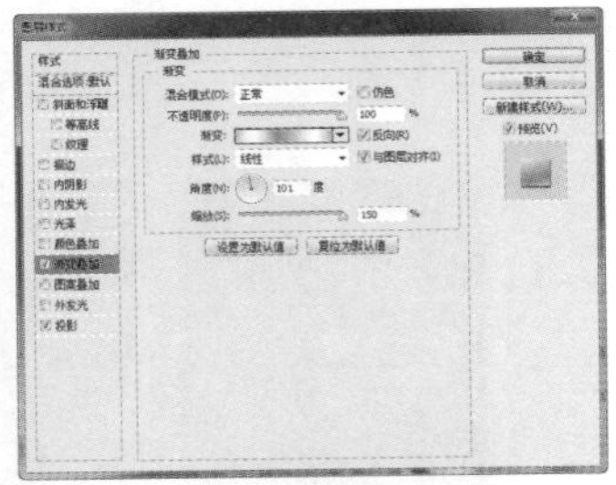

图 14-83 “图层”面板　　图 14-84 “图层样式”对话框

可以对效果的相关参数进行设置，如图 14–85 所示。例如，在此修改了“渐变叠加”图层样式，图像效果如图 14–86 所示。

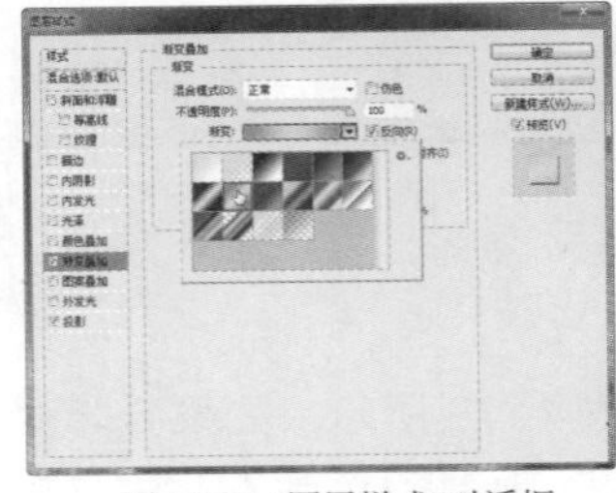

图 14-85 “图层样式”对话框　　图 14-86 图像效果

同时还可以在左侧列表中选择其他图层样式进行设置，如图 14–87 所示。单击“确定”按钮，完成“图层样式”对话框的设置，即可将修改后的图层样式应用于图像，如图 14–88 所示。

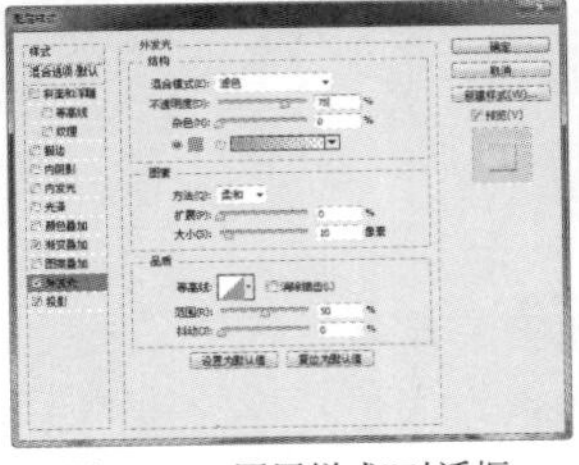

图 14-87 “图层样式”对话框　　图 14-88 图像效果

14.3.3 复制、粘贴与清除图层样式

在 Photoshop CC 中，可以通过复制、粘贴的方式对图层应用相同的图层样式效果，同时还可以将不需要的效果进行清除。下面将详细介绍有关复制、粘贴以及清除图层样式的操作方法。

1. 复制与粘贴图层样式

在“图层”面板中选择添加了图层样式的图层，如图 14–89 所示。执行“图层 > 图层样式 > 拷贝图层样式”命令，复制效果；选择其他图层，执行“图层 > 图层样式 > 粘贴图层样式”命令，即可将图层样式粘贴到该图层中，如图 14–90 所示。

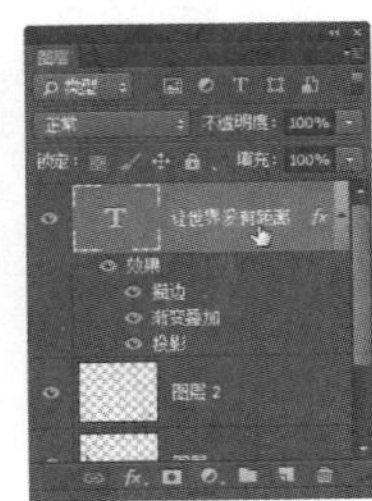
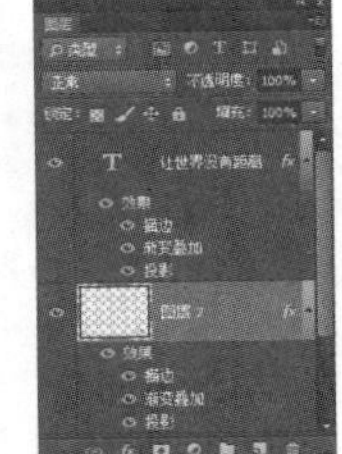

图 14-89 复制图层样式　　图 14-90 粘贴图层样式

另外，按住 Alt 键将效果图标从一个图层拖动到另一个图层，可以将该图层的所有效果都复制到目标图层，如图 14–91 所示。如果只需要复制一个效果，可以按住 Alt 键拖动该效果的名称至目标图层，如图 14–92 所示。如果没有按住 Alt 键，则可以将效果转移到目标图层，原图层则不会有效果。

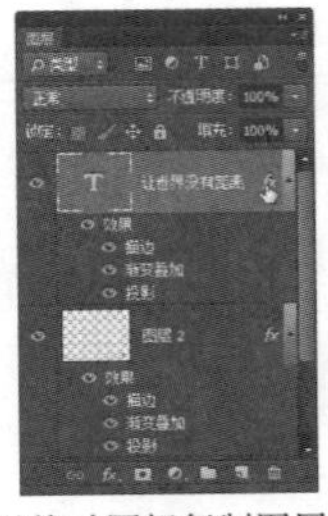
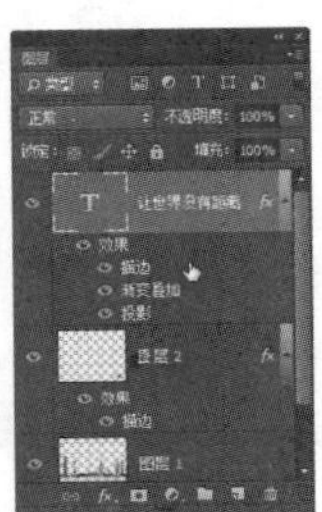

图 14-91 通过拖动图标复制图层样式　图 14-92 通过拖动名称复制图层样式

2. 清除图层样式

如果要删除一种图样样式，可以在“图层”面板中，选择图层样式的名称，将其拖曳到“图层”面板底部的“删除图层”按钮上，如图 14–93 所示。可以看到清除图层样式后的“图层”面板，如图 14–94 所示。

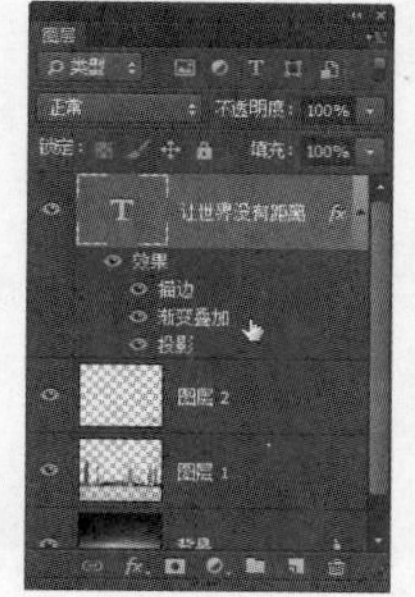
图 14-93 选择并拖动图层样式

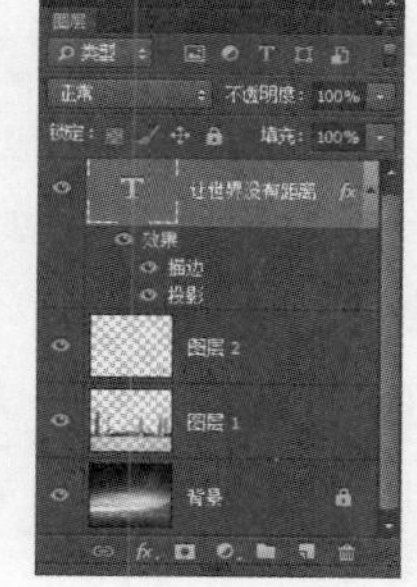
图 14-94 清除图层样式

如果要删除一个图层的所有图层样式，可以将图层样式图标拖曳到“删除图层”按钮上，如图 14–95 所示。也可以选择图层，然后执行“图层 > 图层样式 > 清除图层样式”命令来进行操作，如图 14–96 所示。

图 14-95 通过拖动图标删除图层样式

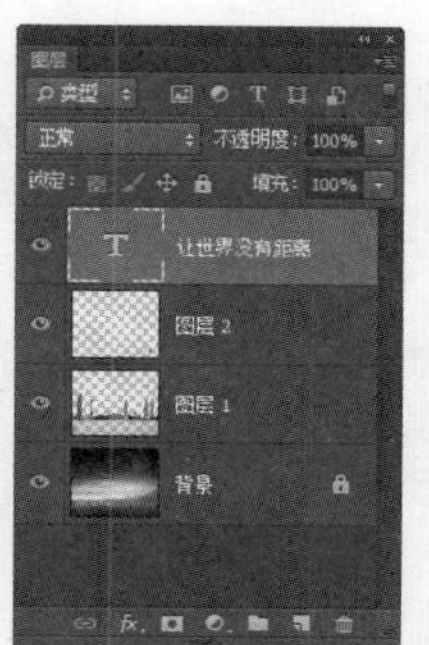
图 14-96 通过命令删除图层样式

14.3.4 使用全局光

在“图层样式”对话框中，“斜面浮雕”、“内阴影”以及“投影”图层样式都包含一个“全局光”选项，选中该选项，这几个图层样式就会使用相同角度的光源。

如图 14–97 所示的对象添加了“斜面和浮雕”和“投影”效果。“图层样式”对话框如图 14–98 所示。

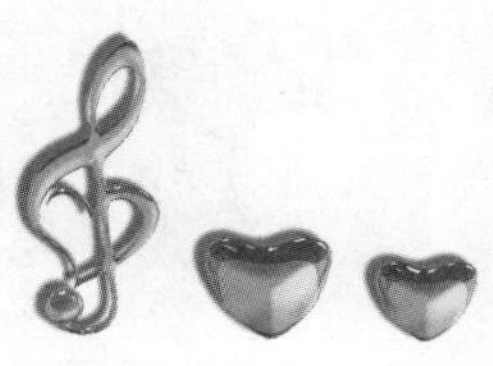

图 14-97 图像效果

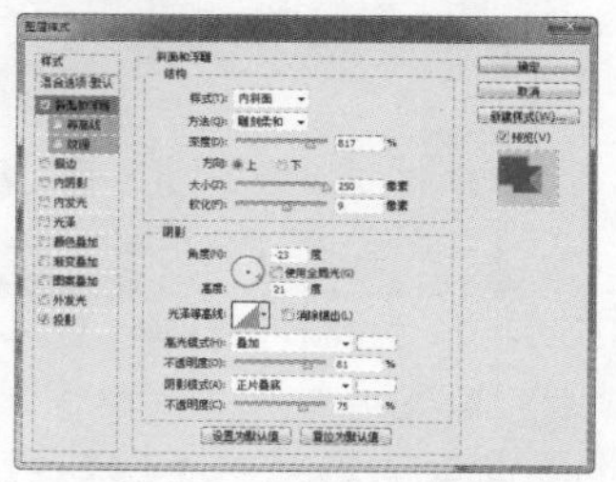
图 14-98 “图层样式”对话框

在调整“斜面和浮雕”的光源角度时，如果选中“使用全局光”选项，如图 14–99 所示。“投影”选项光源角度也会随之改变，如图 14–100 所示。图像效果如图 14–101 所示。

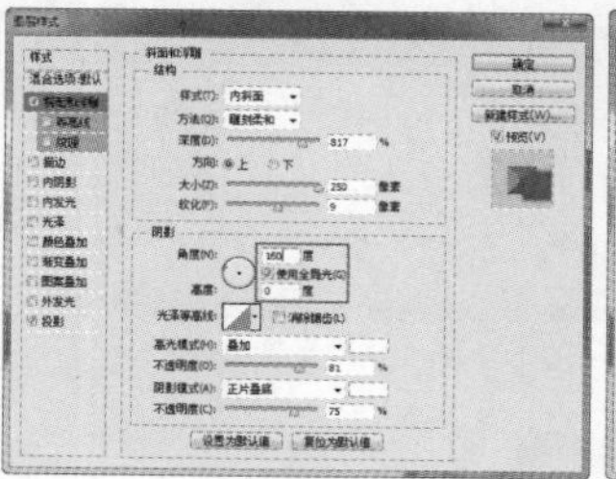
图 14-99 “斜面和浮雕”面板

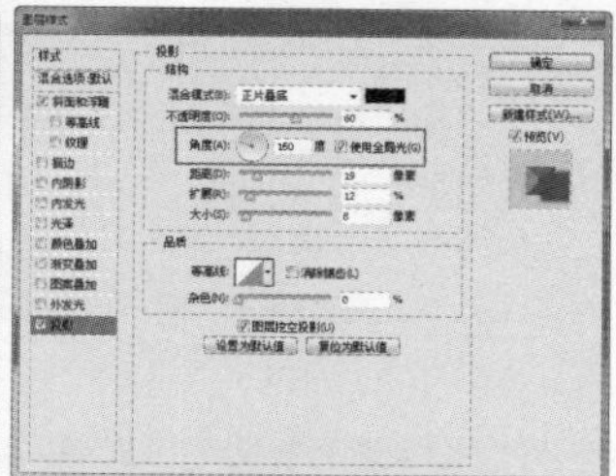
图 14-100 “投影”面板

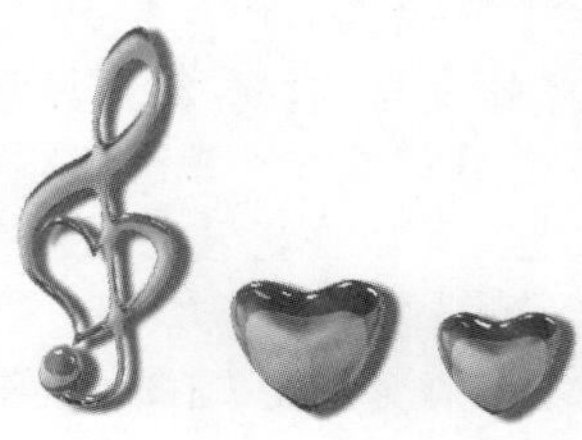
图 14-101 图像效果

在“图层样式”对话框中，如果未选中“使用全局光”选项，如图 14–102 所示。则“投影”选项的光源角度不会变，如图 14–103 所示。图像效果如图 14–104 所示。

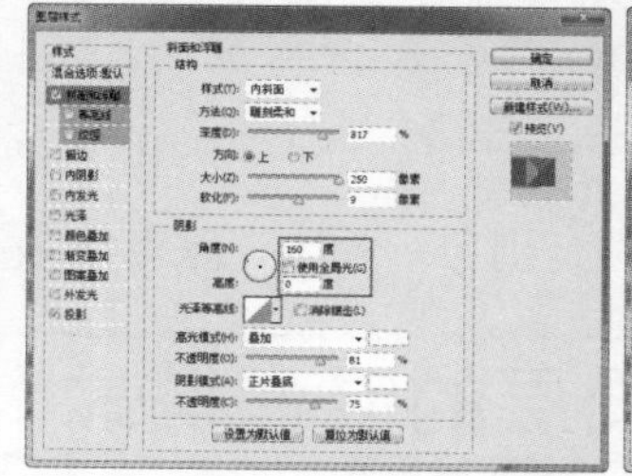
图 14-102 未选中“使用全局光”选项

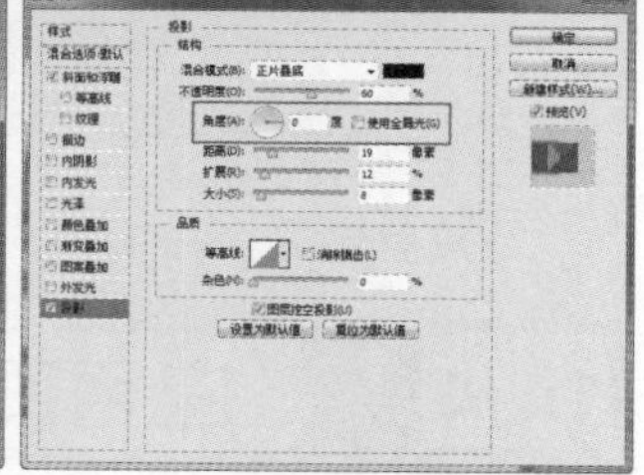
图 14-103 光源角度不变

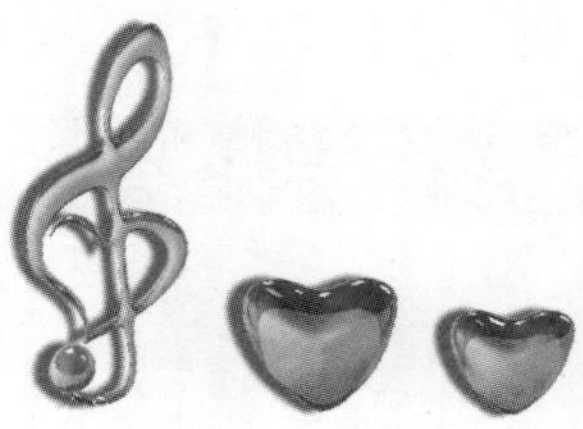
图 14-104 图像效果

如果要调整全局光的角度和高度，可执行“图层 > 图层样式 > 全局光”命令，如图 14–105 所示。弹出“全局光”对话框，对相关参数进行设置，如图 14–106 所示。

图 14-105 “图层样式”子菜单

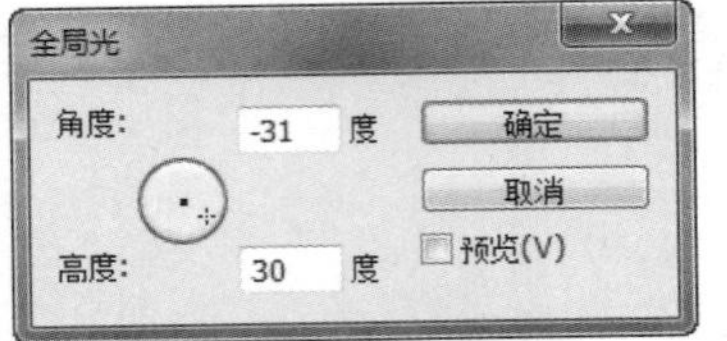

图 14-106 “全局光”对话框

14.3.5 使用等高线

在“图层样式”对话框中，“投影”、“内阴影”、“内发光”、“外发光”、“斜面和浮雕”以及“光泽”图层样式都包含等高线设置选项。单击“等高线”选项右侧的按钮，可以在打开的面板中选择一个预设的等高线样式，如图 14-107 所示。

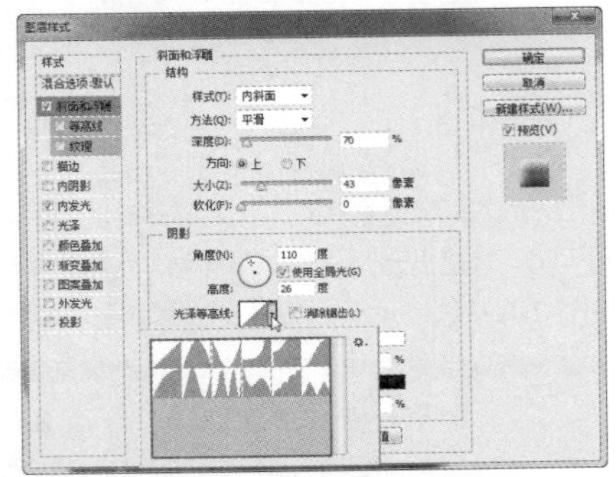

图 14-107 “图层样式”对话框

如果单击等高线缩览图，则可以弹出“等高线编辑器”对话框，如图 14-108 所示。等高线编辑器与曲线对话框非常相似，我们可以添加、删除和移动控制点来修改等高线的形状，从而影响“投影”、“内发光”等效果的实现。

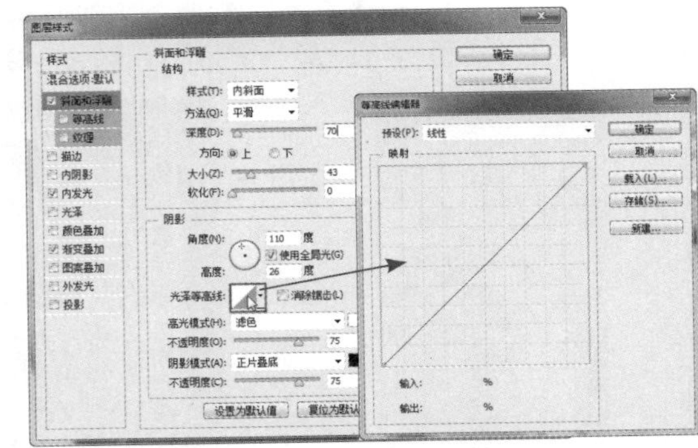

图 14-108 “等高线编辑器”对话框

如图 14-109 所示为各种预设的等高线对斜面和浮雕效果的影响。

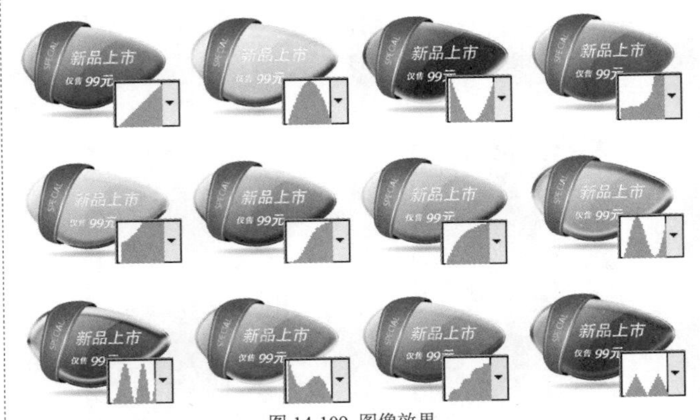

图 14-109 图像效果

14.4 应用图层的混合模式

图层的混合模式是 Photoshop CC 中一项非常重要的功能，通过混合模式可以调整图层的不透明度以及混合模式选项，而且可以对图层的高级混合模式进行设置。

14.4.1 图层的“不透明度”

通过图层的“不透明度”选项可以控制图层的两种不透明度，包括总体不透明度以及填充不透明度。可以对图层的样式、图层像素与形状的不透明度产生影响。

打开素材图像“光盘\源文件\第 14 章\素材\144101.psd”，如图 14-110 所示。打开“图层”面板，选择需要进行调整的图层，如图 14-111 所示。

图 14-110 打开图像

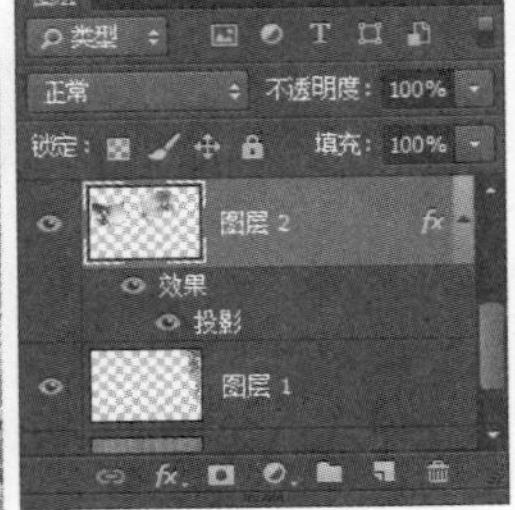

图 14-111 “图层”面板

不透明度：通过整体不透明度可以调整图层、图层像素与形状的不透明度，包括图层的图层样式。如图 14-112 所示为图层设置不同的“不透明度”

后的图像效果。

“不透明度”为 50%

“不透明度”为 0%

图 14-112　设置不同的不透明度

填充：通过填充不透明度只会影响图层中绘制的像素和形状的不透明度，而不会对图层样式产生影响。如图 14-113 所示为图层设置不同“填充”后的图像效果。

“填充”为 50%

“填充”为 0%

图 14-113　设置填充不同的不透明度

14.4.2　“混合模式”的应用

图层的混合模式可以通过将当前图层中图像的像素与下方图像的颜色以不同的方式进行混合，从而生成一个新的颜色，而且不会对原图像的颜色产生影响，可以随时进行更改。

打开素材图像“光盘\源文件\第 14 章\素材\144201.psd”，如图 14-114 所示。选择需要添加混合模式的图层，在“图层”面板的上方为图层选择一种混合模式，如图 14-115 所示。

图 14-114　打开图像

组合模式组
加深模式组
减淡模式组
对比模式组
比较模式组
色彩模式组

图 14-115　图层混合模式

组合模式组：在该模式组中有“正常”和“溶解”两种模式可以选择，可以通过降低图层的不透明度才能产生作用。

正常：默认的模式，不会对图层的混合模式产生任何影响。

溶解：通过该模式可以对图像中的半透明区域像素离散，产生点状颗粒。如图 14-116 所示为选择“溶解”选项，设置“不透明度”为 100% 与 50% 的图像效果。

“不透明度”为 100%

“不透明度”为 50%

图 14-116　组合模式组效果

加深模式组：通过该混合模式组中的混合模式可以使图像变暗，可以通过下方图像中的较暗的像素将添加混合模式的图层中白色区域替换。

变暗：通过将当前图层与下方图像中的像素对比，图层中较亮的区域会被下方图像较暗的像素替换，而亮度值比下方图像低的部分像素保持不变，如图 14-117 所示。

正片叠底：当前图层中下方图层白色混合区域保持不变，其余的颜色则直接添加到下面的图像中，混合结果通常会使图像变暗，如图 14-118 所示。

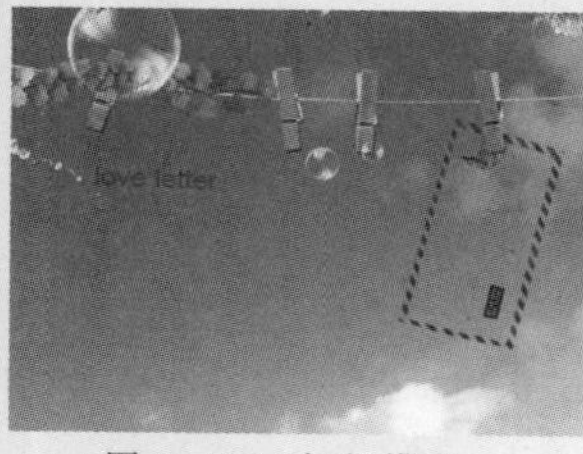

图 14-117 “变暗”模式

图 14-118 “正片叠底”模式

颜色加深：通过增加对比度加强图像中的深色区域，但白色区域保持不变，如图 14-119 所示。

线性加深：通过减小亮度使像素变暗，与“正片叠底”模式效果相似，但却可以保留下方图像更多的颜色信息，如图 14-120 所示。

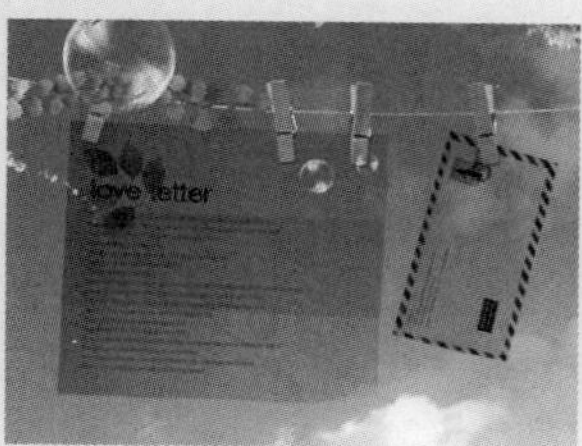

图 14-119 “颜色加深”模式

图 14-120 “线性加深”模式

深色：比较上方图层与下方图像所有通道值的总和并显示值较小的颜色，不会生成第 3 种颜色，混合后的效果类似于“变暗”图层模式效果，但图像变化的边缘更加硬朗，如图 14–121 所示。

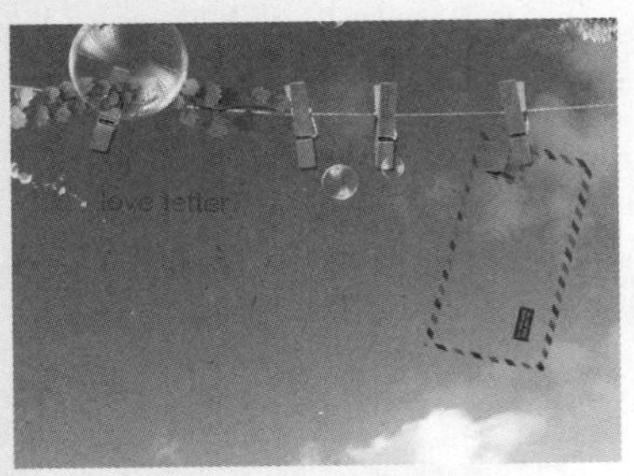

图 14-121 “深色”模式

➲ 减淡模式组：减淡模式组是与加深模式组相对应的混合模式组，使用这些混合模式时，图像中的黑色会被较亮的像素替换，而任何比黑色亮的像素都可能加亮下面图层的图像。

➲ 变亮：这是与“变暗”模式完全相反的一种效果，使用当前图层中较亮的区域将以下较暗的区域替换，如图 14–122 所示。

➲ 滤色：该效果与“正片叠底”模式的效果相反，使图像最终产生一种漂白的效果，如图 14–123 所示。

图 14-122 “变亮”模式　图 14-123 “滤色”模式

➲ 颜色减淡：该效果与“颜色加深”模式效果相反，通过减小对比度来加亮底层的图像，并使颜色变得更加饱和，如图 14–124 所示。

➲ 线性减淡（添加）：该效果与“线性加深”模式效果相反，它的效果与“颜色减淡”模式相近，但对比度差一些，是通过亮度来减淡颜色，产生的亮化效果比“滤色”、“颜色减淡”模式都强烈，如图 14–125 所示。

图 14-124 “颜色减淡”模式　图 14-125 “线性减淡（添加）”模式

➲ 浅色：该效果与“变亮”模式相似，但图像变化的边缘会更加硬朗，通过比较上方图层与下方图像中所有通道值的总和并显示值较大的颜色，不会生成第 3 种颜色，如图 14–126 所示。

图 14-126 “浅色”模式

➲ 对比模式组：对比模式组综合了加深和减淡混合模式的双重特点，在进行混合时，50% 的灰色会完全消失，任何亮度值高于 50% 灰色的像素都可能加亮下面图层的图像，亮度值低于 50% 的像素则可能使下面图层的图像变暗。

➲ 叠加：可以改变图像的色调，但图像的高光和暗调将被保留，如图 14–127 所示。

➲ 柔光：以图层中的颜色决定图像是变亮还是变暗，衡量的标准以 50% 的灰色为准，高于这个比例则图像变亮；低于这个比例则图像变暗。效果与发散的聚光灯照在图像上相似，混合后图像色调比较温和，如图 14–128 所示。

图 14-127 “叠加”模式　图 14-128 “柔光”模式

➲ 强光：该模式的衡量标准同样以 50% 灰色为准，比该灰色暗的像素则会使图像变暗；该模式产生的效果与耀眼的聚光灯照在图像上相似，混合后图像色调变化相对比较强烈，颜色基本为上面的图像颜色，如图 14–129 所示。

➲ 亮光：如果当前图层中的像素比 50% 灰色亮，则通过减小对比度的方式使图像变亮；如果当前图层中的像素比 50% 灰色暗，则通过增加对比度的方式使图像变暗。该模式可以使混合后的颜色更加饱和，如图 14–130 所示。

图 14-129 “强光”模式　图 14-130 “亮光”模式

➲ 线性光：如果当前图层中的像素比 50% 灰色亮，则通过增加亮度的方式使图像变亮；如果当前图层中的像素比 50% 灰色暗，则通过减小亮度的方式使图像变暗。与“强光”模式相比，“线性光”模式可以使图像产生更高的对比度，如图 14–131 所示。

- 点光：如果当前图层中的像素比 50% 灰色亮，则替换暗的像素；如果当前图层中的像素比 50% 灰色暗，则替换亮的像素，这对于向图像中添加特殊效果时非常有用，如图 14–132 所示。

图 14-131 “线性光”模式

图 14-132 “点光”模式

- 实色混合：如果当前图层中的像素比 50% 灰色亮，则会使下面图层图像变亮；如果当前图层中的像素比 50% 灰色暗，则会使底层图像变暗。该模式通常会使图像产生色调分离的效果，如图 14–133 所示。

图 14-133 “实色混合”模式

- 比较模式组：比较模式组中包括“差值”、“排除”、“减去”与“划分”4 种混合模式，通过比较模式组中的混合模式可以比较图像与下面图层中的图像，然后将相同的区域显示为黑色，不同的区域显示为灰度层次或彩色。

  - 差值：查看每个通道中的颜色信息，并从基色中减去混合色，或从混合色中减去基色，具体取决于哪一个颜色的亮度值更大。与白色混合将反转基色值，与黑色混合则不产生变化，如图 14–134 所示。

  - 排除：创建一种与“差值”模式相似但对比度更低的效果，与白色混合将反转基色值，与黑色混合则不发生变化，如图 14–135 所示。

图 14-134 “差值”模式

图 14-135 “排除”模式

  - 减去：查看每个通道中的颜色信息，并从基色中减去混合色，在 8 位与 16 位图像中，任何生成的负片值都会剪切为零，如图 14–136 所示。

  - 划分：用基色的明亮度、饱和度以及混合色的色相创建结果色，如图 14–137 所示。

图 14-136 “减去”模式

图 14-137 “划分”模式

- 色彩模式组：色彩模式组中包括“色相”、“饱和度”、“颜色”和“明度”4 种。

  - 色相：用基色的明亮度、饱和度以及混合色的色相创建结果色，将当前图层的色相应用到下面图层图像的亮度及饱和度中，可以改变底层图像的色相，但不会对下层图像的亮度及饱和度产生影响。该模式对于黑色、白色、灰色区域不起作用，如图 14–138 所示。

  - 饱和度：用基色的明亮度和色相以及混合色的饱和度创建结果色，在无饱和度区域上用此模式绘画不会产生任何变化，如图 14–139 所示。

图 14-138 “色相”模式

图 14-139 “饱和度”模式

  - 颜色：用基色的色相、饱和度以及混合色的明亮度创建结果色，这样可以保留图像中的灰阶，并且对于给单色图像上色和给彩色图像着色都会非常有用，如图 14–140 所示。

  - 明度：用基色的色相、饱和度以及混合色的明亮度创建结果色，此模式与“颜色”模式相反，如图 14–141 所示。

图 14-140 “颜色”模式

图 14-141 “明度”模式

提示

图层混合模式可以应用于图层组中，图层组在创建时已经具有了一种特殊的混合模式（即穿透），表示图层组没有自己的混合属性，为图层组设置了其他的混合模式后，Photoshop 就会将图层组视为一幅单独的图像，并利用所选混合模式与下面的图像产生混合。

通过对前面图层的“混合模式”基础的讲解，用户应该有了初步的了解，下面通过一个练习对“混合模式”的运用进行讲解。

动手实践——应用混合模式制作宣传海报

源文件：光盘\源文件\第 14 章\14-4-2.psd

视频：光盘\视频\第 14 章\14-4-2.swf

01 执行“文件 > 新建”命令，弹出“新建”对话框，设置如图 14–142 所示。单击“确定”按钮，新建一个空白文档。选择“渐变工具”，打开“渐变编辑器”对话框，设置渐变颜色，如图 14–143 所示。

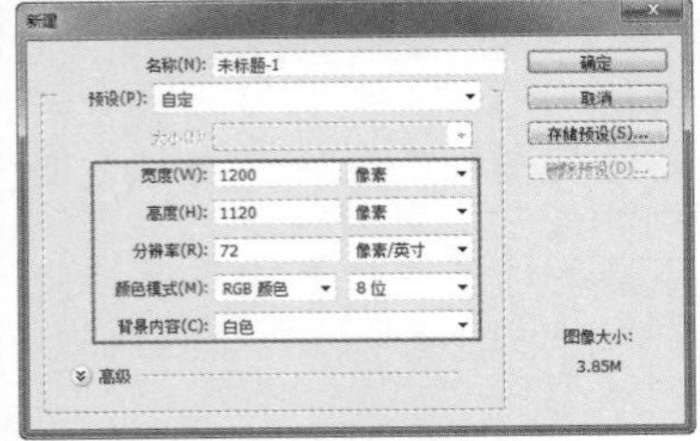

图 14-142 “新建”对话框

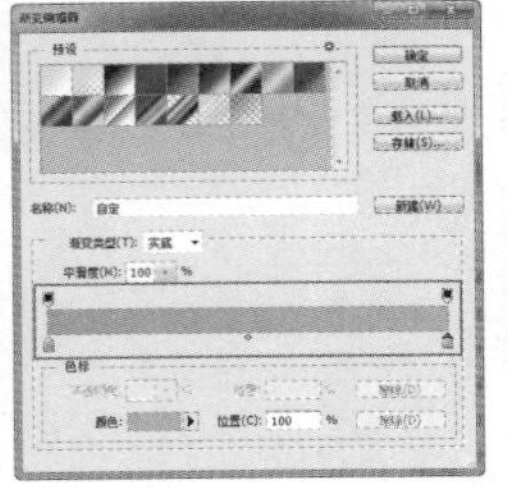

图 14-143 “渐变编辑器”对话框

02 单击“确定”按钮，单击选项栏上的“对称渐变”按钮，在画布中拖曳填充渐变，如图 14–144 所示。打开素材图像“光盘\源文件\第 14 章\素材\144202.png”，如图 14–145 所示。

图 14-144 渐变效果

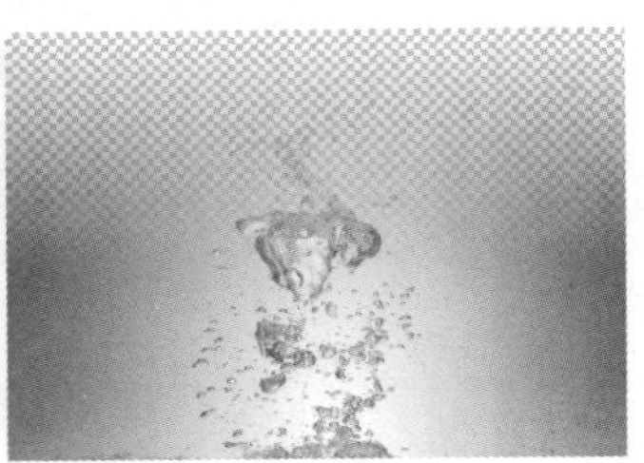

图 14-145 打开图像

03 将图像拖入到新建文档中，设置该图层的“混合模式”为“明度”，“不透明度”为 48%，如图 14–146 所示。图像效果如图 14–147 所示。

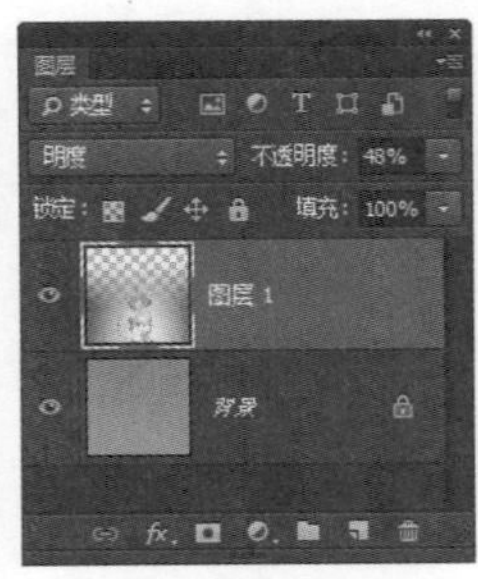

图 14-146 “图层”面板

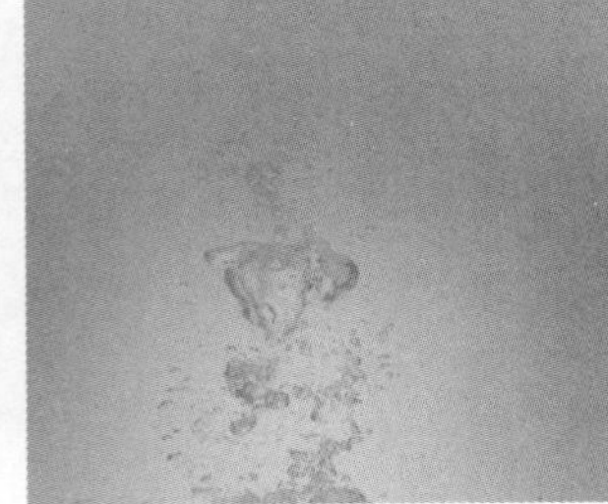

图 14-147 图像效果

04 打开素材图像“光盘\源文件\第 14 章\素材\144203.png”，如图 14–148 所示。将素材图像拖入到新建文档中，设置该图层的“混合模式”为“明度”，效果如图 14–149 所示。

图 14-148 打开图像

图 14-149 图像效果

05 将其他素材拖入到新建文档中，如图 14–150 所示。使用“直排文字工具”在画布中输入文字，最终效果如图 14–151 所示。

图 14-150 拖入素材

图 14-151 图像效果

14.4.3 设置混合选项

在“图层样式”对话框中可以对图层的混合模式进行高级设置。

打开素材图像“光盘\源文件\第 14 章\素材\144301.psd”，如图 14–152 所示。选择需要设置混合选项的图层，双击该图层，弹出“图层样式”对话框，其中除了在“图层”面板中具有的“不透明度”以及“混合模式”选项外，还有其他更多的高级选项，如图 14–153 所示。

图 14-152 打开图像

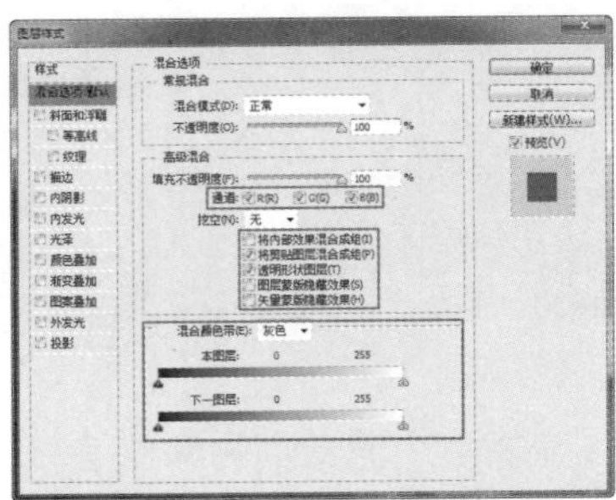

图 14-153 “图层样式”对话框

● 通道：通过该选项可以设置图层中图像的显示通道，选中其中一个或多个选项后，可以对单个图层的显示方式进行设置。如图 14-154 所示为选中单个通道与多个通道的显示效果。

选择 G 通道

选择 R、G 两通道

图 14-154 不同通道显示效果

● 挖空：可以透过当前图层显示出“背景”图层中的内容。在创建挖空时，首先应将图层放在被穿透图层之上，在“图层样式”对话框中选择挖空模式为“浅”选项后，降低“填充不透明度”为 15%，可以挖空图层，显示“背景”图层，如图 14-155 所示。设置挖空为“深”，并设置“填充不透明度”为 0 后的效果，如图 14-156 所示。

图 14-155 挖空为“浅”

图 14-156 挖空为“深”

如果需要挖空的图层位于图层组中，并且该图层组使用的是默认的“穿透”混合模式，则选择“浅”时，挖空效果只限于该图层组；选择“深”可挖空到背景，如果没有背景，则挖空区域显示为透明区域。如果图层组使用了其他混合模式，则“浅”和“深”挖空都被限制在该图层组中。

● 将内部效果混合成组：将图层的混合模式应用于修改不透明像素的图层效果，例如“内发光”、“颜色叠加”、“渐变叠加”与“图层叠加”效果。

● 将剪贴图层混合成组：将基底图层的混合模式应用于剪切蒙版中的所有图层。取消选择此选项，可保持原有模式和组中每个图层的外观。

● 透明形状图层：将图层效果和挖空限制在图层的不透明区域。取消选择此选项，可在整个图层内应用这些效果。

● 图层蒙版隐藏效果：将图层效果限制在图层蒙版所定义的区域。

● 矢量蒙版隐藏效果：将图层效果限制在矢量蒙版所定义的区域。

● 混合颜色带：用于控制当前图层与下方图层混合时显示哪些像素。若选择“灰色”选项，表示作用于所有通道；若选择“灰色”之外的选项，则表示作用于图像中的某一原色通道。根据图层的不同模式，可选择的原色也会发生改变，如 RGB 图像可选择 R、G、B 三原色。

14.4.4 “背后”模式与“清除”模式

“背后”模式和“清除”模式是绘画工具、“填充”和“描边”命令特有的混合模式，如图 14-157 所示。使用“形状工具”时，如果在选项栏中的“选择工具模式”下拉列表中选择了“像素”选项，则“模式”下拉列表中也包含这两种模式，如图 14-158 所示。

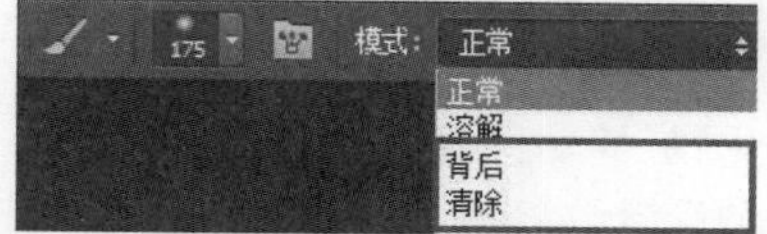

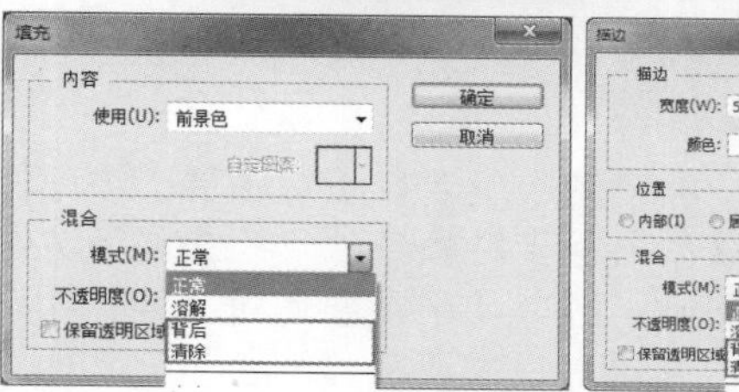

图 14-157 “背后”与“清除”模式

图 14-158 选择“像素”选项后的“背后”与“清除”模式

1. “背后”模式

“背后”模式是指仅在图层的透明部分进行编辑或绘画，不会影响图层中原有的图像，类似于在当前图层下面的图层绘画一样。如图 14-159 所示为“正常”模式下使用“画笔工具”涂抹的效果；如图 14-160 所示为“背后”模式下的涂抹效果。

图 14-159 “正常”模式

图 14-160 “背后”模式

2. “清除”模式

“清除”模式与工具箱中的“橡皮擦工具”相似，在该模式下，通过设置工具的“不透明度”来决定像素是否被完全清除。当“不透明度”为100%时，可以完全清除像素，“不透明度”小于100%时，则对像素进行部分清除。如图14-161所示为“画笔工具”的“不透明度”为100%时的涂抹效果；如图14-162所示为“不透明度”为50%时的涂抹效果。

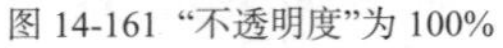

图 14-161 “不透明度”为 100%　图 14-162 “不透明度”为 50%

14.5 填充图层

填充图层的功能就等于使用“填充”命令再加上图层蒙版的功能。填充图层是作为一个图层保存在图像中的，无论修改和编辑，都不会影响其他图层和整个图像的品质，并且还具有可以反复修改和编辑的功能。

1. 纯色填充图层

通过“纯色”填充图层可以在所选图层上方建立颜色填充图层，该图层除了纯颜色外，不会与下方图层像素产生任何影响，所以如果需要通过“纯色”填充图层对图像进行调整，就需要将“纯色”与其他功能结合使用。

打开素材图像“光盘\源文件\第14章\素材\14501.jpg”，如图14-163所示。单击“图层”面板底部的“创建新的填充或调整图层”按钮，在弹出的下拉菜单中选择“纯色”命令，弹出“拾色器（纯色）”对话框，设置完成后，在“图层”面板中生成填充图层，如图14-164所示。

图 14-163 打开图像

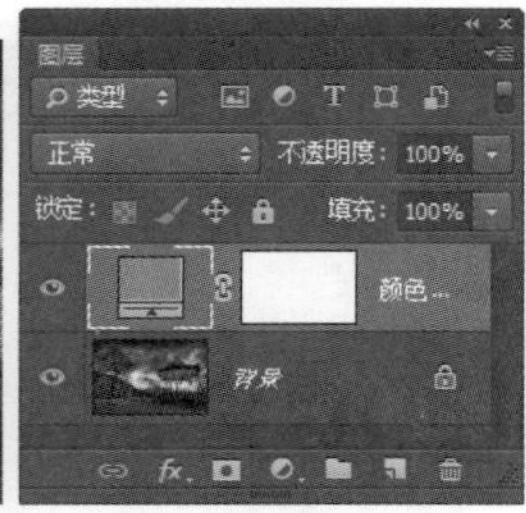

图 14-164 “图层”面板

动手实践——为黑白图像上色

源文件：光盘\源文件\第14章\14-5-1.psd

视频：光盘\视频\第14章\14-5-1.swf

01 执行“文件>打开”命令，打开素材图像“光盘\源文件\第14章\素材\14502.jpg”，如图14-165所示。打开素材图像“光盘\源文件\第14章\素材\14503.jpg”，如图14-166所示。

图 14-165 打开图像 1

图 14-166 打开图像 2

02 将图像拖曳到14502.jpg文档中，得到“图层1”图层，并将其调整到合适位置和大小。新建“图层2”图层，如图14-167所示。选择“画笔工具”，设置“前景色”为黑色，选择合适的笔触，在画布中进行涂抹，如图14-168所示。

图 14-167 “图层”面板

图 14-168 涂抹效果

03 设置该图层的“填充”为60%，效果如图14-169所示。单击“图层”面板底部的“创建新的填充或调整图层”按钮，在弹出的下拉菜单中选择“纯色”命令，弹出“拾色器（纯色）”对话框，设置如图14-170所示。

图 14-169 “图层”面板及图像效果

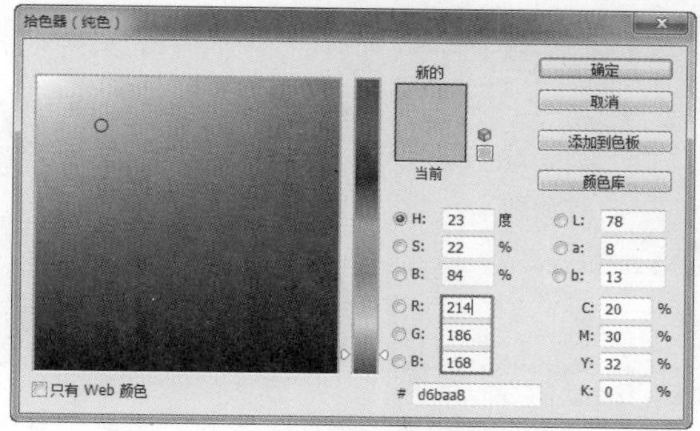

图 14-170 “拾色器（纯色）”对话框

04 单击“确定”按钮，在“图层”面板中可以看到添加的“颜色填充 1”调整图层，如图 14–171 所示。效果如图 14–172 所示。

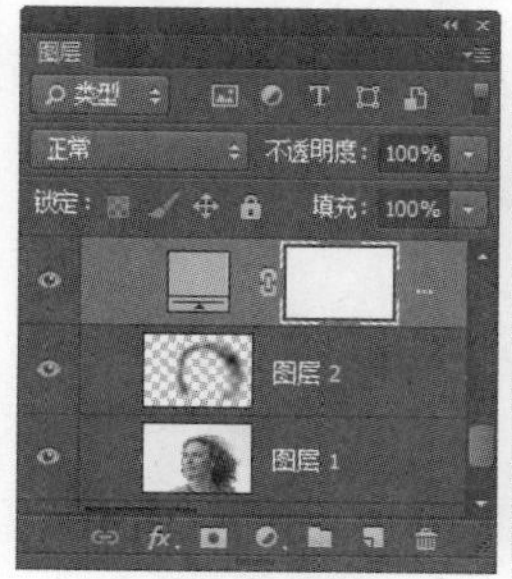
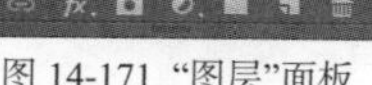

图 14-171 “图层”面板

图 14-172 颜色填充效果

05 设置该调整图层的“混合模式”为“颜色”，效果如图 14–173 所示。“图层”面板如图 14–174 所示。

图 14-173 图像效果

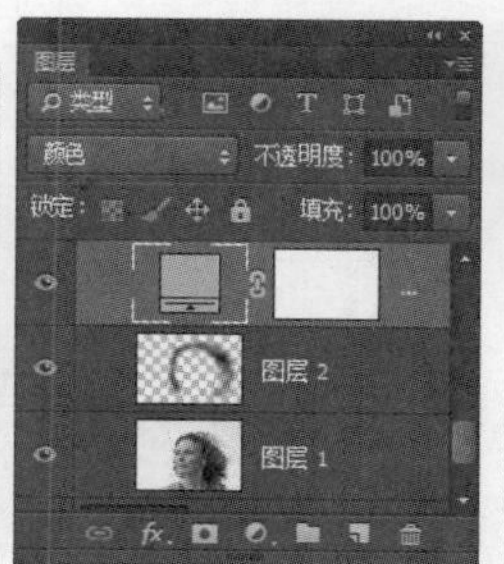

图 14-174 “图层”面板

06 在该图层上方创建“曲线 1”调整图层，设置如图 14–175 所示。

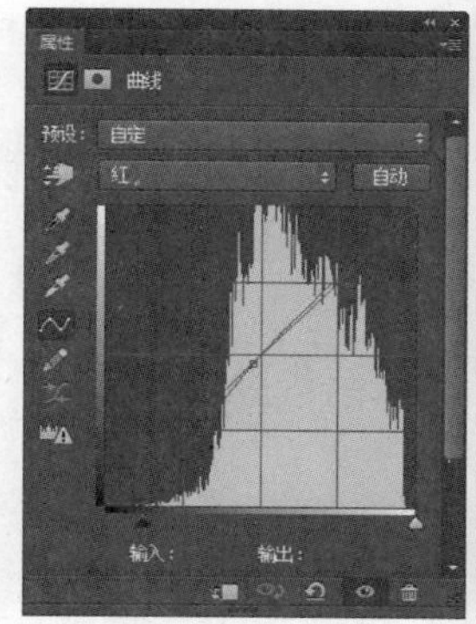
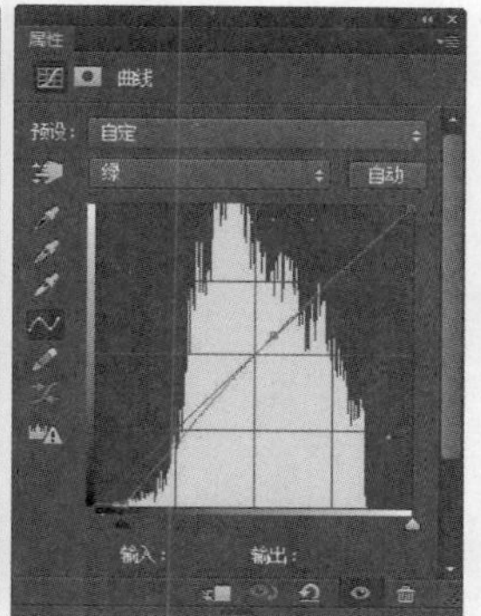
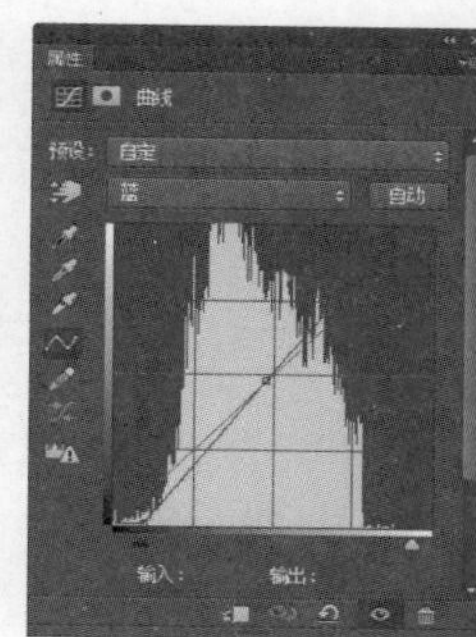
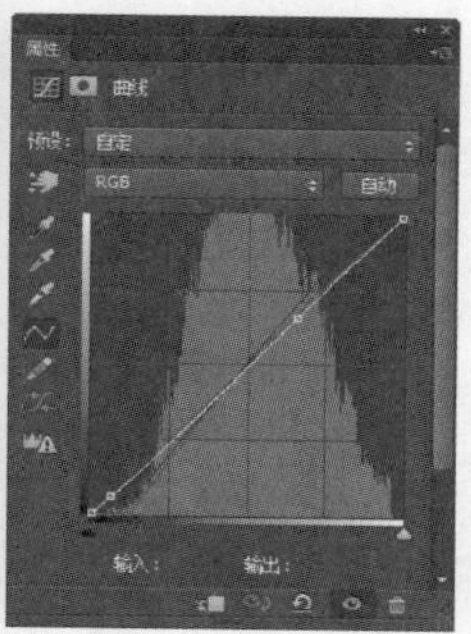

图 14-175 “属性”面板

07 完成相应的设置，效果如图 14–176 所示。选择“画笔工具”，设置“前景色”为黑色，在图层蒙版中进行涂抹，效果如图 14–177 所示。

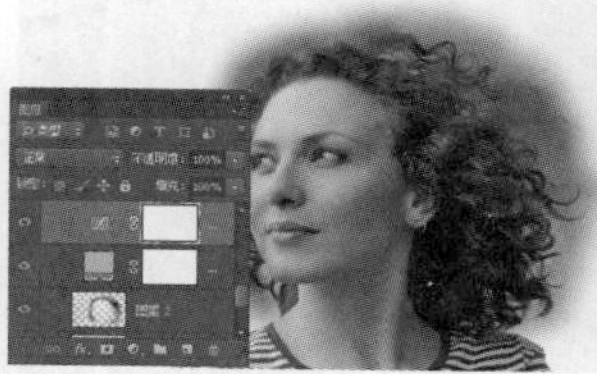

图 14-176 图像效果

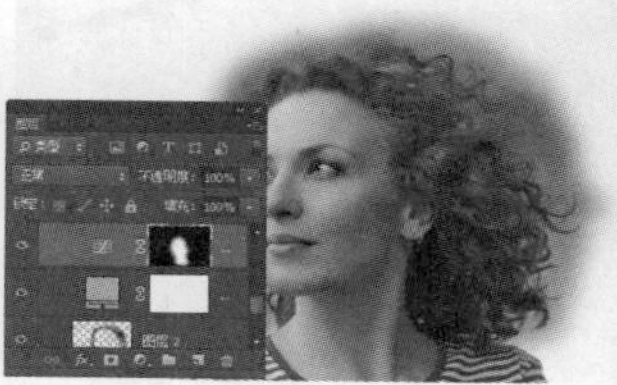

图 14-177 涂抹效果

08 创建“曲线 2”调整图层，效果如图 14–178 所示。使用“套索工具”在人物唇部绘制选区，如图 14–179 所示。

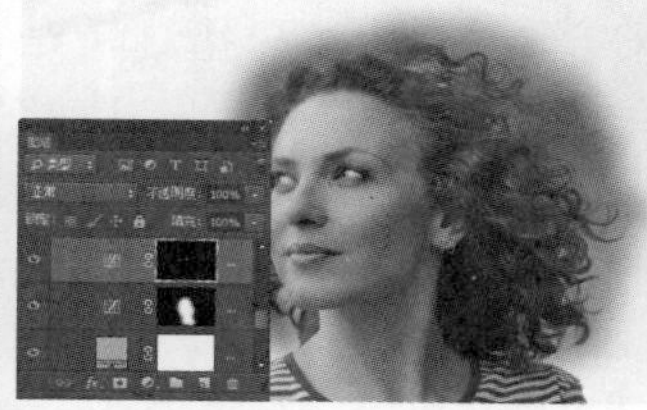

图 14-178 图像效果

图 14-179 绘制选区

09 单击“图层”面板底部的“创建新的填充或调整”按钮，在弹出的下拉菜单中选择“纯色”命令，设置颜色为 RGB（132、57、55），单击“确定”按钮，取消选区，效果如图 14–180 所示。设置该图层的“混合模式”为“叠加”，“不透明度”为 70%，效果如图 14–181 所示。

图 14-180 纯色效果

图 14-181 叠加效果

10 使用相同的方法，可以完成其他相似部分的内容，效果如图 14–182 所示。新建“组 1”，同时选中“图层 1”至“颜色填充 7”图层，执行“图层 > 图层编组”命令，将其拖动到“组 1”中，如图 14–183 所示。

图 14-182 图像效果

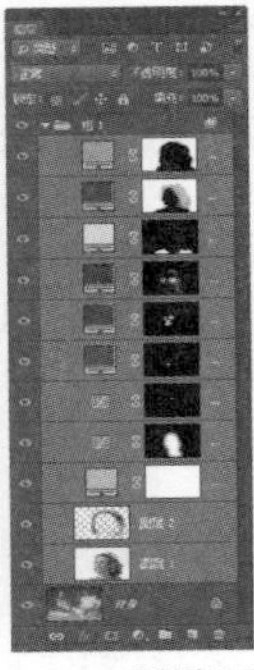
图 14-183 “图层”面板

11 为“组 1”添加图层蒙版，选择“画笔工具”，设置“前景色”为黑色，在蒙版中进行涂抹，效果如图 14-184 所示。

图 14-184 图像效果及“图层”面板

2. 渐变填充图层

渐变填充图层与纯色填充图层类似，只不过新建立的是一个渐变图层，而且可以对填充的渐变、角度以及缩放方法等选项进行设置。

动手实践——制作海底世界

源文件：光盘\源文件\第 14 章\14-5-2.psd

视频：光盘\视频\第 14 章\14-5-2.swf

01 执行“文件 > 打开”命令，打开素材图像“光盘\源文件\第 14 章\素材\14504.jpg”，如图 14-185 所示。复制“背景”图层，得到“背景 拷贝”图层，如图 14-186 所示。

图 14-185 打开图像

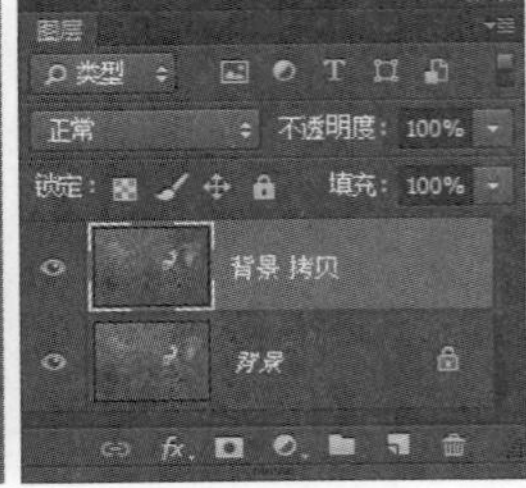
图 14-186 “图层”面板

02 执行“滤镜 > 模糊 > 高斯模糊”命令，弹出“高斯模糊”对话框，设置如图 14-187 所示。单击“确定”按钮，完成“高斯模糊”对话框的设置，效果如图 14-188 所示。

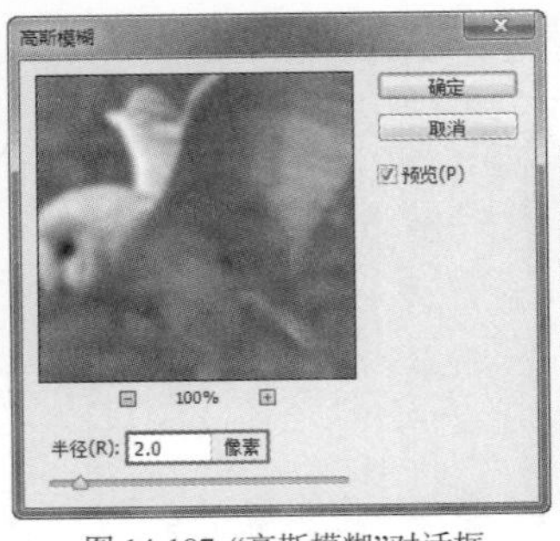
图 14-187 “高斯模糊”对话框

图 14-188 图像效果

03 为该图层添加图层蒙版，选择“画笔工具”，设置“前景色”为黑色，在画布中进行涂抹，效果如图 14-189 所示。打开素材图像“光盘\源文件\第 14 章\素材\14505.png”，将其拖曳到 14504.jpg 文档中，得到“图层 1”图层，并调整至合适的位置，效果如图 14-190 所示。

图 14-189 涂抹效果

图 14-190 拖入素材

04 将“光盘\源文件\第 14 章\素材\14506.jpg”素材图像打开，拖曳到 14504.jpg 文档中，得到“图层 2”图层，并调整至合适位置，如图 14-191 所示。设置该图层的“混合模式”为“滤色”，效果如图 14-192 所示。

图 14-191 拖入素材

图 14-192 图像效果

05 为该图层添加图层蒙版，选择“画笔工具”，设置“前景色”为黑色，在图层蒙版中进行涂抹，效果如图 14-193 所示。“图层”面板如图 14-194 所示。

图 14-193 涂抹效果

图 14-194 “图层”面板

06 新建“图层 3”图层，选择“画笔工具”，在选项栏中打开画笔选取器，单击右上角的按钮，如图 14-195 所示。在弹出的下拉菜单中选择“载入画笔”命令，弹出“载入”对话框，载入外部画笔，如图 14-196 所示。

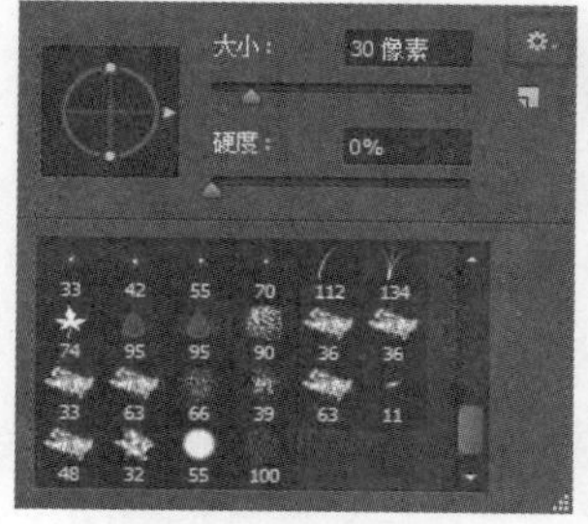
图 14-195 画笔选取器

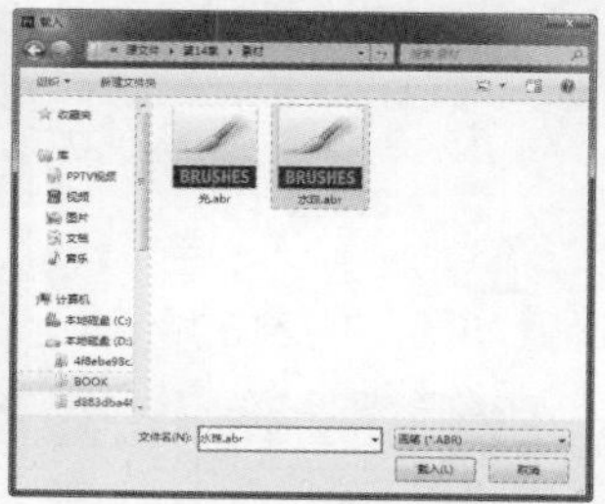
图 14-196 “载入”对话框

07 单击“载入”按钮，载入外部画笔，如图 14-197 所示。选择合适的画笔，打开“画笔”面板，设置如图 14-198 所示。

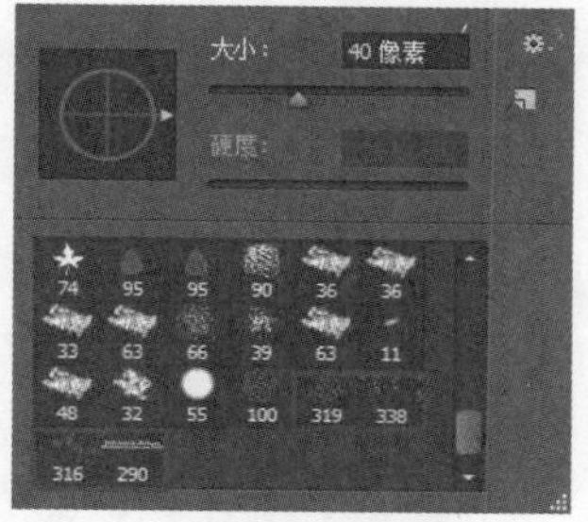
图 14-197 画笔选取器

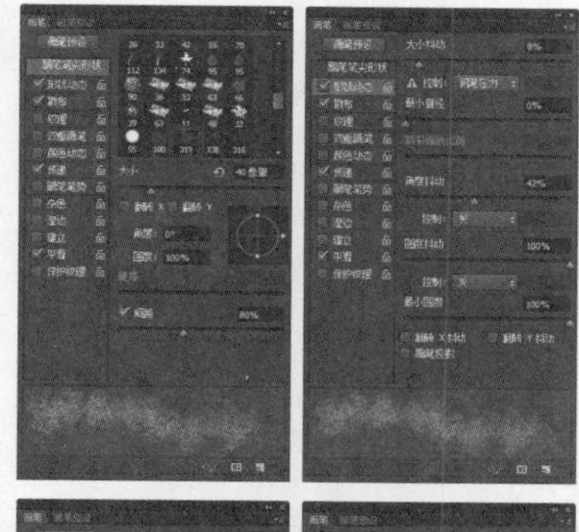

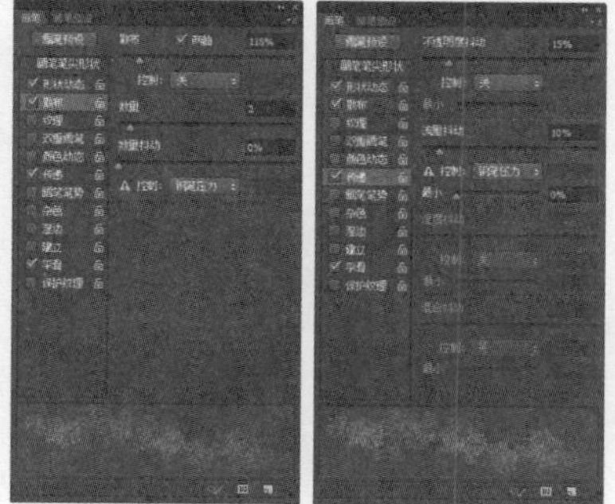
图 14-198 “画笔”面板

08 完成相应的设置，使用“画笔工具”在画布中进行涂抹，效果如图 14-199 所示。新建“图层 4”图层，选择合适的画笔笔触，在画布中进行涂抹，效果如图 14-200 所示。

图 14-199 涂抹效果

图 14-200 新建图层及涂抹效果

09 单击“图层”面板底部的“创建新的填充或调整图层”按钮，在弹出的下拉菜单中选择“渐变”命令，弹出“渐变填充”对话框，设置如图 14-201 所示。单击“确定”按钮，完成“渐变填充”对话框的设置，效果如图 14-202 所示。

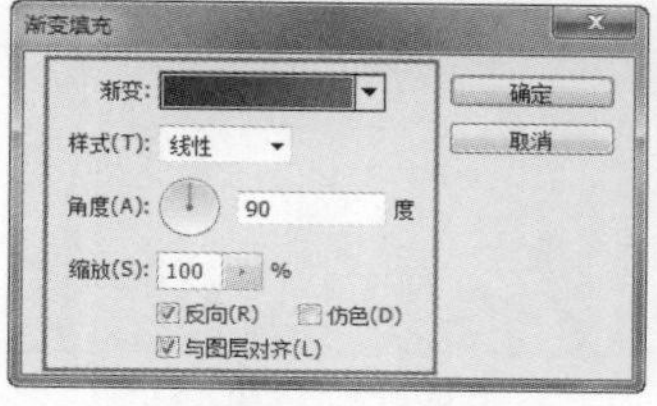

图 14-201 “渐变填充”对话框

图 14-202 渐变填充效果

10 设置“渐变填充 1”图层的“混合模式”为“叠加”，效果如图 14-203 所示。打开素材图像“光盘\源文件\第 14 章\素材\14507.jpg”，将其拖曳到 14504.jpg 文档中，得到“图层 5”图层，并调整至合适的位置，如图 14-204 所示。

图 14-203 图像效果

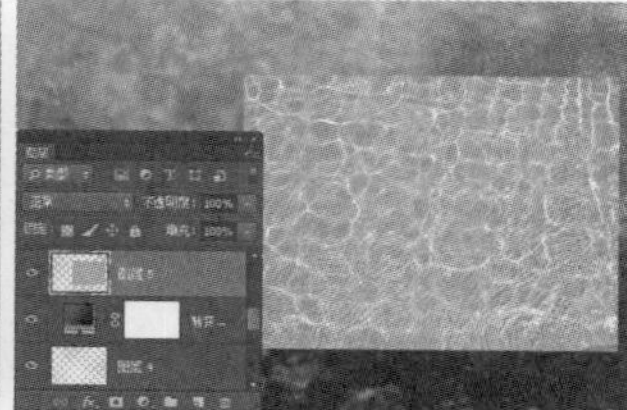
图 14-204 拖入素材

11 设置该图层的“混合模式”为“正片叠底”，“不透明度”为 50%，效果如图 14-205 所示。为该图层添加图层蒙版，选择“画笔工具”，设置“前景色”为黑色，在图层蒙版中进行涂抹，效果如图 14-206 所示。

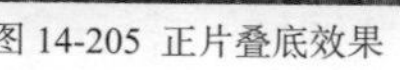
图 14-205 正片叠底效果

图 14-206 涂抹效果

12 新建“图层 6”图层，设置“前景色”为白色，载入外部画笔，选择合适的画笔笔触，在画布中进行涂抹，效果如图 14–207 所示。为该图层添加图层蒙版，选择“画笔工具”，设置“前景色”为黑色，在画布中进行涂抹，效果如图 14–208 所示。

图 14-207 白色涂抹效果

图 14-208 黑色涂抹效果

13 新建“渐变填充”图层，设置如图 14–209 所示。单击“确定”按钮，完成相应的设置，效果如图 14–210 所示。

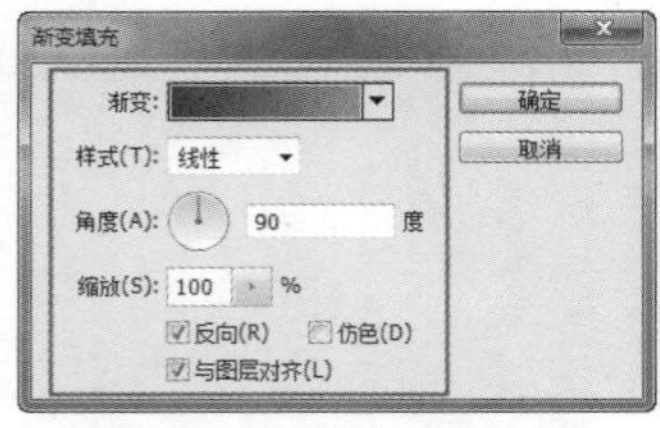

图 14-209 “渐变填充”对话框

图 14-210 渐变填充效果

14 设置该图层的“混合模式”为“柔光”，“不透明度”为 70%，效果如图 14–211 所示。使用相同的方法，可以完成其他部分内容的制作，最终效果如图 14–212 所示。

图 14-211 图像效果

图 14-212 最终效果

3. 图案填充图层

通过图案填充图层可以为图像添加图案，为图像添加一些花纹效果，通过图层“混合模式”与“不透明度”选项调整花纹的效果。

动手实践——打造炫彩汽车

源文件：光盘 \ 源文件 \ 第 14 章 \14-5-3.psd

视频：光盘 \ 视频 \ 第 14 章 \14-5-3.swf

01 打开素材图像“光盘 \ 源文件 \ 第 14 章 \ 14508.jpg”，如图 14–213 所示。按快捷键 Ctrl+J，复制“背景”图层，得到“图层 1”图层，单击“图层”面板底部的“创建新的填充或调整图层”按钮，在弹出的下拉菜单中选择“纯色”命令，弹出“拾色器（纯色）”对话框，设置如图 14–214 所示。

图 14-213 打开图像

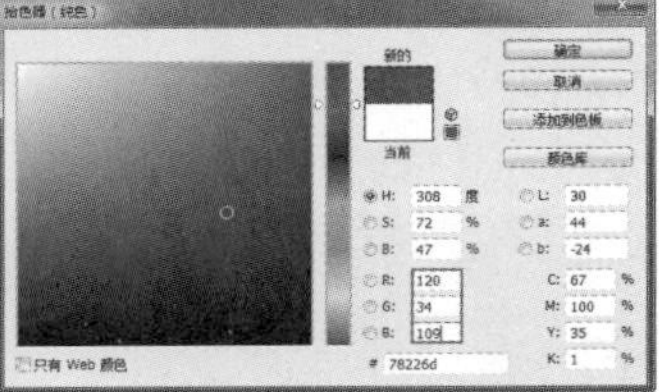
图 14-214 “拾色器”对话框

02 单击“确定”按钮，生成“颜色填充 1”图层，设置如图 14–215 所示。图像效果如图 14–216 所示。

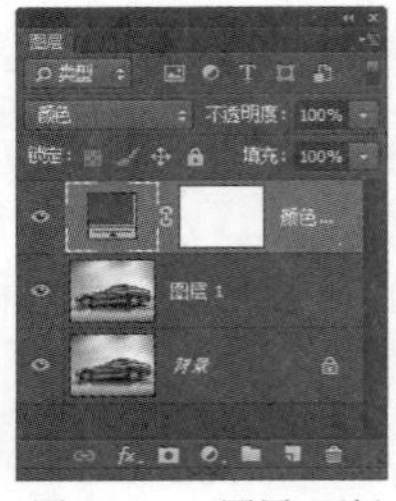
图 14-215 “图层”面板

图 14-216 图像效果

03 使用“钢笔工具”在画布中绘制路径。按快捷键 Ctrl+Enter，将路径转换为选区，如图 14–217 所示。按快捷键 Ctrl+Shift+I，执行反向操作。选择“图层 1”图层，按 Delete 键将选区中图像删除，将“颜色填充 1”图层创建剪贴蒙版，如图 14–218 所示。

图 14-217 图像效果

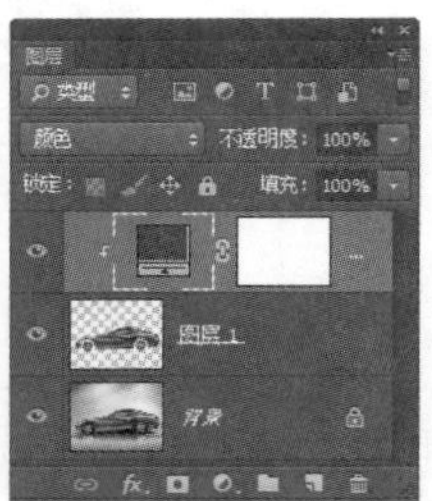
图 14-218 “图层”面板

04 创建剪贴蒙版后，图像效果如图 14–219 所示。按住 Ctrl 键同时选择“图层 1”与“颜色填充 1”图层，按住 Alt 键向下拖曳复制图层，如图 14–220 所示。

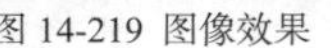
图 14-219 图像效果

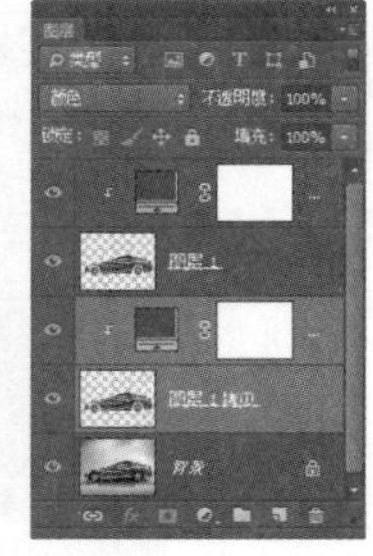
图 14-220 “图层”面板

05 选择生成的“图层 1 拷贝”图层，执行“编辑 > 变换 > 垂直翻转”命令，再执行“编辑 > 自由变换”命令，对图像进行旋转操作，效果如图 14–221 所示。执行“滤

镜 > 模糊 > 高斯模糊”命令，弹出“高斯模糊”对话框，设置如图 14–222 所示。

图 14-221 图像效果

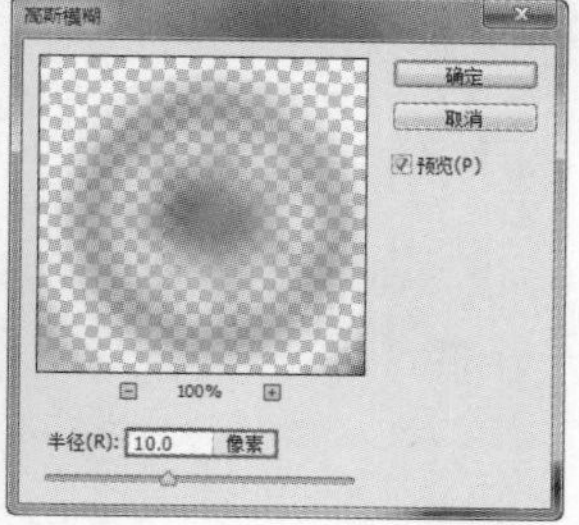

图 14-222 “高斯模糊”对话框

06 单击“确定”按钮，效果如图 14–223 所示。为该图层添加图层蒙版，选择“渐变工具”，打开“渐变编辑器”对话框，设置从黑色到白色的渐变颜色，如图 14–224 所示。

图 14-223 图像效果

图 14-224 “渐变编辑器”对话框

07 设置完成后，在蒙版中填充黑白线性渐变，并设置该图层的“不透明度”为 50%，效果如图 14–225 所示。打开素材图像“光盘 \ 源文件 \ 第 14 章 \14509.tif”，如图 14–226 所示。

图 14-225 图像效果

图 14-226 打开图像

08 执行“编辑 > 定义图案”命令，弹出“图案名称”对话框，设置如图 14–227 所示。单击“确定”按钮，切换至 14508.jpg 文档中，单击“图层”面板底部的“创建新的填充或调整图层”按钮，在弹出的下拉菜单中选择“图案”命令，弹出“图案填充”对话框，设置如图 14–228 所示。

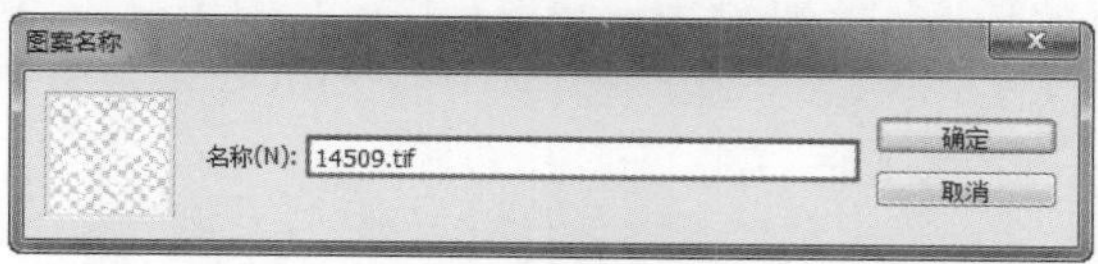

图 14-227 “图案名称”对话框

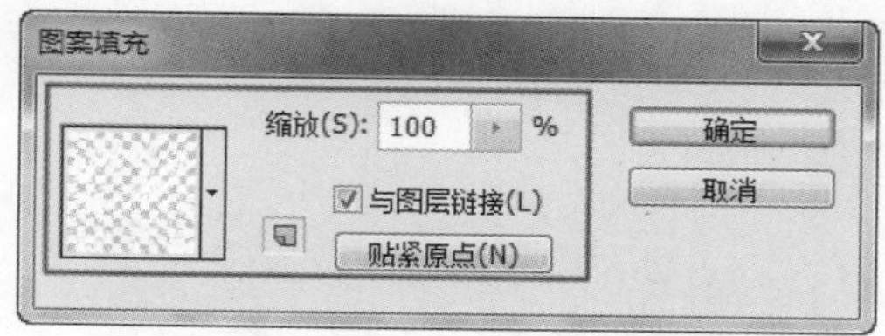

图 14-228 “图案填充”对话框

09 单击“确定”按钮，完成“图案填充”对话框的设置，效果如图 14–229 所示。按快捷键 Ctrl+Alt+G，创建剪贴蒙版，效果如图 14–230 所示。

图 14-229 图案填充效果

图 14-230 剪贴蒙版效果

10 设置该图层的“不透明度”为 30%，效果如图 14–231 所示。打开素材图像“光盘 \ 源文件 \ 第 14 章 \14510.tif”，如图 14–232 所示。

图 14-231 图像效果

图 14-232 打开图像

11 将素材图像拖曳到 14508.jpg 文档中，为该图层创建剪贴蒙版，如图 14–233 所示。为该图层添加图层蒙版，在蒙版中填充黑白径向渐变，并设置“不透明度”为 80%，效果如图 14–234 所示。

图 14-233 剪贴蒙版效果

图 14-234 图像效果

12 复制“图层 1”图层，得到“图层 1 拷贝 2”图层，移动该图层至最上方，并设置“混合模式”为“线性光”，效果如图 14–235 所示。执行“选择 > 色彩范围”命令，弹出“色彩范围”对话框，按住 Shift 键单击图像中黑色与灰度像素区域，如图 14–236 所示。

图 14-235 图像效果

图 14-236 “色彩范围”对话框

13 单击“确定”按钮，选区效果如图 14-237 所示。为该图层添加蒙版，选择“画笔工具”，设置“前景色”为黑色，将图像中黑色像素区域擦除，设置“不透明度”为 80%，完成最终效果，如图 14-238 所示。

图 14-237 选区效果

图 14-238 最终效果

14.6 调整图层

调整图层是一种比较特殊的图层，它可以同时将颜色和色调调整应用于图像，但不会改变原图像的像素，因而不会对图像产生实质性的破坏。接下来将讲解如何使用调整图层以及各种调整命令的使用方法。

14.6.1 调整图层的优点

在 Photoshop CC 中，图像色彩与色调的调整方法有两种：一种是执行“图像 > 调整”菜单中的命令；另一种则是使用调整图层来进行操作。

打开素材图像“光盘\源文件\第 14 章\素材\146101.jpg”，如图 14-239 所示。“图层”面板如图 14-240 所示。

图 14-239 打开图像

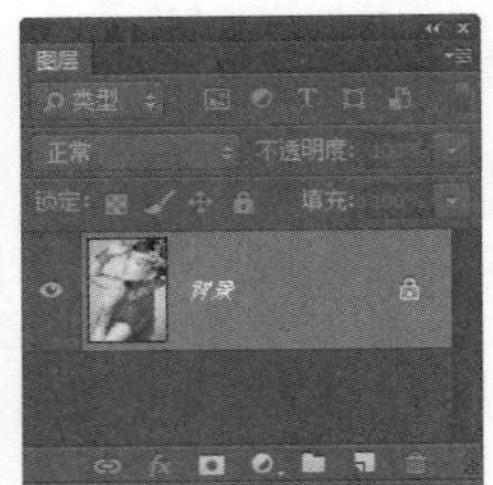
图 14-240 “图层”面板

执行“图像 > 调整”菜单中的调整命令会直接修改所选图层中的像素数据，如图 14-241 所示。使用调整图层同样可以达到相同的效果，但不会修改原图像像素，如图 14-242 所示。如果想恢复图像原来的状态，只要隐藏或删除调整图层即可。

图 14-241 使用调整命令进行修改

图 14-242 使用调整图层进行修改

在“图层”面板中，为图像创建调整图层后，颜色和色调调整就存储在调整图层中，并影响下面的所有图层。如果想要对多个图层进行相同的调整，在这些图层上面创建一个调整图层即可，可以通过调整图层来影响这些图层，而不必分别调整每个图层，将其他图层放在调整图层下面，就会对其产生影响，如图 14-243 所示。如果将图层从调整图层的下面移至调整图层的上面，则可以取消调整图层对图层的影响，如图 14-244 所示。

图 14-243 调整图层在上面的效果

图 14-244 调整图层在下面的效果

提示

调整图层可以随时修改参数，而“图像 > 调整”菜单中的命令一旦应用，将文档关闭以后，图像就不能恢复了。

14.6.2 “调整”面板

执行“窗口 > 调整”命令，打开“调整”面板，如图 14-245 所示。在该面板中单击相应的调整图层按钮，即可添加相应的调整图层，并打开“属性”面板显示相应的设置选项，如图 14-246 所示。

图 14-245 “调整”面板　　图 14-246 “属性”面板

- 调整图层按钮：单击相应的按钮，即可添加相应的调整图层，并打开“属性”面板，在该面板中显示相应的调整选项，供用户进行设置。
- “此调整影响下面的所有图层”：默认情况下，所添加的调整图层是对其下面的所有图层起作用的。如果单击该按钮，则会将当前添加的调整图层创建为剪贴蒙版，仅对其下面紧邻的图层起作用，而不会对下面其他图层起作用。
- “查看上一状态”按钮：按住该按钮会查看上一次对调整图层进行的相关设置。按住该按钮或按快捷键\，可以观看上一次进行的调整；松开按钮后，恢复到当前设置状态。
- “复位到调整默认值”按钮：单击该按钮，可以将调整图层复位到默认的设置。
- “切换图层可见性”按钮：单击该按钮，可以切换当前调整图层的可见性，显示或隐藏当前的调整图层。
- “删除此调整图层”按钮：单击该按钮，可以删除当前的调整图层，也可以通过“图层”面板删除当前的调整图层。

14.6.3 创建调整图层

打开素材图像“光盘\源文件\第 14 章\素材\146301.jpg”，如图 14-247 所示。执行“图层 > 新建调整图层”命令，在“新建调整图层”的子菜单中可以选择调整命令，如图 14-248 所示。完成对相应选项的设置后，在“图层”面板中会生成对应的调整图层，如图 14-249 所示。

图 14-247 打开图像　　图 14-248 子菜单中的调整命令

图 14-249 “图层”面板

除此之外，单击“调整”面板上的对应的调整按钮或在“图层”面板中单击“创建新的填充或调整图层”按钮，在弹出的下拉菜单中选择相应的调整命令，也可以创建调整图层。

14.6.4 使用调整图层制作电影海报 

海报被称为“街头艺术”，优秀的海报能够快速吸引受众的注意力，并且可以有效传达信息。如何使用调整图层来打造一张美观且独具视觉感的电影海报呢？下面就来一起学习一下。

动手实践——使用调整图层制作电影海报 

源文件：光盘\源文件\第 14 章\14-6-4.psd

视频：光盘\视频\第 14 章\14-6-4.swf

01 打开素材图像“光盘\源文件\第 14 章\素材\146401.jpg”，如图 14-250 所示。复制“背景”图层，得到“背景 拷贝”图层，如图 14-251 所示。

图 14-250 打开图像

图 14-251 “图层”面板

02 选择“画笔工具”，设置“前景色”为 RGB（72、89、107），在画布中进行涂抹，效果如图 14-252 所示。设置该图层的“混合模式”为“明度”，效果如图 14-253 所示。

图 14-252 涂抹效果

图 14-253 明度效果

03 在“图层”面板的底部单击“创建新的填充或调整图层”按钮，在弹出的下拉菜单中选择“色彩平衡”命令，在“属性”面板中对相关选项进行设置，如图 14–254 所示。完成相应的设置后，效果如图 14–255 所示。

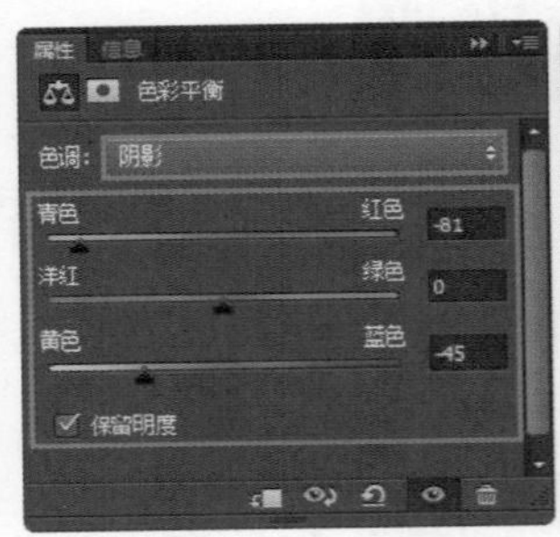

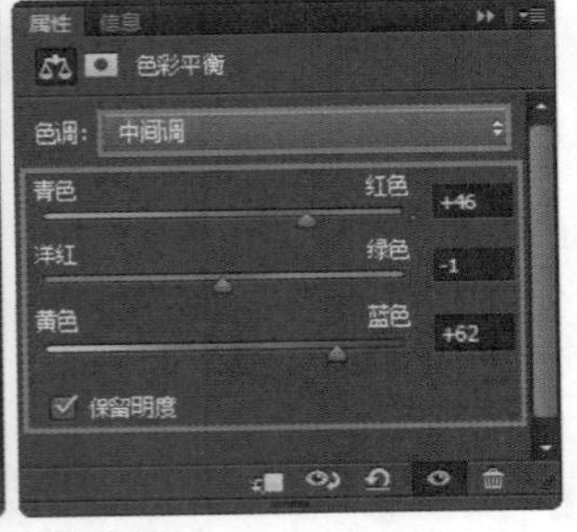

图 14-254 “属性”面板

图 14-255 图像效果

04 添加“曲线”调整图层，并在“属性”面板中对相关参数进行设置，如图 14–256 所示。完成相应的设置，效果如图 14–257 所示。

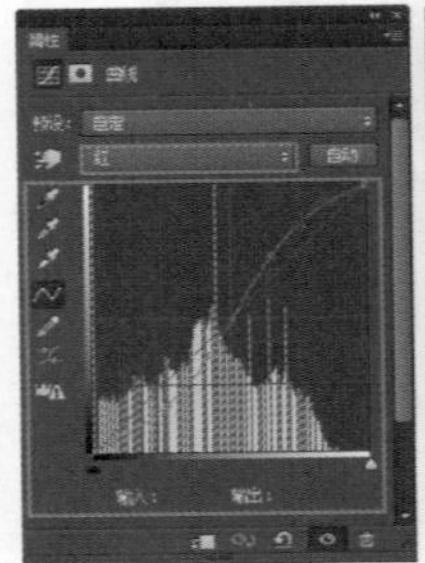
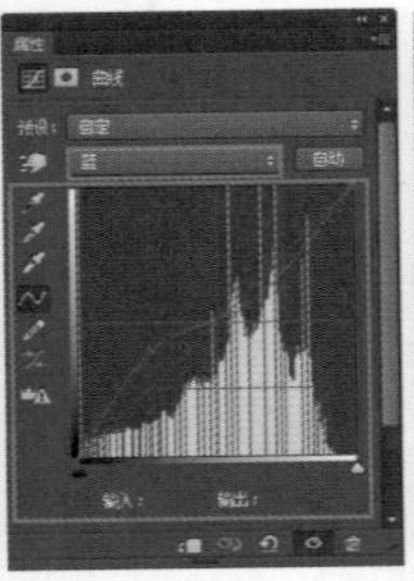

图 14-256 “属性”面板

图 14-257 图像效果

05 添加“色阶”调整图层，在“属性”面板中对相关参数进行设置，如图 14–258 所示。

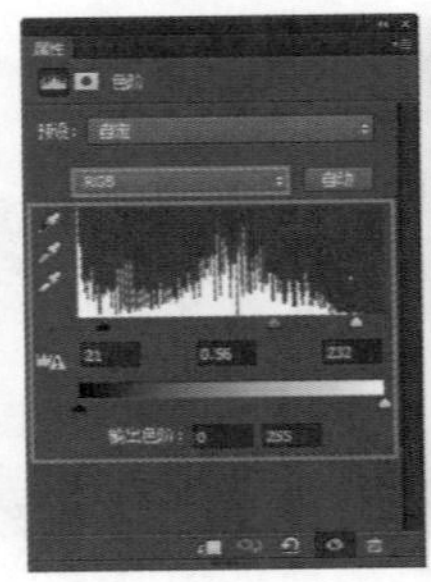
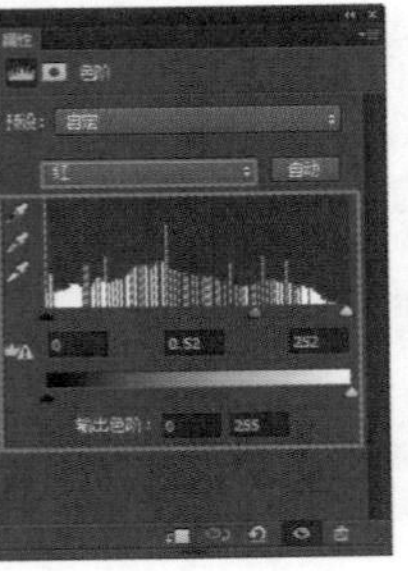
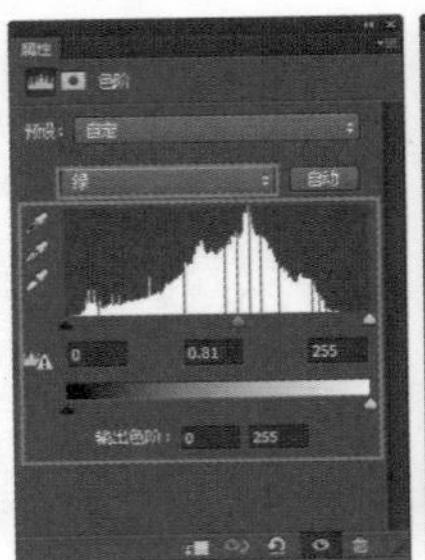
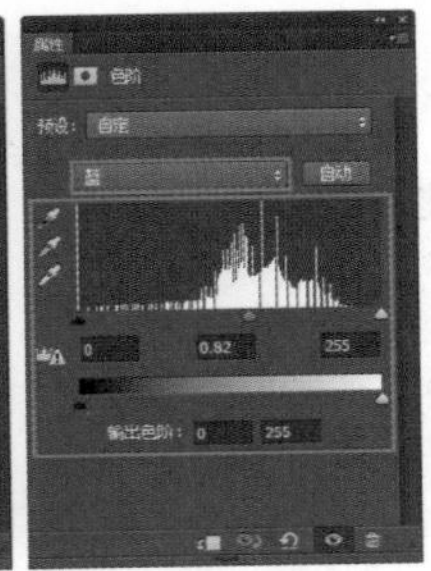

图 14-258 “属性”面板

06 完成相应的设置，效果如图 14–259 所示。选择“画笔工具”，设置“前景色”为黑色，在选项栏中设置“不透明度”为 50%，在“色阶”调整图层中的图层蒙版中进行涂抹，效果如图 14–260 所示。

图 14-259 图像效果

图 14-260 涂抹效果

07 添加“亮度 / 对比度”调整图层，在“属性”面板中对相关选项进行设置，如图 14–261 所示。完成相应的设置，效果如图 14–262 所示。

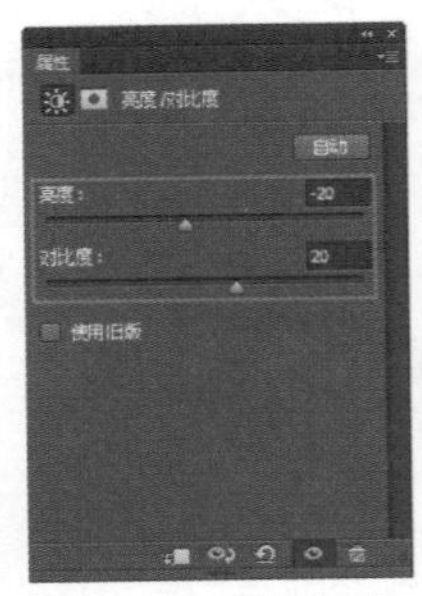

图 14-261 “属性”面板

图 14-262 图像效果

08 打开素材图像“光盘 \ 源文件 \ 第 14 章 \ 素材 \ 146402.jpg”，将其拖曳到 146401.jpg 文档中，得到“图层 1”图层，如图 14–263 所示。对该图像进行旋转操作，如图 14–264 所示。

图 14-263 打开图像

图 14-264 调整图像位置

09 设置该图层的“混合模式”为“滤色”，效果如图 14–265 所示。为该图层添加图层蒙版，选择“画笔工具”，设置“前景色”为黑色，在蒙版中进行涂抹，效果如图 14–266 所示。

图 14-265 图像效果

图 14-266 涂抹效果

10 完成相似部分内容的制作，效果如图 14–267 所示。“图层”面板如图 14–268 所示。

图 14-267 图像效果

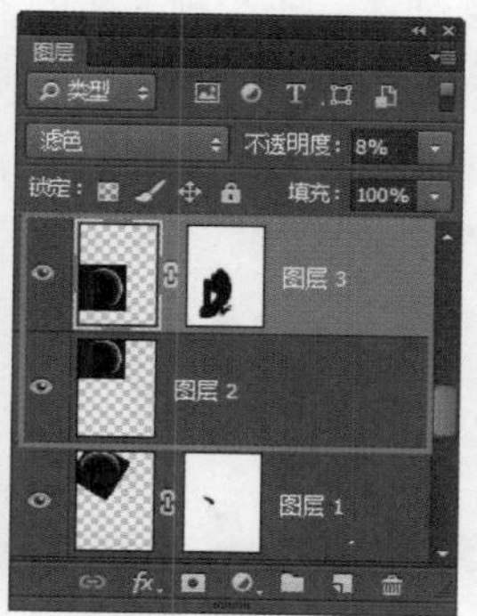

图 14-268 “图层”面板

11 新建“图层 4”图层，选择“画笔工具”，设置“前景色”为 RGB（124、114、113），在画布中进行涂抹，效果如图 14–269 所示。执行“滤镜 > 扭曲 > 波浪”命令，弹出“波浪”对话框，设置如图 14–270 所示。

图 14-269 涂抹效果

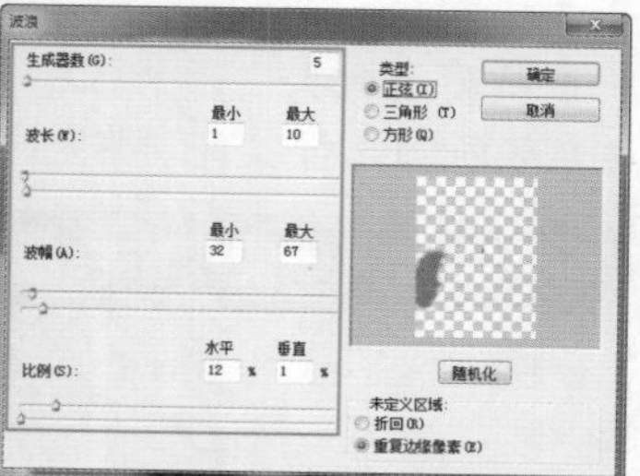

图 14-270 “波浪”对话框

12 单击“确定”按钮，完成“波浪”对话框的设置，效果如图 14–271 所示。设置该图层的“混合模式”为“颜色减淡”，效果如图 14–272 所示。

图 14-271 波浪效果

图 14-272 颜色减淡效果

13 完成相似内容的制作，效果如图 14–273 所示。“图层”面板如图 14–274 所示。

图 14-273 图像效果

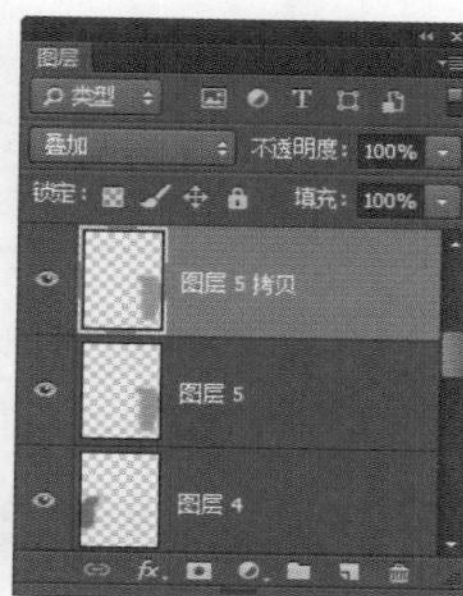

图 14-274 “图层”面板

14 选择“横排文字工具”，打开“字符”面板，设置如图 14–275 所示。完成相应的设置，在画布中输入文字，效果如图 14–276 所示。

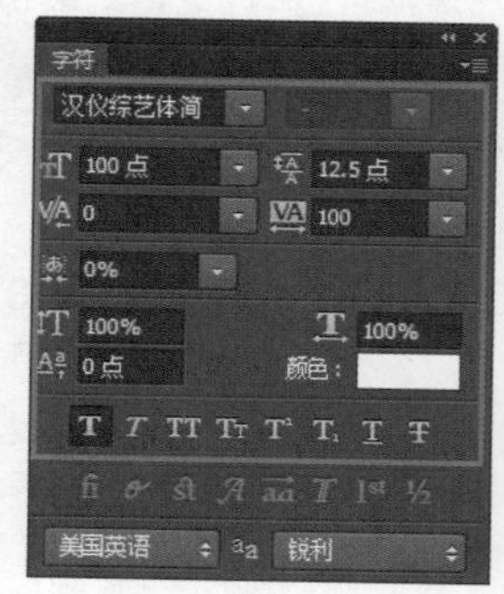

图 14-275 “字符”面板

图 14-276 输入文字

15 为该图层添加“斜面和浮雕”图层样式，设置如图 14–277 所示。在“图层样式”对话框左侧选中“内阴影”选项，对相关选项进行设置，如图 14–278 所示。

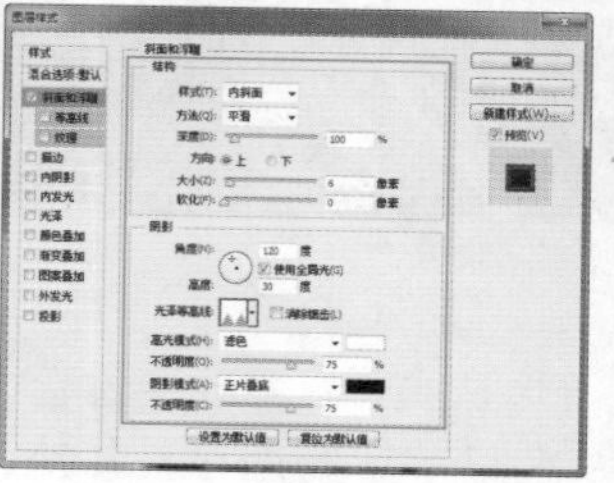

图 14-277 设置“斜面和浮雕”

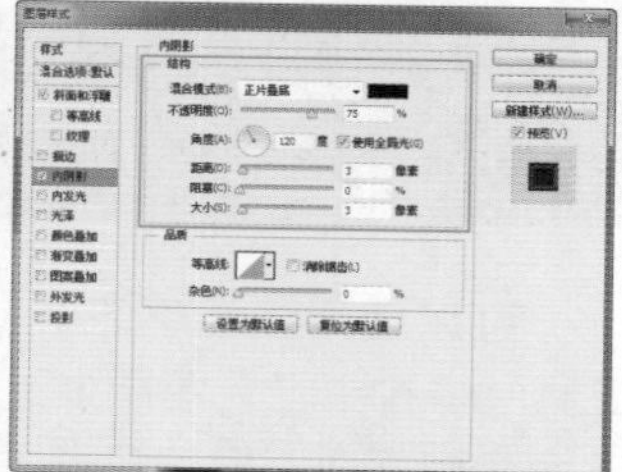

图 14-278 设置“内阴影”

16 在“图层样式”对话框左侧选中“内发光”选

项，对相关选项进行设置，如图 14–279 所示。在“图层样式”对话框左侧选中“渐变叠加”选项，对相关选项进行设置，如图 14–280 所示。

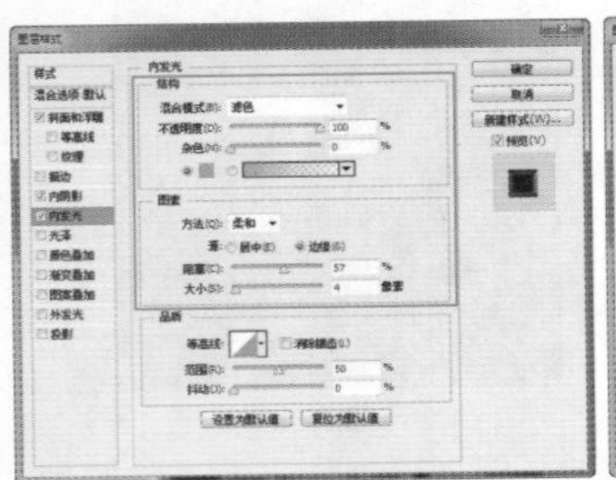
图 14-279 设置“内发光”

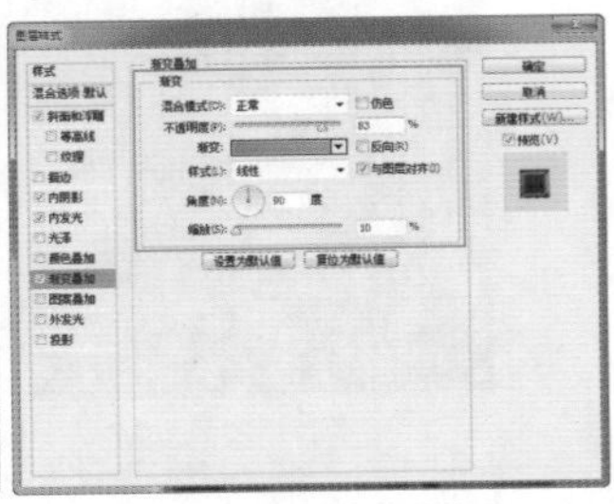
图 14-280 设置“渐变叠加”

17 在“图层样式”对话框左侧选中“投影”选项，对相关选项进行设置，如图 14–281 所示。单击“确定”按钮，完成“图层样式”对话框的设置，在画布中输入其他文字，最终效果如图 14–282 所示。

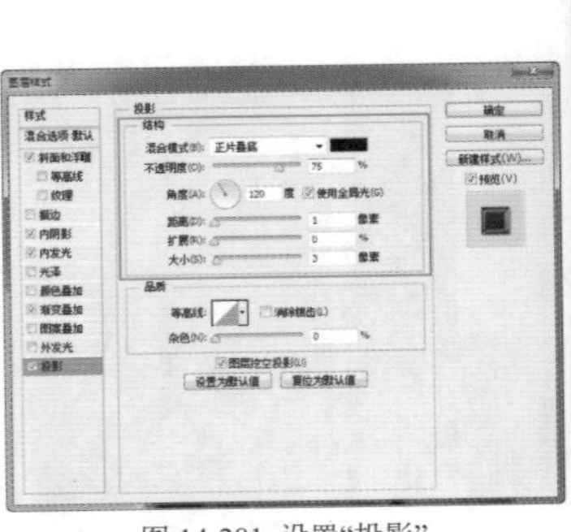
图 14-281 设置“投影”

图 14-282 最终效果

14.7 中性色图层

中性色图层是指一种填充了中性色的特殊图层，它通过混合模式对下面的图像产生影响。中性色图层可用于修饰图像以及添加滤镜效果，所进行的操作都不会对其他图层上的像素造成破坏。

14.7.1 什么是中性色图层

在 Photoshop CC 中，黑色、白色和 50% 灰色是中性色，如图 14–283 所示。

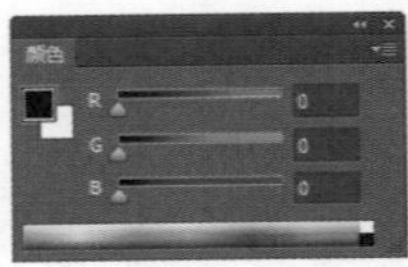
黑色

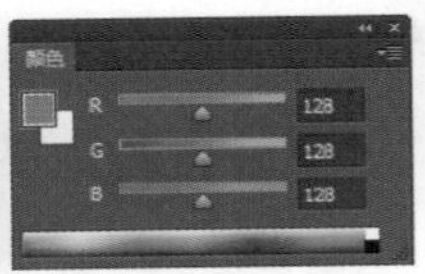
白色

50% 灰色

图 14-283 “颜色”面板

在创建中性色图层时，Photoshop 会用以上 3 种中性色的任意一种来填充图层。在混合模式的作用下，使得图层中的中性色不可见，与在文档中新建的透明图层相似，如图 14–284 所示。如果不应用任何效果，中性色图层不会对其他图层产生任何影响。

图 14-284 中性色图层及图像效果

可以使用“画笔工具”、“加深工具”、“减淡工具”等在中性色图层上进行涂抹操作，修改中性色，从而影响下面图像的色调，如图 14–285 所示。另外，还可以为中性色图层应用滤镜效果。如图 14–286 所示为添加“杂色”的滤镜效果。

图 14-285 画笔涂抹效果

图 14-286 添加“杂色”滤镜效果

技巧

“光照效果”、“镜头光晕”等滤镜是不能应用在没有像素的图层上，但它们可以用于中性色图层。

14.7.2 使用中性色图层校正曝光

通常情况下，在处理一些曝光的照片时，都是使用 Photoshop CC 中的工具对照片进行直接处理，在一定程度上会丢失照片的相关信息，然而使用中性色图层校正曝光可以有效避免这些问题。

动手实践——使用中性色图层校正曝光

源文件：光盘 \ 源文件 \ 第 14 章 \14-7-2.psd

视频：光盘 \ 视频 \ 第 14 章 \14-7-2.swf

01 打开素材图像“光盘 \ 源文件 \ 第 14 章 \ 素材 \147201.jpg”，如图 14–287 所示。执行“图层 > 新建 > 图层”命令，弹出“新建图层”对话框，在“模式”下拉列表中选择“柔光”选项，选中“填充柔光中性色”选项，设置如图 14–288 所示。

图 14-287 打开图像

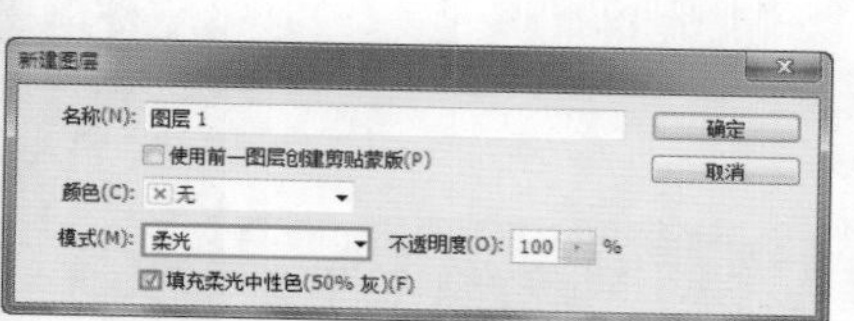

图 14-288 “新建图层”对话框

02 单击“确定”按钮，完成“新建图层”对话框的设置，“图层”面板如图 14-289 所示。按下 D 键，恢复默认的“前景色”和“背景色”。选择“画笔工具”，选择一个合适的柔角画笔，在选项栏上设置“不透明度”为 30%，在人物后面的背景上涂抹，进行加深处理，如图 14-290 所示。

图 14-289 “图层”面板

图 14-290 画笔涂抹效果

提示

按住 Alt 键单击“图层”面板底部的“创建新图层”按钮，也可以弹出“新建图层”对话框。

03 按下 X 键，将“前景色”切换为白色，在人物身体上涂抹，进行减淡处理，如图 14-291 所示。在“图层”面板的底部单击“创建新的填充或调整图层”按钮，在弹出的下拉菜单中选择“曲线”命令，打开“属性”面板，设置如图 14-292 所示。

图 14-291 减淡处理效果

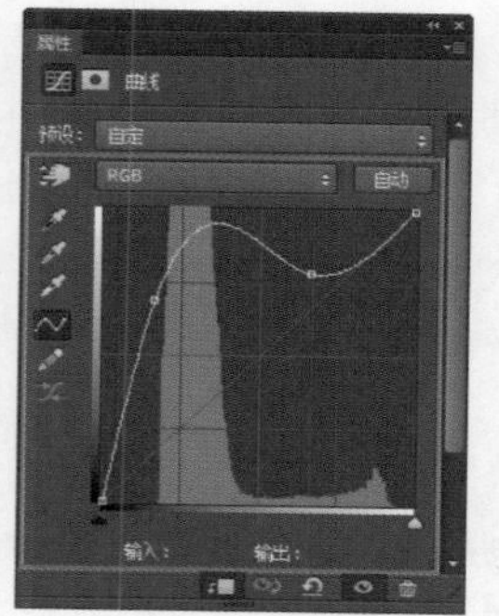

图 14-292 “属性”面板

04 完成相应的设置，效果如图 14-293 所示。“图层”面板如图 14-294 所示。

图 14-293 图像效果

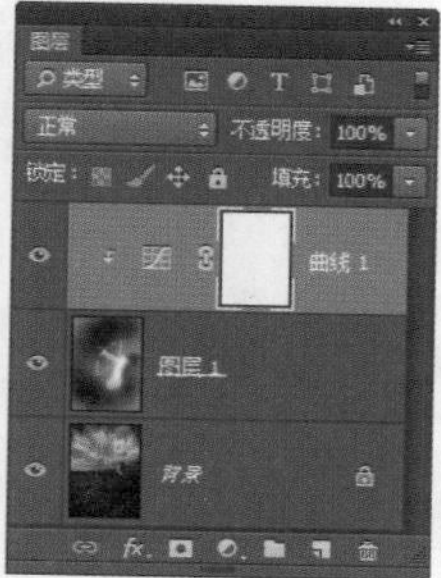

图 14-294 “图层”面板

14.7.3 使用中性色图层制作灯光效果

几乎所有的滤镜都不能应用在透明像素的图层中，由于中性色图层所具有的特殊性，很多时候，可以将滤镜效果应用在中性色图层中，从而实现相应的效果。

动手实践——使用中性色图层制作灯光

源文件：光盘 \ 源文件 \ 第 14 章 \14-7-3.psd

视频：光盘 \ 视频 \ 第 14 章 \14-7-3.swf

01 打开素材图像“光盘 \ 源文件 \ 第 14 章 \ 素材 \ 147301.jpg”，如图 14-295 所示。按住 Alt 键单击“图层”面板底部的“创建新图层”按钮，弹出“新建图层”对话框，设置如图 14-296 所示。

图 14-295 打开图像

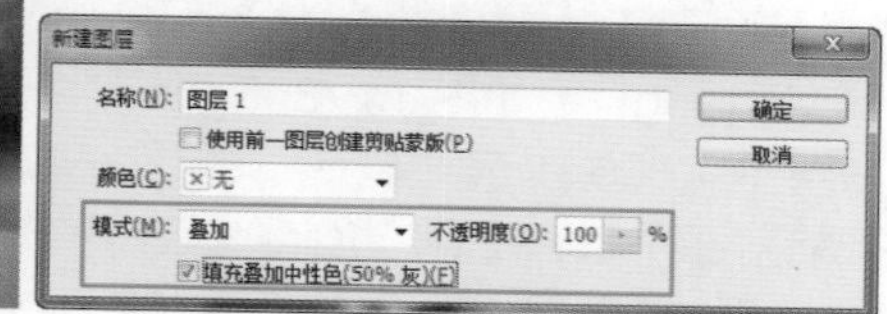

图 14-296 “新建图层”对话框

02 单击“确定”按钮，新建中性色图层，“图层”面板如图 14-297 所示。图像效果如图 14-298 所示。

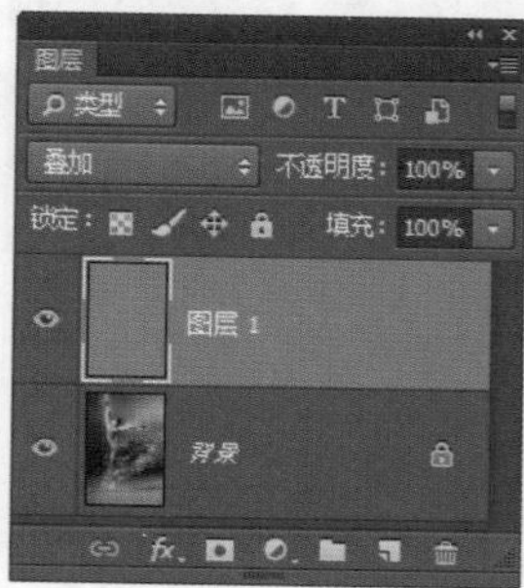

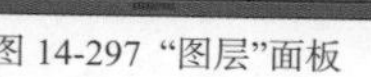

图 14-297 “图层”面板

图 14-298 图像效果

03 执行“滤镜 > 渲染 > 光照效果”命令，应用“光照效果”滤镜，界面如图 14-299 所示。对光照效果进行调整，如图 14-300 所示。

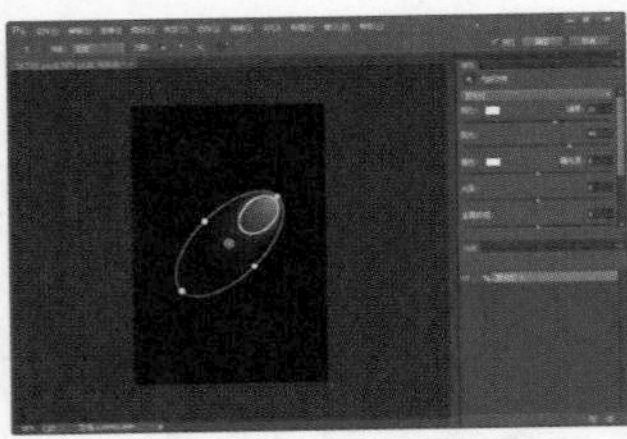
图 14-299 “光照效果”滤镜界面

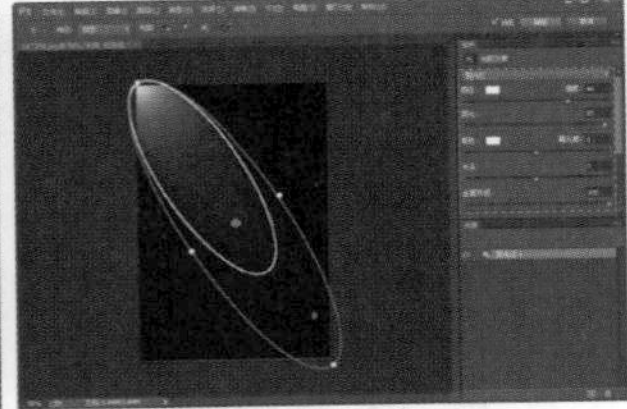
图 14-300 调整光照效果

04 单击选项栏上的“添加新的聚光灯”按钮，添加聚光灯，如图 14-301 所示。对新添加的聚光灯光照效果进行调整，如图 14-302 所示。

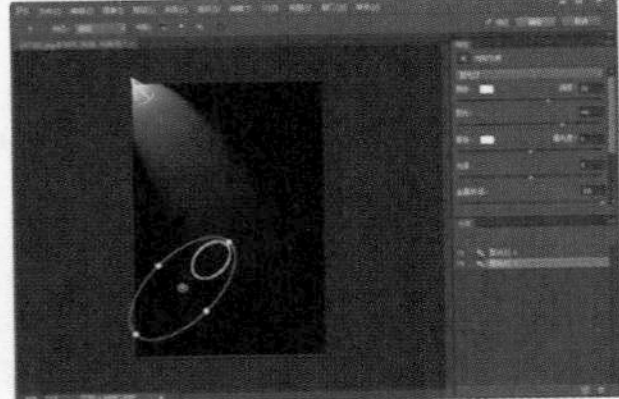
图 14-301 添加聚光灯

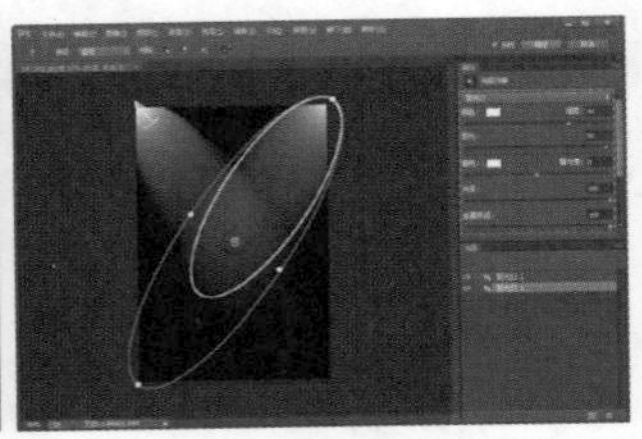
图 14-302 调整聚光灯光照效果

05 单击选项栏上的“确定”按钮，完成“光照效果”滤镜的设置，可以在中性色图层上应用该滤镜，“图层”面板如图 14-303 所示。照片效果如图 14-304 所示。

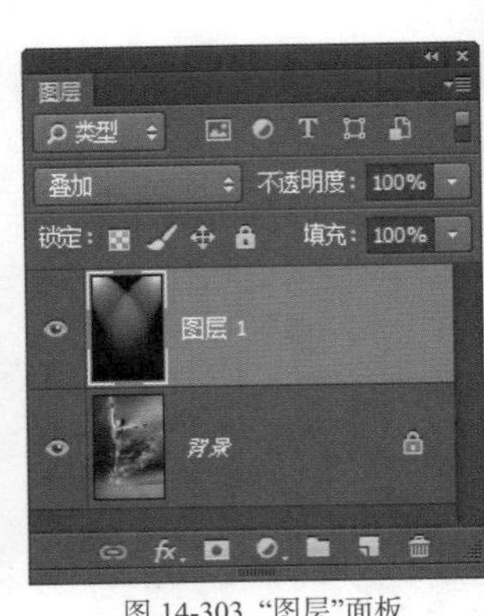

图 14-303 “图层”面板

图 14-304 照片效果

14.8 智能对象

智能对象与智能滤镜的特性均是在“保留图像的源内容及其所有原始特性”和“非破坏性编辑”的前提下对图像进行编辑。

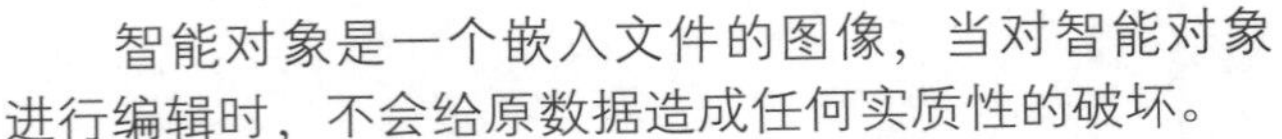

14.8.1 智能对象的优点

智能对象是一个嵌入文件的图像，当对智能对象进行编辑时，不会给原数据造成任何实质性的破坏。

打开素材图像“光盘\源文件\第 14 章\素材\148101.jpg”，如图 14-305 所示。打开“图层”面板，如图 14-306 所示。执行“图层 > 智能对象 > 转换为智能对象”命令，将当前默认选中的“背景”图层转换为智能对象图层，如图 14-307 所示。

图 14-305 打开图像

图 14-306 “图层”面板

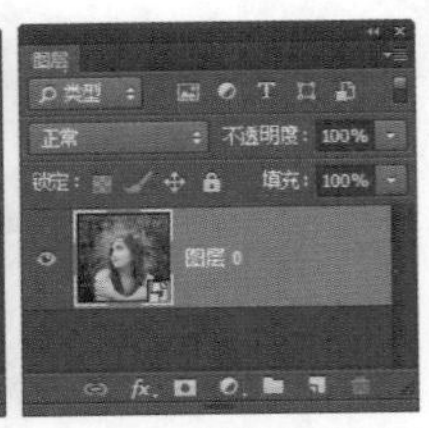
图 14-307 智能对象图层

与普通图层相比，智能对象具有以下几点优势。

(1) 智能对象可以进行非破坏性变换，可以根据设计过程中的实际需要按任意比例对图像对象进行缩放、旋转、变形等操作，并不会丢失图像数据或者降低图像的品质。

(2) 智能对象可以保留非 Photoshop 本地方式处理的数据，例如在嵌入 Illustrator 中的矢量图形时，Photoshop 会自动将它转换为可识别的内容。

(3) 将智能对象创建为多个副本，如果对原始内容进行了编辑，那么所有与之链接的副本都会自动更新。

(4) 将多个图层内容创建为一个智能对象后，可以简化“图层”面板中的图层结构。

(5) 用于智能对象的所有滤镜都是智能滤镜，智能滤镜可以随时修改参数或者撤销，并且不会对图像造成任何破坏。

14.8.2 创建智能对象

在 Photoshop CC 中，创建智能对象的方法有多种，例如将文件作为智能对象打开、在文档中置入智能对象、将图层中的对象创建为智能对象等。下面将详细介绍创建智能对象的具体方法。

1. 将文件作为智能对象打开

执行“文件 > 打开为智能对象”命令，可以在“打开”对话框中选择一个文件作为智能对象打开，如图 14-308 所示。在“图层”面板中，可以看到在智能对象的缩览图右下角会显示智能对象图标，如图 14-309 所示。

图 14-308 "打开"对话框

图 14-309 "图层"面板

2. 在文档中置入智能对象

打开素材图像"光盘\源文件\第 14 章\素材\148201.jpg"，如图 14-310 所示。执行"文件 > 置入"命令，可以将另外一个文件作为智能对象置入到当前文档中，如图 14-311 所示。

图 14-310 打开图像

图 14-311 置入图像

3. 将图层中的对象创建为智能对象

在"图层"面板中选择一个或多个图层，如图 14-312 所示。

执行"图层 > 智能对象 > 转换为智能对象"命令，可以将它们创建到一个智能对象中，如图 14-313 所示。

图 14-312 选择多个图层

图 14-313 创建到一个智能对象中

4. 将 Illustrator 中的图形粘贴为智能对象

在 Illustrator 中选择一个对象，按快捷键 Ctrl+C 复制图像，如图 14-314 所示。切换到 Photoshop 中，按快捷键 Ctrl+V，粘贴所复制的内容，在弹出的"粘贴"对话框中选择"智能对象"选项，可以将矢量图形粘贴为智能对象，如图 14-315 所示。

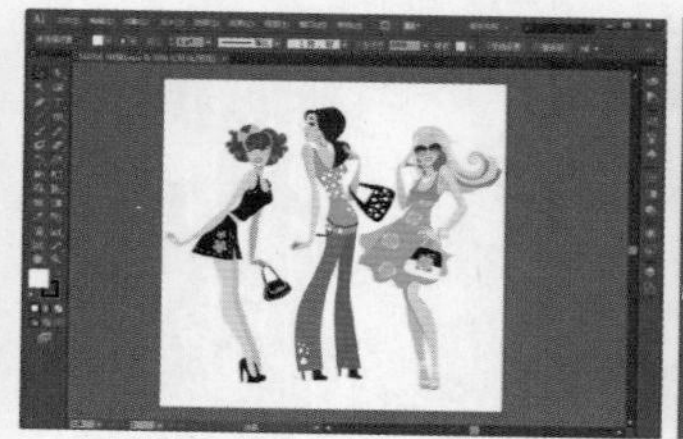

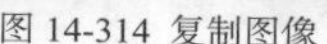

图 14-314 复制图像

图 14-315 粘贴图像

5. 将 PDF 或 Illustrator 文件创建为智能对象

将一个 PDF 文件或 Illustrator 创建的矢量图形拖曳到 Photoshop 文档中，弹出"置入 PDF"对话框，如图 14-316 所示。单击"确定"按钮，可将其创建为智能对象，如图 14-317 所示。

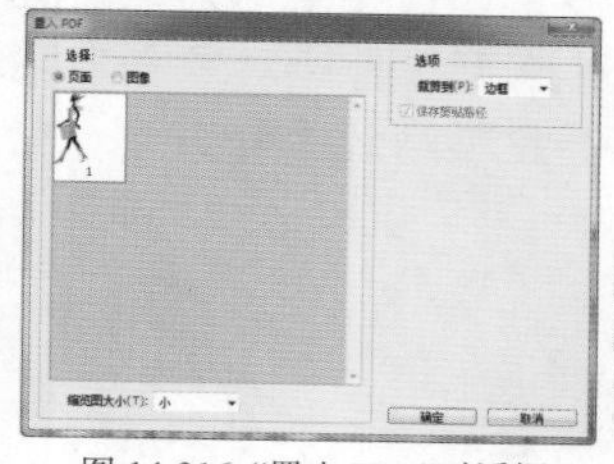

图 14-316 "置入 PDF"对话框

图 14-317 创建智能对象

14.8.3 链接与非链接的智能对象

创建智能对象的方法是多样的，而创建链接的智能对象与非链接智能对象更能够达到不同的效果。链接与非链接有哪些区别呢？下面将一起来了解相关的知识点。

1. 链接的智能对象

通过前面介绍的方法创建智能对象之后，选择智能对象，如图 14-318 所示。执行"图层 > 新建 > 通过拷贝的图层"命令，可以复制出新的智能对象（称为智能对象的实例），如图 14-319 所示。

图 14-318 选择智能对象

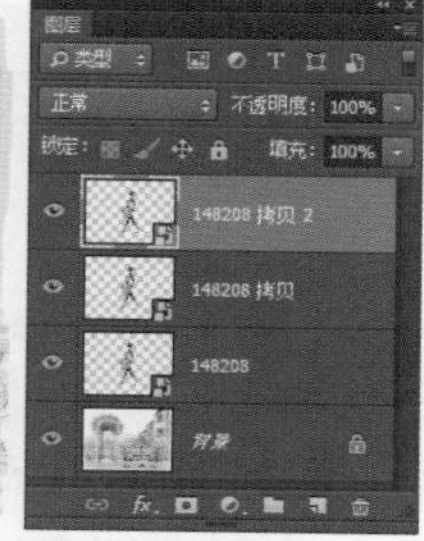

图 14-319 复制智能对象

实例与原智能对象保持链接关系，编辑其中的任意一个，与之链接的智能对象也会同时显示出所做的修改，如图 14-320 所示。

图 14-320 “图层”面板及图像效果

2. 非链接的智能对象

如果要复制出非链接的智能对象，可以选择智能对象图层，执行“图层 > 智能对象 > 通过拷贝新建智能对象”命令，复制出多个非链接智能对象，如图 14–321 所示。新建智能对象与原智能对象各自独立，编辑其中任何一个，都不会影响到另外一个，如图 14–322 所示。

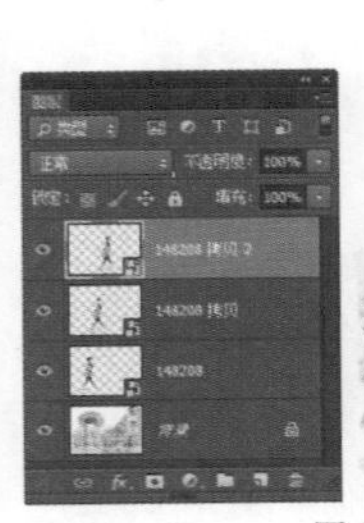

图 14-321 “图层”面板及图像效果

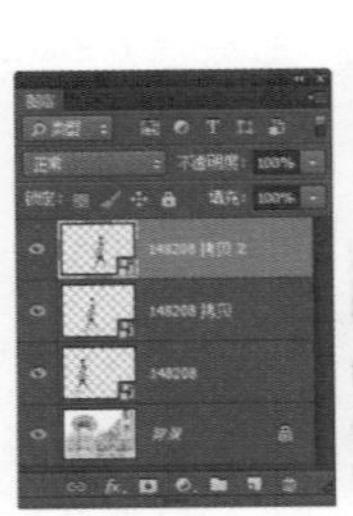

图 14-322 “图层”面板及图像效果

14.8.4 使用智能对象制作插画

将图像置入到当前文档中，可以将图像转换为智能对象，当使用 Photoshop 对其进行编辑时，不会破坏图像的源内容与原始特征。接下来将以使用智能对象制作插画为例，讲解其相关的使用方法。

动手实践——使用智能对象制作插画

源文件：光盘 \ 源文件 \ 第 14 章 \14-8-4.psd

视频：光盘 \ 视频 \ 第 14 章 \14-8-4.swf

01 执行“文件 > 打开”命令，打开素材图像“光盘 \ 源文件 \ 第 14 章 \ 素材 \148401.psd”，如图 14–323 所示。执行“文件 > 置入”命令，弹出“置入”对话框，选择需要置入的素材，如图 14–324 所示。

图 14-323 打开图像

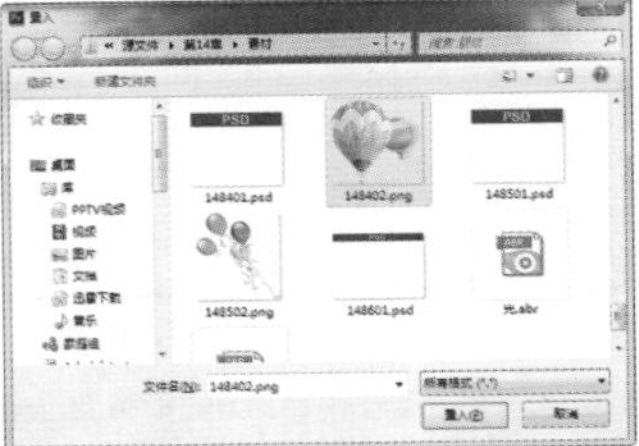
图 14-324 “置入”对话框

02 单击“置入”按钮，置入图像，如图 14–325 所示。按 Enter 键，将其转换为智能对象，如图 14–326 所示。

图 14-325 置入图像

图 14-326 转换为智能对象

03 按快捷键 Ctrl+T，调出变换框，将其调整到合适的位置和大小，如图 14–327 所示。按 Enter 键，确认对智能对象的变换操作，效果如图 14–328 所示。

图 14-327 调整图像大小和位置

图 14-328 图像效果

04 多次复制该图层，并将图像调整到合适的位置和大小，效果如图 14–329 所示。“图层”面板如图 14–330 所示。

图 14-329 图像效果

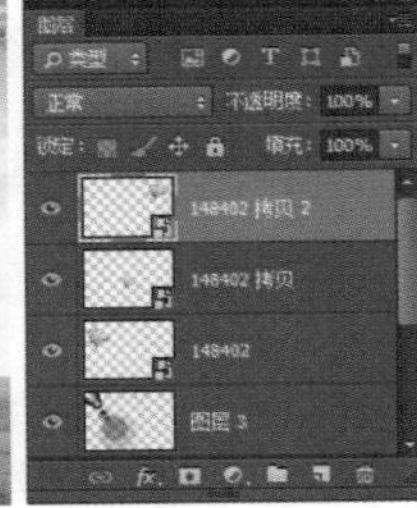
图 14-330 “图层”面板

14.8.5 替换智能对象的内容

下面将练习替换智能对象内容的操作，如果被替换内容的智能对象包含了多个链接的实例，则与之链接的智能对象也会同时被替换内容。

动手实践——替换智能对象内容

源文件：光盘\源文件\第 14 章\14-8-5.psd

视频：光盘\视频\第 14 章\14-8-5.swf

01 执行“文件 > 打开”命令，打开素材图像“光盘\源文件\第 14 章\素材\148501.psd”，如图 14-331 所示。选择一个智能对象，“图层”面板如图 14-332 所示。

图 14-331 打开图像

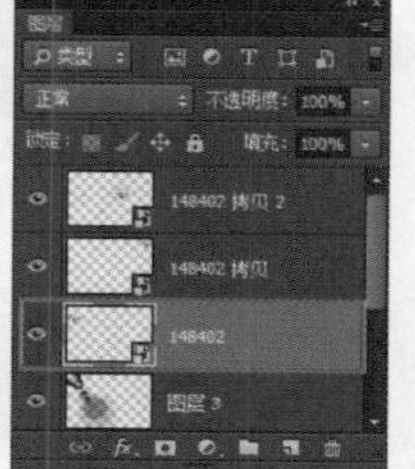

图 14-332 “图层”面板

02 执行“图层 > 智能对象 > 替换内容”命令，弹出“置入”对话框，选择需要替换的素材，如图 14-333 所示。单击“置入”按钮，将图像置入到文档中，替换原有的智能对象，效果如图 14-334 所示。

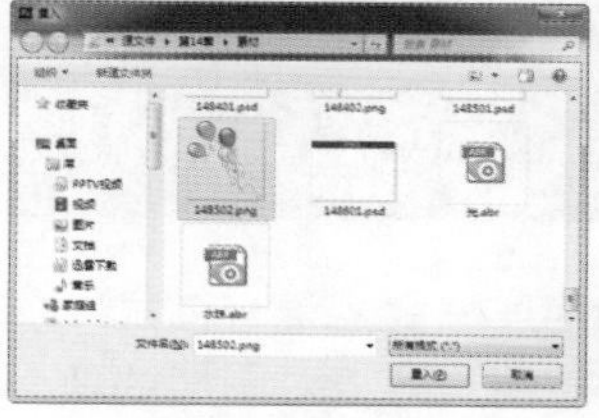

图 14-333 “置入”对话框

图 14-334 替换智能对象

提示

替换智能对象时，将保留对第一个智能对象应用的缩放、变形或效果。

03 按快捷键 Ctrl+T，调出变换框，将图像调整到合适位置和大小，按 Enter 键确定，效果如图 14-335 所示。使用相同的方法，可以完成相似部分内容的制作，效果如图 14-336 所示。

图 14-335 调整图像

图 14-336 图像效果

14.8.6 编辑智能对象的内容

创建智能对象后，可以根据实际的需要对其内容进行修改。如果源内容为栅格数据或相机原始数据文件，可以在 Photoshop 中打开它，如果源内容为矢量 EPS 或 PDF 文件，则会在 Illustrator 中打开它。存储修改后的智能对象时，文档中所有与之链接的智能对象实例都会显示所做的修改。

动手实践——编辑智能对象内容

源文件：光盘\源文件\第 14 章\14-8-6.psd

视频：光盘\视频\第 14 章\14-8-6.swf

01 执行“文件 > 打开”命令，打开素材图像“光盘\源文件\第 14 章\素材\148601.psd”，如图 14-337 所示。在“图层”面板中选择需要编辑的图层，如图 14-338 所示。

图 14-337 打开图像

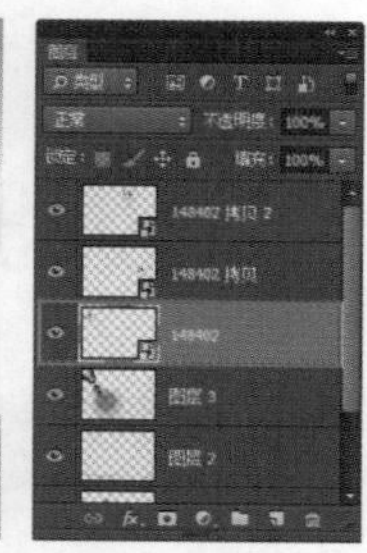

图 14-338 “图层”面板

02 执行“图层 > 智能对象 > 编辑内容”命令，弹出提示框，如图 14-339 所示。单击“确定”按钮，将会在一个新的窗口中打开智能对象的原始文件，如图 14-340 所示。

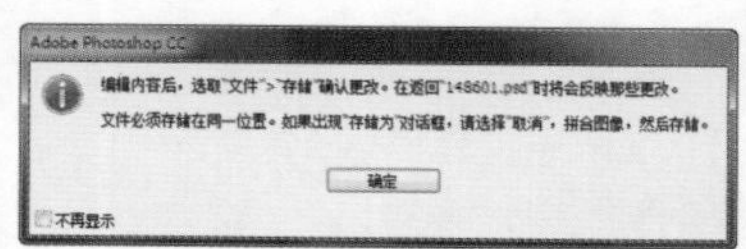

图 14-339 提示框

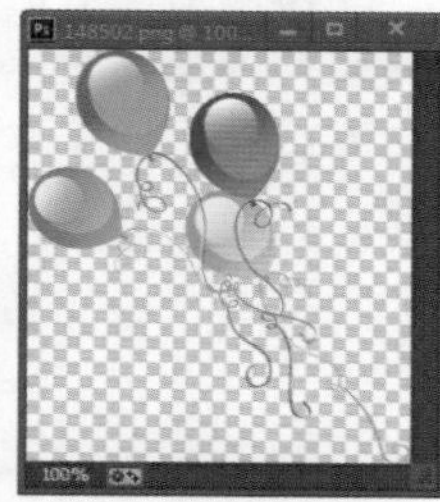

图 14-340 原始文件

03 单击“图层”面板底部的“创建新的填充或调整图层”按钮，在弹出的下拉菜单中选择“色相/饱和度”命令，打开“属性”面板，设置如图 14-341 所示。完成相应的设置，图像效果如图 14-342 所示。

图 14-341 “属性”面板

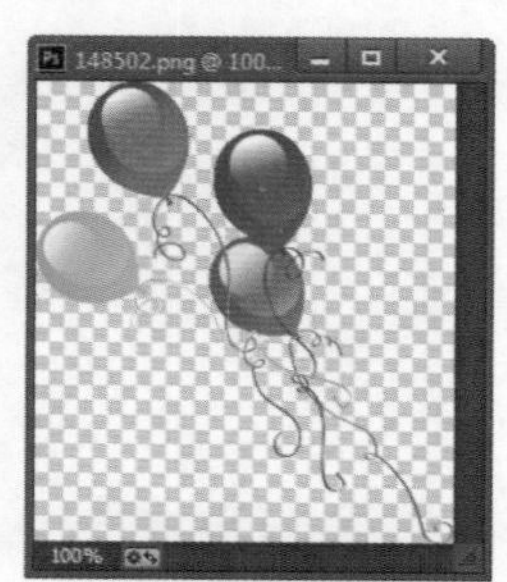

图 14-342 图像效果

04 执行“图层 > 合并可见图层”命令，并关闭该文档，在弹出的提示框中单击“是”按钮，如图 14–343 所示。确定对图像做出的修改，另一个文档中的智能对象及其所有的实例都将显示所做修改后的效果，如图 14–344 所示。

图 14-343 提示框

图 14-344 图像效果

14.8.7 将智能对象转换到图层

在“图层”面板中选择要转换为普通图层的智能对象，如图 14–345 所示。执行“图层 > 智能对象 > 栅格化”命令，可以将智能对象转换为普通图层，原图层缩览图上的智能对象图标会消失，如图 14–346 所示。

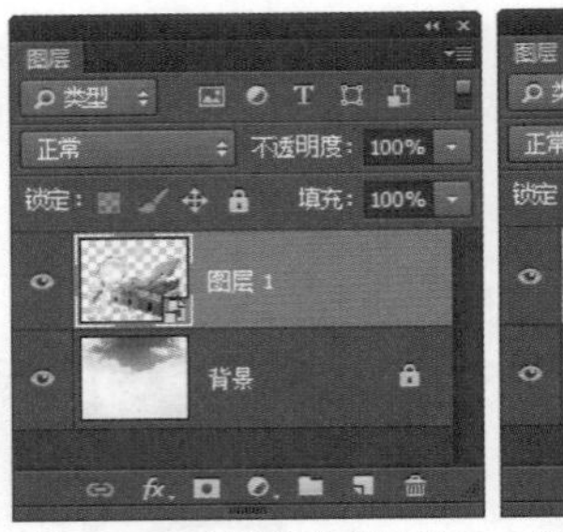

图 14-345 选择智能对象图层

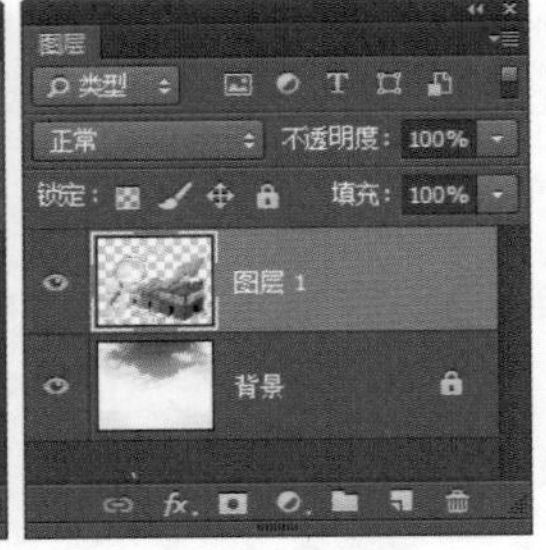

图 14-346 转换为普通图层

14.8.8 导出智能对象内容

在 Photoshop CC 中对智能对象编辑过以后，可以将其按照原始的置入格式（JPEG、AI、TIF、PDF 或其他格式）导出，以便其他软件使用。

在“图层”面板中选择智能对象，执行“图层 > 智能对象 > 导出内容”命令，即可导出智能对象。如果智能对象是利用图层创建的，则以 PSB 格式导出。

14.9 本章小结 

本章对图层的应用方法进行更加深入的剖析，为用户讲解了“图层”面板中的图层样式、混合模式、填充和调整图层以及通过“样式”面板可以制作出的特殊效果。通过对本章的学习，用户可以对图层的使用方法有更加深入的了解。

第15章 蒙版的应用

蒙版在 Photoshop CC 中已经成为一种工具，目的是能够自由地控制选区。蒙版是模仿印刷中的一种工艺，印刷时用一种红色的胶状物来保护印版，所以在 Photoshop 中蒙版默认的颜色是红色。本章将通过不同蒙版的应用对蒙版进行详细介绍，使用户掌握蒙版的使用方法。

15.1 蒙版

蒙版具有显示和隐藏图像的功能，通过编辑蒙版，使蒙版中的图像发生变化，就可以使该图层中的图像与其他图像之间的混合效果发生相应的变化。蒙版用于保护被遮盖的区域，使该区域不受任何操作的影响。

15.1.1 蒙版基础

蒙版是一种特殊的选区，但它的目的并不是对选区进行操作；相反，是要保护选区不被操作。同时，没有应用蒙版的地方则可以进行编辑。

从某种意义上讲，所做的任何选取区域都是蒙版。因为它使只有选取区域的内容才能被编辑，从而有效地遮盖住没有被选取的区域。蒙版只允许修改图像的一部分，而不是改变整幅图像。在“通道”面板中选择蒙版通道后，前景色和背景色都以灰度显示，蒙版可以将需要重复使用的选区存储为 Alpha 通道，如图 15-1 所示。

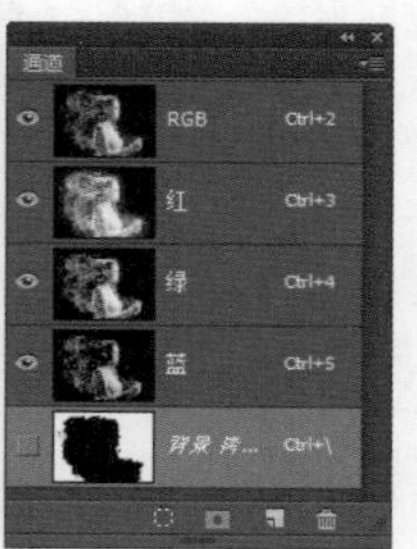

图 15-1 存储为 Alpha 通道

提示

蒙版主要是在不损坏原图层的基础上新建的一个活动的蒙版图层，可以在该蒙版图层上做许多处理，但有一些处理必须在真实的图层上操作。所以一般使用蒙版都要复制一个图层，在必要时可以拼合图层，这样才能做出美丽的效果。矢量蒙版主要可以使图像的边缘更加清晰，而且具有可编辑性。

蒙版是 Photoshop CC 中最难理解的术语，它是 Photoshop 借用传统印刷行业中的术语之一。无论是简单的还是复杂的蒙版，其实都是一种选择区域，但它跟常用的选择工具又有很大的区别。下面通过实例讲解蒙版的基础知识。

动手实践——制作女性宣传广告

源文件：光盘 \ 源文件 \ 第 15 章 \15-1-1.psd

视频：光盘 \ 视频 \ 第 15 章 \15-1-1.swf

01 执行“文件 > 新建”命令，弹出“新建”对话框，设置如图 15-2 所示。单击“确定”按钮，新建一个空白文档。单击工具箱中的“渐变工具”按钮，在选项栏中单击渐变预览条，弹出“渐变编辑器”对话框，设置如图 15-3 所示。

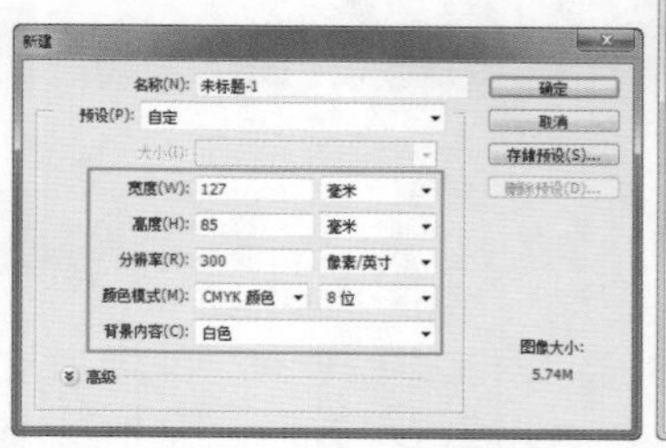

图 15-2 “新建”对话框

图 15-3 “渐变编辑器”对话框

提示

此处渐变滑块颜色值由左至右依次为 CMYK（14、0、2、0）和 CMYK（54、15、4、0）。

02 单击“确定”按钮，拖动鼠标填充线性渐变，效果如图 15–4 所示。新建“图层 1”图层，设置“前景色”为 CMYK（21、57、0、0），选择“画笔工具”，在选项栏上设置合适的画笔和画笔大小，在画布中单击涂抹，效果如图 15–5 所示。

图 15-4 渐变效果

图 15-5 涂抹效果

03 打开素材图像“光盘\源文件\第 15 章\素材\151102.tif”，将其拖曳到设计文档中相应的位置，如图 15–6 所示。单击“图层”面板底部的“添加图层蒙版”按钮，选择“画笔工具”，设置“前景色”为黑色，选择合适的画笔在画布中涂抹，效果如图 15–7 所示。

图 15-6 导入图像

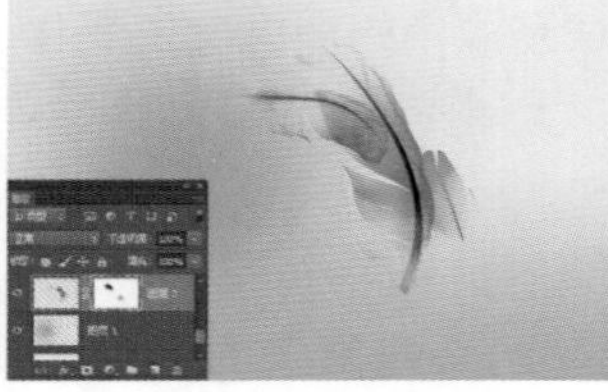

图 15-7 涂抹效果

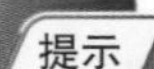

提示

在对图层蒙版进行操作时需要注意，必须单击图层蒙版缩览图，选中需要操作的图层蒙版，才能针对图层蒙版进行操作。

04 设置“图层 2”图层的“混合模式”为“正片叠底”，如图 15–8 所示。按快捷键 Ctrl+J，通过复制图层，得到“图层 2 拷贝”图层，执行“编辑 > 自由变换”命令，调整图像角度，并移动到相应位置，设置“不透明度”为 50%，效果如图 15–9 所示。

图 15-8 “图层”面板

图 15-9 图像效果

05 再次复制一个图像，对其进行调整，并添加蒙版，使用“画笔工具”进行涂抹，如图 15–10 所示。选择图层缩览图，执行“图像 > 调整 > 色相 / 饱和度”命令，弹出“色相 / 饱和度”对话框，设置如图 15–11 所示。

图 15-10 图像效果

图 15-11 “色相 / 饱和度”对话框

06 单击“确定”按钮，完成“色相 / 饱和度”对话框的设置，将“图层 2 拷贝 2”图层的“混合模式”更改为“变暗”，效果如图 15–12 所示。导入其他素材图像，并移动到相应位置，效果如图 15–13 所示。

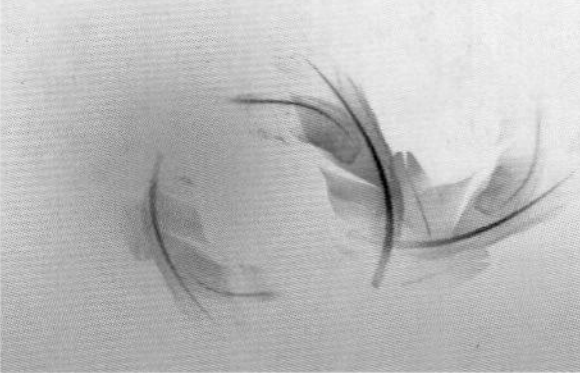

图 15-12 图像效果

图 15-13 导入其他素材图像后的效果

07 新建“图层 4”图层，选择“钢笔工具”，在选项栏上设置“模式”为“路径”，在画布中绘制路径，如图 15–14 所示。执行“窗口 > 路径”命令，打开“路径”面板，如图 15–15 所示。

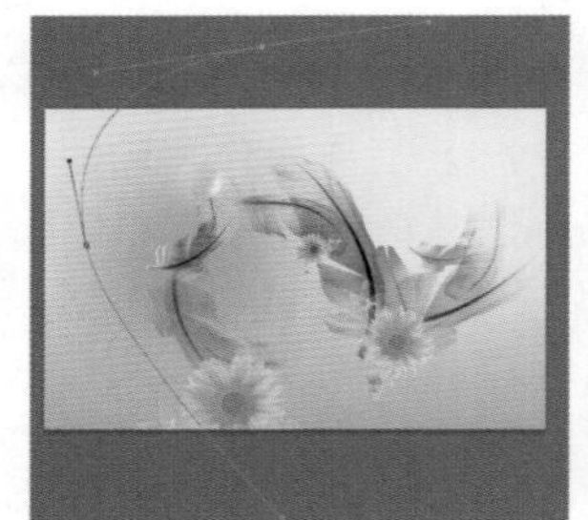

图 15-14 绘制路径

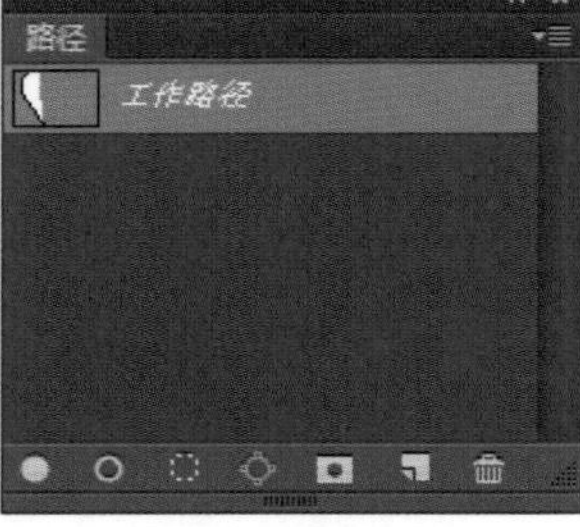

图 15-15 “路径”面板

08 设置“前景色”为白色，单击“用画笔描边路径”按钮，为路径描边，将“工作路径”拖曳到“删除当前路径”按钮上，将路径删除，效果如图 15–16 所示。为“图层 4”添加图层蒙版，并使用“画笔工具”进行涂抹，效果如图 15–17 所示。

图 15-16 路径描边效果

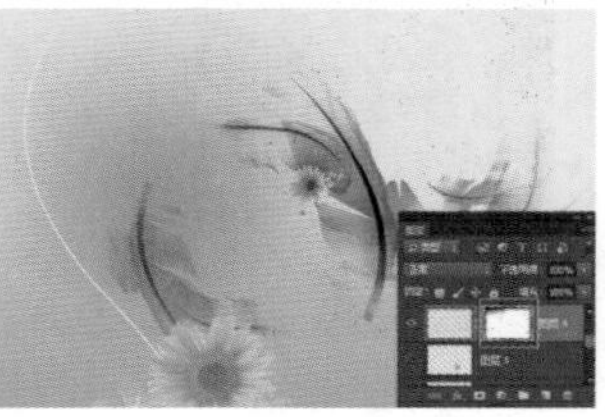

图 15-17 涂抹效果

09 绘制其他路径，并进行路径描边操作，效果如图 15–18 所示。打开素材图像“光盘\源文件\第 15 章\素材\151104.jpg”，并将其拖曳到设计文档的相应位置，如图 15–19 所示，自动生成“图层 8”图层。

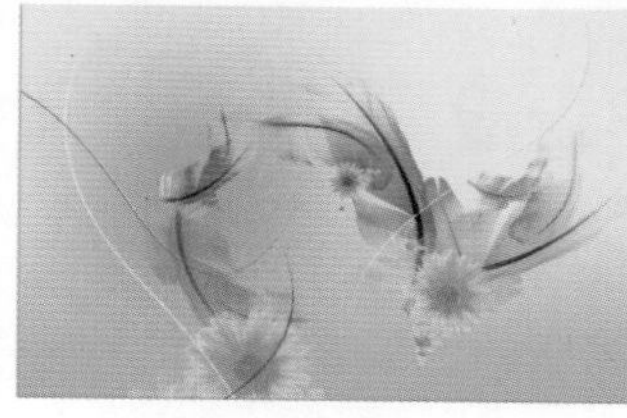
图 15-18 图像效果

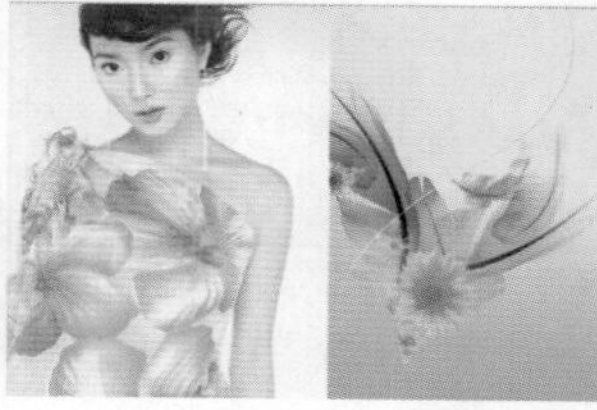
图 15-19 导入图像

10 设置"图层 8"图层的"混合模式"为"明度"，"不透明度"为 20%，添加图层蒙版进行涂抹，效果如图 15-20 所示。导入其他素材图像，并进行相应的设置，效果如图 15-21 所示。

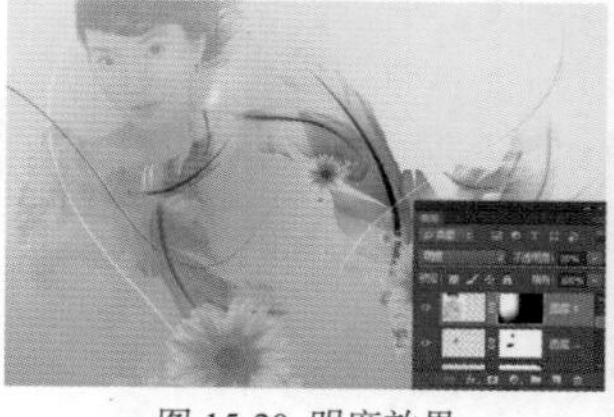
图 15-20 明度效果

图 15-21 导入图像后的效果

提示

根据上面的操作步骤可以得知，在图层蒙版上只可以使用黑色、白色和灰色 3 种颜色进行涂抹，黑色为遮住、白色为显示、灰色为半透明。

提示

蒙版虽然是一种选区，但它跟常规的选区颇为不同。常规的选区表现了一种操作趋向，即将对所选区域进行处理；而蒙版却相反，它是对所选区域进行保护，让其免于操作，而对非掩盖的地方应用操作。

11 选择"横排文字工具"，在画布中单击，打开"字符"面板，设置如图 15-22 所示。设置完成后，在画布中输入文字，如图 15-23 所示。输入其他文字，完成实例的制作，效果如图 15-24 所示。

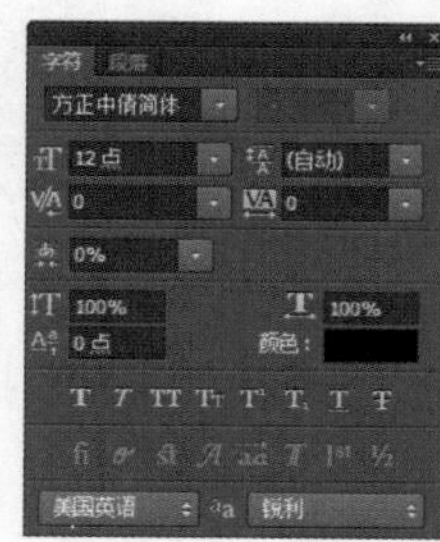

图 15-22 "字符"面板

图 15-23 文字效果

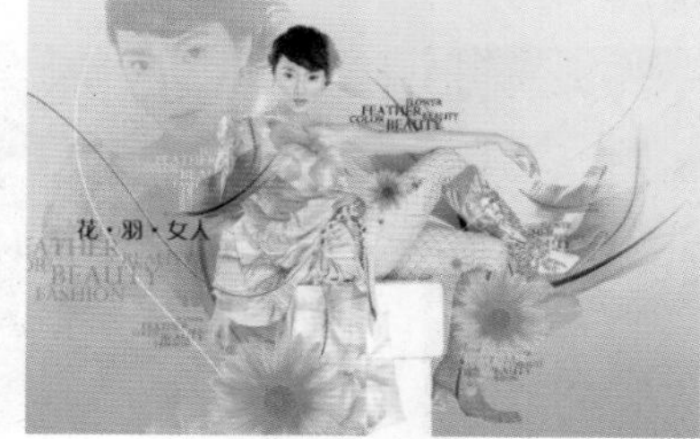

图 15-24 图像效果

提示

蒙版是一种特殊的选区，但它的目的并不是对选区进行操作，而是要保护选区不被操作。同时，不处于蒙版范围的地方则可以进行编辑和处理。

15.1.2 蒙版属性设置

选中图层蒙版，在"属性"面板中将显示用于设置蒙版的相关选项。可以像处理选区一样，更改蒙版的不透明度以增加或减少显示蒙版中的内容、反相蒙版或调整蒙版边界。

执行"文件 > 打开"命令，打开素材图像"光盘\源文件\第 15 章\素材\151201.psd"，打开"图层"面板，选择图层蒙版，如图 15-25 所示。打开"属性"面板，在该面板中将显示蒙版的相关内容，如图 15-26 所示。

图 15-25 选择图层蒙版

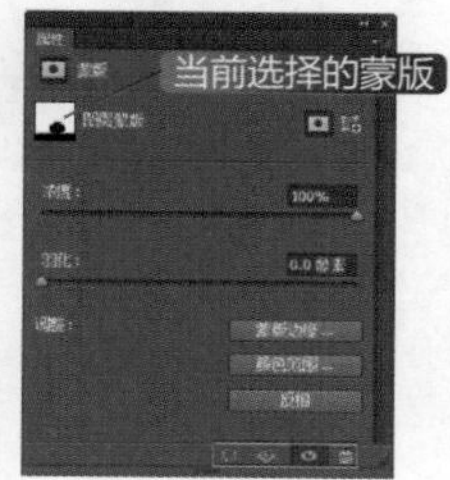

图 15-26 "属性"面板

- 当前选择的蒙版：显示在"图层"面板中选择的蒙版类型，此时可以在"蒙版"面板中对其进行编辑。
- 浓度：拖动该选项的滑块可以控制蒙版的不透明度，即蒙版的遮盖强度。如图 15-27 所示为设置"浓度"为 40% 的效果。

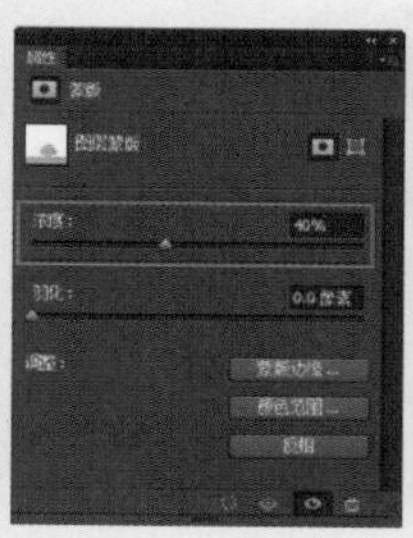

图 15-27 "浓度"为 40% 的效果

- 羽化：拖动该选项的滑块可以柔化蒙版的边缘。如图 15-28 所示为设置"羽化"为 100 像素的效果。

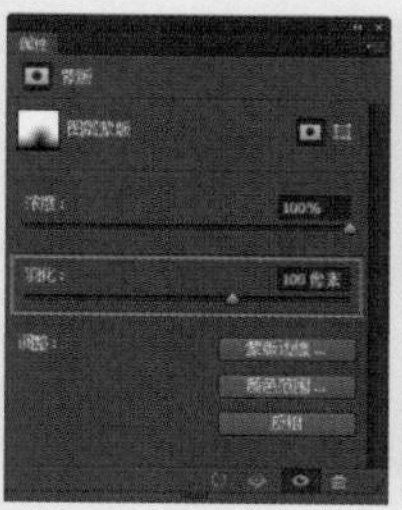

图 15-28 "羽化"为 100 像素的效果

“蒙版边缘”按钮：单击该按钮，弹出“调整蒙版”对话框。通过选项的设置可以修改蒙版的边缘，并针对不同的背景查看蒙版，这些操作与使用“调整边缘”命令调整选区的边缘相同。

“颜色范围”按钮：单击该按钮，弹出“色彩范围”对话框，通过在图像中取样并调整颜色容差可以设置蒙版的范围。

“反相”按钮：单击该按钮，可以反向蒙版的遮盖区域。如图 15-29 所示为单击“反相”按钮后的效果。

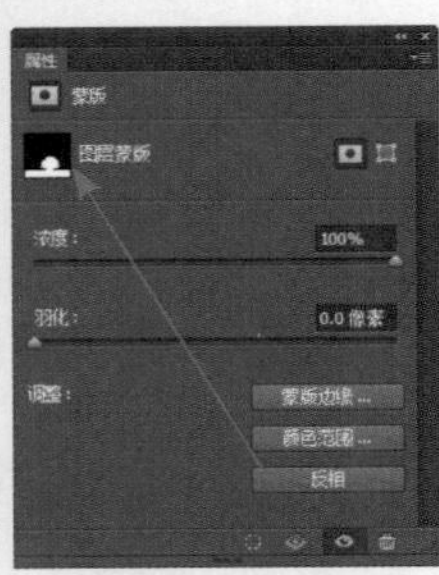

图 15-29 单击“反相”按钮后的效果

“选择矢量蒙版”按钮：单击该按钮，可以为当前图层添加矢量蒙版。

“选择图层蒙版”按钮：单击该按钮，可以为当前图层添加图层蒙版。

“从蒙版中载入选区”按钮：单击该按钮，可以载入蒙版中所包含的选区。

“应用蒙版”按钮：单击该按钮，可以将蒙版应用到图像中，使原来被蒙版的区域成为真正的透明区域。

“停用 / 启用蒙版”按钮：单击该按钮，或按住 Shift 键单击蒙版缩览图，可以停用或重新启用蒙版。停用蒙版时，蒙版缩览图中会出现一个红色的 × 号，如图 15-30 所示。

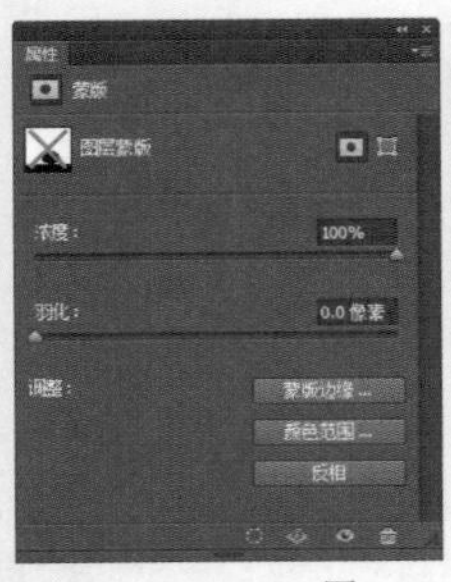

图 15-30 停用蒙版效果

“删除蒙版”按钮：单击该按钮，可以删除当前选择的蒙版。在“图层”面板中，将蒙版缩览图拖至“删除图层”按钮上，也可以将其删除。

15.2 图层蒙版

图层蒙版是使用 Photoshop 提供黑白图像来控制图像显示与隐藏方式的另一项图层功能，其优点是在显示或隐藏图像时，所有操作均在图层蒙版中进行，不会影响图层中的像素，这一点与调整图层非常相似。

15.2.1 创建图层蒙版

蒙版中的纯白色区域可以遮盖下面图层中的内容，只显示当前图层中的图像；蒙版中的纯黑色区域可以遮盖当前图层中的图像，显示出下面图层中的内容；蒙版中的灰色区域会根据其灰度值使当前图层中的图像呈现出不同层次的透明效果。

动手实践——自由绘画

源文件：光盘 \ 源文件 \ 第 15 章 \15-2-1.psd

视频：光盘 \ 视频 \ 第 15 章 \15-2-1.swf

01 执行“文件 > 打开”命令，打开素材图像“光盘\源文件\第 15 章\素材\152101.jpg”，如图 15-31 所示。打开另一张图像“光盘\源文件\第15章\素材\152102.jpg”，将 151202.jpg 拖曳到 152101.jpg 文档中，并调整到合适的位置，如图 15-32 所示。

图 15-31 打开图像

图 15-32 拖入图像

02 单击“图层”面板底部的“添加图层蒙版”按钮，为“图层 1”添加图层蒙版，如图 15-33 所示。选择“画笔工具”，设置“前景色”为黑色，在选项栏中打开画笔选取器，单击右上角的按钮，如图 15-34 所示。

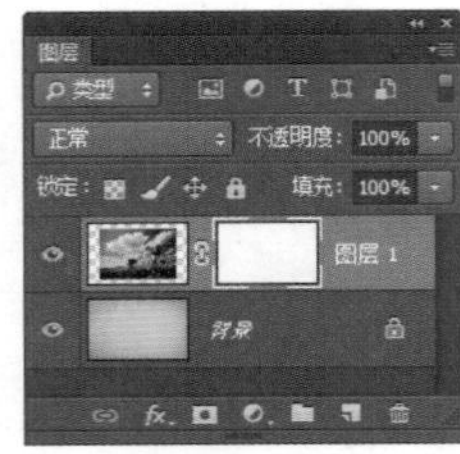
图 15-33 添加图层蒙版

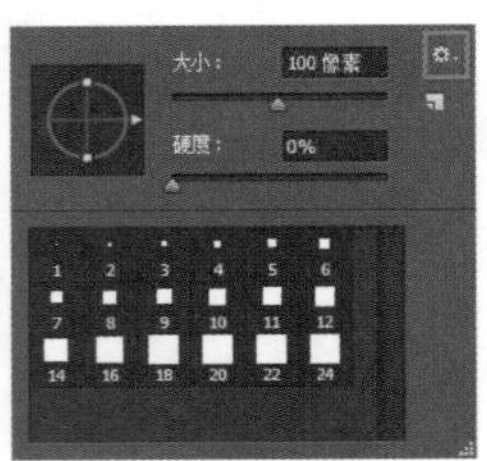
图 15-34 画笔选取器

技巧 

执行“图层 > 图层蒙版 > 显示全部”命令，可以创建一个显示图层全部内容的白色图层蒙版；执行“图层 > 图层蒙版 > 隐藏全部”命令，可以创建一个隐藏图层全部内容的黑色图层蒙版。

03 在弹出的下拉菜单中选择“载入画笔”命令，载入外部画笔“光盘 \ 源文件 \ 第 15 章 \ 素材 \ 动感画笔 .abr”，如图 15-35 所示。单击“载入”按钮，选择合适的笔触，设置笔触大小，如图 15-36 所示。

图 15-35 载入外部画笔

图 15-36 画笔选取器

04 选中“图层 1”的图层蒙版，在画布中对相应的区域进行涂抹，效果如图 15-37 所示。“图层”面板如图 15-38 所示。

图 15-37 涂抹效果

图 15-38 “图层”面板

05 选择不同的画笔笔触，并设置不同的画笔大小，继续在画布中进行涂抹，效果如图 15-39 所示。“图层”面板如图 15-40 所示。

图 15-39 涂抹效果

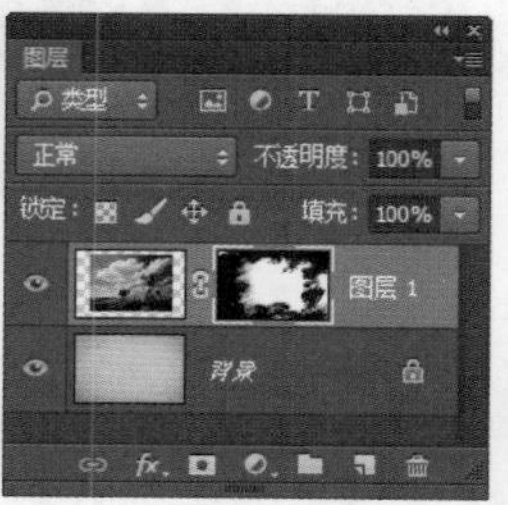
图 15-40 “图层”面板

技巧 

选择图层蒙版所在的图层，执行“图层 > 图层蒙版 > 应用”命令，可以将蒙版应用到图像中，并删除原先被蒙版遮盖的图像；执行“图层 > 图层蒙版 > 删除”命令，可以删除图层蒙版。

06 单击“图层”面板底部的“创建新的填充或调整图层”按钮，在弹出的下拉菜单中选择“照片滤镜”命令，打开“属性”面板，设置如图 15-41 所示。完成该图像的处理，最终效果如图 15-42 所示。

图 15-41 设置相关选项

图 15-42 图像最终效果

15.2.2 从选区创建图层蒙版 

可以在“图层”面板中直接创建白色蒙版或黑色蒙版，还可以在存在选区的情况下创建图层蒙版。如果在有选区的情况下创建图层蒙版，则选区中的图像将会显示，而选区以外的图像将会被隐藏。

动手实践——赛跑的蜗牛 

源文件：光盘 \ 源文件 \ 第 15 章 \15-2-2.psd

视频：光盘 \ 视频 \ 第 15 章 \15-2-2.swf

01 打开素材图像“光盘 \ 源文件 \ 第 15 章 \ 素材 \1152201.jpg”如图 15-43 所示。打开素材图像“光盘 \ 源文件 \ 第 15 章 \ 素材 \152202.jpg”如图 15-44 所示。

图 15-43 打开图像 1

图 15-44 打开图像 2

02 按快捷键 Ctrl+J，复制“背景”图层，得到“图层 1”图层，使用“快速选择工具”在图像中创建选区，如图 15-45 所示。单击“图层”面板底部的“添加图层蒙版”按钮，添加图层蒙版，如图 15-46 所示。

图 15-45 创建选区

图 15-46 创建图层蒙版

03 将“图层 1”图层拖曳到 152201.jpg 文档中，生成“图层 1”图层，按快捷键 Ctrl+T，执行自由变换操作，效果如图 15-47 所示。新建“图层 2”图层，设置“前景色”为 RGB（255、114、0），“背景色”为 RGB（245、203、8），执行“滤镜 > 渲染 > 云彩”命令，效果如图 15-48 所示。

图 15-47 图像效果

图 15-48 “云彩”滤镜效果

04 将“图层 2”图层隐藏，使用“钢笔工具”沿图像中公路边缘绘制路径；按快捷键 Ctrl+Enter，将路径转换为选区，如图 15-49 所示。显示“图层 2”图层，并为“图层 2”添加图层蒙版，效果如图 15-50 所示。

图 15-49 选区效果

图 15-50 图像效果

05 按住 Ctrl 键单击“图层 2”图层的蒙版缩览图，调出蒙版选区，按快捷键 Ctrl+Shift+I，反向选择选区，设置“前景色”为 RGB（100、100、100），按快捷键 Alt+Delete，在选区中填充前景色，在“图层”面板中设置如图 15-51 所示。图像效果如图 15-52 所示。

图 15-51 “图层”面板

图 15-52 图像效果

06 按快捷键 Ctrl+Shift+Alt+E，盖印图层，得到“图层 3”图层。执行“图像 > 调整 > 曲线”命令，弹出“曲线”对话框，设置如图 15-53 所示。

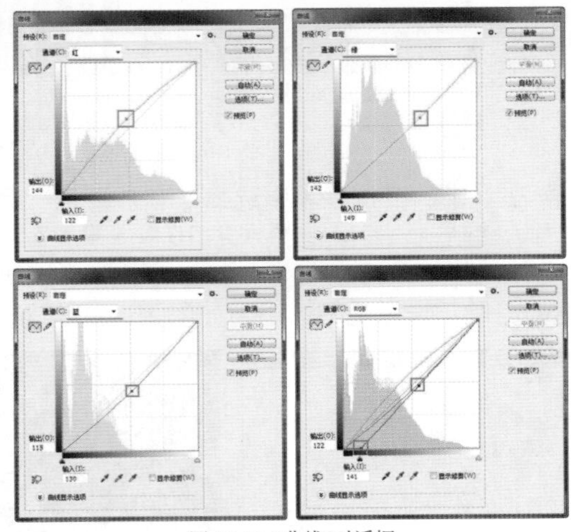
图 15-53 “曲线”对话框

07 单击“确定”按钮，完成“曲线”对话框的设置，设置“图层 3”图层的“不透明度”为 50%，效果如图 15-54 所示。打开素材图像“光盘 \ 源文件 \ 第 15 章 \ 素材 \152203.jpg”，如图 15-55 所示。

图 15-54 图像效果

图 15-55 打开图像

08 对图像进行调整并拖曳到设计文档中，生成“图层 4”图层，效果如图 15-56 所示。按住 Ctrl 键单击“图层 4”图层的蒙版缩览图，调出蒙版选区，如图 15-57 所示。

图 15-56 图像效果

图 15-57 蒙版选区

09 在“图层 4”图层下方新建“图层 5”图层，如图 15-58 所示。设置“前景色”为黑色，按快捷键 Alt+Delete，在选区中填充前景色，取消选区，执行“编辑 > 自由变换”命令，对图像进行相应的调整，效果如图 15-59 所示。

图 15-58 “图层”面板

图 15-59 图像效果

技巧 

在执行“自由变换”命令时，只需要按住 Ctrl 键单击调节点，即可对变换框进行任意调整。

10 执行“滤镜 > 模糊 > 高斯模糊”命令，弹出“高斯模糊”对话框，设置如图 15-60 所示。设置完成后，单击“确定”按钮，效果如图 15-61 所示。

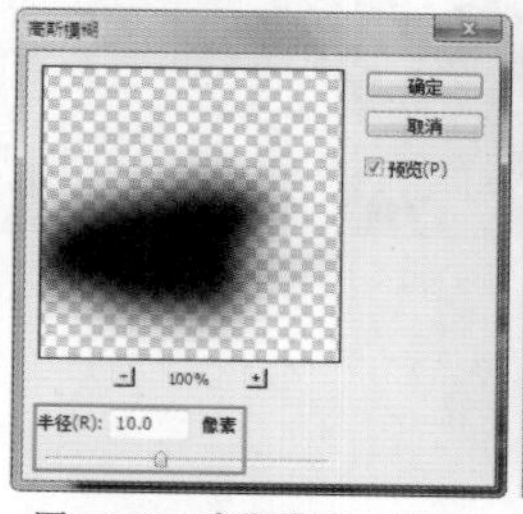

图 15-60 “高斯模糊”对话框

图 15-61 图像效果

11 选择“图层 4”图层，执行“图像 > 调整 > 曲线”命令，弹出“曲线”对话框，设置如图 15-62 所示。

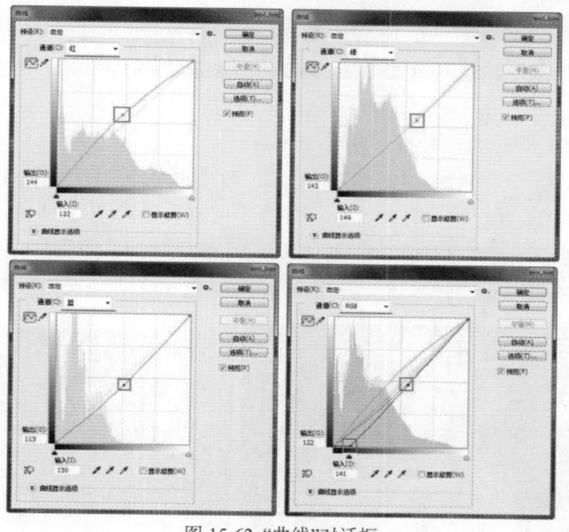

图 15-62 “曲线”对话框

12 单击“确定”按钮，完成“曲线”对话框的设置。执行“图像 > 调整 > 亮度 / 对比度”命令，弹出“亮度 / 对比度”对话框，设置如图 15-63 所示。设置完成后，单击“确定”按钮，效果如图 15-64 所示。

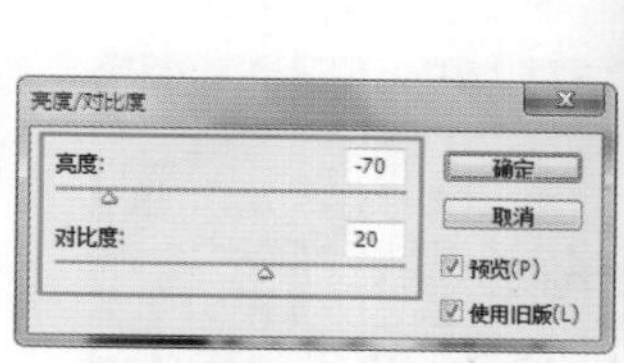

图 15-63 “亮度 / 对比度”对话框

图 15-64 图像效果

13 在“图层 5”图层下方新建“图层 6”图层，使用“钢笔工具”在画布中绘制路径并转换为选区，在选区中填充黑色，执行“滤镜 > 模糊 > 高斯模糊”命令，设置“半径”为 4 像素，效果如图 15-65 所示。在“图层”面板中设置如图 15-66 所示。

图 15-65 图像效果

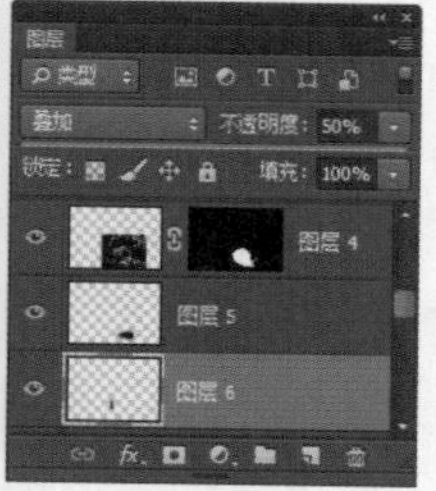

图 15-66 “图层”面板

14 设置完成后，图像效果如图 15-67 所示。在“图层 6”图层上方新建“图层 7”图层，使用“钢笔工具”在图像中绘制路径，如图 15-68 所示。

图 15-67 图像效果

图 15-68 绘制路径

提示

此处绘制的不规则路径是为了在图像中添加特殊的气体效果，所以路径的形状并没有规则性，可以凭借自己的喜好制作。

15 按快捷键 Ctrl+Enter，将路径转换为选区，设置“前景色”为 RGB（171、164、164），在选区中填充前景色，取消选区，效果如图 15-69 所示。使用“加深工具”对图像进行局部加深，效果如图 15-70 所示。

图 15-69 填充效果

图 15-70 局部加深效果

16 执行“滤镜 > 扭曲 > 波纹”命令，弹出“波纹”对话框，设置如图 15-71 所示。执行“滤镜 > 模糊 > 高斯模糊”命令，弹出“高斯模糊”对话框，设置如图 15-72 所示。

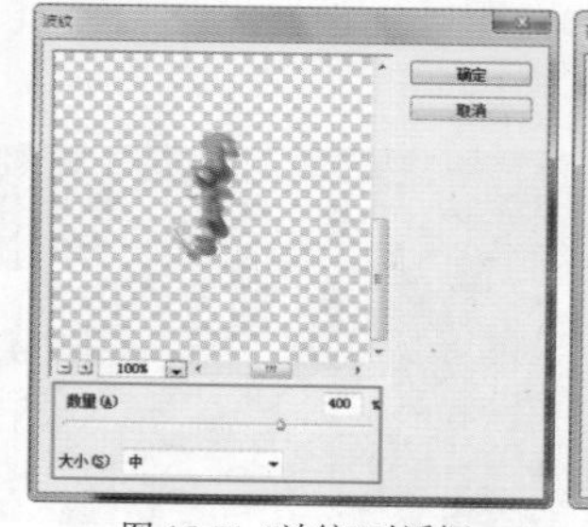

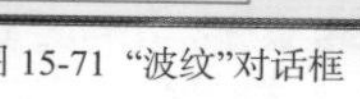

图 15-71 “波纹”对话框

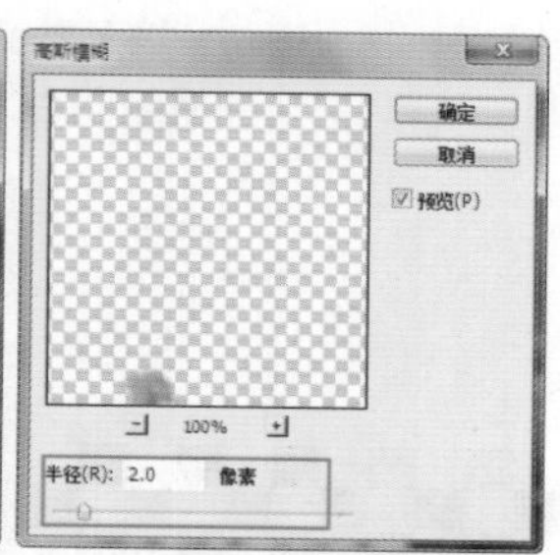

图 15-72 “高斯模糊”对话框

17 设置完成后，在“图层”面板中设置“图层 7”图层的“不透明度”为 40%，效果如图 15–73 所示。执行“编辑 > 变换 > 变形”命令，对图像进行变形操作，复制“图层 7”图层，得到“图层 7 拷贝”图层并调整图像位置，效果如图 15–74 所示。

图 15-73 图像效果

图 15-74 复制变形后的图像

18 在“图层 6”图层下方新建“图层 8”图层，使用“套索工具”在画布中创建选区，如图 15–75 所示。按下 D 键，恢复默认的“前景色”与“背景色”，执行“滤镜 > 渲染 > 云彩”命令，取消选区，效果如图 15–76 所示。

图 15-75 创建选区

图 15-76 “云彩”滤镜效果

19 执行“滤镜 > 滤镜库”命令，弹出“滤镜库”对话框，应用“素描”选项卡中的“铬黄渐变”滤镜，设置如图 15–77 所示。单击“确定”按钮，完成“滤镜库”对话框的设置，设置该图层的“不透明度”为 50%，图像效果如图 15–78 所示。

铬黄渐变
细节(D) 10
平滑度(S) 10

图 15-77 设置“铬黄渐变”

图 15-78 图像效果

20 打开素材图像“光盘 \ 源文件 \ 第 15 章 \ 素材 \ 152205.jpg”，如图 15–79 所示。将素材图像拖曳到设计文档中，生成“图层 9”图层，设置“混合模式”为“柔光”，效果如图 15–80 所示。

图 15-79 打开图像

图 15-80 图像效果

21 使用相同的方法，完成其余部分的制作，“图层”面板显示如图 15–81 所示。最终效果如图 15–82 所示。

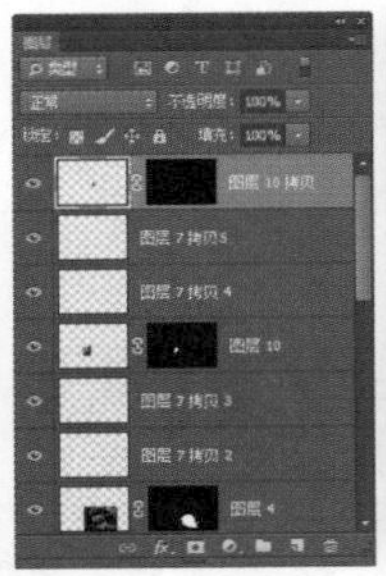
图 15-81 “图层”面板

图 15-82 最终效果

15.2.3 编辑图层蒙版

如果对图层蒙版进行编辑，首先需要在“图层”面板中单击选中蒙版缩览图，然后对其进行操作。下面通过一个练习来讲解编辑图层蒙版的方法。

动手实践——突出图像主题效果

源文件：光盘 \ 源文件 \ 第 15 章 \15-2-3.psd

视频：光盘 \ 视频 \ 第 15 章 \15-2-3.swf

01 打开素材图像“光盘 \ 源文件 \ 第 15 章 \ 素材 \ 152301.jpg”，如图 15–83 所示。打开“图层”面板，按住 Alt 键，双击“背景”图层，将其转换为普通图层，如图 15–84 所示。

图 15-83 打开图像

图 15-84 “图层”面板

02 新建“图层 1”图层，为该图层填充黑色，将“图层 1”图层调整至“图层 0”图层下方，如图 15–85 所示。选择“图层 0”图层，单击“图层”面板底部的“添加图层蒙版”按钮，为该图层添加图层蒙版，如图 15–86 所示。

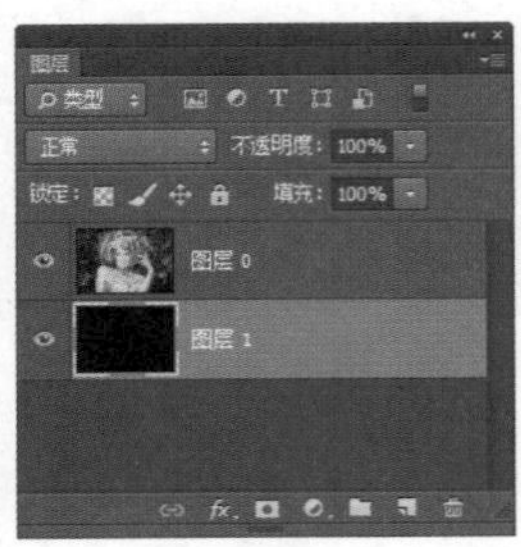
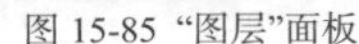
图 15-85 “图层”面板

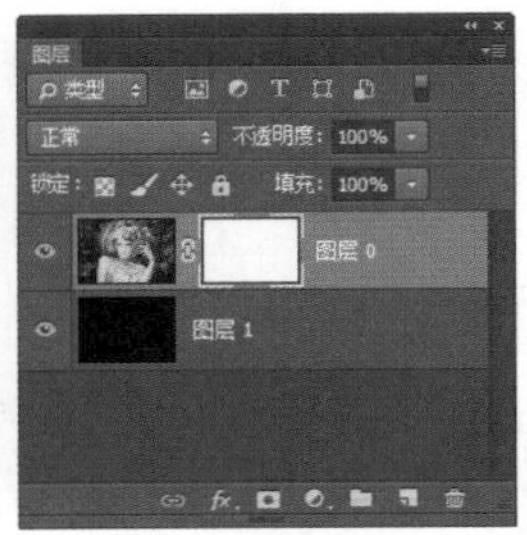
图 15-86 添加图层蒙版

03 使用“椭圆选框工具”在画布中绘制椭圆形选

区，执行“选择 > 反向”命令，反向选择选区，如图 15-87 所示。执行“选择 > 修改 > 羽化”命令，弹出“羽化选区”对话框，设置如图 15-88 所示。

图 15-87 反向选择选区

图 15-88 “羽化选区”对话框

04 单击“确定”按钮，对选区进行羽化操作，在图层蒙版中为选区填充黑色，“图层”面板如图 15-89 所示。图像效果如图 15-90 所示。

图 15-89 “图层”面板

图 15-90 图像效果

05 确认蒙版处于选中状态，即可对其进行编辑。执行“滤镜 > 像素化 > 马赛克”命令，弹出“马赛克”对话框，设置如图 15-91 所示。单击“确定”按钮，完成“马赛克”对话框的设置，效果如图 15-92 所示。

图 15-91 “马赛克”对话框

图 15-92 最终效果

15.2.4 启用与停用图层蒙版

图层蒙版与其他蒙版一样，也可以显示或隐藏。启用或停用图层蒙版的操作非常简单，在实际操作过程中为了方便观察图像的效果，一般只是暂时停用图层蒙版。

执行“文件 > 打开”命令，打开素材图像“光盘\源文件\第 15 章\素材\152401.psd”，如图 15-93 所示。打开“图层”面板，按住 Shift 键同时单击蒙版缩览图，即可停用图层蒙版，如图 15-94 所示。直接单击停用的图层蒙版，即可启用图层蒙版，如图 15-95 所示。

图 15-93 打开图像

图 15-94 停用图层蒙版

图 15-95 启用图层蒙版

还可以选择蒙版图层后，执行“图层 > 图层蒙版”命令，在其子菜单中选择“停用”或“启用”命令，即可启用或停用图层蒙版，如图 15-96 所示。

除上述方法外，还可以选择蒙版缩览图右击，在弹出的快捷菜单中选择“停用图层蒙版”或“应用图层蒙版”命令，即可停用或启用图层蒙版，如图 15-97 所示。

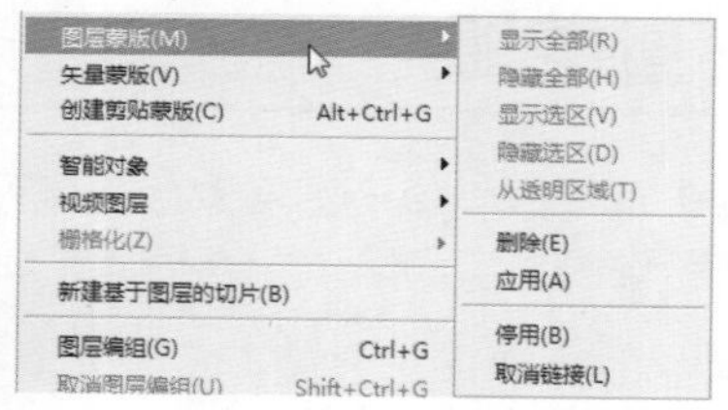

图 15-96 使用命令

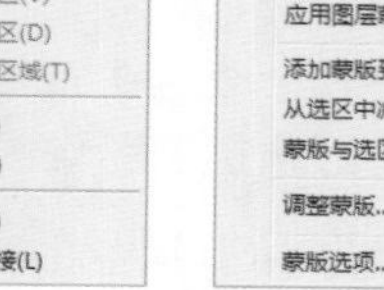

图 15-97 使用快捷菜单

15.2.5 链接图层蒙版

默认情况下，图层或图层组与图层蒙版链接时，使用“移动工具”移动图层或其蒙版时，它们将在图像中一起移动。通过取消图层和蒙版的链接，能够单独移动它们，并可独立于图层改变蒙版的边界。

单击图层缩览图与蒙版缩览图之间的“链接”图标，即可取消图层与蒙版的链接，如图 15-98 所示。再次单击“链接”图标，即可恢复链接。

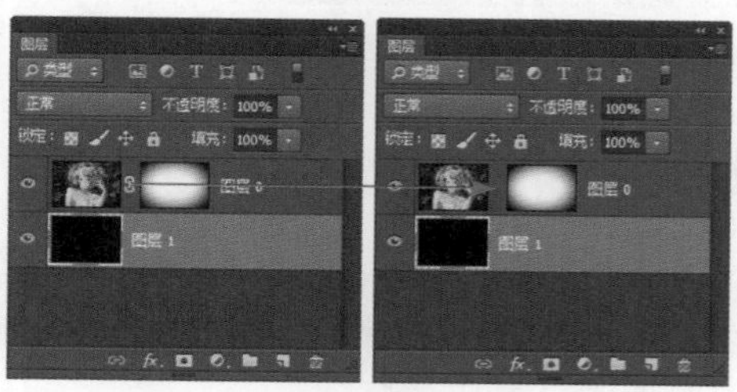

图 15-98 取消图层与图层蒙版之间的链接

15.2.6 删除蒙版

图层蒙版是作为 Alpha 通道存储的，因此应用和删除图层蒙版有助于减小文件大小。删除图层蒙版的方法有很多种，不同的情况删除的方式也有所不同。选择蒙版缩览图，将其拖曳到“删除图层”按钮上，如图 15-99 所示。此时弹出提示框，如图 15-100 所示。

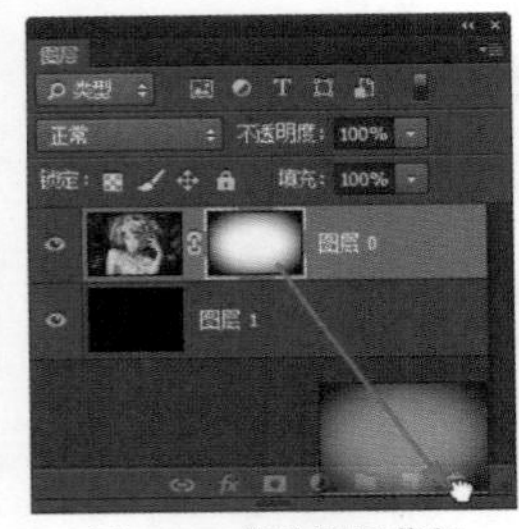

图 15-99 删除图层蒙版

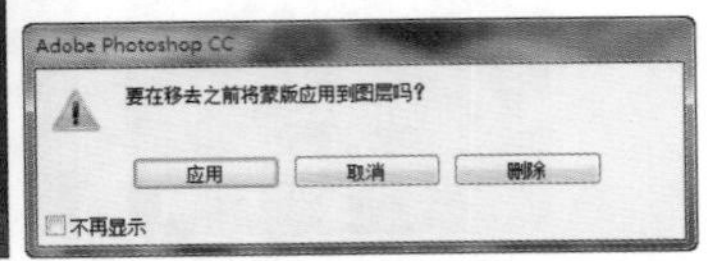

图 15-100 提示框

在提示框中单击“应用”按钮，则将图层蒙版应用到当前图层中，如图 15-101 所示。如果单击“删除”按钮，则直接删除图层蒙版而不进行应用，该图层中的图像不会受到任何影响，恢复到原始的状态，如图 15-102 所示。

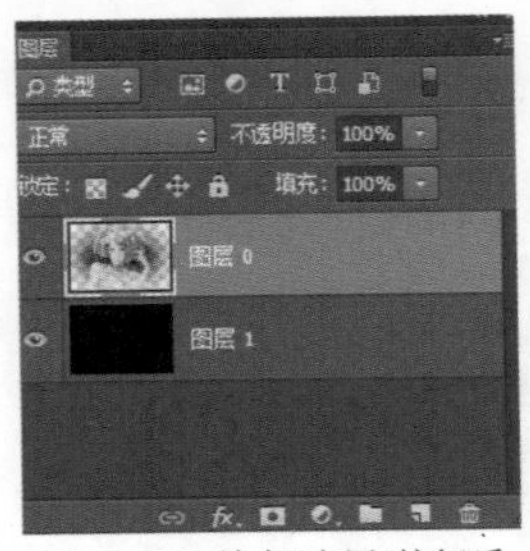

图 15-101 单击“应用”按钮后

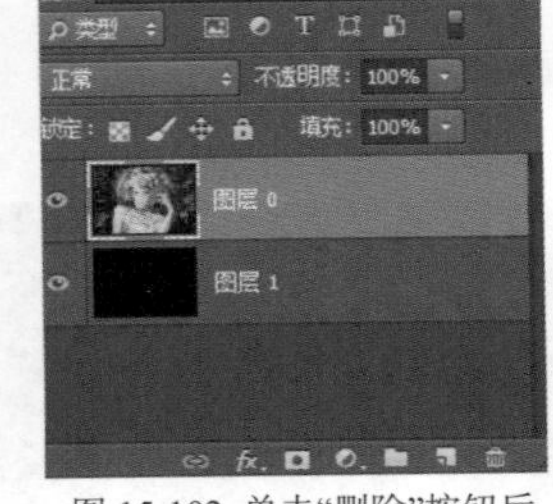

图 15-102 单击“删除”按钮后

选择蒙版缩览图，单击鼠标右键，在弹出的快捷菜单中选择“删除图层蒙版”命令，也可以将蒙版删除，如图 15-103 所示。

还可以执行“图层 > 图层蒙版 > 删除”命令，直接将图层蒙版删除，如图 15-104 所示。

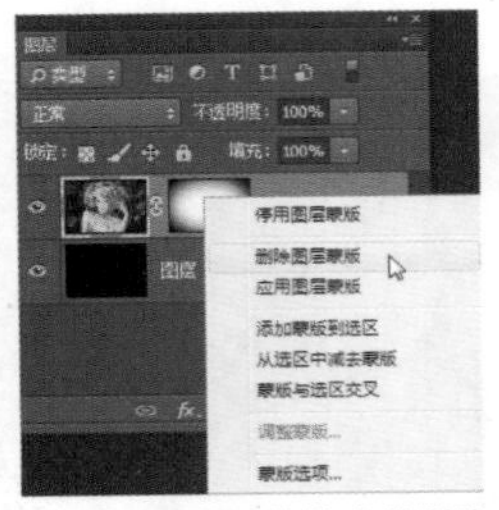

图 15-103 使用快捷菜单删除

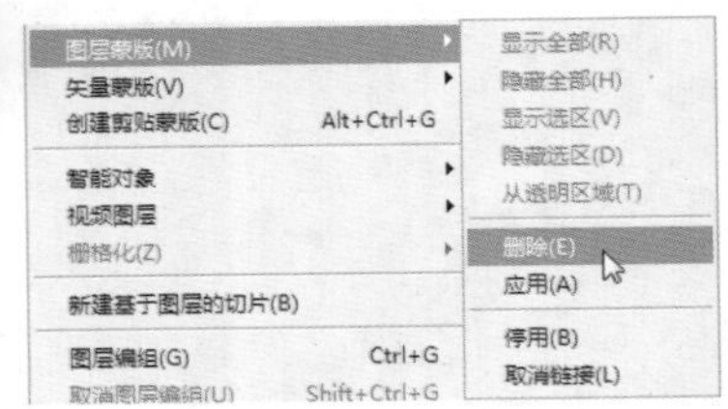

图 15-104 执行命令删除

15.3 矢量蒙版

从功能上看，矢量蒙版类似于图层蒙版，但是两者之间有着许多不同之处，最本质的区别就是前者使用矢量图形来控制图像的显示和隐藏，而后者是使用图像中的像素来控制图像的显示与隐藏。

矢量蒙版具有独立的分辨率，因此可反复对其执行重设大小、旋转、缩放或斜切等变换操作，而不会影响图像的分辨率。

15.3.1 创建矢量蒙版

矢量蒙版是由“钢笔工具”或各种形状工具创建的与分辨率无关的蒙版，它通过路径和矢量形状来控制图像的显示区域，可以任意缩放，常用来创建 Logo、按钮、面板或其他的 Web 设计元素等。

动手实践——创建矢量蒙版

源文件：光盘 \ 源文件 \ 第 15 章 \15-3-1.psd

视频：光盘 \ 视频 \ 第 15 章 \15-3-1.swf

01 执行“文件 > 打开”命令，打开素材图像“光盘 \ 源文件 \ 第 15 章 \ 素材 \153101.jpg”，如图 15-105 所示。执行“文件 > 打开”命令，打开素材图像“光盘 \ 源文件 \ 第 15 章 \ 素材 \153102.jpg”，如图 15-106 所示。

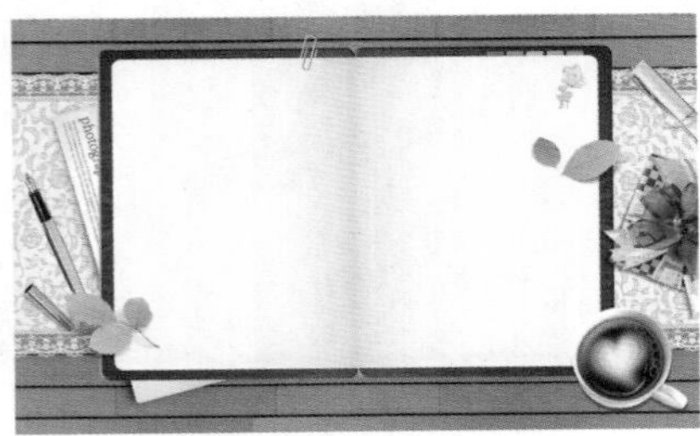

图 15-105 打开图像 1

图 15-106 打开图像 2

02 将 153102.jpg 拖曳到 153101.jpg 文档中，调整到合适的大小和位置，效果如图 15-107 所示。“图层”面板如图 15-108 所示。

图 15-107 图像效果

图 15-108 “图层”面板

03 选择“自定形状工具”，在选项栏上设置“模式”为“路径”，在“形状”列表中选择一种合适的形状，如图 15–109 所示。按住 Shift 键拖动鼠标绘制一个等比例的心形，如图 15–110 所示。

图 15-109 选择形状

图 15-110 绘制心形路径

04 执行“图层 > 矢量蒙版 > 当前路径”命令，或按住 Ctrl 键单击“图层”面板底部的“添加图层蒙版”按钮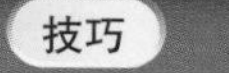，即可基于当前路径创建矢量蒙版，路径区域以外的图像会被蒙版遮住，如图 15–111 所示。“图层”面板如图 15–112 所示。

图 15-111 创建矢量蒙版

图 15-112 “图层”面板

技巧

执行“图层 > 矢量蒙版 > 显示全部”命令，可以创建显示全部图像的矢量蒙版；执行“图层 > 矢量蒙版 > 隐藏全部”命令，可以创建隐藏全部图像的矢量蒙版。

05 选中矢量蒙版，此时画布中会显示矢量图形，如图 15–113 所示。选择“自定形状工具”，在选项栏的“模式”下拉列表中选择“路径”选项，选择合适的形状在画布中进行绘制，可将其添加到矢量蒙版中，如图 15–114 所示。

图 15-113 显示矢量图形

图 15-114 添加矢量图形到蒙版中

技巧

执行“图层 > 矢量蒙版 > 停用”命令，可以暂时停用矢量蒙版，蒙版缩览图上会出现一个红色 X；如果需要重新启用蒙版，可以执行“图层 > 矢量蒙版 > 启用”命令，启用矢量蒙版。

15.3.2 为矢量蒙版添加效果

创建了矢量蒙版后，可以通过为矢量蒙版图层添加图层样式的方法，来实现为矢量蒙版添加相应的效果。

动手实践——为矢量蒙版添加效果

源文件：光盘 \ 源文件 \ 第 15 章 \15-3-1.psd

视频：光盘 \ 视频 \ 第 15 章 \15-3-2.swf

01 执行“文件 > 打开”命令，打开素材图像“光盘 \ 源文件 \ 第 15 章 \15–3–1.psd”，继续进行制作。选择添加了矢量蒙版的图层，单击“图层”面板底部的“添加图层样式”按钮，在弹出的下拉菜单中选择“外发光”命令，弹出“图层样式”对话框，设置如图 15–115 所示。选择“内发光”选项，设置如图 15–116 所示。

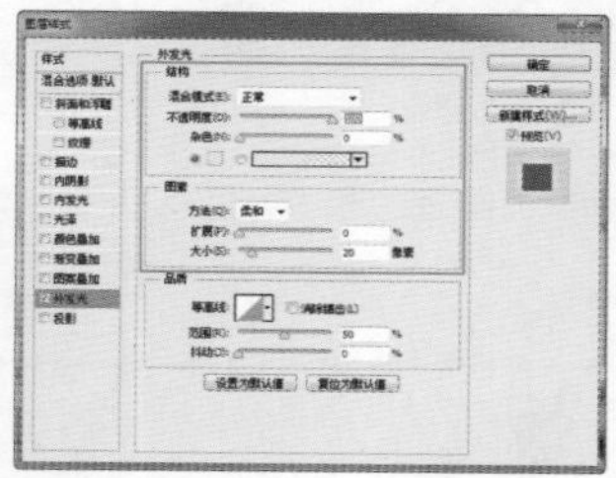
图 15-115 设置“外发光”图层样式

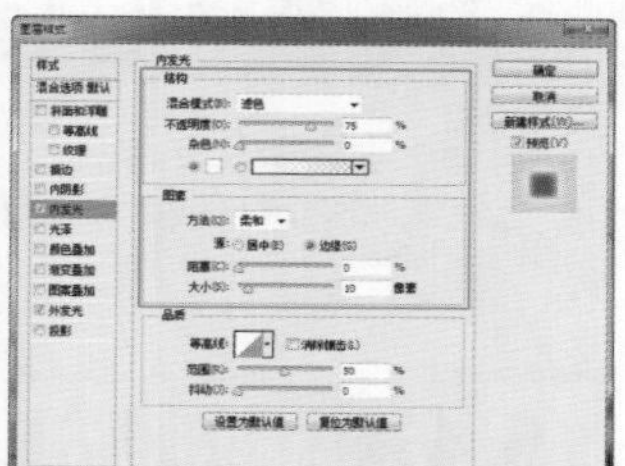
图 15-116 设置“内发光”图层样式

02 在“图层样式”对话框左侧的“样式”列表中选择“描边”选项，设置“描边”选项如图 15–117 所示。单击“确定”按钮，完成为矢量蒙版添加图层样式，效果如图 15–118 所示。

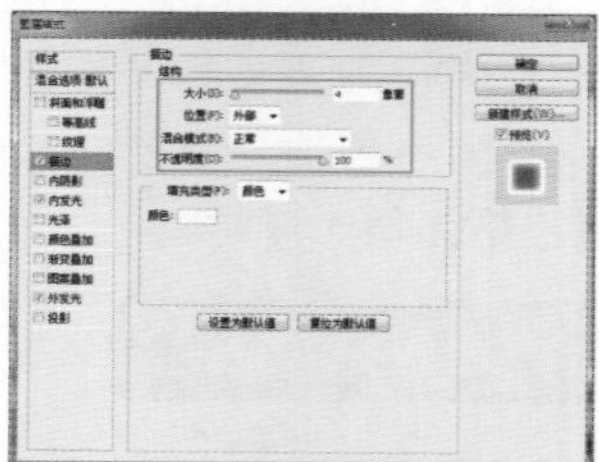
图 15-117 设置“描边”图层样式

图 15-118 图像效果

15.3.3 编辑矢量蒙版中的图形

单击添加的矢量蒙版，蒙版缩览图外面会出现一个黑色的框，如图 15–119 所示。执行“编辑 > 变换路径”子菜单中的命令，即可对矢量蒙版进行各种变换操作，如图 15–120 所示。

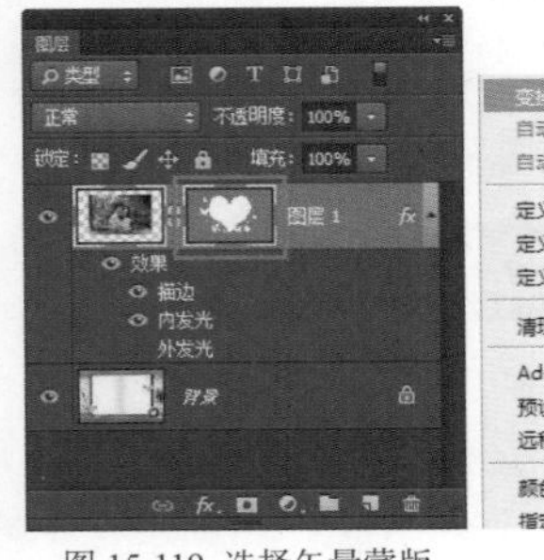

图 15-119 选择矢量蒙版

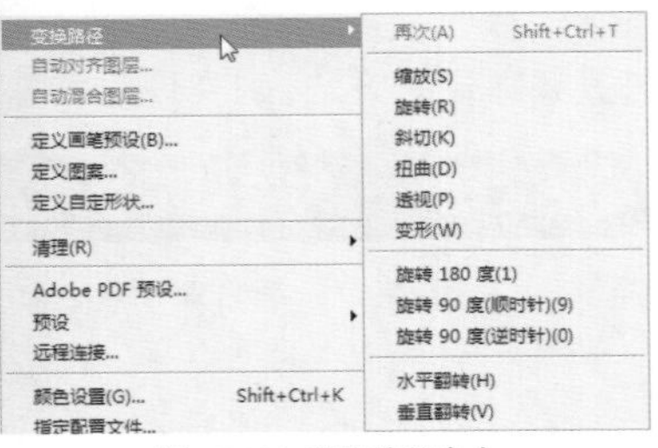

图 15-120 变换路径命令

提示

矢量蒙版的变换方法与图像的变换方法相同。矢量蒙版是基于矢量对象的蒙版，它与分辨率无关。因此，在进行变换和变形操作时不会产生锯齿。

技巧

创建矢量蒙版后，蒙版缩览图和图像缩览图之间会有一个链接图标，它表示蒙版与图像处于链接状态，此时进行任何变换操作，蒙版都与图像一同变换。执行“图层 > 矢量蒙版 > 取消链接”命令，或者单击该图标，可以取消链接，然后就可以单独变换图像或蒙版。

创建了矢量蒙版后，还可以使用路径编辑工具对路径进行编辑，从而改变蒙版的遮盖区域。例如单击工具箱中的“路径选择工具”按钮，按住 Shift 键单击可以同时选中多个矢量图形，拖动鼠标可以移动它们的位置，移动位置后，蒙版的遮盖区域也会随之变化。

15.3.4 将矢量蒙版转换为图层蒙版

可以将矢量图层蒙版转换为普通图层蒙版。选择矢量图层蒙版，如图 15–121 所示。执行“图层 > 栅格化 > 矢量蒙版”命令，即可栅格化矢量蒙版，将其转换为普通图层蒙版，如图 15–122 所示。

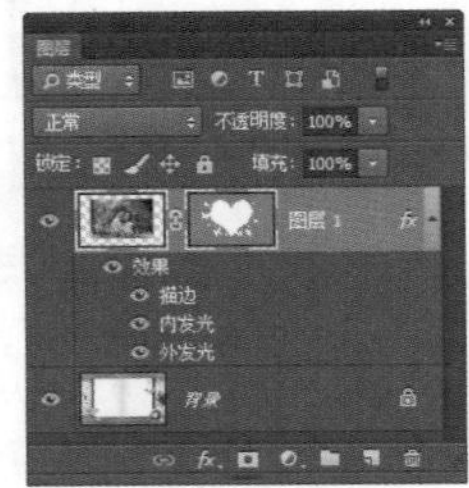

图 15-121 选中矢量图层蒙版

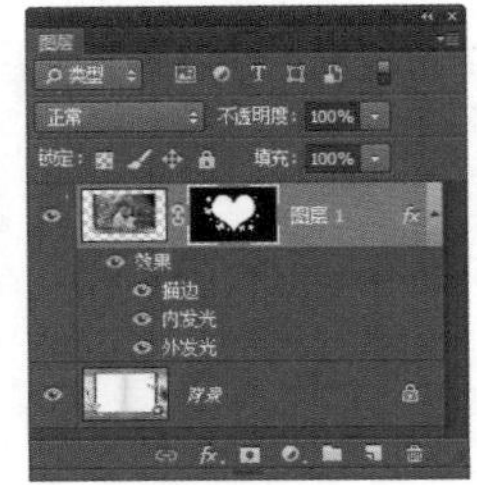

图 15-122 转换为普通图层蒙版

技巧

如果需要删除为图层添加的矢量蒙版，可以选中需要删除的矢量蒙版所在的图层，执行“图层 > 矢量蒙版 > 删除”命令即可，或者直接将矢量蒙版拖曳至“图层”面板底部的“删除图层”按钮上。

15.4 剪贴蒙版

剪贴蒙版是一种非常灵活的蒙版，它使用一个图像的形状限制其上层图像的显示范围。因此，可以通过一个图层来控制多个图层的显示区域，而矢量蒙版和图层蒙版都只能控制一个图层的显示区域。

15.4.1 创建剪贴蒙版

剪贴蒙版并不是一个特殊的图层类型，而是一组具有剪贴关系的图层的名称。剪贴蒙版最少包括两个图层，最多可以包括无限个图层。

动手实践——创建剪贴蒙版

源文件：光盘 \ 源文件 \ 第 15 章 \15-4-1.psd

视频：光盘 \ 视频 \ 第 15 章 \15-4-1.swf

01 执行“文件 > 打开”命令，打开素材图像“光盘 \ 源文件 \ 第 15 章 \ 素材 \154101.jpg”，如图 15–123 所示。选择“椭圆工具”，在选项栏上设置“模式”为“路径”，在画布中绘制一个正圆形路径，如图 15–124 所示。

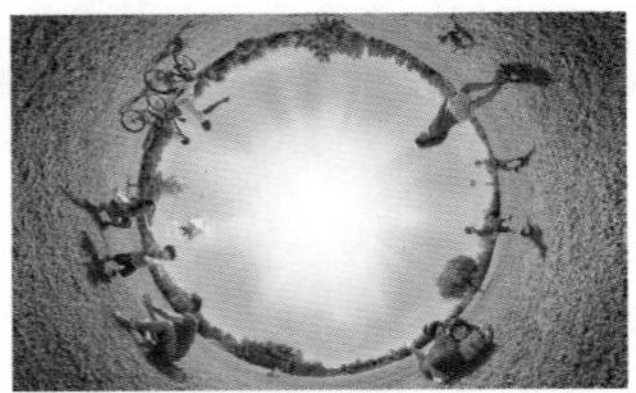

图 15-123 打开图像

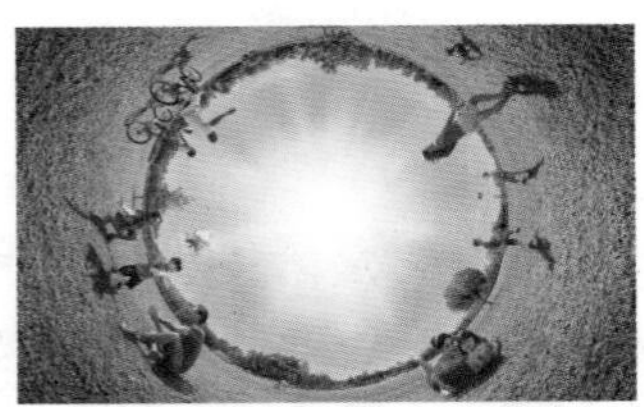

图 15-124 绘制正圆形路径

02 按快捷键 Ctrl+Enter，将路径转换为选区，如图 15–125 所示。执行“图层 > 新建 > 通过拷贝的图层”命令，自动新建图层并将选区中的内容放置于新图层中，如图 15-126 所示。

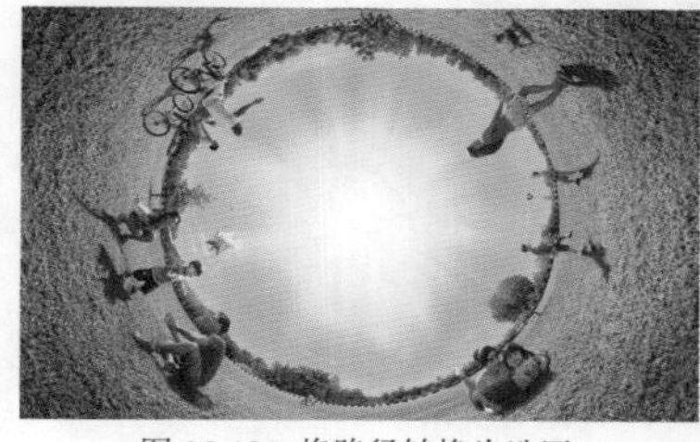

图 15-125 将路径转换为选区

图 15-126 “图层”面板

03 打开素材图像“光盘\源文件\第 15 章\素材\154102.jpg”，效果如图 15-127 所示。将该素材拖入设计文档中，并调整到合适的大小和位置，如图 15-128 所示。

图 15-127 打开图像

图 15-128 图像效果

提示

将素材图像粘贴到另一个文档中时，将会自动创建新图层放置复制的图像。例如本实例中将素材图像粘贴到当前文档中，将自动创建“图层 2”图层放置该图像。

04 选择“图层 2”图层，执行“图层 > 创建剪贴蒙版”命令，或按快捷键 Alt+Ctrl+G，将该图层与下面的图层创建为一个剪贴蒙版，“图层”面板如图 15-129 所示。图像效果如图 15-130 所示。

图 15-129 “图层”面板

图 15-130 图像效果

05 选择“图层 2”图层，单击“图层”面板底部的“添加图层蒙版”按钮，添加图层蒙版。选择“画笔工具”，设置“前景色”为黑色，选择合适的笔触在图层蒙版上进行涂抹，效果如图 15-131 所示。“图层”面板如图 15-132 所示。

图 15-131 涂抹效果

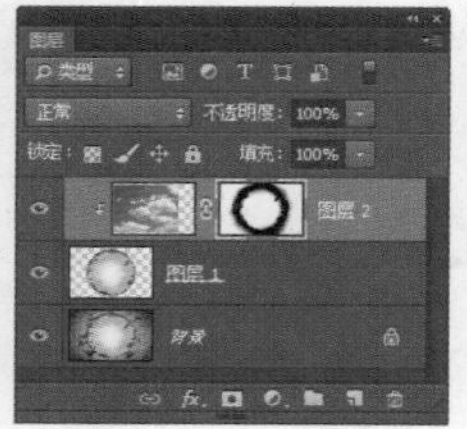

图 15-132 “图层”面板

提示

剪贴蒙版可以应用于多个图层，但是这些图层必须是相邻的图层。

06 选中“图层 2”图层，在“图层”面板上设置该图层的“混合模式”为“叠加”，“不透明度”为 75%，如图 15-133 所示。图像效果如图 15-134 所示。

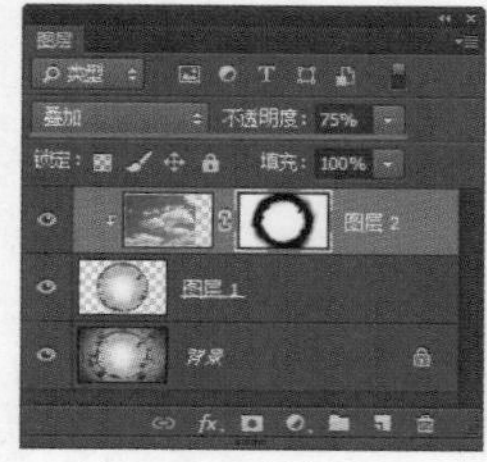

图 15-133 “图层”面板

图 15-134 图像效果

15.4.2 剪贴蒙版的结构

在剪贴蒙版组中，最下面的图层称为基底图层，即图标指向的那个图层，其名称带有下划线；上面的图层称为内容图层，该图层缩览图是缩进的，并且显示图标，如图 15-135 所示。

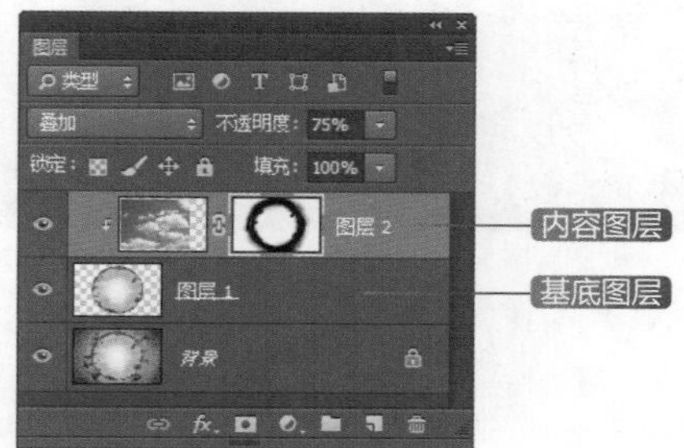

图 15-135 剪贴蒙版的结构

提示

基底图层中包含像素的区域决定了内容图层的显示范围，移动基底图层或内容图层都可以改变内容图层的显示区域。

15.4.3 剪贴蒙版的不透明度和混合模式

剪贴蒙版组使用基底图层的“不透明度”属性，也就是说，当设置基底图层的“不透明度”时，可以控制整个剪贴蒙版组的不透明度，如图 15-136 所示。

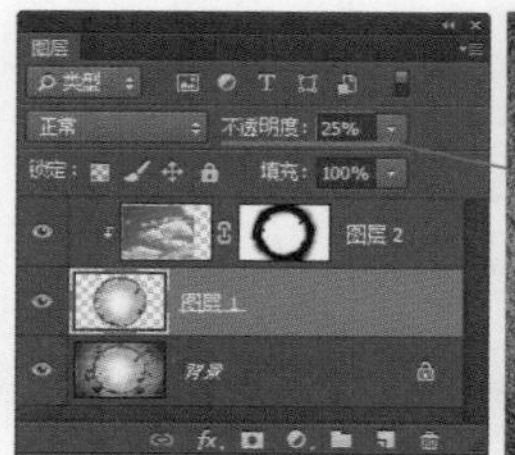

图 15-136 设置基底图层的“不透明度”效果

如果设置内容图层的“不透明度”属性，不会影响到剪贴蒙版组中的其他图层，效果如图 15–137 所示。

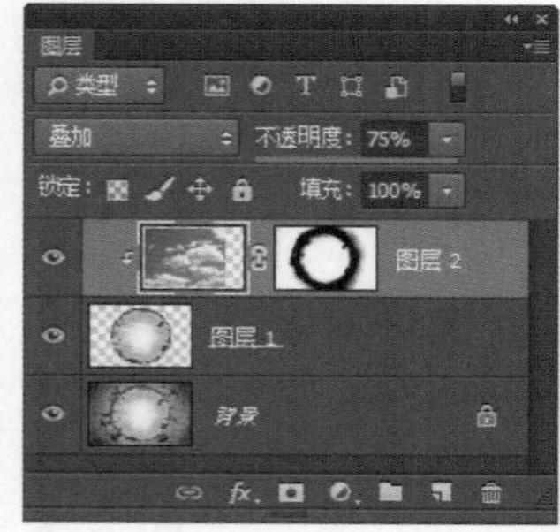

图 15-137 设置内容图层的“不透明度”效果

剪贴蒙版使用基底图层的“混合模式”属性，当基底图层为“正常”模式时，所有图层将按照各自的混合模式与下面的图层混合。设置基底图层的“混合模式”时，整个剪贴蒙版中的图层都会使用该模式与下面的图层混合，如图 15–138 所示。

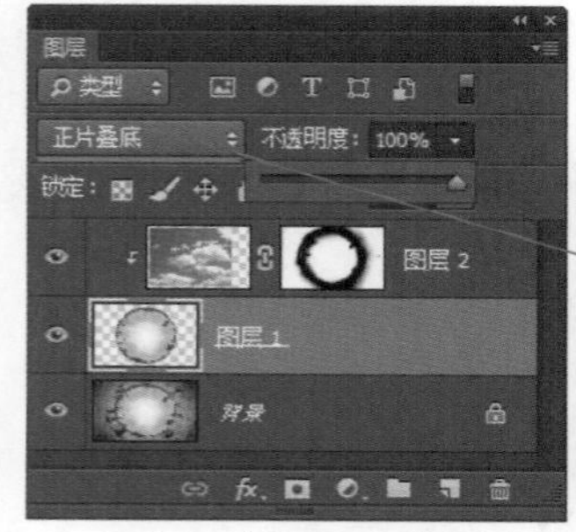
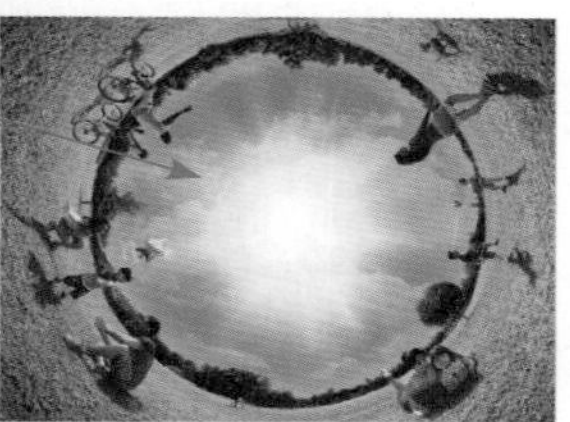

图 15-138 设置基底图层的“混合模式”效果

如果只设置内容图层的“混合模式”属性，则仅对其自身产生作用，不会影响其他图层，如图 15–139 所示。

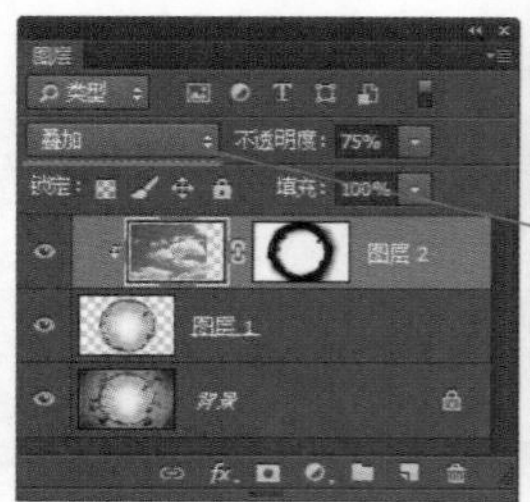

图 15-139 设置内容图层的“不透明度”效果

15.4.4 释放剪贴蒙版

将一个图层拖动到基底图层上，可以将其加入到剪贴蒙版组中。将内容图层移出剪贴蒙版组，则可以释放该图层。

选择基底图层正上方的内容图层，执行“图层 > 释放剪贴蒙版”命令，或按快捷键 Alt+Ctrl+G，可以释放全部剪贴蒙版。

将光标放置于“图层”面板中需要创建剪贴图层的两个图层分隔线上，按住 Alt 键，光标会变为如图 15–140 所示的形状，单击即可创建剪贴蒙版。按住 Alt 键，光标会变为如图 15–141 所示的形状，单击即可释放剪贴蒙版。

图 15-140 创建剪贴蒙版

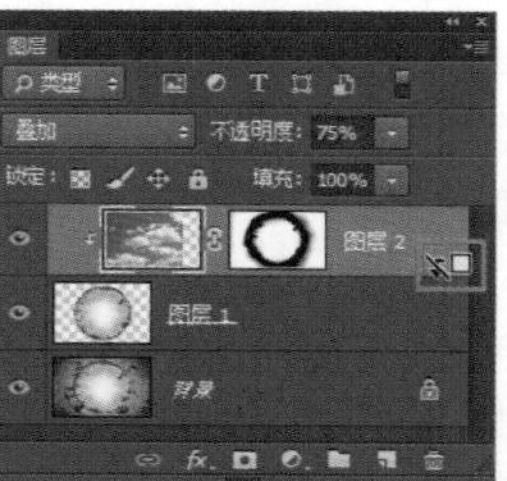

图 15-141 释放剪贴蒙版

15.5 其他蒙版形式

除了前面所介绍的蒙版外，还有文字蒙版和调整图层蒙版两种蒙版形式，这两种蒙版都属于图层蒙版，只是它们创建蒙版的方式比较特殊。

15.5.1 文字蒙版

使用“横排文字蒙版工具”和“直排文字蒙版工具”编辑文字时，都会产生一个文字蒙版，然后将其作为选区载入，就可以对文字选区进行编辑处理了。

动手实践——制作艺术文字

源文件：光盘 \ 源文件 \ 第 15 章 \15-5-1.psd

视频：光盘 \ 视频 \ 第 15 章 \15-5-1.swf

01 执行“文件 > 打开”命令，打开素材图像“光盘 \ 源文件 \ 第 15 章 \ 素材 \155101.jpg”，效果如图 15–142 所示。打开“图层”面板，新建“图层 1”图层，如图 15–143 所示。

图 15-142 打开图像

图 15-143 新建图层

02 选择“横排文字蒙版工具”，设置合适的字体和字体大小，在画布中单击并输入文字，如图 15–144

所示。完成文字的输入，单击选项栏上的“提交所有当前编辑”按钮，得到刚刚输入文字的选区，如图 15-145 所示。

图 15-144 文字蒙版

图 15-145 得到文字选区

提示

文字蒙版的功能实际上就是快速蒙版的功能，在使用“横排文字蒙版工具”或“竖排文字蒙版工具”在画布上单击即进入快速蒙版的编辑状态，完成文字的输入后确认，即可得到文字的选区范围。

03 为选区填充任意一种颜色，如图 15-146 所示。选中“图层 1”图层，单击“图层”面板底部的“添加图层样式”按钮，在弹出的下拉菜单中选择“渐变叠加”命令，弹出“图层样式”对话框，设置如图 15-147 所示。

图 15-146 文字效果

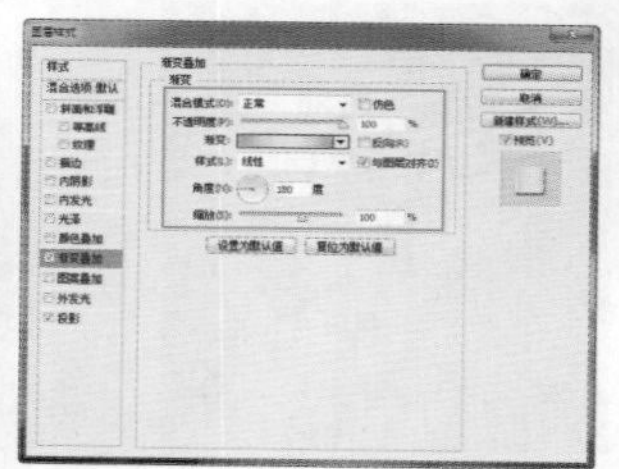
图 15-147 设置“渐变叠加”图层样式

04 在“图层样式”对话框左侧的“样式”列表中选择“投影”选项，设置如图 15-148 所示。单击“确定”按钮，为文字添加图层样式，效果如图 15-149 所示。

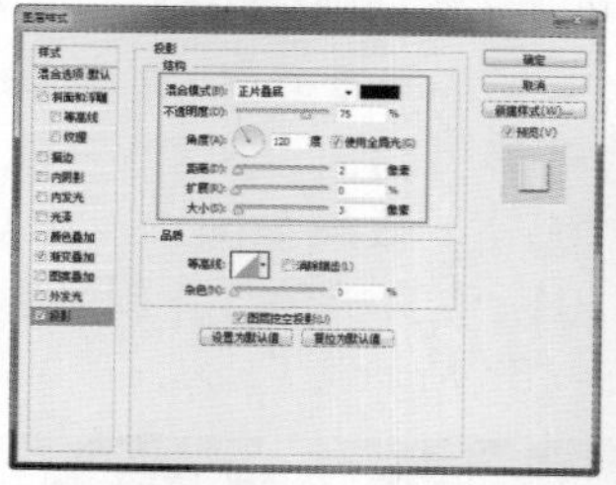
图 15-148 设置“投影”图层样式

图 15-149 文字效果

05 使用相同的制作方法，还可以通过文字蒙版的方式制作出其他文字的效果，“图层”面板如图 15-150 所示。效果如图 15-151 所示。

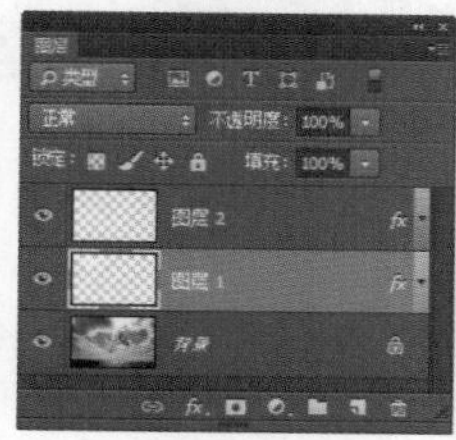
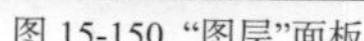
图 15-150 “图层”面板

图 15-151 最终效果

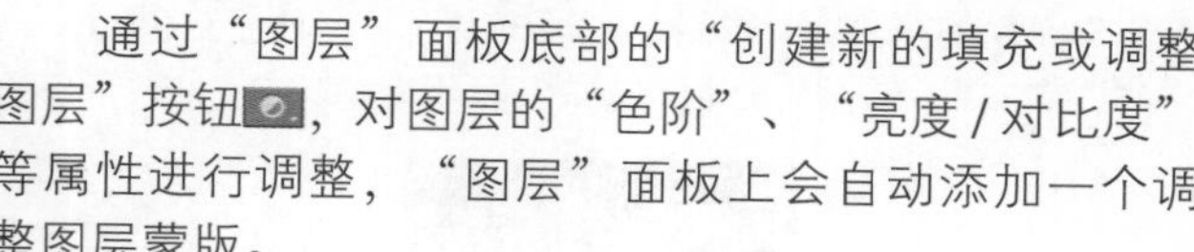

15.5.2 调整图层蒙版

通过“图层”面板底部的“创建新的填充或调整图层”按钮，对图层的“色阶”、“亮度/对比度”等属性进行调整，“图层”面板上会自动添加一个调整图层蒙版。

动手实践——改变汽车颜色

源文件：光盘\源文件\第 15 章\15-5-2.psd

视频：光盘\视频\第 15 章\15-5-2.swf

01 执行“文件 > 打开”命令，打开素材图像“光盘\源文件\第 15 章\素材\155201.jpg”，效果如图 15-152 所示。单击“图层”面板底部的“创建新的填充或调整图层”按钮，打开“属性”面板，设置如图 15-153 所示。

图 15-152 打开图像

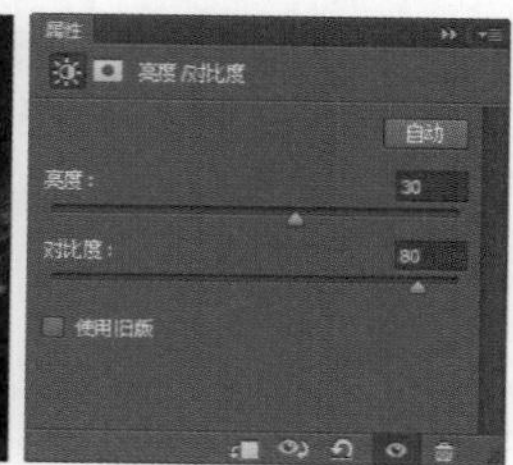

图 15-153 设置“属性”面板

02 完成“亮度/对比度”的设置，在“图层”面板中会自动添加一个“亮度/对比度”调整图层，并且自动为调整图层添加图层蒙版，如图 15-154 所示。图像效果如图 15-155 所示。

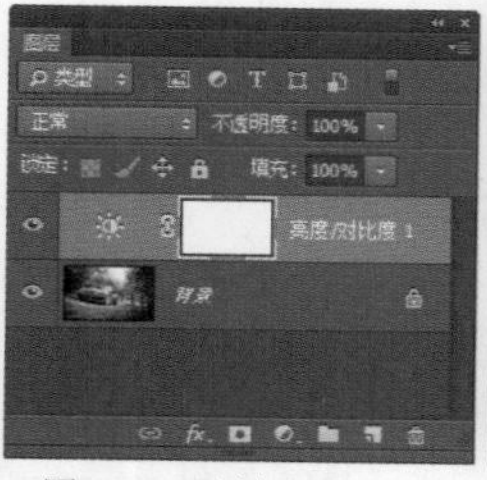
图 15-154 添加调整图层

图 15-155 图像效果

03 单击“图层”面板底部的“创建新的填充或调整图层”按钮，在弹出的下拉菜单中选择“色相/饱和度”命令，打开“属性”面板，设置如图 15-156 所示。完成“色相/饱和度”的设置，图像效果如图 15-157 所示。

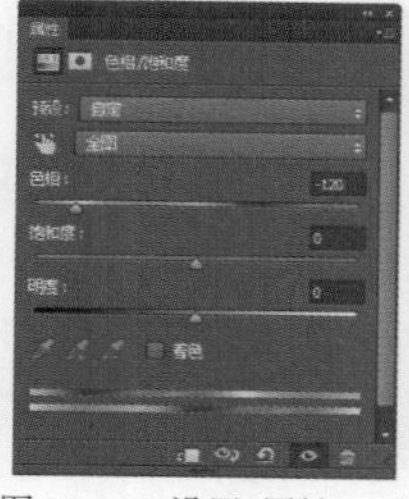
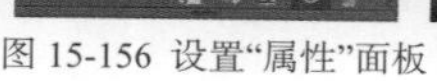
图 15-156 设置“属性”面板

图 15-157 图像效果

04 在“图层”面板中选中刚添加的“色相/饱和度”调整图层的蒙版，选择“画笔工具”，设置“前景色”为黑色，选择合适的笔触，在调整图层蒙版上进行涂抹，“图层”面板如图 15-158 所示。效果如图 15-159 所示。

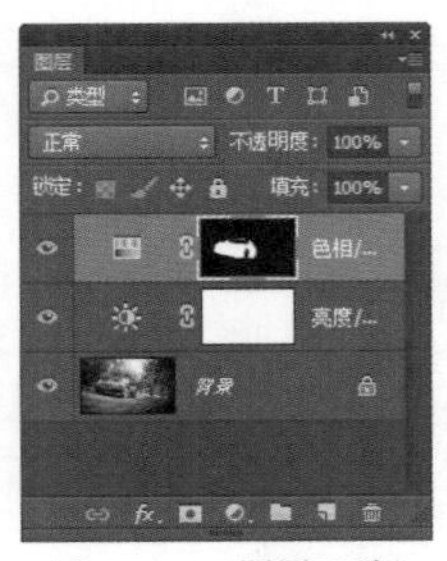

图 15-158 “图层”面板

图 15-159 图像效果

提示

调整图层蒙版与普通图层蒙版相同，创建填充或调整图层时，同时会自动为所创建的填充或调整图层添加图层蒙版，在该图层蒙版上可以执行所有普通图层蒙版上的操作。

15.6 蒙版在设计中的应用

在日常设计工作中，蒙版是必不可少的工具之一，它可以轻松帮助设计者替换背景、拼合图像等。蒙版和一些工具命令是有一定关系的，在实际工作和使用中可以尝试相互配合来完成各种效果。

15.6.1 拼接图像

蒙版是一种遮挡，通过蒙版的遮挡，可以将两个毫不相干的图像天衣无缝地融合起来。这个原理其实很好理解，操作起来没有任何难度，但是显示出来的效果却令人十分满意，能够起到事半功倍的作用。

动手实践——拼接图像

源文件：光盘\源文件\第 15 章\15-6-1.psd

视频：光盘\视频\第 15 章\15-6-1.swf

01 执行“文件 > 打开”命令，打开素材图像“光盘\源文件\第 15 章\素材\156101.jpg”，效果如图 15-160 所示。“背景”图层不能添加图层蒙版，按住 Alt 键，双击“背景”图层，将“背景”图层转换为普通图层，如图 15-161 所示。

图 15-160 打开图像

图 15-161 “图层”面板

02 单击“图层”面板底部的“添加图层蒙版”按钮，为“图层 0”添加图层蒙版，选择“渐变工具”，设置从黑色到白色的渐变颜色，在蒙版中填充黑白渐变，就会将图像逐渐遮挡掉，图层蒙版如图 15-162 所示。图像效果如图 15-163 所示。

图 15-162 图层蒙版效果

图 15-163 图像效果

提示

在图层蒙版上应用了渐变填充，其实填充的并不是颜色，而是遮挡范围。在蒙版状态下可以反复修改蒙版，以产生不同的效果，渐变的范围决定了遮挡的范围，黑白的深浅决定了遮挡程度。

03 将为“图层 0”图层应用的图层蒙版删除。执行“文件 > 打开”命令，打开素材图像“光盘\源文件\第 15 章\素材\156102.jpg”，效果如图 15-164 所示。将该图像拖曳到 156101.jpg 文档中，并调整到合适的大小和位置，如图 15-165 所示。

图 15-164 打开图像

图 15-165 复制图像

04 选择“图层 1”图层，为该图层添加图层蒙版。选择“渐变工具”，设置从黑色到白色的渐变颜色，在蒙版中填充黑白渐变，图层蒙版如图 15-166 所示。图像效果如图 15-167 所示。

图 15-166 图层蒙版效果

图 15-167 图像效果

05 选择“图层 1”图层，设置该图层的“混合模式”为“滤色”，如图 15-168 所示。图像效果如图 15-169 所示。

图 15-168 设置混合模式

图 15-169 图像效果

提示

对图层蒙版进行渐变填充时，默认情况下填充为黑白渐变，因为是对图层蒙版进行操作，只有黑、白、灰 3 种颜色，填充的只是遮挡范围，和颜色没有关系。

15.6.2 替换局部图像

使用剪贴蒙版可以替换局部图像，实现对局部突显的操作。在日常设计中，经常会用到这一功能，使用这一功能大大缩短了工作时间，并且能够表现出特殊效果，在很大程度上提高了工作效率。

动手实践——替换局部图像

源文件：光盘 \ 源文件 \ 第 15 章 \15-6-2.psd

视频：光盘 \ 视频 \ 第 15 章 \15-6-2.swf

01 执行“文件 > 打开”命令，打开素材图像“光盘 \ 源文件 \ 第 15 章 \ 素材 \156201.jpg”，如图 15-170 所示。选择“钢笔工具”，在选项栏上设置“模式”为“路径”，在画布中绘制路径，如图 15-171 所示。

图 15-170 打开图像

图 15-171 绘制路径

02 按快捷键 Ctrl+Enter，将路径转换为选区。执行“选择 > 修改 > 羽化”命令，弹出“羽化选区”对话框，设置如图 15-172 所示。单击“确定”按钮，羽化选区。按快捷键 Ctrl+J，复制选区中的图像，得到“图层 1”图层，如图 15-173 所示。

图 15-172 “羽化选区”对话框

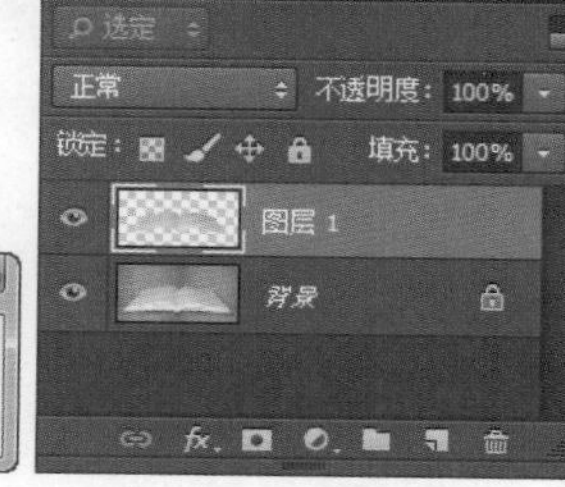

图 15-173 “图层”面板

03 执行“文件 > 打开”命令，打开素材图像“光盘 \ 源文件 \ 第 15 章 \ 素材 \156202.png”，将其拖入设计文档中并调整到合适的大小和位置，如图 15-174 所示。执行“图层 > 创建剪贴蒙版”命令，创建剪贴蒙版，效果如图 15-175 所示。

图 15-174 拖入素材

图 15-175 创建剪贴蒙版效果

04 设置“图层 2”图层的“混合模式”为“正片叠底”，如图 15-176 所示。图像效果如图 15-177 所示。

图 15-176 “图层”面板

图 15-177 图像效果

05 复制“图层 2”图层，得到“图层 2 拷贝”图层，设置该图层“混合模式”为“柔光”，“不透明度”

为40%，如图15–178所示。图像效果如图15–179所示。

图 15-178 “图层”面板

图 15-179 图像效果

06 打开素材图像“光盘\源文件\第15章\素材\156203.png”，将其拖入设计文档中并调整到合适的大小和位置，如图15–180所示。拖入其他的素材图像，如图15–181所示。

图 15-180 拖入素材

图 15-181 图像最终效果

15.6.3 调整局部色彩

通过调整图层对图像局部进行调整操作，这是图像处理的高级操作。在对图层进行调整操作时，要随心所欲地调整局部图像，就离不开图层蒙版的密切配合。

动手实践——调整局部色彩

源文件：光盘\源文件\第15章\15-6-3.psd

视频：光盘\视频\第15章\15-6-3.swf

01 执行“文件 > 打开”命令，打开素材图像“光盘\源文件\第15章\素材\156301.jpg”，效果如图15–182所示。单击“图层”面板底部的“创建新的填充和调整图层”按钮，在弹出的下拉菜单中选择“色彩平衡”命令，打开“属性”面板，设置如图15–183所示。

图 15-182 图像效果

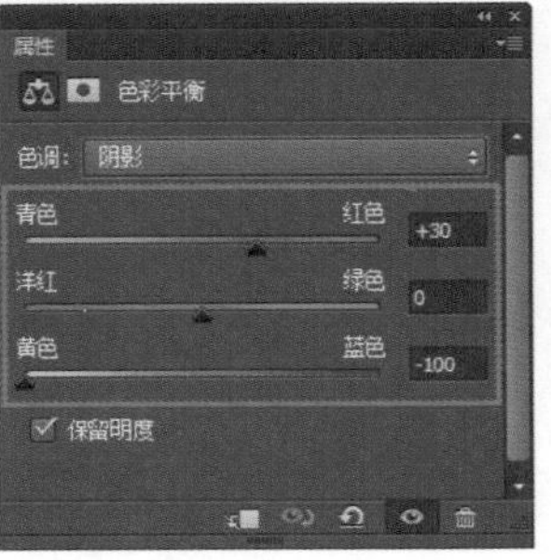
图 15-183 设置“属性”面板

02 在“属性”面板中的“色调”下拉列表中选择“中间调”选项，设置如图15–184所示。在“色调”下拉列表中选择“高光”选项，设置如图15–185所示。

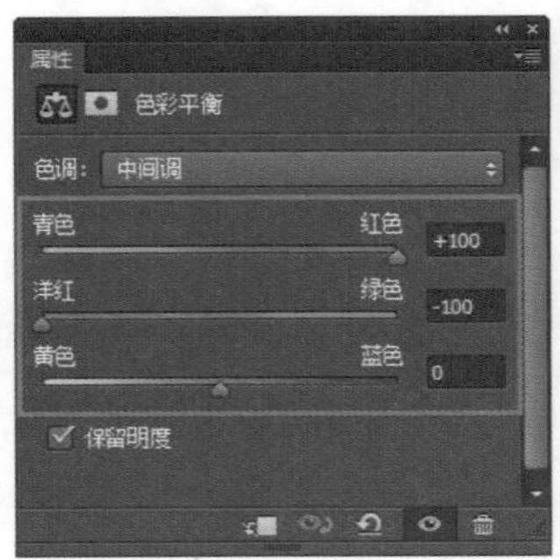
图 15-184 设置“中间调”选项

图 15-185 设置“高光”选项

03 完成“属性”面板的设置，得到“色彩平衡”调整图层，如图15–186所示。图像效果如图15–187所示。

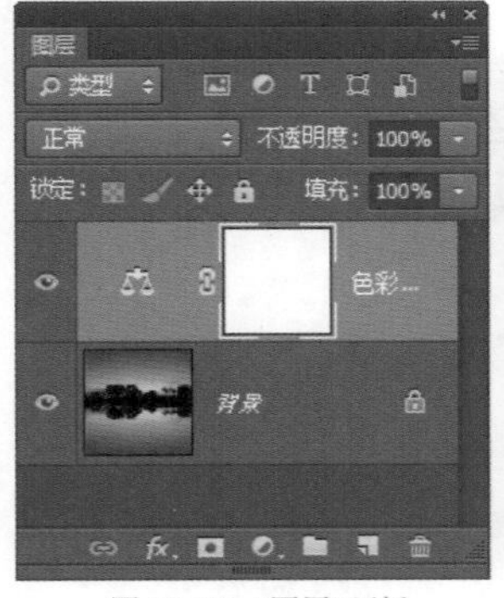
图 15-186 “图层”面板

图 15-187 图像效果

提示

调整图层和填充图层具有与图像图层相同的“不透明度”和“混合模式”选项，可以对它们进行与图像图层相同的操作。在默认情况下，调整图层和填充图层都有图层蒙版，如果在创建调整图层或填充图层时，路径处于正在使用的状态，则创建的是矢量蒙版，而不是图层蒙版。

04 选中“色彩平衡”调整图层的蒙版，选择“渐变工具”，设置从黑色到白色的渐变颜色，在蒙版中填充黑白线性渐变，如图15–188所示。图像效果如图15–189所示。

图 15-188 蒙版效果　　图 15-189 图像效果

05 按快捷键 Ctrl+Shift+Alt+E，盖印图层，得到“图层 1”图层，复制“图层 1”图层，得到“图层 1 拷贝”图层，如图 15–190 所示。选择“图层 1 拷贝”图层，执行“滤镜 > 模糊 > 高斯模糊”命令，弹出“高斯模糊”对话框，设置如图 15–191 所示。

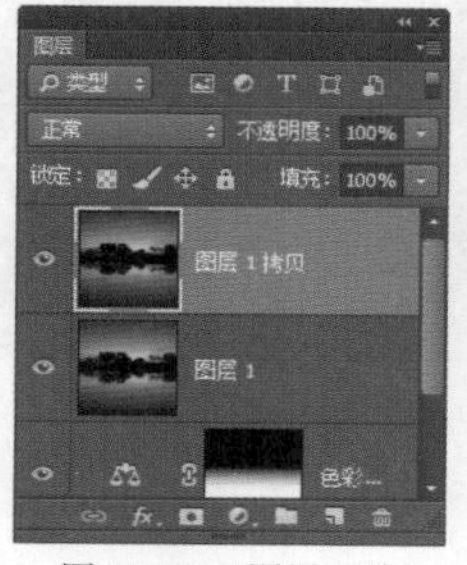

图 15-190 “图层”面板

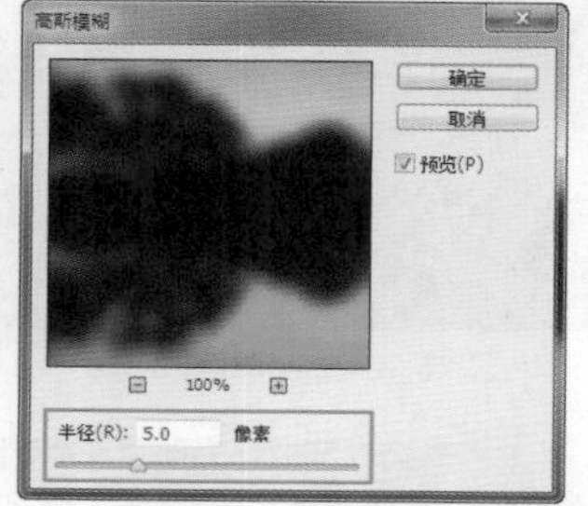

图 15-191 设置“高斯模糊”对话框

06 单击“确定”按钮，完成“高斯模糊”对话框的设置，设置“图层 1 拷贝”图层的“不透明度”为 50%，如图 15–192 所示。图像效果如图 15–193 所示。

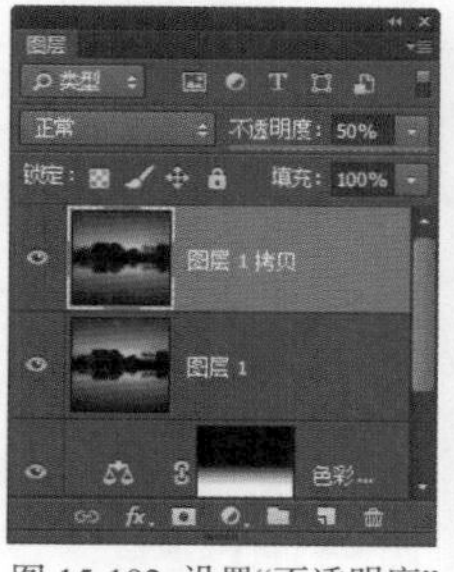

图 15-192 设置“不透明度”

图 15-193 图像效果

07 选择“图层 1 拷贝”图层，为该图层添加图层蒙版。选择“画笔工具”，设置“前景色”为黑色，选择合适的笔触，在图层蒙版上进行涂抹，“图层”面板如图 15–194 所示。图像效果如图 15–195 所示。

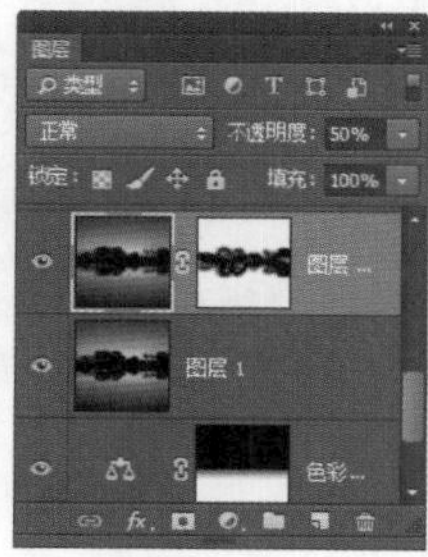

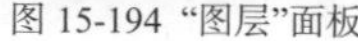

图 15-194 “图层”面板

图 15-195 图像效果

提示

在该步骤中通过图层蒙版的操作方式，使得图像中的树木区域更加清晰，实际上只是通过图层蒙版将该图层中的部分区域隐藏，而显示出下一图层中的这一区域。使用图层蒙版的好处就在于操作方便。

08 执行“文件 > 打开”命令，打开素材图像“光盘 \ 源文件 \ 第 15 章 \ 素材 \156302.jpg”，效果如图 15–196 所示。将该素材图像拖曳到设计文档中，并调整到合适的大小和位置，如图 15–197 所示。

图 15-196 图像效果

图 15-197 拖入素材

09 选中“图层 2”图层，设置其“混合模式”为“滤色”，为该图层添加图层蒙版。选择“画笔工具”，设置“前景色”为黑色，选择合适的笔触在图层蒙版上进行涂抹，效果如图 15–198 所示。“图层”面板如图 15–199 所示。

图 15-198 图像效果

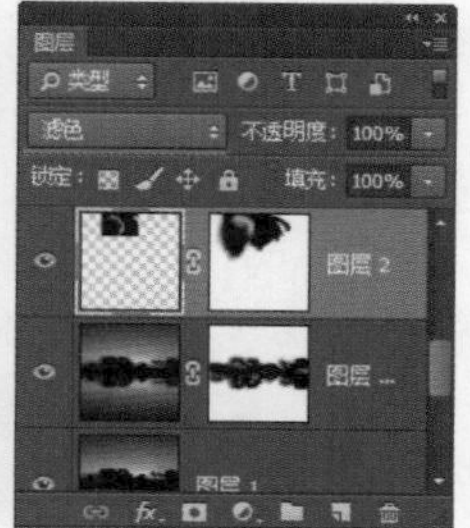

图 15-199 “图层”面板

10 选择“画笔工具”，设置“前景色”为白色，分别设置不同的笔触大小，在画布中绘制星星，如图 15–200 所示。复制“图层 2”图层得到“图层 2 拷贝”图层，执行“滤镜 > 模糊 > 高斯模糊”命令，弹出“高斯模糊”对话框，设置如图 15–201 所示。

图 15-200 图像效果

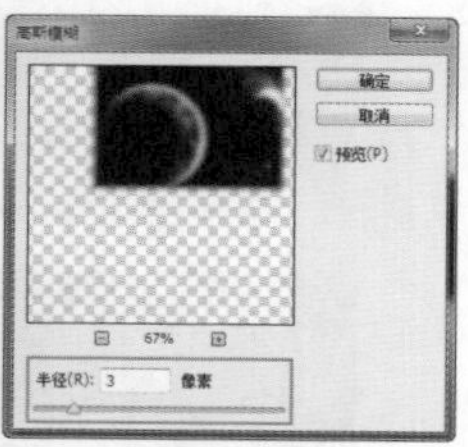

图 15-201 “高斯模糊”对话框

11 单击“确定”按钮，设置“图层 2 拷贝”图层的“不透明度”为 70%，效果如图 15–202 所示。打开素材图像“光盘 \ 源文件 \ 第 15 章 \ 素材 \156303.jpg”，将该图像拖曳到设计文档中，并调整到合适的大小和位置，如图 15–203 所示。

图 15-202 图像效果

图 15-203 拖入图像

12 选择“图层 3”图层，设置该图层的“混合模式”为“叠加”，“填充”为 50%，如图 15–204 所示。图像效果如图 15–205 所示。

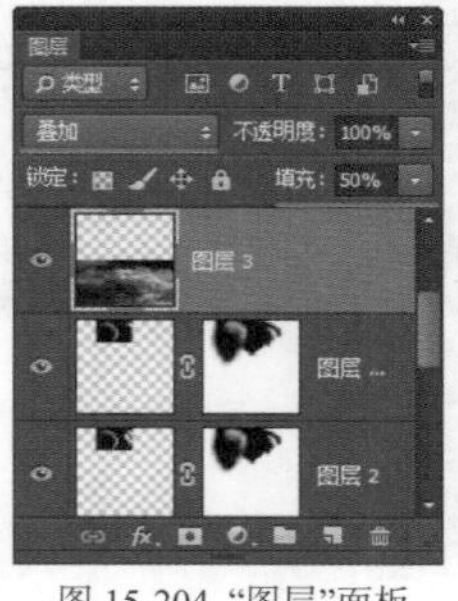
图 15-204 “图层”面板

图 15-205 图像效果

13 执行“文件 > 打开”命令，打开素材图像“光盘\源文件\第 15 章\素材\156304.jpg”，将该图像拖曳到设计文档中，并调整到合适的大小和位置，如图 15–206 所示。选择“图层 4”图层，设置该图层的“混合模式”为“叠加”，“填充”为 70%，效果如图 15–207 所示。

图 15-206 复制图像

图 15-207 图像效果

14 复制“图层 2”图层，得到“图层 2 拷贝 2”图层，将该图层调整至“图层”面板的最上方，如图 15–208 所示。调整该图像的位置，并执行“编辑 > 变换 > 垂直翻转”命令，将图像垂直翻转，效果如图 15–209 所示。

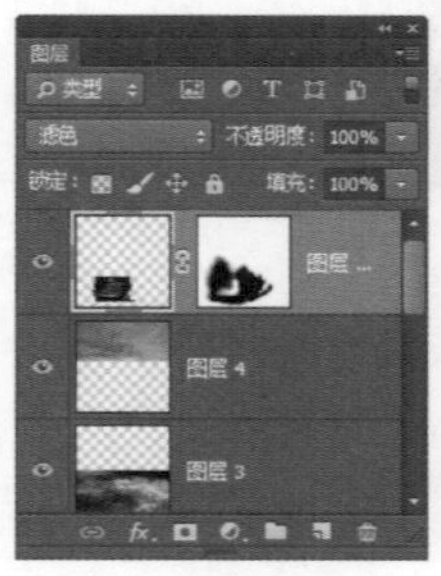
图 15-208 复制图层

图 15-209 图像效果

提示

在图层与图层蒙版之间有一个默认的链接符号链接图层与图层蒙版，当移动时不管是移动图层还是图层蒙版，两个都会一起移动。如果说只需要单独移动图层或图层蒙版，需要单击图层与图层蒙版之间的链接符号，取消它们之间的链接，就可以分别移动图层和图层蒙版了。

15 使用“涂抹工具”对“图层 2 拷贝 2”图层上的图像进行涂抹操作，如图 15–210 所示。选择“减淡工具”，在选项栏上设置“范围”为 50%，在图像上进行涂抹，将月亮的倒影提亮，如图 15–211 所示。

图 15-210 涂抹图像

图 15-211 提亮图像

15.6.4 合成图像特效

通过图层蒙版的综合应用，还能够实现很多图像合成特效。在图像合成的过程中，重点是对图层蒙版的操作，充分掌握图层蒙版的操作并多加练习，这样就能够制作出许多图像特效了。

动手实践——合成图像特效

源文件：光盘\源文件\第 15 章\15-6-4.psd

视频：光盘\视频\第 15 章\15-6-4.swf

01 执行“文件 > 打开”命令，打开素材图像“光盘\源文件\第 15 章\素材\156401.jpg”，效果如图 15–212 所示。复制“背景”图层，得到“背景 拷贝”图层，如图 15–213 所示。

图 15-212 打开图像

图 15-213 “图层”面板

02 使用“移动工具”将复制得到的图像移至合适的位置，效果如图 15–214 所示。使用“矩形选框工具”在画布中绘制选区，效果如图 15–215 所示。

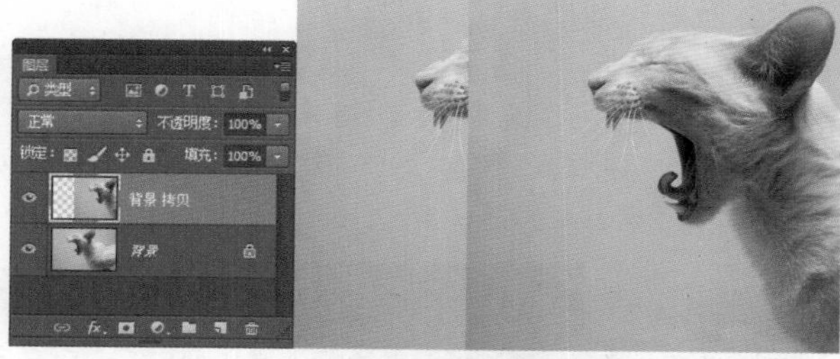

图 15-214 调整图像的位置

图 15-215 绘制选区

03 按快捷键 Ctrl+T，调出变换框，如图 15-216 所示。将变换框向外拉伸，效果如图 15-217 所示。

图 15-216 调出变换框

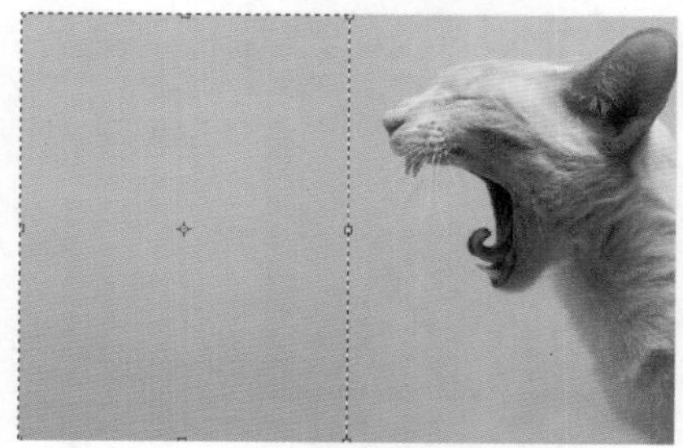

图 15-217 调整变换框大小

04 按 Enter 键确定，并取消选区，复制“背景 拷贝”图层，得到“背景 拷贝 2”图层，如图 15-218 所示。执行“滤镜 > 模糊 > 高斯模糊”命令，弹出“高斯模糊”对话框，设置如图 15-219 所示。

图 15-218 图像效果

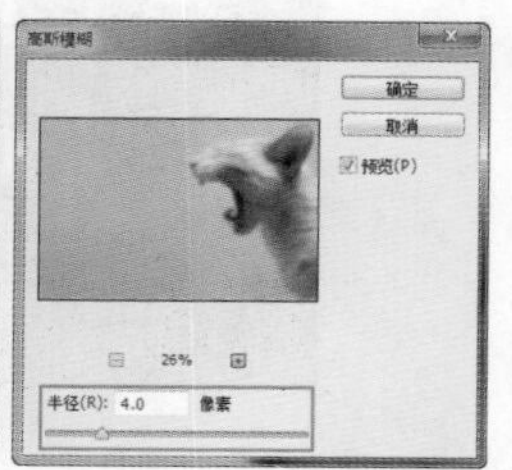

图 15-219 “高斯模糊”对话框

05 单击“确定”按钮，完成“高斯模糊”对话框的设置，效果如图 15-220 所示。为该图层添加图层蒙版，选择“画笔工具”，设置“前景色”为黑色，在图层蒙版中进行涂抹，效果如图 15-221 所示。

图 15-220 图像效果

图 15-221 涂抹效果

06 新建“图层 1”图层，选择“渐变工具”，打开“渐变编辑器”对话框，设置从黑色到透明的渐变，如图 15-222 所示。单击“确定”按钮，在选项栏中勾选“反向”选项，在画布中拖动鼠标填充径向渐变，效果如图 15-223 所示。

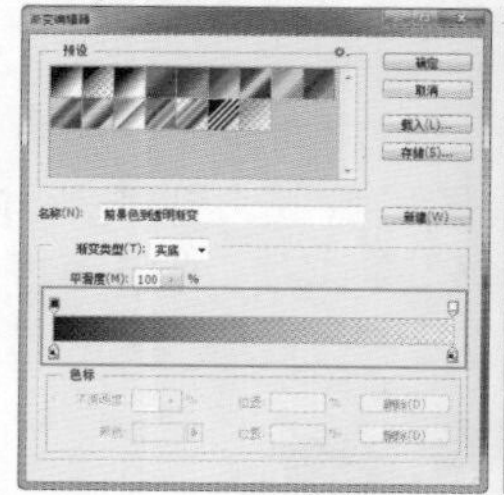

图 15-222 “渐变编辑器”对话框

图 15-223 渐变效果

07 为该图层添加图层蒙版，选择“画笔工具”，设置“前景色”为黑色，设置“不透明度”为 30%，在图层蒙版中进行涂抹，效果如图 15-224 所示。添加“亮度 / 对比度”调整图层，在“属性”面板中对相关参数进行设置，如图 15-225 所示。

图 15-224 涂抹效果

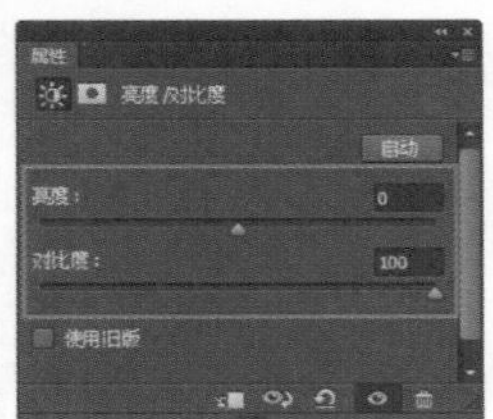

图 15-225 “属性”面板

08 完成相应的设置，效果如图 15-226 所示。执行“文件 > 打开”命令，打开素材图像“光盘\源文件\第 15 章\素材\156402.jpg”，将其拖曳到设计文档中，得到“图层 2”图层，并调整到合适的位置和大小，效果如图 15-227 所示。

图 15-226 图像效果

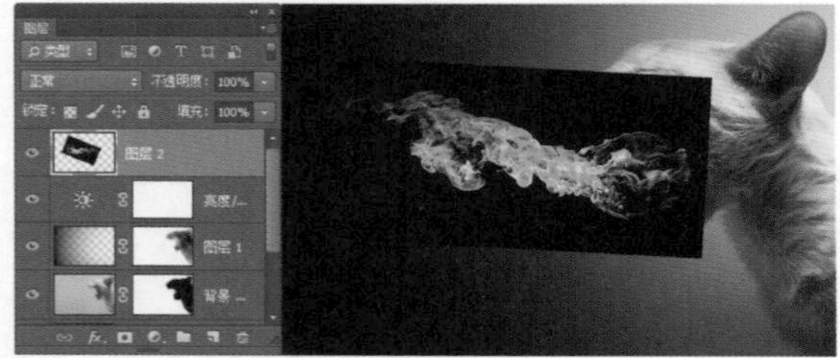

图 15-227 拖入素材

09 设置该图层的“混合模式”为“滤色”，效果如图 15-228 所示。为该图层添加图层蒙版，选择“画笔工具”，设置“前景色”为黑色，在图层蒙版中进行涂抹，效果如图 15-229 所示。

图 15-228 图像效果

图 15-229 涂抹效果

10 使用相同的方法，可以完成相似部分内容的制作，效果如图 15-230 所示。再次拖入素材图像“光盘\源文件\第 15 章\素材\156402.jpg”，得到“图层 4”图层，并调整到合适的位置和大小，效果如图 15-231 所示。

图 15-230 图像效果

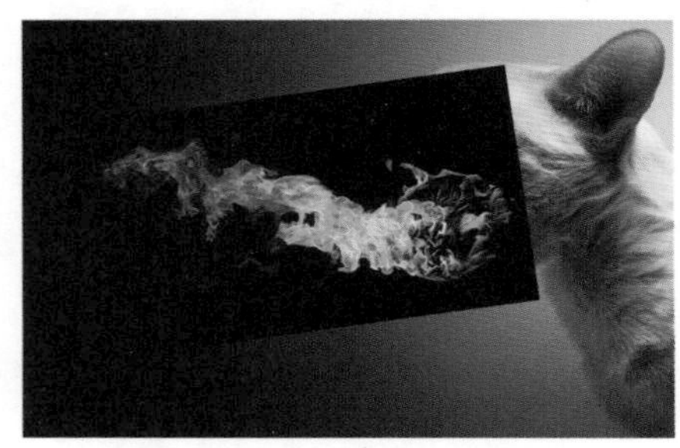

图 15-231 拖入素材

11 执行“滤镜 > 模糊 > 高斯模糊”命令，弹出“高斯模糊”对话框，设置如图 15-232 所示。单击“确定”按钮，完成“高斯模糊”对话框的设置，效果如图 15-233 所示。

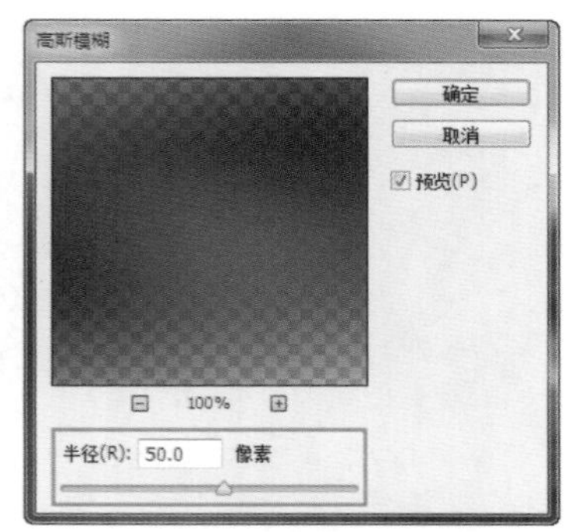

图 15-232 “高斯模糊”对话框

图 15-233 图像效果

12 设置该图层的“混合模式”为“线性减淡（添

加）”，“不透明度”为 50%，效果如图 15-234 所示。使用相同的方法，可以完成其他相似部分内容的制作，效果如图 15-235 所示。

图 15-234 线性减淡效果

图 15-235 图像效果

13 添加“渐变映射”调整图层，在“属性”面板中对相关参数进行设置，如图 15-236 所示。完成“渐变映射”调整图层的设置，效果如图 15-237 所示。

图 15-236 “属性”面板

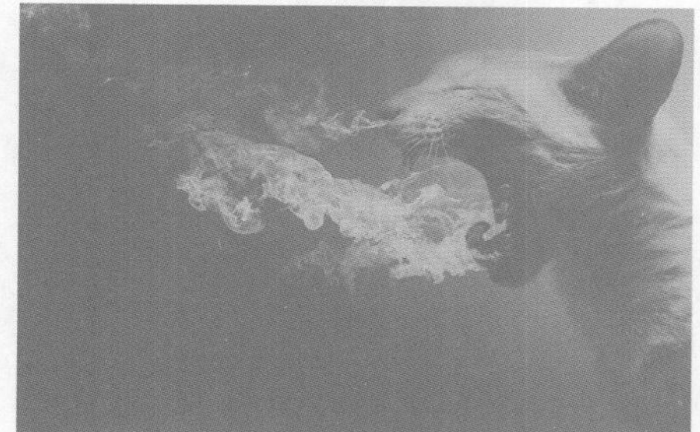

图 15-237 图像效果

14 设置该图层的“混合模式”为“柔光”，“不透明度”为 50%，效果如图 15-238 所示。按快捷键 Ctrl+Shift+Alt+E，盖印图层，得到“图层 7”图层，“图层”面板如图 15-239 所示。

图 15-238 图像效果

图 15-239 “图层”面板

15 执行“滤镜 > 锐化 >USM 锐化”命令，弹出“USM 锐化”对话框，设置如图 15-240 所示。单击“确定”按钮，完成“USM 锐化”对话框的设置，效果如图 15-241 所示。

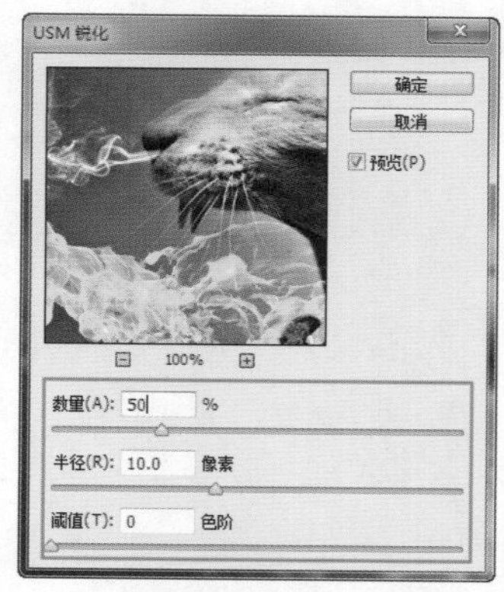

图 15-240 “USM 锐化”对话框

图 15-241 图像最终效果

15.7 本章小结

本章主要介绍了蒙版的基本概念、蒙版的分类以及创建方法和蒙版在设计中的应用。先介绍了蒙版的基本概念，再介绍蒙版的详细使用方法，让用户循序渐进地领会蒙版的强大功能。通过对本章的学习，用户需要能够理解蒙版的相关概念，并能够掌握各种蒙版在设计中的应用方法和技巧。

第16章 通道的应用

通道是 Photoshop CC 中非常重要的概念，它记录了图像大部分的信息。通过通道能创建复杂的选区、进行高级图像的合成、调整图像的色调等。本章针对通道进行详细讲解，包括通道的基础、对通道的操作以及通道的高级操作。

16.1 通道的基础

通道是存储不同类型信息的灰度图像，是独立的原色平面，是合成图像的成分。在 Photoshop CC 中通道用来存放图像的颜色信息以及各自的选区。

16.1.1 了解通道

在 Photoshop CC 中，通道是一个比较难懂的概念。其实通道与图层有些相似，图层表示的是不同图层元素的信息，显示一幅图像的各种合成成分，而通道则是存储不同信息的灰度图像。

通道是 Photoshop CC 中基于色彩模式这一基础生成的简化操作工具。如果是一幅 RGB 三原色图，那么 Photoshop 就会生成 3 个默认通道：红（Red）、绿（Green）、蓝（Blue）。如果是一幅 CMYK 图像，Photoshop 就会生成 4 个默认通道：青色（Cyan）、洋红（Magenta）、黄色（Yellow）、黑色（Black）。如图 16-1 所示就是图像在不同独立通道中产生的效果。由此可以看出，每一个通道其实就是一幅图像中的某种基本颜色的单独通道。也就是说，通道是利用图像的色彩值进行修改的。

原图

"红"通道

"绿"通道

"蓝"通道

"青色"通道

"洋红"通道

"黄色"通道

"黑色"通道

图 16-1 彩色通道

提示

一般情况下，为了提高 Photoshop 的运行速度，默认“通道”面板中的各单色通道都是以灰度显示的。如果要看到真实的彩色通道，执行“编辑 > 首选项 > 界面”命令，在弹出的“首选项”对话框中勾选“用彩色显示通道”选项即可。

1. 通道的功能

在 Photoshop CC 中，通道的功能有很多种，下面将通过图层来说明通道的原理，使用户更加直观地了解通道。

动手实践——通道颜色信息的应用

源文件：光盘\源文件\第 16 章\16-1-1.psd

视频：光盘\视频\第 16 章\16-1-1.swf

01 打开素材图像“光盘\源文件\第 16 章\素材\161101.jpg”，如图 16–2 所示。执行“窗口 > 通道”命令，打开“通道”面板，如图 16–3 所示。

图 16-2 打开图像

图 16-3 “通道”面板

02 按住 Ctrl 键，单击“红”通道，将该通道载入选区，如图 16–4 所示。返回到“图层”面板，新建“图层 1”图层，设置前景色为 RGB（255、0、0），为“图层 1”图层填充前景色，并隐藏“背景”图层，效果如图 16–5 所示。

图 16-4 载入“红”通道选区

图 16-5 填充前景色

提示

这里的“图层 1”图层就相当于“通道”面板中的“红”通道。

03 隐藏“图层 1”图层，显示“背景”图层，切换到“通道”面板，按住 Ctrl 键，单击“绿”通道，将绿通道载入选区，如图 16–6 所示。返回到“图层”面板，新建“图层 2”图层，设置前景色为 RGB（0、255、0），为“图层 2”图层填充前景色，并隐藏“背景”图层，效果如图 16–7 所示。

图 16-6 载入“绿”通道选区

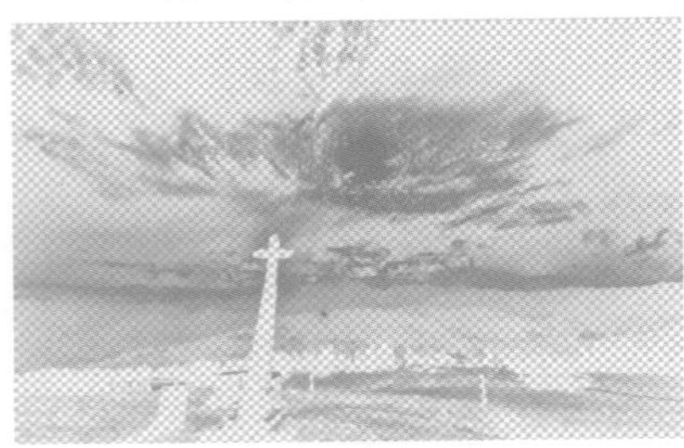

图 16-7 填充前景色

04 隐藏“图层 2”图层，显示“背景”图层，切换到“通道”面板，按住 Ctrl 键，单击“蓝”通道，将绿通道载入选区，如图 16–8 所示。返回到“图层”面板，新建“图层 3”图层，设置前景色为 RGB（0、0、255），为“图层 3”图层填充前景色，并隐藏“背景”图层，如图 16–9 所示。

图 16-8 载入“蓝”通道选区

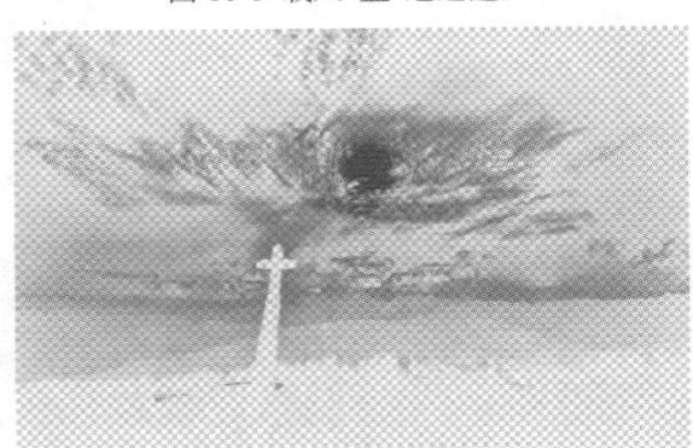

图 16-9 填充前景色

05 显示“图层 1”和“图层 2”图层，依次设置“图层 1”至“图层 3”图层的“混合模式”为“滤色”，“图层”面板如图 16-10 所示。图像效果如图 16-11 所示。

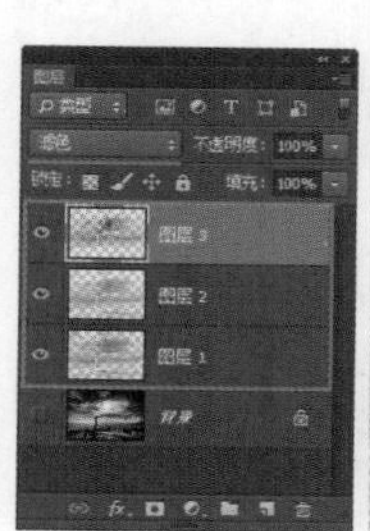

图 16-10 “图层”面板

图 16-11 图像效果

06 选择“背景”图层，新建“图层 4”图层，设置“前景色”为黑色，为“图层 4”图层填充前景色，“图层”面板如图 16-12 所示。图像效果如图 16-13 所示。

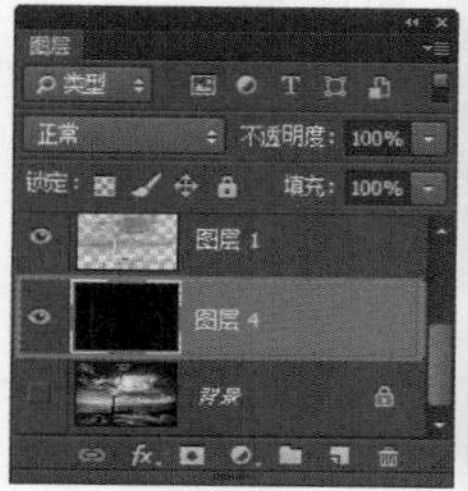

图 16-12 “图层”面板

图 16-13 图像效果

提示

通过实例的制作可以知道，一幅图像在 Photoshop CC 中打开时，每种色彩都是以一个通道来存储的，各种颜色互不干扰，叠合起来后就会形成一个真彩色图像。

2. 通道存储选区

通道的应用非常广泛，除了存储颜色信息外，它还有另一个功能就是存储和创建复杂的选区。用户可以将已有的选区，执行“存储选区”命令或“通道”面板中的按钮，将其存储在通道中，方便以后调用，如图 16-14 所示。还可以利用通道创建复杂的选区，方便图像的应用。使用存储的选区时，按住 Ctrl 键单击该通道，即可调出选区。

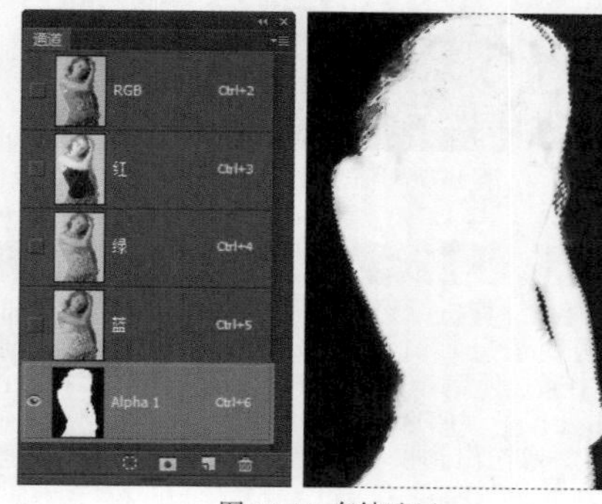

图 16-14 存储选区

16.1.2 认识“通道”面板

在 Photoshop CC 中可以通过“通道”面板来创建、保存和管理通道。在 Photoshop CC 中打开图像时，会在“通道”面板中自动创建该图像的颜色信息通道，执行“窗口 > 通道”命令，即可打开“通道”面板，如图 16-15 所示。

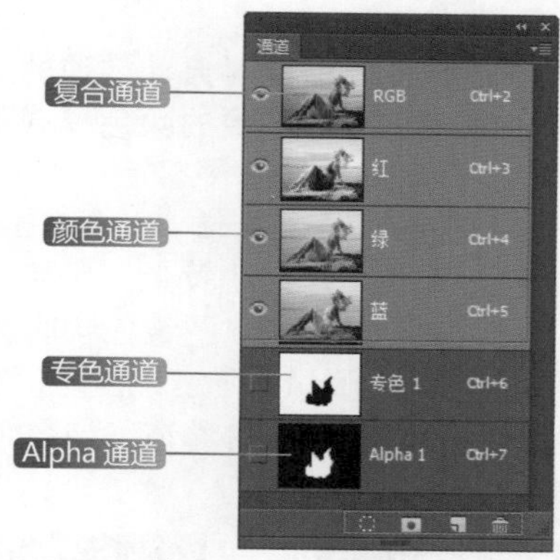

图 16-15 “通道”面板

- “将通道作为选区载入”按钮：单击该按钮，可以载入所选通道的选区，或将某一通道直接拖入到该按钮上，同样可以创建选区。
- “将选区存储为通道”按钮：单击该按钮，可以将图像中的选区保存在通道中，如图 16-16 所示。该功能与“存储通道”命令类似。

图 16-16 将选区保存在通道中

- “创建新通道”按钮：单击该按钮，可以创建 Alpha 通道，如果将某个通道拖动到该按钮上，可以复制所选择的通道。
- “删除当前通道”按钮：单击该按钮，可以将当前选中的通道删除（复合通道不能删除），或将某一个通道直接拖到该按钮上，也可以删除该通道。

16.1.3 通道的分类

Photoshop CC 中包含了多种通道类型，主要可以分为复合通道、颜色通道、专色通道、Alpha 通道和单色通道。

1. 复合通道

复合通道不包含任何信息，实际上只是同时预览并编辑所有颜色通道的一个快捷方式。它通常用来在单独编辑完一个或多个颜色通道后，使“通道”面板返回到它的默认状态。

2. 颜色通道

颜色通道是在打开图像时自动创建的通道，它们记录了图像的颜色信息。图像的颜色模式不同，颜色通道的数量也不相同。RGB 图像包含红、绿、蓝和一个用于编辑图像的复合通道，如图 16–17 所示。CMYK 图像包含青色、洋红、黄色、黑色和一个复合通道，如图 16–18 所示。Lab 图像包含明度、a、b 和一个复合通道，如图 16–19 所示。位图、灰度、双色调和索引颜色图像都只有一个通道，如图 16–20 所示为灰度模式。

图 16-17 RGB 模式

图 16-18 CMYK 模式

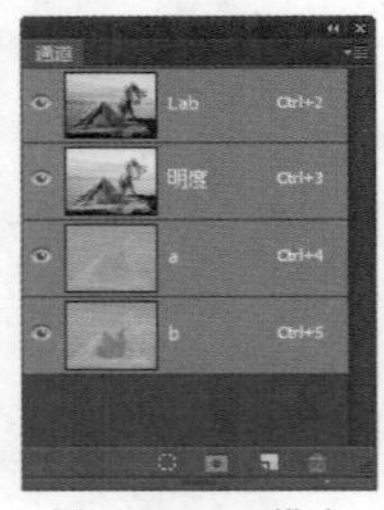

图 16-19 Lab 模式

图 16-20 灰度模式

3. 专色通道

专色通道是一种特殊的通道，它用来存储专色。专色是用于替代或补充印刷色（CMYK）的特殊的预混油墨，如金属质感的油墨、荧光油墨等。这种特殊颜色的油墨不能通过 CMYK4 色混合出来。

4. Alpha 通道

Alpha 通道与颜色通道不同，它用来保存选区，可以将选区存储为灰度图像,但不会直接影响图像的颜色。

在 Alpha 通道中，白色代表了被选择的区域，黑色代表了未被选择的区域，灰色代表了被部分选择的区域，即羽化的区域。用白色涂抹 Alpha 通道可以扩大选区范围；用黑色涂抹则收缩选区范围；用灰色涂抹则可以增加羽化的范围。如图 16–21 所示为原图像效果，在该图像的“通道”面板中新建 Alpha 通道，并为 Alpha 通道填充黑白径向渐变，如图 16–22 所示。

图 16-21 图像效果

图 16-22 新建 Alpha 通道

载入该通道选区，返回复合通道，效果如图 16–23 所示。通过该选区选取图像，放置于黑色的背景上，如图 16–24 所示。

图 16-23 载入通道选区

图 16-24 通过选区选取图像

提示

Alpha 通道是计算机图形学中的术语，指的是特别的通道，有时它特指透明信息，但通常的意思是“非彩色”通道。在 Photoshop CC 中通过使用 Alpha 通道可以制作出许多特殊的效果，它最基本的用处在于存储选区范围，并且不会影响图像的显示和印刷效果。当图像输出到视频时，Alpha 通道也可以用来决定其显示区域。

5. 单色通道

单色通道就是指颜色通道中的某一种颜色通道，用于调整某种颜色的信息。

6. 临时通道

在 Photoshop CC 中为图层添加图层蒙版，或在快速蒙版编辑状态时，在"通道"面板中就会出现临时通道，如图 16-25 所示。当"图层"面板中创建了很多带有"图层蒙版"的图层时，选择哪个图层，则在通道面板中显示的就是哪个图层蒙版的临时通道，如图 16-26 所示。

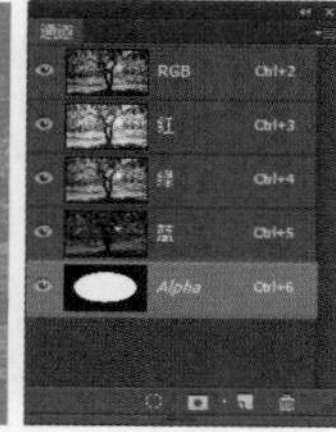

图 16-25 快速蒙版临时通道

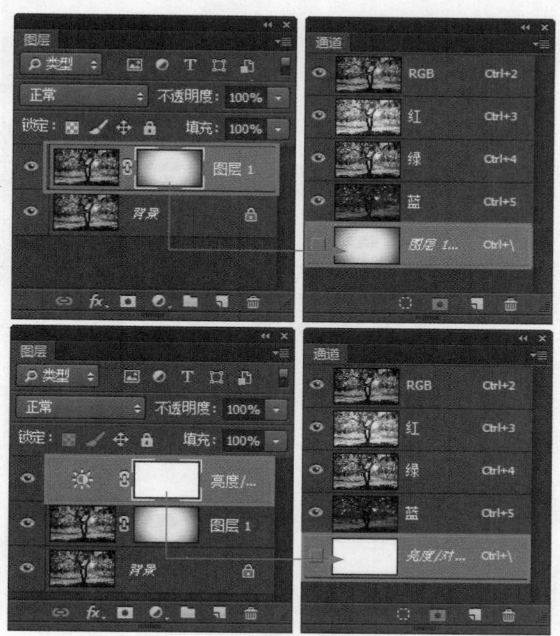

图 16-26 显示相应的临时通道

16.2 通道的基本操作

通过上一节的学习，相信用户对"通道"已经有了基本的了解，接下来将讲解"通道"的基础操作，让用户能够更加深入的了解。

16.2.1 在"通道"面板中创建通道

在"通道"面板中创建通道的操作方法十分简单，就像在"图像"面板中创建新图层一样。下面就向用户介绍如何在"通道"面板中创建通道。

1. 使用"将选区存储为通道"按钮创建通道

打开素材图像"光盘 \ 源文件 \ 第 16 章 \ 素材 \ 162101.jpg"，如图 16-27 所示。执行"窗口 > 通道"命令，打开"通道"面板，利用"色彩范围"命令在图像中的人物位置创建选区，效果如图 16-28 所示。

图 16-27 打开图像

图 16-28 创建选区

单击"通道"面板中的"将选区存储为通道"按钮，如图 16-29 所示，即可创建一个 Alpha1 通道，如图 16-30 所示。

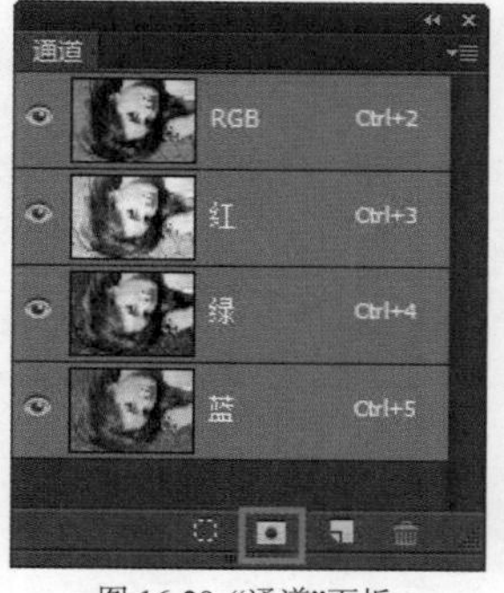

图 16-29 "通道"面板

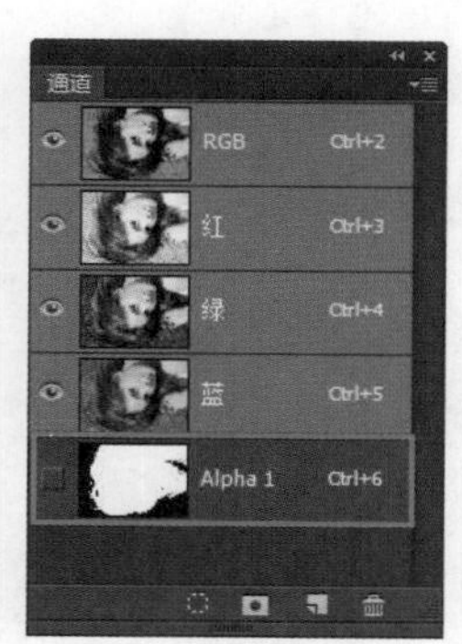

图 16-30 创建 Alpha1 通道

2. 使用“创建新通道”按钮创建通道

单击“通道”面板底部的“创建新通道”按钮，新建一个 Alpha2 通道，“通道”面板如图 16–31 所示。

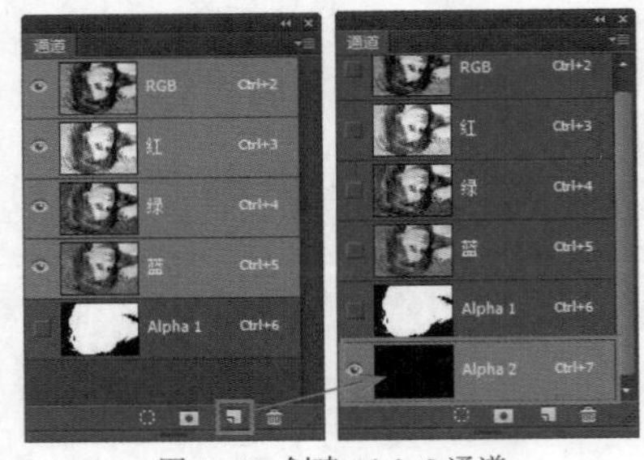

图 16-31 创建 Alpha2 通道

3. 使用“通道”面板命令创建通道

单击“通道”面板右上角的倒三角按钮，在弹出的下拉菜单中选择“新建通道”命令，如图 16–32 所示。弹出“新建通道”对话框，如图 16–33 所示。单击“确定”按钮，同样可以创建一个新通道。

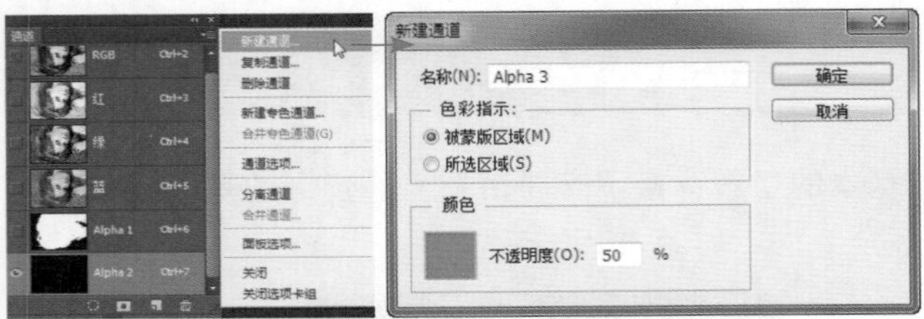

图 16-32 创建 Alpha3 通道　　图 16-33 “新建通道”对话框

提示

Alpha 通道专门用于存储选择区域，在一个图像中总数不得超过 56 个。

4. 创建专色通道

单击“通道”面板右上角的倒三角按钮，在弹出的下拉菜单中选择“新建专色通道”命令，如图 16–34 所示。弹出“新建专色通道”对话框，如图 16–35 所示。单击“确定”按钮，即可在“通道”面板中可以创建一个专色通道。

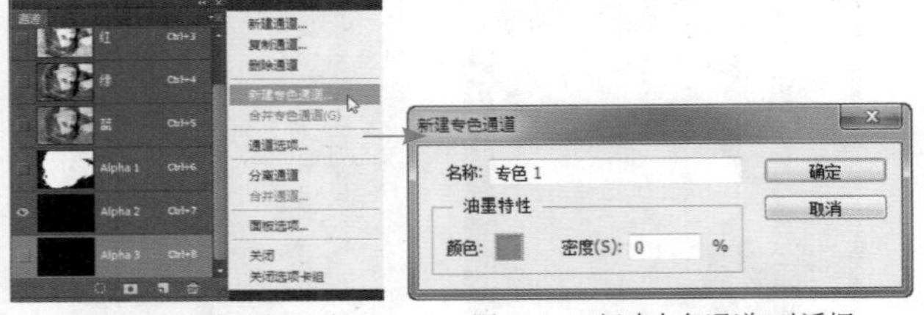

图 16-34 新建专色通道　　图 16-35 “新建专色通道”对话框

Alpha 通道可以转换为专色通道，双击任何一个 Alpha 通道，弹出“通道选项”对话框，如图 16–36 所示。勾选“专色”选项，单击“确定”按钮，即可将 Alpha 通道转换为专色通道。双击专色通道，同样可以弹出“专色通道选项”对话框，对相关选项进行修改。

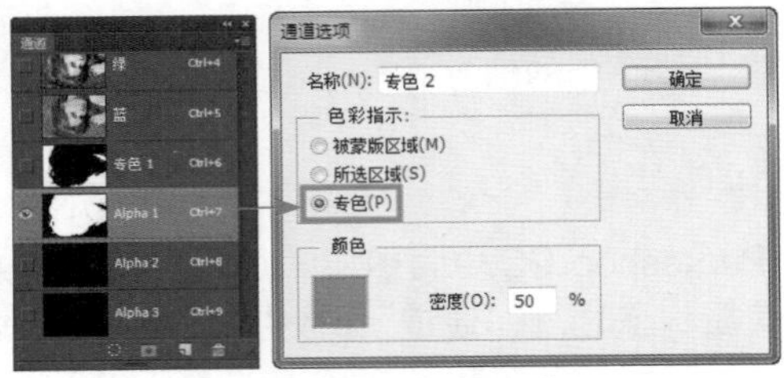

图 16-36 “通道选项”对话框

技巧

按住 Alt 键的同时单击“通道”面板底部的“创建新通道”按钮，可以弹出“新建通道”对话框。如果按住 Ctrl 键的同时单击“通道”面板底部的“创建新通道”按钮，则可以弹出“新建专色通道”对话框。

16.2.2 复制与删除通道

在对图像进行处理时，经常会对通道进行操作，如复制通道或删除通道。复制通道可将原通道进行保留，从而使图像颜色不被破坏。“通道”面板中复制通道的方法有 3 种方法。

1. 拖动复制通道

在“通道”面板中选择要复制的通道，将其拖曳到面板底部的“创建新通道”按钮上，即可复制所选通道，如图 16–37 所示。

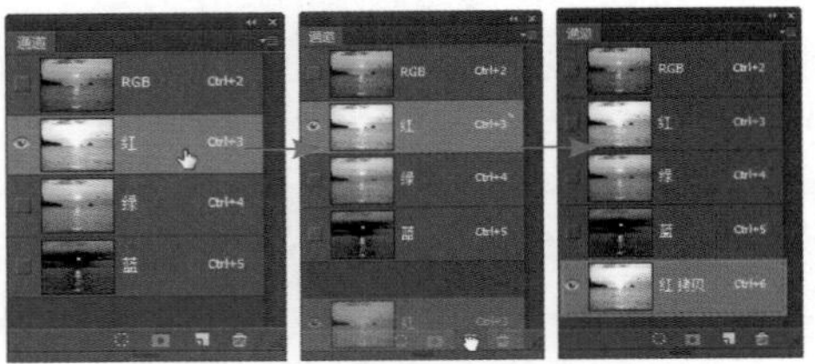

图 16-37 复制通道

2. 快捷菜单复制通道

在需要复制的通道上单击鼠标右键，在弹出的快捷菜单中选择“复制通道”命令，弹出“复制通道”对话框，单击“确定”按钮，即可复制通道，如图 16–38 所示。

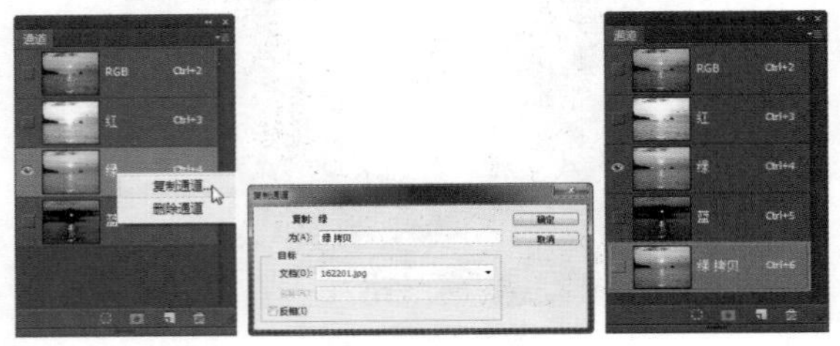

图 16-38 复制通道

3. 面板菜单复制通道

在“通道”面板中选择所要复制的通道，单击面板右上角的倒三角按钮，在弹出的下拉菜单中选择“复制通道”命令，可弹出“复制通道”对话框，单击“确定”按钮，即可复制所选通道，如图 16-39 所示。

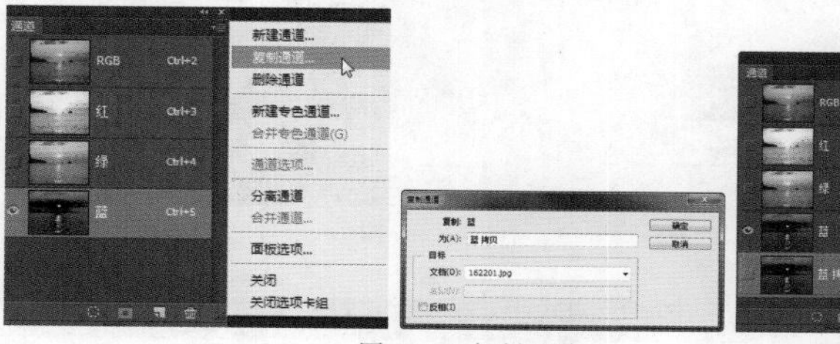

图 16-39 复制通道

4. 删除通道

在 Photoshop CC 中，通道越多文件所占的空间就越大。因此，应该将不需要的通道尽量删除，这样可以节省磁盘的空间。

如果需要删除某个通道，只需在“通道”面板中选择所需要删除的通道，然后单击面板底部的“删除当前通道”按钮，即可删除该通道。

提示

如果删除了一个颜色通道，图像模式将自动转为“多通道”模式，复合通道也随之被删除。

16.2.3 分离与合并通道

当需要在不能保留通道的文件格式中保留某个通道信息时，就可以使用“分离通道”命令来将其分离成单独的图像。当执行“分离通道”命令后，源文件被关闭，单个通道出现在单独的灰度图像窗口中。新窗口中的标题栏显示源文件名以及通道的缩写。新图像中会保留上一次存储后所做的更改，而原图像则不会保留这些更改。

打开素材图像“光盘\源文件\第 16 章\素材\162301.jpg”，如图 16-40 所示。在“通道”面板下拉菜单中选择“分离通道”命令，如图 16-41 所示，即可将 RGB 彩色图像分离成 3 个独立的灰度文件，如图 16-42 所示。

图 16-40 打开图像

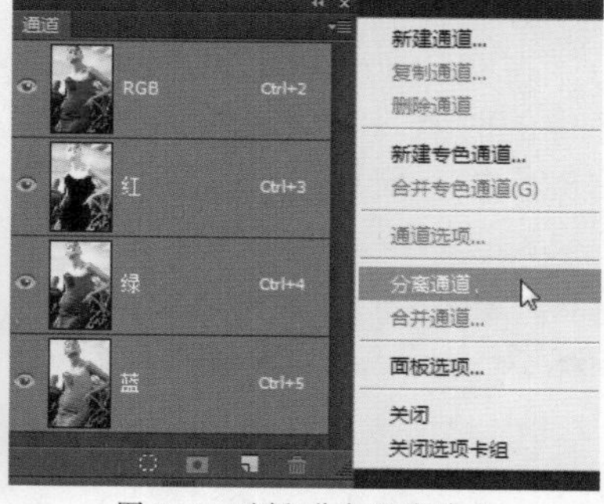

图 16-41 选择“分离通道”命令

图 16-42 分离通道

分离通道与颜色模式也有关系，当图像的模式为 RGB 时，分离后得到 3 个灰度图像；而图像模式为 CMYK 时，分离通道时就会有 4 个灰度图像。

将分离后的通道进行合并，在“通道”面板下拉菜单中选择“合并通道”命令，即可弹出“合并通道”对话框，如图 16-43 所示。在该对话框中可以选择合并通道的数量，如将两个通道合并或将 3 个通道合并，还可以选择合并通道的颜色模式，包括多通道、RGB、CMYK 和 Lab，如果是在 RGB 模式图像分离后再合并，其中 CMYK 模式不可用。合并的模式和数量设置完成后，单击“确定”按钮，弹出“合并多通道（CMYK、Lab 或 RGB）”对话框，如图 16-44 所示。在该对话框中可以设置合并通道的顺序，全部设置完成后，单击“确定”按钮，即可完成通道的合并。

图 16-43 “合并通道”对话框

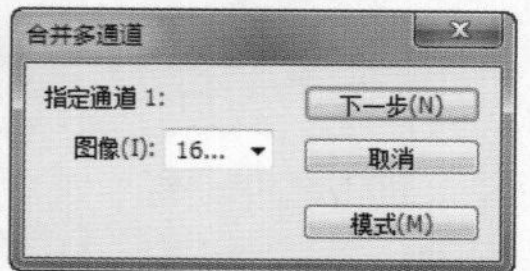

图 16-44 “合并多通道”对话框

16.3 通道的高级运用

通道是 Photoshop CC 中最为强大的选择工具，可以使用各种绘画工具、选择工具和滤镜对通道进行处理和编辑，从而可以方便、快捷的实现各种处理操作。本节将通过多个练习向用户介绍通道的高级应用。

16.3.1 使用“通道”将图像转换为黑白效果

在实际工作中经常会遇到把彩色图像转换为黑白图像的时候。利用 Lab 通道中的“明度”通道就是常用的转换方法之一。它能够有效避开图像中的颜色和噪点，得到较优质的黑白图像效果。

动手实践——转换黑白效果

源文件：光盘\源文件\第 16 章\16-3-1.psd

视频：光盘\视频\第 16 章\16-3-1.swf

01 打开素材图像“光盘\源文件\第 16 章\素材\163101.jpg”，如图 16-45 所示。执行“图像 > 模式 >Lab 颜色”命令，将图像格式转换为 Lab 模式，如图 16-46 所示。

图 16-45 打开图像

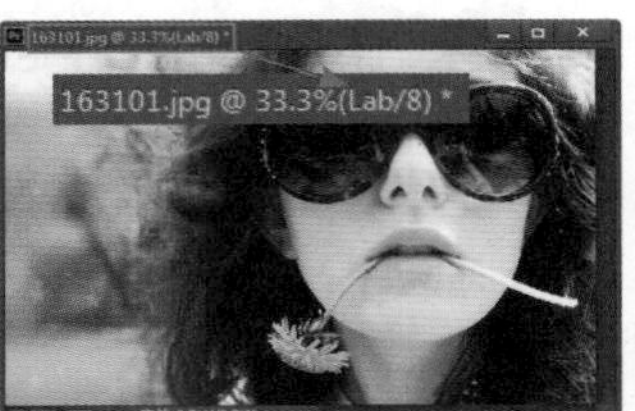

图 16-46 转换模式

02 打开“通道”面板，选择“明度”通道，如图 16-47 所示。图像效果如图 16-48 所示。

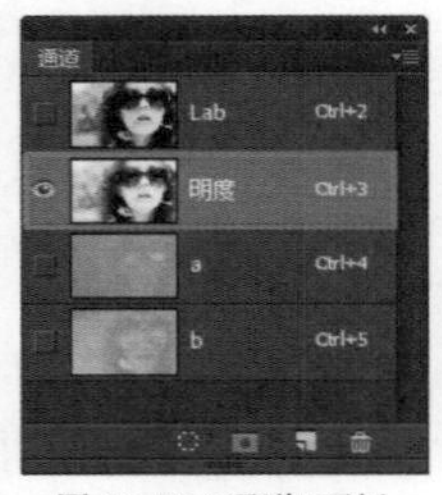

图 16-47 “通道”面板

图 16-48 图像效果

提示

“明度”通道完全是由黑白灰所组成，不含其他色彩信息，所有细节都位于“明度”通道，而色彩信息则分别存储在 a、b 两个通道中。

03 执行“图像 > 模式 > 灰度”命令，将图像模式转换为“灰度”模式，如图 16-49 所示。可以看到“通道”面板中只有一个“灰色”通道，效果如图 16-50 所示。

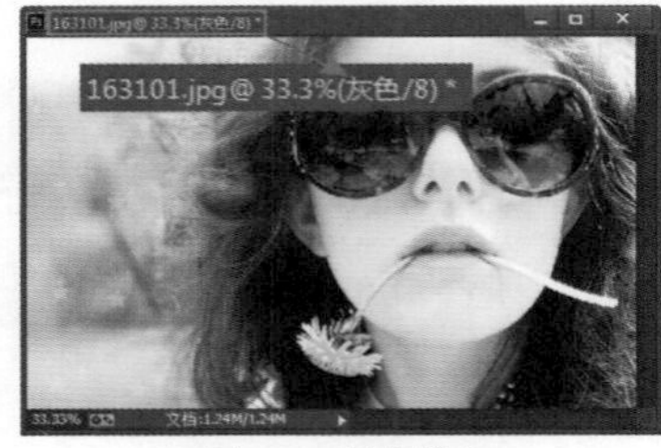

图 16-49 转换模式

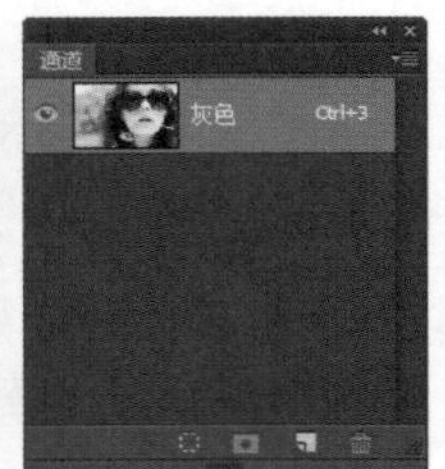

图 16-50 “通道”面板

04 执行“图像 > 调整 > 曲线”命令，弹出“曲线”对话框，设置如图 16-51 所示。单击“确定”按钮，完成“曲线”对话框的设置，效果如图 16-52 所示。

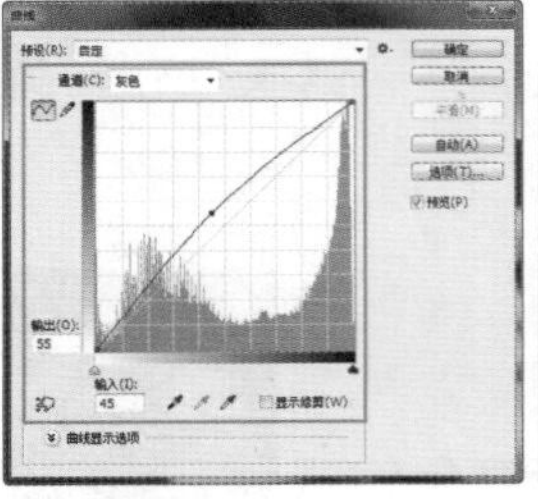

图 16-51 “曲线”对话框

图 16-52 图像效果

提示

由 Lab 通道转换黑白的效果更细腻，尤其是暗部如眼睛细节等具有明显优势，而 RGB 模式下直接“去色”或“灰度”，就要灰暗一些，细节层次也要差很多，如图 16-53 所示。

去色效果

灰度模式效果

图 16-53 黑白图像效果

16.3.2 使用“应用图像”命令降低高光

“应用图像”命令可以将图像的图层、通道（源）和应用图像（目标）的图层与通道混合，如图 16-54 所示。

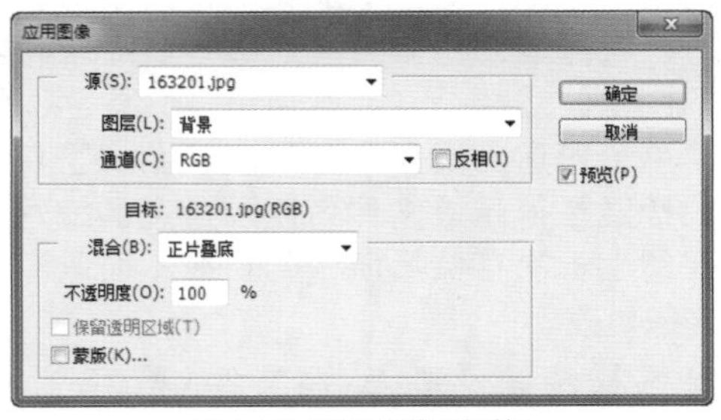

图 16-54 “应用图像”对话框

- 源：在该下拉列表中选择源图像。
- 图层：当源图像文件中有很多图层时，如果需要对全部的图层进行处理，则需要选择的图层为合并图层，如果只需要对其中的图层进行混合时，则选择相应的图层即可。
- 通道：在该下拉列表中可以选择相应的通道。
- 反相：勾选该选项后，通道内容应用为负片效果。
- 混合：设置“混合模式”，即通道之间的混合。

- 不透明度：设置混合效果的不透明度。
- 保留透明区域：保留应用图像的透明区域。
- 蒙版：勾选该选项时，会出现“图像”、“图层”、“通道”选项，如图 16-55 所示。可以选择任何通道用作蒙版，也可使用基于现用选区或选中图层边界的蒙版。

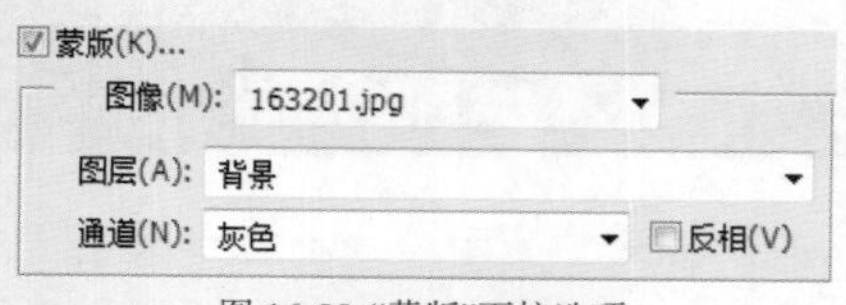

图 16-55 “蒙版”下拉选项

在 Photoshop CC 中降低图像的高光有很多种方法，例如使用“仿制图章工具”、“修复画笔工具”及一些混合模式来实现，但修复后的效果都会留下操作后的痕迹，而通过使用“通道”修复图像的高光，就会避免修复后的照片留有痕迹，使最终效果更加自然。

动手实践——降低图像的高光

源文件：光盘 \ 源文件 \ 第 16 章 \16-3-2.psd

视频：光盘 \ 源文件 \ 第 16 章 \16-3-2.swf

01 打开素材图像“光盘 \ 源文件 \ 第 16 章 \ 素材 \ 163201.jpg”，如图 16-56 所示。按快捷键 Ctrl+J，复制“背景”图层，得到“图层 1”图层，如图 16-57 所示。

图 16-56 打开图像

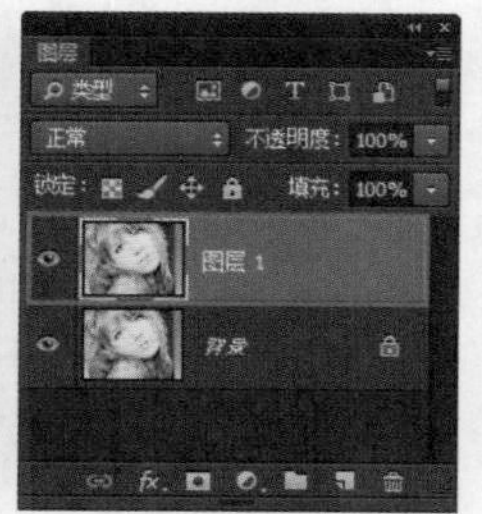

图 16-57 “图层”面板

02 打开“通道”面板，观察哪个颜色通道反差比较大，本图像中“蓝”通道的反差最强。

03 按住 Ctrl 键单击“蓝”通道缩览图，载入“蓝”通道选区，如图 16-58 所示。单击“通道”面板底部的“将选区存储为通道”按钮，将选区存储为一个新的 Alpha 通道，“通道”面板如图 16-59 所示。

图 16-58 载入“蓝”通道选区

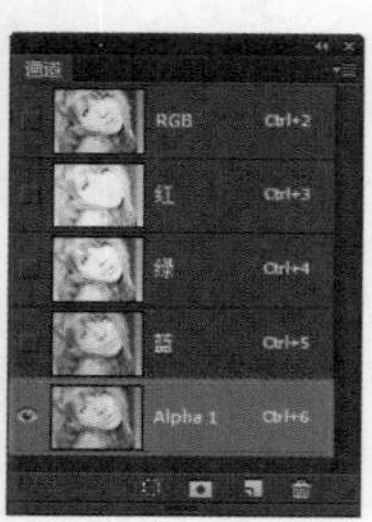

图 16-59 “通道”面板

04 按快捷键 Ctrl+D，取消选区。选择 Alpha1 通道，执行“滤镜 > 模糊 > 高斯模糊”命令，弹出“高斯模糊”对话框，设置如图 16-60 所示。单击“确定”按钮，应用“高斯模糊”滤镜，图像效果如图 16-61 所示。

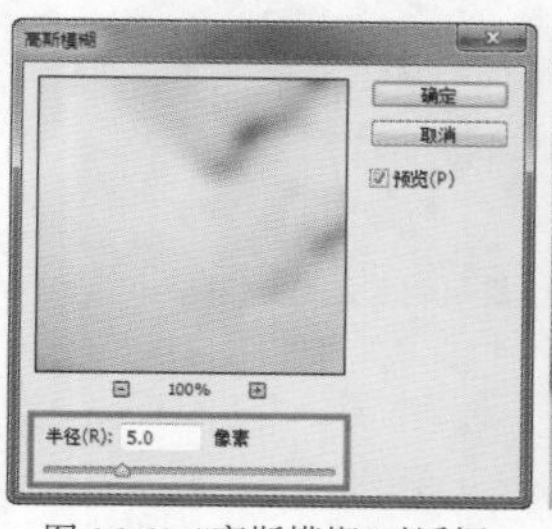

图 16-60 “高斯模糊”对话框

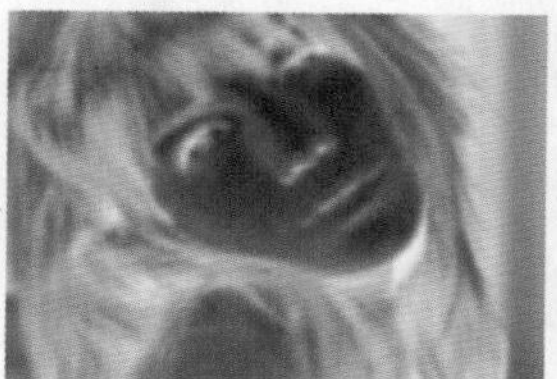

图 16-61 图像效果

05 选择 Alpha1 通道，按快捷键 Ctrl+I，反相通道，效果如图 16-62 所示。在“通道”面板中单击 RGB 通道，返回到“图层”面板，执行“图像 > 应用图像”命令，弹出“应用图像”对话框，设置如图 16-63 所示。

图 16-62 反相通道效果

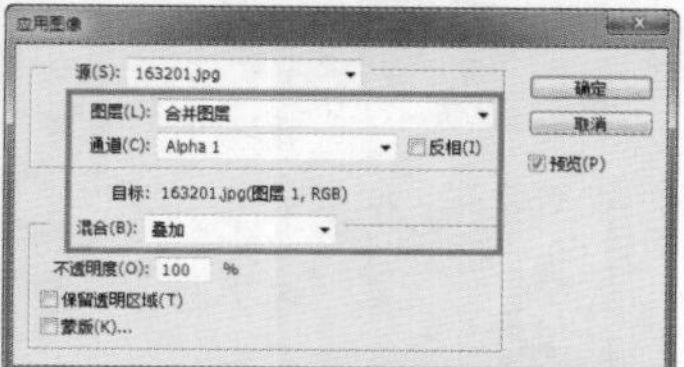

图 16-63 “应用图像”对话框

06 单击“确定”按钮，完成“应用图像”对话框的设置，图像效果如图 16-64 所示。在“图层”面板中设置“图层 1”图层的“混合模式”为“变暗”，效果如图 16-65 所示。

图 16-64 图像效果

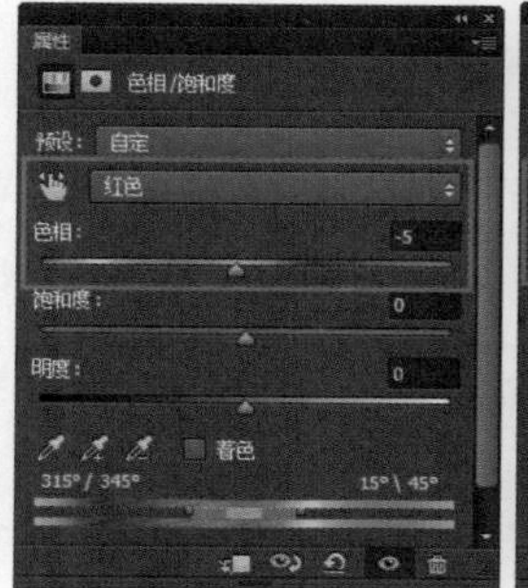

图 16-65 变暗效果

07 添加“色相/饱和度”调整图层，在打开的“属性”面板中进行相应的设置，如图 16-66 所示。设置完成后，图像效果如图 16-67 所示。

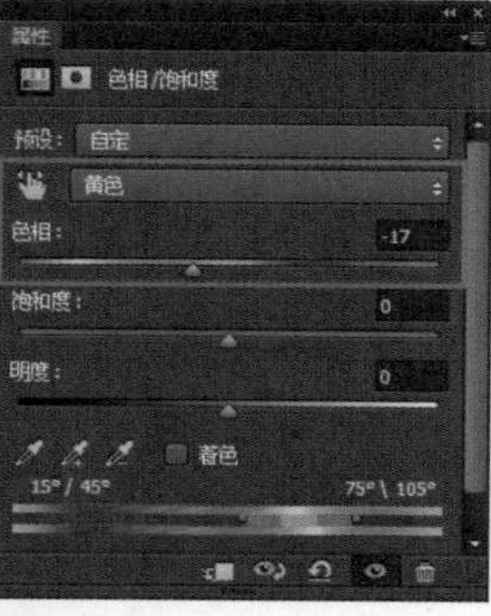

图 16-66 “属性”面板

图 16-67 图像效果

08 设置该调整图层的“不透明度”为 70%，选择“画笔工具”，设置“前景色”为黑色，选择合适的画笔，并设置画笔不透明度，在蒙版中进行相应的涂抹，“图层”面板如图 16-68 所示。处理后的图像如图 16-69 所示。

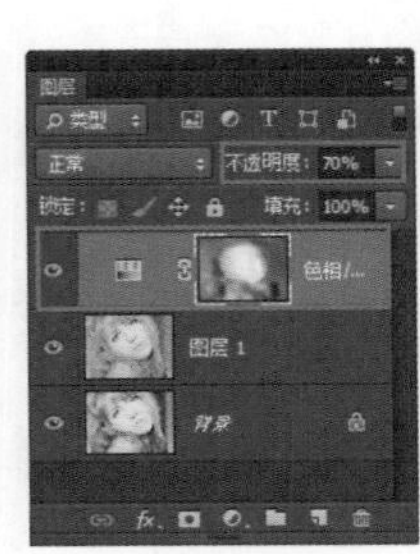

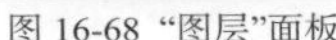

图 16-68 “图层”面板

图 16-69 图像效果

16.3.3 使用“通道”锐化增加图像的质感

有些图像比较模糊，清晰度并不是很高，可以通过 Lab 锐化对图像进行锐化处理，使图像看起来更加清晰。

动手实践——增强图像的细节

源文件：光盘 \ 源文件 \ 第 16 章 \16-3-3.psd

视频：光盘 \ 视频 \ 第 16 章 \16-3-3.swf

01 打开素材图像“光盘 \ 源文件 \ 第 16 章 \ 素材 \ 163301.jpg”，如图 16-70 所示。执行“图像 > 模式 > Lab 颜色”命令，将图像转换为 Lab 颜色模式，如图 16-71 所示。

图 16-70 打开图像

图 16-71 转换为 Lab 颜色模式

02 复制“背景”图层，得到“背景 拷贝”图层，如图 16-72 所示。打开“通道”面板，在该面板中单击“明度”通道，图像效果如图 16-73 所示。

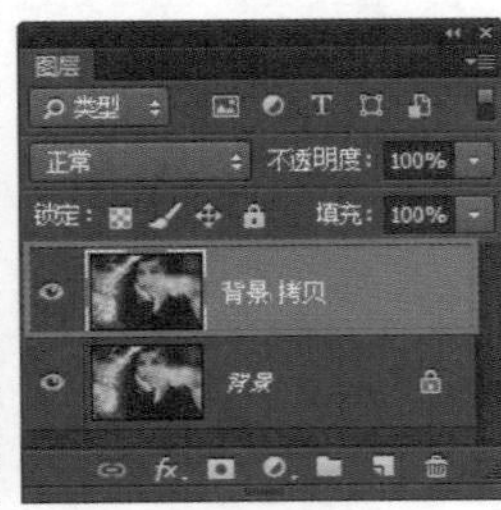

图 16-72 “图层”面板

图 16-73 “明度”通道图像效果

03 按住 Ctrl 键单击“明度”通道缩览图，载入“明度”通道选区，如图 16-74 所示。执行“选择 > 反向”命令，反向选择选区，如图 16-75 所示。

图 16-74 载入“明度”通道选区

图 16-75 反选选区

04 执行“滤镜 > 锐化 >USM 锐化”命令，弹出“USM 锐化”对话框，设置如图 16-76 所示。单击“确定”按钮，完成“USM 锐化”对话框的设置。按快捷键 Ctrl+H，隐藏选区后，图像效果如图 16-77 所示。

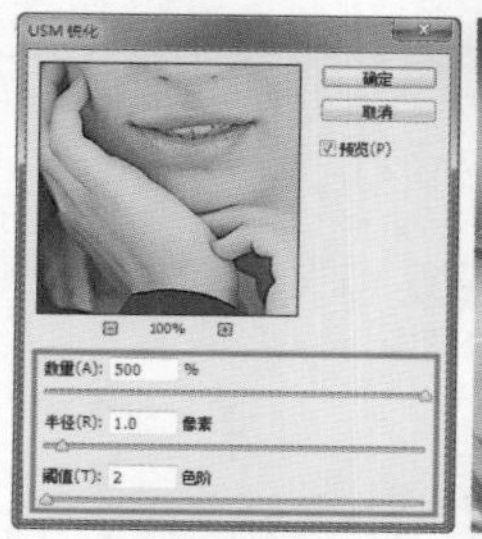

图 16-76 "USM 锐化"对话框

图 16-77 图像效果

技巧 

在选区的状态下，按快捷键 Ctrl+H，可以隐藏选区，再次按快捷键 Ctrl+H，可以再次显示出选区状态。在操作的过程中，隐藏选区可以更清晰地查看图像的效果。

05 再次执行"滤镜 > 锐化 >USM 锐化"命令，弹出"USM 锐化"对话框，设置如图 16–78 所示。单击"确定"按钮，完成"USM 锐化"对话框的设置。按快捷键 Ctrl+D，取消选区，图像效果如图 16–79 所示。

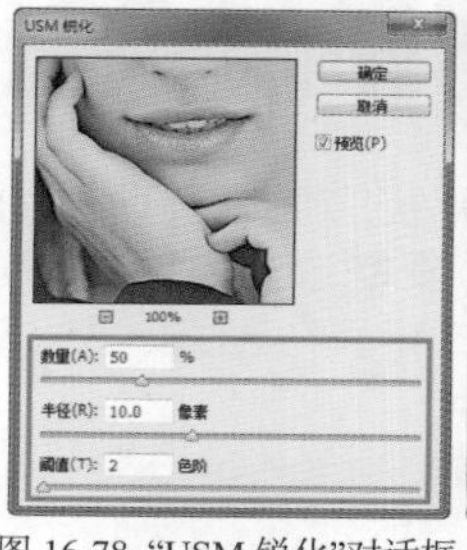

图 16-78 "USM 锐化"对话框

图 16-79 图像效果

06 在"通道"面板中单击 Lab 复合通道，完成图像的锐化处理。Lab 锐化处理后的图像效果如图 16–80 所示。

图 16-80 图像效果

16.3.4 使用"通道"抠取毛发

对于像毛发类细节较多且复杂的对象，在通道中可以轻松地抠取出来。

动手实践——抠取人物头发效果 

源文件：光盘 \ 源文件 \ 第 16 章 \16-3-4.psd

视频：光盘 \ 视频 \ 第 16 章 \16-3-4.swf

01 打开素材图像"光盘 \ 源文件 \ 第 16 章 \ 素材 \ 163401.jpg"，如图 16–81 所示。打开"通道"面板，复制"蓝"通道，得到"蓝 拷贝"通道，如图 16–82 所示。

图 16-81 打开图像

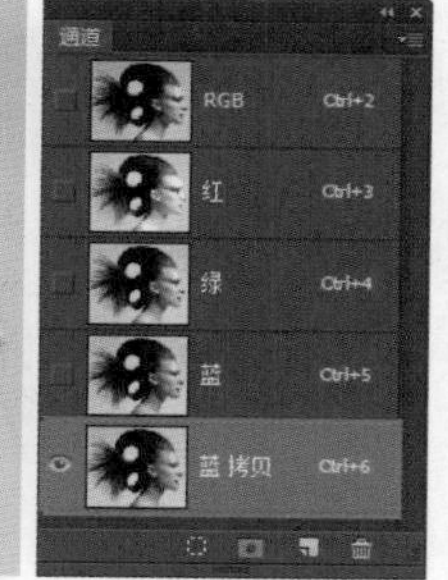

图 16-82 "通道"面板

提示

打开"通道"面板后，首先观察哪个通道的黑白反差比较大，然后复制反差大的通道，这一步是非常关键的，对毛发的抠取起决定性的作用。

02 选择"蓝 拷贝"通道，执行"图像 > 调整 > 曲线"命令，弹出"曲线"对话框，设置如图 16–83 所示。单击"确定"按钮，完成"曲线"对话框的设置，效果如图 16–84 所示。

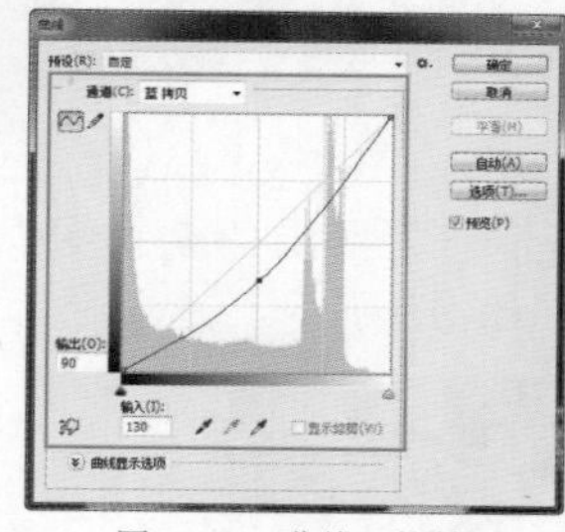

图 16-83 "曲线"对话框

图 16-84 图像效果

03 选择"蓝 拷贝"通道，执行"图像 > 调整 > 色阶"命令，弹出"色阶"对话框，设置如图 16–85 所示。单击"确定"按钮，完成"色阶"对话框的设置，效果如图 16–86 所示。

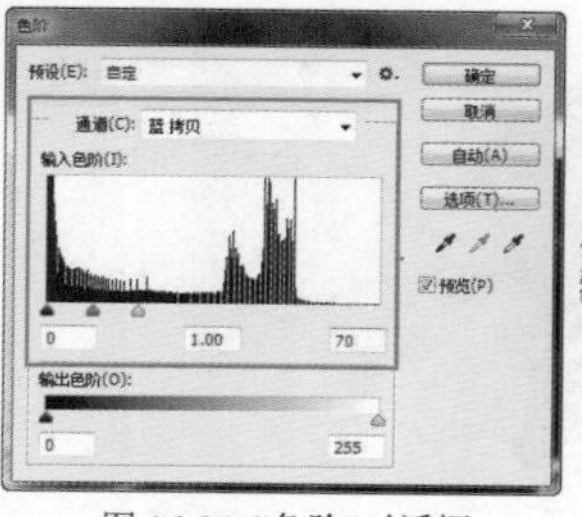

图 16-85 "色阶"对话框

图 16-86 图像效果

提示

在通道中运用"曲线"和"色阶"命令，调整图像的对比度，使黑色部分更黑，白色部分更白，这样就可以很方便地创建出所需要的选区，得到想要的图像部分。

04 选择“画笔工具”，设置“前景色”为黑色，选择合适的笔触大小将人物部分涂抹成黑色，如图 16-87 所示。按住Ctrl键单击“蓝 拷贝”通道缩览图，载入选区，如图 16-88 所示。

图 16-87 图像效果

图 16-88 载入选区

05 单击 RGB 复合通道，返回到“图层”面板，按快捷键 Ctrl+Shift+I，反向选择选区，如图 16-89 所示。按快捷键 Ctrl+J，复制选区中的内容到新的图层中，隐藏“背景”图层，效果如图 16-90 所示。

图 16-89 选区效果

图 16-90 画布效果

06 打开素材图像“光盘\源文件\第 16 章\素材\163402.jpg”，如图 16-91 所示。将抠出的人物图像复制到刚打开的文档中，如图 16-92 所示。

图 16-91 打开图像

图 16-92 最终效果

16.3.5 使用“通道”抠取半透明婚纱

在婚纱设计中，经常会将婚纱照片中的人物与半透明婚纱抠取出来替换背景，如果方法不得当，抠取出来的效果会非常不理想，但使用“通道”就可以轻松抠取出半透明的对象。

动手实践——抠取半透明婚纱

源文件：光盘\源文件\第 16 章\16-3-5.psd

视频：光盘\视频\第 16 章\16-3-5.swf

01 打开素材图像“光盘\源文件\第 16 章\素材\163501.jpg”，如图 16-93 所示。使用“钢笔工具”根据人物的轮廓绘制路径，如图 16-94 所示。

图 16-93 打开图像

图 16-94 绘制路径

02 按快捷键 Ctrl+Enter，将路径转换为选区，如图 16-95 所示。按快捷键 Ctrl+J，复制选区中的内容，自动生成“图层 1”图层，隐藏“背景”图层，效果如图 16-96 所示。

图 16-95 选区效果

图 16-96 图像效果

03 将“图层 1”图层隐藏，显示“背景”图层，使用“钢笔工具”根据透明婚纱的轮廓绘制路径，然后将路径转换为选区，如图 16-97 所示。

图 16-97 选区效果

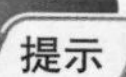

提示

在抠取透明婚纱前，首先将人物抠取出来，这样方便单独抠取透明的婚纱。

04 按快捷键 Ctrl+J，复制选区中的内容，隐藏“背景”图层，效果如图 16-98 所示。按快捷键 Ctrl+I，反相图像，如图 16-99 所示。

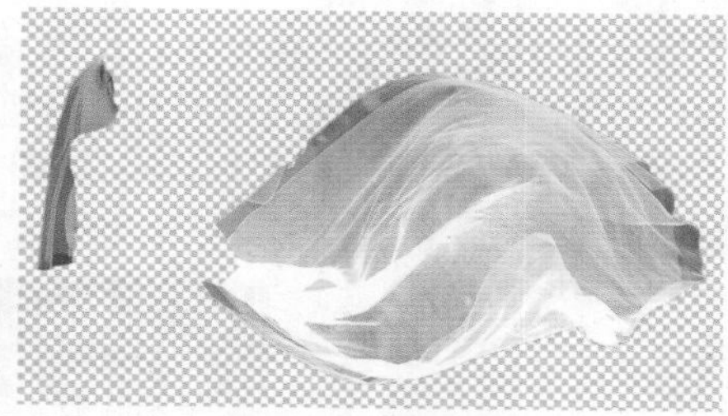

图 16-98 图像效果

图 16-99 反相图像效果

05 切换到“通道”面板，复制“绿”通道，得到“绿 拷贝”通道，如图 16-100 所示。再次按快捷键 Ctrl+I，反相图像，效果如图 16-101 所示。

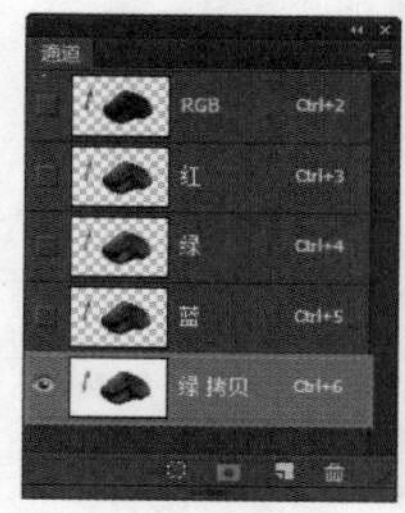

图 16-100 “通道”面板

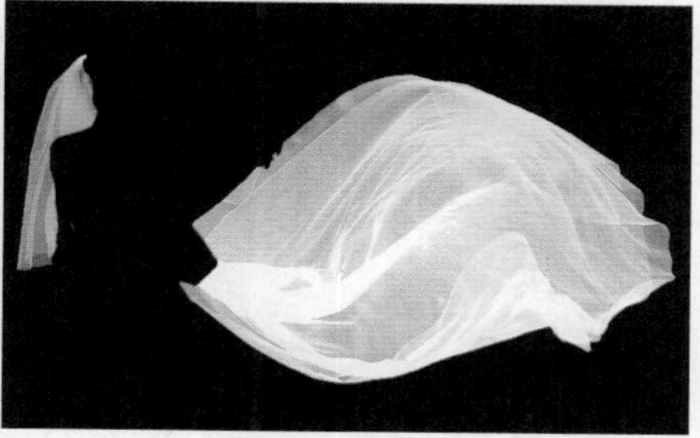

图 16-101 图像效果

06 选择“绿 拷贝”通道，执行“图像 > 调整 > 色阶”命令，弹出“色阶”对话框，设置如图 16-102 所示。单击“确定”按钮，完成“色阶”对话框的设置，效果如图 16-103 所示。

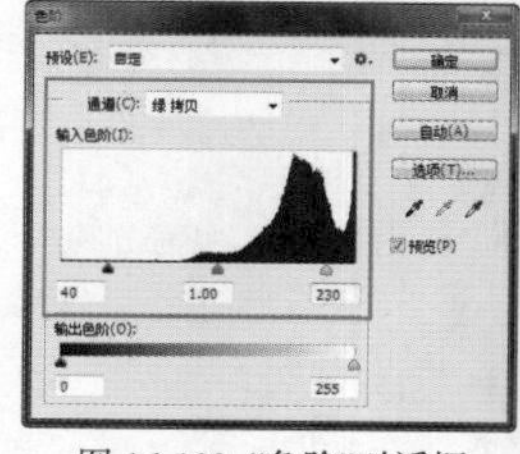

图 16-102 “色阶”对话框

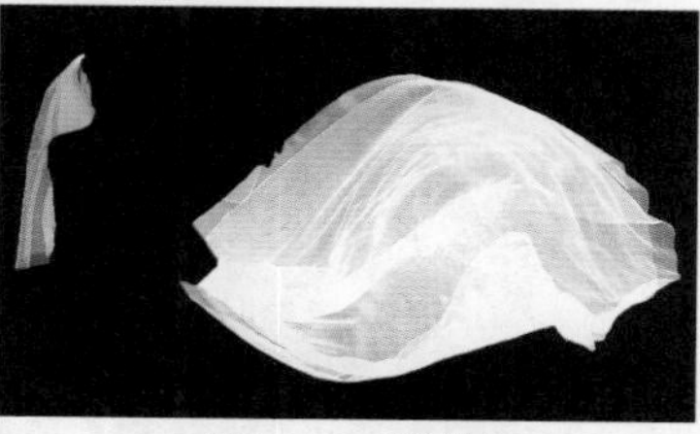

图 16-103 图像效果

07 按住 Ctrl 键单击“绿 拷贝”通道，将该通道载入选区，单击 RGB 复合通道，返回到“图层”面板，显示并选择“背景”图层，如图 16-104 所示。按快捷键 Ctrl+J，复制选区中的内容，隐藏“背景”图层和“图层 1”图层，如图 16-105 所示。

图 16-104 选区效果

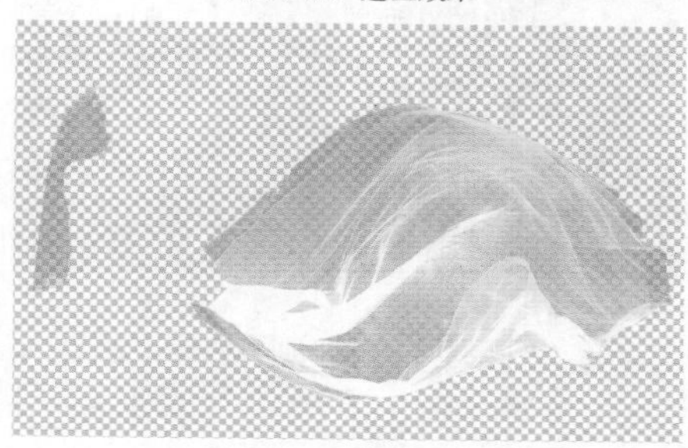

图 16-105 图像效果

08 执行“图像 > 调整 > 色相 / 饱和度”命令，弹出“色相 / 饱和度”对话框，设置如图 16-106 所示。单击“确定”按钮，完成对话框的设置，效果如图 16-107 所示。

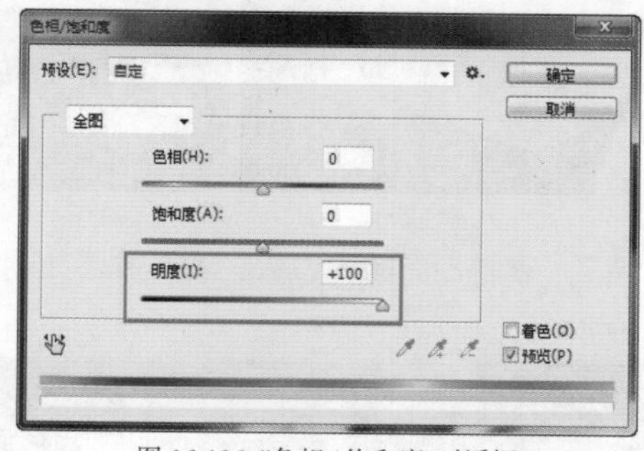

图 16-106 “色相 / 饱和度”对话框

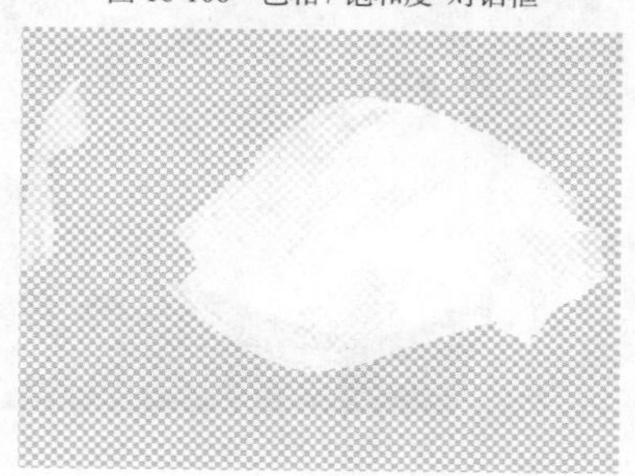

图 16-107 图像效果

09 显示并选择“图层 1”图层，按快捷键 Ctrl+E，与“图层 2”图层合并，效果如图 16-108 所示。打开素材图像“光盘 \ 源文件 \ 第 16 章 \ 素材 \

163502.psd”，如图 16-109 所示。

图 16-108 图像效果

图 16-109 打开图像

10 将抠取的图像复制到刚打开的文件中，移动到合适的位置，如图 16-110 所示。添加“色彩平衡”调整图层，在打开的“属性”面板中进行相应的设置，如图 16-111 所示。

图 16-110 画布效果

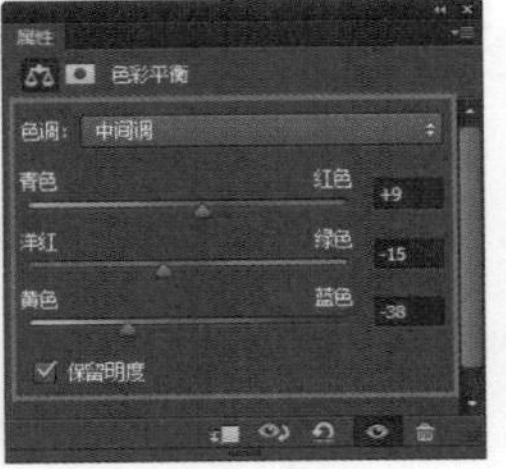

图 16-111 “属性”面板

11 完成“属性”面板的设置，最终效果如图 16-112 所示。

图 16-112 最终效果

16.3.6 使用“通道”去除人物脸部斑点

通道最常用的功能是存储选择区域，可以将选择区域存储在通道中，以便反复调用该选区，从而减少设计者的工作量。通过存储选区的操作，还可以实现许多意想不到的效果。

动手实践——去除人物脸部斑点

源文件：光盘\源文件\第 16 章\16-3-6.psd

视频：光盘\视频\第 16 章\16-3-6.swf

01 打开素材图像“光盘\源文件\第 16 章\素材\163601.jpg”，如图 16-113 所示。打开“通道”面板，复制“蓝”通道，得到“蓝 拷贝”通道，如图 16-114 所示。

图 16-113 图像效果

图 16-114 “通道”面板

02 执行“滤镜 > 其它 > 高反差保留”命令，弹出“高反差保留”对话框，设置如图 16-115 所示。单击“确定”按钮，效果如图 16-116 所示。

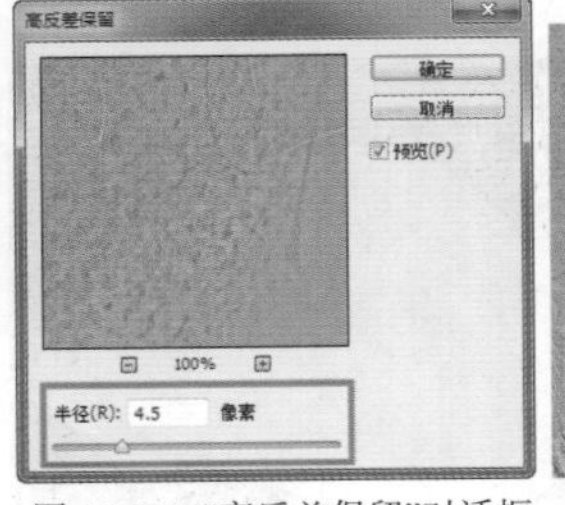

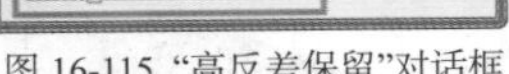

图 16-115 “高反差保留”对话框

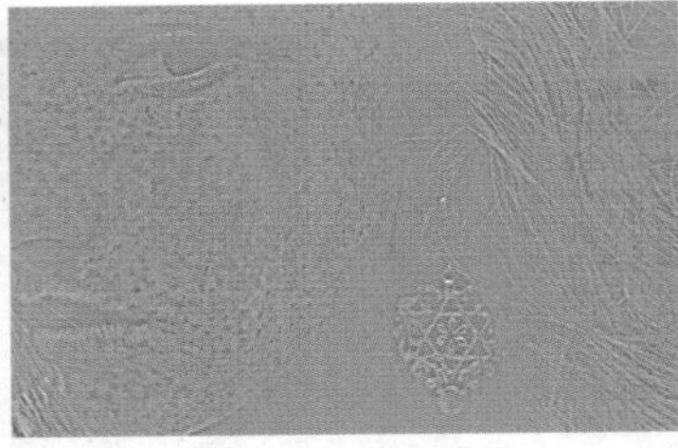

图 16-116 图像效果

03 使用“吸管工具”吸取邻近的颜色，然后使用“画笔工具”涂抹要保护的部分，包括背景、眼、鼻、嘴、发丝，如图 16-117 所示。执行“图像 > 计算”命令，弹出“计算”对话框，设置如图 16-118 所示。

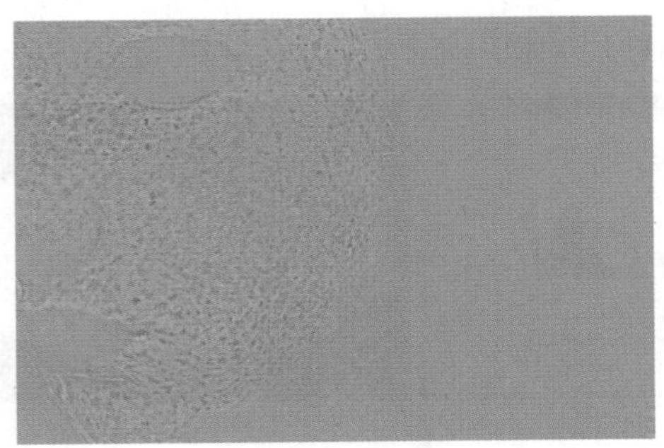

图 16-117 图像效果

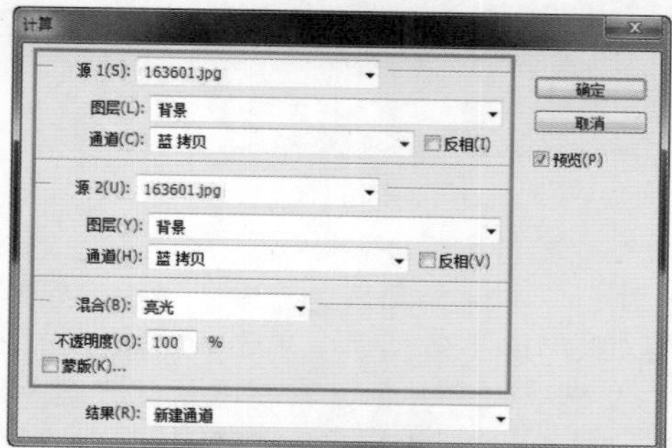

图 16-118 “计算”对话框

04 单击“确定”按钮，生成 Alpha1 通道，效果如图 16–119 所示。按住 Ctrl 键单击 Alpha1 通道缩览图，将其载入选区，按快捷键 Shift+Ctrl+I，反向选择选区，如图 16–120 所示。

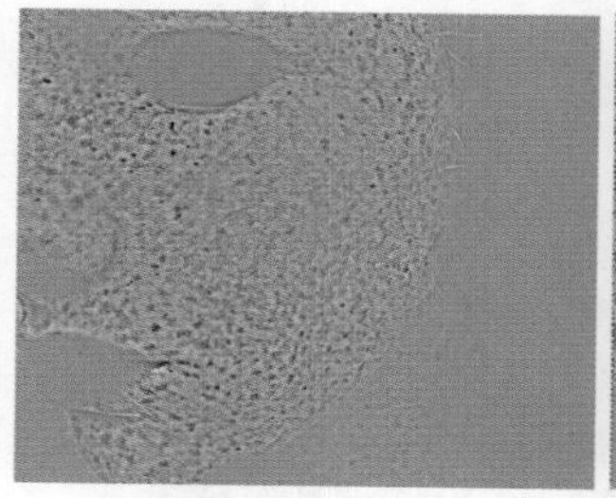

图 16-119 图像效果

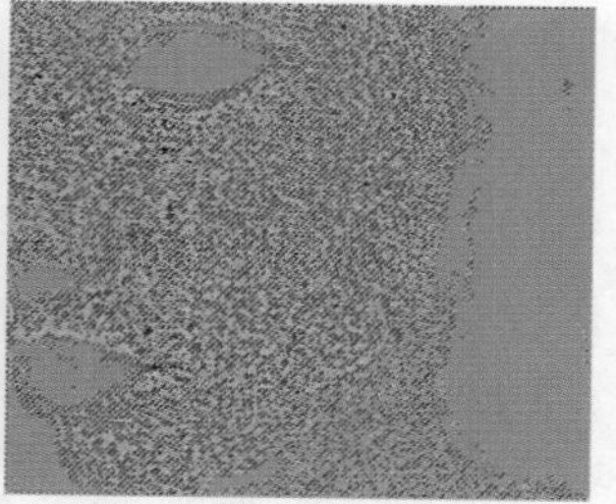

图 16-120 选区效果

05 单击 RGB 复合通道，返回到“图层”面板，在选区状态下，添加“曲线”调整图层，在打开的“属性”面板中进行相应的设置，如图 16–121 所示。设置完成后，图像效果如图 16–122 所示。

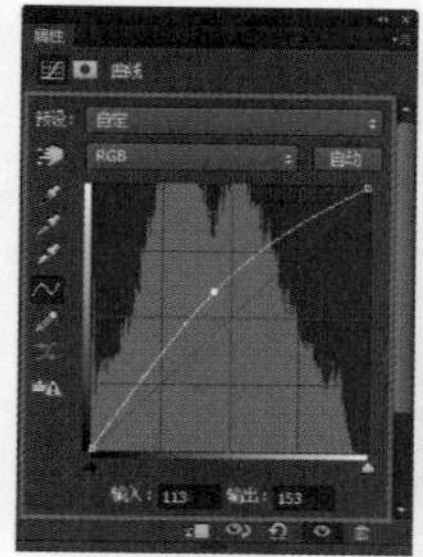

图 16-121 “属性”面板

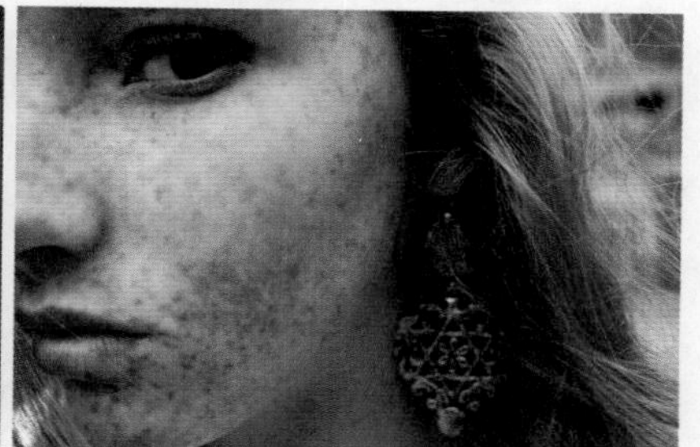

图 16-122 图像效果

06 复制刚添加的“曲线”调整图层，打开“属性”面板，进行相应设置，如图 16–123 所示。图像效果如图 16–124 所示。

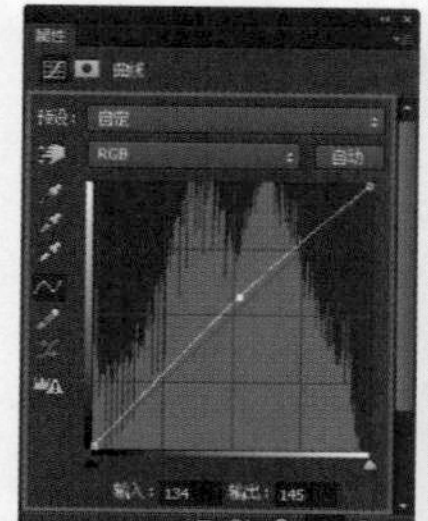

图 16-123 “属性”面板

图 16-124 图像效果

07 多次复制“曲线”调整图层，在“属性”面板中进行相应的设置，如图 16–125 所示。图像效果如图 16–126 所示。

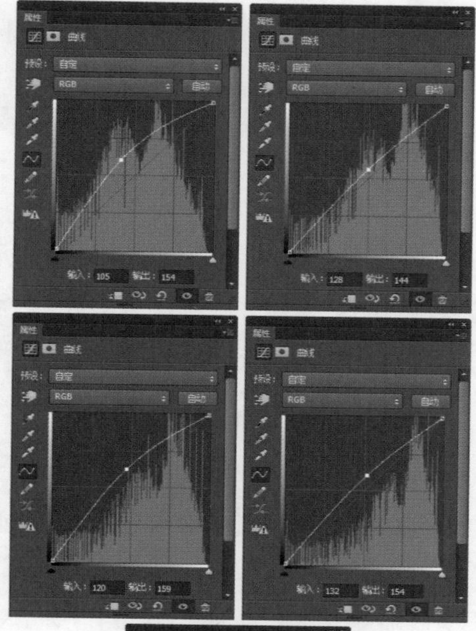

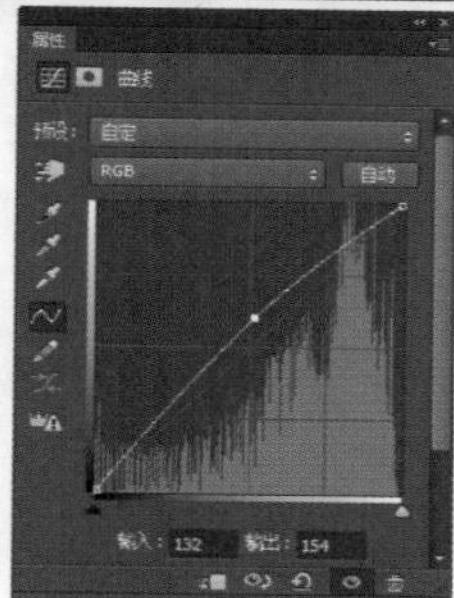

图 16-125 “属性”面板

图 16-126 图像效果

08 按快捷键 Ctrl+Shift+Alt+E，盖印可见图层，得到“图层 1”图层，并进行复制，得到“图层 1 拷贝”图层。选择“图层 1”图层，执行“滤镜 > 杂色 > 蒙尘与划痕”命令，弹出“蒙尘与划痕”对话框，设置如图 16–127 所示。隐藏“图层 1 拷贝”图层，可以看到图像效果，如图 16–128 所示。

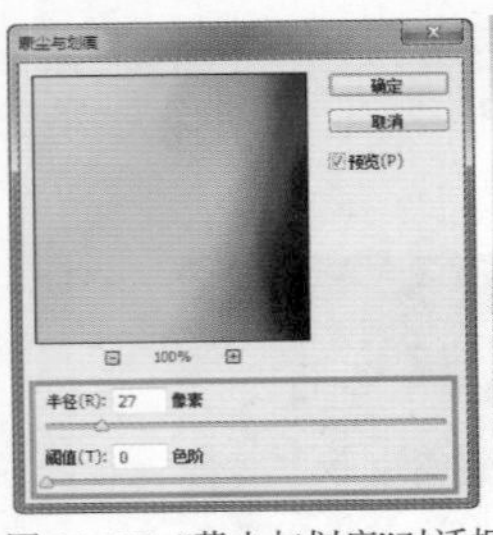
图 16-127 “蒙尘与划痕”对话框

图 16-128 图像效果

09 显示“图层 1 拷贝”图层，效果如图 16–129 所示。为“图层 1 拷贝”添加图层蒙版，使用“画笔工具”在脸部进行涂抹，“图层”面板如图 16–130 所示。

图 16-129 修复效果

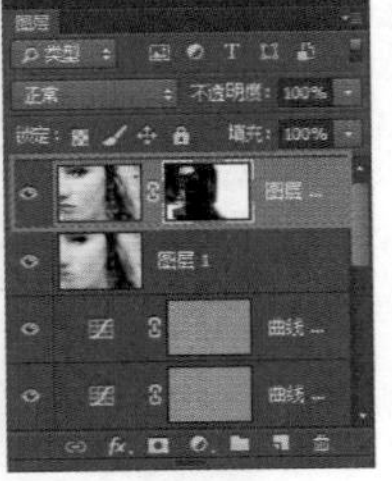
图 16-130 “图层”面板

10 再次盖印图层，使用“污点修复画笔工具”与“修补工具”对脸部进行修复，如图 16–131 所示。复制“背景”图层，移动到顶层，设置“混合模式”为“叠加”，“不透明度”为 50%，并按住 Alt 键单击“图层”面板底部的“添加图层蒙版”按钮，为该图层添加黑色蒙版，使用白色画笔在脸颊处涂抹，效果如图 16–132 所示。

图 16-131 修复效果

图 16-132 脸颊涂抹效果

11 完成该实例的制作，最终效果如图 16–133 所示。

图 16-133 图像效果

16.3.7 合成奇妙的水中人

灵活地使用通道和蒙版对图像进行处理，可以实现许多特殊的效果。接下来就通过一个练习来讲解如何使用通道与蒙版相结合实现图像的特殊效果。

动手实践——合成奇妙的水中人

源文件：光盘 \ 源文件 \ 第 16 章 \16-3-7.psd

视频：光盘 \ 视频 \ 第 16 章 \16-3-7.swf

01 执行“文件 > 新建”命令，弹出“新建”对话框，设置如图 16–134 所示。单击“确定”按钮，新建一个空白文档，打开并拖入素材图像“光盘 \ 源文件 \ 第 16 章 \ 素材 \163701.jpg”，调整其至合适的大小和位置，效果如图 16–135 所示。

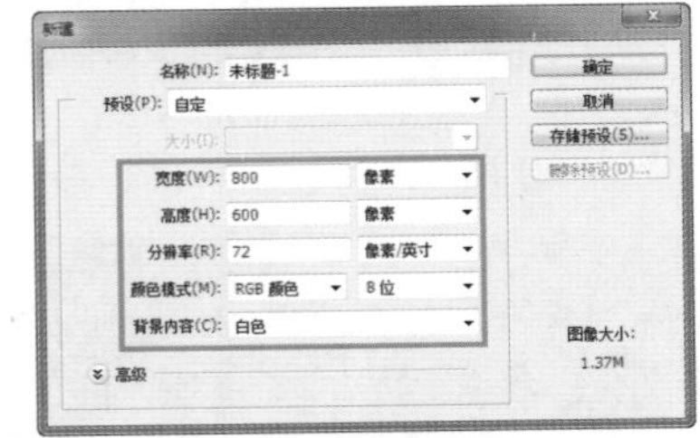
图 16-134 “新建”对话框

图 16-135 拖入素材图像

02 拖入另一张素材图像，效果如图 16–136 所示。为“图层 2”添加图层蒙版，选择“画笔工具”，设置“前景色”为黑色，在图像上进行涂抹，效果如图 16–137 所示。

图 16-136 拖入素材图像

图 16-137 涂抹效果

03 完成其他部分内容的制作，图像效果如图 16–138 所示。“图层”面板如图 16–139 所示。

图 16-138 图像效果

图 16-139 “图层”面板

04 执行“文件 > 打开”命令，打开素材图像“光盘 \ 源文件 \ 第 16 章 \ 素材 \163706.jpg”，效果如图 16–140 所示。打开“通道”面板，复制“红”通道，得到“红 拷贝”通道，如图 16–141 所示。

图 16-140 打开图像

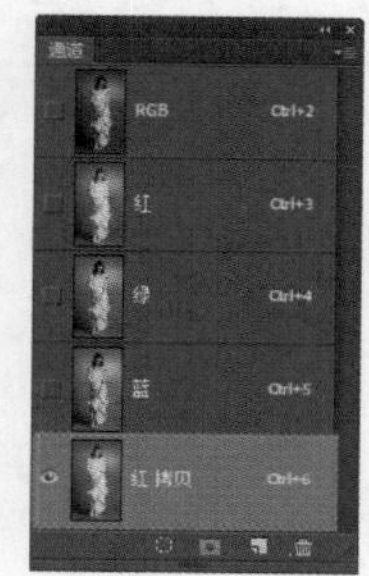

图 16-141 “通道”面板

05 执行“图像 > 调整 > 亮度 / 对比度”命令，弹出“亮度 / 对比度”对话框，设置如图 16–142 所示。单击“确定”按钮，效果如图 16–143 所示。

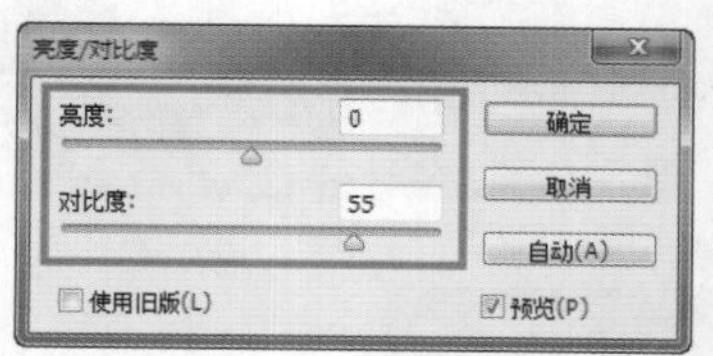

图 16-142 “亮度 / 对比度”对话框

图 16-143 图像效果

06 执行“图像 > 调整 > 色阶”命令，弹出“色阶”对话框，设置如图 16–144 所示。单击“确定”按钮，效果如图 16–145 所示。

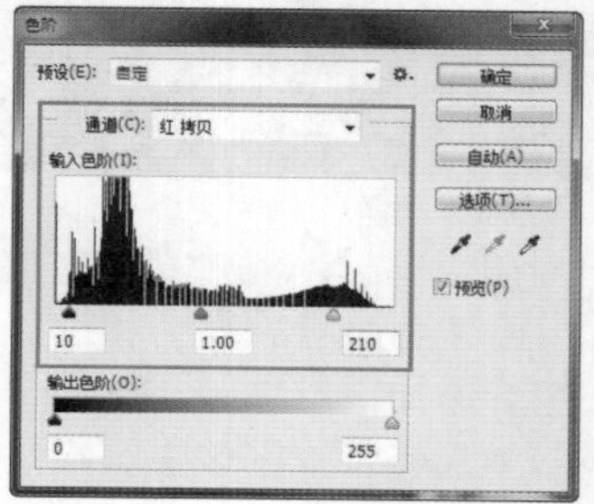

图 16-144 “色阶”对话框

图 16-145 图像效果

07 选择“画笔工具”，设置“前景色”为白色，在人物上进行涂抹，效果如图 16–146 所示。执行“图像 > 调整 > 色阶”命令，弹出“色阶”对话框，设置如图 16–147 所示。

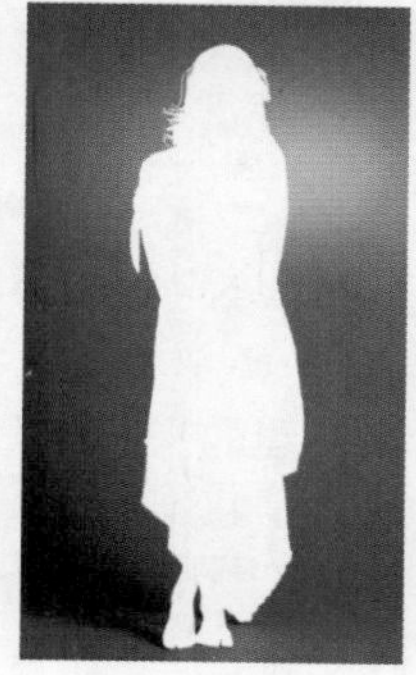

图 16-146 涂抹效果　图 16-147 “色阶”对话框

08 单击“确定”按钮，效果如图 16–148 所示。按住 Ctrl 键单击“红 拷贝”通道缩览图，载入选区，并返回到 RGB 通道，如图 16–149 所示。

图 16-148 图像效果

图 16-149 选区效果

09 执行“选择 > 调整边缘”命令，弹出“调整边缘”对话框，设置如图 16–150 所示。使用“调整半径工具”对人物的头发进行涂抹，如图 16–151 所示。

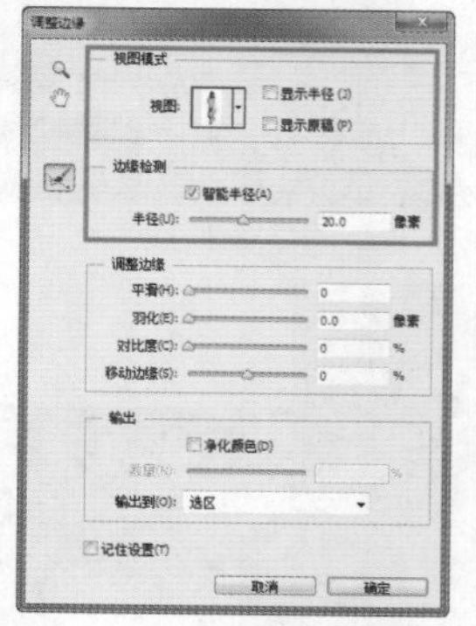

图 16-150 “调整边缘”对话框

图 16-151 涂抹效果

10 在“调整边缘”对话框中设置“羽化值”为 1 像素，并勾选“净化颜色”选项，如图 16–152 所示。单击“确定”按钮，完成“调整边缘”对话框的设置，抠出人物图像，效果如图 16–153 所示。

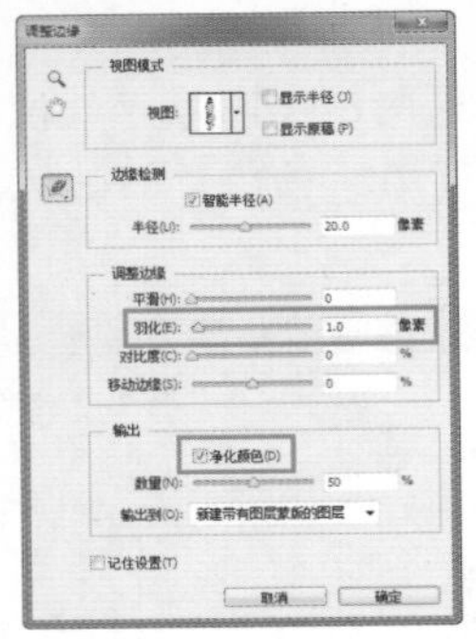

图 16-152 “调整边缘”对话框

图 16-153 人物效果

11 将抠取出来的人物图像拖曳到新建的文档中，执行“编辑 > 变换 > 水平翻转”命令，并调整至合适的位置和大小，如图 16–154 所示。为该图层添加图层蒙版，“图层”面板如图 16–155 所示。

图 16-154 图像效果

图 16-155 “图层”面板

12 选择“画笔工具”，设置“前景色”为黑色，在图像上进行涂抹，效果如图 16–156 所示。设置不同的画笔不透明度，在图像上进行涂抹，效果如图 16–157 所示。

图 16-156 黑色涂抹效果及“图层”面板

图 16-157 涂抹效果及“图层”面板

13 使用“钢笔工具”在图像上绘制路径，如图 16–158 所示。按快捷键 Ctrl+Enter，将路径转换为选区，添加“色彩平衡”调整图层，在打开的“属性”面板中对相关选项进行设置，如图 16–159 所示。

图 16-158 绘制路径

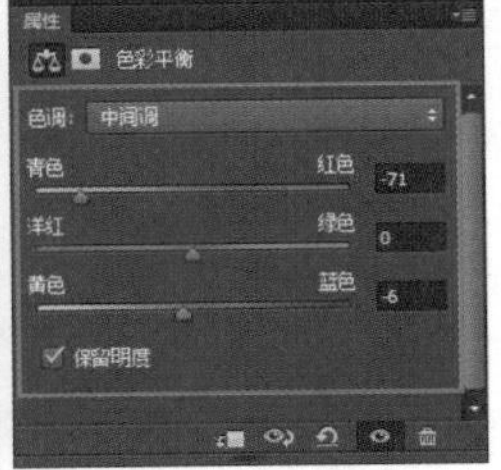

图 16-159 “属性”面板

14 设置完成后，可以看到图像的效果，如图 16–160 所示。复制“图层 2”图层，得到“图层 2 拷贝”图层，并将该图层移至最顶层，选择“画笔工具”，设置“前景色”为黑色，在蒙版中将人物部分涂抹出来，如图 16–161 所示。

图 16-160 图像效果及“图层”面板

图 16-161 涂抹效果及“图层”面板

15 打开并拖入素材图像“光盘\源文件\第 16 章\素材\163707.png”，调整其至适当的大小和位置，如图 16–162 所示。为该图层添加图层蒙版，选择“画笔工具”，设置“前景色”为黑色，对图像进行涂抹，并设置该图层的“不透明度”为 89%，如图 16–163 所示。

图 16-162 拖入素材图像

图 16-163 图像效果

16 再次拖入该素材图像，执行“编辑 > 变换 > 水平翻转”命令，并调整其至合适的大小和位置，如图 16-164 所示。新建“图层 9”图层，选择“画笔工具”，设置“前景色”为黑色，在选项栏中对相关属性进行设置，并在图像上进行涂抹，如图 16-165 所示。

图 16-164 图像效果

图 16-165 涂抹效果

17 添加“曲线”调整图层，在打开的“属性”面板中对相关选项进行设置，如图 16-166 所示。设置完成后，选择“画笔工具”，设置“前景色”为黑色，在该调整图层的蒙版上进行涂抹，效果如图 16-167 所示。

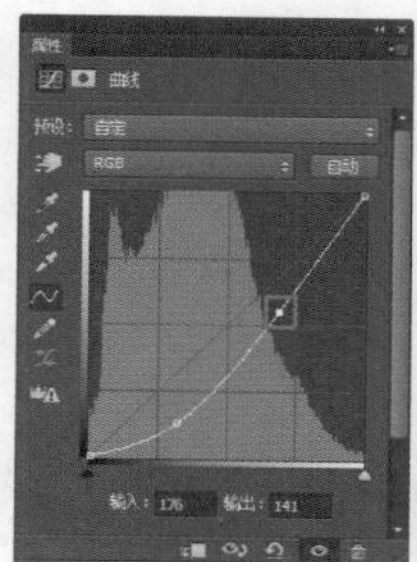
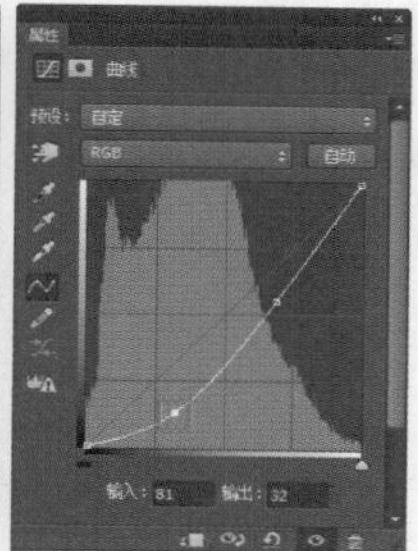
图 16-166 “属性”面板

图 16-167 涂抹效果

18 新建“图层 10”图层，选择“画笔工具”，设置“前景色”为白色，载入外部画笔“光盘\源文件\第 16 章\素材\笔刷 01.bar”，如图 16-168 所示。选择相应的笔刷，在图像上进行绘制，效果如图 16-169 所示。

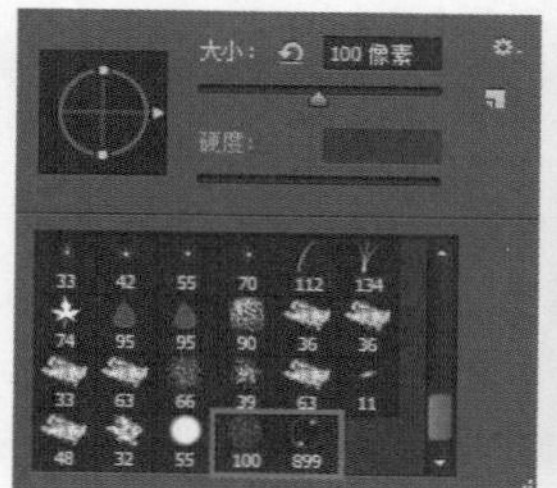
图 16-168 “画笔预设”选取器

图 16-169 图像效果

19 添加“色相 / 饱和度”调整图层，在打开的“属性”面板中进行设置，如图 16-170 所示。设置完成后，图像效果如图 16-171 所示。

图 16-170 “属性”面板

图 16-171 图像效果

20 按快捷键 Ctrl+Alt+shift+E，盖印图层，得到“图层 11”图层，执行“滤镜 > 渲染 > 镜头光晕”命令，弹出“镜头光晕”对话框，设置如图 16-172 所示。设置完成后，单击“确定”按钮，图像效果如图 16-173 所示。

图 16-172 “镜头光晕”对话框

图 16-173 图像效果

21 为“图层 11”添加图层蒙版，选择“画笔工具”，设置“前景色”为黑色，设置画笔的不透明度，对人物进行涂抹，效果如图 16–174 所示。“图层”面板如图 16–175 所示。

图 16-174 图像效果

图 16-175 “图层”面板

22 新建“图层 12”图层，选择“画笔工具”，设置“前景色”为白色，在图像上进行涂抹，效果如图 16–176 所示。设置该图层的“混合模式”为“叠加”，效果如图 16–177 所示。

图 16-176 涂抹效果

图 16-177 叠加效果及图层面板

23 新建“图层 13”图层，选择“渐变工具”，打开“渐变编辑器”对话框，设置渐变颜色，如图 16–178 所示。单击“确定”按钮，在画布中拖动鼠标填充径向渐变，并设置其“混合模式”为“柔光”，效果如图 16–179 所示。

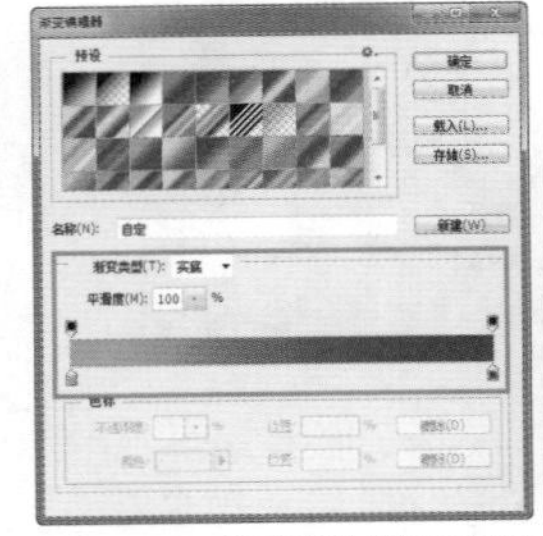

图 16-178 “渐变编辑器”对话框

图 16-179 图像效果

24 完成其他部分内容的制作，最终效果如图 16–180 所示。

图 16-180 最终效果

16.4 本章小结

本章主要对 Photoshop CC 中的通道进行了详细讲解，并且通过多种不同实例效果介绍了通道在图像处理和设计方面的应用。通过本章的学习，用户应该了解通道中存储了大量的图像信息，包括颜色、选区等，通过对通道的处理操作，可以方便改变图像的色调、创建出特殊的选区，以及制作一些其他方法实现不了的图像特效。

第17章 使用滤镜

使用 Photoshop CC 中的滤镜，在很短的时间内执行一个简单的命令就可以产生许许多多变幻万千的效果。实际上滤镜就是把原始的图像进行艺术加工，得到一种更完美的艺术展示。滤镜种类很多，所以应用也很广泛。本章主要对一些滤镜组、滤镜的使用方法和一些增效工具进行讲解。

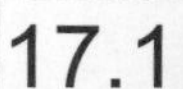

17.1 滤镜简介

在 Photoshop CC 中，滤镜具有强大的图像编辑能力，了解各种滤镜的特点后，就能制作出让人耳目一新的作品。滤镜都是分类放置在“滤镜”菜单中，且绝大多数滤镜对话框都提供了预览功能，它可以帮助用户快速预览滤镜效果。

17.1.1 什么是滤镜

Photoshop CC 中的滤镜是一种插件模块，通过不同的方式改变像素数据，以达到对图像进行抽象、艺术化的特殊处理效果。

位图是由像素构成的，每一个像素都有固定的位置和颜色值，滤镜就是通过改变像素的位置或颜色来生成各种特殊效果的。打开素材图像“光盘\源文件\第 17 章\素材\171101.jpg”，如图 17–1 所示。对其使用“胶片颗粒”滤镜，效果如图 17–2 所示。从放大的图像中可以看到像素的变化情况。

图 17-1 打开图像

图 17-2 使用“胶片颗料”滤镜

Photoshop CC 的“滤镜”菜单中提供了一百多种滤镜，其中“自适应广角”、“镜头校正”、“液化”、“油车”和“消失点”是特殊滤镜，被单独列出，其他滤镜都依据其主要的功能放置在不同的滤镜组中。

Photoshop CC 中的滤镜分为 3 种类型。第 1 种是修改类滤镜，它们可以修改图像的像素，如“滤镜库”中的相关滤镜；第 2 种是复合类滤镜，它们有自己的工具和独特的操作方法，如“液化”和“消失点”滤镜；第 3 种是创造类滤镜，不需要借助任何像素就可以产生滤镜的效果，只有“云彩”滤镜是创造类滤镜。

> **提示**
>
> Photoshop CC 除了自身拥有数量众多的滤镜外，还可以使用由其他公司开发的滤镜，这些滤镜被称为外挂滤镜，它们为 Photoshop 创建特殊效果提供了更多的解决办法。

17.1.2 使用滤镜的注意事项

滤镜虽然用法简单，但是真正使用起来对图像做出好的效果却比较困难，因此在使用滤镜时应注意以下几点。

(1) 使用滤镜处理图层中的图像时，该图层必须是可见的。如果创建了选区，滤镜只应用于选区内的图像，如图 17–3 所示。没有创建选区，则应用与当前图层，如图 17–4 所示。

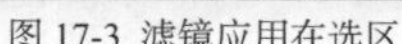

图 17-3 滤镜应用在选区

图 17-4 滤镜应用在图层

（2）滤镜可以应用在图层蒙版、快速蒙版和通道中。如图 17–5 所示为对快速蒙版使用“墨水轮廓”滤镜的效果。

应用前

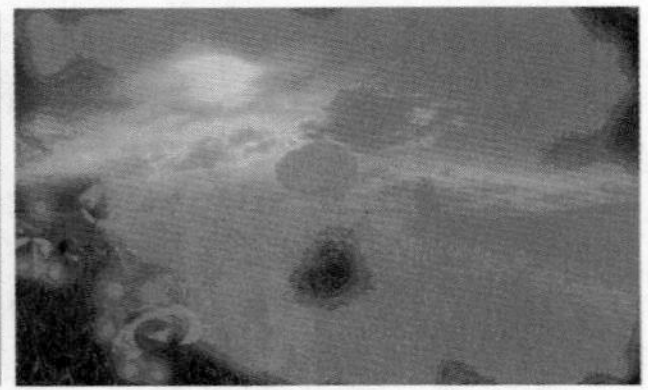

应用后

图 17-5 为快速蒙版添加滤镜

> **提示**
>
> 滤镜的处理效果是以像素为单位进行计算的。因此，相同的参数处理不同分辨率的图像，其效果也不会相同。

（3）只有“云彩”滤镜可以应用在没有像素的区域，其他滤镜都必须应用在包含像素的区域，否则不能使用。

（4）RGB 颜色模式的图像可以使用全部滤镜，部分滤镜不能用于 CMYK 颜色模式的图像，索引模式和位图模式的图像不能使用滤镜。如果需要对位图、索引或 CMYK 颜色模式的图像应用一些特殊滤镜，可先将其转换为 RGB 颜色模式，再进行处理。

（5）要将文字转换为图形后，才可以应用滤镜。

17.1.3 滤镜的种类和用途

在 Photoshop CC 中，滤镜分为内置滤镜和外挂滤镜两个类别。其中，内置滤镜是 Photoshop 自身提供的各种滤镜种类，而外挂滤镜则是由其他厂商研发的滤镜，其需要安装在 Photoshop CC 中才能使用。

Photoshop CC 中所有的滤镜种类都在“滤镜”菜单中，如图 17–6 所示。其中，“滤镜库”、“自适应广角”、“镜头校正”、“液化”、“油画”、“消失点”等特殊滤镜被单独列出，其他滤镜则依据其主要功能分别放置在不同类别的滤镜组中。如果安装了外挂滤镜，则外挂滤镜会在“滤镜”菜单的底部出现。

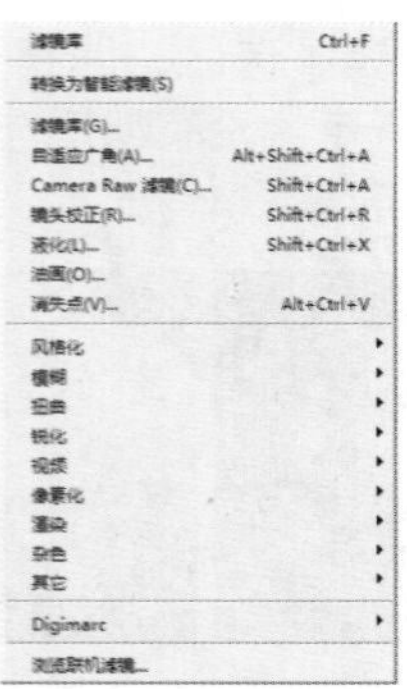

图 17-6 “滤镜”菜单

内置滤镜主要有两种用途。一种主要是用于创建具体的图像特效，比如可以生成粉笔画、图章、纹理和波浪等各种特殊效果；内置滤镜的效果最多，并且绝大多数都包含在“风格化”、“模糊”、“扭曲”、“锐化”、“视频”、“像素化”、“渲染”和“杂色”滤镜组中，除了“模糊”、“锐化”以及其他少数滤镜外，基本上都是通过“滤镜库”来加以管理和应用。

另一种主要是用于编辑图像，比如减少图像的杂色、提高图像清晰度等，这些滤镜分类放置在“模糊”、“锐化”和“杂色”等滤镜组中；另外，“液化”、“消失点”和“镜头校正”也属于该种滤镜，这 3 种滤镜比较特殊，其拥有强大的功能，属于编辑图像的工具并具有独特的操作方式，更像是独立的软件。

17.1.4 滤镜的使用技巧

使用滤镜可以为图像打造艺术化的效果，从而更好地编辑和修饰图像。因此，掌握好滤镜的使用技巧则可以更加轻松、快捷地处理图像。下面就向用户介绍一下滤镜的使用技巧。

（1）当执行完一个滤镜命令后，在“滤镜”菜单的第一行便会出现该滤镜的名称，如图 17–7 所示。单击它或者按快捷键 Ctrl+F，即可快速应用该滤镜，如果要对该滤镜的参数进行调整，则按快捷键 Alt+Ctrl+F，即可弹出该滤镜的对话框，在该对话框中便可重新设置相关参数。

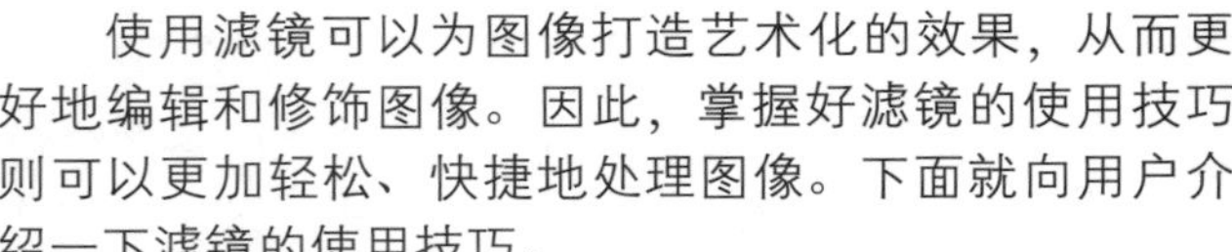

图 17-7 “滤镜”菜单

（2）在任意一个滤镜的对话框中按住 Alt 键，“取消”按钮都会转变成“复位”按钮，单击该按钮即可将设置的参数恢复到默认的状态。

（3）如果在应用滤镜的过程中想要终止处理，可以按 Esc 键。

（4）在使用滤镜时，通常会弹出滤镜库或者一个相应的对话框，在设置参数时可以预览框中预览图像应用滤镜的效果，单击⊞按钮或者⊟按钮可以在预览框中对图像的显示比例进行缩放；在预览框中单击图像并拖动可以移动该图像，如图 17–8 所示。如果想查看某一部分的图像，可以在文档中单击该部分，在预览框中即可显示鼠标单击处的图像，如图 17–9 所示。

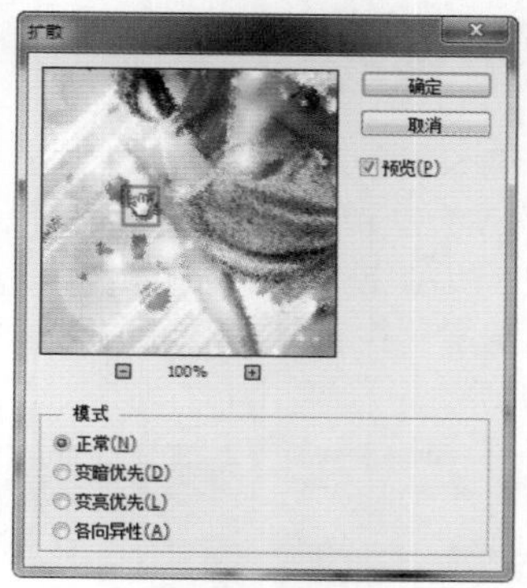

图 17-8 移动图像

图 17-9 查看部分图像

（5）对图像使用滤镜处理后，执行“编辑 > 渐隐”命令，可以修改滤镜效果的“混合模式”和“不透明度”。如图 17–10 所示为使用“动感模糊”滤镜处理后的图像。执行“编辑 > 渐隐浮雕效果”命令，在弹出的“渐隐”对话框中进行设置，如图 17–11 所示。单击“确定”按钮，可以看到渐隐处理后的图像效果，如图 17–12 所示。需要注意的是，“渐隐”命令必须在执行滤镜操作后立即执行该命令，如果中间穿插了其他操作则执行该命令。

图 17-10 应用“动感模糊”滤镜效果

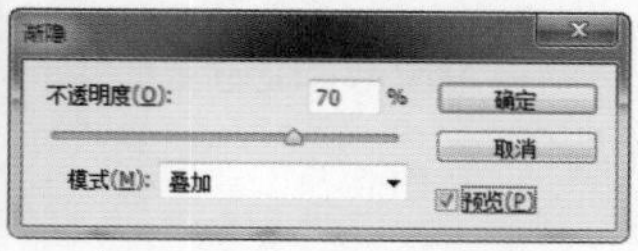

渐隐
不透明度(O): 70 %　确定
取消
模式(M): 叠加　预览(P)

图 17-11 设置“渐隐”对话框

技巧

在 Photoshop CC 中，滤镜、绘画工具、加深、减淡、涂抹、污点修复画笔等修饰工具不能同时处理多个图层，只能处理当前选择的一个图层；而移动、缩放和旋转等变换操作则可以对同时选中的多个图层进行操作。

图 17-12 渐隐处理后的效果

17.1.5 查看滤镜信息

在 Photoshop CC 中，执行“帮助 > 关于增效工具”命令，在该命令的下拉菜单中包含了 Photoshop 中所有滤镜和增效工具的目录，选中任意一个命令，就会显示其详细信息，比如滤镜版本、制作者、所有者等。如图 17–13 所示为“滤镜库”的相关信息。

图 17-13 “滤镜库”的相关信息

17.1.6 提高滤镜性能

在 Photoshop CC 中编辑处理图像时，难免会遇到一些高分辨率的图像，在处理这些图像时，Photoshop 的处理速度会变得很慢；另外，Photoshop 中的一部分滤镜在使用时会占用大量的内存，比如“光照效果”、“木刻”、“染色玻璃”等，都会使 Photoshop 的运行速度降低，且非常影响编辑处理图像的速度和效率。

当遇到这些情况时，可以在小部分的图像上试验该滤镜的效果，当找到合适的参数设置后，再将该滤镜应用在整个图像上；或者在使用滤镜前执行“编辑 > 清理”命令释放内存，也可以先退出其他应用程序，从而为 Photoshop 提供更多可用的内存空间。

17.2 认识滤镜库

在 Photoshop CC 中，滤镜库是一个整合了许多种滤镜的对话框，可以将一个或多个滤镜应用在图像上，也可以对同一个图像多次应用同一种滤镜，还可以使用对话框中的其他滤镜替换原来的滤镜。

17.2.1 “滤镜库”对话框

执行“滤镜 > 滤镜库”命令，会弹出“滤镜库”对话框，如图 17–14 所示。在该对话框中可通过选择相应滤镜的图标，对滤镜进行选择和设置。下面对“滤镜库”对话框进行详细的介绍。

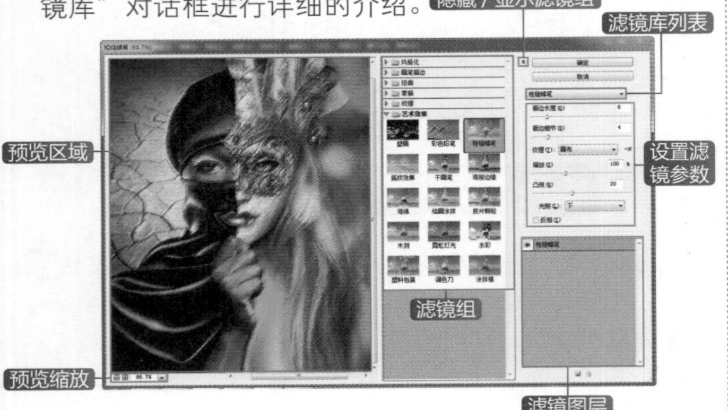

图 17-14 “滤镜库”对话框

- 预览区域：在该区域可以预览图像应用滤镜的效果。
- 预览缩放：单击[+]按钮或者[-]按钮，可以缩放图像在预览区域中的显示比例，从而能够有效地查看图像应用滤镜后的效果。
- 隐藏/显示滤镜组：单击⌃按钮，可以隐藏滤镜组；隐藏滤镜组后，该按钮会变成⌄按钮，单击它即可显示滤镜组。
- 滤镜库列表：在该下拉列表中包含了 6 个滤镜组中所有的滤镜，这些滤镜按照滤镜名称拼音的先后顺序进行排列。
- 设置滤镜参数：可以设置相应滤镜的相关参数，从而使该滤镜达到更加满意的效果。
- 滤镜组：“滤镜库”中包含 6 组滤镜，单击滤镜组前的▶按钮，可以展开该滤镜组，单击滤镜组中的一个滤镜即可使用该滤镜。
- 滤镜图层：单击“显示/隐藏滤镜图层”图标👁，可显示或隐藏设置的滤镜效果；单击“新建效果图层”按钮，则可添加滤镜，如图 17–15 所示。该选项主要用于在图像上应用多个滤镜，如图 17–16 所示叠加两个滤镜的效果；单击“删除效果图层”按钮，则可删除当前选择的效果图层。

图 17-15 新建“滤镜”图层

图 17-16 滤镜叠加效果

17.2.2 滤镜效果图层

执行“滤镜 > 滤镜库”命令，在弹出的“滤镜库”对话框中选择一个滤镜效果，该滤镜就会出现在对话框右下角的已应用滤镜列表中，如图 17–17 所示。单击“新建效果图层”按钮，即可添加一个效果图层，如图 17–18 所示。

图 17-17 选择滤镜

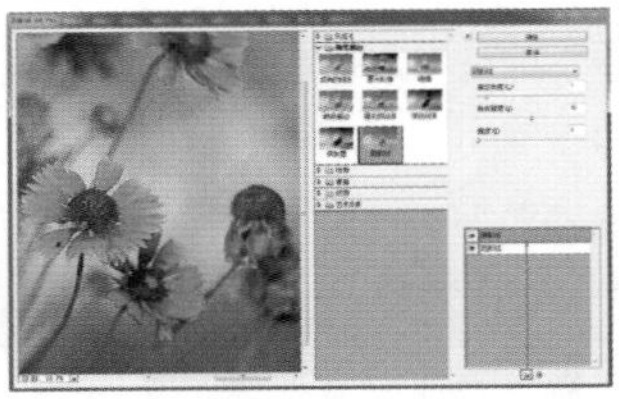

图 17-18 新建效果图层

添加效果图层后，可以选择需要应用的另一个滤镜，重复此操作即可为图像添加多个滤镜，图像效果也会变得更加丰富，如图 17–19 所示。滤镜效果图层与图层的编辑方法相同，单击并上下拖动即可调整其叠放顺序，并且滤镜效果也会发生变化，如图 17–20 所示。

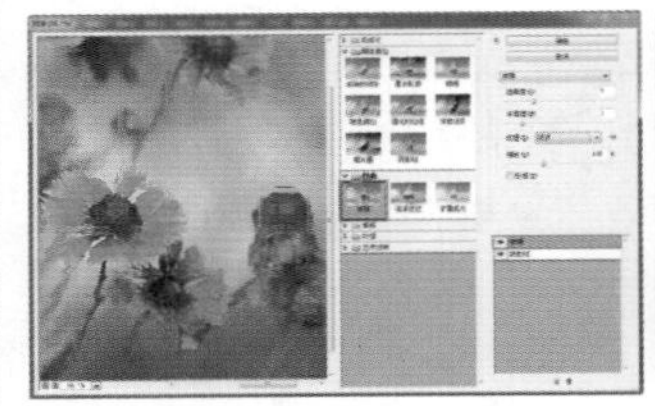

图 17-19 应用滤镜

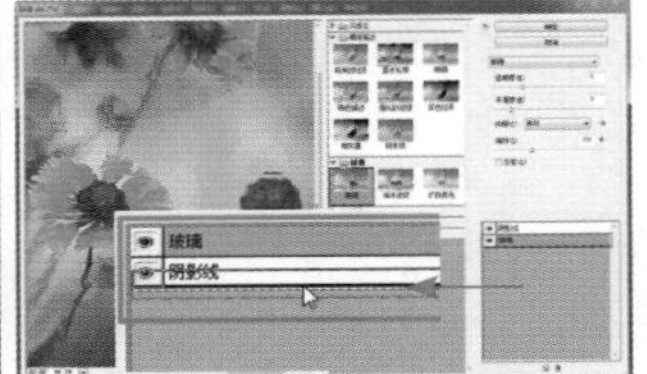

图 17-20 调整滤镜效果图层顺序

单击“显示/隐藏滤镜图层”图标👁，可显示或隐藏设置的滤镜。单击“删除效果图层”按钮，则可删除当前选择的效果图层。

17.2.3 使用滤镜库制作喷墨风格写真 

在 Photoshop CC 中，使用滤镜库可以为图像制作出很多种特殊的效果。下面将通过滤镜库中的“水彩”滤镜和“深色线条”滤镜为照片打造出与众不同的艺术效果。

动手实践——使用滤镜库制作喷墨风格写真 

源文件：光盘 \ 源文件 \ 第 17 章 \17-2.psd

视频：光盘 \ 视频 \ 第 17 章 \17-2.swf

01 执行“文件 > 新建”命令，弹出“新建”对话框，设置如图 17–21 所示。单击“确定”按钮，新建一个空白文档，设置“前景色”为 RGB（225、211、188），为画布填充前景色，如图 17–22 所示。

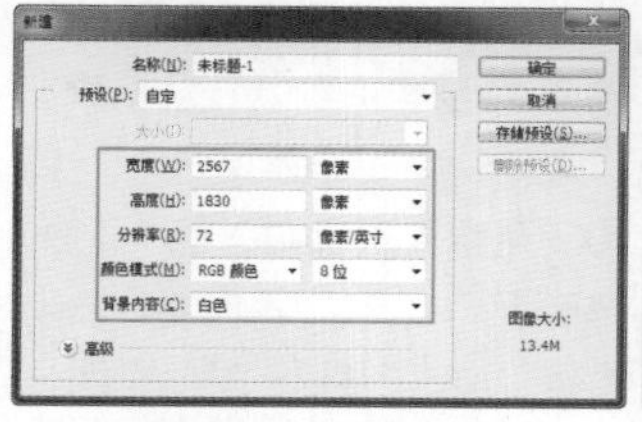
图 17-21 “新建”对话框

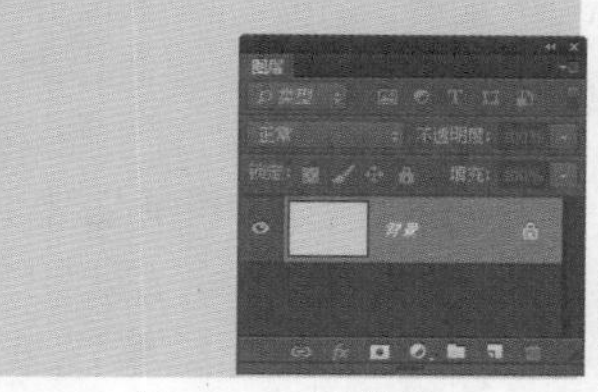
图 17-22 画布效果

02 打开并拖入图像“光盘\源文件\第 17 章\素材\172301.jpg”，调整至合适的大小和位置，如图 17–23 所示。添加“色阶”调整图层，打开“属性”面板，设置如图 17–24 所示。

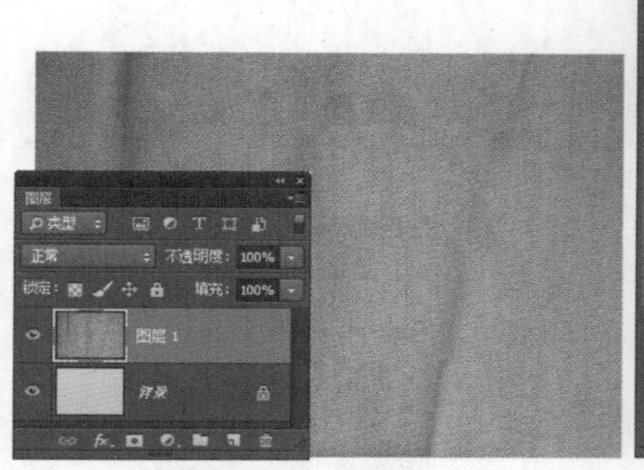
图 17-23 拖入素材

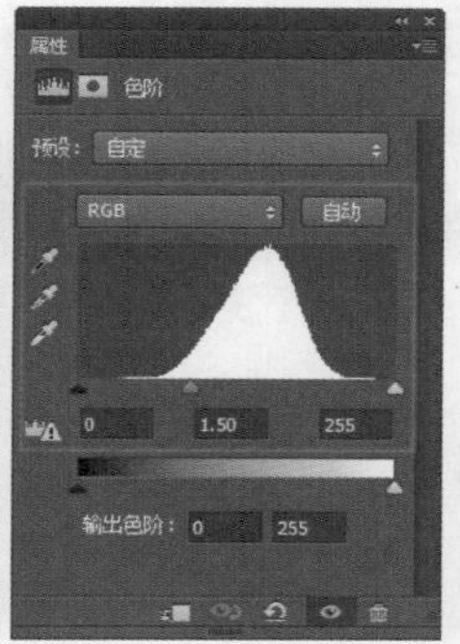
图 17-24 “属性”面板

03 设置完成后，图像效果如图 17–25 所示。打开并拖入图像“光盘\源文件\第 17 章\素材\172302.jpg”，调整至合适的大小和位置，如图 17–26 所示。

图 17-25 图像效果

图 17-26 拖入素材

04 添加“通道混合器”调整图层，打开“属性”面板，设置如图 17–27 所示。设置完成后，图像效果如图 17–28 所示。

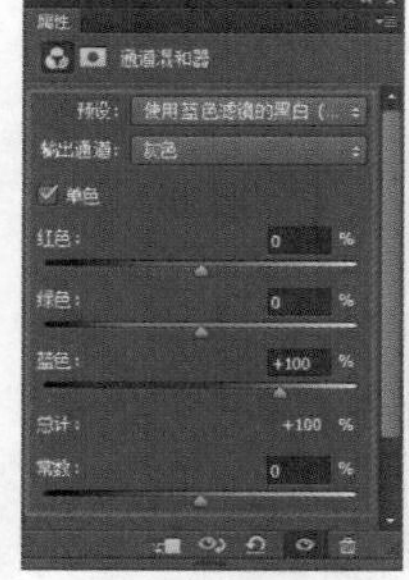
图 17-27 “属性”面板

图 17-28 图像效果

05 按快捷键 Ctrl+Alt+Shift+E，盖印图层，得到“图层 3”图层，隐藏“图层 2”和“通道混合器 1”图层，如图 17–29 所示。选择“加深工具”，在选项栏上对相关参数进行设置，在图像上进行涂抹，效果如图 17–30 所示。

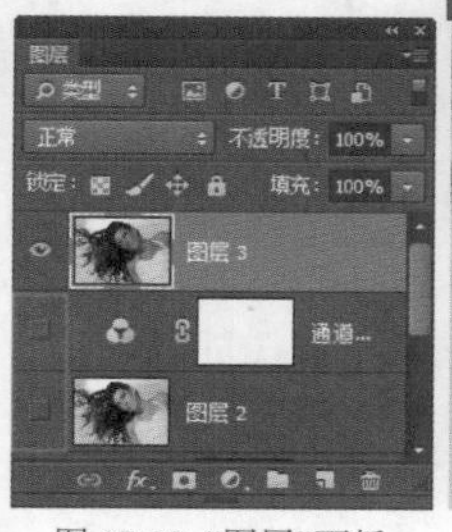
图 17-29 “图层”面板

图 17-30 涂抹效果

06 执行“滤镜 > 滤镜库”命令，弹出“滤镜库”对话框，应用“艺术效果”滤镜组中的“水彩”滤镜，设置如图 17–31 所示。设置完成后，单击“确定”按钮，效果如图 17–32 所示。

图 17-31 应用“水彩”滤镜

图 17-32 图像效果

07 使用相同的方法，为图像应用“深色线条”滤镜，设置如图 17–33 所示。设置完成后，单击“确定”按钮，效果如图 17–34 所示。

图 17-33 应用“深色线条”滤镜

图 17-34 图像效果

08 执行“图像 > 调整 > 色阶”命令，弹出“色阶”对话框，设置如图 17–35 所示。设置完成后，单击“确定”按钮，图像效果如图 17–36 所示。

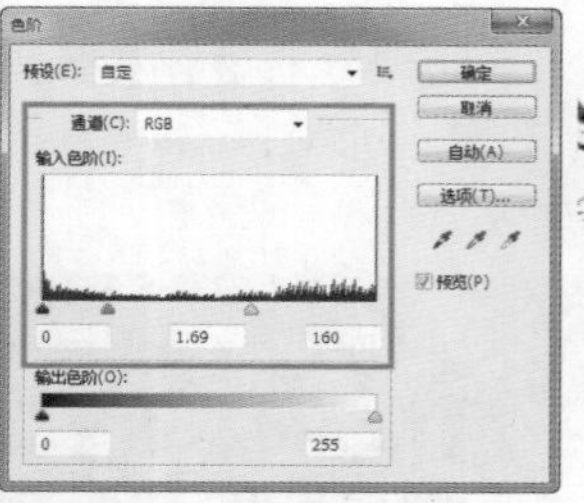
图 17-35 “色阶”对话框

图 17-36 图像效果

09 打开“通道”面板，按住 Ctrl 键，单击 RGB 通道缩览图载入选区，返回到“图层”面板，为该图层添加图层蒙版，如图 17–37 所示。按快捷键

Ctrl+I，对图层蒙版进行反相操作，效果如图17-38所示。

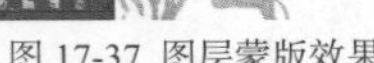
图 17-37 图层蒙版效果

图 17-38 反相图层蒙版效果

10 新建“图层4”图层，填充颜色为RGB（142、18、18），并将其移至“图层3”图层下方，如图17-39所示。选择“画笔工具”，设置“前景色”为黑色，在选项栏上进行相应的设置，在“图层3”的图层蒙版上进行涂抹，效果如图17-40所示。

图 17-39 图像效果

图 17-40 涂抹效果

11 将“图层4”图层删除，为“图层3”图层添加“内发光”图层样式，弹出“图层样式”对话框，设置如图17-41所示。在对话框左侧的“样式”列表中选中“颜色叠加”选项，在对话框右侧对相关属性进行设置，如图17-42所示。

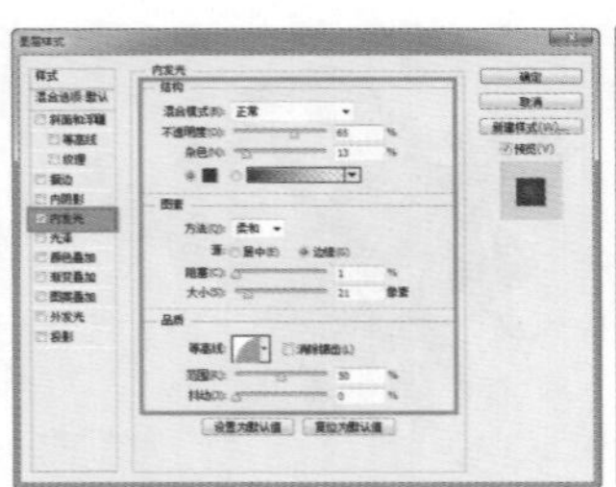
图 17-41 “内发光”对话框

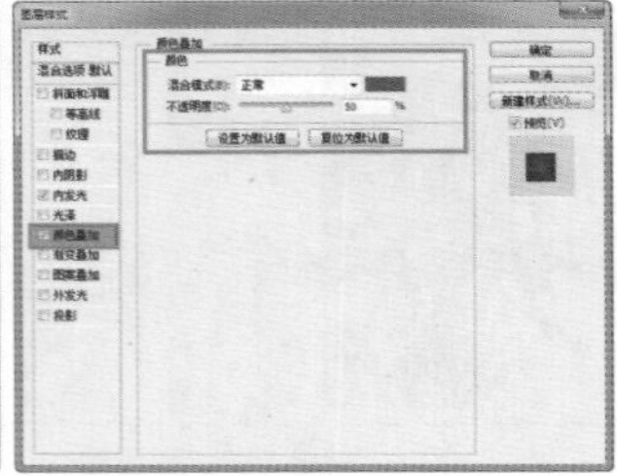
图 17-42 “颜色叠加”对话框

12 设置完成后，单击“确定”按钮，可以看到图像的效果，如图17-43所示。复制“图层3”图层，得到“图层3 拷贝”图层，将“图层3 拷贝”图层移至“图层3”图层下方，并在该图层上单击鼠标右键，在弹出的快捷菜单中选择“清除图层样式”命令，即可清除图层样式，如图17-44所示。

图 17-43 图像效果

图 17-44 复制图层

13 选择“画笔工具”，设置“前景色”为黑色，打开“画笔预设”选取器，载入外部画笔“光盘\源文件\第17章\素材\笔刷01.bar”、“光盘\源文件\第17章\素材\笔刷02.bar”和“光盘\源文件\第17章\素材\笔刷03.bar”，如图17-45所示。选择适当的笔刷，在选项栏上对相关属性进行设置，在“图层3”的图层蒙版上进行涂抹，效果如图17-46所示。

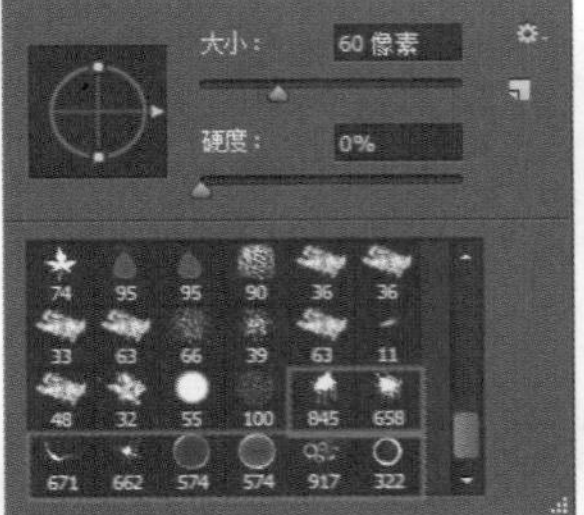

图 17-45 “画笔预设”选取器

图 17-46 涂抹效果

14 使用相同的方法，完成其他部分内容的制作，并设置相应图层的“混合模式”和“不透明度”，效果如图17-47所示。“图层”面板如图17-48所示。

图 17-47 图像效果

图 17-48 “图层”面板

技巧

在使用“画笔工具”进行涂抹时，要不断调整画笔的大小、角度和不透明度。同时，根据图像的效果，也需要设置相应的前景色。

15 将“图层4”图层移至“图层1”图层上方，“图层”面板如图17-49所示。图像的最终效果如图17-50所示。

图 17-49 “图层”面板

图 17-50 图像最终效果

17.3 智能滤镜

智能滤镜作为图层效果出现在“图层”面板上，不用改变图像中的像素就能达到与普通滤镜完全相同的效果，并且能够随时对该滤镜的参数进行修改或者将其删除。

17.3.1 智能滤镜与普通滤镜的区别

在 Photoshop CC 中，智能滤镜与普通滤镜的区别在于，普通滤镜是通过修改图像的像素来达到滤镜的特殊效果。如图 17–51 所示为“拼贴”滤镜处理后的效果。从“图层”面板中的缩览图上可以看出，“背景”图层的像素已经被修改，如果执行保存并关闭该文件后，将无法恢复原来的效果。

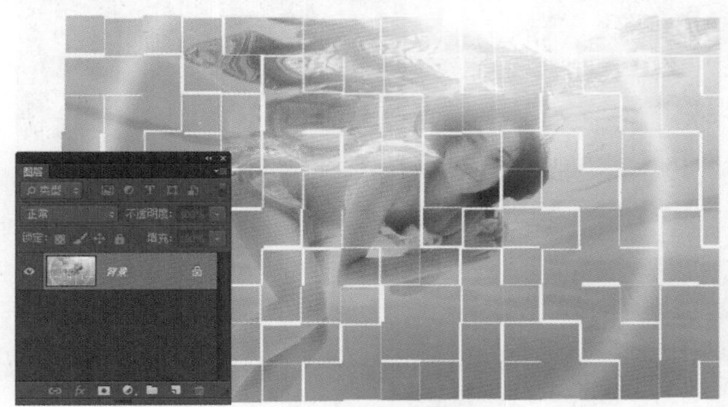

图 17-51 普通滤镜

而智能滤镜是一种非破坏性的滤镜，是将滤镜效果应用在智能对象上。因此，不会修改图像的像素，并且在使用智能滤镜之前应将图像转换为智能对象。如图 17–52 所示为智能滤镜处理的“拼贴”效果，从图像上可以看到其效果与普通滤镜的效果完全一样，但是从“图层”面板上可以看出其是作为图层效果应用在图像上的。

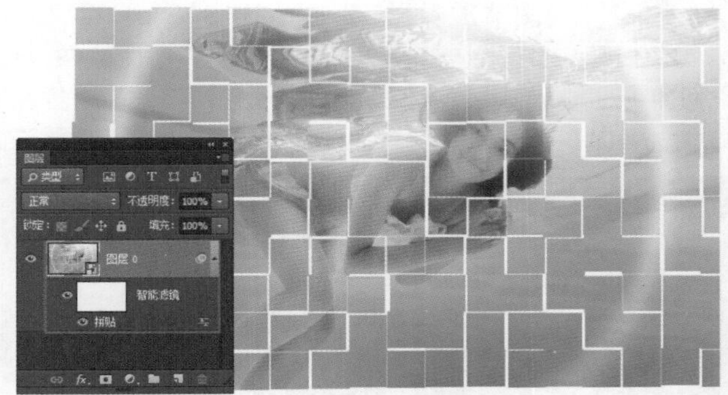

图 17-52 智能滤镜

在“图层”面板中，智能滤镜包含了一个类似于图像样式的列表，其中显示了在图像上所应用的滤镜种类，单击智能滤镜前面的眼睛图标，即可将该滤镜隐藏，如图 17–53 所示。若将其删除，便可以恢复图像原来的效果，如图 17–54 所示。

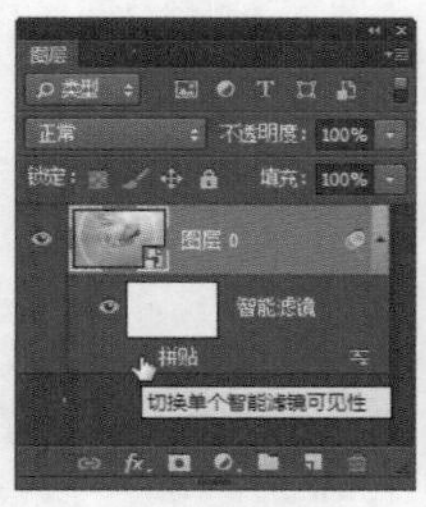

图 17-53 隐藏滤镜

图 17-54 图像效果

17.3.2 使用智能滤镜制作汽车海报

在 Photoshop CC 中，使用智能滤镜可以制作出很多与普通滤镜相同效果的图像，并且其最大的好处在于能够保留原来的图像不受损坏。下面将通过一个练习向用户详细讲述智能滤镜的使用方法。

动手实践——使用智能滤镜库制作汽车海报

源文件：光盘 \ 源文件 \ 第 17 章 \17-3-2.psd

视频：光盘 \ 视频 \ 第 17 章 \17-3-2.swf

01 执行“文件 > 新建”命令，弹出“新建”对话框，设置如图 17–55 所示。设置“前景色”为 RGB（22、452、5），为画布填充前景色，效果如图 17–56 所示。

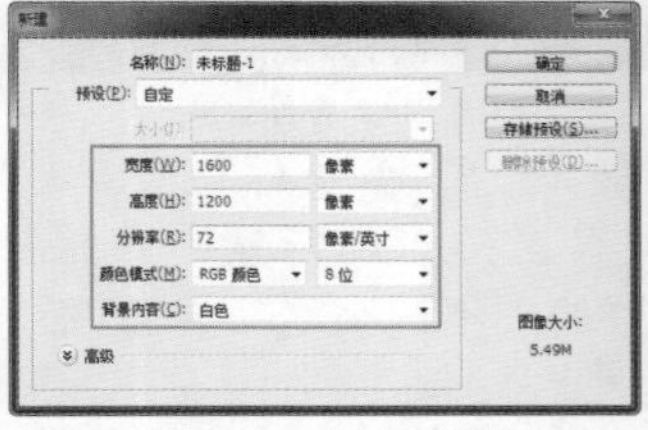

图 17-55 “新建”对话框

图 17-56 画布效果

02 设置“前景色”为 RGB（9、15、0），选择“矩形工具”，在选项栏上设置“模式”为“形状”，在画布中绘制矩形，如图 17–57 所示。自动生成“矩形 1”图层，如图 17–58 所示。

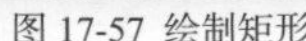

图 17-57 绘制矩形

图 17-58 “图层”面板

03 新建“图层 1”图层，选择“椭圆选框工具”，按住 Shift 键在画布上绘制正圆形选区，设置“前景色”为 RGB（53、176、20），为选区填充前景色，如图 17–59 所示。按快捷键 Ctrl+D，取消选区，选择“图层 1”图层，单击鼠标右键，在弹出的快捷菜单中选择“转换为智能对象”命令，转换为智能对象，如图 17–60 所示。

图 17-59 图像效果

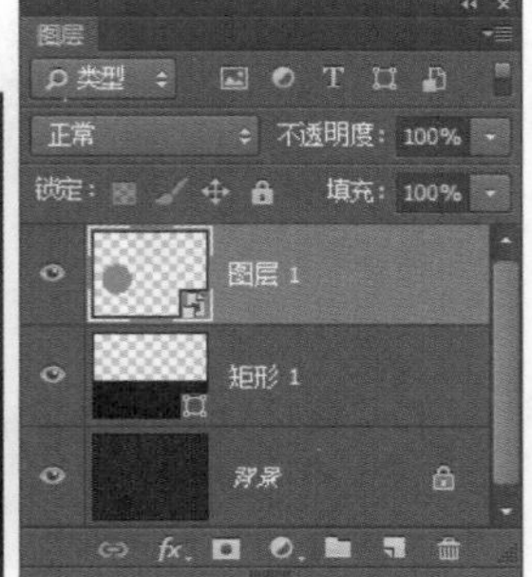
图 17-60 “图层”面板

04 执行“滤镜 > 模糊 > 高斯模糊”命令，弹出“高斯模糊”对话框，设置如图 17–61 所示。设置完成后，单击“确定”按钮，设置该图层的“不透明度”为 50%，图像效果如图 17–62 所示。

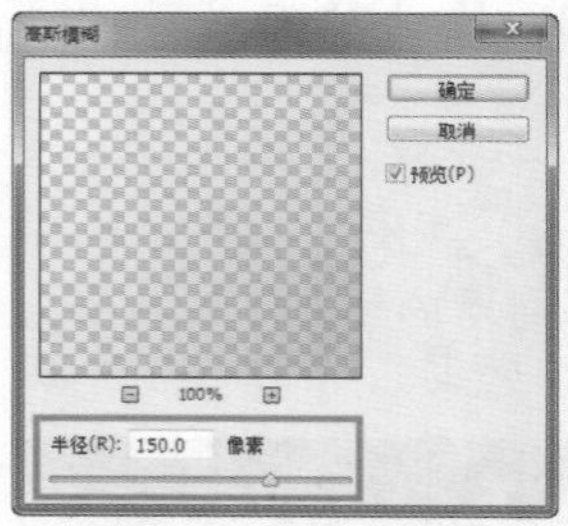
图 17-61 “高斯模糊”对话框

图 17-62 图像效果

05 打开并拖入素材图像“光盘 \ 源文件 \ 第 17 章 \ 素材 \173202.png”，调整其至适当的位置，效果如图 17–63 所示。设置该图层的“不透明度”为 20%，效果如图 17–64 所示。

图 17-63 拖入素材图像

图 17-64 图像效果

06 使用相同的方法，拖入另一张素材图像，并调整其至合适的位置，如图 17–65 所示。复制“图层 3”图层得到“图层 3 拷贝”图层，将“图层 3 拷贝”图层移至“图层 3”图层下方，隐藏“图层 3”图层，如图 17–66 所示。

图 17-65 拖入素材图像

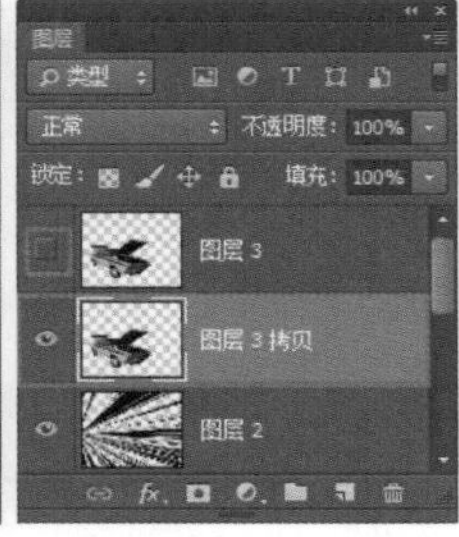
图 17-66 “图层”面板

07 执行“滤镜 > 模糊 > 动感模糊”命令，弹出“动感模糊”对话框，设置如图 17–67 所示。设置完成后，单击“确定”按钮，效果如图 17–68 所示。

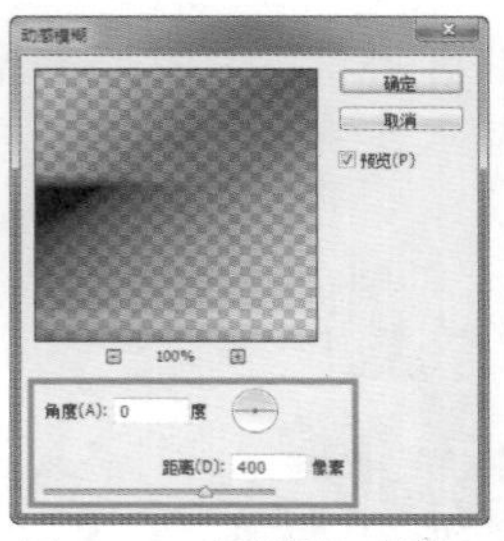
图 17-67 “动感模糊”对话框

图 17-68 图像效果

08 使用“涂抹工具”对图像进行相应的涂抹，效果如图 17–69 所示。执行“编辑 > 变换”命令，对图像进行适当的旋转、缩放和斜切操作，效果如图 17–70 所示。

图 17-69 涂抹效果

图 17-70 图像效果

09 显示“图层 3”图层，复制“图层 3”图层，得到“图层 3 拷贝 2”图层，并将“图层 3 拷贝 2”图层转换为智能对象，如图 17–71 所示。执行“滤镜 > 模糊 > 高斯模糊”命令，弹出“高斯模糊”对话框，设置如图 17–72 所示。

图 17-71 “图层”面板

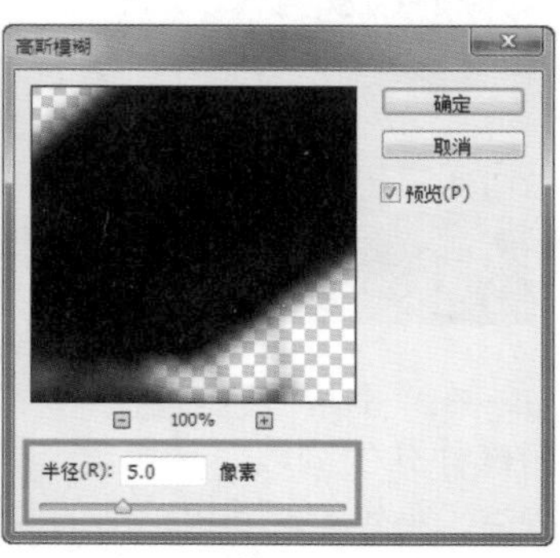

图 17-72 “高斯模糊”对话框

10 设置完成后，单击“确定”按钮，设置该图层的“混合模式”为“变亮”，“不透明度”为 50%，效果如图 17–73 所示。“图层”面板如图 17–74 所示。

图 17-73 图像效果

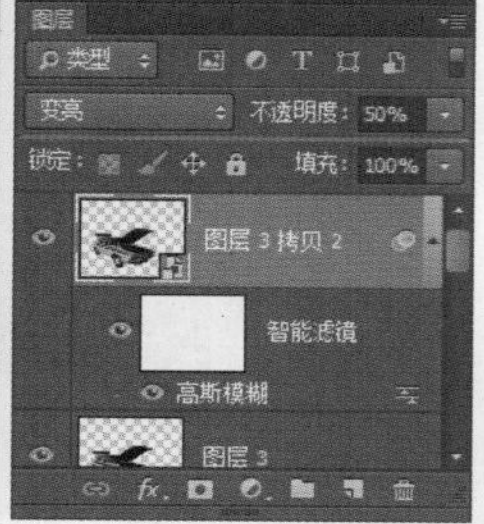

图 17-74 “图层”面板

11 新建“图层 4”图层，使用“多边形套索工具”在画布中绘制选区，并为选区填充黑色，取消选区。将“图层 4”图层转换为智能对象，并将其移至“图层 3”图层的下方，效果如图 17–75 所示。“图层”面板如图 17–76 所示。

图 17-75 图像效果

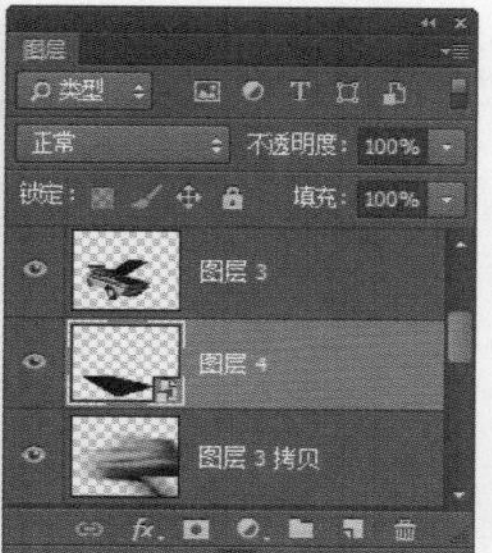

图 17-76 “图层”面板

12 执行“滤镜 > 模糊 > 高斯模糊”命令，弹出“高斯模糊”对话框，设置如图 17–77 所示。设置完成后，单击“确定”按钮，效果如图 17–78 所示。

图 17-77 “高斯模糊”对话框

图 17-78 图像效果

13 执行“滤镜 > 模糊 > 径向模糊”命令，弹出“径向模糊”对话框，设置如图 17–79 所示。设置完成后，单击“确定”按钮，效果如图 17–80 所示。

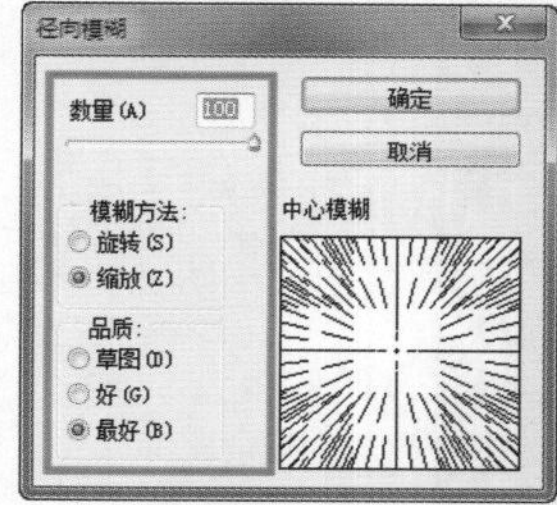

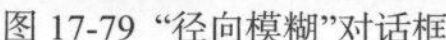
图 17-79 “径向模糊”对话框

图 17-80 图像效果

14 打开并拖入素材图像“光盘 \ 源文件 \ 第 17 章 \ 素材 \173203.png”，调整至合适的位置，如图 17–81 所示。复制“图层 5”图层，得到“图层 5 拷贝”图层，将“图层 5 拷贝”图层移至“图层 5”图层下方，并隐藏“图层 5”图层，如图 17–82 所示。

图 17-81 拖入素材图像

图 17-82 “图层”面板

15 执行“滤镜 > 模糊 > 动感模糊”命令，弹出“动感模糊”对话框，设置如图 17–83 所示。设置完成后，单击“确定”按钮，效果如图 17–84 所示。

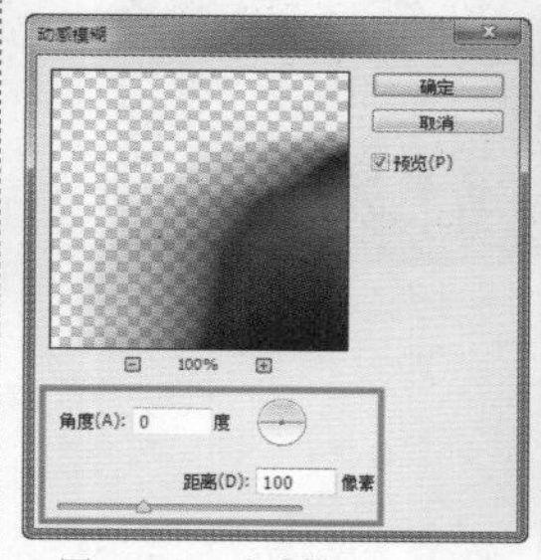

图 17-83 “动感模糊”对话框

图 17-84 图像效果

16 显示“图层 5”图层，打开并拖入素材图像“光盘 \ 源文件 \ 第 17 章 \ 素材 \173204.png”，放置适当的位置，并设置该图层的“不透明度”为 75%，效果如图 17–85 所示。“图层”面板如图 17–86 所示。

图 17-85 图像效果

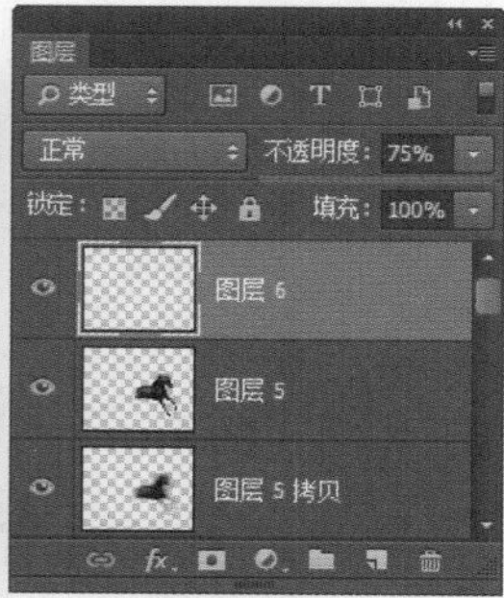

图 17-86 “图层”面板

17 执行“窗口 > 字符”命令，打开“字符”面板，设置如图 17–87 所示。设置完成后，在图像上单击并输入文字，效果如图 17–88 所示。

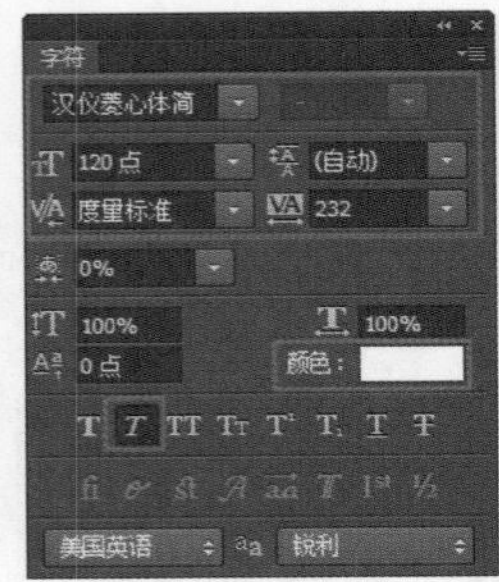

图 17-87 “字符”面板

图 17-88 输入文字

18 为文字图层添加相应的图层样式。使用相同的方法，完成其他内容的制作，最终效果如图 17–89 所示。

图 17-89 最终效果

17.3.3 修改智能滤镜

智能滤镜相比普通滤镜最大的好处就在于可以进行修改、显示、隐藏、复制和删除等操作。

在“图层”面板上双击“高斯模糊”智能滤镜，如图 17–90 所示。即可重新打开“高斯模糊”对话框，如图 17–91 所示。在该对话框中可以重新设定参数值，设置完成后，单击“确定”按钮即可修改该智能滤镜。

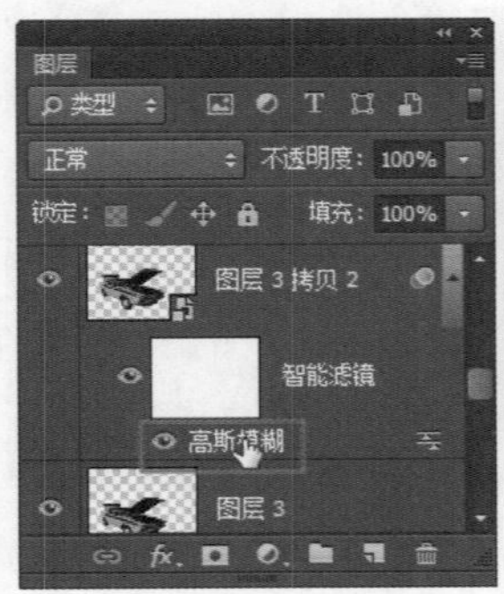

图 17-90 “图层”面板

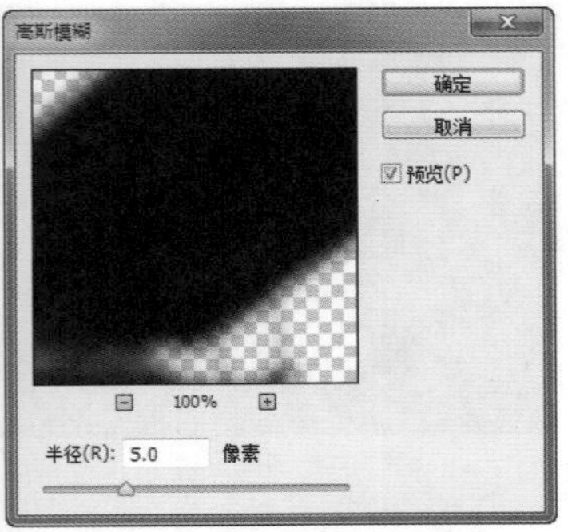

图 17-91 “高斯模糊”对话框

双击智能滤镜旁边的“编辑滤镜混合选项”图标，如图 17–92 所示。即可弹出“混合选项”对话框，在该对话框中可以设置该智能滤镜的不透明度和混合模式，如图 17–93 所示。

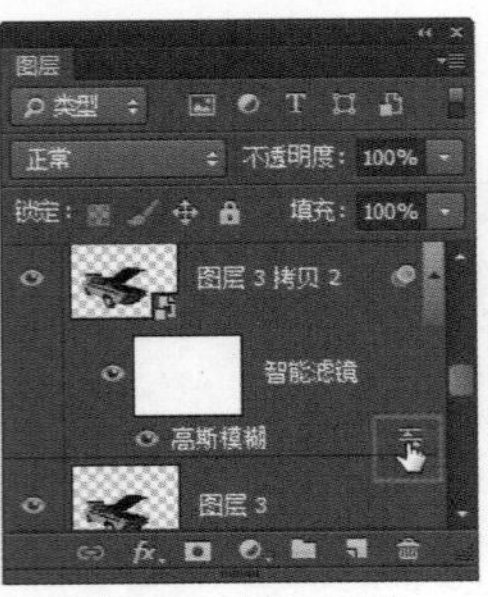

图 17-92 “图层”面板

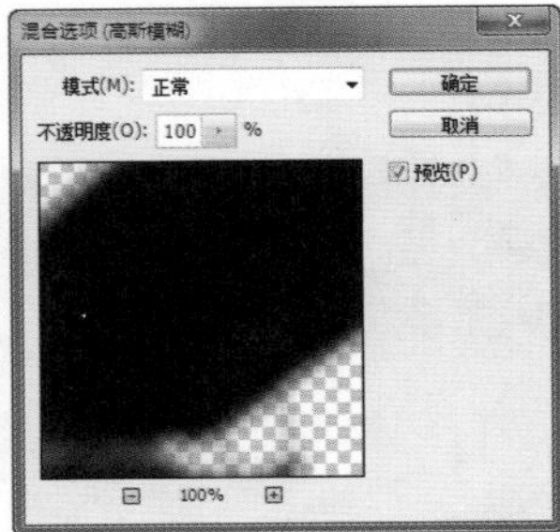

图 17-93 “混合选项”对话框

提示

当应用一个普通滤镜之后，可以执行“编辑 > 渐隐”命令，修改滤镜的不透明度和混合模式。但是，该命令必须是在应用滤镜之后马上执行，否则将不能使用。而智能滤镜不一样，可以随时双击智能滤镜旁边的“编辑滤镜混合选项”图标，来修改该智能滤镜的不透明度和混合模式。

17.3.4 遮盖智能滤镜

智能滤镜中包含一个蒙版，其与图层蒙版完全相同，编辑蒙版可以有选择性地遮盖智能滤镜，使得滤镜只影响一部分图像。

在“图层”面板上单击智能滤镜的蒙版将其选中，如图 17–94 所示。使用黑色画笔在图像上进行涂抹，被涂抹的部分将遮盖其滤镜效果，如图 17–95 所示。如果想将被遮盖的部分显示，可以使用白色画笔进行涂抹。

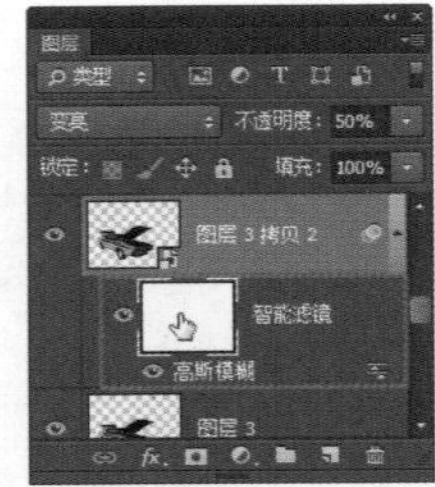

图 17-94 选择智能滤镜蒙版

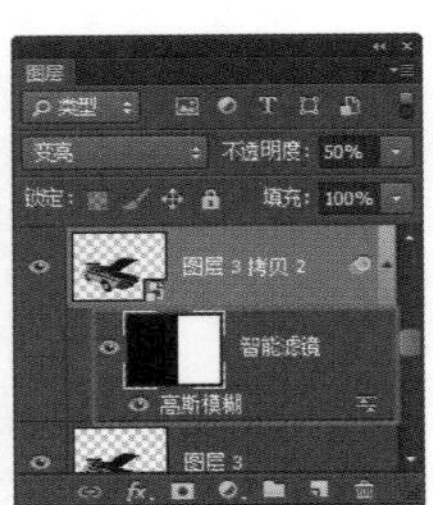

图 17-95 涂抹部分遮盖效果

如果想要减弱滤镜效果的强度，可以使用灰色画笔进行涂抹，使用不同程度的灰色，滤镜也将呈现出不同级别的透明度；也可以使用“渐变工具”在图像中填充黑白渐变，渐变效果会应用到智能滤镜的蒙版上，从而对滤镜的效果进行遮盖，如图 17–96 所示。

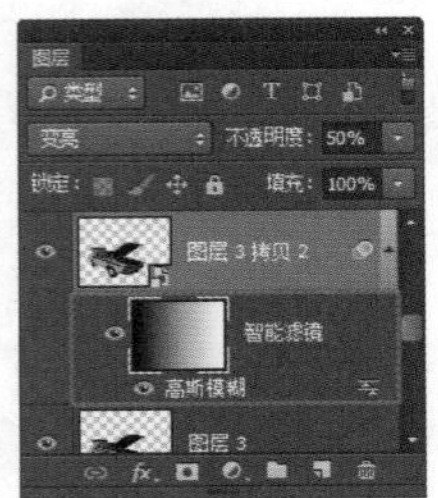

图 17-96 渐变遮盖效果

技巧

当对智能滤镜进行遮盖操作时，蒙版会应用于当前图层中所有的智能滤镜，因此，单个智能滤镜无法遮盖。如果执行“图层 > 智能滤镜 > 停用智能滤镜”命令，蒙版上会出现红色的“×”号，可以暂时停用智能滤镜的蒙版；如果执行“图层 > 智能滤镜 > 删除滤镜蒙版”命令，即可删除蒙版。

17.3.5 显示与隐藏智能滤镜

如果要隐藏单个智能滤镜，可以单击该智能滤镜旁边的眼睛图标，如图 17–97 所示。如果要隐藏应用于智能对象图层的所有滤镜，则可以单击智能滤镜这一行旁边的眼睛图标，如图 17–98 所示，或者执行“图层 > 智能滤镜 > 停用智能滤镜”命令。如果需要重新显示智能滤镜，则可以在智能滤镜旁边的眼睛图标处单击。

图 17-97 隐藏单个智能滤镜

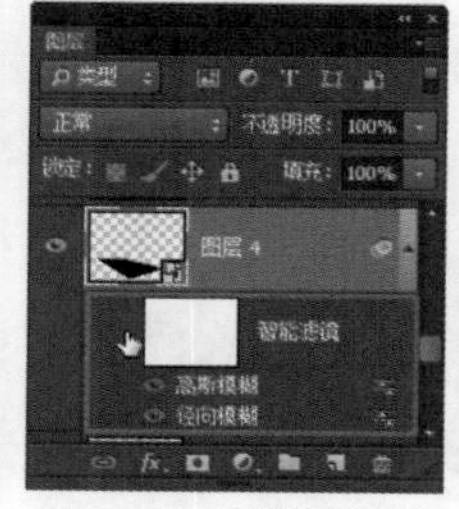

图 17-98 隐藏所有滤镜

17.3.6 复制与删除智能滤镜

在“图层”面板上，按住 Alt 键，将智能滤镜从一个智能对象上拖动到另一个智能对象上，或者拖动到智能滤镜列表中的新位置，松开鼠标后，即可复制智能滤镜，如图 17–99 所示。如果要复制所有智能滤镜，可以按住 Alt 键，单击并拖动在智能对象图层旁边出现的智能滤镜图标，如图 17–100 所示。

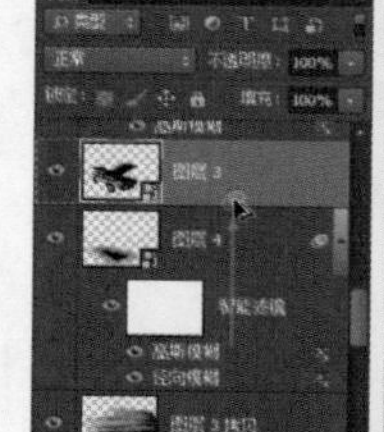

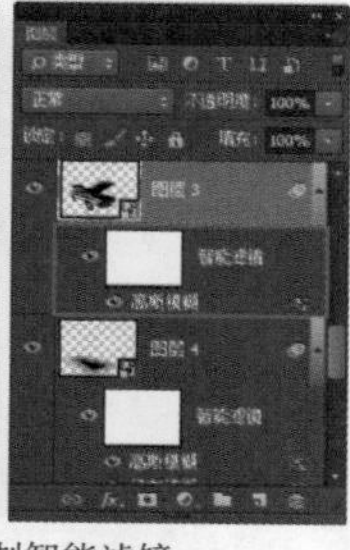

图 17-99 复制智能滤镜

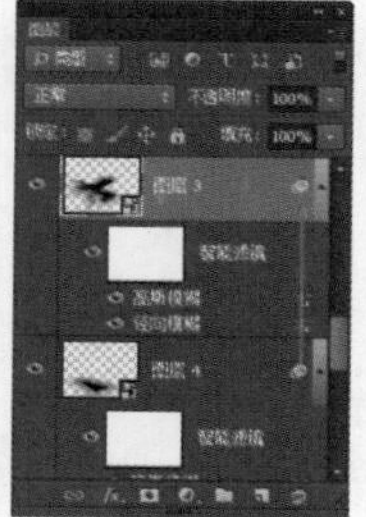

图 17-100 复制所有智能滤镜

如果要删除单个智能滤镜，可以将其拖动到“图层”面板底部的“删除图层”按钮上，如图 17–101 所示。如果要删除应用于智能对象上所有的智能滤镜，可以选中该智能对象图层，执行“图层 > 智能对象 > 消除智能滤镜”命令，即可删除所有的智能滤镜，如图 17–102 所示。

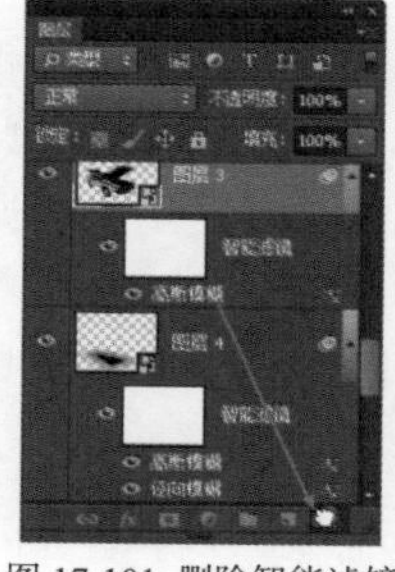

图 17-101 删除智能滤镜

图 17-102 删除所有智能滤镜

17.4 “自适应广角”滤镜

在 Photoshop CC 中，可以通过“自适应广角”滤镜来修复枕形失真的图像，从而使得照片能够达到最佳的观赏效果。

执行“文件 > 打开”命令，打开素材图像“光盘\源文件\第 17 章\素材\17401.jpg”，执行“滤镜 > 自适应广角”命令，弹出“自适应广角”对话框，如图 17–103 所示。

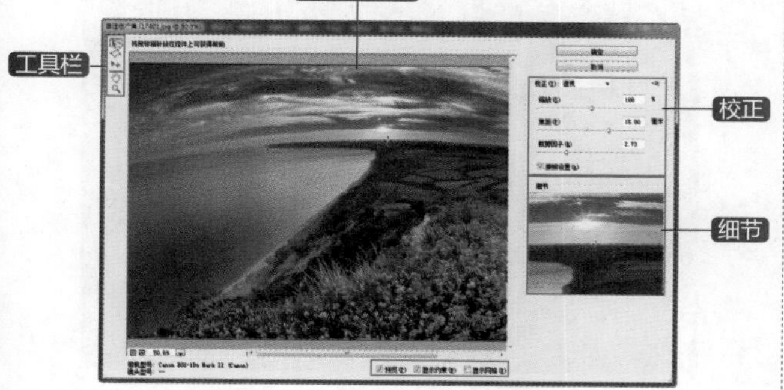

图 17-103 “自适应广角”对话框

- 工具栏：在 Photoshop CC 中的“自适应广角”对话框工具栏中有“约束工具”、“多边形约束工具”、“移动工具”、“抓手工具”和“缩放工具”，这些工具都可以对图像进行约束、缩放和移动。
  - “约束工具”按钮：单击图像或拖动端点可添加或编辑约束，按住 Shift 键可添加水平或垂直约束，按住 Alt 键可删除约束。
  - “多边形约束工具”按钮：单击图像或拖动端点可添加或编辑多边形约束，单击初始起点可结束约束，按住 Alt 键可删除约束。
  - “移动工具”按钮：使用该工具可移动画面中的图像到指定位置。
  - “抓手工具”按钮：单击“抓手工具”将鼠

标移动到画面中，可以有效移动窗口中的对象。

- “缩放工具”按钮：单击或拖动在窗口中要放大的区域，按住 Alt 键可以缩小区域。

- 图像预览区：在该窗口中可以预览图像的调整效果。

- 校正：在 Photoshop CC 中校正工具可以对图像进行鱼眼校正、透视校正，使图像调整到合适位置。
  - 鱼眼：可以在对话框中设置各项参数实现效果，如图 17–104 所示。
  - 透视：可以使图像调整到合适方位，效果如图 17–105 所示。

图 17-104 设置鱼眼

图 17-105 设置透视

  - 自动：在 Photoshop CC 自适应广角中“自动工具”可以自动调整图像，但是必须配置“镜头型号”和“相机型号”才能使用。
  - 完整球面：应用此功能可以使图像变得球面化，但是长和宽的比必须是 1：2才能使用，否则没有效果。
  - 缩放：可以设置画面的比例，使画面可以放大或缩小到指定的比例。
  - 焦距：可以设置画面的焦距，使图像的焦距调整到合适的位置。
  - 裁剪因子：指定画面的裁剪因子。

- 细节：在该预览框中可以更清楚的预览图像局部地方。

- 预览：选中该选项，可以将制作的图像效果显示 / 隐藏。

- 显示约束：选中该选项，可以将制作的约束显示 / 隐藏。

- 显示网格：选中该选项，可在预览区中显示网格，通过网格可以更好地查看和跟踪图像效果。

在 Photoshop CC 中，通过“自适应广角”滤镜能够修复枕形失真图像。下面通过一个练习的制作来向用户详细讲述一下“自适应广角”滤镜具体的使用方法。

动手实践——使用自适应广角校正图像

源文件：光盘 \ 源文件 \ 第 17 章 \17-4.psd

视频：光盘 \ 视频 \ 第 17 章 \17-4.swf

01 执行“文件 > 打开”命令，打开素材图像“光盘 \ 源文件 \ 第 17 章 \ 素材 \17402.jpg”，效果如图 17–106 所示。复制“背景”图层，得到“背景 拷贝”图层，如图 17–107 所示。

图 17-106 打开图像

图 17-107 “图层”面板

02 执行“滤镜 > 自适应广角”命令，弹出“自适应广角”对话框，如图 17–108 所示。在该对话框的右侧对相关参数进行设置，如图 17–109 所示。

图 17-108 “自定义广角”对话框

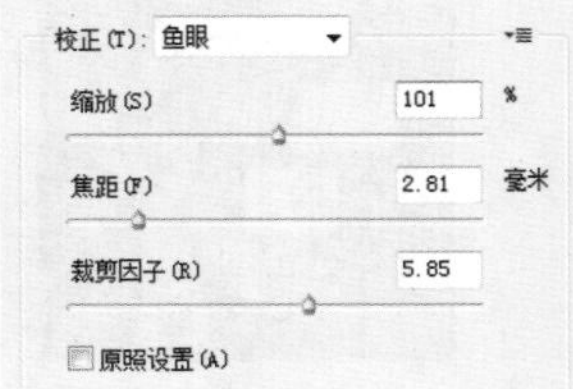

图 17-109 参数设置

03 单击“确定”按钮，完成“自适应广角”对话框的设置，可以看到图像处理前后的效果对比，如图 17–110 所示。

图 17-110 照片处理前后的效果对比

17.5 "镜头校正"滤镜

"镜头校正"滤镜用于修复常见的镜头缺陷，如桶形失真、枕形失真、色差以及晕影等，也可以用来旋转图像，或修改由于相机垂直或水平倾斜而导致的图像透视现象。在进行变换和变形操作时，该滤镜要比"变换"命令更为强大，该功能提供了网格调整透视，使得校正图像时更加轻松和精确。

执行"滤镜 > 镜头校正"命令，即可弹出"镜头校正"对话框，如图 17-111 所示。其中在"自动校正"选项卡中可以根据拍摄图像所使用的相机型号等信息，自动校正有缺陷的照片，而在"自定"选项卡中则是根据图像的缺陷手动进行校正。

图 17-111 "镜头校正"对话框

镜头校正工具栏：在该工具栏中包含 5 种工具，分别为"移去扭曲工具"、"拉直工具"、"移动网格工具"、"抓手工具"和"缩放工具"。

- "移去扭曲工具"按钮：使用该工具，在预览区域拖动，即可校正图像桶形或枕形失真，如果对效果不满意可以在"自定"选项卡中设置"几何扭曲"选项。
- "拉直工具"按钮：可以校正倾斜的图像。使用该工具根据图像中应该处于水平位置的景物拖动鼠标即可，如图 17-112 所示。

图 17-112 校正倾斜图像

- "移动网格工具"按钮：使用该工具可以移动网格，方便对图像的调整。
- "抓手工具"按钮：用于移动预览图像。
- "缩放工具"按钮：用于缩放预览图像的显示比例。

预览区域：在该区域中可以预览图像的效果。

显示网格：选中该选项，可以在预览区域显示网格。选中该选项后，"大小"和"颜色"选项被激活，"大小"选项为设置网格的大小，如图 17-113 所示。"颜色"选项则为设置网格的颜色，如图 17-114 所示。

图 17-113 调整网格大小

图 17-114 设置网格颜色

"校正"选项区：根据所选的相机制作商、相机型号、镜头型号等信息来自动校正图像。

- 几何扭曲：选中该选项后，自动对图像摄影产生的桶形失真或枕形失真进行校正。
- 色差：通过该选项可以自动校正图像色差。色差显示为对象边缘包含的一圈色边，这是由于镜头对不同平面中不同的光进行对焦而产生的。色差通常出现在照片的逆光部分，当背景的亮度高于前景时，背景与前景相接的边缘有时会出现红、蓝和绿色的异常杂边。
- 晕影：通过该选项可以自动校正图像晕影。晕影也是一种由相机镜头缺陷造成的现象，主要表现为图像边缘会比图像中心暗，通过自动校正可以处理由于镜头缺陷或镜头遮光处理不正确而导致边缘较暗的图像。

- 自动缩放图像：在校正图像时会对图像进行智能缩放，以避免图像边缘由于枕形失真、旋转或透视校正而产生空白区域，该选项在默认情况下是已选取的。
- 边缘：用来控制边缘由于枕形失真、旋转或透视校正而产生的空白区域，有“边缘扩展”、“透明度”、“黑色”和“白色”4种方式可供选择，如图17-115所示。如果选中“自动缩放图像”选项，“边缘”选项失去作用。

图 17-115 下拉菜单

- “搜索条件”选项区：用来选择拍摄图像时使用的相机型号等属性相对应的“相机制作商”、“相机型号”及“镜头型号”。
- “镜头配置文件”选项区：根据所选相机制作商及型号选择对应的镜头，如图17-116所示。

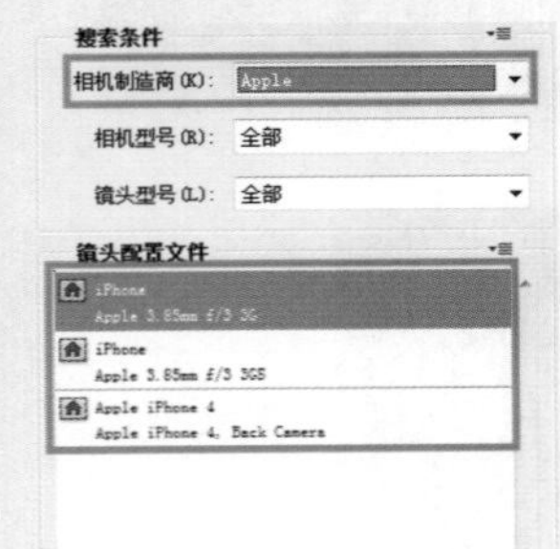

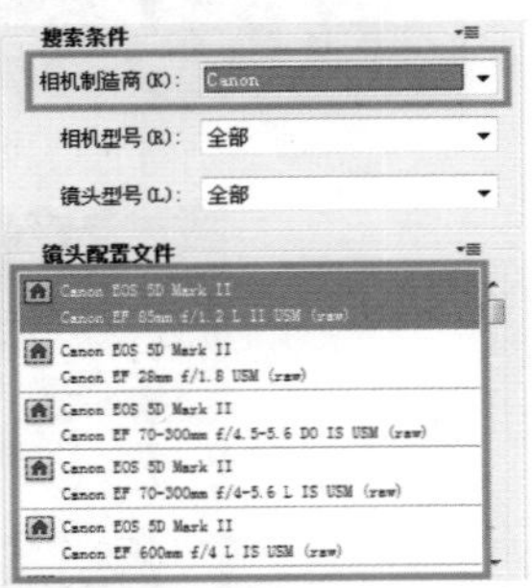

图 17-116 选择不同相机及镜头配置文件

在 Photoshop CC 中使用“镜头校正”功能可以更快、更准确地对由于拍摄造成的图像缺陷加以校正。如果自动校正图像不能达到理想的效果，单击“镜头校正”对话框中的“自定”选项卡，切换到“自定”选项卡中，即可手动校正图像，如图17-117所示。

图 17-117 “镜头校正”对话框

- 设置：在该选项下拉列表中包含4种预设选项，如图17-118所示。

镜头默认值
上一校正
自定
默认校正

图 17-118 “设置”下拉菜单

- 镜头默认值：使用以前用于制作图像的相机、镜头、焦距、光圈大小和对焦距离存储的设置。
- 上一校正：使用上一次镜头校正中使用的设置。
- 自定：根据个人需要进行设置。
- 默认校正：镜头校正默认值。

- 移去扭曲：该选项与使用“移去扭曲工具”的作用相同，可以手动校正图像由于拍摄产生的桶形失真和枕形失真。通过“移动扭曲”选项可以更加精确地校正图像的几何扭曲效果。
- “色差”选项区：通过相对其中一个颜色通道调整另一个颜色通道的大小，来补偿边缘。
  - 修复红/青边：通过调整红色通道的大小，针对红/青色边进行补偿。
  - 修复绿/洋红边：通过调整绿色通道的大小，针对绿/洋红色边进行补偿。
  - 修复蓝/黄边：通过调整蓝色通道的大小，针对蓝/黄色边进行补偿。
- “晕影”选项区：用来设置沿图像边缘变亮或变暗的程度，校正由于镜头缺陷或镜头遮光处理不正确而导致拐角较暗的图像。
  - 数量：设置沿图像边缘变亮或变暗的程度。
  - 中点：指定受“数量”滑块影响区域的宽度。如果指定较小的数，则会影响较多的图像区域；如果指定较大的数，则只会影响图像的边缘。
- “变换”选项区：通过对具体数值的设置校正倾斜的图像，使图像达到最佳的效果。
  - 垂直透视：用来校正由于相机垂直倾斜而导致的图像透视效果。
  - 水平透视：用来校正由于相机水平倾斜而导致的图像透视效果。
  - 角度：可以旋转图像以针对由于相机歪斜而产生的图像倾斜加以校正，该选项与“拉直工具”的作用相同。
  - 比例：可以向内侧或外侧调整图像缩放比例，图像的像素尺寸不会改变。该选项的主要用途是移去由于枕形失真、旋转或透视校正而产生的图像空白区域。放大实际上是裁剪图像，并使插值增大到原始像素尺寸。

17.6 “液化”滤镜

“液化”滤镜是修饰图像和创建艺术效果的强大工具，该滤镜能够非常灵活地创建推拉、扭曲、旋转、收缩等变形效果，可以用来修改图像的任意区域。

执行“滤镜 > 液化”命令，弹出“液化”对话框，如图 17–119 所示。该对话框中包含了该滤镜的工具、参数、控制选项、图像预览与操作窗口。

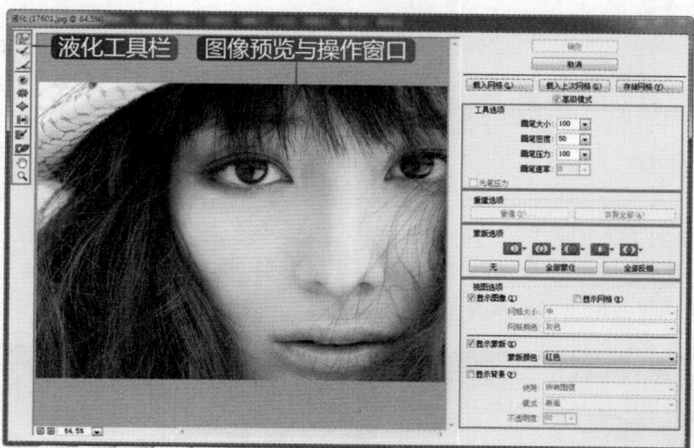

图 17-119 “液化”对话框

- 液化工具栏：在该工具栏中包含 11 种工具，下面将逐一进行介绍。
  - “向前变形工具”按钮：使用该工具，在预览区域进行涂抹，可以使图像像素产生变形效果，如图 17–120 所示。

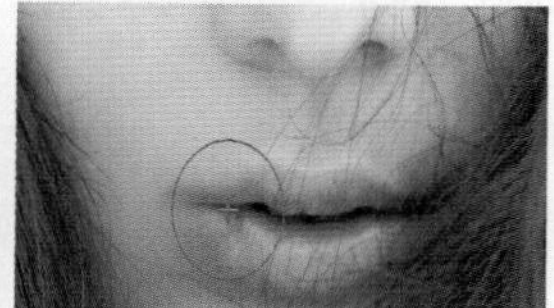

图 17-120 向前变形工具

  - “重建工具”按钮：用来恢复图像。在变形的区域单击或拖曳涂抹，可以使变形区域的图像恢复为原始的效果。
  - “平滑工具”按钮：使用该工具，在变形的区域单击或拖曳涂抹，可以使图像的变形效果更加平滑。
  - “顺时针旋转扭曲工具”按钮：在图像中单击或拖动鼠标可以顺时针旋转像素；按住 Alt 键操作可以逆时针旋转扭曲像素，如图 17–121 所示。

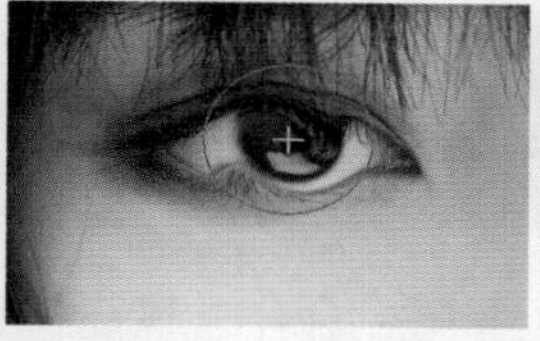
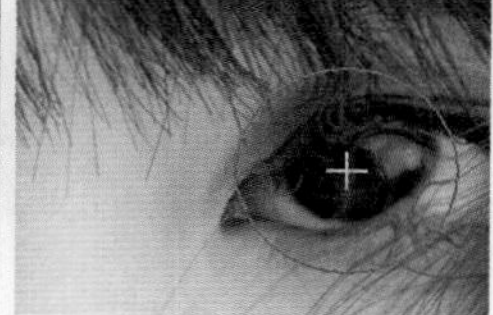

图 17-121 顺时针旋转工具

- “褶皱工具”按钮：可以使像素向画笔区域的中心移动，使图像产生向内收缩效果，如图 17–122 所示。

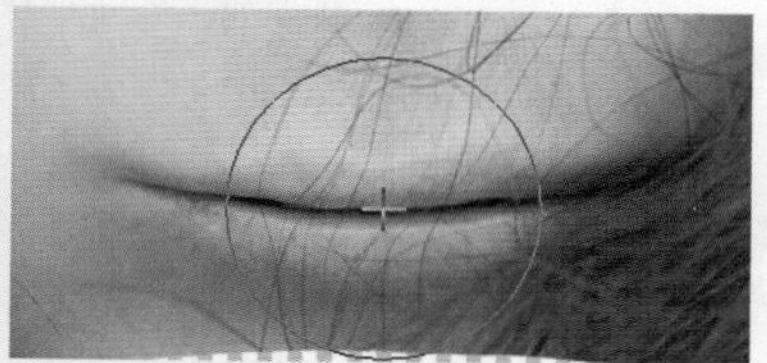

图 17-122 褶皱工具

- “膨胀工具”按钮：可以使像素向画笔区域中心以外的方向移动，使图像产生向外膨胀效果，如图 17–123 所示。

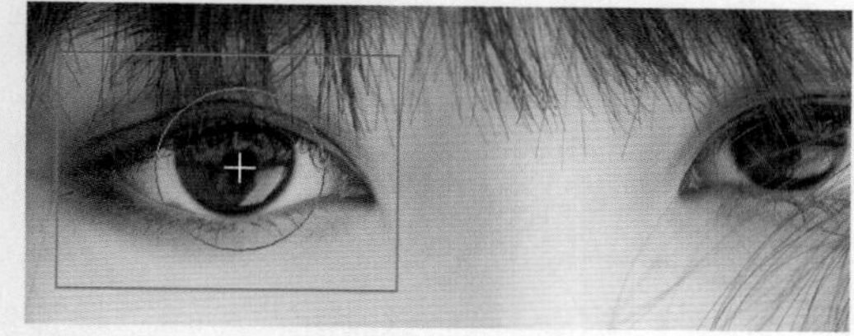

图 17-123 膨胀工具

- “左推工具”按钮：垂直向上拖动鼠标时，像素向左移动，向下移动时，像素向右移动以此类推。
- “冻结蒙版工具”按钮：如果要对一些区域进行处理，而又不希望影响其他区域，可以使用该工具在图像上绘制出冻结区域，即要保护的区域，例如在脸部周围绘制出冻结的区域，然后使用“向前变形工具”在脸颊上进行涂抹，被冻结区域内图像的像素就不会受到影响，如图 17–124 所示。

冻结区域

涂抹后的效果

图 17-124 使用“冻结蒙版工具”和“向前变形工具”的效果

- “解冻蒙版工具”按钮：涂抹冻结区域可以解除冻结。
- “抓手工具”按钮：用于移动预览区域。

- “缩放工具”按钮：用于缩放预览区域。

图像预览与操作窗口：在该窗口中可以对图像进行操作和预览。

“工具选项”选项区：用来设置当前选择工具的属性，通过设置工具的选项可以更好地处理图像的单击区域。

- 画笔大小：用来设置扭曲图像的画笔宽度。
- 画笔密度：用来设置画笔边缘的羽化范围，该选项可以使画笔中心的效果最强，边缘处的效果最轻。
- 画笔压力：用来设置画笔在图像上产生的扭曲速度。较低的压力可以减慢更改速度，易于对变形效果进行控制。
- 画笔速率：用来设置旋转扭曲等工具在预览图像中保持静止时扭曲所应用的速度。数值越高，扭曲的速度越快。
- 光笔压力：当计算机配置有数位板和压感笔时，选中该选项可通过压感笔的压力控制工具。

“重建选项”选项区：用来设置重建的方式，以及撤销所做的调整，通过设置“重建选项”可以方便用户处理图像。

- “重建”按钮：单击该按钮可应用重建提供效果一次，连续单击可多次应用重建效果。
- “恢复全部”按钮：单击该按钮可取消所有扭曲效果，即使当前图像中有被冻结的区域也不例外。

“蒙版选项”选项区：如果图像中包含选区或蒙版，可通过“液化”对话框中的“蒙版选项”设置蒙版的保留方式。

- 替换选区：显示原图像中的选区、蒙版或透明度。
- 添加到选区：显示原图像中的蒙版，此时可以使用冻结工具添加到选区。
- 从选区中减去：从当前的冻结区域中减去通道中的像素。
- 与选区交叉：只使用当前处于冻结状态的选定像素。
- 反相选区：使当前的冻结区域反相。
- 无：单击该按钮可解冻所有区域。
- 全部蒙住：单击该按钮可以使图像全部冻结。
- 全部反相：单击该按钮可以使冻结和解冻区域反相。

“视图选项”选项区：用来设置图像、网格和背景的显示与隐藏。此外，还可以对网格大小、网格颜色、蒙版颜色、模式和不透明度进行设置。

- 显示图像：在预览区中显示图像。
- 显示网格：选中该选项，可在预览区中显示网格，通过网格可以更好地查看和跟踪图像效果。处理图像前的网格显示如图 17–125 所示。处理图像后的网格显示如图 17–126 所示。选中显示网格后，此时“网格大小”和“网格颜色”选项可用，可以设置网格的大小和颜色。如果要存储当前的网格，可单击对话框顶部的“存储网格”按钮进行保存；如果要载入存储的网格，可单击对话框顶部的“载入网格”按钮。

图 17-125 显示网格

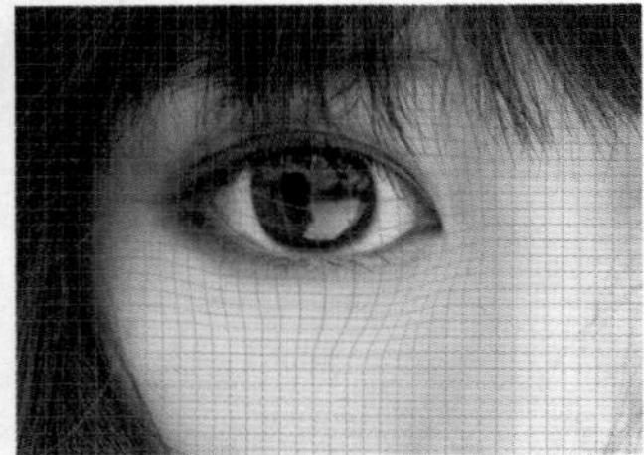

图 17-126 网格效果

- 显示蒙版：显示蒙版覆盖的冻结区域，在“蒙版颜色”选项中可以设置蒙版颜色，如图 17–127 所示。

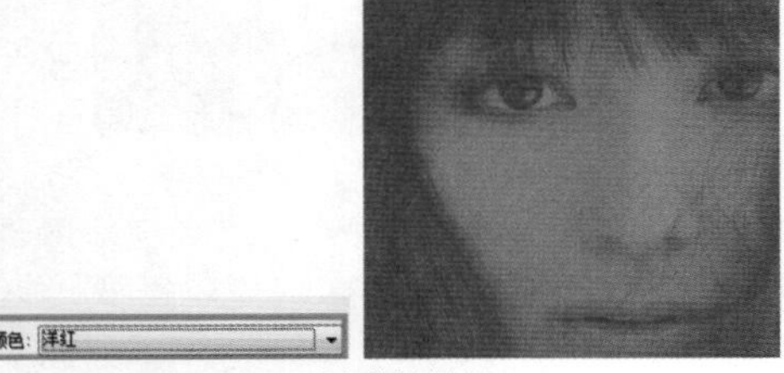

图 17-127 更改蒙版颜色

- 显示背景：如果当前图像中包含多个图层，可通过该选项将其他图层作为背景来显示，以便更好地观察扭曲的图像与其他图层的合成效果。在“使用”选项的下拉菜单中可以选择作为背景的图层。在“模式”选项的下拉菜单中可以选择将背景放在当前图层的前面或后面，以便跟踪对图像所做出的修改。“不透明度”选项用来设置“背景”图层的不透明度。

17.7 “油画”滤镜

“油画”滤镜是从 Photoshop CS6 开始加入的滤镜功能，使用该滤镜可以轻松地制作出充满质感且非常逼真的油画效果。

执行“文件 > 打开”命令，打开素材图像“光盘\源文件\第 17 章\素材\17701.jpg”，执行“滤镜 > 油画”命令，弹出“油画”对话框，如图 17–128 所示。

图 17-128 “油画”对话框

“画笔”选项区：在“油画”对话框中通过对画笔的样式、清洁度、缩放以及硬毛刷细节等相关属性进行设置，可以得到不同质感的油画效果。

样式化：可以设置画笔描边的样式，效果如图 17–129 所示。

图 17-129 样式化效果

清洁度：可以设置画面的清洁度，减少画面的杂点，效果如图 17–130 所示。

图 17-130 清洁度效果

缩放：可以放大或缩小图像中的画笔样式效果，如图 17–131 所示。

图 17-131 缩放效果

硬毛刷细节：可以设置硬毛刷细节的数量，效果如图 17–132 所示。

图 17-132 硬毛刷细节效果

“光照”选项区：通过设置油画光照的角度和亮度可以为油画效果增加更丰富的光泽感。

角方向：可以设置光源的方向，效果如图 17–133 所示。

图 17-133 角方向效果

闪亮：可以设置反射的闪亮，效果如图 17–134 所示。

图 17-134 闪亮效果

17.8 “消失点”滤镜

“消失点”滤镜可以在保护透视平面的图像中进行透视校正。通过使用“消失点”滤镜，可以在图像中指定透视平面，然后应用如绘画、仿制、复制或粘贴以及变换等编辑操作，所有的操作都采用该透视平面来处理。使用消失点修饰、添加或去除图像中的内容时，Photoshop CC 可以正确确定这些编辑操作的方向，并将复制的图像缩放到透视平面，使结果更加逼真。

执行“滤镜 > 消失点”命令，弹出“消失点”对话框，如图 17–135 所示。在该对话框中包含了该滤镜的工具、工具选项、图像预览与操作窗口。

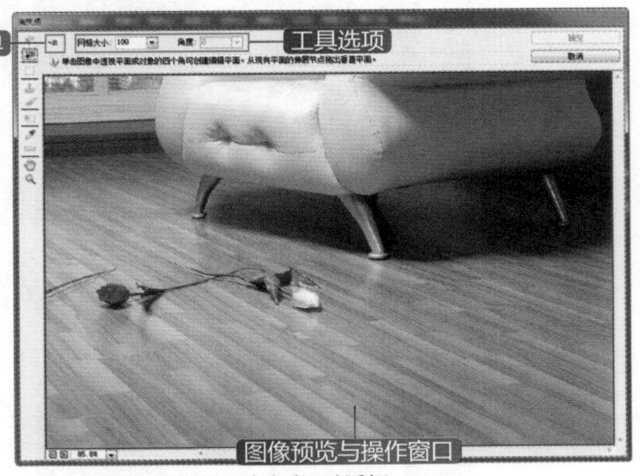

图 17-135 “消失点”对话框

- “编辑平面工具”按钮：用来选择、编辑、移动平面的节点以及调整平面的大小。

- “创建平面工具”按钮：用来定义透视平面的4个角节点，如图 17-136 所示。创建了 4 个角节点后，可以使用“编辑平面工具”移动、缩放平面或重新确定其形状。在定义透视平面的节点时，如果节点的位置不正确，按 BackSpace 键可以将该节点删除。按住 Ctrl 键拖动平面的 4 个中间的节点可以拉出一个垂直平面。

图 17-136 创建透视平面

- “选框工具”按钮：在平面上单击并拖动鼠标即可创建选区，如图 17-137 所示。将光标放在选区内按住 Alt 键拖动即可复制图像；按住 Ctrl 键拖动选区，可以用源图像填充该区域。

图 17-137 创建选区

- “图章工具”按钮：在使用该工具时，按住 Alt 键在图像中单击可以为设置仿制取样点，如图 17-138 所示。在其他区域拖动鼠标可以复制图像，如图 17-139 所示。按住 Shift 键单击可以将描边扩展到上一次单击处。

图 17-138 设置取样点

图 17-139 复制图像

- “画笔工具”按钮：可在图像上绘制选定的颜色。

- “变换工具”按钮：使用该工具，可以通过移动定界框的控制点来缩放、旋转和移动浮动选区，类似于在矩形上使用“自由变换”命令，该工具只有在复制图像后才可用。

- “吸管工具”按钮：可拾取图像中的颜色作为画笔工具的绘画颜色。

- “测量工具”按钮：可在平面中测量项目的距离和角度。

- “抓手工具”按钮：用于移动预览区域的图像。

- “缩放工具”按钮：用于缩放预览区域的显示比例。

在创建透视平面时，定界框和网格会改变颜色，以指明平面的当前情况。

- 蓝色：此颜色定界框为有效平面，但有效的平面并不能保证具有适当透视的结果，还应该确保定界框和网格与图像中的几何元素或平面区域精确对齐，如图 17-140 所示。

图 17-140 蓝色有效平面

- 红色：此颜色定界框为无效平面，“消失点”

无法计算平面的长宽比。因此，不能从红色的无效平面中拉出垂直平面，尽管可以在红色的无效平面中进行编辑，但却无法正确对齐结果的方向，如图 17–141 所示。

图 17-141 红色无效平面

➘黄色：此颜色定界框为无效平面，Photoshop CC 无法解析平面的所有消失点，尽管可以在黄色的无效平面中拉出升起平面或进行编辑，但无法正确对齐结果的方向，如图 17–142 所示。

图 17-142 黄色无效平面

17.9 “风格化”滤镜组

在 Photoshop CC 中，“风格化”滤镜组中包含 8 种滤镜，如图 17–143 所示。使用“风格化”滤镜组中的滤镜可以置换像素、查找并增加图像的对比度，产生绘图和印象派风格的效果。

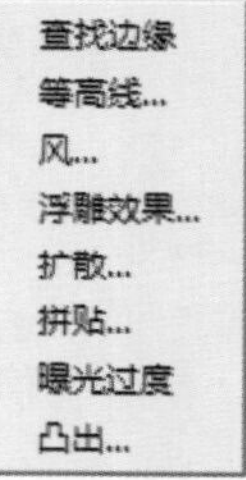

图 17-143 “风格化”菜单

17.9.1 “查找边缘”滤镜

“查找边缘”滤镜能自动搜索图像像素对比变化剧烈的边界，将高反差区变亮，低反差区变暗，其他区域则介于两者之间，硬边变为线头，而柔边变粗，形成一个清晰的轮廓。应用该滤镜后，图像的前后对比效果如图 17–144 所示。

使用滤镜前　　使用滤镜后

图 17-144 “查找边缘”滤镜效果

17.9.2 “等高线”滤镜

使用“等高线”滤镜可以查找图像中主要亮度区域的转换，并且在每个颜色通道中勾勒主要亮度区域的转换，从而使图像获得与等高线图中的线条类似的效果。应用该滤镜和效果如图 17–145 所示。

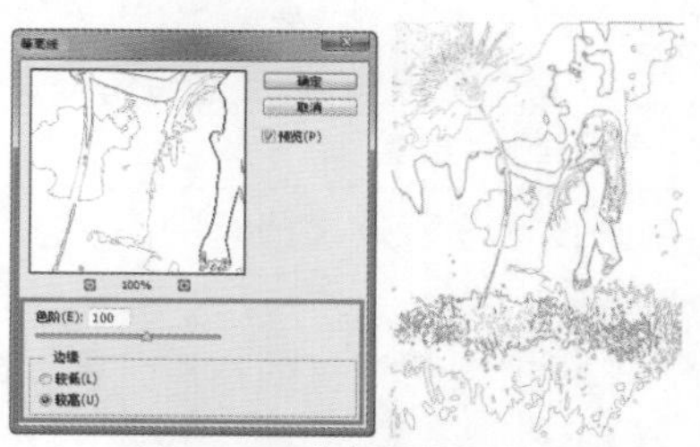

图 17-145 “等高线”滤镜效果

➘ 色阶：用来设置描绘边缘的基准亮度等级。

➘ 边缘：用来设置处理图像边缘的位置以及便捷的产生方法。如果选择“较低”选项，即可在基准亮度等级以下的轮廓上生成等高线；如果选择“较高”选项，则会在基准亮度等级以上的轮廓上生成等高线。

17.9.3 “风”滤镜

“风”滤镜是通过在图像中增加一些细小的水平线来模拟风吹的效果。该滤镜只在水平方向起作用，要产生其他方向的效果，需要先将图像旋转，然后再使用该滤镜。应用该滤镜和效果如图 17–146 所示。

图 17-146 “风”滤镜效果

- 方法：有3种类型的风可供选择，其中包括“风”、“大风”和“飓风”。
- 方向：用来设置风源的方向，即从右向左吹还是从左向右吹。

17.9.4 “浮雕效果”滤镜

“浮雕效果”滤镜可通过勾画图像的或选区的轮廓和降低周围色值来生成凸起或凹陷的浮雕效果。应用该滤镜和效果如图 17–147 所示。

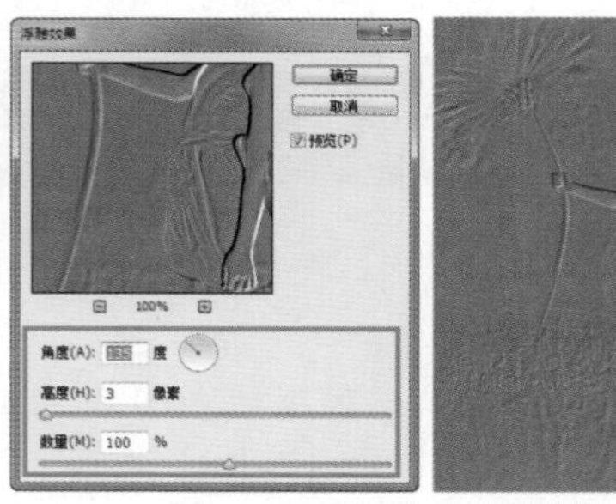

图 17-147 “浮雕效果”滤镜效果

- 角度：用来设置照射浮雕的光线角度，光线的角度会影响浮雕的凸起位置。
- 高度：用来设置浮雕效果凸起的高度。数值越高，浮雕效果越明显。
- 数量：用来设置浮雕滤镜的作用范围。数值越高，浮雕的边界越清晰；当数值小于 40% 时，整个图像会变灰。

17.9.5 “扩散”滤镜

“扩散”滤镜将图像中相邻像素按规定的方式有机移动，使其扩散，形成一种看似透过磨砂玻璃观察图像的分离模糊效果。应用该滤镜和效果如图 17–148 所示。

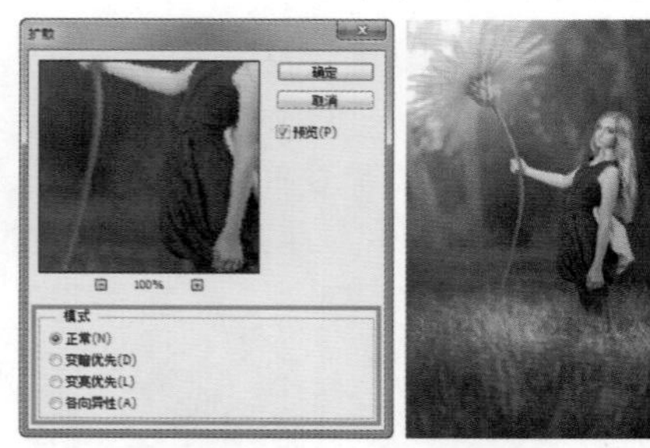

图 17-148 “扩散”滤镜效果

- 正常：选择该选项后，图像的所有区域都将进行扩散处理，与图像的颜色值没有关系。
- 变暗优先：选择该选项后，图像将会用较暗的像素替换较亮的像素，只有暗部像素产生扩散。
- 变亮优先：选择该选项后，图像将会用较亮的像素替换较暗的像素，只有亮部像素产生扩散。
- 各向异性：选择该选项后，图像会在颜色变化最小的方向上搅乱像素。

17.9.6 “拼贴”滤镜

“拼贴”滤镜可根据对话框中指定值将图像分为块状，使其偏离原来的位置，产生不规则的瓷砖拼贴效果。应用该滤镜和效果如图 17–149 所示。

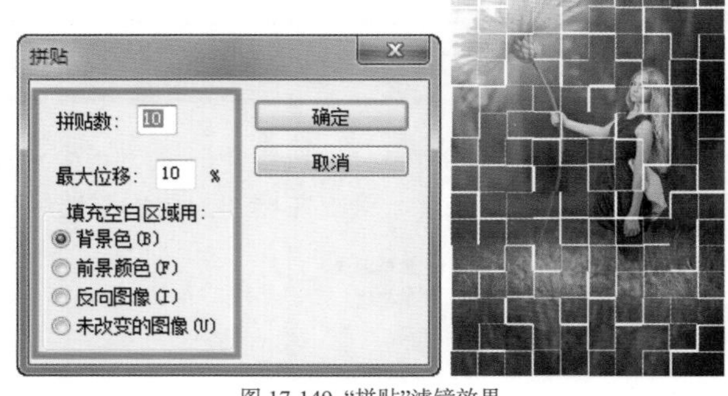

图 17-149 “拼贴”滤镜效果

- 拼贴数：用来设置图像拼贴块的数量（当图像的拼贴数目达到 99 时，整个图像将会被“填充空白区域”选项区中设定的颜色覆盖）。
- 最大位移：用来设置拼贴块的间隙。

17.9.7 “曝光过度”滤镜

“曝光过度”滤镜可以产生图像正片和负片混合的效果，模拟出摄影中增加光线强度而产生的过度曝光效果。应用该滤镜后的效果如图 17–150 所示。

图 17-150 “曝光过度”滤镜效果

17.9.8 “凸出”滤镜

“凸出”滤镜可以将图像分出一系列大小相同且有机重叠放置的立方体或锥体，产生特殊的三维效果。应用该滤镜后的效果如图 17–151 所示。

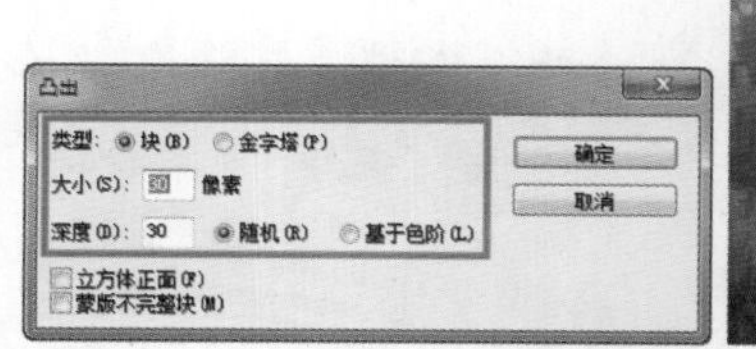

图 17-151 “凸出”滤镜效果

- 类型：用来设置图像凸起的方式。当选择“块”时，可以创建具有一个方形的正面和 4 个侧面的对象；当选择“金字塔”时，可以创建具有相交于一点的 4 个三角形侧面的对象。
- 大小：用来设置立方体或者金字塔底面的大小。数值越高，生成的立方体和椎体越大。
- 深度：用来设置凸出对象的高度。若选择“随机”选项，则表示为每个块或者金字塔设置一个任意的深度；若选择“基于色阶”选项，则表示使每个对象的深度与其亮度对应，越亮凸出的就越多。
- 立方体正面：选中该复选框后，将失去图像整体轮廓，生成的立方体上只显示单一的颜色，如图 17-152 所示。
- 蒙版不完整块：选中该复选框后，将隐藏所有延伸出选区的对象，如图 17-153 所示。

图 17-152 立方体正面　图 17-153 蒙版不完整块

17.10 “模糊”滤镜组

“模糊”滤镜组中包含 14 种滤镜，如图 17-154 所示。它们可以削弱图像中相邻像素的对比度并柔化图像，使图像产生模糊的效果，和其他的命令不同，执行“场景模糊”、“光圈模糊”和“移轴模糊”命令后不会弹出对话框，而是在 Photoshop CC 界面右侧弹出两个选项面板，并在 Photoshop CC 界面上方提供一个选项栏。

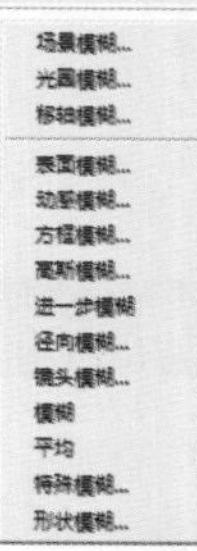

图 17-154 “模糊”滤镜菜单

17.10.1 “场景模糊”滤镜

“场景模糊”滤镜可以在图像中应用一致模糊或渐变模糊，从而使画面中产生一定的景深效果。执行“场景模糊”命令后的界面如图 17-155 所示。

图 17-155 “场景模糊”滤镜的界面

- 选区出血：如果要对选区中的区域应用模糊，该选项可以控制应用到所选区域的模糊量，取值范围为 0~100%。如果图像中不包含选区则该选项不可用。
- 聚焦：该选项只有“场景模糊”不可用，所以此处不做介绍，参数详解请见“光圈模糊”滤镜。
- 将蒙版存储到通道：选中该选项可以将模糊蒙版存储到“通道”面板中，如图 17-156 所示。

图 17-156 存储模糊蒙版

- 高品质：选中该选项可启用更准确的散景。
- “移去所有图钉”按钮：用户可以在画面中的不同区域单击添加图钉，并为每个图钉应用不同的模糊量，如图 17-157 所示，从而实现平滑的渐变模糊效果。使用鼠标拖动图钉可移动其位置，按 Delete 键可删除当前选中的图钉，将鼠标放置在外围的圆环上，并沿着圆环顺时针或逆时针拖动鼠标可放大或缩小模糊量，如图 17-158 所示。

图 17-157 添加图钉

图 17-158 调整模糊量

- "模糊工具"面板：通过该面板中的选项可以控制图钉所在区域图像的模糊量，取值范围为 0~500 像素，设置的参数值越高，画面的模糊程度越高，如图 17-159 所示。

"模糊"为 5 像素

"模糊"为 15 像素

图 17-159 不同数值的模糊效果

- "模糊效果"面板：在该面板中可以设置模糊光源的效果。
  - 光源散景：该选项用于设置模糊光源的散景范围大小。设置该选项为 30% 时的效果如图 17-160 所示。

图 17-160 设置"光源散景"为 30% 的效果

  - 散景颜色：该选项用于设置模糊光源散景的颜色。设置该选项为 100% 时的效果如图 17-161 所示。

图 17-161 设置"散景颜色"为 100% 的效果

  - 光照范围：该选项用于设置模糊光源的阴影和高光范围。左侧的滑块表示阴影的范围，向右拖动左侧滑块表示增加阴影范围；右侧滑块表示高光的范围，向左拖动右侧滑块表示减少高光范围。

17.10.2 "光圈模糊"滤镜

"光圈模糊"滤镜不同于"场景模糊"滤镜之处在于，"场景模糊"滤镜定义了图像中多个点之间的平滑模糊；而"光圈模糊"滤镜则定义了一个椭圆形区域内模糊效果从一个聚焦点向四周递增的规则。执行"光圈模糊"命令后的界面如图 17-162 所示。

图 17-162 "光圈模糊"滤镜的界面

- 聚焦：用于控制图钉中心区域的模糊量，只有"场景模糊"滤镜不可用，取值范围为 0~100%。参数值越高，图钉所在区域的模糊程度越高；反之，设置的参数越低，图钉所在区域聚焦程度越低，焦点区域越模糊。

- 调整范围边框的形状：将鼠标置于模糊范围边框上较大的方形控制点上向外拖动，最终可以得到方形的范围边框，如图 17–163 所示。

图 17-163 调整边框形状

- 旋转范围边框：将鼠标置于模糊范围边框上较小的方形控制点，待鼠标指针变为 形状时拖动鼠标，可对边框进行旋转操作，如图 17–164 所示。

图 17-164 旋转边框

- 起始点：用于定义模糊的起始点。4 个起始点到图钉之间的区域完成聚焦，起始点到边框之间的范围模糊程度逐步递增，边框之外的区域完全被模糊。用户可以拖动 4 个点来调整模糊开始的区域，如图 17–165 所示。按住 Alt 键拖动鼠标可调整单个点的位置，如图 17–166 所示。

图 17-165 调整模糊的起始点

图 17-166 调整单个点

- 缩放边框：将鼠标放置在边框上，待鼠标指针变为 形状时拖动鼠标，可等比例缩放模糊范围，模糊的起始点也会随着变化，如图 17–167 所示。

图 17-167 缩放边框

17.10.3 “移轴模糊”滤镜

“移轴模糊”滤镜可以在图像中创建焦点带，以获得带状的模糊效果。执行“移轴模糊”滤镜后的界面如图 17–168 所示。

图 17-168 “移轴模糊”滤镜的界面

- 调整模糊起始点：将鼠标置于实线上，待鼠标指针变为 形状时拖动鼠标，可调整模糊起始点的位置。
- 旋转边框：将鼠标置于实线中间的原点上，待鼠标指针变为 形状时拖动鼠标，即可旋转模糊边框的角度，如图 17–169 所示。

图 17-169 旋转边框

- 缩放模糊边框：将鼠标置于虚线上拖动鼠标，可缩放模糊边框，调整边框的范围。
- 扭曲度：用于控制模糊扭曲的形状，默认值为 0。当设置的参数为负值时，模糊区域将产生旋转扭曲。当设置的参数为正值时，模糊区域将产生放射状扭曲。
- 对称扭曲：一般情况下，设置的“扭曲度”只对一个方向的模糊区域起作用，选中“对称扭曲”选项可同时从两个方向启用扭曲。拖动指针可以调整角度。
- 距离：用来设置像素移动的距离。

17.10.4 “表面模糊”滤镜

“表面模糊”滤镜能够在保留边缘的同时模糊图像，可以用来创建特殊效果并消除杂色或颗粒。应用该滤镜和效果如图 17–170 所示。

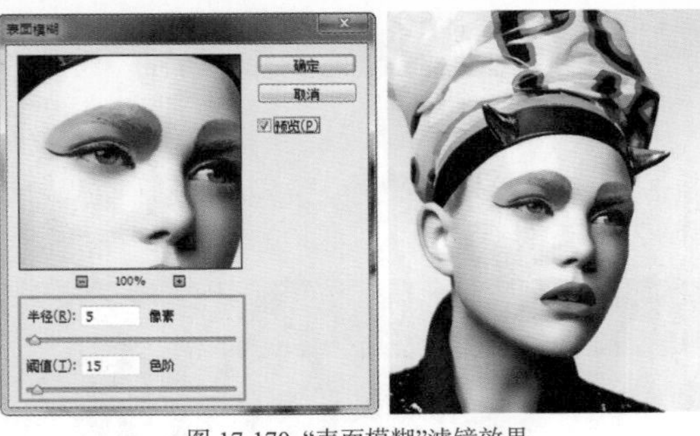

图 17-170 “表面模糊”滤镜效果

- 半径：用来设置模糊取样区域的大小。
- 阈值：用来控制相邻像素色调值与中心像素值相差多大时才能成为模糊的一部分，色调值差小于阈值的像素将被排除在模糊之外。

17.10.5 “动感模糊”滤镜

“动感模糊”滤镜可以根据制作效果的需要沿指定方向、指定的强度模糊图像，形成残影效果。应用该滤镜和效果如图 17–171 所示。

图 17-171 “动感模糊”滤镜效果

- 角度：用来设置模糊的方向。可以通过输入相应的数值进行调整，也可以通过拖动指针调整角度。
- 距离：用来设置像素移动的距离。

17.10.6 “方框模糊”滤镜

“方框模糊”滤镜是基于相邻像素的平均颜色来模糊图像的。应用该滤镜和效果如图 17–172 所示。

图 17-172 “方框模糊”滤镜效果

17.10.7 “高斯模糊”滤镜

“高斯模糊”滤镜可以添加低频细节，使图像产生一种朦胧效果。应用该滤镜和效果如图 17–173 所示。

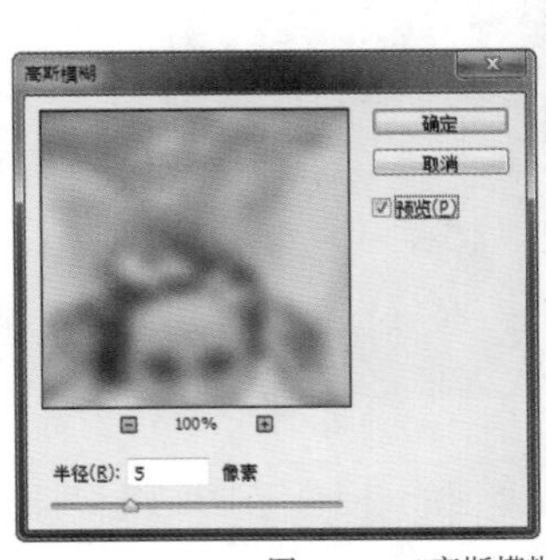

图 17-173 “高斯模糊”滤镜效果

17.10.8 “进一步模糊”滤镜

“进一步模糊”滤镜可以对图像边缘过于清晰、对比度过于强烈的区域进行光滑的处理，使图像产生模糊的效果。应用该滤镜后的效果如图 17–174 所示。

图 17-174 “进一步模糊”滤镜效果

17.10.9 “径向模糊”滤镜

“径向模糊”滤镜可以模拟缩放或旋转相机所产生的模糊效果。应用该滤镜和效果如图 17–175 所示。

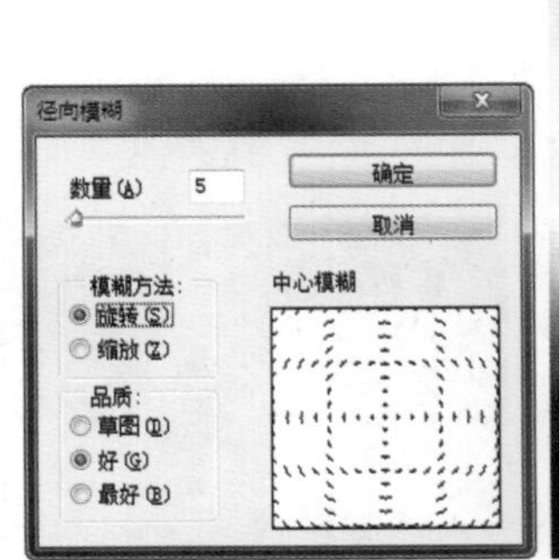

图 17-175 “径向模糊”滤镜效果

- 数量：用来设置模糊的强度。数值越高，模糊的效果越强烈。
- 模糊方法：如果选择“旋转”选项，则图像会沿着同心圆环线产生旋转的模糊效果，如图 17–176 所示。如果选择“缩放”选项，则图像会产生放射状的模糊效果，如图 17–177 所示。

图 17-176 旋转

图 17-177 缩放

- 品质：用来设置应用模糊效果后图像的显示品质。选择“草图”选项，处理速度最快，但图像会产生颗粒状的效果；选择“好”和“最好”选项，都能够产生较为平滑的效果，并且除非应用在较大的图像上，否则看不出这两种品质的区别。

17.10.10 “镜头模糊”滤镜

“镜头模糊”滤镜通过图像的 Alpha 通道或图层蒙版的深度值来映射图像中像素的位置，产生带有镜头景深的模糊效果。应用该滤镜和效果如图 17–178 所示。

图 17-178 “镜头模糊”滤镜效果

- 更快：选择该选项可提高图像的预览速度。
- 更加准确：选择该选项可以查看图像的最终效果，但是需要较长的预览时间。
- 深度映射：在“源”选项的下拉列表中可以选择使用 Alpha 通道和图层蒙版来创建深度映射。若图像中包含 Alpha 通道且选择了该选项，则 Alpha 通道中的黑色区域将被视为位于图像的前面，白色区域将被视为位于远处的位置。“模糊焦距”选项是用来设置位于焦点内像素的深度；若选中“反相”复选框，则可以反转蒙版和通道，再将其应用。
- 光圈：用来设置模糊的显示方式。在“形状”选项的下拉列表中可以设置光圈的形状；“半径”选项用来设置模糊的数量；“叶片弯度”选项用来设置光圈边缘的平滑度；“旋转”选项用来旋转光圈。
- 镜面高光：用来设置镜面高光的范围。“亮度”选项用来设置高光的亮度；“阈值”选项用来设置亮度截止点，比该截止点值亮的所有像素都被视为镜面高光。
- 杂色：该选项通过拖动“数量”滑块来控制在图像添加或者减少杂色。
- 分布：用来设置杂色的分布方式，其中包括“平均分布”和“高斯分布”。
- 单色：在不影响颜色的情况下向图像中添加杂色。

17.10.11 “模糊”和“平均”滤镜

“模糊”滤镜与“进一步模糊”滤镜原理相同，只是它们所产生的模糊程度不同，“进一步模糊”滤镜所产生的模糊效果是该滤镜的 3~4 倍，应用该滤镜后的效果如图 17–179 所示。

图 17-179 “模糊”滤镜效果

“平均”滤镜可以查找图像的平均颜色，然后以该颜色填充图像，创建平滑的外观。应用该滤镜后的效果如图 17–180 所示。

图 17-180 “平均”滤镜效果

17.10.12 “特殊模糊”滤镜

“特殊模糊”滤镜提供了半径、阈值和模糊品质等设置选项，可以精确地模糊图像。应用该滤镜和效果如图 17–181 所示。

图 17-181 “特殊模糊”滤镜效果

- 半径：用来设置模糊的范围。数值越高，模糊的效果越明显。
- 阈值：用来设置像素具有多大差异后才会被模糊处理。
- 品质：用来设置图像的品质，其中包括“低”、“中等”和“高”3 种。
- 模式：用来设置产生模糊效果的模式。如果选择“正常”模式，则图像不会添加特殊效果，如图 17–181 所示。如果选择“仅限边缘”模式，则会以黑色显示图像、以白色描绘出图像边缘像素亮度值变化强烈的区域，如图 17–182 所示。如果选择“叠加边缘”模式，则会以白色描绘出图像边缘像素亮度值变化强烈的区域，如图 17–183 所示。

图 17-182 “仅限边缘”模式

图 17-183 “叠加边缘”模式

17.10.13 “形状模糊”滤镜

“形状模糊”滤镜可以使用指定的形状创建特殊的模糊效果。应用该滤镜和效果如图 17–184 所示。

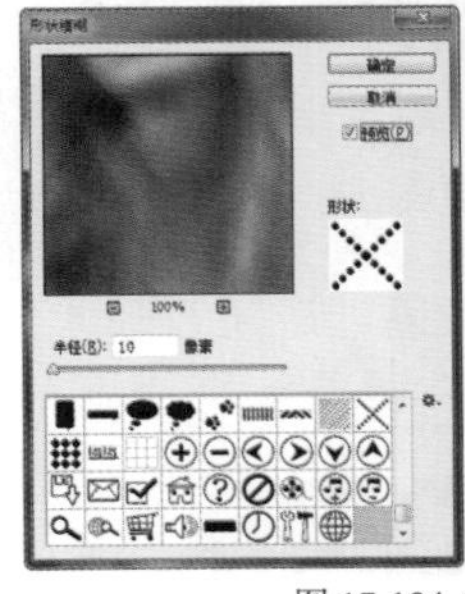

图 17-184 “形状模糊”滤镜效果

- 半径：用来设置形状的大小。数值越高，模糊的效果越好。
- 形状列表：单击列表中任意一个形状即可使用该形状模糊图像。单击列表右侧的按钮即可在弹出的下拉菜单中载入其他形状。

17.11 “扭曲”滤镜组

“扭曲”滤镜组中包含 9 种滤镜，如图 17–185 所示。它们可以创建各种样式的扭曲变形效果，还可以改变图像的分布，如波浪、球面化等，产生模拟水波和球体等特殊效果。

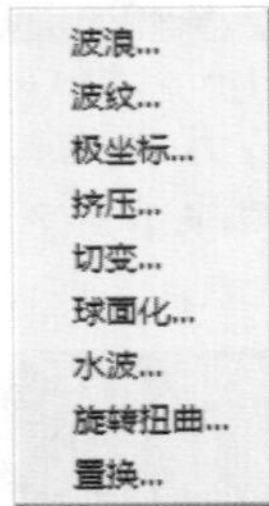

图 17-185 “扭曲”滤镜菜单

17.11.1 “波浪”滤镜

“波浪”滤镜可以在图像上创建波状起伏的图案，生成波浪效果。应用该滤镜和效果如图 17–186 所示。

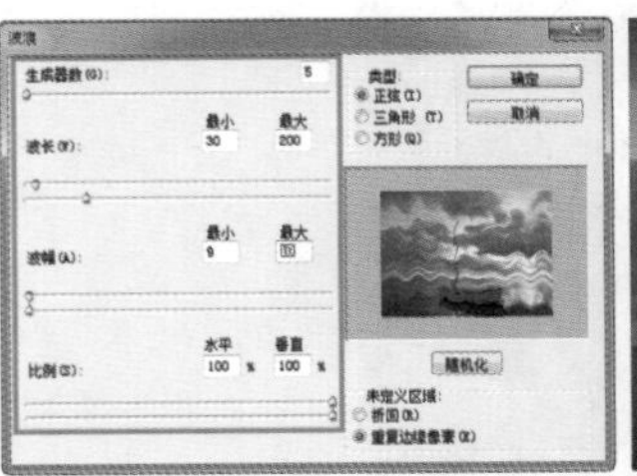
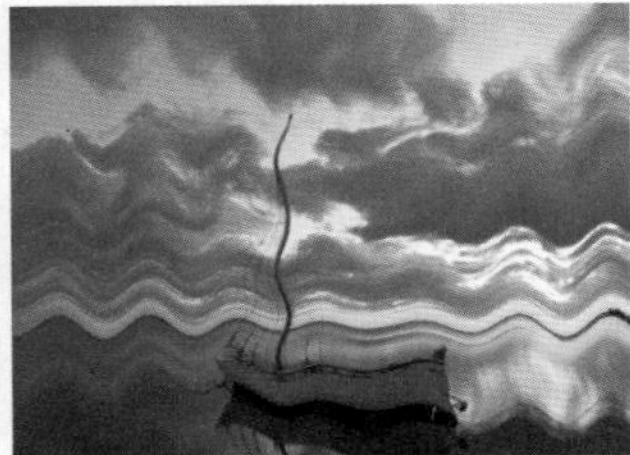

图 17-186 “波浪”滤镜效果

- 生成器数：用来设置产生波纹效果的震源总数。
- 波长：用来设置相邻两个波峰的水平距离。分为最小波长和最大波长两部分，其中最小波长不能超过最大波长。

- 波幅：用来设置最大和最小的波幅。其中最小波幅不能超过最大波幅。
- 比例：用来控制水平方向和垂直方向的波动幅度。
- 类型：用来设置波浪的形态，其中包括“正弦”、“三角形”和“方形”，如图 17–187 所示。

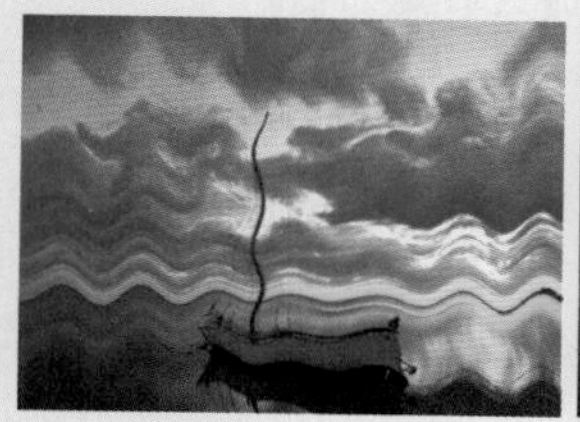
正弦

三角形

方形

图 17-187 不同类型的滤镜效果

- 随机化：单击该按钮即可随机改变在前面设置的波浪效果。如果对当前的效果不满意，可以单击该按钮，重新生成新的波浪效果。
- 未定义区域：用来设置如何处理图像中出现的空白区域。若选择“折回”选项，即可在空白区域填入溢出的内容；若选择“重复边缘像素”选项，则可填入边缘的像素颜色。

17.11.2 “波纹”滤镜

“波纹”滤镜与“波浪”滤镜相同，可以在图像上创建波状起伏的图案，产生波纹的效果。应用该滤镜和效果如图 17–188 所示。

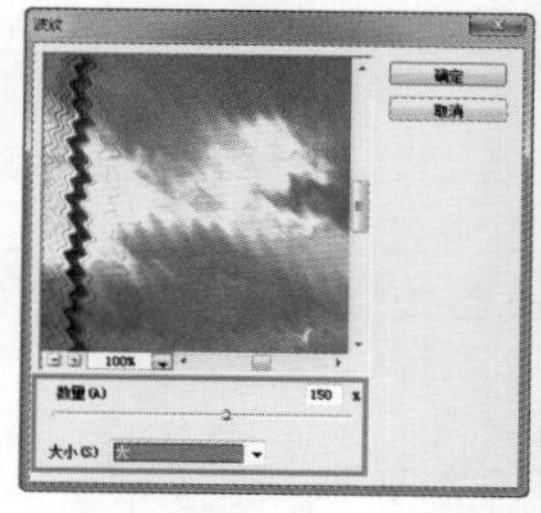

图 17-188 “波纹”滤镜效果

17.11.3 “极坐标”滤镜

“极坐标”滤镜可以将图像从平面坐标转换为极坐标，或者从极坐标转换为平面坐标。应用该滤镜和效果如图 17–189 所示。

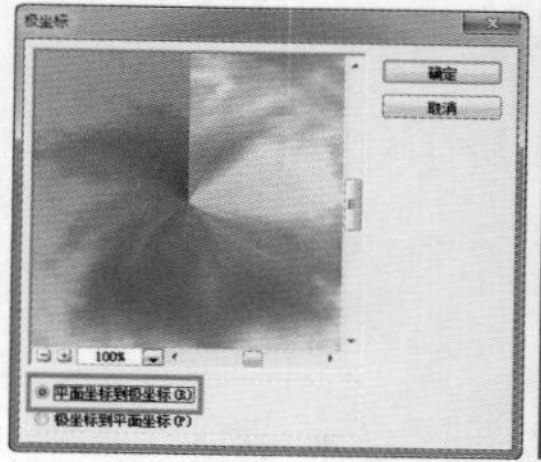

图 17-189 “极坐标”滤镜效果

17.11.4 “挤压”滤镜

“挤压”滤镜可以将整个图像或选区内的图像向内或向外挤压。应用该滤镜和效果如图 17–190 所示。

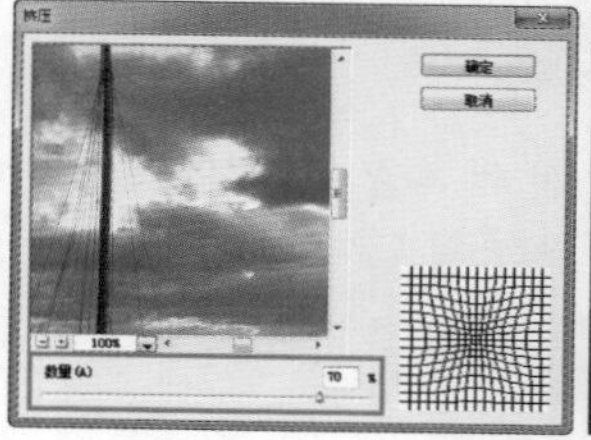

图 17-190 “挤压”滤镜效果

17.11.5 “切变”滤镜

“切变”滤镜允许用户按照自己设定的曲线来扭曲图像。应用该滤镜和效果如图 17–191 所示。

图 17-191 “切变”滤镜效果

17.11.6 “球面化”滤镜

“球面化”滤镜可以产生将图像包裹在球面上的效果。应用该滤镜和效果如图 17–192 所示。

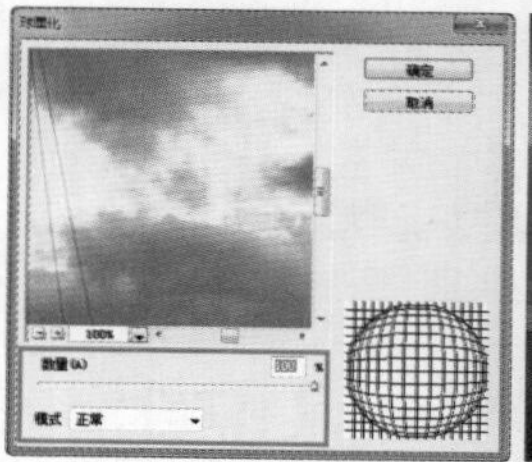

图 17-192 “球面化”滤镜效果

- 数量：用来设置挤压的程度。当数值为正值时，图像向外凸起，如图 17–193 所示。当数值为负值时，图像向内收缩，如图 17–194 所示。

图 17-193 “数量”为正值效果

图 17-194 “数量”为负值效果

➲ 模式：用来设置图像的挤压方式，在该选项的下拉列表中包含“正常”、“水平优先”和“垂直优先”3 种模式。

17.11.7 “水波”滤镜

“水波”滤镜可以模拟水池中的波纹，类似水中涟漪效果。应用该滤镜和效果如图 17–195 所示。

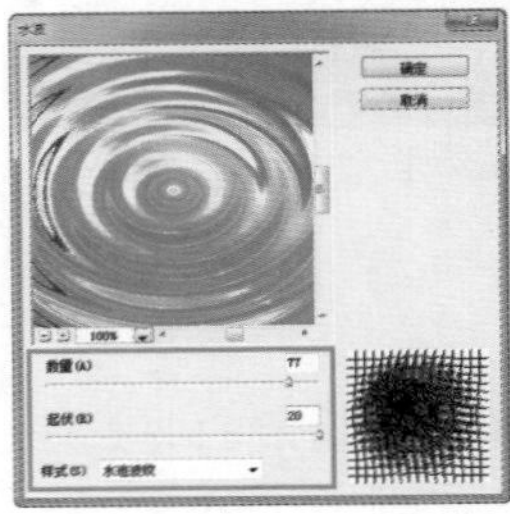

图 17-195 “水波”滤镜效果

➲ 数量：用来设置波纹的大小，其范围为 –100~100。当数值为正值时，图像上会生成下凹的波纹；当数值为负值时，图像上会生成上凸的波纹。

➲ 起伏：用来设置波纹数量，其范围为 1~20。数值越高，产生的波纹越多。

➲ 样式：用来设置波纹形成的方式。如果选择“围绕中心”选项，则可以围绕图像的中心产生波纹，如图 17–196 所示。如果选择“从中心向外”选项，波纹则从中心向外扩散，如图 17–197 所示。如果选择“水池波纹”选项，则可以产生同心状的波纹，如图 17–198 所示。

图 17-196 围绕中心

图 17-197 从中心向外

图 17-198 水池波纹

17.11.8 “旋转扭曲”滤镜

“旋转扭曲”滤镜可以使图像产生旋转的风轮效果，旋转会围绕图像中心进行，中心旋转的程度比边缘大。应用该滤镜和效果如图 17–199 所示。

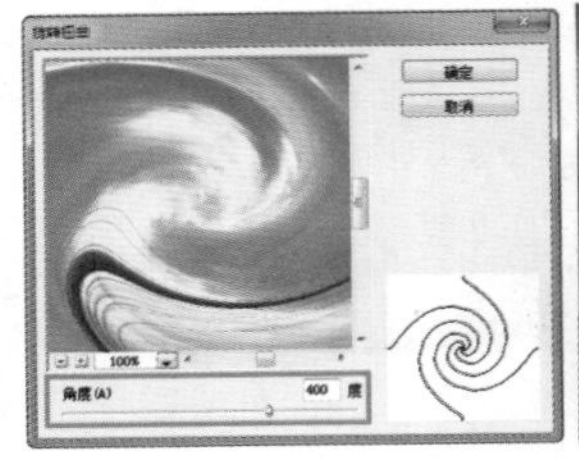

图 17-199 “旋转扭曲”滤镜效果

17.11.9 “置换”滤镜

“置换”滤镜可以根据另一张图片的亮度值使现有图像的像素重新排列并产生位移，用于置换的图像应为 PSD 格式文件。应用该滤镜和效果如图 17–200 所示。

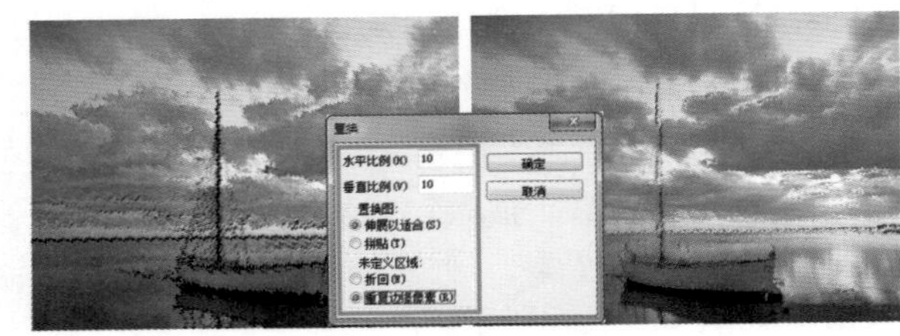
图 17-200 “置换”滤镜效果

➲ 水平比例 / 垂直比例：用来设置置换图在水平方向和垂直方向上的变形比例。

➲ 置换图：当置换图与当前图像大小不同时，若选择“伸展以适合”选项，置换图会自动将尺寸调整至与当前图像相同的大小；若选择“拼贴”选项，则会以拼贴的方式来填补空白区域。

➲ 未定义区域：可以选择一种方式，在图像边界不完整的空白区域填入边缘的像素颜色。

17.12 “锐化”滤镜组

“锐化”滤镜组中包含 6 种滤镜，如图 17–201 所示。“锐化”滤镜组通过增加相邻像素间的对比度来聚焦模糊的图像，使图像变得清晰。

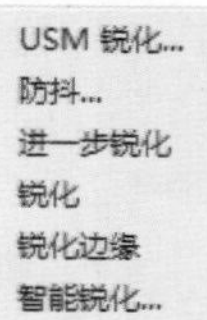

图 17-201 “锐化”滤镜菜单

17.12.1 “USM 锐化”滤镜

“USM 锐化”滤镜可以查找图像中颜色发生显著变化的区域，然后将其锐化。应用该滤镜和效果如图 17–202 所示。

图 17-202 “USM 锐化”滤镜效果

- 数量：用来设置锐化效果的强度。数值越高，锐化效果越明显。
- 半径：用来设置锐化的范围。
- 阈值：只有相邻像素间的差值达到该数值所设置的范围时才会被锐化。因此，数值越高，被锐化的像素就越少。

17.12.2 “防抖”滤镜 

“防抖”滤镜是 Photoshop CC 新增的一种智能化滤镜功能，通过使用该滤镜可以自动减少相机运动产生的图像模糊，并且用户还可以通过高级设置进一步锐化图像。

执行“滤镜 > 锐化 > 防抖”命令，弹出“防抖”对话框，Photoshop CC 会自动分析图像中最适合使用防抖功能的区域，确定模糊的性质，并推算出整个图像最适合的修正建议，如图 17–203 所示。

图 17-203 “防抖”对话框

- 预览：勾选该选项后，可以在“防抖”对话框左侧的预览窗口中查看到“防抖”滤镜的设置效果。
- “模糊描摹设置”选项区：在该选项区中用户可以对相机防抖进行进一步的微调。
  - 模糊描摹边界：用于设置模糊描摹的边界上。
  - 源杂色：Photoshop CC 会自动估计图像中的杂色量。如果需要，可以通过该选项修改图像中杂色量，在该选项的下拉列表中包括“自动”、“低”、“中”和“高”4 个选项。
  - 平滑：用于减少高频锐化杂色。用户可以拖动滑块，为其设置一个不同于默认值 30% 的值，一般需要将该选项设置为较低的值。
  - 伪像抑制：用于抑制图像中的杂色。如果该选项设置为 100%，则会得到原始图像；如果将该选项设置为 0，则不会抑制图像中的任何杂色。
- “高级”选项区：在该选项区中可以对滤镜的高级选项进行设置。
  - 显示模糊评估区域：勾选该选项，则可以在图像预览区域中以矩形虚线框的形式显示模糊评估区域，如图 17–204 所示。如果取消该选项的勾选，则在图像预览区域中不会显示模糊评估区域，如图 17–205 所示。

图 17-204 显示查模糊评估区域

图 17-205 不显示模糊评估区域

  - “添加建议的模糊描摹”按钮：单击该按钮，Photoshop CC 会突出显示图像中适合用于模糊评估的新区域，并创建它的模糊描摹，如图 17–206 所示。可以在“高级”选项区中看到新添加的模糊评估区域，如图 17–207 所示。

图 17-206 添加新的模糊评估区域

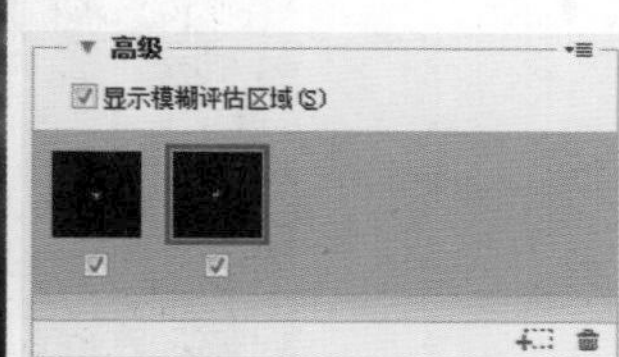

图 17-207 “高级”选项区

  - “删除模糊描摹”按钮：在“高级”选项区中选中需要删除的模糊评估区域，单击该按钮，即可将所选中的模糊评估区域删除。
- “细节”选项区：在该选项区中用户可以查看模糊评估区域中的图像细节效果。

17.12.3 “进一步锐化”滤镜

“进一步锐化”滤镜用来设置图像的聚焦选区并提高其清晰度。应用该滤镜后的效果如图 17–208 所示。

图 17-208 “进一步锐化”滤镜效果

17.12.4 “锐化”和“锐化边缘”滤镜

“锐化”滤镜通过增加像素间的对比度使图像变得清晰，锐化效果不是很明显。应用该滤镜后的效果如图 17–209 所示。

图 17-209 “锐化”滤镜效果

“锐化边缘”滤镜与“USM 锐化”滤镜一样，都可以查找图像中颜色发生显著变化的区域，然后将其锐化，区别是“USM 锐化”滤镜会弹出对话框，用户可以自动输入数据进行锐化操作，而“锐化边缘”滤镜则是自动对图像进行锐化操作。应用该滤镜后的效果如图 17–210 所示。

图 17-210 滤镜效果

17.12.5 “智能锐化”滤镜

“智能锐化”滤镜具有“USM 锐化”滤镜所没有的锐化控制功能，通过该功能可设置锐化算法，或控制在阴影和高光区域中进行的锐化量。应用该滤镜和效果如图 17–211 所示。

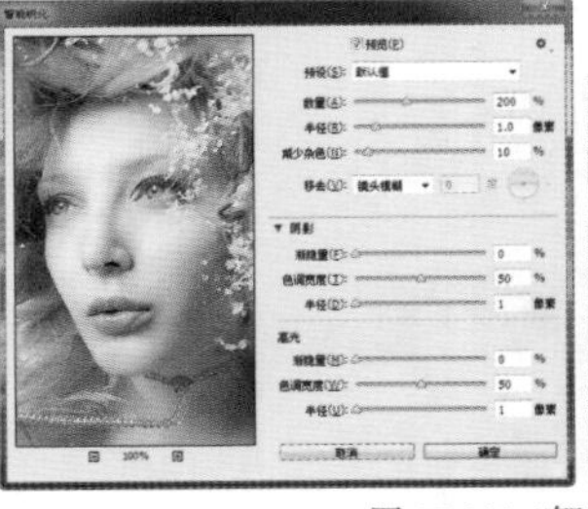

图 17-211 “智能锐化”滤镜效果

- 预设：在该下拉列表中可以选择所存储的预设进行应用，也可以通过“存储预设”、“载入预设”和“删除预设”命令对自定义预设选项进行管理。
- 数量：用来设置锐化数量。数值越高，图像边缘像素之间的对比度越强，图像看起来更加锐利，如图 17–212 所示。

“数量”为 100%

“数量”为 500%

图 17-212 不同数量的锐化效果

- 半径：用来设置锐化影响的边缘像素的数量。数值越高，受影响的边缘就越宽，锐化的效果也就越明显，如图 17–213 所示。

“半径”为 1 像素

“半径”为 4 像素

图 17-213 不同半径的锐化效果

- 减少杂色：在对图像进行锐化操作的过程中会产生一些杂色，通过该选项，可以设置减少杂色的比例。
- 移去：在该选项的下拉列表中可以选择锐化算法。若选择“高斯模糊”选项，可以使用“USM 锐化”滤镜的方法进行锐化；若选择“镜头模糊”选项，则可以检测图像中的边缘和细节，减少锐化的光泽；若选择“动感模糊”选项，即可通过设置“角度”来减少由于相机随着主体移动而导致的模糊效果。
- “阴影”选项区：在该选项区中可以设置图像中阴影区域的锐化强度。
  - 渐隐量：用来设置图像阴影区域中的锐化量。

- 色调宽度：用来设置图像阴影区域中色调的修改范围。
- 半径：用来控制每个像素周围区域的大小，向左拖动滑块会指定较小的区域，向右拖动滑块会指定较大的区域。

- “高光”选项区：在该选项区中可以设置图像中高光区域的锐化强度。

17.13 “视频”滤镜组

“视频”滤镜组中的滤镜用来解决视频图像交换时系统差异的问题，使用它可以处理以隔行扫描方式的设备中提取的图像。在该滤镜组中包括两个滤镜，如图 17-214 所示。

NTSC 颜色
逐行...

图 17-214 “视频”滤镜菜单

1. “NTSC 颜色”滤镜

“NTSC 颜色”滤镜匹配图像色域适合 NTSC 视频标准色域，以使图像可以被电视接收，它的实际色彩范围比 RGB 小。如果一个 RGB 的图像能够用于视频或是多媒体时，可以使用该滤镜将饱和度过高而无法正确显示的色彩转换为 NTSC 系统可以显示的色彩。

2. “逐行”滤镜

“逐行”滤镜可以消除图像中的差异交错线，使在视频上捕捉的运动图像变得平滑。

17.14 “像素化”滤镜组

“像素化”滤镜组中包含 7 种滤镜，如图 17-215 所示。它们可以将图像分块或平面化，然后重新组合，创建出彩块、点状、晶格和马赛克等特殊效果。

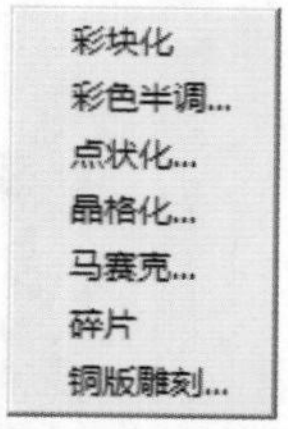

彩块化
彩色半调...
点状化...
晶格化...
马赛克...
碎片
铜版雕刻...

图 17-215 “像素化”滤镜菜单

17.14.1 “彩块化”滤镜

“彩块化”滤镜会在保持原有图像轮廓的前提下，使纯色或相近颜色的像素结成像素块。应用该滤镜后，图像前后效果对比如图 17-216 所示。

原图

彩块化

图 17-216 “彩块化”滤镜效果

17.14.2 “彩色半调”滤镜

“彩色半调”滤镜可以将图像的每一个通道划分出矩形区域，再以矩形区域亮度成比例的圆形替代这些矩形，圆形的大小与矩形的亮度成比例。应用该滤镜和效果如图 17-217 所示。

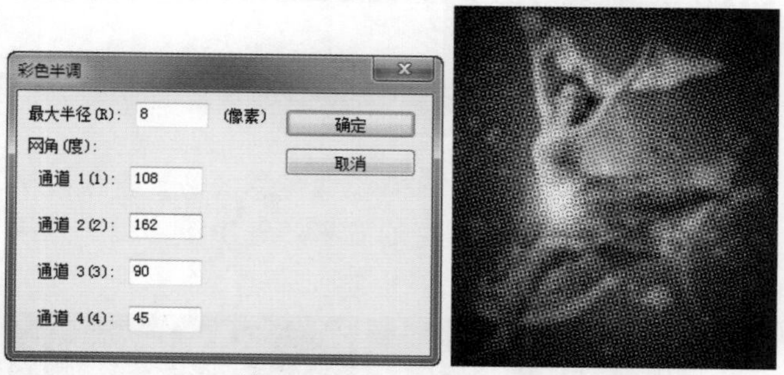

图 17-217 “彩色半调”滤镜效果

- 最大半径：用来设置生成的最大网点的半径。
- 网角（度）：用来设置图像各个原色通道的网点角度。如果该图像为灰度模式，则只有“通道 1”有效；如果该图像为 RGB 模式，则只有前 3 个通道有效；如果该图像为 CMYK 模式，则所有通道有效；然而当各个通道中的网角设置的数值相同时，图像上生成的网点则会重叠显示。

17.14.3 “点状化”滤镜

“点状化”滤镜可以使图像中相近的像素集中到多边形色块中，产生类似结晶的颗粒效果。应用该滤镜和效果如图 17–218 所示。

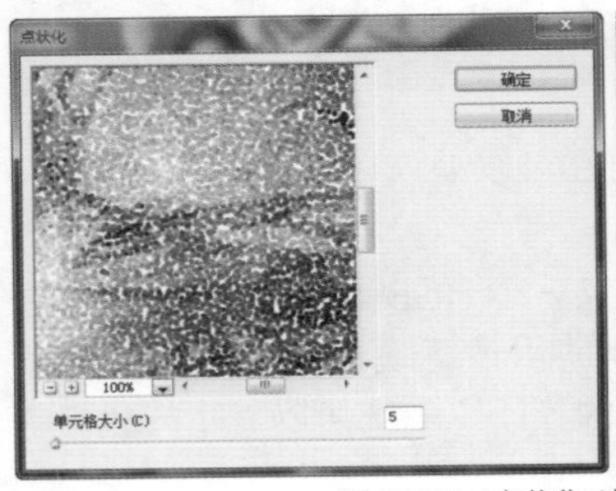

图 17-218 “点状化”滤镜效果

17.14.4 “晶格化”滤镜

“晶格化”滤镜可以将图像中的颜色分散为随机分布的网点，产生点状化绘画效果，并使用背景色作为网点之间的画布区域。应用该滤镜和效果如图 17–219 所示。

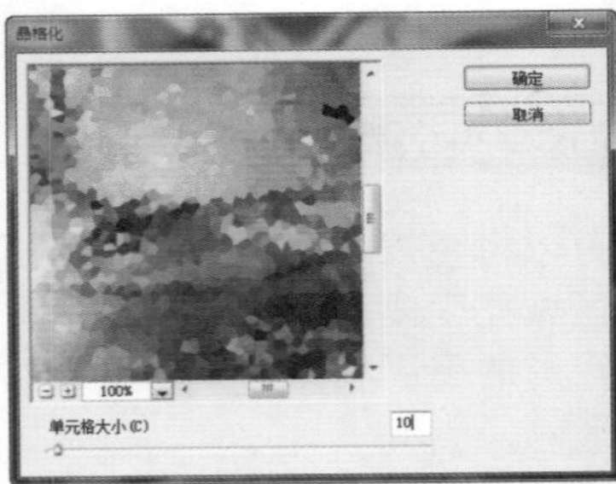

图 17-219 “晶格化”滤镜效果

17.14.5 “马赛克”滤镜

“马赛克”滤镜将具有相似色彩的像素合成规则排列的方块，产生马赛克的效果。应用该滤镜和效果如图 17–220 所示。

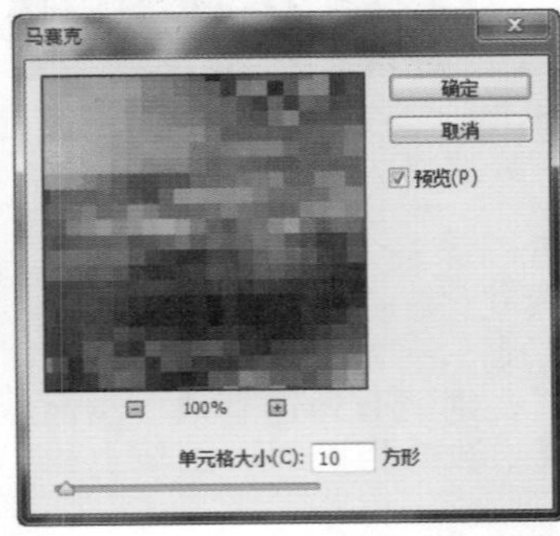

图 17-220 “马赛克”滤镜效果

17.14.6 “碎片”滤镜

“碎片”滤镜可以把图像的像素重复复制 4 次，再将其平均且相互偏移，使图像产生一种没有对准焦距的模糊效果。应用该滤镜后的效果如图 17–221 所示。

图 17-221 “碎片”滤镜效果

17.14.7 “铜板雕刻”滤镜

“铜版雕刻”滤镜可以在图像中随机生成各种不规则的直线、曲线和斑点，使图像产生年代久远的金属板效果。应用该滤镜和效果如图 17–222 所示。

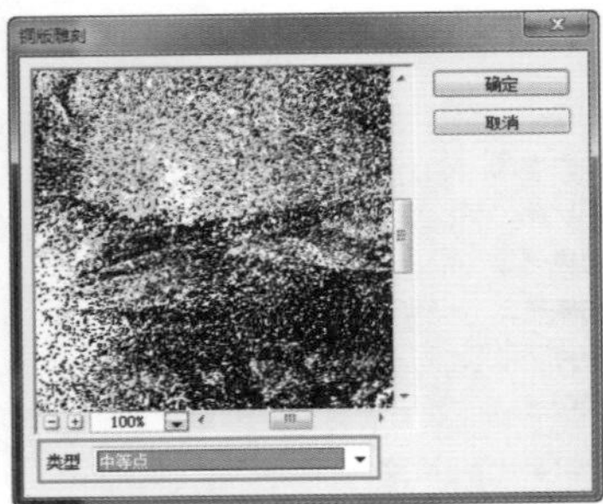

图 17-222“铜板雕刻”滤镜效果

- 类型：用来设置“铜版雕刻”的类型。在该选项的下拉列表中包含 10 种类型，各个类型的图像效果如图 17–223 所示。

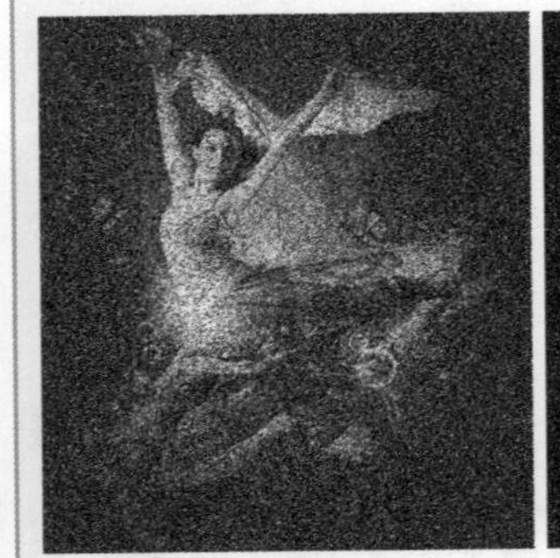

精细点

中等点

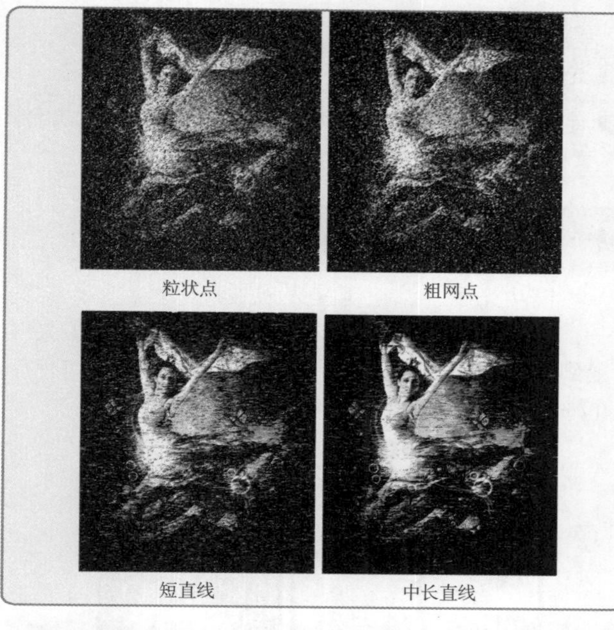

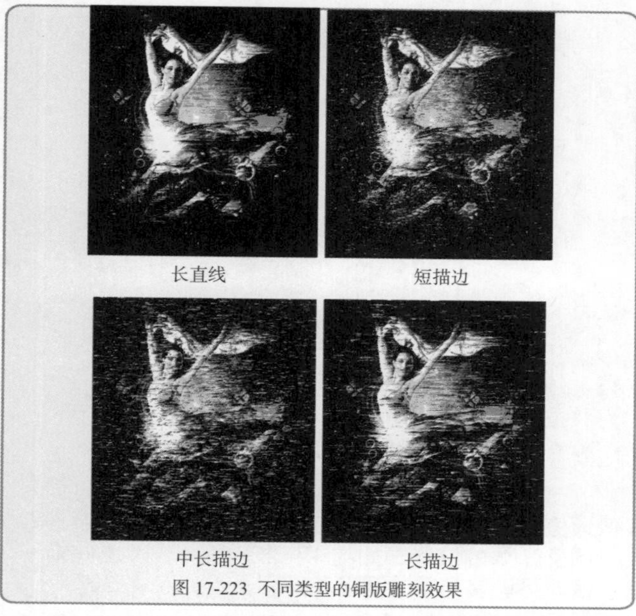

图 17-223 不同类型的铜版雕刻效果

17.15 “渲染”滤镜组

“渲染”滤镜组中包含 5 种滤镜，如图 17–224 所示。使用“渲染”滤镜组中的滤镜可以在图像中创建云彩图案、折射图案和模拟的光射效果。

分层云彩
光照效果...
镜头光晕...
纤维...
云彩

图 17-224 “渲染”滤镜菜单

17.15.1 “分层云彩”滤镜

“分层云彩”滤镜可以将云彩数据和现有的像素混合，其方式与“差值”模式混合颜色的方式相同。应用该滤镜后，图像前后效果对比如图 17–225 所示。

原图　　分层云彩

图 17-225 “分层云彩”滤镜效果

17.15.2 “光照效果”滤镜

执行“滤镜 > 渲染 > 光照效果”命令，Photoshop CC 将自动切换到“光照效果”滤镜工作界面中，如图 17–226 所示。该滤镜通过光源、光色选择、聚集和定义物体反射特性等在图像上产生光照效果。

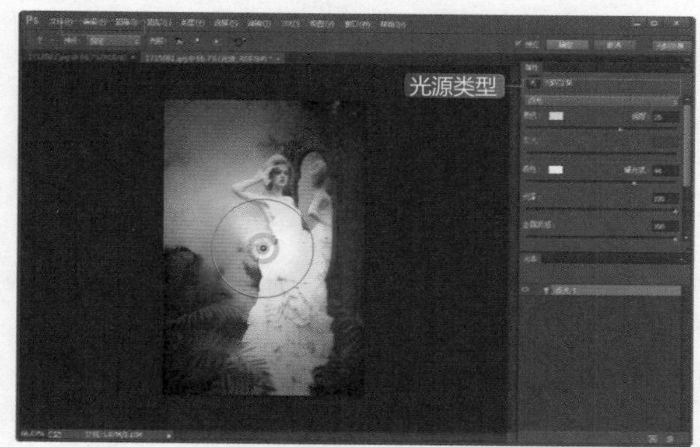

图 17-226 “光照效果”滤镜工作界面

预设：在该滤镜的“预设”下拉列表中包含 17 种预设的灯光样式，如图 17–227 所示。

两点钟方向点光
蓝色全光源
圆形光
向下交叉光
交叉光
默认
五处下射光
五处上射光
手电筒
喷涌光
平行光
RGB 光
柔化直接光
柔化全光源
柔化点光
三处下射光
三处点光
载入...
存储...
删除
自定

图 17-227 “预设”下拉列表

- 光源类型：在该下拉列表中提供 3 种光源，分别为“点光”、“聚光灯”和“无限光”。选择任意一种光源，即可为图像添加相应的光照效果。

选择“点光”选项，在“属性”面板左侧是图像预览区，用于布置灯光。单击并拖动中间的圆圈即可调整光源的位置，如图 17-228 所示。单击并拖动手柄即可调整光照的强度和范围，如图 17-229 所示。

图 17-228 调整光照位置

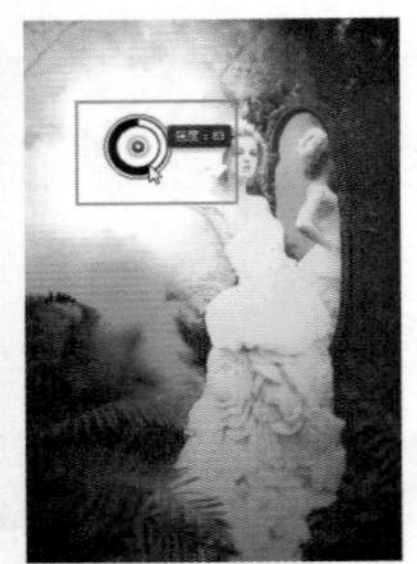
图 17-229 调整光照强度和范围

选择“聚光灯”选项，可以添加类似聚光灯的光照效果，当调整其大小时，照亮的范围随着变大和变小，如图 17-230 所示。选择“无限光”选项，可以添加类似于阳光的光照效果，可以通过中心的操纵杆进行全方位摇动使光照变亮和变暗，如图 17-231 所示。

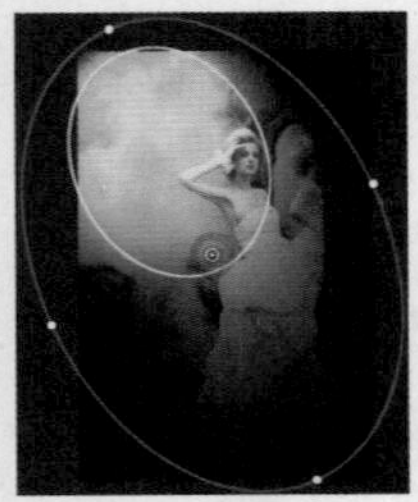
图 17-230 聚光灯

图 17-231 无限光

- 颜色：用来设置灯光的颜色，单击可以弹出“拾色器”对话框。
- 强度：用来设置灯光的亮度。
- 聚光：用来调整灯光的聚光角度。
- 着色：用来设置通过选择不同的颜色改变光照的强度。
- 曝光度：通过设置数值可以实现对材质的曝光度的调整。
- 光泽：通过设置数值实现对材质的光泽调整。
- 金属质感：通过设置数值调整灯光下的材质的金属质感。

17.15.3 “镜头光晕”滤镜

“镜头光晕”滤镜用来表现玻璃、金属等反射的光芒，或用来增强日光和灯光的效果，可以模拟亮光照射到相机镜头所产生的折射。应用该滤镜和效果如图 17-232 所示。

图 17-232 “镜头光晕”滤镜效果

- 光晕中心：在“镜头光晕”对话框中，单击或者拖动图像缩览图上的十字手柄，即可指定光晕的中心。
- 亮度：用来控制光晕的强度，变化范围为 10%~300%。
- 镜头类型：用来选择产生光晕的镜头类型，不同的类型产生不同的效果。如图 17-233 所示为各种镜头类型的图像效果。

50-300 毫米变焦

35 毫米聚焦

105 毫米聚焦

电影镜头

图 17-233 不同镜头类型图像的效果

17.15.4 “纤维”滤镜

“纤维”滤镜使用前景色和背景色随机产生编织纤维的外观效果。应用该滤镜和效果如图 17–234 所示。

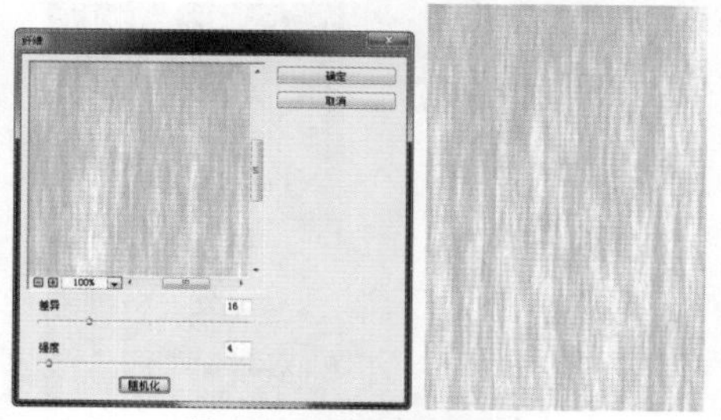

图 17-234 “纤维”滤镜效果

- 差异：用来设置颜色的变化方式。数值较低时会产生较长的颜色条纹；数值较高时会产生较短且颜色分布变化更大的纤维。
- 强度：用来控制纤维的外观。数值较低时会产生松散的织物效果；数值较高时会产生短的绳状纤维。
- 随机化：单击该按钮可随机生成新的纤维外观。

17.15.5 “云彩”滤镜

“云彩”滤镜使用前景色和背景色之间的随机像素值将图像生成柔和的云彩图案。它是唯一能在透明图层上产生效果的滤镜。应用该滤镜后的效果如图 17–235 所示。

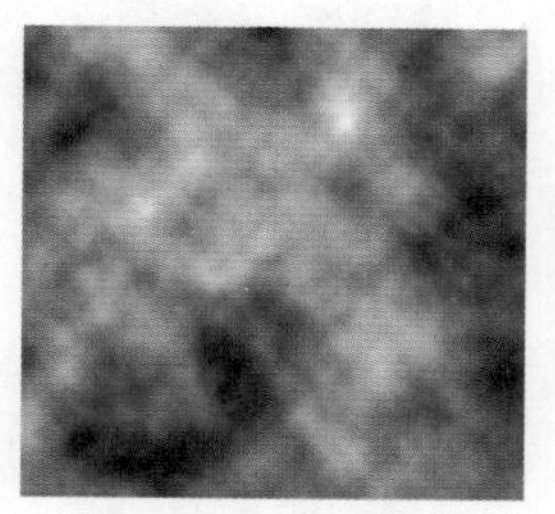

图 17-235 “云彩”滤镜效果

17.16 “杂色”滤镜组

“杂色”滤镜组中包含 5 种滤镜，如图 17–236 所示。“杂色”滤镜组中的滤镜可以添加或去除杂色或带有随机分布色阶的像素。

减少杂色...
蒙尘与划痕...
去斑
添加杂色...
中间值...

图 17-236 “杂色”滤镜菜单

17.16.1 “减少杂色”滤镜

“减少杂色”滤镜可以在保留图像边缘的同时减少杂色。执行“滤镜 > 杂色 > 减少杂色”命令，在弹出的“减少杂色”对话框中可以对相关选项进行设置，如图 17–237 所示。

图 17-237 “减少杂色”对话框

- 设置：单击按钮，即可将当前设置的参数保存为一个预设，以后需要使用该参数调整图像时，可以在“设置”的下拉列表中进行选择；单击按钮，即可删除当前选择的自定义预设。
- 强度：用来控制应用于所有图像通道的亮度杂色减少量。
- 保留细节：用来设置图像边缘和图像细节的保留程度。当该值为 100% 时，可保留大多数图像细节，但会将亮度杂色减到最少。
- 减少杂色：用来去除随机的颜色像素，该值越高，减少的杂色越多。
- 锐化细节：用来对图像进行锐化。
- 移去 JPEG 不自然感：选中该复选框，可去除由于使用低品质的 JPEG 存储图像而导致斑驳的图像伪像和光晕。
- 高级：如果亮度杂色在一个或两个颜色通道中较明显，便可以选择相应的通道来去除杂色。选中对话框中的“高级”单选按钮，在“减少杂色”对话框中选择“每通道”选项，设置颜色通道，再使用“强度”和“保留细节”来减少该通道中的杂色，如图 17–238 所示。

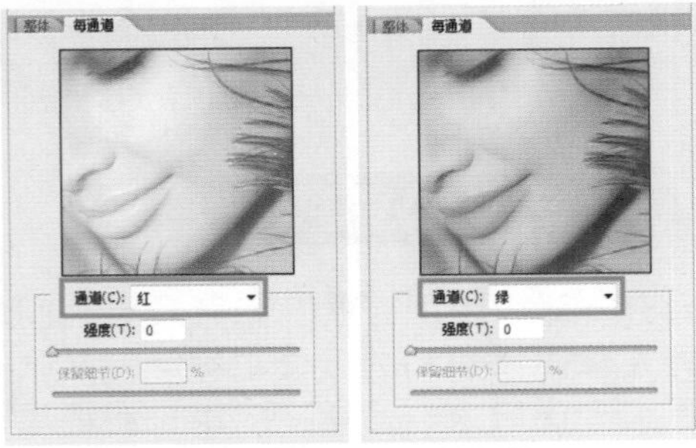

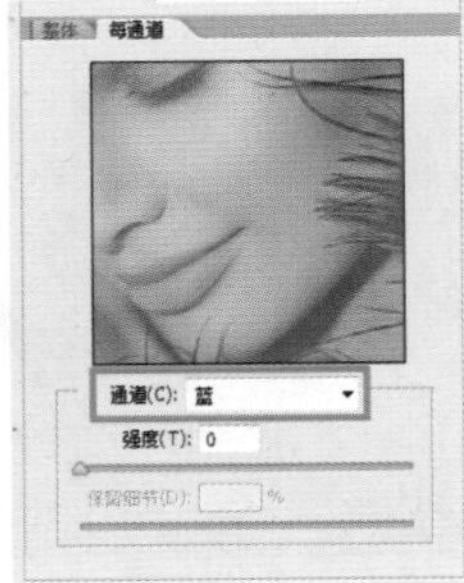

图 17-238 “高级”选项参数

17.16.2 “蒙尘与划痕”滤镜

“蒙尘与划痕”滤镜通过更改相异的像素来减少杂色。应用该滤镜和效果如图 17–239 所示。

图 17-239 “蒙尘与划痕”滤镜效果

17.16.3 “去斑”滤镜

“去斑”滤镜用来检测图像边缘发生显著颜色变化的区域，并模糊除边缘外的所有选区，去除图像中的斑点，同时保留细节。应用该滤镜后的效果如图 17–240 所示。

图 17-240 “去斑”滤镜效果

17.16.4 “添加杂色”滤镜 

“添加杂色”滤镜可以将随机像素应用于图像。应用该滤镜和效果如图 17–241 所示。

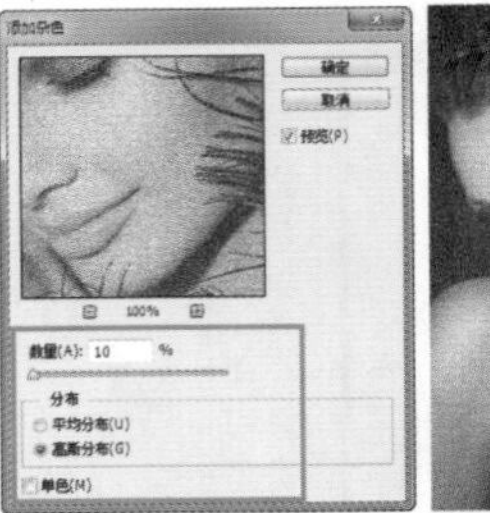

L 图 17-241 “添加杂色”滤镜效果

- 数量：用来设置杂色的数量。
- 分布：用来设置杂色的分布方式，其中包括“平均分布”和“高斯分布”。如果选择“平均分布”选项，则会使用随机数值分布杂色的颜色值以获得细微效果，如图 17–242 所示。如果选择“高斯分布”选项，则将沿一条钟形曲线分布的方式来添加杂点，杂点效果较为强烈，如图 17–243 所示。

图 17-242 平均分布

图 17-243 高斯分布

- 单色：选中该复选框，该滤镜将只应用于图像中的色调元素，而不改变颜色。

17.16.5 “中间值”滤镜

“中间值”滤镜利用平均化手段重新计算分布像素，即用斑点和周围像素的中间颜色作为两者之间的像素的颜色来消除干扰，从而减少图像的杂色。应用该滤镜和效果如图 17–244 所示。

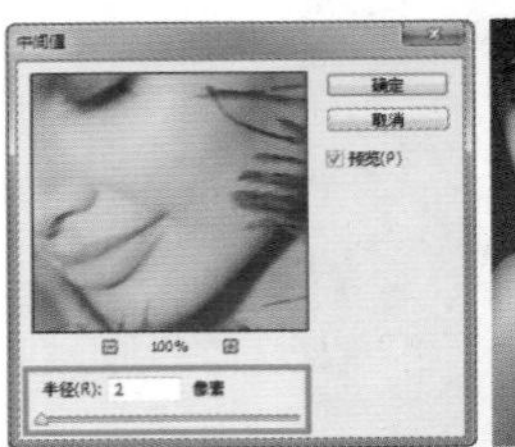

图 17-244 “中间值”滤镜效果

- 半径：用来调整混合时采用的半径值，该值越大，像素的混合效果越明显。

17.17 “其它”滤镜组

“其它”滤镜组中包含 5 种滤镜，如图 17–245 所示。在“其他”滤镜组中，可以自定义滤镜效果，还可以使用滤镜修改蒙版、在图像中使选区发生位移和快速调整颜色的命令。

高反差保留...
位移...
自定...
最大值...
最小值...

图 17-245 “其它”滤镜菜单

17.17.1 “高反差保留”滤镜

“高反差保留”滤镜可以在有强烈颜色转变发生的地方按指定的半径保留边缘细节，并且不显示图像的其余部分。应用该滤镜和效果如图 17–246 所示。

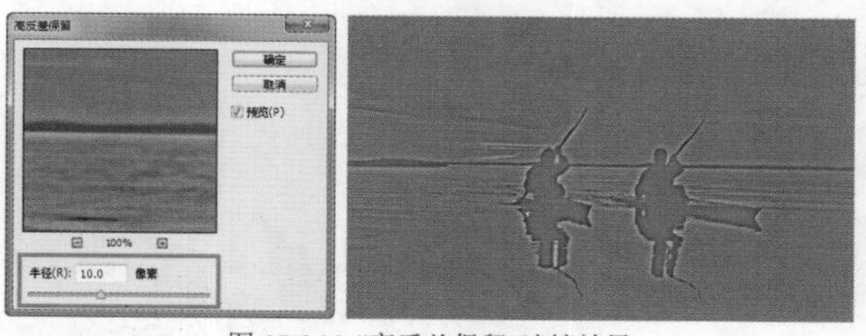

图 17-246 “高反差保留”滤镜效果

- 半径：用来设置保留范围的大小，数值越大，所保留的原图像像素越多。

17.17.2 “位移”滤镜

“位移”滤镜可以为图像中的选区指定水平或垂直量，而选区的原位置变成空白区域。应用该滤镜和效果如图 17–247 所示。

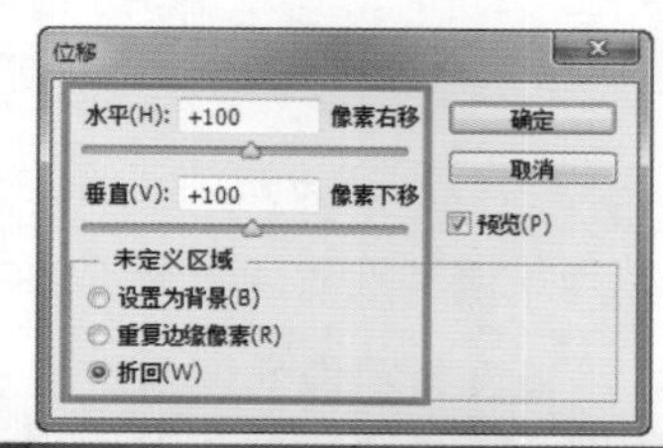

图 17-247 “位移”滤镜效果

- 水平：用来设置水平偏移的距离，正值向右偏移，负值向左偏移。
- 垂直：用来设置垂直偏移的距离，正值向右偏移，负值向上偏移。
- 未定义区域：用来设置偏移图像后产生的空缺部分的填充方式。如果选择“设置为背景”选项，将以背景色填充空缺部分，如图 17–248 所示。如果选择“重复边缘像素”选项，则可在图像边界不完整的空缺部分填入扭曲边缘的像素颜色，如图 17–249 所示。如果选择“折回”选项，则可在空缺部分填入溢出图像之外的图像内容。

图 17-248 设置为背景

图 17-249 重复边缘像素

17.17.3 “自定”滤镜

“自定”滤镜可以根据预定义的数学运算更改图像中每个像素的亮度值，此操作与通道的加、减计算类似。应用该滤镜和效果如图 17–250 所示。

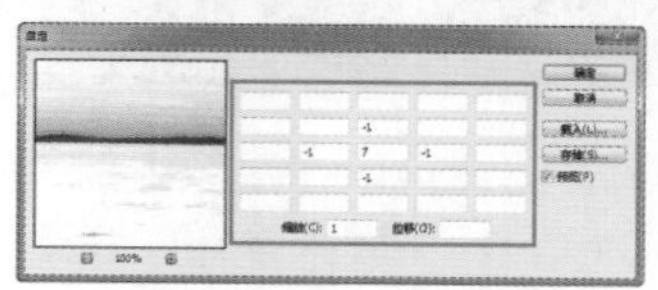

图 17-250 “自定”滤镜效果

- 缩放：输入一个数值，用该值去除计算机中包含的像素的亮度值总和。

- 位移：输入要与缩放计算结果相加的值。

17.17.4 “最大值”滤镜

“最大值”滤镜可以在指定的半径内，用周围像素的最高或最低亮度值替换当前像素的亮度值。“最大值”滤镜具有应用阻塞的效果，可以扩展白色区域、阻塞黑色区域。应用该滤镜和效果如图 17–251 所示。

图 17-251 “最大值”滤镜效果

- 半径：通过设置“半径”值可调整原图像模糊的程度。数值越大，原图像模糊程度越强；数值越小，原图像模糊程度就越弱，效果如图 17–252 所示。

“半径”为 10 像素

“半径”为 30 像素

图 17-252 “最大值”滤镜效果

- 保留：该选项是 Photoshop CC 中新增的选项，可以在该下拉列表中选择所需要的方正度或圆度。

17.17.5 “最小值”滤镜

“最小值”滤镜可以在指定的半径内，用周围像素的最高或最低亮度值替换当前像素的亮度值。“最小值”滤镜具有伸展的效果，可以扩展黑色区域、收缩白色区域。应用该滤镜和效果如图 17–253 所示。

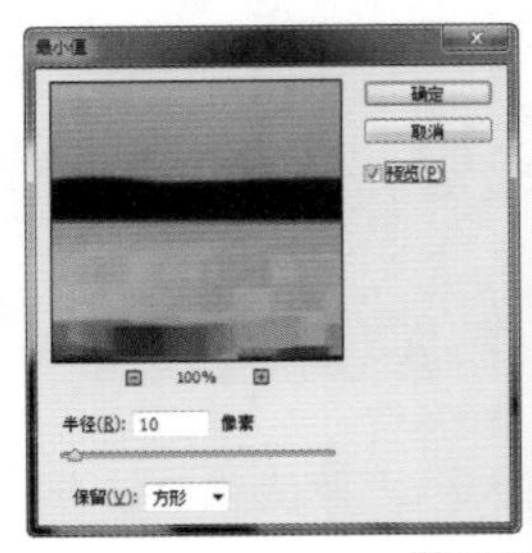

图 17-253 “最小值”滤镜效果

17.18 Digimarc 滤镜

Digimarc 滤镜可以将数字水印嵌入到图像中以存储著作权信息，让图像的版权通过 Digimarc Image 技术的数字水印受到保护。水印是一种肉眼看不见的、以杂色方式添加到图像中的数字代码。Digimarc 水印在数字和印刷形式下都具有耐久性，在图像编辑和文件格式转换后仍然存在。Digimarc 滤镜组中包括“嵌入水印”滤镜和“读取水印”滤镜。

17.18.1 “嵌入水印”滤镜

“嵌入水印”滤镜可以在图像中加入著作权信息。执行“滤镜 >Digimarc> 嵌入水印”命令，弹出“嵌入水印”对话框，即可设置相关内容，如图 17–254 所示。

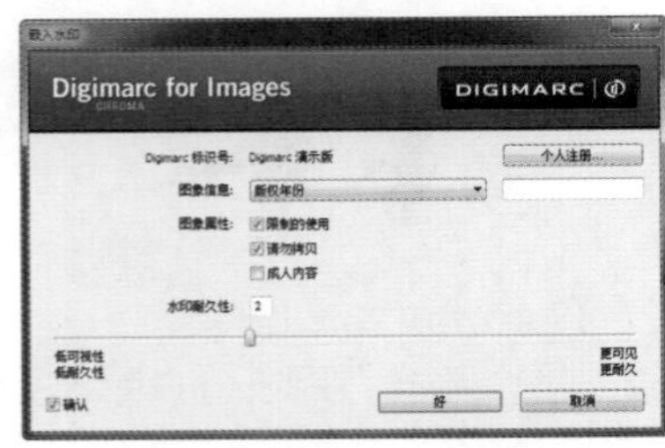

图 17-254 “嵌入水印”对话框

- Digimarc 标识号：用来设置创建者的个人信息。
- 图像信息：用来填写版权的申请年份等信息。
- 图像属性：用来设置图像的使用范围。若选择“限制的使用”选项，则可以限制图像的用途；若选择“请勿拷贝”选项，则可指定不能拷贝的图像；若选择“成人内容”选项，则将图像内容标识为只适合成人。
- 水印耐久性：设置水印的耐久性和可视性。

17.18.2 读取水印

为图像添加完成水印后，执行“滤镜 >Digimarc>

读取水印”命令，弹出“读取水印”对话框，在该对话框中可以看到“嵌入水印”的信息内容，如图 17–255 所示。

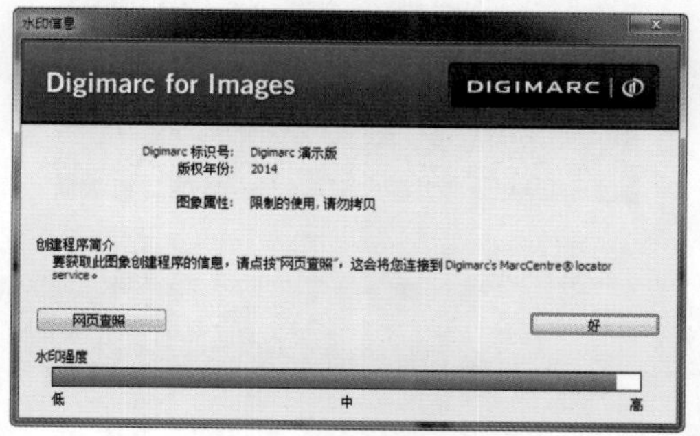

图 17-255 “读取水印”对话框

“读取水印”滤镜主要是用来阅读图像中的数字水印内容。当一幅图像中含有数字水印时，则在图像窗口标题栏和状态栏上会显示一个“C”状符号。

执行该命令时，Photoshop CC 即会对图像的内容进行分析，并找出内含的数字水印数据。如果找到了 ID 及相关数据，则可以连接到 Digimarc 公司的站点，依据 ID 号码，找到作者的联系资料等。如果在图像中找不到数字水印效果，则 Photoshop CC 会弹出提示框，提示“在这个图像中找不到 Digimarc 水印”信息。

提示

“嵌入水印”滤镜只能用于 CMYK、RGB、Lab 或灰度模式的图像。

17.19 外挂滤镜

Photoshop CC 除了可以使用自带的滤镜之外，还允许安装使用其他厂商提供的滤镜，这些从外部装入的滤镜，被称为外挂滤镜。外挂滤镜是由第三方厂商或个人开发的滤镜，也称为第三方滤镜，专为 Photoshop 开发的滤镜多达近千种，这些滤镜不仅种类繁多，而且功能也十分强大，有些滤镜的版本也在不断升级。

17.19.1 安装外挂滤镜

由于外挂滤镜有很多种，不同的外挂滤镜安装方法也有所不同，一般都可以按照以下两种方法进行安装。

很多外挂滤镜本身带有安装程序，可以像安装一般软件一样进行安装。首先找到该外挂滤镜的安装程序文件（通常为 Setup.exe），双击它启动安装程序，然后根据安装程序的提示进行安装即可。

有些外挂滤镜本身不带有安装程序，而只是一些滤镜文件，只需要手动将其复制到 Photoshop 安装目录下的 Plug_ins 文件夹中即可。如果没有将外挂滤镜安装在 Plug_ins 文件夹内也不要紧，可执行“编辑 > 首选项 > 增效工具”命令，弹出“首选项”对话框，选中“附加的增效工具文件夹”选项，然后在打开的对话框中选择安装外挂滤镜的文件夹即可。不使用外挂滤镜时，可以取消“附加的增效工具文件夹”选项的选中，并重新运行 Photoshop CC。

17.19.2 使用外挂滤镜

通过在 Photoshop CC 中安装外挂滤镜，可以实现更多意想不到的特殊效果，在上一节中向用户介绍了如何安装外挂滤镜，下面将通过一个练习来向用户讲解如何使用外挂滤镜。

动手实践——使用外挂滤镜制作水波倒影效果

源文件：光盘 \ 源文件 \ 第 17 章 \17-19.psd

视频：光盘 \ 视频 \ 第 17 章 \17-19.swf

01 执行“文件 > 打开”命令，打开素材图像“光盘 \ 源文件 \ 第 17 章 \ 素材 \1719001.jpg”，效果如图 17–256 所示。复制“背景”图层，得到“背景 拷贝”图层，如图 17–257 所示。

图 17-256 打开图像

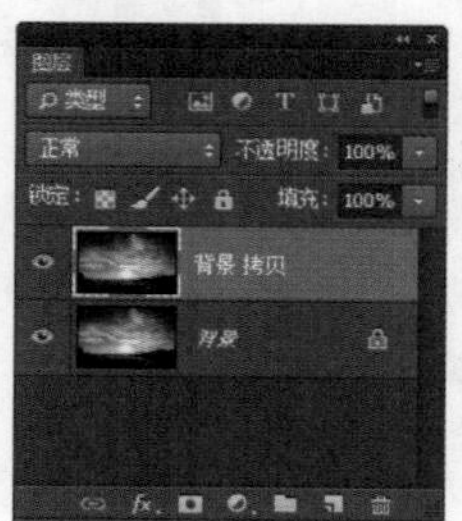

图 17-257 “图层”面板

02 执行“滤镜 >Flaming Pear>Flood 1.14”命令，在弹出的滤镜对话框中进行相应的设置，如图 17–258 所示。设置完成后，单击“确定”按钮，图像效果如图 17–259 所示。

图 17-258 Flood 1.14 对话框

图 17-259 图像效果

17.20 使用滤镜制作火焰女特效

在 Photoshop CC 中，滤镜的功能非常强大，使用它们能够制作出许多富有想象力和创意的作品。下面将通过滤镜制作火焰女孩的特殊效果。

动手实践——使用滤镜制作火焰女特效

源文件：光盘\源文件\第 17 章\17-20.psd

视频：光盘\视频\第 17 章\17-20.swf

01 执行"文件 > 打开"命令，打开素材图像"光盘\源文件\第 17 章\素材\172001.jpg"，效果如图 17-260 所示。按快捷键 Ctrl+J，复制"背景"图层，得到"图层 1"图层，并为"背景"图层填充黑色，如图 17-261 所示。

图 17-260 打开图像

图 17-261 "图层"面板

02 选择"图层 1"图层，按快捷键 Shift+Ctrl+U，对图像进行去色操作，效果如图 17-262 所示。执行"图像 > 调整 > 反相"命令，效果如图 17-263 所示。

图 17-262 对图像去色

图 17-263 对图像反相

03 复制"图层 1"图层，得到"图层 1 拷贝"图层，如图 17-264 所示。执行"滤镜 > 风格化 > 查找边缘"命令，图像效果如图 17-265 所示。

图 17-264 "图层"面板

图 17-265 图像效果

04 按快捷键 Ctrl+I，进行反相操作，并设置该图层的"混合模式"为"强光"，效果如图 17-266 所示。复制"图层 1 拷贝"图层得到"图层 1 拷贝 2"图层，设置该图层的"混合模式"为"滤色"，效果如图 17-267 所示。

图 17-266 强光效果

图 17-267 滤色效果

05 打开并拖入素材图像"光盘\源文件\第 17 章\素材\172002.jpg"，弹出"粘贴文件配置不匹配"对话框，如图 17-268 所示。单击"确定"按钮，调整其至适当的大小和位置，效果如图 17-269 所示。

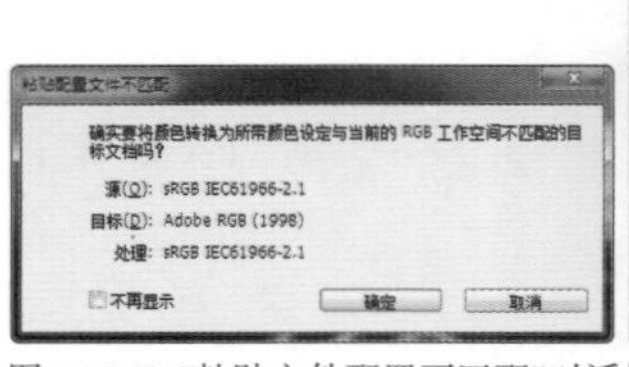
图 17-268 "粘贴文件配置不匹配"对话框

图 17-269 拖入素材图像

06 设置该图层的“混合模式”为“滤色”，效果如图 17–270 所示。复制“图层 2”图层，得到“图层 2 拷贝”图层，并隐藏“图层 2”图层，如图 17–271 所示。

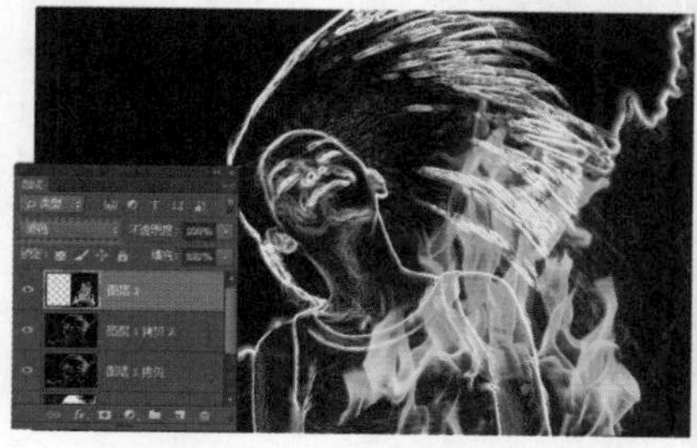

图 17-270 滤色效果

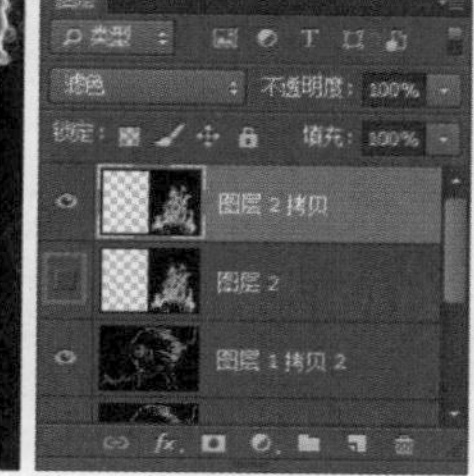

图 17-271 “图层”面板

07 选择“图层 2 拷贝”图层，执行“编辑 > 变换 > 自由变换”命令，调出自由变换框，对图像进行移动、缩放和旋转操作，如图 17–272 所示。将光标移至变换框内，单击鼠标右键，在弹出的下拉菜单中选择“变形”命令，对图像进行变形操作，如图 17–273 所示。

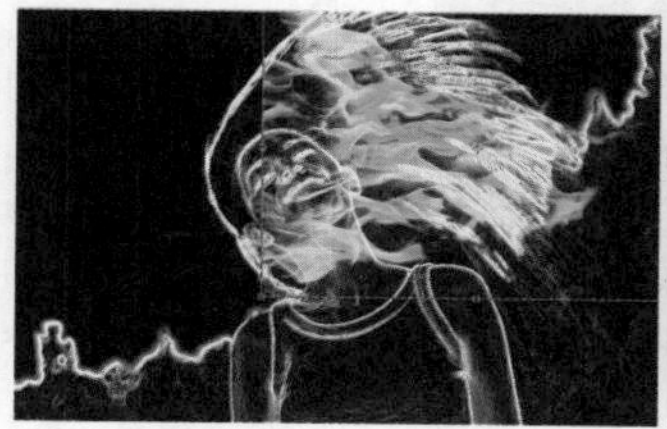

图 17-272 自由变换操作

图 17-273 变形操作

08 按 Enter 键确认操作，执行“滤镜 > 液化”命令，弹出“液化”对话框，在该对话框中使用“向前变形工具”对图像进行涂抹，如图 17–274 所示。单击“确定”按钮，效果如图 17–275 所示。

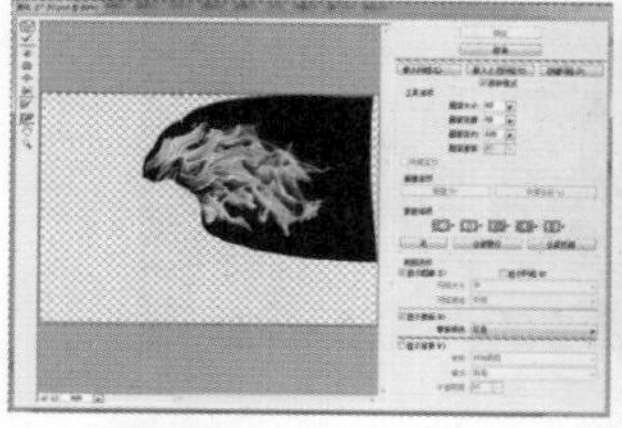

图 17-274 “液化”对话框

图 17-275 图像效果

09 复制“图层 2 拷贝”图层，得到“图层 2 拷贝 2”图层。使用相同的方法，将其调整至合适的大小和位置，效果如图 17–276 所示。使用相同的方法，完成其他部分内容的制作，效果如图 17–277 所示。

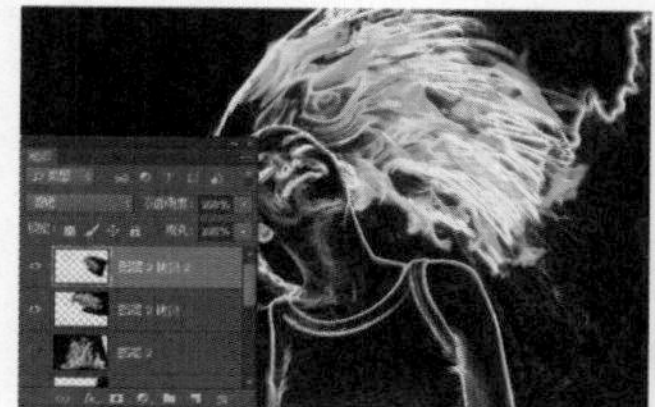

图 17-276 图像效果

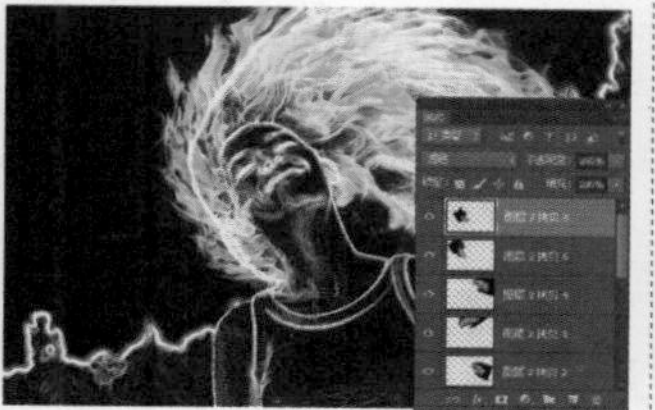

图 17-277 完成其他部分内容后的效果

10 显示“图层 2”图层，将其调整至合适的大小和位置，并设置其“混合模式”为“亮光”，效果如图 17–278 所示。执行“滤镜 > 模糊 > 高斯模糊”命令，弹出“高斯模糊”对话框，设置如图 17–279 所示。

图 17-278 图像效果

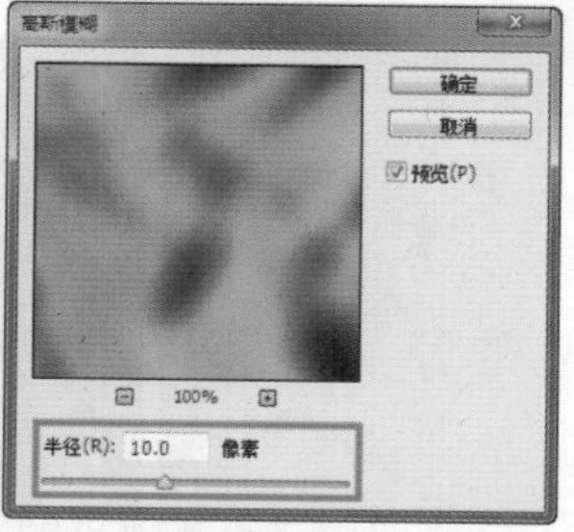

图 17-279 “高斯模糊”对话框

11 设置完成后，单击“确定”按钮，可以看到图像的效果，如图 17–280 所示。为“图层 2”添加图层蒙版，选择“画笔工具”，设置“前景色”为黑色，在图像上进行涂抹，效果如图 17–281 所示。

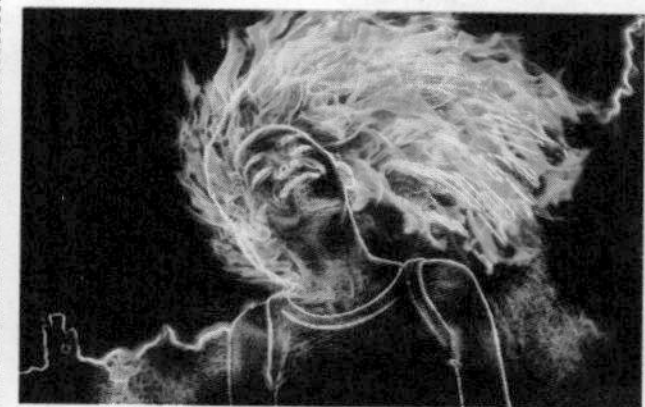

图 17-280 图像效果

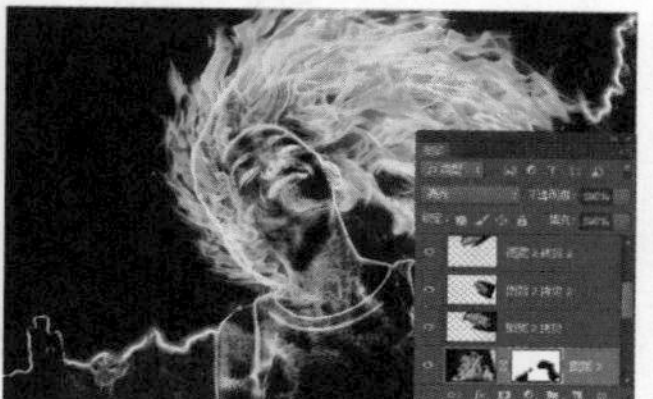

图 17-281 涂抹效果

12 在“图层 1 拷贝 2”图层上方新建“图层 3”图层，选择“画笔工具”，设置“前景色”为黑色，在图像上进行涂抹，效果如图 17–282 所示。“图层”面板如图 17–283 所示。

图 17-282 涂抹效果

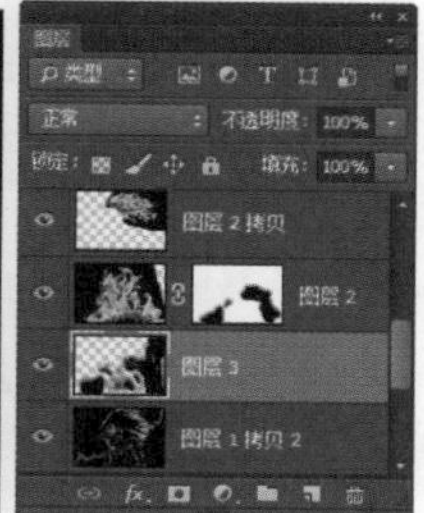

图 17-283 “图层”面板

13 选择“图层 2 拷贝 6”图层，添加“色相 / 饱和度”调整图层，在打开的“属性”面板中进行设置，如图 17–284 所示。设置完成后，图像效果如图 17–285 所示。

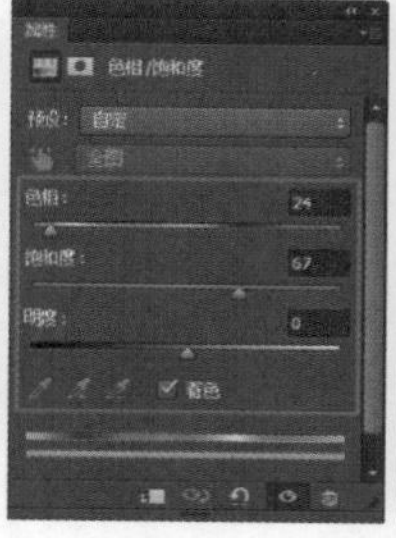

图 17-284 “属性”面板

图 17-285 图像效果

14 使用相同的方法，添加“亮度 / 对比度”调整图层，在打开的“属性”面板中进行设置，如图 17–286 所示。设置完成后，图像效果如图 17–287 所示。

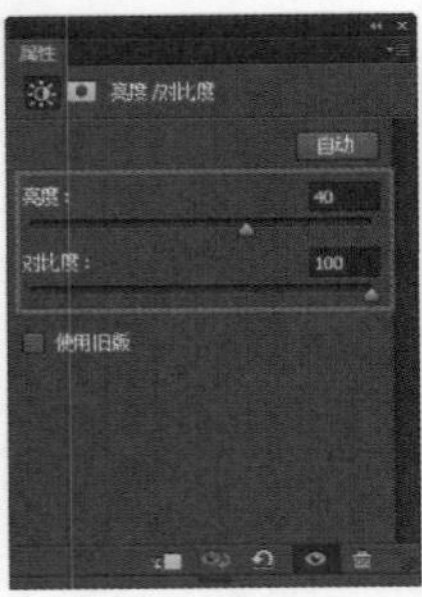
图 17-286 “属性”面板

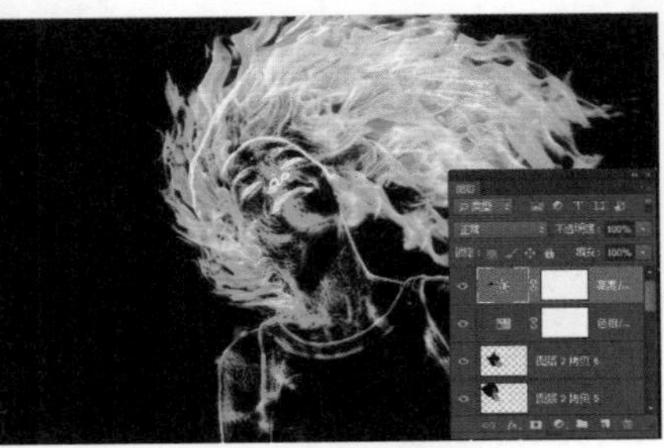
图 17-287 图像效果

15 选择“画笔工具”，打开“画笔”面板，设置如图 17–288 所示。

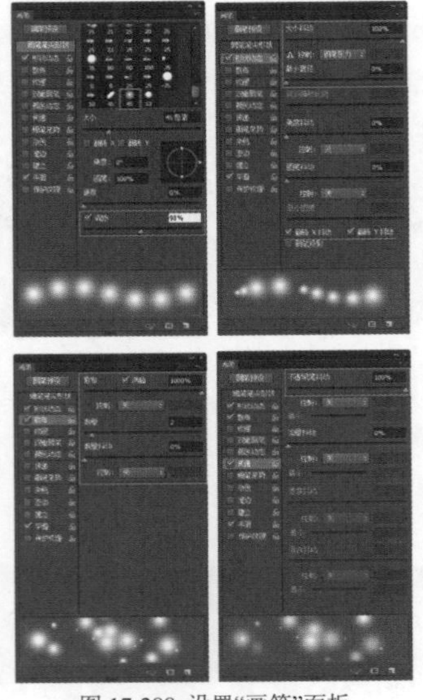
图 17-288 设置“画笔”面板

16 设置完成后，执行“窗口 > 色板”命令，打开“色板”面板，选择相应的颜色，如图 17–289 所示。新建“图层 4”图层，并将其移至“色相 / 饱和度 1”调整图层的下方，如图 17–290 所示。

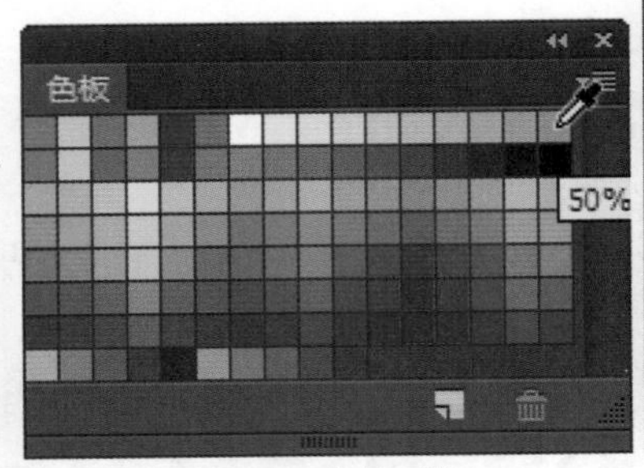

图 17-289 “色板”面板

图 17-290 “图层”面板

17 使用“画笔工具”在图像上进行涂抹，效果如图 17–291 所示。新建“图层 5”图层，设置该图层的“混合模式”为“滤色”，选择“画笔工具”，在选项栏上进行相应的设置，并在图像上进行涂抹，效果如图 17–292 所示。

图 17-291 涂抹效果

图 17-292 新建图层后涂抹效果

18 完成该实例的制作，最终效果如图 17–293 所示。

图 17-293 图像最终效果

17.21 本章小结

本章主要对 Photoshop CC 中的滤镜进行了介绍，并且详细讲解了一些常用滤镜的应用。通过本章的学习，希望用户能够在制作过程中掌握滤镜的使用方法和应用技巧，并能够灵活运用这些滤镜。

第18章 使用3D效果

在日常工作中，使用 Photoshop CC 的 3D 功能可大大提高工作效率，在之前版本中的复杂操作，就会一下子变得轻松起来。3D 功能不但丰富了 3D 素材，而且在渲染技术上也有了很大改进，使用起来更加方便快捷，使创意空间更为广阔。本章学习 3D 功能的相关知识，能够使用户掌握制作 3D 模型的方法与 2D 和 3D 功能结合的使用技巧。

18.1 3D 功能简介

如今 Photoshop CC 中的 3D 功能非常强大，不但可以支持多种 3D 文件格式，打开和处理由 Adobe Acrobat 3D Version 8、3ds Max、Alias、Maya 以及 GoogleEarth 等程序创建的 3D 文件，还在渲染方面进行了加强，使得画面更加逼真。

打开一个 3D 文件“光盘\源文件\第 18 章\素材\18101.psd”，如图 18-1 所示。在 Photoshop CC 中可以保留它们的纹理、渲染和光照信息，并且可以在 3D 面板中显示文件的各种详细信息，双击相应的信息，即可在“属性”面板中显示该选项的设置，如图 18-2 所示。

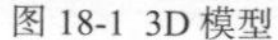

图 18-1 3D 模型

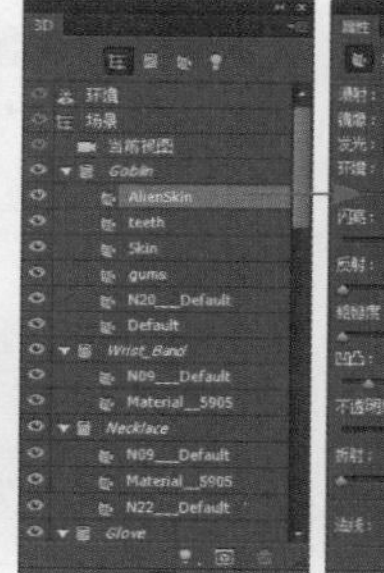
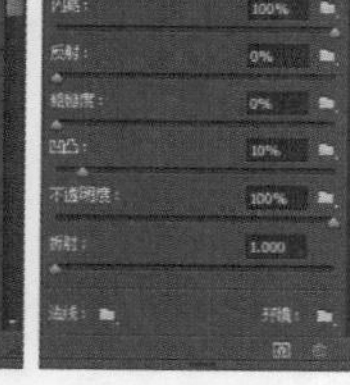

图 18-2 3D 面板和“属性”面板

18.2 创建 3D 对象

在 Photoshop CC 中，可以通过多种方式创建出 3D 对象，可以通过 3D 菜单中的命令，也可以使用 3D 面板来创建 3D 对象。通过 3D 面板创建 3D 对象非常方便快捷，本节将向用户介绍如何通过 3D 面板创建 3D 对象。

18.2.1 3D 面板

在 Photoshop CC 中，如果当前选中的并不是 3D 图层，执行“窗口 >3D”命令，打开 3D 面板，如图 18-3 所示。

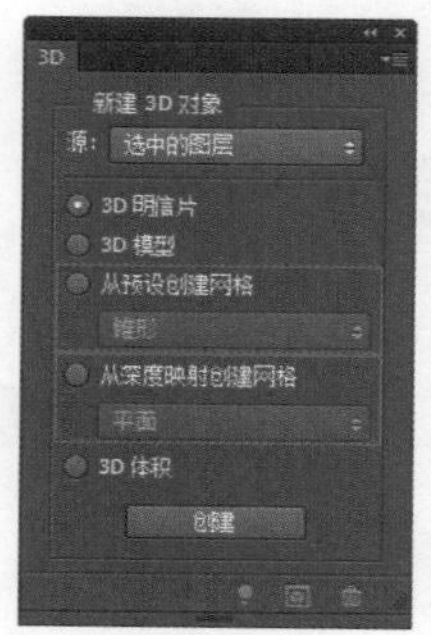

图 18-3 3D 面板

源：该选项用于设置创建 3D 对象的源，可以从该选项的下拉列表中选择相应的选项，如图 18-4 所示。

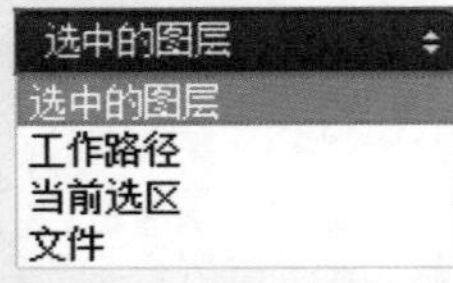

图 18-4 "源"下拉列表

- 选中的图层：选择该选项，是指当前在"图层"面板中所选中的图层。
- 工作路径：选择该选项，是指从文档中当前的工作路径创建 3D 对象。选择该选项，则只能创建 3D 模型，如图 18-5 所示。

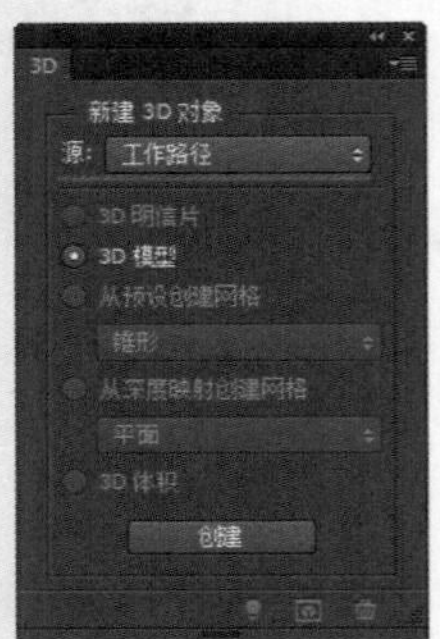

图 18-5 3D 面板

- 当前选区：选择该选项，是指从文档中的选区创建 3D 对象。选择该选项，则只能创建 3D 模型。
- 文件：选择该选项，是指从外部的 Photoshop 所支持的 3D 格式文件创建 3D 对象。

3D 明信片：设置"源"为"选中的图层"选项时，该选项可用。选中该选项，将创建出 3D 明信片。

3D 模型：选择该选项，将创建出 3D 模型对象。

从预设创建网格：设置"源"为"选中的图层"选项时，该选项可用。选择该选项，将激活该选项的下拉列表，可以选择相应的预设选项，如图 18-6 所示，即可创建出相应的 3D 对象。

从深度创建网格：设置"源"为"选中的图层"选项时，该选项可用，在该选项下拉列表中可以选择相应的选项，如图 18-7 所示，即可创建出相应的 3D 对象。

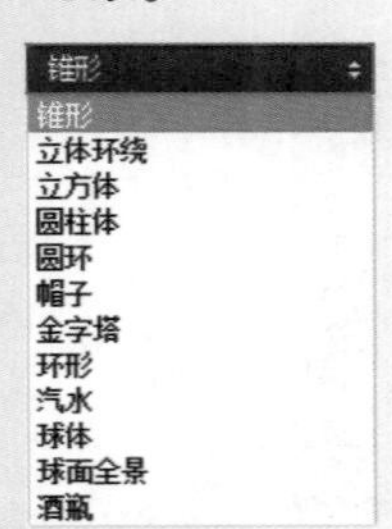

图 18-6 "从预设创建网格"下拉列表　图 18-7 "从深度创建网格"下拉列表

3D 体积：设置"源"为"选中的图层"选项时，该选项可用，选择该选项，可以创建 3D 体积对象。注意，要创建 3D 体积对象，必须同时选中多个图层，才可以创建 3D 体积对象。

"创建"按钮：在 3D 面板中完成其他选项的设置，单击该按钮，即可创建出相应的 3D 对象。

18.2.2 基于文件创建 3D 对象

Photoshop CC 支持的 3D 文件格式包括 .3ds、.dae、.fl3、.kmz、.u3d 和 .obj。在 Photoshop CC 中可以基于这些格式的文件创建出 3D 对象。

动手实践——基于文件创建 3D 对象

源文件：光盘 \ 源文件 \ 第 18 章 \18-2-2.psd

视频：光盘 \ 视频 \ 第 18 章 \18-2-2.swf

01 执行"文件 > 新建"命令，弹出"新建"对话框，设置如图 18-8 所示。单击"确定"按钮，新建一个空白文档，打开 3D 面板，在"源"下拉列表中选择"文件"选项，单击"创建"按钮，如图 18-9 所示。

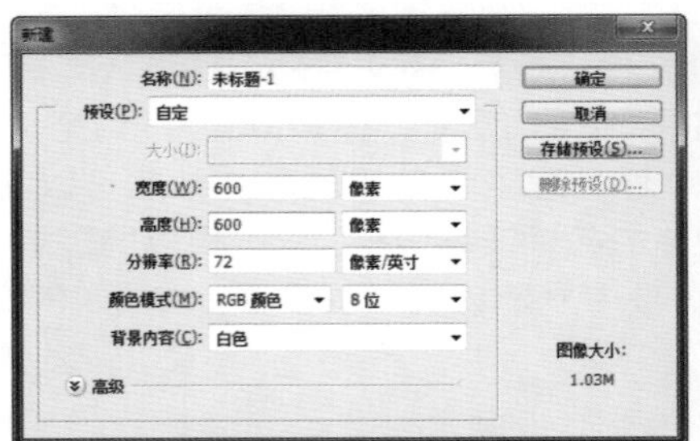

图 18-8 "新建"对话框

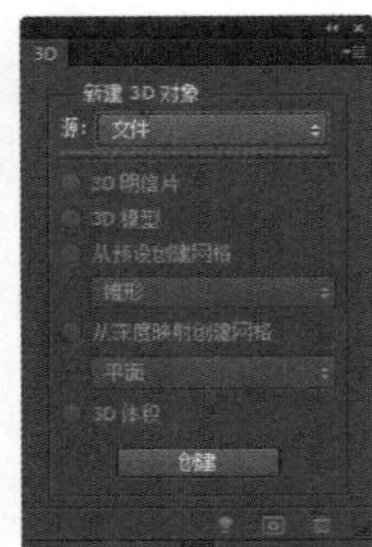

图 18-9 3D 面板

02 弹出"打开"对话框，选择需要打开的 3D 对象"光盘 \ 源文件 \ 第 18 章 \ 素材 \182101.3ds"，如图 18-10 所示。在"文件类型"下拉列表中可以看到 Photoshop CC 所支持的 3D 格式，如图 18-11 所示。

图 18-10 "打开"对话框

图 18-11 "文件类型"列表

03 单击"打开"按钮，即可在 Photoshop CC 中打开该 3D 对象，如图 18-12 所示。打开"图层"面板，可以看到 Photoshop CC 会将打开的外部 3D 对象单独放置在一个 3D 图层中，如图 18-13 所示。

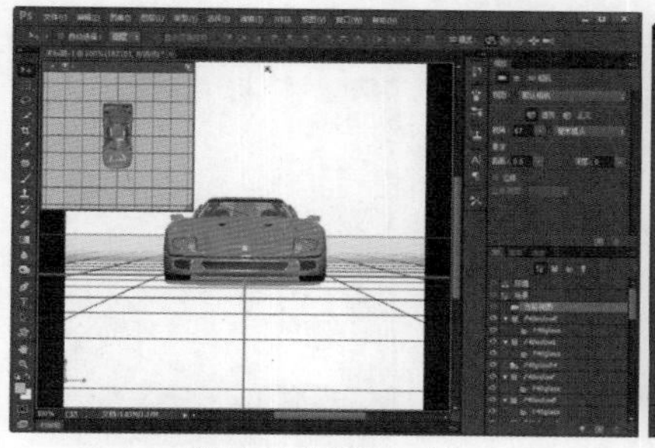

图 18-12 打开 3D 对象

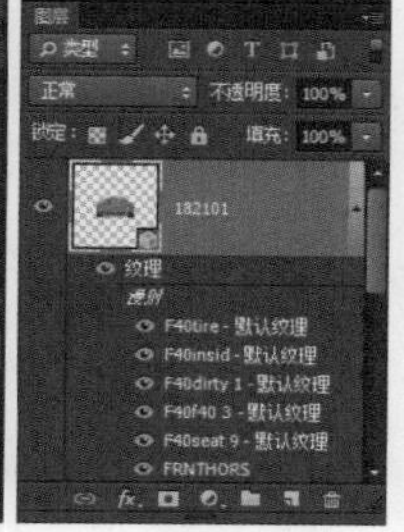

图 18-13 "图层"面板

04 完成基本文件创建 3D 对象，执行"文件 > 存储为"命令，可以将所创建的 3D 对象保存为 PSD 格式。

提示

还可以将 Photoshop CC 所支持的 3D 对象格式文件直接拖入到 Photoshop CC 操作界面中，或在 Photoshop CC 中执行"文件 > 打开"命令，打开所支持的 3D 对象格式文件，同样可以在 Photoshop CC 中创建 3D 图层。

18.2.3 创建 3D 明信片

之前介绍的对图像的处理，都是基于 2D 平面的处理，在 Photoshop CC 中可以轻松将 2D 平面图像创建为 3D 立体对象。创建 3D 图像后，可以在 3D 空间中移动、更改渲染设置、添加光源或将其与其他 3D 图层合并。

动手实践——创建 3D 明信片

源文件：光盘 \ 源文件 \ 第 18 章 \18-2-3.psd

视频：光盘 \ 视频 \ 第 18 章 \18-2-3.swf

01 执行"文件 > 打开"命令，打开素材图像"光盘 \ 源文件 \ 第 18 章 \ 素材 \182201.jpg"，效果如图 18-14 所示。打开"图层"面板，可以看到该文件的图层，如图 18-15 所示。

图 18-14 图像效果

图 18-15 "图层"面板

02 打开 3D 面板，在"源"下拉列表中选择"选中的图层"选项，选中"3D 明信片"单选按钮，如图 18-16 所示。单击"创建"按钮，即可基于当前图层创建 3D 明信片，如图 18-17 所示。

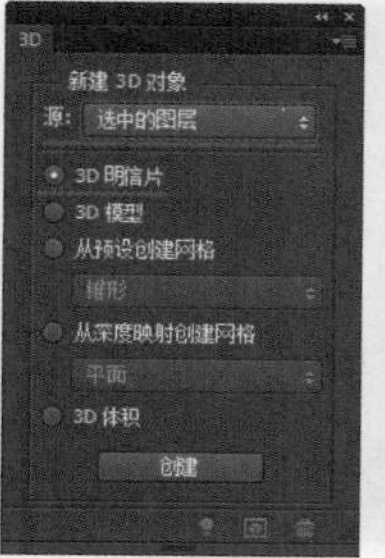

图 18-16 3D 面板

图 18-17 创建 3D 明信片

03 单击选项栏上的"旋转 3D 对象"按钮，在 3D 界面中拖动鼠标，可以对 3D 明信片进行旋转操作，如图 18-18 所示。打开"图层"面板，可以看到 Photoshop 将"背景"图层转换为 3D 图层，如图 18-19 所示。

图 18-18 旋转 3D 明信片

图 18-19 "图层"面板

提示

如果需要在 Photoshop CC 中创建 3D 对象，那么 Photoshop 文档的颜色模式必须是 RGB 颜色模式，其他颜色模式将无法创建 3D 对象。

18.2.4 基于工作路径创建 3D 模型

在 Photoshop CC 中，3D 模型可以将 2D 对象转换到 3D 网格中，使其可以在 3D 空间中精确进行凸出、膨胀和调整位置。通过该功能可以更加方便地创建出需要的 3D 对象，可以基于当前的工作路径创建 3D 模型效果。

动手实践——基于工作路径创建 3D 模式

源文件：光盘 \ 源文件 \ 第 18 章 \18-2-4.psd

视频：光盘 \ 视频 \ 第 18 章 \18-2-4.swf

01 执行"文件 > 打开"命令，打开素材图像"光盘 \ 源文件 \ 第 18 章 \ 素材 \182301.psd"，效果如图 18-20 所示。使用"路径选择工具"选中画布中的路径，打开"图层"面板，如图 18-21 所示。

图 18-20 打开图像

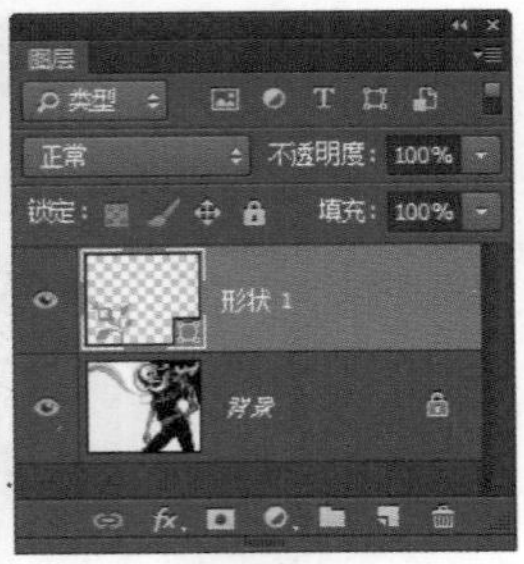

图 18-21 "图层"面板

02 打开 3D 面板，在“源”下拉列表中选择“工作路径”选项，选中“3D 模型”单选按钮，如图 18-22 所示。单击“创建”按钮，即可基于当前工作路径创建 3D 模型，如图 18-23 所示。

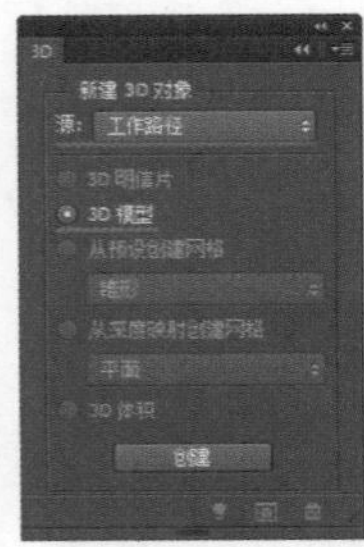

图 18-22 3D 面板

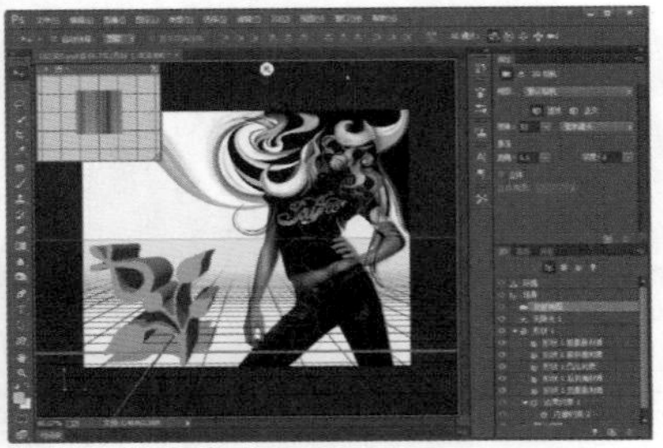

图 18-23 基于工作路径创建 3D 模型

03 单击选项栏上的“旋转 3D 对象”按钮，在 3D 界面中拖动鼠标，可以对 3D 对象进行旋转操作，如图 18-24 所示。打开“图层”面板，效果如图 18-25 所示。

图 18-24 旋转 3D 对象

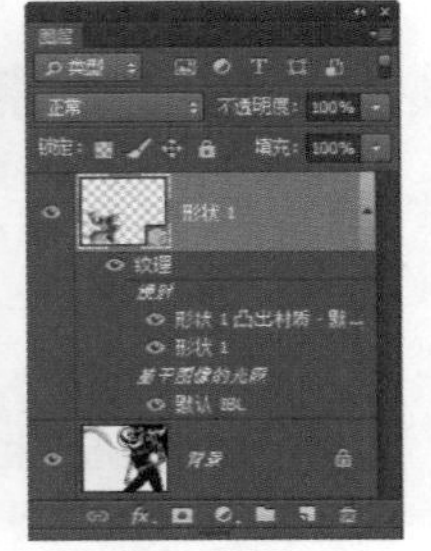

图 18-25 "图层"面板

18.2.5 基于当前选区创建 3D 模型

除了可以基于工作路径创建 3D 模型外，还可以基于当前的选区创建 3D 模型。

动手实践——基于当前选区创建 3D 模型

源文件：光盘 \ 源文件 \ 第 18 章 \18-2-5.psd

视频：光盘 \ 视频 \ 第 18 章 \18-2-5.swf

01 执行“文件 > 打开”命令，打开素材图像“光盘 \ 源文件 \ 第 18 章 \ 素材 \182401.jpg”，效果如图 18-26 所示。按快捷键 Ctrl+J，复制“背景”图层，得到“图层 1”图层，如图 18-27 所示。

图 18-26 打开图像

图 18-27 "图层"面板

02 使用“快速选择工具”在图像中创建蝴蝶选区，如图 18-28 所示。打开 3D 面板，在“源”下拉列表中选择“当前选区”选项，选中“3D 模型”单选按钮，如图 18-29 所示。

图 18-28 创建选区

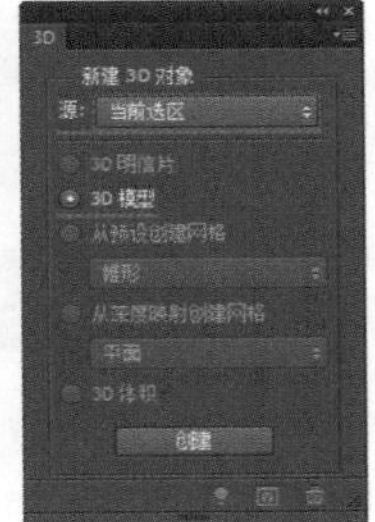

图 18-29 3D 面板

03 单击“创建”按钮，即可基于当前选区创建 3D 模型，单击选项栏上的“旋转 3D 对象”按钮，在 3D 界面中拖动鼠标，可以对 3D 对象进行旋转操作，如图 18-30 所示。打开“图层”面板，效果如图 18-31 所示。

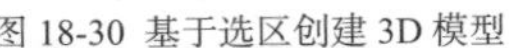

图 18-30 基于选区创建 3D 模型

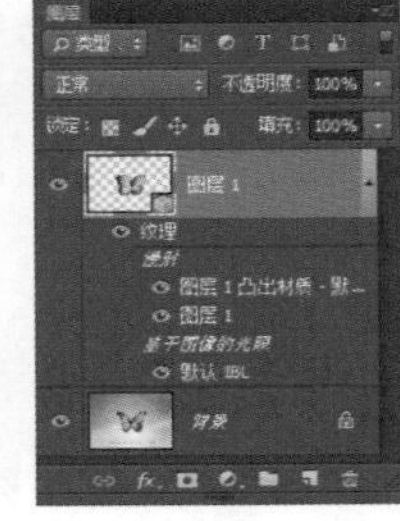

图 18-31 "图层"面板

18.2.6 从预设创建网格

除了可以基于外部的 3D 对象创建 3D 图层外，在 Photoshop CC 中还可以创建一些基本的 3D 网格对象，同样可以创建出相应的 3D 图层。

在 3D 面板中设置“源”为“选中的图层”，选中“从预设创建网格”单选按钮，在该选项的下拉列表中选择一个需要创建的网格对象，如图 18-32 所示。单击“创建”按钮，即可基于当前图层创建出相应的 3D 网格对象，如图 18-33 所示。并得到相应的 3D 图层，如图 18–34 所示。

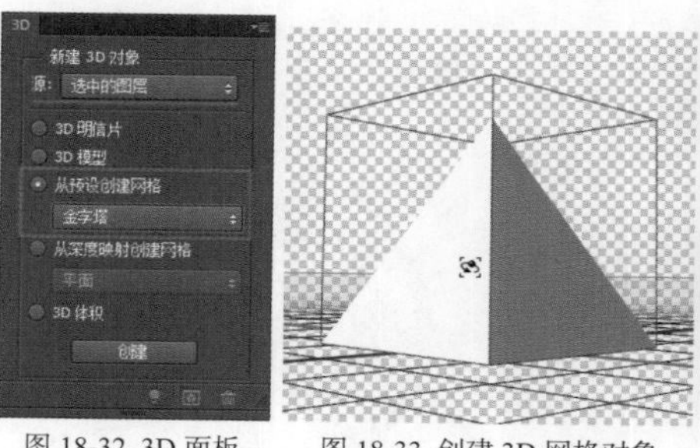
图 18-32　3D 面板　　图 18-33　创建 3D 网格对象

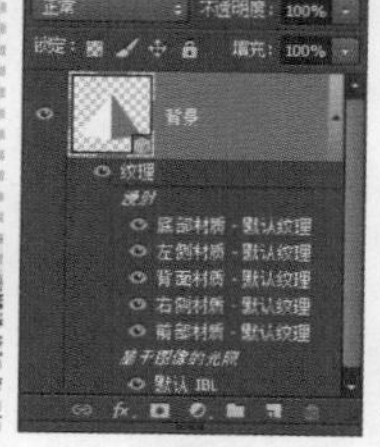
图 18-34　“图层”面板

18.2.7 从深度映射创建网格

从深度映射创建网格，较亮的值生成表面上凸起的区域，较暗的值生成凹下的区域。然后 Photoshop CC 将深度映射应用于 4 个可能的几何形状中的一个，以创建 3D 模型。

在“从深度映射创建网格”选项的下拉列表中可以创建 4 种 3D 模型，分别是平面、双面平面、圆柱体和球体。

在 3D 面板中设置“源”为“选中的图层”，选择“从深度映射创建网格”单选按钮，在该选项的下拉列表中选择一个需要创建的网格对象，如图 18–35 所示。单击“创建”按钮，即可基于当前图层创建出相应的 3D 网格对象，如图 18–36 所示，并得到相应的 3D 图层，如图 18–37 所示。

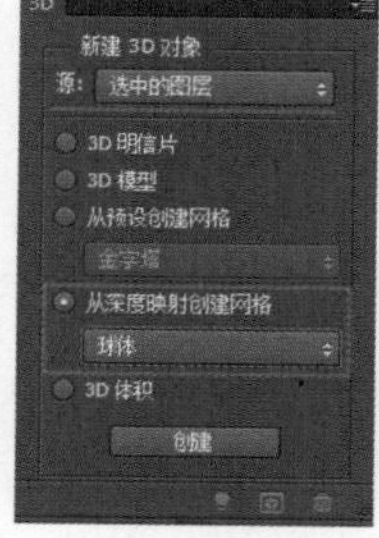
图 18-35　3D 面板

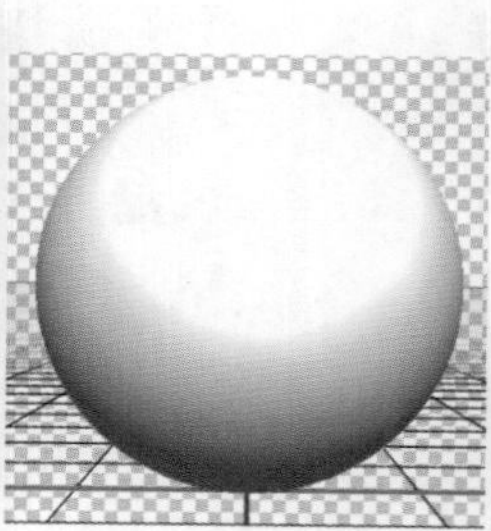
图 18-36　创建 3D 网格对象

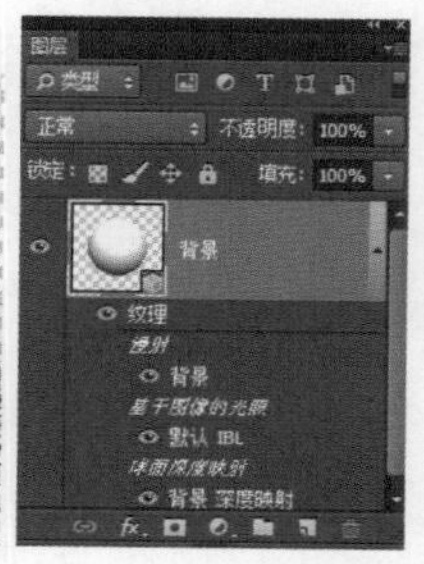
图 18-37　“图层”面板

18.2.8 创建 3D 体积

使用 Photoshop CC 可以处理医学上的 DICOM 图像（.dic、.dc3 和 .dcm），并根据文件中的帧创建 3D 对象。

Photoshop CC 可以读取 DICOM 文件中的所有帧，并将它们转换为 Photoshop 图层，Photoshop CC 还可以将所有 DICOM 文件中的帧作为可以在 3D 空间中旋转的 3D 体积来打开，Photoshop CC 可以读取 8 位、10 位、12 位和 16 位的 DICOM 文件。将 DICOM 文件创建为 3D 体积后，可以使用 Photoshop 中的 3D 工具从任意角度查看 3D 体积，或者更改渲染设置，以便更加直观地查看数据。

18.2.9 编辑 3D 图层

创建了 3D 图层后，可以对 3D 图层进行简单的编辑处理，例如将 3D 图层转换为 2D 图层、将 3D 图层转换为智能对象等。

1. 将 3D 图层转换为智能对象

在“图层”面板中选择需要转换为智能对象的 3D 图层，执行“图层 > 智能对象 > 转换为智能对象”命令，或者在 3D 图层上单击鼠标右键，在弹出的快捷菜单中选择“转换为智能对象”命令，如图 18–38 所示。即可将选中的 3D 图层转换为智能对象，如图 18–39 所示。

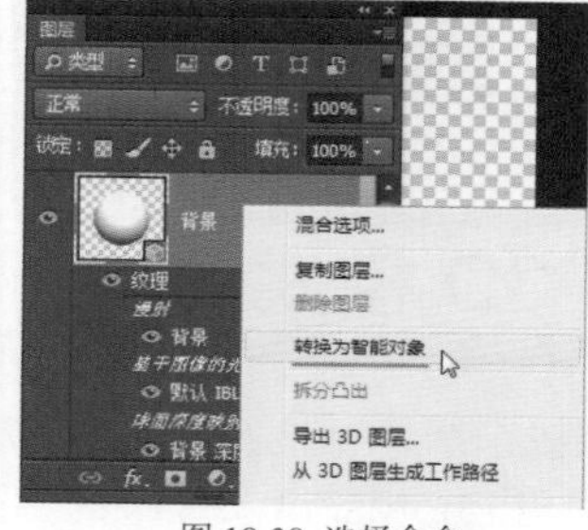
图 18-38　选择命令

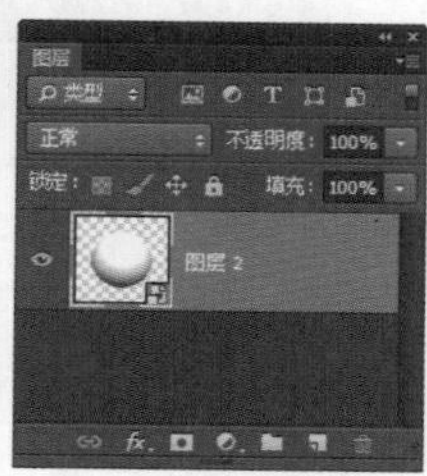
图 18-39　“图层”面板

将 3D 图层转换为智能对象，可以保留包含在 3D 图层中的 3D 信息。转换后，可以将变换或智能滤镜等其他调整应用于智能对象。还可以重新打开“智能对象”图层以编辑原始 3D 场景。应用于智能对象的任何变换或调整会随之应用于更新的 3D 内容中。

2. 将 3D 图层转换为普通图层

在“图层”面板中选择需要转换为普通图层的 3D 图层，执行“图层 > 栅格化 >3D”命令，或者在 3D 图层上单击鼠标右键，在弹出的快捷菜单中选择“栅格化 3D”命令，如图 18–40 所示。即可将选中的 3D 图层转换为普通图层，如图 18–41 所示。

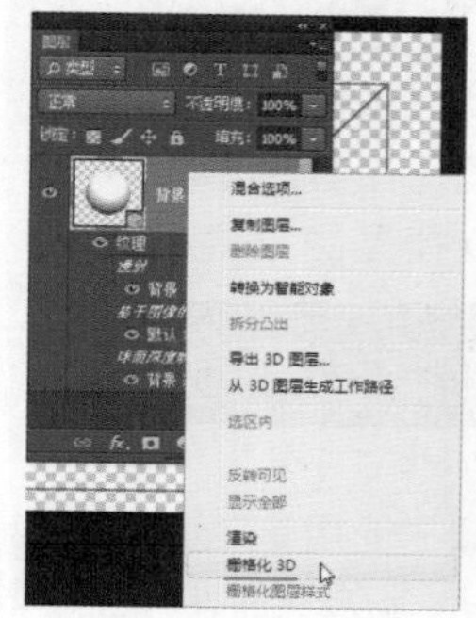
图 18-40　选择命令

图 18-41　“图层”面板

将 3D 图层转换为普通图层，则 3D 图层就不再具有其相关的属性，但会保留 3D 对象的外观效果，将 3D 图层转换为普通图层后，可以像处理其他普通图层一样对该对象进行处理。

3. 合并 3D 图层

同时选中两个或多个 3D 图层，如图 18-42 所示。执行“3D> 合并 3D 图层”命令，可以将多个 3D 对象合并在一个 3D 图层中，如图 18-43 所示。

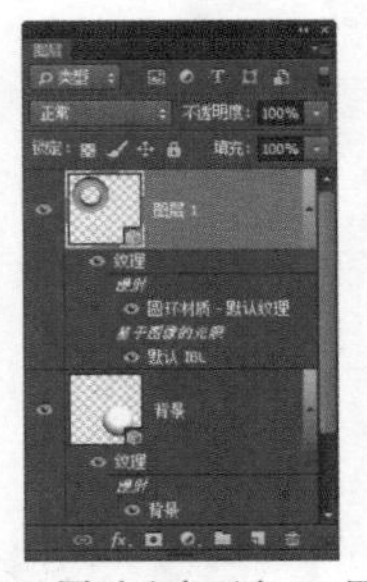

图 18-42 同时选中两个 3D 图层

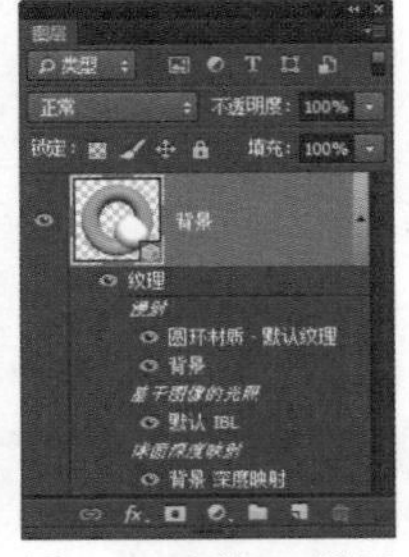

图 18-43 合并 3D 图层

合并 3D 图层后，可以分别单独处理每个 3D 对象，或者同时在所有 3D 对象上进行相应的操作，如图 18-44 所示。

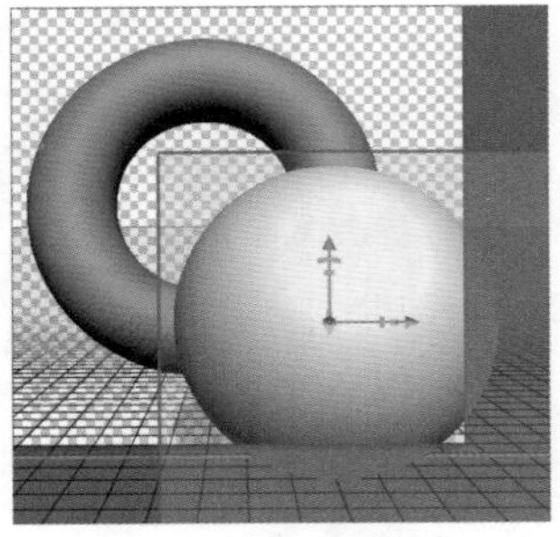

处理单个 3D 对象

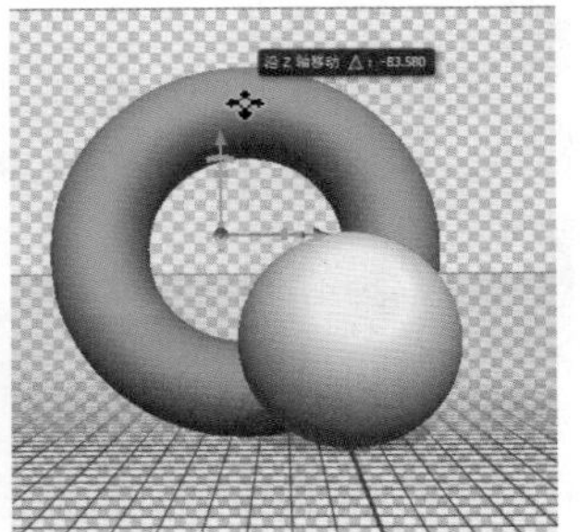

同时处理多个 3D 对象

图 18-44 处理 3D 对象

合并多个 3D 对象后，每个 3D 对象的所有网格和材质都包含在目标文件中，并且可以在 3D 面板中分别对每个 3D 对象进行编辑。

18.3 使用 3D 模式

Photoshop CC 和以前版本相比，3D 功能更加强大，为处理 3D 对象而设置了 3D 工作模式。在本节中将向用户介绍如何使用 Photoshop CC 中的 3D 工作模式。

18.3.1 Photoshop CC 中的 3D 模式

在 Photoshop CC 中执行“窗口 > 工作区 >3D”命令，如图 18-45 所示。即可将 Photoshop CC 的工作区设置为 3D 模式，如图 18-46 所示。

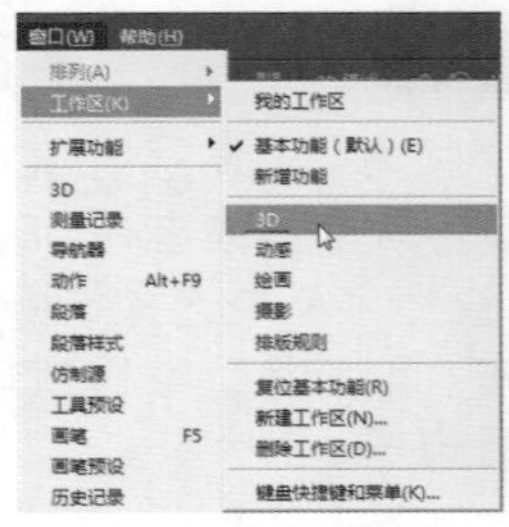

图 18-45 执行菜单命令

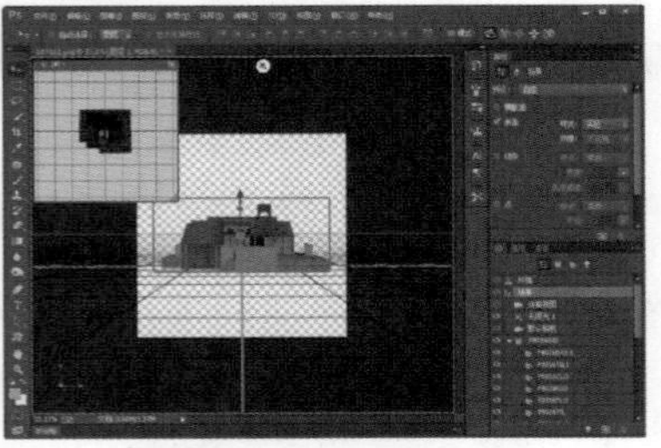

图 18-46 3D 工作模式

单击工具箱中的“移动工具”按钮，在其选项栏右侧将显示3D模式的相关操作工具，如图 18-47 所示。使用 3D 模式工具可更改 3D 模型的位置或大小。

图 18-47 3D 模式工具

“旋转 3D 对象”按钮：使用该工具，在 3D 对象上进行上下拖动，可将其围绕 X 轴旋转，效果如图 18-48 所示。左右拖动可以将 3D 对象沿 Y 轴旋转，效果如图 18-49 所示。

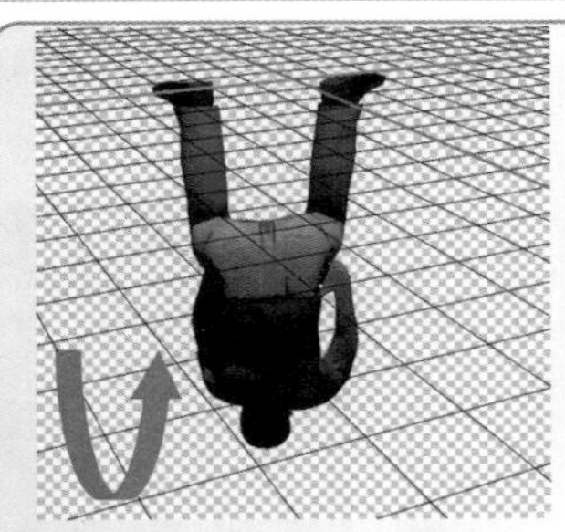

图 18-48 沿 X 轴旋转

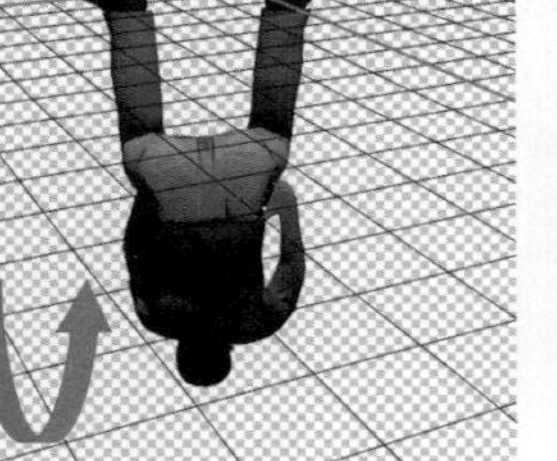

图 18-49 沿 Y 轴旋转

“滚动 3D 对象”按钮：使用该工具，在 3D 对象上进行左右拖动，可以将对象沿 Z 轴旋转，效果如图 18-50 所示。

图 18-50 沿 Z 轴旋转

“拖动 3D 对象”按钮：使用该工具，在 3D 对象上左右拖动，可以将 3D 对象水平移动，效果如图 18-51 所示。上下拖动可以将 3D 对象垂直移动，效果如图 18-52 所示。

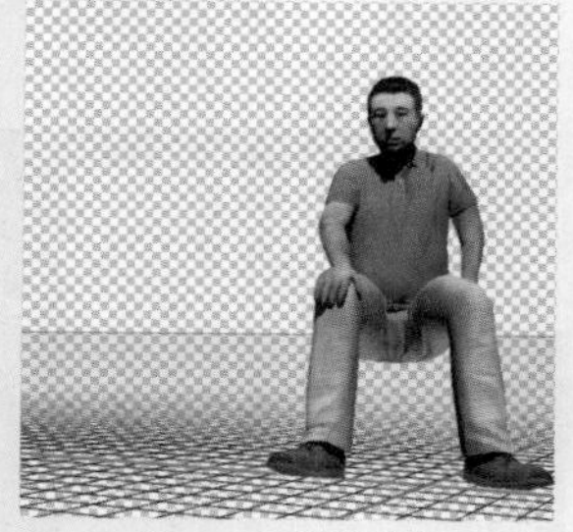
图 18-51 水平移动

图 18-52 垂直移动

- “滑动 3D 对象”按钮：使用该工具，在 3D 对象上左右拖动，可以将 3D 对象水平移动，效果如图 18-53 所示。上下拖动可以将 3D 对象拉近或推远，效果如图 18-54 所示。

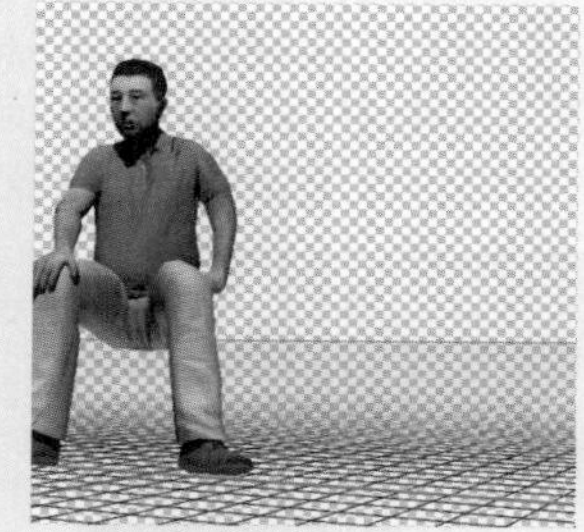
图 18-53 水平移动

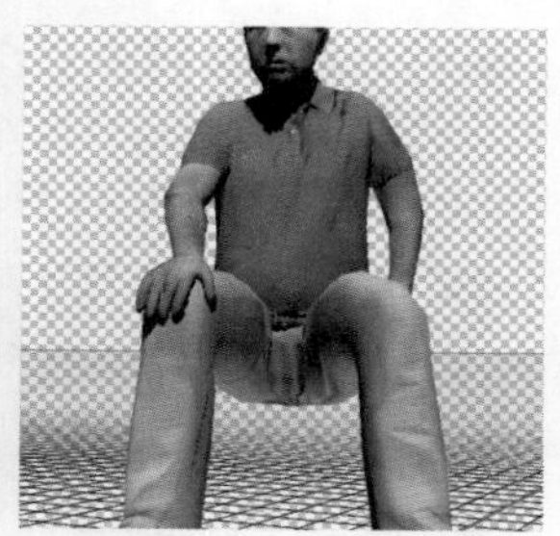
图 18-54 拉近 3D 对象

- “缩放 3D 对象”按钮：使用该工具，在 3D 对象上进行上下拖动，可以将 3D 对象放大或缩小，效果如图 18-55 所示。按住 Alt 键拖动，可以将 3D 对象沿 Z 轴方向进行移动，效果如图 18-56 所示。

图 18-55 缩小对象

图 18-56 沿 Z 轴方式移动

技巧

当使用“旋转 3D 对象”工具时，按住 Alt 键可临时将其变成“滚动 3D 对象”工具；相反，当使用“滚动 3D 对象”工具时，按住 Alt 键也可临时将其变成“旋转 3D 对象”工具。当使用“拖动 3D 对象”工具时，按住 Alt 键可临时将其变成“滑动 3D 对象”工具；相反，当使用“滑动 3D 对象”工具时，按住 Alt 键也可临时将其变成“拖动 3D 对象”工具。

提示

使用任意一个 3D 工具在视图中单击，则“缩放 3D 对象”的按钮图标将变为另外一种“缩放 3D 对象”的按钮图标，此时表示当前的 3D 工具将针对当前的视图进行操作，而不再只针对 3D 对象起作用。

18.3.2 认识 3D 轴

3D 轴显示 3D 空间中模型、相机、光源和网格的当前 X、Y 和 Z 轴的方向。当选择任意 3D 工具时，都会显示 3D 轴，从而提供了另一种对 3D 模型进行操作的方式，如图 18-57 所示。

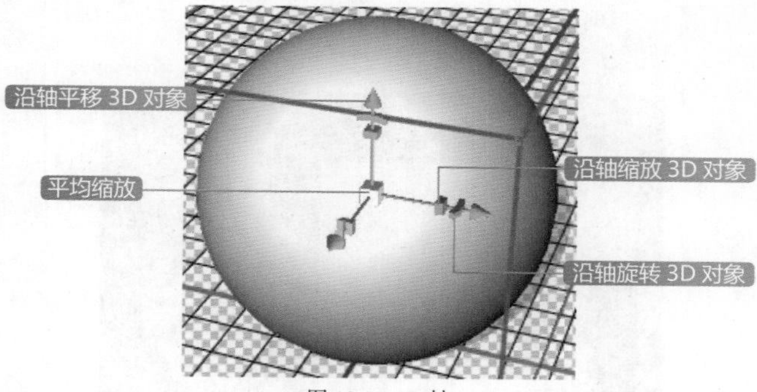

图 18-57 3D 轴

如果要使用 3D 轴沿着 X、Y 和 Z 轴移动 3D 对象，可将光标移到轴的锥尖处，如图 18-58 所示，然后拖动就可以完成对 3D 对象的操作。

如果要对 3D 对象进行平均缩放，可以将光标放在 3 个轴交叉的区域，3 个轴之间会出现一个黄色的图标，如图 18-59 所示，此时拖动即可对 3D 对象进行平均缩放。

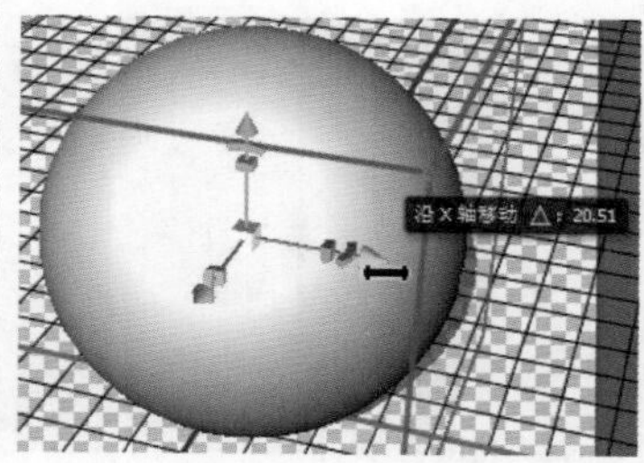

图 18-58 移动 3D 对象

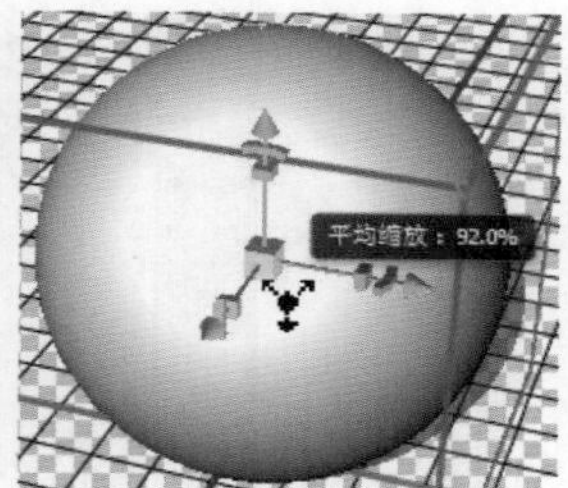

图 18-59 平均缩放 3D 对象

如果要旋转模型，可将光标移动到锥尖下的旋转线段上，此时会出现旋转平面的黄色圆环，围绕 3D 轴中心沿顺时针或逆时针方向拖动圆环即可旋转 3D 对象，如图 18-60 所示。

如果要沿轴压扁或拉长 3D 对象，可以将某个彩色的变形立方体朝中心立方体拖动，或向远离中心立方体的位置拖动，如图 18-61 所示。

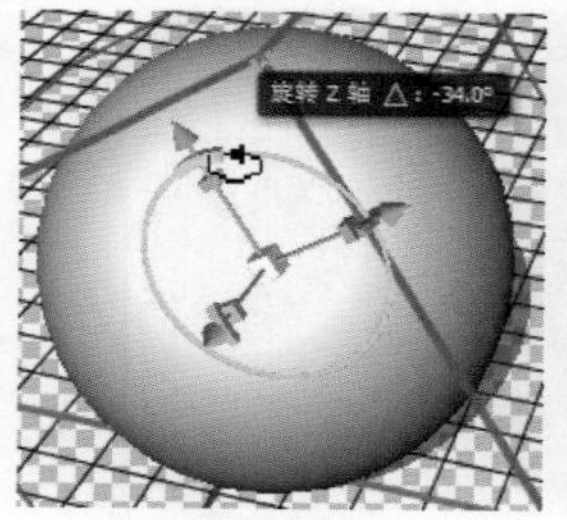

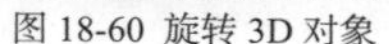
图 18-60 旋转 3D 对象

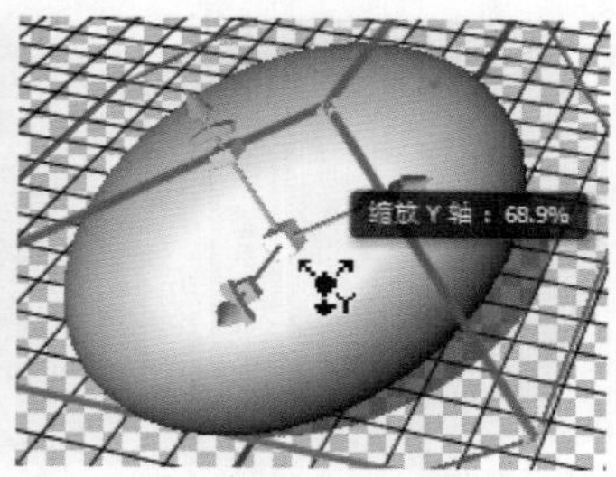

图 18-61 缩放 3D 对象

18.3.3 3D 副视图

在 Photoshop CC 的 3D 工作界面中提供了 3D 副视图窗口，通过 3D 副视图窗口可以更加方便地查看 3D 对象。如果需要在 Photoshop CC 界面中显示 3D 副视图，可以执行“视图 > 显示 >3D 副视图”命令，即可在 Photoshop CC 的界面中显示出“3D 副视图”窗口，如图 18-62 所示。

图 18-62 显示 3D 副视图

在“3D 副视图”窗口中可以查看与主视图中不同角度的 3D 对象，这样方便用户能够更好地对 3D 对象进行控制，如图 18-63 所示。

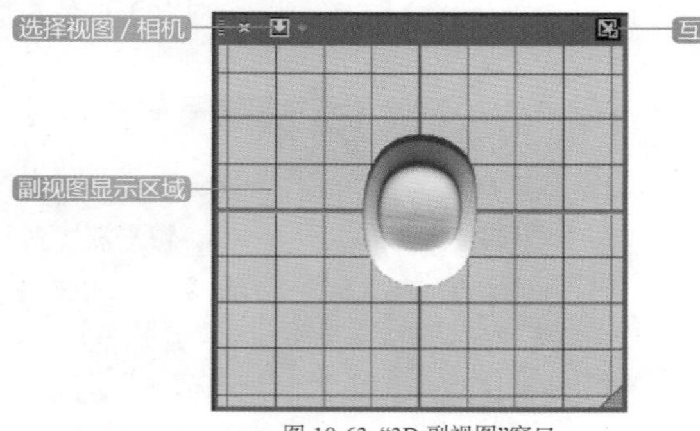

图 18-63 “3D 副视图”窗口

副视图显示区域：在该区域中将显示 3D 对象的副视图。

选择视图 / 相机：单击该按钮，可以在弹出的下拉菜单中选择需要在“3D 副视图”窗口中查看的视图，如图 18-64 所示。例如，在弹出菜单中选择“左视图”命令，则在“3D 副视图”窗口中将显示 3D 对象的左视图，如图 18-65 所示。

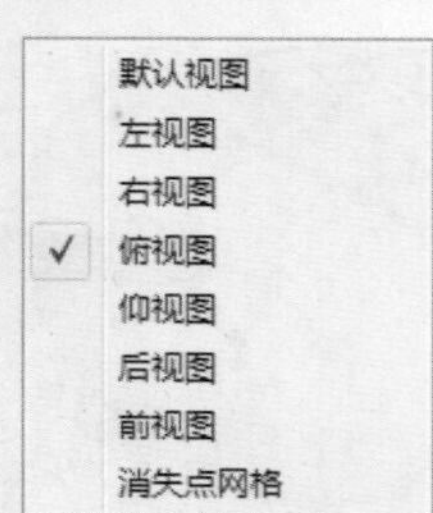

图 18-64 弹出的下拉菜单

图 18-65 左视图效果

互换主副视图：单击该按钮，可以将“3D 副视图”窗口中的视图与 Photoshop CC 主界面的主视图进行互换，如图 18-66 所示。

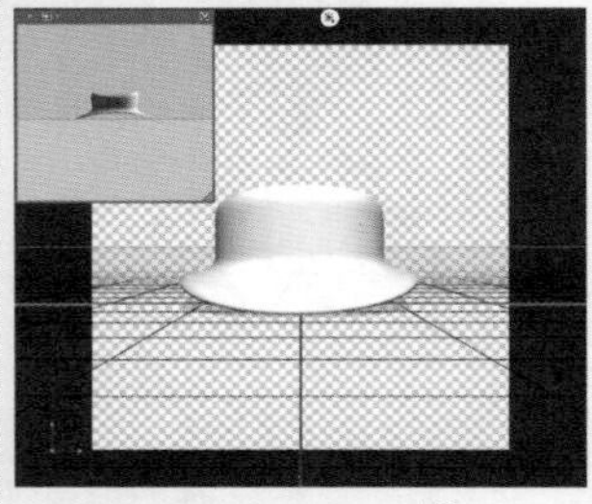

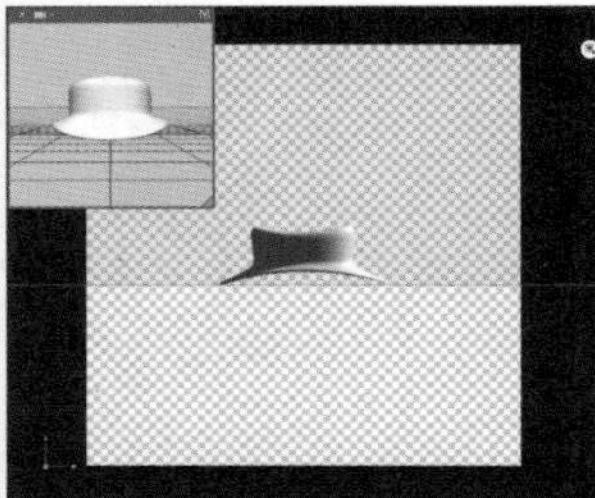

图 18-66 互换主副视图

18.3.4 3D 辅助对象

执行“文件 > 打开”命令，打开 3D 对象“光盘\源文件\第 18 章\素材\183401.psd”，如图 18-67 所示。在 Photoshop CC 的操作界面中将显示出 3D 辅助对象。

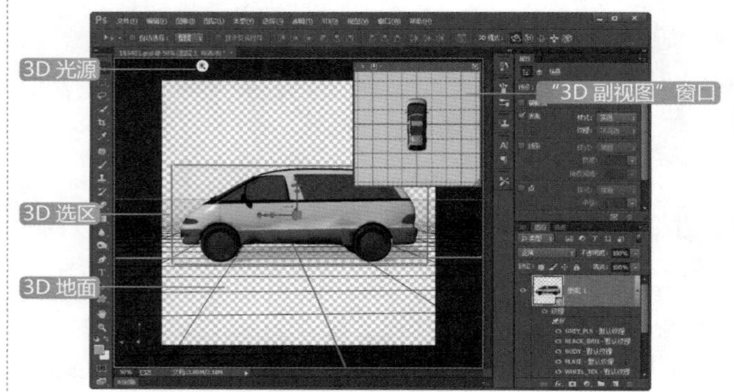

图 18-67 打开 3D 对象

3D 光源：3D 光源是 3D 对象的模拟灯光，单击该 3D 光源，将显示 3D 对象上的光源控制，如图 18-68 所示。使用 3D 工具同样可以对 3D 光源进行调整，如图 18-69 所示。

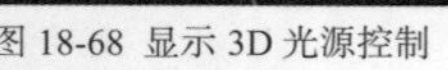

图 18-68 显示 3D 光源控制

图 18-69 旋转 3D 光源

3D 选区：在 Photoshop CC 中对 3D 对象进行操作时，3D 对象的周围将显示一个区域，用于显示 3D 对象的范围并显示 3D 轴，如图 18-70 所示。如果不选择 3D 对象，则会隐藏 3D 对象的选区，如图 18-71 所示。

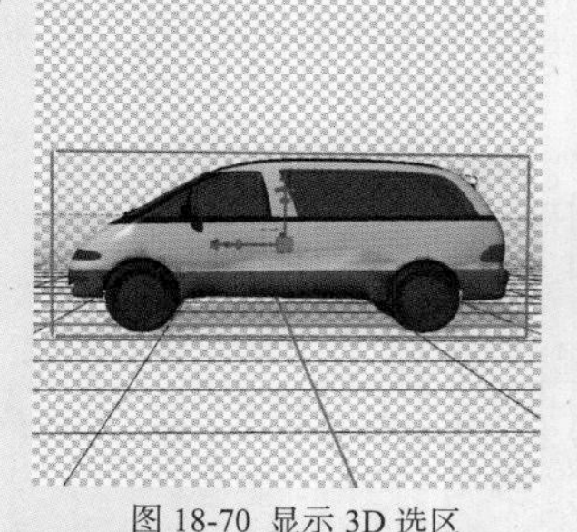

图 18-70 显示 3D 选区

图 18-71 隐藏 3D 选区

- 3D 地面：用于反映相对于 3D 对象的地面位置的网格。
- “3D 副视图”窗口：用于显示 3D 对象的副视图，单击并拖动该窗口左上角的▮位置，可以调整“3D 副视图”窗口在 Photoshop CC 工作区中的位置。

提示

用户可以根据操作的需要在 Photoshop CC 工作区中显示或隐藏这些 3D 辅助对象。在“视图 > 显示”子菜单中选择相应的命令，可以设置这些 3D 辅助对象在 Photoshop CC 工作区中的显示和隐藏。

18.3.5 制作 3D 杯子

了解了如何创建 3D 对象，以及对 3D 对象基本的操作后，下面通过一个小练习巩固一下所学的知识。通过对当前图层创建 3D 对象，并对 3D 对象进行调整，在 Photoshop CC 中制作出木纹杯子的效果。

动手实践——制作 3D 杯子

源文件：光盘 \ 源文件 \ 第 18 章 \18-3-5.psd

视频：光盘 \ 视频 \ 第 18 章 \18-3-5.swf

01 执行“文件 > 新建”命令，弹出“新建”对话框，设置如图 18–72 所示。单击“确定”按钮，新建一个空白文档。使用“钢笔工具”在画布中绘制路径，如图 18–73 所示。

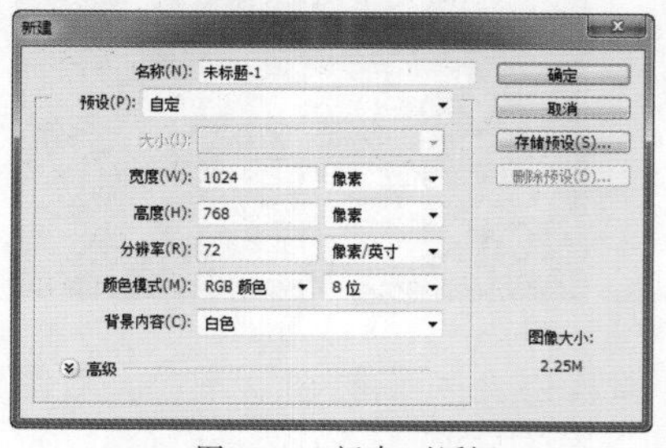

图 18-72 “新建”对话框

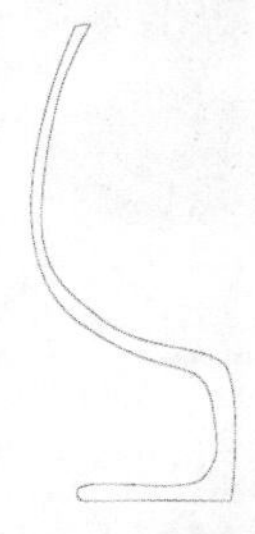

图 18-73 绘制路径

02 新建“图层 1”图层，将路径转换为选区，为选区填充白色，取消选区，隐藏“背景”图层，如图 18–74 所示。选择“图层 1”图层，打开 3D 面板，设置如图 18–75 所示。

图 18-74 图像效果

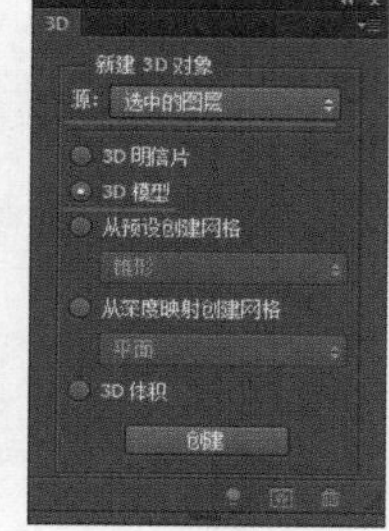

图 18-75 3D 面板

03 单击“创建”按钮，创建 3D 对象，如图 18–76 所示。选中刚创建的 3D 对象，打开“属性”面板，对相关选项进行设置，如图 18–77 所示。3D 对象效果如图 18–78 所示。

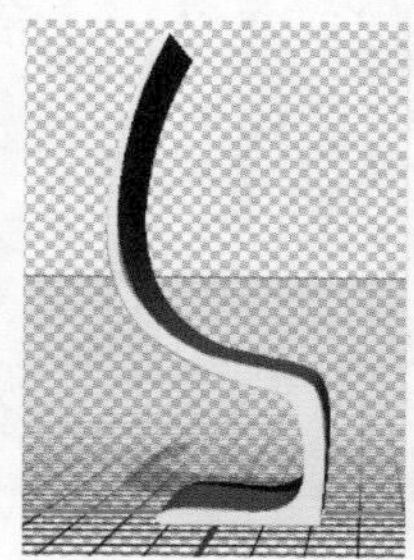

图 18-76 创建 3D 对象

图 18-77 “属性”面板

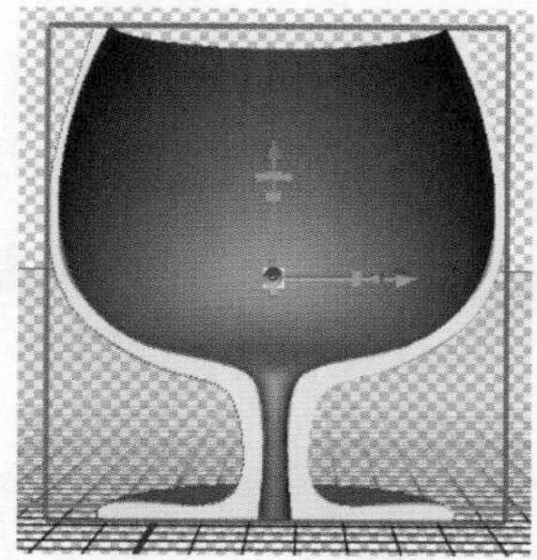

图 18-78 3D 对象效果

04 单击“属性”面板上的“变形”按钮，切换到变形选项，设置如图 18–79 所示。3D 对象效果如图 18–80 所示。

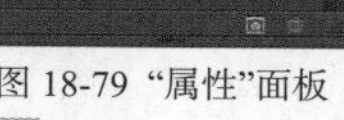

图 18-79 “属性”面板

图 18-80 3D 对象效果

05 单击“旋转 3D 对象”按钮，向下拖动鼠标，对 3D 对象进行适当的旋转操作，如图 18–81 所示。在 3D 面板中选中“无限光 1”选项，打开“属性”面板，对相关选项进行设置，如图 18–82 所示。

图 18-81 旋转 3D 对象

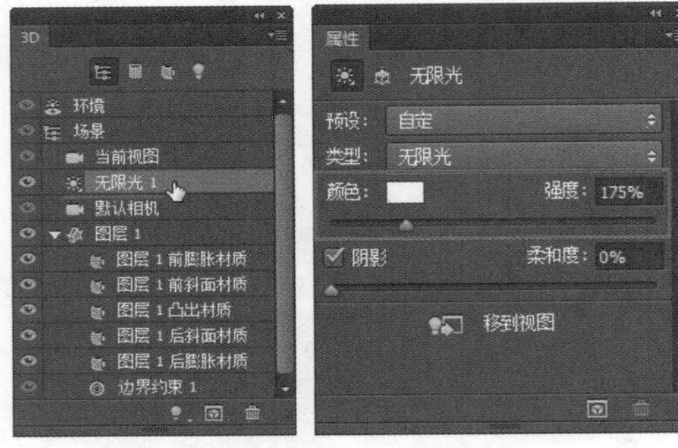

图 18-82 设置 3D 对象的光源

06 完成“属性”面板的设置，3D 凸出对象效果如图 18–83 所示。打开“图层”面板，复制 3D 对象图层，将复制得到的图层栅格化，并将 3D 图层隐藏，如图 18–84 所示。

图 18-83 3D 对象效果

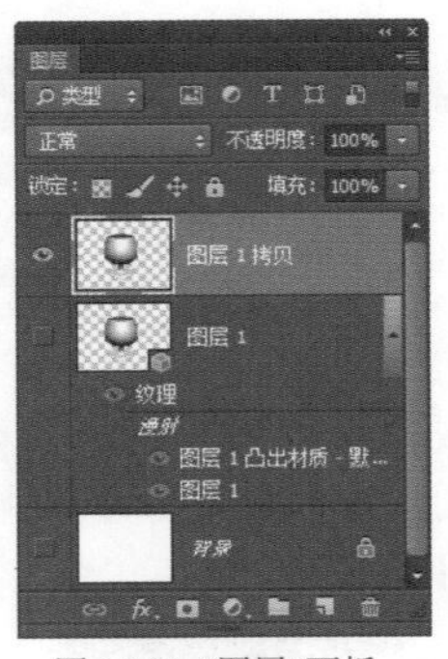

图 18-84 “图层”面板

07 打开并拖入素材“光盘\源文件\第 18 章\素材\183501.jpg”，将其调整至“图层 1 拷贝”图层下方，如图 18–85 所示。选择“图层 1 拷贝”图层，调整杯子到合适的大小和位置，如图 18–86 所示。

图 18-85 拖入素材图像

图 18-86 调整图像大小

08 复制“图层 1 拷贝”图层，得到“图层 1 拷贝 2”图层，打开并拖入素材“光盘\源文件\第 18 章\素材\183502.jpg”，设置该图层的“混合模式”为“正片叠底”，效果如图 18–87 所示。“图层”面板如图 18–88 所示。

图 18-87 图像效果

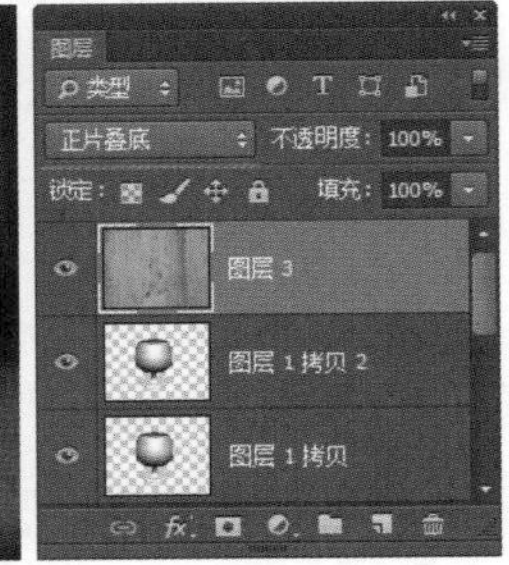

图 18-88 “图层”面板

09 为“图层 3”添加图层蒙版，载入“图层 1 拷贝”图层的选区，按快捷键 Ctrl+Shift+I，反向选择选区，在“图层 3”图层蒙版中为选区填充黑色，“图层”面板如图 18–89 所示。图像效果如图 18–90 所示。

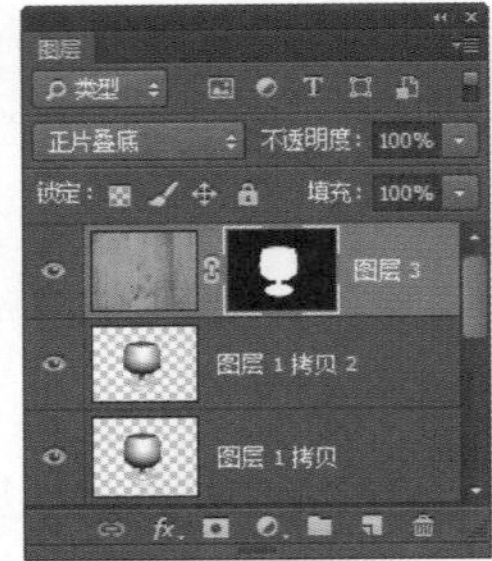

图 18-89 “图层”面板

图 18-90 图像效果

10 选择“图层 1 拷贝”图层，载入该图层选区，为选区填充黑色，取消选区。执行“滤镜 > 模糊 > 高斯模糊”命令，弹出“高斯模糊”对话框，设置如图 18–91 所示。单击“确定”按钮，完成“高斯模糊”对话框的设置，图像效果如图 18–92 所示。

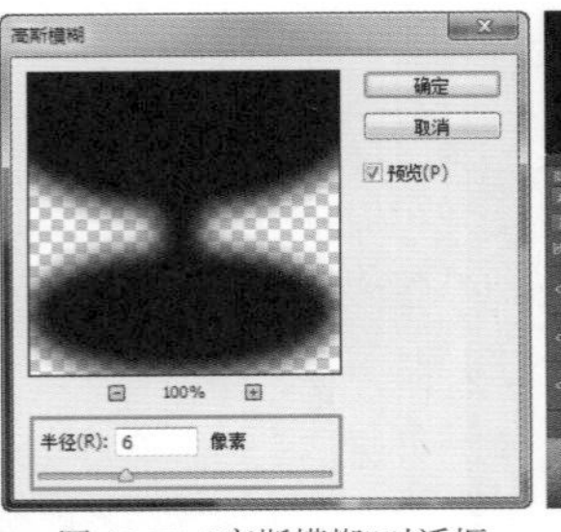

图 18-91 “高斯模糊”对话框

图 18-92 图像效果

11 执行“编辑 > 自由变换 > 斜切”命令，对图像进行斜切操作，并调整到合适的大小和位置，设置该图层的“不透明度”为 50%，如图 18–93 所示。图像效果如图 18–94 所示。

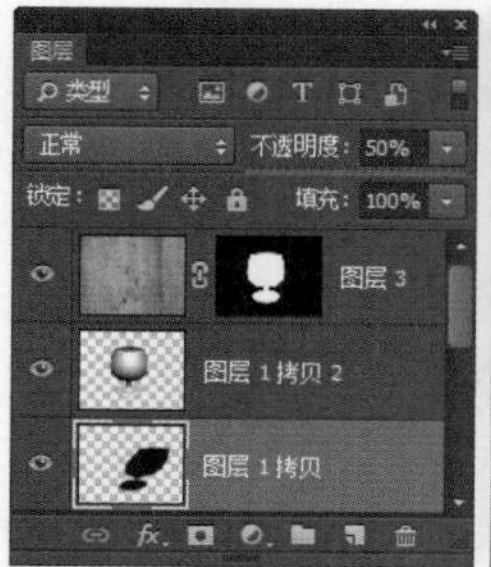
图 18-93 "图层"面板

图 18-94 图像效果

12 在"图层 3"图层上方新建"图层 4"图层，使用"椭圆选框工具"在画布中绘制椭圆形选区，如图 18-95 所示。选择"渐变工具"，打开"渐变编辑器"对话框，设置渐变颜色，如图 18-96 所示。

图 18-95 绘制椭圆形选区

图 18-96 设置渐变颜色

13 完成渐变颜色的设置，在选区中拖动鼠标填充径向渐变，取消选区，效果如图 18-97 所示。将该图像向下移动一些，载入"图层 4"图层选区，将选区向上移动，如图 18-98 所示。

图 18-97 填充径向渐变　　图 18-98 调整选区位置

14 按快捷键 Ctrl+Shift+I，反向选择选区，删除选区中的图像，如图 18-99 所示。取消选区，设置"图层 4"图层的"混合模式"为"叠加"，完成 3D 杯子的制作，最终效果如图 18-100 所示。

图 18-99 删除图像

图 18-100 最终效果

18.4 设置 3D 对象属性

在 Photoshop CC 中创建了 3D 对象后，在 3D 面板中将显示该 3D 对象相关的 3D 属性，在 3D 面板的上方列出了场景、网格、材质和光源，如图 18-101 所示。选择相应的 3D 属性，在"属性"面板中可以对该 3D 属性进行相应的设置，如图 18-102 所示。

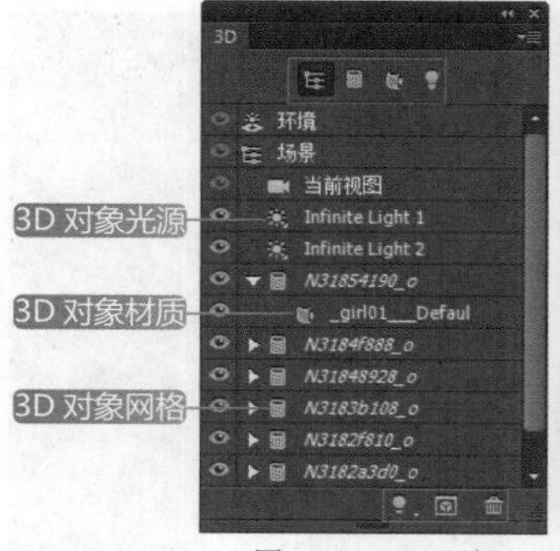

图 18-101 3D 面板

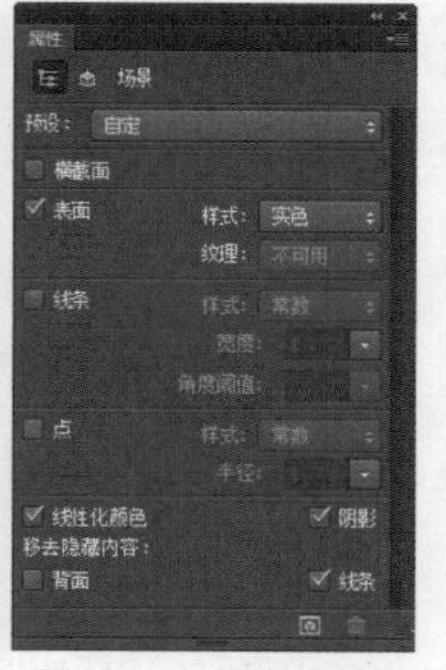
图 18-102 "属性"面板

- "滤镜：整个场景"按钮：单击该按钮，可以在 3D 面板中显示所选中的 3D 对象的所有属性。
- "滤镜：网格"按钮：单击该按钮，可以在 3D 面板中显示所选中的 3D 对象的网格相关属性，如图 18-103 所示。
- "滤镜：材质"按钮：单击该按钮，可以在 3D 面板中显示所选中的 3D 对象的材质相关属性，如图 18-104 所示。

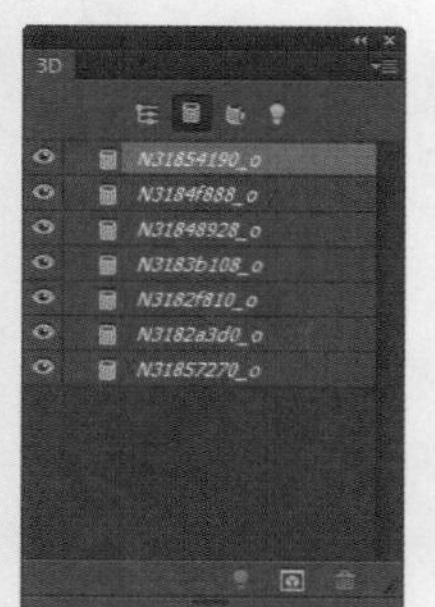

图 18-103 网格属性

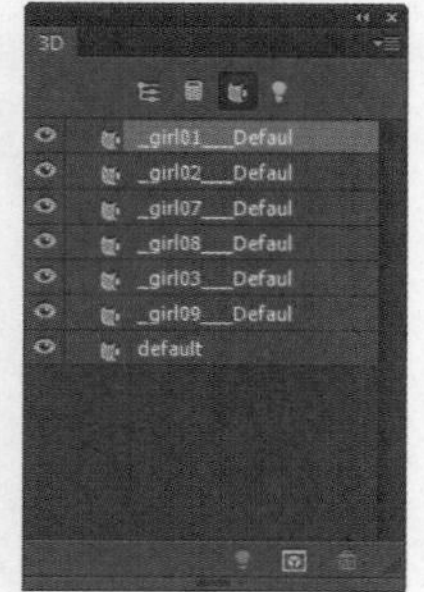
图 18-104 材质属性

- "滤镜：光源"按钮：单击该按钮，可以在 3D 面板中显示所选中的 3D 对象的光源相关属性，如图 18-105 所示。

- “将新光照添加到场景”按钮：单击该按钮，可以创建光源，在其下拉列表中包含了 3 种不同种类的光源可供选择，如图 18-106 所示。

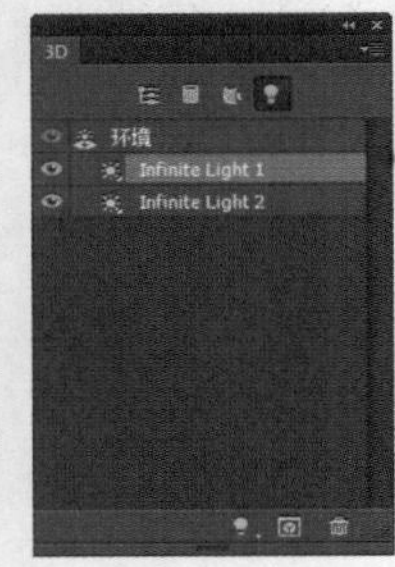

图 18-105 光源属性

新建点光
新建聚光灯
新建无限光

图 18-106 弹出菜单

- “渲染”按钮：单击该按钮，可以对当前选中的 3D 对象进行渲染。
- “删除所选内容”按钮：在 3D 面板中选择相应的属性。单击该按钮，可以将选中的属性设置删除。

18.4.1 3D 环境设置

在 3D 面板中选择“环境”选项，如图 18-107 所示。在“属性”面板中可以对整个 3D 对象的环境的相关属性进行设置，如图 18-108 所示。

图 18-107 选择“环境”选项

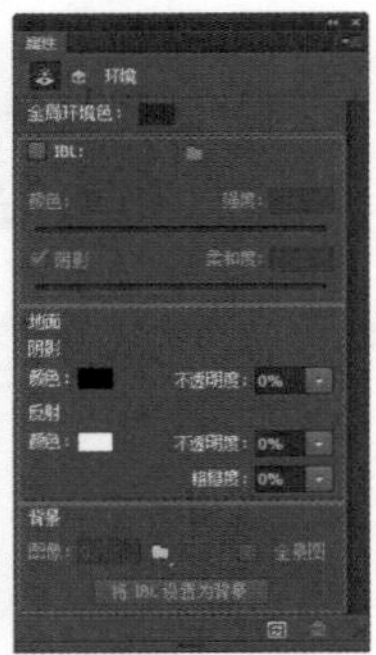

图 18-108 “属性”面板

- 全局环境色：该选项用于设置全局环境光的颜色，该颜色与用于特定材质的环境色相互作用，单击该选项后面的色块，可以弹出“拾色器”对话框。如图 18-109 所示分别设置不同的全局环境色的效果。

图 18-109 设置不同的全局环境色的效果

- IBL 选项区：该选项区用于设置基于图像的光照。选中 IBL 复选框，可以启用基于图像的光照设置，激活该选项区中的其他选项。
  - 颜色：用于设置基于图像的光照颜色。
  - 强度：用于设置基于图像的光照颜色的强度。
  - 阴影：用于设置基于图像的光照效果的阴影。
  - 柔和度：用于设置基于图像的光照阴影的柔和度。
- “地面”选项区：在该选项区中可以设置地面的阴影和反射效果。
  - 阴影：用于设置地面光照阴影的颜色以及阴影颜色的不透明度。
  - 反射：用于设置地面光照反射的颜色以及反射颜色的不透明度和粗糙度。
- “背景”选项区：在该选项区中可以设置环境的背景效果。
  - 图像：通过该选项可以将图像设置为 3D 环境的背景效果。
  - 全景图：选中该复选框，可以将所设置的图像作为全景图。
  - 将 IBL 设置为背景：单击该按钮，可以将 IBL 的设置作为 3D 环境的背景图。

18.4.2 视图设置

通过对视图的设置，可以使用不同的视图查看 3D 对象，在 3D 面板中选择“当前视图”选项，如图 18-110 所示。在“属性”面板中可以对 3D 对象的视图进行设置，如图 18-111 所示。

图 18-110 选择“当前视图”选项

图 18-111 “属性”面板

- 视图：该选项用于设置查看 3D 对象的视图方式，在该选项的下拉列表中可以选择预设的视图方式，如图 18-112 所示。例如选择“前视图”选项，则显示如图 18-113 所示。

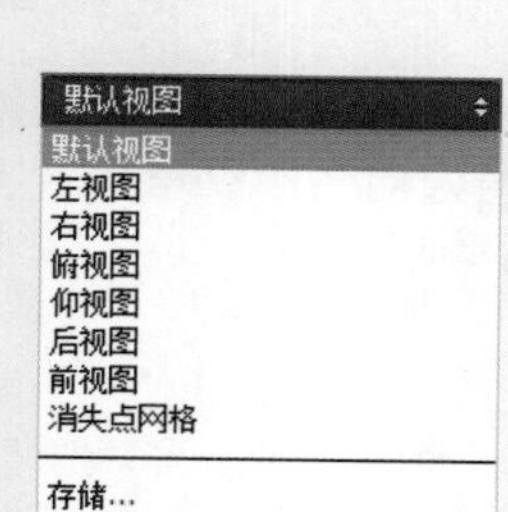

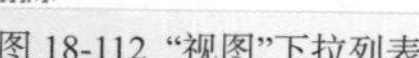

图 18-112 “视图”下拉列表

图 18-113 前视图效果

透视 / 正交：单击“透视”按钮，使用透视角度显示 3D 对象，显示汇聚成消失点的平行线，如图 18–114 所示。单击“正交”按钮，使用缩放显示视图，保持平行线不相交，如图 18–115 所示。

图 18-114 透视

图 18-115 正交

视角：用于设置视角的大小，在该选项的文本框中设置视角的大小，在文本框后面的下拉列表中可以选择相应的镜头，包括“毫米镜头”、“垂直”和“水平”。

景深：在该选项区中可以设置视图景深的效果。

距离：该选项用于设置对象聚焦到相机镜头的距离。

深度：该选项设置镜头的深度，可以将图像的其余部分模糊化。

立体：选中该复选框，可以启用立体视图渲染。可以在“立体视图”下拉列表中选择立体视图的渲染方式，包括“浮雕装饰”、“并排”和“透镜”。

18.4.3 3D 网格设置

3D 模型都有网格显示，每个 3D 模型的网格都会出现在 3D 面板顶部的单独线条上。单击“滤镜：网格”按钮，在 3D 面板中显示 3D 对象的网格选项，如图 18–116 所示。选择一个网格选项，在“属性”面板中可以对网格选项进行设置，如图 18–117 所示。

图 18-116 选择网格选项

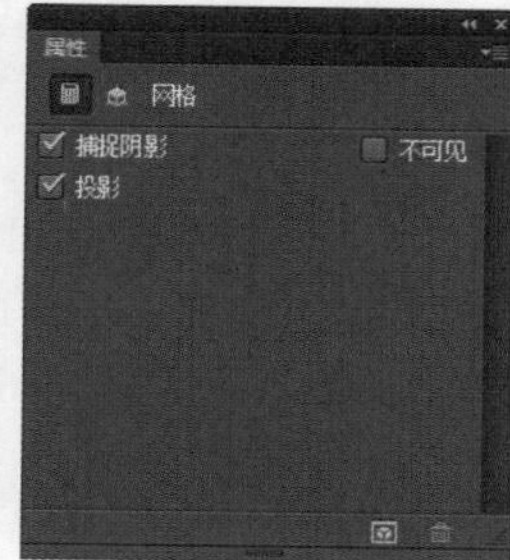

图 18-117 “属性”面板

捕捉阴影：该选项用于设置选定的 3D 网格对象是否在其表面显示来自其他网格的阴影。

不可见：该选项用于隐藏网格，但显示其表面的所有阴影，原 3D 对象效果如图 18–118 所示。选中该复选框后，3D 对象效果如图 18–119 所示。

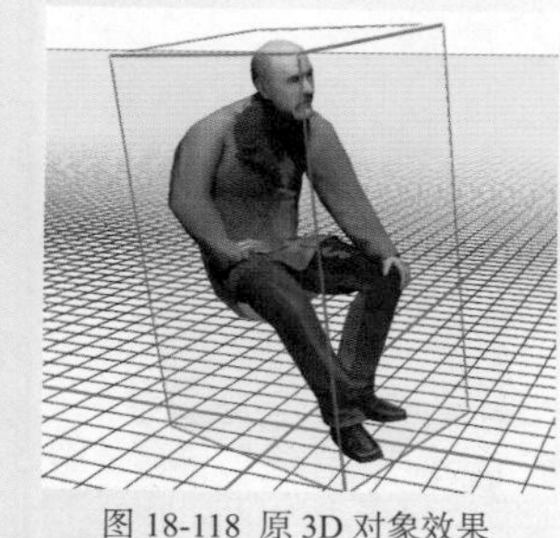
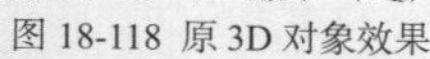
图 18-118 原 3D 对象效果

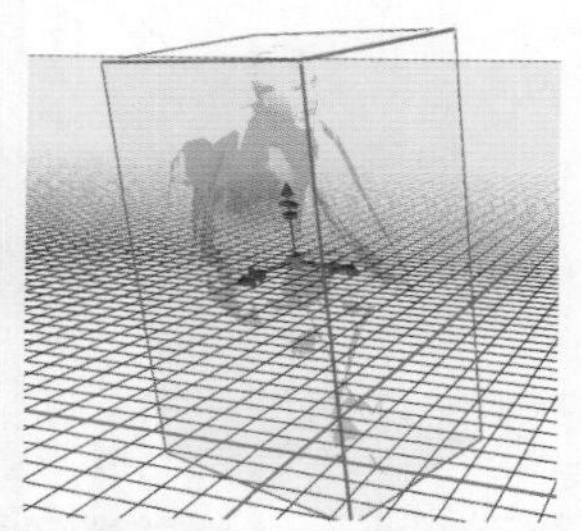
图 18-119 选中“不可见”选项后的效果

投影：该选项用于设置选定的 3D 网格对象是否在其他网格表面产生投影。

18.4.4 3D 材质设置

一个 3D 对象可能使用一种或多种材质来创建模型的整体外观。“3D 材质”面板中列出了所有在 3D 文件中使用的材质。如果模型包含多个网格，则每个网格可能会有与之关联的特定材质，或者模型可以从一个网格构建，但使用多种材质。在这种情况下，每种材质分别控制网格特定部分的外观。单击 3D 面板上的“滤镜：材质”按钮，在 3D 面板中显示 3D 对象的材质，如图 18–120 所示。选择一个材质，在“属性”面板中可以对材质选项进行设置，如图 18–121 所示。

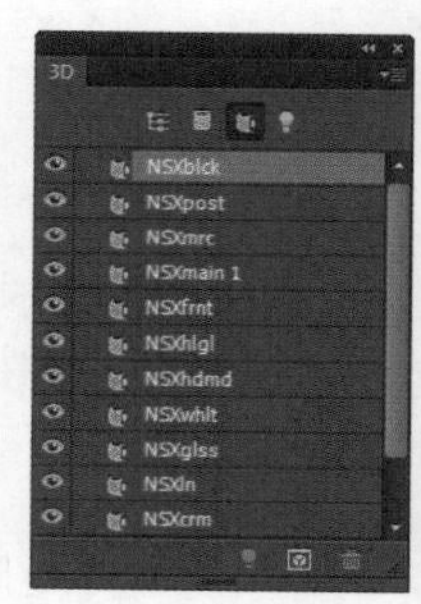

图 18-120 选择材质选项

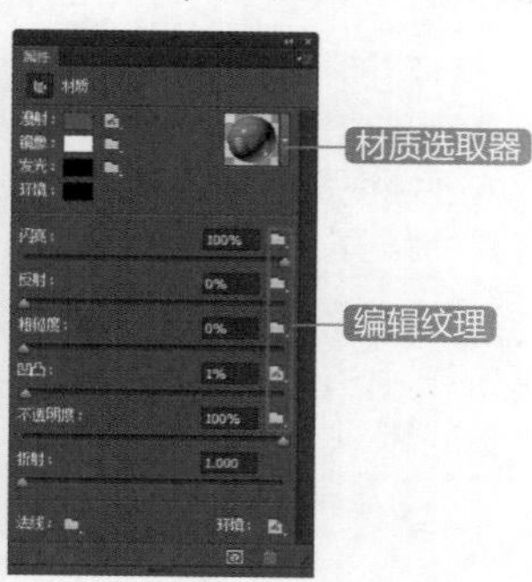

图 18-121 “属性”面板

- 漫射：该选项用于设置材质的颜色。漫射映射可以是实色或任意 2D 内容。如果选择移去漫射纹理，则“漫射”色板值会设置漫射颜色。还可以通过直接在模型上绘画来创建漫射映射。
- 镜像：该选项用于为镜面属性设置显示颜色。
- 发光：该选项用于定义不依赖于光照即可显示的颜色。创建从内部照亮 3D 对象的效果。
- 环境：该选项用于设置在反射表面上可见的环境光的颜色。该颜色与用于整个场景的全局环境色相互作用。
- 材质选取器：单击“材质选取器”右侧的倒三角按钮，在打开的面板中可以快速运用材质预设纹理。默认预设纹理提供了 36 种材质纹理，如图 18-122 所示。在“材质选取器”中选择一种纹理映射，即可将当前选中的对象更改纹理材质，如图 18-123 所示。

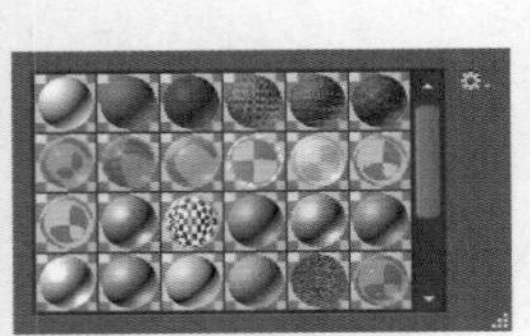

图 18-122 材质选取器 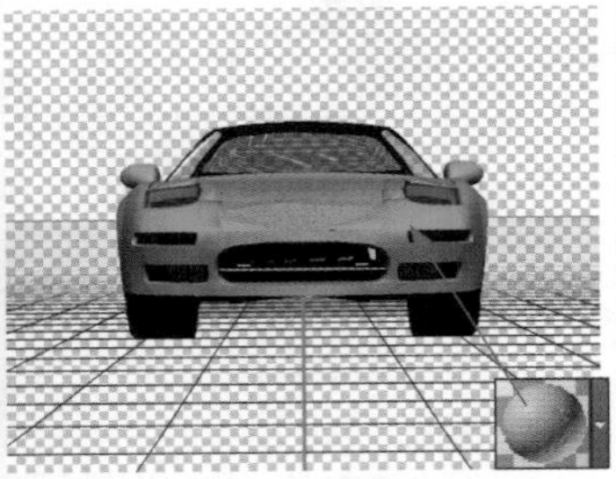　　图 18-123 应用预设材质

- 闪亮：用于定义“光泽”设置所产生的反射光的散射。低反光度（高散射）产生更明显的光照，而焦点不足；高反光度（低散射）产生较不明显、更亮、更耀眼的高光。
- 反射：该选项用于增加 3D 场景、环境映射和材质表面上其他对象的反射。
- 粗糙度：该选项用于设置材质表面的粗糙程度。
- 凹凸：该选项用于在材质表面创建凹凸，无须改变底层网格。凹凸映射是一种灰度图像，其中较亮的值创建突出的表面区域，较暗的值创建平坦的表面区域。可以创建或载入凹凸映射文件。还可以在模型上绘画以自动创建凹凸映射文件。
- 不透明度：该选项用于增加或减少材质的不透明度（在 0~100% 范围内）。纹理映射的灰度值控制材质的不透明度。白色值创建完全的不透明度，而黑色值创建完全的透明度。
- 折射：该选项用于设置折射率，两种折射率不同的介质相交时，光线方向发生改变，即产生折射。新材质的默认值是 1.0。
- “编辑纹理”按钮：通过单击每个纹理类型后面的“编辑纹理”按钮，在弹出的下拉菜单中可以选择“新建”、“载入”、“打开”、“移去”或“编辑纹理映射”的属性，也可以通过直接在模型区域上绘画来创建纹理。
- 正常：像凹凸映射纹理一样，正常映射会增加表面细节。与基于单通道灰度图像的凹凸纹理映射不同，正常映射基于多通道（RGB）图像。每个颜色通道的值代表模型表面上正常映射的 X、Y 和 Z 分量。正常映射可用于使低多边形网格的表面变平滑。
- 环境：储存 3D 对象周围环境的图像。环境映射会作为球面全景来应用。可以在模型的反射区域中看到环境映射的内容。

提示

在设置“凹凸”纹理类型时，如果效果不明显，可以从正面观察，这样凹凸度最明显。要避免环境映射在给定的材质上产生的反射，可以将“反射”更改为 0，并添加遮盖材质区域的反射映射，或移去用于该材质的环境映射。

18.4.5 3D 材质拖放工具

使用 Photoshop CC 中的“3D 材质拖放工具”直接在 3D 对象上拖动即可应用所设置的材质。单击工具箱中的“3D 材质拖放工具”按钮，在其选项栏上可以对相关选项进行设置，如图 18-124 所示。

载入所选材质　载入的材质：有机物 - 橘皮

图 18-124 “3D 材质拖放工具”的选项栏

- 材质选取器：单击该选项右侧的倒三角按钮，可以打开材质选取器面板，在该面板中可以选择预设的材质。在此打开的材质选取器与在“属性”面板中打开的材质选取器是一样的。
- 载入所选材质：单击该按钮，可以将当前所选择的 3D 对象的材质载入到材质油漆桶中。

18.4.6 3D 光源设置

3D 光源可以从不同类型、不同角度照亮模型，从而使模型更具逼真的深度和阴影效果。Photoshop CC 提供了 3 种类型的光源，即点光、聚光灯和无限光。每种光源都有独特的选项。点光像灯泡一样，向各个方向照射；聚光灯照射出可调整的锥形光线；无限光像太阳光，从一个方向平面照射。

单击 3D 面板上的“滤镜：光源”按钮，在 3D 面板中显示 3D 对象的光源，如图 18-125 所示。选择一个光源，在“属性”面板中可以对光源选项进行设置，如图 18-126 所示。

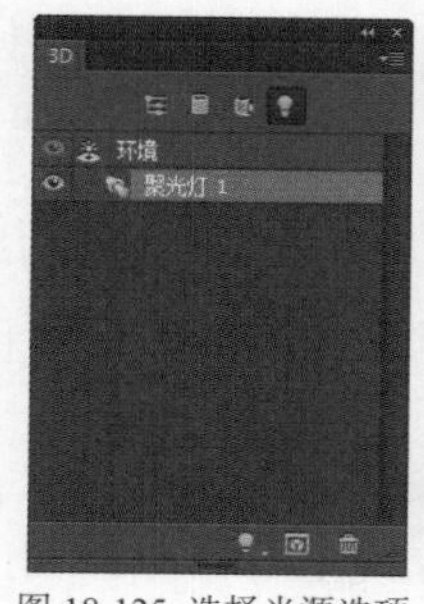

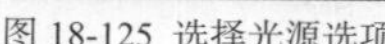

图 18-125　选择光源选项

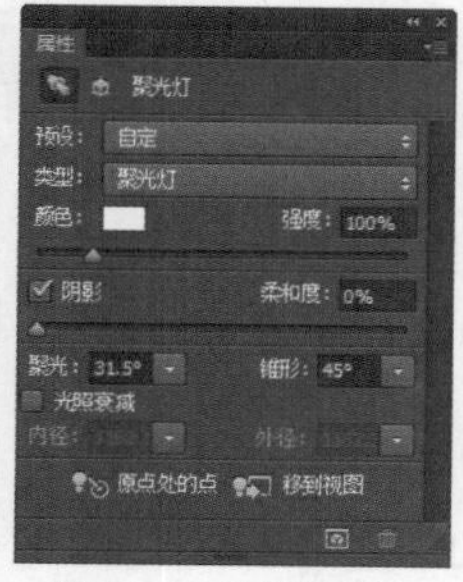

图 18-126 “属性”面板

- 预设：在该选项的下拉列表中包含了 Photoshop CC 中预设的 15 种光源效果，选择相应的预设，即可应用该光源效果，如图 18–127 所示。

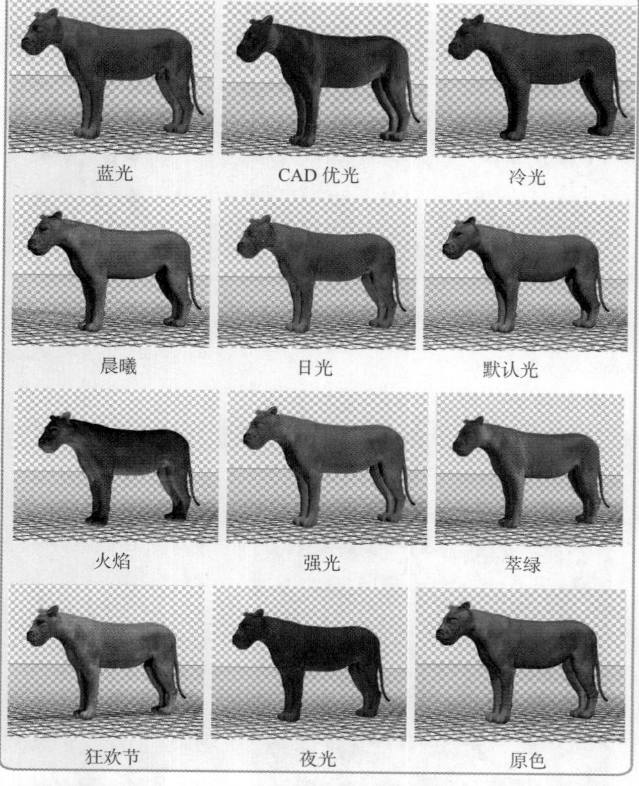

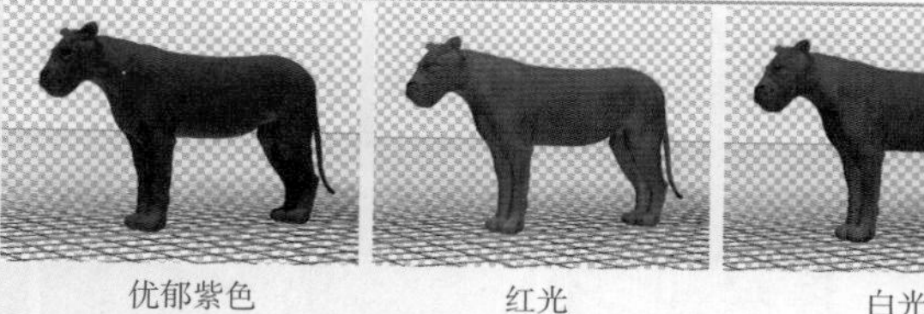

图 18-127 各种预设光源的效果

- 类型：在该选项的下拉列表中可以选择不同的灯光类型，包括点光、聚光灯和无限光 3 种。
- 颜色：该选项用于设置光源的颜色，单击颜色块可弹出“拾色器”对话框。
- 强度：该选项用于设置光源亮度，可将光标移至名称处左右拖动调整或在后面的输入框中输入相应数值。
- 阴影：选中该选项，将启用光照阴影，从前景表面到背景表面、从单一网格到其自身或从一个网格到另一个网格的投影。
- 柔和度：该选项用于设置光照阴影的柔和度，模糊阴影边缘，产生逐渐的衰减。
- 聚光：该选项用于设置光源明亮中心的宽度，此选项只有在聚光灯下才可使用。
- 锥形：该选项用于设置光源的外部宽度，此选项只有在聚光灯下才可使用。
- 光照衰减：选中该选项后，“内径”与“外径”即可使用，它们决定衰减锥形，以及光源强度随对象距离的增加而减弱的效果。对象接近“内径”限制时，光源强度最大；对象接近“外径”限制时，光源强度为零；处于中间距离时，光源从最大强度线性衰减为零。
- “原点处的点”按钮：单击该按钮，可以使光源正对模糊中心。该按钮只限于在聚光灯下使用。
- “移到视图”按钮：单击该按钮，可以将光源置于与相机相同的位置。

18.5　3D 绘画和编辑 3D 纹理

在 Photoshop CC 中打开 3D 文件后，“图层”面板中显示 3D 文件的纹理条目，按照散射、凹凸、光泽度等类型编组，并且可以使用绘图工具和调整工具来编辑纹理，也可以创建新的纹理。

18.5.1　绘画于 3D 对象

使用任何 Photoshop CC 绘画工具都可以直接在 3D 对象上绘画。使用选择工具将特定的模型区域设为目标，或让 Photoshop 识别并高亮显示可绘画的区域。使用 3D 菜单命令可清除模型区域，从而访问内部或隐藏的部分，以便进行绘画。

打开 3D 文件“光盘\源文件\第 18 章\素材\185101.psd”，如图 18–128 所示。使用“快速选择工具”在机器人上创建选区，如图 18–129 所示。

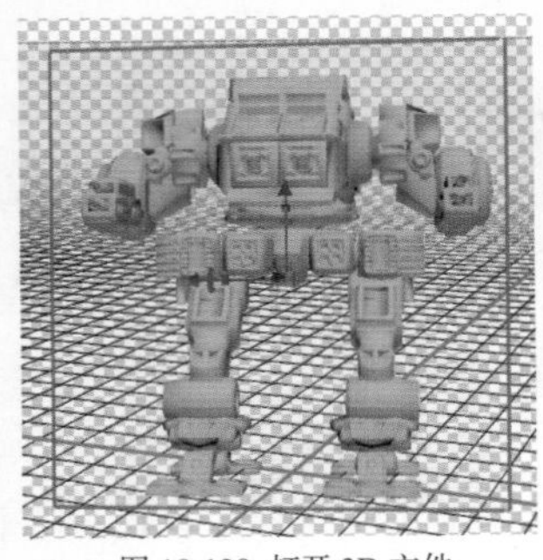

图 18-128 打开 3D 文件

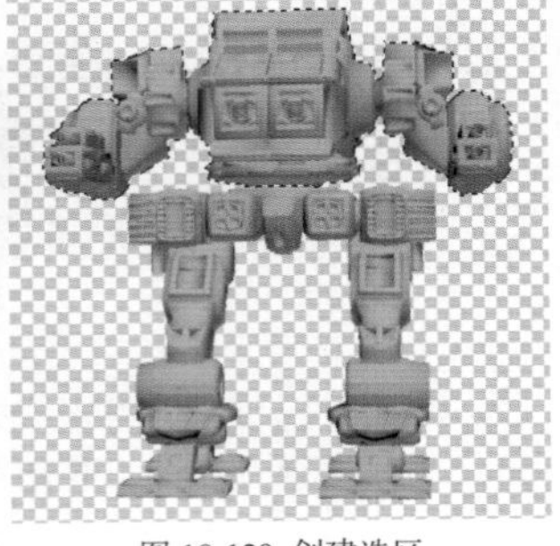

图 18-129 创建选区

执行“3D> 在目标纹理上绘画 > 漫射”命令，如图 18–130 所示。选择“画笔工具”，设置“前景色”为 RGB（255、0、0），在选区中涂抹，效果如图 18–131 所示。

从图层新建拼贴绘画(W)
绘画衰减(F)...
在目标纹理上绘画(T)
重新生成 UV...
创建绘图叠加(V)
选择可绘画区域(B)
绘画系统
从 3D 图层生成工作路径(K)
使用当前画笔素描(S)
渲染(R) Alt+Shift+Ctrl+R
获取更多内容(G)...
漫射
凹凸
镜面颜色
不透明度
反光度
自发光
反射
粗糙度
深度

图 18-130 执行菜单命令

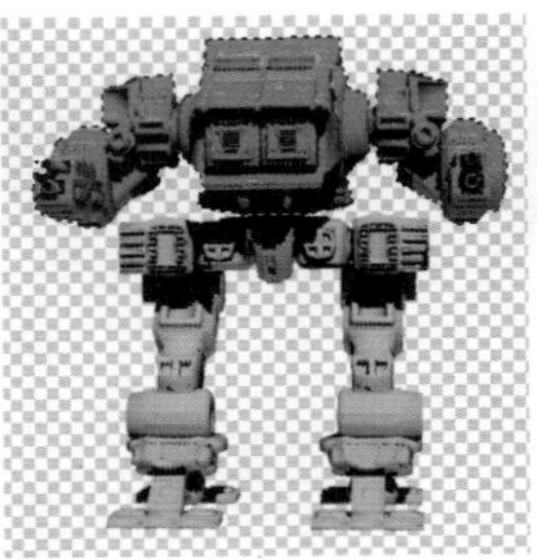

图 18-131 在 3D 对象上绘画

如果要查看纹理映射自身的绘画效果，可以在“图层”面板中双击纹理映射名称，即可打开纹理如图 18–132 所示。

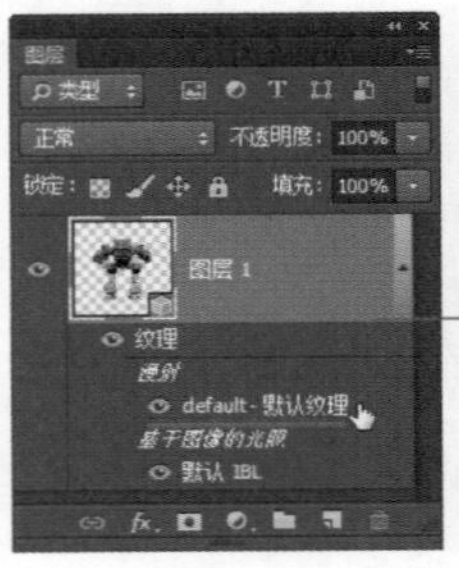

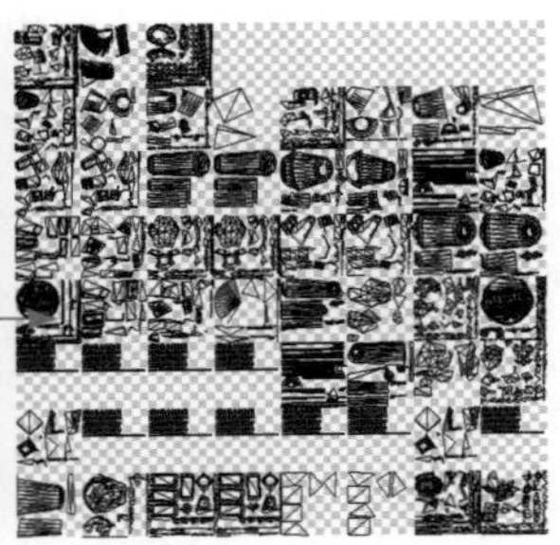

图 18-132 打开纹理

18.5.2 标识可绘画区域

当打开一个 3D 对象后，可能还无法明确判断是否可以成功地在某些区域进行绘画。因为模型视图不能提供与 2D 纹理之间的一一对应，所以直接在模型上绘画与直接在 2D 纹理映射上绘画是不同的。模型上看起来是个小画笔，但相对于纹理来说可能实际上是比较大的，这取决于纹理的分辨率，或应用绘画时与模型之间的距离。

最佳的绘画区域，就是那些能够以最高的一致性和可预见的效果在模型表面应用绘画或其他调整的区域。在其他区域中，绘画可能会由于角度或与模型表面之间的距离，出现取样不足或过度取样的情况。

打开 3D 文件“光盘 \ 源文件 \ 第 18 章 \ 素材 \ 185201.psd”，如图 18–133 所示。执行“3D> 选择可绘画区域”命令，即可将以选区的形式显示在模型上绘画的最佳区域，如图 18–134 所示。

选择“油漆桶工具”，设置“前景色”为黑色，执行“3D> 在目标纹理上绘画 > 漫射”命令，在选区内部单击，填充颜色。按快捷键 Ctrl+D，取消选区。这样，将最佳绘画区域进行颜色填充，效果如图 18–135 所示。

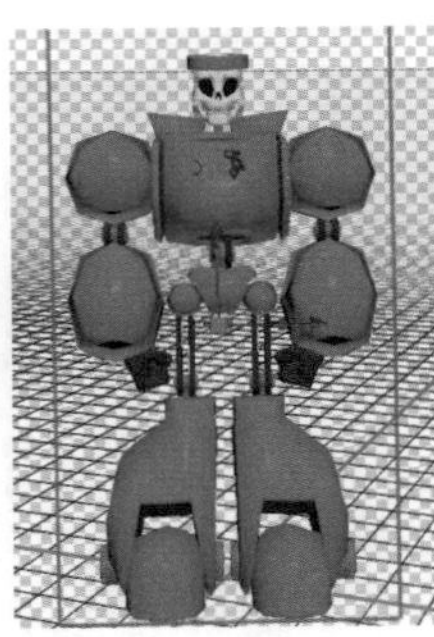

图 18-133 打开 3D 文件

图 18-134 可绘画区域

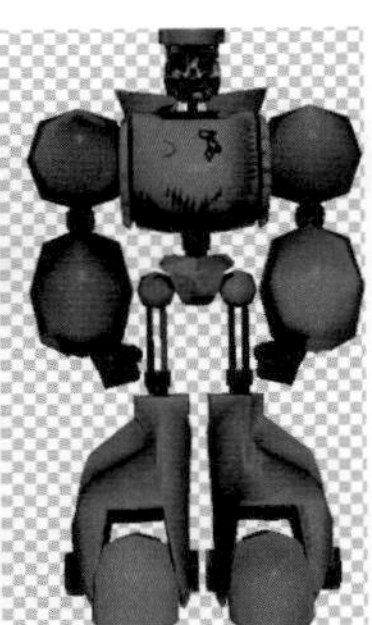

图 18-135 在 3D 对象上绘画

还可以通过选择“绘画蒙版”模式，区分不同的绘画区域，打开 3D 面板，选择“场景”选项，在“属性”面板中设置“样式”为“绘画蒙版”，如图 18–136 所示。此时，3D 对象以白、蓝、红三色显示，如图 18–137 所示。

图 18-136 选择“绘画蒙版”模式

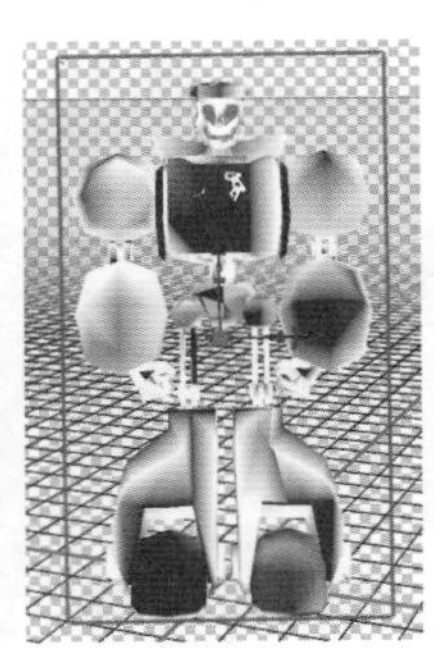

图 18-137 3D 对象显示效果

在“绘画蒙版”模式下，白色显示最佳绘画区域，蓝色显示取样不足的区域，而红色显示过度取样的区域。

提示

通过“绘画蒙版”模式了解绘画最佳区域后，如果此时需要进行绘画，必须先将模式更改为支持绘画的渲染模式，支持绘画的渲染模式包括“默认”、“着色插图”、“实色线框”和“双面”4 种模式。

18.5.3 设置绘画衰减角度

在模型上绘画时，绘画衰减角度控制表面在偏离正面视图弯曲时的油彩使用量。衰减角度是根据朝向模型表面突出部分的直线来计算的。

打开 3D 文件“光盘\源文件\第 18 章\素材\185301.psd”，如图 18–138 所示。执行“3D> 绘画衰减”命令，弹出“3D 绘画衰减”对话框，如图 18–139 所示。

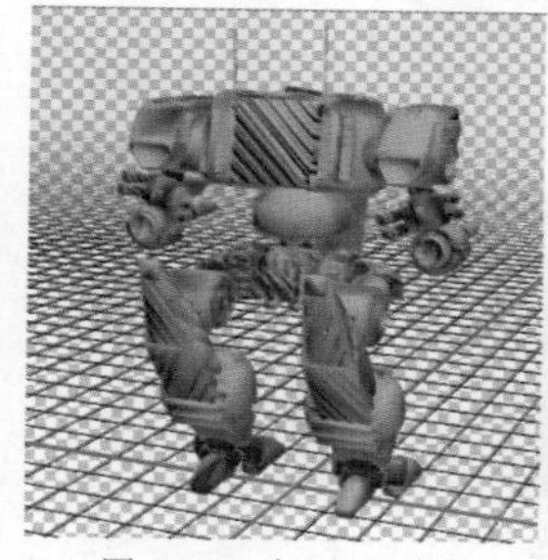

图 18-138 打开 3D 文件

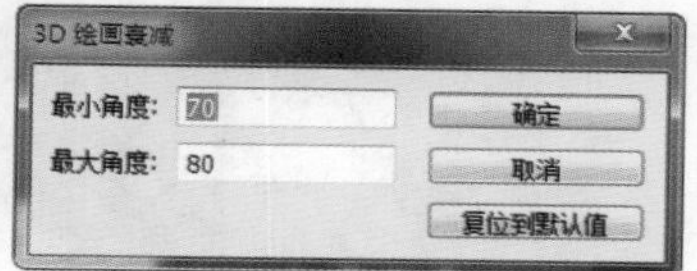

图 18-139 “3D 绘画衰减”对话框

- 最小角度：最小衰减角度设置绘画随着接近最大衰减角度而渐隐的范围。如果最大衰减角度是 45°，最小衰减角度是 30°，那么在 30° 和 45° 的衰减角度之间，绘画不透明度将会从 100 减少到 0。
- 最大角度：最大绘画衰减角度为 0°~90°。0° 时，绘画仅应用于正对前方的表面，没有减弱角度；90° 时，绘画可沿弯曲的表面（如球面）延伸至其可见边缘；在 45° 角设置时，绘画区域限制在未弯曲到大于 45° 的球面区域。
- “复位到默认值”按钮：单击该按钮，可将“最小”和“最大”角度值设置为系统默认参数。

提示

“绘画衰减”决定可绘画区域的绘画程度，较高的绘画衰减设置会增大可绘画的区域，较低的设置会缩小可绘画区域。

18.5.4 显示绘画表面

对于具有内部区域或隐藏区域的更复杂 3D 对象，可以隐藏模型部分，以便找到要进行绘画的表面。例如要在汽车模型的仪表盘上绘画，可以暂时去除车顶或挡风玻璃，然后放大汽车内部，以获得不受阻挡的视图。下面通过小练习做进一步讲解。

动手实践——为汽车模型添加贴图

源文件：光盘\源文件\第 18 章\18-5-4.psd

视频：光盘\视频\第 18 章\18-5-4.swf

01 打开 3D 文件“光盘\源文件\第 18 章\素材\185401.psd”，如图 18–140 所示。使用“选择工具”选择汽车的挡风玻璃，如图 18–141 所示。

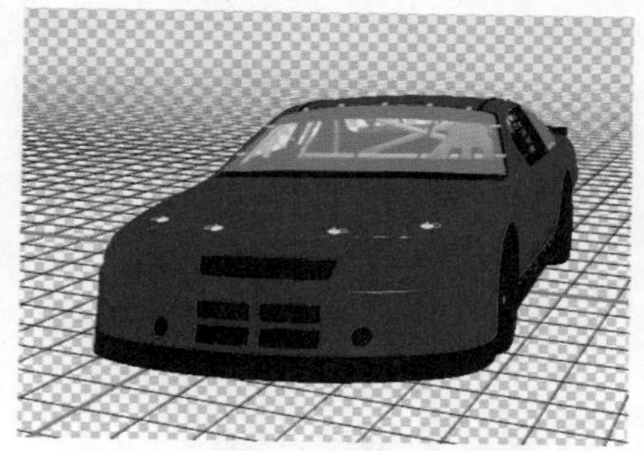

图 18-140 打开 3D 对象

图 18-141 选择 3D 对象

02 打开 3D 面板，可以看到目前选中的 3D 网格对象，单击该网格对象前的眼睛图标，将其隐藏，如图 18–142 所示。隐藏该网格对象后，3D 对象显示效果如图 18–143 所示。

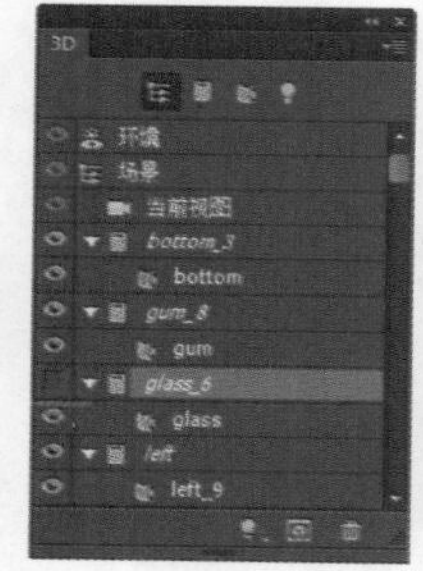

图 18-142 隐藏网格对象

图 18-143 隐藏网格对象效果

03 使用“选择工具”选中汽车座椅，如图 18–144 所示。打开 3D 面板，可以看到当前选中的网格对象，如图 18–145 所示。

图 18-144 选择网格对象

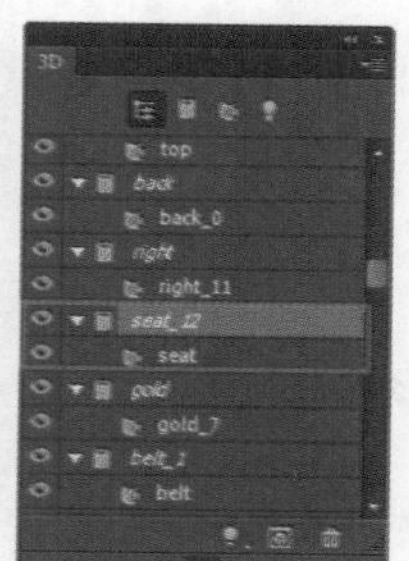

图 18-145 选中相应的网格对象

04 单击选中该网格对象应用的材质，打开“属性”面板，单击“漫射”选项后的“编辑漫射纹理”按钮，在弹出的下拉菜单中选择“载入纹理”命令，如

图 18-146 所示。弹出“打开”对话框，在该对话框中选择需要的纹理贴图，如图 18-147 所示。

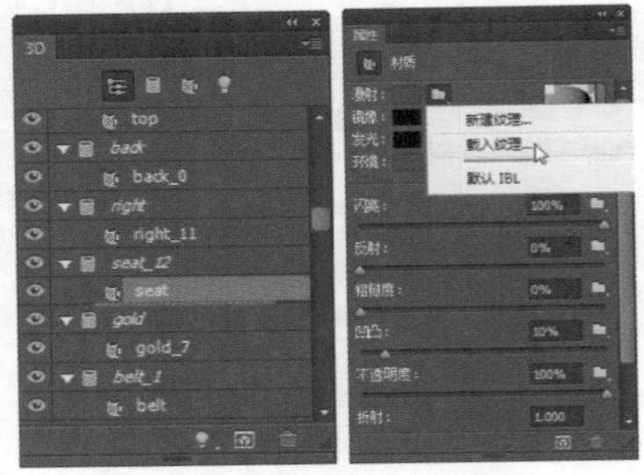

图 18-146 选择“载入纹理”命令

图 18-147 选择需要的纹理图像

05 单击“打开”按钮，将纹理贴图载入，效果如图 18-148 所示。在 3D 面板中将前面隐藏的汽车挡风玻璃网格对象显示，3D 对象效果如图 18-149 所示。

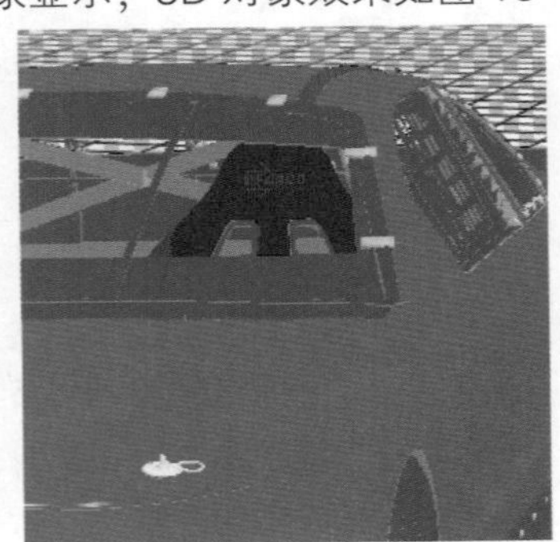

图 18-148 贴图效果

图 18-149 3D 对象效果

06 使用相同的制作方法，可以为该 3D 对象的其他网格对象分别添加相应的纹理映射，效果如图 18-150 所示。

图 18-150 3D 对象最终效果

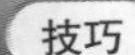

技巧

在为 3D 对象贴图的过程中，可以使用“旋转 3D 对象”随时对 3D 对象进行旋转，这样可以清楚地看到 3D 对象的各个部分。贴图完成后，也可以使用该工具旋转 3D 对象，查看各部分的效果。

18.5.5 设置纹理映射

纹理映射是真实感图像制作的一个重要部分，运用它可以方便地制作出极具真实感的图形，而不必花过多时间来考虑物体的表面细节。然而纹理加载的过程中可能会影响程序运行的速度，当纹理图像非常大时，这种情况尤为明显。如何妥善管理纹理，是系统优化时必须考虑的一个问题。

动手实践——编辑纹理贴图

源文件：光盘 \ 视频 \ 第 18 章 \18-5-5.psd

视频：光盘 \ 视频 \ 第 18 章 \18-5-5.swf

01 打开 3D 文件“光盘 \ 源文件 \ 第 18 章 \ 素材 \ 185501.psd”，如图 18-151 所示。使用“选择工具”选择汽车的外壳，如图 18-152 所示。

图 18-151 打开 3D 文件

图 18-152 选择汽车外壳

02 打开 3D 面板，可以看到当前选中的网格对象，单击其下方的材质，如图 18–153 所示。打开“属性”面板，打开“材质选取器”面板，选择合适的材质，如图 18–154 所示。

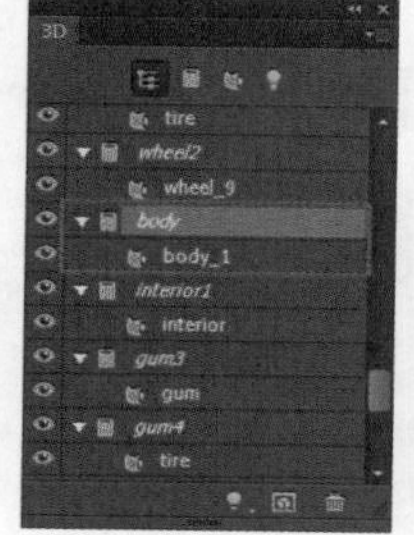

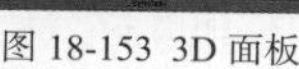

图 18-153 3D 面板

图 18-154 选择材质

03 应用材质后，3D 对象的效果如图 18–155 所示。单击“属性”面板上的“漫射”选项后的“编辑漫射纹理”按钮，在弹出的下拉菜单中选择“编辑纹理”命令，如图 18–156 所示。

图 18-155 3D 对象效果

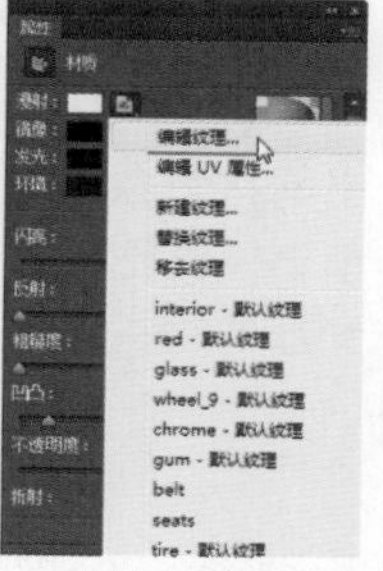

图 18-156 选择下拉菜单命令

04 当前纹理即可在另一个文档窗口中打开，如图 18–157 所示。“图层”面板如图 18–158 所示。

图 18-157 材质效果

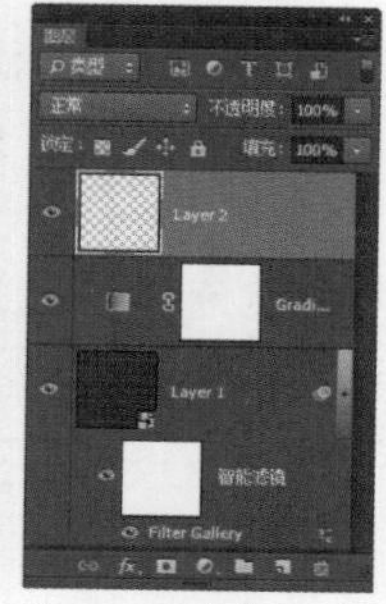

图 18-158 “图层”面板

05 添加“曲线”调整图层，在“属性”面板中对曲线进行设置，如图 18–159 所示。完成“曲线”调整图层的设置，可以看到该材质的效果，如图 18–160 所示。

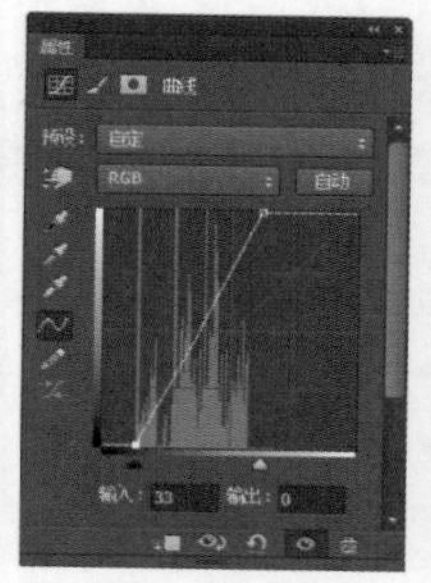

图 18-159 设置曲线

图 18-160 材质效果

06 回到 3D 文件中，这时，会发现随着纹理的更改，文件中相应的纹理也随之改变，如图 18–161 所示。

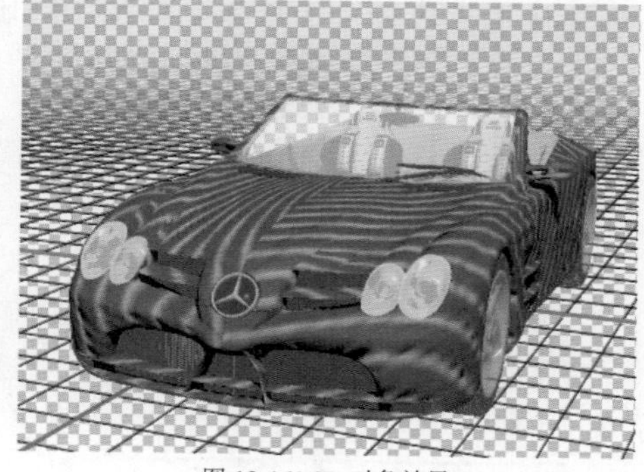

图 18-161 3D 对象效果

18.6 编辑 3D 凸出对象

在 3D 面板中可以通过“3D 模型”选项创建 3D 凸出对象，也可以执行 3D 菜单中的相关命令，从而创建出 3D 凸出对象。完成 3D 凸出对象的创建后，可以在“属性”面板中对 3D 凸出对象的相关属性进行设置。

18.6.1 3D 凸出网格

在 Photoshop CC 中创建 3D 凸出对象，使用“选择工具”选中 3D 凸出网格对象，如图 18–162 所示。打开“属性”面板，默认显示 3D 凸出网格的相关选项设置界面，如图 18–163 所示。

图 18-162 3D 凸出对象

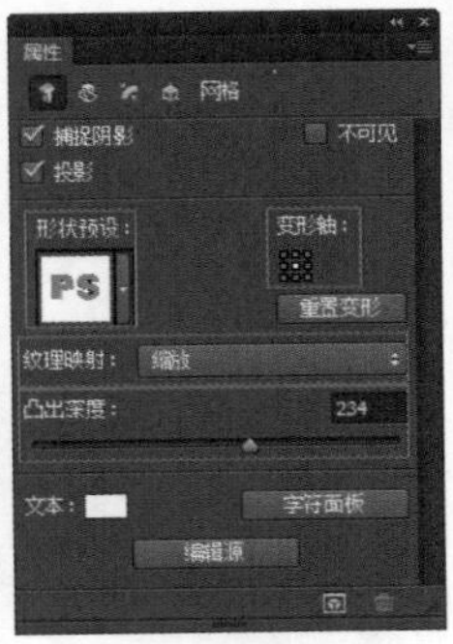

图 18-163 “属性”面板

捕捉阴影：选中该复选框，可以显示出 3D 网格对象的阴影效果。如图 18-164 所示为取消选中该复选框的效果。

投影：选中该复选框，可以显示出 3D 网格对象的投影效果。如图 18-165 所示为取消选中该复选框的效果。

不可见：选中该复选框，可以隐藏凸出的 3D 网格，如图 18-166 所示。

图 18-164 3D 对象效果

图 18-165 3D 对象效果

图 18-166 3D 对象效果

形状预设：该选项用于为 3D 凸出对象应用预设的 3D 凸出形状效果，在该选项的下拉列表中提供了 18 种形状预设，如图 18–167 所示。选择相应的选项，即可应用相应的凸出效果。如图 18–168 所示为应用“切变”形状预设的效果。

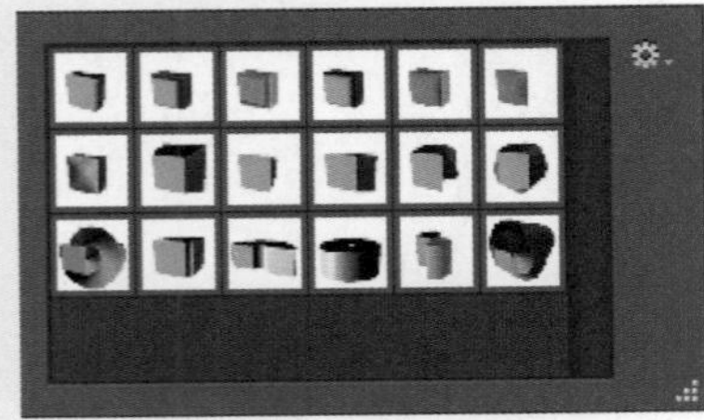

图 18-167 “形状预设”下拉列表

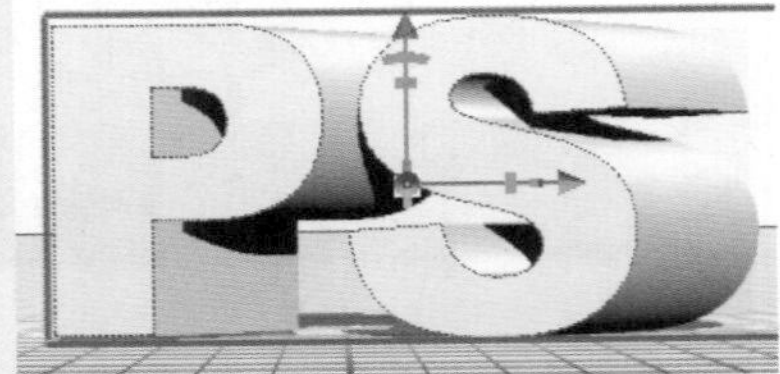

图 18-168 “切变”形状预设效果

变形轴：该选项用于设置 3D 凸出对象的变形轴，可以在其下方的▩图标上单击，以确定变形的中心点位置。

“重置变形”按钮：单击该按钮，可以撤销对 3D 凸出对象的变形处理，并将 3D 凸出对象恢复为最初状态。

纹理映射：在该选项的下拉列表中可以选择纹理映射的类型，包括缩放、平铺和填充。

缩放：根据 3D 凸出对象的大小自动缩放纹理映射。

平铺：使用纹理映射固定的尺寸以平铺的方式显示。

填充：以原有纹理映射的尺寸显示。

凸出深度：该选项用于设置 3D 凸出的深度，正值和负值决定了凸出的方向。如果为负值，则向前凸出，如图 18–169 所示；如果为正值，则向后凸出，如图 18–170 所示。

图 18-169 向前突出

图 18-170 向后突出

“编辑源”按钮：单击该按钮，可以对该 3D 凸出对象的原始对象进行编辑。如果当前创建的 3D 凸出对象是基于文字图层创建的，则会显示“文本”选项和“字符面板”按钮，“文本”选项用于设置文本的颜色，单击“字符面板”按钮，可以打开“字符”面板，对文字的属性进行设置。

18.6.2 3D 凸出变形

在 Photoshop CC 中使用“选择工具”选中 3D 凸出网格对象，如图 18–171 所示。打开“属性”面板，单击“变形”按钮，即可在“属性”面板中显示有关变形的相关设置选项，如图 18–172 所示。

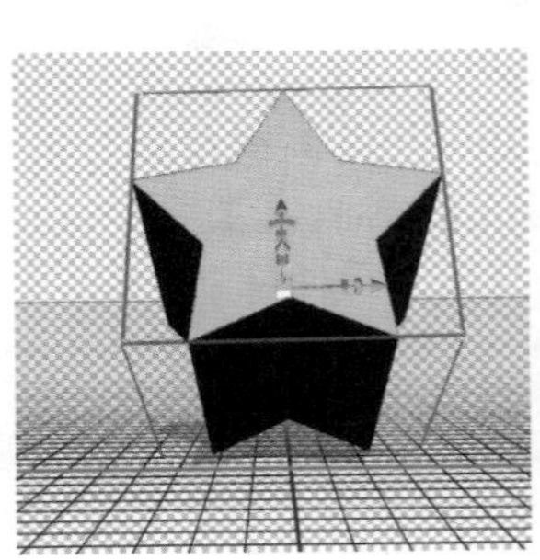

图 18-171 3D 凸出对象

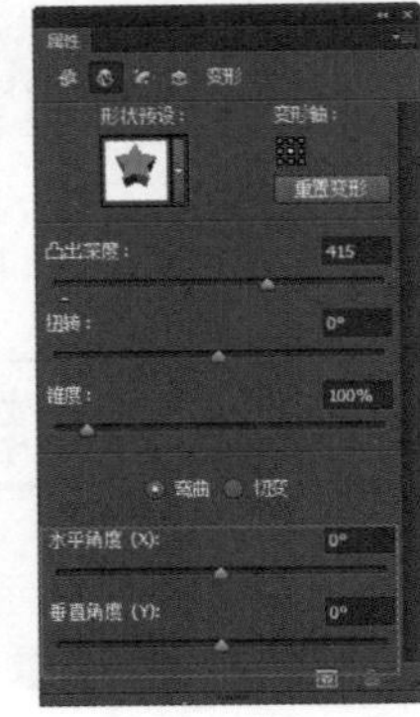

图 18-172“属性”面板

扭转：该选项用于设置 3D 凸出对象沿 Z 轴进行扭曲的效果。该值为正值时，将沿顺时针方向进行扭曲，如图 8–173 所示；该值为负值时，将沿逆时针方向进行扭曲，如图 8–174 所示。

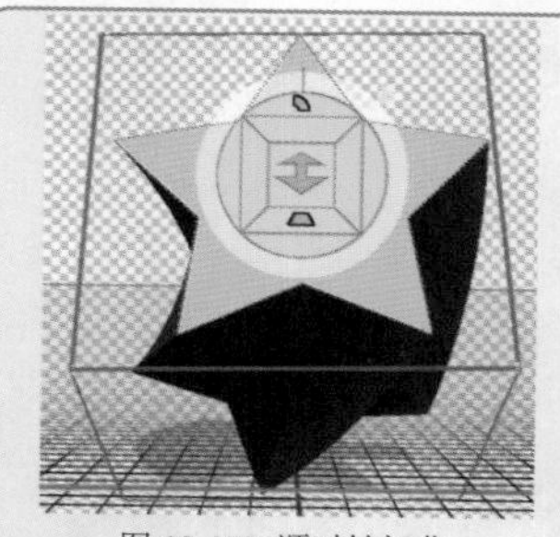

图 18-173 顺时针扭曲

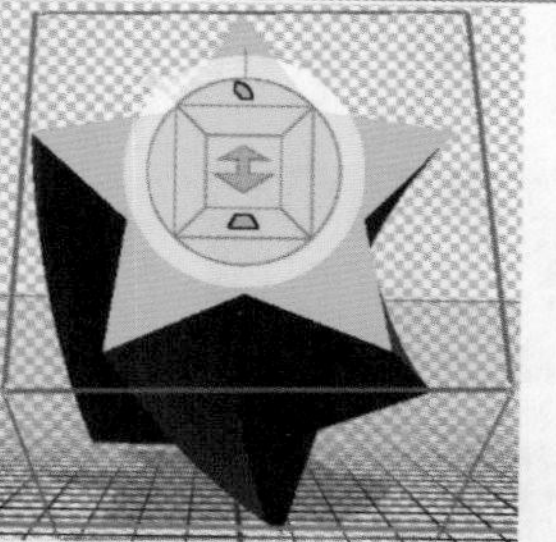

图 18-174 逆时针扭曲

- 锥度：该选项用于设置 3D 凸出对象在 Z 轴方向上的锥度效果，如图 18-175 所示。

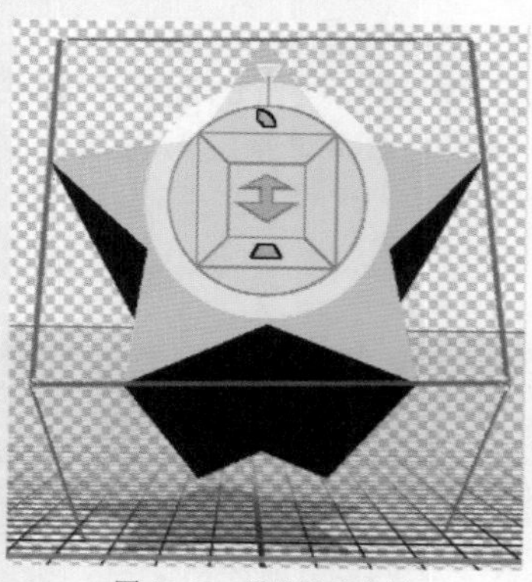

图 18-175 设置锥度效果

- 弯曲 / 切变：提供了两种变形的方式，一种是弯曲变形，另一种是切变变形。

- 水平角度 / 垂直角度：用于设置变形的水平角度和垂直角度。如图 8-176 所示为选择不同的变形方式对 3D 凸出对象进行变形的效果。

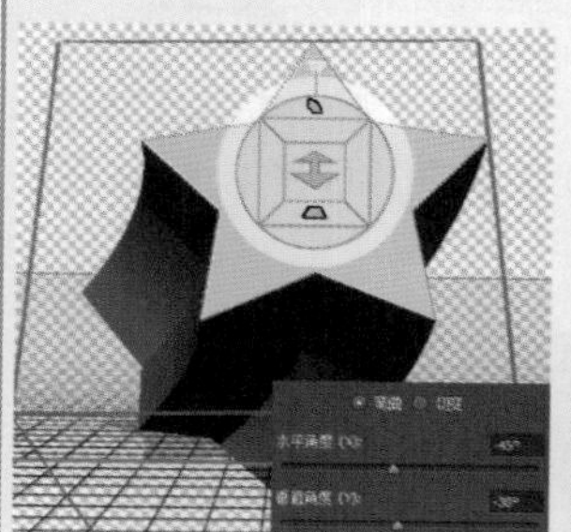

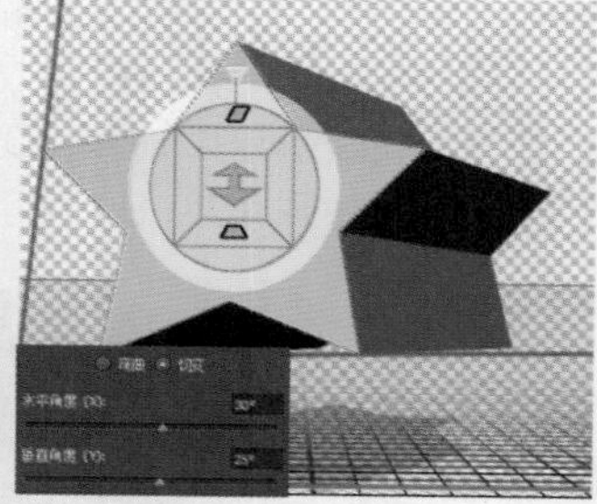

图 18-176 不同的变形效果

18.6.3 3D 凸出盖子

在 Photoshop CC 中使用“选择工具”选中 3D 凸出网格对象，如图 18-177 所示。打开“属性”面板，单击“盖子”按钮，即可在“属性”面板中显示有关盖子的相关设置选项，如图 18-178 所示。

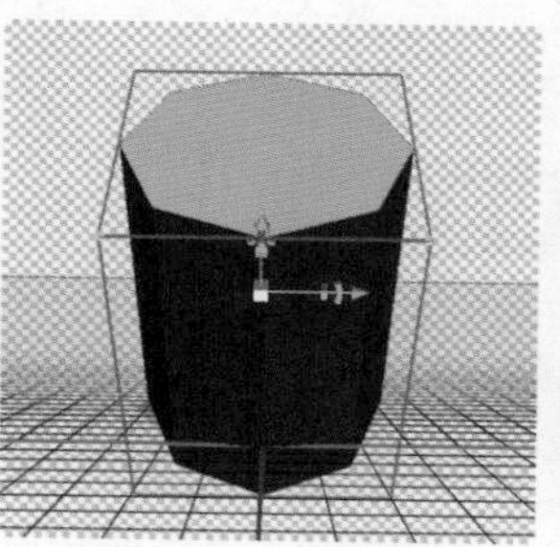

图 18-177 3D 凸出对象

图 18-178 “属性”面板

- 边：该选项用于设置需要进行变形的部位，在该选项的下拉列表中包含 3 个选项，即“前部”、“背面”和“前部和背景”。

- 宽度：该选项用于设置盖子斜面的宽度，如图 18-179 所示。

- 角度：该选项用于设置盖子斜面的倾斜角度，如图 18-180 所示。

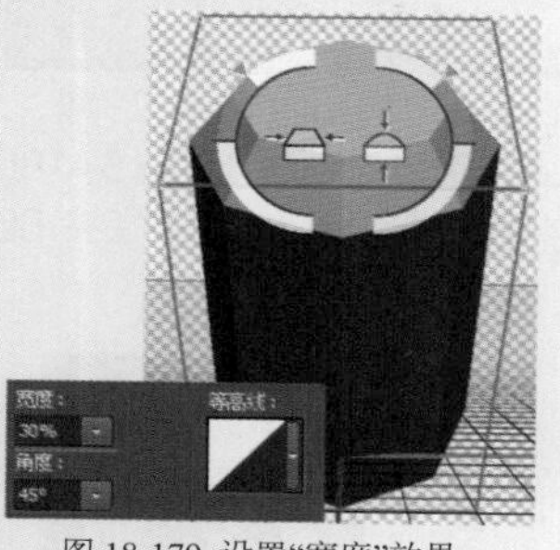

图 18-179 设置“宽度”效果

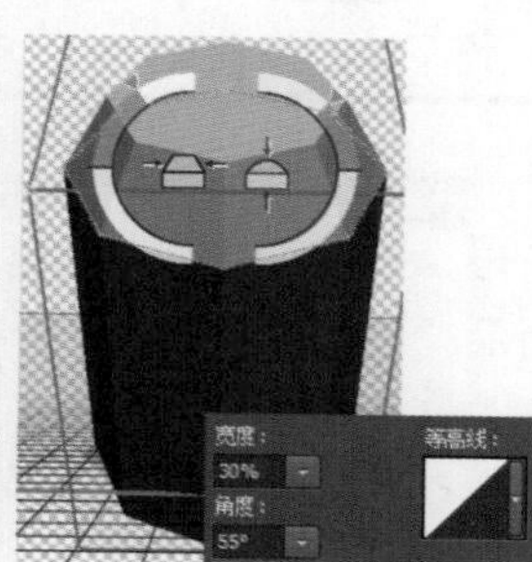

图 18-180 设置“角度”效果

- 等高线：在该选项的下拉列表中提供了 12 种预设的等高线，如图 18-181 所示。选择相应的等高线预设，可以得到相应的效果，如图 18-182 所示。

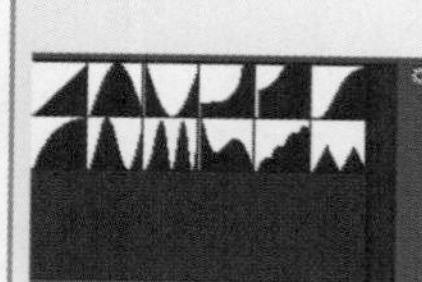

图 18-181 “等高线”下拉列表

图 18-182 不同等高线的效果

- 角度：该选项用于设置 3D 凸出对象盖子膨胀的角度。

- 强度：该选项用于设置 3D 凸出盖子膨胀的强度。

18.6.4 制作 3D 立体文字

在 Photoshop CC 中可以通过 3D 凸出功能轻松创建出 3D 文字的效果。创建出 3D 文字后，可能通过为

3D 对象贴图的方式处理 3D 文字效果，也可以将 3D 文字栅格化后，运用各种 Photoshop 功能对 3D 文字进行处理。

动手实践——制作 3D 立体文字

源文件：光盘\源文件\第 18 章\18-6-4.psd

视频：光盘\视频\第 18 章\18-6-4.swf

01 执行“文件 > 新建”命令，弹出“新建”对话框，设置如图 18-183 所示。单击“确定”按钮，新建一个空白透明文档。选择“横排文字工具”，打开“字符”面板，设置如图 18-184 所示。

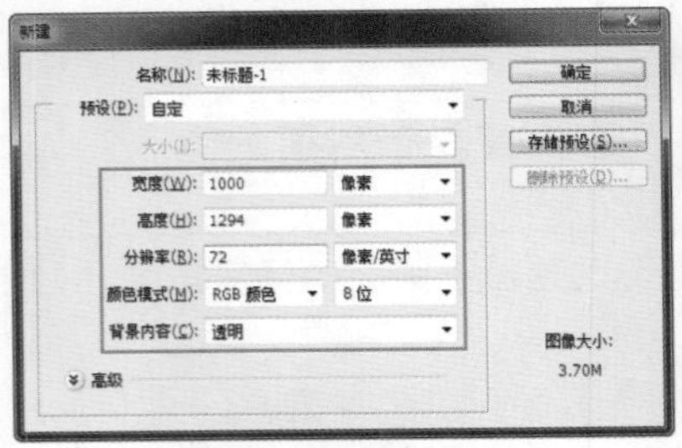

图 18-183 “新建”对话框

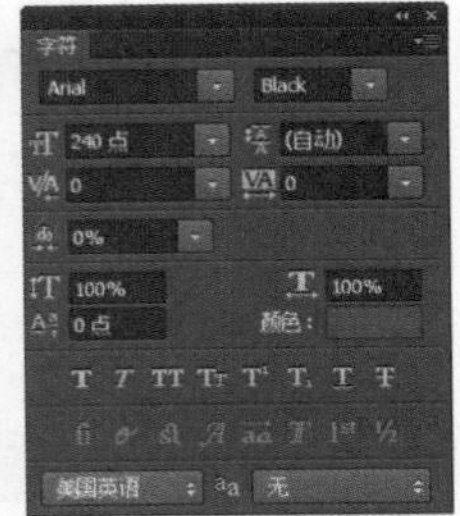

图 18-184 “字符”面板

02 在画布中单击并输入相应的文字，如图 18-185 所示。打开 3D 面板，对相关选项进行设置，如图 18-186 所示。

图 18-185 输入文字

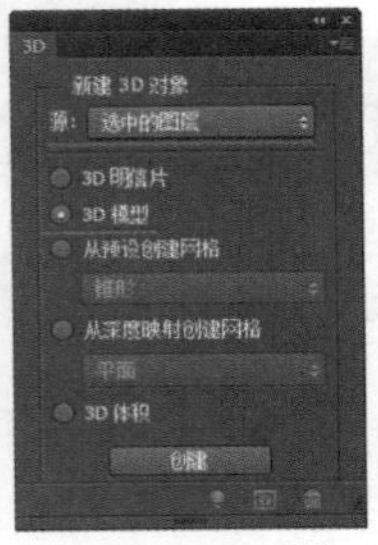

图 18-186 3D 面板

03 单击“创建”按钮，创建 3D 文字，如图 18-187 所示。使用“移动工具”选择刚创建的 3D 文字，如图 18-188 所示。

图 18-187 创建 3D 文字

图 18-188 选择 3D 文字

04 打开“属性”面板，对相关选项进行设置，如图 18-189 所示。3D 凸出文字效果如图 18-190 所示。

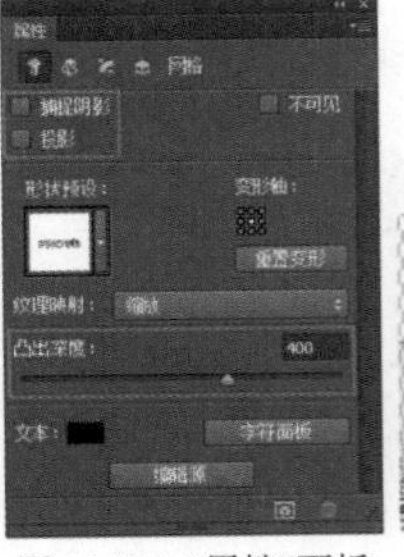

图 18-189 “属性”面板

图 18-190 3D 凸出效果

05 单击选项栏上的“旋转 3D 对象”按钮，在场景中对 3D 对象进行适当的旋转，如图 18-191 所示。使用 3D 轴，将 3D 对象沿 X 轴进行缩放处理，如图 18-192 所示。

图 18-191 旋转 3D 文字

图 18-192 沿 X 轴缩放 3D 文字

06 使用 3D 轴，将 3D 对象沿 Y 轴进行缩放处理，如图 18-193 所示。使用 3D 轴，将 3D 对象整体进行缩放处理，如图 18-194 所示。

图 18-193 沿 Y 轴缩放 3D 凸出文字

图 18-194 整体缩放 3D 凸出文字

07 打开“属性”面板，单击“变形”按钮，切换到变形选项设置，如图 18–195 所示。3D 文字效果如图 18–196 所示。

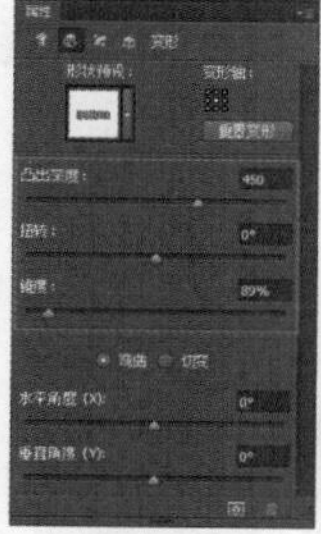
图 18-195 “属性”面板

图 18-196 3D 文字效果

08 执行“3D> 将对象移到地面”命令，将 3D 文字贴紧地面，如图 18–197 所示。打开“图层”面板，复制该 3D 图层，将复制得到的图层栅格化，并隐藏 3D 图层，如图 18–198 所示。

图 18-197 3D 对象贴紧地面

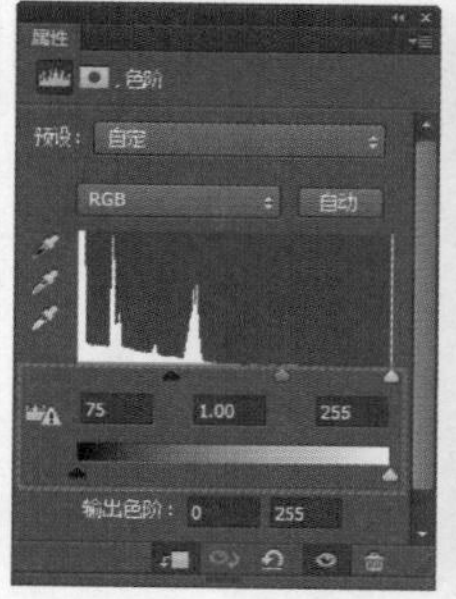
图 18-198 “图层”面板

09 打开并拖入素材图像“光盘\源文件\第 18 章\素材\186401.jpg”，并调整该图层到所有图层下方，如图 18–199 所示。选择“PHOTO 拷贝”图层，调整到合适的位置，并对其进行透视和斜切操作，效果如图 18–200 所示。

图 18-199 拖入素材

图 18-200 调整立体文字效果

10 添加“色阶”调整图层，在“属性”面板中对色阶进行相应的调整，如图 18–201 所示。将“色阶”调整图层创建剪贴蒙版，效果如图 18–202 所示。

图 18-201 “属性”面板

图 18-202 图像效果

11 新建“图层 2”图层，将该图层调整至“PHOTO 拷贝”图层下方，选择“画笔工具”，设置“前景色”为黑色，在画布中相应的位置涂抹，如图 18–203 所示。新建“图层 3”图层，使用相同的方法进行涂抹，如图 18–204 所示。

图 18-203 黑色涂抹效果

图 18-204 图像效果

12 打开并拖入素材图像“光盘\源文件\第 18 章\素材\186403.jpg”，调整到合适的大小和位置，如图 18–205 所示。隐藏“图层 4”图层，使用“魔棒工具”在文字上创建选区，如图 18–206 所示。

图 18-205 拖入素材

图 18-206 载入选区

13 显示“图层 4”图层，为“图层 4”添加图层蒙版，“图层”面板如图 18-207 所示。图像效果如图 18-208 所示。

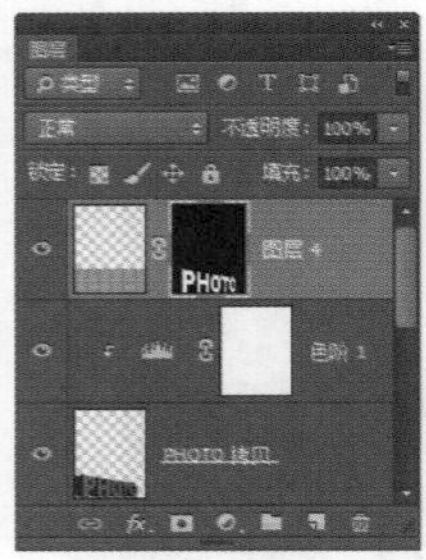

图 18-207 “图层”面板　图 18-208 图像效果

14 添加“色相 / 饱和度”调整图层，在“属性”面板中对相关选项进行设置，如图 18-209 所示。将刚添加的“色相 / 饱和度”调整图层创建剪贴蒙版，效果如图 18-210 所示。

图 18-209 “属性”面板　图 18-210 图像效果

15 添加“纯色”填充图层，设置颜色为 RGB（22、21、11），将该图层创建剪贴蒙版，设置其“混合模式”为“叠加”，“不透明度”为 25%，如图 18-211 所示。图像效果如图 18-212 所示。

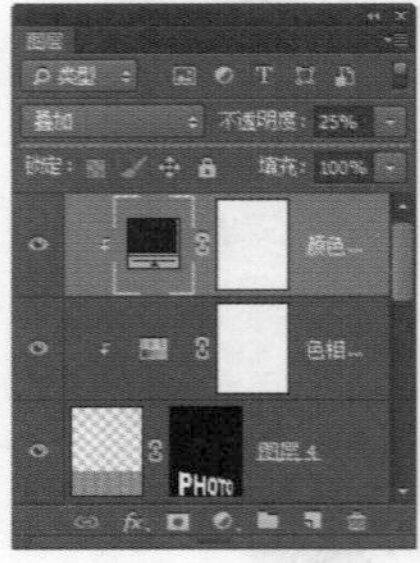
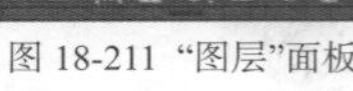

图 18-211 “图层”面板　图 18-212 图像效果

16 使用相同的制作方法，可以制作出其他的 3D 文字效果，如图 18-213 所示。“图层”面板如图 18-214 所示。

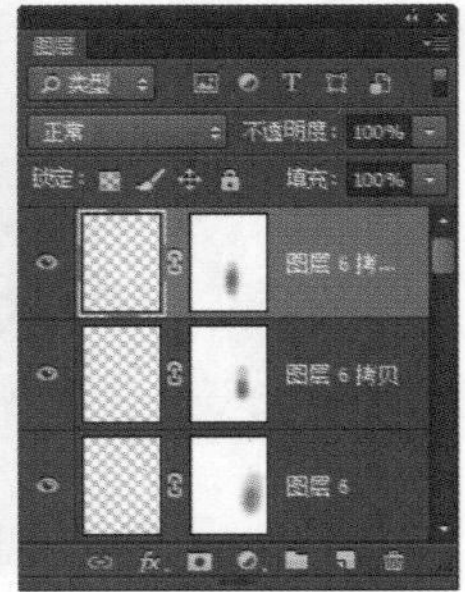
图 18-213 图像效果　图 18-214 “图层”面板

17 添加“纯色”填充图层，设置颜色为 RGB（41、38、21），设置该图层的“混合模式”为“饱和度”，效果如图 18-215 所示。新建“图层 7”图层，按快捷键 D，恢复默认前景色和背景色，执行“滤镜 > 渲染 > 云彩”命令，运用“云彩”滤镜，如图 18-216 所示。

图 18-215 图像效果

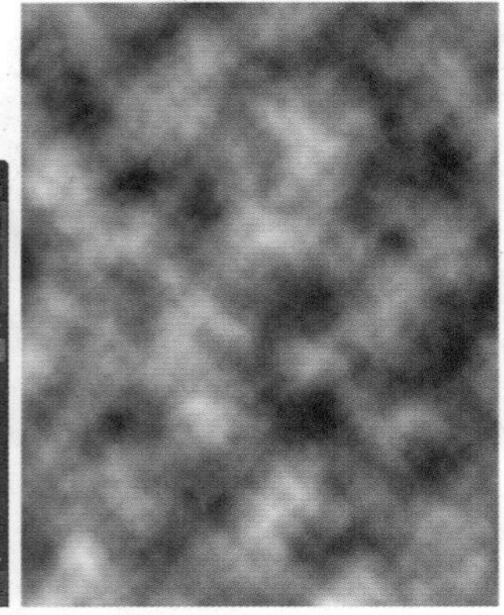
图 18-216 应用“云彩”滤镜效果

18 设置“图层 7”图层的“混合模式”为“叠加”，“不透明度”为 90%，效果如图 18-217 所示。添加“色相 / 饱和度”调整图层，在“属性”面板中进行设置，如图 18-218 所示。

图 18-217 图像效果

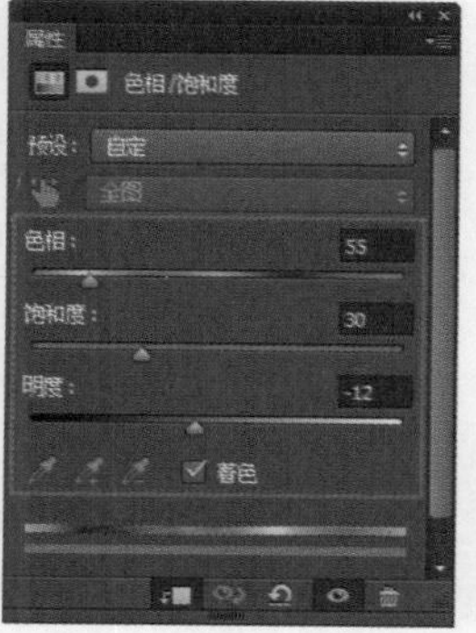
图 18-218 "属性"面板

19 完成"色相 / 饱和度"调整图层的设置，将刚添加的"色相 / 饱和度"调整图层创建剪贴蒙版，"图层"面板如图 18–219 所示。完成该 3D 文字效果的制作，最终效果如图 18–220 所示。

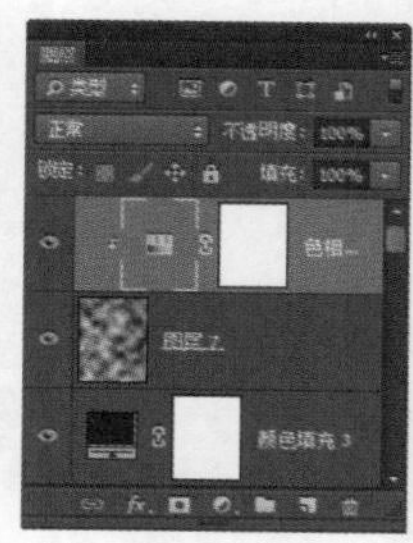
图 18-219 "图层"面板

图 18-220 最终效果

18.7 3D 渲染输出

完成 3D 文件的编辑之后，可创建最终渲染，以产生用于 Web、打印或动画的最高品质输出。对 3D 对象进行渲染，可以捕捉更逼真的光照和阴影效果，减少柔和阴影中的杂色。

18.7.1 3D 渲染设置

使用 3D 场景设置可更改预设、选择要在其上绘制的纹理或创建横截面。单击 3D 面板中的"滤镜：整个场景"按钮，可以在 3D 面板中显示整个场景的选项，如图 18–221 所示。在"属性"面板中可以对整个 3D 对象的场景的相关属性进行设置，如图 18–222 所示。

图 18-221 选择场景选项

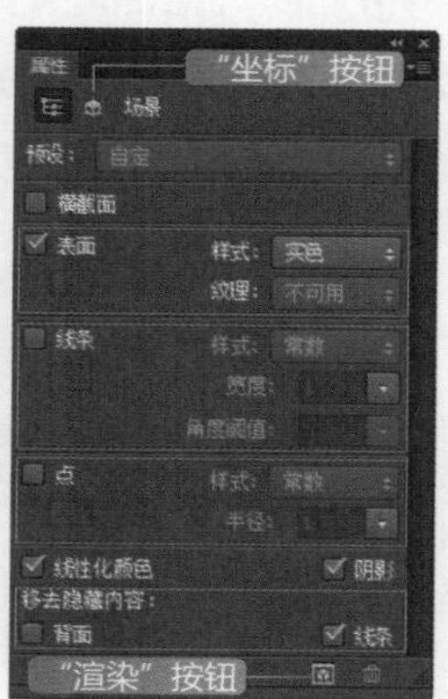

图 18-222 "属性"面板

- "坐标"按钮：单击该按钮，可以在"属性"面板中显示当前 3D 对象在场景的坐标位置，如图 18–223 所示。
- 预设：在该选项的下拉列表中包含了多种对 3D 对象的渲染预设，选择相应的选项，即可对 3D 对象按相应的选项进行渲染。

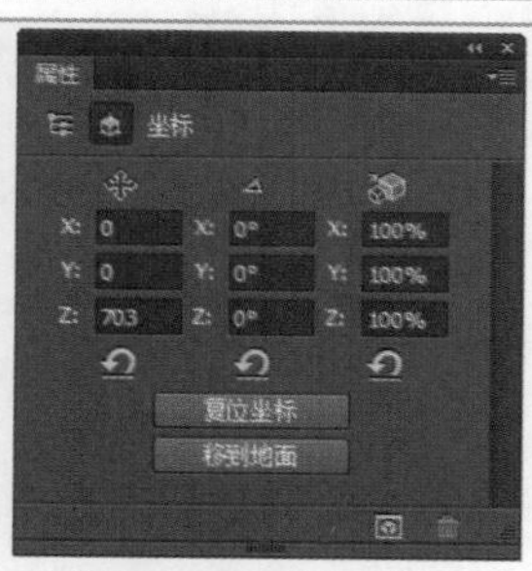
图 18-223 显示坐标信息

- 横截面：选择该选项，可以创建以所选角度与模型相交的平面横截面，如图 18–224 所示。这样，可以切入模型内部，查看里面的内容，并且显示相关的选项，如图 18–225 所示。

图 18-224 显示横截面

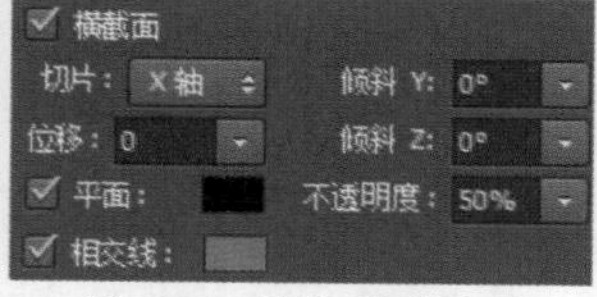

图 18-225 横截面相关选项

- 切片：在该选项的下拉列表中可以选择以哪一个轴创建横截面，包括 X 轴、Y 轴和 Z 轴。
- 倾斜 Y：用于设置横截面在 Y 轴上的倾斜角度。
- 位移：可沿平面的轴移动平面，而不更改平面的斜度。

- 倾斜 Z：用于设置横截面在 Z 轴上的倾斜角度。
- 平面：选择该选项，以显示创建横截面的相交平面，对其平面的颜色和不透明度参数可以进行设置。
- 相关线：选择该选项，会以高亮显示横截面平面相交的 3D 对象区域，单击颜色块可以选择高光颜色。

- “表面”选项区：在该选项区中可以设置对 3D 对象表面渲染的方法。在“样式”下拉列表中可以选择表面渲染的样式，如图 18-226 所示。

实色
未照亮的纹理
平坦
常数
外框
正常
深度映射
绘画蒙版
漫画
仅限于光照
素描

图 18-226 “样式”下拉列表

- 实色：可以使用 OpenGL 显卡上的 GPU 绘制具有阴影。
- 未照亮的纹理：绘制没有光照的表面，而不仅仅显示选中的纹理选项。
- 平坦：可以对表面的所有顶点应用相同的表面标准，创建刻画外观。
- 常数：用当前指定的颜色替换纹理。
- 外框：可以显示反映每个组件最外侧尺寸的对话框。
- 正常：将以不同的 RGB 颜色显示表面标准的 X、Y 和 Z 组件。
- 深度映射：可显示灰度模式，使用明度显示深度。
- 绘画蒙版：可绘制区域将以白色显示，过度取样的区域以红色显示，取样不足的区域则以蓝色显示。
- 漫画：以漫画的方式渲染 3D 对象表面。
- 仅限于光照：只显示光照区域的效果。
- 素描：以素描明暗的方式显示。
- 纹理：当“样式”设置为“未照亮的纹理”方式时，该选项可用，用于设置纹理映射。在该选项下拉列表中可以选择不同的表现纹理，如图 18-227 所示。

漫射
凹凸
镜面颜色
不透明度
反光度
自发光
反射
粗糙度

图 18-227 “纹理”下拉列表

- “线条”选项区：在该选项区中可以设置使用线条对 3D 对象进行渲染的方法。
    - 样式：反映用于“表面”选项区中“样式”选项下的“常数”、“平滑”、“实色”和“外框”选项。
    - 宽度：用于设置线条的宽度。
    - 角度阈值：当 3D 对象中的两个多边形在某个特定角度相接时，会形成一条折痕或线，该选项可调整模型中的结构线条数量。如果边缘在小于该值设置（0~180）的某个角度相接，则会移去它们形成的线。若设置为 0，则显示整个线框。
- “点”选项区：用于调整过顶点的外观，即组成线框模型的多边形相交点。
    - 样式：反映用于“表面”选项区中“样式”选项下的“常数”、“平滑”、“实色”和“外框”选项。
    - 半径：决定每个顶点的像素半径。
- 线性化颜色：选中该复选框，将使用线性化颜色的方式对 3D 对象的颜色进行渲染，使用线性化颜色，可以使 3D 对象看起来更加逼真。
- 移去隐藏内容：在该选项区中可以选择是否隐藏 3D 对象的背面和线条。
- “渲染”按钮：在“属性”面板中对相关选项进行设置后，可以单击该按钮，对 Photoshop CC 中的 3D 对象应用所设置的属性进行渲染。

18.7.2 将对象紧贴地面

在对 3D 模型进行编辑时，有时需要编辑模型网格的纹理，有时候就需要对其角度、大小等进行操作，这样就使其远离了地面。通过工具进行调整不能够准确将模型紧贴地面，可以通过“将对象移到地面”命令，使其回到原始状态。

打开 3D 对象，可以看到模型已经通过工具调整到了相应位置，如图 18-228 所示。执行“3D> 将对象移到地面”命令，将 3D 模型回到原始位置，效果如图 18-229 所示。

图 18-228 3D 对象位置

图 18-229 执行命令后效果

18.7.3 恢复连续渲染

打开 3D 文件“光盘\源文件\第 18 章\素材\187301.psd”，如图 18-230 所示。打开 3D 面板，对相应的渲染选项进行设置，单击“渲染”按钮，即可对 3D 对象进行渲染，如图 18-231 所示。

图 18-230 打开 3D 对象

图 18-231 渲染 3D 对象

在对 3D 对象进行渲染的过程中，可以按 Enter 键停止渲染，如果中途停止了渲染，还想在此基础上继续渲染，可以执行“3D> 恢复渲染”命令，即可继续进行渲染，直到满意的效果。

18.7.4 连续渲染选区

当针对模型的某一部分进行渲染效果的观察时，可以在需要渲染的部分创建选区，然后通过命令来实现对选区的渲染。

使用“套索工具”在需要渲染的部分创建选区，如图 18-232 所示。执行“3D> 渲染”命令，即可在选区内进行模型的渲染，如图 18-233 所示。

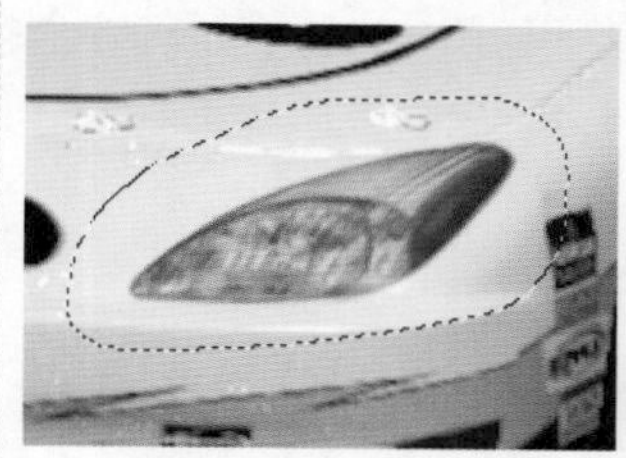

图 18-232 创建选区

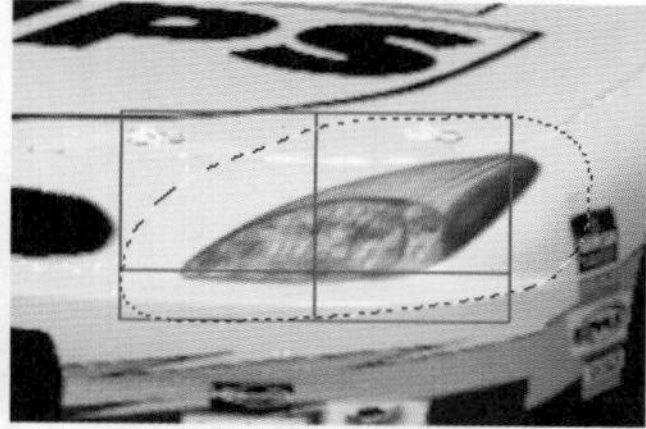

图 18-233 渲染选区中的对象

18.7.5 存储和导出 3D 文件

如果需要保存 3D 文件，可以存储为 Photoshop 格式，还可以存储为受支持的 3D 文件格式将 3D 图层导出为文件。存储和导出 3D 文件是为了实现更好的 3D 渲染效果所做的准备。

1. 存储 3D 文件

编辑 3D 文件后，如果要保留文件中的 3D 内容，包括位置、光源、渲染模式和横截面，可以执行“文件 > 存储”命令，在弹出的对话框中选择 PSD、PDF 或者 TIFF 作为保存格式，如图 18-234 所示。这样的目的是为了尽量保留 3D 模型的所有属性。

Photoshop (*.PSD;*.PDD)
大型文档格式 (*.PSB)
BMP (*.BMP;*.RLE;*.DIB)
CompuServe GIF (*.GIF)
Dicom (*.DCM;*.DC3;*.DIC)
Photoshop EPS (*.EPS)
Photoshop DCS 1.0 (*.EPS)
Photoshop DCS 2.0 (*.EPS)
IFF 格式 (*.IFF;*.TDI)
JPEG (*.JPG;*.JPEG;*.JPE)
JPEG 2000 (*.JPF;*.JPX;*.JP2;*.J2C;*.J2K;*.JPC)
JPEG 立体 (*.JPS)
PCX (*.PCX)
Photoshop PDF (*.PDF;*.PDP)
Photoshop Raw (*.RAW)
Pixar (*.PXR)
PNG (*.PNG;*.PNS)
Portable Bit Map (*.PBM;*.PGM;*.PPM;*.PNM;*.PFM;*.PAM)
Scitex CT (*.SCT)
Targa (*.TGA;*.VDA;*.ICB;*.VST)
TIFF (*.TIF;*.TIFF)
多图片格式 (*.MPO)

图 18-234 选择存储格式

2. 导出 3D 文件

在“图层”面板中选择要导出的 3D 图层，如图 18-235 所示。执行“3D> 导出 3D 图层”命令，在弹出的对话框中，“格式”下拉列表中可以以不同格式导出，如图 18-236 所示。分别是 Collada、Flash 3D、Google Earth 4、STL 和 Wavefront|OBJ 格式。

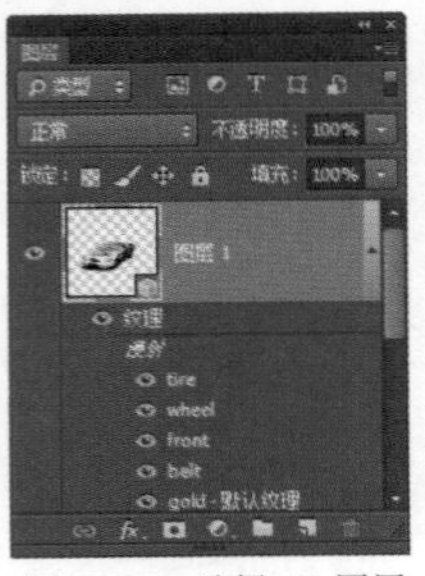

图 18-235 选择 3D 图层

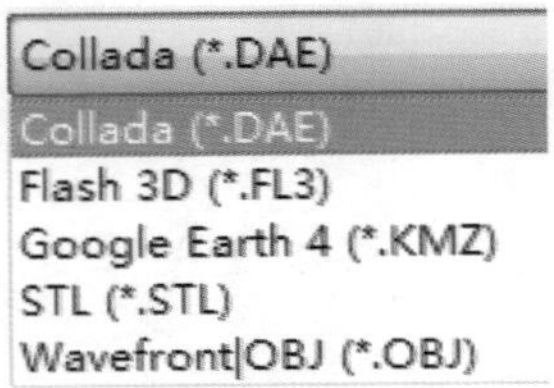

Collada (*.DAE)
Collada (*.DAE)
Flash 3D (*.FL3)
Google Earth 4 (*.KMZ)
STL (*.STL)
Wavefront|OBJ (*.OBJ)

图 18-236 选择导出格式

18.8 本章小结

本章对 Photoshop CC 中的 3D 功能进行了详细的讲解。例如，如何创建各种类型的 3D 对象，设置 3D 对象的场景、视图、网格、材质、光源，如何综合应用 2D 图层和 3D 图层，另外还有不同实例的制作等。通过本章的学习，使用户对 3D 功能有更深的理解，能够熟练将该功能应用到实际的设计工作中。

第19章 Web 图形以及动画和视频

在 Photoshop CC 中，不仅可以对普通的图像进行处理，还可以对 Web 图像进行处理和设置，使其更加符合互联网传输的需要。不仅如此，Photoshop CC 还具备了制作简单动画和对视频进行简单编辑处理的功能。本章将向用户介绍如何在 Photoshop CC 中处理 Web 图形，以及动画的制作和视频的应用。

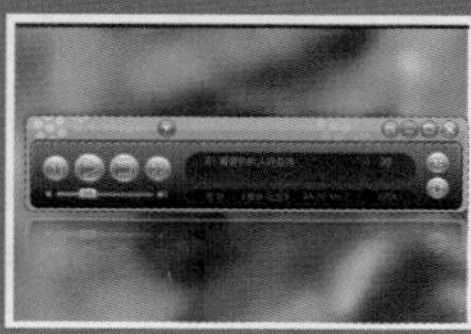

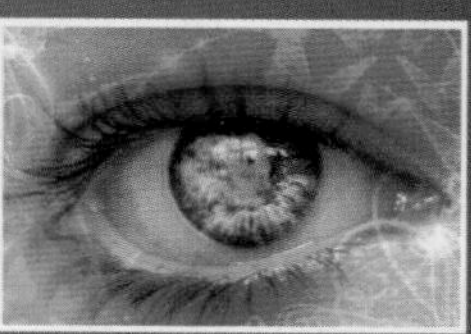

19.1 创建切片

使用 Photoshop CC 的 Web 工具可以帮助用户设计和优化单个 Web 图形和整个页面布局。在使用 Photoshop 制作网页时，需要将网页图片通过切片工具进行分割，然后对切片图像进行压缩处理并输出，以便打开网页时缩短图像的下载时间。另外，还可以为切片制作动画，链接到 URL 地址，或者使用切片制作翻转按钮。

19.1.1 切片的类型

在 Photoshop CC 中，使用“切片工具”创建的切片称为用户切片，通过图层创建的切片称为基于图层的切片。

创建新的用户切片或基于图层的切片时，会生成附加的自动切片来占据图像的其余区域，自动切片可填充图像中用户切片或基于图层的切片未定义的空间。每次添加或编辑用户切片或基于图层的切片时，都会重新生成自动切片。用户切片或基于图层的切片由实线定义，而自动切片则由虚线定义，如图 19-1 所示。

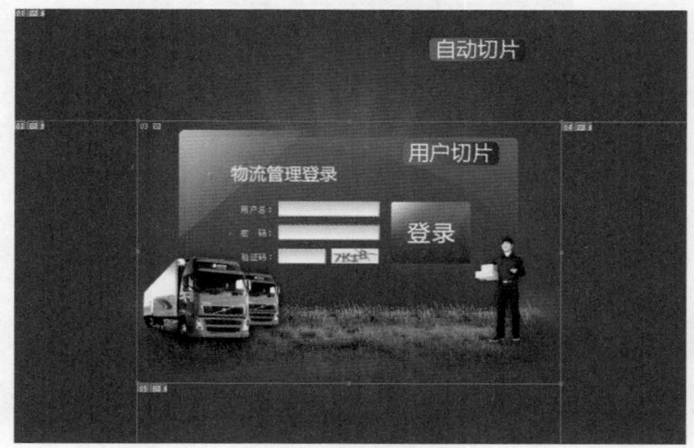

图 19-1 创建的切片

19.1.2 使用“切片工具”创建切片

了解了切片工具的类型以及什么是用户切片和自动切片后，本节将向用户介绍如何使用“切片工具”创建切片。

动手实践——使用“切片工具”创建切片

源文件：无

视频：光盘 \ 视频 \ 第 19 章 \19-1-2.swf

01 打开素材图像“光盘 \ 源文件 \ 第 19 章 \ 素材 \ 191101.tif”，效果如图 19-2 所示。单击工具箱中的“切片工具”按钮，在选项栏上进行相应的设置，如图 19-3 所示。

图 19-2 打开图像

图 19-3 设置选项栏

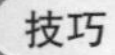
技巧

在“切片工具”选项栏的“样式”下拉列表中可以选择切片的创建方式，包括“正常”、“固定长宽比”和“固定大小”。选择“正常”选项，可以通过拖动鼠标确定切片的大小；选择“固定长宽比”选项，可以在该选项后的文本框中输入切片的高宽比，可创建具有固定长宽比的切片；选择“固定大小”选项，可以在该选项后的文本框中输入切片的高度和宽度值，然后在画布中单击，即可创建指定大小的切片。

02 在图像中单击并拖曳出一个矩形框，如图 19–4 所示。释放鼠标即可创建一个用户切片，该切片以外的部分会生成自动切片，如图 19–5 所示。

图 19-4 单击并拖动鼠标

图 19-5 创建切片

19.1.3 基于参考线创建切片

除了可以使用“切片工具”在图像上通过拖曳的方式来创建切片外，还可以基于参考线创建切片。下面将通过练习向用户介绍该方法的具体操作步骤。

动手实践——基于参考线创建切片

源文件：无

视频：光盘 \ 视频 \ 第 19 章 \19-1-3.swf

01 打开素材图像“光盘 \ 源文件 \ 第 19 章 \ 素材 \ 191301.tif”，效果如图 19–6 所示。执行“视图 > 标尺”命令或者按快捷键 Ctrl+R，在画布的左侧和上方显示标尺，如图 19–7 所示。

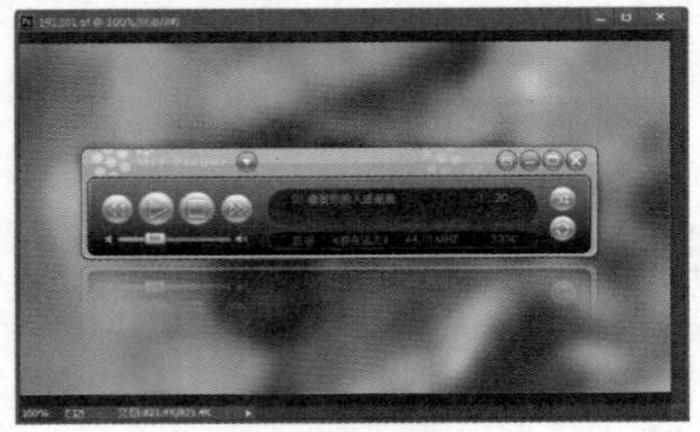

图 19-6 打开图像

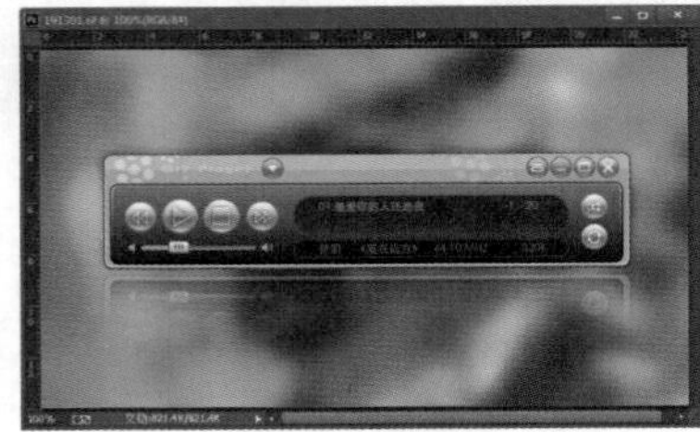

图 19-7 显示标尺

02 从标尺中拖出相应的参考线标示出需要创建切片的区域，如图 19–8 所示。单击工具箱中的“切片工具”按钮，在选项栏上单击“基于参考线的切片”按钮，即可以基于参考线划分的方式创建切片，如图 19–9 所示。

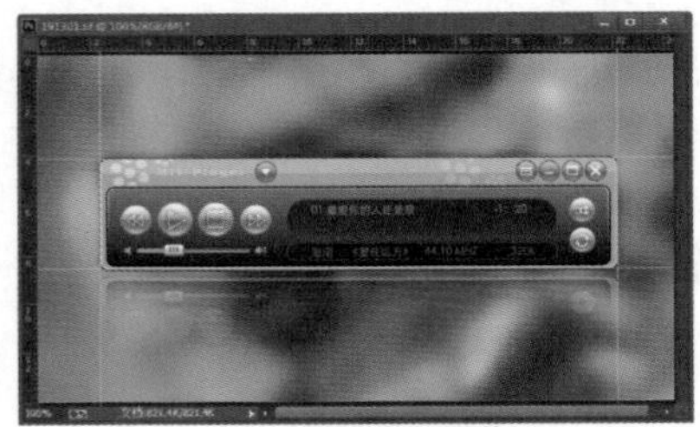

图 19-8 拖出相应的参考线

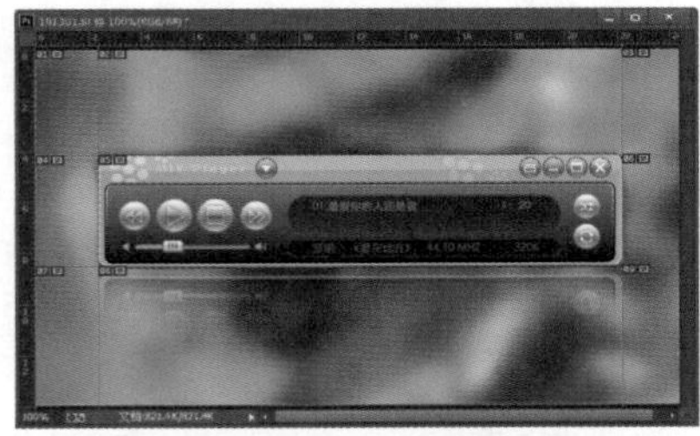

图 19-9 基于参考线创建切片

19.1.4 基于图层创建切片

创建切片的另一种方式就是基于图层创建切片，这种方法只适用于其中包含图层的 PSD 格式的文件。下面就向用户进行详细介绍。

动手实践——基于图层创建切片

源文件：无

视频：光盘 \ 视频 \ 第 19 章 \19-1-4.swf

01 打开素材图像“光盘 \ 源文件 \ 第 19 章 \ 素材 \ 191401.psd”，效果如图 19–10 所示。打开“图层”面板，如图 19–11 所示。在这里需要创建基于“图层 1”图层的切片。

图 19-10 打开图像

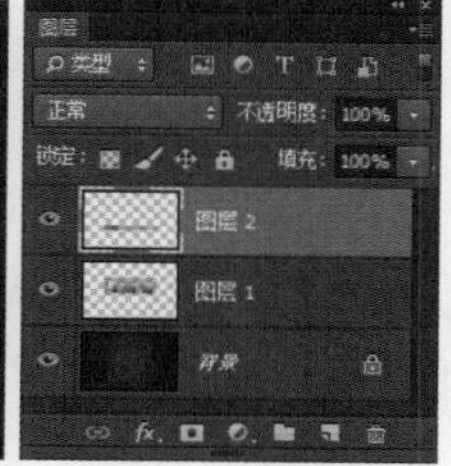

图 19-11 “图层”面板

02 选择“图层 1”图层，执行“图层 > 新建基于图层的切片”命令，即可基于该图层创建切片，切片会包含该图层中的所有像素，如图 19–12 所示。选择“图层 2”图层，执行该命令，图像效果如图 19–13 所示。

图 19-12 基于图层创建切片

图 19-13 基于图层创建切片

03 如果移动图层中内容的位置，或者对图层中的图像进行缩放操作时，切片区域同样会随之进行调整，如图 19–14 所示。

图 19-14 调整后的切片效果

19.2 编辑切片

在创建切片时会遇到所创建的切片不够理想的情况，如果将创建的切片删除，重新创建切片是比较费时间的，因此编辑切片是很好的方法，既可以提高工作效率，又能节省时间。

19.2.1 “切片选择工具”的选项栏

单击工具箱中的“切片选择工具”按钮，在选项栏中可以设置该工具的选项，如图 19–15 所示。

调整切片堆叠顺序　对齐与分布切片按钮　设置切片选项

提升　划分 ...　隐藏自动切片

图 19-15 “切片选择工具”的选项栏

- 调整切片堆叠顺序：在创建切片时，最后创建的切片是堆叠顺序中的顶层切片。当切片重叠时，可以单击该选项中的按钮，改变切片的堆叠顺序，以便能够选择到底层的切片。单击“置为顶层”按钮，可将所选择的切片调整到所有切片的最上层；单击“前移一层”按钮，可将所选择的切片向上移动一层；单击“后移一层”按钮，可将所选择的切片向下移动一层；单击“置为底层”按钮，可将所选择的切片移动到所有切片的最底层。
- “提升”按钮：单击该按钮，可以将当前所选中的自动切片或图层切片转换为用户切片。
- “划分”按钮：单击该按钮，将会弹出“划分切片”对话框，在该对话框中可以对所选的切片进行划分的相关设置，如图 19–16 所示

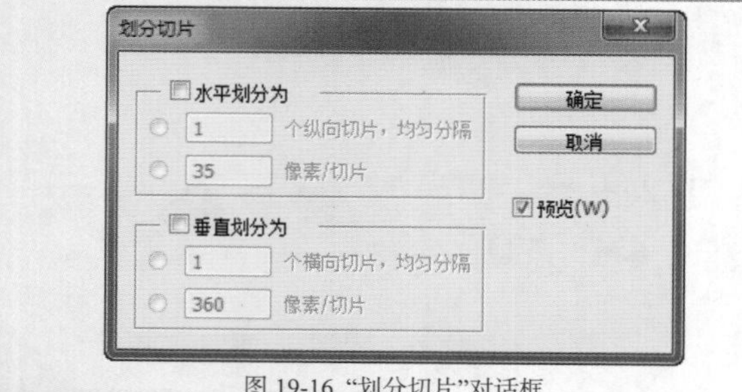

图 19-16 “划分切片”对话框

- 对齐与分布切片按钮：选择多个切片后，可单击该选项中的按钮来对齐或分布切片，这些按钮的使用方法与对齐和分布图层的按钮相同。
- “隐藏自动切片”按钮：单击该按钮，可以隐藏图像中的自动切片，只显示图像中的用户切片，再

次单击该按钮，即可以显示出所有切片。

● “设置切片选项”按钮：单击该按钮，将弹出“切片选项”对话框，在该对话框中可以设置当前选中的切片名称、类型并指定 URL 地址等选项。

19.2.2 选择和移动切片

在对图像进行切片时，可能会有些偏移或者误差，通过“切片选择工具”可以调整图像中创建好的切片。下面将通过练习进行详细讲解。

动手实践——选择和移动切片

源文件：无

视频：光盘\视频\第 19 章\19-2-2.swf

01 打开素材图像“光盘\源文件\第 19 章\素材\192201.jpg”，如图 19–17 所示。单击工具箱中的“切片工具”按钮，在选项栏中设置“样式”为“正常”，在图像中创建多个切片，如图 19–18 所示。

图 19-17 打开图像　　图 19-18 创建切片

02 单击工具箱中的“切片选择工具”按钮，单击要选择的切片，即可选择该切片，选择的切片边线会以橘黄色显示，如图 19–19 所示。

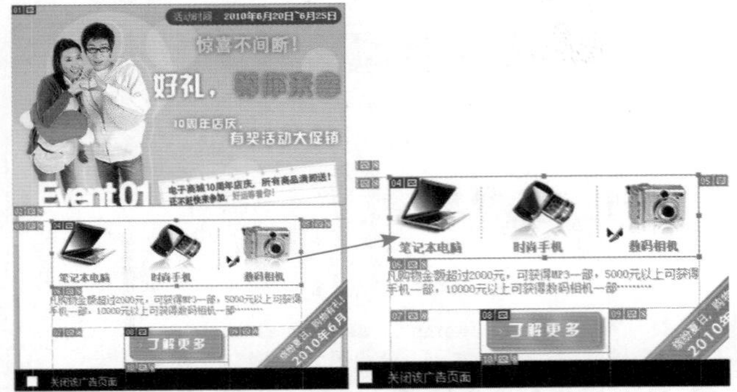

图 19-19 选择切片

03 如果要同时选择多个切片，可以按住 Shift 键的同时，单击需要选择的切片，即可选择多个切片，如图 19–20 所示。

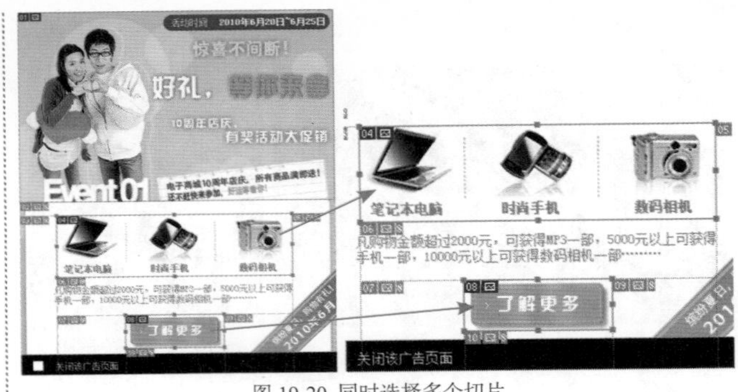

图 19-20 同时选择多个切片

04 如果切片的大小需要修改，使用“切片选择工具”选择切片后，将光标移动到定界框的控制点上，当鼠标指针变成↔形状时，拖动即可调整切片的宽度或高度，如图 19–21 所示。

图 19-21 调整切片的大小

05 按住 Shift 键将光标放到切片定界框的任意一角，当鼠标指针变成↘形状时，拖动可等比例扩大切片，如图 19–22 所示。

图 19-22 等比例调整切片的大小

06 选择切片以后，如果要调整切片的位置，拖动选择的切片即可将该切片进行移动，拖动时切片会以虚框显示，放开鼠标左键即可将切片移动到虚框所在的位置，如图 19–23 所示。

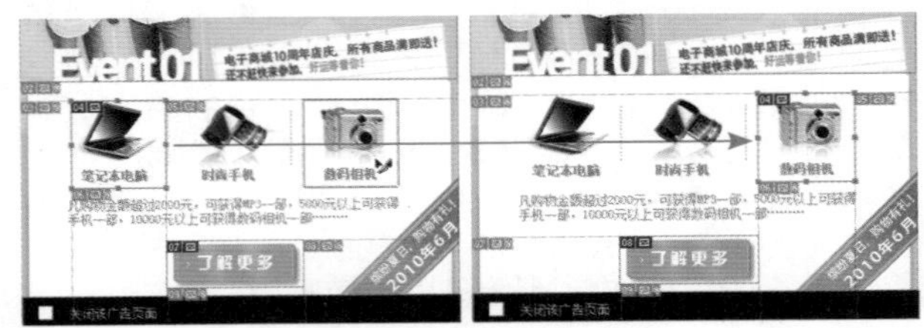

图 19-23 调整切片的位置

提示

创建切片后，为防止切片影响“切片选择工具”修改切片，可以执行“视图 > 锁定切片”命令，将所有切片进行锁定，再次执行该命令即可取消锁定。

19.2.3 组合与删除切片

创建切片后，为了方便用户管理切片，Photoshop CC 提供了一些编辑切片的功能，如将切片进行组合、删除等。

使用“切片选择工具”选择两个或者更多的切片，如图 19-24 所示。单击鼠标右键，在弹出的快捷菜单中选择“组合切片”命令，如图 19-25 所示。即可将所选择的切片组合成一个切片，如图 19-26 所示。

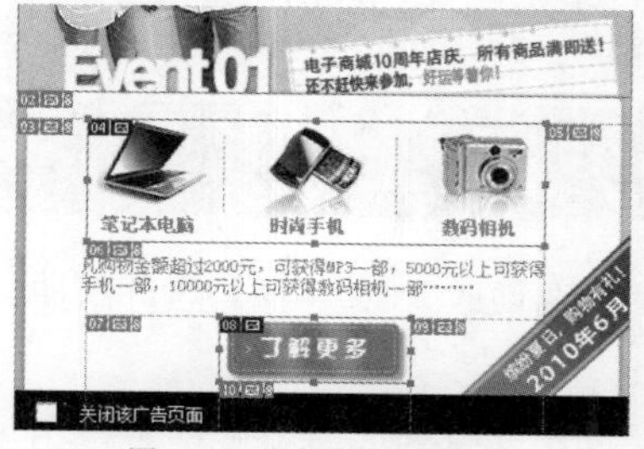

图 19-24 选中需要组合的切片

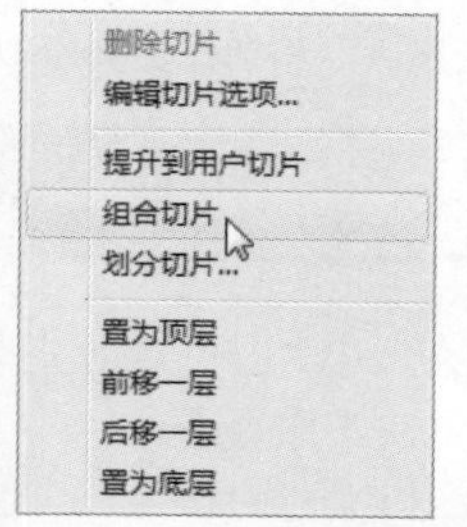

图 19-25 选择“组合切片”命令

图 19-26 组合成一个切片

切片创建后如果觉得不满意，可以对切片进行修改，也可以将切片进行删除。删除切片的方法很简单，首先选择要删除的切片，按 Delete 键即可将选择的切片删除，如图 19-27 所示。如果要删除所有用户切片和基于图层的切片，可执行“视图 > 清除切片”命令，即可将所有用户切片和基于图层的切片删除，如图 19-28 所示。

图 19-27 删除所选择的切片

图 19-28 清除所有切片

19.2.4 将自动切片转换为用户切片

基于图层的切片与图层的像素内容相关联，因此，在对切片进行移动、组合、划分、调整大小和对齐等操作时，唯一的方法是编辑相应的图层。如果想使用切片工具完成以上操作，则需要先将这样的切片转换为用户切片。此外，在图像中，所有自动切片都链接一起并共享相同的优化设置，如果要为自动切片设置不同的优化设置，也必须将其转换为用户切片。

使用“切片选择工具”选择要转换的切片，如图 19-29 所示。单击选项栏中的“提升”按钮，即可将其转换为用户切片，如图 19-30 所示。

图 19-29 选择自动切片　　图 19-30 转换为用户切片

19.2.5 设置切片选项

使用“切片选择工具”双击切片，或者选择切片，然后单击选项栏中的“为当前切片设置选项”按钮，弹出“切片选项”对话框，如图 19-31 所示。

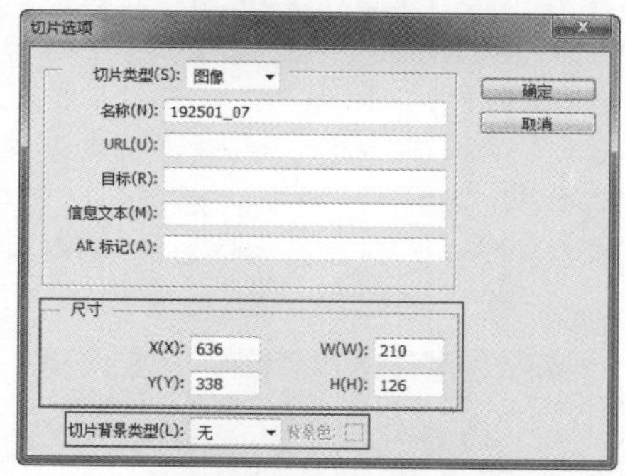

图 19-31 “切片选项”对话框

- 切片类型：在该下拉列表中可以选择要输出的切片的内容类型，如图 19-32 所示。“图像”为默认的类型，切片包含图像数据。如果选择“无图像”选项，则可以在切片中输入 HTML 文本，但不能导出为图像，并且无法在浏览器中预览；如果选择“表”选项，则切片导出时将作为嵌套表写入到 HTML 文本文件中。

图 19-32 “切片类型”下拉列表

- 名称：该选项用于设置切片的名称。默认情况下，系统会自动为该切片分配一个名称，用户可以在该选项文本框中直接输入切片的名称。

- URL：在该选项的文本框中输入切片链接的 Web 地址，在浏览器中单击切片图像时，即可链接到此选项设置的网址和目标框架。该选项只能用于“图像”切片。

目标：该选项用于设置切片链接地址目标框架的名称，可以直接在该选项文本框中输入目标框架的名称。

信息文本：该选项用于为切片图像设置文本信息，此选项只能用于图像切片，并且只会在导出的HTML文件中出现。

Alt标记：该选项用于指定选定切片的Alt标记。Alt文本在图像下载过程中取代图像，并在一些浏览器中作为工具提示出现。

尺寸：该选项用于设置切片的大小和位置，X和Y选项用于设置切片的位置，W和H选项用于设置切片的大小。

切片背景类型：可以选择一种背景色来填充透明区域（适用于“图像”切片）或整个区域（适用于“无图像”切片）。

技巧

执行“编辑>首选项>参考线、网格和切片”命令，弹出“首选项”对话框，在该对话框中可以修改切片的颜色和编号。

19.3 优化Web图像

创建切片后，需要对图像进行优化，以减小文件的大小。在Web上发布图像时，较小的文件可以使Web服务器更加高效的存储和传输图像，用户则能够更快下载图像。

19.3.1 Web安全颜色

颜色是网页设计的重要内容，然而在计算机屏幕上看到的颜色却不一定都能够在本地Web浏览器中以同样的效果显示。为了使Web图形的颜色能够在所有的显示器上看起来一模一样，在制作网页时，就需要使用Web安全颜色。

在“颜色”面板或“拾色器”对话框中调整颜色时，如果出现警告图标，如图19-33所示。可单击该图标，将当前颜色替换为与其最为接近的Web安全颜色，如图19-34所示。

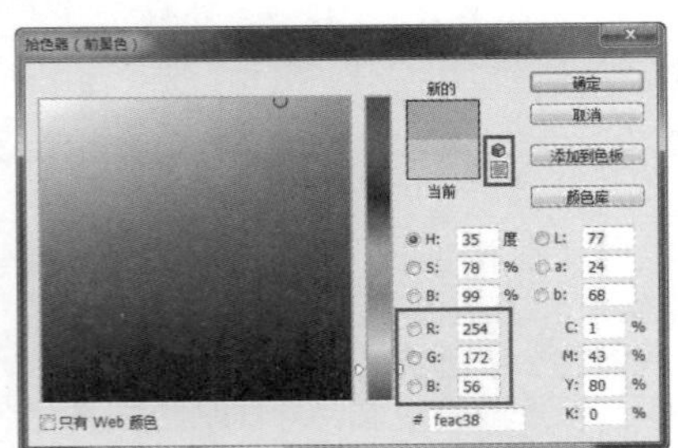

图19-33 “拾色器”对话框

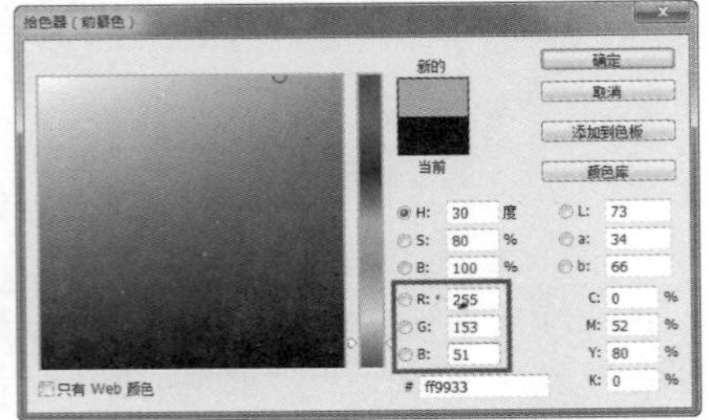

图19-34 替换为最接近的Web安全色

在设置颜色时，为了能够在Web安全颜色模式下工作，可以选中“只有Web颜色”复选框，如图19-35所示。也可以在“颜色”面板下拉菜单中选择“Web颜色滑块”命令，如图19-36所示。

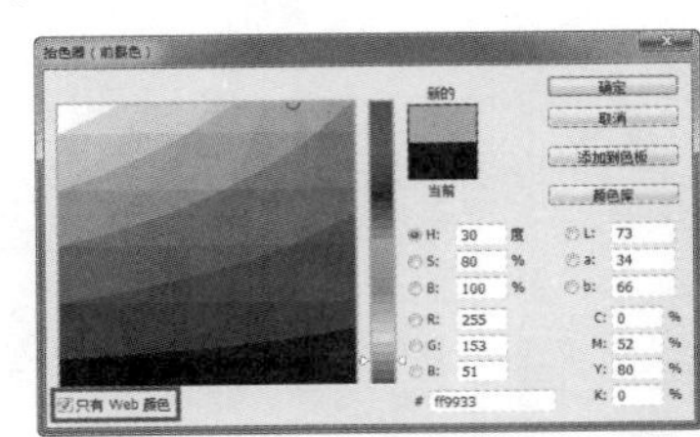

图19-35 “拾色器”对话框　　图19-36 “颜色”面板

19.3.2 优化Web图像

打开素材图像“光盘\源文件\第19章\素材\193201.jpg”，执行“文件>存储为Web所用格式”命令，弹出“存储为Web所用格式”对话框，如图19-37所示。使用该对话框中的优化功能可以对图像进行优化和输出。

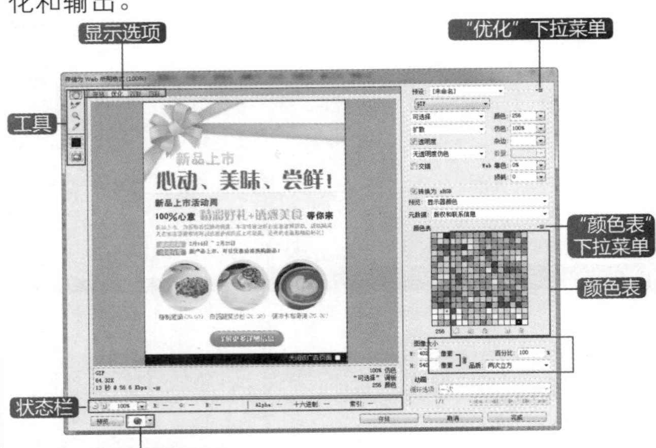

图19-37 “存储为Web所用格式”对话框

- 显示选项：单击“原稿”标签，窗口中显示没有优化的图像，如图 19-38 所示。单击“优化”标签，窗口中只显示应用了当前优化设置的图像，单击“双联”标签，并排显示图像的两个版本，即优化前和优化后的图像。单击“四联”标签，并排显示图像的 4 个版本，如图 19-39 所示。原稿外的其他 3 个图像可以进行不同的优化，每个图像下面都提供了优化信息，如优化格式、文件大小、图像预计下载时间等，使得用户可以通过对比，选择出最佳的优化方案。

图 19-38 选择“原稿”标签的效果

图 19-39 选择“四联”标签的效果

- 工具：在该工具箱中包含了 6 种工具，分别介绍如下。
  - “抓手工具”按钮：单击该按钮，在图像中拖动可以移动图像。
  - “切片选择工具”按钮：单击该按钮，可以在图像中的切片上单击，以便选中该切片，对该切片图像进行优化设置。
  - “缩放工具”按钮：单击该按钮，在图像中单击可以放大图像的显示比例，按住 Alt 键单击则缩小显示比例，也可以在缩放文本框中输入显示百分比。
  - “吸管工具”按钮：单击该按钮，在图像中单击，可以拾取单击的颜色，并显示在吸管颜色图标上。
  - “吸管颜色”按钮■：单击该按钮，可以弹出“拾色器（吸管颜色）”对话框，在该对话框中可以设置吸管的颜色。
  - “切换切片可见性”按钮：单击该按钮，可以显示或隐藏切片的定界框。
- 状态栏：在状态栏中显示的是光标当前所在位置的图像相关信息，包括 RGB 颜色值和十六进制颜色值等。
- 在浏览器中预览图像：单击该按钮，可在系统上默认的 Web 浏览器中预览优化后的图像。预览窗口中显示图像的题注，其中列出了图像的文件类型、像素尺寸、文件大小、压缩规格和其他 HTML 信息，如图 19-40 所示。如果要使用其他浏览器，可以在此菜单中选择“其他”命令。

图 19-40 在 Web 浏览器中预览效果

- “优化”下拉菜单：单击该按钮，可以弹出优化菜单，包含“存储设置”、“链接切片”、“编辑输出设置”等命令，如图 19-41 所示。
- “颜色表”下拉菜单：单击该按钮，可以弹出颜色表菜单，其包含与颜色表有关的命令，可以新建颜色、删除颜色以及对颜色进行排序等，如图 19-42 所示。

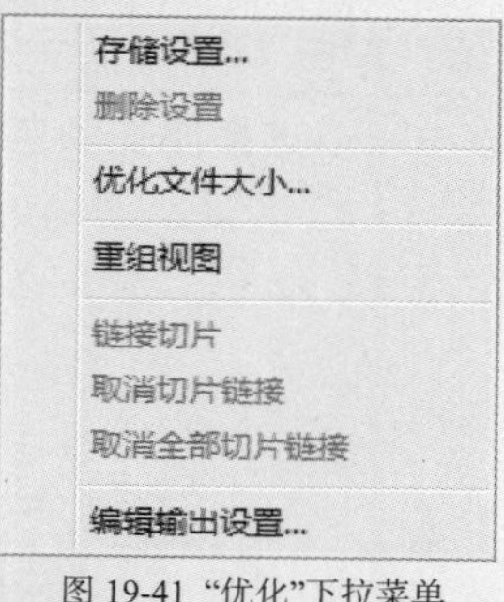

图 19-41 “优化”下拉菜单

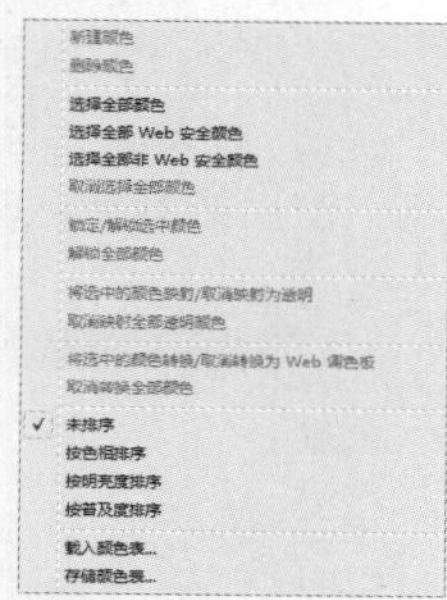
图 19-42 “颜色表”下拉菜单

- 颜色表：将图像优化为 GIF、PNG-8 和 WBMP 格式时，可在“颜色表”对话框中对图像颜色进行优化设置。
- 图像大小：在该选项区域中可以通过设置相关参数，将图像大小调整为指定的像素尺寸或原稿大小的百分比。

19.3.3 Web 图形优化选项

在“存储为 Web 所用格式”对话框中可以对输出不同格式的图像进行相应的优化设置。本节将向用户介绍不同格式输出图像的优化方法。

1. 优化为 GIF 和 PNG-8 格式

GIF 是用于压缩具有单色调颜色和清晰细节的图像的标准格式，它是一种无损的压缩格式。PNG-8 格式与 GIF 格式一样，也可以有效的压缩纯色区域，同时保留清晰的细节。这两种格式都支持 8 位颜色，因此它们可以显示多达 256 种颜色。在“存储为 Web 所用格式”对话框中的文件格式下拉列表中选择 GIF 或 PNG-8 选项，可以显示它们的优化选项，如图 19-43 所示。

图 19-43 GIF 和 PNG-8 的优化选项

- 减低颜色深度算法：在该选项下拉列表中可以选择用于生成颜色查找表的方法，如图 19-44 所示。

- 颜色：在该选项下拉列表中可以选择要在颜色查找表中使用的颜色数量，如图 19-45 所示。

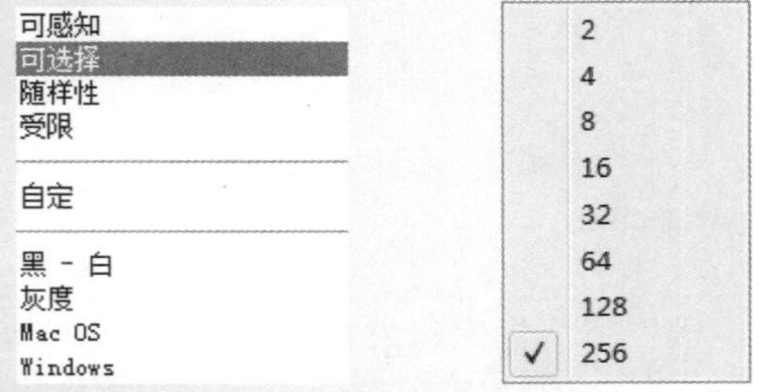

图 19-44 “减低颜色深度算法”下拉列表　图 19-45 “颜色”下拉列表

- 仿色算法：仿色是指通过模拟计算机的颜色来显示系统中未提供的颜色的方法。在“仿色算法”下拉列表中包含 4 个选项，如图 19-46 所示。

- 仿色：在该选项中可以设置仿色的百分比值，较高的仿色百分比会使图像中出现更多的颜色和细节，但也会增大文件大小。

- 透明度：勾选该选项，则在输出图像时，将保持图像的透明部分。

- 杂边：该选项用于设置图像边缘的颜色，在该下拉列表中可以选择一种颜色的取值方式，如图 19-47 所示。

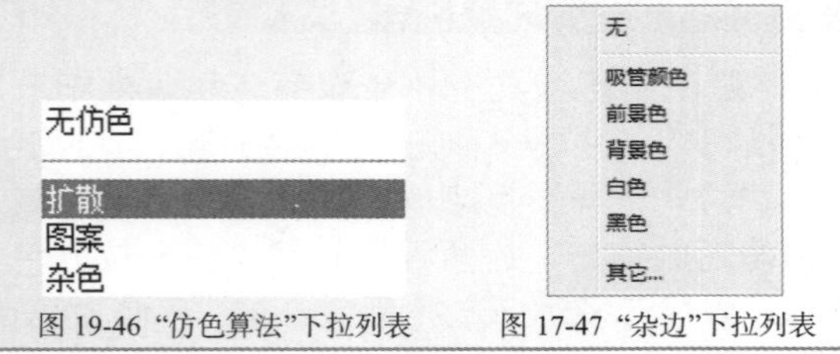

图 19-46 “仿色算法”下拉列表　图 17-47 “杂边”下拉列表

- 交错：选中该复选框，当图像文件正在下载时，在浏览器中显示图像的低分辨率版本，使用户感觉下载时间更短，但是会增加文件的大小。

- Web 靠色：通过该选项可以指定将颜色转换为最接近的 Web 面板等效颜色的容差级别，并防止颜色在浏览器中进行仿色。数值越高，转换的颜色越多。

- 损耗：通过该选项的设置，可以有选择的扔掉数据来减小文件的大小，通过该选项可以将文件减小 5%~40%。通常情况下，应用 5~10 的“损耗”值不会对图像产生太大影响。数值越高时，文件虽然更小，但图像的品质就会变差。

2. 优化为 JPEG 格式

JPEG 格式是用于压缩连续色调图像的标准格式。将图像优化为 JPEG 格式时采用的是有损压缩，它会有选择性地扔掉数据以减小文件大小，如图 19-48 所示为 JPEG 选项。

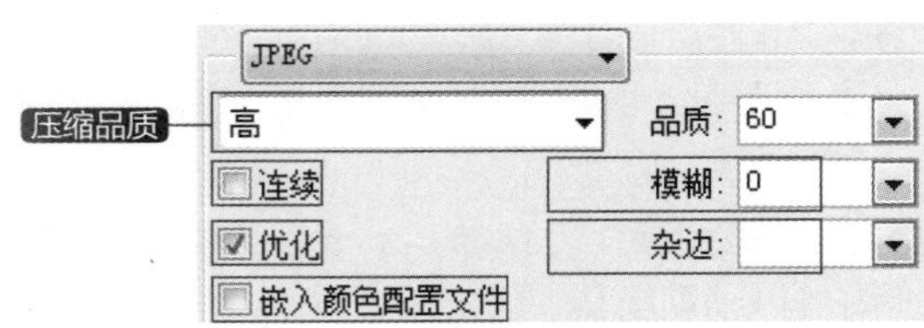

图 19-48 JPEG 的优化选项

- 压缩品质：在该选项下拉列表中包括“低”、“中”、“高”、“非常高”和“最佳”5 个选项，如图 19-49 所示，可以选择一种压缩品质。

图 19-49 “压缩品质”下拉列表

- 品质：该选项同样用于设置图像的压缩品质。“品质”设置越高，图像的细节越多，但生成的文件也越大。

- 连续：选中该复选框，则在 Web 浏览器中浏览该图像时将以渐进方式显示图像。

- 优化：勾选该选项，可以创建文件大小稍小的 JPEG 文件。如果要最大限度压缩文件，建议使用优化的 JPEG 格式。

- 嵌入颜色配置文件：勾选该选项，则在优化文件中保存颜色配置文件。某些浏览器会使用颜色配置文件进行颜色的校正。

- 模糊：该选项指定应用于图像的模糊量。可以创建与“高斯模糊”滤镜相同的效果，并允许进一步压缩文件以获得更小的文件。建议使用 0.1~0.5 的设置。

杂边：该选项用于为原始图像中的透明像素指定一个填充颜色。

3. 优化为 PNG-24 格式

PNG-24 格式适用于压缩连续色调图像，它的优点是可以在图像中保留多达 256 个透明度级别，但生成的文件要比 JPEG 格式生成的文件要大得多。如图 19-50 所示为 PNG-24 选项，其设置的方法可以参考 GIF 格式的相应选项。

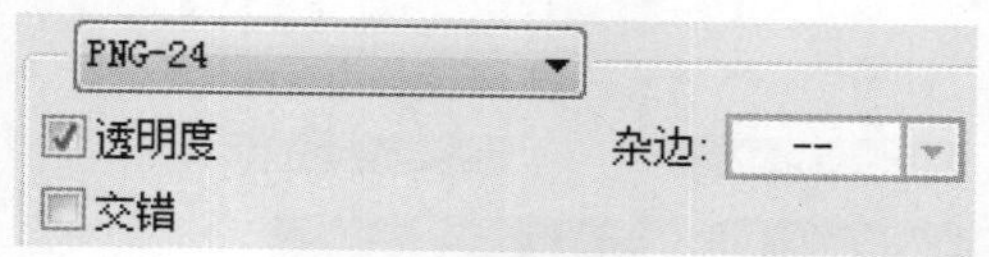

图 19-50 优化为 PNG-24 选项

4. 优化为 WBMP 格式

WBMP 格式是用于优化移动设备（如移动电话）图像的标准格式。如图 19-51 所示为 WBMP 选项，使用该格式优化后，图像中只包含黑色和白色像素。

图 19-51 优化为 WBMP 格式

19.3.4 输出 Web 图像

优化 Web 图像后，在“存储为 Web 所用格式”对话框的“优化”菜单中选择“编辑输出设置”命令，如图 19-52 所示。弹出“输出设置”对话框，如图 19-53 所示。在“输出设置”对话框中可以设置 HTML 文件的格式、命名文件和切片，以及在存储优化图像时如何处理背景图像。

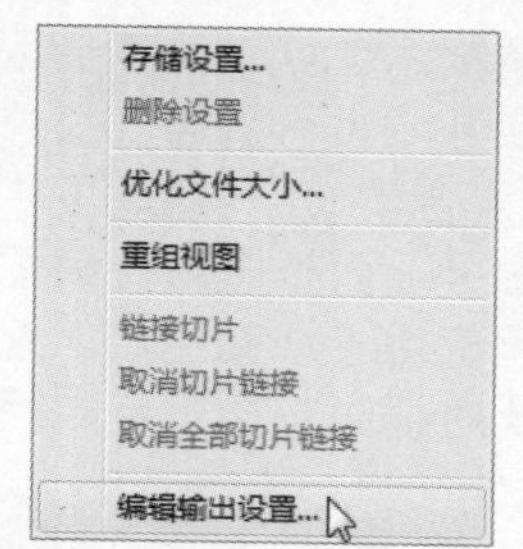

图 19-52 选择“编辑输出设置”命令

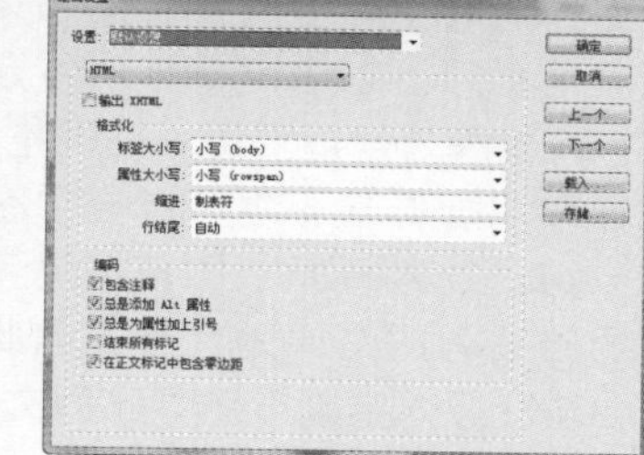

图 19-53 “输出设置”对话框

如果要使用预设的输出选项，可以在“设置”选项的下拉菜单中选择一个选项。如果要自定义输出的选项，可在弹出的下拉列表中选择 HTML、“切片”、“背景”或“存储文件”选项，如图 19-54 所示。例如选择“背景”选项后，在“输出设置”对话框中会显示详细的设置选项，如图 19-55 所示。

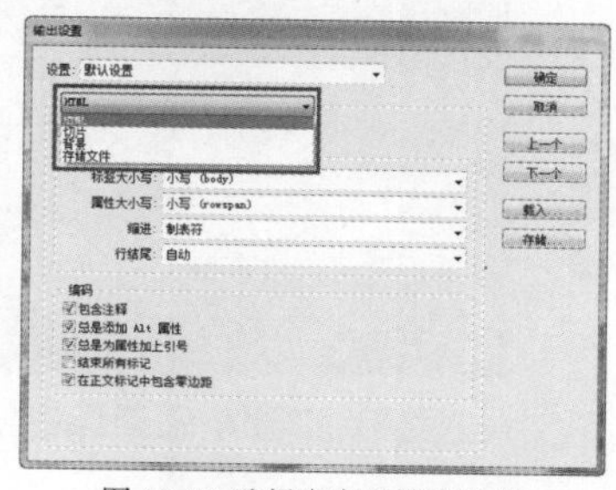

图 19-54 选择自定义输出选项

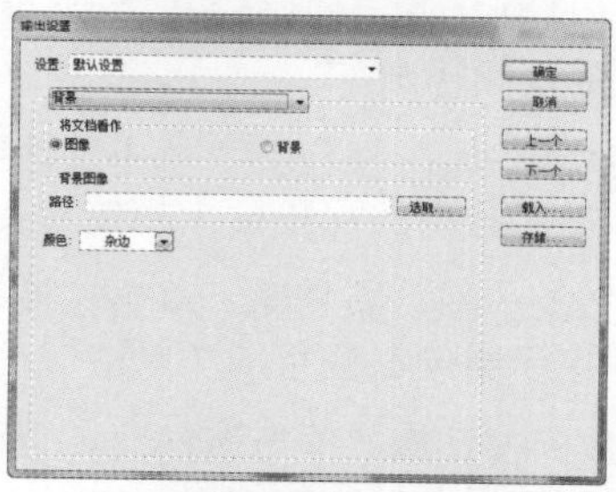

图 19-55 显示“背景”的设置选项

19.4 视频功能

Photoshop CC 可以编辑视频的各个帧和图像序列文件，包括使用任意 Photoshop CC 工具在视频上进行编辑和绘制、应用滤镜、蒙版、变换、图层样式和混合模式。

19.4.1 视频图层

在 Photoshop CC 中打开视频文件或图像序列时，如图 19-56 所示。会自动创建视频图层，且图层带有形状图标，如图 19-57 所示，帧包含在视频图层中。

图 19-56 打开视频文件

图 19-57 视频图层效果

用户可以使用“画笔工具”和“图章工具”在视

频文件的各个帧上进行绘制和仿制，也可以创建选区或应用蒙版，以限定对帧的特定区域进行编辑。此外还可以像编辑常规图层一样调整混合模式、不透明度、位置和图层样式；也可以在“图层”面板中为视频图层分组，或者将颜色和色调调整应用于视频图层。视频图层参考的是原始文件，因此对视频图层进行编辑不会改变原始视频或图像序列文件。

19.4.2 视频模式“时间轴”面板

执行“窗口 > 时间轴”命令，打开“时间轴”面板，如果打开的是帧动画模式“时间轴”面板，单击“转换为视频时间轴”按钮，可切换为视频模式的“时间轴”面板，如图 19-58 所示。

视频模式“时间轴”面板显示了文档图层的帧持续时间和动画属性。使用面板底部的工具可浏览各个帧、放大或缩小时间显示、切换洋葱皮模式、删除关键帧和预览视频。可以使用时间轴上自身的控件调整图层帧的持续时间，设置图层属性的关键帧并将视频某一部分指定为工作区域。

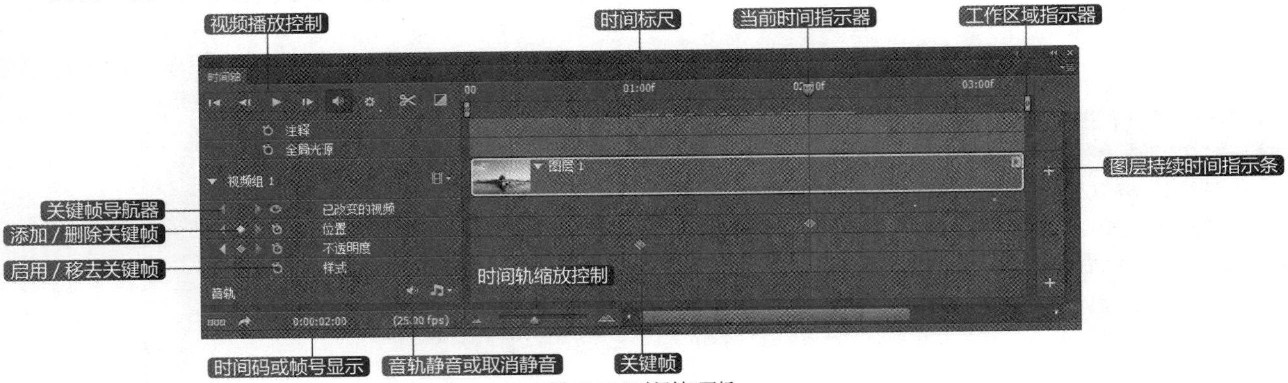

图 19-58 “时间轴”面板

- 视频播放控制：通过视频播放控制按钮，可以控制时间轴中的视频播放。
  - “转到第一帧”按钮：单击该按钮，可以将当前时间指示器指向视频第 1 帧位置。
  - “转到上一帧”按钮：单击该按钮，可以将当前时间指示器向左侧移动 1 帧。
  - “播放”按钮：单击该按钮，可以在当前时间指器所在位置开始播放视频。
  - “转到下一帧”按钮：单击该按钮，可以将当前时间指示器向右侧移动 1 帧。
  - “启用音频播放”按钮：默认情况下，该按钮为按下状态，即启用音频播放。如果未按下该按钮，则不播放时间轴中的音频。
- “设置回放选项”按钮：单击该按钮，可以在弹出的面板中设置回放选项，如图 19-59 所示。“分辨率”选项用于设置视频的分辨率；选中“循环播放”选项，则可以循环播放该视频文件。

图 19-59 设置回放选项

- “在播放头处拆分”按钮：单击该按钮，可以将视频或图像序列播放点处拆分为两段，并分别放置在不同的图层中，如图 19-60 所示。
- “选择过渡效果并拖动以应用”按钮：单击该按钮，可以在弹出的面板中选择为视频添加过渡效果，Photoshop CC 中提供了 5 种过渡效果，并且可以设置过渡的持续时间，如图 19-61 所示。

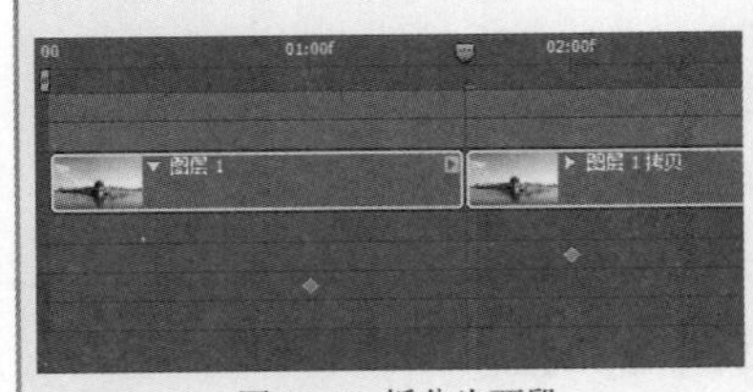
图 19-60 拆分为两段

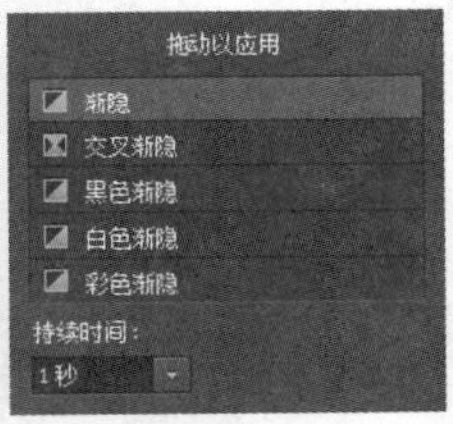

图 19-61 过渡效果面板

- 时间标尺：根据文档的持续时间和帧速率，水平测量持续时间或帧计数。从面板菜单中选择“设置时间轴帧速率”命令，弹出“时间轴帧速率”对话框，如图 19-62 所示，可以更改持续时间或帧速率。刻度线和数字沿标尺出现，并且其间距会随时间轴的缩放设置的变化而改变。从面板菜单中选择“面板选项”命令，弹出“动画面板选项”对话框，如图 19-63 所示，可以选择时间标尺的两种显示方式。

图 19-62 “时间轴帧速率”对话框

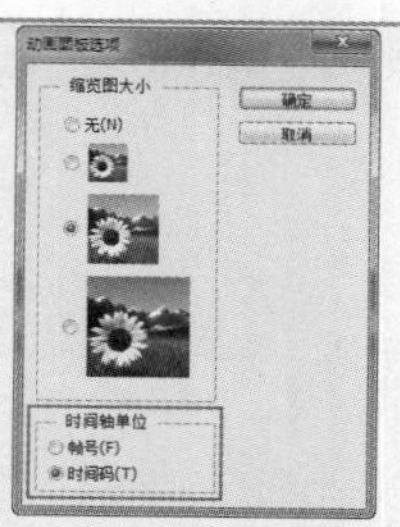

图 19-63 “动画面板选项”对话框

- 当前时间指示器：指示当前视频动画的时间点，拖动当前时间指示器可以导航帧或更改当前时间或帧。

- 工作区域指示器：指示了当前的工作区域，拖动位于顶部轨道任意一端的蓝色标签，可以标记要预览或导出的视频动画的特定部分。

- “注释”轨道：从面板菜单中执行“显示 > 注释轨道”命令，可以在“时间轴”面板中显示注释轨道。单击“注释轨道”前面的“启用注释”按钮，即可在弹出的“编辑时间轴注释”对话框中输入注释内容，如图 19-64 所示。单击“确定”按钮，可以在当前时间处插入注释。注释在注释轨道中显示为■状态图标，当指针移动到图标上方时，作为工具提示出现。

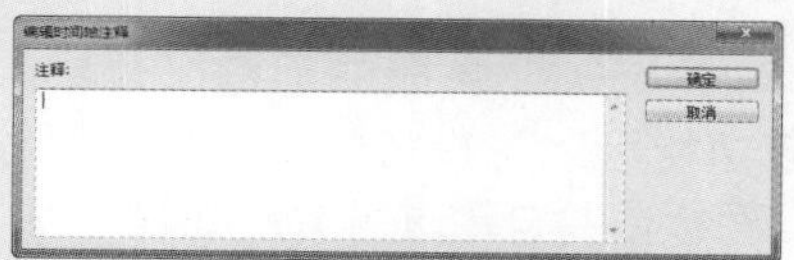

图 19-64 “编辑时间轴注释”对话框

- “全局光源”轨道：从面板菜单中执行“显示 > 全局光源跟踪”命令，可以在“时间轴”面板中显示全局光源轨道。显示要在其中设置和更改的图层效果，如投影、内阴影以及斜面和浮雕的主光照角度的关键帧。

- 关键帧导航器：轨道标签左侧的箭头按钮用于将当前时间指示器从当前位置移动到上一个或下一个关键帧。

- 删除 / 添加关键帧◆：单击该按钮，即可在时间轴当前时间指示器位置添加一个关键帧，再次单击则会删除该关键帧。

- 启用 / 移去关键帧⏱：启用或停用图层属性的关键帧设置。选择该选项可以插入关键帧并启用图层属性的关键帧设置。取消选择可以移去所有关键帧并停用图层属性的关键帧设置。

- “转换为帧动画”按钮▭：单击该按钮，可以将视频模式的“时间轴”面板切换为帧模式的“时间轴”面板。

- “渲染视频”按钮↗：单击该按钮，可以弹出“渲染视频”对话框，可以对相关选项进行设置，并渲染输出最终视频，如图 19-65 所示。

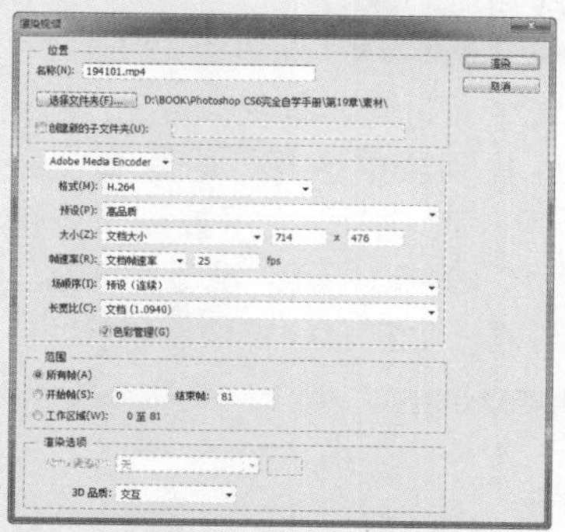

图 19-65 “渲染视频”对话框

- 时间码或帧号显示：显示当前帧的时间码或帧号，该数值取决于面板选项。在该处双击，可以弹出“设置当前时间”对话框，如图 19-66 所示。可以设置当前时间指示器的时间，或者拖曳该处，同样可以实现调整当前时间指示器的位置。

图 19-66 “设置当前时间”对话框

- 音轨静音或取消静音🔈：单击该按钮，可以实现音轨中音频的启用或者静音。

- 时间轴缩放控制：在该部分可以通过拖动滑块来缩放时间轴大小，或者单击“缩小”按钮▲和“放大”按钮▲来缩放时间轴的大小。

- 关键帧：用于控制当前时间点的视频动画效果，如大小、位置、不透明度等。

- 图层持续时间条：指定图层在视频或动画中的时间位置。要将图层移动到其他时间位置，可以拖动该时间条；要调整图层的持续时间，可以拖动该时间条的任意一端。

提示

在视频模式“时间轴”面板状态下，面板中显示文档中的每个图层，除“背景”图层之外，只要在“图层”面板中添加、删除、重命名、分组、复制图层或为图层分配颜色，即可在视频模式“时间轴”面板中得到更新。

19.5 创建与编辑视频图层

在 Photoshop CC 中用户可以自己创建视频图层，还可以将视频文件打开。Photoshop CC 会自动创建视频图层，通过在视频模式“时间轴”面板中设置不同的视频图层样式选项，可以制作出效果丰富的漂亮动画。

19.5.1 创建视频图层

在 Photoshop CC 中创建视频图层可分为以下几种方法。

1. 创建视频图像

执行“文件 > 新建”命令，弹出“新建”对话框，在“预设”下拉列表中选择“胶片和视频”选项，如图 19–67 所示。在“大小”下拉列表中选择一个文件大小选项，如图 19–68 所示。设置完成后，单击“确定”按钮，即可创建一个空白的视频图像文件。

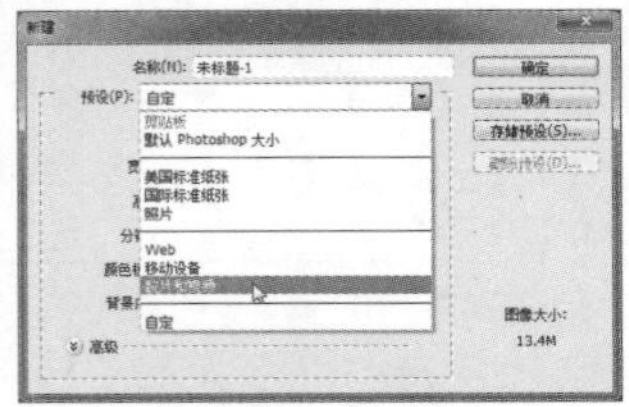

图 19-67 选择“胶片和视频”选项

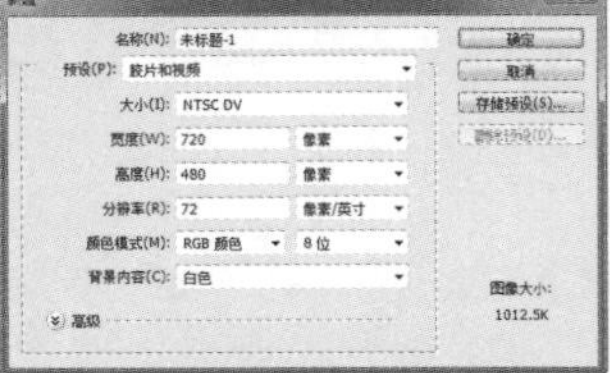

图 19-68 选择文件大小选项

2. 新建视频图层

打开一个文件，“图层”面板如图 19–69 所示。执行“图层 > 视频图层 > 新建空白视频图层”命令，可以新建一个空白的视频图层，“图层”面板如图 19–70 所示。

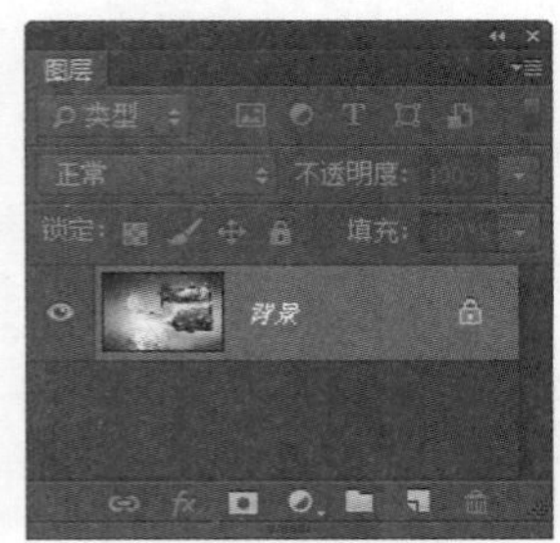

图 19-69 “图层”面板

图 19-70 新建空白视频图层

3. 打开视频文件

执行“文件 > 打开”命令，在弹出的“打开”对话框中选择一个视频文件，如图 19–71 所示。单击“打开”按钮，即可在 Photoshop CC 中将其打开，如图 19–72 所示。

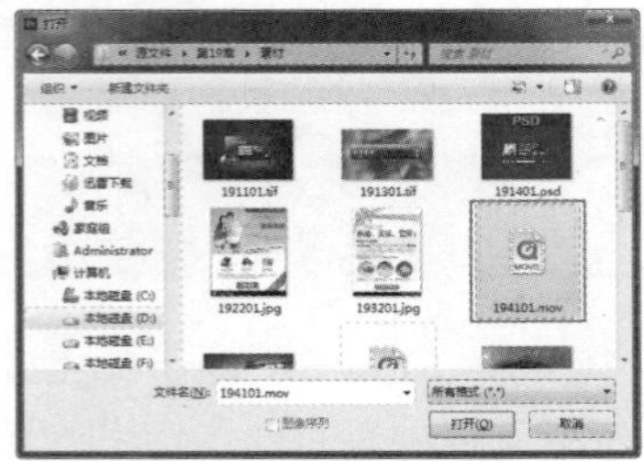

图 19-71 选择视频文件

图 19-72 打开视频文件

4. 导入视频文件

执行“图层 > 视频图层 > 从文件新建视频图层”命令，可以将视频导入到打开的文档中。

提示

在 Photoshop CC 中，可以打开多种 QuickTime 视频格式的文件，其中包括 MPEG–1、MPEG–4、MOV 和 AVI。如果计算机上安装了 Adobe Flash 8 及以上版本，则可支持 QuickTime 的 FLV 格式；如果安装了 MPEG–2 编码器，则可支持 MPEG–2 格式。

19.5.2 将视频导入图层

在 Photoshop CC 中提供了将视频导入图层的功能，利用该功能可以将指定的视频文件以帧的形式导入“图层”面板中并自动进行分层处理。

动手实践——将视频导入图层

源文件：无

视频：光盘 \ 视频 \ 第 19 章 \19-5-2.swf

01 执行“文件 > 导入 > 视频帧到图层”命令，弹出“打开”对话框，选择视频文件“光盘 \ 源文件 \ 第 19 章 \ 素材 \194101.mov”，如图 19–73 所示。单击“打开”按钮，弹出“将视频导入图层”对话框，如图 19–74 所示。

图 19-73 “载入”对话框

图 19-74 “将视频导入图层”对话框

02 在导入时如果要将全部视频导入，可选择“从开始到结束”选项，如图 19–75 所示。单击“确定”按钮，将视频帧导入到图层，“图层”面板如图 19–76 所示。帧模式“时间轴”面板如图 19–77 所示。

图 19-75 选择“从开始到结束”选项

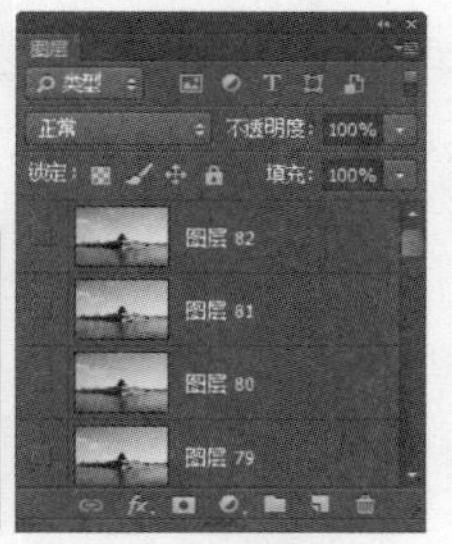
图 19-76 “图层”面板

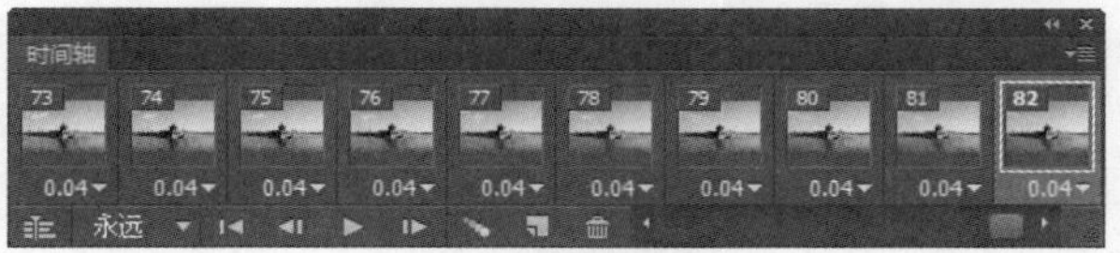
图 19-77 “时间轴”面板

03 在导入时如果想导入部分视频，可选择“仅限所选范围”选项，拖动调整时间滑块，设置导入的帧范围，如图 19–78 所示。单击“确定”按钮，即可将指定范围内的视频帧导入为图层，“图层”面板如图 19–79 所示。帧模式“时间轴”面板如图 19–80 所示。

图 19-78 选择“仅限所选范围”选项

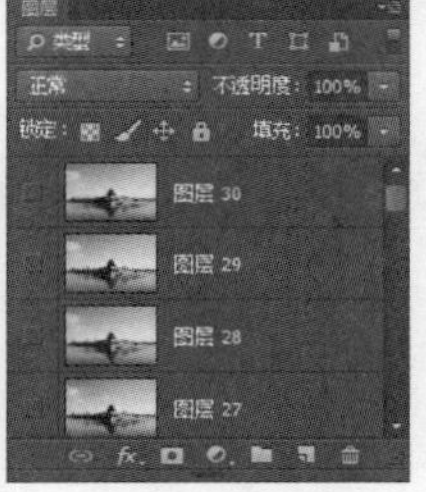
图 19-79 “图层”面板

图 19-80 “时间轴”面板

19.5.3 修改视频图层的不透明度

通过前面的学习，已经向用户讲解了“时间轴”面板的功能，以及“时间轴”面板中各个按钮和视频图层属性的作用。本节将通过一个简单的练习向用户讲解如何利用视频图层的不透明度制作动画。

动手实践——修改视频图层的不透明度

源文件：光盘 \ 源文件 \ 第 19 章 \19-5-3.psd

视频：光盘 \ 视频 \ 第 19 章 \19-5-3.swf

01 打开视频文件“光盘 \ 源文件 \ 第 19 章 \ 素材 \ 195301.mov”，如图 19–81 所示。打开视频文件后，在“图层”面板中会自动创建视频图层组，“图层”面板如图 19–82 所示。

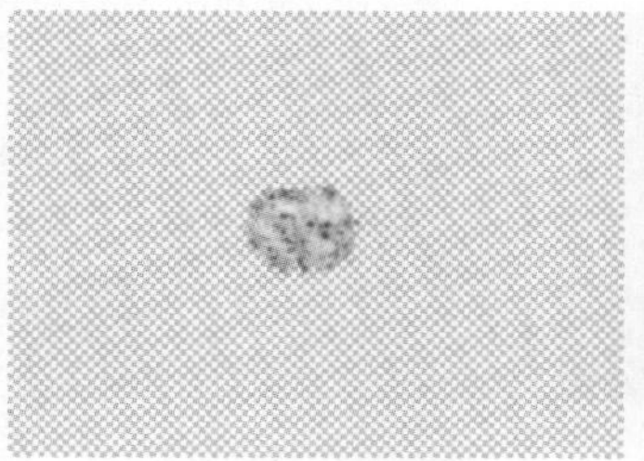
图 19-81 打开视频文件

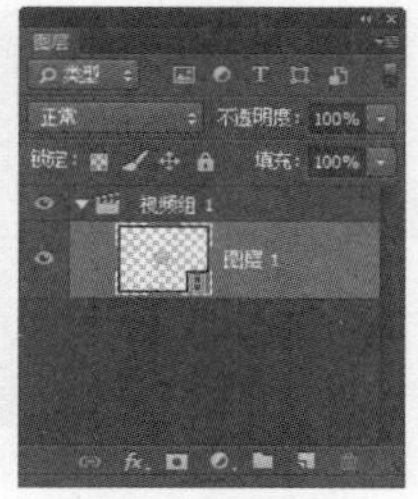
图 19-82 “图层”面板

02 打开素材图像“光盘 \ 源文件 \ 第 19 章 \ 素材 \195302.jpg”，效果如图 19–83 所示。将该素材图像拖曳到 195301.mov 文档中，“图层”面板如图 19–84 所示。

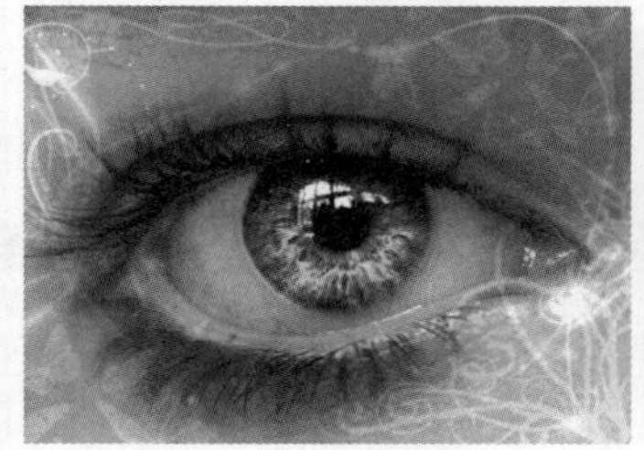
图 19-83 打开素材图像

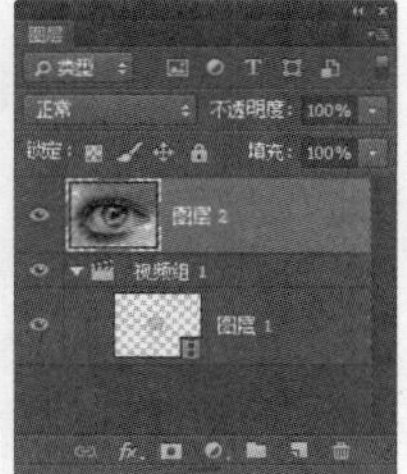
图 19-84 “图层”面板

03 将“图层 2”图层移至“视频组 1”的下方，如图 19–85 所示。图像效果如图 19–86 所示。

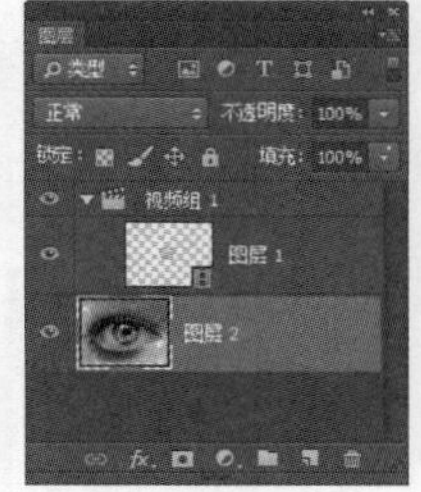
图 19-85 调整图层顺序

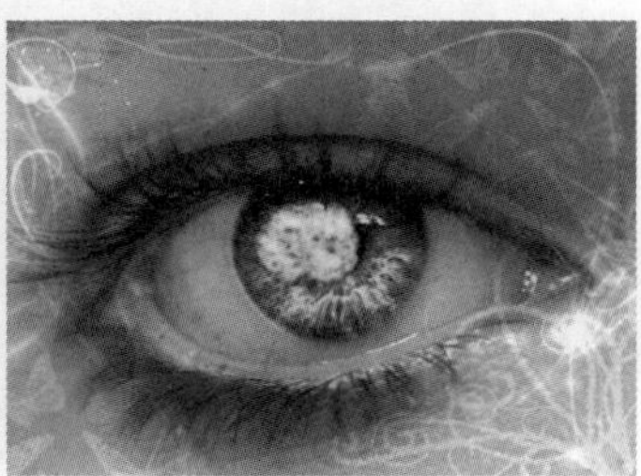
图 19-86 图像效果

04 选择“图层 1”图层，执行“窗口 > 时间轴”命令，打开“时间轴”面板，单击“视频组 1”前面的▶按钮，展开列表，将当前时间指标器拖动到如图 19–87 所示位置。

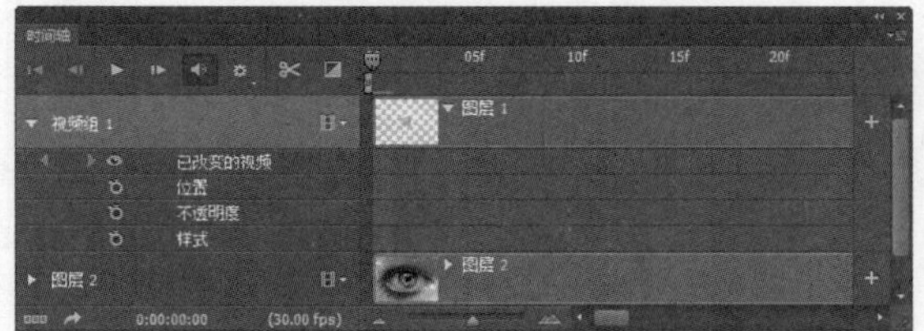
图 19-87 “时间轴”面板

05 单击“不透明度”轨道前的启用关键帧图

标，显示出关键导航器，并添加一个关键帧，如图 19–88 所示。在“图层”面板中设置“图层 1”图层的“不透明度”为 10%，如图 19–89 所示。图像效果如图 19–90 所示。

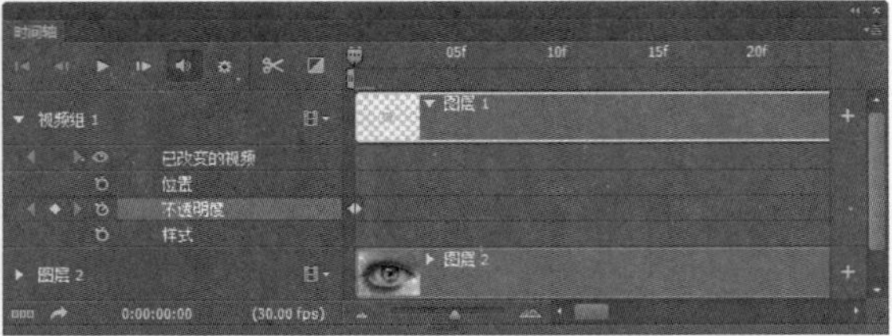

图 19-88 添加关键帧

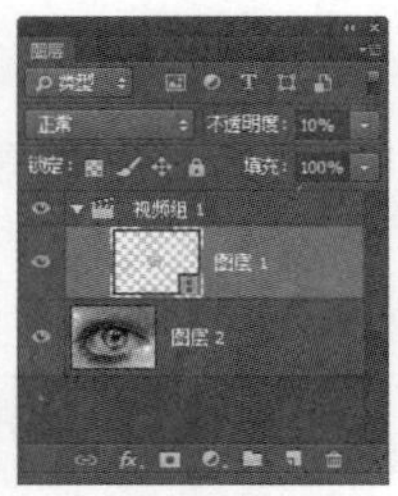

图 19-89 “图层”面板

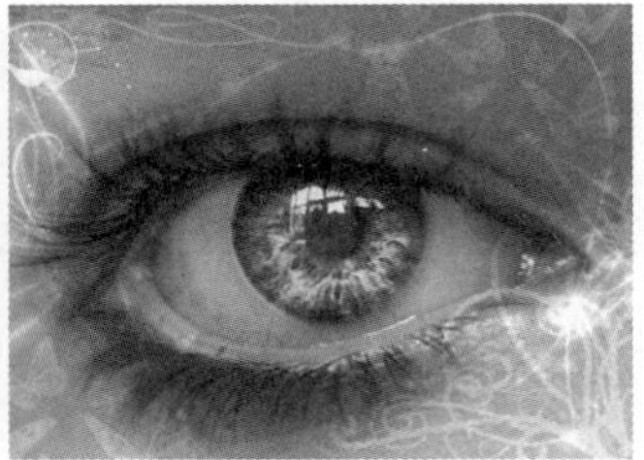

图 19-90 图像效果

提示

此处为视频图层设置不透明度，是为了制作一个视频动画从半透明到完全显示，再到半透明的淡入淡出动画效果。

06 将当前时间指示器拖动到需要的位置，单击“在当前时间添加或删除关键帧”按钮，在当前时间指标器位置插入关键帧，如图 19–91 所示。

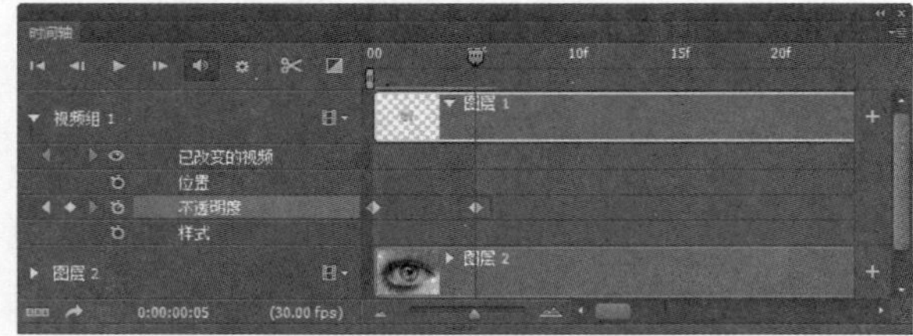

图 19-91 添加关键帧

07 在“图层”面板中设置“图层 1”图层的“不透明度”为 70%，如图 19–92 所示。图像效果如图 19–93 所示。

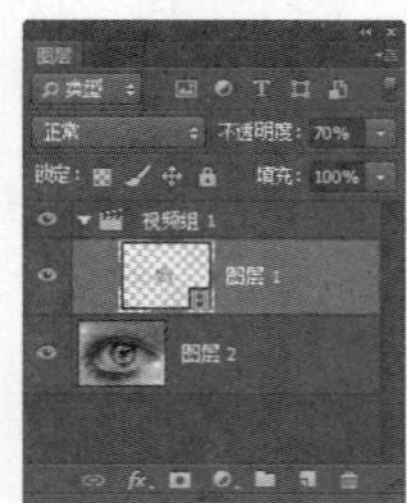

图 19-92 “图层”面板

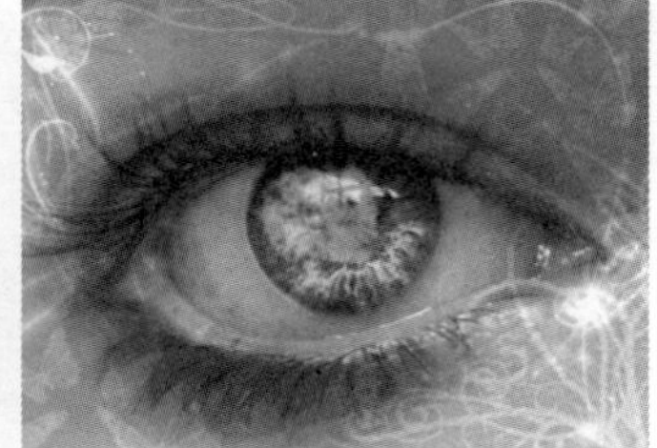

图 19-93 图像效果

08 使用同样的制作方法，添加两个关键帧，如图 19–94 所示。选择最后添加的关键帧，在“图层”面板中设置“图层 1”图层的“不透明度”为 0，如图 19–95 所示。图像效果如图 19–96 所示。

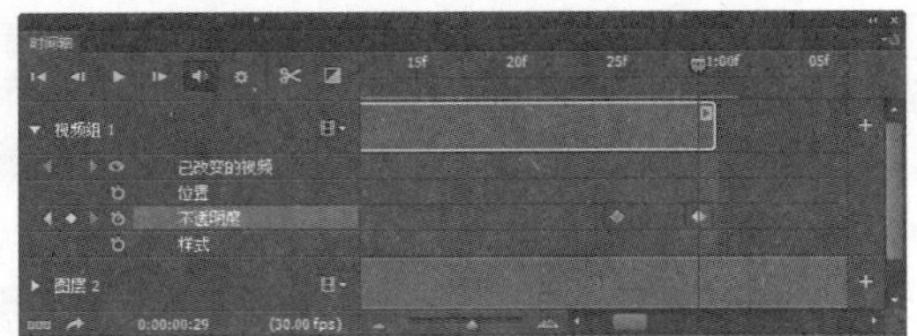

图 19-94 添加关键帧

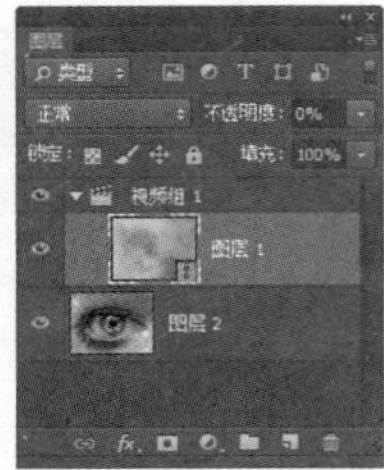

图 19-95 “图层”面板

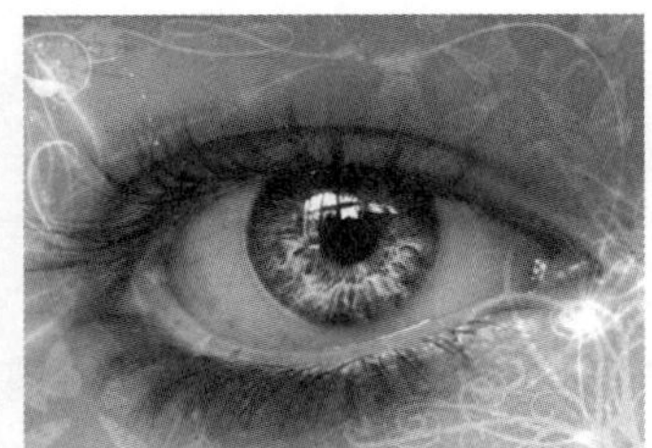

图 19-96 图像效果

09 完成动画的制作，单击“转到第一帧”按钮，切换到视频的起始点，单击“播放”按钮，即可播放视频文件，如图 19–97 所示。

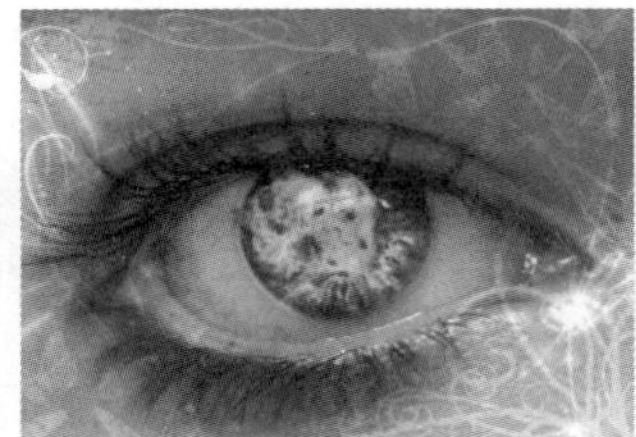

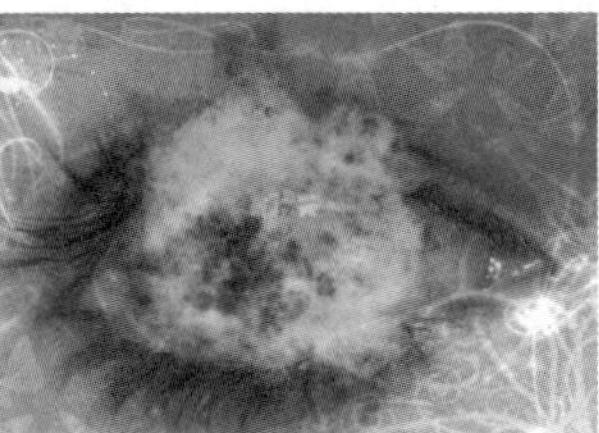

图 19-97 动画播放效果

技巧

还可以通过为视频图层添加图层样式的方法，改变视频的效果。如果需要视频中的火焰更加花一些，就可以通过添加图层样式的方式来实现；如果需要在视频播放的不同阶段呈现不同的样式，可以在“时间轴”面板中的“样式”轨道中添加相应的关键帧，通过为各关键帧设置不同的图层样式来实现。

10 选择“图层 1”图层，单击“添加图层样式”按钮，在弹出的下拉菜单中选择“颜色叠加”命令，弹出“图层样式”对话框，设置如图 19–98 所示。单击“确定”按钮，完成“图层样式”对话框的设置，再次预览该视频动画播放效果，如图 19–99 所示。

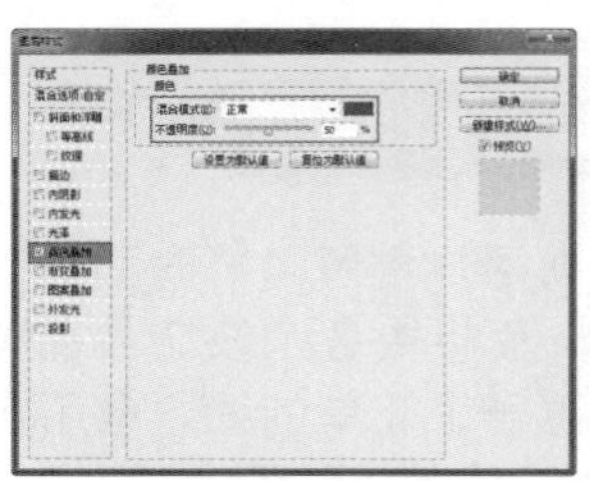

图 19-98 “图层样式”对话框

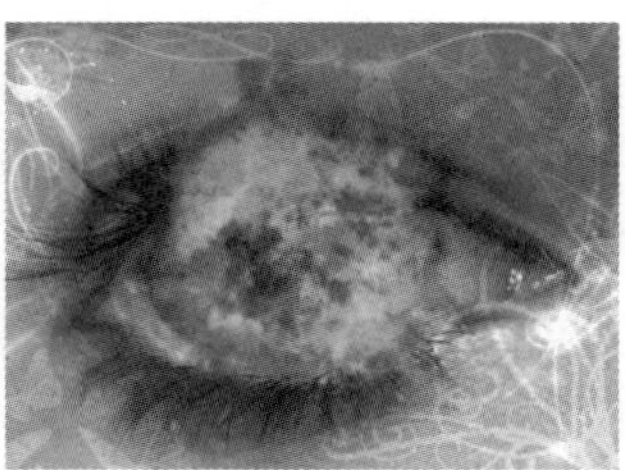

图 19-99 动画播放效果

技巧

动画制作完成后，需要观看动画效果，单击“播放”按钮可以播放视频观看动画，按空格键也可以播放视频观看动画。

19.5.4 修改视频图层的混合模式和位置

视频图层的不透明度可以制作出淡入淡出动画，通过设置“位置”轨道可以制作出视频或图像的入场景和出场景动画。本节将向用户讲解如何利用“位置”轨道制作视频图层的出场动画。

动手实践——修改视频图层的混合模式和位置

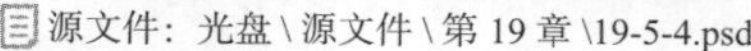

源文件：光盘 \ 源文件 \ 第 19 章 \19-5-4.psd

视频：光盘 \ 视频 \ 第 19 章 \19-5-4.swf

01 打开视频文件“光盘 \ 源文件 \ 第 19 章 \ 素材 \195401.mov”，效果如图 19–100 所示。打开素材图像“光盘 \ 源文件 \ 第 19 章 \ 素材 \195402.jpg”，效果如图 19–101 所示。

图 19-100 打开视频

图 19-101 打开图像

02 将 195402.jpg 图像拖曳到 195401.mov 文档中，自动生成“图层 2”图层，并将其调整到合适的大小和位置，如图 19–102 所示。将“图层 2”图层移至“视频组 1”的下方，如图 19–103 所示。

图 19-102 拖入素材并调整

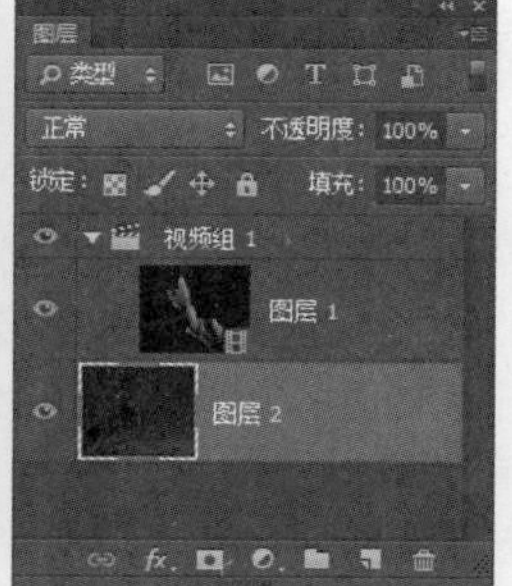

图 19-103 “图层”面板

03 打开“时间轴”面板，单击“视频组 1”前面的按钮，展开列表，在当前时间指示器位置，单击“位置”轨道前的启用关键帧图标，添加一个关键帧，如图 19–104 所示。

图 19-104 在“位置”轨道添加关键帧

提示

如果要删除添加的关键帧，方法是选择要删除的关键帧，单击“在播放头处添加或移去关键帧”按钮，即可将选择的关键帧删除。

04 在“图层”面板中设置“图层 1”图层的“混合模式”为“滤色”，如图 19–105 所示。将“图层 1”图层中的视频向左移动，调整其位置，效果如图 19–106 所示。

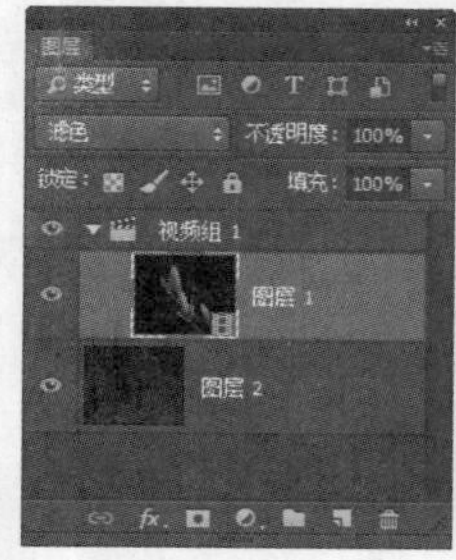

图 19-105 “图层”面板

图 19-106 调整视频文件的位置

05 在当前时间指示器位置，单击“不透明度”轨道前的启用关键帧图标，添加一个关键帧，如图 19–107 所示。

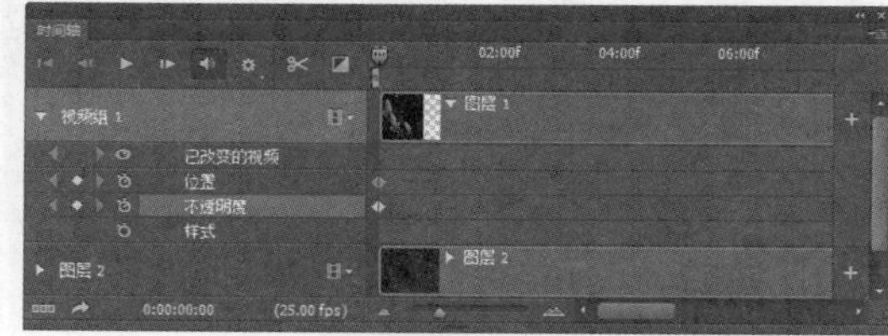

图 19-107 在“不透明度”轨道添加关键帧

06 在“图层”面板中设置“图层 1”图层的“不透明度”为 0，如图 19–108 所示。图像效果如图 19–109 所示。

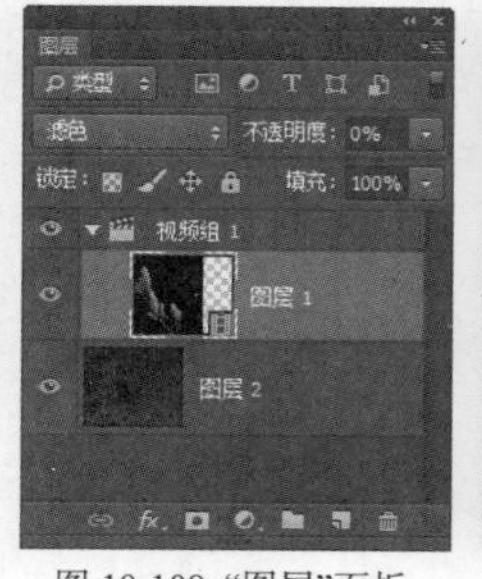

图 19-108 “图层”面板

图 19-109 图像效果

07 移动当前时间指示器的位置，分别在“位置”轨道和“不透明度”轨道的当前位置添加关键帧，如图 19–110 所示。

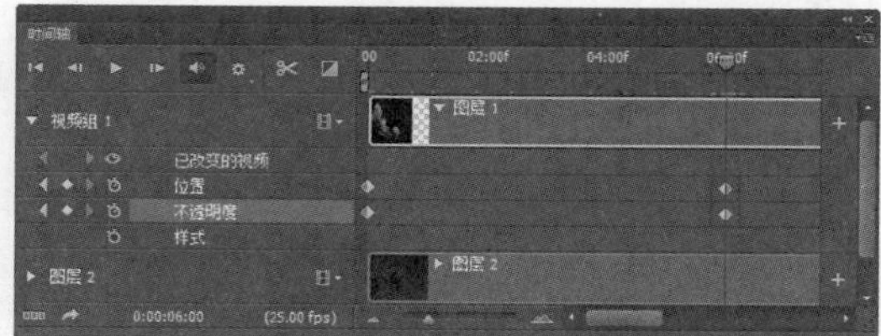

图 19-110 在“位置”和“不透明度”轨道添加关键帧

08 选择“不透明度”轨道上的关键帧，在“图层”面板中设置“图层 1”图层的“不透明度”为 100%，选择“位置”轨道上的关键帧，使用“移动工具”将视频向右移动到合适的位置，“图层”面板如图 19-111 所示。图像效果如图 19-112 所示。

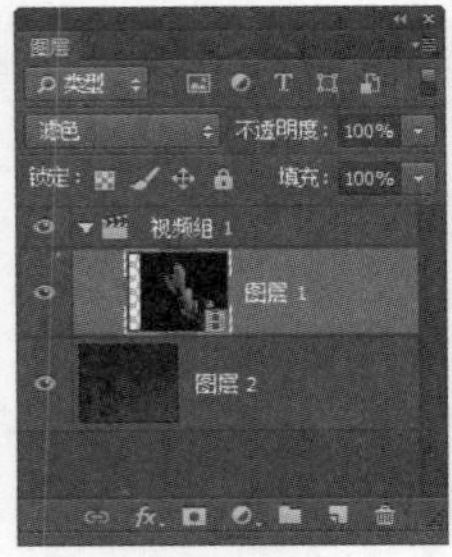

图 19-111 “图层”面板

图 19-112 图像效果

09 完成视频动画的制作，单击“转到第一帧”按钮，切换到视频的起始点，单击“播放”按钮，即可播放视频文件，效果如图 19-113 所示。

图 19-113 视频动画播放效果

19.5.5 了解视频素材

在“时间轴”面板或“图层”面板中选择视频图层，执行“图层 > 视频图层 > 解释素材”命令，弹出“解释素材”对话框，如图 19-114 所示。在该对话框中可以指定 Photoshop CC 如何解释已打开或导入视频的 Alpha 通道和帧速率。

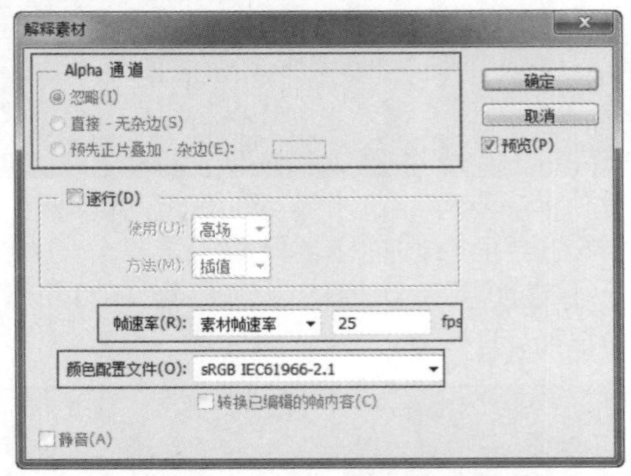

图 19-114 “解释素材”对话框

- Alpha 通道：当视频素材中包含 Alpha 通道时，可通过该选项指定解释视频图层中的 Alpha 通道的方式。如果选择“忽略”选项，则表示忽略 Alpha 通道；如果选择“直接 – 无杂边”选项，则表示将 Alpha 通道解释为直接 Alpha；如果选择“预先正片叠加 – 杂边”选项，则表示将 Alpha 通道解释为用黑色、白色或彩色预先进行正片叠底。
- 帧速率：帧速率是用以指定每秒播放的视频帧数。在该选项的下拉列表中提供了多种预设的视频速率，如图 19-115 所示。在后面的文本框中显示的是该视频当前的帧速率，也可以直接在该文本框中输入所需要的帧速率。

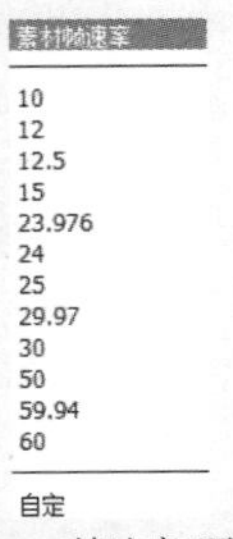

图 19-115 “帧速率”下拉列表

- 颜色配置文件：在该选项的下拉列表中可以选择一个配置文件，对视频图层中的帧或图像进行色彩管理。

19.5.6 替换视频素材

Photoshop CC 会保持源视频文件和视频图层之间的链接，即使在 Photoshop 外部修改或移动视频素材也是如此。如果由于某些原因，导致视频图层和引用的源文件之间的链接损坏，例如移动、重命名或删除视频源文件，将会中断此文件与视频图层之间的链接，并在“图层”面板中的该图层上显示一个警告图标。

当出现这种情况时，可以在“时间轴”面板或“图层”面板中选择重新链接到源文件或替换内容的视频图层，然后执行“图层 > 视频图层 > 替换素材”命令，在打开的“替换素材”对话框中选择视频或图像序列文件，单击“打开”按钮重新建立链接。

提示

“替换素材”命令还可以将视频图层中的视频或图像序列帧替换为不同的视频或图像序列源中的帧。

19.5.7 视频的其他操作

前面已经详细介绍了在 Photoshop CC 中对视频进行处理的主要方法和技巧。下面将向用户简单介绍在 Photoshop CC 中对视频进行其他处理的方法。

1. 在视频图层中恢复帧

如果要放弃对帧视频图层和空白视频图层所做的编辑，可以在“时间轴”面板中选择视频图层，然后将当前时间指示器移动到特定的视频帧上，再执行“图层 > 视频图层 > 恢复帧”命令，即可恢复特定的帧。如果要恢复视频图层或空白视频图层中的所有帧，可执行“图层 > 视频图层 > 恢复所有帧”命令。

2. 保存视频文件

编辑完视频图层后，可以将文档存储为 PSD 文件。该文件可以在其他类似于 Premiere Pro 和 After Effects 这样的 Adobe 应用程序中播放，或在其他应用程序中作为静态文件访问；也可以将文档作为 QuickTime 影片或图像序列进行渲染。

3. 渲染视频

如果要将制作的视频进行渲染输出，首先要安装 QuickTime，然后执行“文件 > 导出 > 渲染视频”命令，弹出“渲染视频”对话框，如图 19-116 所示。则可以将视频导出为 QuickTime 影片，在 Photoshop CC 中，可以选择输出 mp4、mov 和 dpx 共 3 种视频格式，还可以将时间轴动画与视频图层一起导出。

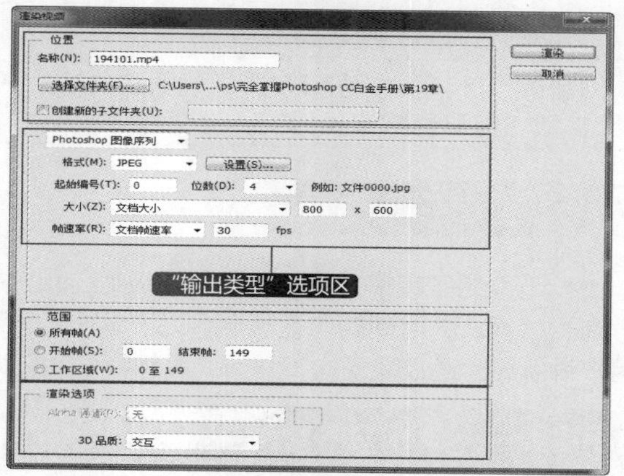

图 19-116 “渲染视频”对话框

- “位置”选项区：在该选项区中可以设置输出视频的名称，选择视频输出的位置，还可以通过新建文件夹来保存输出视频。
- “输出类型”选项区：在该选项区中可以选择输出的是 Adobe Media Encoder 视频还是 Photoshop 图像序列。针对不同的输出类型，可以对相关的选项进行设置。
- “范围”选项区：在该选项区中可以设置视频输出的范围，可以选择所有视频帧，也可以选择视频中的一段。
- “渲染选项”选项区：选择输出图像序列时，可以同时选择输出 Alpha 通道。选择输出视频时，可以针对 3D 动画设置渲染效果。

4. 视频像素长宽比校正

计算机显示器中的图像是由方形像素组成的，而视频编码设备则是由非方形像素组成的，这就导致在它们之间交换图像时，会由于像素的不一致而造成图像扭曲。执行“视图 > 像素长宽比校正”命令可以按特定的长宽显示图像，以帮助用户创建在视频中使用的图像。另外，通过这项功能还可以在显示器的屏幕上准确地查看 DV 和 D1 视频格式的文件，就像是在 Premier Pro 等视频软件中查看文件一样。在打开文档的状态下，可以在“视图 > 像素长度比”下拉菜单中选择与将用于 Photoshop 文件的视频格式兼容像素长宽比，如图 19-117 所示。然后执行“视图 > 像素长宽比校正”命令进行校正。

图 19-117 像素长宽比的子菜单

19.6 创建动画

动画是在一段时间内显示的一系列图像或帧，当每一帧较前一帧都有轻微的变化时，连续快速显示这些帧就会产生运动或其他变化的视觉效果，从而达到动画的效果。本节将向用户介绍如何在 Photoshop CC 中创建和编辑动画。

19.6.1 帧模式“时间轴”面板

执行“窗口 > 时间轴”命令，打开“时间轴”面板，如果该面板为视频模式“时间轴”面板，可以单击“转换为帧动画”按钮，即可转换为帧模式“时间轴”面板，如图 19-118 所示。帧模式“时间轴”面板会显示动画中的每个帧的缩览图，使用面板底部的工具可浏览各个帧、设置循环选项、添加和删除帧以及预览动画。

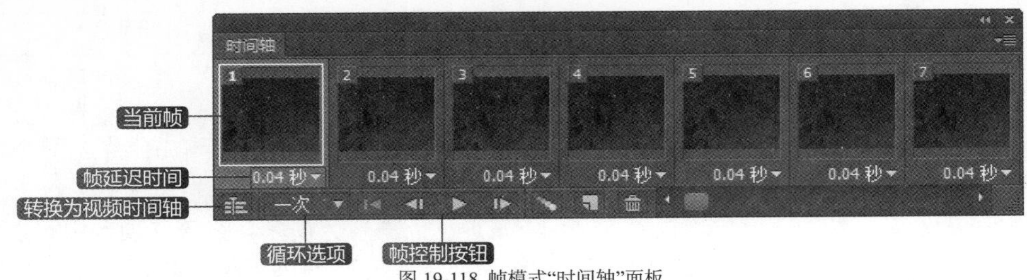

图 19-118 帧模式"时间轴"面板

- 当前帧：选中该帧后，即可对该帧上的图形进行相应的处理。

- 帧延迟时间：该选项用于设置帧在回放过程中的持续时间。单击该选项，在弹出的下拉菜单中可以选择一个帧延迟时间，如图 19–119 所示。如果选择"其它"命令，将弹出"设置帧延迟"对话框，如图 19–120 所示，用户可以自定义帧延迟的时间。

图 19-119 "帧延迟时间"下拉菜单　图 19-120 "设置帧延迟"对话框

- "转换为视频时间轴"按钮：单击该按钮，可以将帧模式"时间轴"面板切换为视频模式"时间轴"面板。

- 循环选项：该选项用于设置动画在作为动画 GIF 文件导出时的播放次数。单击该选项，在弹出的下拉菜单中可以选择一个循环命令，如图 19–121 所示。如果选择"其它"命令，将弹出"设置循环次数"对话框，如图 19–122 所示，用户可以自定义循环的次数。

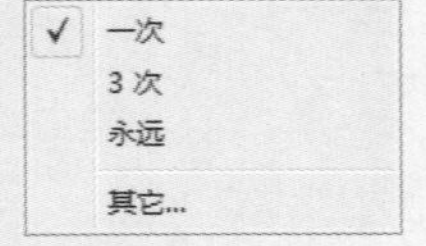

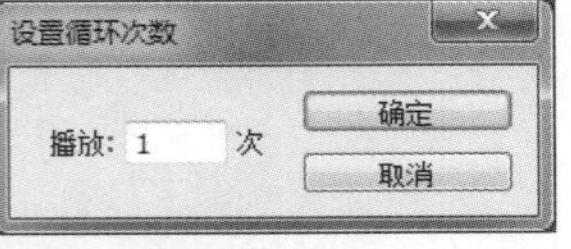

图 19-121 "循环选项"下拉菜单　图 19-122 "设置循环次数"对话框

- 帧控制按钮：该部分 4 个按钮主要用于对动画帧进行控制。单击"选择第一帧"按钮，可以自动选择序列中的第一个帧作为当前帧；单击"选择上一帧"按钮，可以选择当前帧的前一帧；单击"播放动画"按钮，可以在窗口中播放动画，再次单击则停止播放；单击"选择下一帧"按钮，可以选择当前帧的下一帧。

- "过渡动画帧"按钮：如果要在两个现有帧之间添加一系列帧，并让新帧之间的图层属性均匀变化，可单击该按钮，弹出"过渡"对话框来进行设置，如图 19–123 所示。设置"要添加的帧数"为 2，单击"确定"按钮，在"时间轴"面板中添加两帧，如图 19–124 所示。

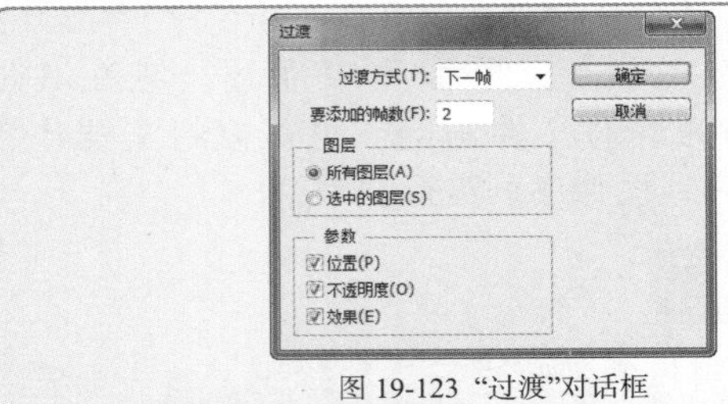

图 19-123 "过渡"对话框

图 19-124 自动添加两个过渡帧

- "复制所选帧"按钮：单击该按钮，可以复制所选中的帧，得到与所选帧相同的帧。

- "删除所选帧"按钮：选择要删除的帧后，单击该按钮，即可删除选择的帧。

19.6.2 制作 GIF 动画

上一节介绍了帧模式"时间轴"面板后，用户需要能够利用帧模式"时间轴"面板制作 GIF 动画。下面将向用户讲解如何通过帧模式"时间轴"面板制作 GIF 动画。

动手实践——制作 GIF 动画

源文件：光盘 \ 源文件 \ 第 19 章 \19-6-2.gif

视频：光盘 \ 视频 \ 第 19 章 \19-6-2.swf

01 打开多个素材图像"光盘 \ 源文件 \ 第 19 章 \ 素材 \196201.jpg 至 196206.jpg"，如图 19–125 所示。

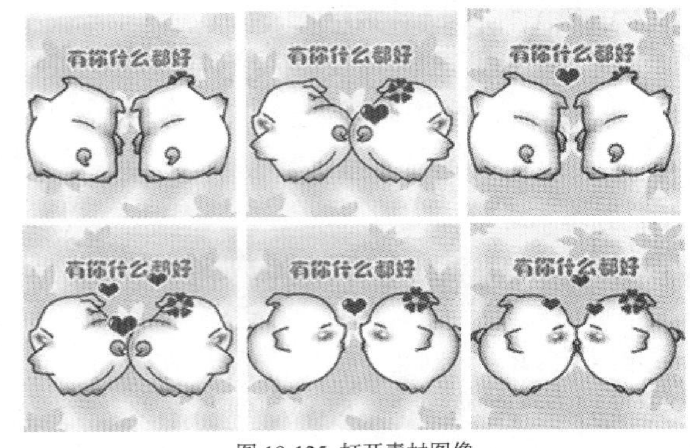

图 19-125 打开素材图像

02 选择 196202.jpg 图像文件，在“图层”面板中的“背景”图层上单击鼠标右键，在弹出的快捷菜单中选择“复制图层”命令，如图 19–126 所示。在弹出的“复制图层”对话框中进行设置，如图 19–127 所示。

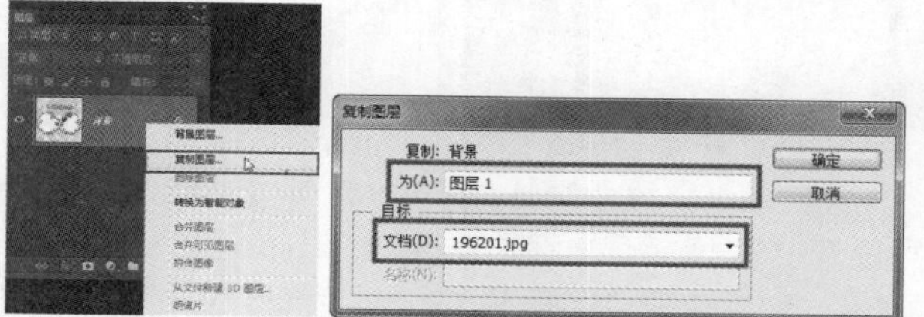

图 19-126 选择“复制图层”命令

图 19-127 “复制图层”对话框

03 设置完成后，单击“确定”按钮，将 196202.jpg 图像复制到 196201.jpg 图像文档中并命名为“图层 1”图层，“图层”面板如图 19–128 所示。图像效果如图 19–129 所示。

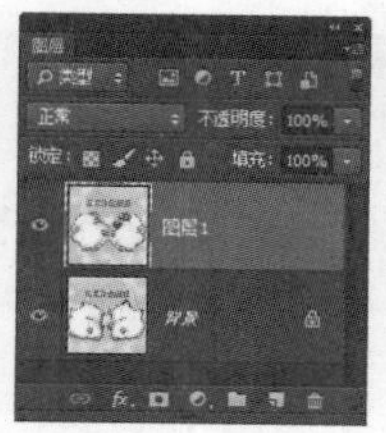

图 19-128 “图层”面板

图 19-129 图像效果

提示

利用“复制图层”命令复制图层的好处在于，复制的图层会以原位置出现在目标文件中。

04 使用相同的制作方法，分别将 196203.jpg~196206.jpg 复制到 196201.jpg 文档中，如图 19–130 所示。执行“窗口 > 时间轴”命令，打开“时间轴”面板，如图 19–131 所示。

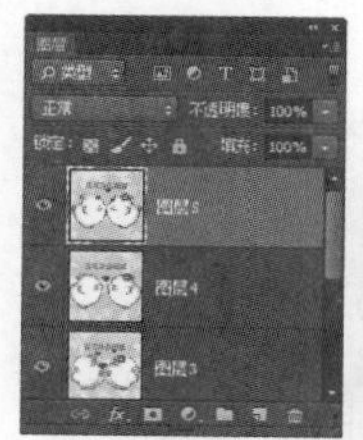

图 19-130 “图层”面板

图 19-131 “时间轴”面板

05 在“图层”面板中将除“背景”图层以外的所有图层隐藏，如图 19–132 所示。“时间轴”面板如图 19–133 所示。

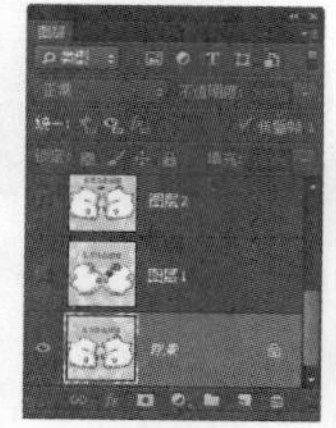

图 19-132 隐藏相应的图层

图 19-133 “时间轴”面板

06 单击“帧延迟时间”按钮，在弹出的下拉菜单中选择“其它”命令，弹出“设置帧延迟”对话框，设置如图 19–134 所示。单击“确定”按钮，设置“循环次数”为“永远”，完成帧延迟的设置，如图 19–135 所示。

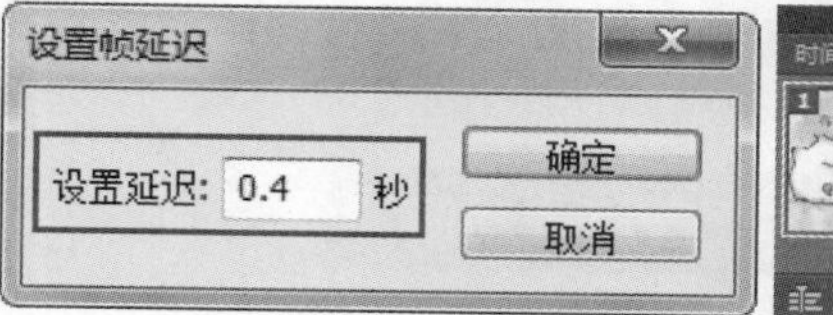

图 19-134 “设置帧延迟”对话框

图 19-135 “时间轴”面板

提示

设置帧延迟的目的是让动画更加流畅播放，如果不设置帧延迟，播放动画时动画的播放速度比较快，就看不清动画的效果了。

07 单击“复制所选帧”按钮，复制第 1 帧，在“图层”面板中将“图层 1”图层显示，其他图层全部隐藏，如图 19–136 所示。“时间轴”面板如图 19–137 所示。

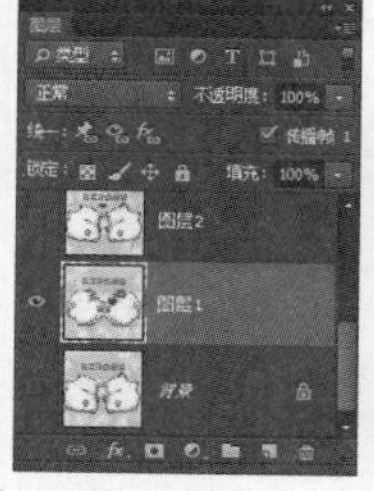

图 19-136 隐藏相应的图层

图 19-137 “时间轴”面板

08 使用相同的制作方法，可以制作出其他帧的效果，分别在不同的帧上显示不同图层中的图像，如图 19–138 所示。

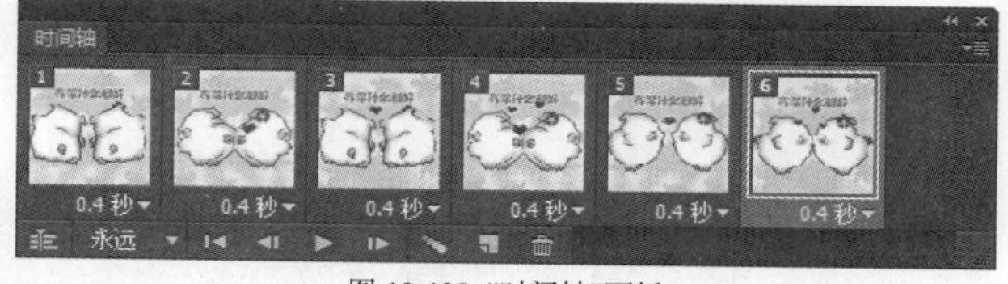

图 19-138 “时间轴”面板

09 完成动画的制作，执行“文件 > 存储为 Web 所用格式”命令，弹出“存储为 Web 所用格式”对话框，如图 19–139 所示。单击“存储”按钮，在弹出的“将优化结果存储为”对话框中进行设置，如图 19–140 所示。单击“保存”按钮，即可完成该 GIF 动画的制作。

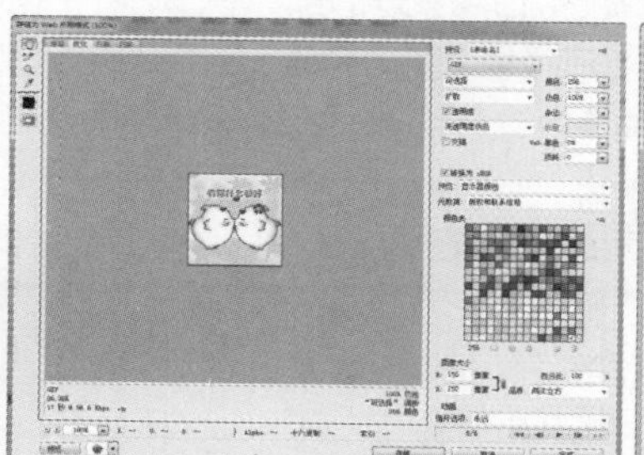

图 19-139 “存储为 Web 所用格式”对话框

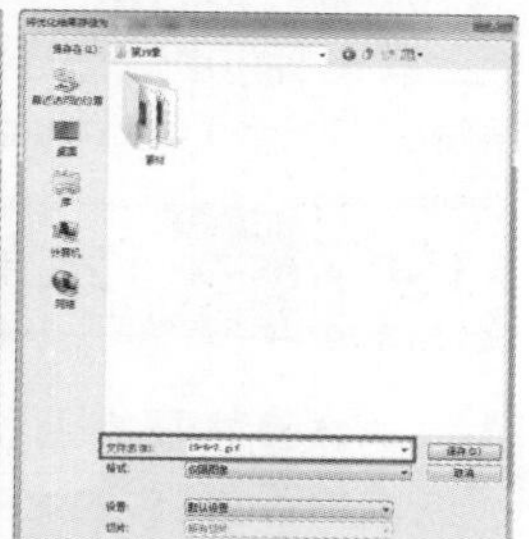

图 19-140 设置保存名称

19.6.3 制作图层样式动画

在 Photoshop CC 中，图层样式的应用较为广泛，不但可以给图像添加投影、渐变、浮雕等效果，还可以利用图层样式制作动画效果。下面将向用户详细讲解制作图层样式动画的具体操作方法。

动手实践——制作图层样式动画

源文件：光盘\源文件\第 19 章\19-6-3.gif

视频：光盘\视频\第 19 章\19-6-3.swf

01 执行“文件 > 打开”命令，打开素材图像“光盘\源文件\第 17 章\素材\196301.psd”，效果如图 19–141 所示。选择“图层 1”图层，为该图层添加“投影”图层样式，弹出“图层样式”对话框，设置如图 19–142 所示。

图 19-141 打开图像

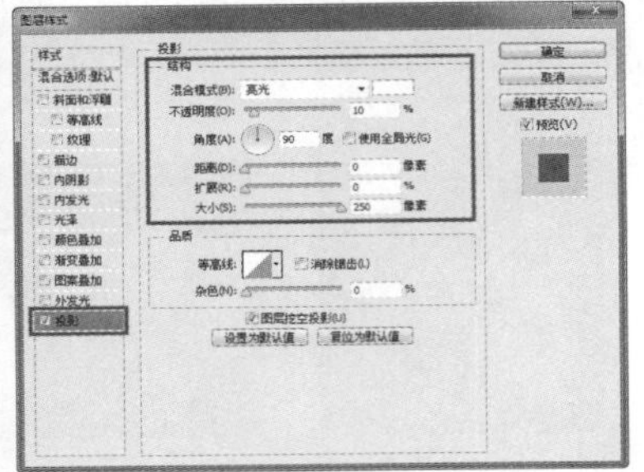

图 19-142 “图层样式”对话框

02 单击“确定”按钮，完成“图层样式”对话框的设置，效果如图 19–143 所示。执行“窗口 > 时间轴”命令，打开“时间轴”面板，设置如图 19–144 所示。

图 19-143 图像效果

图 19-144 “时间轴”面板

03 单击“时间轴”面板底部的“复制所选帧”按钮，添加一个动画帧，如图 19–145 所示。在“图层”面板上双击“图层 1”图层的“投影”图层样式，在弹出的“图层样式”对话框中对相关参数进行修改，如图 19–146 所示。

图 19-145 添加动画帧

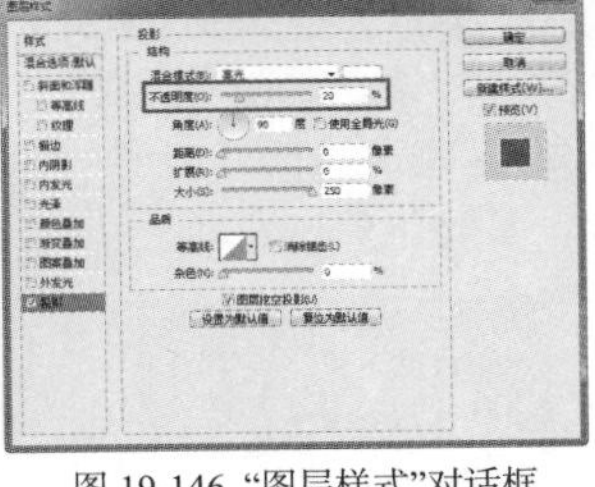

图 19-146 “图层样式”对话框

04 单击“确定”按钮，完成“图层样式”对话框的设置，图像效果如图 19–147 所示。再添加一个动画帧，重新打开“图层样式”对话框，对相关参数进行修改，设置如图 19–148 所示。

图 19-147 图像效果

图 19-148 “图层样式”对话框

05 使用相同的方法，再添加几个动画帧，“时间轴”面板如图 19–149 所示。

图 19-149 “时间轴”面板

06 制作完成后，单击“时间轴”面板底部的“选择第一帧”按钮，返回到第一帧状态，再单击“播放动画”按钮，即可预览该动画，效果如图 19–150 所示。

图 19-150 动画播放效果

19.7 本章小结

本章主要介绍了在 Photoshop CC 中对 Web 图像进行切片并对切片进行调整的方法，以及输出 Web 图像的设置方法。还向用户介绍了在 Photoshop CC 中制作动画的方法和视频的应用方法。通过本章的学习，希望用户能够掌握相关的操作方法，并能够应用到实际工作中。

第20章 动作与自动化操作

在 Photoshop CC 中提供了多种自动执行任务的方法，如使用动作、批处理、合并到 HDR Pro、镜头校正等，它们主要可以简化图像编辑的操作。动作是指可以在单个文件或一批文件上执行的一系列任务，如菜单命令、面板选项、工具动作等。例如可以创建这样一个动作，首先更改图像大小，对图像应用效果，然后按照所需格式存储文件。动作可以包含相应步骤，可以执行无法记录的任务（如使用绘画工具等）。本章将对动作与自动化的使用方法进行讲解。

20.1 关于动作

动作是指在单个文件或一批文件上执行的一系列任务。动作功能类似于 Word 中的宏功能，可以将 Photoshop CC 中的某几个操作像宏一样记录下来，这样可以使较烦琐的工作变得简单易行，使用动作处理相同的、重复性的操作可以节省时间。自动功能还可以对多个文件进行批处理，从而可大大提高工作效率。

20.1.1 认识"动作"面板

使用"动作"面板可以记录、播放、编辑和删除各个动作。执行"窗口 > 动作"命令或按快捷键 Alt+F9，即可打开"动作"面板，如图 20-1 所示。

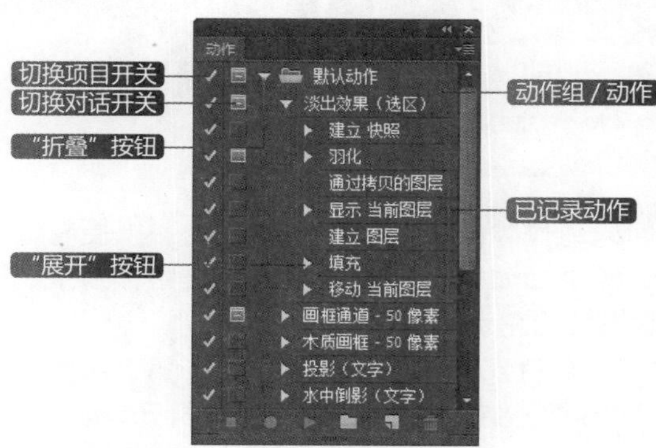

图 20-1 "动作"面板

- 切换项目开 / 关：如果动作组、动作和记录命令前显示该标志，并呈黑色显示时，说明这个动作组、动作和记录命令可以执行；如果标志呈红色显示时，则说明动作组中的部分动作或记录命令不能执行；如果动作组、动作和记录命令前不显示该标志，则动作组中的所有动作都不能被执行。
- 切换对话开 / 关：如果记录命令前显示该标志，表示在执行动作过程中会暂停，并打开相应的对话框，这时可修改记录命令的参数，单击"确定"按钮后才能继续执行后面的动作。
- "折叠"按钮：单击记录命令中的"折叠"按钮，可以折叠命令，只显示记录命令；单击动作中的"折叠"按钮，可以折叠记录命令，只显示动作；单击动作组中的"折叠"按钮，可以折叠动作，只显示动作组。
- "展开"按钮：单击动作组中的"展开"按钮，可以展开动作组中的所有动作；单击动作中的"展开"按钮，可以展开动作中的所有记录命令。
- "开始记录"按钮：用于创建一个新的动作。处于记录状态时，该按钮呈红色显示。
- "停止播放 / 记录"按钮：用于停止播放或记录操作。只有在播放或记录动作时，才可以使用该按钮。
- 动作组 / 动作：在默认设置下，只有一个默认动作组。动作组是一系列动作的集合，动作是一系列操作命令的集合。
- 已记录动作：该列表中记录了动作所执行的命令，其他动作命令如图 20-2 所示。

木质画框 - 50 像素	自定义 RGB 到灰度
在组 "默认动…	建立 快照
建立 图层	通道混和器
使用：图层	转换模式
名称："frame"	
木质画框	自定义 RGB 到灰度

图 20-2 其他动作

- "播放选定的动作"按钮：选择一个动作后，

单击该按钮可播放该动作。如图 20–3 所示为播放“渐变映射”动作前后的效果。

播放动作前

播放动作后

图 20-3 图像播放前后效果对比

- “创建新组”按钮：单击该按钮，可以创建一个新的动作组，并保存新建的动作。
- “创建新动作”按钮：单击该按钮，可以创建新的动作，创建后的动作会显示在“动作”面板中。
- “删除”按钮：选择需要删除的动作组、动作或记录命令后，单击该按钮，即可将其删除。

20.1.2 应用预设动作

应用预设动作可以同时执行同一个动作组中的多个动作。按住Shift键后，单击“动作”面板上的动作名称，可以在同一动作组中选择多个连续的动作，如图 20–4 所示。如果按住 Ctrl 键，单击“动作”面板上的动作名称，可以在同一动作组中选择多个不连续的动作，如图 20–5 所示。单击“播放选定的动作”按钮，Photoshop CC 会依次执行“动作”面板中选中的动作。

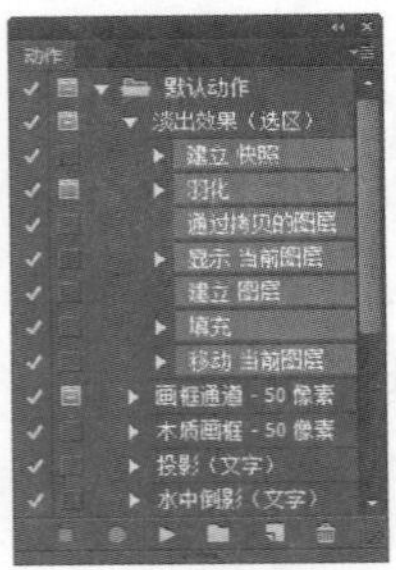

图 20-4 选中连续动作

图 20-5 选择间断动作

在对后续内容的讲解中，除了默认预设动作外，还会介绍根据需要建立不同的动作。对于其他动作也可以在“动作”面板中按住 Shift 键或 Ctrl 键，选择多个连续或不连续的动作组，如图 20–6 所示。此时“播放选定的动作”按钮无法使用。

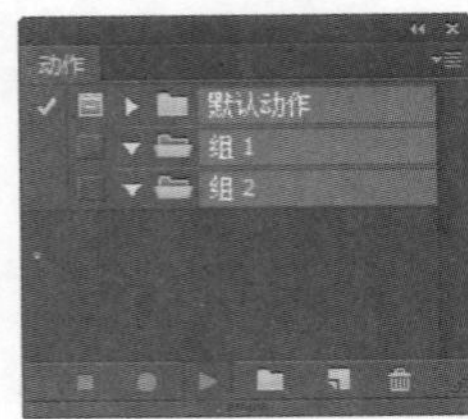

选中连续动作组

选择间断动作组

图 20-6 “动作”面板

动手实践——应用预设动作

源文件：无

视频：光盘 \ 视频 \ 第 20 章 \20-1-2.swf

01 打开素材图像“光盘 \ 源文件 \ 第 20 章 \ 素材 \ 201201.jpg”，效果如图 20–7 所示。在“动作”面板中选择一个预设动作，如图 20–8 所示。

图 20-7 打开图像

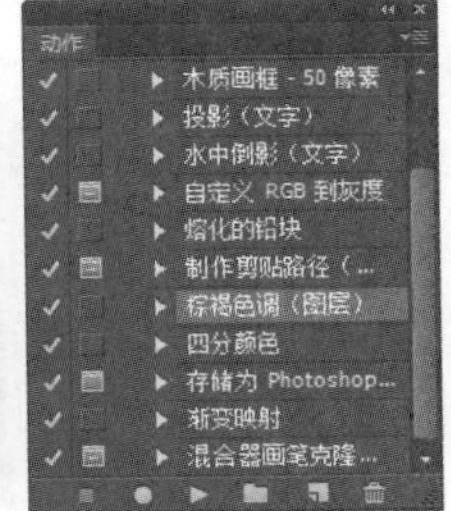

图 20-8 “动作”面板

02 单击“动作”面板底部的“播放选定的动作”按钮，如图 20–9 所示。执行预设动作后，Photoshop CC 开始执行动作中的命令，执行完毕后，即可得到该动作的播放效果，如图 20–10 所示。

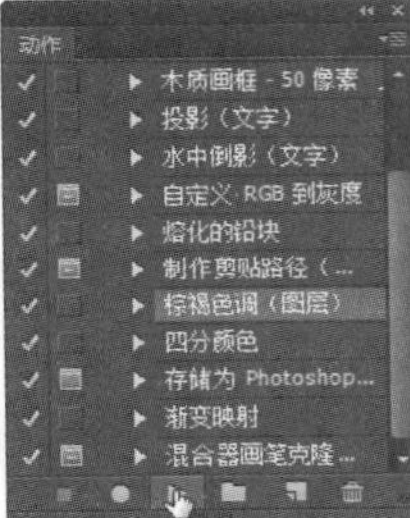

图 20-9 执行动作

图 20-10 播放效果

20.1.3 创建与播放动作

创建动作首先应新建一个动作组，以便将动作保存在该组中。如果没有创建新的动作组，则录制的动作会保存在当前选择的动作组中。

打开素材图像“光盘 \ 源文件 \ 第 20 章 \ 素材 \ 201301.jpg”，效果如图 20–11 所示。打开“动作”面板，单击“创建新组”按钮，弹出“新建组”对话框，如图 20–12 所示。

图 20-11 打开图像

图 20-12 “新建组”对话框

在“名称”文本框中可以输入动作组的名称，单击“确定”按钮，新建一个动作组，如图 20-13 所示。单击“创建新动作”按钮，弹出“新建动作”对话框，在该对话框中可以设置动作的相关属性，如图 20-14 所示。

图 20-13 “动作”面板

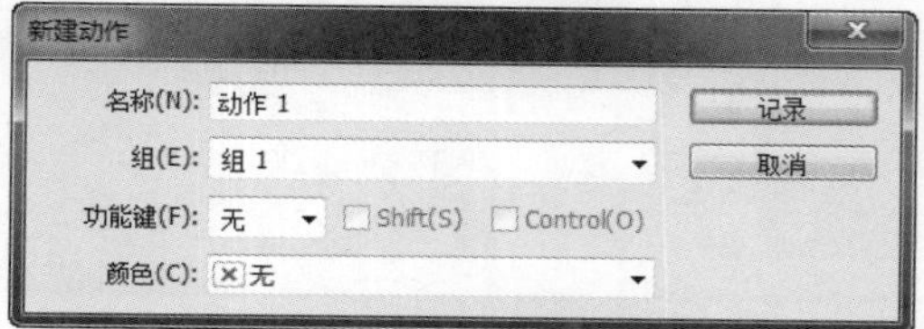
图 20-14 “新建动作”对话框

- 名称：用于设置新动作的名称。
- 组：在该选项的下拉列表中显示了面板中的所有动作组。如果在弹出该对话框时，已经选定要设置的动作组，那么弹出该对话框后，在“组”下拉列表中自动显示所选择的序列。
- 功能键：用来设置执行动作时的快捷键。选择任一项后，其后的 Shift（S）与 Control(O) 复选框就会被启用，如图 20-15 所示。

图 20-15 设置动作快捷键

- 颜色：用来设置面板在“按钮模式”下动作的显示颜色。

技巧

单击“动作”面板右上角的倒三角按钮，在弹出的下拉菜单中选择“按钮模式”命令，如图 20-16 所示。即可切换到按钮模式，如图 20-17 所示。

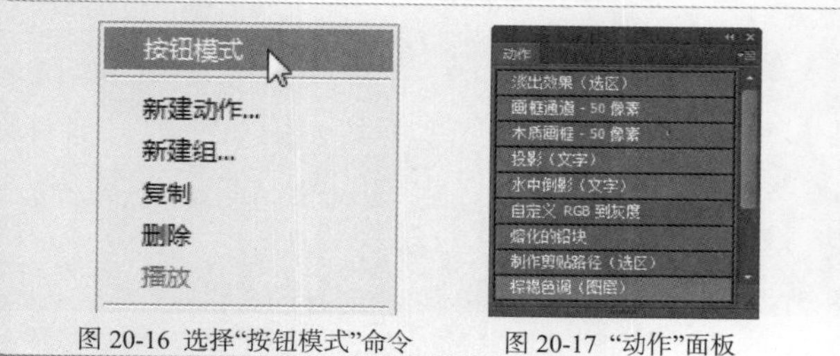
图 20-16 选择“按钮模式”命令　　图 20-17 “动作”面板

提示

以按钮模式显示主要是为了方便选择动作的功能。在这种模式下，只需要单击要使用的动作就可以执行它的功能，但在这种模式下，不能进行任何记录、删除和修改动作的操作。

在对图像进行调整时，调整步骤比较复杂，相对于一张图像而言还能够承受，但是处理多张图像时，就显得比较费时间，因此可以通过录制动作，将录制完成的动作应用到多幅图像上，可以节省不少的工作时间，从而有效地提高了工作效率。

动手实践——创建并播放自定义动作

源文件：光盘 \ 源文件 \ 第 20 章 \20-1-3.psd

视频：光盘 \ 视频 \ 第 20 章 \20-1-3.swf

01 打开素材图像“光盘 \ 源文件 \ 第 20 章 \ 素材 \ 201302.jpg”，效果如图 20-18 所示。单击“动作”面板底部的“创建新组”按钮，弹出“新建组”对话框，设置如图 20-19 所示。

图 20-18 打开图像

图 20-19 “新建组”对话框

提示

在记录动作之前，应先打开一幅图像，否则 Photoshop CC 会将打开图像的操作也一并记录。

02 单击“确定”按钮，新建一个动作组，如图 20-20 所示。单击“创建新动作”按钮，弹出“新建动作”对话框，设置如图 20-21 所示。

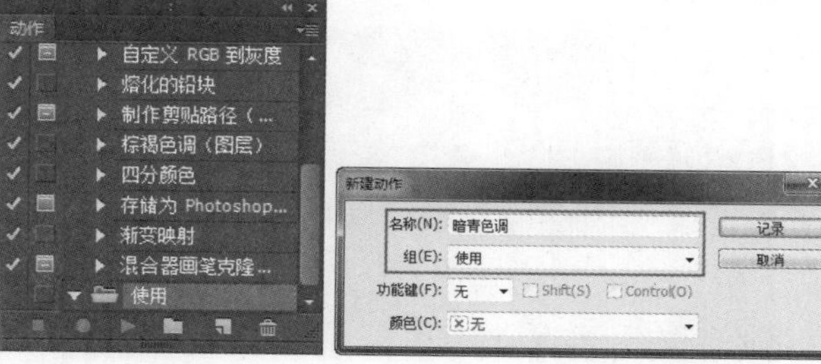
图 20-20 “动作”面板　　图 20-21 “新建动作”对话框

03 单击“记录”按钮，开始记录动作，此时“开始记录”按钮以红色显示，如图 20–22 所示。复制“背景”图层，得到“背景 拷贝”图层，如图 20–23 所示。

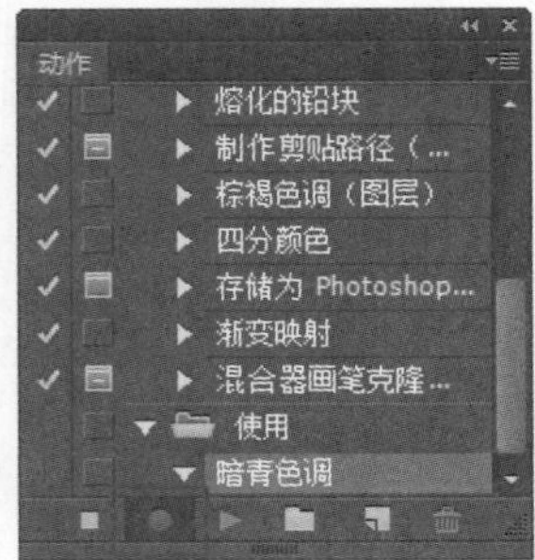

图 20-22 “动作”面板

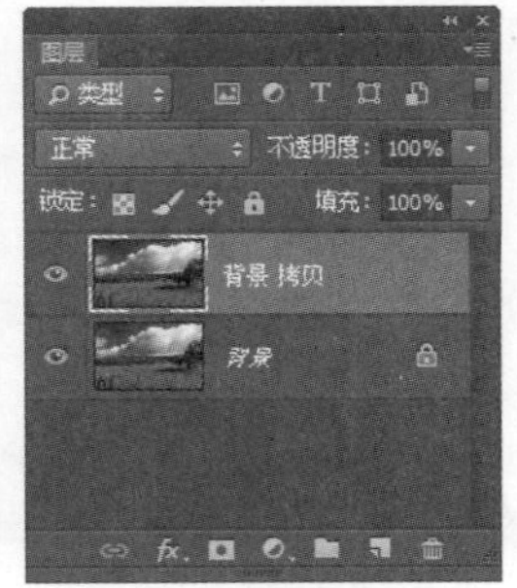

图 20-23 “图层”面板

04 单击“图层”面板底部的“创建新的填充或调整图层”按钮，在弹出的下拉菜单中选择“曲线”命令，打开“属性”面板，设置如图 20–24 所示。

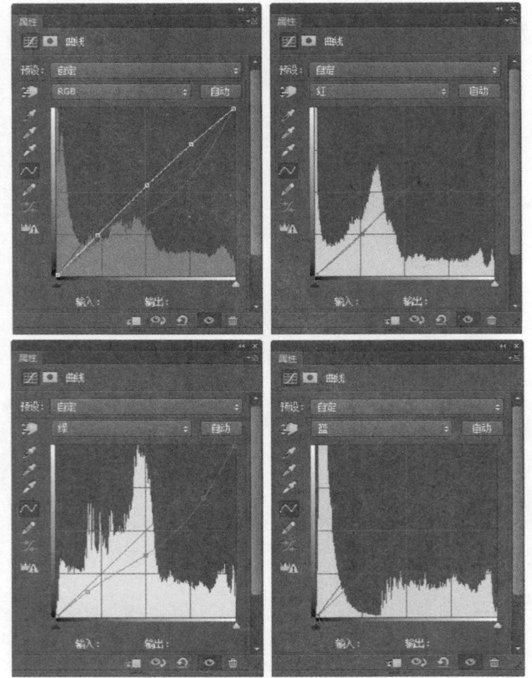

图 20-24 “属性”面板

05 设置完成后，可以看到图像的效果，如图 20–25 所示。设置该调整图层的“不透明度”为 50%，效果如图 20–26 所示。

图 20-25 图像效果

图 20-26 图像效果

06 单击“图层”面板底部的“创建新的填充或调整图层”按钮，在弹出的下拉菜单中选择“纯色”命令，打开“拾色器（纯色）”对话框，设置如图 20–27 所示。设置完成后，单击“确定”按钮，设置该调整图层的“混合模式”为“排除”，图像效果如图 20–28 所示。

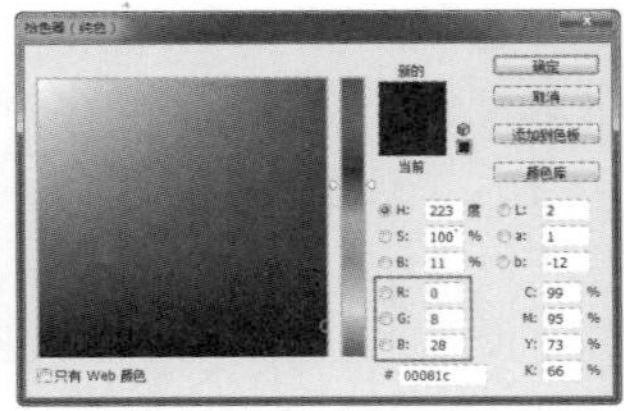

图 20-27 “拾色器（纯色）”对话框

图 20-28 图像效果

07 选中除“背景”图层之外的所有图层，按快捷键 Ctrl+E 进行合并，如图 20–29 所示。单击“图层”面板底部的“创建新的填充或调整图层”按钮，在弹出的下拉菜单中选择“渐变”命令，弹出“渐变填充”对话框，设置如图 20–30 所示。

图 20-29 “图层”面板

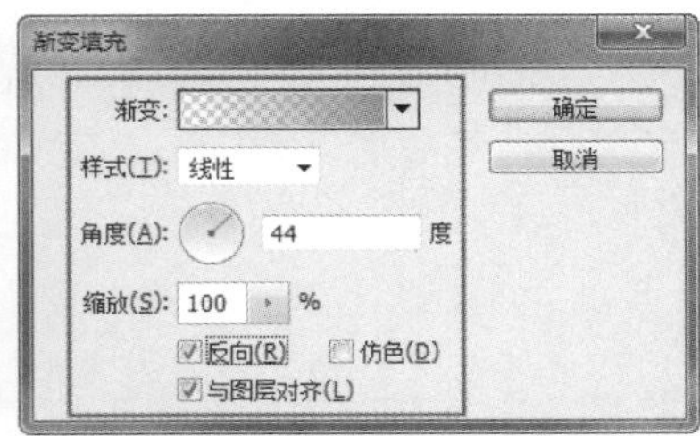

图 20-30 “渐变填充”对话框

08 设置完成后，单击“确定”按钮，设置该图层的“混合模式”为“柔光”，“不透明度”为 50%，图像效果如图 20–31 所示。“图层”面板如图 20–32 所示。

图 20-31 图像效果

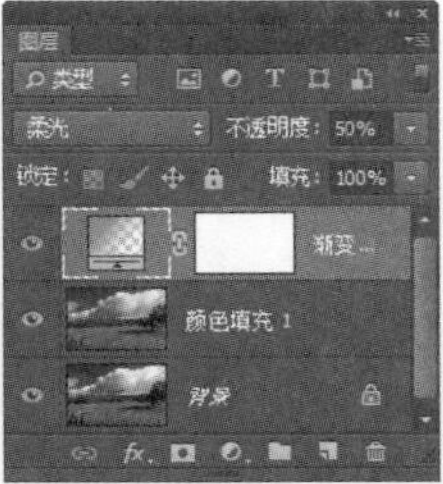

图 20-32 “图层”面板

09 单击“图层”面板底部的“创建新的填充或调整图层”按钮，在弹出的下拉菜单中选择“色阶”命令，打开“属性”面板，设置如图 20-33 所示。设置完成后，图像效果如图 20-34 所示。

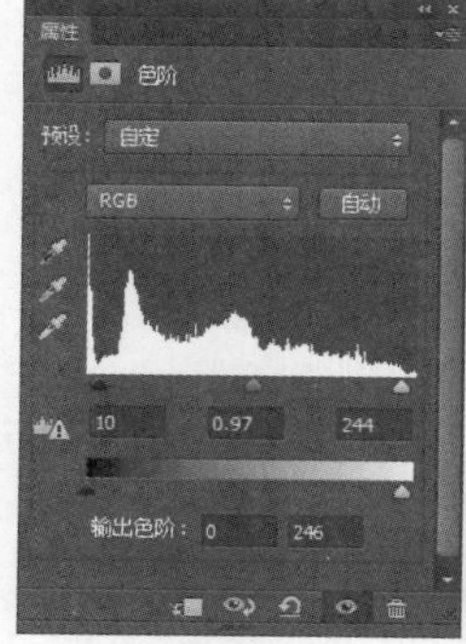

图 20-33 “属性”面板

图 20-34 图像效果

10 选中除“背景”图层之外所有的图层，按快捷键 Ctrl+E 进行合并，如图 20-35 所示。单击“图层”面板底部的“创建新的填充或调整图层”按钮，在弹出的下拉菜单中选择“渐变”命令，弹出“渐变填充”对话框，设置如图 20-36 所示。

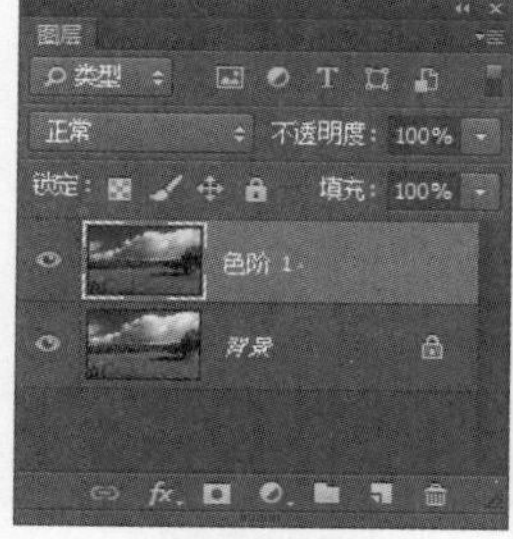

图 20-35 “图层”面板

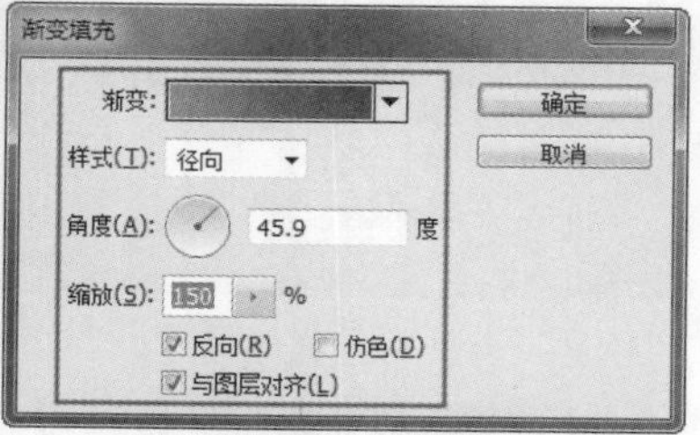

图 20-36 “渐变填充”对话框

11 设置完成后，单击“确定”按钮，设置该调整图层的“混合模式”为“柔光”，“不透明度”为 30%，图像效果如图 20-37 所示。“图层”面板如图 20-38 所示。

图 20-37 图像效果

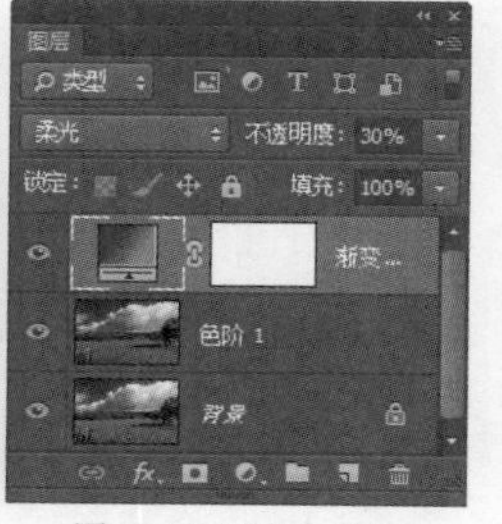

图 20-38 “图层”面板

12 单击“图层”面板底部的“创建新的填充或调整图层”按钮，在弹出的下拉菜单中选择“渐变”命令，弹出“渐变填充”对话框，设置如图 20-39 所示。

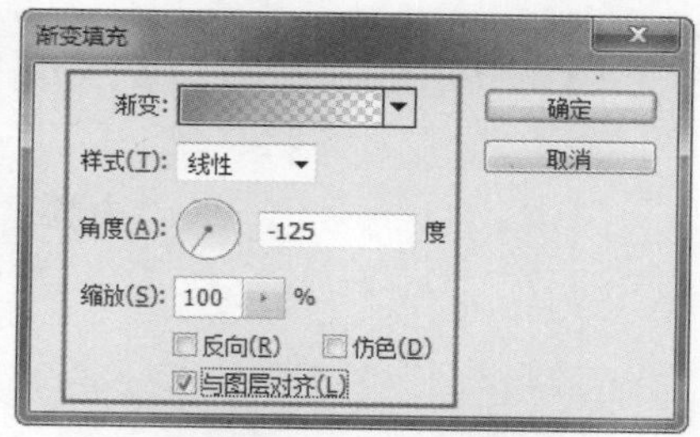

图 20-39 “渐变填充”对话框

13 设置完成后，单击“确定”按钮，设置该调整图层的“混合模式”为“柔光”，图像效果如图 20-40 所示。选中除“背景”图层之外所有的图层，按快捷键 Ctrl+E 进行合并，“图层”面板如图 20-41 所示。

图 20-40 图像效果

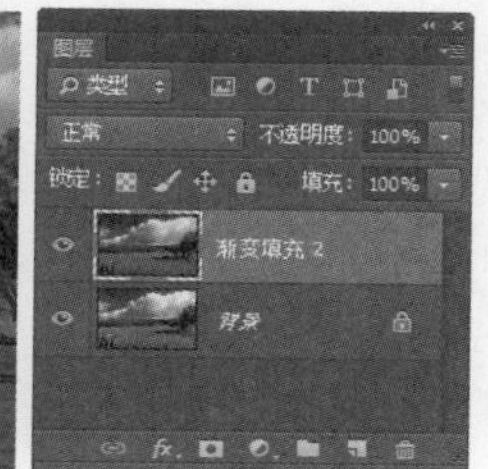

图 20-41 “图层”面板

14 单击“图层”面板底部的“创建新的填充或调整图层”按钮，在弹出的下拉菜单中选择“渐变”命令，弹出“渐变填充”对话框，设置如图 20-42 所示。

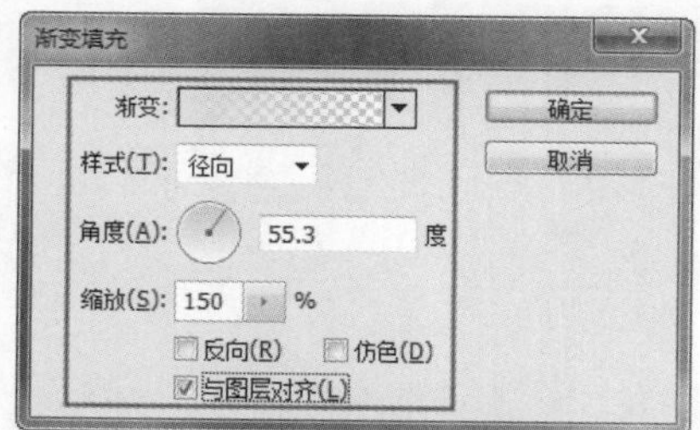

图 20-42 “渐变填充”对话框

15 设置完成后，单击“确定”按钮，设置该图层的“混合模式”为“叠加”，“不透明度”为 40%，图像效果如图 20-43 所示。单击“图层”面板底部的“创建新的填充或调整图层”按钮，在弹出的下拉菜单中选择“色彩平衡”命令，打开“属性”面板，设置如图 20-44 所示。

图 20-43 图像效果

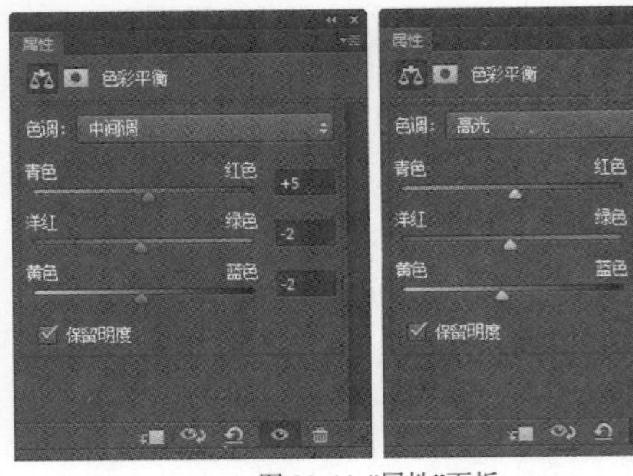

图 20-44 “属性”面板

16 设置完成后，图像效果如图 20–45 所示。选中除“背景”图层之外所有的图层，按快捷键 Ctrl+E 进行合并，“图层”面板如图 20–46 所示。

图 20-45 图像效果

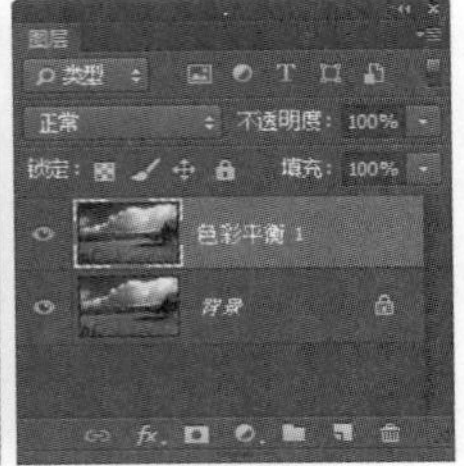

图 20-46 “图层”面板

17 单击“图层”面板底部的“创建新的填充或调整图层”按钮，在弹出的下拉菜单中选择“曲线”选项，打开“属性”面板，设置如图 20–47 所示。

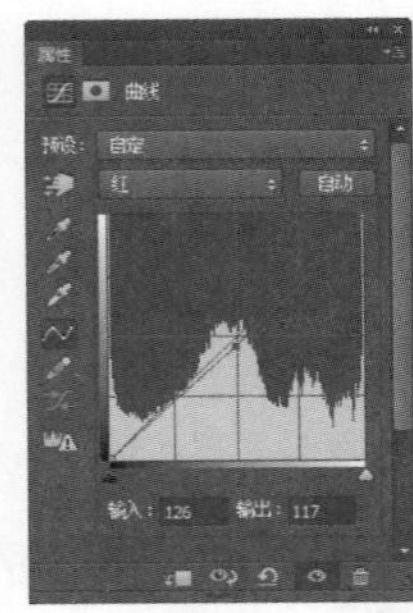

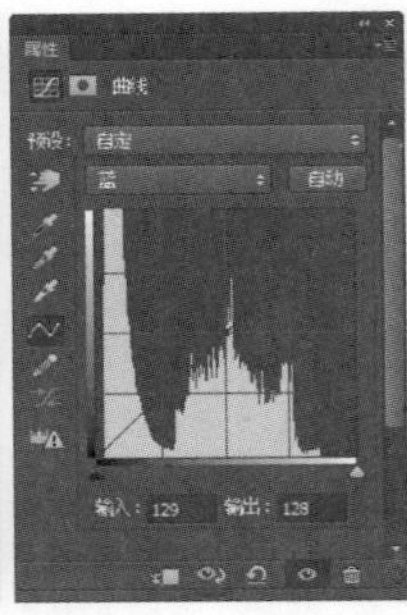

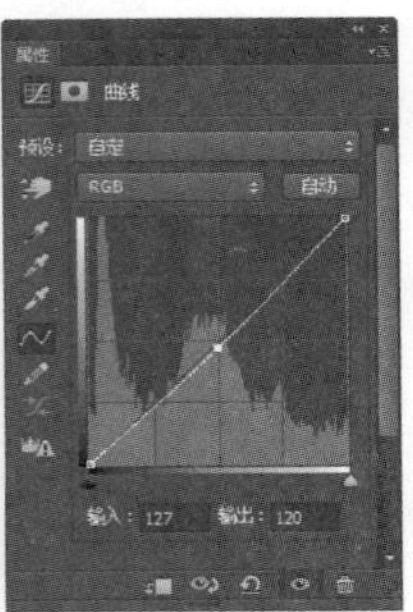

图 20-47 “属性”面板

18 设置完成后，可以看到图像的效果如图 20–48 所示。单击“图层”面板底部的“创建新的填充或调整图层”按钮，在弹出的下拉菜单中选择“纯色”命令，打开“拾色器（纯色）”对话框，设置如图 20–49 所示。

图 20-48 图像效果

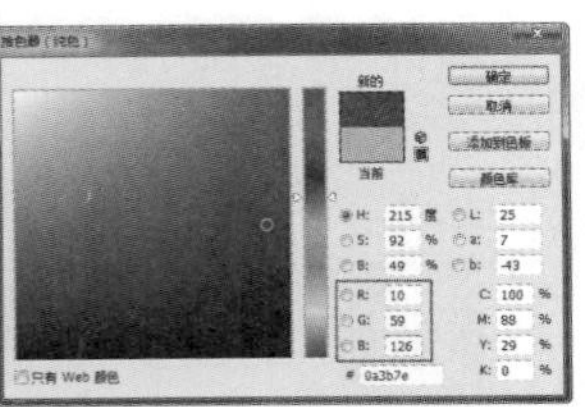

图 20-49 “拾色器（纯色）”对话框

19 设置完成后，单击“确定”按钮，设置该图层的“混合模式”为“差值”，“不透明度”为 30%，图像的最终效果如图 20–50 所示。切换到“动作”面板中，单击“停止播放 / 记录”按钮，完成动作的录制，“动作”面板如图 20–51 所示。

图 20-50 图像效果

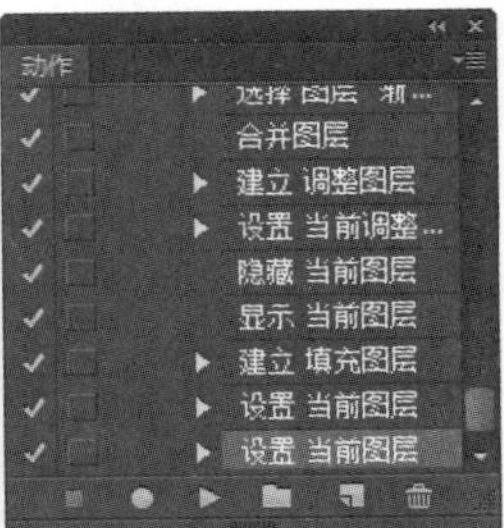

图 20-51 “动作”面板

提示

Photoshop CC 中大多数命令和工具操作都可以记录在动作中，可记录的动作大致包括用“选框”、“移动”、“多边形”、“套索”、“魔棒”、“裁剪”、“切片”、“魔术橡皮擦”、“渐变”、“油漆桶”、“文字”、“形状”、“注释”、“吸管”等工具执行的操作。另外，也可记录在“颜色”、“图层”、“色板”、“样式”、“路径”、“通道”、“历史记录”和“动作”面板中执行的操作。

20 将录制好的动作应用到其他需要调整的图像上，可以看到图像前后效果的对比，如图 20–52 所示。

图 20-52 图像调整前后的效果对比

20.1.4 动作应用技巧

除了预设动作外，还可以将录制好的动作进行播放，应用到图像中，播放动作的过程是执行动作中记录的一系列命令。执行动作时，首先选择要执行的动作，然后单击“动作”面板底部的“播放选定的动作”按钮。这样，在“动作”面板中记录的编辑操作就可应用到图像中了。

动作的播放有以下几种情况。

- 按顺序播放全部动作：选中要播放的动作，单击“播放选定的动作”按钮，即可按顺序播放该动作中的所有命令。
- 从指定命令开始播放动作：在动作中选中要播放的记录命令，单击“播放选定的动作”按钮，即可播放从指定命令及后面的命令。
- 播放部分命令：当动作组、动作和记录命令前显示有切换项目开关并显示黑色时，则可以执行该命令，否则不可执行。如果取消动作组前的勾选，则该组中所有的动作和记录命令都不能被执行。如果取消某一动作前的勾选，则该动作中的所有命令都不能被执行。

- 播放单个命令：按住 Ctrl 键，双击“动作”面板中的一个记录命令，即可播放单个命令。

打开素材图像“光盘\源文件\第 20 章\素材\201304.jpg”，如图 20-53 所示。执行“窗口 > 动作”命令，打开“动作”面板，选择“经典色调”动作，如图 20-54 所示。单击“播放选定的动作”按钮▶，即可将动作应用到图像中，效果如图 20-55 所示。

图 20-53 打开图像

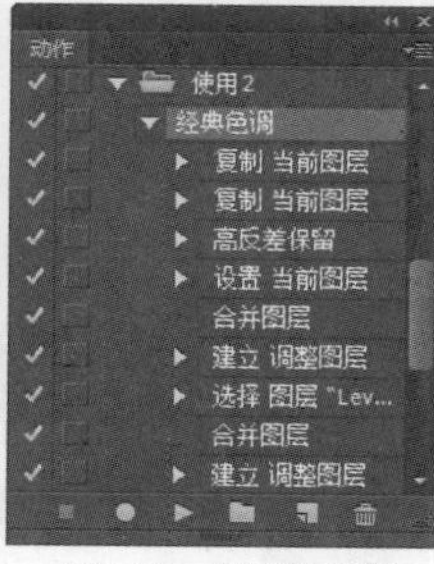
图 20-54 “动作”面板

图 20-55 图像效果

提示

如果在“按钮模式”下执行动作时，Photoshop CC 会执行动作中的所有记录命令，甚至该动作中有些已被关闭的命令也仍然会被执行。

20.1.5 编辑动作

用户可以在 Photoshop CC 中对动作进行名称或者内容等编辑。如果要修改动作组或动作的名称，将其选中，双击“动作”面板中的动作名称，即可在输入框中修改名称，如图 20-56 所示。或者单击“动作”面板右上角的倒三角按钮，在弹出的下拉菜单中选择“动作选项”命令，弹出“动作选项”对话框，如图 20-57 所示，在该对话框中即可进行编辑。

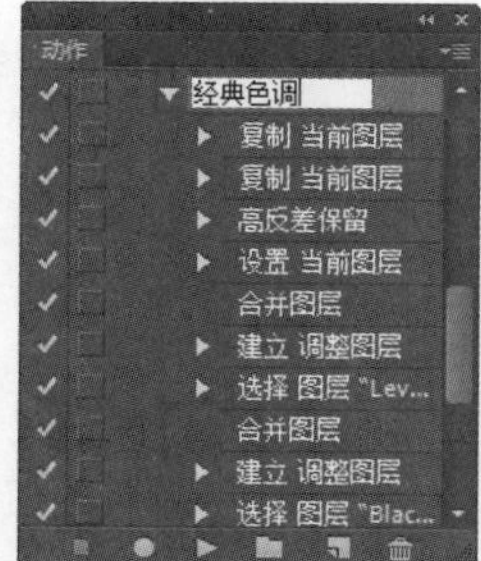
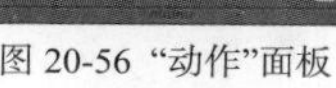
图 20-56 “动作”面板

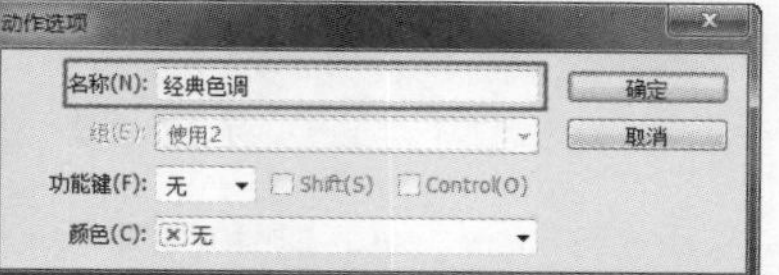
图 20-57 “动作选项”对话框

如果要修改动作中记录命令的参数，可以双击该记录命令，如图 20-58 所示。在弹出的对话框中即可修改参数，如图 20-59 所示。

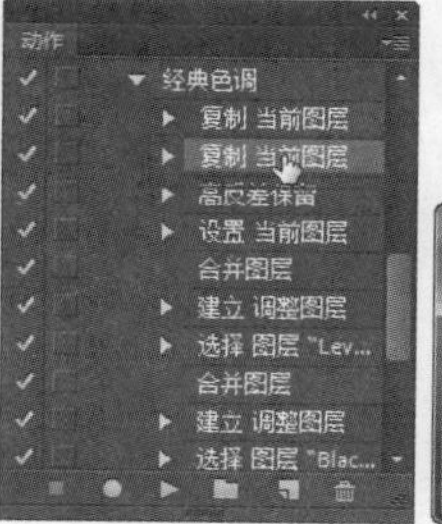
图 20-58 “动作”面板

图 20-59 “复制图层”对话框

20.1.6 存储与载入动作

在“动作”面板中可以将录制好的动作进行存储，还可以将外部动作直接载入到“动作”面板中。

在“动作”面板中选择需要存储的动作组，如图 20-60 所示。单击“动作”面板右上角的倒三角按钮，在弹出的下拉菜单中选择“存储动作”命令，弹出“存储”对话框，设置如图 20-61 所示。单击“保存”按钮，即可将当前动作存储在相应的位置。

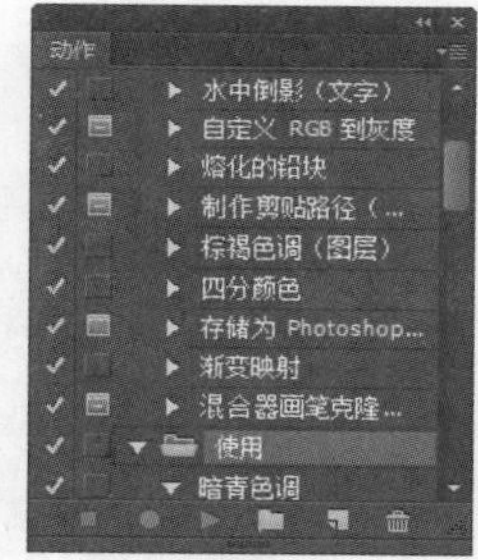
图 20-60 “动作”面板

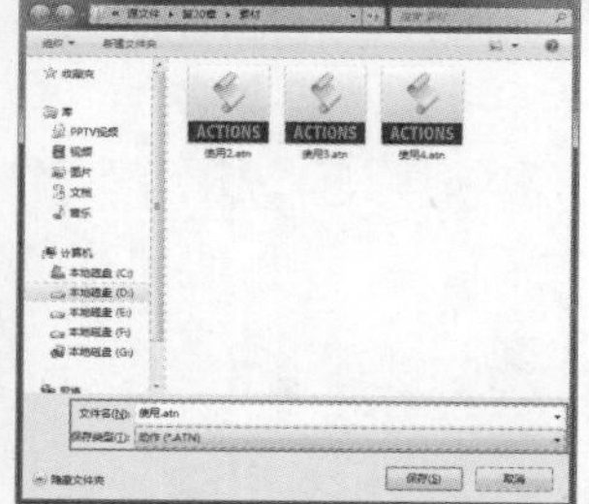
图 20-61 存储动作

如果要将外部动作载入，可以单击“动作”面板右上角的倒三角按钮，在弹出的下拉菜单中选择“载入动作”命令，弹出“载入”对话框，在该对话框中选择要载入的动作，如图 20-62 所示。单击“载入”按钮，该动作就会被载入，并出现在“动作”面板中，如图 20-63 所示。

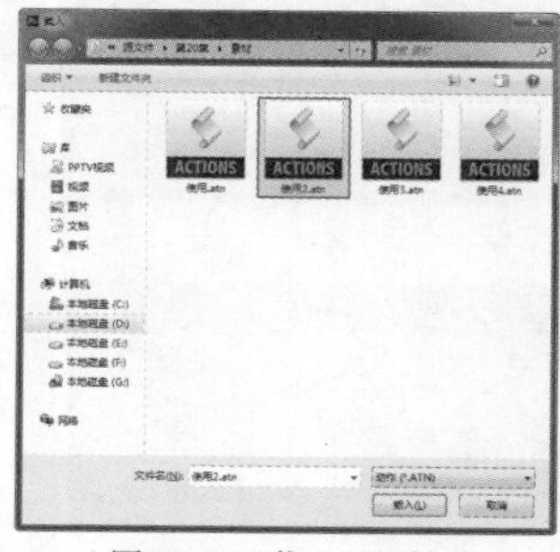
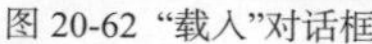
图 20-62 “载入”对话框

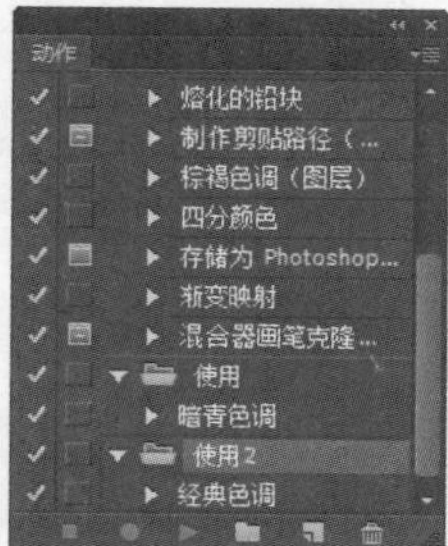
图 20-63 “动作”面板

提示

Photoshop CC 附带的动作，其目录位于 Photoshop CC 安装目录的 Adobe Photoshop CC\Presets\Actions\ 文件夹下。Photoshop CC 动作组文件的扩展名为 .atn。

20.2 动作的修改

如果要修改动作的内容，首先需要选中要修改的动作。要修改的内容包括在动作中插入命令、“插入菜单项目”、“插入停止”等。下面将对修改动作的内容进行讲解。

20.2.1 插入一个菜单项目

单击“动作”面板右上角的倒三角按钮，在弹出的下拉菜单中选择“插入菜单项目”命令后，可以在动作中插入菜单中的命令，这样就可以将许多不能记录的命令插入到动作中，如工具选项、“视图”菜单、“窗口”菜单、绘画和色调工具中的命令等。

动手实践——插入一个菜单项目

源文件：光盘\源文件\第 20 章\20-2-1.psd

视频：光盘\视频\第 20 章\20-2-1.swf

01 打开素材图像“光盘\源文件\第 20 章\素材\202101.jpg”，效果如图 20-64 所示。单击“动作”面板中的“图像大小”命令，并将其选中，如图 20-65 所示。

图 20-64 打开图像　图 20-65 “动作”面板

02 单击“动作”面板右上角的倒三角按钮，在弹出的下拉菜单中选择“插入菜单项目”命令，弹出“插入菜单项目”对话框，如图 20-66 所示。执行“视图 > 标尺”命令，如图 20-67 所示。

图 20-66 “插入菜单项目”对话框

图 20-67 设置“插入菜单项目”对话框

03 单击“确定”按钮，即可将刚刚执行的命令插入到动作中，如图 20-68 所示。选中“调整图像”命令，单击“播放选定的动作”按钮，图像效果如图 20-69 所示。

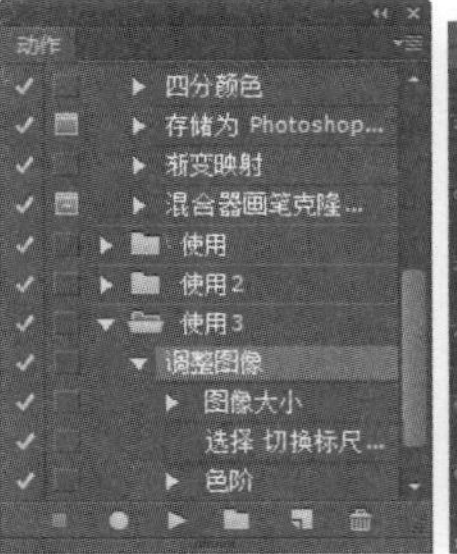

图 20-68 “动作”面板　图 20-69 图像效果

20.2.2 “插入停止”命令

“插入停止”命令可以使动作在播放时停止在某一步，此时便可以手动执行无法记录的任务。再次单击“动作”面板底部的“播放选定的动作”按钮，可继续播放后面的命令。

动手实践——插入停止语句

源文件：无

视频：光盘\视频\第 20 章\20-2-2.swf

01 在“动作”面板中选中“转换模式”命令，如图 20-70 所示。单击“动作”面板右上角的倒三角按钮，在弹出的下拉菜单中选择“插入停止”命令，弹出“记录停止”对话框，设置如图 20-71 所示。

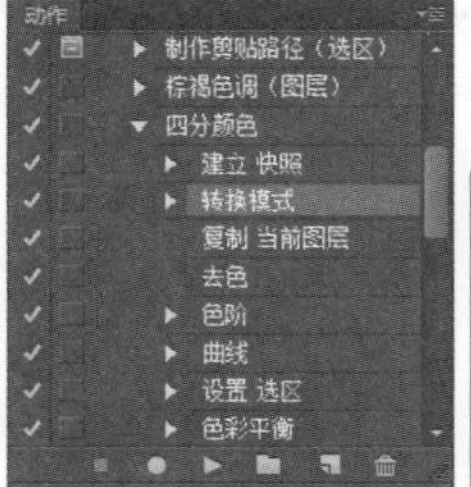

图 20-70 “动作”面板　图 20-71 “记录停止”对话框

提示

此处“记录停止”对话框中应选中“允许继续”复选框，这样播放到“停止”处才能够继续播放；反之，则只能停止在此处。

02 单击“确定”按钮，“停止”命令插入到动作中，选中“四分颜色”命令，如图 20-72 所示。单击“播放选定的动作”按钮，执行到“转换模式”命令后，动作就会停止，并弹出“信息”提示框，如图 20-73

所示。单击“继续”按钮，继续执行后续命令，单击“停止”按钮，则停止播放而不执行后续命令。

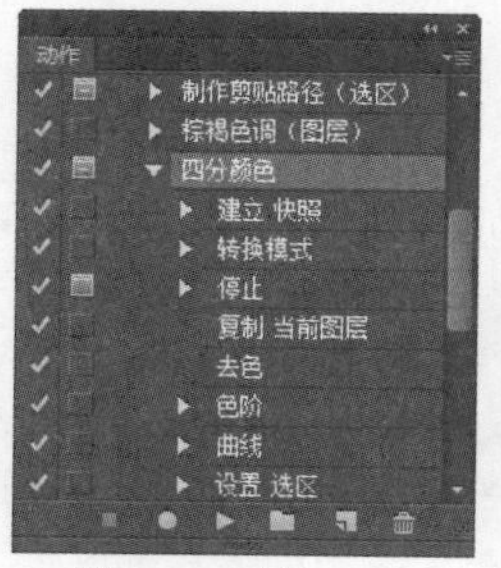

图 20-72 “动作”面板

图 20-73 “信息”提示框

20.2.3 插入路径

Photoshop CC 提供了一个专门在动作中插入路径的命令。在“动作”面板中指定要插入的位置，再选择“动作”面板下拉菜单中的“插入路径”命令，即可在动作中插入一个路径。“插入路径”命令可以在动作中插入复杂的路径，包括用“钢笔工具”创建的路径或从 Illustrator 中粘贴的路径。在播放动作时，工作路径被设置为所记录的路径。如果该图像中不存在路径，则不能执行“插入路径”命令。

动手实践——插入路径

源文件：无

视频：光盘 \ 视频 \ 第 14 章 \14-2-3.swf

01 打开素材图像“光盘 \ 源文件 \ 第 20 章 \ 素材 \ 202301.jpg”，如图 20-74 所示。单击工具箱中的“自定形状工具”按钮，在选项栏上的“工具模式”下拉列表中选择“形状”选项，单击按钮，打开“自定形状”拾色器，如图 20-75 所示。

图 20-74 打开图像

图 20-75 “自定形状”拾色器

02 单击“自定形状”拾色器右上角的按钮，在弹出的下拉菜单中选择“动物”命令，弹出提示框，如图 20-76 所示。单击“确定”按钮，将当前形状替换，如图 20-77 所示。

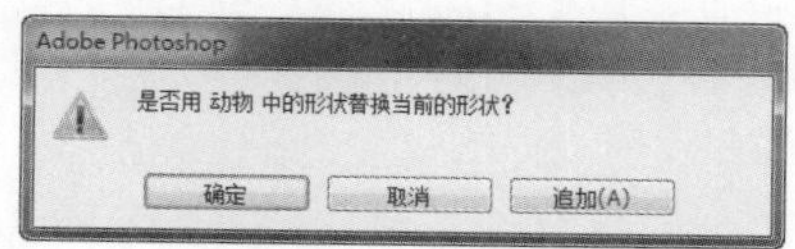

图 20-76 提示框

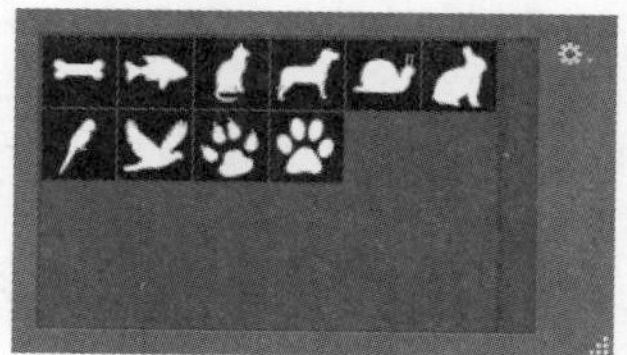

图 20-77 “自定形状”拾色器

03 在“自定形状”拾色器中选择相应的形状，如图 20-78 所示。设置“前景色”为白色，在画布中绘制图形，如图 20-79 所示。

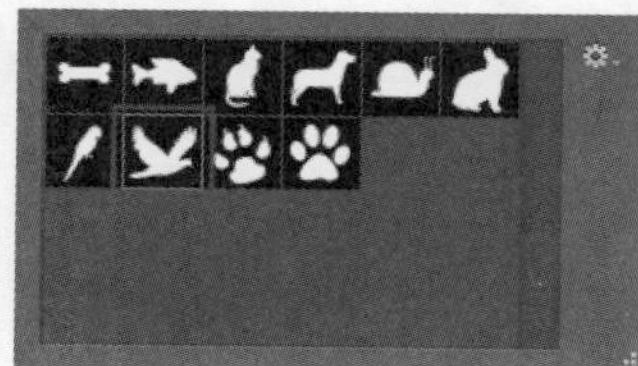

图 20-78 “自定形状”拾色器

图 20-79 绘制图形

04 选中“动作”面板中的“图像大小”命令，如图 20-80 所示。单击“动作”面板右上角的倒三角按钮，在弹出的下拉菜单中选择“插入路径”命令，即可插入路径命令，如图 20-81 所示。

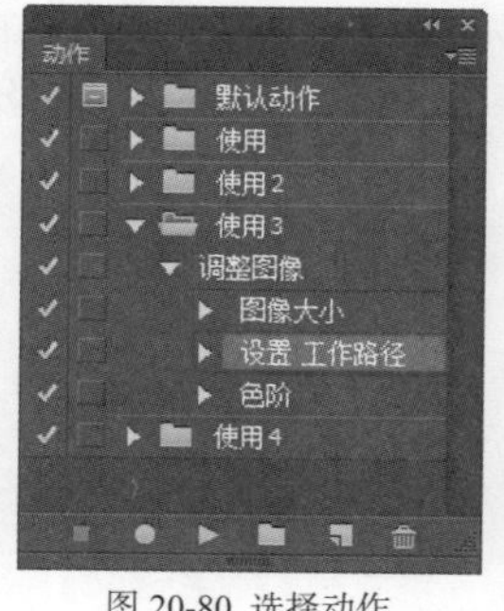

图 20-80 选择动作

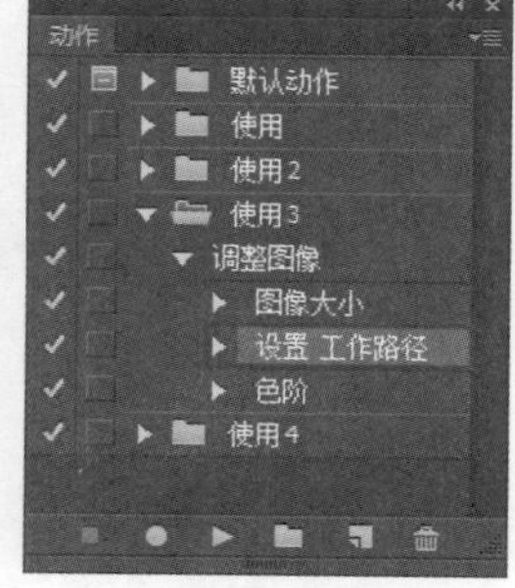

图 20-81 “动作”面板

20.3 图像自动批处理

使用批处理操作可简化对图像的处理流程，提高工作效率。“自动”命令提供了自动批量处理文件的功能，下面将对此命令进行详细讲解。

20.3.1 批处理图像

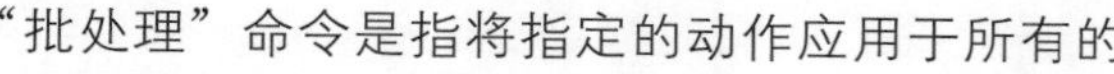

“批处理”命令是指将指定的动作应用于所有的目标文件，从而实现了图像处理的自动。执行“文件 > 自动 > 批处理”命令，弹出“批处理”对话框，如图 20-82 所示。

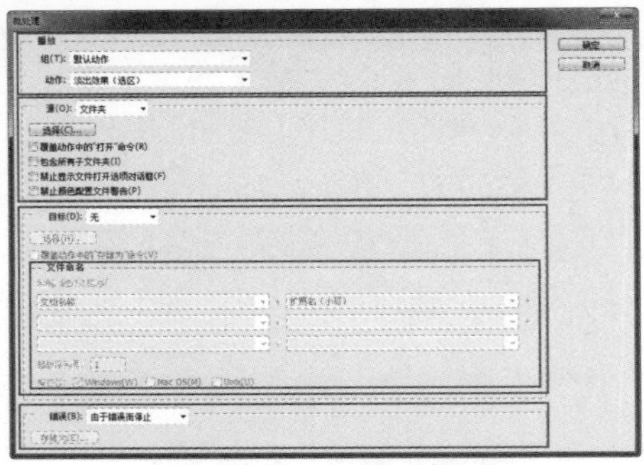

图 20-82 “批处理”对话框

“播放”选项区：用来设置播放的组和动作组。

组：在该选项的下拉列表中显示“动作”面板中的所有动作组，从中选择要执行的动作组，如图 20-83 所示。

动作组：在该选项的下拉列表中显示“动作”面板中的所有动作，从中选择要执行的动作，如图 20-84 所示。

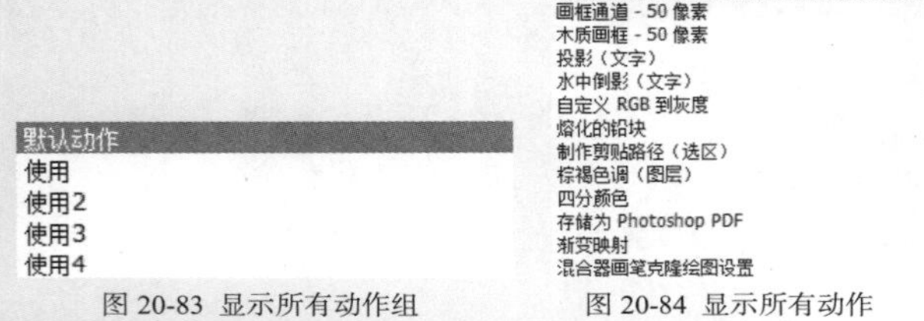

图 20-83 显示所有动作组　　图 20-84 显示所有动作

“源”选项区：用来设置要选取处理的文件。在该选项下拉列表中可以选择需要进行批处理的文件来源，分别是“文件夹”、“导入”、“打开文件”和 Bridge。

选择“文件夹”选项：可以单击下面的“选择”按钮，弹出“浏览文件夹”对话框，如图 20-85 所示。从对话框中查找并选取批处理文件夹。

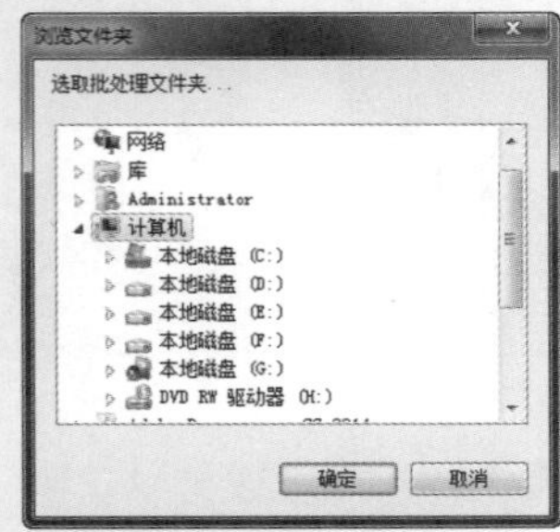

图 20-85 “浏览文件夹”对话框

选择“导入”选项：可以处理来自数码相机、扫描仪或 PDF 文档的图像。

选择“打开文件”选项：将处理所有打开的文件。

选择“Bridge”选项：将处理 Bridge 中选中的文件，如果没有在 Bridge 中选择文件，则处理当前 Bridge 文件夹中的文件。

“选择”按钮：单击该按钮，在弹出的对话框中选择要处理的文件夹，若要执行此命令必须先将“源”选项设置为“文件夹”。

覆盖动作中的“打开”命令：选中该复选框后，将弹出提示框，如图 20-86 所示。在进行批处理时将忽略动作中记录的“打开”命令，但动作中必须包含一个“打开”命令，否则将不会打开任何文件。

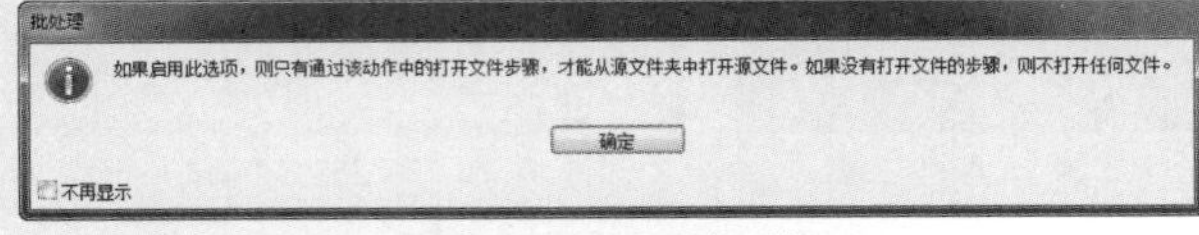

图 20-86 “批处理”提示框

包含所有子文件夹：选中该复选框后，批处理操作将应用到指定的文件夹中以及该文件夹中所包含的所有子文件夹。

禁止显示文件打开选项对话框：选中该复选框后，在进行批处理时，将隐藏文件“打开”选项对话框。

禁止颜色配置文件警告：选中该复选框后，在进行批处理时将不显示颜色信息。

“目标”选项区：用来指定文件要存储的位置。在该选项的下拉列表中可以选择“无”、“存储并关闭”、“文件夹”来设置文件的存储方式，如图 20-87 所示。

无
存储并关闭
文件夹

图 20-87 “目标”下拉列表

无：选择该选项，则不保存文件，保持文件打开。

存储并关闭：选择该选项，则保存该文件后关闭。

文件夹：选择该选项，可以单击“选择”按钮，弹出“浏览文件夹”对话框，为处理过的文件指定一个保存的位置，也就是选取一个目标文件夹。

覆盖动作中的“存储为”命令：选中该复选框后，将弹出“批处理”提示框，如图 20-88 所示。在进行批处理时，将忽略动作中记录的“存储为”命令，但动作中必须包含一个“存储为”命令，否则将不会对处理后的文件进行存储。

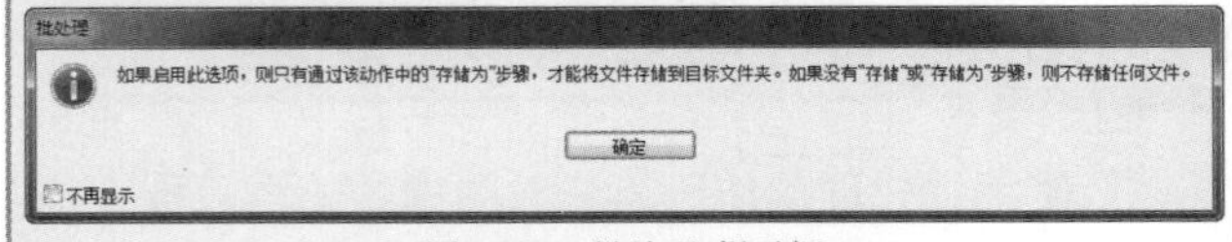

图 20-88 “批处理”提示框

“文件命名”选项区：将“目标”选项设置为“文件夹”后，可以在该选项区的 6 个选项中设置文件名各部分的顺序和格式。每个文件必须至少有一个唯一字段防止文件相互覆盖。“起始序列号”为所有序列号字段指定起始序列号。第一个文件的连续字母总是从字母 A 开始。“兼容性”用于使文件名与 Windows、Mac OS 和 UNIX 操作系统兼容。

- “错误”选项区：指定出现错误时的处理方法。在该选项下拉列表中可以选择“由于错误而停止”和“将错误记录到文件”来设置出现错误时的处理方法。
  - 由于错误而停止：选择该选项，在批处理过程中出现错误提示时，中止向下执行。
  - 将错误记录到文件：选择该选项，则 Photoshop 将会在批处理操作时出现的错误信息记录下来，并保存到文件中。
  - “存储”按钮：将“错误”选项设置为“将错误记录到文件”后，可以单击该按钮，弹出“存储为”对话框，指定一个保存的文件名和位置。

接下来通过对图像的批处理操作，讲解如何执行此操作，并且向用户详细讲解操作过程中应当注意哪些事项。

动手实践——批处理图像

源文件：无

视频：光盘 \ 视频 \ 第 20 章 \20-3-1.swf

01 在进行批处理操作前，应当先将图像存储到一个文件夹中，如图 20-89 所示。执行“窗口 > 动作”命令，打开“动作”面板，选中“调整图像”命令，如图 20-90 所示。

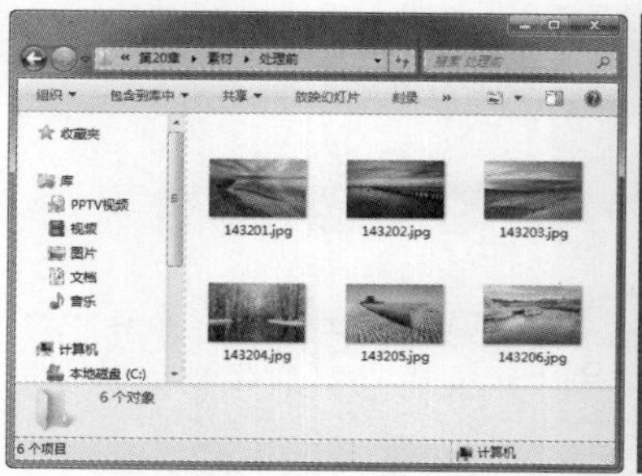

图 20-89 图片预览

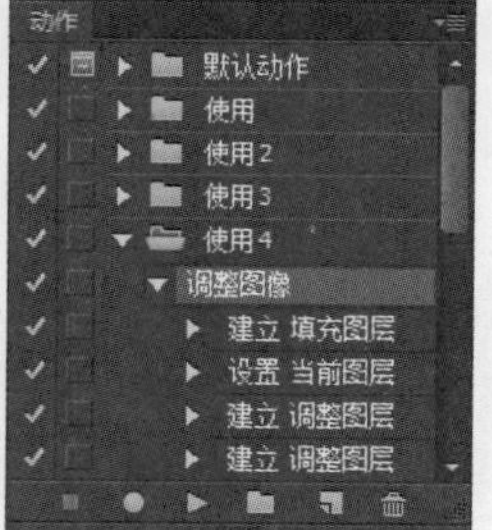

图 20-90 “动作”面板

技巧

此处也可先将需要调整的图像在 Photoshop CC 中打开，然后当执行“批处理”命令后，在“批处理”对话框的“源”下拉列表中选择“打开的文件”即可。

02 执行“文件 > 自动 > 批处理”命令，弹出“批处理”对话框，设置如图 20-91 所示。单击“选择”按钮，弹出“浏览文件夹”对话框，选择图像所在文件夹，如图 20-92 所示。单击“确定”按钮，关闭“浏览文件夹”对话框。

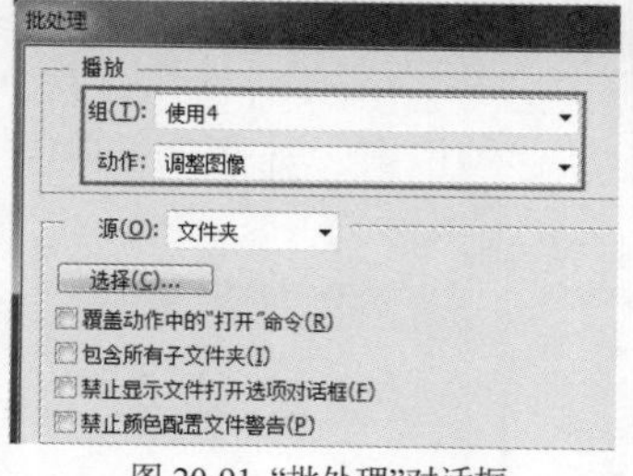

图 20-91 “批处理”对话框

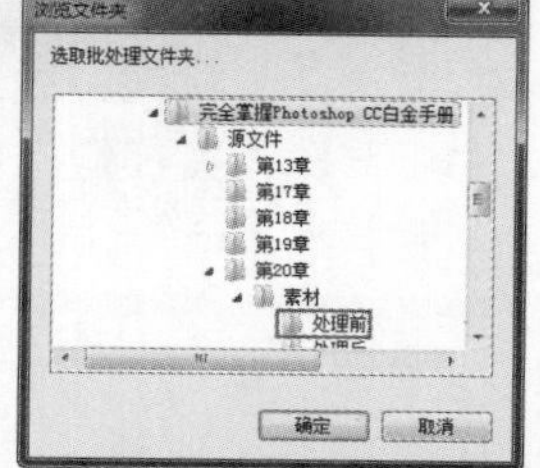

图 20-92 “浏览文件夹”对话框

03 在“目标”下拉列表中选择“文件夹”选项，如图 20-93 所示。单击“选择”按钮，弹出“浏览文件夹”对话框，如图 20-94 所示。

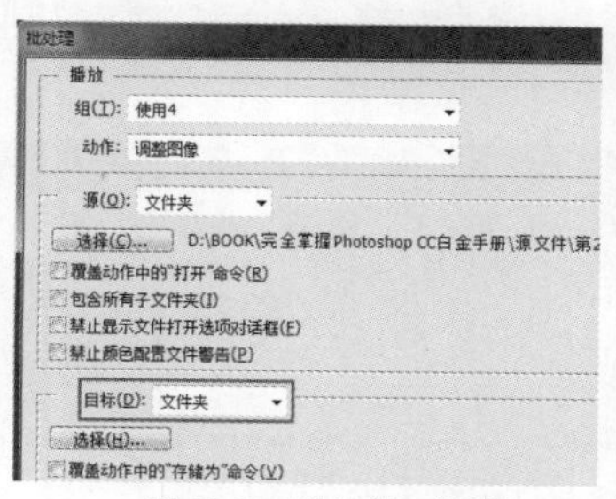

图 20-93 “批处理”对话框

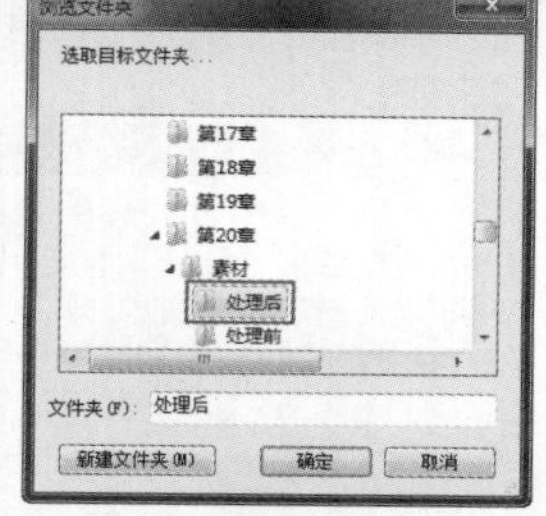

图 20-94 “浏览文件夹”对话框

04 单击“确定”按钮，“批处理”对话框如图 20-95 所示。单击“确定”按钮，即可对指定的文件进行批处理操作，处理后的文件会保存在指定的目标文件夹中，如图 20-96 所示。

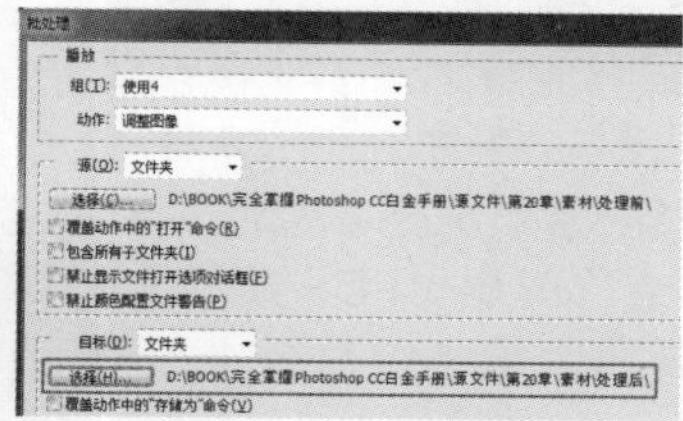

图 20-95 “批处理”对话框

图 20-96 处理后图像预览

提示

执行“批处理”命令进行批处理时，如果需要中止它，可以按 Esc 键。用户可以将“批处理”命令记录到动作中，这样能将多个序列合到一个动作中，从而一次性执行多个动作。

20.3.2 创建快捷批处理程序

快捷批处理程序是一个可以快速完成批处理的小程序，它简化了批处理操作的过程。只需将图像或文件夹拖曳到快捷批处理图标上，即可完成批处理操作。下面将向用户介绍一下创建快捷批处理程序的方法。

动手实践——创建快捷批处理程序

源文件：无

视频：光盘 \ 视频 \ 第 20 章 \20-3-2.swf

01 执行“文件 > 自动 > 创建快捷批处理”命令，

弹出“创建快捷批处理”对话框，如图 20–97 所示。单击“选择”按钮，弹出“另存为”对话框，设置创建批处理设置名称并指定保存的位置，如图 20–98 所示。单击“保存”按钮，关闭“另存为”对话框。

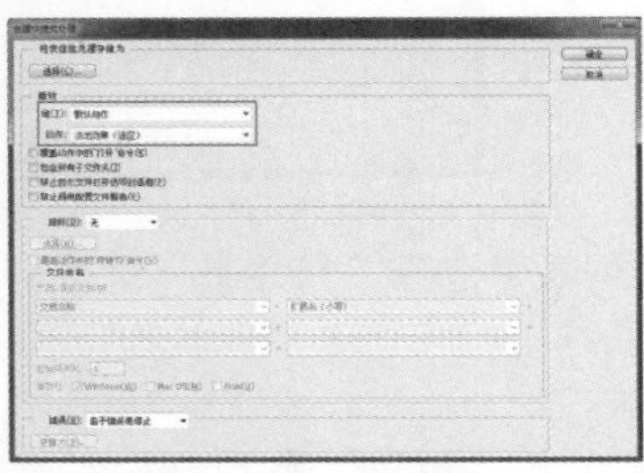

图 20-97 “创建快捷批处理”对话框

图 20-98 “另存为”对话框

提示

动作是快捷批处理的基础，在执行“创建快捷批处理”命令之前，需要在“动作”面板中创建所需要的动作，并选中该动作，在执行“创建快捷批处理”时，选中的“动作”及“动作组”就会自动出现在“动作”和“组”选项中。

02 此时“选择”按钮的右侧会显示快捷批处理程序的保存位置，如图 20–99 所示。单击“确定”按钮，即可创建快捷批处理程序并保存到指定位置。打开创建快捷批处理程序的位置，如图 20–100 所示。

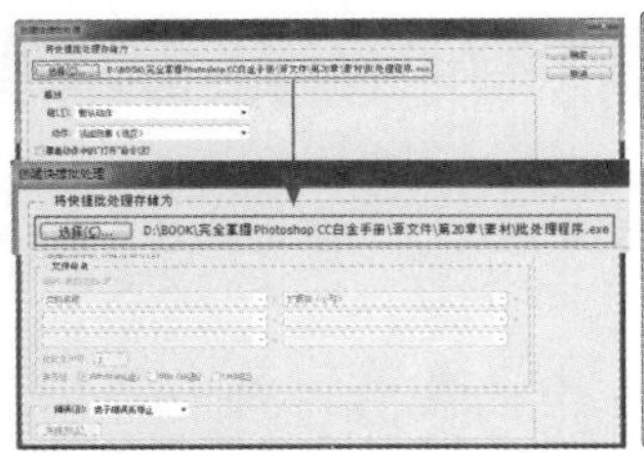

图 20-99 显示位置

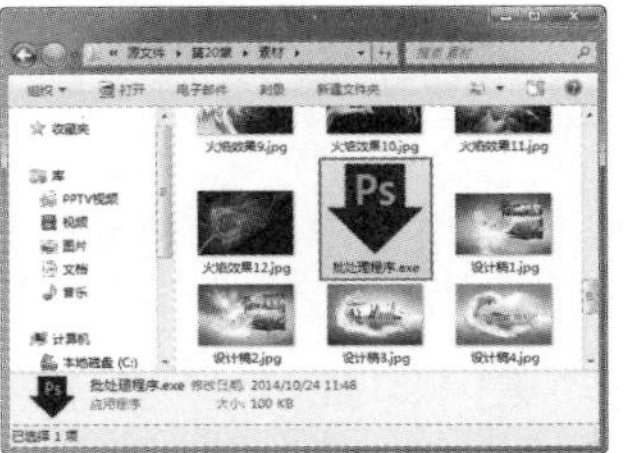

图 20-100 批处理程序

提示

快捷批处理程序显示为图标，只需要将图像或文件夹拖动到该图标上，便可以直接对图像进行批处理，即使没有运行 Photoshop CC，也可以完成批处理操作。

20.4 其他自动化操作

执行“文件 > 自动”命令，在打开的子菜单中包括多种自动命令，前面已经学习了批处理方面的知识，接下来对其他命令进行详细讲解。

20.4.1 PDF 演示文稿

使用“PDF 演示文稿”命令，可以轻松在 Photoshop CC 中创建出 PDF 演示文档。执行“文件 > 自动 >PDF 演示文稿”命令，弹出“PDF 演示文稿”对话框，如图 20–101 所示。

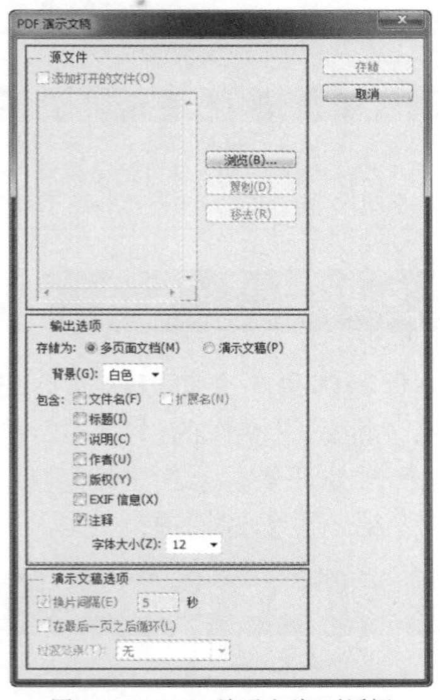

图 20-101 “PDF 演示文稿”对话框

- “源文件”选项区：在该选项区中可以设置需要创建 PDF 演示文稿的文件。
  - 添加打开的文件：如果当前在 Photoshop CC 中打开了相关的文件，可以选中该复选框，即可将打开的文件添加到列表中。
  - “浏览”按钮：单击该按钮，可以向列表中添加文件。
  - “复制”按钮：在列表中选中文件，单击“复制”按钮，可以复制文件。
  - “移去”按钮：在列表中选中文件，单击“移去”按钮，可以将选中的文件从列表中移除。
- “输出选项”选项区：在该选项区中可以设置输出为 PDF 的相关选项。
  - 存储为：可以选择将 PDF 输出为多页面文档或者是演示文稿。
  - 背景：在该选项的下拉列表中可以选择输出的 PDF 文件的背景色，共有白色、灰色和黑色 3 个选项。
  - 包含：在该选项区中可以选择输出的 PDF 演示文档中各文件所包含的信息。
  - 字体大小：在该选项的下拉列表中可以选择 PDF 演示文档中字体的大小。

- "演示文稿选项"选项区：当"输出选项"中的"存储为"选项为"演示文稿"时，该部分选项可用。
  - 换片间隔：该选项用于设置各文件之间切换的时间间隔，默认时间为 5 秒。
  - 在最后一页之后循环：选中该复选框，则当播放到最后一页后，将自动跳转到第一页循环播放。
  - 过渡效果：该选项用于设置页面与页面之间的过渡效果，在该选项的下拉列表中共有 25 个选项可供选项。

动手实践——创建 PDF 演示文稿

源文件：光盘 \ 源文件 \ 第 20 章 \20-4-1.pdf

视频：光盘 \ 视频 \ 第 20 章 \20-4-1.swf

01 执行"文件 > 自动 >PDF 演示文稿"命令，弹出"PDF 演示文稿"对话框，如图 20-102 所示。单击"浏览"按钮，弹出"打开"对话框，同时选中 4 张需要添加的图像素材，如图 20-103 所示。

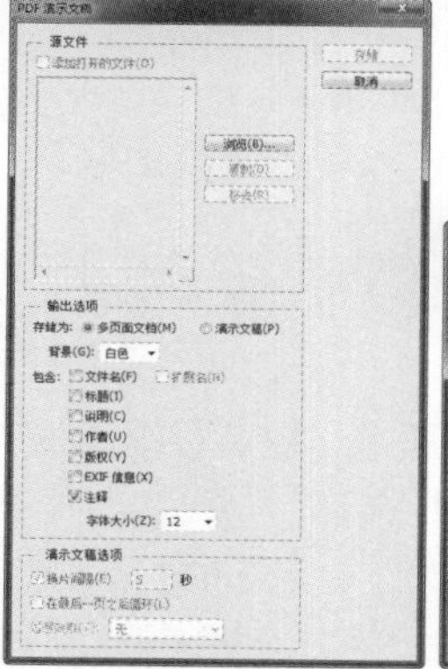

图 20-102 "PDF 演示文稿"对话框

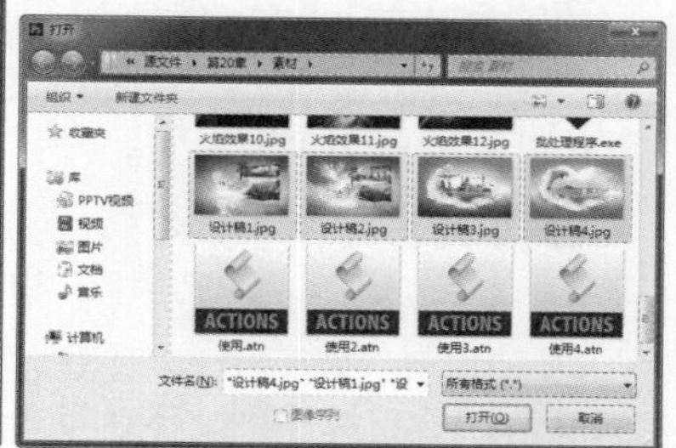

图 20-103 "打开"对话框

02 单击"打开"按钮，将选择的 4 张图像添加到列表中，如图 20-104 所示。在"PDF 演示文稿"对话框中对其他选项进行设置，如图 20-105 所示。

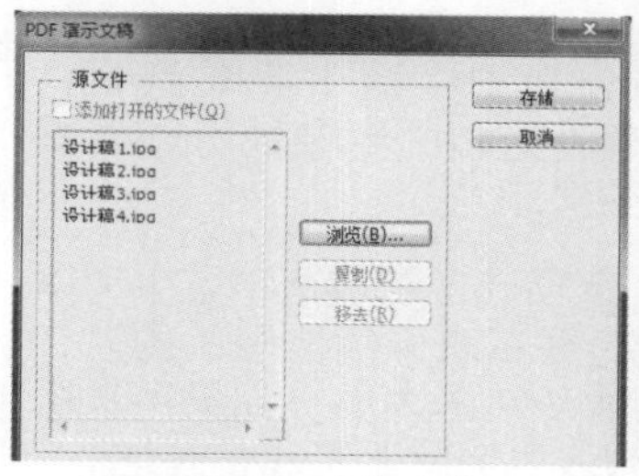

图 20-104 添加文件

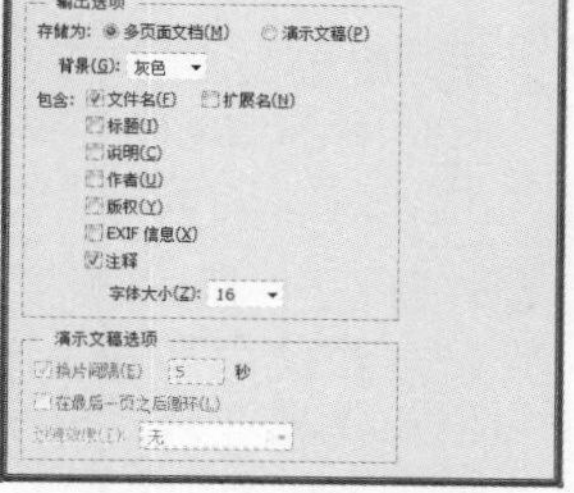

图 20-105 设置选项

03 单击"存储"按钮，弹出"存储"对话框，选择存储位置并设置存储文件名，如图 20-106 所示。单击"保存"按钮，弹出"存储 Adobe PDF"对话框，如图 20-107 所示。在该对话框中可以对 PDF 文件进行相应的设置，此处采用默认设置。

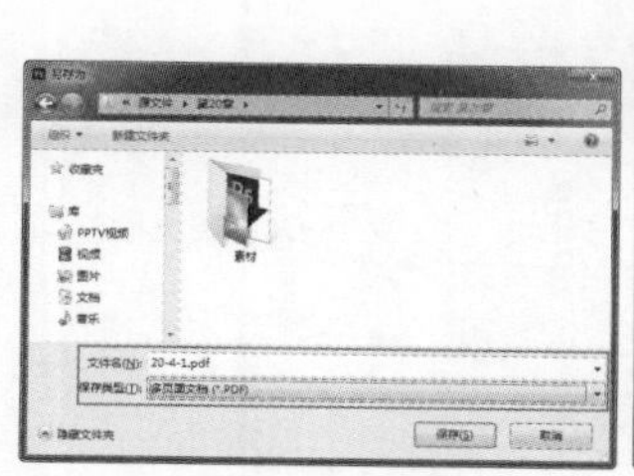

图 20-106 "存储"对话框　　图 20-107 "存储 Adobe PDF"对话框

04 单击"存储 PDF"按钮，Photoshop CC 将会自动对相关文件进行处理，并在保存位置创建 PDF 文件，如图 20-108 所示。双击该 PDF 文件，即可打开该 PDF 文件进行查看，如图 20-109 所示。

图 20-108 创建 PDF 文件

图 20-109 预览 PDF 文件

提示

要预览 PDF 文件，计算机中必须安装 Adobe Reader 软件，该软件是免费软件，如果用户没有安装该软件，可以在互联网中搜索该软件并安装。

20.4.2 联系表 II

使用 Photoshop CC 中的联系表功能，可以批量将多个图像文件制作成联系表，方便用户的浏览和查看。执行"文件 > 自动 > 联系表 II"命令，弹出"联系表 II"对话框，如图 20-110 所示。

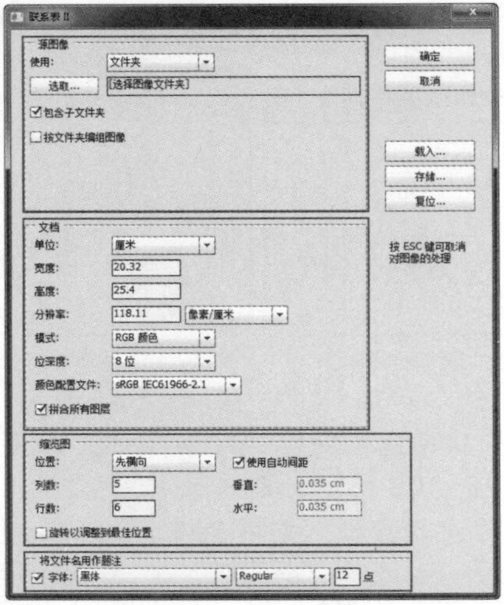

图 20-110 “联系表 II”对话框

“源图像”选项区：在该选项区中可以设置源图像的位置。

- 使用：在该选项的下拉列表中可以选择使用源图像的方法，有两个选项，即文件夹和文件。如果选择“文件”选项，则可以直接添加相应的文件，如图 20-111 所示。

图 20-111 选择“文件”选项

- 包含子文件夹：选中该复选框，则处理所指定的源图像文件夹中的子文件夹。
- 按文件夹编组图像：当所指定的源图像文件夹中包含有子文件夹时，选中该复选框，则将子文件夹中的图像编组。

“文档”选项区：在该选项区中可以对所生成的联系表文档的相关选项进行设置。

- 单位：在该选项的下拉列表中可以选择相应的尺寸单位，用于设置文档的尺寸单位，如图 20-112 所示。

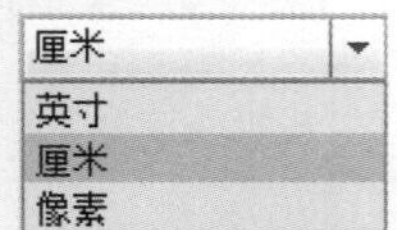

图 20-112 “单位”下拉列表

- 宽度/高度：用于设置联系表文档的宽度和高度。
- 分辨率：用于设置联系表文档的分辨率。
- 模式：在该选项的下拉列表中可以选择相应的颜色模式，用于设置联系表文档的颜色模式，如图 20-113 所示。

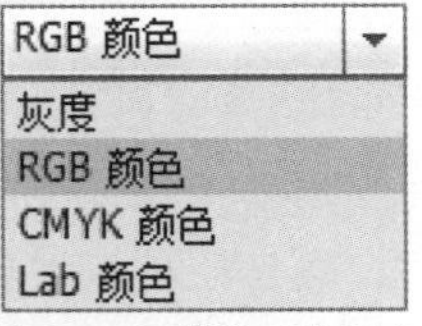

图 20-113 “模式”下拉列表

- 位深度：在该选项的下拉列表中可以选择相应的位深度，用于设置联系表文档的位深度，如图 20-114 所示。
- 颜色配置文件：在该选项的下拉列表中可以选择颜色配置文件，用于设置联系表文档的颜色配置，如图 20-115 所示。

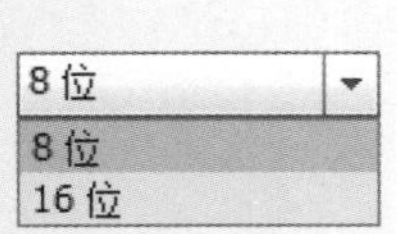

图 20-114 “位深度”下拉列表

图 20-115 “颜色配置文件”下拉列表

- 拼合所有图层：选中该复选框，则生成的联系表文档将合并所有图层。

“缩览图”选项区：在该选项区中可以对联系表文档中的缩览图进行设置。

- 位置：在该选项的下拉列表中可以选择缩览图的排列位置，共有“先横向”和“先纵向”两个选项。
- 使用自动间距：选中该复选框，则 Photoshop CC 将自动调整缩览图之间的间距。
- 列数/行数：用于设置缩览图排列的列数和行数。
- 垂直/水平：用于设置缩览图之间的垂直和水平间距。当选中“使用自动间距”复选框后，这两个选项不可用。
- 旋转以调整到最佳位置：选中该复选框，Photoshop CC 会对需要旋转的图像进行旋转操作，以便生成最佳的效果。

“将文件用作题注”选项区：在该选项区中可以设置是否使用文件名作为联系表中缩览图的题注，可以设置题注文字的字体、字体大小。如果不选中该复选框，则不会为联系表中的缩览图添加题注。

动手实践——创建联系表

源文件：光盘\源文件\第 20 章\20-4-2.psd

视频：光盘\视频\第 20 章\20-4-2.swf

01 执行“文件 > 自动 > 联系表 II”命令，弹出“联系表 II”对话框，如图 20-116 所示。在“使用”下拉列表中选择“文件”选项，单击“浏览”按钮，弹出“打开”对话框，同时选中 12 张需要添加的图像素材，如图 20-117 所示。

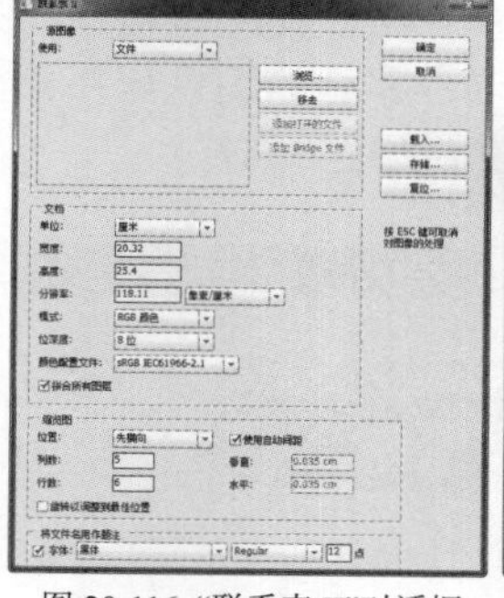

图 20-116 “联系表 II”对话框

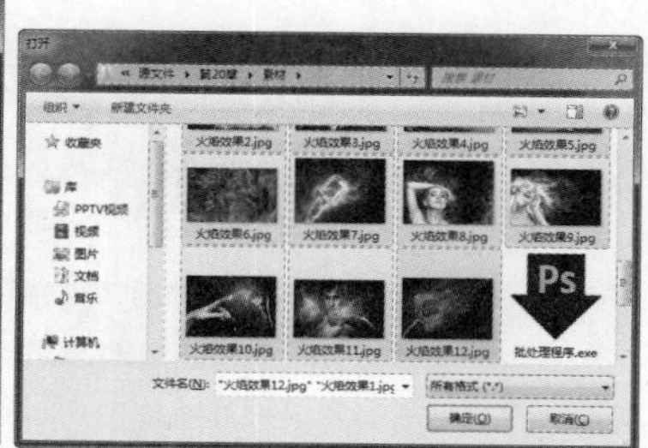

图 20-117 选择需要的图像

02 单击“打开”按钮，将选择的 12 张图像添加到列表框中，如图 20-118 所示。在“联系表 II”对话框中对其他选项进行设置，如图 20-119 所示。

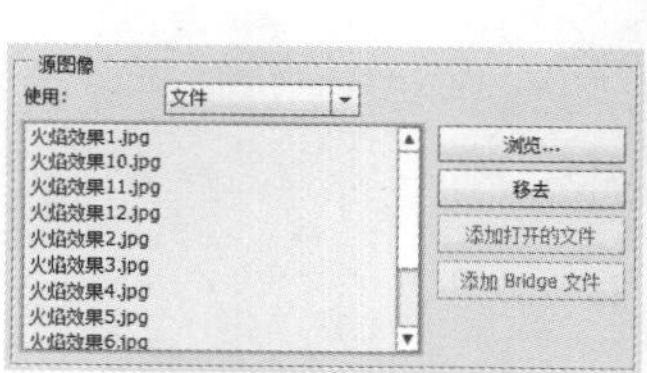

图 20-118 添加到列表框中

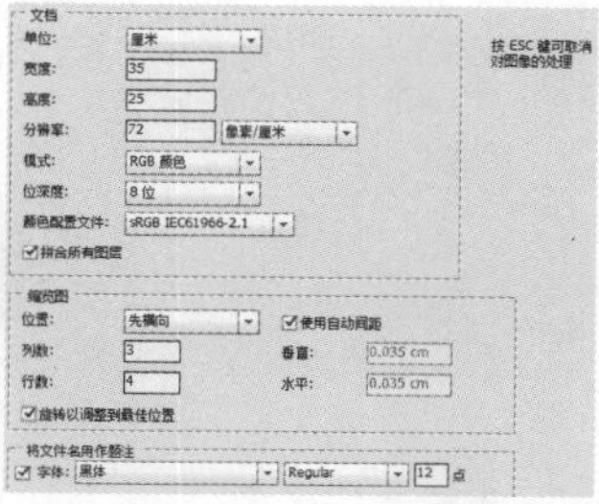

图 20-119 设置其他相关选项

03 单击“确定”按钮，完成“联系表 II”对话框的设置，Photoshop CC 会自动对相关图像进行处理并生成联系表文档，如图 20-120 所示。

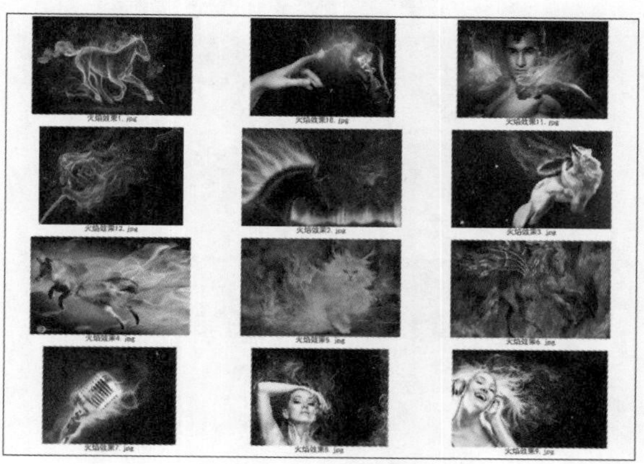

图 20-120 联系表文档效果

20.4.3 Photomerge

Photomerge 命令将多幅照片组合成一个连续的图像。可以将拍摄的多张重叠的图像，合并到一张全景图中。执行“文件 > 自动 >Photomerge”命令，可以弹出 Photomerge 对话框，如图 20-121 所示。

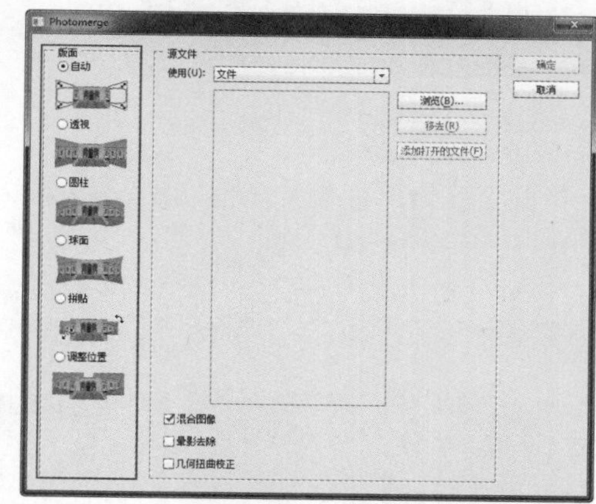

图 20-121 Photomege 对话框

- “版面”选项区：在该选项区中包括 6 种版式，可以选择适合要求的版式。
  - 自动：Photoshop 分析源图像并应用“透视”或“圆柱”和“球面”版面，具体取决于哪一种版面能够生成更好的图像。
  - 透视：通过将源图像中的一个图像（默认情况下为中间的图像）指定为参考图像来创建一致的复合图像。然后将变换其他图像（必要时，进行位置调整、伸展或斜切），以便匹配图层的重叠内容。
  - 圆柱：通过在展开的圆柱上显示各个图像来减少在“透视”版面中会出现的“领结”扭曲。文件的重叠内容仍匹配。将参考图像居中放置。圆柱最适合用于创建宽全景图。
  - 球面：对齐并转换图像，使其映射球体内部。如果拍摄了一组环绕 360° 的图像，使用此选项可创建 360° 全景图。也可以将“球面”与其他文件集搭配使用，产生完美的全景效果。
  - 拼贴：对齐图层并匹配重叠内容，同时变换（旋转或缩放）任何源图层。
  - 调整位置：对齐图层并匹配重叠内容，但不会变换（伸展或斜切）任何源图层。
- 混合图像：找出图像间的最佳边界并根据这些边界创建接缝，以使图像的颜色相匹配。关闭“混合图像”时，将执行简单的矩形混合。如果要手动修饰混合蒙版，此操作将更为可取。
- 晕影去除：在由于镜头瑕疵或镜头遮光处理不当而导致边缘较暗的图像中去除晕影并执行曝光度补偿。
- 几何扭曲校正：勾选该选项，将补偿桶形、枕形或鱼眼失真。

拍摄全景对于高端专业配置相机应该不是问题，但是往往一般的摄影爱好者是不会购买的，因此可以通过 Photomerge 命令拼合拆分的图像，得到全景图像。

动手实践——自动拼合图像 

源文件：光盘 \ 视频 \ 第 20 章 \20-4-3.psd

视频：光盘 \ 视频 \ 第 20 章 \20-4-3.swf

01 打开 3 张素材图像“光盘 \ 源文件 \ 第 20 章 \ 素材 \204301.jpg~204303.jpg”，效果如图 20-122 所示。

图 20-122 打开图像

02 执行“文件 > 自动 >Photomerge”命令，弹出 Photomerge 对话框，如图 20-123 所示。在该对话框中单击“添加打开的文件”按钮，将窗口中打开的 3 张图像添加到列表框中，如图 20-124 所示。

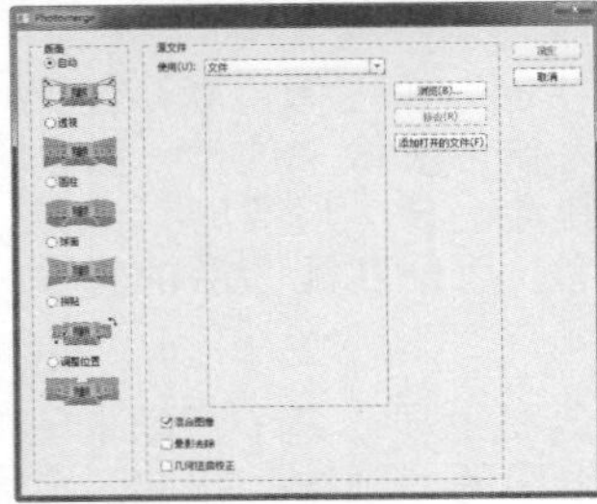

图 20-123 Photomerge 对话框

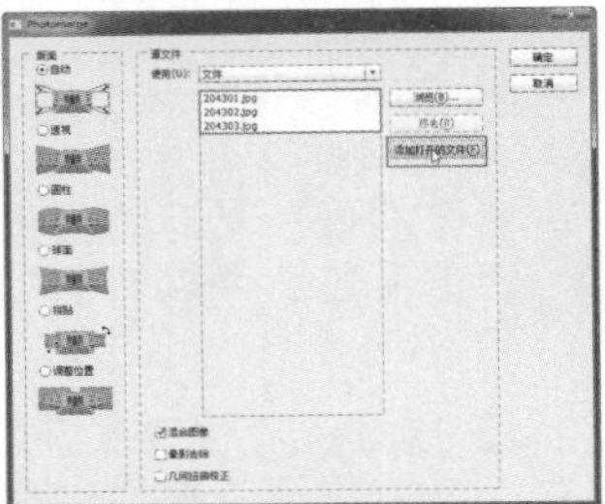

图 20-124 添加图像

03 单击“确定”按钮，系统自动对齐拼合图像，并添加相应的图层蒙版，效果如图 20-125 所示。

图 20-125 图像效果

提示

由于图像之间的曝光度差异可能导致图像接缝不一致，因此图像拼合后还需要进一步调整。

04 单击工具箱中的“裁剪工具”按钮，将空白处裁减掉，图像的最终效果如图 20-126 所示。

图 20-126 图像效果

20.4.4 合并到 HDR Pro 

“合并到 HDR Pro”命令可以将同一场景的具有不同曝光度的多个图像合并起来，从而捕获单个 HDR 图像中的全部动态范围。可以将合并后的图像输出为 32 位 / 通道、16 位 / 通道或 8 位 / 通道的文件。

提示

只有输出 32 位 / 通道的图像，才可以存储全部 HDR 图像。

动手实践——合并 HDR Pro 图像 

源文件：光盘 \ 视频 \ 第 20 章 \20-4-4.psd

视频：光盘 \ 视频 \ 第 20 章 \20-4-4.swf

01 打开 3 张素材图像“光盘 \ 源文件 \ 第 20 章 \ 素材 \204401.jpg~204403.jpg”，图像效果如图 20-127 所示。

图 20-127 打开图像

02 执行“文件 > 自动 > 合并到 HDR”命令，弹出“合并到 HDR Pro”对话框，单击“添加打开的文件”按钮，添加文件，如图 20-128 所示。单击“确定”按钮，弹出“手动设置曝光值”对话框，如图 20-129 所示。

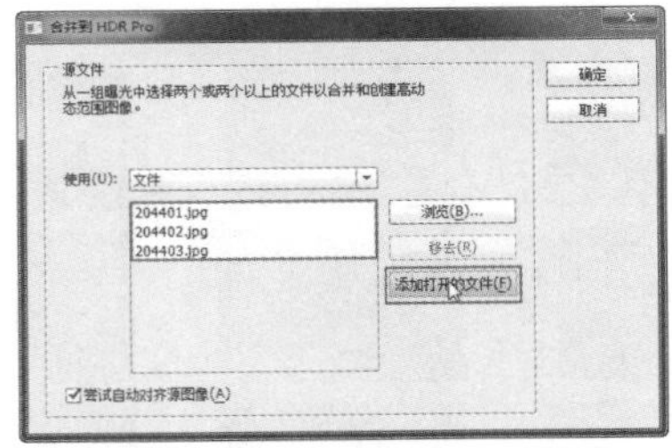

图 20-128 “合并到 HDR Pro”对话框

图 20-129 “手动设置曝光值”对话框

03 在“手动设置曝光值”对话框中，选中第 2 张图像，如图 20-130 所示。单击“确定”按钮，完成“手动设置曝光值”对话框的设置，与此同时，弹出“合并到 HDR Pro”对话框，在“预设”下拉列表中选择“逼真照片高对比度”选项，如图 20–131 所示。

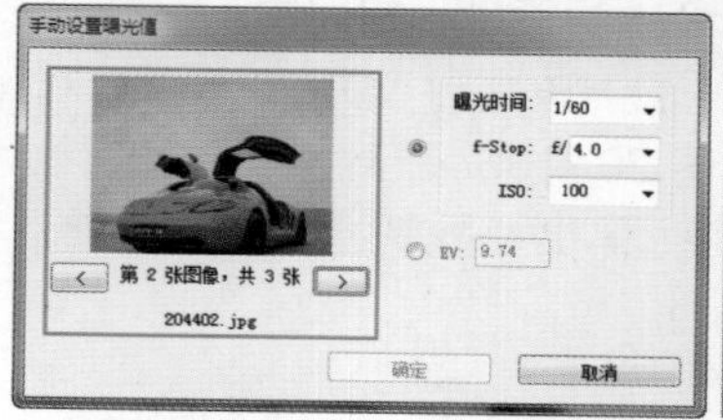

图 20-130 “手动设置曝光值”对话框

图 20-131 “合并到 HDR Pro”对话框

提示

在“合并到 HDR Pro”对话框中通过对选项的设置，可以控制和准确地创建出写实的或超现实的高动态光照渲染（HDR）图像。并且自动消除叠影以及对色调映射和调整进行更好的控制，可以创建出更出色的图像效果。

04 单击“确定”按钮，完成图像的处理，最终效果如图 20–132 所示。

图 20-132 图像效果

20.4.5 镜头校正

“镜头校正”功能可以根据 Adobe 对各种相机与镜头的测量自动校正，轻易消除桶状和枕状变形、相片周边暗角以及造成边缘出现彩色光晕的色像差现象。此功能最大的特点就是能够自动校正图像。执行“文件 > 自动 > 镜头校正”命令，弹出“镜头校正”对话框，如图 20–133 所示。

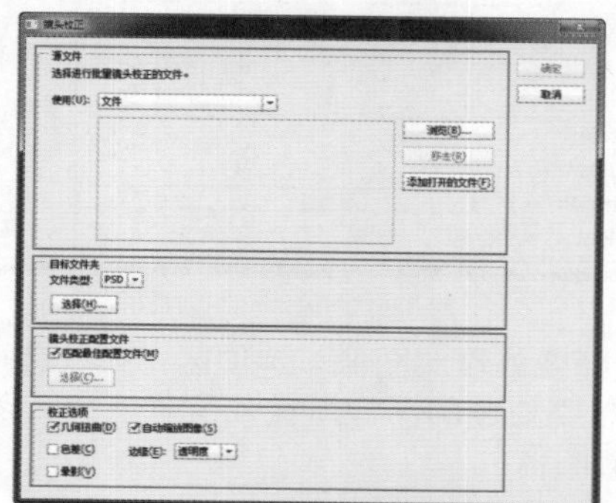

图 20-133 “镜头校正”对话框

- “源文件”选项区：选择进行批量镜头校正的文件，可以打开单个文件，也可打开文件夹。如果需要镜头校正的文件已经在 Photoshop CC 中打开，那么单击“添加打开的文件”按钮，即可添加文件。
- “目标文件夹”选项区：选择镜头校正后的存储格式与位置。
- “镜头校正配置文件”选项区：选中“匹配最佳配置文件”复选框为默认状态，Photoshop 只显示与用来创建图像的相机和镜头匹配的配置文件。Photoshop 还会根据焦距、光圈大小和对焦距离自动为所选镜头选择匹配的子配置文件；要更改自动选区，单击“选择”按钮，然后选择其他子配置文件。
- 几何选项：勾选此选项，校正图像拍摄产生的桶形失真和枕形失真。
- 色差：勾选此选项，设置校正由于镜头对不同平面颜色的光进行对焦而产生的色边。
- 晕影：勾选此选项，设置一种由于镜头周围的光线衰减而使图像的拐角变暗的缺陷。色差显示为对象边缘的一圈色边，它是由于镜头对不同平面中不同颜色的光进行对焦而导致的。
- 自动缩放图像：勾选此选项，可以校正没有按预期的方式扩展或收缩图像，从而使图像超出了原始尺寸。“边缘”下拉列表中列出了如何处理由于枕形失真、旋转或透视校正而产生的空白区域。可以使用透明或某种颜色填充空白区域，也可以扩展图像的边缘像素。

20.4.6 条件模式更改

在记录动作时，可以使用“条件模式更改”命令为源模式指定一个或多个模式，并为目标模式指定一个模式。“条件模式更改”命令可以为模式更改指定条件，以便在动作执行过程中进行转换。当模式更改属于某个动作时，如果打开的文件未处于该动作所指定的源模式下，则会出现错误。例如假定在某个动作中，有一个步骤是将源模式为 RGB 的图像转换为目标模式 CMYK。如果在灰度模式或者包括 RGB 在内的任何其他源模式下向图像应用该动作，将会导致错误。

打开素材图像“光盘 \ 源文件 \ 第 20 章 \ 素材 \ 204601.jpg”，效果如图 20–134 所示。执行“文件 > 自动 > 条件模式更改”命令，弹出“条件模式更改”对话框，如图 20–135 所示。

图 20-134 打开图像

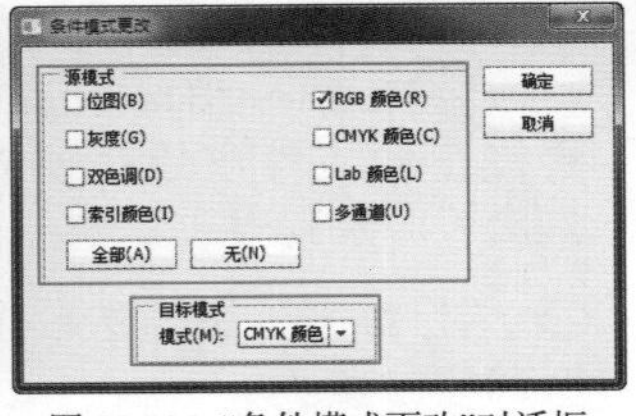

图 20-135 “条件模式更改”对话框

- “源模式”选项区：用来选择源文件的颜色模式，只有与选择的颜色模式相同的文件才可以被更改。单击“全部”按钮，可选择所有可能的模式；单击“无”按钮，则不选择任何模式。
- “目标模式”选项区：用来设置图像转换后的颜色模式。

20.4.7 限制图像

“限制图像”命令可以将当前图像限制为用户指定宽度和高度，但不会改变图像的分辨率。此命令的功能与“图像大小”命令的功能是不相同的。

打开素材图像“光盘\源文件\第 20 章\素材\204701.jpg”，效果如图 20-136 所示。执行“文件 > 自动 > 限制图像”命令，弹出“限制图像”对话框，如图 20-137 所示。

图 20-136 打开图像

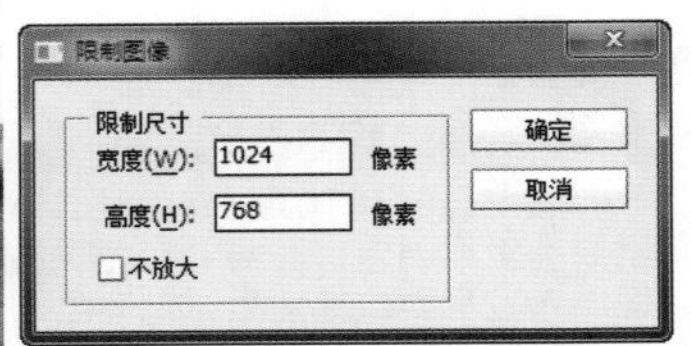

图 20-137 “限制图像”对话框

- 宽度：在文本框中输入宽度值可以改变图像的宽度。
- 高度：在文本框中输入高度值可以改变图像的高度。
- 不放大：勾选此选项，在画布中的图像不放大。

20.5 脚本

Photoshop CC 通过脚本支持外部自动化。在 Windows 操作系统中，可以使用支持 COM 自动化的脚本语言，这些语言不是跨平台的，但是可以控制多个应用程序，比如 Adobe Photoshop、Adobe Illustrator 和 Microsoft Office。执行“文件 > 脚本”命令，在弹出的下拉菜单中包含了各种脚本命令，如图 20-138 所示。

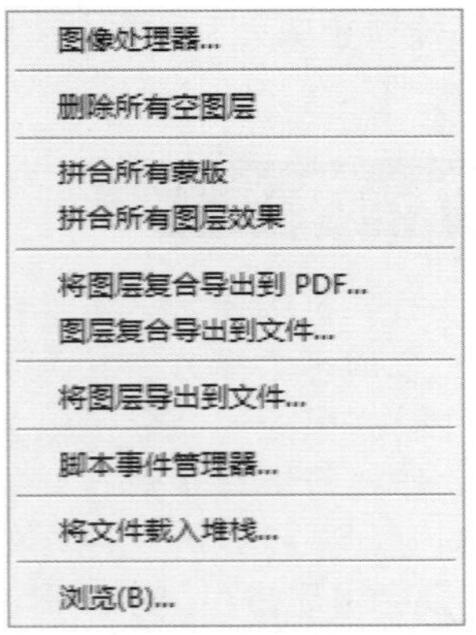

图 20-138 “脚本”菜单

可以利用 JavaScript 支持能够在 Windows 上运行的 Photoshop 脚本。使用事件（如在 Photoshop 中打开、存储或者导出文件）来触发 JavaScript 或 Photoshop 动作。

20.5.1 图像处理器

执行“图像处理器”命令，可以同时对多个图像进行相同的处理。该命令与批处理命令有所不同，批处理命令需要先创建相应的动作，而“图像处理器”命令，则不需要事先创建动作。执行“文件 > 脚本 > 图像处理器”命令，弹出“图像处理器”对话框，如图 20-139 所示。

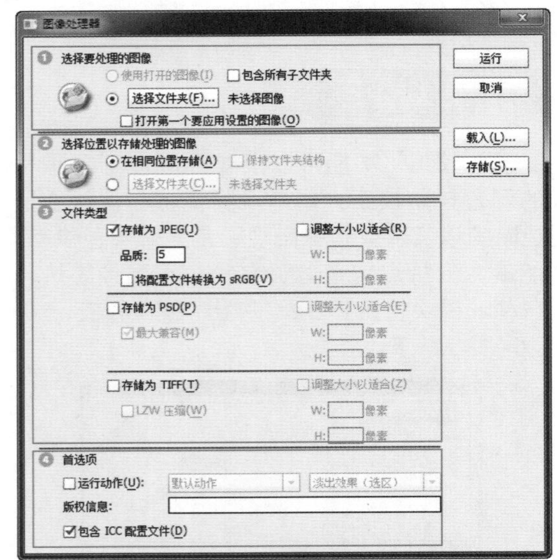

图 20-139 “图像处理器”对话框

- “选择要处理的图像”选项区：在该选项区中可以选择需要处理的图像所在的文件夹，或者选择已经打开的图像。
- “选择位置以存储处理的图像”选项区：在该选

项区中选择处理后的图像保存的位置。

- "文件类型"选项区：在该选项区中可以设置将图像文件转换为 JPEG、PSD 或 TIFF 这 3 种格式中的一种或者同时转换为这 3 种格式，并且可以对处理后的图像大小进行设置。
- "首选项"选项区：在该选项区中选中"运行动作"复选框，可以在其后面的下拉列表中选择相应的动作。还可以为文件添加版权信息设置并嵌入 ICC 配置文件。

20.5.2 删除所有空图层

在 Photoshop CC 中打开一个包含多个图层的文件，如果其中有空白的图层，则执行"文件 > 脚本 > 删除所有空图层"命令，可以将该文件中包含的空白图层全部删除，如图 20–140 所示。

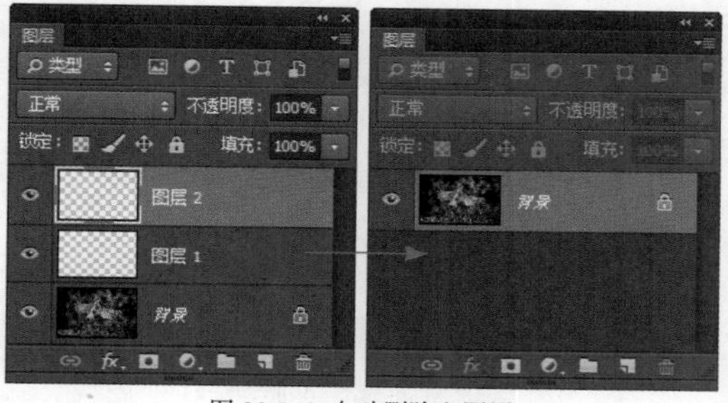

图 20-140 自动删除空图层

20.5.3 拼合所有蒙版

如果当前文档中有多个图层应用了图层蒙版，则执行"文件 > 脚本 > 拼合所有蒙版"命令，可以将该文件中包含的图层蒙版全部栅格化并应用，如图 20–141 所示。

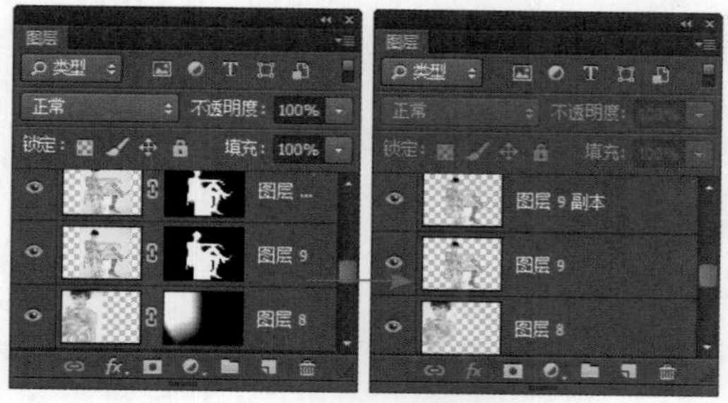

图 20-141 拼合所有图层蒙版

20.5.4 拼合所有图层效果

如果当前文档中有多个图层应用了图层样式效果，则执行"文件 > 脚本 > 拼合所有图层效果"命令，可以将该文件中包含的图层样式效果全部栅格化并应用，如图 20–142 所示。

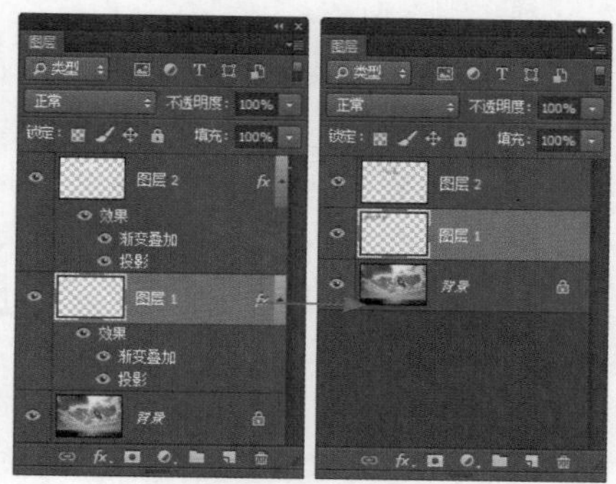

图 20-142 拼合所有图层效果

20.5.5 将图层复合导出到 PDF

如果在当前文档中创建了图层复合，可以执行"文件 > 脚本 > 将图层复合导出到 PDF"命令，弹出"将图层复合导出到 PDF"对话框，如图 20–143 所示。在该对话框中对相关参数进行设置，单击"运行"按钮，即可自动将文档中的图层复合导出并生成一个 PDF 文件。

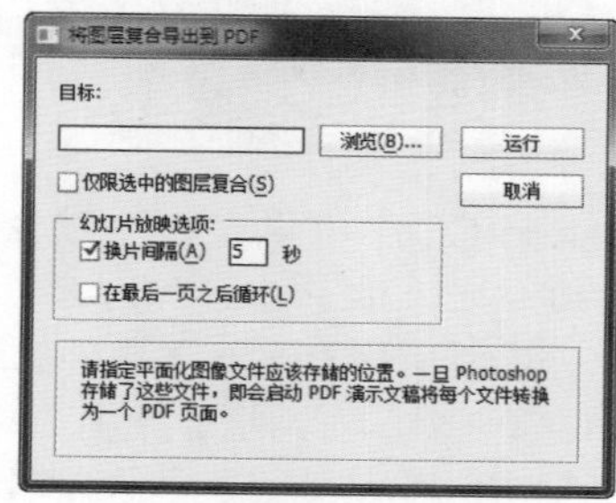

图 20-143 "将图层复合导出到 PDF"对话框

20.5.6 图层复合导出到文件

除了可以将图层复合导出为 PDF 文件外，还可以将图层复合导出为 JPEG 或 PSD 等格式的图像文件。执行"文件 > 脚本 . 将图层复合导出到文件"命令，弹出"将图层复合导出到文件"对话框，如图 20–144 所示。在该对话框中可以对相关选项进行设置，并选择所导出的文件格式，单击"运行"按钮，即可自动将文档中的图层复合导出并生成相应的图像文件。

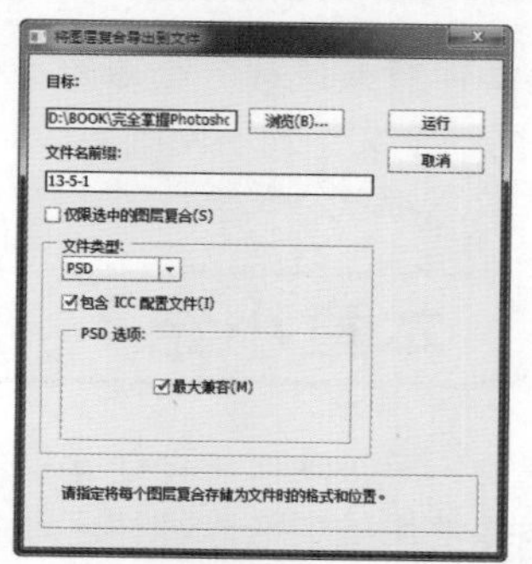

图 20-144 "将图层复合导出到文件"对话框

20.5.7 将图层导出到文件

使用该命令，可以将当前文档中的图层导出成为每一个单独的文件。执行“文件 > 脚本 > 将图层导出到文件”命令，弹出“将图层导出到文件”对话框，如图 20–145 所示。在该对话框中对相关参数进行设置，单击“运行”按钮，即可自动将当前文档中的图层进行导出并生成相应的文件。

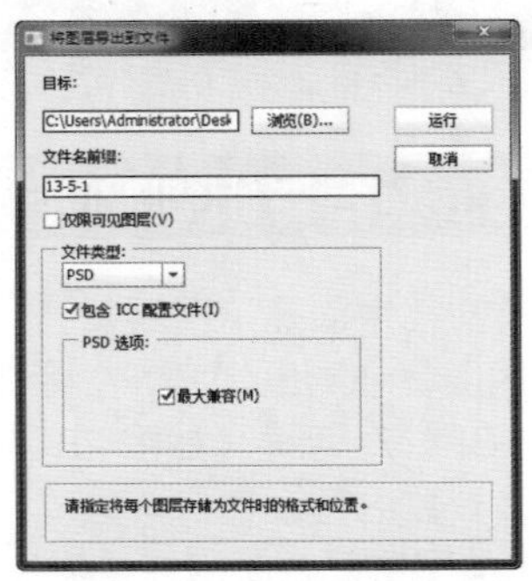

图 20-145 “将图层导出到文件”对话框

20.5.8 脚本事件管理器

在 Photoshop CC 中提供了多个默认事件，也可以使用任何可编写脚本的 Photoshop 事件来触发脚本和动作。执行“文件 > 脚本 > 脚本事件管理器”命令，弹出“脚本事件管理器”对话框，如图 20–146 所示。在该对话框中可以对 Photoshop 中的脚本进行管理。

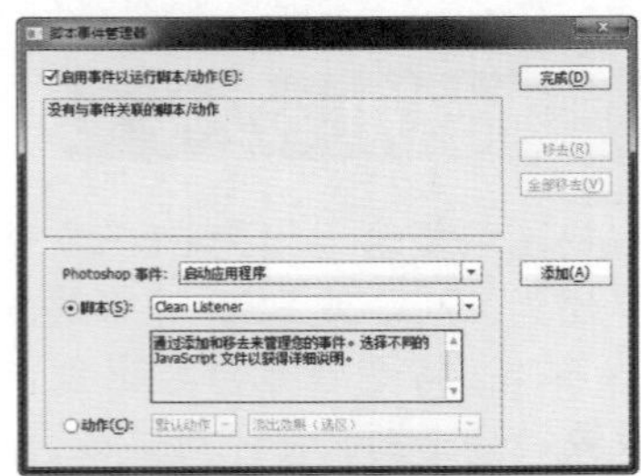

图 20-146 “脚本事件管理器”对话框

20.5.9 将文件载入堆栈

通过“将文件载入堆栈”命令可以快速将多个图像文件放置在同一个文件的不同图层中。执行“文件 > 脚本 > 将文件载入堆栈”命令，弹出“载入图层”对话框，如图 20–147 所示。通过在该对话框中进行设置，添加相应的图像文件，单击“确定”按钮，即可将添加的图像文件放置在一个文件的不同图层中。

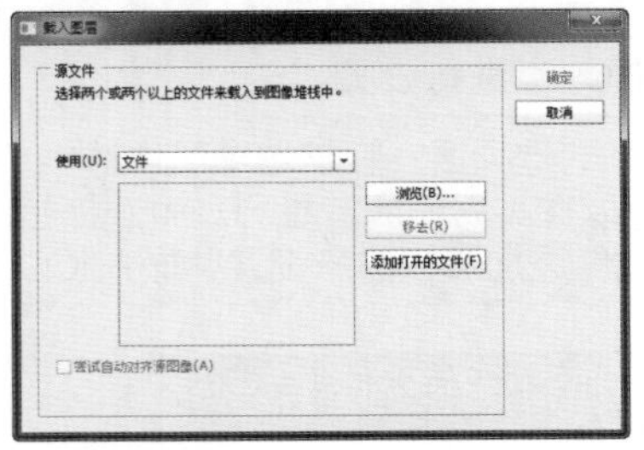

图 20-147 “载入图层”对话框

20.5.10 统计

使用“统计”命令，同样可以创建图像堆栈。执行“文件 > 脚本 > 统计”命令，弹出“图像统计”对话框，如图 20–148 所示。通过在该对话框中进行设置，单击“确定”按钮，即可创建图像堆栈。

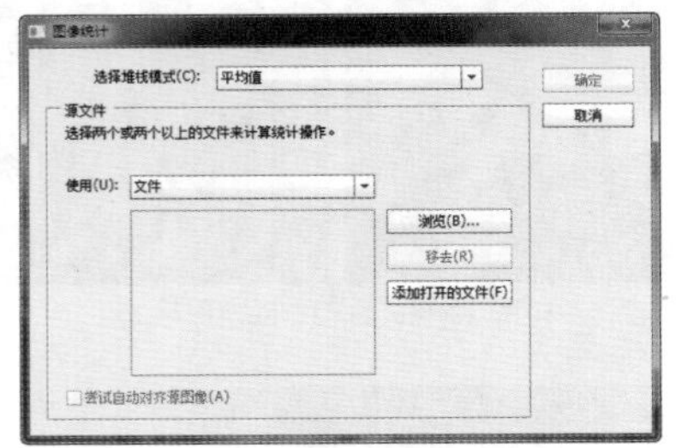

图 20-148 “图像堆栈”对话框

20.5.11 载入多个 DICOM 文件

执行“文件 > 脚本 > 载入多个 DICOM 文件”命令，弹出“选择文件夹”对话框，可以选择保存了 DICOM 文件的文件夹，单击“确定”按钮，即可完成多个 DICOM 文件的载入。

20.5.12 浏览

执行“文件 > 脚本 > 浏览”命令，弹出“载入”对话框，可以选择需要载入的 Adobe JavaScript 文件（*.JSX）。通过该命令，可以载入外部的 Photoshop 脚本功能。

20.6 本章小结

本章主要讲解了动作与自动化操作的相关使用方法。通过本章的学习，用户了解了动作的功能，学会了创建动作并使用的方法。懂得了动作的优势后，可以利用其完成重复性的操作。Photoshop CC 中的自动化命令针对批量文件的处理，可以大大节省工作时间，从而提高工作效率，使工作变得轻松自如。

第21章 打印与输出

当制作或编辑完图像之后，最后一步工作应该就是保存输出了，可以输出的方式比较多，如用打印机打印输出、用多媒体输出、用网络进行快速传播等。本章主要向用户介绍 Photoshop CC 中的色彩管理以及图像的打印输出，并针对传统打印输出方式进行详细介绍，即如何在 Photoshop CC 中打印图像。

21.1 色彩管理

在使用图片浏览器或在网络上看到的图像色彩与在 Photoshop CC 中对图像进行调整的色彩经常会出现一些细微的差别，这是因为 Photoshop 的色彩空间与其他环境的色彩空间不一致所导致的。在 Photoshop CC 中通过色彩管理可以避免这一情况的出现。

21.1.1 颜色设置

人们在日常生活中常用的各种设备，如照相机、扫描仪、显示器、打印机等都不能重现人眼可以看到的所有颜色。每种设备有其特定的色彩空间，这种色彩空间可以生成一定范围的色彩，由于色彩空间的不同，在不同设备之间传递文档时，颜色就有可能会发生变化。

Photoshop CC 提供了色彩管理系统，它借助于 ICC 颜色配置文件来转换颜色。ICC 配置文件是一个用于描述设备怎样产生色彩的文件，其格式由国际色彩联盟规定。把它提供给 Photoshop，Photoshop 就能够在每台设备上产生一致的颜色。要生成这样预定义的颜色管理选项，可以执行“编辑 > 颜色设置”命令，弹出“颜色设置”对话框，如图 21-1 所示。

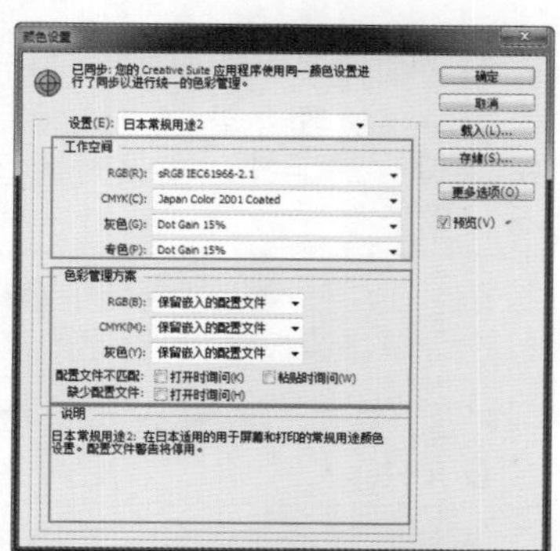

图 21-1 “颜色设置”对话框

- 设置：在该选项下拉列表中选择一个颜色设置，所选的设置决定了应用程序使用的色彩空间，用嵌入的配置文件打开和导入文件时的情况，以及色彩管理系统转换颜色的方式。
- “工作空间”选项区：该选项用来为每个色彩模型指定工作空间配置文件，色彩配置文件用来定义颜色的数值如何对应其视觉外观。
- “色彩管理方案”选项区：在该选项区中可以指定如何管理特定的颜色模型中的颜色。它处理颜色配置文件的读取和嵌入，嵌入颜色配置文件和工作区的不匹配，还处理从一个文件到另一个文件中的颜色移动。
- 说明：将光标停留在选项上方时，在该部分将显示光标所在选项的相关说明。

提示

在创建用于商业印刷上输出的图像，如杂志封面、海报、广告、小册子等时，可以执行“视图 > 校样颜色”命令，启动电子校样，在计算机屏幕上查看这些图像将来印刷后的效果是怎样的。

21.1.2 指定配置文件

打开图像，单击文档窗口底部状态栏上的三角按钮，在弹出的下拉菜单中选择“文档配置文件”命令，状态栏中就会显示该图像所使用的配置文件，如果显示“未标记的 RGB”，如图 21–2 所示，则说明该图像没有正确显示，表示系统不知道如何按照原设备的意图来显示颜色。

图 21-2 查看图像配置文件

这时可以执行“编辑 > 指定配置文件”命令，弹出“指定配置文件”对话框，在该对话框中选择一个配置文件，如图 21–3 所示，使图像显示为最佳效果。

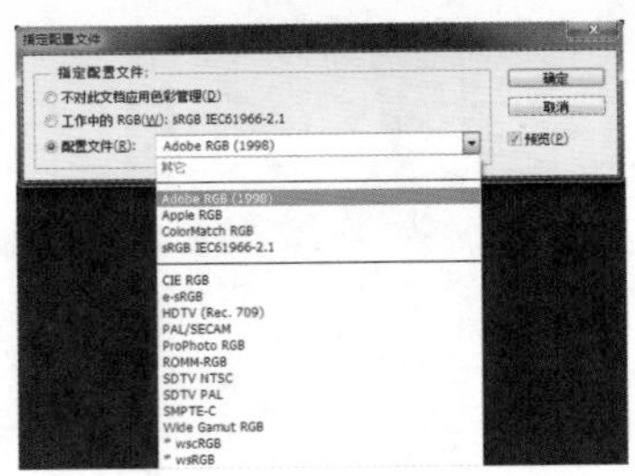
图 21-3 “指定配置文件”对话框

21.1.3 转换为配置文件

如果将以某种色彩空间保存的图像调整为另外一种色彩空间，可以执行“编辑 > 转换为配置文件”命令，弹出“转换为配置文件”对话框，如图 21–4 所示。在“目标空间”选项区的“配置文件”下拉列表中选择所需要的色彩空间，单击“确定”按钮即可转换配置文件。

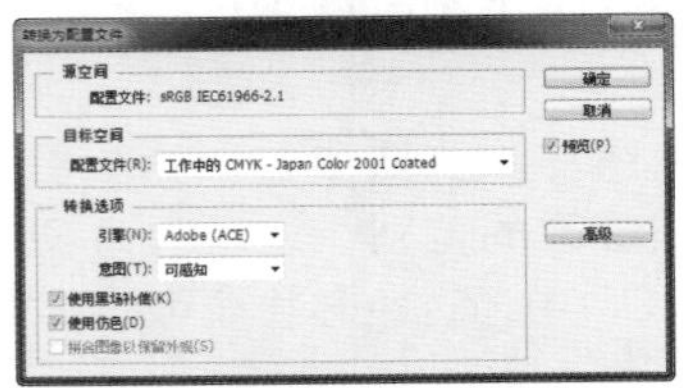
图 21-4 “转换为配置文件”对话框

21.2 Adobe PDF 预设

Adobe PDF 预设是一个预定义的设置集合，通过这些设置平衡文件大小和品质。通过对 Adobe PDF 预设的设置，可以创建出一致的 Photoshop PDF 文件，并且可以在 Illustrator、InDesign、GoLive 和 Acrobat 之间共享所创建的 PDF 文件。执行“编辑 >Adobe PDF 预设”命令，弹出“Adobe PDF 预设”对话框，如图 21–5 所示。

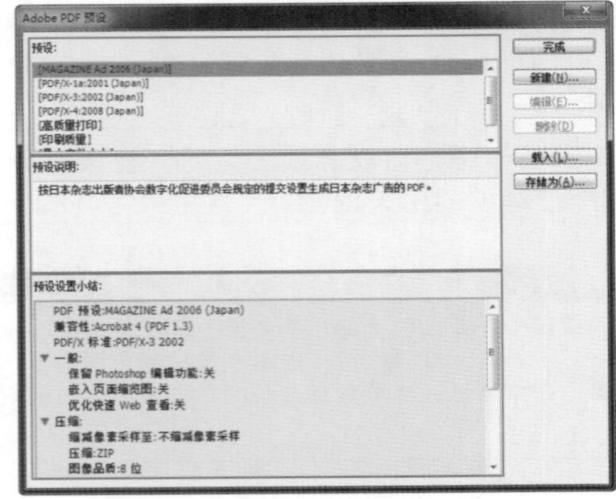
图 21-5 “Adobe PDF 预设”对话框

- 预设：在“预设”列表框中显示了 Photoshop CC 系统中的 Adobe PDF 预设文件。
- 预设说明：在“预设”列表框中选中某一个 Adobe PDF 预设文件，可以在该部分显示它的相关说明。
- 预设设置小结：在该部分显示当前预设文件的详细设置说明。
- “新建”按钮：单击该按钮，可以弹出“新建 PDF 预设”对话框，在该对话框中可以创建一个新的预设文件，创建完成后，该文件会显示在“预设”列表框中。
- “编辑”按钮：创建了一个 PDF 预设后，在“预设”列表框中选中该选项，单击“编辑”按钮，弹出“编辑 PDF 预设”对话框，在该对话框中可以修改该 PDF 预设设置。
- “删除”按钮：在“预设”列表框中选择一个自定义的 PDF 预设选项，单击该按钮，可以删除该 PDF 预设。
- “载入”按钮：单击该按钮，可以载入外部的 Adobe PDF 预设文件。
- “存储为”按钮：单击该按钮，可以将创建的自定义的 Adobe PDF 预设文件另存。

21.3 打印

在 Photoshop CC 中完成图像的处理后，常常要对图像进行打印和输出。但是只有正确的设置才能完全体现出制作效果。

21.3.1 设置基本打印选项

执行“文件 > 打印”命令，或按快捷键 Ctrl+P，弹出“Photoshop 打印设置”对话框，如图 21-6 所示。在该对话框中可以预览打印作业并选择打印机、打印份数、输出选项和色彩管理选项。

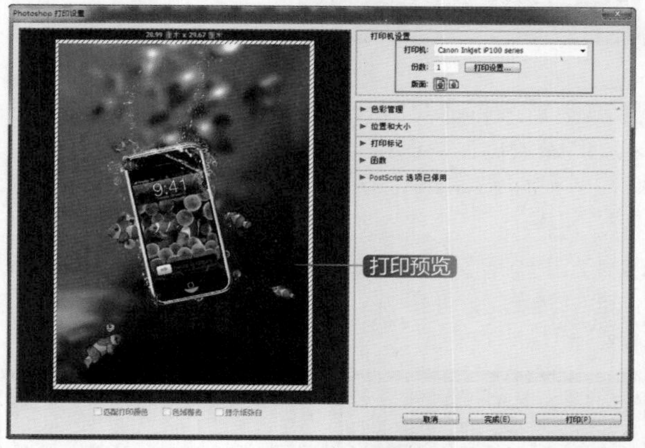

图 21-6 “Photoshop 打印设置”对话框

● 打印机：在该选项的下拉列表中可以选择计算机中安装的打印机。

● 份数：该选项用于设置打印的份数。

● 打印设置：单击该按钮，可以弹出“属性”对话框，用于设置纸张的大小、图像质量和方向，如图 21-7 所示。

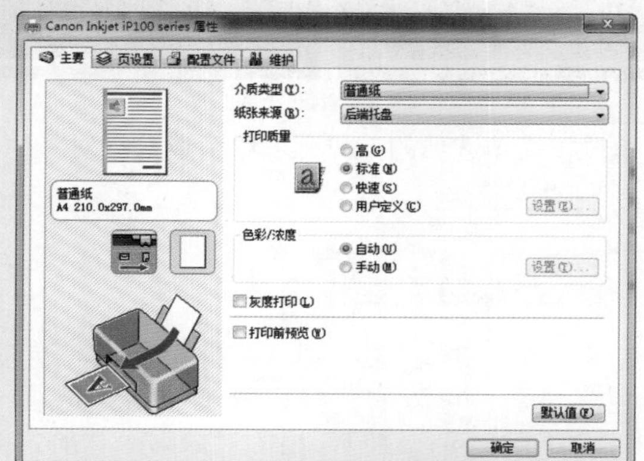

图 21-7 “属性”对话框

● 版面：用于设置纸张的方向。单击“纵向打印纸张”按钮，则打印纸张为纵向；单击“横向打印纸张”按钮，则打印纸张为横向，如图 21-8 所示。

图 21-8 横向纸张效果

● 打印预览：在此处可以显示打印的预览效果，可以通过拖曳图片 4 个角对图像大小进行调整，如图 21-9 所示。还可以将光标移至图像中拖动鼠标，调整图像在打印纸张中的位置，如图 21-10 所示。

图 21-9 调整图像大小

图 21-10 移动图像位置

21.3.2 色彩管理

在“打印”对话框中单击“色彩管理”选项前的黑色三角形，可以展开色彩管理的相关选项，如图 21-11 所示。通过对色彩管理选项的设置，从而获得最好的打印效果。

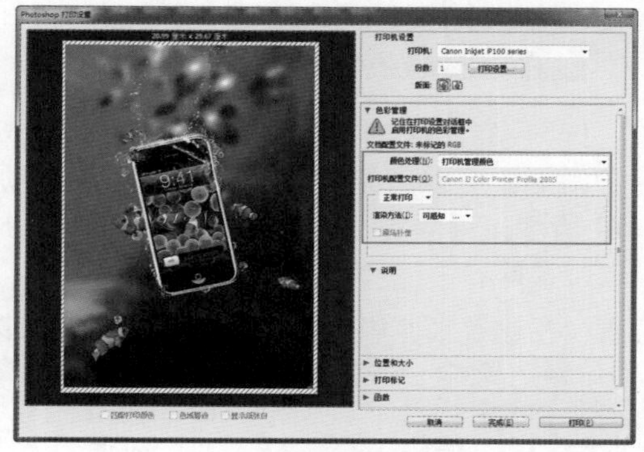
图 21-11 “色彩管理”相关选项

- 颜色处理：在该选项的下拉列表中可以选择颜色处理的方法，需要确定将其用在应用程序中，还是打印机中。

- 打印机配置文件：在该选项的下拉列表中可以选择适用于打印机和将要使用的纸张类型的配置文件。

- 打印方式：在该下拉列表中包含两个选项，分别是“正常打印”和“印刷校样”。选择“正常打印”选项，则可以打印当前文档；选择“印刷校样”选项，可打印印刷校样，印刷校样用于模拟当前文档在印刷机上的输出效果。

当选择“印刷校样”选项时，可以显示印刷校样的相关选项，如图 21–12 所示。可以选择以本地方式存在于硬盘驱动器上的自定校样，以及模拟颜色在模拟设备的纸张上的显示效果，模拟设备的深色的亮度。

印刷校样
校样设置：工作中的 CMYK
校样配置文件：Japan Color 2001 Coated
模拟纸张颜色　模拟黑色油墨

图 21-12 “印刷校样”相关选项

- 渲染方法：在该选项的下拉列表中可以选择 Photoshop 如何将颜色转换为打印机颜色空间，共有 4 个选项可供选择，其中“可感知”和“相对比色”是比较常用的选项，如图 21–13 所示。

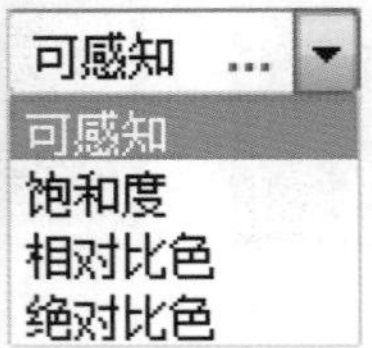

图 21-13 “渲染方法”下拉列表

- 黑场补偿：选中该复选框，将通过模拟输出设备的全部动态范围来保留图像中的阴影细节。

- 说明：将光标移至“色彩管理”选项卡中的任意一个选项上方，在该区域中将显示该选项的相关说明。

21.3.3 位置和大小

在“打印”对话框中单击“位置和大小”选项前的黑色三角形，可以展开位置和大小的相关选项，如图 21–14 所示，可以对打印对象的大小以及在纸张中的位置进行设置。

- 位置：在该选项区中可以设置打印对象在打印纸张中的位置，选中“居中”复选框，则打印对象位于打印纸张的中间，“顶”和“右”选项不可用。如果没有选中“居中”复选框，则可以通过“顶”和“右”选项设置，对打印对象在纸张中的位置进行精确设置。

图 21-14 “位置和大小”相关选项

- 缩放后的打印尺寸：在该选项区中可以设置打印对象的缩放比例。选中“缩放以适合介质”复选框，则会对打印对象进行等比例缩放，从而适合打印纸张的大小。

- 打印选定区域：选中该复选框，可以在打印预览中通过拖动滑块，调整对象的打印区域，如图 21–15 所示。

图 21-15 调整对象打印的区域

- 单位：在该选项的下拉列表中可以选择对象的尺寸并显示单位。

21.3.4 打印标记

在“打印”对话框中单击“打印标记”选项前的黑色三角形，可以展开打印标记的相关选项，如图 21–16 所示。可以在打印出的对象周围添加各种打印标记，如图 21–17 所示。

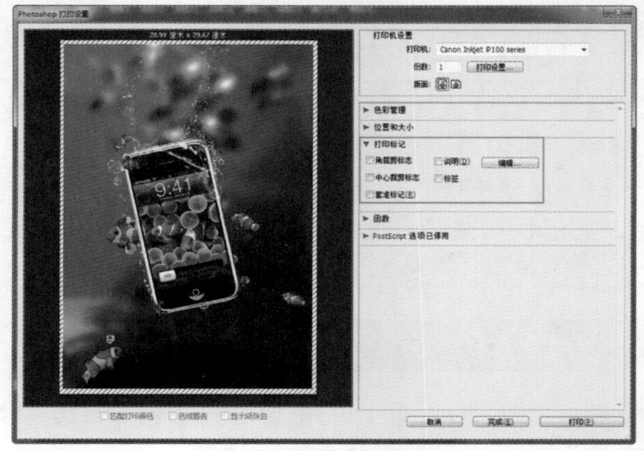
图 21-16 “打印标记”相关选项

图 21-17 各种打印标记效果

21.3.5 函数

在“打印”对话框中单击“函数”选项前的黑色三角形，可以展开函数的相关选项，如图 21–18 所示。

图 21-18 “函数”相关选项

- 药膜朝下：选中该复选框，打印预览效果如图 21–19 所示，使文字的药膜朝下（即胶片或相纸上的感光层背对）时可读。正常情况下，打印在纸上的图像是药膜朝上打印的，打印在胶片上的图像通常采用药膜朝下的方式打印。
- 负片：选中该复选框，打印整个输出的反相版本，如图 21–20 所示。与“图像”菜单中的“反相”命令不同，“负片”选项是将输出（而并非屏幕上的图像）转换为负片。

图 21-19 选中“药膜朝下”复选框

图 21-20 选中“负片”复选框

- “背景”按钮：单击该按钮，弹出“拾色器”对话框，用于设置要在页面上图像区域外打印的背景颜色。
- “边界”按钮：单击该按钮，弹出“边界”对话框，如图 21–21 所示。用于设置在图像周围打印一个黑色边框。

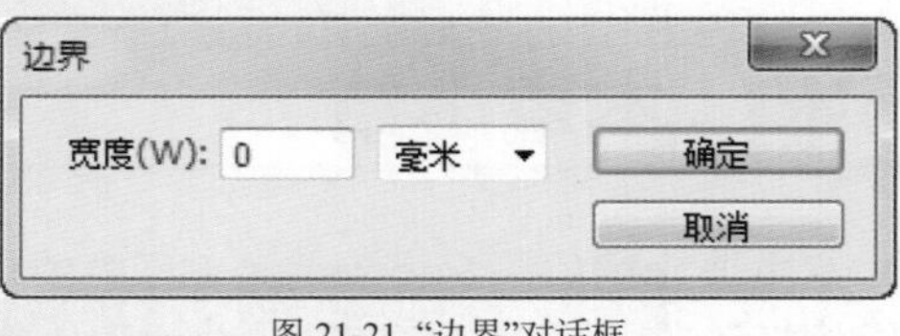

图 21-21 “边界”对话框

- “出血”按钮：单击该按钮，弹出“出血”对话框，如图 21–22 所示。用于设置在图像内而不是在图像外打印裁切标记。

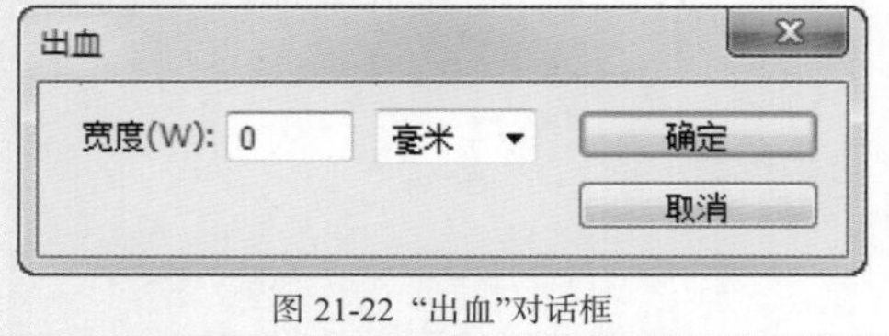

图 21-22 “出血”对话框

21.3.6 PhotoScript 选项

在“打印”对话框中单击“PostScript 选项”选项前的黑色三角形，可以展开 PostScript 选项的相关选项，如图 21–23 所示。

图 21-23 “PostScript 选项”相关选项

- 校准条：选中该复选框，将打印 11 级灰度，即一种按 10% 的增量从 0~100% 的浓度过渡效果。使用 CMYK 分色，将会在每个 CMYK 印版的左边打印一个校准色条，并在右边打印一个连续颜色条。
- 插值：选中该复选框，通过在打印时自动重新取样，减少低分辨率图像的锯齿状外观。
- 包含矢量数据：如果所打印的对象中包含矢量图形，如形状和文字，选中该复选框，Photoshop CC 可以将矢量数据发送到 PostScript 打印机。

21.3.7 打印一份

完成“Photoshop 打印设置”对话框中相关选项的设置之后，可以执行“文件 > 打印一份”命令，或按快捷键 Alt+Shift+Ctrl+P，打印当前文档，该命令无对话框。

21.4 陷印

执行“图像 > 陷印”命令，弹出“陷印”对话框，如图 21-24 所示。“宽度”代表了印刷时颜色向外扩张的距离。该命令仅用于 CMYK 模式的图像。图像是否需要陷印一般由印刷厂决定，如果需要陷印，印刷厂会告知用户要在“陷印”对话框中输入的数值。

图 21-24 “陷印”对话框

> **提示**
> 在叠印套色版时，如果套印不准，相邻的纯色之间没有对齐，便会出现小的缝隙，通常都是采用一种叠印技术来避免发生这种情况，也就是陷印技术。

21.5 本章小结

本章主要介绍的是 Photoshop CC 中的色彩管理以及图像的打印输出。通过对本章的学习，使用户熟悉了图像打印前的页面及打印选项的设置，能够更加熟练地打印出清晰的图像。

第22章 综合商业案例

无论是在大街上看到的海报、招贴还是平面广告，或者用户正在阅读的图书封面等这些具有丰富图像的平面印刷品，基本上都需要 Photoshop CC 软件对图像进行处理。由此可见，Photoshop 的应用领域非常广泛。本章将通过一些典型的综合案例，从不同的角度全面详细讲解 Photoshop 在实际应用中的操作方法与技巧。

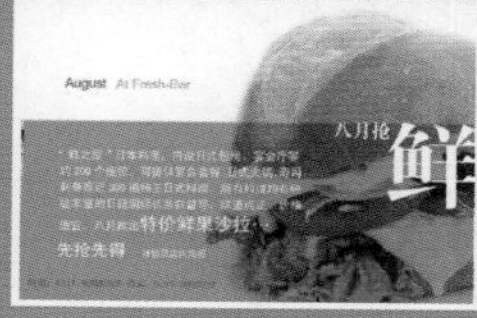

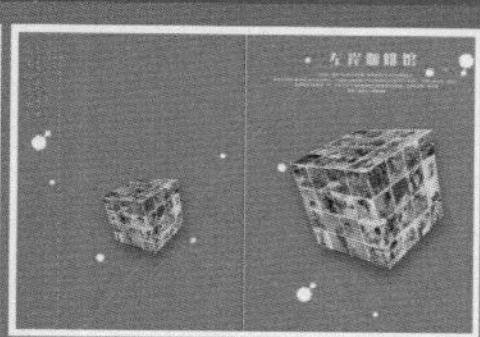

22.1 设计餐饮广告宣传卡

宣传卡及其他各种类型的卡片的设计也是商业宣传的重要手段。在商业发达的市场经济中，各种宣传卡已经成为企业形象和文化宣传展示的重要手段之一。下面通过一个餐饮广告宣传卡的设计制作，向用户介绍广告宣传卡的设计方法与技巧。

22.1.1 设计分析

广告宣传卡的制作相对比较容易，首先新建文档，拖入素材，对拖入的素材进行处理；然后使用“矩形工具”绘制矩形；最后输入文字，对文字进行处理，即可完成案例的制作。

22.1.2 制作步骤

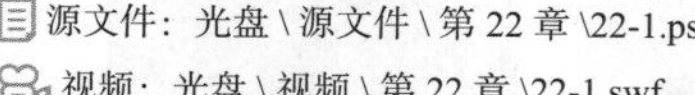

动手实践——设计餐饮广告宣传卡

源文件：光盘 \ 源文件 \ 第 22 章 \22-1.psd

视频：光盘 \ 视频 \ 第 22 章 \22-1.swf

01 执行“文件 > 新建”命令，弹出“新建”对话框，设置如图 22–1 所示。单击“确定”按钮，新建一个空白文档。执行“视图 > 标尺”命令，在文档中显示标尺，在标尺中拖出 4 条出血线，如图 22–2 所示。

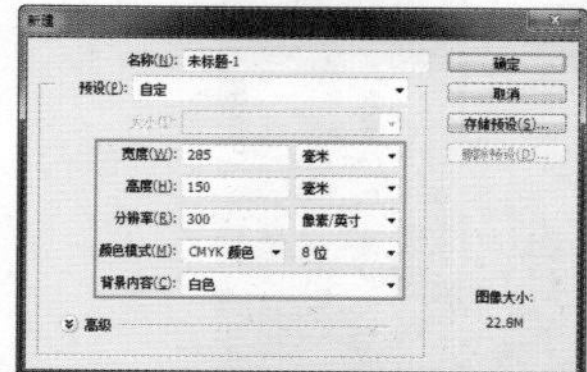

图 22-1 “新建”对话框

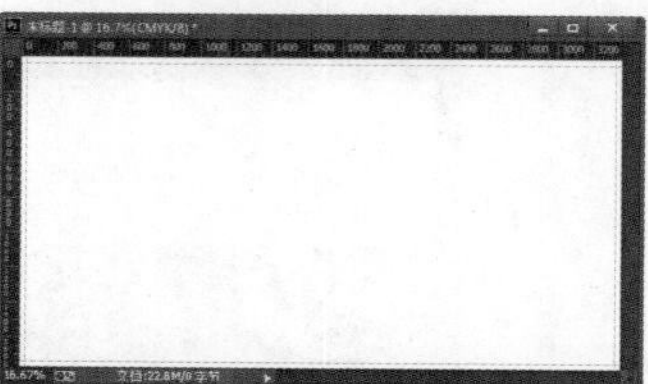

图 22-2 设置出血线

02 打开素材图像“光盘 \ 源文件 \ 第 22 章 \ 素材 \ 22101.tif”，如图 22–3 所示。将图像拖入到新建的文档中，并移动到相应的位置，如图 22–4 所示。自动生成“图层 1”图层。

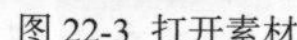

图 22-3 打开素材

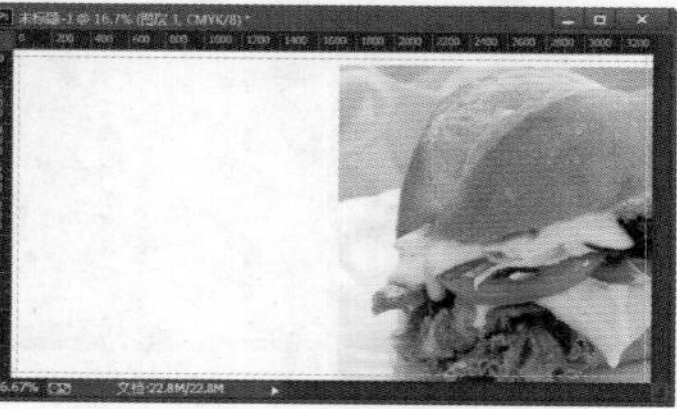

图 22-4 拖入素材

03 为“图层 1”添加图层蒙版，选择“画笔工具”，设置“前景色”为黑色，在选项栏中设置合适的笔触，在图像中的边缘涂抹进行蒙版处理，如图 22–5 所示。“图层”面板如图 22–6 所示。

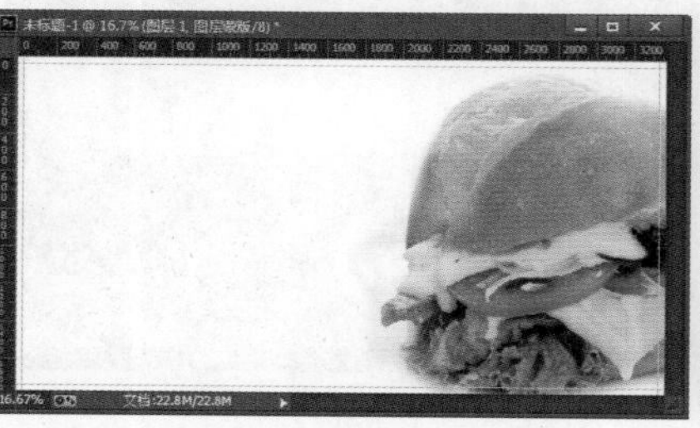

图 22-5 蒙版效果

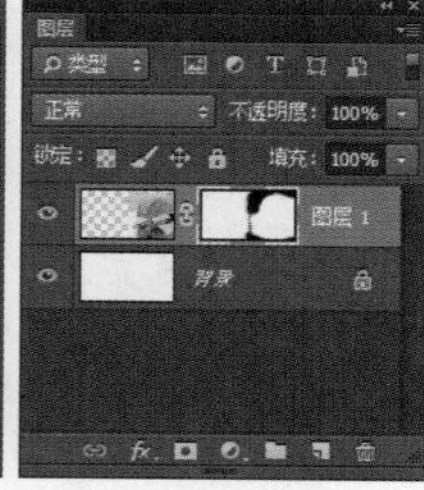

图 22-6 “图层”面板

04 新建“图层 2”图层，选择“矩形工具”，设置“前景色”为 CMYK（60、0、100、0），在选项栏上设置“模式”为“像素”，在画布中绘制矩形，如图 22–7 所示。设置该图层的“混合模式”为“正片叠底”，如图 22-8 所示。

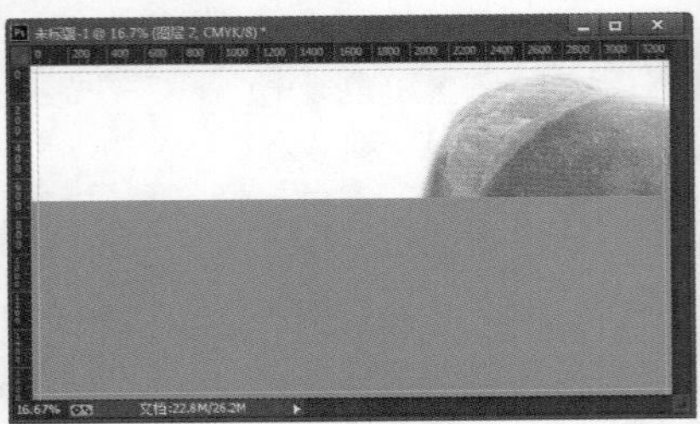
图 22-7 绘制矩形

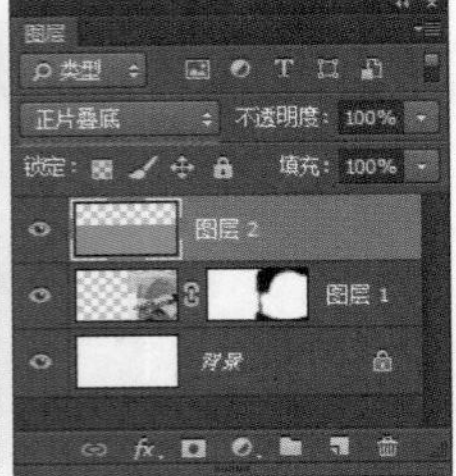
图 22-8 “图层”面板

05 设置“混合模式”后的图像效果如图 22-9 所示。将图像22102.tif 和22103.tif 拖曳到新建的文档中，并进行相应的调整，效果如图 22-10 所示。

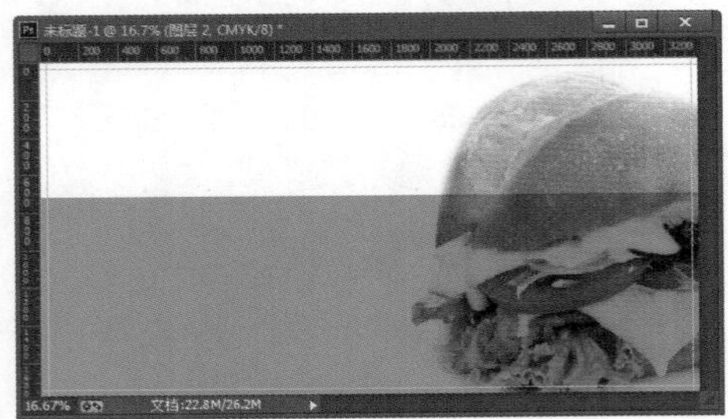
图 22-9 图像效果

图 22-10 拖入素材

06 新建“图层 5”图层，单击“横排文字蒙版工具”按钮，在“字符”面板中设置，如图 22-11 所示。在画布中单击输入文字，确认文字的输入得到文字选区，如图 22-12 所示。

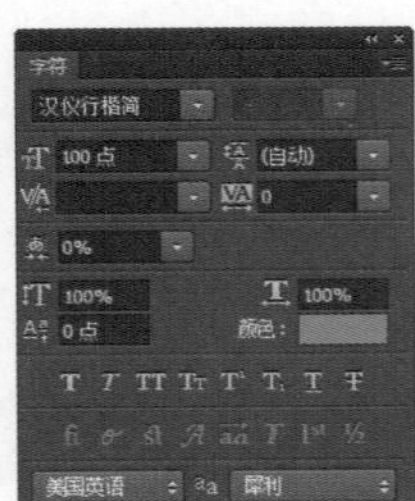
图 22-11 “字符”面板

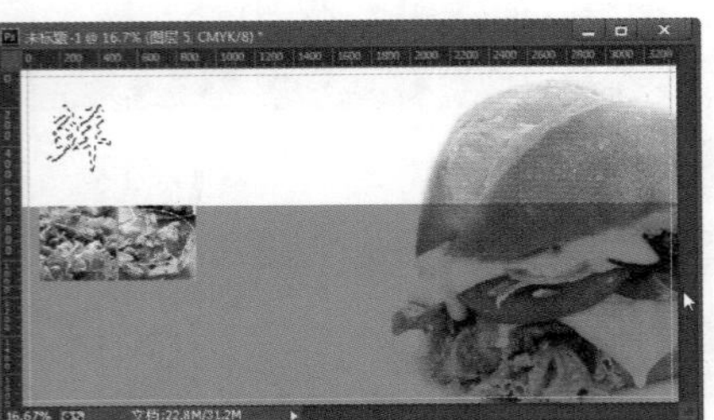
图 22-12 文字选区

提示

使用“横排文字蒙版工具”或“直排文字蒙版工具”可以创建一个文字形状的选区。文字选区出现在现用图层中，该选区与其他选区一样，可以对其进行移动、复制、填充或描边等操作。

07 按快捷键 Alt+Delete，为选区填充前景色，如图 22-13 所示。使用同样的制作方法，创建文字选区并填充颜色，如图 22-14 所示。

图 22-13 填充颜色

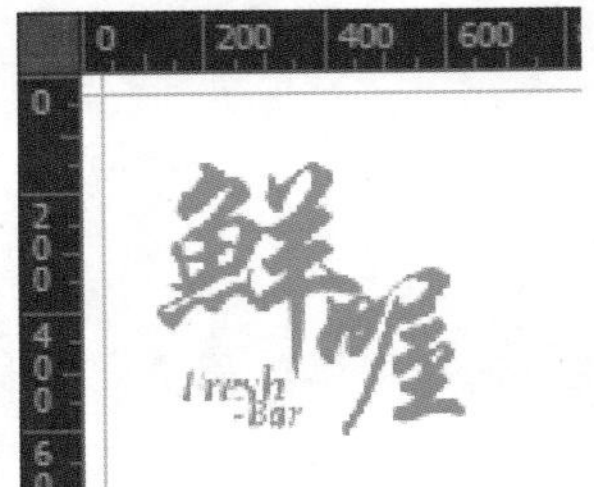

图 22-14 文字效果

08 选择“图层 5”图层，为该图层添加“渐变叠加”图层样式，在弹出的“图层样式”对话框中单击渐变预览条，弹出“渐变编辑器”对话框，从左至右设置渐变滑块颜色值为 CMYK（60、2、99、3）和 CMYK（75、68、65、90），如图 22-15 所示。单击“确定”按钮，返回到“图层样式”对话框，设置如图 22-16 所示。

图 22-15 “渐变编辑器”对话框

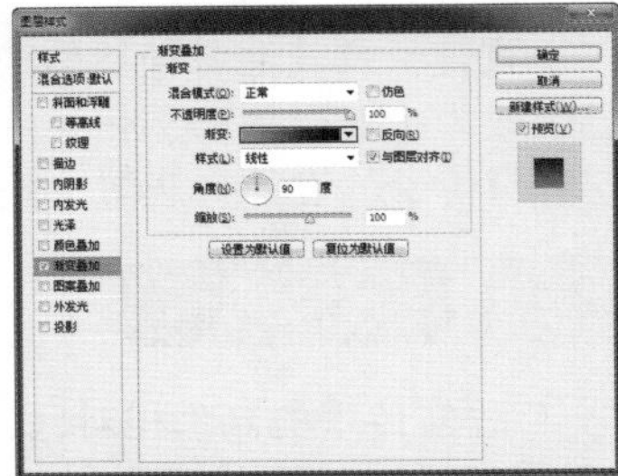
图 22-16 设置“渐变叠加”图层样式

09 单击“确定”按钮，完成图层样式的设置，效果如图 22-17 所示。选择“横排文字工具”，在“字符”面板中设置“颜色”值为 CMYK（87、30、100、14），其他设置如图 22-18 所示。在画布中输入文本，如图 22-19 所示。

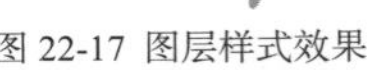

图 22-17 图层样式效果

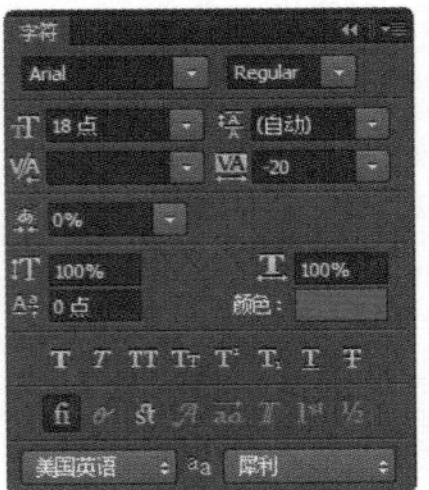
图 22-18 “字符”面板

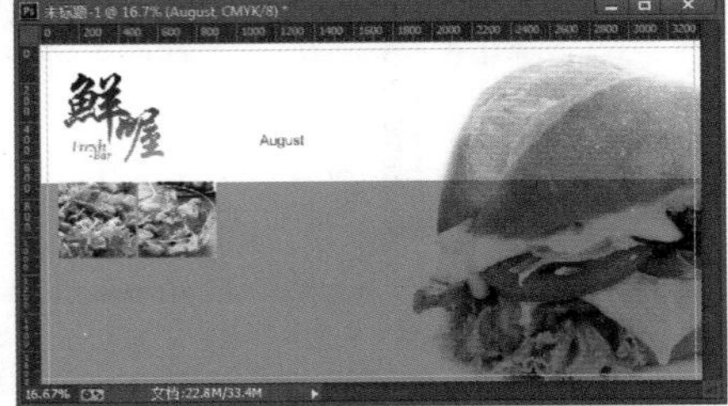
图 22-19 输入文字

10 在画布中输入相应的文本，效果如图 22–20 所示。在“图层”面板中选择所有文字图层，单击鼠标右键，在弹出的快捷菜单中选择“栅格化文字”命令，将文字图层转换成普通图层，如图 22–21 所示。

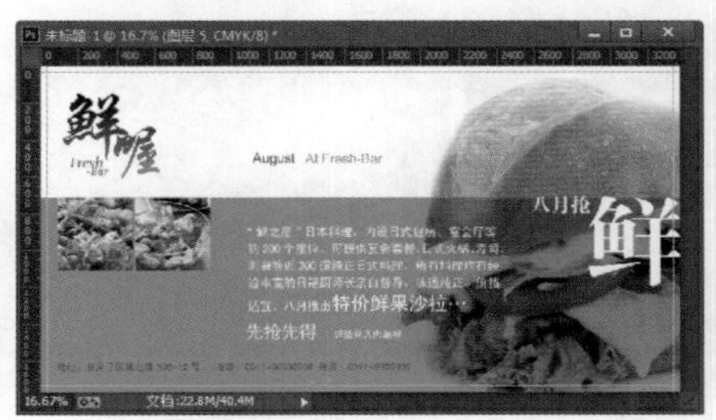

图 22-20 输入其他文字

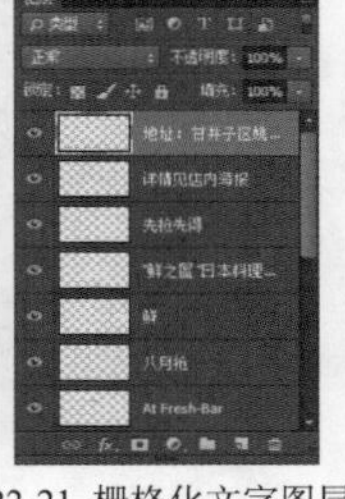
图 22-21 栅格化文字图层

11 完成餐饮广告宣传卡的制作，执行“文件 > 存储为”命令，将设计完成的餐饮广告宣传卡保存为“光盘 \ 源文件 \ 第 22 章 \22-1.psd”，最终效果如图 22–22 所示。

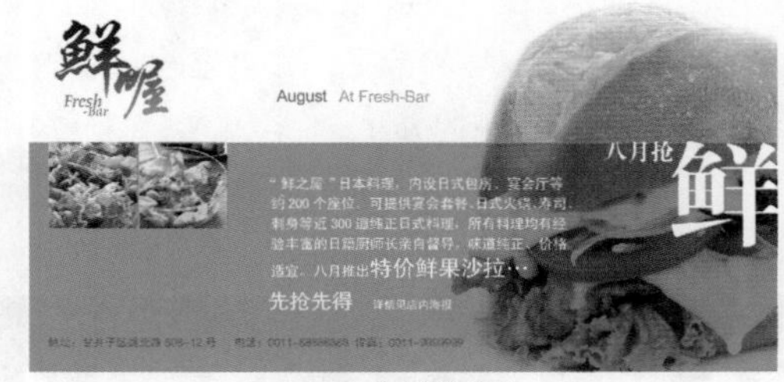

图 22-22 最终效果

22.2 设计歌手大赛 DM 宣传单页

DM 广告近年来越来越受到企业的重视。特别是在面对社区公众较多和市场虽大但顾客分散的情况下，DM 广告发挥着其他广告形式不能取代的作用。下面通过一个歌手大赛活动宣传 DM 广告的设计，向用户讲解 DM 广告的设计方法。

22.2.1 设计分析

本案例设计制作歌手大赛 DM 宣传单页，首先通过使用“钢笔工具”和“画笔工具”，以及图层样式等功能制作出宣传单页的背景效果；接着使用“钢笔工具”绘制出其他图形并置入相应的素材构成宣传单页；最后输入相应的文字内容，并通过对文字进行变形操作，突出宣传主题；最终完成 DM 宣传单页的设计制作。

22.2.2 制作步骤

动手实践——设计歌手大赛 DM 宣传单页

源文件：光盘 \ 源文件 \ 第 22 章 \22-2.psd

视频：光盘 \ 视频 \ 第 22 章 \22-2.swf

01 执行“文件 > 新建”命令，弹出“新建”对话框，设置如图 22–23 所示。单击“确定”按钮，新建一个空白文档。执行“视图 > 标尺”命令，显示出文档标尺，在标尺中拖出 4 条参考线定位文档的出血区域，如图 22–24 所示。

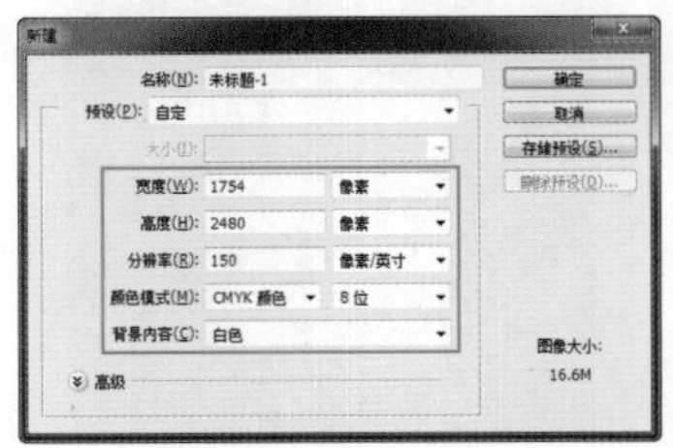

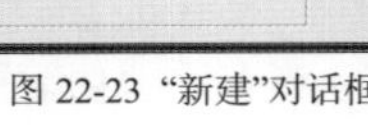
图 22-23 “新建”对话框

图 22-24 参考线

提示

本案例的制作中首先就考虑到了出血的问题，在创建文件时，就将文件的尺寸加大了 3mm，在本步骤中拖出的 4 条参考线以外的就是出血的范围。

02 打开并拖入素材图像“光盘 \ 源文件 \ 第 22 章 \ 素材 \ 22201.tif”，调整其至适当的位置，如图 22–25 所示。自动生成“图层 1”图层，“图层”面板如图 22–26 所示。

图 22-25 拖入素材

图 22-26 “图层”面板

03 新建“图层 2”图层，使用“多边形套索工具”在画布中绘制选区，如图 22–27 所示。选择“渐变工具”，打开“渐变编辑器”对话框，设置渐变颜色，如图 22–28 所示。单击“确定”按钮，为选区填充线性渐变，效果如图 22–29 所示。

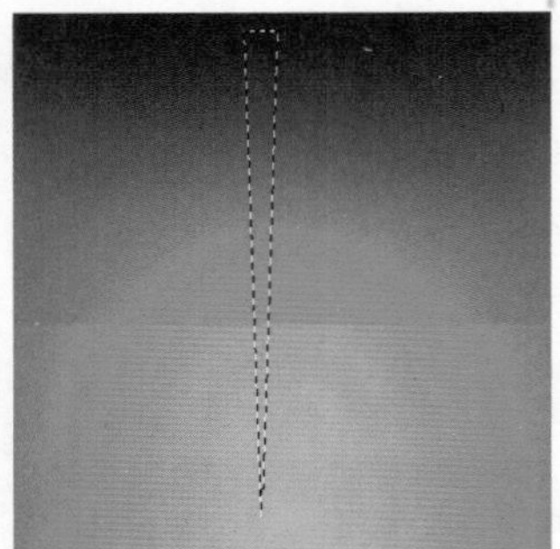
图 22-27 绘制选区

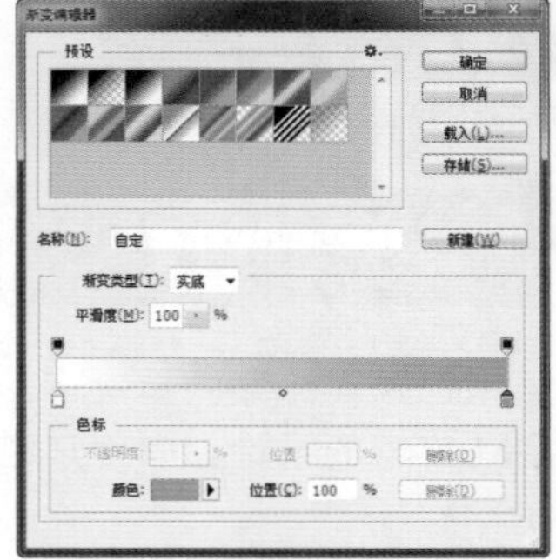
图 22-28 “渐变编辑器”对话框

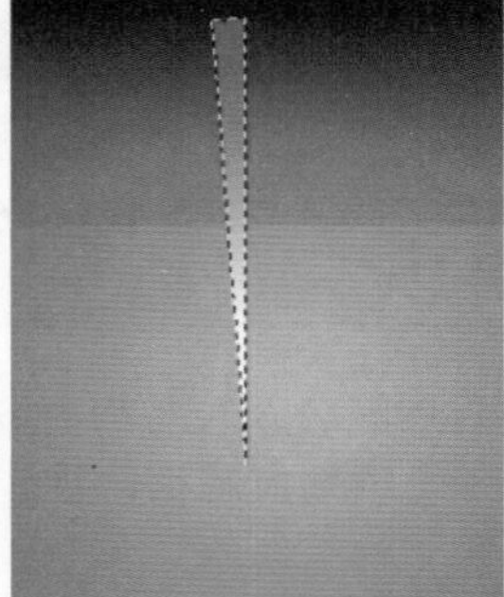
图 22-29 填充效果

04 执行“编辑 > 自由变换”命令，调整图像的中心点位置并旋转适当角度，如图 22–30 所示。按快捷键 Ctrl+Shift+Alt+T，进行旋转并复制，如图 22–31 所示。将相应的图层合并，并重命名为 line，调整其至适当的位置，“图层”面板如图 22–32 所示。

图 22-30 旋转图像

图 22-31 复制图像

图 22-32 “图层”面板

05 设置该图层“不透明度”为 20%，图像效果如图 22–33 所示。打开相应的素材图像并拖曳到设计文档中，并对相应的图层进行重命名，如图 22–34 所示。新建“图层 2”图层，选择“画笔工具”，设置“前景色”为白色，在画布中进行绘制，效果如图 22–35 所示。

图 22-33 图像效果

图 22-34 拖入素材

图 22-35 绘制图形

06 设置“图层 2”图层的“混合模式”为“叠加”，如图 22–36 所示。新建“图层 3”图层，使用“矩形选框工具”在画布中创建选区，再使用“椭圆选框工具”，按住 Alt 键在画布中拖动鼠标，在刚绘制的矩形选区中减选相应的选区，如图 22–37 所示。

图 22-36 叠加效果

图 22-37 减选选区

07 设置“前景色”为 CMYK（1、100、3、4），为选区填充前景色，如图 22–38 所示。打开并拖入素材图像“光盘 \ 源文件 \ 第 22 章 \ 素材 \22204.tif”，调整至适当的位置，如图 22–39 所示。拖入其他素材图像，效果如图 22–40 所示。

图 22-38 填充选区

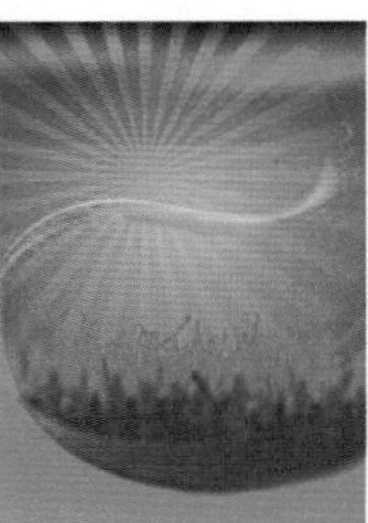
图 22-39 拖入素材

图 22-40 拖入其他素材

08 新建“图层 6”图层，使用“钢笔工具”在画布中绘制路径，如图 22–41 所示。选择“画笔工具”，打开“画笔”面板，设置如图 22–42 所示。设置“前景色”为白色，单击“路径”面板底部的“用画笔描边路径”按钮，如图 22–43 所示，对路径行描边。

图 22-41 绘制路径

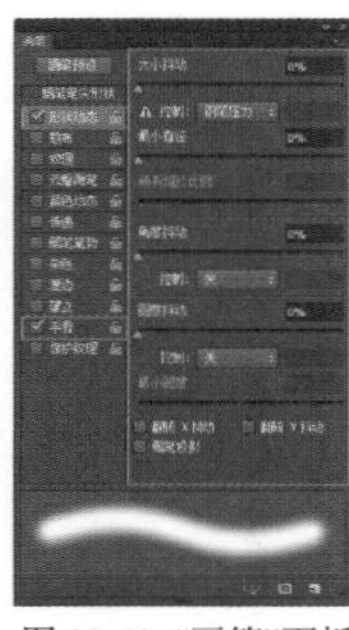
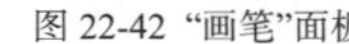
图 22-42 “画笔”面板

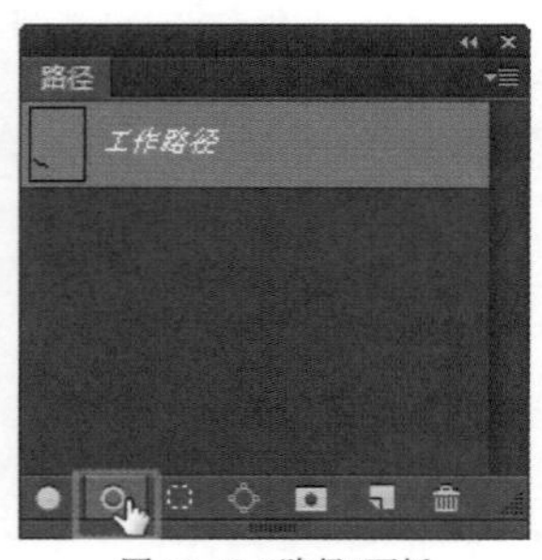

图 22-43 “路径”面板

09 使用相同的方法，完成其他内容的制作。执行“编辑 > 自由变换”命令，对图形进行适当的变形调整。使用相同的方法，完成其他内容的制作，如图 22-44 所示。并依次对图形进行调整，如图 22-45 所示。

图 22-44 绘制其他图形

图 22-45 旋转并复制图形

10 为该图层添加“渐变叠加”图层样式，弹出“图层样式”对话框，设置如图 22-46 所示。在该对话框左侧选中“外发光”选项，设置如图 22-47 所示。选中“图层 6”图层，执行“滤镜 > 模糊 > 高斯模糊”命令，弹出“高斯模糊”对话框，设置如图 22-48 所示。

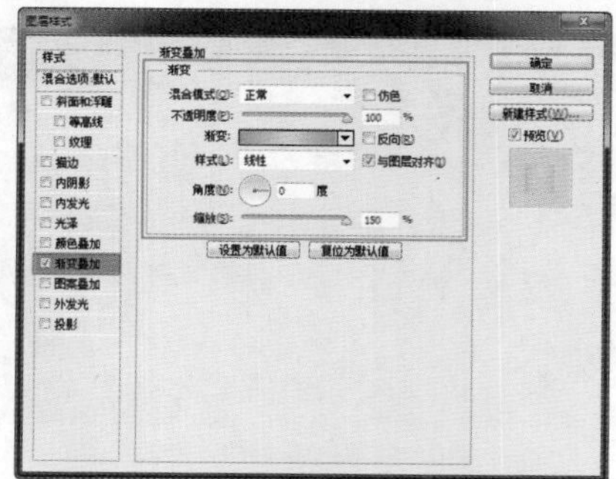

图 22-46 设置“渐变叠加”图层样式

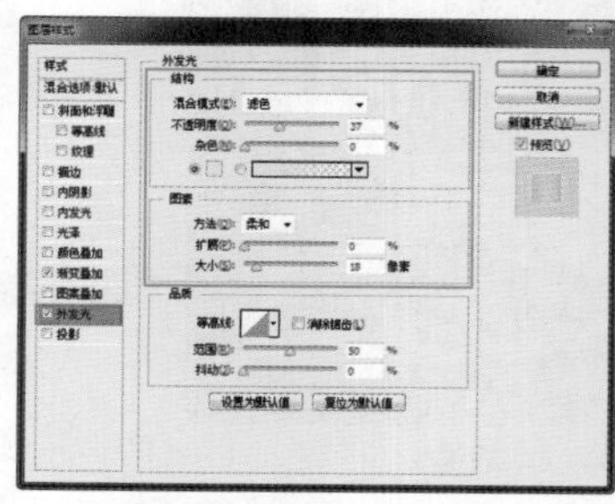

图 22-47 设置“外发光”图层样式

图 22-48 “高斯模糊”对话框

11 单击“确定”按钮，完成“高斯模糊”对话框的设置，效果如图 22-49 所示。隐藏“图层 6”图层，新建“图层 7”图层，使用相同的方法，绘制图形，如图 22-50 所示。

图 22-49 图像效果

图 22-50 绘制图形

12 为“图层 7”图层添加“渐变叠加”图层样式，弹出“图层样式”对话框，设置如图 22-51 所示。在该对话框左侧选中“外发光”选项，设置如图 22-52 所示。

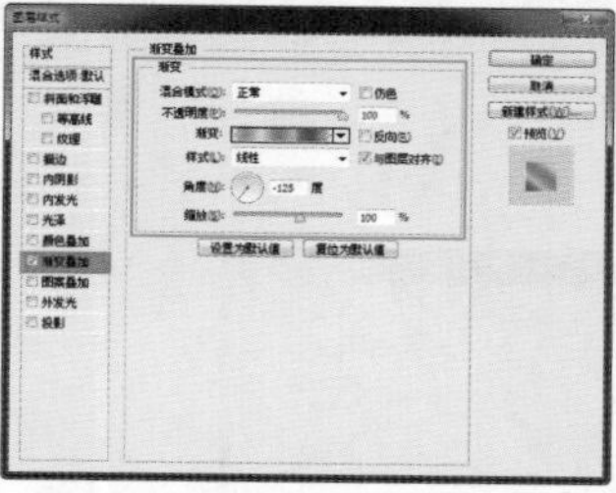

图 22-51 设置“渐变叠加”图层样式

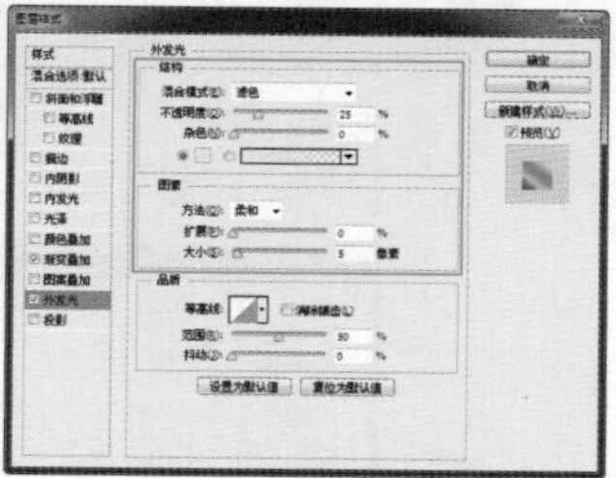

图 22-52 设置“外发光”图层样式

13 设置完成后，单击“确定”按钮，显示“图层 6”图层，执行“编辑 > 变换 > 变形”命令，对图形进行变形操作，如图 22-53 所示。执行“滤镜 > 模糊 > 高斯模糊”命令，弹出“高斯模糊”对话框，设置如图 22-54 所示。单击“确定”按钮，效果如图 22-55 所示。

图 22-53 变换操作

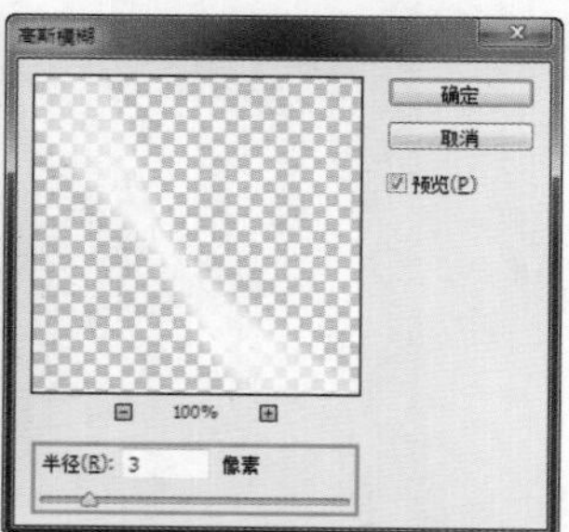

图 22-54 “高斯模糊”对话框

图 22-55 图像效果

14 新建“图层 8”图层，选择“画笔工具”，在“画笔预设”下拉菜单中选择“混合画笔”命令，如图 22-56 所示。选择适当的画笔类型，在“画笔”面板中对相关参数进行设置，如图 22-57 所示。

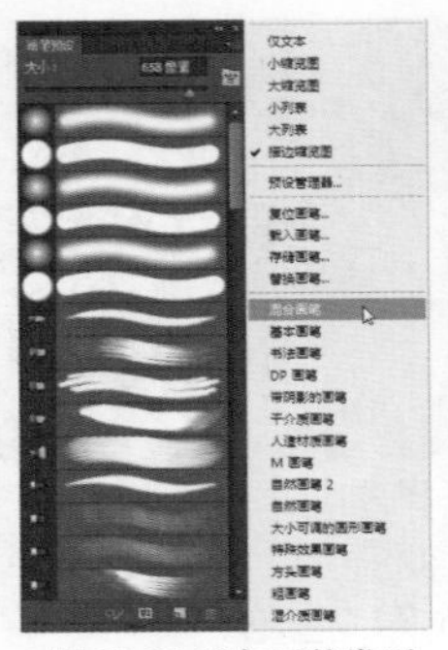

图 22-56 追加画笔类型

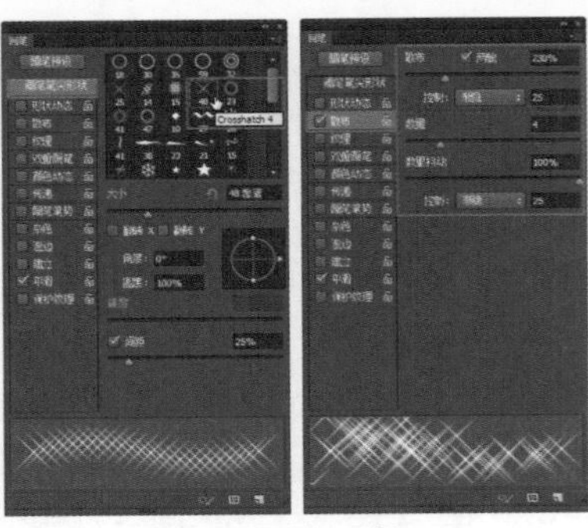

图 22-57 "画笔"面板

15 完成画笔的设置，在画布中绘制图形，为"图层 8"图层添加"外发光"图层样式，弹出"图层样式"对话框，设置如图 22-58 所示。单击"确定"按钮，完成"图层样式"对话框的设置，效果如图 22-59 所示。

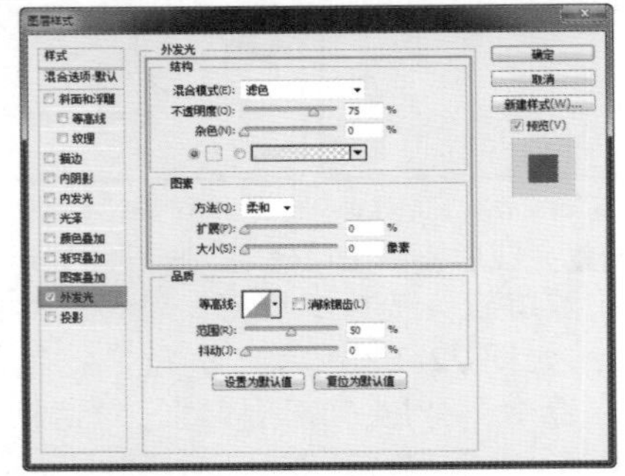

图 22-58 设置"外发光"图层样式

图 22-59 图像效果

16 使用相同的制作方法，可以通过使用"钢笔工具"、"文字工具"等完成 DM 宣传页底部内容的制作，效果如图 22-60 所示。设置适当字体和字体大小，在相应的位置输入文字，并拖入相应的素材图像，效果如图 22-61 所示。

图 22-60 DM 宣传页底部效果

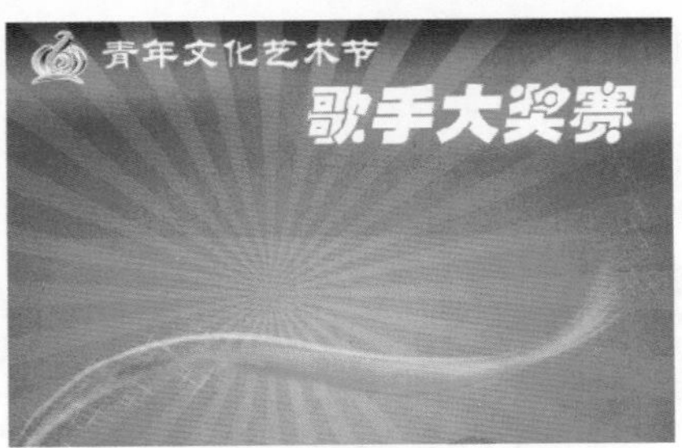

图 22-61 输入文字并拖入素材

17 选中刚刚输入文字的图层和拖入的素材所在图层，执行"图层 > 合并图层"命令，并将合并后的图层命名为"图层 14"，为"图层 14"图层添加"外发光"图层样式，设置如图 22-62 所示。添加"投影"图层样式，设置如图 22-63 所示。

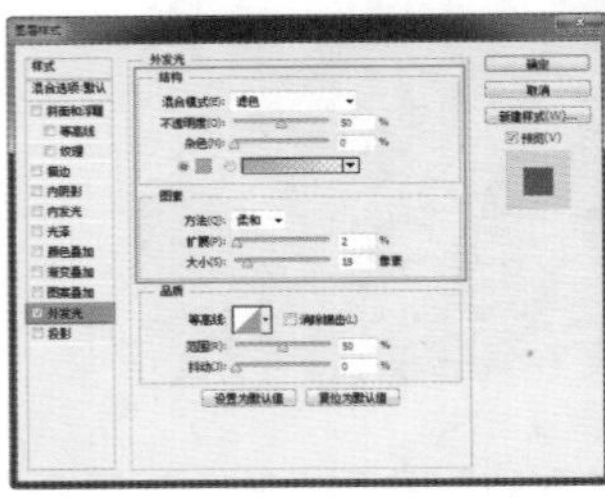

图 22-62 设置"外发光"图层样式

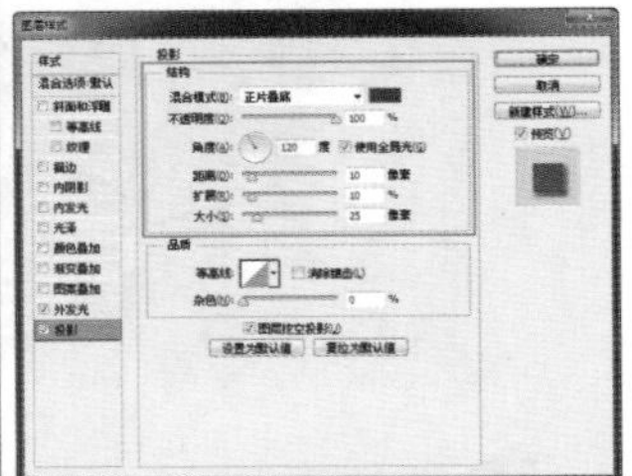

图 22-63 设置"投影"图层样式

18 单击"确定"按钮，完成"图层样式"对话框的设置，效果如图 22-64 所示。在文档中输入文字，执行"图层 > 栅格化 > 文字"命令，将文字图层栅格化并重命名为"图层 15"，效果如图 22-65 所示。

图 22-64 添加图层样式效果

图 22-65 文字效果

19 执行"编辑 > 变换 > 透视"命令，对文字图形进行透视操作，如图 22-66 所示。为该图层添加"描边"图层样式，弹出"图层样式"对话框，设置如图 22-67 所示。

图 22-66 透视后的效果

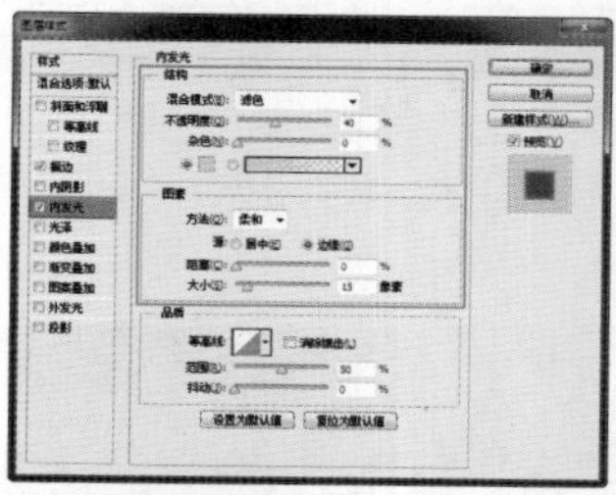
图 22-67 设置"描边"图层样式

20 在"图层样式"对话框的左侧选中"内发光"选项，设置如图 22-68 所示。在"图层样式"对话框左侧选中"渐变叠加"选项，设置渐变颜色为 CMYK (3、14、87、1) 和 CMYK (0、0、0、0)，如图 22-69 所示。

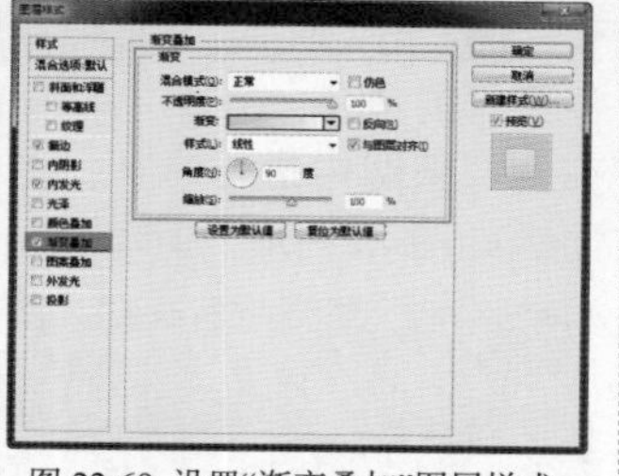
图 22-68 设置"内发光"图层样式

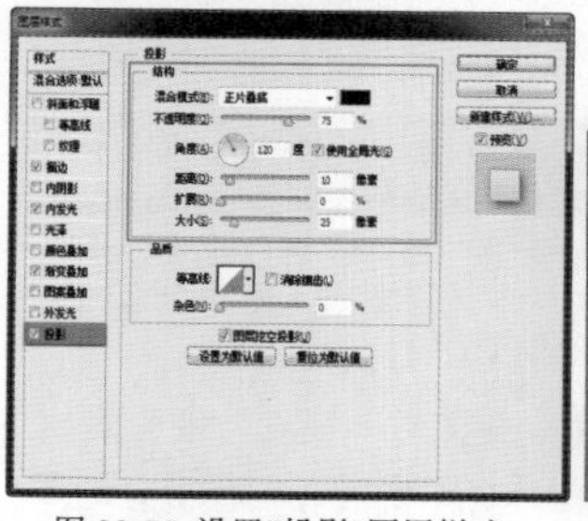
图 22-69 设置"渐变叠加"图层样式

21 在"图层样式"对话框左侧选中"投影"选项，设置如图 22-70 所示。设置完成后，单击"确定"按钮，文字效果如图 22-71 所示。

图 22-70 设置"投影"图层样式

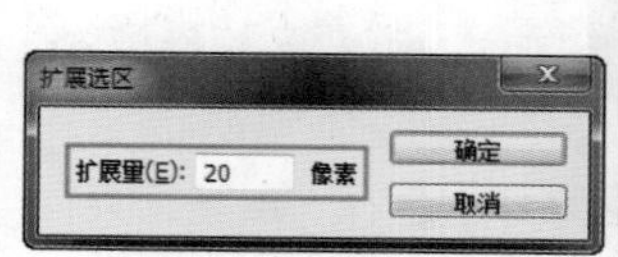
图 22-71 文字效果

22 按住 Ctrl 键单击"图层 15"图层缩览图，载入选区，执行"选择 > 修改 > 扩展"命令，弹出"扩展选区"对话框，设置如图 22-72 所示。单击"确定"按钮，扩展选区，如图 22-73 所示。

图 22-72 "扩展选区"对话框

图 22-73 扩展选区效果

23 新建"图层 16"图层，在选区中填充黑色，效果如图 22-74 所示。为"图层 16"图层添加"渐变叠加"图层样式，弹出"图层样式"对话框，从左至右分别设置渐变滑块颜色值为 CMYK (76、63、33、72) 和 CMYK (74、51、19、38)，如图 22-75 所示。

图 22-74 填充选区

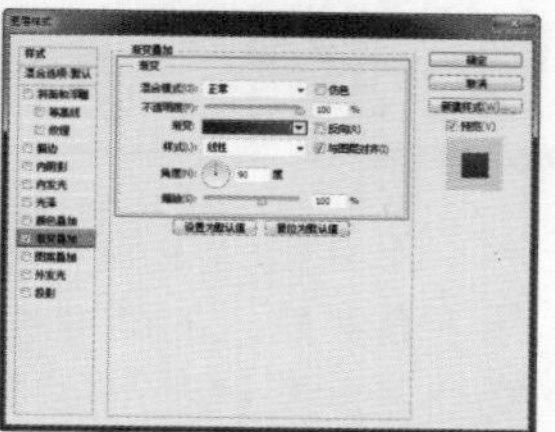
图 22-75 设置"渐变叠加"图层样式

24 在"图层样式"对话框左侧选中"投影"选项，设置如图 22-76 所示。单击"确定"按钮，完成"图层样式"对话框的设置。将"图层 16"图层拖动至"图层 15"图层下方，效果如图 22-77 所示。

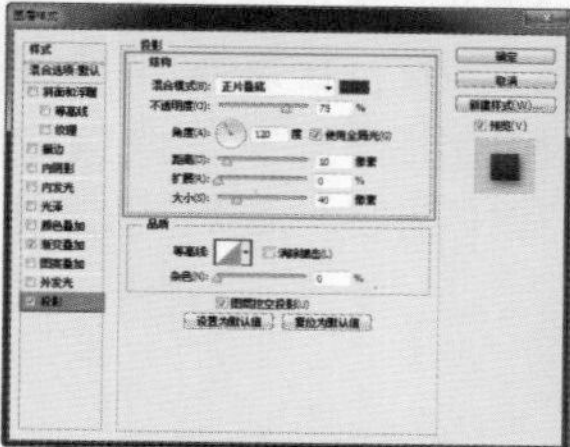
图 22-76 设置"投影"图层样式

图 22-77 文字效果

25 使用相同的制作方法，可以制作出其他文字的效果，如图 22-78 所示。在"图层"面板中创建"组 2"，将相应的图层拖入"组 2"中，如图 22-79 所示。

图 22-78 其他文字效果

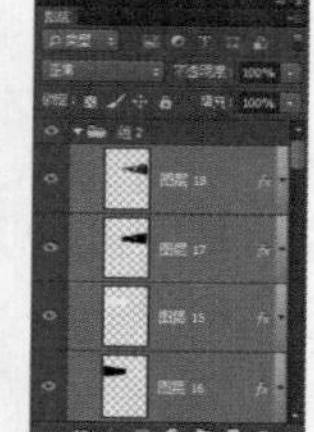
图 22-79 "图层"面板

26 使用相同的制作方法，可以拖入其他的素材图像并进行相应的调整，完成歌手大赛 DM 宣传单页的制作。执行"文件 > 存储"命令，将其存储为"光盘\源文件\第 22 章\22-2.psd"，效果如图 22-80 所示。

图 22-80 最终效果

22.3 设计楼盘宣传海报

商业设计中的宣传海报往往以具有艺术表现力的摄影、造型写实的绘画和漫画形式表现居多，给消费者留下真实感人的画面和富有幽默情趣的感受。商业海报设计画面本身有生动的直观形象，多次反复不断积累，能加深消费者对产品或服务的印象，获得好的海报设计宣传效果。下面通过一张楼盘海报的设计，向用户介绍商业海报的设计方法和技巧。

22.3.1 设计分析

本案例要设计并制作一张楼盘海报，首先拖入相应的素材，通过蒙版的方式对素材图像进行处理，使素材图像更加融合，构成海报的背景；接着使用“钢笔工具”绘制图形并应用素材和图层样式制作海报效果；最后在海报上添加相应的宣传文字；最终完成楼盘海报的制作。

22.3.2 制作步骤

动手实践——设计楼盘宣传海报

源文件：光盘\源文件\第 22 章\22-3.psd

视频：光盘\视频\第 22 章\22-3.swf

01 打开素材图像“光盘\源文件\第 22 章\素材\22301.tif”，效果如图 22-81 所示。执行“视图 > 标尺”命令，在文档中显示标尺，在标尺中拖出 4 条参考线定位 4 边的出血，如图 22-82 所示。

图 22-81 打开素材图像

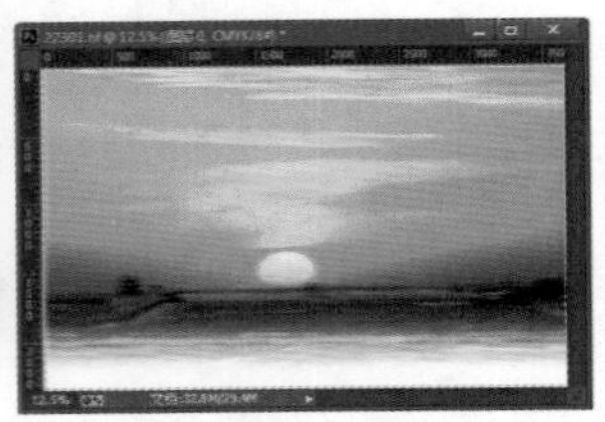

图 22-82 拖出参考线

02 打开“图层”面板，双击“背景”图层，弹出“新建图层”对话框，如图 22-83 所示。单击“确定”按钮，将“背景”图层转换为普通图层，得到“图层 0”图层，如图 22-84 所示。

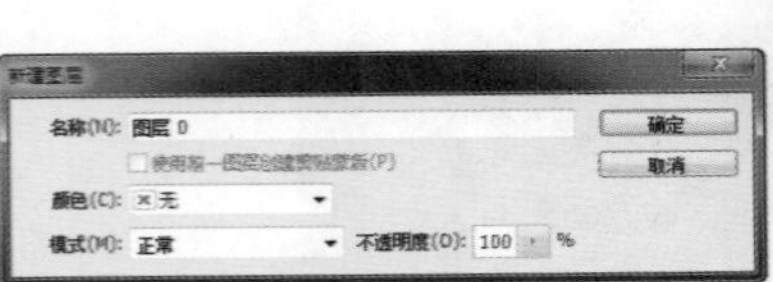

图 22-83 “新建图层”对话框

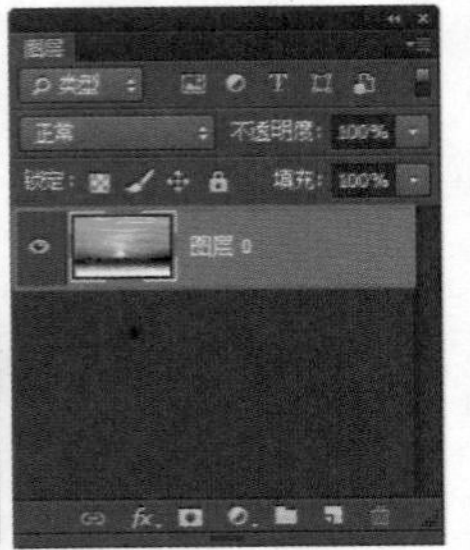

图 22-84 “图层”面板

提示

因为“背景”图层或者锁定的图层不能添加图层蒙版，所以在此处需要将“背景”图层转换为普通图层，对该图层添加蒙版操作。

03 为“图层 0”添加图层蒙版，选择“画笔工具”，设置“前景色”为黑色，设置合适的笔触和不透明度，在图层蒙版中进行涂抹，效果如图 22-85 所示。“图层”面板如图 22-86 所示。

图 22-85 涂抹效果

图 22-86 “图层”面板

技巧

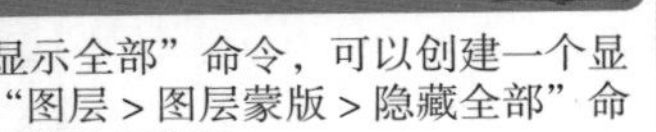

执行“图层 > 图层蒙版 > 显示全部”命令，可以创建一个显示图层内容的白色蒙版；执行“图层 > 图层蒙版 > 隐藏全部”命令，可以创建一个隐藏图层内容的黑色蒙版。

04 打开素材图像“光盘\源文件\第 22 章\素材\22302.tif”，并将其拖曳到设计文档中，如图 22-87 所示。自动生成“图层 1”图层。执行“编辑 > 自由变换”命令，调整图像大小，如图 22-88 所示。

图 22-87 拖入素材

图 22-88 缩放图像

05 为“图层 1”添加图层蒙版，选择“画笔工具”，设置“前景色”为黑色，在选项栏中设置合适的笔触，在图层蒙版中涂抹，效果如图 22-89 所示。“图层”面板如图 22-90 所示。

图 22-89 蒙版效果

图 22-90 “图层”面板

06 使用相同的方法，制作出其他素材图像，并对其进行蒙版处理，如图 22–91 所示。使用“钢笔工具”在画布中绘制路径，如图 22–92 所示。

图 22-91 图像效果

图 22-92 绘制路径

07 按快捷键 Ctrl+Enter，将路径转换为选区，如图 22–93 所示。新建“图层 3”图层，设置“前景色”为 CMYK（84、20、24、26），为选区填充前景色。按快捷键 Ctrl+D，取消选区，如图 22–94 所示。

图 22-93 创建选区

图 22-94 填充效果

08 打开并拖入素材图像“光盘 \ 源文件 \ 第 22 章 \ 素材 \22304.tif”，如图 22–95 所示。自动生成“图层 4”图层。执行“编辑 > 变换 > 扭曲”命令，调整图像形状，并将其移动到相应的位置，如图 22–96 所示。

图 22-95 拖入图像

图 22-96 调整图像

09 设置“图层 4”图层的“混合模式”为“明度”，效果如图 22–97 所示。使用同样的制作方法，绘制出其他部分的内容，如图 22–98 所示。

图 22-97 设置图层“混合模式”

图 22-98 图像效果

10 选择“横排文字工具”，打开“字符”面板，设置如图 22–99 所示。设置完成后，在画布中输入文字，如图 22–100 所示。

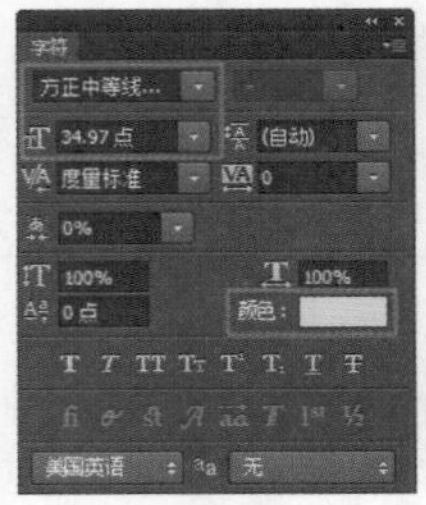

图 22-99 “字符”面板

图 22-100 输入文字

11 新建“图层 14”图层，选择“直线工具”，在选项栏上设置“粗细”为 3px，设置“前景色”为 CMYK（2、6、80、0），在画布中绘制直线，如图 22-101 所示。使用“矩形选框工具”在画布中绘制矩形选区，如图 22-102 所示。

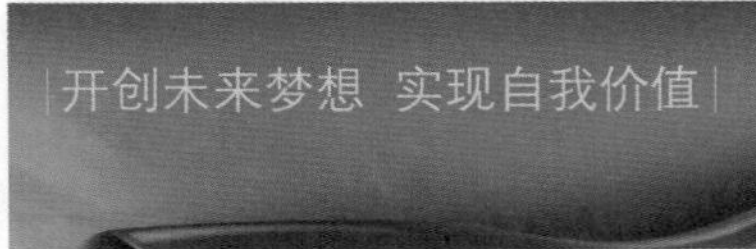

图 22-101 绘制直线

图 22-102 绘制选区

12 新建“图层 14”图层，设置“前景色”为 CMYK（0、100、100、50），为选区填充前景色，取消选区，如图 22-103 所示。使用相同的方法，制作出其他部分内容，如图 22-104 所示。

图 22-103 绘制图形

图 22-104 图像效果

13 完成楼盘海报的制作。执行“文件 > 存储为”命令，将设计完成的楼盘海报保存为“光盘 \ 源文件 \ 第 22 章 \22-3.psd”，效果如图 22-105 所示。

图 22-105 最终效果

22.4 设计企业宣传画册

企业画册的制作过程实质上是一个企业理念的提炼和实质的展现过程，而非简单的图片文字的叠加。一本优秀的企业画册设计可以用流畅的线条、和谐的图片及优美的文字组合成一本富有创意，又具有可读、可赏性的精美画册。它可以全方位立体展示企业的风貌、理念，宣传产品、品牌形象。在画册设计、制作的过程中，会依据不同内容、不同的主题特征，进行优势整合，统筹规划，使画册在整体和谐中求创新。优秀的设计人员能将企业宣传画册创作成为一种艺术享受，并具有营销推动力。

22.4.1 设计分析

本案例要设计及制作一个咖啡馆宣传画册的封面和封底，运用简洁大方的设计风格吸引客户的注意力，通过简洁的红色底纹，表达出激情、欢乐、喜庆的氛围，重点设计了一个立方体的三维图形，在该立方体的三维图形上是各种笑脸的人物图案，突出了宣传的主题——欢乐、欢聚。在本案例的设计过程中，需要注意学习三维图形的制作方法，以及简洁大方的表现方法。

22.4.2 制作步骤

动手实践——设计企业宣传画册

源文件：光盘 \ 源文件 \ 第 22 章 \22-4.psd

视频：光盘 \ 视频 \ 第 22 章 \22-4.swf

01 执行“文件 > 新建”命令，弹出“新建”对话框，设置如图 22-106 所示。单击“确定”按钮，新建一个空白文档，为画布填充黑色，效果如图 22-107 所示。

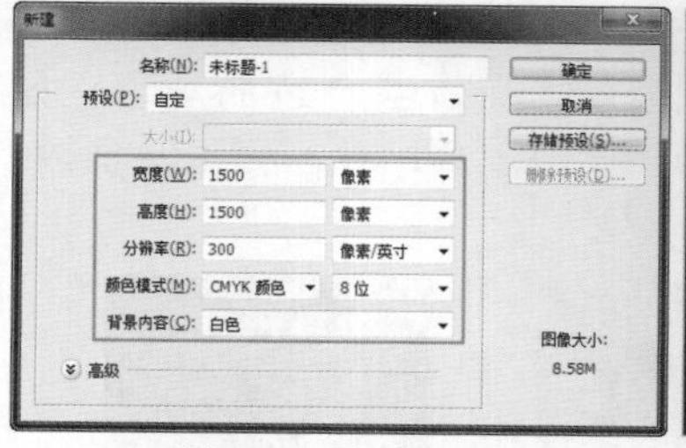

图 22-106 “新建”对话框

图 22-107 画布效果

02 按快捷键 Ctrl+R，显示出标尺，从标尺中拖出相应的参考线，如图 22–108 所示。执行“文件 > 置入”命令，弹出“置入”对话框，选择需要置入的素材文件，如图 22–109 所示。

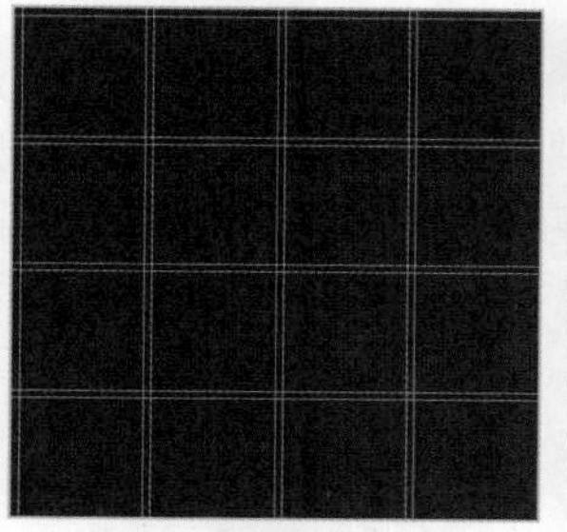
图 22-108 拖出参考线

图 22-109 “置入”对话框

03 单击“置入”按钮，将素材文件置入到文档中，调整到合适的大小和位置，如图 22–110 所示。使用相同的制作方法，可以将其他相应的素材图像置入到文档中，如图 22–111 所示。

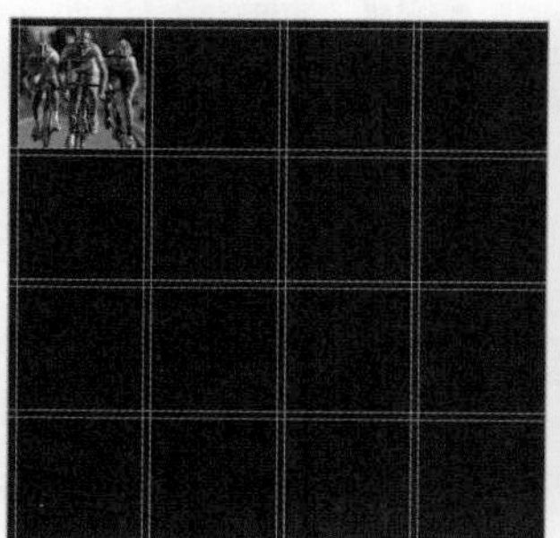
图 22-110 置入素材图像

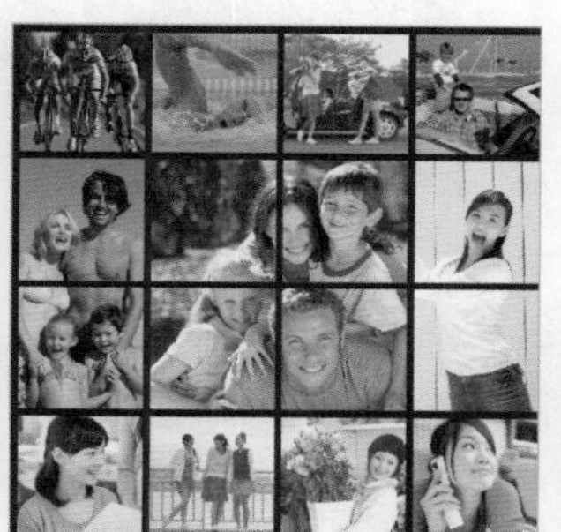
图 22-111 图像效果

提示

通过“置入”命令置入文档中的素材图像为智能对象，在文档中并不能够对智能对象进行直接的编辑操作，可以双击该智能对象图层，将智能对象在相应的软件中打开并进行编辑。如果需要在当前文档中直接对智能对象进行编辑，可以在智能对象图层上单击鼠标右键，在弹出的快捷菜单中选择“栅格化图层”命令，将智能对象图层转换为普通图层。

04 执行“文件 > 存储为”命令，将制作的文档保存为“光盘 \ 源文件 \ 第 22 章 \ 贴图 1.tif”。使用相同的制作方法，还可以制作出其他两个类似的文档，并分别保存为“贴图 2.tif”和“贴图 3.tif”，效果如图 22–112 所示。

图 22-112 图像效果

05 执行“文件 > 新建”命令，弹出“新建”对话框，设置如图 22–113 所示。单击“确定”按钮，新建一个空白文档，设置“前景色”为 CMYK（22、98、100、13），为画布填充前景色，效果如图 22–114 所示。

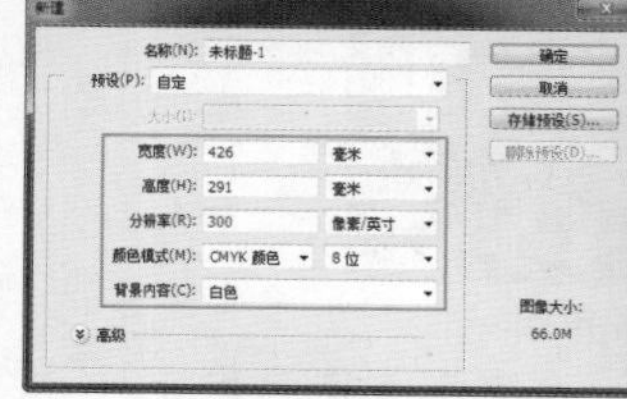
图 22-113 “新建”对话框

图 22-114 画布效果

提示

因为制作的宣传手册最终是需要输出印刷的，所以设计之前就应该考虑作品最后的出血问题。在这里，新建的文档尺寸为 426mm × 291mm，该尺寸已经包含了宣传手册的四边各 3mm 的出血，实际上宣传页的最终的成品尺寸应该为 420mm × 285mm。

06 按快捷键 Ctrl+R，显示出标尺，从标尺中拖出相应的参考线，如图 22–115 所示。执行“文件 > 置入”命令，置入素材图像“光盘 \ 源文件 \ 第 22 章 \ 素材 \ 22436.tif”，效果如图 22–116 所示。

图 22-115 拖出参考线

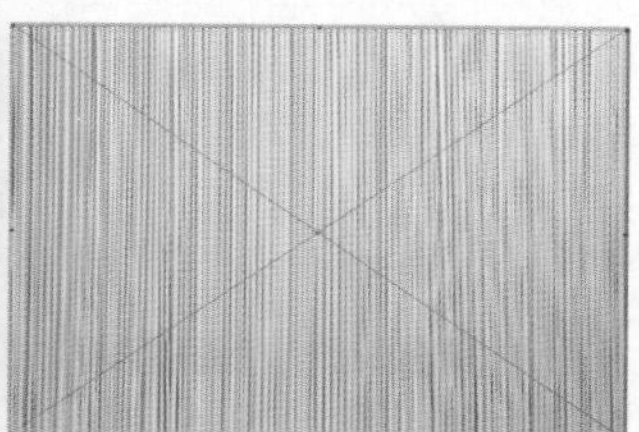
图 22-116 置入素材

07 选中刚置入素材的图层，将该图层栅格化，设置其“混合模式”为“柔光”，“不透明度”为 50%，“图层”面板如图 22–117 所示。图像效果如图 22–118 所示。

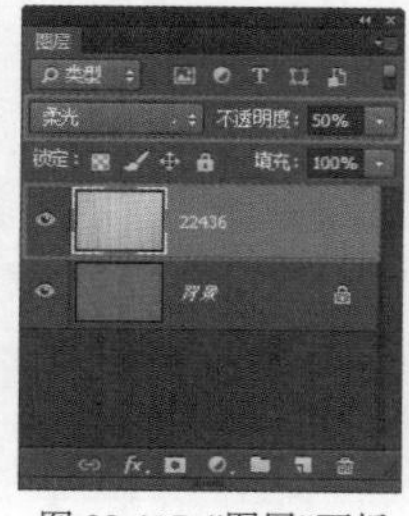
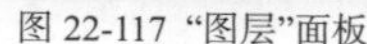
图 22-117 “图层”面板

图 22-118 图像效果

提示

使用“柔光”模式是变暗还是提亮画面颜色，取决于上层颜色的信息。产生的效果类似于为图像打上一盏散射的聚光灯。如果上层颜色（光源）亮度高于50%灰，底层会被照亮（变淡）；如果上层颜色（光源）亮度低于50%灰，底层会变暗，就好像被烧焦了一样。

08 新建“图层1”图层，选择“直线工具”，设置“前景色”为CMYK（0、97、100、0），选项栏的设置如图22-119所示。在画布中绘制直线，如图22-120所示。

图22-119 “直线工具”的选项栏

图22-120 绘制直线

09 新建“图层2”图层，选择“椭圆选框工具”，按住Shift键在画布中绘制正圆形选区，并为选区填充白色，如图22-121所示。使用相同的制作方法，可以绘制出其他圆形效果，如图22-122所示。

图22-121 绘制选区并填充白色　图22-122 绘制其他图形效果

10 执行“文件>新建”命令，弹出“新建”对话框，设置如图22-123所示。单击“确定”按钮，新建一个空白文档，执行“3D>从图层新建网格>网格预设>立方体”命令，建立一个3D立方体，如图22-124所示。

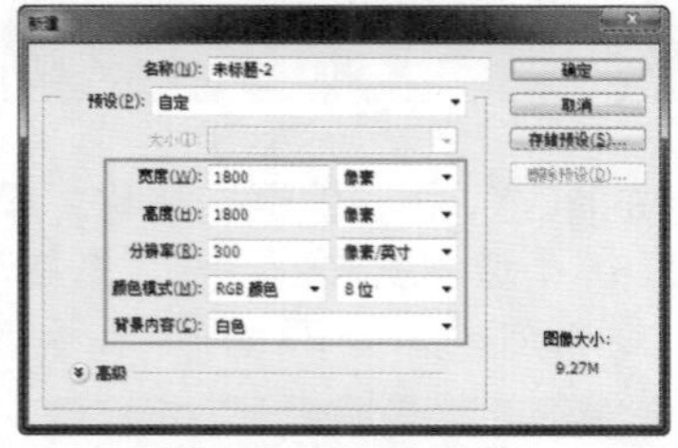

图22-123 “新建”对话框

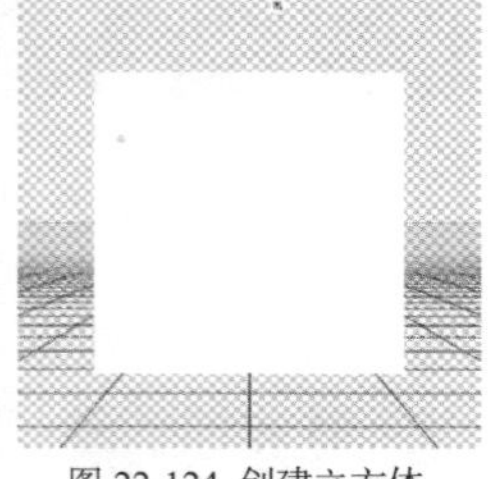

图22-124 创建立方体

提示

由于企业宣传画册要进行四色印刷（也就是彩色印刷），所以在新建文档时新建的就是一个CMYK模式、分辨率为300dpi的文档，但是在CMYK模式下并不能建立3D立方体，所以此处需新建一个“颜色模式”为RGB的文档，在该文档中创建3D立方体，制作出相应立方体的效果，再导入到宣传画册的设计文件中。

11 使用选项栏上的“旋转3D对象工具”和“滚动3D对象工具”将立方体旋转到合适的角度，如图22-125所示。执行“窗口>3D”命令，打开3D面板，如图22-126所示。

图22-125 旋转立方体

图22-126 “3D”面板

12 单击3D面板上的“滤镜：材质”按钮，3D面板如图22-127所示。双击“右侧材料”选项，打开“属性”面板，单击“漫射”选项后面的按钮，在弹出的下拉菜单中选择“替换纹理”命令，如图22-128所示。

图22-127 3D面板

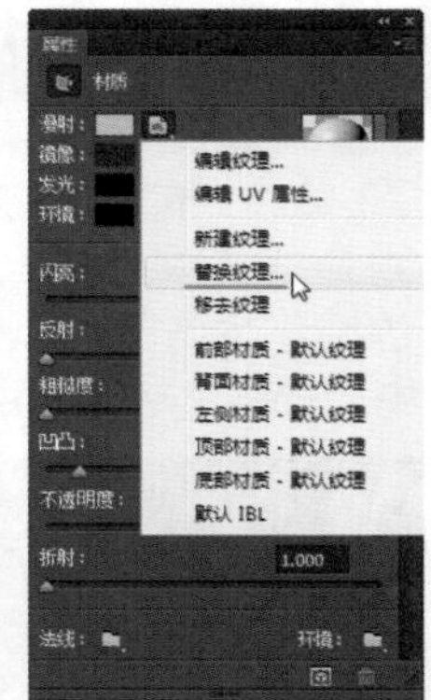

图22-128 “属性”面板

13 弹出“打开”对话框，选择前面制作好的纹理贴图“光盘\源文件\第22章\贴图1.tif”，单击“打开”按钮，为立方体的右侧面贴图，效果如图22-129所示。使用相同的制作方法，还可以为立方体的其他面进行贴图，效果如图22-130所示。

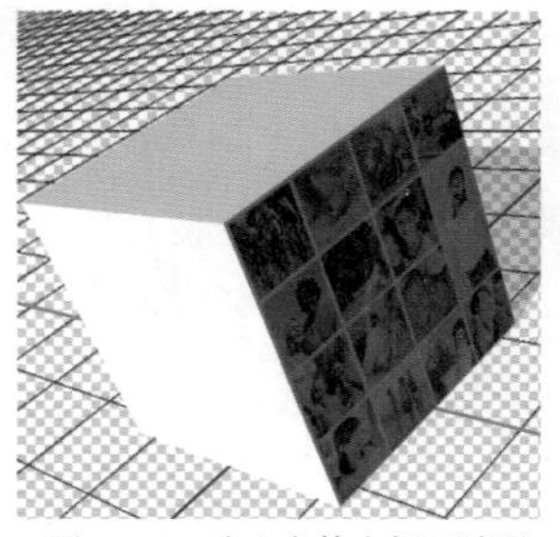

图22-129 为立方体右侧面贴图

图22-130 为立方体其他面贴图

14 单击3D面板上的“滤镜：光源”按钮，3D面板如图22-131所示。双击“无限光1”选项，打开“属性”面板，如图22-132所示。

图 22-131 3D 面板

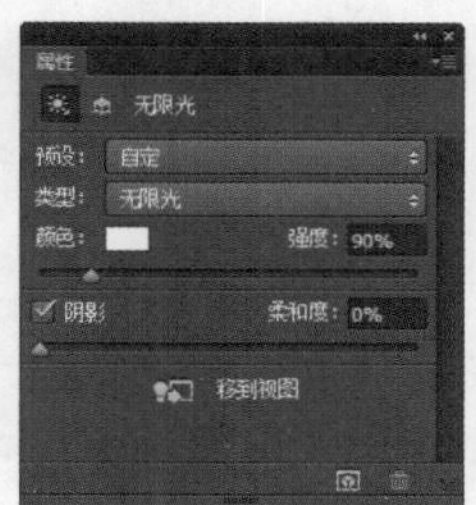

图 22-132 调整“无限光 1”

15 单击“属性”面板上的“将光照移到当前视图”按钮，图像效果如图 22-133 所示。在图像上拖动鼠标调整光源的位置和角度至合适的位置，效果如图 22-134 所示。

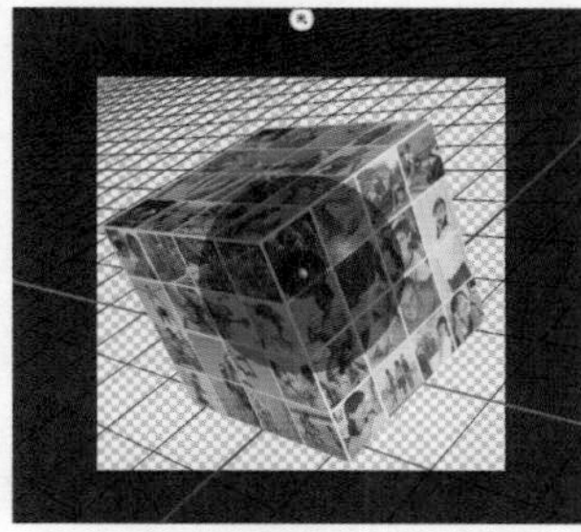

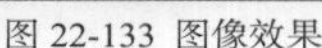

图 22-133 图像效果

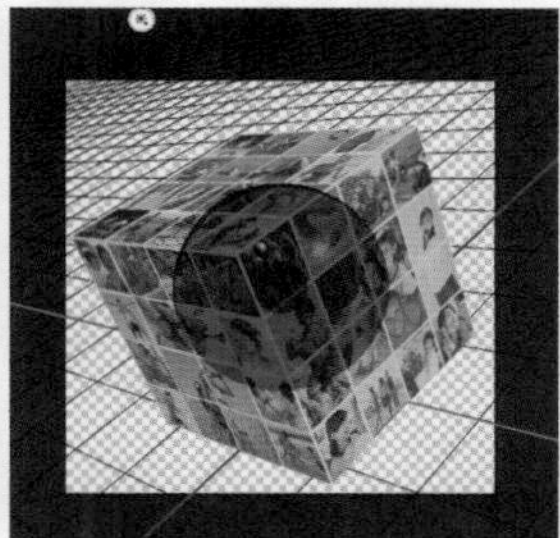

图 22-134 调整光源

16 单击 3D 面板底部的“将新光照添加到场景”按钮，在弹出的下拉菜单中选择“新建无限光”命令，并进行相应的调整， 3D 面板如图 22-135 所示。调整完成后，效果如图 22-136 所示。

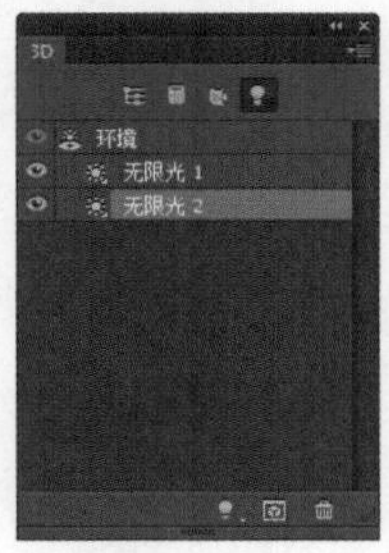

图 22-135 3D 面板

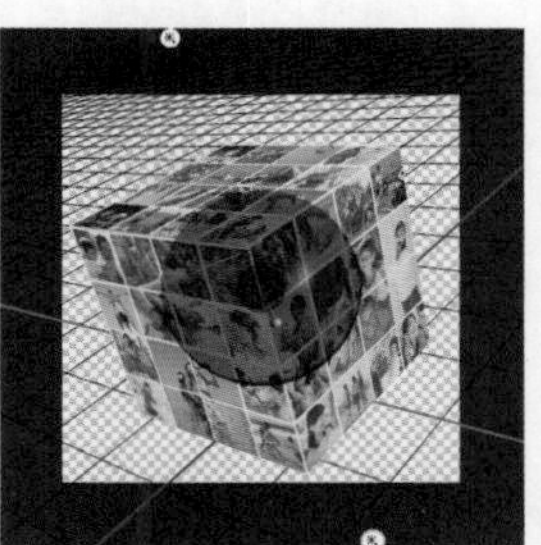

图 22-136 3D 对象效果

17 完成3D 对象的创建，执行“文件 > 存储为”命令，将其存储为“光盘 \ 源文件 \ 第 22 章 \ 3D 对象 .psd”。在“图层”面板中将刚刚创建的 3D 对象所在图层拖入前面设计的文档中，如图 22-137 所示。选中拖入的 3D 对象所在图层，添加“投影”图层样式，弹出“图层样式”对话框，设置如如图 22-138 所示。

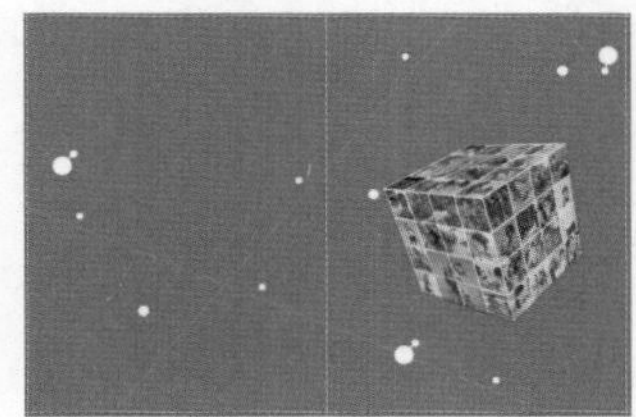

图 22-137 拖入 3D 对象

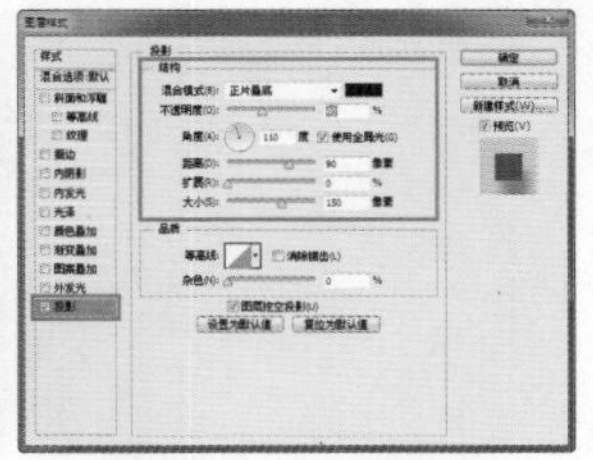

图 22-138 设置“投影”图层样式

18 单击“确定”按钮，完成“图层样式”对话框的设置，图像效果如图 22-139 所示。在“图层”面板中修改该图层的名称为“3D 对象”，如图 22-140 所示。

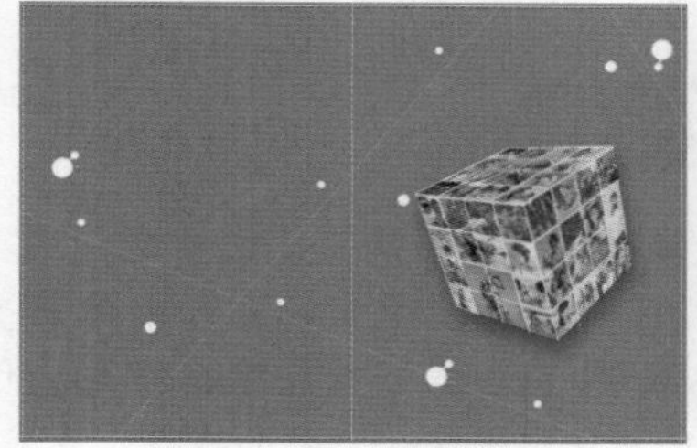

图 22-139 图像效果

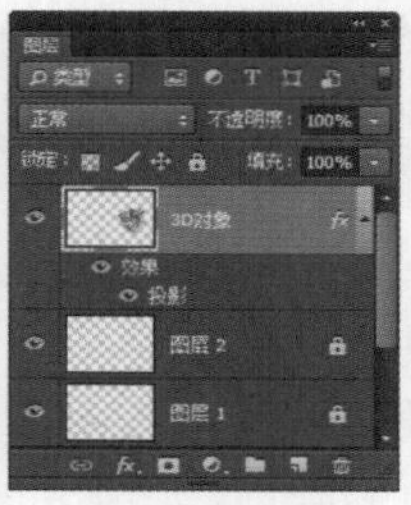

图 22-140 “图层”面板

19 复制“3D 对象”图层，得到“3D 对象 拷贝”图层，调整该图层上的图像到合适的大小和位置，如图 22-141 所示。选择“横排文字工具”，设置合适的字体和字体大小，在画布中输入相应的文字内容，如图 22-142 所示。

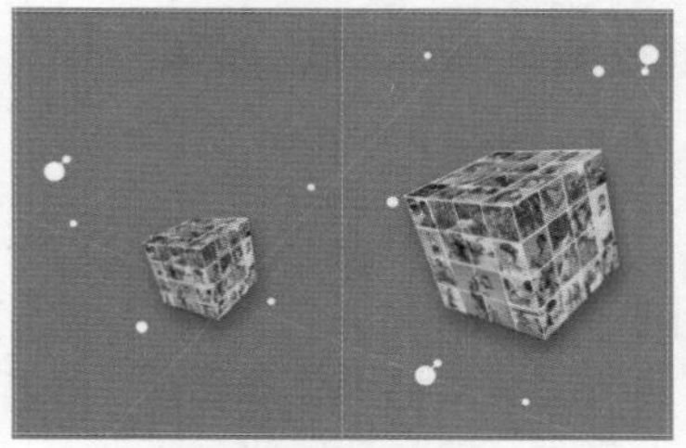

图 22-141 复制图像

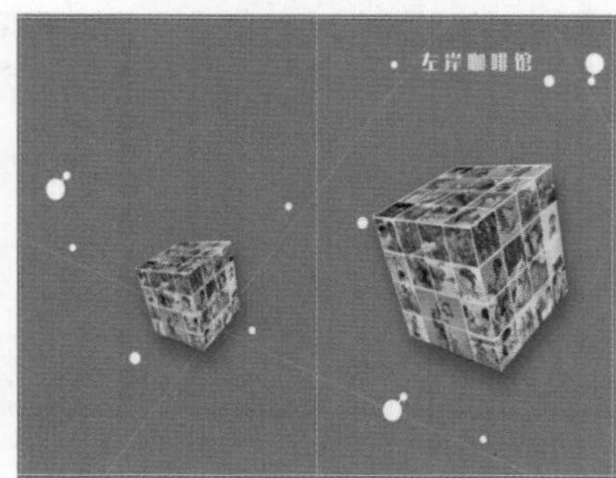

图 22-142 输入文字

20 使用相同的制作方法，可以完成其他文字内容的输入，并完成企业宣传画册的设计，最终效果如图 22-143 所示。执行“文件 > 保存”命令，将文件保存为“光盘 \ 源文件 \ 第 22 章 \22-4.psd”。

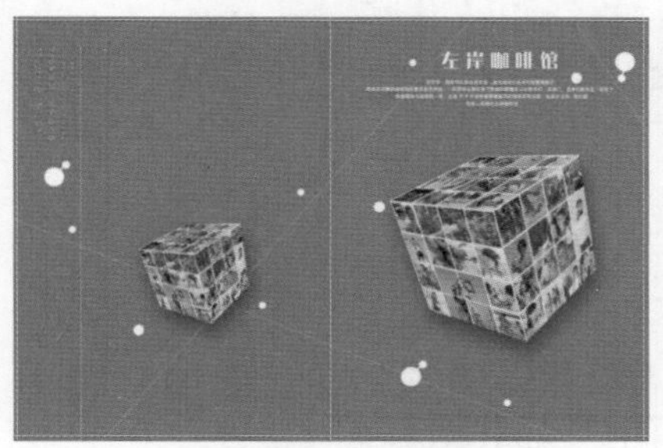

图 22-143 最终效果

22.5 设计杂志广告

广告视觉上要有统一感，在制作杂志广告时，要浓缩广告内容，提炼其主旨，然后将其视觉化。本节将通过一张杂志广告的设计，使得广告更具有表现力。

22.5.1 设计分析

本案例制作比较复杂，首先新建文档设置出血线，使用渐变颜色填充背景；然后使用“切变”命令调整渐变填充后的背景，使用“画笔工具”涂抹图形，创建椭圆选区，填充颜色，并对其使用“高斯模糊”命令，使用“钢笔工具”绘制路径，填充渐变；最后输入文字，完成杂志广告的制作。

22.5.2 制作步骤

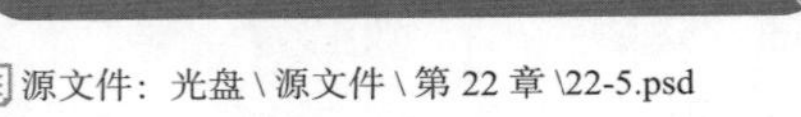

动手实践——设计杂志广告

源文件：光盘 \ 源文件 \ 第 22 章 \22-5.psd

视频：光盘 \ 视频 \ 第 22 章 \22-5.swf

01 执行“文件 > 新建”命令，弹出“新建”对话框，设置如图 22-144 所示。单击“确定”按钮，新建一个空白文档。在文档中显示标尺，在标尺中拖出 4 条参考线为出血线，如图 22-145 所示。

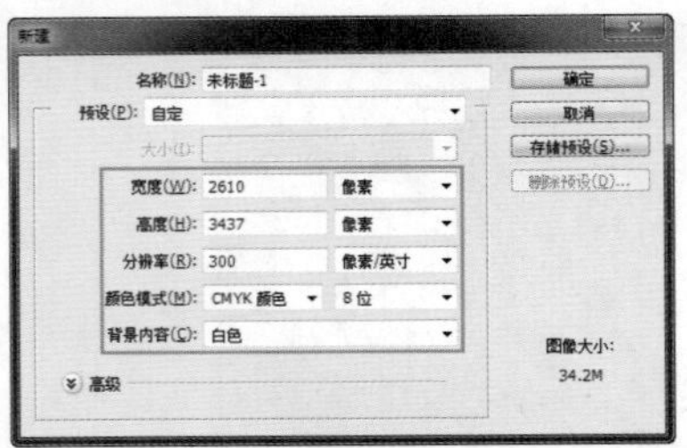

图 22-144 “新建”对话框

图 22-145 建立出血线

02 选择“渐变工具”，打开“渐变编辑器”对话框，设置渐变颜色，如图 22-146 所示。单击“确定”按钮，在画布中拖动鼠标填充径向渐变，效果如图 22-147 所示。

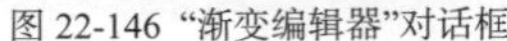

图 22-146 “渐变编辑器”对话框

图 22-147 填充渐变

03 执行“滤镜 > 扭曲 > 切变”命令，弹出“切变”对话框，设置如图 22-148 所示。单击“确定”按钮，完成“切变”对话框的设置，效果如图 22-149 所示。

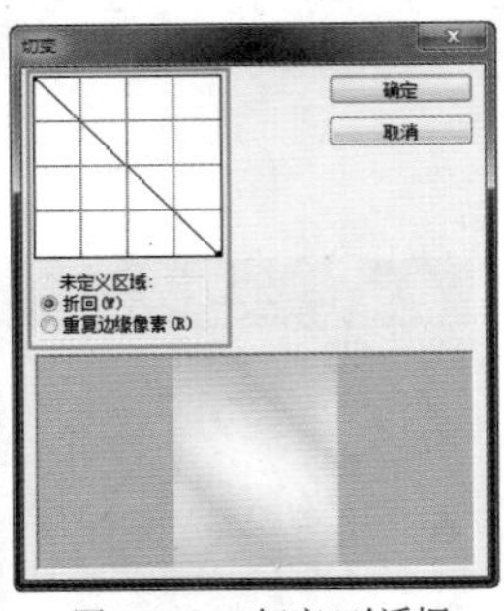

图 22-148 “切变”对话框

图 22-149 图像效果

04 新建“图层 1”图层，选择“画笔工具”，设置“前景色”为 CMYK（87、1、54、0），在选项栏上选择合适的笔触和不透明度，在画布中进行涂抹，效果如图 22-150 所示。使用相同的制作方法，绘制出闪烁的星星，效果如图 22-151 所示。

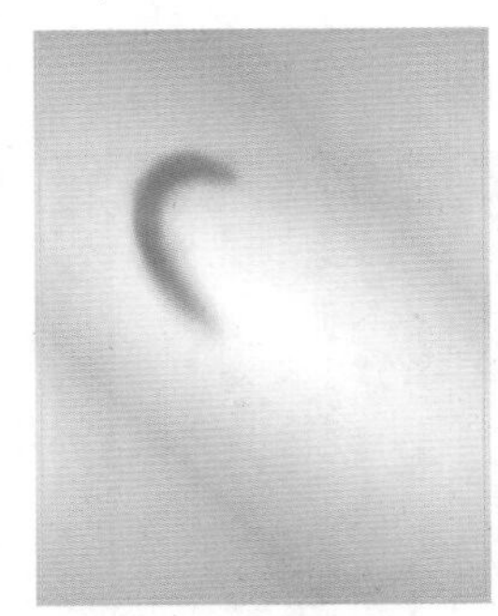

图 22-150 涂抹效果

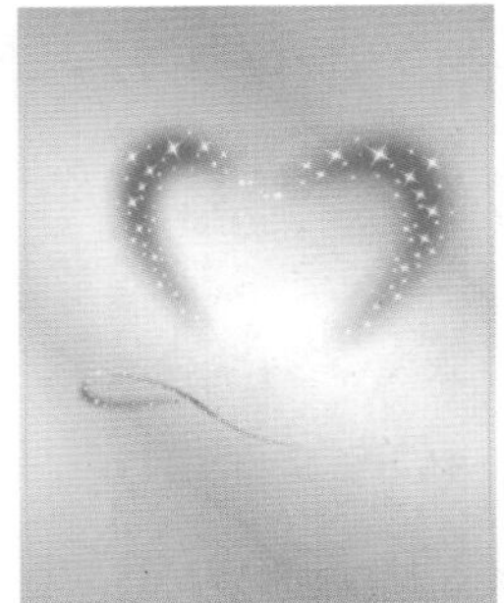

图 22-151 图形效果

05 设置“图层 1”图层的“不透明度”为 50%。新建“图层 2”图层，使用“椭圆选框工具”在画布中绘制选区，如图 22-152 所示。执行“选择 > 变换选区”命令，调整选区大小和角度，按 Enter 键确认，如图 22-153 所示。

图 22-152 创建选区

图 22-153 变换选区

06 设置“前景色”为 CMYK（65、1、27、41），为选区填充前景色，如图 22-154 所示。执行“滤镜 > 模糊 > 高斯模糊”命令，弹出“高斯模糊”对话框，设置如图 22-155 所示。

图 22-154 填充颜色

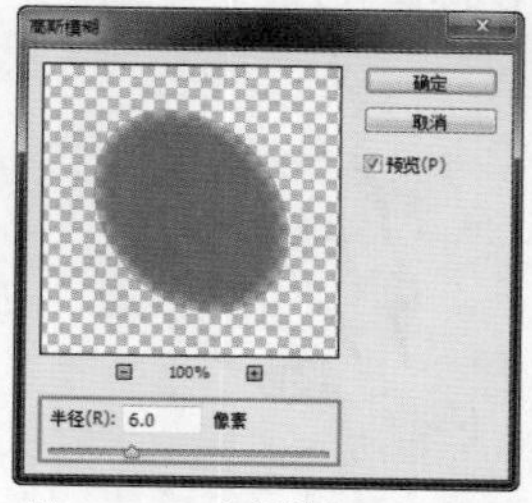

图 22-155 “高斯模糊”对话框

07 设置完成后，单击“确定”按钮，按快捷键 Ctrl+D，取消选区，效果如图 22-156 所示。使用“钢笔工具”在画布中绘制路径，如图 22-157 所示。

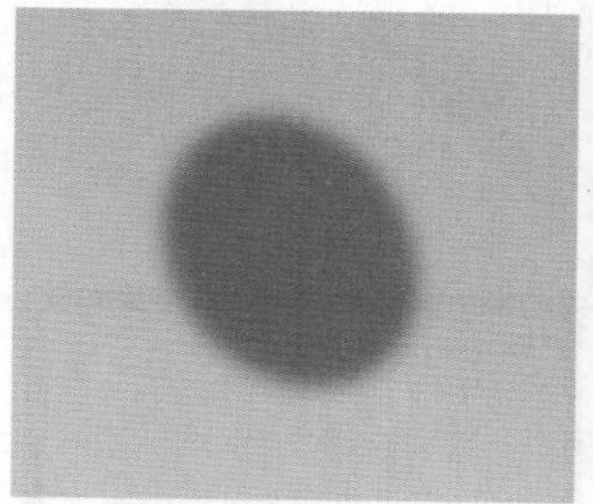
图 22-156 图像效果

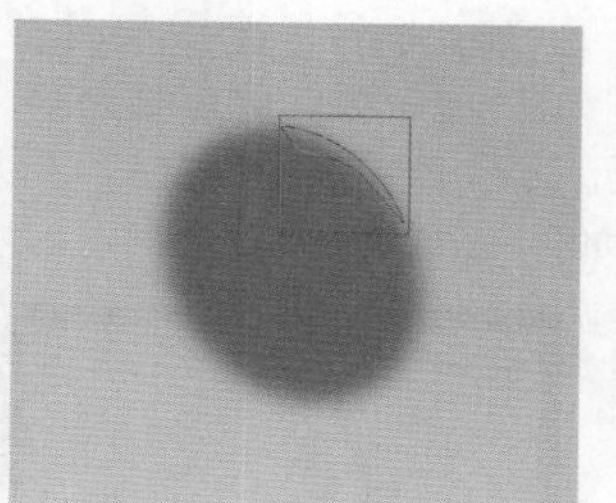
图 22-157 绘制路径

08 按快捷键 Ctrl+Enter，将路径转换为选区，为选区填充黑色，如图 22-158 所示。使用相同的制作方法，绘制出其他图形效果，如图 22-159 所示。

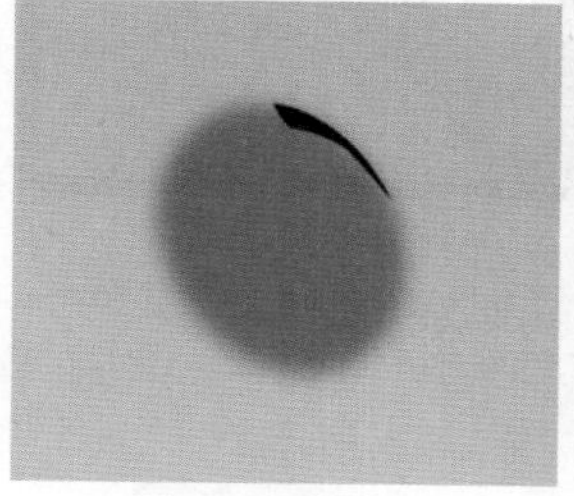
图 22-158 填充颜色

图 22-159 图像效果

09 使用相同的制作方法，绘制出其他图形效果，如图 22-160 所示。设置“图层 2”图层的“混合模式”为“正片叠底”，“不透明度”为 60%，效果如图 22-161 所示。

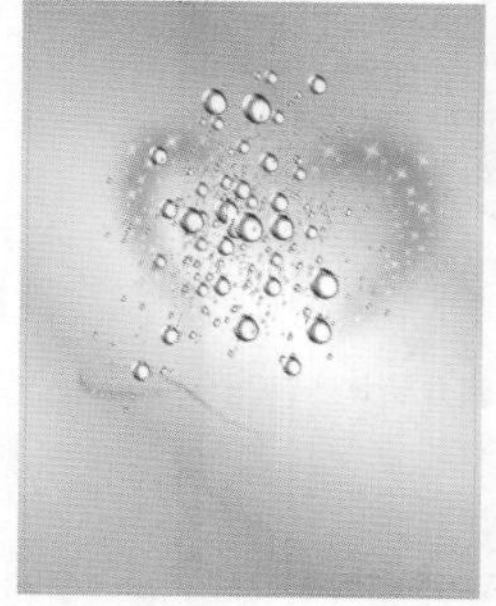
图 22-160 绘制其他图形效果

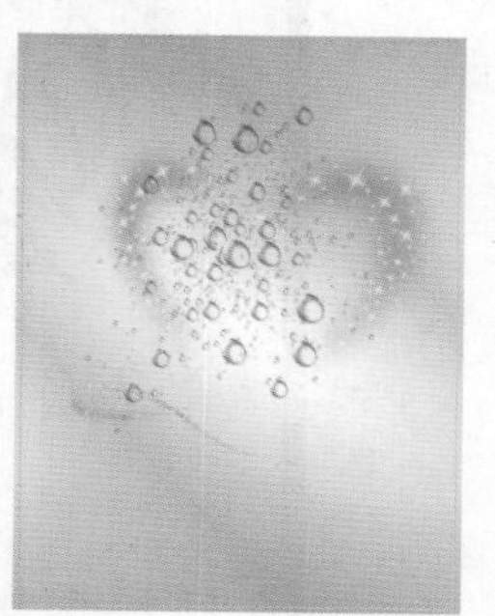
图 22-161 正片叠底效果

10 使用“钢笔工具”在画布中绘制路径，如图 22-162 所示。按快捷键 Ctrl+Enter，将路径转换为选区。新建“图层 3”图层，选择“渐变工具”，打开“渐变编辑器”对话框，设置渐变颜色，如图 22-163 所示。

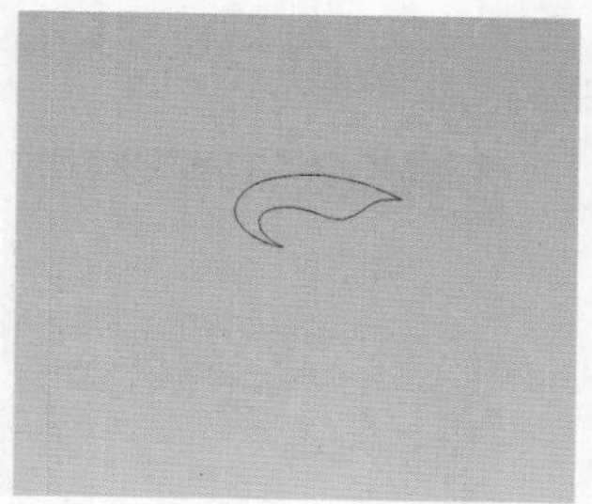
图 22-162 绘制路径

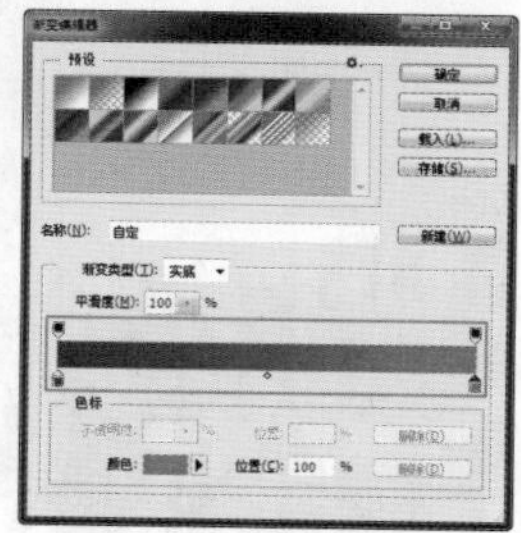
图 22-163 “渐变编辑器”对话框

11 单击“确定”按钮，为选区填充线性渐变，取消选区，如图 22-164 所示。使用相同的制作方法，绘制出其他图形，并填充相应的渐变，效果如图 22-165 所示。

图 22-164 填充渐变

图 22-165 图形效果

12 选择“横排文字工具”，打开“字符”面板，设置如图 22-166 所示。设置完成后，在画布中输入文字，如图 22-167 所示。

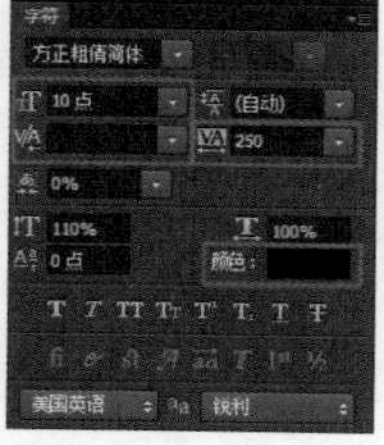
图 22-166 “字符”面板

图 22-167 输入文字

13 输入其他文字，如图 22-168 所示。执行“文件 > 打开”命令，打开并拖入素材图像“光盘\源文件\第 22 章\素材\22501.tif”，调整其至合适的位置和大小，效果如图 22-169 所示。自动生成“图层 4”图层。

图 22-168 文字效果

图 22-169 拖入素材图像

14 按快捷键 Ctrl+J，复制“图层 4”图层，得到“图层 4 拷贝”图层，打开并拖入素材图像“光盘\源文件\第 22 章\素材\22502.jpg”，如图 22–170 所示。自动生成“图层 5”图层。在“图层 5”图层上单击鼠标右键，在弹出的快捷菜单中选择“创建剪贴蒙版”命令，“图层”面板如图 22–171 所示。

图 22-170 拖入素材图像

图 22-171 “图层”面板

提示

如果在剪贴蒙版中的图层之间创建新图层，或在剪贴蒙版中的图层之间拖动未剪贴的图层，该图层将成为剪贴蒙版的一部分。

15 选择“图层 4 拷贝”图层，执行“编辑 > 自由变换”命令，调整图像大小，效果如图 22–172 所示。为“图层 4 拷贝”添加图层蒙版，选择“画笔工具”，设置“前景色”为黑色，在画布中涂抹，效果如图 22–173 所示。“图层”面板如图 22–174 所示。

图 22-172 变换图像

图 22-173 涂抹效果

图 22-174 “图层”面版

16 新建“图层 6”图层，使用“矩形选框工具”在画布中绘制选区，如图 22–175 所示。为选区填充黑色，效果如图 22–176 所示。

图 22-175 创建选区

图 22-176 填充颜色

17 执行“选择 > 变换选区”命令，调整选区范围，按 Delete 键，删除选区内容。按快捷键 Ctrl+D，取消选区，效果如图 22–177 所示。在画布中输入文字，如图 22–178 所示。

图 22-177 变换选区

图 22-178 图像效果

18 完成杂志广告的设计制作。执行“文件 > 存储为”命令，将文件保存为“光盘\源文件\第 22 章\22–5.psd”，最终效果如图 22–179 所示。

图 22-179 最终效果

22.6 设计美容网站页面

网页设计作为一个全新的设计媒介，也给设计者带来了全新的挑战。网页设计往往被认为很普通或者不够突出，而网页的“美”更多是在动态和交互过程中得以体现。下面通过一个网站页面案例的设计，向用户介绍网页设计的方法和技巧。

22.6.1 设计分析

本案例设计一个美容网站首页面，首先通过纯色和渐变填充绘制出页面的背景颜色；接着使用“钢笔工具”绘制图形，并导入相应的素材图像丰富页面的背景效果，使得页面背景看起来更加饱满丰富；最后置入相应的素材，输入相应的文字，在网页中进行合理布局；最终完成网站页面的设计。

22.6.2 制作步骤

动手实践——设计美容网站页面

源文件：光盘 \ 源文件 \ 第 22 章 \22-6.psd

视频：光盘 \ 视频 \ 第 22 章 \22-6.swf

01 执行“文件 > 新建”命令，弹出“新建”对话框，设置如图 22–180 所示。单击“确定”按钮，新建一个空白文档。设置“前景色”为 RGB（255、198、197），为画布填充前景色，如图 22–181 所示。

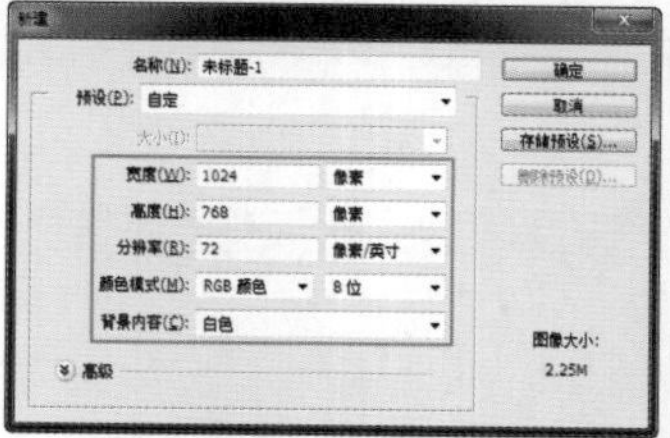

图 22-180 “新建”对话框　　图 22-181 画布效果

02 单击“图层”面板底部的“创建新组”按钮，新建“背景”组，如图 22–182 所示。在“背景”组中新建“图层 1”图层，如图 22–183 所示。

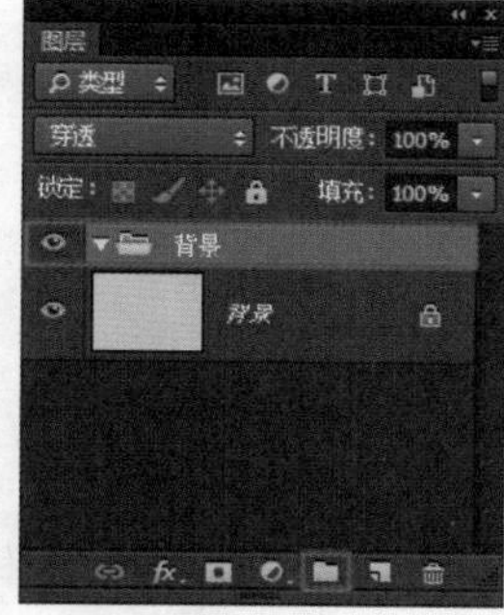

图 22-182 新建“背景”组

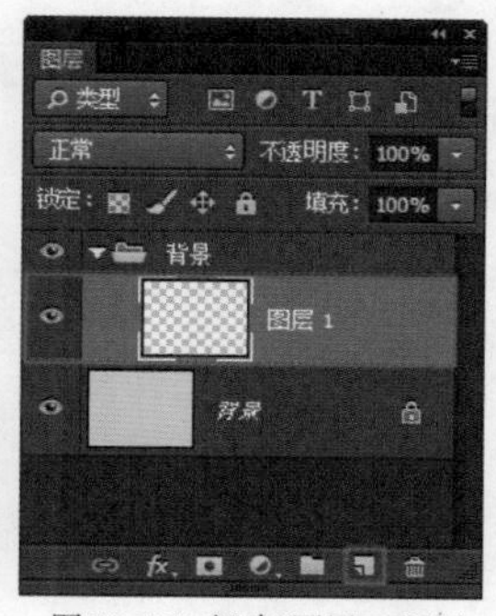

图 22-183 新建“图层 1”图层

提示

默认情况下，图层组的“混合模式”是“穿透”，表示图层组没有自己的混合属性。

03 使用“矩形选框工具”在画布中绘制选区，如图 22–184 所示。选择“渐变工具”，打开“渐变编辑器”对话框，设置从白色不透明到白色透明的渐变，如图 22–185 所示。

图 22-184 创建选区　　图 22-185 “渐变编辑器”对话框

04 为选区填充径向渐变，按快捷键 Ctrl+D，取消选区，效果如图 22–186 所示。为该图层添加图层蒙版，选择“渐变工具”，打开“渐变编辑器”对话框，设置从黑色到白色的渐变颜色，如图 22–187 所示。

图 22-186 渐变效果

图 22-187 “渐变编辑器”对话框

05 完成渐变颜色设置，在图层蒙版中拖动鼠标填充线性渐变，效果如图 22–188 所示。“图层”面板如图 22–189 所示。

图 22-188 蒙版效果

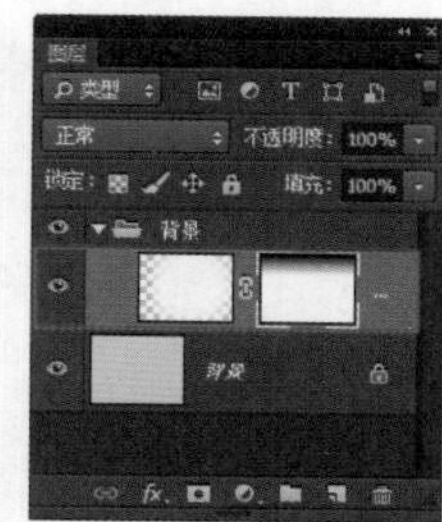

图 22-189 “图层”面板

06 选择“钢笔工具”，在选项栏上设置“模式”为“形状”，设置“前景色”为RGB（228、25、70），在画布中绘制形状，如图22-190所示。设置该图层的“填充”为20%，如图22-191所示。

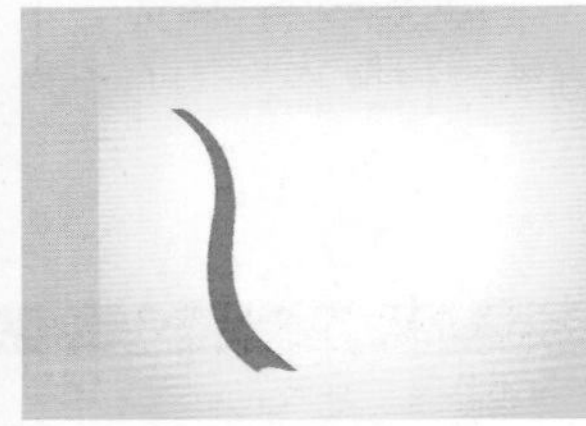
图 22-190 绘制形状

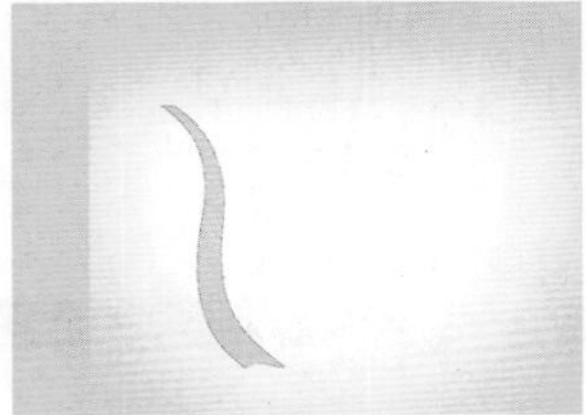
图 22-191 图像效果

07 使用相同的制作方法，绘制出其他形状，如图22-192所示。选中刚刚绘制的所有形状图层，按快捷键Ctrl+E，合并图层，得到“形状6”图层。执行“编辑 > 自由变换”命令，按住Shift键调整形状及大小，并移动到合适的位置，如图22-193所示。

图 22-192 图形效果

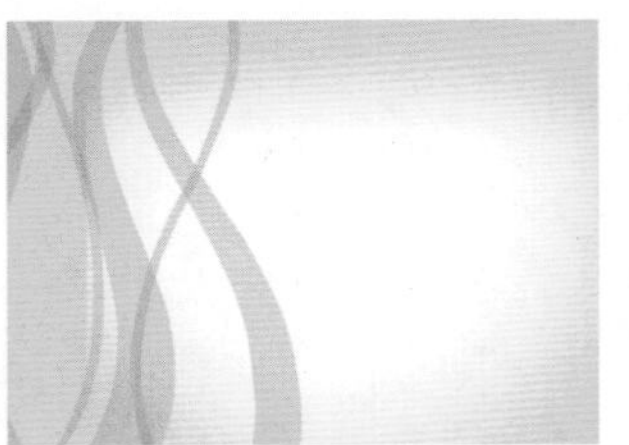
图 22-193 图像效果

08 使用相同的制作方法，绘制出其他图形，效果如图22-194所示。选择“形状6拷贝”图层，为该图层添加图层蒙版，选择“画笔工具”，设置“前景色”为黑色，选择合适的笔触，在图层蒙版中涂抹，效果如图22-195所示。

图 22-194 图像效果

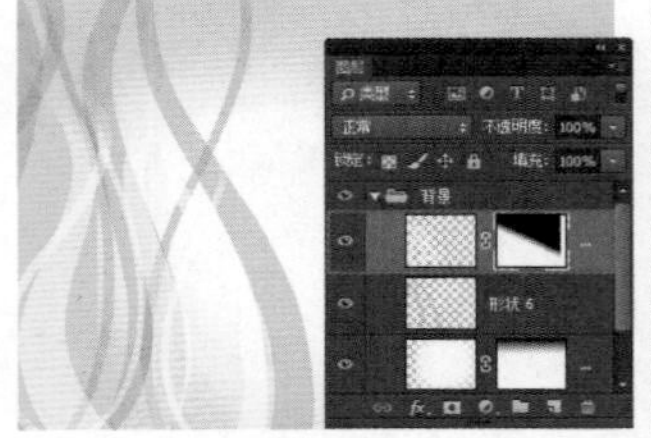
图 22-195 蒙版效果

09 打开并拖入素材图像“光盘\源文件\第22章\素材\22601.tif”，如图22-196所示。自动生成“图层2”图层，复制“图层2”图层，得到“图层2拷贝”图层，按快捷键Ctrl+T，调整图形大小，并移动到合适位置，如图22-197所示。

图 22-196 拖入素材图像

图 22-197 变换图形

10 按住Ctrl键单击“图层2”图层缩览图，载入选区。新建“图层3”图层，选择“矩形选框工具”，将光标移至选区内，将选区移至合适的位置，如图22-198所示。执行“编辑 > 描边”命令，弹出“描边”对话框，设置如图22-199所示。

图 22-198 创建选区

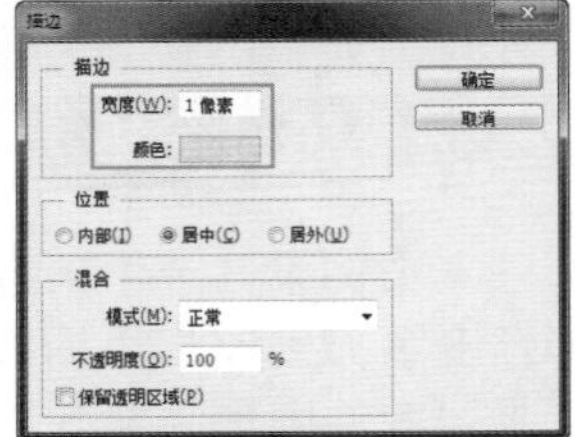

图 22-199 “描边”对话框

11 设置完成后，单击“确定”按钮，效果如图22-200所示。使用相同的制作方法，绘制出其他素材图像，并调整到合适位置，如图22-201所示。

图 22-200 描边效果

图 22-201 图像效果

12 新建“顶层”图层组，在“顶层”组中新建“图层7”图层，如图22-202所示。选择“圆角矩形工具”，在选项栏上设置“模式”为“像素”，设置“前景色”为RGB（255、100、97），在画布中绘制圆角矩形，如图22-203所示。

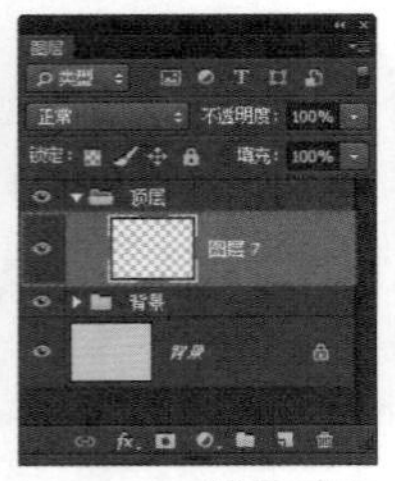
图 22-202 “图层”面板

图 22-203 图形效果

13 设置该图层的“填充”为50%。使用相同的制作方法，绘制出其他图形，效果如图22-204所示。选择“横排文字工具”，打开“字符”面板，设置如图22-205所示。

图 22-204 图形效果

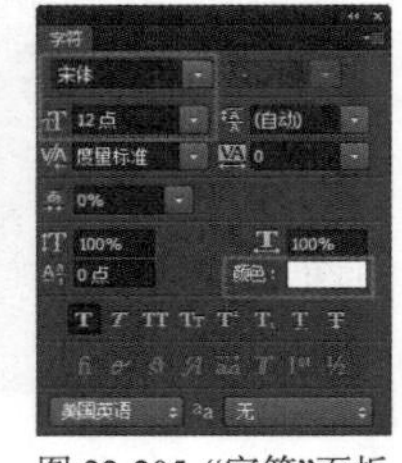
图 22-205 “字符”面板

14 设置完成后，在画布中输入文字，如图 22-206 所示。新建“视觉”图层组，打开并拖入素材图像“光盘\源文件\第 22 章\素材\22605.jpg”，调整其至适当的大小和位置，如图 22-207 所示。自动生成“图层 9”图层。

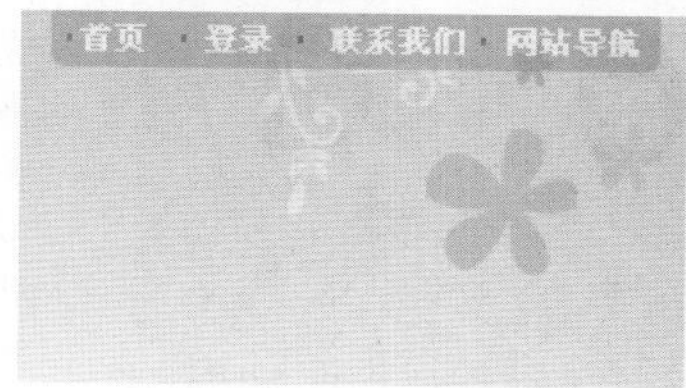

图 22-206 文字效果

图 22-207 素材图像

15 选择“图层 9”图层，为该图层添加图层蒙版。选择“画笔工具”，设置“前景色”为黑色，选择合适的笔触，在图层蒙版中进行涂抹，效果如图 22-208 所示。“图层”面板如图 22-209 所示。

图 22-208 蒙版效果

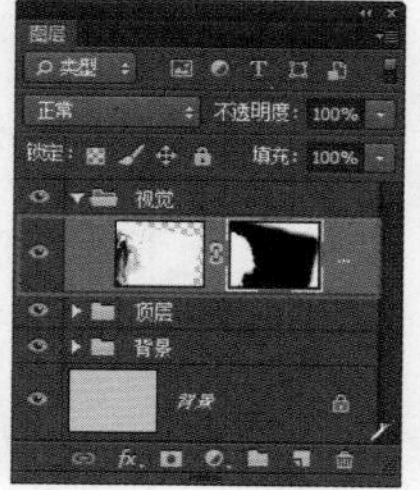
图 22-209 “图层”面板

16 执行“图像 > 调整 > 曲线”命令，弹出“曲线”对话框，设置如图 22-210 所示。单击“确定”按钮，完成“曲线”对话框的设置，效果如图 22-211 所示。

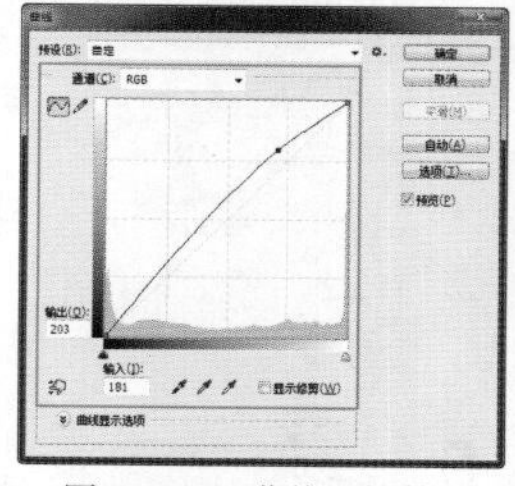
图 22-210 “曲线”对话框

图 22-211 图像效果

17 在“图层 9”图层的蒙版缩览图上单击鼠标右键，在弹出的快捷菜单中选择“应用图层蒙版”命令，应用蒙版，如图 22-212 所示。按住 Ctrl 键单击“图层 9”图层缩览图，载入选区。新建“图层 10”图层，执行“选择 > 修改 > 扩展”命令，弹出“扩展选区”对话框，设置如图 22-213 所示。

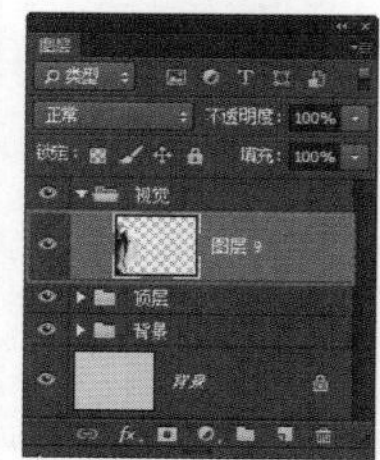
图 22-212 “图层”面板

图 22-213 “扩展选区”对话框

18 单击“确定”按钮，完成“扩展选区”对话框的设置，效果如图 22-214 所示。设置“前景色”为 RGB（255、189、186），为选区填充前景色，取消选区，效果如图 22-215 所示。

图 22-214 变换选区

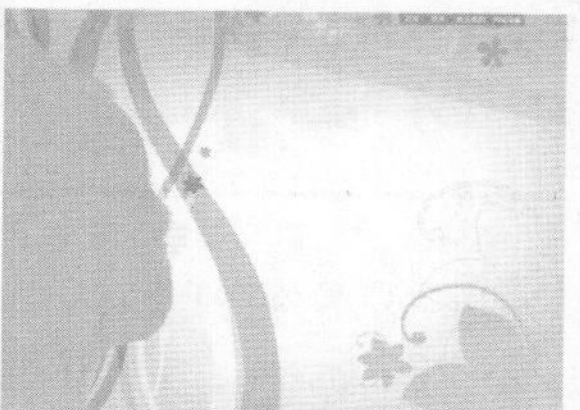
图 22-215 填充颜色

19 设置该图层的“填充”为 30%，将“图层 10”图层移至“图层 9”图层下方，效果如图 22-216 所示。打开素材图像“光盘\源文件\第 22 章\素材\22606.png”，将其拖入并调整到合适位置，如图 22-217 所示。

图 22-216 图像效果

图 22-217 拖入素材图像

20 新建“图层 11”图层，选择“画笔工具”，设置“前景色”为白色，设置合适的笔触，在画布中进行涂抹，效果如图 22-218 所示。根据前面的制作方法，绘制出其他部分的内容，并输入相应的文字，如图 22-219 所示。

图 22-218 涂抹效果

图 22-219 图像效果

21 新建“相片”图层组，在该图层组中新建“图层 20”图层，选择“矩形工具”，设置“前景色”为白色，在画布中绘制矩形，如图 22-220 所示。为“图层 20”图层添加“描边”和“内发光”图层样式，设置如图 22-221 所示。

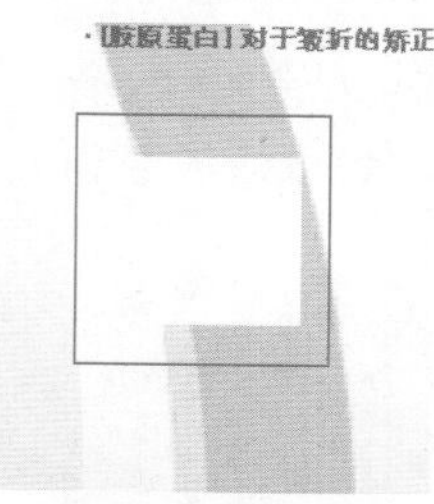
图 22-220 绘制矩形

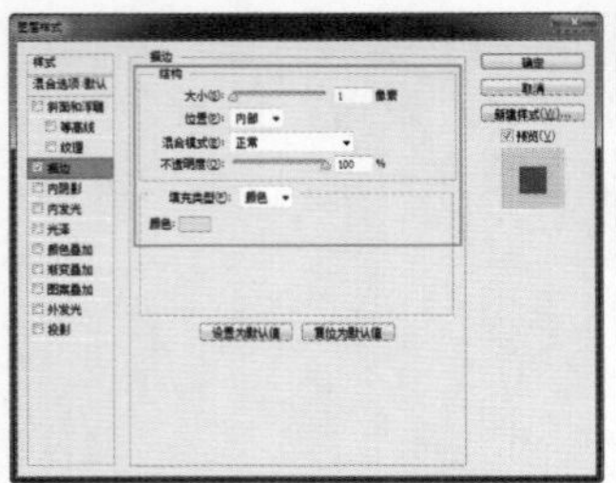
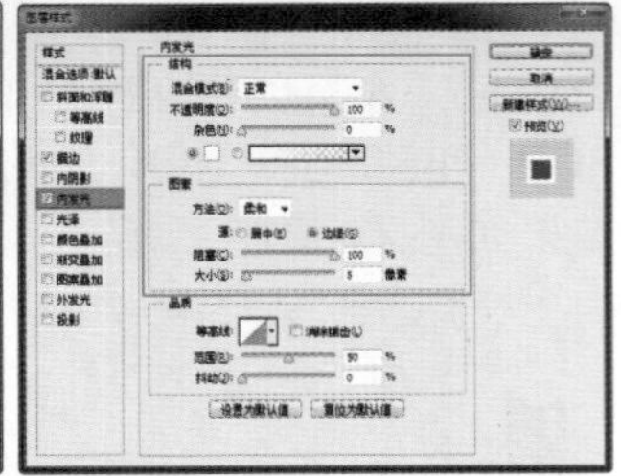

图 22-221 “图层样式”对话框

22 设置完成后，单击“确定”按钮，效果如图 22-222 所示。打开并拖入素材图像“光盘\源文件\第 22 章\素材\22607.jpg”，效果如图 22-223 所示。自动生成“图层 21”图层。

图 22-222 添加图层样式　　图 22-223 拖入素材图像

23 打开“图层”面板，按住 Alt 键，单击“图层 20”图层与“图层 21”图层之间的分割线，建立剪贴蒙版，图像效果如图 22-224 所示。“图层”面板如图 22-225 所示。

图 22-224 图像效果

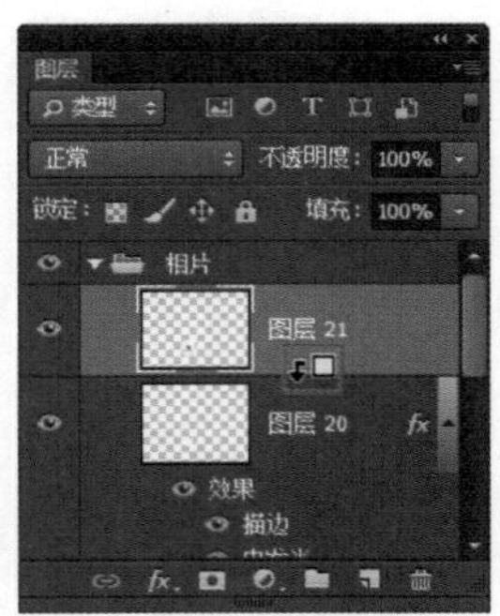

图 22-225 “图层”面板

24 使用相同的制作方法，绘制出其他图像效果，如图 22-226 所示。根据前面的制作方法，绘制出页面中其他部分的内容，如图 22-227 所示。

图 22-226 绘制其他图像效果

图 22-227 绘制出页面其他部分内容

25 完成美容网站页面的制作。执行“文件 > 存储为”命令，将该文件保存为“光盘\源文件\第 22 章\22-6.psd”，最终效果如图 22-228 所示。

图 22-228 最终效果

22.7 本章小结

本章通过多个不同类型的商业案例的制作，向用户介绍了 Photoshop CC 在商业应用中的强大功能。用户需要多加练习，熟练掌握 Photoshop CC 中的各种功能，这样才能够在工作中运用自如。